ENCYCLOPEDIA OF PHYSICS

EDITED BY

S. FLÜGGE

VOLUME XXXII

STRUCTURAL RESEARCH

WITH 373 FIGURES

SPRINGER-VERLAG BERLIN
HEIDELBERG GMBH
1957

HANDBUCH DER PHYSIK

HERAUSGEGEBEN VON

S. FLÜGGE

BAND XXXII

STRUKTURFORSCHUNG

MIT 373 FIGUREN

SPRINGER-VERLAG BERLIN
HEIDELBERG GMBH
1957

ISBN 978-3-642-45868-2 ISBN 978-3-642-45866-8 (eBook)
DOI: 10.1007/978-3-642-45866-8

Ursprünglich erschienen bei SPRINGER-VERLAG OHG. BERLIN . GÖTTINGEN . HEIDELBERG 1957

Softcover reprint of the hardcover 1st edition 1957

Inhaltsverzeichnis.

Les méthodes expérimentales des déterminations de structures cristallines par rayons X.

Par

A. GUINIER et G. VON ELLER.

Avec 79 Figures.

1. Introduction. Le but de ce chapitre est de décrire les méthodes qui permettent de déterminer la structure d'un cristal ou d'un solide formé par l'assemblage de nombreux cristaux de même espèce grâce à la diffraction de rayons X.

Dans plusieurs autres articles de cette Encyclopédie on a montré le rôle essentiel joué par le *réseau réciproque*. C'est le réseau réciproque que les expériences de diffraction mettent en évidence. D'une façon plus précise, ce qu'on peut déterminer, ce sont les paramètres de la maille de ce réseau et le module du facteur de structure attaché à chaque noeud.

L'objet de la première partie de cet article est d'abord de décrire les appareils ainsi que les méthodes utilisés pour déterminer le réseau réciproque, les uns et les autres variant suivant la forme sous laquelle se présente l'échantillon, cristal unique ou poudre microcristallisée.

Le deuxième stade consiste à passer des données que l'on possède sur le réseau réciproque à la structure du cristal. Les difficultés théoriques de ce passage ont été décrites dans l'article de J. BOUMAN. Nous montrerons ici comment et dans quelle mesure elles sont pratiquement résolues.

Enfin, nous passerons en revue les diverses applications des expériences de diffraction des rayons X, autres que la détermination des structures atomiques du cristal.

A. Les appareils de la Radiocristallographie.

En général, un solide cristallisé est composé d'un agrégat de petits cristaux dont les dimensions varient de quelques microns à quelques centimètres. Il y a deux états d'échantillons favorables à l'étude radiocristallographique: *le cristal unique* caractérisé par ses formes extérieures géométriques et *la poudre* formée d'un très grand nombre de très petits grains d'orientation quelconque.

Le dernier cas est évidemment le plus fréquent puisqu'on peut s'y ramener en broyant très finement le solide, mais le monocristal est nécessaire pour une étude complète de la structure.

I. Les diagrammes de diffraction d'un cristal unique.

Un cristal immobile recevant un pinceau de rayons parallèles et monochromatiques de direction donnée ne donne pas naissance, en général, à des rayons diffractés ou, en tout cas, à un très petit nombre, insuffisant pour renseigner sur la structure du réseau réciproque. Le principe des méthodes qui permet d'obtenir des diagrammes utiles a été exposé d'autre part. Nous allons voir comment elles sont réalisées.

2. La méthode de LAUE. Cette technique est la plus ancienne. Elle consiste à irradier un cristal immobile au moyen d'un rayonnement X «blanc», c'est-à-dire aussi régulièrement polychromatique que possible (Fig. 1).

Quand une famille de plans réticulaires fait l'angle ϑ avec le pinceau incident, les longueurs d'onde telles que la relation de BRAGG $n\lambda = 2d\sin\vartheta$ soit vérifiée,

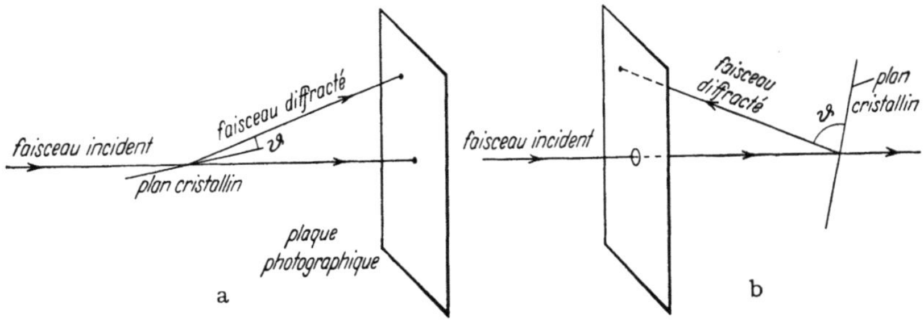

Fig. 1a et b. Dispositif de LAUE (principe). a) Montage pour diagrammes aux petits angles. b) Montage pour diagrammes aux grands angles.

peuvent être réfléchies par les plans considérés et on observe un rayon diffracté dans une direction telle que la bissectrice des rayons incident et diffracté soit confondue avec la normale au plan.

Le but du diagramme de LAUE est d'enregistrer les directions des rayons diffractés (Fig. 2), ce qui permet de déterminer les directions des plans réticulaires. Par contre, comme on ne connaît pas la longueur d'onde des rayons diffractés, on ne peut pas connaître la distance interréticulaire d des plans.

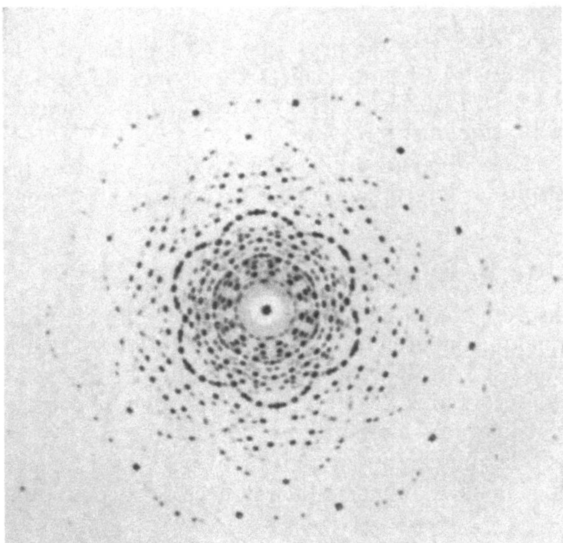

Fig. 2. Cliché de LAUE (béryl). (RIMSKY.)

En principe, une chambre pour diagramme de LAUE se compose d'un collimateur définissant un fin pinceau de rayons X tombant sur le petit cristal à étudier. Une plaque plane normale au faisceau enregistre les faisceaux diffractés à des angles 2ϑ inférieurs à 90° (en pratique à 60°). Dans un autre dispositif (diagramme de LAUE en retour) le film photographique est percé au centre pour laisser passer le collimateur et on enregistre les rayons diffractés à grand angle.

Comme exemple de chambre de LAUE, nous décrirons l'appareil de BARRAUD (Fig. 3) destiné à obtenir des diagrammes de LAUE de précision[1].

Sur un banc d'optique fixe peuvent se déplacer deux socles indépendants: le premier porte un collimateur interchangeable, long de 5 à 35 cm. et une platine destinée à recevoir le cristal; le second reçoit un châssis photographique plan

[1] J. BARRAUD: Bull. Soc. franç. Minér. Crist. **74**, 223 (1951).

dont la remise en place, après chaque retrait, est assurée avec précision par un système de cônes et de cylindres.

Le tube à rayons X, horizontal, disposé à l'extrémité du banc d'optique, est susceptible, par vis micrométriques, d'orientation et de translation dans toutes les directions: un centrage soigné du faisceau est ainsi possible, de même que le choix de la région utile du foyer sur l'anticathode.

Fig. 3. Un dispositif pour effecteur des diagrammes de LAUE: l'appareil de BARRAUD (BEAUDOUIN, Paris).

Les clichés obtenus au moyen de l'appareil de BARRAUD présentent des taches focalisées; d'autre part, les erreurs instrumentales sont éliminées en effectuant deux expositions pour des positions de cristal différant de 180°.

3. Chambre à cristal tournant [*11*]. Dans les appareillages destinés à établir les données nécessaires à la recherche des structures de cristaux uniques, le premier développement qui suivit le dispositif de LAUE fut celui du cristal tournant: un pinceau parallèle de rayons X monochromatiques est diffracté par un cristal oscillant avec une vitesse uniforme autour d'un axe normal à la direction d'incidence. Le principe des diagrammes a été décrit dans l' article de J. BOUMAN.

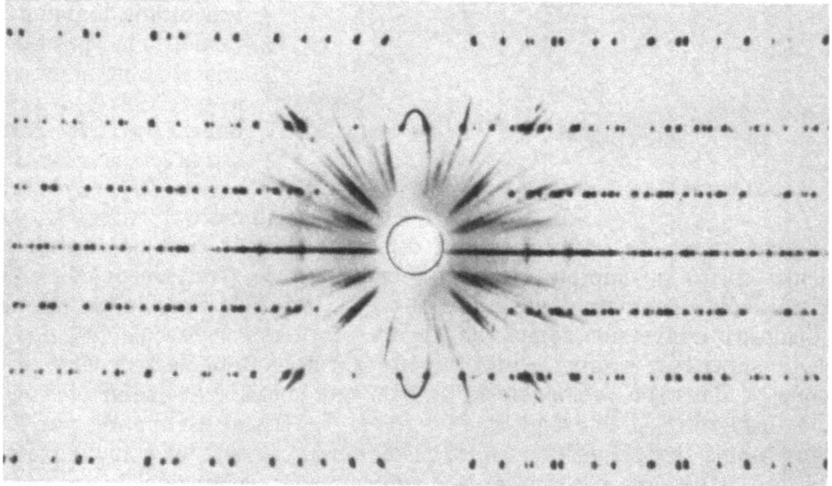

Fig. 4. Cliché de cristal tournant (chambre cylindrique). (RIMSKY.)

La figure de diffraction est reçue soit par un film plan disposé normalement à l'axe de rotation du cristal, soit, le plus souvent, par un film cylindrique centré sur cet axe (Fig. 4).

Le but recherché consiste: a) à faire coïncider l'axe de rotation avec une direction principale du cristal; cette condition est réalisée lorsque les taches sont alignées suivant les droites horizontales correspondant aux différentes strates du réseau réciproque. b) à déterminer les angles des cônes de réflexion relatifs à ces strates et, de là, la périodicité de translation du motif cristallin suivant l'axe de rotation. c) éventuellement, à établir intégralement le réseau réciproque en vue d'une étude de la structure. Cette façon d'opérer était courante avant la mise au point des appareils à chambre mobile et n'est probablement pas abandonnée aujourd'hui. Cependant, l'établissement du réseau réciproque nécessite, pour la localisation du noeud correspondant à chaque réflexion, la connaissance de trois grandeurs: angle ω d'orientation du cristal par rapport à une direction de référence, angle Υ de déviation horizontale du faisceau, angle ν de déviation verticale.

Or la coordonnée ω est perdue dans la méthode du cristal tournant: étant donné sur le cliché une tache P (Υ, ν), on ne peut en général pas savoir quel plan réticulaire en est responsable; on ignore même si elle n'est pas le résultat de la superposition de plusieurs réflexions ayant eu lieu à des instants différents, pour des positions différentes du cristal.

Fig. 5. Chambre à cristal tournant («Unicam», Cambridge).

On réalise un compromis en réduisant à 3 ou 4° l'amplitude d'oscillation du cristal et en multipliant en conséquence le nombre des clichés en faisant varier ω de façon à couvrir tout le domaine de réflexion: la position du cristal étant alors connue à $\pm 1,5°$ ou $\pm 2°$ près, les indices peuvent être déterminés et le réseau réciproque établi avec le minimum d'ambiguité.

Une chambre pour cristal tournant comporte (Fig. 5) un socle dont la partie inférieure abrite un moteur destiné à engendrer le mouvement d'oscillation du cristal (soit au moyen d'une came en coeur, soit, plus simplement, au moyen d'un dispositif d'inversion de marche par microrupteurs ou basculeurs à mercure). La partie supérieure comporte un collimateur à la hauteur de la fenêtre du tube à rayons X; dans son prolongement se trouvent le cristal et une lunette de visée destinée à faciliter le centrage de ce dernier. Le cristal est monté, par l'intermédiaire d'une tige de verre ou d'un fil d'aluminium, sur un goniomètre à arcs et chariots orthogonaux permettant d'agir sur son orientation et sur ses positions latérales. Mû par le moteur, le goniomètre pivote autour d'un axe généralement vertical; sa position angulaire est lisible sur un tambour gradué en degrés.

La chambre, cylindrique de préférence, vient coiffer goniomètre et cristal; des têtons assurent sa remise en place rigoureuse. Un puits de plomb que l'on peut retirer à volonté, intercepte le faisceau direct à sa sortie du cristal, afin d'éviter de voiler le film.

Le plus souvent, les cristaux uniques dont on se propose d'étudier la structure, accusent des formes suffisamment apparentes pour que des hypothèses puissent être établies au sujet de leurs directions paramétriques: une grande partie du réglage peut donc être effectuée au moyen de la lunette de visée. On procède en deux temps: a) en agissant sur les arcs du goniomètre, on amène l'axe cristallin choisi en parallélisme aussi parfait que possible avec l'axe de rotation; b) en agissant sur les chariots de déplacement transversal et sur la vis d'élévation, on centre le cristal sur l'axe de rotation, à l'impact du pinceau de rayons X. c) Le réglage étant ainsi grossièrement réalisé, on le parfait en effectuant des diagrammes d'oscillation de $\pm 15°$ environ. Si, sur un cliché, les strates de taches sont incurvées (vers le bas, par exemple), c'est que les cônes de réflexion sont inclinés (vers le tube à rayons X): on les redresse en agissant sur les axes de goniomètre. Si les lignes sont sensiblement droites, mais obliques, les cônes penchent hors du plan de symétrie de l'appareil. En général, les deux défauts sont observés simultanément, l'inclinaison du cône ayant une direction quelconque.

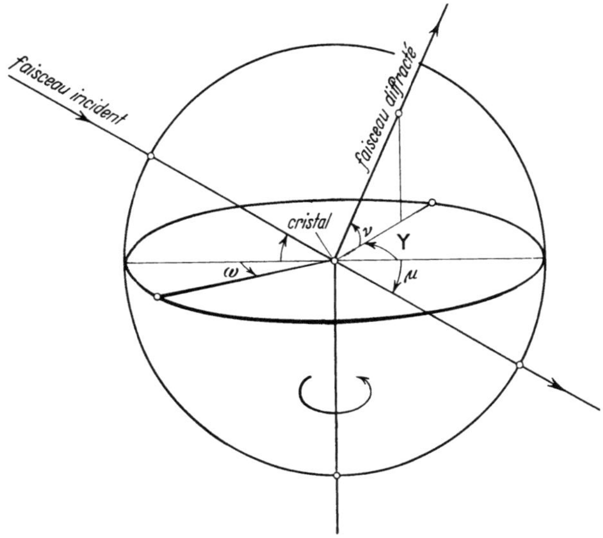

Fig. 6. Mise en évidence des angles Y, μ, ν, ω.

4. Les appareils à chambre mobile [*11*]. *α) Théorie générale.* Comme nous l'avons dit, en général l'identification des taches d'un diagramme de cristal tournant n'est pas immédiate, et, en tout cas, difficile.

Les appareils à chambre mobile répondent au problème suivant: étant donné un cristal unique, identifier les réflexions qu'il donne du faisceau incident, parallèle, de rayons X de longueur d'onde λ.

Il faut donc enregister, en plus des coordonnées Y et ν, la troisième coordonnée ω, angle relatif à la position du cristal (Fig. 6).

Le principe de ces appareils est presque toujours le même: a) l'axe de rotation du cristal coïncidant avec l'un de ses axes cristallographiques (**c** par exemple), on isole au moyen d'un cache le cône, lieu des reflexions relatives à la strate l du réseau réciproque (première coordonnée). b) La deuxième coordonnée est fournie par l'emplacement de la tache par rapport à la trace du faisceau direct. c) On anime le film photographique d'un mouvement connu en fonction de la rotation du cristal, de manière à pouvoir faire correspondre une position de la chambre à chaque position du cristal: ainsi deux noeuds différents du réseau réciproque donnent deux taches distinctes.

D'autre part, si μ et ν sont les angles d'inclinaison des rayons incident et diffracté sur le plan normal à l'axe du cristal pris comme axe de rotation, la condition générale d'interférence donne la relation suivante:

$$-\sin\mu + \sin\nu = \frac{l\,\lambda}{c} \qquad (4.1)$$

où l est le rang de la strate et c la période du cristal suivant l'axe de rotation **c** (μ et ν sont les valeurs des angles prises avec leurs signes) (voir Fig. 7). Si

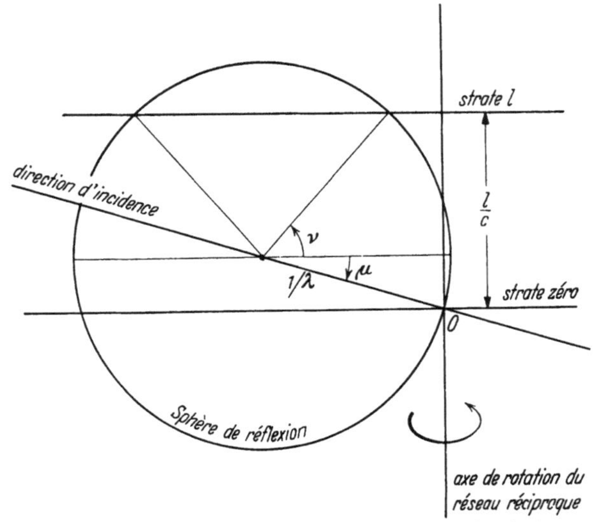

Fig. 7. La diffraction en incidence μ quelconque (élévation).

$\mu = 0$, c'est-à-dire si le rayon incident est normal à l'axe, l'angle ν prend la valeur particulière ν_0 telle que:

$$\sin \nu_0 = \frac{l\,\lambda}{c}\,.$$

Donc, dans le cas général, on peut écrire:

$$\sin \nu = \sin \nu_0 + \sin \mu\,. \quad (4.2)$$

En principe, on peut obtenir des diagrammes en inclinant le faisceau de façon quelconque par rapport à l'axe de rotation du cristal. Mais, en fait, on travaille souvent dans l'une des conditions particulières suivantes (Fig. 8):

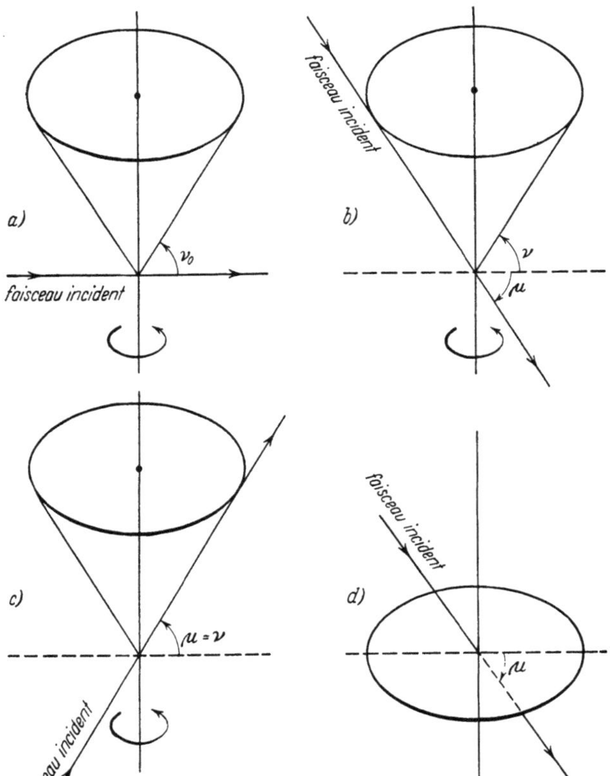

Fig. 8a–d. Emploi des appareils à chambre mobile: a) Faisceau normal. b) Faisceau équiincliné. c) Faisceau antiincliné. d) «Cône plat».

a) Faisceau normal: le faisceau incident est perpendiculaire à l'axe de rotation du cristal. Dans ce cas: $\mu = 0$, $\nu = \nu_0$.

b) Faisceau équi-incliné: le faisceau incident parvient au cristal suivant une génératrice du cône de réflexion; de cette manière l'angle ν du cône avec le plan équatorial est égal à l'opposé de l'angle μ de départ du faisceau émergent: $\mu = -\nu$. D'après (4.2):

$$\left.\begin{aligned} -\sin \mu &= \sin \nu \\ &= \tfrac{1}{2} \sin \nu_0\,. \end{aligned}\right\} \quad (4.3)$$

c) Faisceau anti-incliné: le faisceau direct quitte le cristal suivant une génératice du cône de réflexion $\mu = \nu$. La condition $\mu = \nu$ est suffisante pour qu'il y ait accord de phase entre tous les atomes dans la rangée **c** puisque la différence de marche est nulle. Donc μ peut être choisi arbitrairement, sans que la valeur du paramètre c intervienne. Mais, comme le montre la relation (4.2), on ne peut ainsi enregistrer que la strate équatoriale, pour laquelle $\nu_0 = 0$.

d) «Cône plat»: l'inclinaison du faisceau est ajustée de façon que le cône de réflexion s'ouvre suivant un plan. Dans ce cas $\nu = 0$ et c'est μ qui ici est déterminé par la condition d'interférence analogue à la formule (4.1):

$$\sin\mu = \frac{l\lambda}{c}. \tag{4.4}$$

β) Chambre de WEISSENBERG[1]. Ce dispositif est le plus connu, et le plus largement répandu à l'heure actuelle, des apparails à film mobile.

Il utilise une chambre cylindrique dont l'axe coïncide avec l'axe de rotation du cristal (Fig. 9).

Les cônes des rayons réfléchis ont donc pour axe l'axe de la chambre. On isole une des strates au moyen d'un cache cylindrique, concentrique et intérieur à la chambre, évidé suivant une fente circulaire dont la largeur et l'abcisse par rapport au cristal sont réglables.

Fig. 9. Appareil de WEISSENBERG, modèle intégrateur de WIEBENGA («Nonius», Delft).

La chambre peut se déplacer suivant son axe, ce mouvement étant lié à celui du cristal de telle façon que le déplacement soit proportionnel à l'angle de rotation. L'asservissement s'effectue par un système de câbles, de rubans d'acier ou d'engrenages. Le déplacement de la chambre est ici un va-et-vient et, en conséquence, la rotation du cristal est une oscillation dont l'amplitude peut être réglée à volonté, l'inversion de marche étant assurée par voie mécanique ou électrique. Sur certains modèles d'appareils, on peut donner différentes valeurs à la constante d'asservissement; le plus souvent elle vaut 1,5 ou 2 degrés par millimètre. D'autre part, la liaison des mouvements peut être rompue lorsqu'on désire enregister, cache retiré et chambre immobile, un cliché ordinaire de cristal oscillant.

L'ensemble mécanique chambre-cristal est, de plus, susceptible d'être orienté à volonté autour d'un axe normal au plan défini par l'axe de rotation et le faisceau incident et passant par le cristal. La base fixe porte le collimateur, et, dans son prolongement, une lunette de visée pour l'examen du cristal. Dans tout appareil bien conçu, cette base possède deux directions de déplacement horizontal permettant de l'écarter du tube ou de la déplacer par rapport à la fenêtre lors de la recherche du faisceau X.

γ) Réglage de la chambre de WEISSENBERG. Ce réglage consiste essentiellement: 1. à amener l'appareil à l'*inclinaison* choisie, c'est-à-dire à donner à l'angle entre le faisceau incident et le plan normal à l'axe de la chambre la valeur voulue μ; 2. à isoler le cône des rayons réfléchis correspondant à la strate l, c'est-à-dire au plan du réseau réciproque d'ordonnée l.

Pour régler l'inclinaison de la chambre il est nécessaire, au préalable, de déterminer l'angle ν_0 d'inclinaison des rayons diffractés correspondant à la

[1] K. WEISSENBERG: Z. Physik **23**, 229 (1924).

strate étudiée de rang l, le faisceau incident étant normal à l'axe. On déduit ν_0 de l'écart de la strate l avec la strate équatoriale dans un diagramme de cristal tournant.

La relation (4.2) lie les valeurs de μ et ν dans une position quelconque de la chambre de WEISSENBERG. Les cas particuliers pratiquement utilisés sont:

Position normale:	$\mu = 0$;	$\nu = \nu_0$.
Position équi-inclinée:	$\mu = -\nu$;	$\sin\nu = \frac{1}{2}\sin\nu_0$.
«Cône plat»:	$\nu = 0$;	$\mu = -\nu_0$.

Dans la position anti-inclinée, comme nous l'avons déjà dit, on étudie seulement la strate équatoriale pour laquelle $\nu_0 = 0$; l'angle $\mu = \nu$ peut être quelconque.

Une fois l'angle ν déterminé d'après la connaissance de ν_0 et le montage choisi, on fait tourner l'appareil autour de l'axe vertical et on le verrouille dans cette position.

Si r est le rayon du cache et s la distance au cristal du point central de sa fente circulaire, celle-ci laissera parvenir au film les réflexions relatives à la strate l lorsque:

$$s = r\tan\nu_l. \tag{4.5}$$

Par ailleurs, la fente devra être à la fois suffisamment large pour ne pas arrêter partiellement les faisceaux réfléchis, et assez fine pour ne pas laisser passer de faisceau appartenant à une autre strate.

Enfin, il y a lieu de régler les butées d'inversion du mouvement de façon à couvrir le domaine de réflexion désiré, en général 180° ou 360° de rotation du cristal. Cet intervalle peut être réduit dans le cas d'une symétrie élevée.

C'est là une propriété intéressante que l'appareil de WEISSENBERG partage, quoique de façon différente, avec la chambre de précession de BUERGER: les réflexions homologues n'étant pas inutilement répétées, les temps de pose se trouvent écourtés. Les instruments à rotation continue (SAUTER, SCHIEBOLD, DE JONG-BOUMAN, RIMSKY, etc.) ne possèdent pas cet avantage.

δ) Remarques sur la chambre de WEISSENBERG. L'appareil de WEISSENBERG assure l'enregistrement d'un nombre maximal de réflexions car le film cylindrique entoure complètement le cristal. Cependant, les diagrammes que l'on obtient au moyen de ce dispositif (Fig. 10) présentent deux inconvénients: a) la représentation du réseau réciproque, géométriquement parlant, est considérablement déformée, et le dépouillement, par suite, assez ardu. b) La chambre et le faisceau diffracté sont animés l'un par rapport à l'autre d'un mouvement complexe variant fortement avec la direction de réflexion. Ce mouvement a pour effet, tantôt de condenser les taches du diagramme sur de petites surfaces, tantôt de les étaler sur plusieurs millimètres, rendant difficile la mesure précise des intensités.

C'est principalement ce dernier inconvénient qui a donné l'idée (WIEBENGA, 1950) d'«intégrer» les taches au cours même de leur enregistrement sur le film[1]: un déréglage contrôlé de la chambre au cours de l'exposition décale, lors de chaque va-et-vient, les réflexions par rapport à l'emplacement où elles se formaient précédemment. Si le balayage ainsi réalisé est suffisamment ample, il existera après développement photographique, au centre de chaque tache, au moins un point auquel auront contribué tous les rayons de la réflexion, indépendamment de l'étalement qu'accuserait cette dernière sur un cliché non intégré.

[1] E. H. WIEBENGA et D. W. SMITS: Acta crystallogr. **3**, 265 (1950).

ε) La chambre de SAUTER. Il existe un certain nombre d'autres types de chambres à film mobile, mais ils se sont révélés moins pratiques que l'appareil de WEISSENBERG et sont actuellement peu utilisés: chambre de SCHIEBOLD, tambour de ROBINSON, chambre de SAUTER. Nous nous bornerons à décrire cette dernière[1].

La strate à étudier est isolée exactement de la même manière que dans l'appareil de WEISSENBERG, mais la figure de diffraction, au lieu d'être enregistrée

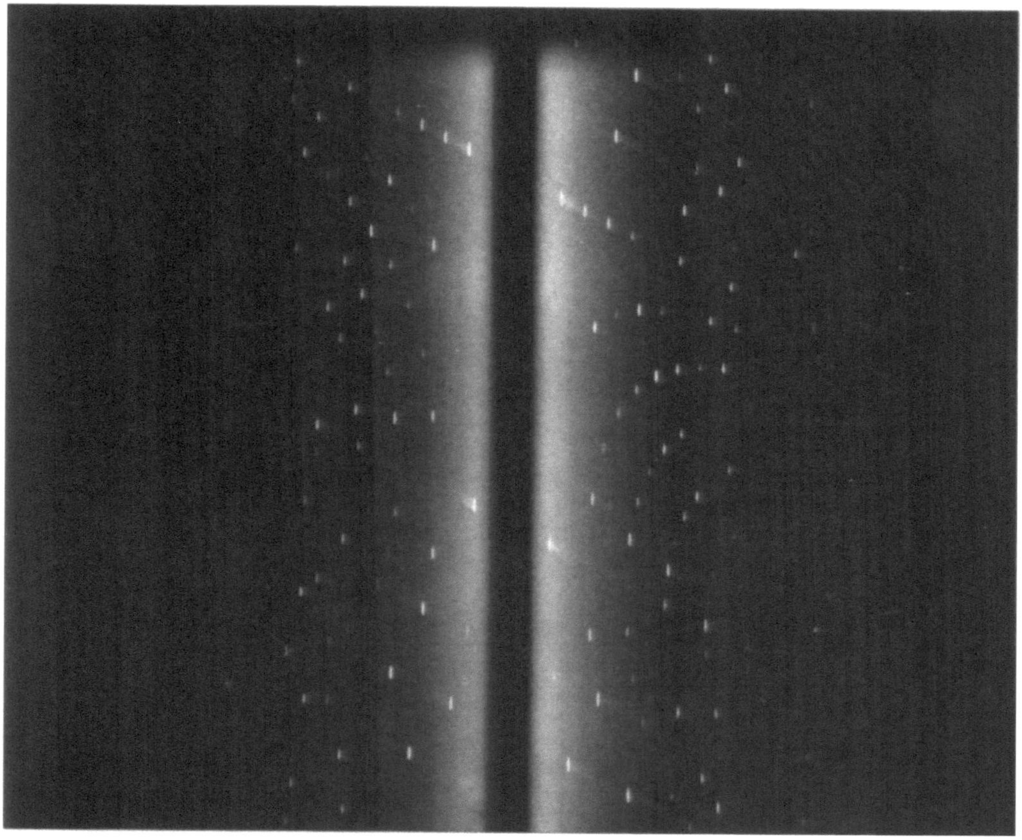

Fig. 10. Cliché équatorial de WEISSENBERG (faisceau normal).

sur un film cylindrique, est reçue par un disque parallèle à l'axe de rotation du cristal et ayant son centre à l'impact du faisceau direct. Ce disque peut être disposé normalement ou obliquement par rapport au faisceau direct. Cristal et disque effectuent une rotation continue. Les avantages de ce dispositif sont la simplicité de sa mécanique et l'interprétation facile des clichés qu'il permet d'obtenir, le réseau réciproque subissant une déformation moins accusée que dans la chambre de WEISSENBERG.

Cependant, l'utilisation d'une chambre plane limite considérablement le domaine angulaire dans lequel pourraient être enregistrés les faisceaux diffractés. Ceci restreint donc l'étendue du réseau réciproque que l'on peut étudier. En fait l'appareil de SAUTER n'est avantageux que dans des cas spéciaux.

---
[1] E. SAUTER: Z. Kristallogr. A **85**, 156 (1933).

5. Les rétigraphes. *α) Principe.* Les chambres du type de WEISSENBERG fournissent des diagrammes qui permettent de restituer un plan du réseau réciproque, mais au prix de transformations plus ou moins compliquées, comme nous le verrons au prochain chapitre (p. 29). Pour éviter cette difficulté de dépouillement on a cherché à réaliser des appareils donnant du réseau réciproque une représentation non distordue. Quoiqu'ils diffèrent souvent par leurs principes de construction, ou par leurs modes de fonctionnement, on les rassemble sous le nom de «rétigraphes». Citons les appareils de DE JONG-BOUMAN, de RIMSKY, d'une part, et, par ailleurs, la chambre à précession de BUERGER.

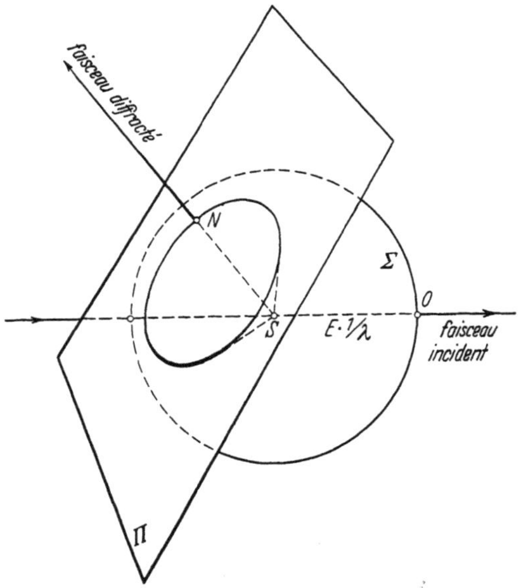

Fig. 11. Principe général des rétigraphes.

Le principe commun de tous les rétigraphes consiste à matérialiser, à une échelle choisie $E = \lambda \cdot SO$, la construction d'EWALD dans l'espace physique (Fig. 11); le cristal se trouve alors au centre S de la sphère Σ de réflexion, sur le faisceau incident, et le petit cercle, intersection de Σ et du plan réciproque Π que l'on veut étudier, est le cercle directeur du cône de diffraction. Chaque fois qu'un nœud N de Π traverse Σ, un faisceau diffracté passe par ce point.

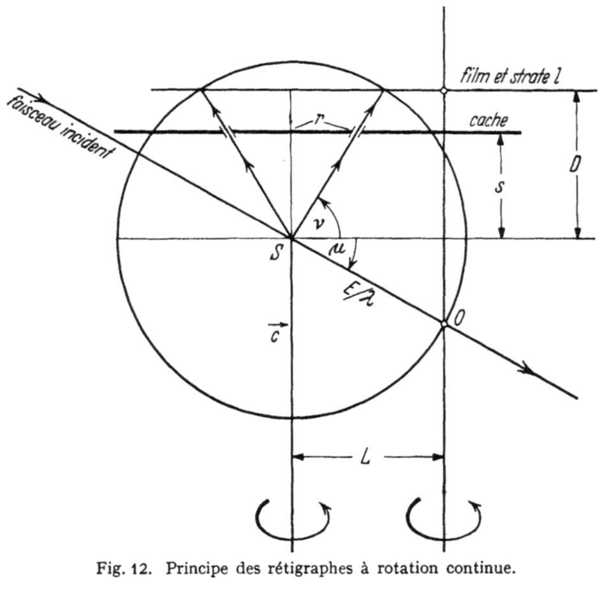

Fig. 12. Principe des rétigraphes à rotation continue.

On concrétise Π au moyen d'une plaque photographique et on donne au système plaque-cristal un mouvement tel que: 1. la plaque reste fixe par rapport à l'espace réciproque du cristal, 2. tous les nœuds du plan Π traversent successivement la sphère Σ. On obtient ainsi une véritable photographie de ce plan réciproque.

C'est par la nature de ce mouvement que se distinguent les deux principaux types de rétigraphes: à rotation continue (DE JONG-BOUMAN, RIMSKY), ou à précession (BUERGER).

Bien entendu, comme tous les nœuds de l'espace réciproque donnent lieu à des réflexions, il importe d'isoler, au moyen d'un cache, le cône relatif à Π. Dans le cas le plus général, ce cône varie constamment en ouverture et en orientation.

β) Les rétigraphes à rotation continue. Dans ces appareils, le mouvement donné au cristal est une rotation autour d'un de ses axes (disons **c**) (Fig. 12). Il s'ensuit pour le réseau réciproque — et pour la plaque photosensible — la même rotation autour d'un axe parallèle à $\boldsymbol{c}$ passant par O.

On «photographie» une à une les strates l; normales à $\boldsymbol{c}$, elles pivotent dans leurs propres plans: ainsi les différents cônes de diffraction restent immobiles et invariables, ce qui facilite leur isolement.

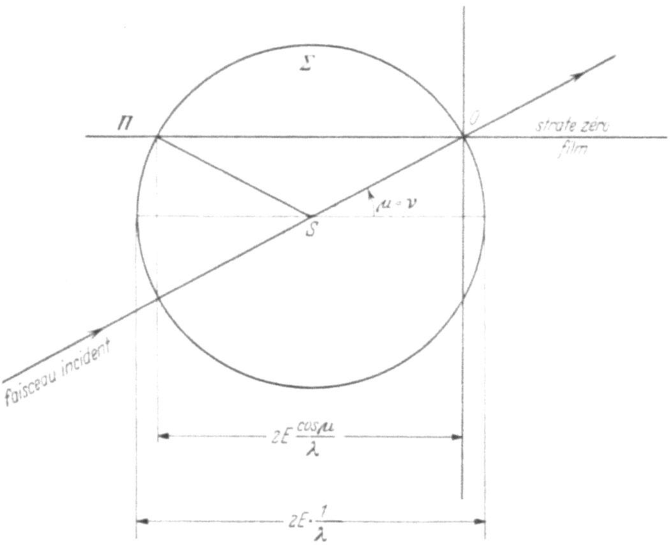

Fig. 13. Montage en faisceau anti-incliné pour les rétigrammes de strates équatoriales.

Dans l'ensemble, on utilise les rétigraphes à rotation dans les mêmes conditions que l'appareil de WEISSENBERG: faisceau normal, équi-incliné, anti-incliné. Cependant, le montage en «cône plat» est exclu: cristal, film et rayons diffractés devraient se trouver dans le même plan, ce qui est matériellement impossible. Il faut renoncer, pour la même raison, aux clichés équatoriaux en faisceau normal. On opère alors en incidence anti-inclinée (Fig. 13), ce qui présente l'inconvénient de limiter le rayon «utile» de la strate (diamètre de l'intersection $\Pi - \Sigma$):

$$2E\,\frac{\cos\mu}{\lambda} \text{ au lieu de } 2E\,\frac{1}{\lambda}.$$

Par contre, outre la représentation correcte du réseau réciproque (Fig. 14), les rétigraphes à rotation possèdent un avantage intéressant: durant toute leur formation, les réflexions restent immobiles par rapport au film. Cela revient à dire que les taches sont autant de véritables radiographies du cristal, et ne présentent jamais les déformations si gênantes que l'on observe sur les clichés de WEISSENBERG. La mesure des intensités s'en trouve grandement facilitée. (A vrai dire, les nœuds traversant deux fois la sphère de réflexion, chaque tache est formée par la superposition de deux radiographies orientées différemment; au besoin on en supprime une en obturant la moitié correspondante de la fente du cache.)

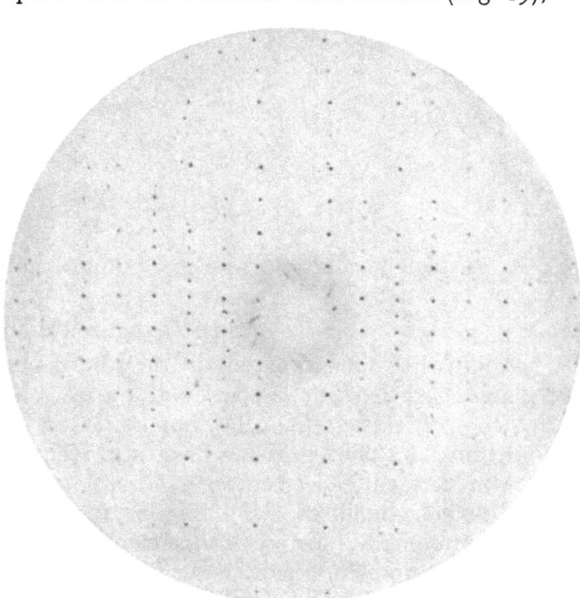

Fig. 14. Rétigramme de rotation (RIMSKY).

Le rétigraphe de DE JONG-BOUMAN [11].

Le film se trouve ici à distance D fixe du cristal (Fig. 12), mais l'écartement des deux axes de rotation, c'est-à-dire *l'échelle E de toute la construction d'*EWALD, est variable: suivant la valeur de cet écartement, le film coupera la sphère de réflexion en des zônes différentes, correspondant aux différentes strates réciproques l. Il est alors patent que des photographies de strates distinctes ne pourront les représenter à même échelle, sauf dans le cas où, SO et ν étant maintenus constants, on se borne à agir sur l'incidence μ pour passer d'une strate à l'autre («méthode du cône constant»).

La chambre de DE JONG-BOUMAN[1] est réalisée de la façon suivante: Un socle porte un collimateur horizontal et une lunette de visée de même axe optique. L'appareil proprement dit, disposé sur ce socle, est susceptible, à fin d'ajustage de l'angle μ, de rotation contrôlée autour d'une droite coplanaire et normale à l'axe optique. Il comporte essentiellement: a) un goniomètre horizontal permettant le réglage du cristal au centre de symétrie; b) un châssis porte-film tournant dans un plan normal à l'axe du cristal. Son support, monté sur glissière graduée, permet d'écarter son axe de rotation de celui du cristal de la distance L calculée. Les trois axes du cristal, du collimateur et du châssis sont coplanaires; c) un écran plan, parallèle au film, perforé d'une fente circulaire centrée sur l'axe du cristal, sert à isoler la strate étudiée.

Un moteur électrique et un système de transmission par arbres et pignons assurent au goniomètre et au châssis une vitesse de rotation égale et constante. Certains modèles récents d'appareils sont munis d'un dispositif d'intégration des taches.

Le réglage de l'appareil de DE JONG-BOUMAN se prépare comme suit:

Une fois fixées les valeurs μ et ν d'après la relation générale

$$\sin\nu - \sin\mu = \frac{l\lambda}{c},$$

on détermine (Fig. 12)

$$E = \frac{D\lambda}{\sin\nu}$$

et

$$L = \frac{E\cos\mu}{\lambda} = D\,\frac{\cos\mu}{\sin\nu}.$$

Le cache isole le cône ν lorsque $s = r \cdot \tan\nu$.

Le rétigraphe de RIMSKY[2].

A l'inverse de l'appareil de DE JONG-BOUMAN, la distance cristal-film est réglable, l'échelle E de la construction d'EWALD (donc, en particulier, la distance SO, Fig. 12) restant fixe. Le rapport de similitude est par conséquent le même pour toutes les photographies de strates réciproques.

Afin de faciliter les centrages, le socle du rétigraphe de RIMSKY (Fig. 15) est muni de deux lunettes, le collimateur étant adapté directement sur la fenêtre du tube à rayons X. Un asservissement par bielles assure le parallélisme des axes de rotation du cristal et du film, les points S et O étant maintenus équidistants sur le parcours du faisceau incident.

La préparation du réglage est simple. La distance cristal-film est donnée par

$$D = E \cdot \frac{\sin\nu}{\lambda},$$

[1] W. F. DE JONG et J. BOUMAN: Z. Kristallogr. A **98**, 456 (1938).
[2] A. RIMSKY: Bull. Soc. franç. Minér. Crist. **75**, 500 (1952).

la distance cristal-cache par

$$s = r \cdot \tan \nu .$$

Plusieurs châssis circulaires de diamètres différents ont été prévus: ceci est indispensable, car le film doit être assez grand pour couvrir toute la zône de strate donnant lieu à des réflexions, sans toutefois intercepter le faisceau incident (cette condition est particulièrement difficile à satisfaire dans les montages en faiseau équi-incliné).

L'appareil est muni d'un dispositif d'intégration des taches.

Fig. 15. Rétigraphe de Rimsky («Enraf-Nonius», Delft).

γ) Le rétigraphe à précession[1]. Une infinité de mouvements autres que celui des rétigraphes à rotation peut être imaginée pour le balayage des plans réciproques Π par la sphère de réflexion. Cependant leur réalisation soulèverait des difficultés mécaniques nombreuses, particulièrement en ce qui concerne l'isolement du cône de diffraction relatif à Π.

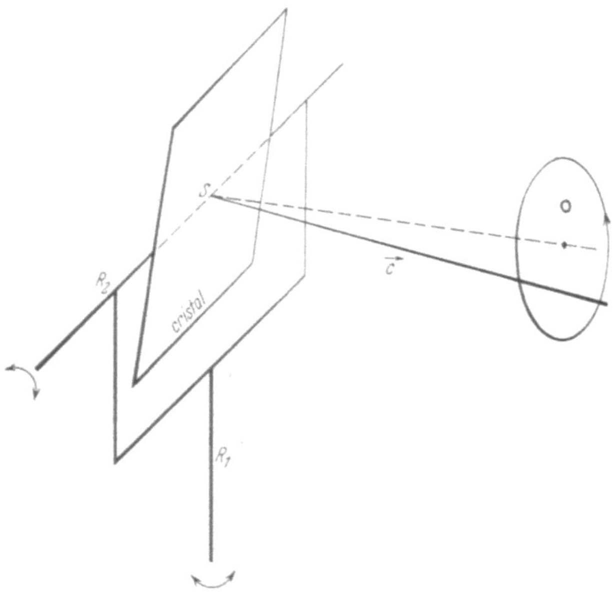

Fig. 16. Illustration de la notion de précession.

Jusqu'à ce jour, outre la rotation, le seul type de mouvement ayant été retenu est la précession, utilisée par le rétigraphe de Buerger: un axe du cristal (par exemple **c**) décrit avec une vitesse angulaire uniforme Ω un cône axé sur le faisceau incident, tandis que le cristal lui-même effectue autour de **c** une rotation à une vitesse angulaire $-\Omega$. La Fig. 16 permet de se représenter ce mouvement

[1] M. J. Buerger: The Photography of the Réciprocal Lattice. The American Society for X-Ray and Electron Diffraction, 1944.

comme une oscillation complexe, autour de deux axes orthogonaux passifs R_1 et R_2. R_2 peut pivoter autour de R_1, et l'axe moteur $\boldsymbol{c}$ à la fois autour de R_1 et R_2.

La même précession est suivie en S par le cristal et en O par le réseau réciproque (Fig. 17). On «photographie» les strates l, normales à $\boldsymbol{c}$; leurs cercles de réflexions sont centrés sur cet axe. D'autre part, vu la constance de l'angle $\left(\frac{\pi}{2}-\mu\right)$ au cours de la précession, les rayons de ces cercles restent invariables. On isole donc les cônes de diffraction au moyen d'un cache analogue à celui des rétigraphes à rotation, mais on l'anime de la même précession que le cristal, de façon à maintenir sur $\boldsymbol{c}$ le centre de la fente circulaire.

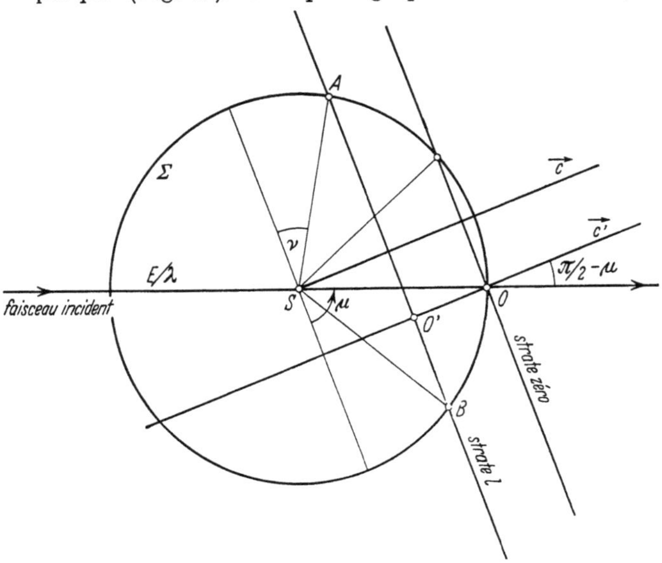

Fig. 17. Principe du rétigraphe à précession.

La strate équatoriale est balayée suivant un cercle de rayon $2E\frac{\cos\mu}{\lambda}$ passant par O. Si le pied O' de $\boldsymbol{c}'$ se trouve à l'intérieur de la sphère de reflexion, une strate supérieure sera balayée par un anneau circulaire de rayons $O'A$ et $O'B$: le cliché pré sentera une région centrale non balayée par la sphère, donc exempte de taches. Cette région ne disparaît que lorsque $\frac{\pi}{2}-\mu$ est ajusté de façon que O' se trouve sur Σ: ce cas, en général irréalisable pour des raisons mécaniques, correspond au montage en faisceau équi-incliné.

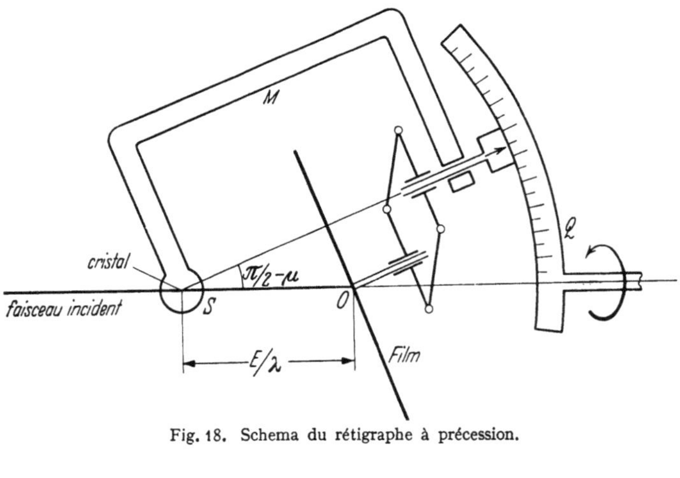

Fig. 18. Schema du rétigraphe à précession.

Dans l'appareil de BUERGER le cristal est assujetti par deux axes de rotation combinés, tels que ceux de la Fig. 16 (joint universel). Le mouvement de rotation de $\boldsymbol{c}$ est imprimé à un bras rigide M solidaire du cristal (Fig. 18) par un axe gradué Q, de centre S, tournant, suivant l'un de ses diamètres, autour de la direction d'incidence. Le cache, non représenté sur la Fig. 18, est solidaire de la précession du cristal.

Le film est également monté sur joint universel. Sa normale $\boldsymbol{c}'$ reçoit la même rotation que $\boldsymbol{c}$, mais de sommet O, par l'intermédiaire d'une pièce en forme de paraléllogramme.

Une fois choisis l'angle $\frac{\pi}{2}-\mu$ de précesion et l'échelle $E=\lambda\cdot SO$ de la construction d'EWALD, la préparation du réglage consiste à établir (voir Fig. 17) la distance

$$O\,O'=E\frac{l}{c}$$

du centre O' du film à l'origine du réseau réciproque. Pour l'isolement du cône de diffraction de la strate l, la distance cristal-cache se calcule exactement de la même manière que dans le cas des rétigraphes à rotation.

L'usage de l'appareil à précession est certainement moins universel que celui des autres dispositifs à chambre mobile. En effet, les conditions mécaniques ne permettant pas de donner à l'angle de précession des valeurs élevées, l'exploration du réseau réciproque reste incomplète: zône circulaire de surface limitée pour le plan équatorial, anneaux pour les strates supérieures. Cependant, du fait même de cette exploration restreinte, les temps d'exposition sont écourtés.

Le rétigraphe de BUERGER est utile surtout dans l'étude de corps mal cristallisés (protéines par exemple) ne donnant lieu à des réflexions que dans la région centrale de l'espace réciproque.

6. Les goniomètres à compteur. La méthode photographique est la plus commode, et la plus utilisée, pour l'étude de la diffraction des rayons X par les monocristaux. Mais la précision qu'elle permet d'atteindre sur les intensités des taches peut ne pas satisfaire tous les besoins. En effet, les propriétés des émulsions photosensibles dépendent d'un nombre considérable de facteurs, de sorte qu'elles font difficilement l'objet de mesures quantitatives rigoureuses. On sait depuis fort longtemps remplacer les chambres photographiques des goniomètres à rayons X par des chambres d'ionisation (spectromètre de BRAGG) ou des compteurs de GEIGER-MÜLLER. Mais, à l'heure actuelle, le procédé n'est pas encore très utilisé dans l'étude des monocristaux.

Ceci s'explique, en partie, par la quasi-impossibilité d'analyser automatiquement le phénomène de la diffraction: d'une part un compteur n'intercepte qu'un seul faisceau à la fois, d'autre part il n'existe pas de relation mécanique entre la position du cristal et la direction du faisceau diffracté. Il faut donc déterminer à l'avance (par exemple au moyen d'un cliché de WEISSENBERG) les coordonnées Υ, ν, ω de chaque réflexion, de manière à savoir dans quelle position du cristal (ω) et du compteur (Υ, ν) la recueillir.

Le goniomètre représenté Fig. 19 se distingue d'un appareil à cristal tournant par la substitution, à la chambre, de deux limbes. Le premier, horizontal et fixe, centré sur l'axe de rotation du cristal, mesure les angles Υ; le second, vertical et amovible sur le premier, centré sur le cristal, reçoit à la graduation ν un compteur de GEIGER-MÜLLER dont l'axe coïncide avec une génératrice du cône de diffraction. La position ω du cristal est lue, comme à l'ordinaire, sur le tambour gradué réservé à cet effet.

L'utilisation d'un compteur est beaucoup plus délicate que celle d'une chambre photographique. Un dispositif électronique compliqué est en effet nécéssaire[1], qui permette d'intégrer pendant un temps donné les impulsions transmises par le compteur (il faut compter 10000 impulsions pour obtenir une précision de 1%, et les faisceaux diffractés sont souvent faibles). De plus, le régime du tube à rayons X doit rester rigoureusement constant, à la différence de la méthode photographique où la répétition d'un grand nombre de cycles de réflexion pallie statistiquement les variations de débit. Les conditions de monochromatisme

[1] W. COCHRAN: Acta crystallogr. **3**, 268 (1950).

sont également plus strictes. Par contre, à condition de pouvoir isoler le faisceau diffracté du fond continu qui l'entoure, on mesure, avec une précision qui peut atteindre 1%, une intensité intégrée exempte de coefficient de Lorentz (voir chap. B).

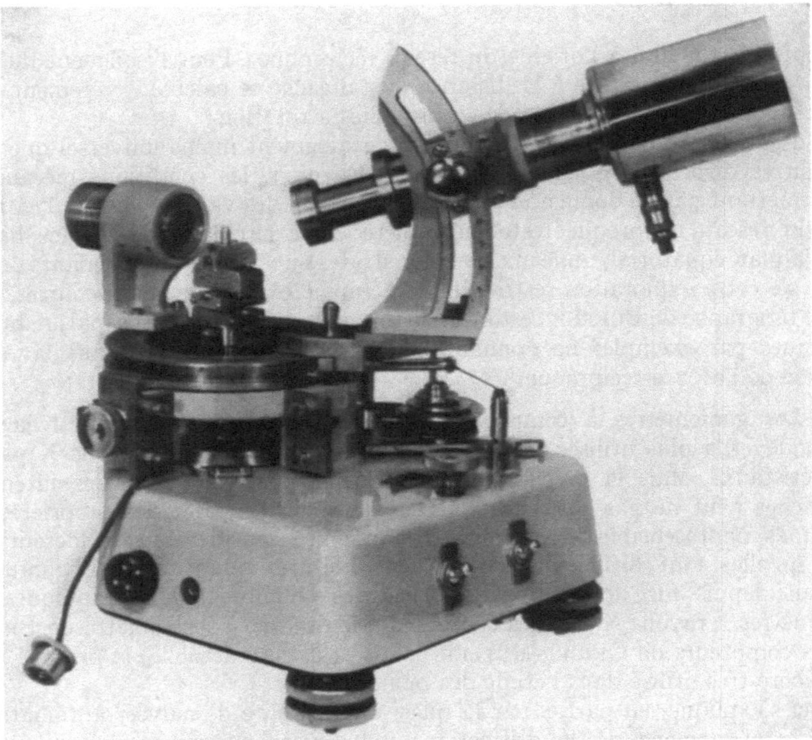

Fig. 19. Goniomètre à compteur de Geiger («Unicam», Cambridge).

II. Les diagrammes de diffraction des poudres cristallines.

7. La chambre Debye-Scherrer ([*1*], chap. 4; [*7*], chap. 3). Le montage Debye-Scherrer[1] constitue la plus simple des méthodes expérimentales qui est toujours largement utilisée: elle est d'emploi général mais fournit un diagramme de précision et d'intensité moindres que les méthodes spéciales que nous décrirons ensuite.

Le principe de la méthode a été donné dans l'article de J. Bouman, sect. 5β. Un collimateur délimite un pinceau fin de rayons monochromatiques qui baigne l'échantillon de la poudre à étudier en forme de bâtonnet cylindrique. Sur un film, enroulé sur un cylindre dont l'axe coïncide avec l'échantillon, on enregistre les «*raies* Debye-Scherrer» (Fig. 20 et 20 bis). Soit 2ϑ l'angle de diffraction correspondant à l'une d'elle: si R est le rayon de la chambre, l'arc $A\,B$ est égal à $4R\vartheta$. Cette raie correspond à un plan réticulaire de distance interréticulaire d, tel que $\lambda = 2d \sin\vartheta$.

Les règles de construction d'une chambre Debye-Scherrer sont déduites des conditions suivantes: 1. La détermination des angles de Bragg doit être précise, donc les raies doivent être fines et d'un noircissement uniforme. Il

[1] P. Debye et P. Scherrer: Phys. Z. **17**, 277 (1916); **18**, 291 (1917). — A. W. Hull: Phys. Rev. **9**, 564 (1917).

faut éviter les raies formées d'une succession de taches juxtaposées. 2. On désire enregistrer toutes les raies, c'est-à-dire que ϑ peut varier de 0 à 90°. En fait, on cherche à minimiser l'étendue du domaine inexploré au voisinage de $\vartheta = 0°$ et $2\vartheta = 180°$, c'est-à-dire au voisinage immédiat de l'entrée et de la sortie des rayons primaires dans la chambre. 3. Le diagramme doit être obtenu

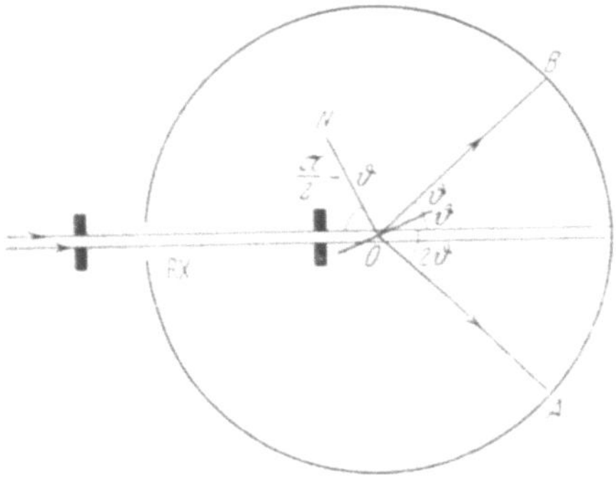

Fig. 20. Schéma du montage DEBYE-SCHERRER.

dans un temps le plus court possible et les raies doivent se détacher sur un fond clair, car un voile général masquerait les raies de faible intensité.

Pour satisfaire à ces conditions diverses, et dans certains cas contradictoires, il faut adopter des solutions de compromis dont nous donnons ci-après les éléments principaux.

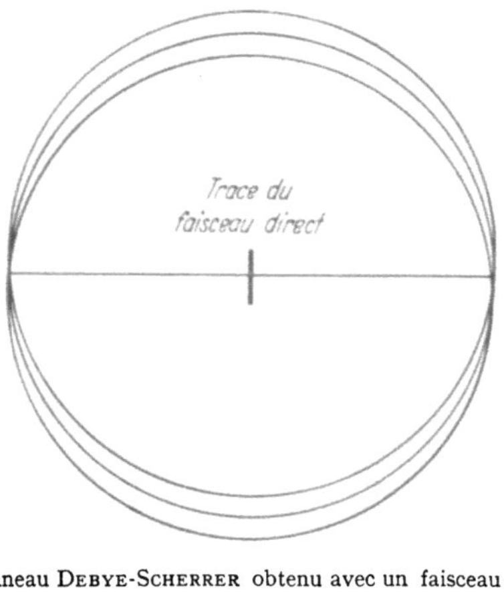

Fig. 21. Forme de l'anneau DEBYE-SCHERRER obtenu avec un faisceau défini par des fentes.

Les chambres DEBYE-SCHERRER modernes ont des diamètres de l'ordre de 10 à 20 cm.

Le collimateur est, en général, formé de deux petites fentes de 1 à 2 mm. de hauteur et de quelques dixièmes de millimètre de largeur, car cette forme du faisceau primaire produit peu d'élargissement des raies dans un plan équatorial tout en augmentant leur intensité. En dehors de ce plan les raies s'élargissent de façon caractéristique (Fig. 21).

Le support du film doit être particulièrement soigné pour que celui-ci soit rigoureusement cylindrique. Trois dispositions

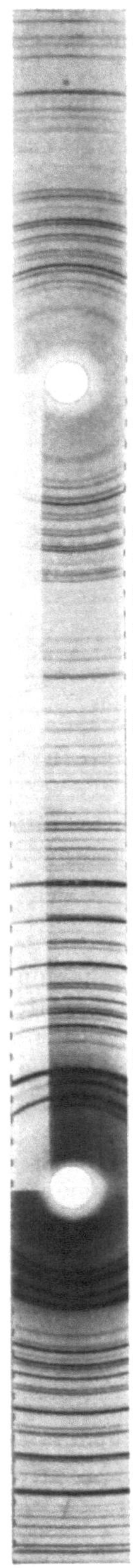

Fig. 20 bis. Exemple de diagramme DEBYE-SCHERRER échantillon de quartz; rayonnement Cu$K\alpha$. Disposition du film de STRAUMANIS (p. 18). Le film est partiellement recouvert d'une feuille de nickel de 0,018 mm. pour absorber les raies dues à Cu$K\beta$ (PARRISH).

sont adoptées (Fig. 22): 1. Les extrémités sont tournées vers l'entrée des rayons quand on s'intéresse surtout aux raies de diffraction à angle ϑ faible. 2. La disposition inverse, ou de VAN ARKEL[1], (le film est troué pour ne pas recevoir le faisceau direct) est avantageuse quand on veut mesurer avec précision les grands angles ϑ. On obtient, en effet, directement $\frac{\pi}{2} - \vartheta$ et l'erreur sur ϑ en est réduite. 3. STRAUMANIS[2] place les extrémités du film à 90° du collimateur. Les centres des anneaux DEBYE-SCHERRER, entourant l'entrée et la sortie du faisceau, peuvent être pointés. La distance de ces points est égale à πR. Ainsi, sur le film lui-même, on détermine le rayon effectif de la chambre qui intervient dans le calcul des angles ϑ.

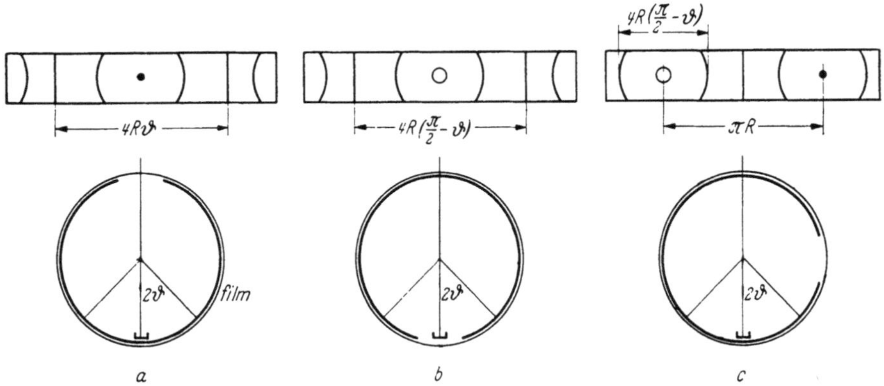

Fig. 22a–c. Montage du film dans une chambre DEBYE-SCHERRER. a) Montage normal. b) Montage de VAN ARKEL. c) Montage de STRAUMANIS.

L'échantillon doit avoir la forme d'un bâtonnet de quelques dixièmes de millimètre. Par exemple, on peut enduire avec de la poudre préalablement rendue aussi fine que possible, une mince tige de verre étiré en la maintenant par un adhésif qui n'altère pas le produit. Dans la chambre de BRADLEY, LIPSON et PETCH[3], le support est un cheveu suspendu et tendu par un poids. Une autre méthode consiste à remplir avec de la poudre un tube de verre ou de matière plastique, très mince et très transparent aux rayons X. On peut ainsi conserver l'échantillon à l'abri de l'air.

Pour que les raies de diffraction ne soient pas ponctuées, il faut qu'un très grand nombre de cristaux soient en position de réflexion pour chacun des plans réticulaires. Si les grains de l'échantillon ne sont pas assez fins ($> 5\,\mu$), un artifice très efficace consiste à faire tourner le bâtonnet sur lui-même pendant la pose. Ainsi une grande proportion des cristaux présents passe par la position de réflexion. Il faut naturellement que l'axe de rotation coïncide rigoureusement avec l'axe du bâtonnet afin que la géométrie du montage ne soit pas altérée.

Le faisceau direct doit être absorbé dans un puits pour ne pas voiler la pellicule et les bords du puits doivent être aussi rapprochés que possible de l'échantillon, de sorte à éliminer autant que possible la diffusion par l'air qui est une cause de voile du film. PARRISH[4] et CISNEY[5] ont montré qu'il était possible de déterminer toutes les dimensions du collimateur et du puits, si l'on fixe les angles minimal et maximal des diffractions enregistrées sur le film (Fig. 23).

[1] A. E. VAN ARKEL: Z. Kristallogr. **27**, 60 (1927); **67**, 235 (1928).
[2] M. E. STRAUMANIS et A. IEVIŅŠ: Z. Physik **98**, 461 (1936).
[3] A. J. BRADLEY, H. LIPSON et N. S. PETCH: J. Sci. Instrum. **18**, 216 (1941).
[4] M. J. BUERGER: J. Appl. Phys. **13**, 501 (1945).
[5] W. PARRISH et E. CISNEY: Philips Techn. Rev. **10**, 157 (1948).

Le *réglage de la chambre* DEBYE-SCHERRER consiste à amener l'échantillon sur l'axe de rotation de son support. Par conséquent cet axe doit coïncider avec l'axe du cylindre sur lequel est appliqué le film. Il faut ensuite amener le foyer du tube à rayons X sur l'axe du collimateur.

L'intensité des diagrammes dépend beaucoup de la source des rayons X. En particulier, le meilleur rendement est obtenu quand le foyer est assez petit pour être utilisé intégralement.

Il est recommandé de placer l'axe de la chambre parallèlement au plan de l'anticathode. Si le foyer est linéaire, sa grande largeur doit être dans le sens des rayons, l'angle d'émergence étant de l'ordre de 4 à 6°.

Ainsi un foyer de 10×2 mm., vu sous un angle de 4°, est bien adapté à un orifice d'entrée du collimateur de $0,5 \times 2$ mm.

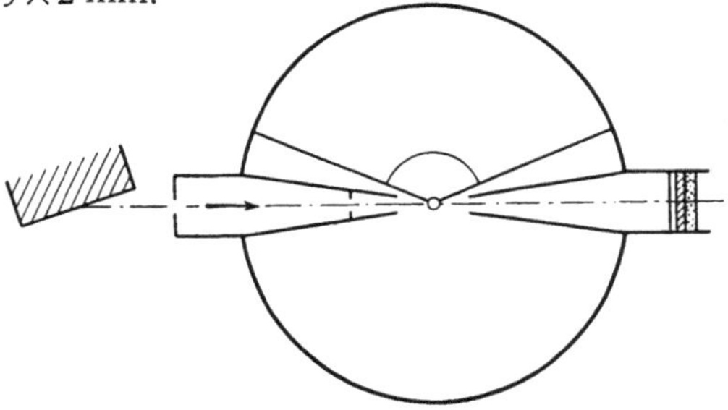

Fig. 23. Collimateur et puits destinés à éviter le rayonnement parasite. Détermination des angles masqués à l'entrée et à la sortie de la chambre.

Les tubes à foyer fin et bien défini permettent des montages intéressants. Le pinceau utile est défini géométriquement par le foyer lui-même et l'échantillon, le collimateur ne servant plus qu'à éliminer les rayons parasites. Quand l'échantillon et le foyer sont tous deux petits, il est possible de conserver une précision suffisante au diagramme en les rapprochant bien plus que dans les montages normaux (quelques millimètres[1]). On obtient alors des diagrammes de diffraction aussi précis que les diagrammes ordinaires en des temps de pose très courts, à cause de la grande brillance des foyers fins[2].

En réalité, le faisceau primaire n'est pas monochromatique puisqu'il est issu directement de l'anticathode du tube. La radiation principale $K\alpha$ est accompagnée de la radiation $K\beta$ que l'on élimine par un filtre approprié (par exemple une feuille de 1/100 mm. de nickel pour Cu $K\alpha$).

Mais il peut subsister des raies parasites (raies $K\alpha$ d'impuretés de l'anticathode, raies L du tungstène déposé par évaporation du filament) et, en tout cas, il subsiste toujours une importante fraction du spectre continu. Ces radiations réfléchies sur chacun des plans réticulaires de la poudre cristalline donnent naissance à de larges bandes qui sont une des causes principales du voile général du film. Ce voile est un des inconvénients majeurs de la méthode simple de DEBYE-SCHERRER qui a été évité, comme nous le verrons plus loin, par l'usage des monochromateurs.

8. Chambre de diffraction à focalisation ([7], chap. 4). Dans la chambre DEBYE-SCHERRER, la finesse des raies exige que l'échantillon soit très mince; la masse de la matière diffractante est nécessairement très faible: or, l'intensité des raies lui est proportionnelle. Pratiquement on est gêné par la faible valeur de cette intensité, car souvent un diagramme de poudre exige avec un tube ordinaire un temps de pose de plusieurs heures.

La chambre à focalisation SEEMANN-BOHLIN[3] permet avec un faisceau primaire de grande ouverture, donc de grande énergie, d'obtenir des raies fines.

---

[1] H. E. HUXLEY: Acta crystallogr. **6**, 457 (1953).

[2] S. GOLDSZTAUB: Acta crystallogr. **9**, 118 (1956). — J. W. JEFFERY: J. Sci. Instrum. **29**, 385 (1952).

[3] H. SEEMANN: Ann. Physik **81**, 455 (1919). — H. BOHLIN: Ann. Physik **61**, 421 (1920). — J. M. C. BRENTANO: J. Appl. Phys. **17**, 420 (1946).

Considérons un cercle et une source ponctuelle de rayons X, S, située sur ce cercle (Fig. 24). Les rayons X diffractés par l'échantillon sous un angle donné 2ϑ viennent converger en un point P du cercle. Le film sera donc disposé le long du cercle (C). En fait, en S, on dispose une fente de quelques millimètres de hauteur située aussi près que possible du foyer du tube et les ouvertures réalisées sont de l'ordre de quelques degrés. Il n'y a focalisation que pour les rayons se propageant dans le plan de la figure: les raies s'élargissent en dehors du plan équatorial. Le diagramme SEEMANN-BOHLIN n'enregistre les raies que dans un domaine limité d'angles ϑ, puisque 2ϑ doit être au moins égal à l'angle d'incidence des rayons primaires sur l'échantillon.

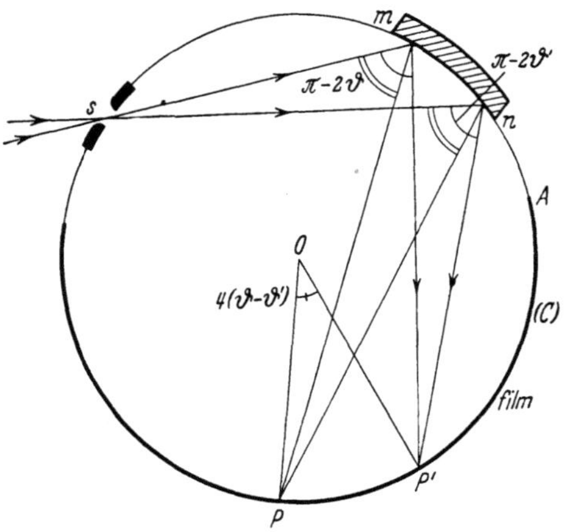

Fig. 24. Principe de la chambre à focalisation de SEEMANN-BOHLIN.

Plusieurs dispositions sont possibles suivant l'intervalle d'angle choisi, mais la méthode ne convient pas pour l'étude des diffractions aux faibles angles ($\vartheta < 20°$).

Sauf dans la chambre SEEMANN-BOHLIN symétrique (Fig. 25), on ne peut pas mesurer directement l'angle ϑ, en l'absence du repérage du zéro. On mesure les raies par rapport à la limite de voile du film qui correspond à un point bien déterminé de la chambre (par exemple A dans la Fig. 24).

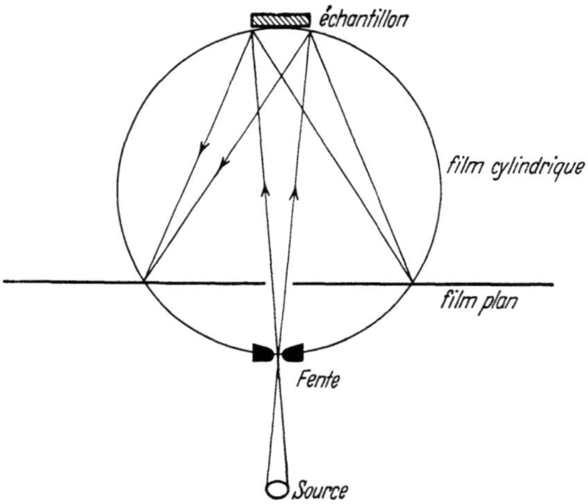

Fig. 25. Chambre SEEMANN-BOHLIN symétrique pour rayons en retour.

Dans le montage SEEMANN-BOHLIN, les rayons diffractés sont réfléchis par l'échantillon. Celui-ci peut être un bloc massif. Quand l'angle d'ouverture est assez faible, on peut se contenter de lui donner une surface plane, au lieu de la surface cylindrique théorique. C'est une grande commodité pour l'examen des métaux[1].

9. Chambres spéciales. *α) «Monochromatic pinhole diagram».* Quand on ne se contente pas de mesurer les angles de diffraction, mais que l'on désire enregistrer des anneaux en entier (pour l'étude des textures cristallines), on remplace la bande de films cylindriques par un film de grande hauteur. Si seuls les angles $\vartheta < \frac{\pi}{4}$ ont de l'intérêt, on emploie souvent une plaque sur laquelle les différents plans de diffraction donnent naissance à des anneaux circulaires concentriques.

Le collimateur a des orifices circulaires de façon à donner un pinceau n'altérant pas la symétrie de révolution du dispositif (Fig. 26). En somme, on se sert de la chambre déjà décrite pour les diagrammes de LAUE.

[1] A. F. WESTGREN: Trans. Amer. Inst. Min. Metallurg. Engrs. **93**, 13 (1931).

β) Diagrammes en retour ([7], chap. 6). Comme nous le verrons, pour la mesure de précision des paramètres, on a besoin seulement des raies à très grand angle ϑ, et naturellement les erreurs sur ϑ doivent être réduites autant que possible. Les positions de l'échantillon et du film doivent être très bien définies mécaniquement.

Le film est appliqué contre un plan normal au collimateur (comme dans le chambre de la Fig. 1 b). La face plane de l'échantillon est appliquée contre un support à distance bien déterminée du film. Pour uniformiser le noircissement des raies, le film ou l'échantillon peuvent tourner dans leur plan (quelquefois l'échantillon en plus oscille de quelques degrés autour d'un axe vertical)[1].

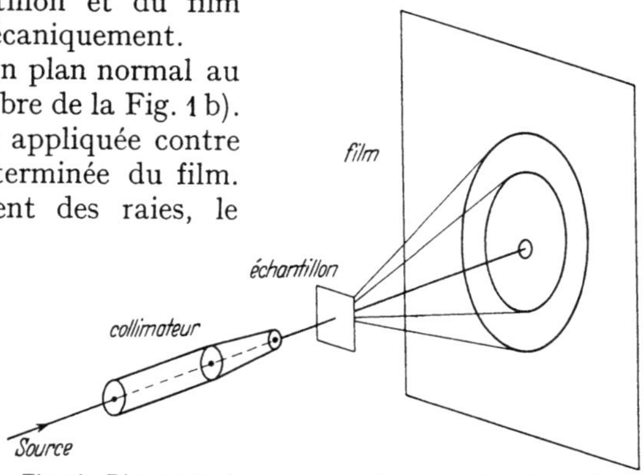

Fig. 26. Diagramme de poudre sur film plan (Monochromatic pinhole diagram).

γ) Diagrammes à haute et basse température ([1], p. 226; [7], chap. 9 et 10). Les diagrammes avec l'échantillon à basse température peuvent s'effectuer avec une chambre ordinaire. L'échantillon seul est refroidi par un courant de gaz froid et sec; il est essentiel d'éviter les formations de givre[2].

Les chambres à haute température sont plus compliquées. Le four doit porter l'échantillon à une température bien définie et néanmoins comporter des ouvertures permettant l'entrée des rayons primaires et la sortie des rayons diffractés. Le film doit être protégé contre toute élévation de température. De nombreuses solutions ont été proposées sans que l'une d'elles ait été généralement adoptée. Nous nous bornerons donc à renvoyer aux diverses descriptions récemment parues[3].

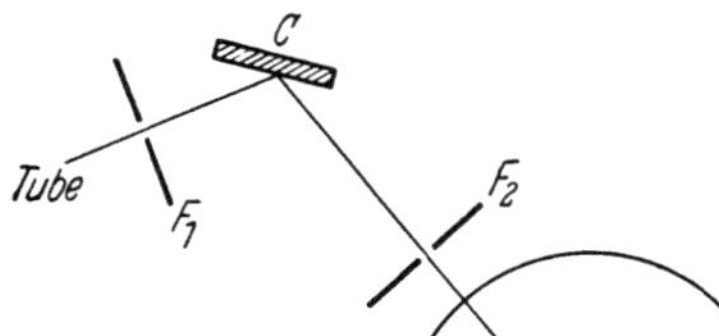

Fig. 27. Chambre DEBYE-SCHERRER placée après un cristal monochromateur. Les fentes F_1 et F_2 isolent le faisceau monochromatique.

δ) Diagramme en rayonnement monochromatique ([7], chap. 4). Un progrès important dans la méthode DEBYE-SCHERRER a été réalisé grâce à l'usage d'un faisceau rigoureusement monochromatique. L'élimination du spectre continu diminue considérablement le voile du cliché; ainsi les raies faibles masquées par ce voile peuvent être enregistrées.

Entre le tube et la chambre, intercalons un cristal orienté de telle façon que seule la radiation utile K_α soit réfléchie (Fig. 27). En réalité, les radiations

[1] D. E. THOMAS: J. Sci. Instrum. **18**, 135, 205 (1941); **25**, 440 (1948). — C. WAINWRIGHT: J. Sci. Instrum. **19**, 165 (1942). — R. GRAF: La Recherche Aeronautique, No. 41, p. 51 1954.

[2] D. F. CLIFTON: Rev. Sci. Instrum. **21**, 339 (1950). — W. HUME ROTHERY et D. J. STRAWBRIDGE: J. Sci. Instrum. **24**, 89 (1947). — E. A. OWEN: J. Sci. Instrum. **26**, 114 (1949). — N. C. TOMBS et H. P. ROOKSBY: Acta crystallogr. **4**, 474 (1951). — A. R. UBBELHODE et I. WOODWARD: Proc. Roy. Soc. Lond. **185**, 448 (1946). — E. A. WOOD: Rev. Sci. Instrum. **24**, 325 (1953).

[3] H. J. GOLDSCHMIDT et J. CUNNINGHAM: J. Sci. Instrum. **27**, 177 (1950). — T. KUBO et H. AKABORI: J. Phys. Coll. Chem. **54**, 1121 (1950). — P. GORDON: J. Appl. Phys. **20**, 908 (1949). — E. A. OWEN: J. Sci. Instrum. **26**, 114 (1949). — M. J. BUERGER, M. W. BUERGER et F. G. CHELSEY: Amer. Mineral. **28**, 285 (1943). — W. HUMEROTHRY et P. W. REYNOLDS: Proc. Roy. Soc. Lond., Ser. A **167**, 25 (1938). — J. W. EDWARDS, R. SPEISER et H. L. JOHNSTON: J. Appl. Phys. **22**, 424 (1951).

harmoniques $\lambda/2$, $\lambda/3$ ... sont aussi réfléchies, mais comme elles sont prélevées dans le spectre continu elles sont d'intensité relative faible et généralement sans inconvénient. On a recherché les cristaux qui donnaient les faisceaux les plus intenses (LiF, pentaérythrite)[1] mais néanmoins la réflexion cristalline diminue beaucoup l'intensité du rayonnement, et pour une chambre DEBYE-SCHERRER donnée, le temps de pose pour un même diagramme est cinq fois plus grand que si la chambre était placée directement à la fenêtre du tube à rayons X. Cet inconvénient, qui limitait la commodité du monochromateur plan, a été éliminé par les *cristaux courbés*.

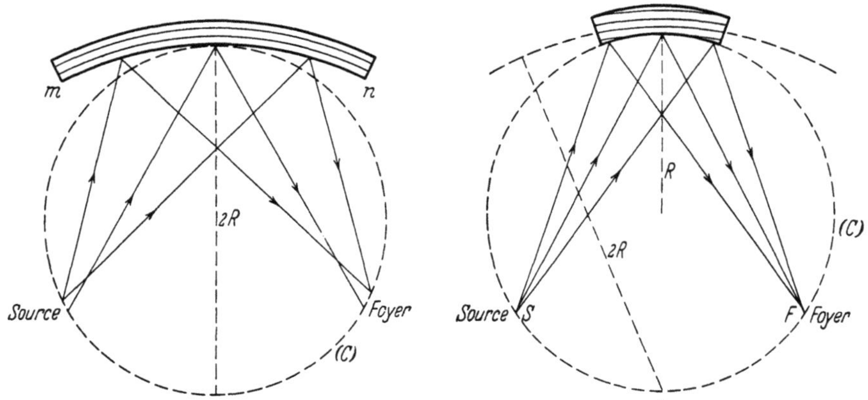

a b

Fig. 28a et b. Monochromateurs à cristal courbé: a) Montage de JOHANN. b) Montage de JOHANSSON.

La faible intensité du faisceau réfléchi par le cristal plan vient de ce que dans le faisceau incident, seule la faible fraction des rayons, qui font exactement avec les plans réticulaires l'angle de BRAGG, peut être réfléchie. Au contraire, quand on courbe élastiquement les lamelles cristallines, un faisceau monochromatique de large ouverture (jusqu'à 2°) converge en un point de focalisation F, quand la source ponctuelle S est à la position convenable. En réalité, la focalisation avec une lame simplement courbée (montage JOHANN[2], Fig. 28a) n'est pas parfaite, mais elle est rigoureuse avec le montage de JOHANSSON[3] (Fig. 28b): la lame est taillée cylindriquement avec un rayon de courbure $2R$, puis appliquée sur une surface cylindrique de rayon R: les plans réticulaires prennent alors un rayon de courbure $2R$. On a utilisé le cristal de quartz et les plans d'indices $(10\bar{1}1)$ qui donnent les plus fortes réflexions. La distance interréticulaire étant $d = 3{,}34$ Å, les angles de réflexion sont 6°,4 pour MoK_α, 13°21 pour CuK_α et 20° pour Cr K_α. La distance de S et F au cristal est égale à $2R \sin\vartheta$ d'après les conditions de focalisation. Une lamelle de quartz de 0,3 mm. d'épaisseur supporte sans se briser des courbures jusqu'à un rayon de l'ordre de 300 mm. D'autres cristaux ont été utilisés, notamment la fluorine[4] (pour supprimer le second ordre) ou l'aluminium courbés plastiquement[5]: le faisceau au point de focalisation est moins fin mais plus intense qu'avec le quartz.

[1] H. LIPSON, J. B. NELSON et D. P. RILEY: J. Sci. Instrum. **22**, 184 (1945).
[2] H. JOHANN: Z. Physik **69**, 185 (1931).
[3] T. JOHANSSON: Z. Physik **82**, 507 (1933).
[4] B. E. WARREN: Rev. Sci. Instrum. **21**, 102 (1950).
[5] Y. CAUCHOIS, T. J. TIEDEMA et W. G. BURGERS: Acta crystallogr. **3**, 372 (1950). — G. HÄGG et N. KARLSSON: Acta crystallogr. **6**, 728 (1952).

En taillant la lamelle non plus parallèlement au plan réflecteur mais sous un angle faible α, on montre[1] que les distances SC et FC ne sont plus égales, bien qu'il y ait toujours focalisation: elles valent respectivement $2R\sin(\vartheta-\alpha)$ et $2R\sin(\vartheta+\alpha)$, si ϑ est l'angle de BRAGG (Fig. 29).

Pour utiliser rationnellement le faisceau monochromatique convergent, il faut associer le monochromateur à une chambre de diffraction du type SEEMANN-BOHLIN[2]. On voit, en effet, que, si F est sur la surface du cylindre (C) ainsi que le film et la poudre diffractante, les rayons diffractés par tout point de l'échantillon sous un angle donné viennent converger en un point du film. On peut opérer aussi bien par transmission que par réflexion (Fig. 30). Un montage donné ne permet d'enregistrer qu'un certain domaine d'angle ϑ. Mais il est possible, grâce au montage par transmission d'atteindre dans des conditions très satisfaisantes les diffractions jusqu'aux petits angles, ce qui n'était pas possible avec la chambre SEEMANN-BOHLIN simple, où l'échantillon était obligatoirement examiné par réflexion.

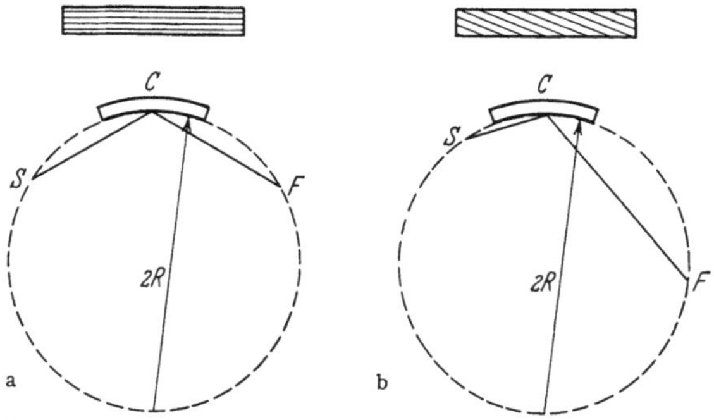

Fig. 29a et b. Influence de l'angle de taille de la lame par rapport aux plans réflecteurs. a) $\alpha=0$ monochromateur symétrique. b) $\alpha\neq 0$ monochromateur dissymétrique.

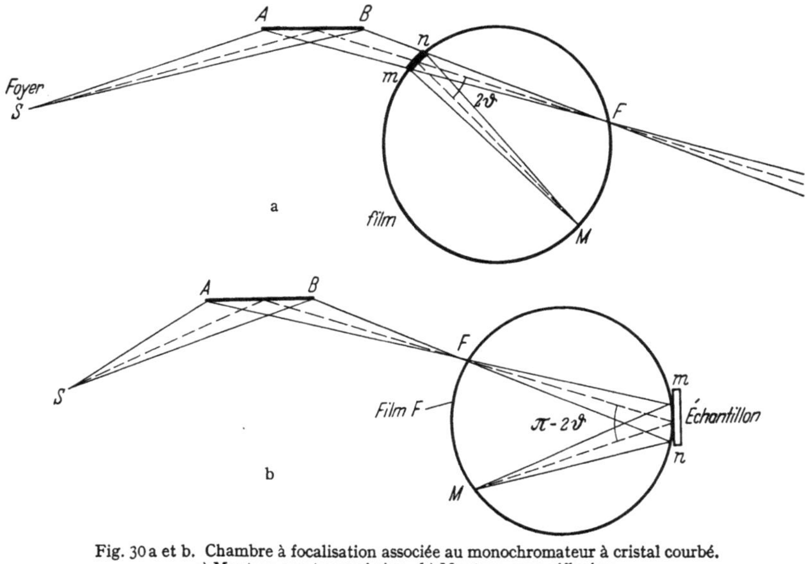

Fig. 30a et b. Chambre à focalisation associée au monochromateur à cristal courbé. a) Montage par transmission. b) Montage par réflexion.

La chambre à focalisation associée au monochromateur n'exige pas de pose plus longue qu'une chambre DEBYE-SCHERRER simple. En effet, ce que la réflexion cristalline fait perdre est compensé par le gain dû à la focalisation des rayons diffractés. Les avantages de cette chambre sont:

[1] A. GUINIER: C. R. Acad. Sci. Paris **223**, 31 (1946).

[2] Y. CAUCHOIS: C. R. Acad. Sci. Paris **195**, 228 (1932). — R. M. BOZORTH et F. E. HAWORTH: Phys. Rev. **53**, 538 (1938). — A. GUINIER: Ann. de Phys. **12**, 161 (1939). — P. M. DE WOLFF: Acta crystallogr. **1**, 206 (1948).

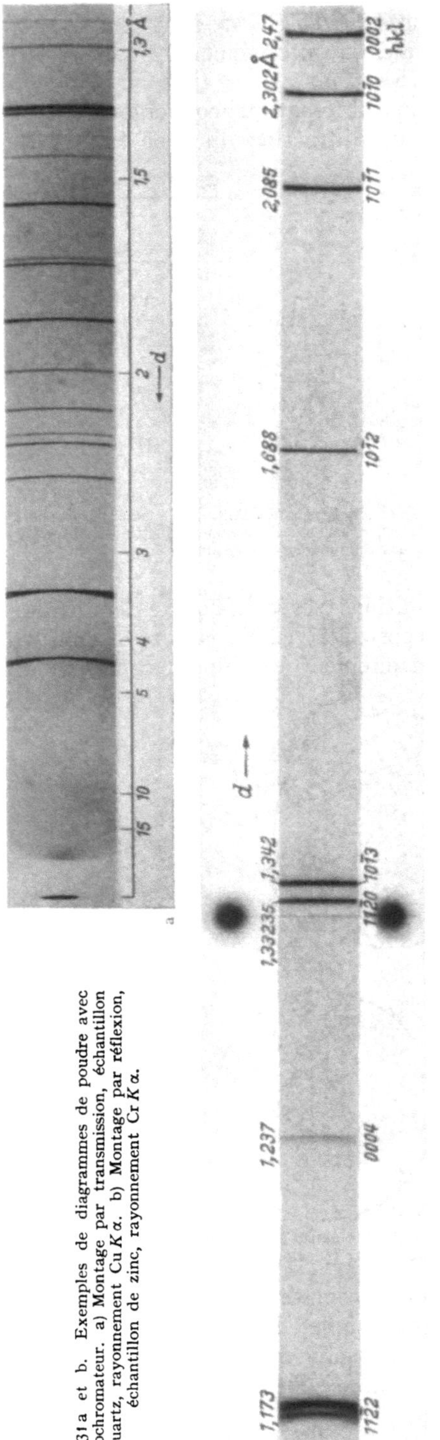

Fig. 31a et b. Exemples de diagrammes de poudre avec monochromateur. a) Montage par transmission, échantillon de quartz, rayonnement Cu $K\alpha$. b) Montage par réflexion, échantillon de zinc, rayonnement Cr $K\alpha$.

1. La finesse des raies qui permet des pointés plus précis qu'une chambre DEBYE-SCHERRER et la séparation des raies très rapprochées.

2. L'absence de voile grâce à quoi les raies de très faible intensité sont visibles (Fig. 31).

10. Le diffractomètre à compteur GEIGER-MÜLLER ([*1*], chap. 5; [*7*], chap. 7). Si, avec la méthode photographique, les mesures de position des raies sont aisées et très précises, il est par contre difficile de déterminer les intensités des raies.

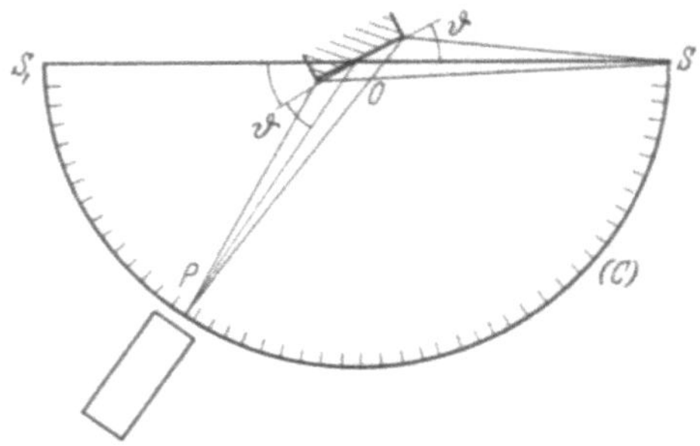

Fig. 32. Principe du diffractomètre à compteur GEIGER-MÜLLER.

La photométrie du diagramme est une opération longue et de médiocre précision. L'introduction du compteur GEIGER-MÜLLER comme récepteur a fait faire un progrès considérable aux méthodes de la radiocristallographie.

Nous décrirons ici le diffractomètre qui est d'usage courant maintenant pour l'enregistrement de diagrammes de poudre (Fig. 32)[1].

Soit une source de rayons X quasi ponctuelle, S,qui émet un faisceau divergent tombant sur un échantillon dont la face antérieure, plane, passe par l'axe de rotation O. Considérons le cercle de centre O et de rayons OS; les conditions de focalisation seront remplies pour un point quelconque du cercle, P, si l'angle d'incidence du rayon moyen est la moitié de l'angle de diffraction S_1OP. Nous

[1] R. LINDEMANN et A. TROST: Z. Physik **115**, 456 (1940). — H. FRIEDMAN: Electronics **18**, 4, 132 (1945). — W. PARRISH et E. A. HAMACHER: Trans. Instr. and Measurements Conference, Stockholm 1952, p. 95.

plaçons le compteur derrière une fente fine en P. Si le compteur se déplace le long du cercle et qu'en même temps, *le support de l'échantillon tourne à vitesse moitié*, les conditions de focalisation seront réalisées pendant l'enregistrement de tout le diagramme.

On obtient ainsi la courbe de l'intensité diffractée en fonction de l'angle, ce qui correspond à l'enregistrement au microphotomètre d'un diagramme photographique de diffraction. Le diffractomètre donne donc directement non seulement la position des raies de diffraction mais aussi leur intensité. La grande sensibilité des compteurs et la focalisation géométrique des rayons diffractés

Fig. 33. Diffractomètre comprenant un tube démontable, un goniomètre et les dispositifs d'enregistrement (Compagnie Générale de Radiologie, Paris).

permet d'obtenir des diagrammes de *grande précision* et de *grande résolution*. C'est dire l'intérêt de ces méthodes malgré la complication et le prix des appareils.

α) Construction du diffractomètre. Dans la plupart des appareils actuels la source S est constituée par le foyer du tube lui-même. Le plan de l'anticathode est perpendiculaire au plan de la figure 32. Si le foyer, par exemple, a $1{,}5 \times 10$ mm. et que l'angle d'émergence des rayons est $3°$, la source a une largeur effective de 0,08 mm. et une hauteur de 10 mm. (Fig. 33).

La distance de la source à l'axe du goniomètre, c'est-à-dire le rayon du cercle (C) est en général de l'ordre de 15 cm.

Cette grande valeur, possible à cause de la sensibilité des compteurs, d'une part fait la précision du diffractomètre et, d'autre part, laisse autour de l'échantillon un espace libre qu'on peut utiliser à des fins très diverses (par exemple pour l'installation d'un four). Le goniomètre, d'une construction très soignée, permet la rotation du bras du compteur et celle du support de l'échantillon (à une vitesse rigoureusement moitié de lavitesse de rotation du compteur). Un réglage est prévu pour amener la normale à la face de l'échantillon sur la bissectrice de OS et OP

(Fig. 32). La position du compteur peut être lue à 0,01° près et toutes précautions sont prises pour éviter le jeu dans les mouvements. Le compteur est entraîné par un moteur: plusieurs vitesses sont possibles entre la vitesse rapide (1°/mn) et la vitesse lente (0,12°/mn).

L'échantillon est préparé en tassant la poudre dans une cuvette avec un liant de façon à obtenir une face bien plane sur une longueur de l'ordre de 20 mm.[1]. Cette face doit passer par l'axe de rotation à moins de $^1/_{10}$ mm. près. Si les grains ne sont pas trop petits, il est bon de faire tourner l'echantillon dans son plan pour que les mesures soient plus reproductibles.

Le faisceau est limité par des fentes qui définissent sa divergence horizontale, c'est-à-dire parallèle au plan de la figure. Perpendiculairement à ce plan, le faisceau a une hauteur de 10 mm., ce qui produirait un élargissement inacceptable des raies de diffraction si la divergence n'était pas réduite par des fentes, dites de SOLLER[2], (Fig. 34). Ces fentes sont constituées par une série de très minces

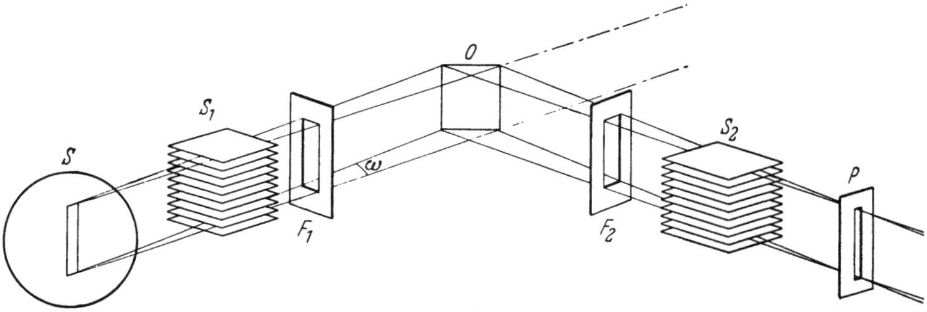

Fig. 34. Disposition des fentes limitant le faisceau dans le diffractomètre. S_1 et S_2 sont les deux systèmes de fentes de SOLLER.

lamelles métalliques parallèles d'un métal très absorbant. Longues de 3 cm. et écartées de 0,5 mm., elles limitent la divergence verticale à 3°, mais le faisceau garde une grande hauteur, donc une grande énergie. Le compteur est relié à un circuit intégrateur dont la réponse est proportionnelle à l'intensité reçue. Elle est enregistrée sur un papier dont le déroulement est porportionnel à la rotation du compteur, donc à l'angle ϑ.

Le courant moyen enregistré est soumis à des fluctuations d'autant plus importantes que la constante de temps du circuit intégrateur est plus faible et que l'intensité mesurée est plus faible. Pour que les courbes ne soient pas trop accidentées, surtout par les raies faibles, on adopte des constantes de temps de l'ordre de *plusieurs secondes*. Il est nécessaire quand on désire un diagramme soigné, que la vitesse de rotation du compteur soit très lente (0,1 à 0,5 degré/min.), sinon le profil de la raie serait déformé sur l'enregistrement: elle serait élargie et son centre de gravité serait légèrement déplacé[3].

Avec les vitesses de rotation les plus lentes, un *diagramme, même partiel, exige donc plusieurs heures*. Toutefois, des diagrammes de moindre précision peuvent être obtenus plus rapidement.

Un enregistrement correct et reproductible exige que la stabilité du générateur de rayons X soit excellente. Des dispositifs électroniques peuvent l'assurer à 0,2% près.

Le facteur essentiel dont dépend la largeur des raies est la largeur effective de la source. Les autres effets d'élargissement sont la focalisation imparfaite

---

[1] G. L. MACCREERY: J. Amer. Ceram. Soc. **32**, 141 (1949).
[2] W. SOLLER: Phys. Rev. **24**, 158 (1924).
[3] M. TOURNARIE: J. Phys. et Radium **15**, 16A (1954).

due à la forme plane de l'échantillon, qui est importante dans le cas des substances très peu absorbantes, etc.[1].

On trouvera dans l'ouvrage de KLUG et ALEXANDER [*1*] une analyse détaillée des facteurs d'élargissement des raies. Evidemment tout procédé pour affiner les raies, c'est-à-dire augmenter la précision de l'appareil conduit à diminuer l'intensité reçue du compteur. Il faut donc adopter les solutions de compromis.

Un bon diffractomètre actuellement donne des raies d'une largeur angulaire à mi-intensité de 0°,1 pour un angle $\vartheta = 30°$. La détermination en valeur absolue de l'angle ϑ demande le réglage du zéro de l'appareil pour lequel des méthodes très précises ont été décrites[2]. L'erreur sur ϑ peut être réduite à 0°,02 (Fig. 35).

Des appareils récents combinent les avantages du compteur et du monochromateur[3]. On remplace la source S sur le cercle du goniomètre par le point de focalisation des rayons issus d'un monochromateur à cristal courbé. Il est possible avec un tube à foyer fin d'isoler $K\alpha_1$ du doublet

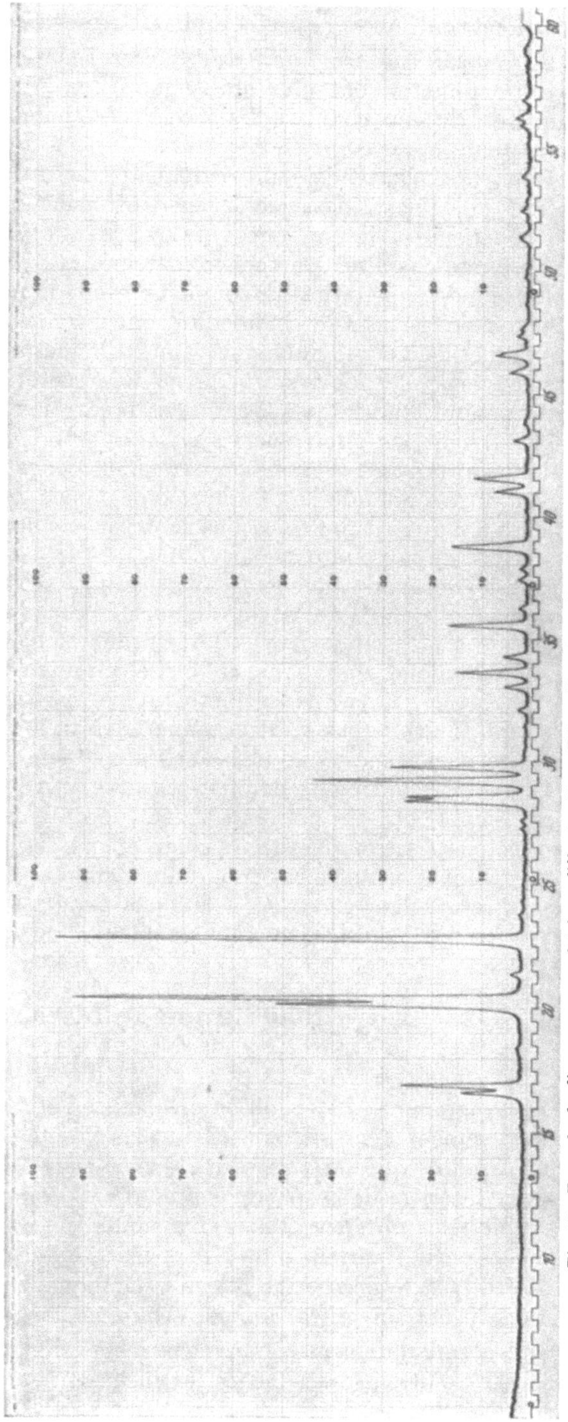

Fig. 35. Exemple de diagramme enregistré au diffractomètre. Echantillon de sulfate d'ammonium; rayonnement Cu$K\alpha$ (PARRISH).

---

[1] L. ALEXANDER: J. Appl. Phys. **21**, 126 (1950); **25**, 155 (1954). — A. J. C. WILSON: J. Sci. Instrum. **37**, 321 (1950).

[2] M. TOURNARIE: J. Phys. et Radium **15**, 11 A (1954).

[3] G. WASSERMANN et J. WIEWIOROWSKY: Z. Metallkde. **44**, 567 (1953).

$K\alpha$ [1]. Le diagramme est ainsi simplifié et, d'autre part, le contraste des raies sur le fond continu est accru, ce qui fait ressortir des raies plus faibles.

β) Comparaison avec la méthode photographique. Il est évident que les résultats du diffractomètre sont plus précis que ceux d'une chambre DEBYE-SCHERRER ordinaire. Ils sont comparables à ceux des chambres à focalisation avec monochromateur.

Une particularité des enregistrements du diffractomètre c'est que le voile continu est faible, si bien que la sensibilité pour la détection des raies faibles est bien supérieure à la chambre DEBYE-SCHERRER, mais reste un peu inférieure à celle d'une chambre à monochromateur.

La grande supériorité du compteur réside dans la *mesure* des intensités des raies. La précision et la commodité sont incontestablement bien meilleures que dans la méthode photographique. Mais si la mesure de l'intensité est assez facile par elle-même, le nombre trouvé ne représentera l'intensité de la diffraction par la poudre étudiée que si certaines précautions, assez délicates parfois, sont prises. Il faut, en effet, que les *cristaux de la préparation soient très petits* et qu'ils soient *orientés de façon absolument quelconque.* Il faut réduire l'échantillon en poudre très fine (de l'ordre du micron), mais les effets d'orientation sont très difficiles à éviter quand les grains sont par exemple en forme de plaquettes (cas des argiles, de la poudre de mica).

Une autre application particulière au diffractomètre est l'enregistrement au cours du temps de la variation d'intensité d'une raie de diffraction, le compteur étant calé à la position fixe et l'échantillon subissant une transformation quelconque (chimique, thermique, etc.). Le compteur donne instantanément l'intensité d'une raie, alors que la photographie exige un long temps de pose (mais, il est vrai, fournit tout le diagramme). Ainsi, le diffractomètre permet de faire le dosage instantané d'une phase cristalline.

Le remplacement du compteur GEIGER-MÜLLER par un compteur à scintillation[2] semble être un nouveau facteur de progrès. En effet, il est possible par un sélecteur électronique de ne compter que les photons de la radiation utile, ce qui réduit le mouvement propre du compteur et accroît la sensibilité surtout quand l'échantillon émet des radiations parasites (corps radioactifs). De plus, le compteur à scintillation a une réponse linéaire jusqu'à des intensités très élevées.

B. Du diagramme au réseau réciproque.

I. Cas du cristal unique.

11. Programme. La condition préalable à l'établissement du réseau réciproque est évidemment l'enregistrement du plus grand nombre possible de réflexions: il faut, autant que faire se peut, repérer tous les nœuds de réseau réciproque situés à l'intérieur de la sphère de limitation. Compte non tenu des imperfections spécifiques des différents types d'appareils, il convient en tous cas d'effectuer des clichés par rotation autour de plusieurs axes du cristal (en général trois).

Ceci dit, la recherche du réseau réciproque à partir des diagrammes de diffraction X par un cristal unique comprend deux séries d'opérations:

a) D'abord sur un plan purement géométrique: on établit la correspondance point par point entre les taches du cliché et les nœuds du réseau. Ce dépouil-

---

[1] R. GRIFFOUL et R. RABILLON: Materiaux et Techniques pour les éngins-fusées et l'aviation, 195. Paris: Dunod 1955.

[2] T. R. KOHLER et W. PARRISH: Rev. Sci. Instrum. **26**, 374 (1955). — J. TAYLOR et W. PARRISH: Rev. Sci. Instrum. **26**, 111 (1955).

lement du diagramme mène à la détermination des constantes réticulaires et du groupe spatial.

b) Ensuite sur un plan photométrique: l'intensité de chaque tache est mesurée et corrigée suivant la nature du cristal et le type d'appareillage utilisé. Après réduction à la même échelle des valeurs obtenues sur des clichés différents, on se trouve en possession de nombres proportionels aux $|F_{hkl}|^2$ requis pour la recherche de la structure.

12. Le dépouillement du diagramme. *α) Chambre à cristal tournant.* Outre le centrage des cristaux en vue d'une rotation autour de l'un de leurs axes, l'intérêt principal des clichés de cristal tournant réside dans le fait qu'ils permettent de déterminer la périodicité de translation suivant cet axe.

Soient R le rayon de la chambre cylindrique, ν l'angle avec le plan équatorial du cône de réflexion correspondant à la strate l et y la distance, sur le film, de cette strate à la ligne équatoriale.

Alors
$$\tan\nu = \frac{y}{R}. \qquad (12.1)$$

La condition d'interférence (voir J. BOUMANN, sect. 4β et 5α) s'écrit:
$$l\lambda = a\sin\nu, \qquad (12.2)$$

a étant la période d'identité le long de l'axe confondu avec l'axe de rotation et l étant le rang de la strate.

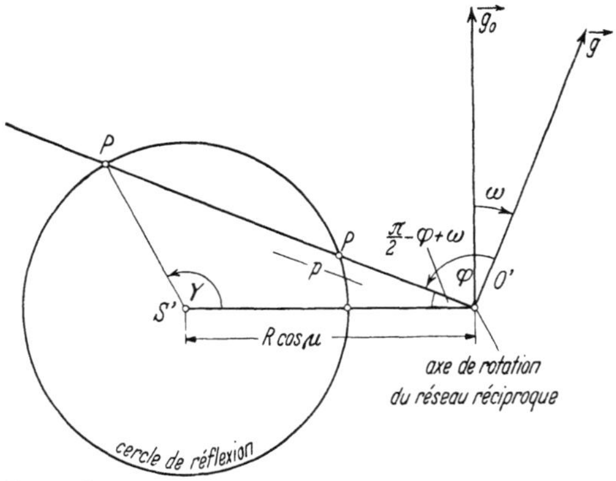

Fig. 36. Intersection d'une strate du réseau réciproque et de la sphère de réflexion (plan).

On obtient une bonne valeur de a par les formules (12.1) et (12.2) à partir des valeurs de y mesurées pour les différentes valeurs de l et en retenant la moyenne.

β) Chambre de WEISSENBERG. On a vu au précédent chapitre (p. 7) que les appareils de WEISSENBERG permettent l'obtention de diagrammes de diffraction où chaque tache peut être liée sans ambiguité à un nœud du réseau réciproque. Nous nous proposons maintenant d'établir l'expression analytique de cette correspondance (voir [*11*]).

Soit le diagramme relatif à une strate l (caractérisée par l'angle ν), obtenu avec une inclinaison quelconque μ. On repère le diagramme suivant un système d'axes orthogonaux; sur le premier, parallèle aux génératrices du cylindre de la chambre, on porte ω, longueur proportionnelle à l'angle dont a tourné le cristal à partir d'une position de départ arbitraire $\boldsymbol{g}_0$, ici normale au plan d'incidence; suivant la section droite de la chambre on porte Y, projection sur le cercle de réflexion des angles que forment les directions diffractées avec le faisceau émergent.

D'autre part, dans le réseau réciproque, les points de la strate l sont rapportés, au moyen de coordonnées polaires, à son centre de rotation (Fig. 36). Les arguments φ sont mesurés par rapport à une direction arbitraire $\boldsymbol{g}$ solidaire de la strate; les modules sont désignés par p. Parmi les relations liant les systèmes p, φ et Y, ω on a (triangle $PS'O'$):

$$p^2 = R^2(\cos^2\mu + \cos^2\nu - 2\cos\mu\cdot\cos\nu\cdot\cos\mathsf{Y}) \qquad (12.3)$$

et

$$R^2\cos^2\nu = p^2 + R^2\cos^2\mu - 2pR\cos\mu\cdot\sin(\omega-\varphi). \qquad (12.4)$$

En effet on a vu que le rayon du cercle de réflexion vaut $r = R\cos\nu$ (R, rayon de la sphère de réflexion), et que la distance de son centre à l'axe de rotation du réseau réciproque est $R\cos\mu$.

En particulier, lorsque la trace de l'axe de rotation se trouve sur le cercle de réflexion (équi-inclinaison), μ et ν ont même valeur absolue et (12.3), (12.4) se réduisent respectivement à (12.5) et (12.6):

$$p^2 = 2R^2\cos^2\mu\,(1 - \cos\Upsilon) = 4R^2\cos^2\mu\cdot\sin^2\frac{\Upsilon}{2}$$

ou

$$p = 2R\cos\mu\cdot\sin\frac{\Upsilon}{2} \tag{12.5}$$

et

$$p = 2R\cos\mu\cdot\sin(\omega - \varphi). \tag{12.6}$$

Le rapprochement des deux dernières relations indique que, pour $\varphi = \text{const}$, ω varie comme $\frac{1}{2}\Upsilon$. Donc, en équi-inclinaison, un rayon central dans le plan du réseau réciproque se transforme, sur le diagramme de WEISSENBERG développé, suivant une droite de pente égale à 2.

Mais dans le cas général, une droite passant par le centre de rotation ne se traduit plus par une courbe de forme géométrique simple. Ce fait apparaît clairement sur la figure: lorsqu'une réflexion est possible, il existe presque toujours 2 points P pour une valeur de φ et de ω.

Cependant pour p constant et φ, ω variables, la réflexion aura toujours lieu au même point P: les lignes d'égal p sur les clichés, coïncident avec les génératrices de la chambre.

γ) Détermination des constantes réticulaires. Les clichés équatoriaux de WEISSENBERG permettent de déterminer les caractéristiques métriques de l'espace réciproque. Ces clichés doivent être exécutés avec un faisceau normal, ce qui donne l'enregistrement du maximum de réflexions et simplifie les calculs des distances interréticulaires (des détails seront donnés dans les sections consacrées aux poudres cristallines, p. 37).

Dans ce cas, les nœuds des droites centrales du réseau appartenant à la strate équatoriale se traduisent par des taches également alignées sur des droites. Les axes réciproques, par exemple $h\boldsymbol{a}^*$ et $k\boldsymbol{b}^*$ sont aisément reconnaissables, soit à leur grande densité de taches, soit à la disposition et à l'intensité symétriques des réflexions qui les entourent.

Une première mesure consiste à relever l'angle $\omega = \gamma^*$ séparant les droites $h\boldsymbol{a}^*$ et $k\boldsymbol{b}^*$.

D'autre part, on obtient a^* (ou b^*) à partir de ses multiples a^*, $2a^*$ ... ha^* (ou b^* ... kb^*) par application de la relation (12.3):

$$h\,a^* = p_{h\,o} = 2R\sin\frac{\Upsilon_{h\,o}}{2}.$$

δ) Relevé des indices. La détermination des indices cristallographiques pourrait être effectuée au moyen des relations (12.1) et (12.2). Cependant, dans la mesure où un relevé très précis n'est pas indispensable, on utilise avantageusement un abaque transparent que l'on superpose au cliché et sur lequel sont tracées les lignes d'égal p (génératrices de la chambre) à intervalle 0,05 par exemple, et les lignes d'égal φ à intervalle de 5° (droites de pente 2 lorsque le centre de rotation se trouve sur le cercle de réflexion, courbes plus complexes dans le cas général).

Dans de nombreux cas cet abaque est même superflu, les transformées des droites *h* et *l* fixes, *k* et *l* fixes, du réseau réciproque (*l*, numéro de strate) étant reconnaissables sur les diagrammes de WEISSENBERG.

ε) Détermination du groupe spatial. La correspondance entre taches et indices étant établie, on recherche les lois d'extinction qui permettent de reconnaître le groupe spatial par consultation des Tables Internationales [*13*].

Une ambiguité peut cependant subsister, particulièrement en ce qui concerne la présence ou l'absence d'un centre de symétrie, mais l'étude purement géométrique du réseau réciproque ne permet pas de la lever. C'est pourquoi la résolution de ce problème sera-t-elle reportée au chapitre suivant (Sect. 22).

13. Mesure des intensités. La mesure des intensités des faisceaux diffractés par un cristal présuppose l'apport d'un grand soin dans les manipulations photographiques des clichés. Ceux-ci devront, en particulier, être développés dans des conditions identiques (durée de développement, température, composition et degré d'usure du bain) et les films devront appartenir au même lot de fabrication. De cette manière un seul étalonnage d'émulsion sera généralement suffisant, étant entendu qu'il doit également être effectué dans les mêmes conditions de développement.

Cependant, malgré le contraste relativement faible des émulsions à rayons X, la gamme des intensités enregistrées est trop étendue pour que toutes puissent donner lieu à des transmissions optiques mesurables avec précision: pour les grandes durées d'exposition l'échelle des intensités est «écrasée» dans la zone de surexposition de l'émulsion. Au contraire, si l'on choisit des temps de pose plus courts, les taches d'intensité faible ne seront pas décelables. On remédie à cet état de choses en exposant longuement plusieurs films superposés (3 ou 4) jouant les uns par rapport aux autres le rôle de filtres d'absorption: en gros, un faisceau de 1,5 Å de longueur d'onde s'affaiblit de 60% en traversant un film à rayons X émulsionné sur les deux faces. Les intensités faibles seront alors mesurées sur le premier film, les plus fortes sur le dernier. Les taches qui ont pu être mesurées sur plusieurs clichés (la moitié d'entre elles environ) servent à la mise à une échelle commune des différents diagrammes.

Il existe deux méthodes usuelles de mesure des intensités: la comparaison visuelle où l'on cherche à juxtaposer à la tache considérée la tache de même densité d'une échelle étalonnée, et la densitométrie à l'aide d'une cellule photoélectrique.

α) La méthode de comparaison visuelle. L'échelle devant servir à la comparaison visuelle doit présenter les caractérisques suivantes:

1. Etre graduée proportionnellement à l'exposition (c'est-à-dire le produit du temps de pose par l'intensité reçue). Pratiquement on laisse l'intensité constante et on fait varier les temps de pose.

2. Comporter un nombre de plages suffisant pour éviter des interpolations trop larges pour être précises (écart acceptable entre deux plages consécutives: 5% environ).

3. Les plages de comparaison doivent présenter à peu près le même aspect géométrique que les taches à mesurer: en effet une tache de petite dimension, sur fond clair, apparaît à l'œil plus sombre qu'une tache de même densité mais plus étendue.

Pour confectionner l'échelle on peut se servir d'une chambre de WEISSENBERG. Le cristal est remplacé par un diaphragme de plomb ayant la forme et la taille du cristal, recouvert d'un absorbant convenable pour affaiblir le faisceau X. Après l'enregistrement de chaque plage de l'échelle, on déplace légèrement la chambre.

Les mesures par comparaison visuelle sont fatigantes pour l'opérateur, mais présentent l'avantage de la simplicité et, au moins en ce qui concerne les diagrammes de Weissenberg, de la rapidité. La précision des valeurs obtenues laisse à désirer (on l'estime à $\pm 15\%$); cependant, comme celles-ci ont trait aux carrés $|F_{hkl}|^2$ des facteurs de structure, l'erreur sur $|F_{hkl}|$ n'est finalement que de $\pm 7,5\%$, compte non tenu, évidemment, des autres sources d'imprécision.

β) Méthode photoélectrique. Une précision extrêmement poussée n'étant pas nécessaire, les montages les plus simples et les plus robustes seront parfaitement

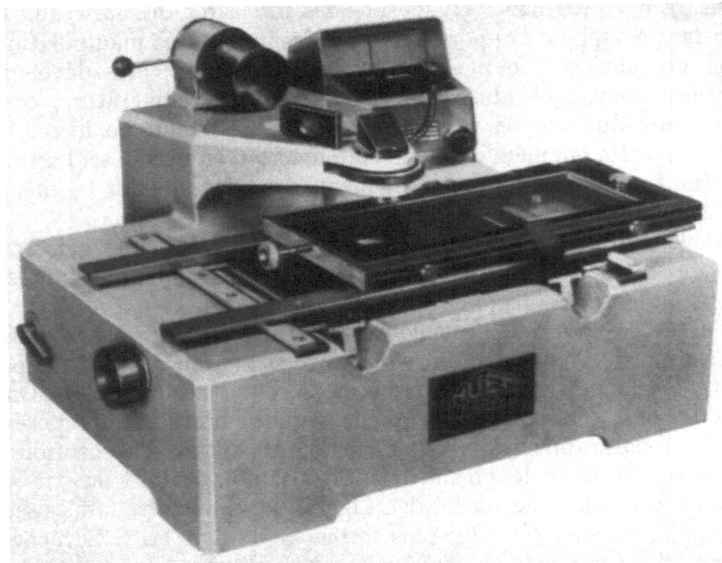

Fig. 37. Type de densitomètre pour la photométrie des clichés de rayons X (Huet, Paris).

adaptés si leurs organes optiques sont d'une construction soignée. On utilise souvent les densitomètres comportant une cellule à couche d'arrêt et un galvanomètre sensible (Fig. 37).

Les valeurs lues sur l'instrument de mesure sont traduites en unités d'exposition au moyen d'une courbe d'étalonnage.

On peut faire appel à l'enregistrement automatique par rangées des réflexions des rétigrammes, à condition que celles-ci soient alignées rigoureusement sur des droites. Cependant la manœuvre manuelle est dans ce cas facile. Les clichés de Weissenberg sont bien plus pénibles à mesurer et aucune méthode, à ce jour, ne semble permettre de rendre le travail automatique.

Les mesures par enregistrement automatique présentent l'avantage de la rapidité. Les mesures par manœuvre manuelle et lecture sont plus lentes que celles faites par comparaison visuelle, mais incomparablement plus sûres et moins fatigantes pour l'opérateur.

Il y a lieu de photométrer également le fond de diffusion avoisinant chaque tache: la valeur à considérer est la différence *d'exposition* de la tache et de ce fond.

On mesure avec le même instrument d'une part la densité des taches du diagramme, d'autre part celle des plages d'une échelle d'étalonnage analogue à celle que nous avons décrite pour les mesures visuelles. Mais l'interpolation étant ici bien plus sûre, les plages de comparaison peuvent être moins nombreuses et il n'y a pas d'erreur à craindre du fait de l'étendue relative des plages et des taches.

14. Corrections instrumentales. Les corrections instrumentales sont nécessitées par les effets, sur la valeur des intensités, de la nature même de l'appareil utilisé pour l'obtention des diagrammes. Ces effets sont essentiellement de quatre sortes:

1. La distance cristal-film peut n'être pas la même d'une strate à l'autre: le faisceau diffracté parvient plus ou moins affaibli à l'émulsion.

2. L'incidence sur le film des faisceaux diffractés peut n'être pas la même d'une strate à l'autre; il en résulte, d'une part, un étalement de la tache; d'autre part, la distance parcourue par le faisceau dans l'émulsion augmente et, avec elle, le nombre de grains sensibilisés, donc la densité photographique. Par contre, pour la même raison, l'absorption du film croît, effet dont il importe de tenir compte lorsqu'on effectue un diagramme comportant plusieurs films superposés, le facteur d'affaiblissement croissant avec l'obliquité de l'incidence.

3. La divergence 2α des pinceaux, incident et réfléchi, à partir de l'orifice frontal du collimateur, implique qu'il existe non plus une seule, mais une continuité de sphères de réflexions passant par l'origine O du réseau réciproque et telles que leurs diamètres tracés par O remplissent un angle solide d'ouverture 2α. Il en résulte essentiellement un étalement supplémentaire des taches, surtout dans les strates supérieures.

4. Lorsque le faisceau réfléchi, pendant la formation d'une tache, n'est pas immobile par rapport au film, celle-ci peut être considérablement contractée ou étirée suivant la direction des Y constants.

L'effet 1 concerne tous les appareils dont nous avons parlé. Il en va de même pour l'effet 2, sauf en ce qui concerne les rétigraphes lorsqu'ils sont utilisés en cône constant. Cependant, ces effets ne varient pas pour une strate donnée: ils équivalent à des erreurs sur le temps d'exposition; il est donc facile d'y remédier par une mise à l'échelle convenable.

L'effet 3 se rencontre également dans l'emploi de tous les appareils ne comportant pas de dispositif d'intégration. Il a été étudié dans le cas de la chambre à cristal oscillant et de l'appareil de WEISSENBERG. D'après PHILLIPS[1] la longueur d'une tache sur le cliché de cristal tournant est donnée, en faisceau, normal par

$$\mathfrak{L} = 2\alpha \left\{ \frac{\mathfrak{R}_1}{\cos^3 \nu} + \mathfrak{R}_2 \right\}$$

et en faisceau équi-incliné par

$$\mathfrak{L} = 2\alpha \left\{ \frac{\mathfrak{R}_1}{\cos \nu} + \mathfrak{R}_2 \right\}$$

($\mathfrak{R}_1$, rayon de la chambre, $\mathfrak{R}_2$, distance séparant le cristal de l'entrée du collimateur, 2α, angle sous lequel est vu le cristal à partir de cette entrée).

On voit que cet effet 3 n'est pas fonction de la position des nœuds dans leur strate et peut par conséquent également se corriger par une mise à l'échelle de toute la strate.

L'effet 4 n'existe pas pour les rétigraphes. En effet, le film, géométriquement homothétique à la strate étudiée, est immobile par rapport aux nœuds du réseau réciproque. Mais il vient s'adjoindre à l'effet 3 dans le cas de l'appareil de WEISSENBERG où le mouvement de la chambre, se composant à celui des réflexions

[1] D. C. PHILLIPS: Acta crystallogr. 7, 746 (1954).

pendant leur formation, introduit soit un allongement supplémentaire, soit une contraction des taches. La longueur de ces dernières est alors affectée d'un coefficient[1]:

$$\frac{\mathfrak{L} \pm \Delta\mathfrak{L}}{\mathfrak{L}} = 1 \pm \frac{180°}{\pi} \frac{\sin\nu}{\sqrt{4\xi^2 - (\sin^2\nu + \xi^2)^2} \cdot \{\mathfrak{R}_1/\cos^3\nu + \mathfrak{R}_2\}}$$

(faisceau normal, constante d'asservissement chambre-cristal: 1 mm./degré; $\xi = \lambda p$, distance d'un nœud réciproque à l'axe de rotation pour $\lambda = 1$ Å).

En faisceau équi-incliné, on a:

$$\frac{\mathfrak{L} \pm \Delta\mathfrak{L}}{\mathfrak{L}} = 1 \pm \frac{180°}{4\pi} \frac{2\sin\nu\,(4\cos^2\nu/\xi^2 - 1)^{\frac{1}{2}}}{\{\mathfrak{R}_1/\cos\nu + \mathfrak{R}_2\}}.$$

On corrige l'effet 4 en multipliant le nombre mesurant l'intensité d'une tache par la valeur correspondante de $\frac{\mathfrak{L} \pm \Delta\mathfrak{L}}{\mathfrak{L}}$.

15. Corrections d'absorption. Un rayonnement X parcourant un chemin x dans un cristal est affaibli par un facteur $\exp(-\mu x)$ (μ, coefficient d'absorption linéaire).

μ est donné par

$$\mu = \frac{1}{V} \sum_j n_j \mu_j$$

j, désignation de l'espèce atomique; n, nombre d'atomes j par maille; μ_j, coefficient d'absorption atomique). Les valeurs de μ_j sont à relever, par exemple, dans les Tables Internationales.

Extrêmement complexe, le phénomène d'absorption est fonction d'un nombre considérable de variables: position du cristal dans les rayons incidents, direction des rayons diffractés, lieux des réflexions à l'intérieur du cristal, formes et dimensions du cristal, coefficient μ, si bien qu'une *correction est tout a fait exclue dans le cas d'un cristal de facies irrégulier.*

Fort heureusement on se trouve souvent dans des conditions qui autorisent la simplification du problème. Ainsi un échantillon de petite dimension et de densité faible (corps organiques sans atome lourd) ne nécessite pas absolument une correction d'absorption.

Les cristaux lamellaires (2 ou 3 centièmes de millimètres d'épaisseur) n'exigent de correction que dans les cas très particuliers où l'un des rayons, incident ou réfléchi, est contenu dans leur plan. Lorsqu'il s'agit d'effectuer le diagramme équatorial d'une plaquette tournant dans son propre plan, on évite l'absorption en opérant en anti-inclinaison.

Pour un cristal ayant la forme d'un cylindre en rotation autour de son axe, l'absorption n'est plus fonction, outre μ, que du rayon de ce cylindre et des coordonnées cylindriques de la direction de réflexion. CLAASSEN en a calculé les valeurs, que l'on trouve dans les Tables Internationales ([*13*], p. 584). Bien des cristaux prismatiques peuvent être ramenés approximativement à ce cas simple.

Seuls μ, r et ϑ interviennent pour les cristaux sphériques (Tables par EVANS et EKSTEIN[2]). En effet, il existe aujourd'hui des procédés assez simples permettant de tailler les cristaux en sphères de diamètres largement inférieurs au millimètre. Mais une difficulté réside alors dans la recherche des axes.

---

[1] D. C. PHILLIPS: Acta crystallogr. **7**, 746 (1954).

[2] H. T. EVANS jr., et M. G. EKSTEIN: Acta crystallogr. **5**, 540 (1952).

Enfin, pour le cas presque général, HOWELLS[1] indique une méthode graphique de calcul de $\exp(-\mu x)$ utilisant les lieux des points du cristal pour lesquels le chemin optique parcouru par les rayons X est le même.

16. Corrections de LORENTZ, de rotation, de polarisation. La polarisation affaiblit l'intensité du faisceau diffracté par un monocristal dans la proportion[2]

$$P = \frac{1+\cos^2 2\vartheta}{2} \tag{16.1}$$

à condition que le cristal soit «idéalement imparfait». L'expérience a montré que cette expression du facteur de polarisation est en général valable pour les échantillons dont le volume est de l'ordre de 10^{-4} cm.³ et le poids de 0,1 à 0,2 mg.

On effectue la correction en multipliant les valeurs des intensités mesurées par celle de $1/P$ relevé sur une table ou déterminé graphiquement sur un dessin du réseau réciproque au moyen d'une réglette graduée.

D'autre part, au cours de la rotation du réseau réciproque, les nœuds mettent pour traverser la sphère de réflexion un certain temps qui varie avec leur distance à l'axe de rotation et avec le point d'attaque de la sphère, à cause de l'angle variable entre la surface sphérique et la trajectoire du nœud.

Les temps d'exposition des différentes taches ne sont donc pas les mêmes, d'où un facteur de correction, dit de LORENTZ. Son expression est[3]

$$L = \frac{1}{\cos\mu\cdot\cos\nu\cdot\sin\Upsilon}\,. \tag{16.2}$$

Dans le cas d'un diagramme équatorial effectué en incidence normale, (16.2) se ramène à

$$L(\mu=\nu=0) = \frac{1}{\sin 2\vartheta}\,. \tag{16.3}$$

En équi-inclinaison, on a:

$$L(\mu=-\nu) = \frac{1}{\xi\cos\vartheta} = \frac{1}{\cos^2\mu\cdot\sin\Upsilon}\,. \tag{16.4}$$

Pour une strate quelconque en incidence normale:

$$L(\mu=0) = \frac{1}{\cos\nu\sin\Upsilon}\,. \tag{16.5}$$

Cependant ces formules ne sont rigoureuses que si le domaine de réflexion entourant le nœud est extrêmement petit vis-à-vis du rayon de sphère de réflexion. On voit d'ailleurs que pour les nœuds au voisinage de la médiatrice des diagrammes ($\Upsilon=0$), l'expression (16.2) devient infinie, ce qui n'a plus de sens physique.

HEIDE[4] a donné une expression très générale, faisant intervenir le rayon du domaine de réflexion: nous la transcrivons en fonction des grandeurs que nous avons fait intervenir jusqu'ici

$$L^* = C\left[\arc\cos\left\{\frac{\xi^2+\cos^2\mu+\sin^2\nu-(1+s)^2}{2\xi\cos\mu}\right\} - \right.$$
$$\left. -\arc\cos\left\{\frac{\xi^2+\cos^2\mu+\sin^2\nu-(1-s)^2}{2\xi\cos\mu}\right\}\right].$$

[1] R. HOWELLS: Acta crystallogr. **3**, 366 (1950).
[2] Voir l'article de J. BOUMAN dans ce tome.
[3] M. J. BUERGER: Proc. Nat. Acad. Sci. U.S.A. **26**, 637 (1940).
[4] H. G. HEIDE: Acta crystallogr. **4**, 29 (1951).

C est une constante de proportionnalité; $\xi = \lambda p$, p étant la distance du nœud à l'axe de rotation; s/λ est le rayon du domaine de reflexion autour du nœud, qui est de l'ordre de l'inverse du diamètre des blocs cohérents de la mosaïque; μ, l'angle d'inclinaison; ν, angle de strate.

Une approximation acceptable est obtenue en admettant pour s une valeur comprise entre 10^{-2} et 10^{-3}. D'ailleurs s intervient peu pour Υ supérieur à 15° et on vérifie que pour s petit, L^* devient proportionnel à la forme simplifiée (16.2).

On a utilisé de bonne heure pour la correction des intensités équatoriales ($l=0$) une formule combinant les facteurs (16.1) et (16.3) de polarisation et de LORENTZ:

$$L\,P = \frac{1+\cos^2 2\vartheta}{2\sin 2\vartheta}. \tag{16.6}$$

Il est alors apparu commode d'effectuer la correction relative à (16.6) pour tous les nœuds du réseau réciproque et de le compléter par une seconde correction, relative à un facteur R dit «de rotation», spécifique de la hauteur de la strate étudiée.

En incidence normale:

$$R = \frac{\cos\vartheta}{\sqrt{\cos^2\varphi - \sin^2\vartheta}} \tag{16.7}$$

(φ angle du plan cristallin de réflexion avec l'axe de rotation) fonction dont COX et SHAW[1] ont dressé la liste des valeurs.

En équi-inclinaison:

$$R(\nu = -\mu) = \frac{\sin\vartheta}{\sqrt{\sin^2\vartheta - \sin^2\mu}} \tag{16.8}$$

dont les tables et graphiques ont été établis par TUNELL (1939).

WARREN et FANKUCHEN[2] ont calculé les valeurs en fonction de Υ et de μ, d'«un facteur ($L\,P\,R$) simplifié»:

$$\left.\begin{aligned}(L\,P\,R)_{\text{simpl}} &= \frac{1+\cos^2 2\Upsilon}{\sin 2\Upsilon}\times\\ &\times\left\{\frac{1-4\sin^2\Upsilon\,\mu\,(1-2\sin^2\Upsilon-\sin^2\mu)/[1+(1-2\sin^2\Upsilon)^2]}{[1-\sin^2\mu/(1-\sin^2\Upsilon)]^{\frac{1}{2}}}\right\}.\end{aligned}\right\} \tag{16.9}$$

On l'applique en deux temps, déterminant d'abord

$$(L\,P)_{\text{simpl}} = \frac{1+\cos^2 2\Upsilon}{\sin 2\Upsilon} \tag{16.10}$$

qui a la même valeur pour tous les nœuds situés à égale distance de l'axe de rotation, puis (R), exprimé par la partie de (16.9) entre accolades.

LU[3], toujours pour les clichés pris en équi-inclinaison, propose plus logiquement deux graphiques donnant:

$$(L\,P\,R)^{-1} = \xi\cdot\frac{\cos\vartheta}{1+\cos^2 2\vartheta} \tag{16.11}$$

respectivement en fonction de ξ, ζ ($\zeta = 2\sin\nu$) et de Υ, ζ. Ces graphiques servent à la confection de réglettes utilisables directement sur un dessin de réseau réciproque ou sur un cliché de WEISSENBERG.

[1] E. G. COX et W. F. B. SHAW: Proc. Roy. Soc. Lond., Ser. A, G. B. **127**, 71 (1930).
[2] B. E. WARREN et I. FANKUCHEN: Rev. Sci. Instrum. **12**, 90 (1941).
[3] C. S. LU: Rev. Sci. Instrum. **14**, 331 (1943).

KARTHA[1] a établi un abaque pour la correction de LORENTZ en anti-inclinaison.

On doit à DE JONG[2] et à GAY[3] des expressions pour la correction des intensités obtenues en inclinaison générale sur des rétigrammes.

Précisons que l'on *corrige* une intensité des effets de LORENTZ, de rotation, de polarisation en *divisant* sa valeur par L, R, P.

II. Cas des poudres cristallines.

Les informations principales sont tirées de la *position* et de *l'intensité* des raies du diagramme de poudre. Nous montrerons ensuite comment on utilise d'autres données du diagramme comme la largeur des raies ou leur aspect (ponctué ou continu, uniforme ou à secteurs renforcés).

17. Calcul des distances interréticulaires. Il faut mesurer l'angle de diffraction 2ϑ. La relation de BRAGG donne alors la distance interréticulaire du plan correspondant

$$\lambda = 2d \cdot \sin\vartheta .$$

La mesure de l'angle ϑ, dans tous les montages, est sujette à un certain nombre d'erreurs systématiques. Par exemple, dans la chambre DEBYE-SCHERRER peuvent intervenir une erreur sur le rayon du film qui n'est pas identique à celui de son support, une variation de longueur du film pendant le développement et le séchage, une erreur d'excentricité de l'échantillon: enfin si l'échantillon est très absorbant, les raies proviennent de portions différentes de la surface de l'échantillon suivant la valeur de ϑ: d'où un déplacement de la raie par rapport à la raie théorique produite par l'axe de l'échantillon.

L'élimination de toutes les erreurs exige des réglages minutieux (centrage rigoureux de l'échantillon, usage d'un bâtonnet très mince, etc. . . .). Le montage de STRAUMANIS (extrémités du film disposées à 90° du faisceau primaire, permet de mesurer le rayon effectif du film sur le diagramme même[4].

L'intérêt de la correction des erreurs dans le montage DEBYE-SCHERRER est aujourd'hui moins grand, car l'on dispose d'autres méthodes plus précises. C'est en premier lieu le diffractomètre qui, grâce à la forme géométrique simple de l'échantillon, au grand diamètre de son goniomètre, donne lieu à des erreurs systématiques assez faibles. La principale difficulté réside dans la détermination du zéro de l'échelle des angles ϑ [5].

La chambre à focalisation associée au monochromateur (p. 23) donne de bons résultats pour les angles ϑ faibles. On peut constituer l'échantillon par deux feuilles d'aluminium de $^1/_{100}$ mm. entre lesquelles on dispose une couche mince de la poudre étudiée. Le pointé des raies de l'aluminium, de réseau connu, sur le film, permet d'éliminer les erreurs provenant de l'écart du rayon effectif de la chambre et du rayon réel ainsi que de la position de l'échantillon par rapport à sa position théorique sur la surface de la chambre.

Il faut que, par construction, celle-ci soit rigoureusement cylindrique. Etant donné la finesse des raies, les distances réticulaires peuvent se déterminer à quelques millièmes d'angströms, quand d est de l'ordre de 3 à 1,5 Å.

---

[1] G. KARTHA: Acta crystallogr. **5**, 549 (1952).

[2] W. F. DE JONG: Selected Topics in X-Ray Crystallography, p. 28.

[3] R. GAY: Bull. Soc. franç. Minér. Crist. **77**, 1330 (1954).

[4] M. STRAUMANIS et A. LEVINS: Die Präzisionsbestimmung von Gitterkonstanten nach der asymmetrischen Methode. Berlin: Springer 1940, réimprimé par Edwards Brothers, Ann. Arbor, Mich., 1948. — M. E. STRAUMANIS: J. Appl. Phys. **20**, 726 (1949).

[5] A. J. C. WILSON: J. Sci. Instrum. **27**, 321 (1950). — L. ALEXANDER: J. Appl. Phys. **19** (1948); **21**, 126 (1950). — L. ALEXANDER et J. N. EASTBROOK: Brit. J. Appl. Phys. **4**, 742 (1953).

18. Mesures de précision des paramètres d'un cristal de réseau connu ([*1*], chap. 8; [7], chap. 15). Si l'erreur absolue sur ϑ varie peu avec cet angle, il n'en est pas de même pour l'erreur sur la distance réticulaire correspondante. *Les raies «de diffraction en retour», c'est-à-dire correspondant à des angles de* BRAGG *voisins de 90°, sont les plus sensibles à une variation de la distance réticulaire.*

Calculons la variation de l'angle de BRAGG produit par le changement de la distance réticulaire.

En différenciant la relation de BRAGG, λ étant constant, on trouve:

$$\delta d \sin\vartheta + d \cos\vartheta\, \delta\vartheta = 0$$

ou

$$\frac{\delta d}{d} = -\frac{\delta\vartheta}{\tan\vartheta}. \tag{18.1}$$

Tableau 1. *Déplacement de la raie de diffraction pour une variation de la distance interréticulaire* $\delta d/d = 10^{-3}$.

ϑ	$\delta\vartheta$ minutes	déplacement de la raie mm.
10°	0′6	0,01
30°	2′	0,04
60°	5′9	0,13
80°	19′5	0,43

Pour $\delta d/d$ donné, $\delta\vartheta$ devient très grand quand ϑ s'approche de 90°. Prenons $\delta d/d = 10^{-3}$. Le Tableau 1 donne la variation $\delta\vartheta$ à différents angles de diffraction et le déplacement de la raie en mm. pour une chambre du diamètre courant, 76,5 mm. (1 mm. sur le film correspondant à une variation de ϑ égale à 0,75°).

Pour des raisons analogues, l'écart entre les raies de diffraction qui correspond au doublet K_{α_1} et K_{α_2} augmente pour les raies à grand angle (Fig. 38).

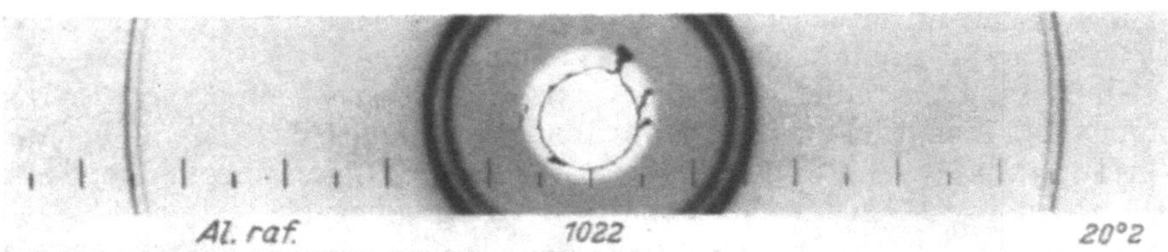

Fig. 38. Exemple de diagramme en retour. Echantillon d'aluminium et rayonnement Cu$K\alpha$. Le doublet (α_1, α_2) est très nettement séparé.

Si un cristal cubique subit une variation de paramètre da/a, toutes les distances réticulaires subissent la même variation relative: les raies subissent donc un déplacement d'autant plus grand qu'elles correspondent à un plus grand angle ϑ.

Un cas très fréquent dans la pratique est celui où le cristal a un réseau dont l'ensemble du cliché a permis de trouver les paramètres en valeur approchée. Chaque raie correspond alors à un plan d'indices connus. Les diverses valeurs de d ne sont plus indépendantes. Ainsi pour un cristal cubique $d = \frac{a}{\sqrt{h^2 + k^2 + l^2}}$, c'est-à-dire que chaque mesure permet de déterminer a. Pour un cristal hexagonal ou tétragonal, deux raies bien choisies déterminent a et c.

Considérons d'abord l'exemple du réseau cubique:

Pour faire la mesure la plus précise possible du paramètre a, il faut *se servir de la dernière raie en retour du diagramme*, si possible avec un angle ϑ supérieur à 80°. On choisit au besoin une longueur d'onde spécialement de façon qu'il existe une distance réticulaire comprise entre $\frac{1}{2}\lambda$ et $\frac{1}{2}\lambda + 0{,}02$ Å. Quand ϑ est extrêmement voisin de 90° ($\vartheta > 87°$) la raie est difficile à enregistrer avec les chambres courantes; de plus elle s'élargit considérablement à cause de la largeur spectrale de K_α.

Prenons comme exemple l'aluminium (réseau cubique à faces centrées $a = 4{,}04$ Å) et la radiation Cu K_α. Les plans dont les distances réticulaires sont voisines de $\frac{1}{2}\lambda = 0{,}77$ Å sont:

(422)	$d = 0{,}825$	$\vartheta = 69°$
(511) et (333)	$d = 0{,}778$	$\vartheta = 81°$
(440)	$d = 0{,}6713$	(pas de réflexion).

La mesure de l'anneau (333) avec une précision de lecture de 0,01 mm. pour la chambre de diamètre 76,5 mm., donne le paramètre avec une erreur inférieure à 10^{-4} Å, soit 1/40000.

Pour éliminer l'erreur systématique résiduelle, on se sert des autres raies du diagramme (ϑ plus petit).

BRADLEY et JAY[1] ont montré que si l'on portait sur un graphique les valeurs de a trouvées à partir de chaque raie en fonction de $\cos^2\vartheta$, les points étaient bien alignés. Il suffit alors d'extrapoler la courbe jusqu'à $\cos\vartheta = 0$ pour avoir le paramètre vrai (Fig. 39). Pour le montage DEBYE-SCHERRER, si l'absorption dans l'échantillon est la majeure cause d'erreur systématique, il est plus avantageux de porter en abscisse[2]

$$\frac{\cos^2\vartheta}{\sin\vartheta} + \frac{\cos^2\vartheta}{\vartheta}.$$

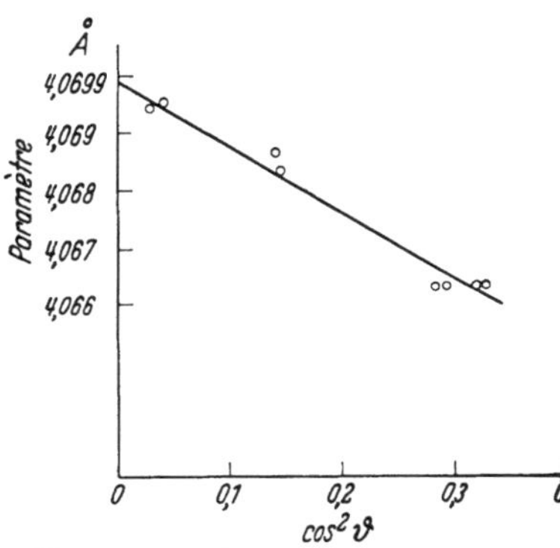

Fig. 39. Détermination par extrapolation du paramètre d'un cristal cubique.

On peut aussi utiliser une méthode analytique fondée sur les méthodes des moindres carrés pour déduire du diagramme la valeur la plus probable du paramètre d'un cristal[3]. La méthode s'applique aussi pour la détermination des paramètres d'un cristal hexagonal ou tétragonal[4]. Elle peut aussi bien être employée pour la chambre en retour avec plaque plane que pour la chambre DEBYE-SCHERRER.

19. Détermination du réseau cristallin à partir d'un diagramme de poudre ([*1*], chap. 6; [*7*], chap. 14; [*6*]). La première partie du dépouillement du diagramme de poudre a conduit à l'établissement de la liste des distances interréticulaires des plans réfléchissants pour toutes les valeurs supérieures à $\frac{1}{2}\lambda$. Le problème est de trouver le réseau réciproque connaissant seulement les distances des nœuds à l'origine sans avoir aucun renseignement sur les angles entre les axes.

D'après la formule générale on a:

$$\left.\begin{aligned}\frac{4\sin^2\vartheta_{hkl}}{\lambda^2} = \frac{1}{d^2_{hkl}} &= a^{*2}h^2 + b^{*2}k^2 + c^{*2}l^2 + \cdots + \\ &+ 2hk\,(a^*\cdot b^*) + 2kl\,(b^*\cdot c^*) + 2lk\,(c^*\cdot a^*).\end{aligned}\right\} \quad (19.1)$$

Les six constantes de cette formule définissent le réseau réciproque; les trois premières donnent la longueur des axes et les trois autres les angles des faces de la maille élémentaire.

[1] A. J. BRADLEY et A. H. JAY: Proc. Phys. Soc. Lond. **44**, 563 (1932).
[2] J. B. NELSON et D. P. RILEY: Proc. Phys. Soc. Lond. **57**, 160 (1945).
[3] M. U. COHEN: Rev. Sci. Instrum. **6**, 68 (1935); **7**, 155 (1936).
[4] J. B. HESS: Acta crystallogr. **4**, 209 (1953).

Pour les déterminer, nous n'avons qu'une seule condition à écrire: les valeurs expérimentales $1/d^2$ (ou, ce qui revient au même, $\sin^2\vartheta_{hkl}$) doivent *toutes* s'exprimer par une forme quadratique du type de (19.1), où *h, k, l sont des entiers.*

Il n'y a pas de méthodes infaillibles pour résoudre le problème ainsi posé sous sa forme la plus générale. En tout cas cette solution n'est pas unique puisqu'on peut rapporter un même réseau à un nombre infini de mailles élémentaires différentes.

Tableau 2. *Suite des valeurs de $h^2+k^2+l^2$ pour les réseaux du système cubique.*

Cubique simple		Cubique à faces centrées		Cubique centré	
Indices du plan	$h^2+k^2+l^2$	Indices du plan	$h^2+k^2+l^2$	Indices du plan	$h^2+k^2+l^2$
100	1	111	3	110	2
110	2	200	4	200	4
111	3	220	8	211	6
200	4	311	11	220	8
210	5	222	12	310	10
211	6	400	16	222	12
220	8	331	19	321	14
221	9	420	20	400	16
300		422	24	411	18
310	10	511	27	330	
311	11	333		420	20
222	12			332	22
320	13			422	24
321	14			431	26
400	16			510	
410	17			521	30
322					
411	18				
330					
331	19				
420	20				
421	21				
332	22				
422	24				
430	25				
500					
431	26				
510					
511	27				
333					
520	29				
432					
521	30				

Une méthode d'interprétation simple est d'essayer successivement les divers types de réseaux en commençant par les plus simples, réseaux définis par un paramètre, c'est-à-dire cubique, et réseaux à 2 paramètres (hexagonal et tétragonal).

α) Essai du réseau cubique. Dans ce cas

$$\frac{1}{d_{hkl}^2} = \frac{1}{a^2} = (h^2 + k^2 + l^2). \qquad (19.2)$$

Le Tableau 2 donne les valeurs que peut prendre la somme $h^2+k^2+l^2$ dans les trois sortes de réseaux cubiques; *les inverses des carrés des distances interréticulaires sont entre eux comme les nombres de l'une de ces suites.*

Pour essayer ce critère, la méthode la plus simple est de se servir d'une règle à calcul. On retourne bout par bout la réglette mobile de façon à amener son échelle des carrés en face de l'échelle fixe inférieure. Si le 1 de l'échelle des carrés est en face du nombre a, à un chiffre de la réglette n correspond le nombre $a/\sqrt{n}$ sur la règle fixe (Fig. 40). On marque donc au crayon sur l'échelle fixe inférieure les distances réticulaires observées et on essaie de déplacer la règlette mobile jusqu'à ce que toutes se trouvent en regard d'un entier. En face du 1 de la réglette on lit la valeur de la maille. Suivant la succession des entiers trouvés, on déterminera s'il s'agit d'un cube simple, d'un cube centré ou à faces centrées. Pour que la solution soit correcte il faut *que toutes les distances observées coïncident avec un nombre de la liste,* mais par contre certaines raies peuvent manquer.

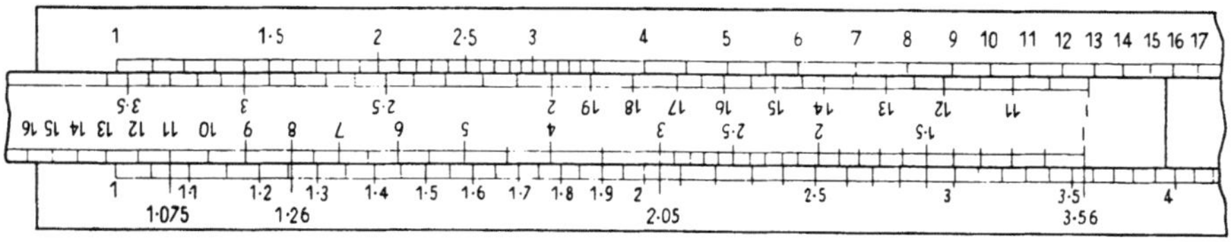

Fig. 40. Usage de la règle à calcul pour l'identification des raies d'un cristal cubique.

Une fois trouvés les indices des raies, on emploie les méthodes exposées p. 39 pour déterminer a avec précision.

β) Essai des réseaux hexagonal et tétragonal. Les formules générales des distances interréticulaires sont:

$$\frac{1}{d_{hkl}^2} = \frac{1}{a^2}\left(h^2 + k^2 + \left(\frac{a^2}{c^2}\right) l^2\right) \tag{19.3}$$

et

$$\frac{1}{d_{hkl}^2} = \frac{1}{a^2}\left[(h^2 + k^2 + h\,k)\,\frac{4}{3} + \left(\frac{a^2}{c^2}\right) l^2\right], \tag{19.4}$$

c'est-à-dire que, *pour une valeur donnée de c/a,* les valeurs possibles de d_{hkl} sonz proportionelles à une suite de nombres discrets. Cette liste diffère pour les systèmes tétragonal et hexagonal. Le principe de la methode à suivre est de rechercher systématiquement s'il existe une valeur c/a telle qu'une concordance puisse être trouvée entre les valeurs de d mesurées et les valeurs calculées dans l'un des deux réseaux.

Une solution graphique a d'abord été indiquée par HULL et DAVEY[1]. Les abaques de HULL sont construits de la façon suivante (Fig. 41): En ordonnée, on porte le rapport c/a. Sur l'horizontale de cote c/a, on porte la suite des points d'abcisse $\log d_{hkl}$ calculés pour cette valeur particulière du rapport c/a par les formules (19.3) ou (19.4). Pour un plan d'indices donnés (hkl), le point représentatif, en fonction de c/a, est situé sur une courbe qu'on appelle la courbe (hkl). On obtient ainsi le réseau de courbes représentées dans la Fig. 41 pour le cas du réseau hexagonal compact.

On porte sur une bande de papier à l'échelle convenable les logarithmes de ces distances. On déplace alors la bande de papier placée parallèlement à l'axe des abcisses jusqu'à ce que *tous les points se trouvent sur une des courbes du graphique.* Certaines courbes peuvent ne pas correspondre à un point de la bande de papier,

[1] A. W. HULL et W. P. DAVEY: Phys. Rev. **17**, 549 (1921). — W. P. DAVEY: A Study of Crystal Structure and its Applications, p. 596—613. New York: McGraw-Hill Book Co. 1934.

car si la maille contient un motif de plusieurs atomes, les facteurs de structure de certains plans peuvent s'annuler. C'est pourquoi il ne faut pas se contenter de glisser la bande de papier en maintenant le point représentatif de la distance réticulaire maximale sur la courbe la plus à droite. Celle-ci pourrait correspondre à un plan à pouvoir réflecteur nul.

Comme dans le cas de l'essai du réseau cubique, une vérification précise par le calcul doit suivre la détermination graphique de c et de a, trop approximative.

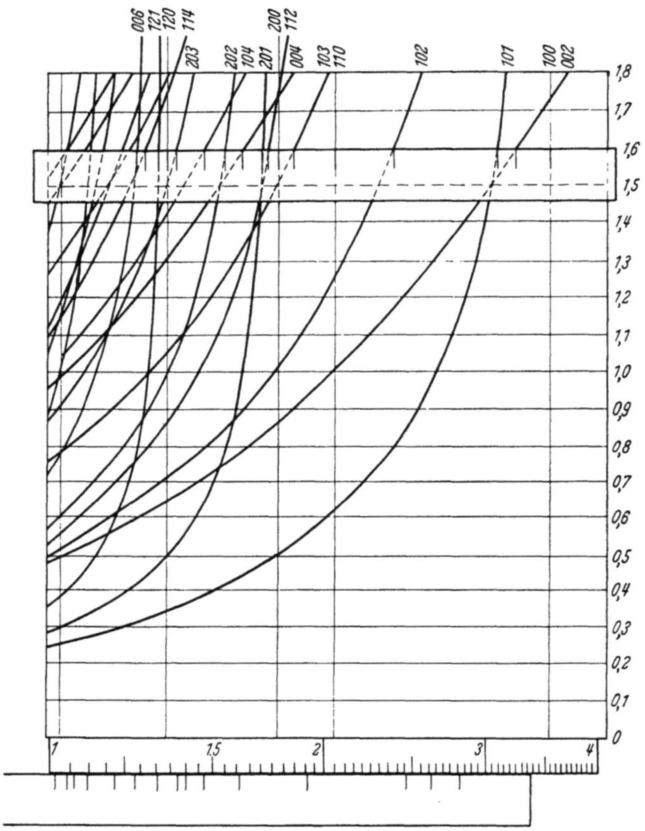

Fig. 41. Abaque de Hull pour l'identification du diagramme d'un cristal à réseau hexagonal.

L'inconvénient des abaques de Hull est que, comme le montre la Fig. 41, ils ne sont utilisables que pour les premières raies. Quand d diminue, les courbes sont enchevêtrées de telle façon que l'abaque est difficilement lisible et que des coïncidences fortuites peuvent se produire trop facilement.

La méthode de Hull a été perfectionnée par Bunn[1] dont les abaques sont plus clairs. Sans les décrire en détail, disons seulement que l'usage en est pratiquement semblable à celui de Hull; comme dans ceux-ci, chaque courbe correspond à un groupe d'indices (hkl). Une des différences est que l'échelle de c/a n'est pas linéaire.

γ) Cas des autres systèmes. Si aucun des graphiques n'a permis de donner des indices aux raies, c'est que le réseau n'est ni hexagonal ni tétragonal, donc qu'il dépend au moins de trois paramètres. Il n'existe plus de méthodes graphiques d'interprétation. Différentes solutions analytiques ont été récemment proposées[2]. Ces méthodes consistent à effectuer une suite d'essais méthodiques dont le succès plus ou moins rapide est en partie une question de chance. En tout cas, la condition essentielle est que les valeurs de d^2, c'est-à-dire $\sin^2 \vartheta$ soient connues *avec une grande précision pour toutes les valeurs de* ϑ.

Ito[3] a enfin indiqué une méthode analytique valable quel que soit le réseau du cristal. On donne arbitrairement à trois des plans des indices (100), (010)

[1] C. W. Bunn: Chemical Cristallography, p. 132—134 et Appendice 3. Londres: Oxford Clarendon Press 1945.

[2] H. Lipson: Acta crystallogr. **2**, 43 (1949). — R. Hesse: Acta crystallogr. **1**, 200 (1948). — V. Vand: Acta crystallogr. **2**, 109, 290 (1948). — A. J. Stosick: Acta crystallogr. **2**, 271 (1949).

[3] T. Ito: X-Ray Studies on Polymorphism. Tokyo: Maruzen Co. 1950.

et (001). Si la maille ainsi définie se trouve être une maille élémentaire, on a les longueurs de trois vecteurs qui peuvent être considérés comme des vecteurs fondamentaux du réseau réciproque. Il suffit pour déterminer ce réseau de trouver les angles qu'ils font entre eux à l'aide d'une suite d'essais décrits par ITO, dont la réussite d'ailleurs peut être problématique. Une fois la maille trouvée, il faut chercher s'il n'est pas possible de représenter le réseau par une maille plus simple, qui rende compte des symétries. C'est ce qu'on appelle effectuer la réduction. Cette opération, dont les règles ont été données par DELAUNAY[1] est automatique et simple à appliquer: on en trouvera l'exposé dans les Tables Internationales de Cristallographie[2].

En résumé, il est simple et rapide d'identifier un réseau cubique, hexagonal ou tétragonal par son diagramme de poudre. Beaucoup de réseaux orthorhombiques ont été aussi déterminés. Mais pour les réseaux à plus basse symétrie, le succès des méthodes théoriques est parfois aléatoire. Une détermination automatique du réseau ne peut pas se faire à partir de la poudre: il faut posséder un cristal unique.

20. Mesure des intensités des raies d'un diagramme de poudre ([7], chap. 16). Quand le réseau réciproque a été construit, il faut pour déterminer l'espace réciproque trouver les valeurs des facteurs de structure attachés à chaque nœud. Or, une raie correspond à tous les nœuds situés à une même distance de l'origine. On ne peut donc connaître tous les facteurs de structure que si tous les nœuds confondus dans une raie de la poudre ont le même facteur de structure. Cette condition n'est pas réalisée en général. D'autre part, des raies d'indices complètement différents peuvent être superposées (par exemple, dans le système cubique, 511 et 333). Enfin, dans le cas de réseaux à faible symétrie, le nombre de raies est si grand qu'il est difficile de les isoler les unes des autres. Aussi les études de structure exigent, en règle générale, d'être faites sur un monocristal. Pourtant, au début, de nombreuses structures très simples ont été déterminées sur diagrammes de poudres. Maintenant encore ces diagrammes suffisent pour des composés intermétalliques et des composés minéraux quand on est guidé par des analogies avec des structures connues[3].

Théoriquement on relie le facteur de structure attaché à un nœud par la formule suivante:

$$I = I_0 \cdot \frac{e^4}{m^2 c^4} \cdot \frac{1}{32\pi r} \lambda^3 F_{hkl}^2 n \cdot \frac{1}{V_c^2} \cdot \exp(-2D) \cdot \frac{1+\cos^2 2\vartheta}{\sin^2\vartheta \cos\vartheta} \cdot dV = i\,dV. \qquad (20.1)$$

Rappelons que dans cette formule:

I désigne l'énergie diffractée sur l'unité de longueur d'une raie DEBYE-SCHERRER enregistrée à la distance r d'un volume dV de poudre assez petit pour que l'absorption y soit négligeable.

I_0, l'intensité par unité de surface du faisceau incident.

$e^4/m^2 c^4 = 7{,}9 \times 10^{-26}\ \mathrm{cm}^2$.

V_c, le volume de la maille.

$\frac{1+\cos^2 2\vartheta}{\sin^2\vartheta \cos\vartheta}$ est le facteur de polarisation et de LORENTZ pour les diagrammes de poudre;

ϑ l'angle de BRAGG ($\lambda = 2\, d_{hkl} \sin\vartheta$).

[1] B. DELAUNAY: Z. Kristallogr. **84**, 132 (1933).
[2] International Tables for X-Ray Crystallography, vol. 1, p. 530. 1952.
[3] I. G. EDMUNDS et M. M. QURASHI: Acta crystallogr. **4**, 417 (1951). — W. H. ZACHARIASEN: Acta crystallogr., Nombreux mémoires de 1948 à 1952.

F_{hkl} est le facteur de structure du plan (hkl), donné par l'expression

$$F_{hkl} = \sum_i f_i \exp\{-2\pi i (h x_i + k y_i + l z_i)\}$$

$\exp(-2D)$, le facteur de température [formule (59.7) de l'article suivant];

n, le facteur de multiplicité des plans (hkl), c'est-à-dire le nombre de plans de la forme $\{hkl\}$.

Enfin, rappelons encore que la formule (20.1) est valable seulement si les cristaux élémentaires sont si petits qu'il n'y ait pas de phénomènes d'extinction et qu'ils soint orientés de façon parfaitement isotrope.

α) Correction d'absorption pour le diffractomètre. L'intensité totale diffractée dans une expérience donnée doit être calculée à partir de la formule (20.1) en tenant compte de l'absorption subie par les rayons émanant des différents points de l'échantillon.

Le cas le plus simple est celui du diffractomètre où l'échantillon est un bloc de grande épaisseur à surface plane.

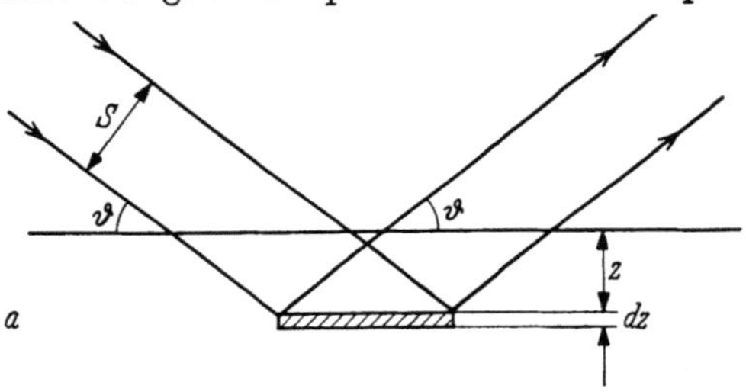

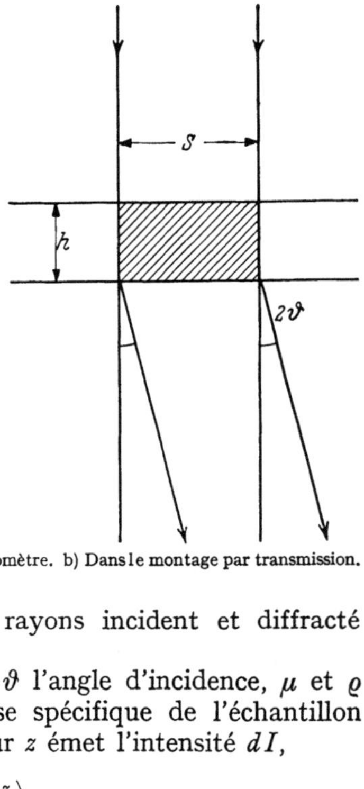

Fig. 42a et b. Calcul de l'intensité diffractée. a) Dans le montage du diffractomètre. b) Dans le montage par transmission.

Cette surface est normale à la bissectrice des rayons incident et diffracté (Fig. 42a).

Soit S la section droite du faisceau incident, ϑ l'angle d'incidence, μ et ϱ les coefficients d'absorption massique et la masse spécifique de l'échantillon (g./cm.[3]). La couche d'épaisseur dz à la profondeur z émet l'intensité dI,

$$dI = i \frac{S\,dz}{\sin\vartheta} \exp\left(-\frac{2\mu\varrho z}{\sin\vartheta}\right).$$

L'intensité totale s'obtient en intégrant de 0 à ∞ car les rayons ne pénètrent que dans une couche faible par rapport à l'épaisseur réelle de l'objet. D'où

$$I = \int_0^\infty dI = \frac{S\,i}{2\mu\varrho}, \tag{20.2}$$

i étant défini par l'équation (20.1).

L'intensité est indépendante de l'angle de diffraction. L'intensité mesurée est directement proportionnelle à l'expression (20.1) d'où l'on peut tirer un nombre proportionnel à F_{hkl}^2 puisque tous les paramètres sont connus.

Expérimentalement, ce qu'on doit mesurer est l'intensité diffractée dans toute la raie. C'est donc l'aire de la courbe d'enregistrement de la raie. Si les différentes raies ont des largeurs expérimentales identiques, on peut se contenter de mesurer la hauteur du pic. Il est nécessaire de mesurer la raie à partir du fond continu du diagramme; la mesure est d'autant plus précise que celui-ci est plus faible et plus uniforme.

Sauf dans le cas du diffractomètre, il faut faire subir aux mesures d'intensité des raies une correction d'absorption qui varie avec l'angle ϑ. Le facteur d'absorption dépend de la géométrie du montage. Nous examinerons deux cas:

β) Cas de la chambre à focalisation utilisée par transmission. Si I est l'intensité calculée par la formule (20.1) dans laquelle on remplace dV par ce volume irradié de l'échantillon, l'intensité effectivement diffractée est: AI. A est le facteur d'absorption qui se trouve par une intégration analogue à celle du paragraphe précédent.

Dans les cas particuliers où les rayons incidents sont normaux à la plaquette et où l'angle ϑ est faible, on a, si h est l'épaisseur:

$$A = \exp(-\mu \varrho h).$$

Comme le volume irradié de l'échantillon est égal à Sh (Fig. 42b), l'intensité diffractée sera égale à

$$I = A i S h = i S h \exp(-\mu \varrho h). \tag{20.3}$$

Il existe une épaisseur optimale donnant un diagramme d'intensité maximale. En dérivant (20.3), on trouve

$$h_{\max} = \frac{1}{\mu \varrho} \tag{20.4}$$

pour laquelle

$$I_{\max} = \frac{S i}{\mu \varrho e}.$$

L'épaisseur optimale est celle de l'échantillon réduisant l'intensité du faisceau direct dans le rapport e, soit environ 3.

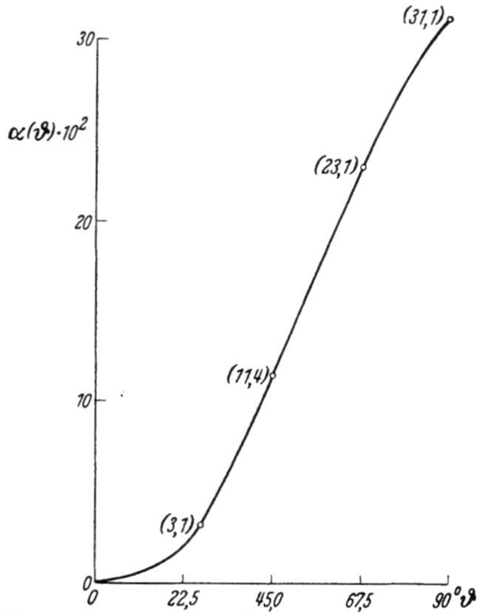

Fig. 43. Facteur d'absorption pour un échantillon en forme de bâtonnet cylindrique.

γ) Cas de la chambre DEBYE-SCHERRER *avec un échantillon cylindrique de rayon r.* Le facteur d'absorption A est donné en fonction du produit $\mu \varrho r$ et de ϑ par les Tables Internationales de Cristallographie (voir aussi[1]).

Pour les grandes valeurs de $\mu \varrho r$, une expression approchée est $A = \frac{\alpha(\vartheta)}{\mu \varrho r}$ où $\alpha(\vartheta)$ a les valeurs figurées dans la courbe Fig. 43.

L'absorption affaiblit surtout les raies pour les angles ϑ faibles.

En effet, pour les échantillons très absorbants, toute la surface arrière émet des rayons diffractés aux grands angles, alors que pour les petits angles seule une petite portion de la surface latérale a une action.

Un échantillon en forme de bâtonnet est donc mal adapté à l'étude des raies aux angles faibles. Dans ce cas il est bien plus avantageux d'employer une plaquette normale au faisceau *à condition que son épaisseur soit voisine de la valeur donnée plus haut* [formule (20.4)].

A partir d'un diagramme photographique, la mesure précise des intensités exige l'enregistrement du diagramme au microphotomètre; on peut admettre que l'intensité reçue par le film est proportionnelle à la densité photographique

[1] A. J. BRADLEY: Proc. Phys. Soc. Lond. **47**, 879 (1935). — H. T. EVANS, E. EKSTEIN et G. MIRIAM: Acta crystallogr. **5**, 540 (1952). X-Ray Diffraction by polycristalline materials, p. 663—666. Londres: The Institute of Physics 1955.

jusqu'à une valeur de l'ordre de l'unité. Pour des densités supérieures, il faudrait faire un étalonnage.

21. Valeur absolue des intensités des raies d'un diagramme de poudre. Les formules données dans les paragraphes précédents permettent de calculer le rapport d'intensité des faisceaux direct et diffracté dans une raie donnée. Connaissant, d'autre part, l'intensité d'émission des tubes usuels, on peut trouver l'énergie dans les raies de diffraction. Le fait important est qu'elle est relativement faible. C'est là un point de différence avec la diffraction électronique, où les phénomènes de diffraction sont très intenses. Pour les rayons X, les questions d'intensité sont toujours un point critique.

Par exemple, pour la chambre DEBYE-SCHERRER, le rapport des temps de pose pour obtenir au centre d'une raie très forte un noircissement comparable à celui d'une section du faisceau direct supposé monochromatique est de l'ordre de 10000 au moins. Il s'ensuit qu'avec les tubes ordinaires actuels et une chambre DEBYE-SCHERRER courante les diagrammes exigent de longs temps de pose. Il n'est évidemment pas possible de donner de chiffres précis tant sont nombreux et indéterminés les facteurs agissants. Disons toutefois qu'avec un tube bien réglé à anticathode de cuivre marchant au maximum de sa puissance, on obtient un diagramme de fil d'aluminium en un temps de pose de l'ordre d'une dizaine de minutes. Mais ce cas est exceptionnellement favorable. La moyenne pour les échantillons très absorbants et donnant de nombreuses raies est de 2 à 4 heures et il arrive qu'on soit obligé de prolonger la pose jusqu'à 10 heures. Avec un diffractomètre équipé d'un tube normal, on recoit dans le compteur pour les raies très intenses un nombre de photons de l'ordre de 500 par seconde.

C. Du réseau réciproque à la structure.

I. Méthodes [*14*].

22. Programme. La détermination précise d'une structure cristalline, une fois connu l'espace réciproque dans ses trois dimensions, se fait par les étapes suivantes:

a) Détermination de la valeur absolue des facteurs de structure, c'est-à-dire du coefficient qui permet de les ramener à une échelle telle que $F_{000} = \sum_{j=1}^{N} Z_j$ (Z_j, nombre atomique de l'atome de rang j, la maille contenant N atomes); détermination du facteur de température.

b) Ebauche de la structure. On détermine les phases des F_{hkl} et, par là, les coordonnées approximatives des atomes.

c) Amélioration des résultats: recherche des positions précises des atomes, évaluation de la précision, etc.

a) Préparation des données expérimentales.

23. Mise à l'échelle des F_{hkl}; détermination du facteur de température. Les déterminations des valeurs absolues des F_{hkl} et du facteur de température s'effectuent simultanément par une méthode statistique[1].

Dans une structure théorique d'atomes immobiles, la moyenne des intensités ayant même $\sin^2\vartheta/\lambda^2$ est $\bar{I}_{hkl} = \sum_n f_n^2$. Les valeurs des intensités I_0 mesurées expérimentalement pour un cristal réel ayant cette même structure sont égales à I_{hkl} multiplié par un facteur $\varkappa$ de proportionnalité et par un coefficient

$$\exp\left(-2B\frac{\sin^2\vartheta}{\lambda^2}\right)$$

[1] A. J. C. WILSON: Nature, Lond. **150**, 152 (1942). — Acta crystallogr. **2**, 318 (1949).

dû à l'agitation thermique des atomes. Donc:

$$\frac{\bar{I}_0}{\sum_n f_n^2} = \varkappa \cdot \exp\left(-2B\frac{\sin^2\vartheta}{\lambda^2}\right),$$

ou, en prenant comme variable $X = \sin^2\vartheta/\lambda^2$,

$$\ln\left(\frac{\bar{I}_0}{\sum f_n^2}\right) = \ln\varkappa - 2BX.$$

En coordonnées semi-logarithmiques (abscisses linéaires: X), $\ln(\bar{I}_0/\sum f_n^2)$ est représenté par une droite dont l'ordonnée à l'origine permet d'évaleur $\varkappa$ et dont la pente mesure $2B$.

Pratiquement, on divise l'espace réciproque en zones circulaires (ou sphériques, à trois dimensions) correspondant à des accroissements constants de $\sin^2\vartheta/\lambda^2$ et à l'intérieur desquelles on calcule la moyenne des intensités observées; on rapporte cette moyenne à la valeur de $\sin^2\vartheta/\lambda^2$ au milieu de la zone.

24. Détermination du centre de symétrie. L'examen des extinctions systématiques sur le réseau réciproque est, on l'a vu, impuissant à déterminer la présence ou l'absence de centres de symétrie.

WILSON[1] a proposé une solution statistique à ce problème en montrant que la moyenne des modules $|F_{hkl}|$ était plus grande pour une structure non centrée que pour une structure possédant un centre de symétrie: le rapport $(\overline{|F_{hkl}|})^2/\overline{|F_{hkl}|^2}$ s'élève à $\pi/4 = 0{,}785$ dans le premier cas, à $2/\pi = 0{,}637$ dans le second.

HOWELLS, PHILLIPS et ROGERS[2] ont partagé l'espace réciproque suivant des zones de $\sin\vartheta$ et divisé la valeur de chaque intensité par celle de la moyenne des intensités de sa zone:

$$z = I/\bar{I}.$$

Puis ils ont tracé la courbe $N(z)$, où N est le nombre de réflexions donnant lieu à la même valeur de z. La comparaison avec les deux fonctions théoriques

$$_1N(z) = 1 - e^{-z} \qquad \text{(structure non centrée)},$$

$$_{\bar{1}}N(z) = \operatorname{erf}\sqrt{\tfrac{1}{2}z} \qquad \text{(structure centrée)}$$

permet de conclure plus sûrement que par la méthode de WILSON à la présence ou à l'absence d'un centre de symétrie.

b) Ebauche de la structure.

25. Les informations que l'on possède. Avec les valeurs $|F_{hkl}|^2$, on se trouve en possession d'un ensemble fort incomplet de renseignements pour résoudre une structure: la connaissance de celle-ci exige celle de F_{hkl} dont on connaît le module mais dont on ignore la phase. Par exemple, à un ensemble de 100 facteurs d'une structure centrée pour lesquels on n'a qu'à choisir entre deux signes (+ ou −), correspondent 2^{100} séries de FOURIER différentes satisfaisant le lot des $|F_{hkl}|^2$.

D'autre part, les rayons X ne permettent pas d'obtenir les valeurs de F pour les nœuds réciproques éloignés de l'origine de plus de $\frac{2}{\lambda}$ Å^{-1}: malgré la convergence assez marquée de la fonction F_{hkl}, cette limitation a des conséquences sensibles.

Enfin les valeurs des $|F_{hkl}|^2$ sont entachées d'erreurs dues à leur mesure et à leur correction insuffisante.

[1] A. J. C. WILSON: Nature, Lond. **150**, 152 (1942). — Acta crystallogr. **2**, 318 (1949).
[2] E. R. HOWELLS, D. C. PHILLIPS et D. ROGERS: Acta crystallogr. **3**, 210 (1950).

D'où la nécessité impérative de faire appel à toutes les connaissances que l'on peut obtenir par ailleurs sur la structure. On fait usage, autant que possible:

du groupe spatial,

du fait que la densité électronique est positive,

du fait que la structure se compose d'atomes connus en nombre, en nature et en forme (atomicité),

de la connaissance de certaines longueurs de liaisons, angles de valences ou autres données moléculaires,

de la connaissance a priori de certaines positions atomiques, de la morphologie du cristal, etc.

Les méthodes que nous allons esquisser se répartissent en deux catégories différentes suivant qu'elles s'appliquent aux paramètres de la structure dans l'espace cristallin ou aux données de l'espace réciproque.

26. La méthode d'essai et d'erreur. C'est essentiellement une méthode d'approximations successives. Etant donné une hypothèse A pour l'arrangement des atomes dans la maille, on calcule les facteurs de structure F_{calc} correspondants et on les compare avec les valeurs F_{obs} données par l'expérience. S'il apparaît des similitudes entre les deux espaces réciproques, il se peut que l'hypothèse présente une certaine validité. On affecte alors les F_{obs} des phases obtenues pour les F_{calc} et, au moyen de ces données, on développe une première série de FOURIER:

$$\varrho_{xyz} = \frac{1}{V} \sum_h \sum_k \sum_l |F_{hkl}|_{\text{obs}} \cos\left[2\pi(hx + ky + lz) - \alpha_{hkl\,(\text{calc})}\right]. \tag{26.1}$$

Dans la mesure où l'hypothèse A était exacte, ses détails réapparaissent, généralement un peu déplacés, sur la représentation de cette série. Ailleurs la fonction accuse des formes capricieuses qui laissent cependant deviner parfois de nouveaux détails exacts.

Tenant compte des indications relevées sur (26.1) on bâtit une seconde hypothèse B, et ainsi de suite jusqu'à ce que phases et coordonnées cessent de varier. F_{obs} et F_{calc} ont alors des valeurs proches et la structure est généralement correcte. Il peut se produire, cependant, que l'on ait atteint une fausse limite de convergence. Mais une telle solution n'est d'ordinaire pas sanctionnée par un excellent accord entre les F_{obs} et les F_{calc}. Il en va autrement pour les structures dites homométriques[1] pour lesquelles cet accord est rigoureux. Mais ce dernier cas procède plutôt de l'exception et ne justifie aucunement le scepticisme que certains montrent à l'égard des déterminations de structures cristallines au moyen des rayons X.

Il va sans dire que l'on n'a peu près rien à espérer de la méthode d'essai et d'erreur si l'on ne possède pas de renseignements préalables sur l'arrangement des atomes dans la maille: même lorsqu'il ne s'agit que de placer correctement une molécule dont on connaît la configuration, de longs tâtonnements peuvent être nécessaires avant que la convergence des coordonnées admises et calculées puisse être amorcée.

27. Les méthodes de PATTERSON. A l'ensemble des $|F_{hkl}|^2$ dans l'espace réciproque correspond, dans l'espace cristallin, la fonction de PATTERSON[2]:

$$\begin{aligned} P(u,v,w) &= \int_x \int_y \int_z \varrho_{xyz} \cdot \varrho_{x+u,\,y+v,\,z+w} \cdot dx \cdot dy \cdot dz \\ &= \frac{1}{V} \sum_h \sum_k \sum_l |F_{hkl}|^2 \cos 2\pi(hu + kv + lw), \end{aligned}$$

qui est indépendante des α_{hkl}.

[1] A. L. PATTERSON: Phys. Rev. **65**, 195 (1944).

[2] A. L. PATTERSON: Z. Kristallogr. **90**, 517 (1935).

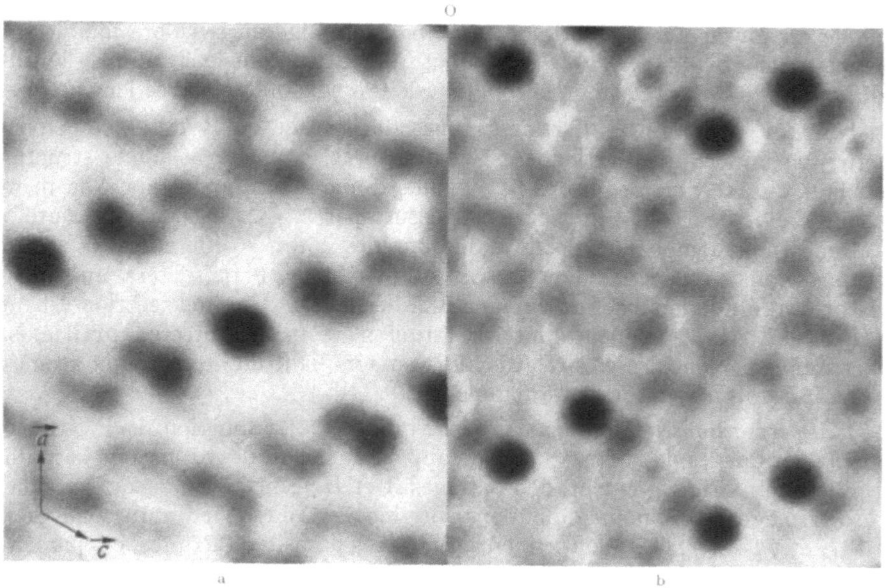

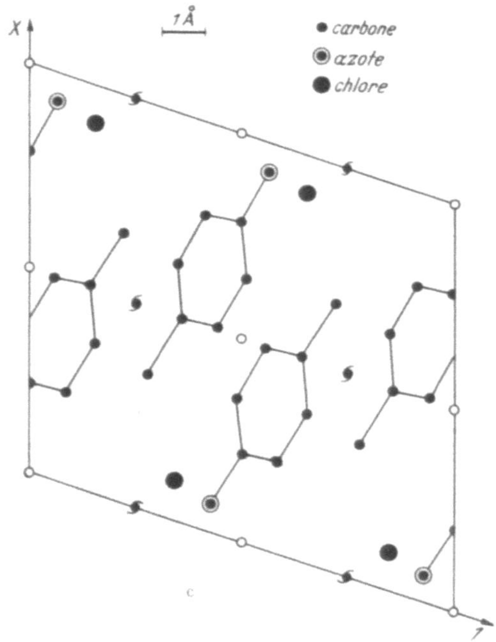

Fig. 44a–c. Projection sur **a, c** du chlorhydrate de paratoluidine ($H_3C-C_6H_4-NH_2$) (HCl). a) Fonction de PATTERSON. b) Densité électronique. c) Positions atomiques. Origine commune des photosommes a et b en O. On retrouve en a les détails de b et c.

Rappelons la signification physique de cette fonction. Soient $x_j\, y_j\, z_j$ les coordonnées d'un atome. Chaque fois que $x_j + u$, $y_j + v$, $z_j + w$ sont les coordonnées d'un autre atome, P_{uvw} accuse un maximum: u, v, w mesure le vecteur séparant les deux atomes considérés. Il s'ensuit que P_{uvw} contient une figure identique *en géométrie* (emplacement des maximums) à la structure cherchée; mais c'est la somme des figures analogues par rapport à chacun des atomes, et la superposition de ces images rend leur reconnaissance généralement impossible par simple examen de P_{uvw}. Il y a cependant deux exceptions:

1. Lorsque la structure est simple et la maille peu encombrée, il arrive que certains pics de PATTERSON soient suffisamment résolus pour permettre leur identification: la connaissance d'un nombre assez grand de vecteurs interatomiques rend alors possible la reconstitution de la structure.

2. Lorsque le motif cristallin contient un atome de nombre atomique — donc de pouvoir diffractant — nettement plus élevé que ceux des autres, alors les maximums relatifs aux vecteurs séparant deux atomes lourds — maximums d'intensité proportionnelle aux produits de densités électroniques — peuvent accuser des valeurs suffisamment fortes pour émerger de l'ensemble de la fonction de PATTERSON. Il peut même arriver que toute la structure soit discernable grâce aux pics atome lourd-atomes légers. Un tel

exemple est fourni par le chlorhydrate de paratoluidine où le chlore joue le rôle d'atome lourd (Fig. 44a, b, c). Si la structure contient plusieurs atomes lourds, la difficulté d'interprétation de la fonction de PATTERSON croît avec leur nombre.

α) Section de HARKER. Certaines zones de l'espace de PATTERSON peuvent revêtir une importance particulière. Par exemple, dans le cas d'une structure possédant un axe binaire (disons $\boldsymbol{b}$), chaque atome a son homologue à la même cote y_j et le vecteur qui l'en sépare est mesuré par $2x_j$, $2z_j$. Dans la mesure où les atomes non homologues de la maille ont des cotes y différentes, la section pratiquée dans l'espace de PATTERSON au niveau $v=0$ présentera une image de la projection de la structure suivant $\boldsymbol{b}$, à l'échelle 2. Une telle section est dite de HARKER[1]. (Pratiquement l'interprétation n'est pas si directe, car il existe en général également des pics relatifs aux vecteurs liant un atome j aux atomes j des mailles voisines, ou à leurs homologues.)

β) Superpositions de diagrammes de PATTERSON. La fonction de PATTERSON contient des images de la structure par rapport à chacun des atomes de la maille, parmi lesquels, arbitrairement, deux atomes A et B. Soit M le pic correspondant à B sur l'image J_A. Si nous appliquons l'origine de J_B en M, il y aura coïncidence entre J_A et J_B. Si J_A et J_B contiennent des figures parasites fortuites, ces parasites ne se trouveront généralement pas en coïncidence par l'effet de la superposition et seront écartés facilement de l'interprétation.

On utilise cette propriété[2] en superposant au premier un second diagramme de PATTERSON dont on applique l'origine à l'emplacement d'un pic identifié: il arrive que la structure soit ainsi mise en évidence. Cependant, les «figures parasites» n'appartenant pas à l'image utile ont ici une importance telle que des coïncidences fortuites sont très probables, et l'interprétation devient douteuse. On peut considérablement atténuer cet effet en multipliant les superpositions.

Les représentations photographiques négatives de séries de PATTERSON (pics transparents sur fond sombre) sont celles qui se prêtent le mieux à ces manipulations.

γ) Artifices mathématiques. Elimination du pic à l'origine. La fonction de PATTERSON prend sa valeur maximale à l'origine où

$$P_{000} = \iiint \varrho_{xyz}^2 \, dx\, dy\, dz = \frac{1}{V} \sum_h \sum_k \sum_l |F_{hkl}|^2 .$$

Lorsqu'on effectue une projection de PATTERSON, par exemple

$$P_{xy} = \frac{1}{A} \sum_h \sum_K |F_{hk0}|^2 \cos 2\pi (h u + k v),$$

il peut arriver que le pic-origine en dissimule un autre, de coordonnées 0, 0, w.

Pour le rendre apparent on diminue, avant développement en série de FOURIER, chaque $|F_{hkl}|^2$ de la contribution harmonique du pic à l'origine, qui s'élève à

$$\sum_{j=1}^{N} f_{hk0,j}^2 \exp\left(-2B \frac{\sin^2\vartheta}{\lambda^2}\right).$$

Ponctualisation des atomes. Le volume des atomes est une des causes de l'aspect confus de la fonction de PATTERSON: dans celle-ci se combinent les effets

[1] D. HARKER: J. Chem. Phys. **4**, 381 (1936).

[2] F. BERTAUT: C. R. Acad. Sci. Paris **231**, 1320 (1950). — M. J. BUERGER: Acta crystallogr. **3**, 87 (1950). — J. CLASTRE et R. GAY: C. R. Acad. Sci. Paris **230**, 1876 (1950). — J. GARRIDO: C. R. Acad. Sci. Paris **230**, 1878 (1950).

de la répartition des atomes dans la maille et de la répartition des électrons dans chaque atome. Si les atomes étaient ponctuels, la majorité des pics seraient résolus et l'interprétation s'en trouverait grandement facilitée.

On arrive à éliminer l'effet de l'étendue des atomes par l'opération appelée «ponctualisation». Un atome ponctuel de nombre atomique Z a un facteur de diffusion de valeur constante Z. On peut admettre, avec une approximation suffisante que, pour l'atome j de nombre atomique Z_j,

$$f_{\vartheta,\lambda,j} \exp\left(-B\frac{\sin^2\vartheta}{\lambda^2}\right) = Z_j\,\varphi_{\vartheta,\lambda}$$

où, $\varphi_{\vartheta,\lambda}$ est indépendant de l'espèce chimique. Les facteurs de structure pour la maille réelle et pour la maille d'atomes ponctualisés sont respectivement:

$$F_{hkl} = \sum_j Z_j\,\varphi_{hkl}\,e^{2\pi i(hx_j + ky_j + lz_j)}$$

et

$$G_{hkl} = \sum_j Z_j\,e^{2\pi i(hx_j + ky_j + lz_j)} = \frac{F_{hkl}}{\varphi_{hkl}}.$$

La ponctualisation d'une fonction de Patterson s'obtiendra donc en substituant les $|G_{hkl}|^2$ aux $|F_{hkl}|^2$ (on utilise aussi souvent le carré de $U_{hkl} = G_{hkl}/F_{000}$).

Malheureusement l'opération n'est pas réalisable entièrement: la connaissance limitée que l'on a du réseau réciproque s'accommode mal de la non-convergence des G_{hkl}, et, si les pics de Patterson bénéficient effectivement d'une résolution accrue, des détails faux peuvent prendre naissance du fait de l'interruption (phénomène de Gibbs) et de la limitation de la série.

28. Les méthodes algébriques. On sait (voir chapitre E de l'article suivant) comment l'atomicité et le caractère positif de la densité électronique peuvent être exploités dans l'espace réciproque dans le but de déterminer les phases des facteurs de structure au moyen d'inégalités, d'équations ou de considérations statistiques.

Cependant, peu de méthodes pratiquement utilisables ont été élaborées jusqu'à présent et, en tout cas, aucune solution systématique au problème des phases n'a encore vu le jour.

Nous nous bornerons à exposer les techniques s'inspirant des inégalités de Harker-Kasper et la pratique de la méthode de «quadration» de Sayre.

α) Utilisation des inégalités de Harker-Kasper. L'examen des inégalités de Harker et Kasper[1] ne constitue qu'une méthode d'exploitation assez incomplète des connaissances de l'espace cristallin, mais il suffit parfois à la détermination des signes des F_{hkl} dans le cas de structures centrées simples.

On a intérêt à utiliser non pas les F_{hkl}, mais les U_{hkl} définis au paragraphe précédent, en employant un coefficient B de température légèrement exagéré.

On examine les inégalités

$$(U_H \pm U_{H'})^2 \leq (1 \pm U_{H+H'})(1 \pm U_{H-H'}) \tag{28.1}$$

(où H représente le triplet hkl). Dans certains cas, (28.1) ne peut pas être satisfaite pour n'importe quels signes des U_H, $U_{H'}$, $U_{H+H'}$, $U_{H-H'}$ (que nous appelons S_H, $S_{H'}$, etc.): on prend note de ces restrictions. Si elles sont assez nombreuses, les signes des U sont déterminés sans ambiguité; le plus souvent on obtient simplement des relations liant les différents signes.

Pour faciliter le travail on fait usage de deux observations: 1. la chance de rencontrer des restrictions est d'autant plus grande que les valeurs $|U|$ sont plus

[1] D. Harker et J. S. Kasper: Acta cristallogr. **1**, 70 (1948).

élevées; 2. la parité (p) et l'imparité (i) des indices cristallographiques hkl et $h'k'l'$ déterminent celles de leurs somme et différence: par exemple, si

$$hkl \text{ est } iii \quad \text{et} \quad h'k'l' \text{ est } ipp,$$

alors

$$h+h', \quad k+k', \quad l+l' \quad \text{et} \quad h-h', \quad k-k', \quad l-l' \quad \text{sont} \quad pii.$$

On classe donc les U par valeurs décroissantes, et on les répartit en 8 groupes suivant la parité des hkl ($ppp, ppi \ldots iii$). De la sorte, ayant choisi U_h et $U_{h'}$, on sait dans quel groupe trouver $U_{H+H'}$ et $U_{H-H'}$.

Les conclusions à tirer des restrictions rencontrées ont été exposées de façon systématique par GRISON[1].

Supposant que $|U_{H+H'}| > |U_{H-H'}|$, cet auteur définit six grandeurs A, B, C, D, E, F:

$$A = (1 + |U_{H+H'}|)(1 + |U_{H-H'}|),$$
$$B = (1 + |U_{H+H'}|)(1 - |U_{H-H'}|),$$
$$C = (1 - |U_{H+H'}|)(1 + |U_{H-H'}|),$$
$$D = (1 - |U_{H+H'}|)(1 - |U_{H-H'}|),$$
$$E = (|U_H| + |U_{H'}|)^2,$$
$$F = (|U_H| - |U_{H'}|)^2.$$

Alors:

$E > B > D > F$ entraîne $S_H \cdot S_{H'} = S_{H+H'} = S_{H-H'}$,

$E > B > F > D$ entraîne incompatibilité,

$E > C > D > F$ entraîne $S_H \cdot S_{H'} \cdot S_{H+H'} = +1$,

$E > C > F > D$ entraîne $S_H \cdot S_{H'} \cdot S_{H+H'} = +1$ et $S_H \cdot S_{H'} \cdot S_{H-H'} = -1$,

$E > F > C > D$ entraîne incompatibilité,

$E > D > F$ entraîne $S_{H+H'} \cdot S_{H-H'} = -1$ ou $S_H \cdot S_{H'} \cdot S_{H-H'} = +1$,

$E > F > D$ entraîne $S_{H+H'} \cdot S_{H-H'} = -1$.

Une autre technique, utilisant un procédé graphique, a été mise au point par SAKURAI[2]. Si l'on pose:

$$|U_H| + |U_{H'}| = K; \quad 1 \pm |U_{H+H'}| = X; \quad 1 \pm |U_{H-H'}| = Y, \tag{28.2}$$

la relation (28.1) devient

$$K^2 = XY.$$

On trace sur un graphique la famille des hyperboles $xy - K^2 = 0$ pour K variant de 0,2 en 0,2.

On repère les quatre points $x = X$, $y = Y$:

$$A(X_+, Y_+), \quad B(X_+, Y_-), \quad C(X_-, Y_+), \quad D(X_-, Y_-)$$

[les signes en indice indiquent le signe à choisir dans les relations (28.2)].

Quatre cas a, b, c, d, correspondent alors à des restrictions, suivant que l'hyperbole K passe

a) entre A et B,

b) entre B et C,

c) entre C et D,

d) en deçà de A, B, C, D.

[1] E. GRISON: Acta crystallogr. **4**, 489 (1951).

[2] K. SAKURAI: Acta crystallogr. **5**, 546 (1952).

Soient, d'autre part,

$$K_1 = |U_H| + |U_{H'}|, \quad K_2 = ||U_H| - |U_{H'}||, \quad \text{avec} \quad |U_{H+H'}| > |U_{H-H'}|.$$

Alors ($a_1, b_1 \ldots$ correspondant à $a, b \ldots$ pour K_1 et $a_2, b_2 \ldots$ pour K_2):

la simultanéité des cas a_1, d_2 entraîne $S_{H+H'} = S_{H-H'} = S_H \cdot S_{H'}$,

la simultanéité des cas b_1, c_2 entraîne $S_{H+H'} = S_H \cdot S_{H'}$; $S_{H+H'} = - S_{H-H'}$,

la simultanéité des cas b_1, d_2 entraîne $S_{H+H'} = S_H \cdot S_{H'}$,

la simultanéité des cas c_1, c_2 entraîne $S_{H+H'} = - S_{H-H'}$,

la simultanéite des cas c_1, d_2 entraîne $S_{H+H'} = S_{H-H'} = - S_H \cdot S_{H'}$ (incompatibilité).

β) Méthode de SAYRE. Pour la détermination des signes des F_{hkl} (structures centrées), SAYRE[1] fait usage de la relation

$$^2F_{hkl} = \frac{1}{V} \sum_{h'} \sum_{k'} \sum_{l'} F_{h'k'l'} F_{h-h', k-k', l-l'} \tag{28.3}$$

où $^2F_{hkl}$ — relatif à une structure «élevée au carré» où ϱ_{xyz} est remplacé par ϱ^2_{xyz} — peut être calculé par ailleurs à partir de: $|^2F_{hkl}| = \frac{^2f}{f} |F_{hkl}|$ (où ^2f est le facteur de diffusion pour la structure élevée au carré).

En principe, les atomes doivent être tous identiques ou en tout cas de nombres atomiques voisins.

La structure ne doit pas présenter de superpositions d'atomes, de sorte que la méthode, dont l'application intégrale à trois dimensions serait extrêmement fastidieuse, n'est pas toujours utilisable dans le cas de la projection de la maille sur une de ses faces; dans ce qui va suivre nous nous limiterons cependant à une structure unidimensionnelle, dans un but de clarté.

Afin d'obtenir une bonne convergence de la fonction F_h on remplace, après ponctualisation, les atomes réels par des atomes «gaussiens» de facteur de diffraction $\frac{1}{\sqrt{2}} \exp\left(-\frac{1}{2} \pi R^2\right)$. Les atomes «quadratisés» correspondants ont pour transformée de FOURIER $\frac{1}{2} \exp\left(-\frac{1}{4} \pi R^2\right)$, ce qui permet de calculer

$$^2F_h = \frac{L}{\sqrt{2}} e^{\frac{\pi}{2} R^2} F_h \quad (L \text{ longueur de la maille}).$$

Un tableau à double entrée (horizontalement, valeurs positives de $h - h'$; verticalement, toutes valeurs de h') est ensuite préparé, où figurent les produits $2|F_{h'}| \cdot |F_{h-h'}|$ (sauf lorsque l'un au moins des indices est nul, auquel cas le facteur 2 disparaît). Les produits de facteurs de structure contribuant à un même ^2F_h se trouvent alors sur les diagonales du tableau. Il est évidemment superflu de calculer des produits tels que $h > H$ (H, valeur maximale de l'indice dans la zone connue de l'espace réciproque).

On oriente la recherche des signes d'après les données suivantes: a) nécessairement positifs sont les produits tels que $h' = h - h'$; b) F_h a même signe que ^2F_h; c) si un produit $|F_{h'} \cdot F_{h-h'}|$ est plus fort que la somme des autres produits de l'équation pris en module, alors $F_{h'} \cdot F_{h-h'}$ a nécessairement même signe que ^2F_h; d) plus généralement, un produit $F_{h'} \cdot F_{h-h'}$ a d'autant plus de chance d'avoir même signe que ^2F_h que les valeurs des trois grandeurs en jeu sont plus élevées.

---

[1] D. SAYRE: Acta crystallogr. **5**, 60 (1952).

Des hypothèses sont établies au moyen de ces règles; on les éprouve et les rectifie jusqu'à ce qu'elles n'engendrent plus d'incompatibilités.

Cette méthode, efficace en principe, exige de la patience dans son application. Son auteur l'a appliquée à la structure de l'hydroxyproline.

c) L'amélioration des résultats.

29. Généralités. Une fois la structure dégrossie, les phases des facteurs de structure sont assez bien connues et l'erreur sur les positions atomiques est de l'ordre du dixième d'angström. Mais on peut encore tirer des données un volume considérable de renseignements: positions atomiques à $^1/_{1000}$ près des axes de la maille, facteur de température (qui peut n'être pas le même pour les différents atomes, ou même ne pas être isotrope), facteurs de diffusions atomiques (qui varient suivant la nature des liaisons chimiques), amélioration de l'échelle des F_{hkl} par rapport à F_{000}. Enfin, il est possible d'évaluer la précision atteinte.

La difficulté principale de ces opérations définitives réside dans le fait que les grandeurs que nous venons d'évoquer sont fonction les unes des autres, ce qui oblige à travailler souvent par approximations successives.

Pour l'amélioration des coordonnées, de l'échelle, du facteur de température, on fait largement usage des séries-différence (COCHRAN[1]). Différents procédés permettent de calculer les $f_{hkl,j}$; nous décrirons celui qu'a utilisé LUZZATI[2]. Le calcul de la précision peut s'effectuer d'après CRUICKSHANK[3] ou LUZZATI[4].

30. Séries «différence». Considérons une densité électronique expérimentale $\varrho_0(x, y, z)$ et la fonction correspondante $\varrho_c(x, y, z)$ obtenue à partir des coordonnées des atomes et de leur forme. Le problème de l'amélioration des résultats consiste à faire coïncider autant que possible ϱ_c avec ϱ_0 en agissant sur ces coordonnées, sur les facteurs de température, sur l'échelle des F_{hkl} par rapport à F_{000}.

Une bonne mesure pour le degré de cette coïncidence est évidemment la différence (à un facteur constant près)

$$\Delta\varrho = (\varrho_0 - \varrho_c) = \sum_h \sum_k \sum_l (F_0 - F_c)_{hkl} \exp[-i\,2\pi(hx + ky + lz)].$$

COCHRAN a démontré[1] qu'on en tire des renseignements quantitatifs sur les variations à faire subir à chacun des paramètres de la structure (coordonnées, échelle, facteurs de température ...) *lorsque les autres sont exactement connus.*

Comme cela n'est presque jamais le cas, on voit que l'amélioration des résultats ne peut se gagner que par approximations successives. Pour la même raison, il n'est pas indispensable de calculer avec soin les formules proposées par COCHRAN, et des conclusions suffisantes pourront être déduites, par observation qualitative, de diagrammes $\varrho_0 - \varrho_c$ (obtenus par analogie optique, par exemple).

31. Calcul des facteurs de diffusion atomiques. Les facteurs de diffusion atomiques peuvent être calculés directement à partir des facteurs de structure expérimentaux par une méthode algébrique[2].

Plaçons-nous dans le cas d'une structure où interviennent deux sortes d'atomes, azote et oxygène, par exemple. Pour chaque nœud du réseau réciproque on établit une équation

$$F_{(\text{obs})} = f_O\, t_O + f_N\, t_N$$

[1] W. COCHRAN: Acta crystallogr. **4**, 408 (1951).
[2] V. LUZZATI: Acta crystallogr. **6**, 157 (1953).
[3] D. W. J. CRUICKSHANK: Acta crystallogr. **2**, 65 (1949).
[4] V. LUZZATI: Acta crystallogr. **5**, 802 (1952).

où t_O et t_N, calculés à partir des coordonnées atomiques, désignent les contributions trigonométriques des atomes d'oxygène et d'azote et où f_O et f_N sont les inconnues à déterminer.

Les facteurs de structure sont groupés en domaines de l'espace réciproque où $\sin\vartheta$ reste presque constant. On obtient ainsi des systèmes surabondants d'équations linéaires à deux inconnues que l'on résout par la méthode des moindres carrés.

La précision de cette méthode est fonction du nombre de facteurs de structure introduits dans le calcul, nombre assez restreint pour les petites valeurs de $\sin\vartheta$. Les erreurs d'extrapolation que l'on peut faire dans cette zone font apparaître, après nouveau calcul des F et développement en série de FOURIER, des anomalies dans l'espace cristallin (et, en particulier, sur les fonctions «différence»), ce qui permet d'y remédier dans une certaine mesure.

32. Calcul de la précision. CRUICKSHANK[1] a indiqué l'expression des erreurs quadratiques moyennes $\sigma_j(x_i)$ sur les coordonnées des atomes d'espèce chimique j dans le cas des structures monocliniques:

$$\sigma_j(x) = \frac{\{\sigma(A_h)^2 - \cos^2\beta \cdot \sigma(A_l)^2\}^{\frac{1}{2}}}{(A_{hh})_j \cdot \sin^2\beta},$$

$$\sigma_j(y) = \frac{\sigma(A_k)}{(A_{hh})_j},$$

$$\sigma_j(z) = \frac{\{\sigma(A_l)^2 - \cos^2\beta \cdot \sigma(A_h)^2\}^{\frac{1}{2}}}{(A_{hh})_j \cdot \sin^2\beta},$$

où

$$(A_{hh})_j = \left(\frac{\partial^2 \varrho}{\partial x^2}\right)_j = \text{dérivée seconde au centre de l'atome d'espèce chimique } j,$$

$$\sigma(A_h) = \frac{2\pi}{a\,V}\left[\sum_{hkl} h^2 (F_0 - F_c)^2_{hkl}\right]^{\frac{1}{2}}$$

et où x, y, z sont évalués en Å, et non pas en fractions d'arête de la maille.

D'après LUZZATI[2], qui suppose les erreurs sur les coordonnées atomiques grandes par rapport aux erreurs de mesure entachant les F_{hkl}, on trace la courbe en portant en abscisse $\sin\vartheta$ et en ordonnée les moyennes $\overline{|F_0 - F_c|/|F|}$ prises en des zones successives de $\sin\vartheta$ et on la compare avec une famille de courbes théoriques relative chacune à une valeur Δr de l'erreur sur les positions atomiques. Cette méthode qui, en principe, n'est valable que pour des structures ne contenant qu'une sorte d'atomes, est utile plutôt au cours du parachèvement qu'à l'instant final.

II. Techniques [*14*].

a) Séries de FOURIER.

33. Le calcul de séries de FOURIER à 1, 2 ou 3 dimensions est sans doute le problème qui se pose le plus souvent au cours de la résolution d'une structure cristalline. Dans le cas pratique le plus général, la série étudiée a la forme tridimensionnelle:

$$\varrho_{xyz} = \frac{1}{V} \sum_h^{+\infty} \sum_k \sum_l^{-\infty} |F_{hkl}| \cos\left[2\pi(hx + ky + lz) - \alpha_{hkl}\right] \qquad (33.1)$$

[1] D. W. J. CRUICKSHANK: Acta crystallogr. **2**, 65 (1949).
[2] V. LUZZATI: Acta crystallogr. **5**, 802 (1952).

(V, constante; α_{hkl}, argument du nombre complexe F_{hkl}; x, y, z, coordonnées fractionnaires).

Nous prenons comme exemple le calcul de la densité électronique, mais le problème est le même pour tout autre type de série de FOURIER: fonction de PATTERSON, projection partielle, série différence, etc.

Sauf dans le cas du calcul d'une série bidimensionnelle par analogie optique (calcul qui se fait automatiquement pour tous les points du plan), on détermine ϱ_{xyz} en des points x, y, z suffisamment rapprochés pour ne pas laisser échapper

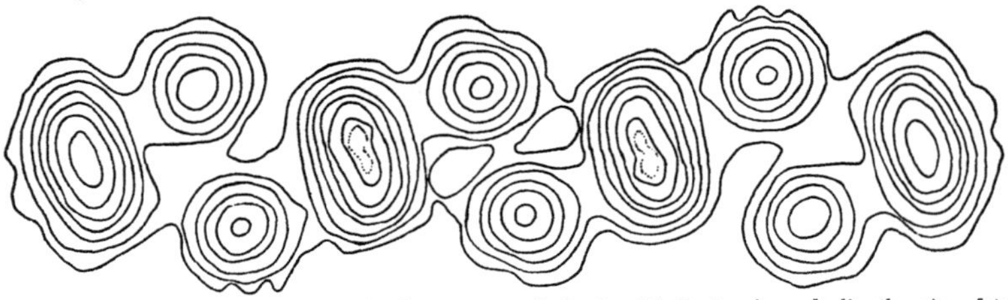

Fig. 45. Diagramme de lignes de niveau: projection sur **a**, **c** de la densité électronique de l'anthracène [structure par MATHIESON, ROBERTSON, SINCLAIR, Acta crystallogr. 3, 245 (1950)].

de détails. Tel est le cas pour la densité électronique lorsque les distances de points voisins n'excèdent pas 0,3 λ. Il va de soi que l'on a intérêt à choisir des points x, y, z disposés de façon périodique, par exemple aux nœuds d'un réseau construit sur **a**, **b**, **c** et divisant ces axes respectivement en m, n, p, parties égales.

Pour représenter une série à deux dimensions, on dessine les lignes de niveau d'égal ϱ sur un diagramme d'axes **a**, **b** en interpolant entre les valeurs nodales calculées (Fig. 45).

Pour trois dimensions on procède de même, mais en opérant sur des sections, généralement parallèles, de l'espace **a**, **b**, **c**.

Il y a deux méthodes de calcul pratique: l'une consiste en l'application directe de la relation (33.1). L'autre (sommation de BEEVERS et LIPSON[1] transforme (33.1) de façon à pouvoir l'envisager comme une succession de sommes unidimensionnelles.

34. La sommation directe. Le calcul arithmétique «manuel», terme par terme de la fonction de points ϱ_{xyz} n'est presque jamais utilisé; il implique un travail fastidieux puisqu'une série bidimensionnelle, pour prendre le cas le plus courant, comporte généralement une centaine de facteurs de structure et que le nombre de points (x, y, z) dépasse presque toujours le millier.

Mais certains procédés automatiques, par voie de nombres ou par analogie, s'accommodent fort bien de ce mode de calcul.

α) Procédés arithmétiques. Ainsi, la machine de ROSE[2], qui enregistre simultanément sur 64 compteurs correspondant à 64 valeurs de x (y et z étant maintenus constants) les contributions $\pm |F_{hkl}| \begin{smallmatrix}\sin\\ \cos\end{smallmatrix} [2\pi(hx+ky+lz)]$ relatives à un triplet d'indices donné, les contributions des autres $|F_{hkl}|$ venant ensuite s'additionner tour à tour dans les compteurs. Les données numériques $|F_{hkl}|$, h, k, l, sont conservées en mémoire, en numération binaire, sur une bande de papier perforée; y et z sont commandés manuellement. Le calcul trigonométrique est effectué par impulsions électromagnétiques.

β) Procédés analogiques. D'autres appareils de calcul par sommation directe procèdent par analogie, généralement optique, et donnent une représentation

[1] C. A. BEEVERS et H. LIPSON: Phil. Mag. **17**, 855 (1934).
[2] A. J. ROSE: Journ. Rech. CNRS **7**, 139 (1948).

intégrale de séries de FOURIER bidimensionnelles (par exemple projections ou sections de la densité électronique) simultanément pour tous les points du plan.

La plus ancienne de ces méthodes, une méthode optique, est due à BRAGG[1]:

Dessinons les lignes de niveau, pour tous les points de la maille, de la contribution

$$T = |F_{hk}| \cos [2\pi(h\,x + k\,y) - \alpha_{hk}]$$

d'un facteur F_{hk} à la structure (Fig. 46). Elles représentent une figure formée de cannelures sinusoïdales, parallèles, plus ou moins serrées et inclinées suivant les valeurs de h et k, plus ou moins décalées par rapport à l'origine suivant la valeur de α_{hk}, plus ou moins intenses suivant $|F_{hk}|$. L'idée de BRAGG fut de concrétiser $\cos[2\pi(hx+ky)-\alpha_{hk}]$ par une projection lumineuse et $|F_{hk}|$ par la durée d'exposition de cette projection sur une feuille de papier photographique. L'analogue optique de la fonction

$$\varrho_{xy} = \frac{1}{A} \sum_h \sum_k |F_{hk}| \cos [2\pi(h\,x + k\,y) - \alpha_{hk}]$$

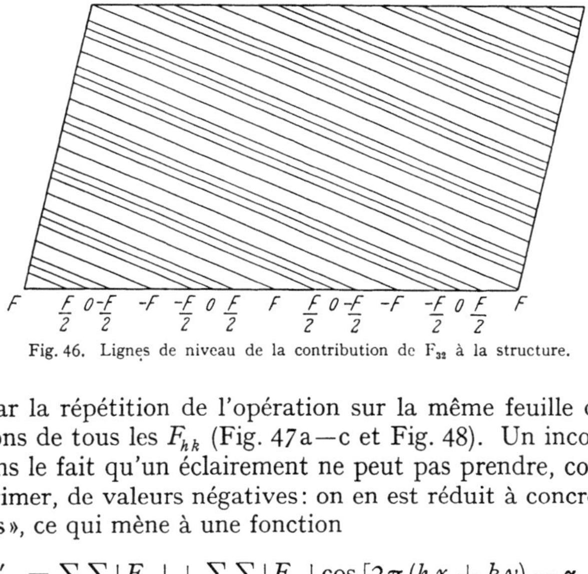

Fig. 46. Lignes de niveau de la contribution de F_{32} à la structure.

est obtenue par la répétition de l'opération sur la même feuille de papier, pour les contributions de tous les F_{hk} (Fig. 47a—c et Fig. 48). Un inconvénient apparent réside dans le fait qu'un éclairement ne peut pas prendre, comme le cosinus qu'il doit exprimer, de valeurs négatives: on en est réduit à concrétiser «1 + cos» au lieu de «cos», ce qui mène à une fonction

$$\varrho'_{xy} = \sum_h \sum_k |F_{hk}| + \sum_h \sum_k |F_{hk}| \cos [2\pi(h\,x + k\,y) - \alpha_{hk}].$$

Il semble que le cliché doive être envahi par un fond $\sum\sum F$ toujours plus fort que ϱ, ce qui empêche de distinguer les détails. Mais on tourne facilement la difficulté en utilisant un papier très contrasté, d'inertie suffisamment grande pour absorber l'exposition relative au fond parasite.

Ce principe de sommation par expositions multiples a inspiré différents dispositifs.

HUGGINS[2] a réalisé sur une bande de film de 35 mm. des photographies de transmission $1 \pm \cos 2\pi(hx+ky)$ pour des indices h et k allant de -12 à $+12$: il est alors facile, projetant ces images sur une émulsion photosensible au moyen d'un agrandisseur ordinaire, d'effectuer des sommes ϱ'_{xy} pour des séries centrosymétriques.

[1] W. L. BRAGG: Z. Kristallogr. **70**, 483 (1929).

[2] M. L. HUGGINS: J. Amer. Chem. Soc. **63**, 66 (1941).

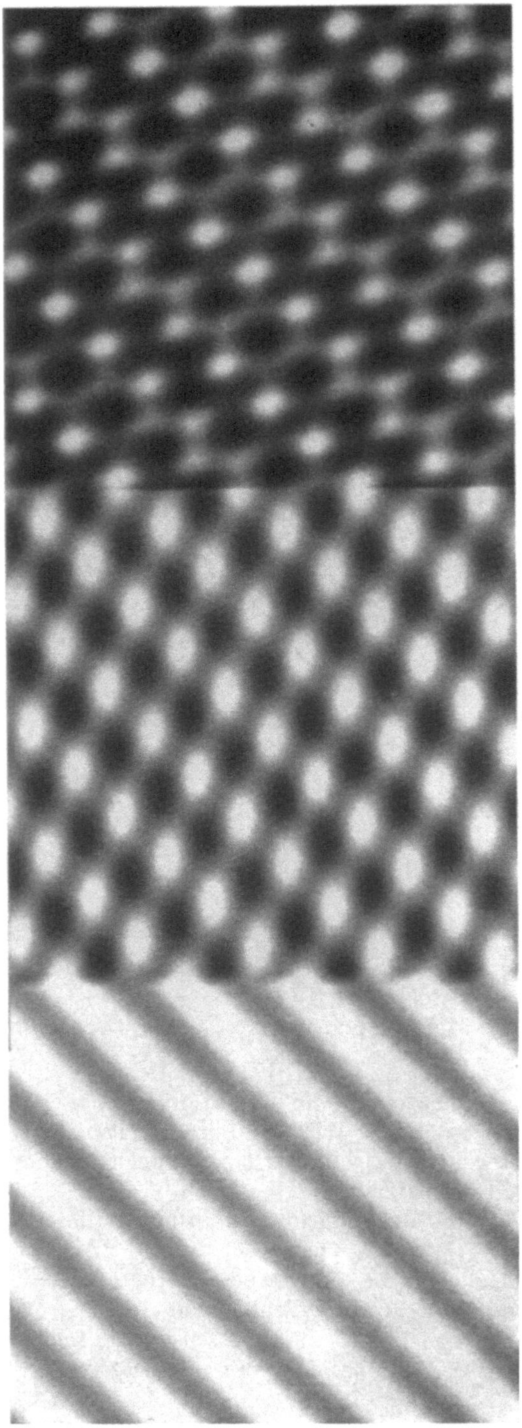

a b c

Fig. 47a—c. Analogie optique. a) Un terme de FOURIER. b) Somme de deux termes. c) Somme de trois termes.

Nonobstant la déformation en carré que subit la maille étudiée, l'immense avantage du film de HUGGINS est, avec la modicité de son prix de revient, la grande simplicité de ses conditions d'emploi. Mais sa précision laisse à désirer.

Il en va de même, sur ce dernier point, pour l'appareil de MACLACHLAN et WOOLLEY[1] qui projette les «masques» de HUGGINS *simultanément* sur un écran (les durées d'exposition $|F_{hk}|$ étant remplacées par des éclairements plus ou moins intenses), ce qui permet l'observation directe, sans l'intermédiaire d'un enregistrement photographique.

L'intérêt du «projecteur multiple» de MACLACHLAN et WOOLLEY réside dans la possibilité que l'on a de changer à tout instant les signes des F_{hk} (autrement dit les phases $\alpha = 0$ ou π) et d'observer sur l'écran les conséquence de ces changements: cet avantage permet des gains de temps importants dans l'ébauche des structures cristallines.

Le «photosommateur harmonique»[2] (Fig. 49) effectue, comme le dispositif de HUGGINS, des expositions successives, mais le mode de génération des cannelures est différent: tenant compte du fait que $hx + ky$ est le produit scalaire de deux vecteurs $\boldsymbol{r} = x\boldsymbol{a} + y\boldsymbol{b}$, et $\boldsymbol{s} = h\boldsymbol{a}^* + k\boldsymbol{b}^*$, on écrit:

$$\varrho_{\boldsymbol{r}} = \sum_{\boldsymbol{s}} |F_{\boldsymbol{s}}| \cos(2\pi\, \boldsymbol{r}\cdot\boldsymbol{s} - \alpha_{\boldsymbol{s}}).$$

---

[1] D. MACLACHLAN jr. et R. H. WOOLLEY: Rev. Sci. Instrum. **22**, 423 (1951).

[2] G. v. ELLER: Bull. Soc. franç. Minér. Crist. **78**, 157 (1955).

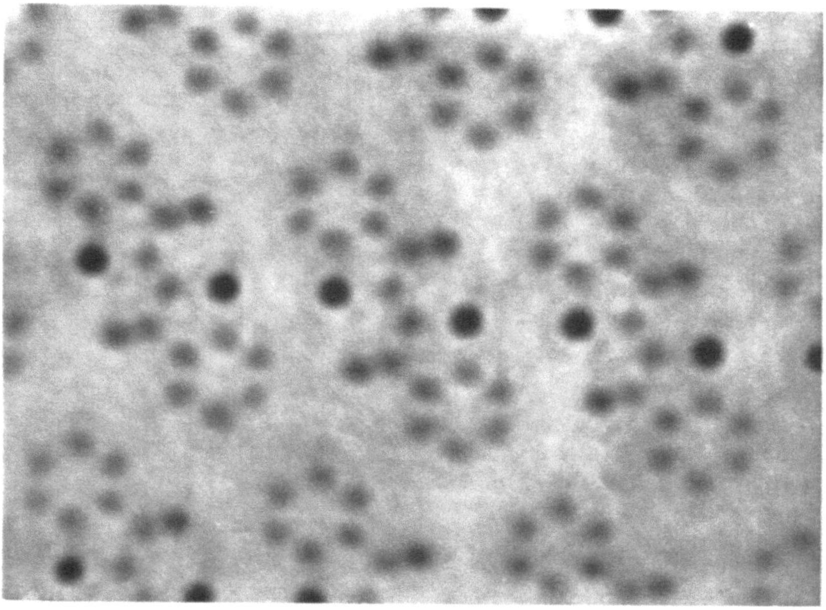

Fig. 48. Densité électronique du thioindigo 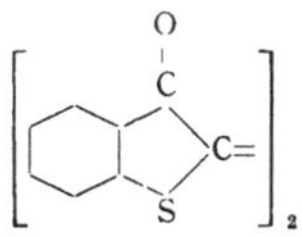 obtenue au moyen du photosommateur harmonique.

Fig. 49. Photosommateur harmonique présenté découvert. *A* Plateau tournant; *B* curseur; *C* cadran des phases; *D* minuterie; *E* réseau cosinusoïdal; *G* fente lumineuse; *H* chassis photographique.

On constate alors que $|s|$ est proportionnel à la fréquence des cannelures de l'image élémentaire et que arg **s** correspond directement à leur orientation.

Utilisant la propagation rectiligne de la lumière, on projette sur la feuille de papier photographique, orientée suivant arg **s**, l'ombre cannelée d'un réseau à motif cosinusoïdal: le nombre $|s|$ de cannelures par unité de longueur est alors proportionnel à la distance du réseau à la source de lumière. Il suffit donc d'agir

Fig. 50. Vue générale de l'« X-RAC » (Pepinsky).

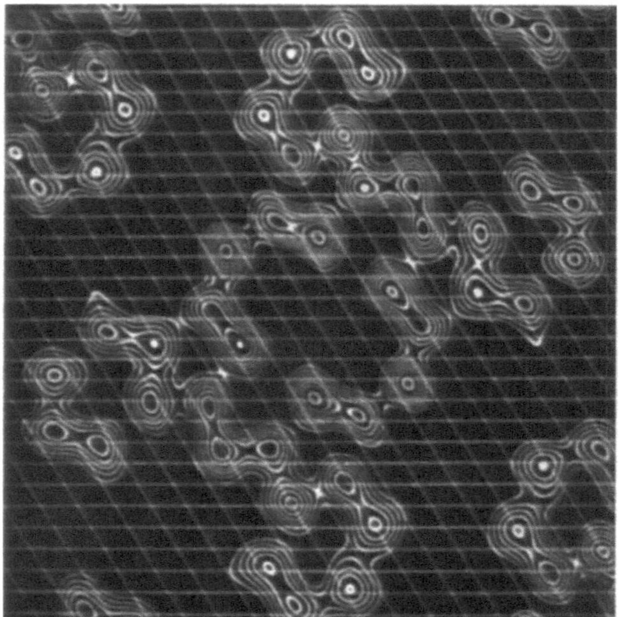

Fig. 51. Diagramme de lignes de niveau obtenu au moyen de l'« X-RAC » (Projection sur xz de la densité électronique de la phtalocyanine) (Pepinsky).

sur cette distance et sur l'orientation de la surface émulsionnée pour rendre possible la matérialisation optique de toutes les fonctions $\cos 2\pi \boldsymbol{r} \cdot \boldsymbol{s}$. L'adjonction à ces mouvements d'une translation du réseau dans son propre plan permet l'introduction des phases $\alpha_{\boldsymbol{s}}$ (ou $2\pi l z + \alpha_{\boldsymbol{s}}$, dans le cas d'une section de FOURIER).

Pratiquement les commandes du photosommateur harmonique se présentent de la manière suivante: a) Un plateau tournant porte un dessin du réseau réciproque, les valeurs de $|F_{\boldsymbol{s}}|$ et $\alpha_{\boldsymbol{s}}$ étant inscrites auprès des nœuds auxquels elles correspondent. b) Un curseur est susceptible de se déplacer suivant un rayon du plateau, au contact du réseau réciproque. Lorsque l'orientation du plateau est telle que le nœud $\boldsymbol{s}$ se trouve sous le curseur, l'appareil est prêt pour la projection d'une fonction $1 \pm \cos 2\pi \boldsymbol{r} \cdot \boldsymbol{s}$. c) Un index commande l'introduction de la phase. d) Une minuterie permet l'allumage de la source pendant des durées $|F_{\boldsymbol{s}}|$.

Le domaine couvert par les indices cristallographiques s'étend pratiquement de -100 à $+100$; les proportions de la maille sont respectées.

Le photosommateur, de construction plus complexe et plus délicate que les dispositifs de HUGGINS et de MACLACHLAN, est aussi plus précis.

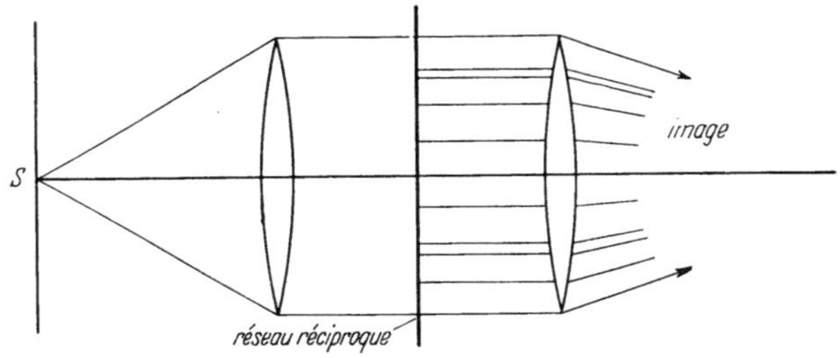

Fig. 52. Principe du «microscope à rayons X».

Dans la machine électronique de PEPINSKY[1], l'X-RAC (X-Ray Analog Computer) (Fig. 50), chaque terme de la série de FOURIER est formé sur l'écran d'un oscillographe cathodique par un balayage convenable dont on peut fixer la brillance, la période, l'orientation, la phase. Les différents termes s'ajoutent simultanément: la fonction somme est directement observable. De plus, un dispositif électronique spécial permet la présentation sous forme de lignes de niveau (Fig. 51). Outre le possibilité d'une interprétation quantitative immédiate, la machine de PEPINSKY offre donc presque tous les avantages des autres appareils pour le calcul des séries de FOURIER (en particulier la latitude de faire varier les phases en cours d'opération), avec une précision satisfaisante. Le domaine des indices cristallographiques s'étend de -20 à $+20$. Malheureusement son coût élevé n'a pas fait envisager la production de l'X-RAC à plusieurs exemplaires.

γ) Le «microscope à rayons X». Calculer la transformée de FOURIER d'une fonction bidimensionnelle est équivalent à chercher la figure de diffraction d'un objet plan produite par un faisceau parallèle de lumière visible.

La connaissance de la structure du cristal résulte donc de diffractions successives: d'abord celle des rayons X par le cristal, ensuite celle d'une figure construite à partir du réseau réciproque du cristal.

BRAGG a fait remarquer les analogies entre cette technique et le fonctionnement d'un microscope optique d'après la théorie d'ABBE.

Voici le principe de ce qui a été appelé le «microscope à rayons X»[2].

On dispose (Fig. 52) dans un faisceau parallèle de lumière monochromatique une représentation du réseau réciproque (nœuds transparents de transmission optique proportionnelle aux F_{hkl}; fond opaque). La figure de diffraction produit dans le plan focal d'une lentille objectif l'image réelle d'une structure-objet qui

[1] R. PEPINSKY: J. Appl. Phys. **18**, 601 (1947).
[2] W. L. BRAGG: Nature, Lond. **143**, 678 (1939).

se trouverait, dans le cas présent, dans le plan P. Cette image, très petite, doit être observée au microscope ou agrandie photographiquement.

L'opération ne présente pas de difficulté particulière pour la représentation des fonctions de PATTERSON. Mais une complication d'ordre expérimental survient dès qu'aux F_{hkl} sont liées des phases, car il devient alors nécessaire d'imposer des retards optiques aux rayons traversant les différents nœuds de la maquette du réseau réciproque. BUERGER, le premier, a pallié cette difficulté en recouvrant les nœuds à F négatif (dans le cas de structures possédant un centre de symétrie) par une lame de mica demie-onde[1]. HANSON et LIPSON utilisent un dispositif ingénieux[2]: une maquette, où les nœuds réciproques sont représentés par des perforations d'égal diamètre, est disposée entre nicols croisés. Les perforations sont recouvertes individuellement par des lames de mica de même épaisseur: l'amplitude de la lumière transmise par chaque orifice étant alors proportionnelle à $\sin 2\vartheta$ (ϑ, angle de la lame de mica avec la position d'extinction), on a la possibilité de contrôler non seulement le module de F_{hk} (transmission), mais encore son signe (valeurs négatives de $\sin\vartheta$).

Dans la mesure où l'observation directe est possible, le changement aisé des signes donne au «microscope à rayons X» des avantages certains. Cependant il est d'une réalisation délicate et surtout on ne peut observer que les intensités. Par conséquent on ne peut connaître le signe de la fonction présentée en image: ainsi une «densité électronique négative» est traduite par la même intensité lumineuse que sa valeur opposée.

35. La sommation de BEEVERS et LIPSON. *α) Principe.* La sommation de BEEVERS et LIPSON est une méthode de calcul des séries de FOURIER qui réduit au maximum le nombre des opérations arithmétiques[3]: c'est donc la méthode de prédilection du calcul numérique.

Ici encore nous emploierons les symboles relatifs à la densité électronique, mais le raisonnement est valable pour le calcul de toute autre série.

Soit à pratiquer dans l'espace cristallin une section à la cote $z = \text{const.}$:

$$\left.\begin{aligned} \varrho_{xyz} &= \frac{1}{V}\sum_h\sum_k\sum_l |F_{hkl}|\cos\left[2\pi(hx+ky+lz)-\alpha_{hkl}\right],\\ |F_{hkl}| &= |F_{\bar h\bar k\bar l}|\,;\qquad \alpha_{hkl} = -\alpha_{\bar h\bar k\bar l}. \end{aligned}\right\}\tag{35.1}$$

Développant la partie trigonométrique en produits de sinus et de cosinus, et posant par ailleurs

$$\left.\begin{aligned} \frac{1}{V}\sum_{l=-\infty}^{+\infty}|F_{hkl}|\cos(2\pi lz-\alpha_{hkl}) &= C_{hk,z}\\ \frac{1}{V}\sum_{l=-\infty}^{+\infty}|F_{hkl}|\sin(2\pi lz-\alpha_{hkl}) &= S_{hk,z} \end{aligned}\right\}\tag{35.2}$$

on obtient:

$$\left.\begin{aligned} \varrho_{xyz} = \sum_{h\,-\infty}^{+\infty}\left[\sum_{k\,-\infty}^{+\infty}C_{hk,z}\cos 2\pi ky\right]\cdot\cos 2\pi hx - \sum_{h\,-\infty}^{+\infty}\left[\sum_{k\,-\infty}^{+\infty}C_{hk,z}\sin 2\pi ky\right]\times\\ \times\sin 2\pi hx - \sum_{h\,-\infty}^{+\infty}\left[\sum_{k\,-\infty}^{+\infty}S_{hk,z}\sin 2\pi ky\right]\cdot\cos 2\pi hx -\\ -\sum_{h\,-\infty}^{+\infty}\left[\sum_{k\,-\infty}^{+\infty}S_{hk,z}\cos 2\pi ky\right]\cdot\sin 2\pi hx. \end{aligned}\right\}\tag{35.3}$$

[1] M. J. BUERGER: Acta crystallogr. **4**, 531 (1951).
[2] A. W. HANSON et H. LIPSON: Acta crystallogr. **5**, 362 (1952).
[3] C. A. BEEVERS et H. LIPSON: Phil. Mag. **17**, 855 (1934).

Après avoir effectué les quatre sommes unidimensionnelles indiquées entre crochets (on les désignera, dans l'ordre, par $A_{h,yz}$, $B_{h,yz}$, $D_{h,yz}$, $E_{h,yz}$), il reste

$$\varrho_{xyz} = \sum_{\substack{-\infty \\ h}}^{+\infty} (A - D)_{h,yz} \cos 2\pi h x - \sum_{\substack{-\infty \\ h}}^{+\infty} (B + E)_{h,yz} \sin 2\pi h x, \tag{35.4}$$

séries également unidimensionnelles que l'on calcule à leur tour.

Certaines propriétés simplifient les calculs: ainsi l'examen de (35.1), (35.2) et (35.3) fait ressortir que:

$$\left.\begin{array}{c} C_{hk,z} = C_{\bar{h}\bar{k},z}; \qquad S_{hk,z} = -S_{\bar{h}\bar{k},z}; \\ A_{h,yz} = A_{\bar{h},yz}; \quad B_{h,yz} = -B_{\bar{h},yz}; \quad D_{h,yz} = D_{\bar{h},yz}; \quad E_{h,yz} = -E_{\bar{h},yz}; \\ B_{0,yz} = D_{0,yz} = E_{0,yz} = 0, \end{array}\right\} \tag{35.5}$$

ce qui permet de calculer, au lieu des parties entre crochets de (35.3), les fonctions suivantes où les sommations ne se font plus que sur les valeurs positives des indices.

$$\left.\begin{aligned} A_{h,yz} &= \sum_{\substack{1 \\ k}}^{\infty} (C_{hk,z} + C_{h\bar{k},z}) \cos 2\pi k y + C_{h0,z}, \\ B_{h,yz} &= \sum_{\substack{1 \\ k}}^{\infty} (C_{hk,z} - C_{h\bar{k},z}) \sin 2\pi k y, \\ D_{h,yz} &= \sum_{\substack{1 \\ k}}^{\infty} (S_{hk,z} - S_{h\bar{k},z}) \sin 2\pi k y, \\ E_{h,yz} &= \sum_{\substack{1 \\ k}}^{\infty} (S_{hk,z} + S_{h\bar{k},z}) \cos 2\pi k y + S_{h0,z}. \end{aligned}\right\} \tag{35.6}$$

De façon analogue, les deux sommes de (35.4) s'écrivent:

$$\left.\begin{aligned} G_{xyz} &= 2 \sum_{\substack{1 \\ h}}^{\infty} (A_{h,yz} - D_{h,yz}) \cos 2\pi h x + A_{0,yz} \\ J_{xyz} &= 2 \sum_{\substack{1 \\ h}}^{\infty} (B_{h,yz} + E_{h,yz}) \sin 2\pi h x. \end{aligned}\right\} \tag{35.7}$$

Une autre source de simplifications sont les propriétés de symétrie et d'antisymétrie des lignes trigonométriques. Par exemple, lorsque k est pair (k_p), la quantité $\cos 2\pi k_p u$ a même valeur pour $u = \{y, \frac{1}{2} \pm y, 1 - y\}$. Lorsque k est impair (k_i), $\cos 2\pi k_i u$ a même valeur pour $u = \{y, 1 - y\}$, la valeur opposée pour $u = \frac{1}{2} \pm y$.

Des relations analogues existent pour $\sin k_p u$ et $\sin k_i u$, de sorte que les intervalles de fonctions relatifs à $0{,}25 \leqq u \leqq 0{,}50$, $0{,}50 \leqq u \leqq 0{,}75$, $0{,}75 \leqq u \leqq 100$ peuvent être déduits sans nouveau calcul de l'intervalle relatif à $0 \leqq u \leqq 0{,}25$.

Donc, si l'on prend soin de calculer séparément les sommes partielles A_p et A_i, B_p et B_i, etc., les amplitudes $(A - D)_{h,yz}$ et $(B + E)_{h,yz}$ de (35.4) s'obtiennent à partir des combinaisons de signes résumées dans le tableau suivant:

Tableau 1.

y	A_p	A_i	D_i	D_p	E_p	E_i	B_i	B_p
0 −0,25	+	+	−	−	+	+	+	+
0,50−0,25	+	−	−	+	+	−	+	−
0,50−0,75	+	−	+	−	+	−	−	+
1,00−0,75	+	+	+	+	+	+	−	−

Le calcul des deux sommations (35.7) de (35.4) s'effectue de la même façon; l'expression de la densité électronique s'établit alors d'après le Tableau 2.

β) Réglettes de BEEVERS *et* LIPSON. BEEVERS et LIPSON[1] ont complété les simplifications apportées par leur méthode en effectuant *à l'avance* le plus grand nombre possible de calculs: ils ont porté sur une réglette de carton les différentes valeurs de $\varkappa \begin{cases} \sin 2\pi m u \\ \cos 2\pi m u \end{cases}$ (arrondies à 2 chiffres significatifs) pour u allant de $\frac{1}{60}$ en $\frac{1}{60}$, de $\frac{0}{60}$ à $\frac{15}{60}$. Il existe pour chaque valeur entière de m comprise entre 0 et 20

$\overline{51}$	S 18	0	$\overline{49}$	30	30	$\overline{49}$	0	49	$\overline{30}$	$\overline{30}$	49	0	$\overline{49}$	30	30	$\overline{49}$	0

Fig. 53. Réglette de BEEVERS et LIPSON.

Tableau 2.

x	G_p	G_i	J_i	J_p
0,00—0,25	+	+	−	−
0,50—0,25	+	−	−	+
0,50—0,75	+	−	+	−
1,00—0,75	+	+	+	+

Fig. 54. Tabulatrice à cartes perforées 441 (IBM).

99 réglettes «cosinus» relatives aux valeurs entières de $\varkappa$ entre 0 et 99, et autant de réglettes «sinus». Le verso de chacune d'elle a trait à la même fonction, mais pour la valeur négative de $\varkappa$. La Fig. 53 représente la réglette «sinus» caractérisée par $\varkappa = \overline{51}$ et $m = 18$.

Après avoir disposé l'une au-dessous de l'autre, en deux groupes m_p et m_i, les réglettes relatives à une sommation déterminée, on effectue cette dernière successivement pour tous les points u en faisant usage des combinaisons de signes indiquées au paragraphe précédent.

Lorsqu'un axe de maille (par exemple $\boldsymbol{a}$) est trop court pour justifier une division en 60èmes, on double la valeur des indices (h, dans le présent cas) — ce qui équivaut à doubler les intervalles séparant les points — et on n'utilise que la moitié gauche des réglettes.

γ) Le calcul mécanographique. Malgré son ingéniosité, la méthode de BEEVERS et LIPSON est d'une pratique extrêmement lente et fastidieuse. Aussi a-t-on cherché à la combiner avec les techniques mécanographiques, et c'est sous cette forme qu'elle semble le plus souvent utilisée de nos jours.

En bref, on substitue aux réglettes des cartes portant les mêmes informations sous forme de perforations codifiées: au passage de la carte dans une «tabulatrice» (Fig. 54), chaque nombre est enregistré par un compteur numérique; les nombres de la carte suivante viennent s'y additionner ou, suivant le cas, s'en retrancher,

[1] C. A. BEEVERS et H. LIPSON: Phil. Mag. **17**, 855 (1934).

et ainsi de suite. La fin de l'opération est indiquée par une carte «vierge» non perforée qui commande l'impression des résultats et la remise à zéro des compteurs: la tabulatrice est prête pour la sommation suivante.

Le calcul se fait donc automatiquement, le seul travail manuel étant le triage des cartes correspondant aux différents termes de la série de FOURIER. La marche à suivre est sensiblement la même que pour les réglettes de BEEVERS et LIPSON $\left(\text{groupement des cartes } \varkappa \begin{Bmatrix}\sin 2\pi m u \\ \cos 2\pi m u\end{Bmatrix}\right.$, à ceci près que *toutes* les cartes doivent être préparées *avant* les opérations mécanographiques de chaque sommation sur k ou sur h: d'où nécessité de disposer d'une réserve de cartes suffisante pour satisfaire plusieurs fois la même demande.

Voici, à titre d'exemple, la description d'un fichier[1] utilisant le matériel mécanographique I. B. M. u croit de 100e en 100e. A chaque réglette de BEEVERS correspondent deux cartes, l'une portant les valeurs paires de u, l'autre les valeurs impaires, de manière à simplifier le travail «en 50es», très fréquent.

Fig. 55. Interclasseuse 077 (IBM).

La carte standard (187 × 83 mm.) est divisée en 80 colonnes identiques et 10 lignes numérotées de 0 à 9. Chaque colonne peut recevoir une perforation dans l'une de ces lignes: le numéro perforé correspond au chiffre enregistré. Deux lignes supplémentaires servent à la perforation d'indications spéciales (par exemple signe négatif). Les 12 premières colonnes jouent le rôle de la marge gauche de la réglette de BEEVERS (valeur de m, de $\varkappa$, code sinus-cosinus, parité de u). Les colonnes 13 à 75 sont réservées à l'inscription des valeurs $\varkappa \begin{cases}\sin 2\pi m u \\ \cos 2\pi m u\end{cases}$ (4 colonnes de chiffres, 1 colonne pour le signe). En 79 et 80 figure le numéro du fichier.

Des perforations spéciales, en 76, 77, 78, permettent d'inverser, si nécessaire, le signe de toutes les valeurs trigonométriques portées par la carte, afin de réaliser les combinaisons de signes des Tableaux 1 et 2 (p. 63 et 64).

Etant donné la nécessité du prélèvement préalable de toutes les cartes à utiliser, un système d'amplitude différent de celui des réglettes a été adopté: on a donné à $\varkappa$ les valeurs suivantes (système de la boîte de poids):

$$1, 1, 2, 5, 10, 10, 20, 50, 100, 100, 200, 500, -999.$$

[1] A. RIMSKY, G. V. ELLER et A. J. ROSE: Bull. Soc. franç. Minér. Crist. **74**, 197 (1951).

La somme des amplitudes positives faisant précisément +999, une fonction d'amplitude négative se combinera en laissant dans le fichier les cartes qui composent le nombre positif correspondant, et en prélevant toutes les autres cartes du groupe, y compris −999. Ce groupe de 13 cartes a été perforé pour les sinus et cosinus, *m* de 0 à 25, *u* pair et *u* impair, ce qui porte le nombre des cartes du fichier à:

$$13 \times 2 \times 26 \times 2 = 1352.$$

Pour couvrir tous les besoins du prélèvement, on a établi 26 fichiers identiques.

Une fois achevé le travail de tabulation, on se sert d'une «interclasseuse» (Fig. 55) pour reclasser les fiches prélevées et les fiches restantes. L'ordre du fichier doit être respecté scrupuleusement sous peine de lourdes pertes de temps.

Les méthodes mécanographiques permettent une accélération sensible du travail arithmétique, le temps de passage d'une carte dans la tabulatrice étant inférieur à la seconde.

b) Calcul des facteurs de structure.

Outre celui des séries de FOURIER, il est un autre type de calcul indispensable en cristallographie: c'est le calcul des facteurs F_{hkl} d'une structure donnée. Mais si le premier type a reçu des solutions pleinement satisfaisantes, on ne peut en dire autant du second, du moins au dernier stade de détermination des structures où des valeurs précises sont indispensables. Ceci tient à l'expression plus compliquée des F_{hkl}, qui se prête moins bien à un calcul systématique.

Les méthodes ne sont pas toujours les mêmes suivant que l'on désire un résultat approximatif (ébauche des structures) ou précis (amélioration des résultats).

36. Calcul précis des F_{hkl}. *α) Calcul arithmétique.* L'expression générale du facteur de structure est:

$$F_{hkl} = \sum_{j}^{N} f_{hkl,j}\, e^{2\pi i (h x_j + k y_j + l z_j)} \tag{36.1}$$

(j, numérotage arbitraire des atomes; $f_{hkl,j}$, facteur de diffusion atomique compte tenu du coefficient de température, $\exp\left(-B\frac{\sin^2\vartheta}{\lambda^2}\right)$; N, nombre total d'atomes de la maille).

La maille d'un cristal peut être constituée par la répétition d'un motif élémentaire suivant le groupe spatial. Les facteurs F_{hkl} sont calculables à partir de ce seul motif grâce à des formes condensées particulières à chaque groupe spatial. Ces formes, calculées et publiées par LONSDALE [*12*] figurent également dans les Tables Internationales [*13*], où l'on trouve par exemple que, pour le groupe spatial $P2_1/c$:

$$F_{hkl} = \sum f_{hkl,j}\, 4\cos 2\pi (h x_j + l z_j) \cdot \cos 2\pi k y_j \quad \text{lorsque} \quad k + l = 2n,$$
$$F_{hkl} = \sum -f_{hkl,j}\, 4\sin 2\pi (h x_j + l z_j) \cdot \sin 2\pi k y_j \quad \text{lorsque} \quad k + l = 2n + 1.$$

Les opérations arithmétiques se ramènent à une application pure et simple de la formule condensée. Une bonne planification du travail, seule, peut le rendre moins fastidieux.

β) Calcul mécanographique. Le calcul mécanographique des facteurs de structure au moyen des équipements classiques nécessite des manipulations nombreuses et une assez forte consommation de cartes perforées. Elles sont à ce jour assez peu pratiquées, sauf la méthode décrite à la section suivante.

On a, par contre, de plus en plus tendance à faire appel aux machines électroniques utilisant les cartes perforées. Quel que soit le groupe spatial, c'est l'expression (36.1) qui est alors appliquée, en séparant, bien entendu, les parties réelle et imaginaire.

On confectionne deux types de cartes: 1. Une carte «x» pour chaque atome: elle en porte les coordonnées avec 3 ou même 4 chiffres significatifs, ainsi qu'un code indiquant l'espèce chimique. 2. Deux cartes «h», en général, pour chaque nœud réciproque: elles portent les trois valeurs h, k, l, ainsi que les valeurs f_{hkl} relatives aux différentes espèces d'atomes et la mention codifiée «sinus» ou «cosinus».

Le déroulement du programme d'opérations est obtenu par un câblage électrique particulier ou par des perforations spéciales des cartes.

Après l'envoi dans la tabulatrice d'une carte «h», dont le contenu est retenu en mémoire mécanique ou électronique, on fait passer le paquet des cartes «x». Le détail des opérations est imprimé, de même que la valeur des parties réelle et imaginaire de F_{hkl}.

γ) Méthode de Sayre. On sait (voir sect. 18 de l'article suivant) qu'une fonction continue est la transformée de Fourier d'un motif isolé apériodique, et qu'un échantillonnage de cette fonction prélevé aux nœuds d'un réseau R^* est la transformée de la répétition indéfinie de ce motif suivant un réseau R admettant R^* pour réciproque.

Sayre[1] fait usage de ce théorème pour le calcul des facteurs de structure.

Etant donnée la fonction «densité électronique», prélevons-en des échantillons aux nœuds d'un réseau sous-multiple entier du réseau cristallin. Dans l'espace de Fourier cette opération se traduit par une répétition périodique du réseau réciproque considéré comme motif, et cette répétition s'effectue suivant les nœuds d'un réseau multiple entier du réseau réciproque. Comme la transformée d'une structure cristalline est convergente et peut être considérée comme nulle à partir d'une certaine distance de l'origine, il est possible d'ajuster le réseau d'échantillonnage de l'espace cristallin de façon que les domaines réciproques non nuls n'empiètent pas les uns sur les autres. Alors les valeurs des facteurs de structure pourront être calculées au moyen de l'expression:

$$F_{hkl} = \varkappa \sum_{\substack{0\\x}}^{1} \sum_{\substack{0\\y}}^{1} \sum_{\substack{0\\z}}^{1} \varrho_{xyz} \exp\left[2\pi i (hx + ky + lz)\right]$$

($\varkappa$, constante de proportionnalité).

La séparation des parties réelle et imaginaire met en évidence deux séries de Fourier calculables suivant la méthode de Beevers et Lipson.

Pratiquement, pour le travail à deux dimensions, on réalise d'abord à grande échelle un dessin de la maille et de son réseau d'échantillonnage. Puis, ayant gradué des réglettes, à cette même échelle, suivant les densités électroniques projetées des différentes espèces d'atomes, on en applique les centres aux emplacements atomiques et on relève les valeurs lues aux nœuds du réseau d'échantillonnage. Il arrive couramment que plusieurs atomes contribuent à un même nœud; on additionne alors les valeurs relevées. On procède ensuite comme pour un développement en série ordinaire.

La méthode de calcul des facteurs de structure mise au point par Sayre est la plus mécanique puisqu'elle permet d'effectuer ce travail avec les moyens dont on use pour les séries de Fourier; néanmoins sa précision n'est généralement pas des meilleures. On la recommande surtout dans le cas de structures comportant un nombre élevé d'atomes.

[1] D. Sayre: Acta crystallogr. **4**, 250 (1951).

37. Calcul approché des facteurs de structure. Au cours de la première ébauche de la structure, il faut éviter autant que possible de pénibles calculs numériques. On utilise alors des procédés graphiques et analogiques.

Les graphiques de BRAGG *et* LIPSON[1] ne sont autre chose que des représentations, au moyen de ses lignes de niveau, de chaque fonction $c_{hk} = \cos 2\pi(hx + ky)$ ou $s_{hk} = \sin 2\pi(hx + ky)$, les coordonnées étant x et y. Ils permettent de relever par simple lecture le facteur trigonométrique correspondant à un atome placé en x, y et de se rendre aisément compte de la variation de ce facteur qu'entraînerait le déplacement de cet atome dans telle ou telle direction. On dessine également ces graphiques pour les termes trigonométriques «condensés» caractéristiques du groupe spatial et qui permettent de raisonner uniquement sur les atomes de l'unité asymétrique de la maille.

Il est possible d'obtenir, au moyen du photosomateur harmonique (cf. Sect. 33β) une appréciation qualitative de $|F_{hkl}|$ ainsi qu'une assez bonne mesure de α_{hkl}. Nous indiquerons la marche à suivre pour le cas d'une structure centrée.

On intervertit les rôles des réseaux cristallin et réciproque: une hypothèse de structure composée d'atomes ponctualisés est dessinée sur le plateau, tandis que la surface photosensible est destinée à enregistrer l'analogue optique de sa transformée:

$$F^{+}_{hkl} = \sum_j Z_j \{1 + \cos[2\pi(hx_j + ky_j + lz_j)]\}$$

(l, constante, numéro de strate; $2\pi l z_j$ est introduit pour chaque atome sous forme de phase).

Un «masque sélecteur», au contact de l'émulsion, ne laisse passer la lumière qu'aux nœuds du réseau réciproque (h, k entiers).

Après enregistrement de F^{+}_{hkl}, on déplace légèrement la surface photosensible derrière le masque immobile et on recommence l'opération en introduisant pour tous les termes une phase supplémentaire π:

$$F^{-}_{hkl} = \sum_j Z_j \{1 - \cos[2\pi(hx_j + ky_j) + 2\pi l z_j]\}$$

Après développement photographique, la comparaison des taches F^{+}_{hkl} et F^{-}_{hkl} permet de déterminer le signe de F_{hkl}, qui est positif pour les photo-densités $F^{+} > F^{-}$, négatif dans le cas contraire. L'écart des deux densités donne une idée de $|F_{hkl}|$.

L' «œil-de-mouche» est la réciproque du «microscope à rayons X»: il reproduit à l'échelle de la lumière visible le phénomène de la diffraction des rayons X par le cristal.

Photographiant la figure de diffraction donnée par une réduction d'un dessin de la structure où le motif est répété un grand nombre de fois, on obtient une image du réseau réciproque. HANSON et LIPSON[2] ont simplifié le procédé en n'utilisant que quatre mailles adjacentes, ou même (BRAGG; LIPSON et TAYLOR) une seule. Dans ce dernier cas, une fonction continue est obtenue.

L'inconvénient majeur des dispositifs du type «œil-de-mouche» est leur incapacité à indiquer la valeur de α_{hkl}.

D. Applications des méthodes radiocristallographiques.

La plus importante de ces applications est certainement la détermination des structures cristallines qui a été traitée au chap. C. Nous nous occuperons

[1] W. L. BRAGG et H. LIPSON: Z. Kristallogr. **95**, 323 (1936).
[2] A. W. HANSON et H. LIPSON: Acta crystallogr. **5**, 145 (1952).

maintenant de l'emploi des rayons X pour les nombreux problèmes de physique des solides qui se posent pour des cristaux dont la structure est connue ou laissée indéterminée.

Nous examinerons ici les applications des phénomènes de diffraction par les cristaux parfaits. Les questions relatives aux imperfections cristallines seront traitées dans les articles de J. BOUMAN et G. FOURNET.

I. Détermination de la cristallinité d'une substance.

([8], chap. 7.1).

38. La caractéristique d'une poudre cristalline est de donner en rayonnement monochromatique un grand nombre de raies fines. Si le solide est à l'état amorphe, au contraire le diagramme est composé d'un petit nombre d'anneaux très diffus voir l'article de G. FOURNET. Si les phases amorphe et cristalline coexistent, les

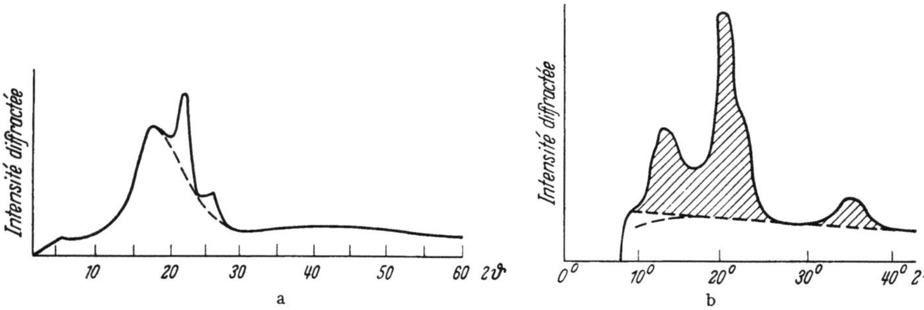

Fig. 56a et b. Séparation d'un diagramme amorphe et d'un diagramme cristallin. a) Cas de la superposition d'un anneau amorphe et de raies nettes. Echantillon de polyethylène [KRIMM et TOBOLSKY, J. Polymer. Sci. 7,57 (1951)]. b) Cas d'un corps mal cristallisé, la séparation de la partie amorphe est difficile [HERMANS et WEIDINGER, J. Polymer. Sci. 4, 135 (1949)].

raies se superposent aux anneaux et l'on peut, d'après l'intensité relative des deux diagrammes, trouver les proportions des deux phases. La méthode a été appliquée sur des produits macromoléculaires, comme le caoutchouc ou la cellulose.

La comparaison des intensités diffractées peut se faire au diffractomètre[1] ou encore par méthode photographique[2]. Dans ce cas, on intercale sur le faisceau direct une même feuille métallique dans les différents clichés: Ce sont les raies de cet étalon qui permettent la comparaison quantitative des diagrammes successifs.

Cette méthode de dosage n'est correcte que quand il y a réellement mélange d'une phase amorphe et d'un phase bien cristallisée (Fig. 56a)[3]. Mais il est des cas intermédiaires fréquents (hauts polymères, par exemple) où les cristaux sont imparfaits, ce qui produit un élargissement des raies et aussi un fond continu de diffusion entre les raies[4]. Il devient difficile de séparer les diagrammes des deux phases (Fig. 56b), le fond continu renforçant les anneaux de la phase amorphe. Les «indices de cristallinité» ainsi déterminés sont donc assez douteux.

---

[1] S. KRIMM et R. S. STEIN: Rev. Sci. Instrum. **22**, 920 (1951).

[2] J. M. GOPPEL: Appl. Sci. Res. A **1**, 3 (1947). — J. J. ARLMAN: Appl. Sci. Res. A **1**, 347 (1949).

[3] S. KRIMM et A. V. TOBOLSKY: J. Polymer. Sci. **7**, 57 (1951).

[4] P. H. HERMANS et A. WEIDINGER: J. Polymer. Sci. **4**, 135 (1949).

II. Etude de la texture d'un solide.

Soit un solide formé d'un agrégat de cristaux (appelés grains dans les métaux). Décrire la texture cristalline de l'échantillon, c'est déterminer la statistique de

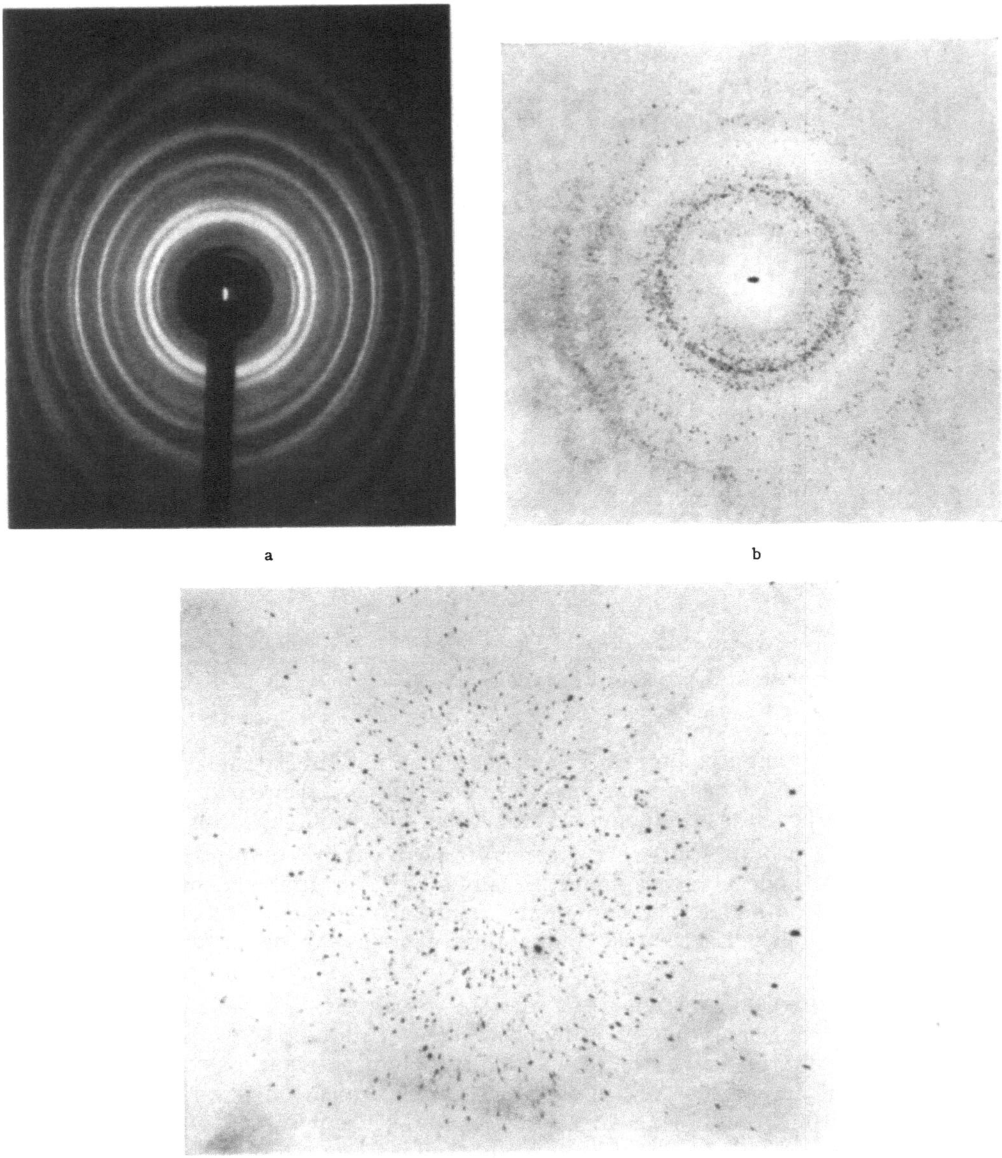

a b

c

Fig. 57 a—c. Diagrammes d'échantillons d'aluminium de différentes grosseurs de grains. a) Métal érroui. b) Grains de 0,05 mm. c) Grains de 0,3 mm.

la taille des cristaux élémentaires et de leur orientation. Rappelons que, dans certains cas, il existe des méthodes micrographiques et optiques pouvant résoudre ces problèmes plus simplement que les méthodes de rayons X que nous allons exposer.

39. Détermination de la taille des grains. Soit un diagramme effectué avec une chambre DEBYE-SCHERRER ou encore le montage simple décrit p. 2 (Fig. 57). L'échantillon doit en tout cas être *immobile pendant la pose*. Les raies DEBYE-SCHERRER sont continues si le nombre de cristaux réfléchissants est assez élevé pour que les taches individuelles de diffraction se recouvrent mutuellement. Si cette condition n'est pas réalisée, l'anneau DEBYE-SCHERRER sera ponctué[1]. On pourra donc compter le nombre de cristaux réfléchissants, d'où l'on tire les tailles moyennes des grains de l'échantillon. Mais ce calcul ne peut donner qu'un ordre de grandeur.

La mesure cesse d'être possible quand les taches individuelles ne sont plus perceptibles: la taille limite dépend des conditions géométriques de l'expérience. Il serait difficile de la calculer précisément; on peut admettre qu'avec les chambres ordinaires, la raie cesse d'être ponctuée quand le diamètre des grains est inférieur à 0,005 mm.

On peut arriver à détecter des grains de l'ordre du micron à condition de réduire le volume de l'échantillon irradié. Un *microfaisceau* dont la section n'est que de l'ordre de 10μ au niveau de l'échantillon, peut donner des raies ponctuées alors que dans un diagramme ordinaire les raies sont continues. Par cette méthode HIRSCH et KELLAR[2] ont étudié la taille des grains dans un métal écroui.

On verra d'autre part dans l'article de W. W. BEEMANN *et col.* que si les grains ont une taille inférieure à 10^{-4} mm., un nouveau phénomène apparaît: les raies DEBYE-SCHERRER deviennent floues et, de la largeur de la raie, on peut déduire la taille du cristal.

Quand les taches DEBYE-SCHERRER sont trop rares, à cause de la taille élevée des cristaux, ce sont les taches de LAUE produites par la radiation continue qui permettent l'évaluation de la taille des grains (Fig. 57c). On juge assez bien le nombre de cristaux présents dans deux échantillons en comparant le nombre de taches de LAUE des deux diagrammes, mais une mesure absolue est impossible. La source qui convient le mieux pour les clichés de ce genre est un tube à anticathode de molybdène fonctionnant sous une tension assez élevée, qui émet, outre la raie Mo K_α, un spectre continu intense.

40. Détermination de l'orientation d'un cristal de réseau connu [*6*]. C'est le diagramme de LAUE qui résout ce problème, car la disposition des taches de diffraction met en évidence les axes de symétrie du cristal. Naturellement on est aidé autant que possible par les faces et arêtes apparentes du cristal. Mais si celui-ci n'a pas de forme externe définie (c'est le cas des métaux), l'orientation par les seuls rayons X est possible, surtout si le réseau est simple.

Chaque tache du diagramme donne la direction d'un plan réticulaire, les taches intenses provenant en général des plans importants de bas indices. Or, pour un réseau donné, on sait les angles que de tels plans font entre eux. On cherche alors à retrouver ces angles entre les plans qui se manifestent sur le diagramme[3]. On peut alors identifier les taches, donc trouver la direction des axes du cristal. Pour les métaux, il est particulièrement avantageux d'employer les diagrammes de LAUE en retour. En effet, les zones importantes donnent

[1] H. P. ROOKSBY: Royal Soc. Arts **90**, 673 (1942). — A. TAYLOR: An Introduction to X-Ray Metallography, p. 213—223. Londres: Chapman & Hall 1945.

[2] P. B. HIRSCH et J. N. KELLAR: Proc. Phys. Soc. Lond. B **64**, 369 (1951). — Acta crystallogr. **5**, 162 (1952).

[3] A. GUINIER: Théorie et Technique de la Radiocristallographie. Paris: Dunod 1956. — C. S. BARRETT: Structure of Metals, p. 181. New York: McGraw Hill Book Co. 1952.

naissance à des lignes de taches bien marquées (Fig. 58). Des abaques, dits de GRENINGER[1], donnent immédiatement, et de façon précise, la direction de l'axe de la zone.

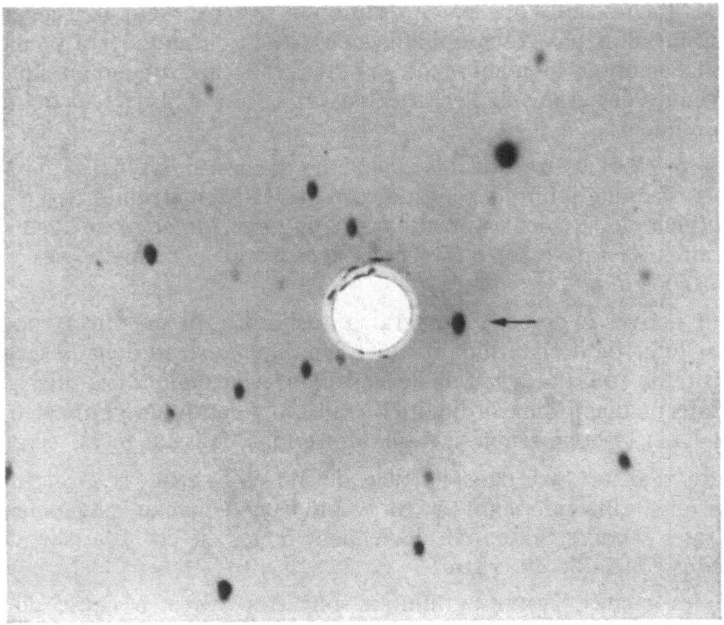

Fig. 58. Diagramme de LAUE en retour d'un cristal d'aluminium. La tache marquée d'une flèche a les indices (110).

41. Détermination précise de l'orientation d'un cristal[2]. En général on n'a pas besoin d'une grande précision dans la détermination de l'orientation d'un cristal. Un cliché de cristal tournant est très utilisable, même si l'axe de rotation s'écarte de 1° de l'axe cristallographique avec lequel il devait être confondu. Quand on étudie, en métallographie, la relation entre les propriétés d'un cristal métallique et de son orientation, une précision de l'ordre de 1 à 2 degrés est également bien suffisante. Mais il est des cas où l'intérêt de la mesure réside dans sa précision: citons, par exemple, le contrôle de l'orientation des lames de quartz piézoélectrique qu'on ne peut faire par procédés optiques. On se sert d'un goniomètre avec compteur G. M., analogue au diffractomètre (Sect. 9)[3].

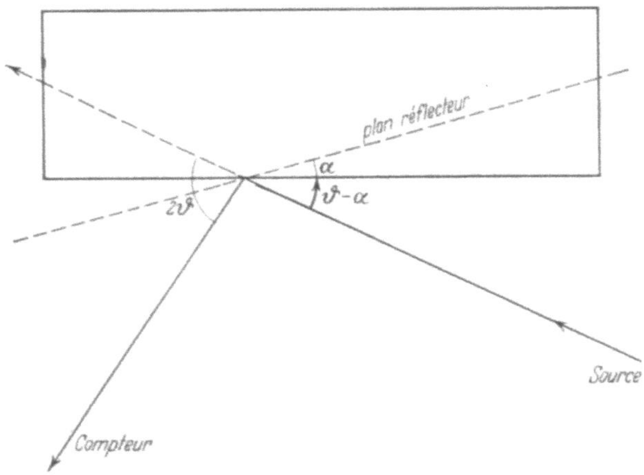

Fig. 59. Principe de la vérification de l'orientation des lames de quartz avec un goniomètre à compteur.

[1] A. B. GRENINGER: Z. Kristallogr. **91**, 424 (1935).
[2] J. BARRAUD: Bull. Soc. franç. Minér. Crist. **74**, 223 (1951).
[3] W. PARRISH et E. A. HAMACHER: Trans. Instr. and Measurements Conference, Stockholm 1952.

Soit une lame de quartz dont la taille est correcte. On choisit un plan réticulaire, d'assez grand pouvoir réflecteur, d'angle de BRAGG ϑ et faisant l'angle α avec la surface de la lame (Fig. 59). On cale le compteur à l'angle 2ϑ et l'on dispose le cristal sur le support d'échantillon. Le faisceau incident, défini par des fentes très étroites, a une ouverture de quelques centièmes de degrés. En faisant tourner le cristal, le compteur enregistrera l'intensité maximale quand le faisceau fait avec la lame l'angle $\vartheta - \alpha$. Si l'on remplace la lame standard par la lame à vérifier, on cherche de nouveau la position d'intensité de réflexion maximale: la différence de l'angle lu dans les deux mesures représente l'écart entre l'angle de taille réel et l'angle de taille correct. Nous avons supposé que dans les deux lames le plan réflecteur passait par l'axe de rotation de l'échantillon. Pour une détermination d'orientation complète, il faudrait faire deux mesures successives en tournant la lame de 90° et en utilisant dans chaque cas des plans cristallographiques différents. Avec l'appareil décrit, une lame est vérifiée à une minute près en un temps d'une vingtaine de secondes. C'est donc une méthode possible pour le contrôle en série.

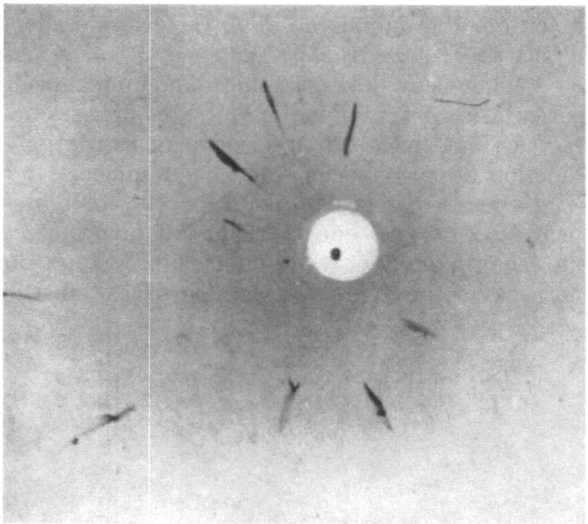

Fig. 60. Diagramme de LAUE avec astérisme: monocristal de cuivre légèrement déformé.

42. Désorientation des plans réticulaires dans un cristal imparfait. Quand le cristal est imparfait, les normales à une certaine famille de plans réticulaires en tous les points du solide ne sont plus parallèles. Un problème qui se pose fréquemment est de déterminer la répartition spatiale de ces normales pour un volume donné de l'échantillon. En particulier, la question est importante dans le cas d'un monocristal métallique qui a été soumis à une déformation plastique.

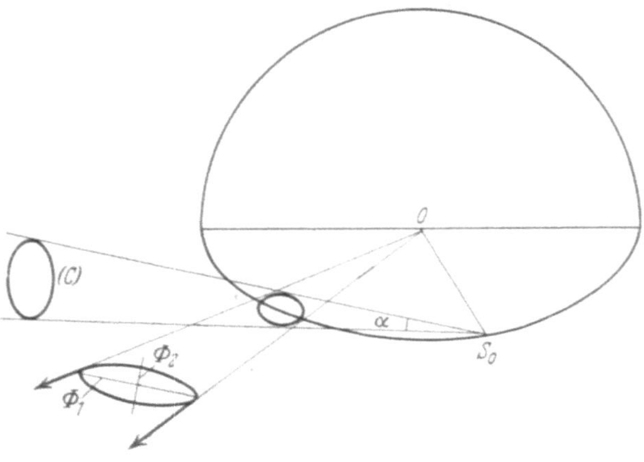

Fig. 61. Construction d'une tache de LAUE avec astérisme au moyen de la sphère d'EWALD.

La Fig. 60 donne l'aspect d'un diagramme de LAUE d'un cristal de cuivre déformé: les taches sont remplacées par des traînées de longueur variable et dirigées vers le centre du diagramme: on dit qu'il y a *astérisme*.

Supposons que les normales à un certain plan réticulaire soient comprises pour l'ensemble des cristallites dans le cône (C) de sommet S_0 et d'angle α (Fig. 61).

Les rayons diffractés par le rayon incident OS_0 sont compris dans le cône de sommet O, s'appuyant sur la courbe intersection du cône (C) et de la sphère de réflexion.

La géométrie de la Fig. 61 montre que, quand ϑ est petit, comme dans le cas des diagrammes de LAUE ordinaires, la tache a une largeur φ_2 bien inférieure à son étendue radiale φ_1, d'où cette forme allongée des astérismes. *Elle est due à une cause géométrique et non pas à une répartition particulière des normales.*

La longueur de l'astérisme donne un moyen d'évaluer l'étendue de la désorientation. Toutefois, des mesures précises ne sont pas possibles à cause des facteurs multiples qui interviennent (variation de l'intensité de la source en fonction de la longueur d'onde, notamment).

La mesure de la désorientation des cristallites par la longueur de l'astérisme peut se faire sans que la tache soit identifiée. Aussi, la méthode s'applique à un échantillon comprenant plusieurs cristaux dont les diagrammes enchevêtrés ne peuvent pas être analysés. On décèle ainsi l'existence de déformations dans

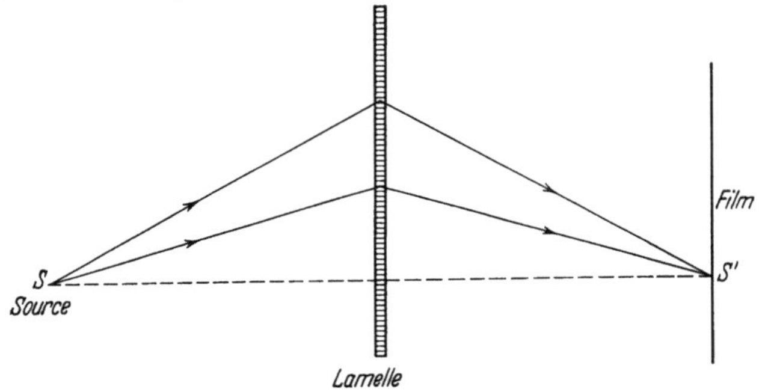

Fig. 62. Principe des diagrammes de LAUE focalisés.

des métaux à cristallisation grossière parce que leur diagramme de LAUE est composée d'une série de taches plus ou moins allongées, la longueur de ces taches augmentant avec la déformation des cristaux.

43. Cas des très faibles désorientations ([*8*], chap. 7.3, 5). Quand le cône des normales aux plans réflecteurs est très peu ouvert, les diagrammes de LAUE ordinaires ne sont pas sensiblement modifiés: en effet, même avec un cristal parfait, la tache a une certaine surface; l'astérisme n'est perceptible que s'il provoque un allongement de la tache de l'ordre de grandeur du diamètre de celle-ci. Avec le montage courant, la désorientation minimale décelable est de l'ordre de 0,5°. Si on veut augmenter la sensibilité, on doit utiliser des faisceaux plus fins, mais cela restreint le volume de matière explorée.

La sensibilité du diagramme est beaucoup augmentée par les *diagrammes de* LAUE *focalisés*[1] dont le principe est le suivant: soit une source linéaire S perpendiculaire au plan de la Fig. 62. Soit un cristal en forme de lamelle et une famille de plans réticulaires perpendiculaires au plan de la figure. Si un faisceau de large ouverture tombe sur l'échantillon, on peut montrer que le faisceau réfléchi est convergent sur une ligne fine de trace P. Cette propriété est facile à vérifier dans le cas particulier où les plans réflecteurs sont perpendiculaires à la lamelle. On voit, en effet, que les rayons réfléchis passent par la symétrique S' de S par rapport à L. Les rayons des faisceaux font des angles différents avec les plans réticulaires, donc différentes longueurs d'ondes sont réfléchies, mais il y a *focalisation* des rayons en S'. C'est en cette position qu'on place le film photographique (méthode GUINIER-TENNEVIN).

La largeur réelle de l'image S' ne dépend que de la largeur de la source S et de l'épaisseur de la lamelle cristalline. Donc, quand on augmente la distance D

[1] A. GUINIER et J. TENNEVIN: Acta crystallogr. **2**, 133 (1949).

de la source à l'échantillon, on accroît la précision angulaire. Il est possible, sans augmenter exagérément le temps de pose, de prendre D égal à 50 cm. ou même un mètre. Dans ces conditions, avec un tube à foyer très fin comme source, la largeur de l'image correspond à 10″, si le cristal est parfait (quartz).

Si le cristal est formé par plusieurs blocs légèrement désorientés, la tache sera élargie ou formée d'un ensemble de petites stries (cristal polygonisé)[1].

Cette méthode ne peut s'appliquer qu'aux lamelles minces, donc elle est compliquée pour l'étude des métaux lourds. Pour résoudre le même problème sur des échantillons épais qui ne peuvent être examinés que par réflexion, LAMBOT *et Coll.*[2] ont utilisé la méthode suivante: la face du cristal reçoit le faisceau convergent issu d'un monochromateur à cristal courbé, de telle façon que l'angle moyen d'incidence soit égal à l'angle de BRAGG pour un plan réticulaire donné. Si le cristal est parfait, un seul rayon peut être réfléchi et l'on enregistre sur un film placé à longue distance (de 50 cm. à 1 m.) une raie unique et fine. Si le cristal n'est pas parfait, différents rayons peuvent rencontrer des plans réflecteurs sous l'incidence de BRAGG et la divergence du faisceau réfléchi représente la désorientation maximale des plans cristallins.

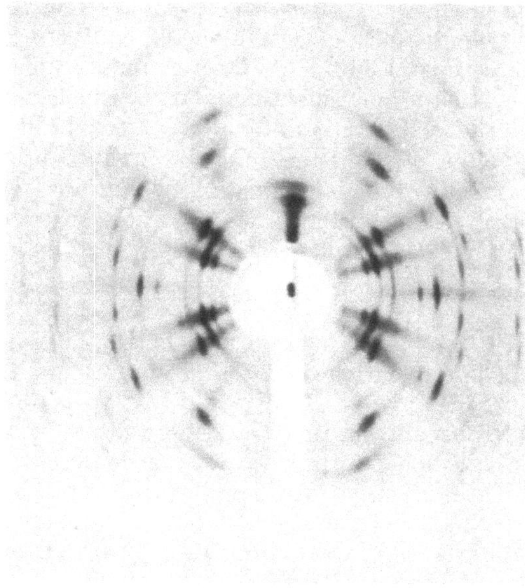

Fig. 62 bis. Diagramme d'un fil d'aluminium étiré.

La sensibilité angulaire de la méthode est de l'ordre de la ½ minute. De plus, le volume exploré est petit; il est défini par la section du faisceau incident, petite droite de quelques millimètres de longueur et de 0,1 mm. de largeur et par la pénétration des rayons dans l'échantillon (de l'ordre de 0,01 mm.).

III. Textures d'échantillons polycristallins.

([*7*], chap. 12 et 21; [*2*], chap. 9, 18 et 19).

44. Si les différents cristaux d'un solide ne sont pas orientés de façon absolument quelconque, leurs axes sont groupés de façon plus ou moins serrée autour de certaines directions, dites privilégiées. Décrire la répartition statistique des cristaux individuels, c'est déterminer la *texture* cristalline de l'échantillon.

Expérimentalement, l'existence d'une texture apparaît aisément sur les diagrammes. Quand les cristaux sont assez gros pour donner un diagramme de LAUE composé de taches distinctes, celles-ci ne sont pas réparties uniformément dans les différentes directions. Si le corps est microcristallisé, un anneau DEBYE-SCHERRER n'est pas d'intensité uniforme. Il se compose d'arcs plus ou moins longs. C'est, par exemple, le cas de diagrammes de feuilles de métal laminé ou de fil étiré (Fig. 62bis).

[1] R. W. CAHN: Progress in Metals Physics, vol. 2. Londres: Butterworths Sc. Publ. 1950. — C. A. JULIEN et B. D. CULLITY: Acta met. **1**, 588 (1953).

[2] H. LAMBOT, L. VASSAMILLET et J. DEJACE: Acta met. **1**, 711 (1953).

Il est indispensable de ne pas faire tourner l'échantillon pendant la pose et de prendre le diagramme de poudre sur un film d'une hauteur suffisante pour que la totalité des premiers anneaux soit enregistrée. On ne se sert d'ailleurs que de 3 ou 4 raies d'indices les plus bas. Pour l'étude des métaux, la radiation Mo K_α est la plus commode et le faisceau incident doit être cylindrique et non pas défini par des fentes.

45. Diagrammes de fibre ou de POLANYI. Nous examinerons tout d'abord le cas où les cristaux ont un axe dirigé suivant une direction commune. C'est un cas simple qui se rencontre fréquemment, en particulier dans les fibres naturelles.

L'ensemble des cristaux de l'échantillon se déduit de l'un d'eux par la rotation de ce cristal autour de l'axe commun, appelé axe de fibre. Si on dispose cette direction normalement à un faisceau monochromatique, suivant l'axe de la chambre, le diagramme obtenu avec l'échantillon immobile est identique à un diagramme d'un cristal unique tournant autour de son axe, composé de strates parallèles quand le film est cylindrique (ou hyperboliques quand le film est plan). De la distance de ces strates on tire immédiatement la valeur de la périodicité L selon l'axe de fibre par la formule

$$l_i \lambda = L \sin \nu_i$$

où ν_i est l'angle avec le plan horizontal des rayons diffractés dans la strate l_i. La détermination de L permet de reconnaître quels sont les indices de l'axe de fibre.

En réalité la texture de fibre n'est jamais parfaite, c'est-à-dire que les axes des cristaux sont proches de l'axe de fibre au lieu d'être rigoureusement parallèles à cette direction. Au lieu de taches précises on observe des arcs plus ou moins étendus sur les anneaux DEBYE-SCHERRER (Fig. 62bis). Ainsi dans un fil métallique faiblement étiré, les anneaux DEBYE-SCHERRER ne représentent que des arcs de renforcement plus ou moins accentués dont les centres sont aux positions des taches théoriques de la texture de fibre parfaite.

Certaines textures plus complexes se rattachent à la texture de fibre[1]. Ce sont:

α) Les textures de fibre doubles formées par la superposition de deux textures de fibres. Ainsi dans un fil d'argent étiré une partie des cristaux s'orientent avec l'axe [100] suivant l'axe du fil, et une partie avec l'axe [111].

Les intensités relatives des taches des deux systèmes permet d'évaluer la proportion des deux groupes.

β) Les textures de fibre avec plan privilégié. Il peut se faire que tous les cristaux aient un axe donné suivant l'axe de fibre, mais que toutes les orientations du cristal déduites par rotation autour de cet axe ne sont pas également probables.

Par exemple, un plan réticulaire de la zone tend à s'orienter; c'est le cas des métaux laminés. Dans une tôle d'acier doux laminé, l'axe [110] est dirigé suivant la direction du laminage et en plus le plan (001) est à peu près parallèle au plan de la tôle. Dans les diagrammes, toutes les taches observées s'interprêtent avec l'hypothèse d'un diagramme de fibre [110], mais certaines des taches du diagramme théorique manquent[2].

46. Détermination des figures des pôles. La texture de fibre est intéressante parce qu'elle se rencontre souvent. Mais il est des cas où les orientations privi-

[1] E. SCHMID et G. WASSERMAN: Z. Physik **42**, 779 (1927).
[2] H. MARK et K. WEISSENBERG: Z. Physik **14**, 328 (1923).

légiées sont moins nettement définies, les axes cristallins de mêmes indices n'étant plus concentrés autour de certaines directions.

Soit un élément de volume d'un échantillon polycristallin que nous rapportons à 3 axes rectangulaires OX, OY, OZ (Fig. 63). A partir d'un centre S, nous traçons les réseaux réciproques de tous les cristaux élémentaires présents dans l'élément de volume. Le trièdre de référence, SX', SY', SZ' est pris parallèle à $OXYZ$. *La carte de la répartition des intersections des axes* $[hkl]$ *avec la surface d'une sphère de centre* S *(de rayon arbitraire) est la figure de pôle* hkl. Si pour un volume dv de l'échantillon, on compte dn axes $[hkl]$ dans l'angle solide $d\omega$ autour d'une direction donnée SN, la densité au point N de la figure du pôle est proportionnelle à $\frac{dn}{dv \cdot d\omega}$.

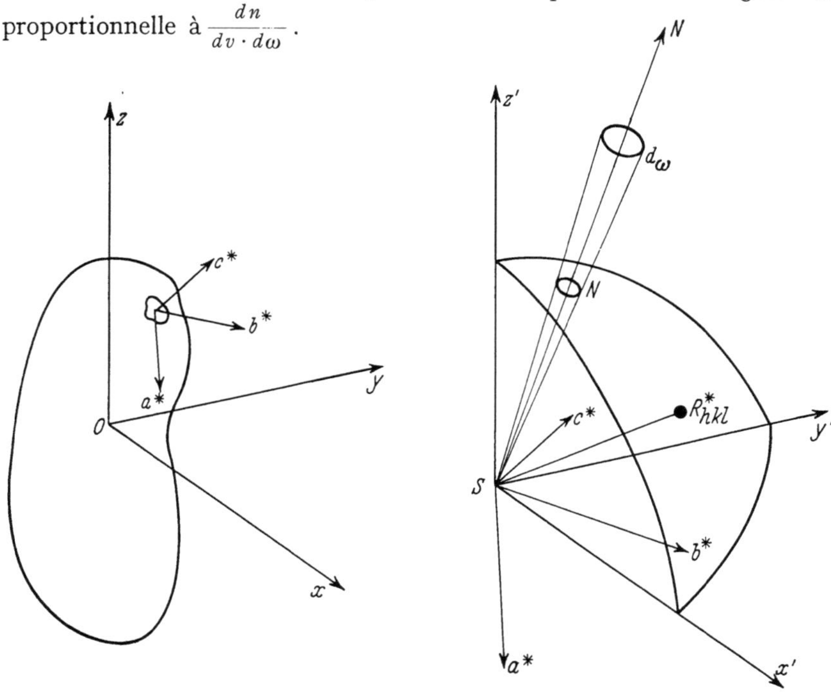

Fig. 63 Principe de la figure de pôles.

On représentera la figure de pôles par sa projection stéréographique sur un plan $SX'Y'$ parallèle à un plan OXY, nettement repéré dans l'échantillon (par exemple la grande surface d'une tôle). D'une façon grossière, on figure par des hachures plus ou moins serrées les régions de densité de pôles plus ou moins grande. D'une façon précise, on trace des lignes de niveau, c'est-à-dire les lieux des points de la surface de la sphère où les densités atteignent des valeurs données, régulièrement échelonnées.

Une figure de pôles est centro-symétrique: il suffit donc toujours d'en déterminer un hémisphère.

Le principe de la détermination de la figure de pôles (hkl) est le suivant[1]. On se sert d'une série de diagrammes DEBYE-SCHERRER, l'échantillon étant pour chacun, fixe pendant la pose, et d'orientation connue. Considérons, sur un cliché, l'anneau DEBYE-SCHERRER d'indices (hkl), et faisons la construction

[1] J. E. H. CUSTERS: Physica, Haag **14**, 453, 461 (1948).

d'EWALD qui en rend compte (Fig. 64). Nous coupons la sphère de réflexion par la sphère de pôles, de rayon $1/d_{hkl}$ et de centre S_0. Au point P sur le diagramme correspond un point N de la sphère des pôles; S_0N est la bissectrice extérieure des rayons incident, OS_0 et diffracté, ON. L'orientation de l'échantillon étant connue, cela veut dire qu'on peut repérer cette direction par rapport au trièdre de référence $OXYZ$. L'intensité diffractée en un point P de l'anneau DEBYE-SCHERRER proportionnelle à la densité sur la sphère des nœuds hkl au point N. *La variation de l'intensité diffractée le long de l'anneau* DEBYE-SCHERRER *donne la variation de la densité des normales le long du cercle (C) à la surface de la sphère des pôles.* En prenant une succession de diagrammes pour diverses positions de

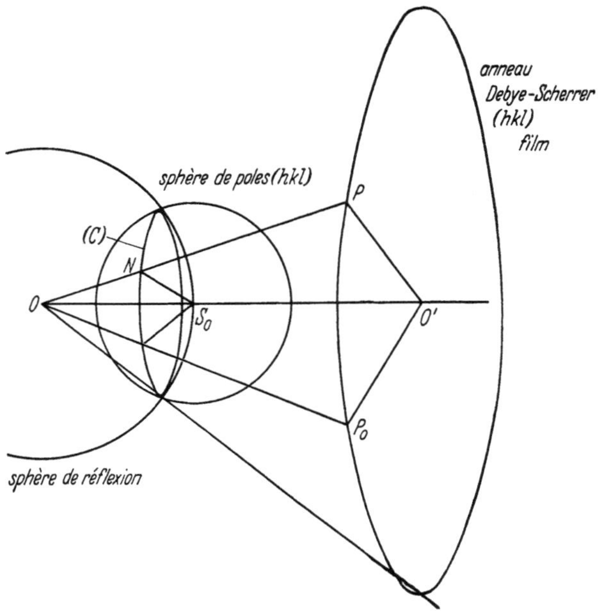

Fig. 64. Construction de la figure de pôles à partir des anneaux DEBYE-SCHERRER observés.

l'échantillon par rapport au faisceau, on détermine la figure de pôles le long d'une série de cercles. Si ceux-ci sont assez rapprochés et bien choisis, on obtient finalement une représentation de la figure de pôles dans son ensemble.

La méthode des diagrammes DEBYE-SCHERRER successifs ne peut que donner des résultats approchés. En effet, la comparaison précise de deux diagrammes exigerait d'une part le contrôle rigoureux de l'intensité du tube à rayons X, d'autre part des corrections d'absorption qui dépendent de la position de l'échantillon. En fait, on ne peut que délimiter sur la figure des pôles les régions où les pôles sont abondants, rares ou absents.

Récemment d'importants perfectionnements expérimentaux ont été apportés à la détermination des figures des pôles.

47. Chambres photographiques pour figures de pôles. Le but est d'obtenir *sur un seul film* une représentation de la figure de pôle aussi complète que possible[1]. On y arrive en enregistrant côte à côte les anneaux (hkl) correspondant à des orientations différentes de l'échantillon sur un film mobile dont le mouvement

[1] C S. BARRETT: Trans. Amer. Inst. Min. Metallurg. Engrs. **93**, 75 (1931). — A. GUINIER et J. TENNEVIN: Rev. Met. **45**, 277 (1948). — C. J. MILNER et J. A. JAMES: J. Sci. Instrum. **30**, 77 (1953). — W. A. WOOSTER: J. Sci. Instrum. **25**, 129 (1948).

est lié à celui de l'échantillon. Ce principe a été mis en œuvre de diverses manières, qui sont à peu près équivalentes. On fait usage de chambres ressemblant aux chambres goniométriques utilisées pour les cristaux uniques. Nous décrirons brièvement une chambre de ce type.

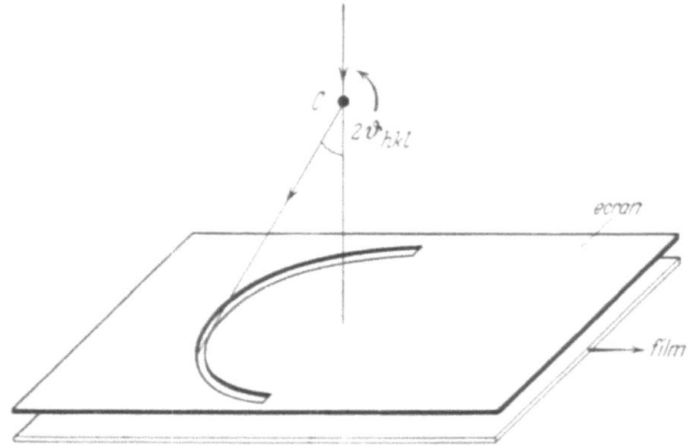

Fig. 65. Schéma d'une chambre photographique pour l'enregistrement des figures de pôles.

L'échantillon placé sous l'axe de rotation C reçoit le pinceau de rayons X monochromatiques (Fig. 65). Un écran arrête tous les rayons diffractés sauf sur une moitié de l'anneau DEBYE - SCHERRER d'indices (hkl) qui s'enregistre sur le film placé derrière l'écran. Ce film est animé d'une translation commandée par la rotation de l'échantillon. On peut choisir le rapport de la vitesse de translation du film et de la rotation de l'échantillon de façon que le cliché donne une image peu déformée de la figure de pôles au voisinage de l'équateur. Mais les bandes supérieures du film correspondant aux latitudes sur la sphère supérieure à 45°, sont fortement déformées.

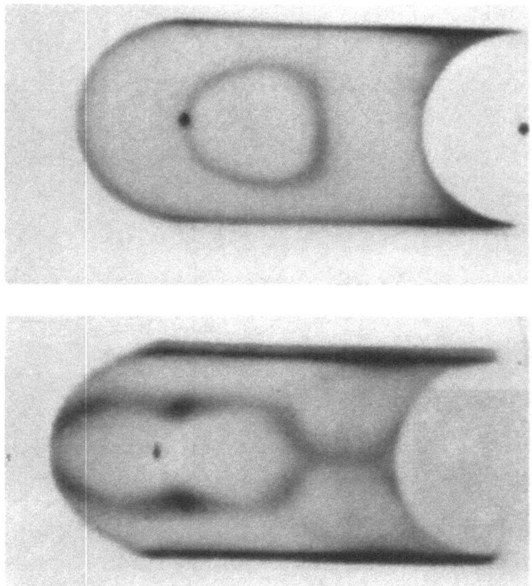
Fig. 66. Figure de pôles (111) d'aluminium laminé et embouti obtenue avec la chambre de la Fig. 65.

Pratiquement, il est commode de remplacer le mouvement de translation du film par une rotation en l'enroulant sur un cylindre de grand diamètre. L'analyse précise des diagrammes se fait à l'aide d'une grille sur laquelle on lit directement la longitude et la latitude du point de la figure de pôles correspondants à un point donné du cliché.

L'échantillon idéal est un *petit cylindre*, tel que les conditions de la diffraction restent constantes au cours de la rotation. Si, au contraire, l'échantillon est une tôle mince, le facteur d'absorption varie avec l'inclinaison de la tôle par rapport au faisceau incident, ce qui cause une erreur systématique sur le noircissement de la figure des pôles. Remarquons d'ailleurs que si l'on voulait obtenir des résultats quantitatifs, il faudrait tenir compte du fait qu'étant donné les propriétés de la représentation particulière de la sphère réalisée dans le montage, un échantillon parfaitement isotrope et sans correction d'absorption ne donnerait pas une image de noircissement uniforme.

En réalité, cette méthode photographique ne peut pas plus que la précédente être considérée comme une méthode quantitative. Elle a l'avantage d'être rapide et de donner d'emblée l'aspect de la figure des pôles[1] (Fig. 66).

[1] G. POMEY et CH. CRUSSARD: Rev. Mét. **52**, 401 (1955).

48. Détermination quantitative des figures de pôles avec le diffractomètre. L'usage des compteurs G.M. a permis de réaliser un grand progrès sur la photographie en donnant la possibilité de déterminations quantitatives des figures de pôles, ce qui a renouvelé l'étude des textures de déformation des métaux.

Le principe de la méthode est simple: sur l'axe central du diffractomètre, nous plaçons un échantillon que nous supposerons d'abord assez petit pour être baigné tout entier dans le faisceau sans absorption notable. Le faisceau primaire est réduit à un pinceau étroit, et le compteur *est calé* à l'angle double

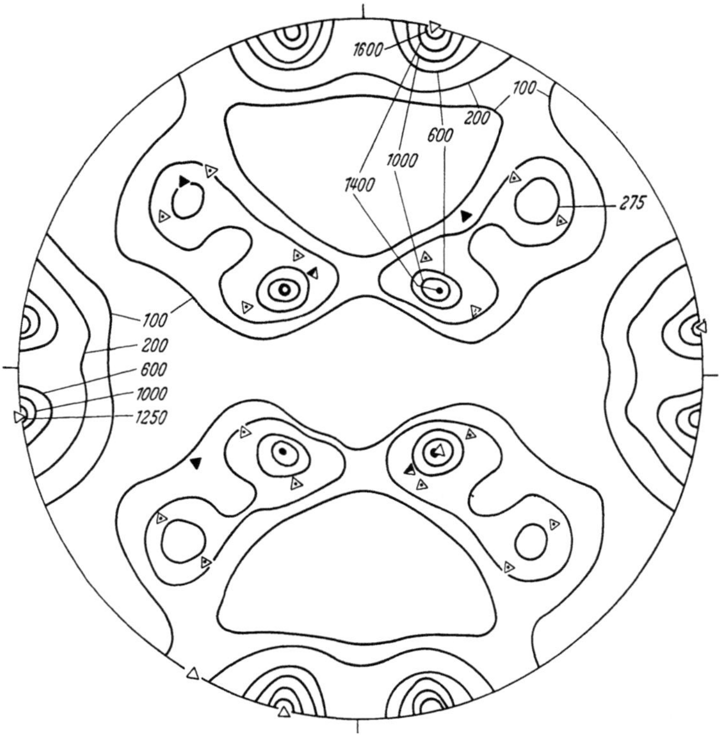

Fig. 67. Exemple d'une figure de pôles quantitative obtenue avec le diffractomètre (P. Beck at A. Merlini).

de l'angle de Bragg des plans réticulaires (hkl) choisis pour la figure de pôles. L'échantillon est placé sur un support permettant deux rotations autour d'axes rectangulaires. Le compteur enregistre une intensité de réflexion qui est proportionnelle à la densité des normales (hkl) dans la diffraction fixe de la bissectrice, $\boldsymbol{N}$, des rayons incident et réfléchi. Par le jeu des mouvements de l'échantillon et étant donné la stabilité de l'intensité primaire, les indications du compteur donnent la «cote» de chaque point de la figure des pôles (Fig. 67). Les mouvements de l'échantillon doivent être combinés de façon que $\boldsymbol{N}$ décrive un hémisphère de la figure de pôles.

En réalité, on opère avec un échantillon étendu et absorbant et au cours de son mouvement, le volume effectif, c'est-à-dire celui qui produirait la même intensité diffractée s'il n'y avait pas d'absorption, peut varier de façon considérable; les lectures du compteur doivent donc subir d'importantes corrections.

Deux montages pratiques ont été utilisés:

α) Méthode par transmission[1]. L'échantillon est une lame mince pouvant transmettre les rayons. La lame verticale peut tourner dans son plan et autour de l'axe du diffractomètre (Fig. 68). Quand la lame est normale au rayon incident, on explore le petit cercle de latitude ϑ sur la figure de pôles au cours de la rotation de la lame dans son plan. Quand le plan de la lame est tourné de l'angle α, le cercle exploré a la latitude: $\vartheta \pm \alpha$, suivant le sens de la rotation.

Pratiquement, pour que les corrections d'absorption ne soient pas trop considérables, on ne peut pas explorer la région de la figure de pôles à moins de 30° des pôles ZZ'.

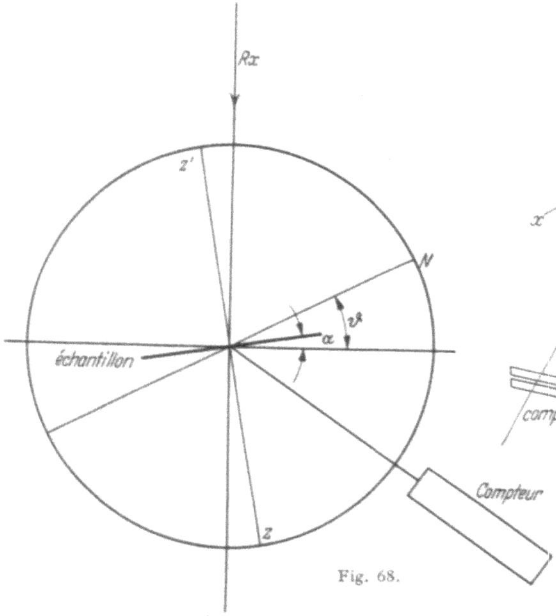

Fig. 68.

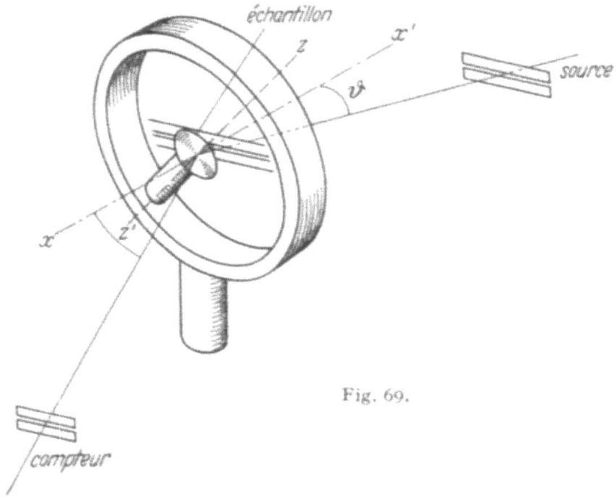

Fig. 69.

Fig. 68. Montage par transmission pour la determination des figures de pôles.

Fig. 69. Montage par réflexion pour la determination des figures de pôles.

β) Méthode par réflexion (Fig. 69)[2]. L'échantillon est massif avec une face plane, sur laquelle on opère par réflexion. Le support permet trois mouvements de rotation, autour de l'axe du diffractomètre, autour d'un axe horizontal contenu dans la surface de l'échantillon XX' et autour d'un axe normal à cette surface ZZ'. L'échantillon est disposé de façon que sa face, quand elle est verticale, soit normale à la bissectrice des rayons incidents et diffractés comme un échantillon ordinaire pour un diagramme de poudre. Le basculement autour de XX' fait parcourir une portion de grand cercle passant par le pôle Z. Quand on tourne l'échantillon dans son plan, on peut couvrir entièrement une calotte autour du pôle Z. On peut, *sans correction d'absorption*, atteindre une latitude de l'ordre de 40° sur la figure des pôles.

La figure des pôles ne peut donc pas être déterminée entièrement, pas plus que par les méthodes par transmission; mais les deux méthodes sont complémentaires.

---

[1] B. F. DECKER, E. T. ASP et D. HARKER: J. Appl. Phys. **19**, 388 (1948). — J. T. NORTON: J. Appl. Phys. **19**, 1176 (1948); **20**, 1033 (1949). — L. G. SCHULZ: J. Appl. Phys. **20**, 1033 (1949).

[2] L. G. SCHULZ: J. Appl. Phys. **20**, 1030 (1949). — W. P. CHERNOK et P. A. BECK: J. Appl. Phys. **23**, 341 (1952). — A. N. HOLDEN: Rev. Sci. Instrum. **24**, 10 (1953). — L. K. JETTER et B. S. BORIE: J. Appl. Phys. **24**, 532 (1953).

Nous avons supposé jusqu'ici que le grain était suffisamment fin pour que l'intensité diffractée par le volume irradié représente avec une bonne précision la valeur moyenne cherchée. Mais, pour bien des métaux, cette condition n'est pas réalisée, et pour une orientation donnée de l'échantillon, une translation de celui-ci produit des fluctuations considérables qui enlèvent toute valeur à une mesure faite avec un échantillon fixe. Dans ce cas, il est indispensable que le faisceau, pour chaque orientation de l'échantillon, balaye une surface de l'ordre de plusieurs centimètres carrés[1].

49. Interprétation des figures de pôles: figures de pôles inverses. La figure de pôles donne directement la répartition dans l'espace des plans cristallographiques d'une certaine nature. Elle n'indique pas, directement, comment sont orientés les cristaux individuels. Cette orientation est déterminée, par exemple, par la connaissance de deux axes [111]. La figure de pôles (111) est surabondante parce que deux des quatre pôles sont inutiles, mais incomplète parce que *les pôles appartenant au même cristal ne sont pas appariés.* Ceux-ci sont liés par la condition que leur angle est 70°. Quand la figure est relative à un petit nombre de cristaux ou à des groupes de cristaux peu désorientés, il est possible de faire l'analyse en recherchant les pôles à 70° d'un pôle donné. Une fois les quatre pôles trouvés, on n'en garde que 2 *en les réunissant par une ligne.* Ainsi on passe de la figure de pôles ordinaires au schéma d'orientation des cristaux (Fig. 70). Une telle analyse n'est pas possible dans le cas général.

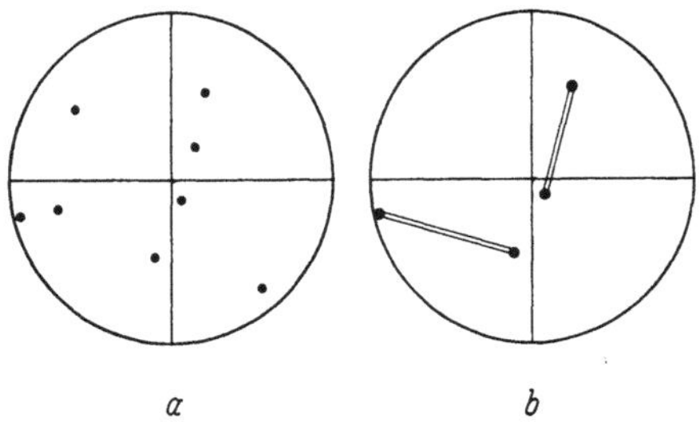

Fig. 70a et b. a) Figure de pôles comprenant les huit pôles (111) de deux cristaux cubiques. b) Les orientations des deux cristaux sont déterminées par deux pôles 111 appariés.

Soit une texture possédant un axe de révolution, par exemple celle d'une barre métallique façonnée par des opérations à symétrie cylindrique. Le facteur important est la direction de l'axe de la barre par rapport aux axes des différents cristaux de la barre. On sait à priori que le groupe des cristaux pour lesquels cette orientation est la même sont répartis uniformément par rotation autour de l'axe.

Le meilleur moyen de représenter de telles textures quand elles sont complexes est la figure dite *figure de pôles inverses.* Celle-ci indique la proportion des cristaux pour laquelle l'axe de la barre a une orientation donnée par rapport aux axes cristallins. Pour un cristal cubique elle se ramène, en raison des symétries, à une projection stéréographique du triangle fondamental (100), (110), (111).

La cote, en un point intérieur, représente la proportion en volume des cristaux dans lesquels l'axe de la barre a la direction indiquée par rapport aux axes cristallins. On peut trouver un certain nombre de points de cette figure en mesurant l'intensité réfléchie par les différents plans réticulaires (hkl), les rayons incident et réfléchi étant symétriques par rapport à l'axe de la barre; c'est-à-dire qu'on prend comme échantillon dans le diffractomètre une section normale à l'axe de la barre et qu'on mesure l'intensité de toutes les raies. On mesure ensuite l'intensité réfléchie par un échantillon du même métal sans aucune texture; le

[1] C. WAINWRIGHT: J. Sci. Instrum. **18**, 203 (1941). — R. H. HAY: Rev. Sci. Instrum. **18**, 801 (1947). — J. W. HICKMAN et A. G. KLEINKNECHT: Rev. Sci. Instrum. **20**, 573 (1949). — F. A. UNDERWOOD: J. Sci. Instrum. **29**, 128 (1952). — J. THEWLIS et A. R. POLLOCK: J. Sci. Instrum. **27**, 72 (1950).

rapport des deux mesures donne la cote du point (hkl) rapportée dans le triangle fondamental. Malheureusement le nombre de points qu'on peut ainsi déterminer est insuffisant pour dessiner la figure des pôles inverses avec une bonne précision.

IV. L'analyse radiocristallographique.

50. Du diagramme de diffraction d'un objet microcristallisé, nous considérons maintenant le résultat brut de son dépouillement, c'est-à-dire la liste des distances réticulaires correspondant à toutes les raies et leurs intensités relatives. Les diagrammes de poudre sont la base d'une méthode d'analyse, dite radiocristallographique: on cherche à identifier à partir du diagramme observé les diverses phases cristallines présentes dans l'échantillon.

Chaque espèce cristalline est caractérisée par le tableau des distances réticulaires et des valeurs de l'intensité de la raie correspondante. On se contente maintenant de ce tableau sans chercher à remonter du diagramme aux paramètres du réseau et à la structure de la maille.

Quand deux sortes de cristaux sont mélangées, leurs diagrammes apparaissent côte à côte sans se perturber mutuellement. Par conséquent si, dans le diagramme de poudre d'un échantillon, nous trouvons une succession de raies aux mêmes angles et avec les mêmes rapports d'intensité que sur le diagramme d'une espèce cristalline donnée, nous concluons à la présence de cette espèce dans l'échantillon.

Examinons tout d'abord la validité de l'hypothèse fondamentale. Est-ce qu'un diagramme donné correspond à une espèce chimique unique? Pour que deux espèces différentes donnent le même diagramme, il faudrait qu'elles cristallisent dans le même système avec des paramètres identiques. Pour des corps simples, de telles coïncidences sont très rares: cependant, il peut arriver qu'entre deux corps les différences de paramètre soient assez faibles pour n'être décelées qu'avec des diagrammes de bonne précision.

Les principaux avantages de l'analyse radiocristallographique sont le fait qu'elle se fait sur le solide lui-même, intact, à température quelconque, qu'elle n'exige qu'une très petite quantité de matière, et que le résultat est la détermination directe du ou des composés constituants. Les rayons X déterminent le cristal; dans le cas de corps polymorphes, ils peuvent distinguer entre les différentes formes sous lesquelles la substance peut exister. Mais souvent l'analyse aux rayons X ne peut donner de résultats si elle est employée seule. C'est en liaison avec d'autres méthodes physiques ou chimiques qu'elle rend les plus grands services.

Un diagramme de poudre pris pour effectuer une analyse doit avoir les qualités suivantes: les mesures des distances réticulaires doivent avoir une précision de 0,005 Å; les raies même faibles doivent apparaître, donc le voile continu doit être réduit; enfin le temps nécessaire pour obtenir le diagramme ne doit pas être trop long, étant donné qu'il s'agit souvent d'essais en grande série.

Le premier point est de bien choisir la longueur d'onde. La radiation Cu K_α est la radiation la plus utilisée parce que, d'abord, les tubes à anticathode de cuivre sont parmi les plus puissants, ensuite cette longueur d'onde est assez grande pour que la dispersion du diagramme soit suffisante, et pas trop, pour que le nombre de raies enregistrées soit trop faible et que l'absorption des rayons par l'air soit prohibitive. Mais cette radiation ne convient pas pour les échantillons qui émettent un rayonnement de fluorescence gênant (du titane au cobalt).

On remplace alors l'anticathode de cuivre par le métal donnant la plus petite longueur d'onde n'excitant pas la fluorescence K. Quand on est obligé de recourir à Cr K_α, l'évacuation de la chambre (ou son remplissage par l'hydrogène) augmente l'intensité du diagramme dans une proportion considérable. Bien qu'HANAWALT *et coll*[1] aient utilisé la radiation Mo K_α dans leur travail fondamental d'analyse par les rayons X, cette courte longueur d'onde est maintenant très peu employée, car les diagrammes sont de précision insuffisante.

Au point de vue de l'appareillage, il faut, au moins, faire usage de bonnes *chambres de grand diamètre*, et, pour les problèmes délicats, recourir aux techniques les plus perfectionnées, *les chambres à focalisation avec monochromateur* (Sect. 8δ), ou *le diffractomètre à compteur G.M.*

d 4—0421	3,75	3,68	2,78	7,00	$Ba_2Si_3O_8$ 2 BaO · 3 SiO_2
I/I_1 4—0421	100	80	75	12	Barium Silicate

Rad. Cu K_α λ 1,5418 Filter Ni
Dia. Cut off Coll.
I/I_1 GEIGER counter *d* corr. abs. ?
Ref. AUSTIN: J. Amer. Ceram. Soc. **30**, 218—220 (1947)

Sys. Orthorhombic S.G.
a_0 b_0 c_0 A C
α β γ Z
Ref.

$\varepsilon\alpha$ 1,62 $n\omega\beta$ 1,62+ $\varepsilon\gamma$ 1,64+ Sign +
$2V \sim 50°$ D $3{,}93^4$ mp 1450 Color Colorless
Ref. AUSTIN: J. Amer. Ceram. Soc. **30**, 218—220 (1947)
WN, C. C.

WN gives $2V = 54°$

See following card

d Å	I/I_1	*hkl*	*d* Å	I/I_1	*hkl*
7,00	12		2,08	18	
6,05	6		2,04	12	
5,00	6		1,98	17	
4,33	6		1,91	14	
3,75	100		1,88	7	
3,68	80		1,86	7	
3,43	6		1,83	16	
3,30	70		1,79	20	
3,26	42		1,76	16	
3,13	35		1,71	8	
2,99	6		1,65	12	
2,78	75		1,63	6	
2,60	9		1,62	6	
2,55	6		1,60	6	
2,40	9		1,58	6	
2,35	14		1,56	8	
2,27	23		1,52	8	
2,23	23		1,51	6	
2,21	13		1,48	6	
2,14	41		1,42	8	

Fig. 71. Exemple de fiche du fichier A.S.T.M.

51. Analyse qualitative ([*1*], chap. 7; [*7*], chap. 13; [*9*]). L'avantage de l'analyse par rayons X, qui aboutit directement au composé, a une grave contre-partie: c'est que le nombre des espèces cristallines est quasi-infini, d'où la très grande difficulté de déduire de son seul diagramme la nature d'un corps dont on ignore tout par ailleurs. Dans toute sa généralité le problème n'est pas soluble. La méthode d'analyse systématique actuellement en usage a son origine dans les travaux de HANAWALT, RINN et FREVEL[1].

La méthode consiste à comparer le diagramme de la substance inconnue à une collection de diagrammes «étalons» systématiquement classés de façon que l'on puisse trouver dans cet atlas celui auquel le diagramme observé s'identifie.

Chaque diagramme étalon est porté sur une fiche dont la Fig. 71 donne un exemple. Les distances réticulaires de toutes les raies observées sont rangées en ordre décroissant et l'intensité de chaque raie est indiquée par le rapport avec la plus intense prise pour unité. Dans le coin supérieur sont reportées les

[1] J. D. HANAWALT, H. W. RINN et L. K. FREVEL: Industr. Engin. Chem., Anal. Ed. **8**, 244 (1936); **10**, 457 (1948.

trois raies les plus intenses. En outre, la fiche comporte, avec le nom de la formule chimique du composé, les données cristallographiques et optiques quand elles sont connues. Le fichier publié par l'American Society for Testing Materials[1,2] avec ses plus récents suppléments, englobe 4000 espèces cristallines.

Les fiches sont rangées par ordre de distance réticulaire décroissante de la raie la plus intense. Les fiches relatives à une même première raie sont classées

Barium Cadmium Chloride Hydrate	$CdCl_2 \cdot 2BaCl_2 \cdot 5H_2O$	2,45	2,09	1,59	100	99	66	4–0771 4–0772
Barium Carbide	BaC_2	3,12	2,33	2,20	100	70	40	4–0600
*Barium Fluoride	BaF_2	3,58	2,19	1,87	100	79	51	4–0452
Barium Nickel Oxide . . .	$NiO \cdot 3BaO$	3,18	2,62	3,12	100	100	80	4–0573 4–0574
Barium Nickel Oxide 1:1:3	$BaNiO_3$	2,17	1,71	2,79	100	80	60	4–0817 4–0818
Barium Nickel Oxide 3:3:8 ?	$Ba_3Ni_3O_8$?	2,86	1,65	1,43	100	80	80	4–0684 4–0685
*Barium Nitrate	$Ba(NO_3)_2$	2,45	4,68	2,34	100	95	55	4–0773
Barium ortho Phosphate .	$Ba_3(PO_4)_2$	3,16	2,79	1,92	100	100	70	4–0582
Barium Silicate	$BaSiO_3$	3,41	3,70	2,09	100	40	40	4–0504
Barium Silicate	$BaSi_2O_5$	4,00	3,14	2,27	100	60	50	4–0382
Barium Silicate	$\mathbf{Ba_2Si_3O_8}$	**3,75**	**3,68**	**2,78**	**100**	**80**	**75**	**4–0421** **4–0422**
*Barium Uranium Oxide .	$BaO \cdot UO_3$	2,88	2,04	1,74	100	100	100	4–0678 4–0679
Barium meta Uranate . .	$BaUO_4$	2,88	2,04	1,74	100	100	100	4–0678 4–0679
Beta Beryllium (2 at. % Au)	β-Be (2 at. % Au)	3,47	2,12	1,79	100	75	75	4–0488
Beryllium Gold 5:1 . . .	$AuBe_5$	3,50	3,03	2,15	100	75	75	4–0478
Beryllium Iron 5:1 . . .	$FeBe_5$	1,13	1,04	3,40	100	100	90	4–0892
Beryllium Nitride 3:2 . .	Be_3N_2	2,35	1,44	3,33	100	80	60	4–0786
Beryllium Oxide	BeO	2,06	2,34	2,10	100	91	61	4–0843
Beryllium Phosphide 3:2 .	Be_3P_2	2,94	1,80	1,53	100	80	80	4–0669
Bismuth Aluminum Oxide .	$BiAlO_3$	3,17	2,73	1,99	100	70 80	50 60	4–0579
Bismuth ortho Arsenate . .	$BiAsO_4$	7,87	3,09	5,40	100	65	60	4–0123 4–0124
Bismuth Calcium Carbonate	$CaBi_2O_2(CO_3)_2$	2,84	2,14	1,75	100	80	80	4–0693 4–0694
Bismuth Carbonate. . . .	$Bi_2O_2CO_3$	2,95	2,14	1,62	100	100	100	4–0666

Fig. 72. Extrait de l'index adjoint au fichier A.S.T.M.

entre elles, de la même façon, d'après la seconde raie, etc. ... Quand les deux premières raies sont d'intensités égales ou simplement voisines, les fiches sont établies en double, chacune des raies étant traitée comme la plus intense.

Le fichier est accompagné d'un index (Fig. 72): on y trouve la liste alphabétique de tous les corps catalogués avec, en face du nom, les distances réticulaires des trois raies principales. En outre, un répertoire reproduit une version condensée du fichier, où chaque diagramme est réduit aux trois raies principales.

Soit à analyser une substance pure. On établit le tableau des distances réticulaires et, dans le cas du diagramme photographique, on se contente d'évaluer

[1] A. S. T. M.: American Society for Testing Materials, Race Street, Philadelphia (Pa.) USA.
[2] A. S. T. M. Bulletin, Nr. 160 (1949), 18.

à l'œil l'intensité des raies en s'aidant au besoin d'une échelle de plages de noircissement gradué. Avec le compteur G.M., la mesure de l'intensité est bien plus précise et plus aisée. Soient, dans l'ordre, d_1, d_2, et d_3, les distances des trois premières raies. Etant donné le classement du fichier, il est rapide d'y trouver si une fiche comporte ces trois distances. Si oui, il faut vérifier que l'ensemble des raies coincident dans la limite des erreurs expérimentales. C'est pourquoi il faut que le diagramme expérimental soit aussi précis que les diagrammes étalons et cette précision devra s'accroître à mesure que le nombre de corps dans l'index augmentera. Pour faciliter les recherches, on a édité des fiches perforées à triage manuel[1] ou à la machine[2].

La méthode s'applique encore dans le cas d'un mélange. On associe d'abord les deux premières raies et on cherche si, à ce couple, correspond un diagramme de l'index. Si oui, on cherche si les raies de celui-ci sont parmi celles du diagramme. Si cela se vérifie, cela signifie que le corps en question est un des constituants du mélange: on élimine du diagramme toutes ces raies et l'on recommence l'analyse. Si l'essai n'a pas réussi, c'est que les deux raies qu'on avait associées n'appartenaient pas à un même corps; on essaie alors d'associer la première raie et la troisième et l'on recommence les essais. Avec de la patience et de la méthode, des mélanges très complexes peuvent être débrouillés, à condition que *tous les constituants soient catalogués.*

Si le principe de la méthode d'analyse est simple, il ne faut pas dissimuler que sa mise en œuvre soulève parfois de grandes difficultés. Même si le diagramme est pris d'une façon parfaitement correcte, la source des difficultés principales est l'imperfection de l'atlas des diagrammes de référence. Malgré le travail déjà fourni, on est loin d'avoir un nombre suffisant de diagrammes et les fiches existantes ne sont pas à l'abri de toute critique. Bien des diagrammes ont été établis avec des techniques maintenant dépassées et leur qualité ne correspond pas aux possibilités de nos instruments actuels. Certains diagrammes ne correspondent pas à la formule indiquée, soit que le corps n'ait pas été préparé à l'état pur, soit que l'état d'hydratation d'un sel soit différent. Mais l'index est soumis à un travail continu de révision et d'extension qui fait espérer qu'il se perfectionnera rapidement. En particulier, on a commencé à y inclure des diagrammes pris au diffractomètre, c'est-à-dire où la position des raies et surtout leur intensité sont d'une très bonne précision.

52. Analyse qualitative de cristaux uniques. C'est un problème bien moins fréquent, mais qui peut se rencontrer si l'on possède un petit cristal isolé. Il est possible par des méthodes optiques de l'orienter et d'en prendre des diagrammes de cristal tournant qui conduisent à la connaissance de la maille. Un index des cristaux de maille connue a été publié par G. et A. Donnay[3]: des corps sont classés d'après les grandeurs de leurs axes, si bien qu'on peut trouver s'il y a un cristal de l'index ayant la maille donnée par l'expérience.

53. Analyse quantitative ([*3*], chap. F). Dans le diagramme d'un mélange de plusieurs phases, le rapport d'intensité des raies des deux constituants dépend du rapport de leur concentration. Il est naturel de penser que, par comparaison avec des mélanges de concentration connue, on puisse faire l'analyse quantitative d'un mélange inconnu en mesurant de façon précise des intensités de raies. Or, les mesures d'intensité de raies, malaisées avec la photographie, sont immédiates avec les appareils à compteur G.M. Le développement de ceux-ci

---

[1] F. W. Matthews: Analyt. Chem. **21**, 1172 (1949).

[2] L. E. Kuentzel (Wyandotte Chemical Corporation, Michigan, USA.).

[3] J. Donnay: Crystal Data, Geol. Soc. Amer. Mémoire **60** (1953).

dans les laboratoires a donné beaucoup d'importance à cette technique alors qu'elle était exceptionnelle avant ces dernières années. Néanmoins, il est plus difficile qu'il ne semble de prime abord d'obtenir de bons résultats, car il existe de nombreuses causes d'erreurs systématiques[1].

Soit un échantillon composé d'un certain nombre de phases cristallines, et la phase particulière étudiée, m, dont la concentration en volume est c_m. Nous supposons que le mélange est parfaitement homogène, que les grains de chaque constituant sont très fins (de l'ordre de 1 μ, comme nous le préciserons plus loin), et enfin qu'ils sont orientés parfaitement au hasard.

Soit une raie de diffraction caractéristique de la phase m dont l'angle de Bragg est ϑ_m. L'intensité de cette raie peut se mettre sous la forme

$$i_m = c_m q_m K(\vartheta_m) I_0. \tag{53.1}$$

I_0 est l'intensité du faisceau incident, q_m est un facteur dépendant de la nature de la phase et de la raie choisie, $K(\vartheta_m)$ est le facteur d'absorption déterminé par l'angle de Bragg, la forme de l'échantillon et son coefficient d'absorption. Par exemple, pour le diffractomètre et un échantillon très épais, K est indépendant de ϑ et vaut $\frac{1}{2\mu\varrho}$ (p. 44).

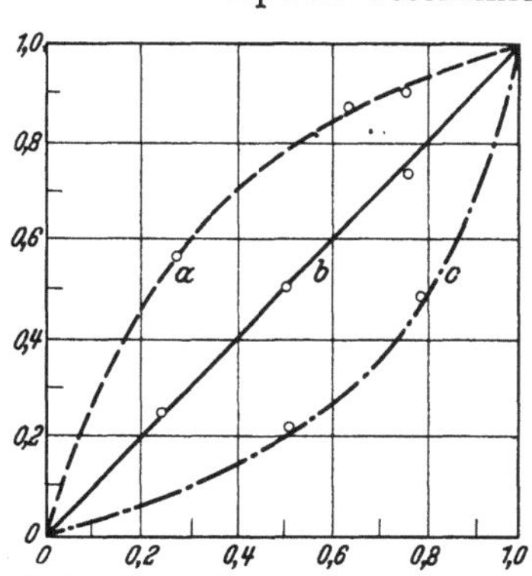

Fig. 73. Courbe d'étalonnage pour l'analyse quantitative de mélanges quartz-BeO, quartz-cristoballite, quartz-KCl (Klug et Alexander).

Pour pouvoir tirer c_m de la mesure de i_m grâce à (53.1), il faut éliminer les facteurs inconnus ou de détermination difficile, comme I_0 par exemple. Suivant les circonstances particulières de l'analyse, plusieurs méthodes peuvent être employées.

1. Les diffractomètres sont pourvus d'alimentation assez bien stabilisée pour que I_0 puisse être regardé comme constant durant une série de mesures même longues. On fait suivre la mesure de i_m de la mesure de l'intensité de la même raie pour un échantillon où la concentration de la phase c'_m est connue. Le rapport des intensités devient

$$\frac{i_m}{i'_m} = \frac{c_m}{c'_m} \frac{K(\vartheta_m)}{K'(\vartheta_m)}. \tag{53.2}$$

L'équation (53.2) est suffisante dans les cas suivants: a) la mesure est faite avec les montages identiques et le coefficient d'absorption des deux échantillons est le même, si bien que $K = K'$. Il y a une relation linéaire entre i_m et c_m. C'est le cas du mélange de deux formes allotropiques du même composé. L'échantillon de comparaison peut être l'une des phases pures. C'est le cas aussi où la phase m, n'entrant que pour une faible proportion dans l'échantillon inconnu et l'étalon, ne modifie pas sensiblement son coefficient d'absorption. b) Dans le cas d'un mélange binaire, K est fonction de c_m. Si $c'_m = 1$, la formule (53.2) s'écrit

$$\frac{i_m}{i'_m} = c_m \frac{K(\vartheta_m)}{K'(\vartheta_m)}. \tag{53.3}$$

L'on peut, avec quelques mélanges de composition connue, établir une courbe d'étalonnage de c_m en fonction du rapport des intensités de la raie dans l'échantillon et dans la phase de m pure (Fig. 73).

[1] K. Schäfer: Z. Physik **86**, 738 (1933). — G. W. Brindley: Phil. Mag. **36**, 347 (1945). — P. M. de Wolff: Contribution to the theory and practice of quantitative determination by the X-Rays Powder diffraction Method. Thèse Université Technique de Delft, Hollande 1951. — A. Taylor: Phil. Mag. **35**, 215, 404 (1944).

2. Si l'on n'est pas sûr de la constance de l'intensité primaire dans les deux expériences, l'équation à utiliser est, d'après (53.1):

$$\frac{i_m/I_0}{i'_m/I'_0} = \frac{c_m}{c'_m} \frac{K(\vartheta_m)}{K'(\vartheta_m)}; \tag{53.3a}$$

la méthode se ramènera au cas précédent si l'on remplace la mesure de i_m par celle du rapport i_m/I_0. La difficulté vient de ce que l'intensité incidente est beaucoup plus grande que l'intensité diffractée. On mesurera une quantité proportionnelle à I_0 et réduite dans une forte proportion. Ainsi on peut placer une feuille métallique mince dans le faisceau primaire avant l'échantillon et recueillir un faisceau diffracté dans un compteur «moniteur».

3. Une méthode d'emploi très général est celle de *l'étalon interne*[1]. Il s'agit toujours de comparer deux échantillons dont l'un contient une quantité connue de la phase m. *On mélange aux échantillons une poudre cristalline de référence en quantités connues c_r et c'_r.* Chaque expérience consiste à comparer sur le même diagramme les intensités de deux raies caractéristiques, l'une de la phase m et l'autre de la phase de référence r. D'où les équations valables pour les 2 expériences.

$$\frac{i_m}{i_r} = \frac{c_m}{c_r} \frac{q_m}{q_r} \frac{K(\vartheta_m)}{K(\vartheta_r)}, \tag{53.4}$$

$$\frac{i'_m}{i'_r} = \frac{c'_m}{c'_r} \frac{q'_m}{q'_r} \frac{K'(\vartheta_m)}{K'(\vartheta_r)}. \tag{53.5}$$

Dans le cas du diffractomètre chacun des deux rapports $\frac{K(\vartheta_m)}{K(\vartheta_r)}$ et $\frac{K'(\vartheta_m)}{K'(\vartheta_r)}$ est égal à 1. On a donc:

$$c_m = \left(\frac{c'_m \cdot i'_r}{c'_r \cdot i'_m}\right) c_r \cdot \frac{i_m}{i_r}. \tag{53.6}$$

Donc, quels que soient les coefficients d'absorption des deux échantillons, c_m est proportionnel au rapport des mesures i_m/i'_r si à toute série d'échantillons, on ajoute la même proportion de poudre de référence. C'est ce qui a été vérifié par KLUG[1] pour des dosages de quartz dans des poussières industrielles; la substance de référence était la fluorine.

Quel que soit le montage expérimental, $\frac{K(\vartheta_m)}{K(\vartheta_r)}$ est très voisin de 1 si les raies choisies pour caractériser les phases m et r sont très proches l'une de l'autre. L'équation (53.6) est encore valable. C'est là la méthode la plus générale d'analyse quantitative.

On peut arriver à une erreur inférieure à 2%. Cela exige des mesures répétées faites avec un compteur *GM*, suivi d'un numérateur d'impulsion et non d'un enregistreur, ainsi qu'une préparation soignée des échantillons[2].

Pour éviter des erreurs systématiques très graves, il est absolument nécessaire que les échantillons soient des poudres à grains très fins et parfaitement désorientés. Or ces conditions sont quelquefois difficiles à réaliser. En effet, il suffit de presser une poudre, même doucement, pour que des cristaux en forme de plaquette tendent à se placer parallèlement à la surface de l'échantillon.

Quant à la taille exagérée des grains, elle a de multiples inconvénients. D'abord les fluctuations dans la mesure de l'intensité d'une raie sont importantes si l'on répète la mesure. Les formules utilisées ici ne tiennent pas compte de l'extinc-

[1] J. W. BALLARD, H. I. OSHRY et H. H. SCHRENK: J. Opt. Soc. Amer. **33**, 667 (1943).
[2] H. P. KLUG: Anal. Chem. **25**, 704 (1953).

tion (voir BOUMAN, Sects. 46–51) qui intervient précisément dans les raies intenses souvent utilisées dans ces mesures. Enfin, il y a un effet particulier étudié par BRINDLEY et DE WOLFF[1].

Cet effet se produit avec des mélanges de deux phases dont le coefficient d'absorption est très différent. Le coefficient moyen d'absorption rend compte de l'affaiblissement d'un rayon à travers les mélanges. Mais quand les grains des poudres ne sont pas très petits, il intervient, dans l'intensité diffractée par un grain, l'absorption du rayon, dans l'une ou l'autre des phases, et non pas seulement dans le mélange. On montre alors par le calcul que le rapport d'intensité des raies des 2 phases dépend de la taille des grains, *sauf* si, pour les deux phases, ceux-ci sont tels que le produit μd soit inférieur à 0,01 (μ est le coefficient linéaire d'absorption de la phase et d le diamètre moyen du grain). Pour un mélange à poids égaux de poudres de cuivre et d'aluminium, le rapport des intensités I_{Cu}/I_{Al} est de 40% plus faible pour des grains de 10 μ que pour des grains de 0,5 μ. Il n'est pas possible de faire des corrections théoriques précises. Il est donc *nécessaire* de toujours utiliser des poudres *très fines* si le contraste entre les facteurs d'absorption des différentes phases est important.

V. Application de la mesure précise des paramètres du cristal.

Nous avons vu (Sect. 18), comment on pouvait mesurer les paramètres d'un cristal de réseau connu avec une très haute précision grâce aux raies diffractées à grand angle (diagrammes en retour). Or les paramètres d'un cristal varient légèrement avec un certain nombre de facteurs (tels que la composition du cristal, la température, sa déformation élastique, etc. ...). D'où un certain nombre d'applications intéressantes de ces mesures de précision.

54. Analyse quantitative d'une solution solide. On dit qu'un élément entre en solution solide dans un cristal quand les deux sortes d'atomes se placent aux nœuds d'un même réseau, les deux sortes d'atomes étant répartis généralement au hasard.

L'introduction des atomes dissous dans un corps pur ne modifie pas la nature du réseau mais en change le paramètre, si le volume des deux atomes est différent. VÉGARD a donné la loi suivante, qui est approximativement vérifiée par la plupart des solutions solides: le paramètre est une fonction linéaire de la concentration atomique des atomes dissous (Fig. 74). Prenons l'exemple de deux métaux donnant une suite continue de solutions solides comme l'or et le cuivre; ces deux métaux ont tous deux un réseau de cubes à faces centrées avec les paramètres respectifs 3,62 Å et 4,08 Å. Soit x le paramètre d'un alliage contenant c% d'atomes d'or; la mesure de x permet de calculer c par la formule suivante exprimant la loi de VÉGARD:

$$\frac{x - 3{,}62}{4{,}08 - 3{,}62} = \frac{c}{100}.$$

En réalité, les mesures de plusieurs auteurs ont montré que la courbe expérimentale s'écartait légèrement de la droite qui représente la loi de VÉGARD. A l'aide de la courbe d'étalonnage de la Fig. 74, des dosages précis d'alliages or-cuivre peuvent être faits par les rayons X. La méthode peut avoir des applications pratiques intéressantes: on peut analyser des objets indestructibles de très petites dimensions, la couche d'or d'une dorure, etc. A une variation de 0,001 Å, qui est facilement décelable, correspond une variation de la concentration atomique de 0,2%.

[1] K. SCHÄFER: Z. Physik **1933**, 738.

Le diagramme d'équilibre d'un alliage binaire AB débute toujours, pour les petites teneurs en B, par une région de solution solide de B en A. Puis vient un domaine où la solution solide coexiste avec une nouvelle phase C riche en métal B (Fig. 75a et b). Les diagrammes d'alliages à teneur croissante en métal B ne comportent jusqu'en P que les raies de la solution solide, et à partir de P les raies de la nouvelle phase C. Mais tant que celle-ci est en faible proportion, ces raies sont peu visibles, et en tout cas il est très difficile de déterminer la teneur en B au-dessus de laquelle le phase C apparaît, c'est-à-dire l'abscisse du point P. C'est ce qui permet la mesure précise du paramètre[1]. Dans le domaine de la solution solide, le paramètre varie linéairement avec la teneur en B, mais pour les teneurs supérieures à P, la solution solide a une composition uniforme correspondant à P: son paramètre reste constant, l'augmentation de B a pour effet d'accroître la proportion de la phase C.

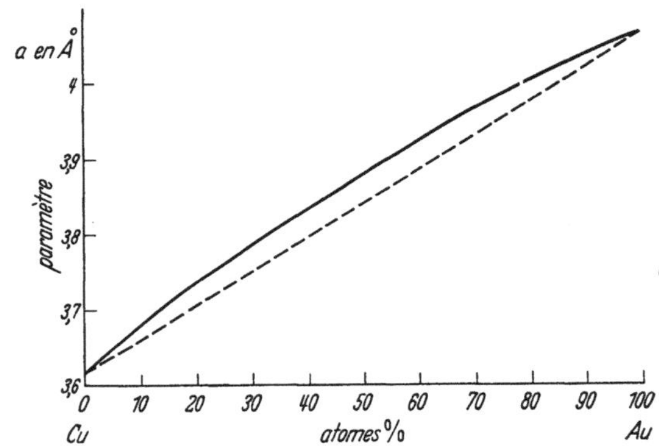

Fig. 74. Loi de VÉGARD: Paramètre d'une solution solide en fonction de la concentration (Cas de Au-Cu).

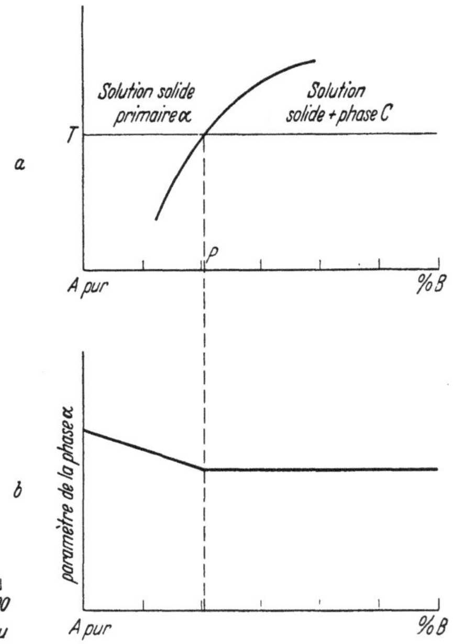

Fig. 75a et b. a) Diagramme d'équilibre d'un alliage binaire. b) Variation du paramètre de la solution solide primaire.

55. Comparaison entre les densités calculées et mesurées. A partir des dimensions de la maille et de la masse des atomes qu'elle contient, on peut calculer une valeur de la densité. Inversement, d'une mesure précise de la densité et de la valeur précise des paramètres on tire la masse des atomes contenus dans la maille.

C'est une donnée qui est intéressante pour distinguer les solutions solides d'insertion et de substitution, pour l'étude des composés non stœchiométriques, des réseaux lacunaires, etc. . .[2].

56. Mesures des tensions internes dans les métaux ([*2*], chap. 14; [*5*]). Le principe de la méthode est simple. On suppose que le métal examiné est un solide homogène isotrope, auquel les résultats de la théorie de l'élasticité sont applicables. Comme dans les autres méthodes extensométriques, on mesure les variations de longueur d'une «jauge» sous l'influence des tensions. De ces variations, connaissant les constantes élastiques de la matière, on tire les *tensions principales* qui définissent complètement l'état des tensions au point examiné. L'originalité de la méthode par rayons X est que la longueur de la jauge choisie n'est pas

[1] E. A. OWEN et D. P. MORRIS: J. Inst. Met. **76**, 145, 677 (1949). — W. HUME ROTHERY et G. V. RAYNOR: J. Sci. Instrum. **18**, 74 (1941).

[2] A. J. BRADLEY et TAYLOR: Proc. Roy. Soc. Lond., Ser. A **159**, 56 (1937).

macroscopique, mais de l'ordre des dimensions atomiques; c'est la *distance interréticulaire* d'une des familles de plans cristallins[1].

Remarquons tout de suite qu'il y a une contradiction dans ces prémisses: d'une part, nous avons considéré un solide homogène, continu et isotrope et, d'autre part, nous définissons notre jauge par une caractéristique du cristal qui, par définition, est anisotrope et de structure discontinue. On lève partiellement cette difficulté en remarquant que nous considérons des solides formés d'agrégats de microcristaux à orientation quelconque, donc macroscopiquement isotropes. Néanmoins, nous retrouverons par la suite une conséquence de l'anisotropie cristalline comme source d'erreurs dans les mesures des tensions aux rayons X.

La déformation élastique d'un métal est toujours très faible, de l'ordre du millième. La mesure de la jauge d'extension par rayons X n'a donc d'intérêt que si l'on est assuré d'une précision suffisante, au moins de 1/10000.

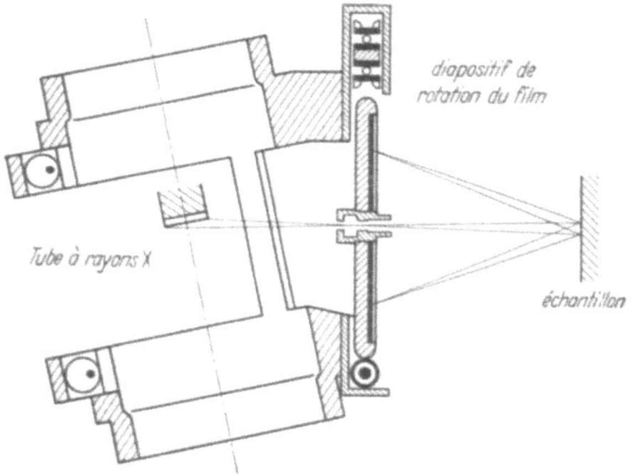

Fig. 76. Appareillage pour diagramme en retour sur échantillons fixes et encombrants.

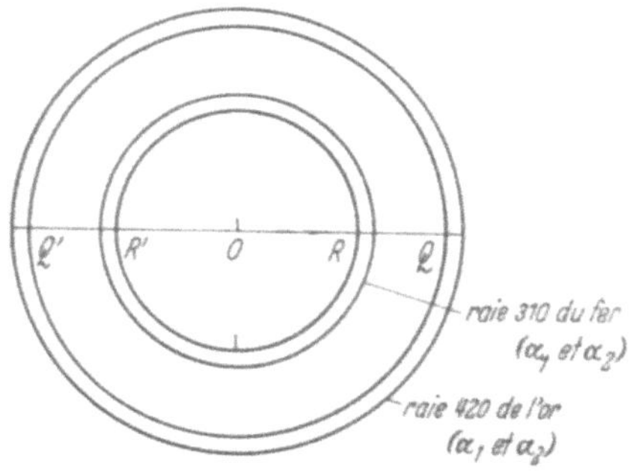

Fig. 77. Diagramme en retour de fer avec étalon d'or.

Il est donc nécessaire d'utiliser la *méthode de diffraction en retour*, par réflexion sur la surface de l'échantillon. Etant donné les longueurs d'onde que l'on emploie généralement [Cu $K\alpha$ ($\lambda = 1{,}54$ Å), pour les alliages légers ou cuivreux; Co $K\alpha$ ($\lambda = 1{,}78$ Å) ou Cr $K\alpha$ ($\lambda = 2{,}27$ Å) pour les alliages ferreux], la pénétration du rayonnement est très faible, de l'ordre du 1/100 de mm. seulement: les rayons X ne peuvent donc mettre en évidence que *l'état des tensions à la surface de l'échantillon.*

α) Appareillage. Souvent l'on a à examiner des pièces encombrantes et intransportables. Aussi est-il commode d'utiliser comme source un tube scellé réuni à un générateur fixe par un long câble souple qui permet de placer le tube dans la position voulue[2]. Le chassis-porte-film et le collimateur sont fixés au tube même. Pour uniformiser les raies, comme l'échantillon est fixe, on doit prévoir un mouvement de rotation ou d'oscillation du film dans son plan (Fig. 76).

Les temps de pose pour les mesures de tension sont de l'ordre de $\frac{1}{4}$ d'heure à 1 heure suivant le tube et l'échantillon.

Le film étant troué pour le passage du faisceau direct, il n'est pas possible de mesurer directement la distance de OR d'où l'on peut déduire ϑ (Fig. 77).

---

[1] G. Sachs et J. Weerts: Z. Physik **64**, 344 (1930).

[2] D. E. Thomas: J. Sci. Instrum. **18**, 1, 135 (1941). — J. T. Norton et D. Rosenthal: Proc. Soc. Exp. Stress Analysis **5**, 71 (1947). — H. R. Isenburger: Machinery **1947**, S. 167.

On peut mesurer la distance RR' des deux points diamétralement opposés sur l'anneau. Mais dans certains cas nous verrons que la longueur OR est différente de $O'R'$: deux procédés ont alors été utilisés. On étend sur la surface examinée une couche de poudre bien cristallisée et sans aucune tension (poudre d'or recuite par exemple) qui superpose ses anneaux à ceux de la pièce[1]; on mesure alors les distances RQ et $R'Q'$: le diamètre QQ', si le paramètre de la maille de la substance étalon est connu, permet de déterminer la distance échantillon-film, D, et de comparer sans erreurs les clichés successifs parce qu'on ramène les positions des raies à ce qu'elles seraient pour une distante D constante. Un autre moyen de mesure consiste à faire des repères sur le film avec une sorte de compas dont l'axe coïncide rigoureusement avec le faisceau incident grâce à un ajustage mécanique précis[2].

On ne peut pas incliner trop le faisceau sur la surface parce que la netteté des anneaux diminuerait et aussi à cause de l'encombrement du châssis photographique et du collimateur. Ainsi les directions dans lesquelles on peut mesurer la distance interréticulaire sont toujours assez inclinées sur la surface.

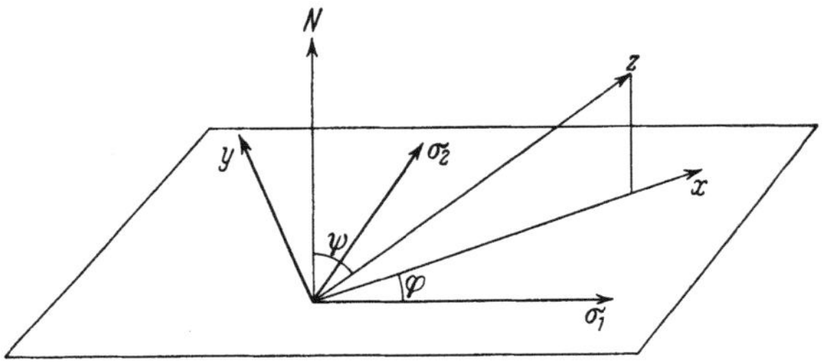

Fig. 78. Calcul de la déformation dans la direction quelconque OZ en fonction des contraintes principales.

β) Calcul des tensions à partir des mesures des distances interréticulaires. Etant donné que nous savons mesurer les longueurs de jauge dans des directions que l'on peut choisir, à condition qu'elles soient suffisamment inclinées sur la surface, comment pourra-t-on en déduire l'état des tensions au point examiné?

Rappelons que, puisqu'on ne peut examiner que la surface libre, il y a une tension principale nulle normale et les deux autres tensions principales σ_1 et σ_2 sont rectangulaires dans le plan tangent à la surface. La connaissance de ces deux tensions permet de déterminer les déformations en toute direction. Soit, en particulier, OZ définie par les angles φ et ψ (Fig. 78). OX est projection de OZ et OY la direction perpendiculaire. E et ν étant respectivement le module d'YOUNG et le coefficient de POISSON du métal, les formules classiques de l'élasticité[3] nous permettent de calculer la déformation dans la direction de la normale ON, ε_n, de OZ $\varepsilon_{\varphi\psi}$, et de OX, ε_x.

$$\varepsilon_x = \frac{1}{E}(\sigma_x - \nu\sigma_y), \tag{56.1}$$

$$\varepsilon_N = -\frac{\nu}{E}(\sigma_x + \sigma_y) = -\frac{\nu}{E}(\sigma_1 + \sigma_2), \tag{56.2}$$

$$\left.\begin{aligned} \varepsilon_{\varphi\psi} &= \varepsilon_x \sin^2\psi + \varepsilon_N \cos^2\psi \\ &= \frac{1}{E}\left[\sigma_x(\sin^2\psi - \nu\cos^2\psi) - \nu\sigma_y\right]. \end{aligned}\right\} \tag{56.3}$$

[1] H. MÖLLER et J. BARBERS: Mitt. K.-Wilh.-Inst. Eisenforschg. **16**, 21 (1934). — H. MÖLLER: Mitt. K.-Wilh.-Inst. Eisenforschg. **21**, 295 (1939).

[2] D. E. THOMAS: J. Sci. Inst., **18**, 135 (1941).

[3] Cf. tome VI de cette Encyclopédie.

De ces formules découlent les différentes méthodes de mesure.

1ère méthode[1]: *1 diagramme à incidence normale et 1 diagramme sur le métal en l'absence de tension:* Quand le rayon incident est normal à la surface, les plans réfléchissants font avec celle-ci un angle très faible. On peut donc, sans erreur sensible, considérer que leur distance interréticulaire subit une variation donnée par l'équation (56.2).

Si d_N est cette distance sous tension et d_0 à l'état de repos

$$\varepsilon_N = \frac{d_N - d_0}{d_0}.$$

d'où

$$\sigma_1 + \sigma_2 = -\frac{E}{\nu}\,\frac{d_N - d_0}{d_0}. \tag{56.4}$$

Or, à la petite variation de la distance réticulaire $d_N - d_0$ correspond une variation de l'angle de Bragg:

$$\frac{\vartheta_N - \vartheta_0}{\tan\vartheta} = \frac{d_N - d_0}{d_0}.$$

Si $2\vartheta_N$ et $2\vartheta_0$ sont les angles de diffraction correspondant au même anneau dans les deux expériences successives, la première effectuée avec la pièce sous tension et la seconde avec le même métal à l'état de repos, l'ensemble de ces deux diagrammes donne donc la *somme des tensions superficielles principales.*

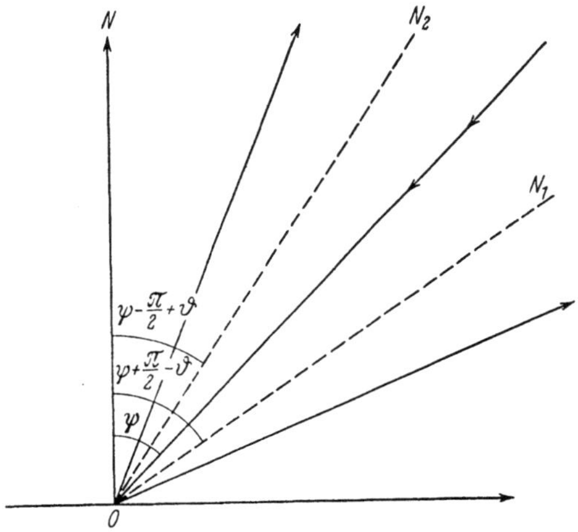

Fig. 79. Principe de la mesure avec rayon incliné sur la surface de l'échantillon.

Voyons les ordres de grandeur des quantités à mesurer. Pour l'acier, $E = 21000$ kg./mm.² et $\nu = 0{,}28$.

Donc
$$\sigma_1 + \sigma_2 = -7{,}5 \times 10^4 \frac{\Delta d}{d}\ \text{kg./mm.}^2. \tag{56.5}$$

Il faut que la mesure du paramètre soit effectuée à 10^{-4} près pour que la sensibilité de la méthode atteigne l'ordre de grandeur de quelque kg./mm.². C'est effectivement possible. Pour un diagramme de fer, fait avec Co K_α et une distance échantillon-film de 60 mm., un déplacement de 0,1 mm. de la dernière raie correspond à une somme de tensions principales de 9 kg./mm.².

2ème méthode[2]: La première méthode a l'inconvenient de nécessiter un diagramme fait avec la substance à l'état de repos. Or, il n'est quelquefois pas possible de disposer d'un métal identique à celui sous tension. Glocker et ses collaborateurs[2] ont indiqué le moyen de se passer de toute mesure sur la pièce sans tension.

En inclinant le faisceau incident sur la surface suivant la direction (φ, ψ), la normale aux plans réfléchissants correspondant aux deux extrémités du diamètre de l'anneau dans le plan se projetant sur Ox, font avec ON les angles $\psi + \frac{\pi}{2} - \vartheta$ et $\psi - \frac{\pi}{2} + \vartheta$ (Fig. 79). En mesurant donc les rayons de l'anneau

[1] F. Wever et H. Möller: Arch. Eisenhüttenw. **5**, 215 (1931/32).
[2] F. Gisen, R. Glocker et E. Osswald: Z. techn. Phys. **17**, 145 (1936).

obtenu avec l'échantillon sous tension on mesure, d'un côté $\varepsilon_{\varphi,\psi-\frac{\pi}{2}+\vartheta}$ et de l'autre $\varepsilon_{\varphi,\psi+\frac{\pi}{2}-\vartheta}$.

La première solution consiste à combiner une de ces mesures avec la mesure de ε_N avec le faisceau normal.

De (56.2) et (56.3) on tire:

$$\varepsilon_{\varphi,\psi+\vartheta-\frac{\pi}{2}} - \varepsilon_N = \frac{1}{E}\sigma_x(\nu+1)\sin^2\left(\psi-\frac{\pi}{2}+\vartheta\right) = \frac{d_{\varphi,\psi-\frac{\pi}{2}+\vartheta} - d_N}{d_0}. \quad (56.6)$$

La valeur de d_0 est éliminée, sauf au dénominateur où on peut le remplacer sans erreur sensible par d_N. Ainsi deux clichés, l'un avec un faisceau normal, l'autre avec un faisceau incliné, donnent la valeur de σ_x dans la direction Ox, c'est-à-dire suivant la projection du rayon incident sur la surface, direction que l'on peut donc choisir arbitrairement.

Il est avantageux de prendre ψ aussi grand que possible, mais les possibilités de réalisation pratique du cliché font généralement choisir $\psi=45°$. Dans ces conditions, en reprenant le même exemple qu'au paragraphe précédent, on trouve qu'à un déplacement de la raie de 0,1 mm., correspond une tension de 3 kg./mm.^{2}.

3ème méthode[1]*:* Une variante de cette méthode consiste à utiliser un *seul cliché* en position inclinée et à comparer les rayons de l'anneau aux extrémités du diamètre R et R', c'est-à-dire $R_{\varphi,\psi+\frac{\pi}{2}-\vartheta}$ et $R_{\varphi,\psi-\frac{\pi}{2}+\vartheta}$. Pour $\psi=45°$, on tire de (56.3):

$$\varepsilon_{\varphi,\frac{3\pi}{4}-\vartheta} - \varepsilon_{\varphi,-\frac{\pi}{4}+\vartheta} = \sigma_x\frac{(\nu+1)}{E}\sin 2\vartheta. \quad (56.7)$$

La précision de cette 3ème méthode est un peu plus faible, mais elle est plus rapide que la 2ème, puisqu'un seul cliché est nécessaire.

Les 2ème et 3ème méthodes déterminent la mesure de la tension dans une direction donnée. Si donc on connaît a priori la direction des tensions principales, il suffit de faire successivement des mesures avec le faisceau incident se projetant dans les directions de tensions principales: *2 clichés à 45° et 1 cliché normal suffisent à déterminer σ_1 et σ_2.*

Si l'on ne connaît pas a priori la direction des tensions principales, il faut déterminer les tensions dans trois directions: on montre théoriquement (MÖLLER[2]) que les 3 clichés en position inclinée, plus le cliché normal déterminent σ_1 et σ_2 et la direction des tensions principales, mais la précision du résultat est assez faible.

γ) Précision des mesures de tensions par rayons X. Les erreurs accidentelles sont dues au pointé de la raie. Elles sont d'autant plus réduites que la raie est plus fine.

Même avec les montages les plus soignés, la largeur des raies en retour est toujours de plusieurs dixièmes de millimètre, Or, dans le cas le plus favorable, 0,1 mm. correspond à une tension de plusieurs kg./mm.^{2}. Ces chiffres donnent une idée de la précision que l'on peut attendre de la méthode.

Si l'échantillon est en très petits cristaux, la raie est de noircissement uniforme et il est possible de pointer le centre de la raie avec une erreur nettement plus petite que la largeur de la raie. Mais si l'échantillon est composé de gros cristaux, donc qu'un petit nombre de cristaux seulement soit touché par le faisceau, la

[1] R. GLOCKER, B. HESS et O. SCHAABER: Z. techn. Phys. **19**, 194 (1938).

[2] H. MÖLLER et J. BARBERS: Mitt. K.-Wilh.-Inst. Eisenforschg. **16**, 21 (1934). — H. MÖLLER: Mitt. K.-Wilh.-Inst. Eisenforschg. **21**, 295 (1939).

raie est remplacée par une série discontinue de petites taches. L'expérience montre qu'en général ces taches ne sont pas situées sur un anneau bien défini. En géneral, l'on peut uniformiser les raies par les mouvements de rotation et d'oscillation de l'échantillon. Mais ce n'est pas possible dans le cas particulier des mesures des tensions puisque le rayon de l'anneau dépend de la direction du faisceau incident par rapport à la surface. Ce qu'il est permis de faire sans introduire des erreurs considérables, c'est de faire osciller le film photographique dans son plan d'une trentaine de degrés autour de sa position moyenne, mais ce n'est par très efficace. Donc les *échantillons à gros grains ne se prêtent pas aux mesures de tension par rayons X.*

Si les échantillons sont en grains suffisamment fins, il y a aussi des cas où les mesures de tension deviennent très difficiles. Ce sont ceux où les échantillons donnent des raies larges par nature, en dehors de tout facteur extérieur. Les causes de cet élargissement intrinsèque peuvent être diverses: citons la trop faible taille des cristallites ou la variation de paramètres de cristallites dans une solution solide dont la concentration est hétérogène. Enfin, il peut y avoir des distorsions du réseau. Par exemple, les aciers nitrurés ou cémentés, ou encore la martensite, donnent des raies trop larges pour être utilisables.

En résumé, l'état de cristallisation est un facteur qui détermine finalement la possibilité de mesures des tensions à l'aide des rayons X. *Avant d'appliquer la méthode, il faut s'assurer que le matériau convient.*

δ) Validité du calcul des tensions à partir des variations des distances réticulaires [*10*]. Toutes les équations utilisées sont fondées sur la théorie de l'élasticité d'un milieu continu et isotrope. Or, nous opérons sur un cristal et nous mesurons des variations de longueur de dimensions interatomiques. Le cristal, même cubique, est fortement anisotrope du point de vue mécanique. Ainsi, pour le laiton, E varie de 18000 kg./mm.² dans la direction [111] à 5150 kg./mm.² dans la direction [100]. Le milieu polycristallin n'est isotrope que par compensation, à cause des orientations diverses des grains individuels. Mais ceux-ci, et c'est ce qui fait la difficulté du problème, ne se déforment pas comme s'ils étaient isolés, puisqu'ils restent après déformations exactement accolés à leurs proches voisins. Quoi qu'il en soit, la valeur mesurée pour le module d'élasticité par des moyens mécaniques est proche d'une valeur moyenne prise sur tous les grains d'orientation régulière répartie.

Au contraire, quand on fait une mesure aux rayons X, seuls interviennent les cristaux dont les plans réflecteurs font l'angle de Bragg avec le rayon incident: il s'agit là d'une très petite fraction de cristallites ayant des orientations particulières par rapport aux tensions. On conçoit donc que la valeur du module qui convient pour ce groupe de cristaux puisse différer de la valeur moyenne globale déterminée mécaniquement[1]. Et, de ce fait, en mesurant par rayons X des tensions de valeur connue appliquées à une pièce d'acier, par exemple dans une éprouvette de traction, on a trouvé des différences qui pouvaient être compensées en adoptant pour E la valeur 22030 kg./mm.² au lieu de 21000 kg./mm.², et pour ν 0,374 au lieu de 0,28. Dans d'autres cas, au contraire, on a trouvé un excellent accord, mais la complexité des moyennes qui interviennent rend plausibles des résultats différents suivant la nature cristallographique des plans réticulaires utilisés dans la mesure, et suivant la répartition des tensions[2].

---

[1] V. Hauk: Z. Metallkde. **36**, 120 (1944).

[2] R. Glocker et G. Strunk: Mitt. K.-Wilh.-Inst. Eisenforschg. **19**, 305 (1937). — L. Frommer et E. H. Lloyd: J. Inst. Met. **70**, 91 (1944). — J. T. Norton et B. M. Loring: Weld. J. Res. Suppl., June **1941**.

ε) Domaines d'application de la méthode par rayons X. Pour résumer ce qui précède, nous pouvons dresser un tableau des avantages et inconvénients des rayons X par rapport aux autres méthodes de mesures des tensions.

D'abord, c'est une méthode entièrement non destructive, ce qui lui fait dans beaucoup de problèmes prendre le pas sur d'autres méthodes, même éventuellement plus précises.

La mesure se fait sur une très petite surface du métal de l'ordre de 1 mm.². Il est donc possible de suivre les variations de l'état des tensions d'une pièce millimètre par millimètre.

Quand un métal a subi des déformations *plastiques,* il se produit des glissements dans le métal, mais les distances réticulaires retrouvent leur valeur d'avant les déformations (à part le fait que le désordre du réseau peut causer des perturbations locales). Ce que mesurent les rayons X, ce sont uniquement les déformations *élastiques,* alors qu'un extensomètre macroscopique enregistre à la fois les déformations élastiques et les déformations plastiques. L'usage simultané des rayons X et d'un extensomètre comme un «strain-gauge»[1] permet de dissocier la part de la déformation plastique de la déformation élastique.

En face des avantages spéciaux de la méthode de rayons X, il est nécessaire de rappeler à nouveau les limitations que nous avons déjà énumérées.

Les mesures ne peuvent atteindre que les tensions *superficielles.* (Néanmoins on a pu étudier[2] la répartition des tensions en profondeur dans une pièce en faisant des mesures en découpant la pièce.) Il faut, avant toute mesure, vérifier que le métal a une cristallisation telle que les raies soient fines et continues. Enfin, même dans les cas les plus favorables, les techniques actuelles arrivent au mieux à une précision de l'ordre de 5 kg./mm.².

Bibliographie générale.

[*1*] Klug, H., et L. Alexander: X-Ray Diffraction Procedures. New York: Wiley & Sons 1954.

[*2*] Barrett, C. S.: Structure of Metals. New York: McGraw Hill Book Co. 1952.

[*3*] Bouman, J.: Selected Topics in X-Ray Crystallography. Amsterdam: North Holland Publishing Co. 1951.

[*4*] Bragg, W. L.: The Cristalline State, vol. 1. London: G. Bell & Sons, Ltd. 1933.

[*5*] Glocker, R.: Materialprüfung mit Röntgenstrahlen, 3ème éd. Berlin: Springer 1949.

[*6*] Henry, N. M. F., H. Lipson and W. A. Wooster: The Interpretation of X-Ray Diffraction Photographs. London: MacMillan and Co. 1953.

[*7*] Peiser, H. S., H. P. Rooksby and A. J. C. Wilson: X-Ray Diffraction by Polycrystalline Materials. London: The Institute of Physics 1955.

[*8*] Guinier, A.: Théorie et Technique de la radiocristallographie. Paris: Dunod 1956.

[*9*] Brindley, G. W.: X-Ray Identification and Structure of Clay Minerals. London: Mineralogical Society 1951.

[*10*] Greenough, G. B.: Progress in Metal Physics, vol. III. London: Pergamon Press Ltd. 1952.

[*11*] Buerger, M. J.: X-Ray Crystallography. New York: John Wiley & Sons 1942.

[*12*] Lonsdale, K.: Simplified structure factor and electron density formulae for the 230 space groups of mathematical crystallography. London: Bell & Sons 1936.

[*13*] International Tables for X-Ray Crystallography, vol. I, Symmetry Groups. Birmingham (England): Kynoch Press 1952.

[*14*] Lipson, H., and W. Cochran: The Determination of Crystal Structures. London: Bell & Sons 1953.

---

[1] Pour l'usage des «strain-gauges» voir tome VI de cette Encyclopédie, article de Frankl.

[2] J. T. Norton et D. Rosenthal: J. Amer. Weld. Soc. **22**, 638 (1943).

Theoretical Principles of Structural Research by X-rays.

By

J. Bouman.

With 61 Figures.

A. Fundamental concepts in structure analysis.

1. Introduction. Prior to 1912, the structure of matter was unknown to a large extent, though in some cases models were proposed. This was especially the case with gases, the kinetical theory of gases being able to explain many features of the gaseous state. At the other end of the scale, the regularity of crystals had led to the idea that the molecules in a crystal were arranged in an orderly fashion, though there was no direct proof for the proposed arrangements. Of liquids and amorphous bodies nothing was known at all. The first tool for ascertaining such structures has been the diffraction of X-rays by matter, later on to be followed by the diffraction of electrons and of neutrons. In the present article, only diffraction of X-rays will be treated. Many of the considerations in this field will be useful for diffraction of neutrons and electrons as well[1].

Diffraction is a special case of scattering. Now, the scattering of radiation by matter can be divided into scattering with the same wave-length as the original rays, and scattering with another wave-length. The first one is caused by inhomogeneities of matter, if their dimensions are of the same order as the wave-length of the radiation. For X-rays having a wave-length to be compared with the dimensions of atoms, clearly the cause of scattering is the molecular structure of matter.

Scattering, therefore, will give indications on the structure of matter. Now the scattering of the first kind (with unchanged wave-length) has the property to be *coherent*; the radiations scattered by different atoms in matter interfere with each other and so give rise to diffraction. And in the same way as the diffraction of light by a hole or by a grating may be used to study the dimensions of this hole or grating, so the diffraction of X-rays is used to find the structure of matter. The first example may be compared with the determination of the structure of molecules, the latter with that of a crystal.

2. The problems of structure analysis. The problem can be divided into three parts. The first one is to find a series of possible models for the different states of matter. Then the diffraction of X-rays by these models must be studied. The results finally have to be used to determine the structure of the kind of matter under investigation from the data of X-ray diffraction.

These three problems are yet incompletely solved until now.

The first problem, the structure of crystals, has been subject to many investigations. Less is known of liquids and amorphous bodies, the investigations in this field being of a more recent date. The chaotic structure of gases is unimportant in itself for diffraction, but the structure of the molecules of a gas will be subject to conjectures.

[1] Cf. the two articles of H. Raether on electrons, and of G. R. Ringo on neutrons in this volume.

The second problem, the interaction of matter and X-rays, belongs, strictly speaking, to quantum mechanics. But in diffraction it is possible to use many results from classical concepts, and these will be used freely. But, even then, the problem is not solved in its general form. In practical applications, however, it can be simplified in such a way that a complete solution is obtained.

The third problem suffers from the fact that the experimental evidence to be gained by the use of X-rays is not complete. In the beginning, only the structures of crystals with few atoms were derived. They were found partly by guessing (trial and error method). For more intricate structures, this method cannot be used and much work has been done to complete the evidence of X-ray diffraction. The present article is mainly dealing with crystals. The first structure determinations were those of crystals, and the results gained from this work form the base of the whole subject of structure analysis. It is, however, not the purpose to give the procedure of determining structures, but to expand systematically the principles underlying. For the method of structure analysis we may refer to the preceding article by A. GUINIER and G. VON ELLER.

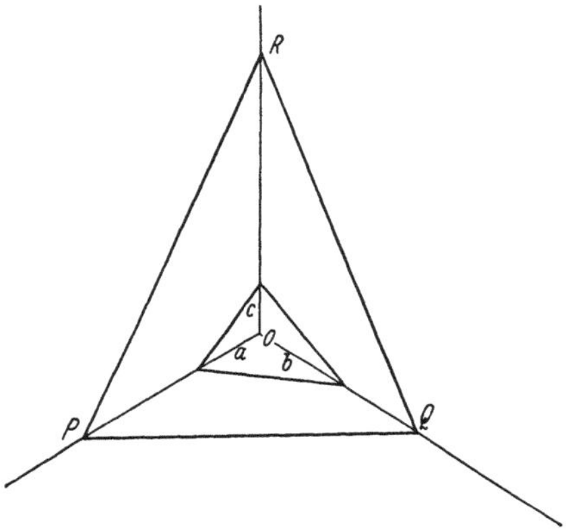

Fig. 1. The faces (111) and (231) of a crystal. $OP = 3a$, $OQ = 2b$, $OR = 6c$.

3. Crystals[1]. The most spectacular feature of crystals is the regular and symmetrical shape they may assume. They are bounded by plane faces. But many crystals do not show this regular shape, or if they do so, their shape can be artificially altered as in the case of jewels. But still then the crystalline character is apparent by the fact that they show *anisotropy:* The physical properties are different for different directions in the crystal, though they are the same at each point. So, e.g. the conductivity of heat is greater for one direction, less for another. In most cases the crystal shows *symmetry*. Some directions are equivalent and have the same physical properties. A high symmetry is connected with many equivalent directions. The same symmetry is apparent in the shape. To give an example: The shape of a well developed rocksalt crystal is a cube. The directions of the four body-diagonals are equivalent, another set of equivalent directions is formed by the three perpendiculars on the faces. Several crystals of the same constitution may have differently shaped faces, but the angles between the faces are the same. It is only their mutual orientation, which matters, not their distance from a fixed point in the crystal. Often, more than two faces are found which are parallel to the same line. These faces form a *zone*, and the direction of the common line is the *zone-axis*. The line of intersection of two faces is their zone-axis.

To describe the crystal, three faces are chosen, not belonging to one zone, and their intersections are taken as the axes of the crystal. Then a fourth face is chosen, its intercepts with the axes are denoted by a, b and c (Fig. 1). As this fourth face may be placed at an arbitrary distance from the origin, only

[1] Detailed reviews of crystal physics have been given in vol. VII of this Encyclopedia. For the present purpose especially the contributions of H. JAGODZINSKI and G. LEIBFRIED to part 1 of vol. VII ought to be consulted by the reader.

the proportions $a:b:c$ are known. Let any other plane intersect the axes in points P, Q, R, let $OP = pa$, $OQ = qb$, $OC = rc$, and let $p:q:r = \frac{1}{h}:\frac{1}{k}:\frac{1}{l}$. Then the law of rational indices states that for h, k, and l simple integers can be chosen. These integers (made co-prime by division by the highest common factor) are the MILLER *indices*, and the plane is denoted by (hkl). $h=0$ signifies that the plane is parallel to the axis a. The properties, named above, have led to the supposition that the molecules of a crystal occupy the points of a *lattice* (Fig. 2). This is defined by three basic vectors $\boldsymbol{a}$, $\boldsymbol{b}$ and $\boldsymbol{c}$. To each point, there belongs a *row* of points with periodicity $\boldsymbol{a}$. Parallel to this row, there is another row, the distance between a point of the first row and one of the second one being given by $\boldsymbol{b}$. The repetition of these rows form a *net*. The vector $\boldsymbol{c}$ displaces this net into a series of parallel nets, and this is the point *lattice* (Fig. 2). If one point is selected to be the origin O, it is seen from the figure that the vector from O to another lattice point is given by

$$\boldsymbol{r} = n_1 \boldsymbol{a} + n_2 \boldsymbol{b} + n_3 \boldsymbol{c}, \qquad (3.1)$$

n_1, n_2, n_3 being integers.

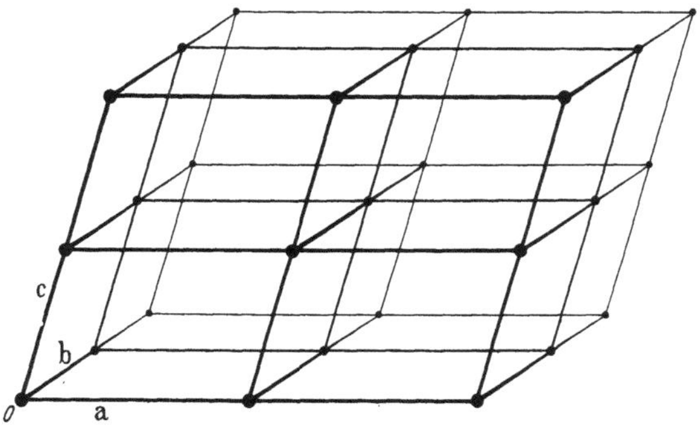

Fig. 2. A lattice with lattice points.

Further properties of the lattice are: A line through two lattice points contains an infinite number of lattice points, i.e. a row. A plane through three lattice points contains an infinite series of rows forming a net. Each lattice plane is parallel to a possible face of the crystal, each row to a zone-axis. The axes of reference of a crystal may be chosen in such a way that they are parallel to the vectors $\boldsymbol{a}$, $\boldsymbol{b}$ and $\boldsymbol{c}$, and that the parameters a, b and c have the same proportion as the three basic vectors. In the next chapter the lattice will be considered more explicitly.

A crystal may be considered to be a three-dimensional grating, and this has laed VON LAUE to the idea[1] that the wavelengths of X-rays may be determined with the help of such a grating. W. H. and W. L. BRAGG[2] have modified his results, to make them better adapted to the analysis of structure of crystals. These theories will be treated in the next sections.

4. Elementary theory of diffraction. *α) The theory of* VON LAUE. We consider the diffraction of X-rays by a lattice. The points of the lattice are taken to be centres of scattered radiation. First the diffraction by a single row will be considered, then by a net, and then by a lattice. A parallel beam of monochromatic X-rays falls on a row with the periodicity $\boldsymbol{a}$. The diffracted radiation is calculated at a point P at a great distance from the row, the lines from the points of the row to P are then parallel lines. The length of the entire row must be small, compared with the distance to P. An appreciable intensity will be observed in P only if the scattered waves, coming from the points of the row, will be in phase. This means that the path differences of the different lines from the row to P have to be multiples of the wave-length. If the direction of the incident radiation is given by the unit vector $\boldsymbol{s}_0$, that of the scattered radiation by $\boldsymbol{s}$, then from

[1] M. VON LAUE: Sitzgsber. Math.-phys. Kl. Bayer. Akad. Wiss. **1912**, 303.

[2] W. L. BRAGG: Proc. Cambridge Phil. Soc. **17**, 43 (1913).

Fig. 3 it is seen that the path difference for two consecutive lattice points O and A will be

$$l_O - l_A = \Delta l = \boldsymbol{a} \cdot \mathbf{s} - \boldsymbol{a} \cdot \mathbf{s}_0 .$$

Diffracted rays will be observed, if

$$\boldsymbol{a} \cdot (\mathbf{s} - \mathbf{s}_0) = h\lambda , \qquad (4.1)$$

h being a positive or negative integer.

If φ_0 is the angle between $\mathbf{s}_0$ and $\boldsymbol{a}$, φ the angle between $\mathbf{s}$ and $\boldsymbol{a}$, (4.1) may be written

$$a \cos \varphi - a \cos \varphi_0 = h\lambda . \qquad (4.2)$$

This means: for a given direction $\mathbf{s}_0$ and a given value of h, φ is known. The diffracted rays lie on a cone, having the row as axis (Fig. 4).

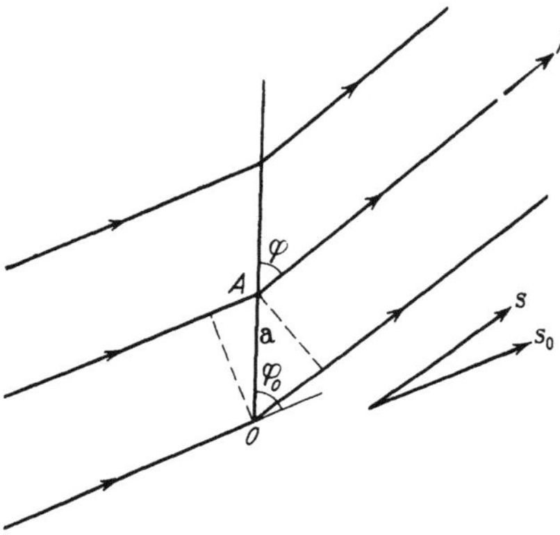

Fig. 3. Diffraction by a row of scattering points.

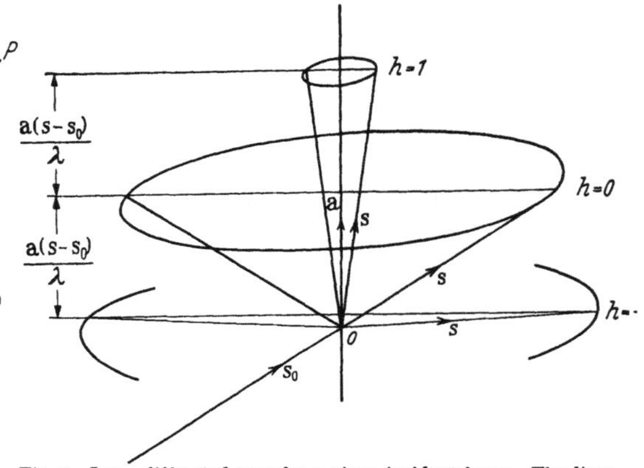

Fig. 4. Some diffracted rays for a given incident beam. The lines from 0 to $h = 1$, etc. have all the same length a/λ.

Let us now turn to a net. The path difference between the rays from two points will be $\boldsymbol{r} \cdot (\mathbf{s} - \mathbf{s}_0)$, if $\boldsymbol{r}$ is the distance between these two points

$$\boldsymbol{r} = n_1 \boldsymbol{a} + n_2 \boldsymbol{b} .$$

From this expression it may be inferred that (4.1) must be valid, together with

$$\boldsymbol{b} \cdot (\mathbf{s} - \mathbf{s}_0) = k\lambda .$$

Both conditions can be expressed geometrically by a set of two cones with axes $\boldsymbol{a}$ and $\boldsymbol{b}$. Only the lines of intersection of these cones are directions for diffracted rays.

For a lattice, there will be three conditions for diffraction,

$$\left.\begin{aligned} \boldsymbol{a} \cdot (\mathbf{s} - \mathbf{s}_0) &= h\lambda , \\ \boldsymbol{b} \cdot (\mathbf{s} - \mathbf{s}_0) &= k\lambda , \\ \boldsymbol{c} \cdot (\mathbf{s} - \mathbf{s}_0) &= l\lambda . \end{aligned}\right\} \qquad (4.3)$$

From the geometrical construction it is seen that in general these three equations have no solution. Thus, for a monochromatic parallel beam the crystal must have a special position with respect to the beam in order to emit diffracted rays.

We remark that the difference of phase between the rays from the origin and from a lattice point, distant from O by

$$\boldsymbol{r} = n_1 \boldsymbol{a} + n_2 \boldsymbol{b} + n_3 \boldsymbol{c}$$

is equal to

$$\frac{\boldsymbol{r}\cdot(\boldsymbol{s}-\boldsymbol{s}_0)}{\lambda} = n_1 h + n_2 k + n_3 l. \tag{4.4}$$

β) The theory of Bragg. From (4.4) it is seen that many points give the same phase as the origin, for it is possible to choose n_1, n_2, n_3 in such a way that $n_1 h + n_2 k + n_3 l = 0$ for given values of h, k, and l. A simple consideration will show that these points are lying in a plane and that the incident and the diffracted beam make equal angles with this plane, as if they were reflected. In this chapter we will take the first statement for granted, and consider the phase differences for the points of a plane (Fig. 5). If the incident rays and the diffracted rays make an angle ϑ with the plane, the vector $\mathbf{s}-\mathbf{s}_0$ is perpendicular to the plane, and has the length $2\sin\vartheta$. Now this vector is perpendicular to each vector in the plane, hence the diffracted rays have no path difference.

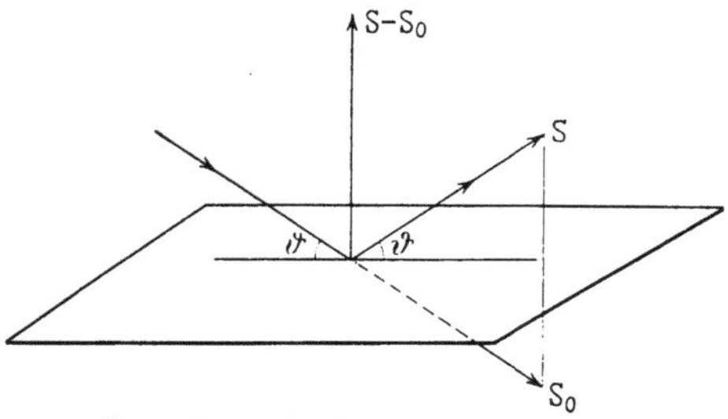

Fig. 5. Diffraction by the points in a plane.

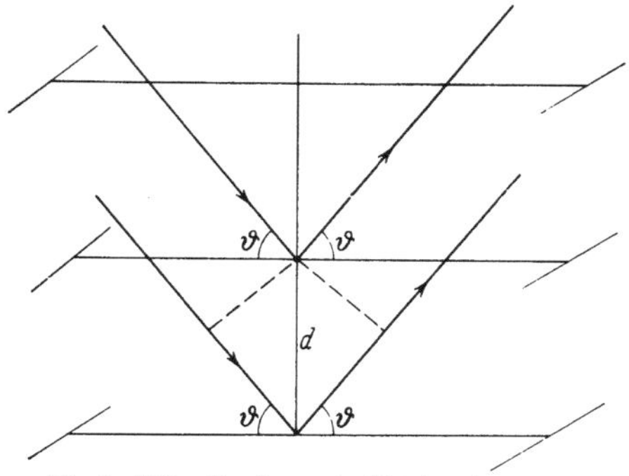

Fig. 6. Diffraction by a set of lattice planes.

The same result would ensue, if the diffracting centres were distributed at random in the plane.

We may call this a reflection of X-rays, ϑ is called the *glancing angle*. The diffracted beam is deflected over an angle 2ϑ.

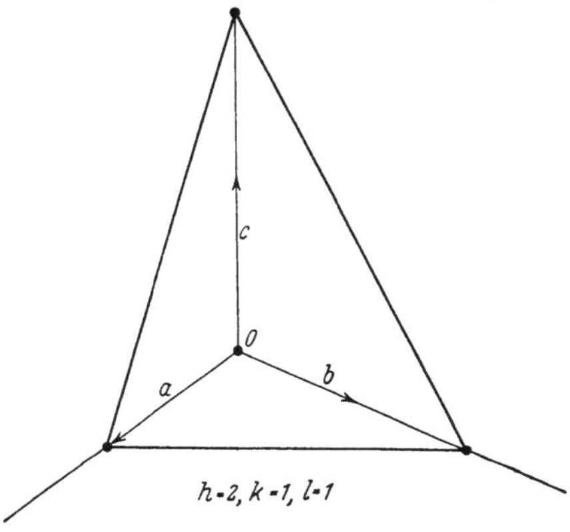

Fig. 7. Three lattice points, diffracting the incident rays with the same phase for the reflection (211), and so defining the plane of reflection.

Now the lattice points are distributed over parallel planes. The beams, deflected by the different planes, will have path differences of a multiple of λ, if diffraction is to be observed. From Fig. 6 it is seen that the condition will be

$$2d\sin\vartheta = n\lambda \tag{4.5}$$

if d is the distance between two consecutive planes. This is called Bragg's equation. Diffraction may be described as a selective reflection by net planes, n is the *order* of the reflection. In Sect. 6 it will be shown how structures can be determined using this relation; here the connection with (4.3) will be considered.

Let us compare the rays from the origin of the lattice and from the point on the a-axis, at a distance of $k l \boldsymbol{a}$. Only one set of h, k, l is considered, and it will be assumed that h, k, and l have no common factor. The phase difference between these rays will be hkl from (4.4). The same phase difference will be found for the point $hl\cdot\boldsymbol{b}$ and for $hk\cdot\boldsymbol{c}$ (Fig. 7).

From what is said above, it follows that all lattice points of the plane through these three points give rise to the same path difference with respect to the origin, so this is one of the reflecting planes. These planes, being net planes, are parallel to a crystal face. The intercepts on the axes are in proportion of $1/h:1/k:1/l$, so h, k, l are the MILLER indices of the reflecting net planes. Let now for another diffracted ray $h'=nh$, $k'=nk$, $l'=nl$. From (4.3) it follows that the absolute value of $\mathbf{s}-\mathbf{s}_0$, i.e. $2\sin\vartheta'$ is n times $2\sin\vartheta$, belonging to h, k, l. This is the same relation as follows from (4.5) for the reflections of the n-th and the first order. So the h', k', l' are n-times the MILLER indices of the reflecting planes. The diffraction is often described as a reflection on a crystal face, though this crystal face may not be visible in the shape of the crystal.

5. Experimental methods. Three different methods are used to observe X-ray diffraction. Here only the principles will be given.

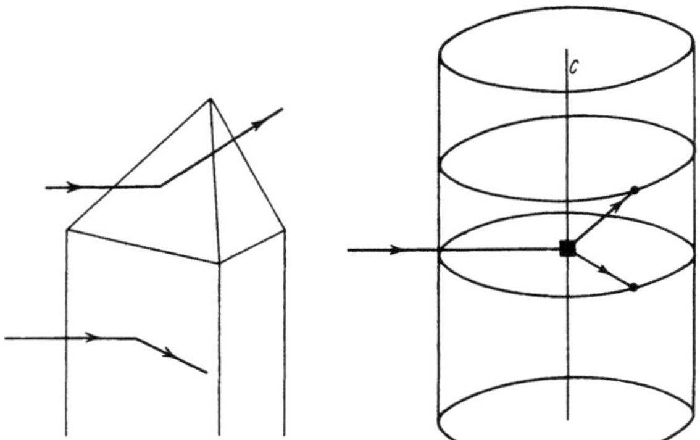

Fig. 8. The rotating crystal method. It is assumed that two reflections occur simultaneously.

α) *The rotating crystal method.* Monochromatic beam, single crystal. Let one zone-axis be vertical. The beam falls on the crystal in a horizontal direction (this is not necessary). Now it is improbable that a crystal face is situated in such a way that the angle between this face and the beam will be one of the glancing angles of this face. But, if the crystal is rotated about the vertical axis, each time when the condition of BRAGG is satisfied for the face, a diffracted beam will be observed, either on a photographic film, or with an ionization camera, or with a GEIGER counter.

Let us assume that the vertical axis has the direction $\mathbf{c}$, and that the film has the shape of a cylinder, coaxial with the rotation axis. The horizontal plane through the incident beam is called the equatorial plane. The net-planes belonging to the zone of $\mathbf{c}$ are vertical, their MILLER indices are $(h\,k\,0)$. If one of the faces has the right position, the diffracted ray will lie in the equatorial plane, and the spots lie on a circle on the film, the equator. The planes, $(h\,k\,l)$, which are inclined with respect to the vertical, will throw the diffracted beams upward or downward. But from (4.2) it follows, φ_0 being 90°

$$c\cos\varphi = l\lambda,$$

hence, the diffracted rays for a definite value of l lie on a cone, and the diffraction spots lie on a circle, parallel to the equator, the layer line (Fig. 8).

The particulars of the method will be described in the article of A. GUINIER and G. VON ELLER (Sect. 2). Here it may be remarked that if one face $(h\,k\,0)$ is chosen, and a non-monochromatic radiation, the camera is an X-ray spectrometer. Each position of the face, when the crystal is rotated, can give rise to a reflection, if the wave-length has the right value in

$$2d\sin\vartheta = \lambda \qquad (\text{for } n=1).$$

The wave-lengths in the radiation are determined by the position of the spots.

β) The DEBYE-SCHERRER *method.* Monochromatic beam, polycrystalline sample. We may choose a fine powder of very small crystals, or a conglomerate, as may be the case with metals. Now for a given value of the glancing angle always crystals will be found in the powder with the right orientation. This means that the normal to a plane makes an angle of $90° - \vartheta$ with the incident beam. If the face is rotated about the direction of the beam, the condition of BRAGG is still satisfied. And as all these orientations will be present in the powder (this is here assumed) the diffracted rays, belonging to a certain glancing angle, will lie on a cone, its opening will be 2ϑ. On a film a line is found, and each line belongs to a certain glancing angle (Fig. 9).

γ) The LAUE *method.* White beam, single crystal. The radiation from an X-ray tube is never monochromatic, but consists of a continuous spectrum, together with some monochromatic rays of higher intensity, the characteristic radiation. In the methods described above, one of the characteristic radiations is filtered out. If now the total radiation is used, there is no need to turn the crystal, as each face may find a suitable wave-length in the incident beam for diffraction. Each net-plane will be a mirror for the radiation, and will give a spot on the film. But the wave-length belonging to such a spot will not be known beforehand. Though this method may be used for structure analysis, its main interest lies in another field of research. This method has a particular aspect, if only a very small layer of the crystal diffracts the X-rays, as is the case with electron diffraction. Then we may use the diffraction formulae for a single net-plane, and the characteristic radiation, which plays no role in the ordinary LAUE method, will give reflections, as described in Sect. 4α. Later on, the derivation of the properties of the three methods will be given with the help of the reciprocal lattice.

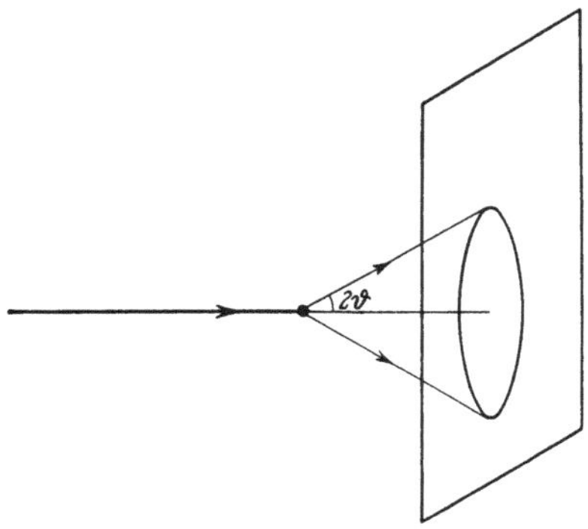

Fig. 9. The cone of rays diffracted by a powder. Only one reflection is shown.

6. The intensity of the reflections. Analysis of simple structures. The use of the equation of BRAGG will be elucidated with two very simple structures, copper, Cu, and rocksalt, NaCl. Both are cubic crystals, copper crystals are often octahedra, rocksalt crystallizes in cubes. They can be described with three orthogonal axes of reference, and with $a = b = c$.

It appears that the structure of *copper* is not described by a simple cubic lattice, but that the centres of the faces of the cube are occupied too (Fig. 10). Then it is seen at once, that d for the reflection (100) will not be a, but $\frac{1}{2}a$, the same is true for the reflection (110) where the spacing d is not $\frac{1}{2}a\sqrt{2}$, but $\frac{1}{4}a\sqrt{2}$.

For (111) the expected value $\frac{1}{3}a\sqrt{3}$ is found. This means that for (100) the condition of BRAGG is

$$2a\sin\vartheta = 2n\lambda.$$

We may say that $(h\,k\,l)$ from (4.3) are in this case $(n\,0\,0)$ with n even and that the reflections with n odd are absent. The same is true for $(n\,n\,0)$, but $(n\,n\,n)$ is observed for all values of n. These so called *extinctions* prove the given structure of copper.

The same extinctions are observed for *rocksalt*. In this structure, as in many cases, the structure is not a lattice of molecules, but of ions, each of them lying on a lattice of the same kind as copper, but the one is translated over $\frac{1}{2}a$ with respect to the other (Fig. 11). The reflections $(n\,0\,0)$ and $(n\,n\,0)$ are caused by net-planes consisting of Na-ions and Cl-ions. The planes (111) which give rise to the reflections $(n\,n\,n)$ are alternately Na-planes and Cl-planes. For the reflection of the first order (111) the phase difference between two consecutive Na-planes is 1, therefore one of these planes and the nearest Cl-plane are in opposite phase. This reflection will be weak, whereas the reflections of even order will be stronger. This indeed has been observed.

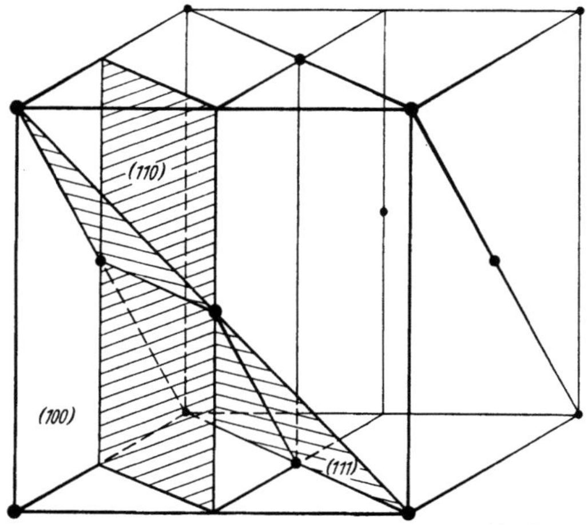

Fig. 10. The structure of copper with three sets of lattice planes. Two lattice planes [(110) and (111)] are shaded.

The structure factor. The last example shows that it is necessary to consider the intensity of the diffracted rays. To this end, at first, a general description of a structure will be given. In the cell, formed by the three basic vectors $\boldsymbol{a}$, $\boldsymbol{b}$, and $\boldsymbol{c}$, n different (or equal) atoms or ions will be found. Each of them may be considered as the origin of a lattice, the lattices being identical for the different atoms. For a given incident ray, all lattices will be at the same time in the right position to emit a diffracted ray. But the contributions of the different lattices may not be in phase, and the influence on the intensity has to be studied.

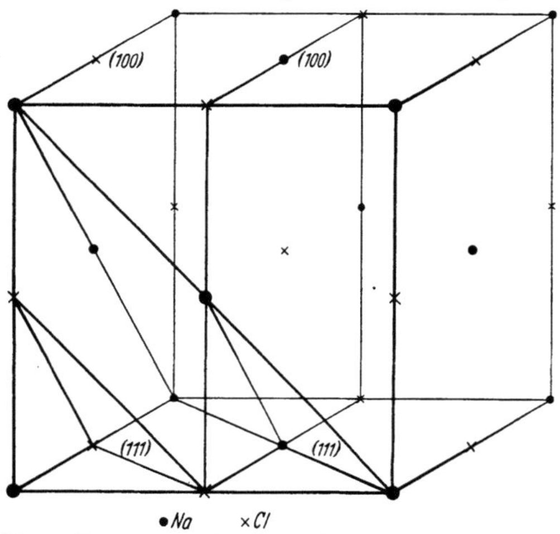

Fig. 11. The structure of NaCl, consisting of two point lattices. The planes (111) are different for both lattices, the planes (100) coincide.

Let the structure be described with reference to the point lattice of the first atom, and let the distance from the origin to the nearest atom of the second kind be denoted by $\boldsymbol{r}_2$. $\boldsymbol{r}_2$ may be expressed in $\boldsymbol{a}$, $\boldsymbol{b}$ and $\boldsymbol{c}$ by

$$r_2 = x_2\boldsymbol{a} + y_2\boldsymbol{b} + z_2\boldsymbol{c} \qquad (6.1)$$

(for an atom of the first kind, x, y, z will be integers n_1, n_2, n_3). For a given reflection $(h\,k\,l)$ all points of the first lattice give rays with the same phase, and so will the atoms of the second lattice. But the phase difference between them is the path difference, divided by the wave-length

$$\Psi_2 - \Psi_1 = \Psi_{21} = \frac{\boldsymbol{r}_2 \cdot (\boldsymbol{s} - \boldsymbol{s}_0)}{\lambda}. \qquad (6.2)$$

If (6.1) is introduced, then from (4.3) there follows

$$\Psi_{21} = h x_2 + k y_2 + l z_2. \qquad (6.2\text{a})$$

The vector $(\mathbf{s}-\mathbf{s}_0)/\lambda$ is very important in structure analysis, we shall denote it by $\mathbf{r}^*$. It is shown in Sect. 4β that the direction of $\mathbf{r}^*$ is that of the external bissectrix of the incident and the diffracted ray and that its absolute value is

$$r^* = \frac{2\sin\vartheta}{\lambda}, \tag{6.3}$$

and from (6.2), (6.2a)

$$\mathbf{r}_2 \cdot \mathbf{r}^* = h x_2 + k y_2 + l z_2. \tag{6.4}$$

The electric field vector at a point, due to the wave from the first lattice will be N times the field vector caused by one atom, if the lattice contains N atoms. This last one is written $U_0 f \cos 2\pi\nu t$, where U_0 is the amplitude of the wave, scattered by one electron at the centre of the atom, and f is called the *atomic scattering factor*. U_0 is proportional to the amplitude of the incident wave. Now discarding N, the contribution from the first lattice is given by

$$U_1 = U_0 f_1 \cos 2\pi\nu t,$$

that of the second lattice by

$$U_2 = U_0 f_2 \cos 2\pi(\nu t + \Psi_{21})$$

and so on.

These vectors, having approximately the same direction, have to be added. This is easily done by introducing complex quantities

$$U_2 = \operatorname{Re} U_0 f_2 e^{2\pi i(\nu t + \Psi_{21})} = \operatorname{Re} U_0 f_2 e^{2\pi i\nu t} \cdot e^{2\pi i(h x_2 + k y_2 + l z_2)}.$$

Now the *structure factor* F is defined by

$$F(hkl) = \sum_\iota f_\iota e^{2\pi i(h x_\iota + k y_\iota + l z_\iota)}. \tag{6.5}$$

ι numbers the different atoms of the structure. Two atoms, belonging to different lattices, are called different. If two of them are of the same kind, then the f_ι are the same for both.

So for the displacement the expression is found

$$U = \operatorname{Re} U_0 F(hkl) e^{2\pi i\nu t}.$$

The amplitude of the field is the absolute value of the complex expression for U, the intensity is proportional to the square of this amplitude, so

$$I \propto U_0^2 |F(hkl)|^2.$$

This means, I is proportional to the intensity of the incident wave (by U_0^2) and the square of the absolute value of the structure factor.

F is written

$$F = A + iB = |F| e^{2\pi i\alpha} \tag{6.6}$$

and

$$|F|^2 = A^2 + B^2, \tag{6.7}$$

the phase of this displacement being given by

$$\tan 2\pi\alpha = B/A. \tag{6.8}$$

7. The atomic scattering factor. The scattering by an atom may be treated in the following way. The electrons of the atom are considered as free, the binding forces are so small that the frequencies of the free vibrations are small compared with the frequency of the incident X-rays. The amplitude of the scattered radiation for one electron is given by f_{el}, its value does not concern us here. The scattering by the heavy nucleus is very small, and can be neglected entirely. Further we are not concerned with the motions of the electrons, the atom is indeed a stationary cloud of electric charge. Let the charge in a volume element dv be $e\,\varrho\,dv$, e being the charge of an electron. ϱ is called the *electron density*. Then the contribution from this volume at a distance $\boldsymbol{r}$ from the centre to the displacement is given by

$$\mathrm{Re}\,\varrho\,dv\,f_{el}\exp(2\pi i\nu t)\exp(2\pi i\,\boldsymbol{r}\cdot\boldsymbol{r}^*)$$

and the displacement, due to the atom is

$$U = \mathrm{Re}\,f_{el}\,f\exp(2\pi i\nu t),$$

$$f = \iiint \varrho\,dv\exp(2\pi i\,\boldsymbol{r}\cdot\boldsymbol{r}^*). \tag{7.1}$$

The assumption leading to (7.1) follows from quantum mechanics, which is also the tool for calculating the electron density. Now (7.1) is not restricted to one atom. For each body, being composed of atoms, can be described by its electron density. This density is the sum of the densities of the composing atoms. So, with restrictions, to be discussed in Chap. C and D II, (7.1) gives the scattered intensity by an arbitrary body. In the special case of a crystal, we may use the coordinates x, y, z and by virtue of (6.4) we find

$$f = \iiint \varrho\,dv\exp[2\pi i(hx+ky+lz)]. \tag{7.2}$$

Returning to the atomic scattering factor, we may use the property that the electron density has spherical symmetry. Choosing polar coordinates, the axis having the direction of $\boldsymbol{r}^*$, and φ being the angle between $\boldsymbol{r}$ and $\boldsymbol{r}^*$, we may write

$$f = \int_0^\pi\int_0^\infty 2\pi\,\varrho(r)\sin\varphi\,d\varphi\,r^2\,dr\exp(2\pi i\,r\,r^*\cos\varphi)$$

which gives after integration

$$f = \int_0^\infty 4\pi\,\varrho(r)\,r^2\,dr\,\frac{\sin 2\pi\,r\,r^*}{2\pi\,r\,r^*}.$$

Let $P(r)\,dr$ be the number of electrons in the spherical shell between r and dr, $P(r) = 4\pi r^2\varrho(r)$ then

$$f = \int_0^\infty P(r)\,dr\,\frac{\sin 2\pi r\,(2\sin\vartheta/\lambda)}{2\pi r\,(2\sin\vartheta/\lambda)} \tag{7.3}$$

by virtue of (6.3). f is a function of $2\sin\vartheta/\lambda$ only. For the argument 0, that is for scattering in forward direction, or for wave-lengths large compared with the atomic diameter,

$$f(0) = \int_0^\infty P(r)\,dr = Z,$$

Z being the number of electrons in the atom.

The method of structure analysis of crystals will be to ascertain the intensity of reflections, and the indexing, i.e. the assigning of h, k, l to each reflection.

In this way the absolute values of the structure factors may be found, not the phases (6.8). The problem to find these phases is the phase problem.

The present article will treat the following topics. At first the description of the ideal crystal will be given in Chap. B. The underlying principles of this description are the concepts of reciprocal lattice, FOURIER synthesis and symmetry. The evaluation of the intensity will then follow in Chap. C and D. Chap. E is concerned with the phase problem and related topics. Though this article treats the analysis of crystal structures, the fundamental concepts for other structures will here be found too. But these topics, and the experimental methods, will find their place elsewhere[1].

B. Description of the crystalline state.

I. Lattice theory.

a) The direct lattice.

8. Introduction. In Sect. 3, a description of the ideal crystal was given: The space, occupied by a crystal, is divided into congruent parallelepipeds, each with the same orientation. This parallelepiped is defined by the three basic vectors, $\boldsymbol{a}$, $\boldsymbol{b}$ and $\boldsymbol{c}$, drawn from an origin O (Fig. 2), and is called the *primitive cell*. This cell is filled with atoms (or ions), and the same configuration of atoms is repeated in space. It has been aptly called a three-dimensional wallpaper, as on a wallpaper the same pattern is repeated again and again. The centres of corresponding atoms in each cell form a *point lattice*, and the crystal may be described as a combination of congruent point lattices, each with a different atom. Now clearly only the shape of the primitive cell is relevant, for the origin may be chosen at liberty, at the place of one of the atoms, or at the centre of gravity of a cluster of atoms, etc. A displacement of the origin of the cell does not alter the content of a cell. If, e.g., the cell is moved to the right, that part of the cell, which is lost at the left side, is regained at the right side. So it is preferable to define the basic vectors without reference to an origin: A crystal structure will coincide with itself, if it is translated over a distance $\boldsymbol{a}$, $\boldsymbol{b}$, or $\boldsymbol{c}$, or in general, over a distance, given by the vector

$$\boldsymbol{d} = n_1 \boldsymbol{a} + n_2 \boldsymbol{b} + n_3 \boldsymbol{c}, \tag{8.1}$$

n_1, n_2, n_3 being integers. A *lattice* is defined as the set of translations, which make the structure coincide with itself. Translations are free vectors, so they need no origin to be described. The vectors $\boldsymbol{a}$, $\boldsymbol{b}$, and $\boldsymbol{c}$ are the set of elementary translations, and (8.1) states that the repeated applying of these translations to the structure leaves the structure as it is. A point lattice is found by applying all translations of the lattice to a point. The lattice theory has for the first time fully been treated by BRAVAIS (1848). The treatment of the properties of lattices is much facilitated by using coordinates, relative to the elementary translations, drawn from a point 0. The vector $\boldsymbol{r}$ from 0 to a point x, y, z is then given by

$$\boldsymbol{r} = x \cdot \boldsymbol{a} + y \cdot \boldsymbol{b} + z \cdot \boldsymbol{c} \tag{8.2}$$

and the distance between these two points is found from

$$r^2 = x^2 \cdot \boldsymbol{a} \cdot \boldsymbol{a} + 2xy \cdot \boldsymbol{a} \cdot \boldsymbol{b} + y^2 \cdot \boldsymbol{b} \cdot \boldsymbol{b} + 2xz \cdot \boldsymbol{a} \cdot \boldsymbol{c} + 2yz \cdot \boldsymbol{b} \cdot \boldsymbol{c} + z^2 \cdot \boldsymbol{c} \cdot \boldsymbol{c} \tag{8.3}$$

or, introducing the angles γ between $\boldsymbol{a}$ and $\boldsymbol{b}$, β between $\boldsymbol{a}$ and $\boldsymbol{c}$ and α between $\boldsymbol{b}$ and $\boldsymbol{c}$

$$r^2 = x^2 a^2 + 2xyab\cos\gamma + y^2 b^2 + 2xzac\cos\beta + 2yzbc\cos\alpha + z^2 c^2. \tag{8.4}$$

[1] Cf. the contributions of W.W. BEEMAN and his coworkers, and G. FOURNET in this volume.

The volume of the cell will be in vector notation

$$v_p = [\boldsymbol{a} \times \boldsymbol{b}] \cdot \boldsymbol{c}. \tag{8.5}$$

If temporarily orthogonal coordinates ξ, η, ζ are used, and the elementary translations are denoted by their components a_ξ, a_η a_ζ, then

$$v_p = \begin{vmatrix} a_\xi & a_\eta & a_\zeta \\ b_\xi & b_\eta & b_\zeta \\ c_\xi & c_\eta & c_\zeta \end{vmatrix}.$$

From the theory of determinants it follows that

$$v_p^2 = \begin{vmatrix} \boldsymbol{a}\cdot\boldsymbol{a} & \boldsymbol{a}\cdot\boldsymbol{b} & \boldsymbol{a}\cdot\boldsymbol{c} \\ \boldsymbol{a}\cdot\boldsymbol{b} & \boldsymbol{b}\cdot\boldsymbol{b} & \boldsymbol{b}\cdot\boldsymbol{c} \\ \boldsymbol{a}\cdot\boldsymbol{c} & \boldsymbol{b}\cdot\boldsymbol{c} & \boldsymbol{c}\cdot\boldsymbol{c} \end{vmatrix} = a^2 b^2 c^2 \begin{vmatrix} 1 & \cos\beta & \cos\gamma \\ \cos\gamma & 1 & \cos\alpha \\ \cos\beta & \cos\alpha & 1 \end{vmatrix}. \tag{8.6}$$

By a simple calculation the expression (8.7) is found from (8.6)

$$\left.\begin{aligned} v_p &= a\,b\,c\sqrt{\sin\sigma\sin(\sigma-\alpha)\,\sin(\sigma-\beta)\sin(\sigma-\gamma)}\,, \\ \text{if}\qquad \sigma &= \tfrac{1}{2}(\alpha+\beta+\gamma)\,. \end{aligned}\right\} \tag{8.7}$$

It is hardly necessary to remark that the coordinates of the points of the point lattice, belonging to 0, are integrers.

9. Lattice lines and lattice planes. A line through two lattice points will contain an infinite array of lattice points. For the vector from one lattice point to another defines a translation of the lattice, and the repetition of this translation will engender an infinite *row* of lattice points. The row is defined by this translation, its components are denoted by the integers u, v, w and the row itself by $[u\,v\,w]$. A row is an one-dimensional lattice.

A plane through three lattice points is called a *lattice plane*. Let these three points have the coordinates $u_1 v_1 w_1$, $u_2 v_2 w_2$, $u_3 v_3 w_3$.

The equation of a plane can be written

$$h\,x + k\,y + l\,z = p. \tag{9.1}$$

If now the three sets of coordinates are inserted in this equation, h, k, l, and p can be calculated. It is easy to see that the equation can be written with integer values of h, k, l, and p. In particular the plane through the origin will have $p=0$.

Now it can be proved that each set of integers h, k, l and p represents a lattice plane, provided that h, k, and l have no common factor.

The last restriction is easily proved. For, if h, k, l were even, then introducing the coordinates of a lattice point into the equation would result in an even value of p, so odd values of p do not represent lattice planes. The same proof is valid for other values of the common factor. It is now assumed that h, k, l are co-prime. The proof follows from the theorem:

If p, q, r are signed integers, and p and q are co-prime, then the equation

$$p\,x + q\,y = r$$

has at least one solution with integer values of x and y. Let this solution be x_1, y_1, then all solutions of the equation are given by

$$x = x_1 + m\,q, \qquad y = y_1 - m\,p.$$

Let us now consider the equation of a plane, Eq. (9.1). If h and k are co-prime, then from the theorem, stated above, it follows that the intersection with $z=0$ gives an infinite set of lattice points. Another set is found for the intersection with $z=1$, etc. If, however, h and k have a common factor, n, then lattice points will be found on the intersection with the planes $z=z_1$, if $p-lz_1$ has the factor n, too. So, for each value of p the equation will be satisfied by an infinite number of integer sets, i.e. by an infinite number of lattice points. It may be useful to consider a numerical example.

Let the equation be

$$2x+4y+z=p.$$

First case: $p=0$. The intersection with $z=0$ gives the row

$$x=2m, \quad y=-m.$$

The basic translation of this row is $\boldsymbol{a}'$ with the components

$$u_1=2, \quad v_1=-1, \quad w_1=0.$$

The intersection with the plane $z=1$ gives no solution, but for $z=2$ it is found

$$x=1+2m',$$
$$y=-1-m',$$
$$z=2.$$

This new row is parallel to the first, and can be found from the first by a translation $\boldsymbol{b}'$ with

$$u_2=1, \quad v_2=-1, \quad w_2=2$$

or by $\boldsymbol{b}''$ with

$$u_2=-1, \quad v_2=0, \quad w_2=2.$$

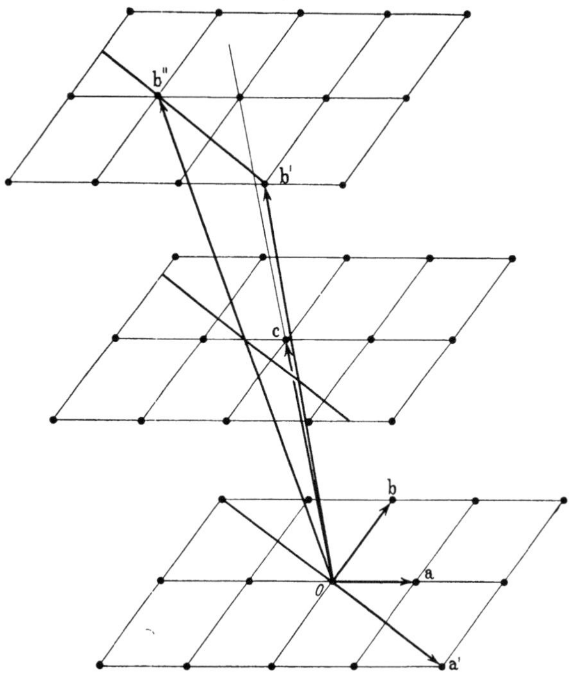

Fig. 12. The lattice plane (241) through the origin. $\boldsymbol{a}'$ and $\boldsymbol{b}'$ describe the net in the plane.

In Fig. 12 this plane $2x+4y+z=0$ is drawn. It contains a net, which is described by $\boldsymbol{a}'$ and $\boldsymbol{b}'$ or $\boldsymbol{b}''$.

Second case: $p=1$. Now the intersection with $z=1$ will yield a solution, as $z-p$ must be even. One solution is

$$x=2m, \quad y=-m, \quad z=1$$

and this row is found from the first named by the translation $\boldsymbol{c}$ with

$$u_3=0, \quad v_3=0, \quad w_3=1.$$

This translation will bring the plane $p=0$ in the position $p=1$, and its repetition will engender all values of p.

10. Sets of lattice planes. From the last section it is apparent that the lattice points can be distributed over the lattice planes $hx+ky+lz=p$ (with variable p) and that each plane can be divided into series of identical rows. The lattice can be described with the new basic translations $\boldsymbol{a}'$, $\boldsymbol{b}'$, and $\boldsymbol{c}'$, as well as with $\boldsymbol{a}$, $\boldsymbol{b}$, and $\boldsymbol{c}$. This brings us to the theory of lattice transformations, which will be treated in the next section. Here it will be remarked that lattice planes occur in sets with different values of p. These sets are geometrically defined by the indices h, k, l and by the distance between two consecutive planes, d, which is called the *spacing*, d_{hkl}. In a structure with n atoms in the cell, there will be n point lattices, each has its own set of lattice planes, and as is shown in Sect. 6 (Fig. 11), these planes may coincide, or they may not. But the indices h, k, l, and the spacings are the same for all these sets.

The meaning of h, k, l is found from the inspection of

$$h x + k y + l z = 1 .$$

This plane intersects the axes in the points $1/h$, $1/k$ and $1/l$ (i.e. in rational parts of the elementary translations). The planes h, k, l (cf. Sect. 3) are parallel to the crystal face $(h k l)$. In the same way the rows, being intersections of two sets of lattice planes, are parallel to zone-axes, or, with other words, to possible edges of the crystal. So the law of rational indices follows from the lattice theory of crystals.

As has been shown before, the lattice points of a plane are engendered by two translations, u_1, v_1, w_1 and u_2, v_2, w_2. From these values the MILLER indices may be found.

For, if the two translations are applied to the origin, giving O_1 and O_2, then the plane $p=0$ is given by the three points O, O_1 and O_2:

$$h u_1 + k v_1 + l w_1 = 0 ,$$

$$h u_2 + k v_2 + l w_2 = 0$$

or

$$h:k:l = \begin{vmatrix} v_1 & w_1 \\ v_2 & w_2 \end{vmatrix} : \begin{vmatrix} w_1 & u_1 \\ w_2 & u_2 \end{vmatrix} : \begin{vmatrix} u_1 & v_1 \\ u_2 & v_2 \end{vmatrix} .$$

The same formulae hold, if the MILLER indices of a plane are to be found from two zones, to which it belongs. In the same way the intersection of two lattice planes, or the common edge to two faces are given by

$$h_1 u + k_1 v + l_1 w = 0 ,$$

$$h_2 u + k_2 v + l_2 w = 0$$

or

$$u:v:w = \begin{vmatrix} k_1 & l_1 \\ k_2 & l_2 \end{vmatrix} : \begin{vmatrix} l_1 & h_1 \\ l_2 & h_2 \end{vmatrix} : \begin{vmatrix} h_1 & k_1 \\ h_2 & k_2 \end{vmatrix} .$$

The evaluation of the spacing will be treated in the sections on the reciprocal lattice.

11. Lattice transformations. The same lattice may be described by different sets of elementary translations, and we may ask, how the coordinates of points and the MILLER indices of planes are altered. Before giving the general expressions, it may be well to discuss a two-dimensional lattice (Fig. 13). In this figure a set of lattice points is given. Now it is seen that $\boldsymbol{a}$ engenders parallel rows, and that $\boldsymbol{b}$ transforms these rows into each other. However, $\boldsymbol{b}_1$ will do as well (cf. Fig. 13). The two parallelograms (on $\boldsymbol{a}$ and $\boldsymbol{b}$, and on $\boldsymbol{a}$ and $\boldsymbol{b}_1$) will have the same area. But, if $\boldsymbol{b}_2$ is chosen, then the new cell will have twice the area of the primitive cell, and only one half of the lattice points has integer coordinates, the other half being

$$\tfrac{1}{2} + n_1, \quad \tfrac{1}{2} + n_2 ,$$

This new cell is called *twofold primitive.* The structures of rocksalt and copper (Sect. 6) exhibit fourfold primitive cells.

Let the new translations to describe a lattice be given by

$$\left.\begin{aligned} \boldsymbol{a}_1 &= s_{11}\,\boldsymbol{a} + s_{12}\,\boldsymbol{b} + s_{13}\,\boldsymbol{c}, \\ \boldsymbol{b}_1 &= s_{21}\,\boldsymbol{a} + s_{22}\,\boldsymbol{b} + s_{23}\,\boldsymbol{c}, \\ \boldsymbol{c}_1 &= s_{31}\,\boldsymbol{a} + s_{32}\,\boldsymbol{b} + s_{33}\,\boldsymbol{c}. \end{aligned}\right\} \tag{11.1}$$

If $\boldsymbol{a}$, $\boldsymbol{b}$, and $\boldsymbol{c}$ form a primitive set, then the s_{ik} must be integers, since the new vectors, too, must be translations. Now as the distance from the origin to a point is invariant,

$$\boldsymbol{r} = x\,\boldsymbol{a} + y\,\boldsymbol{b} + z\,\boldsymbol{c} = x_1\,\boldsymbol{a}_1 + y_1\,\boldsymbol{b}_1 + z_1\,\boldsymbol{c}_1.$$

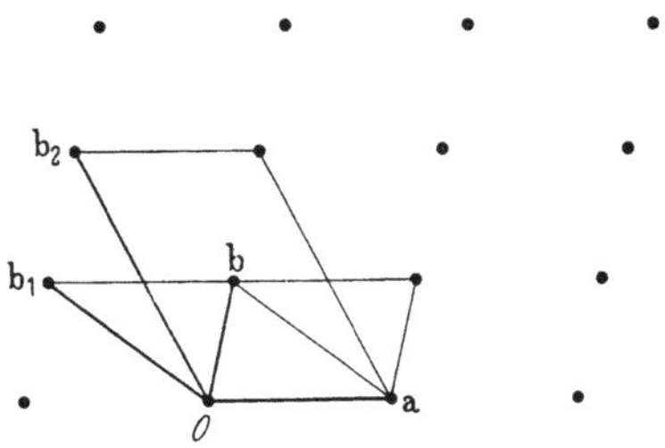

Fig. 13. A net, described by two primitive cells and by one non-primitive cell, $\boldsymbol{a}$, $\boldsymbol{b}_2$.

Introducing (11.1), it is found that

$$\left.\begin{aligned} x &= s_{11}\,x_1 + s_{21}\,y_1 + s_{31}\,z_1, \\ y &= s_{12}\,x_1 + s_{22}\,y_2 + s_{32}\,z_1, \\ z &= s_{13}\,x_1 + s_{23}\,y_2 + s_{33}\,z_1. \end{aligned}\right\} \tag{11.2}$$

Now introducing the minors of the determinant in s_{ik}, we find

$$t_{12} = -\frac{\begin{vmatrix} s_{21} & s_{31} \\ s_{23} & s_{33} \end{vmatrix}}{\begin{vmatrix} s_{11} & s_{21} & s_{31} \\ s_{12} & s_{22} & s_{23} \\ s_{13} & s_{23} & s_{33} \end{vmatrix}} \quad \text{etc.}$$

Then

$$\left.\begin{aligned} x_1 &= t_{11}\,x + t_{12}\,y + t_{13}\,z, \\ y_1 &= t_{21}\,x + t_{22}\,y + t_{23}\,z, \\ z_1 &= t_{31}\,x + t_{32}\,y + t_{33}\,z. \end{aligned}\right\} \tag{11.3}$$

The volume of the new cell is

$$v_1 = [\boldsymbol{a}_1 \times \boldsymbol{b}_1] \cdot \boldsymbol{c}_1.$$

If (11.1) is inserted in this equation, then, after rearrangement, we find

$$\left.\begin{aligned} v_1 &= \varDelta\, v \\ \text{if} \qquad & \\ \varDelta &= \begin{vmatrix} s_{11} & s_{21} & s_{31} \\ s_{12} & s_{22} & s_{32} \\ s_{13} & s_{23} & s_{33} \end{vmatrix}. \end{aligned}\right\} \tag{11.4}$$

If $\varDelta = 1$, the new cell is also primitive, and the t_{ik} are integers too. But if $\varDelta$, being always an integer, is equal to n, the t_{ik} are fractions, and lattice points may have fractional coordinates. The new cell is non-primitive. The transformation of Miller indices may be found from

$$\left.\begin{aligned} h\,x + k\,y + l\,z &= h_1\,x_1 + k_1\,y_1 + l_1\,z_1, \\ h_1 &= s_{11}\,h + s_{12}\,k + s_{13}\,l, \\ k_1 &= s_{21}\,h + s_{22}\,k + s_{23}\,l, \\ l_1 &= s_{31}\,h + s_{32}\,k + s_{33}\,l. \end{aligned}\right\} \tag{11.5}$$

The *use of transformations*, and of non-primitive sets of elementary translations, lies in the fact that, if the parameters a, b, and c of a crystal are determined from the faces of a crystal, it is not certain that the corresponding translations $\boldsymbol{a}$, $\boldsymbol{b}$, and $\boldsymbol{c}$ will form a primitive set. For the shape of the cell may be found from the crystal, but its filling with atoms can only be found by diffraction. A non-primitive cell has atoms, within the cell, of the same kind as at the lattice point (cf. Fig. 13), and these cannot be determined macroscopically. Also, a crystal can often be described with the help of an orthogonal set of basic vectors. This will be discussed in Chap. B III. In this case, it is preferred to use these axes, even if the cell is non-primitive. So, in the structures of copper and rocksalt the non-primitive cubic cell is used for the description of the structure.

A last application follows from the following question: A lattice in general may be described with an infinite number of basic vectors, even if only primitive sets are used. How is it possible to ascertain, if two lattices are identical? It has been proved by B. DELAUNAY[1], that there is one set of basic vectors for each lattice with the property: The angles between $\boldsymbol{a}$, $\boldsymbol{b}$, $\boldsymbol{c}$, and $\boldsymbol{d} = -\boldsymbol{a} - \boldsymbol{b} - \boldsymbol{c}$ are not acute. So each lattice can be defined unequivocally by these translations. These vectors may be found in this manner. Let the angle between $\boldsymbol{a}$ and $\boldsymbol{b}$ be acute, or $\boldsymbol{a} \cdot \boldsymbol{b} > 0$. Now choose the transformation

$$\boldsymbol{a}_1 = -\boldsymbol{a}, \quad \boldsymbol{b}_1 = \boldsymbol{b}, \quad \boldsymbol{c}_1 = \boldsymbol{c} + \boldsymbol{a}, \quad \boldsymbol{d}_1 = -\boldsymbol{b} - \boldsymbol{c} = \boldsymbol{a} + \boldsymbol{d}.$$

Further consider

$$K = a^2 + b^2 + c^2 + d^2,$$

then

$$K_1 = a_1^2 + b_1^2 + c_1^2 + d_1^2 = K - 2\boldsymbol{a} \cdot \boldsymbol{b}.$$

So, in our case, K_1 will be less than K. If still positive scalar products are found, the process is repeated. Now K, being positive, must attain a minimum. If this minimum is attained, a transformation, as given above, will increase the value of K.

This is only possible, if all scalar products are negative. For the practical way to transform the lattice, we may refer to [*4*].

b) The reciprocal lattice.

12. The reciprocal space. As has been shown in the first chapter, the study of the lattice planes is of more importance in diffraction theory then the atomic sites themselves. But it is not easy to get an insight in the geometric properties of the lattice planes from the inspection of the point lattice. This, however, is possible with the help of a new concept, the reciprocal space. In this new space an origin O^* is chosen. Now a set of parallel equidistant planes is represented in reciprocal space by a point P^* with the properties: $O^* P^*$ is perpendicular to the set of planes and its length is inversely proportional to the distance between two consecutive planes, the spacing d. So, introducing a constant T, and denoting the vector $\boldsymbol{O^* P^*}$ by $\boldsymbol{r}^*$, we may write

$$r^* = \frac{T}{d}. \tag{12.1}$$

If this procedure is applied to the lattice planes, *the result will be that the corresponding points are situated on a point lattice themselves, the reciprocal lattice*[2].

[1] B. DELAUNAY: Z. Kristallogr. **84**, 109 (1933).

[2] Often the reciprocal origin O^* will be chosen at O, the origin of the lattice.

This theorem will be proved in two steps. In the first part, suitable axes of reference for the reciprocal space will be chosen. Only the properties of the reciprocal lattice will be treated here.

1. The lattice planes (100), i.e. $x=p$, may be represented by a reciprocal vector $\boldsymbol{a}^*$. The spacing d_{100} is readily found from Fig. 14, since the volume of the cell, v_p, is equal to

$$v_p = d_{100}\, S_{bc} = \boldsymbol{a}\cdot[\boldsymbol{b}\times\boldsymbol{c}].$$

S_{bc} being the area of the parallelogram on $\boldsymbol{b}$ and $\boldsymbol{c}$, is the absolute value of the vector product $\boldsymbol{b}\times\boldsymbol{c}$. So,

$$a^* = \frac{T}{d_{100}} = \frac{T\,S_{bc}}{v_p}$$

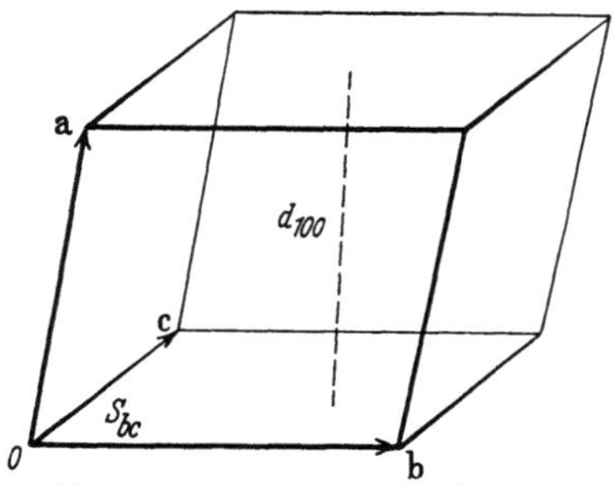

Fig. 14. The volume of a cell, described by $d_{100}\cdot S_{bc}$.

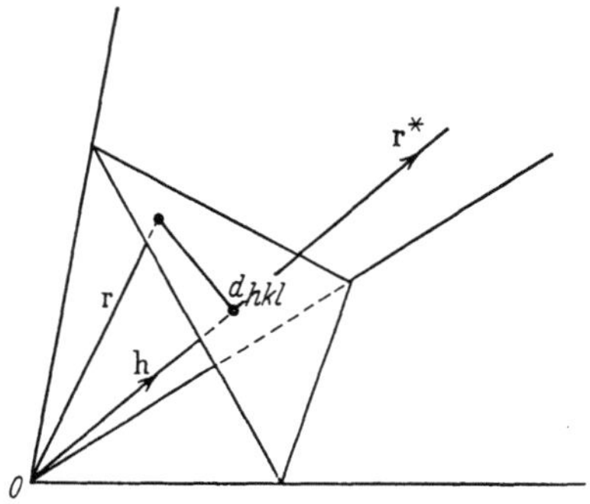

Fig. 15. A lattice plane $hx+ky+lz=1$, and the corresponding reciprocal vector.

and, as the vector product of $\boldsymbol{b}$ and $\boldsymbol{c}$ has the direction of $\boldsymbol{a}^*$, normal to this face, we may write

$$\boldsymbol{a}^* = T\frac{\boldsymbol{b}\times\boldsymbol{c}}{\boldsymbol{a}\cdot[\boldsymbol{b}\times\boldsymbol{c}]} \tag{12.2a}$$

and in the same way

$$\boldsymbol{b}^* = T\frac{\boldsymbol{c}\times\boldsymbol{a}}{\boldsymbol{a}\cdot[\boldsymbol{b}\times\boldsymbol{c}]} \tag{12.2b}$$

and

$$\boldsymbol{c}^* = T\frac{\boldsymbol{a}\times\boldsymbol{b}}{\boldsymbol{a}\cdot[\boldsymbol{b}\times\boldsymbol{c}]}\,. \tag{12.2c}$$

The last two expressions define the reciprocal vectors, belonging to (010) and (001), which together with $\boldsymbol{a}^*$ will be the axes of reference. The formulae (12.2) define also the direction of the reciprocal axes, so in Fig. 14 $\boldsymbol{a}^*$ will be directed upward, $\boldsymbol{b}^*$ to the right and $\boldsymbol{c}^*$ backward.

A more useful expression for the reciprocal axes is found by considering the scalar products.

$$\boldsymbol{a}^*\cdot\boldsymbol{a} = \boldsymbol{b}^*\cdot\boldsymbol{b} = \boldsymbol{c}^*\cdot\boldsymbol{c} = T, \tag{12.3}$$

$$\boldsymbol{a}^*\cdot\boldsymbol{b} = \boldsymbol{a}^*\cdot\boldsymbol{c} = \boldsymbol{b}^*\cdot\boldsymbol{a} = \boldsymbol{b}^*\cdot\boldsymbol{c} = \boldsymbol{c}^*\cdot\boldsymbol{a} = \boldsymbol{c}^*\cdot\boldsymbol{b} = 0 \tag{12.4}$$

(12.4) expresses simply that each reciprocal axis is perpendicular to two direct axes.

2. A set of lattice planes $(h\,k\,l)$ is characterized by the plane

$$hx + ky + lz = 1\,. \tag{12.5}$$

Let the normal to this plane have the direction $\boldsymbol{h}$, $\boldsymbol{h}$ being a unit vector. If now an arbitrary point of this plane is denoted by $\boldsymbol{r}$ (the distance from the origin O), then its projection on $\boldsymbol{h}$ will be the spacing d_{hkl} (Fig. 15)

$$\boldsymbol{r}\cdot\boldsymbol{h} = d_{hkl}\,.$$

This is the equation of the plane. Multiplying both sides by r^*_{hkl} belonging to the plane (12.5), then from (12.1) and $\boldsymbol{r}^* = r^* \cdot \boldsymbol{h}$ we find

$$\boldsymbol{r} \cdot \boldsymbol{r}^*_{hkl} = T.$$

The two vectors are now expressed by the basic vectors, their coordinates are x, y, z for $\boldsymbol{r}$, and x^*, y^*, z^* for $\boldsymbol{r}^*$. Then the equation of the plane becomes

$$(x\boldsymbol{a} + y\boldsymbol{b} + z\boldsymbol{c})(x^*\boldsymbol{a}^* + y^*\boldsymbol{b}^* + z^*\boldsymbol{c}^*) = T$$

and by virtue of (12.3) and (12.4)

$$x^* x + y^* y + z^* z = 1.$$

Comparison with (12.5) shows that the coordinates of the reciprocal point are the integers h, k, and l and that these points are situated on a point lattice with the basic vectors $\boldsymbol{a}^*$, $\boldsymbol{b}^*$, and $\boldsymbol{c}^*$.

13. Properties of the reciprocal lattice. The points representing the sets of lattice planes, thus forming the reciprocal lattice, form, strictly speaking, not a point lattice. For, in a point lattice, all points are equivalent, and the vectors between two lattice points are translations. In the reciprocal lattice the origin is sharply distinguished from the other points, and only the vectors from this origin to the lattice points have a geometrical meaning. So the name lattice applies only to the visual aspect, not to the intrinsic meaning.

α) Though each set of planes represents a reciprocal lattice point, the inverse statement is not true. For the point (222) corresponds to a vector with the length $2r^*_{111}$, and so to a set of planes with the spacing $\frac{1}{2}d_{111}$. To the set (111) the planes, half way the lattice planes, should be added. Later on, it will be shown that these points have a meaning too.

β) The meaning of the word "reciprocal" is evident from (12.3) and (12.4). Hence, it follows that the direct axes may be found from the reciprocal ones by the same expressions (12.2), interchanging direct and reciprocal axes.

We have distinguished between the two spaces, the direct one and the reciprocal space, A vector will often appear in both spaces. In this case we define a reciprocal vector as a vector, for which the components are given with respect to the reciprocal axes. This is done when it gives an advantage. We will meet this case for $(\mathbf{s} - \mathbf{s}_0)/\lambda$, which we denoted already by $\boldsymbol{r}^*$, thereby indicating that this vector will be studied with respect to the reciprocal axes. The goniometric expressions used to calculate the reciprocal axes and their mutual angles will not be discussed here. For these we refer to [5] and to a paper by DE JONG and BOUMAN[1] where also some historical notes are given. Here it is sufficient to calculate the volume of the reciprocal cell, v^*_p. If we let the two origins coincide and describe the two spaces by orthogonal coordinates ξ, η and ζ, then

$$v_p = \begin{vmatrix} a_\xi & a_\eta & a_\zeta \\ b_\xi & b_\eta & b_\zeta \\ c_\xi & c_\eta & c_\zeta \end{vmatrix}, \qquad v^*_p = \begin{vmatrix} a^*_\xi & a^*_\eta & a^*_\zeta \\ b^*_\xi & b^*_\eta & b^*_\zeta \\ c^*_\xi & c^*_\eta & c^*_\zeta \end{vmatrix}.$$

Multiplying these two determinants, we obtain

$$v_p v^*_p = \begin{vmatrix} \boldsymbol{a}\cdot\boldsymbol{a}^* & \boldsymbol{a}\cdot\boldsymbol{b}^* & \boldsymbol{a}\cdot\boldsymbol{c}^* \\ \boldsymbol{b}\cdot\boldsymbol{a}^* & \boldsymbol{b}\cdot\boldsymbol{b}^* & \boldsymbol{b}\cdot\boldsymbol{c}^* \\ \boldsymbol{c}\cdot\boldsymbol{a}^* & \boldsymbol{c}\cdot\boldsymbol{b}^* & \boldsymbol{c}\cdot\boldsymbol{c}^* \end{vmatrix} = T^3 \qquad (13.1)$$

[1] W. F. DE JONG and J. BOUMAN: Z. Kristallogr. A **101**, 317 (1939).

from (12.3) and (12.4). We shall now put $T=1$. In Chap. D I another value of T will be used.

γ) We may add a few words on the reciprocal lattice for special kinds of lattices, and also for the two-dimensional case, the net. Let us first consider the *monoclinic lattice*. This lattice has the additional property that one axis (we choose $\boldsymbol{c}$) is perpendicular to $\boldsymbol{a}$ and $\boldsymbol{b}$, the angle between $\boldsymbol{a}$ and $\boldsymbol{b}$ being arbitrary. Then $\boldsymbol{c}^*$, being perpendicular to $\boldsymbol{a}$ and $\boldsymbol{b}$, has the same direction as $\boldsymbol{c}$.

The volume of the elementary cell v_p is now

$$v_p = c \cdot S_{001}$$

and so from (12.2) we find $(T=1)$

$$c^* = \frac{1}{c}\,.$$

The reciprocal axes $\boldsymbol{a}^*$ and $\boldsymbol{b}^*$ lie in the plane (001), and are the reciprocal axes of the net on $\boldsymbol{a}$ and $\boldsymbol{b}$, as they describe the net planes (100) and (010), which are represented by lines in the net.

In the general lattice the $\boldsymbol{c}$-axis is tilted, and so the reciprocal axes $\boldsymbol{a}^*$ and $\boldsymbol{b}^*$. We mention without proof that the reciprocal axes of the net on $\boldsymbol{a}$ and $\boldsymbol{b}$ are the projections of $\boldsymbol{a}^*$ and $\boldsymbol{b}^*$ on the plane (001).

Many crystal structures can be described with an orthogonal set of translations. These are *orthorhombic lattices* (cf. Sect. 27). Special cases of this lattice are mentioned in Sect. 27. We mention here the cubic lattice with the additional property $a=b=c$. Now for the orthorhombic lattice and its specializations the reciprocal axes have the same direction as the direct axes, and (12.2) is now

$$a^* = 1/a\,, \qquad b^* = 1/b\,, \qquad c^* = 1/c\,. \tag{13.2}$$

δ) Now an expression for the spacing can be given. For, in accordance with (8.3)

$$\left.\begin{aligned} r^*_{hkl} = \{&h^2 a^{*2} + 2hk\,a^* b^* \cos\nu + k^2 b^{*2} + \\ &+ 2hl\,a^* c^* \cos\mu + 2kl\,b^* c^* \cos\lambda + l^2 c^{*2}\}^{\frac{1}{2}} \end{aligned}\right\} \tag{13.3}$$

and

$$d_{hkl} = \frac{1}{r^*_{hkl}}\,.$$

The angles between the reciprocal axes are denoted λ, μ, and ν.

As mentioned before, it is often possible to describe structures by special lattices. Often, the three basic vectors can be chosen at right angles, and in the most symmetric case, the cubic system, the axes are equal in length. In these cases, the expression for the spacing assumes a more simple aspect. In the cubic case, e.g., we have

$$r^*_{hkl} = a^* \sqrt{h^2 + k^2 + l^2}\,,$$

$$a^* = \frac{1}{a}$$

[cf. (13.2)] [from (12.2)], and

$$d_{hkl} = \frac{a}{\sqrt{h^2 + k^2 + l^2}}\,. \tag{13.4}$$

ε) It is seen that small values of the Miller indices, i.e. reciprocal points near the origin, correspond in general to large spacings. This certainly holds for (13.4). Let now a set of these planes (h, k, l) be used to describe the lattice, together with a third translation. The volume of the cell is not changed by this transformation, and will be equal to $d_{hkl}\, S$, where S is the area of the parallelogram in the plane. So, if the spacing is large, the area S must be small, and the lattice planes have a high density of lattice points. Often these planes will be preponderant in the shape of the crystal, they may be recognized from the reciprocal lattice.

ζ) Another feature of the reciprocal lattice is that a zone is represented by a plane through the reciprocal origin. For, these planes being parallel to the zone-axis, their reciprocal vectors are perpendicular to this axis and lie on a plane through O^*.

The transformation of the reciprocal lattice is already given by (11.5).

We can now connect the reciprocal lattice with the theory of diffraction. For the vector $\boldsymbol{r}^*$ is perpendicular to the reflecting planes, and has the absolute value $2 \sin \vartheta/\lambda$, which by (4.5) is equal to n/d.

This means that for the reflection nh, nk, nl the vector $\boldsymbol{r}^*$ is n times the reciprocal vector $\boldsymbol{r}^*_{hkl}$, it is the vector pointing to the reciprocal point nh, nk, nl.

Reciprocal points as 222 have now got a meaning: they are related to the higher orders of reflection, whilst the points with h, k, l without common factor indicate reflections of the first order. We will return to this property in Chap. D I. Here, it may be sufficient to state that the reciprocal lattice of a crystal can be set up, if for several reflections the positions of $\mathbf{s}_0$ and $\mathbf{s}$ with reference to the crystal are known. From the reciprocal lattice the direct one can be found.

II. The electron density.

14. Introduction. In the last chapter the lattice was treated. Now the content of the cell has to be described. This can be done in three ways:

α) The simplest way is to give the coordinates of the centres of the atoms (with reference to the basic vectors $\boldsymbol{a}$, $\boldsymbol{b}$, and $\boldsymbol{c}$). We may take as an example NaCl, described by a cubic cell, the coordinates are (Fig. 11)

Na:	0 0 0;	$\frac{1}{2}$ $\frac{1}{2}$ 0;	$\frac{1}{2}$ 0 $\frac{1}{2}$;	0 $\frac{1}{2}$ $\frac{1}{2}$;
Cl:	0 0 $\frac{1}{2}$;	0 $\frac{1}{2}$ 0;	$\frac{1}{2}$ 0 0;	$\frac{1}{2}$ $\frac{1}{2}$ $\frac{1}{2}$.

It will sometimes be useful to consider the atoms as material points.

β) Each atom, however, occupies an extended part of space, which may be considered to be a sphere through which the electrons of the atom are distributed. The atom may completely be described by its *electron density*, i.e. the number of electrons in a volume element, divided by this volume element. Theoretically the electron density of an atom extends to infinity, but the density outside the sphere may be discarded. Let this density be denoted by ϱ_a, and the centre of the atom by its coodinates x_0, y_0, z_0, then ϱ_a is the same function of $x - x_0$, $y - y_0$, $z - z_0$ for all atoms of the same kind. We will call this the *atomic description*.

γ) The electron density in a cell will be the sum of the densities of the atoms in the cell. Denoting this density by ϱ_m and numbering the atoms by i,

$$\varrho_m = \sum_i \varrho_{a,i}(x - x_i, y - y_i, z - z_i). \tag{14.1}$$

Now the density in a crystal, ϱ_c, will be the sum of the densities of the cells, so for an infinite crystal

$$\varrho_c = \sum_{-\infty}^{+\infty}\sum\sum \varrho_m(x - n_1,\; y - n_2,\; z - n_3). \tag{14.2}$$

n_1, n_2, n_3 are the integers, which number the lattice points. It may be noted that for a given point the density (14.1) or (14.2) will be only the density of the nearest atom, the other terms being zero. But the expressions are equally valid for overlapping atoms, where two or more atoms may contribute to the density at one point. This will be the case, when projections of the content of a cell are studied. Then overlapping may often be encountered.

The method of using the electron density ϱ_c instead of the atomic coordinates x_i, y_i, z_i, is called the *continuous description.* Clearly this description will provide also a complete description of the structure, as the maxima of the density will give the atomic coordinates, and the integration of the density over one atom will give the number Z_i belonging to this atom, so the atom can be determined. Also the occurrence of electrons between the atoms, as in the case of homopolar bonds, may be detected.

The electron density of an infinite crystal is a threefold periodic function

$$\varrho_c(x+n_1, y+n_2, z+n_3) = \varrho_c(x, y, z). \tag{14.3}$$

This leads to a new description, viz. writing ϱ_c as a threefold FOURIER series. It will be shown that the reciprocal space now will get a new meaning. The non-periodic densities ϱ_a and ϱ_m may be described by FOURIER integrals. A brief survey of FOURIER series and FOURIER integrals will be given first.

15. The mathematical properties of FOURIER series and integrals[1]**.** α) FOURIER *series.* If $\varrho(x)$ is a periodic function, defined by

$$\varrho(x+1) = \varrho(x)$$

then

$$\varrho(x) = \sum_{h=-\infty}^{+\infty} f(h)\, e^{-2\pi i h x} \tag{15.1}$$

h being an integer, and[2]

$$f(h) = \int_0^1 \varrho(x)\, dx\, e^{2\pi i h x}. \tag{15.2}$$

In our applications ϱ is real, from (15.2) it follows that

$$\overline{f(h)} = f(-h) \tag{15.3}$$

if the conjugate complex of a quantity is denoted by a bar above the symbol.

Writing (15.3) as

$$f(h) = |f(h)|\, e^{i\alpha_h},$$
$$\overline{f(h)} = |f(h)|\, e^{-i\alpha_h}$$

where $|f(h)|$ denotes the modulus of f, (15.1) may be written as a real expression

$$\varrho(x) = f(0) + 2\sum_{h=1}^{\infty} |f(h)| \cos(2\pi h x - \alpha_h) \tag{15.4}$$

α_h is the phase of the cosine term h.

We shall often consider even functions $\varrho(x) = \varrho(-x)$. Then from (15.1) it follows

$$\sum_h f(h)\, e^{-2\pi i h x} = \sum_h f(h)\, e^{+2\pi i h x}$$

In the right hand side of this equation, h may be replaced by $-h$, as h assumes all positive and negative values, and the result is $f(h) = f(-h)$. From (15.3) $f(-h) = \overline{f(h)}$, so $f(h)$ being equal to its conjugate complex, is real. It may be positive or negative, in the last case $\alpha_h = \pi$. Then (15.4) becomes

$$\varrho(x) = f(0) + 2\sum_{h=1}^{\infty} f(h) \cos 2\pi h x \tag{15.5}$$

---

[1] FOURIER series and integrals have been treated in detail by I. N. SNEDDON in vol. II of this Encyclopedia.

[2] Strictly, this relation holds only under certain conditions, but these are unimportant for our subject, as they apply to all functions, discussed here.

β) FOURIER integral. For non-periodic functions, which tend to zero at infinity, the following theorem may be stated:

$$\varrho(x) = \int_{-\infty}^{+\infty} f(h')\, dh'\, e^{-2\pi i h' x} \tag{15.6}$$

and

$$f(h') = \int_{-\infty}^{+\infty} \varrho(x)\, dx\, e^{2\pi i h' x}. \tag{15.7}$$

h' is a variable, not to be confounded with the integer h. Instead of the function $\varrho(x)$ we may as well use the new function $f(h')$ which is called the FOURIER transform of ϱ. As this function is real in our applications, it follows

$$\overline{f(h')} = f(-h').$$

Further, f will be real, if ϱ is an even function.

As an example let us have

$$\varrho(x) = \frac{1}{d\sqrt{\pi}}\, e^{-x^2/d^2}$$

where the factor in front of the exponential is chosen to ensure

$$\int_{-\infty}^{+\infty} \varrho(x)\, dx = 1.$$

From (15.7) the FOURIER transform may be found to be

$$f(h') = e^{-\pi^2 d^2 h'^2}.$$

Both functions represent GAUSS curves. For large values of d, ϱ extends to large values of x, and f is restricted to the immediate neighbourhood of $h' = 0$. The extensions of the two functions are inversely proportional. This is a general feature of FOURIER transforms. The chosen example is an even function, so the transform is real. The relation between both is mutual, ϱ being the transform of f.

γ) Folding (convolution). The folding of two functions $\varrho_1(x)$ and $\varrho_2(x)$ is defined by

$$\widehat{\varrho_1 \varrho_2}(x) = \int_{-\infty}^{+\infty} \varrho_1(x')\, \varrho_2(x - x')\, dx' = \widehat{\varrho_2 \varrho_1}(x). \tag{15.8}$$

The importance of this definition depends on the theorem: The FOURIER transform of the convolution is the product of the FOURIER transforms of the two functions. To prove this theorem, let f be the transform of $\widehat{\varrho_1 \varrho_2}$, f_1 and f_2 the transforms of the two functions. Then

$$\begin{aligned} f(h') &= \int_{-\infty}^{+\infty} dx \int_{-\infty}^{+\infty} dx'\, \varrho_1(x')\, \varrho_2(x - x')\, e^{2\pi i h' x} \\ &= \int_{-\infty}^{\infty+} dx \int_{-\infty}^{+\infty} dx'\, \varrho_1(x')\, e^{2\pi i h' x'}\, \varrho_2(x - x')\, e^{2\pi i h'(x - x')}. \end{aligned}$$

If the variables x' and x are replaced by x' and $x'' = x - x'$, then

$$\left.\begin{aligned} f(h') &= \int_{-\infty}^{+\infty} dx' \int_{-\infty}^{+\infty} dx''\, \varrho_1(x')\, e^{2\pi i h' x'}\, \varrho_2(x'')\, e^{2\pi i h' x''}, \\ \text{or} \quad f(h') &= f_1(h')\, f_2(h'). \end{aligned}\right\} \tag{15.9}$$

In the same way it is proved that the transform of a product of two functions is the folding of the transforms

$$f(h') = \int_{-\infty}^{+\infty} f_1(h'')\, f_2(h' - h'')\, dh''. \tag{15.10}$$

The same results hold for periodic functions. The folding is then defined by

$$\widehat{\varrho_1 \varrho_2}(x) = \int_0^1 \varrho_1(x')\, \varrho_2(x - x')\, dx' \tag{15.11}$$

and

$$f(h) = f_1(h)\, f_2(h). \tag{15.12}$$

The transform of the product of two periodic functions is given by

$$f(h) = \sum_{h_1=-\infty}^{+\infty} f_1(h_1)\, f_2(h - h_1). \tag{15.13}$$

Another example is the FOURIER transform of the product of a periodic function ϱ_p and a non-periodic function ϱ_n. Then

$$f(h') = \sum_{h=-\infty}^{+\infty} f_p(h)\, f_n(h' - h). \tag{15.14}$$

h is an integer, h' a continuous variable. If ϱ is calculated from the transform, we find

$$\varrho(x) = \int_{-\infty}^{+\infty} f(h')\, dh'\, e^{-2\pi i h' x} = \int_{-\infty}^{+\infty} \sum_{h=-\infty}^{+\infty} f_p(h)\, f_n(h' - h)\, dh'\, e^{-2\pi i h x}\, e^{-2\pi i (h'-h)x}.$$

If $h' - h$ is chosen as a new variable, the result is

$$\varrho(x) = \varrho_p(x)\, \varrho_n(x).$$

δ) The connection between series and integral. Let ϱ_m be an arbitrary function. Now consider the periodic function

$$\varrho(x) = \sum_{n=-\infty}^{+\infty} \varrho_m(x + n).$$

The FOURIER coefficient will be

$$f(h) = \int_0^1 \sum_{n=-\infty}^{+\infty} \varrho_m(x + n)\, e^{2\pi i h x}\, dx = \int_0^1 \sum_{-\infty}^{+\infty} \varrho_m(x + n)\, e^{2\pi i h (x+n)}\, dx.$$

Introducing $y = x + n$ as a new variable for the term n and changing the order of summation and integration, the expression is

$$f(h) = \sum_{n=-\infty}^{+\infty} \int_n^{n+1} \varrho_m(y)\, e^{2\pi i h y}\, dy = \int_{-\infty}^{+\infty} \varrho_m(y)\, e^{2\pi i h y}\, dy; \qquad f(h) = f_m(h). \tag{15.15}$$

The FOURIER terms of the periodic function

$$\varrho(x) = \sum_n \varrho_m(x + n),$$

are the values of the FOURIER transform of $\varrho_m(x)$ for integer values of the variable h'.

16. Description of the infinite crystal. The electron density being a triple periodic function (14.3), may be written as a triple FOURIER series.

$$v_p\, \varrho_c(x\, y\, z) = \sum_{h=-\infty}^{+\infty} \sum_{k=-\infty}^{+\infty} \sum_{l=-\infty}^{+\infty} F(h\, k\, l)\, e^{-2\pi i (hx + ky + lz)}, \tag{16.1}$$

h, k, and l being integers. It is customary to consider the dimensionless quantity $v_p \varrho_c$ instead of the density ϱ_c. v_p is the volume of the cell. For the FOURIER-component the same notation $F(h\, k\, l)$ is used, as has been introduced for the structure factor defined by Eq. (6.5). It will be shown (Sect. 19) that they are identical. Taking this for granted, we may state at once the connection of this chapter to structure analysis. If the reciprocal lattice is given, and at each lattice point $h\, k\, l$ the value of $F(h\, k\, l)$, then the crystal is completely known. For the reciprocal lattice defines the lattice itself, and so the meaning of the coordinates x, y, z. Then the summation (16.1) will give the electron density at each point x, y, z in the cell. The experiment gives the reciprocal lattice, but only the absolute values of $F(h\, k\, l)$ (cf. Sect. 7). For we have seen that the direction of the diffracted rays gives the spacings, and these spacings can be used to get the reciprocal vectors, and so the reciprocal lattice. The intensity of the diffracted rays gives the $|F(h\, k\, l)|^2$. We will now denote the reciprocal space with the FOURIER components at the lattice points, the FOURIER *space*, and the same with $|F(h\, k\, l)|^2$ the *intensity space*. These intensities may be used to calculate a new function in the cell. This description is called the *vector space*. The connection is given by the following scheme

direct space	reciprocal space
direct description ⇌	FOURIER space
↓	↓
vector space ⇌	intensity space.

The present chapter is concerned with the properties of these descriptions.

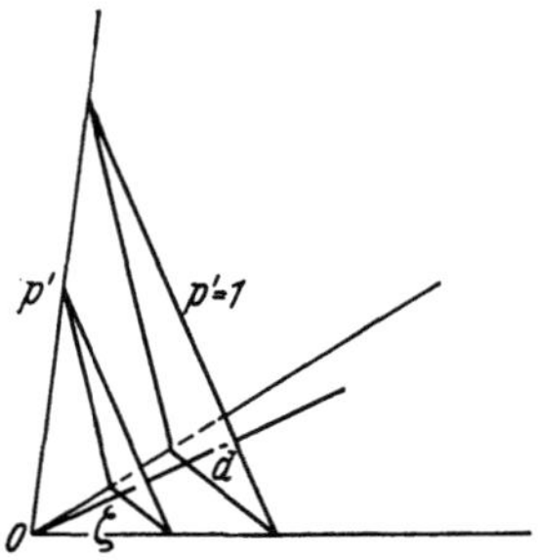

Fig. 16. Two planes on which ϱ_{hkl} is constant, and the coordinate ζ, used to describe these planes.

First, it may be proved that $F(000)$ is the number of electrons in the cell Z. For, the theorem (15.2), applied to three dimensions and writing ϱ instead of ϱ_c, yields

$$F(hkl) = \int_0^1 \int_0^1 \int_0^1 v_p\, dx\, dy\, dz\, \varrho(xyz)\, e^{2\pi i(hx+ky+lz)} \tag{16.2}$$

and thus

$$\left.\begin{aligned} F(000) &= \int_0^1 \int_0^1 \int_0^1 v_p\, dx\, dy\, dz\, \varrho(xyz) \\ &= \iiint_{\text{cell}} dv\, \varrho(xyz) = Z. \end{aligned}\right\} \tag{16.3}$$

This result justifies the choice of $v_p\,\varrho$, instead of simply ϱ.

As ϱ is real, $\overline{F(h\,k\,l)} = F(\bar{h}\,\bar{k}\,\bar{l})$. We may remark that it is customary to denote negative values of h, $-h$, by $\bar{h}$. Secondly, it can now be shown that the electron density can be expressed as the sum of sinusoidal distributions of density, the distribution belonging to $h\,k\,l$ being constant along the planes $(h\,k\,l)$ and having a period equal to the spacing, if h, k, and l are co-prime and equal to a fraction $1/n$ of the spacing, if n is their common factor. The partial distribution $h\,k\,l$ is given by

$$v_p\,\varrho_{hkl} = F(h\,k\,l)\, e^{-2\pi i(hx+ky+lz)} + \overline{F(h\,k\,l)}\, e^{2\pi i(hx+ky+lz)} = v_p\,\varrho_{\bar{h}\bar{k}\bar{l}}\,.$$

Let it be assumed that h, k, and l have no common factor. Now write

$$F(h\,k\,l) = |F(h\,k\,l)|\, e^{i\alpha_{hkl}},$$
$$F(\bar{h}\,\bar{k}\,\bar{l}) = \overline{F(h\,k\,l)} = |F(h\,k\,l)|\, e^{-i\alpha_{hkl}},$$

$$v_p\,\varrho_{hkl} = 2\,|F(h\,k\,l)|\cos\{2\pi(hx+ky+lz) - \alpha_{hkl}\}. \tag{16.4}$$

The function is constant on each plane

$$hx + ky + lz = p',$$

so it suffices to plot the function along the normal to these planes. Let the distance from 0 to an arbitrary plane p' be denoted by ζ. Then, for the plane $p'=1$, we have $\zeta = d_{hkl}$. If now the plane and its normal are multiplied by the factor p' with respect to the origin (Fig. 16), then the plane $p'=1$ is shifted to the plane

$$hy + ky + lz = p'$$

and the distance to the origin is now

$$\zeta = p'\,d_{hkl} = (hx+ky+lz)\,d_{hkl}.$$

In this expression p' is not necessarily an integer, so not only lattice planes are considered here.

Then (16.4) becomes

$$v_p \varrho_{hkl} = 2|F(hkl)| \cos\left\{2\pi \frac{\zeta}{d_{hkl}} - \alpha_{hkl}\right\}. \tag{16.5}$$

This may be called a plane "wave" along the normal to $(h\,k\,l)$ with the period d_{hkl}.

If now nh, nk, nl are chosen, then

$$v_p \varrho_{nh,nk,nl} = 2|F(nh, nk, nl)| \cos\left\{2\pi \frac{n\zeta}{d_{hkl}} - \alpha_{nh,nk,nl}\right\}. \tag{16.6}$$

This wave has a period, equal to d/n.

Adding all partial waves $\varrho_{nk,nh,nl}$ with fixed $h\,k\,l$, a periodical distribution (but not a sinusoidal one) is found along the normal to $(h\,k\,l)$.

Summarizing: Each lattice point of the FOURIER space means a plane sinusoidal "wave" along the reciprocal vector of this point, the "wave-length" being

$$\frac{d_{hkl}}{n}, \quad \text{which is equal to } \frac{1}{r^*_{nh,nk,nl}}.$$

The amplitude of this wave is given by twice the absolute value of the structure factor at this point, and the phase by the angle $\alpha_{nh,nk,nl}$.

The origin of the FOURIER space corresponds to an infinite wave-length and so to a homogeneous distribution of electron density

$$v_p \varrho_{000} = F(0, 0, 0) = Z.$$

The FOURIER series assumes a special form, if the electron density is an even function

$$\varrho(x\,y\,z) = \varrho(-x, -y, -z).$$

In this case F is real, and $F(h, k, l) = F(\bar{h}, \bar{k}, \bar{l})$. If in (16.1) the terms $h\,k\,l$ and $-h$, $-k$, $-l$ are taken together, we find

$$v_p \varrho(x\,y\,z) = F(0, 0, 0) + \sum_h \sum_k \sum_l F(h, k, l) \cos 2\pi(hx + ky + lz). \tag{16.7}$$

Each term of the sum appears twice, as the term $h\,k\,l$ has the same value as $-h$, $-k$, $-l$. (16.7) may be compared with (15.5), where only the positive values of h appear in the sum, hence the factor 2 in this expression. In (16.4), (16.5) and (16.6) α is then 0 or π, and we can drop α, if $|F|$ is replaced by F.

17. Projections of the structure. If the FOURIER space is known, we need only evaluate the series (16.1). This, however, is a tremendous work, which has been treated in this volume in the article by GUINIER and VON ELLER. The summation can be simplified by the process of *projection*.

If the electron density in the cell is projected on a face, say (001), along a lattice line, say [001], i.e. the c-axis, then the result will be a two-dimensional periodic function in this plane, which may teach us something, though not all, about the structure. This projection may be calculated from the series

$$S_{001}\, \varrho_{\text{plane}} = \sum_{h,k=-\infty}^{+\infty} \sum F(h, k, 0)\, e^{-2\pi i(hx+ky)}. \tag{17.1}$$

In this formula the projection is along $\boldsymbol{c}$, on the plane (001), and S_{001} is the area of the elementary cell (on $\boldsymbol{a}$ and $\boldsymbol{b}$) in this plane. To prove this expression, let us consider a small area $dS = S_{001}\, dx\, dy$ in the plane.

The number of electrons in this area is the content of the small parallelepiped on dS (Fig. 17), it is $\varrho_{\text{plane}}\, dS$:

$$\varrho_{\text{plane}}(x, y)\, dS = \varrho_{\text{plane}}\, dx\, dy\, S_{001} = dx\, dy\, v_p \int_0^1 \varrho(x\, y\, z)\, dz. \qquad (17.1\,\text{a})$$

Now each partial distribution $(h\,k\,l)$ which is not constant along the c-axis will cancel in the integration. Thus, in the integral only those parts of the electron density have to be considered, which are constant, i.e. where h, k, l belong to the zone of the axis of projection.

In our case only the parts $\varrho_{h\,k\,0}$ remain in the integral, as may be seen at once by introducing (16.1) in the integral. This projected density follows from a double summation. This density must not be confounded with the density $\varrho_{x\,y\,0}$ in the plane (001), the last one being

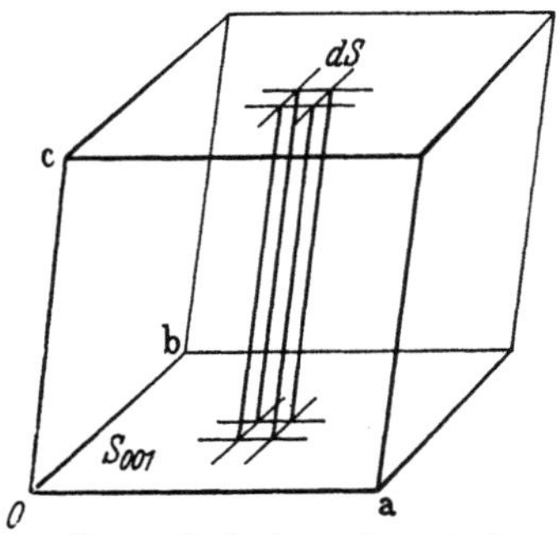

Fig. 17. Projection of the content of a cell on (001).

$$v_p\, \varrho(x, y, 0) = \sum \sum \sum F(h, k, l)\, e^{-2\pi i (h x + k y)}.$$

The proof has been given in this way that the projection along another lattice line may be found:

In this case the projection along $[u\, v\, w]$ is found by summing up only those $F(h, k, l)$, which belong to the zone of $u\, v\, w$:

$$h u + k v + l w = 0$$

(cf. Sect. 10). The choice of the lattice line is essential, but not the choice of the plane. If the projection is described on another plane, the formula (17.1) still holds, but S_{001} will now be the projection of the area on the new $\boldsymbol{a}$ and $\boldsymbol{b}$ on the new plane. This projection will not give the heights of the atoms above the plane of projection. More may be found from a *generalized projection*[1]

$$S_{001}\, \varrho_L(x, y) = v_p \int_0^1 \varrho(x, y, z)\, e^{2\pi i L z}\, dz. \qquad (17.2)$$

For $L = 0$ the original projection is found. This projection may easily be obtained from the structure factors. If (16.1) is introduced, all terms for which $l \neq L$ cancel and

$$S_{001}\, \varrho_L(x, y) = \sum_h \sum_k F(h, k, L)\, e^{-2\pi i (h x + k y)}. \qquad (17.3)$$

This function is in general complex. To explain its use, let us consider the real part for $L = 1$ [cf. (17.2)]. The factor $\cos 2\pi z$ will be 1 for $z = 0$, -1 for $z = \frac{1}{2}$, and zero for $z = \frac{1}{4}$ or $\frac{3}{4}$. So some heights will not appear in the projection, and atoms situated in the middle part of the cell will give a negative density, the lower part a positive density. In this way several atoms in the ordinary projection may be classified with regard to their height.

Less important is the projection along a plane, which is described along a line.

Let us take the projection along the planes (001), and sample the projected density along the c-axis. Only the partial distributions $\varrho_{h\,k\,l}$ which are constant

[1] W. COCHRAN and H. B. DYER: Acta crystallogr. 5, 634 (1952).

along the plane of projection are to be considered, so only $(0\,0\,l)$ remain. The result is

$$c\,\varrho_{\text{line}} = \sum_{-\infty}^{+\infty} F(0,0,l)\, e^{-2\pi i l z}. \tag{17.4}$$

The first application of FOURIER series to these problems is due to W. H. BRAGG[1], the connection with the reciprocal lattice has been treated by EWALD[2], the three-dimensional form has been given by DUANE[3].

18. The FOURIER transform. *α) Theory.* The electron density of an atom, a molecule, or the content of one single cell, can be expressed by a FOURIER integral. If the coordinates of the last sections are retained, the expression is

$$v_p\,\varrho(x,y,z) = \iiint_{-\infty}^{+\infty} T(h',k',l')\, e^{-2\pi i(h'x+k'y+l'z)}\, dh'\, dk'\, dl' \tag{18.1}$$

and

$$T(h',k',l') = \iiint_{-\infty}^{+\infty} \varrho(x,y,z)\, e^{2\pi i(h'x+k'y+l'z)}\, v_p\, dx\, dy\, dz. \tag{18.2}$$

T is called the FOURIER transform of ϱ. Now T is a continuous function in the reciprocal space, each point of the FOURIER space bears a FOURIER component.

As an atom may occur in all sorts of lattices, it will be useful to free ourselves from the lattice coordinates, and use orthogonal coordinates. This is done by writing (18.1) and (18.2) in vector notation.

If the vector in reciprocal space from the origin is denoted by $\boldsymbol{r}^*$, and the vector in direct space from the same origin by $\boldsymbol{r}$, then taking the constant T from (12.1) to be 1, we obtain from Eqs. (12.3) and (12.4):

$$\boldsymbol{r}^*\cdot\boldsymbol{r} = (h'\boldsymbol{a}^* + k'\boldsymbol{b}^* + l'\boldsymbol{c}^*)\,(x\boldsymbol{a} + y\boldsymbol{b} + z\boldsymbol{c}) = h'x + k'y + l'z. \tag{18.3}$$

$v_p\, dx\, dy\, dz$ is the volume element dv, and the volume element in reciprocal space dv^* [see Eq. (13.1)] is equal to

$$dv^* = v_p^*\, dh'\, dk'\, dl' = \frac{1}{v_p}\, dh'\, dk'\, dl'.$$

The expressions (18.1) and (18.2) are now

$$\varrho(\boldsymbol{r}) = \iiint_{-\infty}^{+\infty} T(\boldsymbol{r}^*)\, e^{-2\pi i \boldsymbol{r}^*\cdot\boldsymbol{r}}\, dv^*, \tag{18.4}$$

$$T(\boldsymbol{r}^*) = \iiint_{-\infty}^{+\infty} \varrho(\boldsymbol{r})\, e^{2\pi i \boldsymbol{r}^*\cdot\boldsymbol{r}}\, dv \tag{18.5}$$

which can easily be written in orthogonal coordinates for both spaces.

Comparing (18.2) to (7.2), or (18.5) to (7.1), it is seen that the FOURIER transform of the atom is equal to the atomic scattering factor. The properties of the atomic scattering factor have been treated in Sect. 7, and will be treated again in more detail in Chap. C. The scattering of X-rays by an atom constitutes a FOURIER analysis of the electron density, and we may now expect, as has been said already in Sect. 16, that *the scattering by a crystal is equivalent to the* FOURIER *analysis of the crystal.* To prove this connection we will consider the FOURIER transform of a molecule. The first question is: How is the FOURIER transform

[1] W. H. BRAGG: Phil. Trans. Roy. Soc. Lond., Ser. A **215**, 253 (1915).
[2] P. P. EWALD: Z. Kristallogr. **56**, 129 (1921).
[3] W. DUANE: Proc. Nat. Acad. Sci. U.S.A. **11**, 489 (1925).

of an atom modified, if the origin is no longer the centre of the atom? Let this centre be x_i, y_i, z_i, the electron density is then a function of $x - x_i$, $y - y_i$, $z - z_i$. Then (18.2) can be written

$$T(h', k', l') = \iiint_{-\infty}^{+\infty} \varrho(x - x_i, y - y_i, z - z_i)\, v_p\, dx\, dy\, dz \times$$
$$\times\, e^{2\pi i [h'(x - x_i) + k'(y - y_i) + l'(z - z_i)]} \cdot e^{2\pi i (h' x_i + k' y_i + l' z_i)}.$$

The last factor can be placed in front of the integral, then the integral is the atomic scattering factor, so

$$T(h', k', l') = f(h', k', l')\, e^{2\pi i (h' x_i + k' y_i + l' z_i)}. \tag{18.6}$$

The absolute values in reciprocal space are still the same, but the transform is now in general a complex quantity. The transform for a molecule, or for the content of a cell, is the sum of the transforms of the separate atoms

$$T(h', k', l') = \sum_i f_i\, e^{2\pi i (h' x_i + k' y_i + l' z_i)}. \tag{18.7}$$

To calculate the FOURIER transform of the infinite crystal, i.e. the structure factor $F(h, k, l)$ we may use the theorem (15.15). This theorem states that the FOURIER transform for the infinite repetition of cells (the crystal), is the same as the transform for a single cell, but only for integer values h, k, l.

So, from (18.7)

$$F(h, k, l) = T(h, k, l) = \sum_i f_i\, e^{2\pi i (h x_i + k y_i + l z_i)} \tag{18.8}$$

where f is calculated for the special directions of diffracted rays, in other words for

$$\boldsymbol{r}^* = h \cdot \boldsymbol{a}^* + k \cdot \boldsymbol{b}^* + l \cdot \boldsymbol{c}^*.$$

This is the expression (6.5), and the equivalence of FOURIER components and structure factors is proved. The proofs in this section depend only on the description of the electron density, and on the properties of FOURIER integrals. It is found that these FOURIER components are identical with expressions, which are provisorily introduced in Chap. A. In Chap. D I the connection between X-ray scattering and FOURIER analysis will be derived, and then it will be shown that also a more stringent analysis will give the proportionality of the intensity with the squares of the absolute values of the structure factors.

β) Expressions for the electron density. Let the density for *one* of the atoms i be given by

$$\varrho_{a,i}(x - x_i + n_1,\ y - y_i + n_2,\ z - z_i + n_3),$$

then ϱ_i, the density belonging to *all* atoms i,

$$\varrho_i = \sum_{n_1 n_2 n_3} \varrho_{a,i}(x - x_i + n_1,\ y - y_i + n_2,\ z - z_i + n_3)$$

is a periodic function, and its FOURIER components will be the FOURIER transform for the single atom for integer values of h', k', l', viz.

$$f_i(h, k, l)\, e^{2\pi i (h x_i + k y_i + l z_i)}.$$

Their sum will give the structure factor again.

But now another expression may be given for ϱ_i

$$\varrho_i(x - x_i,\ y - y_i,\ z - z_i) = \sum_{hkl} f_i(h, k, l)\, e^{-2\pi i [h(x - x_i) + k(y - y_i) + l(z - z_i)]} \tag{18.9}$$

by writing ϱ_i as a FOURIER series and introducing the FOURIER components. In the same way

$$\left.\begin{aligned}\varrho(x, y, z) &= \sum_i \varrho_i(x - x_i,\ y - y_i,\ z - z_i) \\ &= \sum_i \sum_{hkl} f_i(h\,k\,l)\, e^{-2\pi i\,[h(x-x_i)+k(y-y_i)+l(z-z_i)]}\,.\end{aligned}\right\} \tag{18.10}$$

γ) Practical applications. Though this chapter is more concerned with principles then with practical methods of structure analysis, the applications of FOURIER transforms may be mentioned here, as it elucidates the theory. Let us consider a plane molecule, e.g. benzene.

The expression (18.7) may be written with (18.3)

$$T(\boldsymbol{r}^*) = \sum_i f_i\, e^{2\pi i \boldsymbol{r}^*\cdot \boldsymbol{r}_i}. \tag{18.11}$$

$\boldsymbol{r}^*$ is not restricted to integer values of h, k, l and the expression is not restrained to a particular lattice. The $\boldsymbol{r}_i$ lie in a plane, and so $\boldsymbol{r}^*$ may be chosen in this plane too. Though this expression may be complex, it is real for benzene, if the origin is chosen in the centre of the molecule, as each $\boldsymbol{r}_i$ corresponds to $\boldsymbol{r}_j = -\boldsymbol{r}_i$. Let us now assume (which is not true in reality) that the cell contains one molecule in the plane (001), that the cell is known, but not the orientation of the molecule with regard to the cell. Then the reciprocal net belonging to $\boldsymbol{a}$ and $\boldsymbol{b}$† may be drawn on transparent paper, and laid on the FOURIER transform of the molecule. This transform can be realized by drawing lines of equal values of T. The origins of transform and reciprocal lattice must coincide. Now the reciprocal lattice may be rotated in its plane, each position corresponds to a definite position of the molecule in the cell. For the right position the FOURIER transform on the lattice points $h, k, 0$ must give the structure factors. If the values $T(h, k, 0)$ are the same as $F(h, k, 0)$, then the orientation of the transform and the reciprocal lattice is known, and the same angle holds for the molecule and the lattice. Evidently, the position with regard to the origin is not found, since the choice of the origin of the lattice is irrelevant, if only the content of the cell is known.

If the molecule does not lie in the plane of projection, it may be projected on this plane, the dimensions of the molecule will be shortened in one direction, so now two angles have to be found. This will not be very serious if the distances of the atoms in the molecule are much shorter than the lattice constants. The reciprocal lattice then will form a fine mesh on the FOURIER transform. The distances in this transform between regions of positive and negative values will be much larger. In this case, the FOURIER transform may be visible in the FOURIER space of the crystal, which is found from the observed structure factors.

It is not to be expected that there will be only one molecule in the cell. But if two molecules are situated in such a way that their projections will coincide, the considerations, given above will still be valid. Let us now assume that they do not coincide in the projection, and that their orientations are parallel. The origin will be chosen at half distance on the line joining the two centres of the molecules. The vectors from this origin to the two centres will be $\boldsymbol{r}_0$ and $-\boldsymbol{r}_0$. The transforms of the two molecules are now

$$\left.\begin{aligned}T'(\boldsymbol{r}^*) &= \sum_i f_i\, e^{2\pi i \boldsymbol{r}^*\cdot(\boldsymbol{r}_i \pm \boldsymbol{r}_0)} = T\, e^{\pm 2\pi i \boldsymbol{r}_0\cdot \boldsymbol{r}^*}, \\ T_s &= 2\,T \cos 2\pi\, \boldsymbol{r}_0 \cdot \boldsymbol{r}^*.\end{aligned}\right\} \tag{18.12}$$

† It is in general not described by $\boldsymbol{a}^*$ and $\boldsymbol{b}^*$, but by their projections on (001) (cf. Sect. 13γ).

The transform T_s of the two molecules is twice the transform of one molecule, but multiplied with a fringe function $\cos 2\pi \boldsymbol{r}_0 \cdot \boldsymbol{r}^*$. There will be equidistant lines, perpendicular to $\boldsymbol{r}_0$, in the reciprocal plane of the transform, where T_s is zero. In this way the distance from the origin may be found[1].

19. The vector space. The intensity space, which will now be treated, has also its counterpart in direct space. We define $P(u, v, w)$ [cf. (16.1)]

$$\left.\begin{aligned} P(u, v, w) &= \frac{1}{v_p^2} \sum\sum\sum_{h,k,l=-\infty}^{+\infty} |F(h, k, l)|^2 e^{2\pi i (hu+kv+lw)} \\ &= \frac{1}{v_p^2} \left[F(0, 0, 0)^2 + 2 \textstyle\sum' |F(h, k, l)|^2 \cos 2\pi (h u + k v + l w)\right]. \end{aligned}\right\} \quad (19.1)$$

The chosen variables u, v, w bear no relation to the integers of the same denomination, used for describing lattice rows. P is a threefold periodical function, described on the same lattice as ϱ.

As all FOURIER components of P are real, the second expression can be found by adding the factors h, k, l and $\bar{h}, \bar{k}, \bar{l}$. Thus $\sum'$ denotes the sum over one half of all sets of indices. The function P, and its space, the vector space, have been introduced by PATTERSON[2]. To express this function by the electron density, we use the folding theorem (15.11) and (15.12) and take

$$\varrho_1 = \varrho(x, y, z), \qquad \varrho_2 = \varrho(-x, -y, -z).$$

Now

$$\begin{aligned} v_p \varrho(-x, -y, -z) &= \sum\sum\sum F(h, k, l)\, e^{2\pi i (hx+ky+lz)} \\ &= \sum\sum\sum F(\bar{h}, \bar{k}, \bar{l})\, e^{-2\pi i (hx+ky+lz)}. \end{aligned}$$

The FOURIER components of ϱ_2 are

$$\frac{1}{v_p} F(\bar{h}, \bar{k}, \bar{l}) = \frac{1}{v_p} \overline{F(h, k, l)}$$

i.e. they form the conjugate complex of those for ϱ_1. Then

$$P(u, v, w) = \int_0^1 \int_0^1 \int_0^1 \varrho_1(x, y, z)\, \varrho_2(u - x, v - y, w - z)\, dx\, dy\, dz$$

has indeed the FOURIER components in (19.1). It may be written

$$P(u, v, w) = \int_0^1 \int_0^1 \int_0^1 \varrho(x, y, z)\, \varrho(x - u, y - v, z - w)\, dx\, dy\, dz.$$

From (19.1) it follows that P is an even periodic function, so we may write too

$$P(u, v, w) = \int_0^1 \int_0^1 \int_0^1 \varrho(x, y, z)\, \varrho(x + u, y + v, z + w)\, dx\, dy\, dz. \qquad (19.2)$$

This means: Take a map of the electron densities, and superimpose on this map the same, but translated over the distance with components u, v, w. Now multiply the values of the two maps at each point, and integrate over one cell, then $P(u, v, w)$ is found. The question now arises: What may be inferred about the electron density from the function of PATTERSON? At first sight, it seems very unpromising to get results, as the vector space contains only the absolute values of the structure factors, not the phases. But if we consider the atomic description,

[1] C. A. TAYLOR: Acta crystallogr. **7**, 757 (1954).
[2] A. L. PATTERSON: Phys. Rev. **46**, 372 (1934).

and we assume that the atoms in the cell are known, and so are their densities, then the crystal structure is defined by a finite number of atomic parameters, x_i, y_i, z_i, and then it must be possible to deduce the structure from the absolute values alone, provided enough structure factors are known. The PATTERSON function constitutes one approach to the solution of this problem.

We replace now the density by the sum of the periodic densities, belonging to one point lattice (18.10). Introducing this expression into (19.2), and considering only two dimensions, we obtain

$$\left.\begin{aligned} P(u,v) = &\sum_i \int_0^1\int_0^1 \varrho_i(x-x_i,\, y-y_i)\, \varrho_i(x-x_i+u,\, y-y_i+v)\, dx\, dy + \\ &+ \sum_{i,j} \int_0^1\int_0^1 \varrho_i(x-x_i,\, y-y_i)\, \varrho_j(x-x_j+u,\, y-y_j+v)\, dx\, dy + \\ &+ \sum_{i,j} \int_0^1\int_0^1 \varrho_j(x-x_j,\, y-y_j)\, \varrho_i(x-x_i+u,\, y-y_i+v)\, dx\, dy. \end{aligned}\right\} \quad (19.3)$$

Now the integration over a cell may be from $x=0$ to 1, or from x_i to $1+x_i$, and the same for y, without altering the result of the integration. This follows from the periodic character of the functions ϱ_i, ϱ_j. Thus

$$\left.\begin{aligned} P(u,v) = &\sum_i \int_0^1\int_0^1 \varrho_i(x,y)\, \varrho_i(x+u,\, y+v)\, dx\, dy + \\ &+ \sum_{i,j} \int_0^1\int_0^1 \varrho_i(x,y)\, \varrho_j(x+x_i-x_j+u,\, y+y_i-y_j+v)\, dx\, dy + \\ &+ \sum_{i,j} \int_0^1\int_0^1 \varrho_i(x,y)\, \varrho_j(x+x_i-x_j-u,\, y+y_i-y_j-v)\, dx\, dy. \end{aligned}\right\} \quad (19.3')$$

In the first part, u and v cannot extend much beyond the atomic spheres, this term has only finite values in the neighbourhood of the origin in the vector space (and on the points of the point lattice, belonging to the origin). The term

$$\int_0^1\int_0^1 \varrho_i(x\, y)\, \varrho_j(x+x_i-x_j+u,\, y+y_i-y_j+v)\, dx\, dy$$

will have its maximum value when the centres of the two atoms coincide, and so, when

$$u = x_j - x_i, \qquad v = y_j - y_i, .$$

The distance to this point from the origin in the vector space is the distance in the structure from the atom i to j. If other points u, v, are considered, it is seen that P will still not be zero if a part of one atom coincides with a part of the second. We find that each point $u=x_j-x_i$, $v=y_j-y_i$ is the centre of a domain of finite values of P, and that the maximum value of P is found at the centre, as the two atoms coincide for this value of u and v. This peak is called a pseudo-atom. Its width is larger than the width of the constituting atoms. The integrated value of the peak is

$$\int_0^1\int_0^1\int_0^1\int_0^1 \varrho_i(x\, y)\, \varrho_j(x+x_i-x_j+u,\, y+y_i-y_j+v)\, du\, dv\, dx\, dy = Z_i\, Z_j.$$

In the same way, it is seen that the peak at the origin, if integrated, gives $\sum_i Z_i^2$.

Further, there will be peaks at distances from the origin, which are equal to distances between two atoms, $u=x_j-x_i$, etc. as well as $u=x_i-x_j$. This confirms the statement that P is an even function, as the values at both peaks are $Z_i Z_j$.

The PATTERSON *map*, as the vector space is called, is often used in two dimensions, and is then the vector space of the projection of the structure. The electron density then is ϱ_{plane}, defined by (17.1) or (17.1a):

$$\varrho_{\text{plane}}(x, y) = \frac{1}{S_{001}} \sum_h \sum_k F(k, k, 0)\, e^{2\pi i (hx+ky)} = \frac{v_p}{S_{001}} \int_0^1 \varrho(x, y, z)\, dz$$

The PATTERSON function for this two-dimensional function ϱ_{plane} is then, analogous to (19.1),

$$P(u, v) = \frac{1}{S_{001}^2} \sum_h \sum_k |F(h, k, 0)|^2\, e^{-2\pi i (hu+kv)}. \qquad (19.4)$$

Since n atoms in the cell give rise to $n(n-1)$ pseudo-atoms (besides the peak at the origin), being equal to the number of distances between two atoms, and the pseudo-atoms are more extended then the atoms themselves, it is clear that there will be overlapping to a large degree, only the peaks with large values of $Z_i Z_j$ will possibly stand out. We shall now assume that all peaks are known. (The use of three-dimensional PATTERSON maps will be treated in Sect. 30.) This leads to the theory of vector sets.

20. Vector sets. We shall now consider structures with point atoms. This simplification will often be useful in the following. Then the pseudo-atoms will be points too, and $Z_i Z_j$ is now the value of the PATTERSON function at this point. For the sake of simplicity, only two-dimensional structures will be studied. In Fig. 18 a set of four atoms is shown, and in Fig 19 the distances between the atoms are drawn from an origin O. This system of 12 points is called the vector-set of the molecule, and has first been treated by D M. WRINCH[1-3]. From this vector set the original set of points can be regained (with some restrictions). Let us consider in Fig. 19 the distance 2–3. This vector is among the vectors from the origin, but will also appear between the endpoints of 1–2 and 1–3, and again between 4–3 and 4–2. Add to these the three vectors 3–2 etc., and it is found that this vector appears 6 times in the figure. For, let the vectors in the atom space from its origin be $\boldsymbol{r}_1, \boldsymbol{r}_2, \boldsymbol{r}_3, \boldsymbol{r}_4$, and so on. Then, the vector between the endpoints of 1–2 and 1–3 will be $\boldsymbol{r}_3 - \boldsymbol{r}_1 - (\boldsymbol{r}_2 - \boldsymbol{r}_1) = \boldsymbol{r}_3 - \boldsymbol{r}_2 = \boldsymbol{r}_{23}$. This means that the new vector has the same position, as if the point 1 were placed at the origin in vector space. Hence, the vector set can be found in this way: Put in turn all points at the origin in vector space, and draw the molecule in this position. The superposition of these molecules will constitute the vector set. Let us now assume conversely that only the vector set is known. The six vectors 2–3 are recognized and labelled in this way 2–3. Now take one of these vectors, which does not start from the origin, and form a triangle of this vector with the origin. The two other sides are also distances, we may denote them by 4–3 and 4–2.

This triangle is found again, as seen from 1, and so the quadrilateral 1–2–3–4 is found. But this procedure can also give the inverse figure, as is seen by comparing Fig. 18 and Fig. 19. For the vector set has a centre of symmetry, even if the original figure has not. Another ambiguity has been detected by MENZER[4].

[1] D. M. WRINCH: Phil. Mag. **27**, 98 (1939).
[2] M. J. BUERGER: Acta crystallogr. **3**, 87 (1950).
[3] M. J. BUERGER: Acta crystallogr. **4**, 531 (1951).
[4] G. MENZER: Z. Kristallogr. **69**, 312, 314, (1928).

It is possible to find two different point sets with the same vector-set (homometric structures[1,2]). The theory of vector sets applies immediately to the vector space of a crystal. In the origin the value of P will be $\sum_i Z_i^2$, and the same value will be found at the points of the lattice, belonging to 0. Further, all distances from the atoms in one cell to all atoms in the structure will appear in vector space. The distances from atoms in another cell will coincide with the first mentioned ones. Now the same procedure may be applied to find the atom sites by choosing a set of points in the neighbourhood of the origin of vector space. One is more or less at liberty to choose these points, as the resulting point set can be build in different ways, e.g. by combining the atoms in the cell or a part of these atoms with a part of an adjoining cell, etc. We will leave this topic at this stage, having shown that it is possible (at least theoretically) to find the direct space from the intensity space.

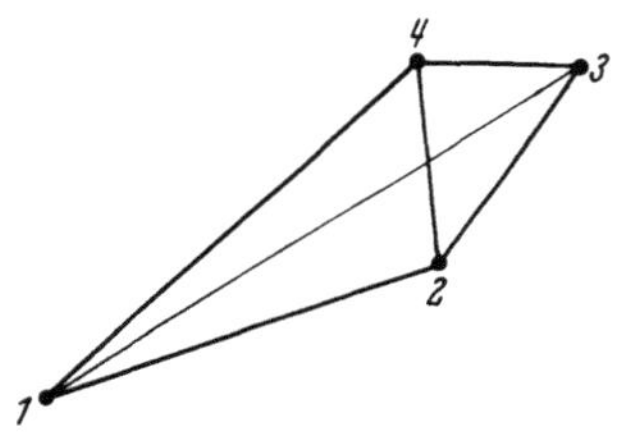

Fig. 18. A set of four atoms.

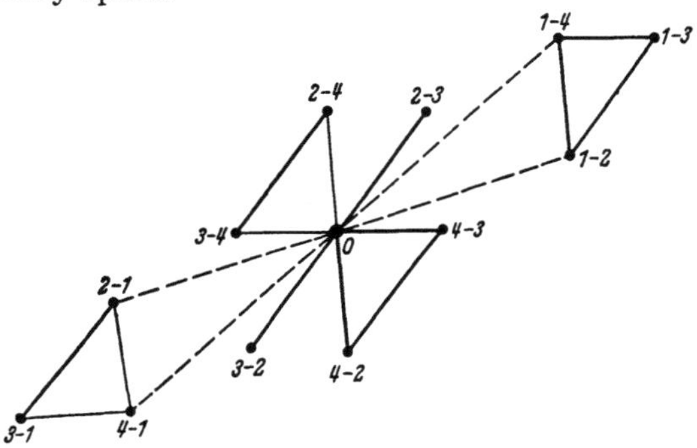

Fig. 19. The vector set belonging to Fig. 18, and the method for regaining the point set.

III. Symmetry of structures.

21. Introduction. *α) Symmetry.* The symmetry of crystals, as described in Sect. 3, must find its explanation in the structure. This explanation has been treated fully by SCHOENFLIES and BARLOW. In this chapter an outline of the mathematical methods will be given, which establish the 230 different kinds of symmetry. The existence of the 32 crystal classes will follow from these considerations. Further the result of symmetry on the vector space, and its significance for structure analysis will be treated[3].

A body is said to possess symmetry, if there exist one or more transformations, which brings the body to coincidence with itself. As we are speaking of rigid bodies, these transformations are movements (rotations) and improper movements (reflection). So we have to find combinations of transformations, which transform a given structure in itself.

A very simple example of symmetry is the lattice, considered as a set of translations. For each translation

$$n_1 \boldsymbol{a} + n_2 \boldsymbol{b} + n_3 \boldsymbol{c}$$

will transform a structure, based on this lattice, into itself. Let us now consider a point A, which is brought by one of the translations to B. Then B occurs also in the original structure (before it is translated), and the environment of A is the same as the environment of B (the lattice is considered to be infinite, otherwise a translation could not bring the structure to coincidence). The orientation

[1] A. L. PATTERSON: Phys. Rev. **65**, 195 (1944).
[2] J. GARRIDO: Bull. Soc. franç. Minéral. Cryst. **74**, 397 (1951).
[3] Cf. the article by H. JAGODZINSKI in vol. VII, part 1, of this Encyclopedia.

of the two environments is the same. If from A a point C is seen in a certain direction, then the corresponding point D is seen in the same direction from B.

β) Kinematics of a rigid body. Some transformations are known beforehand:

1. Translations. These will be denoted by t, to be distinguished from the vector, which gives the direction and length of the translation.

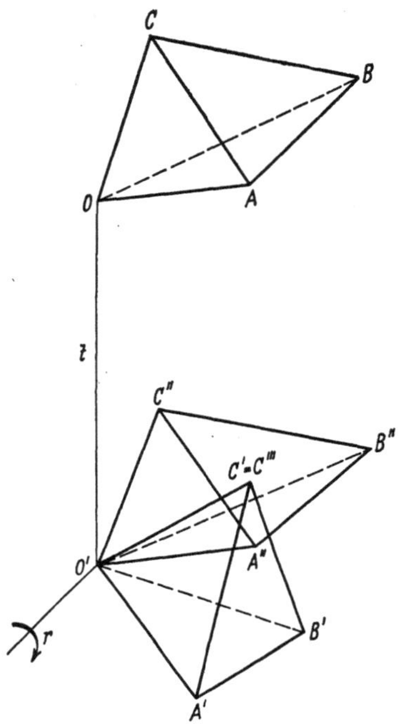

Fig. 20. The tetrahedra $OABC$ and $O'A'B'C'$ define two positions of the same body. By a translation t, followed by a rotation r the first position is brought to the position $O'A'B'C'$.

2. The rotations. This is a movement with a fixed axis. A rotation r is characterized by this axis of rotation and the angle through which the body is rotated. We borrow from kinematics the result that each movement of a body with a fixed point is a rotation. In particular: If a body is subject to two rotations, the result may be obtained as well by one rotation.

3. The reflections. This is an improper movement, the reflection at a plane mirror (m). A right hand is changed into a left hand, whereas the proper movements 1. and 2. transform a right hand into a right hand.

In order to find all transformations, we define a rigid body by a tetrahedron $OABC$. Each point P of the body is then completely defined by its distances to these four points. By the distances PO, PA, PB two points may be found, the one on one side of OAB, the other on the opposite side. The distance PC enables us to choose between the two situations.

Now a transformation is given by the new position of the tetrahedron, $O'A'B'C'$ (Fig. 20). This transformation may be described in the following way: we apply the translation t, which brings O to O'. A, B and C are transformed into A'', B'' and C''. Now it is possible to find a rotation r_1 which brings A'' to A' with fixed O'. Then a second rotation r_2 brings the rotated point B''' to B'. The result of two rotations is a single rotation r, which brings A'' and B'' to A' and B'. The transformation will be denoted by $t\,r$ (read: first t, then r). Now we have to look at the new point C'''. This point has the same distances from O', A' and B' which C' has. This means: either C' and C''' coincide, or they are situated at different sides of the triangle $O'A'B'$. In the first case, the transformation is $t\,r$; in the second case, a reflection must be applied to obtain coincidence, and the transformation is $t\,r\,m$. So the transformations $t\,r$, $t\,m$, $r\,m$ and $t\,r\,m$ will now be considered in detail. It will be useful to leave the geometrical method, and use analytic geometry, though our results may be found easily from geometrical considerations only.

γ) Proper movements. A rotation through an angle φ may be described using axes x, y, z. Be z the axis of rotation; x and y may be perpendicular to z, but let the angle between x and y be φ. So for each rotation a different set of axes may be used. A rotation in the direction from x to y is given by

$$r:\quad \left.\begin{aligned} x' &= -y\,, \\ y' &= x + 2y\cos\varphi\,, \\ z' &= z \end{aligned}\right\} \qquad (21.1)$$

(Fig. 21), if the origin lies on the axis of rotation. If, however, this axis intersects the plane $z=0$, in x_0, y_0, the same relation holds between $x-x_0$, $x'-x_0$ etc., hence

$$\left.\begin{aligned} x' &= -y + x_0 + y_0, \\ y' &= x + 2y\cos\varphi - x_0 + y_0(1 - 2\cos\varphi), \\ z' &= z. \end{aligned}\right\} \tag{21.2}$$

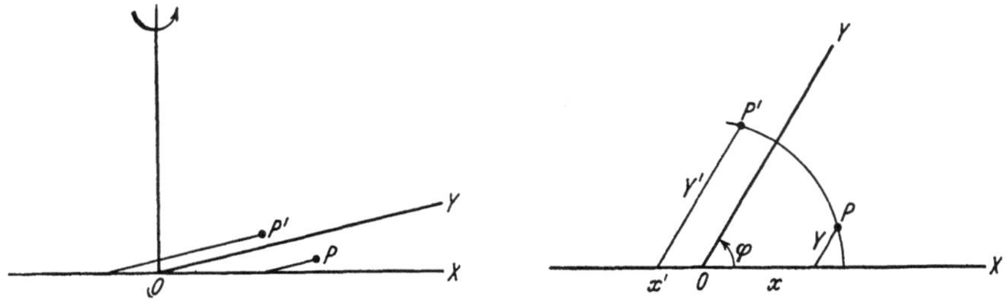

Fig. 21. Description of a rotation by non-orthogonal axes. The rotation is shown in three dimensions and in its projection on OXY.

Let us now consider the result of $t\,r$, and also of $r\,t$. t will be given by its components t_x, t_y, t_z. The origin is taken on the axis of r.

$t\,r$: First x, y, z are transformed into $x+t_x$, $y+t_y$, $z+t_z$. Then applying r, Eq. (21.1), tr becomes

$$\begin{aligned} tr:\ x' &= -y - t_y, \\ y' &= x + 2y\cos\varphi + t_x + 2t_y\cos\varphi, \\ z' &= z + t_z. \end{aligned}$$

Let t_z be zero, then comparison with (21.2) shows that the result is again a rotation about an axis, parallel to z, with

$$x_0 = \frac{-t_x - t_y}{2(1-\cos\varphi)}, \quad y_0 = \frac{t_x - t_y(1 - 2\cos\varphi)}{2(1-\cos\varphi)}. \tag{21.3}$$

The component t_z, gives a new transformation, a rotation and at the same time a translation along the axis. This is called a *screw*, t_z is called *the pitch* (Fig. 22).

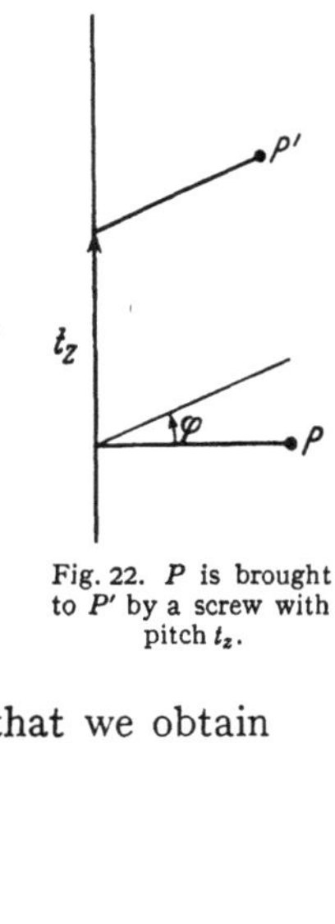

Fig. 22. P is brought to P' by a screw with pitch t_z.

Now let the translation be applied after the rotation, so that we obtain

$$\begin{aligned} rt:\ x' &= -y + t_x, \\ y' &= x + 2y\cos\varphi + t_y, \\ z' &= z + t_z. \end{aligned}$$

The new axis intersects the plane $z=0$ in

$$x_0 = \frac{t_x(1 - 2\cos\varphi) - t_y}{2(1-\cos\varphi)}, \qquad y_0 = \frac{t_x + t_y}{2(1-\cos\varphi)}. \tag{21.4}$$

Thence we see that a translation at right angles with the axis leads again to a rotation, but the result of tr is not the same as of rt. If rt is called a product, this result may be expressed by saying that the product is non-commutative. However, t_z in both cases renders the same screw, t_z and r commute.

Summarizing we may state that all movements of a body are translations, rotations, or screws.

The same is true for rotations of 180°. In this case the angle φ between x and y may be chosen arbitrarily, the rotation or screw is given by

$$\left.\begin{aligned} x' &= -x + 2x_0, \\ y' &= -y + 2y_0, \\ z' &= z, \quad \text{or} \quad z' = z + t_z. \end{aligned}\right\} \tag{21.5}$$

22. Improper movements. A reflection on a plane, perpendicular to the z-axis, is given by Fig. 23, and by

$$m:\left.\begin{aligned} x' &= x, \\ y' &= y, \\ z' &= -z + 2z_0. \end{aligned}\right\} \tag{22.1}$$

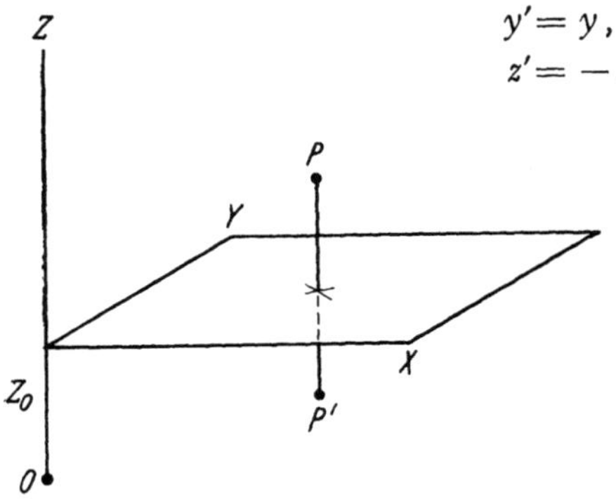

Fig. 23. P is brought to P' by mirroring.

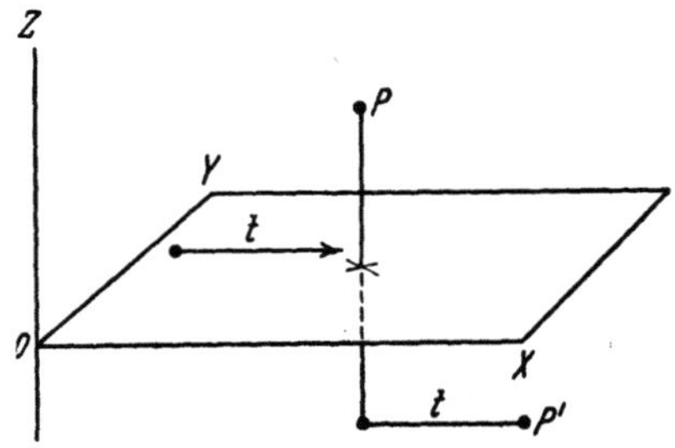

Fig. 24. A glide plane with translation t.

The mirror plane intersects the z-axis at the point $z = z_0$. The angle between the x-axis and y-axis can be chosen at liberty. Now tm will be given by

$$tm:\left.\begin{aligned} x' &= x + t_x, \\ y' &= y + t_y, \\ z' &= -z - t_z \end{aligned}\right\}$$

with $z_0 = 0$.

If only t_z exists, the result is a new mirror plane with

$$z_0 = -\tfrac{1}{2} t_z. \tag{22.2}$$

But t_x and t_y give rise to a new transformation, the *glide reflection*. mt gives $z_0 = \frac{1}{2} t_z$, and the same glide reflection (Fig. 24).

The combination of a reflection and a rotation is not so easy, as the axis may make any angle with the plane. To get simple expressions, let us consider at first the combination of a plane of reflection and a rotation of 180° about an axis perpendicular to the plane. The result is the *inversion* i. From (21.5) and (22.1) with $x_0 = y_0 = z_0 = 0$, it follows

$$i:\ x' = -x, \quad y' = -y, \quad z' = -z. \tag{22.3}$$

The origin in this case is the *centre of inversion* or *centre of symmetry*, the transformation itself may be described as a reflection with respect to the centre of inversion (Fig. 25). If this centre is situated at x_0, y_0, z_0, the result is

$$x' = -x + 2x_0, \quad y' = -y + 2y_0, \quad z' = -z + 2z_0. \tag{22.4}$$

Now the case rm can be treated. This is done by replacing r by the combination $r' r(2)$. The last symbol, $r(2)$, denotes a rotation of 180° with its axis perpendicular

(Fig. 21), if the origin lies on the axis of rotation. If, however, this axis intersects the plane $z=0$, in x_0, y_0, the same relation holds between $x-x_0$, $x'-x_0$ etc., hence

$$\left.\begin{aligned} x' &= -y + x_0 + y_0, \\ y' &= x + 2y\cos\varphi - x_0 + y_0(1-2\cos\varphi), \\ z' &= z. \end{aligned}\right\} \tag{21.2}$$

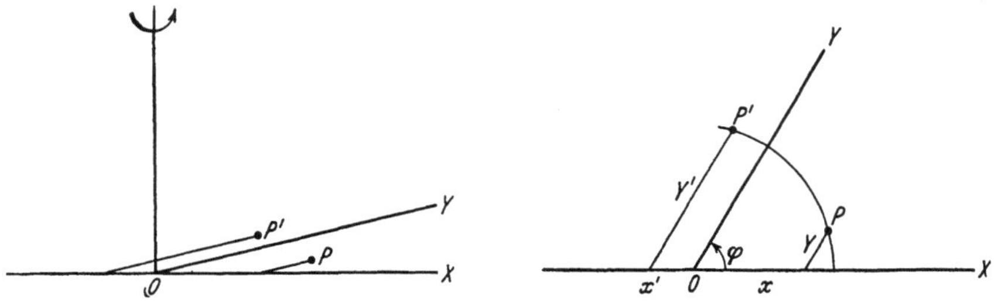

Fig. 21. Description of a rotation by non- orthogonal axes. The rotation is shown in three dimensions and in its projection on OXY.

Let us now consider the result of $t\,r$, and also of $r\,t$. t will be given by its components t_x, t_y, t_z. The origin is taken on the axis of r.

$t\,r$: First x, y, z are transformed into $x+t_x$, $y+t_y$, $z+t_z$. Then applying r, Eq. (21.1), tr becomes

$$\begin{aligned} tr:\ x' &= -y - t_y, \\ y' &= x + 2y\cos\varphi + t_x + 2t_y\cos\varphi, \\ z' &= z + t_z. \end{aligned}$$

Let t_z be zero, then comparison with (21.2) shows that the result is again a rotation about an axis, parallel to z, with

$$x_0 = \frac{-t_x - t_y}{2(1-\cos\varphi)}, \quad y_0 = \frac{t_x - t_y(1-2\cos\varphi)}{2(1-\cos\varphi)}. \tag{21.3}$$

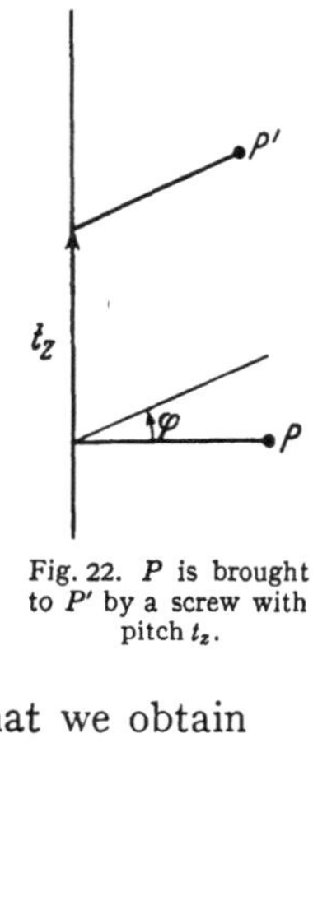

Fig. 22. P is brought to P' by a screw with pitch t_z.

The component t_z, gives a new transformation, a rotation and at the same time a translation along the axis. This is called a *screw*, t_z is called *the pitch* (Fig. 22).

Now let the translation be applied after the rotation, so that we obtain

$$\begin{aligned} rt:\ x' &= -y + t_x, \\ y' &= x + 2y\cos\varphi + t_y, \\ z' &= z + t_z. \end{aligned}$$

The new axis intersects the plane $z=0$ in

$$x_0 = \frac{t_x(1-2\cos\varphi) - t_y}{2(1-\cos\varphi)}, \qquad y_0 = \frac{t_x + t_y}{2(1-\cos\varphi)}. \tag{21.4}$$

Thence we see that a translation at right angles with the axis leads again to a rotation, but the result of tr is not the same as of rt. If rt is called a product, this result may be expressed by saying that the product is non-commutative. However, t_z in both cases renders the same screw, t_z and r commute.

Summarizing we may state that all movements of a body are translations, rotations, or screws.

The same is true for rotations of 180°. In this case the angle φ between x and y may be chosen arbitrarily, the rotation or screw is given by

$$\left.\begin{aligned} x' &= -x + 2x_0, \\ y' &= -y + 2y_0, \\ z' &= z, \quad \text{or} \quad z' = z + t_z. \end{aligned}\right\} \tag{21.5}$$

22. Improper movements. A reflection on a plane, perpendicular to the z-axis, is given by Fig. 23, and by

$$m:\left.\begin{aligned} x' &= x, \\ y' &= y, \\ z' &= -z + 2z_0. \end{aligned}\right\} \tag{22.1}$$

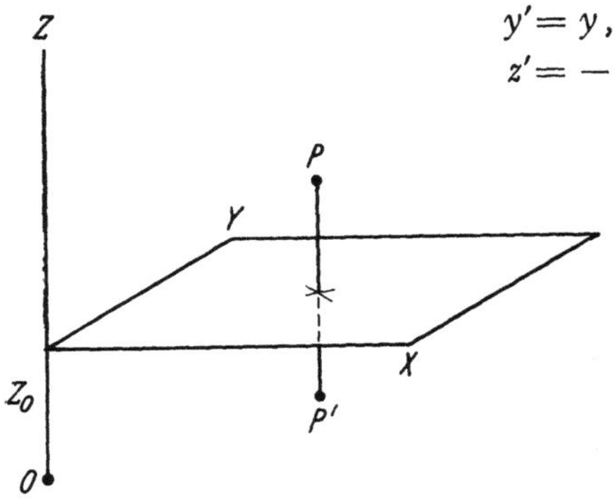

Fig. 23. P is brought to P' by mirroring.

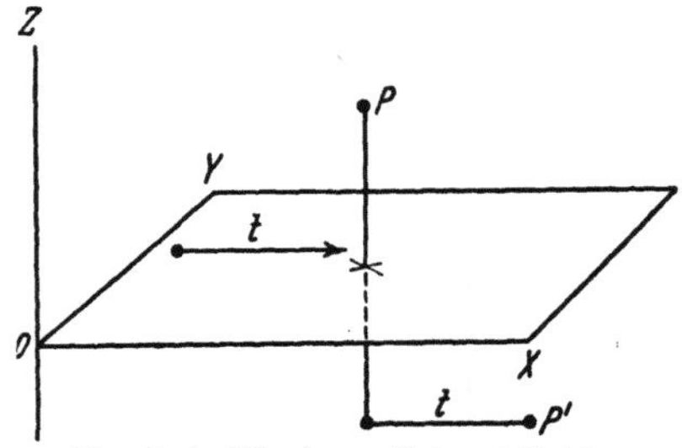

Fig. 24. A glide plane with translation t.

The mirror plane intersects the z-axis at the point $z = z_0$. The angle between the x-axis and y-axis can be chosen at liberty. Now tm will be given by

$$tm:\left.\begin{aligned} x' &= x + t_x, \\ y' &= y + t_y, \\ z' &= -z - t_z \end{aligned}\right\}$$

with $z_0 = 0$.

If only t_z exists, the result is a new mirror plane with

$$z_0 = -\tfrac{1}{2} t_z. \tag{22.2}$$

But t_x and t_y give rise to a new transformation, the *glide reflection*. mt gives $z_0 = \tfrac{1}{2} t_z$, and the same glide reflection (Fig. 24).

The combination of a reflection and a rotation is not so easy, as the axis may make any angle with the plane. To get simple expressions, let us consider at first the combination of a plane of reflection and a rotation of 180° about an axis perpendicular to the plane. The result is the *inversion* i. From (21.5) and (22.1) with $x_0 = y_0 = z_0 = 0$, it follows

$$i:\ x' = -x, \quad y' = -y, \quad z' = -z. \tag{22.3}$$

The origin in this case is the *centre of inversion* or *centre of symmetry*, the transformation itself may be described as a reflection with respect to the centre of inversion (Fig. 25). If this centre is situated at x_0, y_0, z_0, the result is

$$x' = -x + 2x_0, \quad y' = -y + 2y_0, \quad z' = -z + 2z_0. \tag{22.4}$$

Now the case rm can be treated. This is done by replacing r by the combination $r' r(2)$. The last symbol, $r(2)$, denotes a rotation of 180° with its axis perpendicular to the plane of reflection. r' can be found by applying again $r(2)$ to r. For, from $r = r' r(2)$, it follows that

$$r\,r(2) = r'\,r(2)\,r(2) = r'$$

as the repetition of $r(2)$ brings the body back in to its original position. Now $r(2)$, combined with m leads to an inversion (22.3), and rm is given by $r' i$, a rotation, followed by an inversion. This is a new transformation, the *improper*

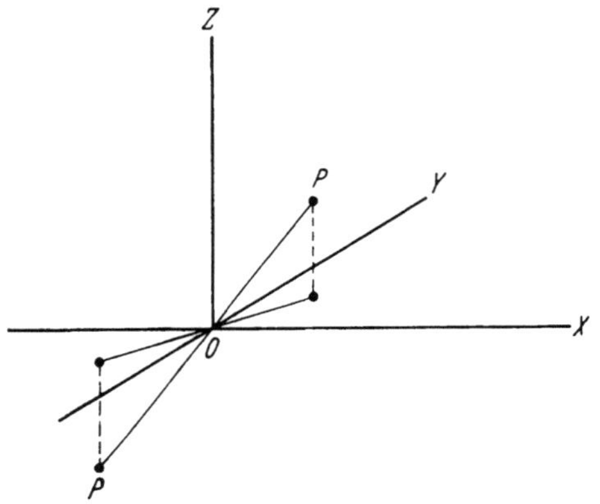

Fig. 25. A centre of inversion at O. $OP = OP'$.

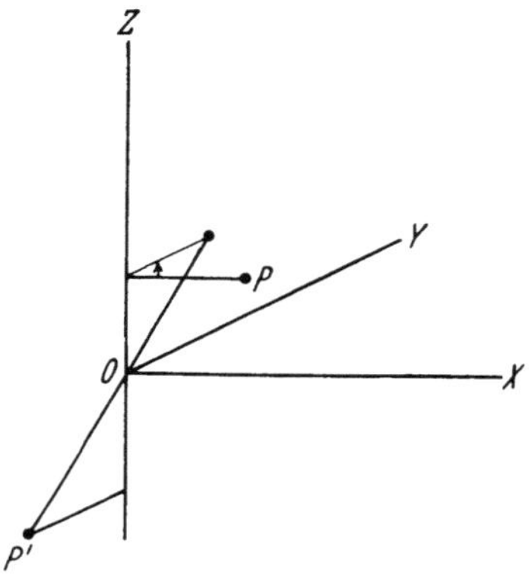

Fig. 26. P is brought to P' by an improper rotation with the centre O.

rotation, $\bar{r}$ (Fig. 26). Its analytical expression is found from (21.1) by changing the signs of the right sides

$$\bar{r}:\left.\begin{aligned} x' &= y\,, \\ y' &= -x - 2y\cos\varphi \\ z' &= -z\,. \end{aligned}\right\} \qquad (22.5)$$

The last step would be the study of tmr, or $t\bar{r}$. It may be shown in the same way as above, that this combination again leads to an improper rotation.

Hence, the improper movements are reflection, glide reflection, inversion and improper rotation.

23. Symmetry operations. If now one of the transformations is applied to a structure, and it brings the structure to coincide with itself, the structure possesses symmetry. We shall firstly consider rotations.

Let us assume that an axis of rotation is to be found in the structure. Then it can be proved:

1. Only rotations through an angle $360°/n$ can occur, and n can only be 2, 3, 4 or 6.

2. One of the translations of the lattice has the direction of the axis of rotation, the vector will be called $\boldsymbol{c}$, and two axes, $\boldsymbol{a}$ and $\boldsymbol{b}$, can be found perpendicular to it. These two form a net. The three translations describe a cell, this cell is not necessarily a primitive one. This last point will be examined in Sect. 27.

Let us have a point on the axis, and consider the point lattice belonging to this point. The rotation will change this lattice into another one, which must coincide with the original one. So the vector $\boldsymbol{d}$ (Fig. 27) of the lattice will be transformed into $\boldsymbol{d}_1$, which belongs also to the lattice. Repetition of the rotation will engender vectors $\boldsymbol{d}_2$, $\boldsymbol{d}_3$ etc. Now, if the angle of rotation is not a rational fraction of $360°$, an infinite set of translations will occur, and this is incompatible with a lattice. If the smallest angle of rotation is $360°/n$, then $\boldsymbol{d}$, $\boldsymbol{d}_1$, $\boldsymbol{d}_2$ etc.

are n vectors, all with the same length and making the same angle with the axis of rotation. The vector sum of these vectors is a translation of the lattice too, and has the direction of this axis. Further, the vector differences between two consecutive vectors form a regular polygon, and its sides and diagonals are translations, belonging to the net, perpendicular to this axis. For an arbitrary value of n this net cannot exist. To prove this, consider a translation $\boldsymbol{a}$ of this net. Then the translation $\boldsymbol{a}_1$, found by rotating $\boldsymbol{a}$ through $360°/n$, and $\boldsymbol{a}_2$, which is $\boldsymbol{a}$, rotated through $-360°/n$, belong to the net. Their vector sum has the direction of $\boldsymbol{a}$, its length is

$$2\,a\cos\frac{360°}{n} = p\,a.$$

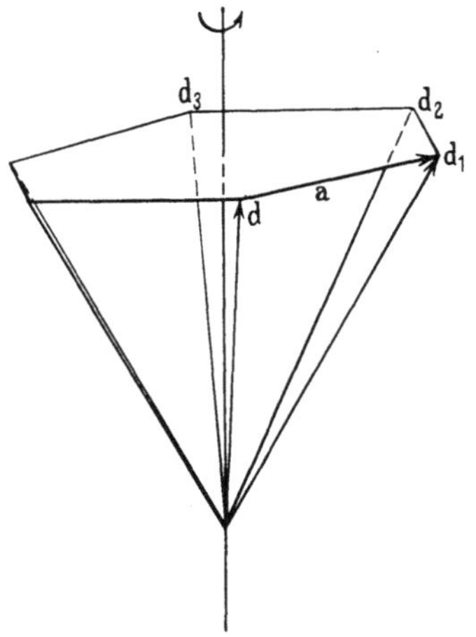

Fig. 27. Lattice vectors for the case that a rotation of 60° brings the structure to coincidence with itself.

As this vector belongs to the net too, p is an integer, and p can take the values 2, 1, 0, -1, -2. The first possibility would mean a rotation 0, this has no meaning. But for

$$\left.\begin{array}{lll} p=1; & n=6, & \alpha=60°, \\ p=0: & n=4, & \alpha=90°, \\ p=-1: & n=3, & \alpha=120°, \\ p=-2: & n=2, & \alpha=180°. \end{array}\right\}$$

For screws, the theorems 1. and 2. are valid too, and furthermore:

3. The pitch of a screw is a rational fraction of the translation vector $\boldsymbol{c}$ along the axis of rotation.

A screw will transform the point lattice into a new one, situated a distance p from the origin. The translations in this point lattice are also to be found in the original point lattice, since the translations are free vectors. The translations must satisfy the same conditions as in the case of rotations. If the screw is n times repeated, the result is a pure translation np, and this must be a multiple of the translation c. So p is $1/n$, $2/n$, etc. times c.

A centre of symmetry is possible for each lattice, so the improper rotations will obey to theorems 1. and 2. They also can only occur with $n=2$, 3, 4 or 6.

The first case, $n=2$, is a mirror plane. If a glide plane is considered, the glide translation is half of a translation in the net, parallel to the plane of reflection.

24. Symmetry elements. An axis with all rotations, belonging to it, a plane of reflection, a centre of symmetry are called *symmetry elements*. In the case of proper or improper rotations, or screws, we speak of twofold, fourfold or sixfold axes. Before giving a list of symmetry elements and their properties, we shall discuss the threefold axis.

Since this axis changes the net $\boldsymbol{a}$, $\boldsymbol{b}$ into itself, it follows that $\boldsymbol{a}$ and $\boldsymbol{b}$ are equal in length, and that an angle of 120° is between them. The rotation lets also coincide the structure with itself. Let us take a point in the cell. This point is changed into an equivalent point by the rotation of 120°, and into a third one by the rotation of 240°. From these three points, the structure is seen in the same way, but with a different orientation. These three equivalent points are found again in each cell, so there are three point lattices with different orientation of the environment. Now a rotation, followed by a translation will give a new rotation, or a screw. A screw with a pitch equal to c or a multiple of c

will not be reckoned as such, as we do not distinguish between the points of a point lattice, so $z+\frac{3}{2}$ may to put $z+\frac{1}{2}$. The translations of the lattice $\boldsymbol{a}$, $\boldsymbol{b}$, $\boldsymbol{c}$ will thus generate an infinite array of threefold axes. The expressions of Sect. 21 will now be useful to give the analytical description, because, taking the origin on the axis of rotation, we find from (21.1) with $\varphi=120°$

$$x'=-y, \quad y'=x-y,$$
$$z'=z \quad \text{or} \quad z'=z+\tfrac{1}{3} \quad \text{or} \quad z'=z+\tfrac{2}{3} \quad \text{or} \quad z'=-z$$

the last part refers to an axis, two screws or an improper axis of rotation. If the operation is repeated, then

$$x''=-y'=-x+y, \quad y''=-x$$

and $$z''=z, \quad z''=z+\tfrac{2}{3}, \quad z''=z+\tfrac{4}{3}=z+\tfrac{1}{3}, \quad z''=z.$$

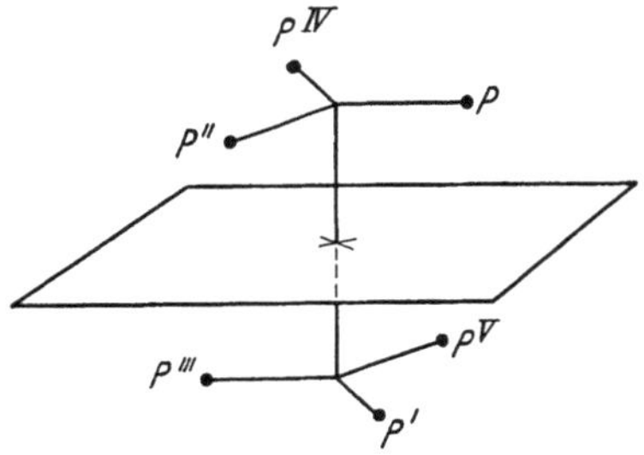

Fig. 28. P is brought to P' by an improper rotation of 120°, $\bar{3}$. The set of equivalent points may as well be described as the combination of the effects of a threefold axis and a centre of symmetry.

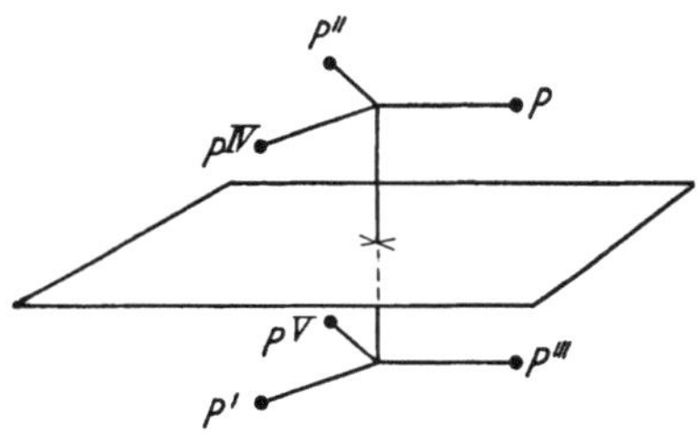

Fig. 29. P is brought to P' by an improper rotation of 60°, $\bar{6}$. The symmetry element can be described as a combination of a threefold axis and a mirror plane.

The axes of rotation, caused by the translations

$$t_x=n_1, \quad t_y=n_2, \quad t_z=0$$

are to be found from (21.3):

$$x_0=-\frac{n_1+n_2}{3}, \qquad y_0=\frac{n_1-2n_2}{3}.$$

In Table 1 the symmetry elements are shown with their symbol, the net, the position of the axes of rotations, and the analytical expressions. For the sixfold axis one would expect a cell with an angle of 60° between $\boldsymbol{a}$ and $\boldsymbol{b}$. It is seen from the figures, that this cell is identical with the cell for threefold axes, so here the angle of 120° is used too. The expressions (21.1) and (21.3) can be used in this case, as a rotation through 60° is the same as one of 240°, followed by a rotation of 180°, $x'=-x$, $y'=-y$. The glide plane is denoted by a, if its glide component is $\frac{1}{2}\boldsymbol{a}$, by n, if the glide component is $\frac{1}{2}\boldsymbol{a}+\frac{1}{2}\boldsymbol{b}$ (or another combination).

Some aspects of this table may be elucidated. As regards the rotations, it is seen that the twofold axis occurs in four kinds, on 0 0, on 0 $\frac{1}{2}$, on $\frac{1}{2}$ 0 and on $\frac{1}{2}$ $\frac{1}{2}$. For the threefold axes three different axes occur in one cell, the fourfold axes exhibit two different kinds, the sixfold axes are only to be found at the lattice points. The points at the left side of the table are to be found only around one kind of axes, e.g. the axes through the origin. The fourfold axis has also a rotation of 180°, so the pattern of 2 occurs in the set. The sixfold axis gives also the set 2 and the set 3. 4_1 possesses 2_1, 4_2 shows the set 2.

The centre of symmetry occurs on the three sides of the cell, at the centres of the faces and at the centre of the cell. In this case a three dimensional figure is indicated. This applies to all improper rotations.

It will be remarked that $\bar{3}$ and $\bar{6}$ are missing in the table. Now $\bar{3}$ (Fig. 28) contains a threefold axis, coupled with a centre of symmetry. And Fig. 29

Table 1.

2 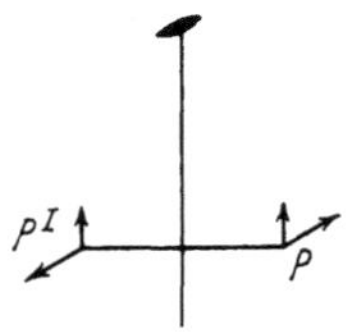	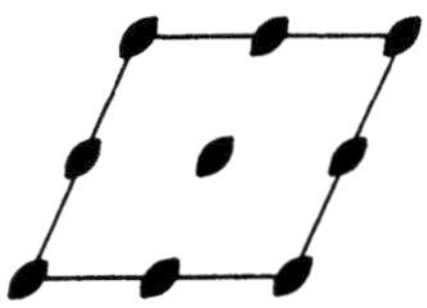	$x^I = -x$ $y^I = -y$ $z^I = z$
2_1 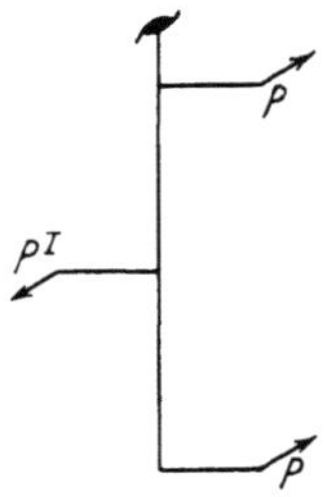	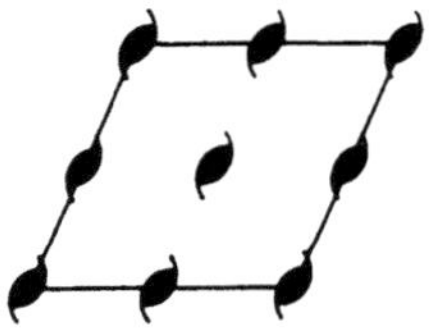	$x^I = -x$ $y^I = -y$ $z^I = z + \frac{1}{2}$
3 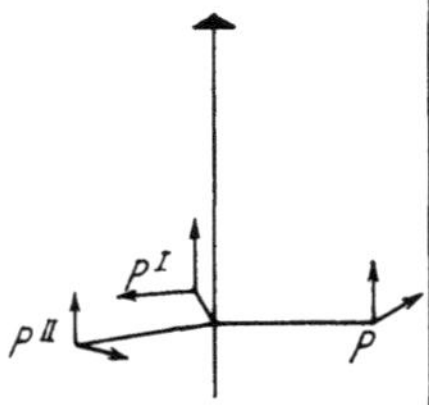	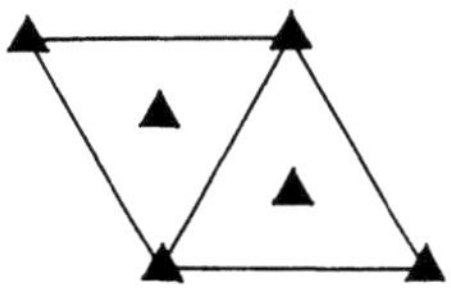	$x^I = -y$ $x^{II} = -x + y$ $y^I = x - y$ $y^{II} = -x$ $z^I = z$ $z^{II} = z$
3_1 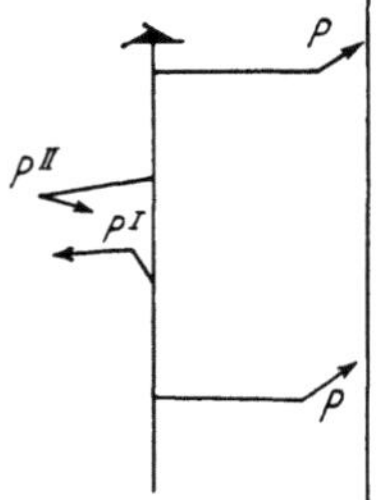	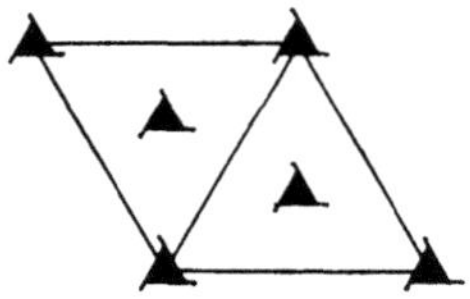	$x^I = -y$ $x^{II} = -x + y$ $y^I = x - y$ $y^{II} = -x$ $z^I = z + \frac{1}{3}$ $z^{II} = z + \frac{2}{3}$
3_2  as 3_1, with the same pitch the rotation is in the opposite direction		

shows that $\bar{6}$ is a threefold axis with a plane of reflection. So their properties follow from the two constituents. Further $\bar{3}$ has a decidedly hexagonal aspect, $\bar{6}$ a trigonal one. This fact has given birth to a difference between crystallography and structure analysis, as crystallography tends to classify structures with $\bar{3}$ together with those possessing 6, and $\bar{6}$ with 3. Here however, $\bar{3}$ will be taken together with 3, $\bar{6}$ with 6. The reason for this choice will appear later on. This choice is not self-evident, as the improper rotations too can be found from combinations of a rotation with a reflection. In this way 6 gives rise to $\bar{3}$, and 3 to $\bar{6}$.

25. The point groups. In a real structure nearly always combinations of symmetry elements are found. As an example we may find a sixfold axis, planes

Table 1. (Continued.)

4	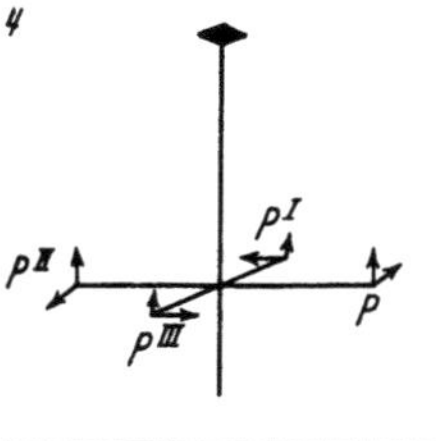	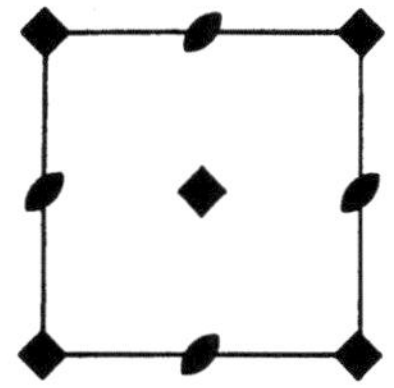	$x^I = -y$ $x^{II} = -x$ $y^I = x$ $y^{II} = -y$ $z^I = z$ $z^I = z$ $x^{III} = y$ $y^{III} = -x$ $z^{III} = z$
4_1	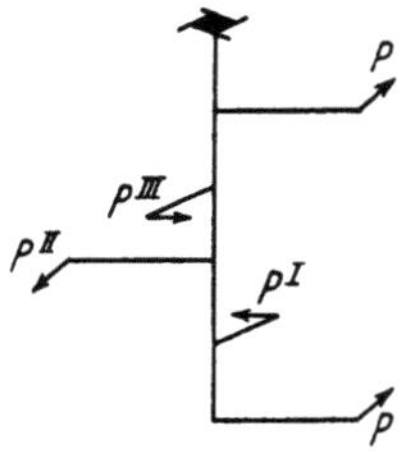	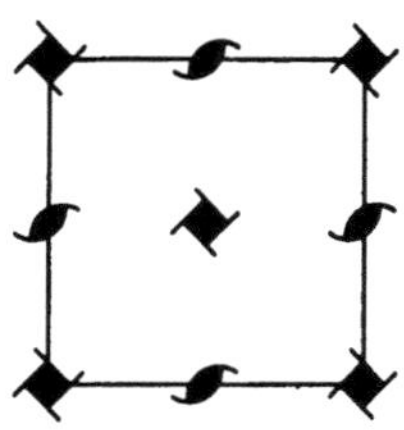	$x^I = -y$ $x^{II} = -x$ $y^I = x$ $y^{II} = -y$ $z^I = z + \frac{1}{4}$ $z^{II} = z + \frac{1}{2}$ $x^{III} = y$ $y^{III} = -x$ $z^{III} = z + \frac{3}{4}$
4_2	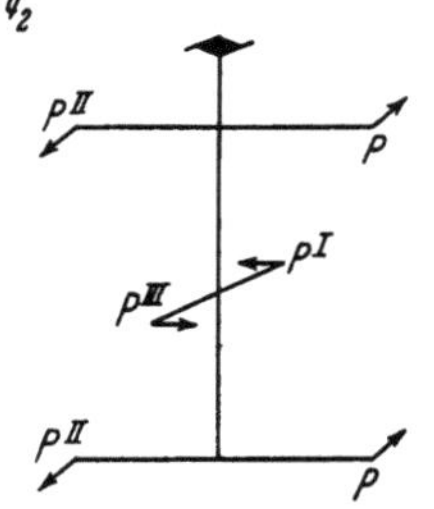	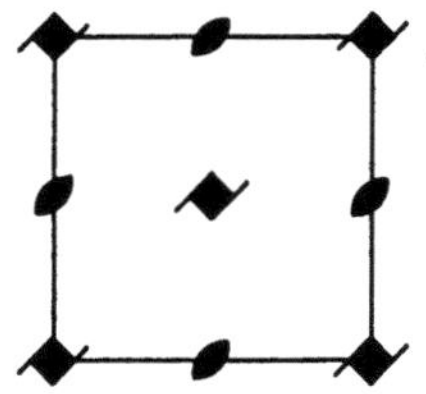	$x^I = -y$ $x^{II} = -x$ $y^I = x$ $y^{II} = -y$ $z^I = z + \frac{1}{2}$ $z^{II} = z + 1 = z$ $x^{III} = y$ $y^{III} = -x$ $z^{III} = z + \frac{1}{2}$
4_3 as 4_1 with an opposite rotation			
6	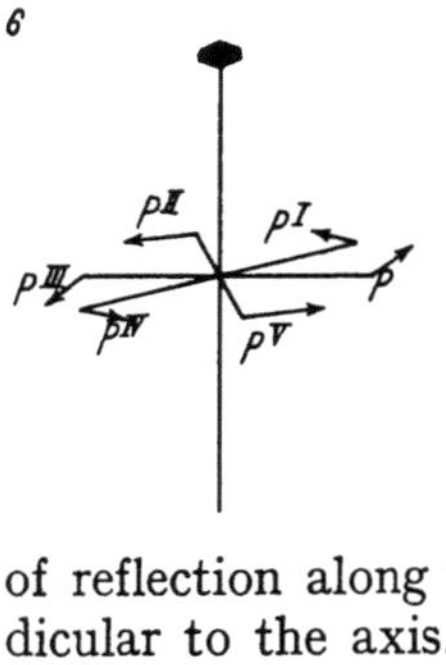	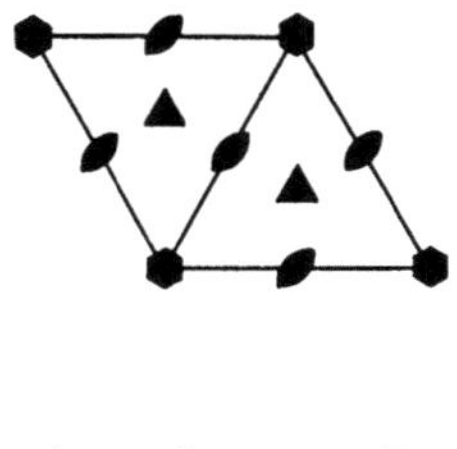	$x^I = x - y$ $x^{II} = -y$ $y^I = x$ $y^{II} = x - y$ $z^I = z$ $z^{II} = z$ $x^{III} = -x$ $x^{IV} = y - x$ $y^{III} = -y$ $y^{IV} = -x$ $z^{III} = z$ $z^{IV} = z$ $x^V = y$ $y^V = y - x$ $z^V = z$

of reflection along the axis and perpendicular to it, twofold axes, also perpendicular to the axis. The planes may be glide planes, the axes may be screws. But each symmetry element is accompanied by the complete set of elements, as given in Table 1, and lays a restriction on the lattice of the structure. So Table 1 gives the building stones for structures. Before combining these elements, two other problems have to be solved, the study of point groups and of the Bravais lattices. The first one will be treated in this section.

The transformations which turn a structure into itself, form a group[1].

[1] For details look G. Falk's article on algebra in vol. II of this Encyclopedia.

Table 1. (Continued.)

6_1	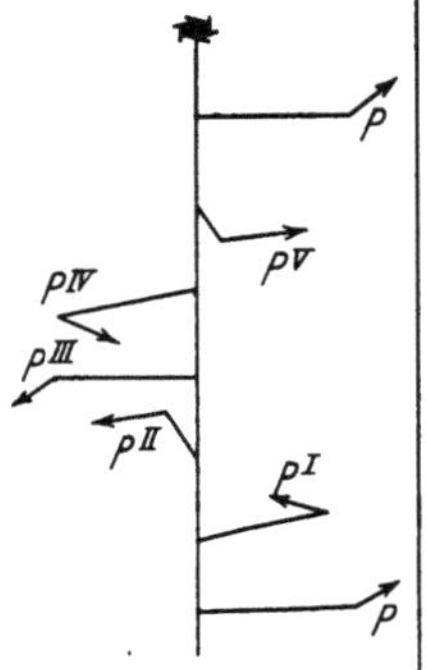	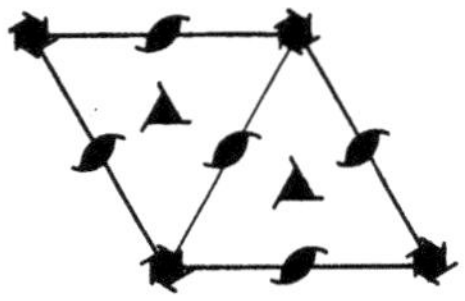	$x^I = x - y$, $y^I = x$, $z^I = z + \frac{1}{6}$ $x^{II} = -y$, $y^{II} = x - y$, $z^{II} = z + \frac{1}{3}$ $x^{III} = -x$, $y^{III} = -y$, $z^{III} = z + \frac{1}{2}$ $x^{IV} = y - x$, $y^{IV} = -x$, $z^{IV} = z + \frac{2}{3}$ $x^V = y$, $y^V = y - x$, $z^V = z + \frac{5}{6}$
6_2	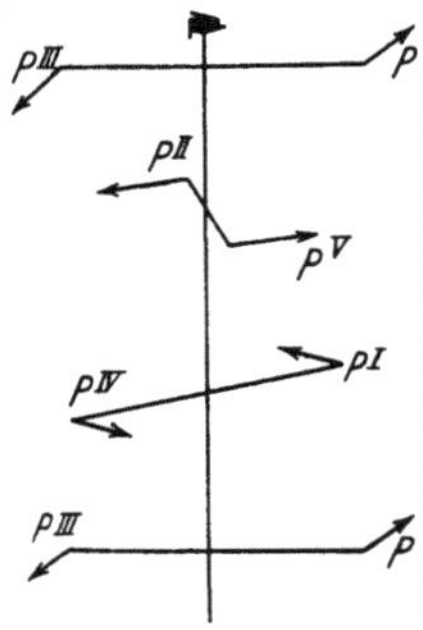	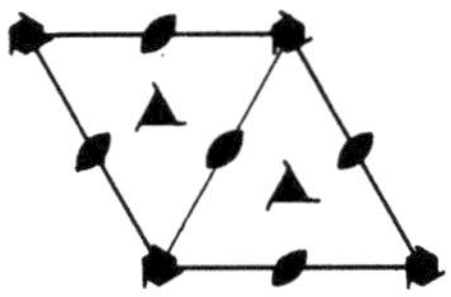	$x^I = x - y$, $y^I = x$, $z^I = z + \frac{1}{3}$ $x^{II} = -y$, $y^{II} = x - y$, $z^{II} = z + \frac{2}{3}$ $x^{III} = -x$, $y^{III} = -y$, $z^{III} = z$ $x^{IV} = y - x$, $y^{IV} = -x$, $z^{IV} = z + \frac{2}{3}$ $x^V = y$, $y^V = y - x$, $z^V = z + \frac{2}{3}$
6_3	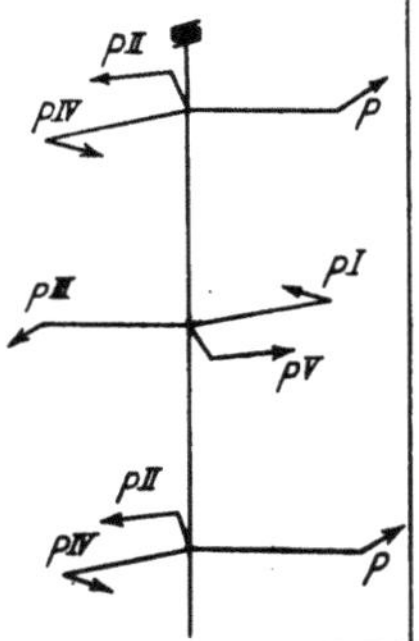	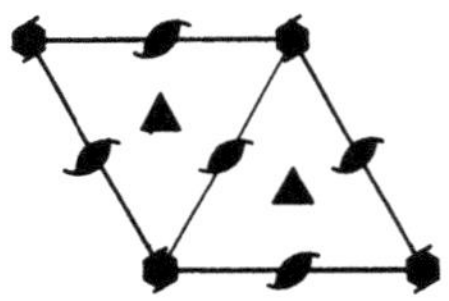	$x^I = x - y$, $y^I = x$, $z^I = z + \frac{1}{2}$ $x^{II} = -y$, $y^{II} = x - y$, $z^{II} = z$ $x^{III} = -x$, $y^{III} = -y$, $z^{III} = z + \frac{1}{2}$ $x^{IV} = y - x$, $y^{IV} = -x$, $z^{IV} = z$ $x^V = y$, $y^V = y - x$, $z^V = z + \frac{1}{2}$
6_4	as 6_2		
6_5	as 6_1		

A group is a set of objects *a*, *b*, *c*, etc. with the following properties:

1. A product *ab* is defined, and the result is again an element of the group,

$$a\,b = c.$$

2. The product is in general not commutative, $ab \neq ba$, but it is associative

$$(ab)\,c = a\,(bc).$$

3. An element *e* is present in the group with the property

$$a\,e = e\,a = a.$$

4. To each element *a* corresponds an element a^{-1}, so that

$$a\,a^{-1} = a^{-1}\,a = e.$$

We have given the definition of an abstract group. Here we are concerned with representations of the group, where the elements are given a definite meaning. In our case these elements are transformations.

Table 1. (Continued.)

m 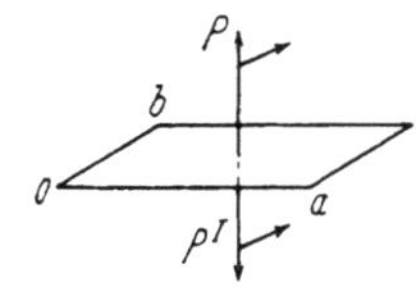	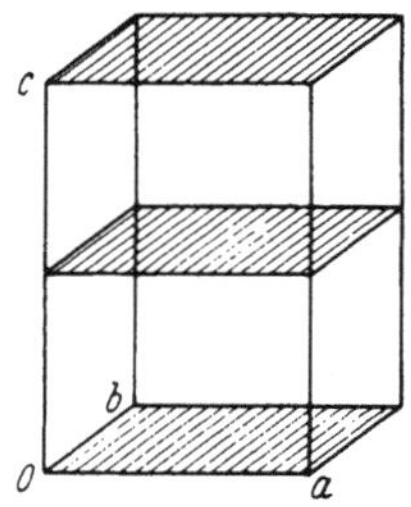	$x^I = x$ $y^I = y$ $z^I = -z$
a 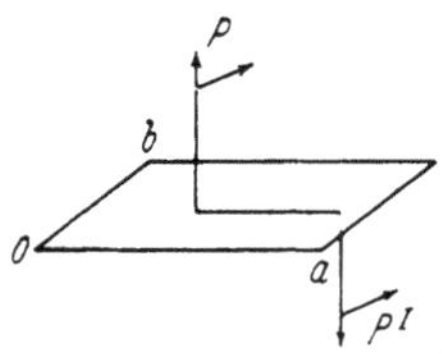	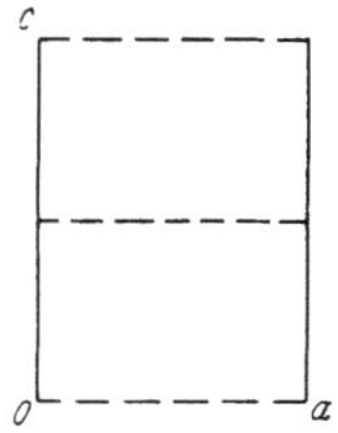	$x^I = x + \frac{1}{2}$ $y^I = y$ $z^I = -z$
n 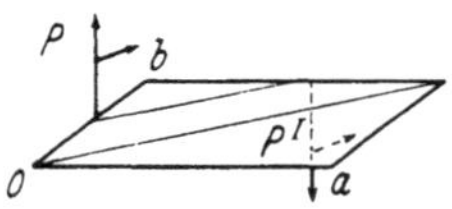	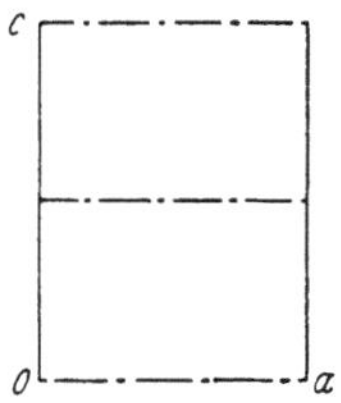	$x^I = x + \frac{1}{2}$ $y^I = y + \frac{1}{2}$ $z^I = -z$
$\bar{4}$ 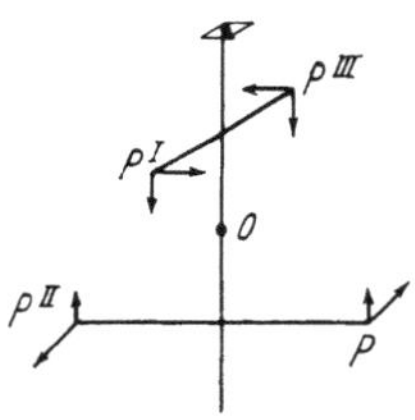	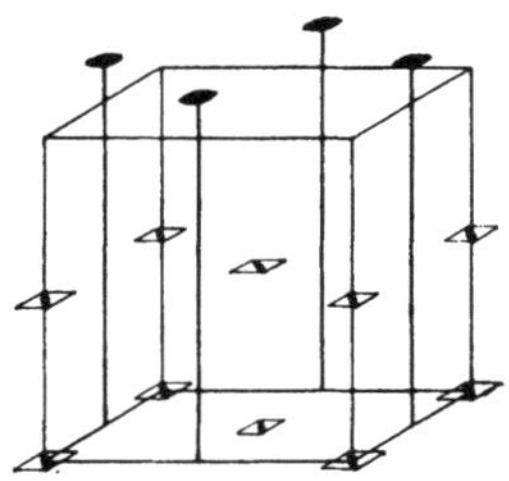	$x^I = y$ $x^{II} = -x$ $y^I = -x$ $y^{II} = -y$ $z^I = -z$ $z^{II} = z$ $x^{III} = -y$ $y^{III} = x$ $z^{III} = -z$

The transformations changing a structure into itself form a group, the *space group*. *e* is the transformation, which leaves the structure as it was; the identity. A rotation r^{-1} is the rotation with the same axis and through the same angle as r, but in the opposite direction. Further, if two transformations a and b both belongs to the set of transformations, then ab belongs to this set, too, i.e.: first a, then b will also bring the structure to coincidence and so belongs to the set.

The translations within the group also form a group, a subgroup. They define the lattice, as described in Sect. 8. If these transformations are applied to a point P, then the transformed points form a point lattice. From these points the structure is seen in the same way, and with the same orientation, as was shown in Sect. 20. Let us now apply another transformation, say a rotation, which brings P to P'. P' occurs also in the original position of the structure, but the orientation, as seen from P' is rotated through a certain angle, compared with the environment of P. Now applying all translations to P', a new point lattice is found. Proceeding in this way, we shall find a number of equivalent points in the cell, say n points, and this set of points is repeated throughout the lattice. This set of points is called a *lattice complex*. It may be described as n congruent point lattices. All points of one point lattice possess the same orientation, those of different point lattices still see the structure in the same way, but with a rotated (or inverted, or reflected) orientation. Now a new group may be introduced: Firstly to each point of the lattice comlex an arrow will be given. The arrows of one point lattice all have the same direction, there are n different directions fo the arrow. In an auxiliary space these n arrows may be drawn from one point. Then the transformations, which turn these arrows into each other, form a group of n elements, the *point group*. All translations are here put together as the identity. The set of rotation axes, belonging to one rotation, as described in Table 1, give all of them the same rotation to the arrow, and are represented in the point group by a single rotation. The same is true for screws.

Now, two transformations one applied after the other, will bring a point to an other point. But to find the new direction of the arrow, we have only to consider their representing elements in the point group. The point group has rotations (for all rotations and screws), reflection planes, which stand also for glide planes, and improper rotations. All translations, including those, which do not belong to the lattice, but which are pitches of screws, or glide components of a glide plane, are neglected in the point group.

The point group may be observed on the crystal, without help of diffraction. For, if a lattice plane is envisaged, it is seen that this plane is transformed into other planes by the elements of the space groups. A pure translation does not alter the direction of the plane, only the place in the structure. The other elements give other directions in space to the net plane. Now these net planes are parallel to crystal faces. The elements of the point group transform crystal faces into each other, and their study is crystallography. Here 32 combinations of symmetry elements, defining 32 point groups are found. These groups define the 32 crystal classes, and if the crystal, to be investigated, has well-developed faces, the point group of the structure is known beforehand.

Though group theory cannot be discussed here, some results may be mentioned: The translations of the lattice form an *invariant subgroup* of the group. This means: If the transformations are not applied to points but to the symmetry elements of the subgroup, the subgroup is not changed. For a translation will be transformed into another translation, never into a rotation. The point group is the *factor group* of this invariant subgroup. Each element is the representative of all transformations, consisting of the product of one element and all translations. It does not matter, whether the translations or the element is taken first. The factor group is an abridged description of the group, the subgroup itself is represented by the identity.

26. The crystal classes. We have now to combine twofold, threefold, fourfold and sixfold axes, and their improper equivalents, including the inversion. The different groups may be indicated by the SCHOENFLIES nomenclature, or by the HERMANN-MAUGUIN method. This last, in a more elaborate way than the original method, gives all indications to find the complete description of the point group. The identity is indicated by 1, the axes of rotation by 2, 3, 4 and 6, the improper rotations by $\bar{3}$, $\bar{4}$, $\bar{6}$, the inversion by $\bar{1}$, the reflection not by $\bar{2}$, but by m. A symbol $\frac{3}{m}$ indicates that the threefold axis is perpendicular to the mirror plane, $3\,m$ that the axis lies in the mirror plane. Further particularities can be better explained after the tables.

The first group has no symmetry, and corresponds to a structure which possesses only translations. Cyclic groups are groups which consist of one element and its repetitions. Dieder groups are characterized by one n-fold axis, and two twofold axes, perpendicular to the first. 2 2 2 has three axes perpendicular to each other. 3 2 has three twofold axes, along the diagonals of a regular hexagon. 4 2 2 has axes along the sides and the diagonals of a square. The two positions are indicated by two symbols 2. In 6 2 2 the twofold axes are divided into two sets, the one is found from the other by a rotation of 30°. In T and O the first symbol describes axes along the sides of a cube, the second along the body diagonals and the third along the diagonals of the faces.

Table 2. *Rotation groups.*

	Hermann-Mauguin	Schoenflies	Number of elements
a) Cyclic groups	1	C_1	1
	2	C_2	2
	3	C_3	3
	4	C_4	4
	6	C_6	6
b) Dieder groups	2 2 2	D_2	4
	3 2	D_3	6
	4 2 2	D_4	8
	6 2 2	D_6	12
c) Tetrahedral- and octahedral group	2 3	T	12
	4 3 2	O	24

Table 3. *Groups with improper movements.*

	Hermann-Maugin		Schoenflies	Number of elements
a) Cyclic groups		$\bar{1}$	C_i	2
		m	C_{1v}	2
		$\bar{3}$	C_{3i}	6
		$\bar{4}$	S_4	4
		$\bar{6}$	C_{3h}	6
b) Groups with a centre of inversion	From 2	$\frac{2}{m}$	C_{2h}	4
	4	$\frac{4}{m}$	C_{4h}	8
	6	$\frac{6}{m}$	C_{6h}	12
	2 2 2	$\frac{2}{m}\frac{2}{m}\frac{2}{m}$	D_{2h}	8
	3 2	$\bar{3}\frac{2}{m}$	D_{3d}	12
	4 2 2	$\frac{4}{m}\frac{2}{m}\frac{2}{m}$	D_{4h}	16
	6 2 2	$\frac{6}{m}\frac{2}{m}\frac{2}{m}$	D_{h6}	24
	2 3	$\frac{2}{m}\bar{3}$	T_h	24
	4 3 2	$\frac{4}{m}\bar{3}\frac{2}{m}$	O_h	48
c) Groups without centre of inversion	2	$m\,m\,2$	C_{2v}	4
	3	$3\,m$	C_{3v}	6
	4	$4\,m\,m$	C_{4v}	8
	6	$6\,m\,m$	C_{6v}	12
	2 2 2	$\bar{4}\,2\,m$	D_{2d}	8
	3 2	$\bar{6}\,m\,2$	D_{3h}	12
	2 3	$\bar{4}\,3\,m$	T_d	24

The proof that the number of point groups is exhausted by this enumeration[1], will not be given here. In Table 3b a centre of symmetry is added to the group of the first column. The axes 2, 4 and 6 give rise to a mirror plane, perpendicular to it, but 3 changes into $\bar{3}$. In Table 3c a plane of reflection is added in such a way that no centre of symmetry will obtain in the new group. For even axes this means that the plane must be parallel to the axis, this is not necessary for odd axes: 3 is changed into $\bar{6}$ by a mirror plane perpendicular to the axis. In $\bar{4}\,2\,m$ the planes bisect the twofold axes, in $\bar{4}\,3\,m$ the axes $\bar{4}$. In $\bar{6}\,m\,2$ we find also planes through $\bar{6}$ and one of the twofold axes.

As regards the group-theoretical aspect, it may be remarked that the groups of the first column are invariant subgroups of those of the second column, further that 2 2 2 is an invariant subgroup of 2 3, and this group again of 4 3 2, while the dieder groups stand in the same relation to the cyclic groups.

27. The BRAVAIS lattices. To get a space group, one of the point groups has to be combined with a lattice. In Table 1 this was achieved already for the cyclic groups, and it was shown that always three elementary translations could be found, one along the axis of rotation, and two perpendicular to the axis. It does not matter whether the axis represents a proper or improper rotation, or a screw. A centre of symmetry gives no restrictions for the lattice. Now the question arises, if the other point groups will restrict still more the lattice choice. A close examination reveals that this is only the case for 2 2 2 and for 2 3.

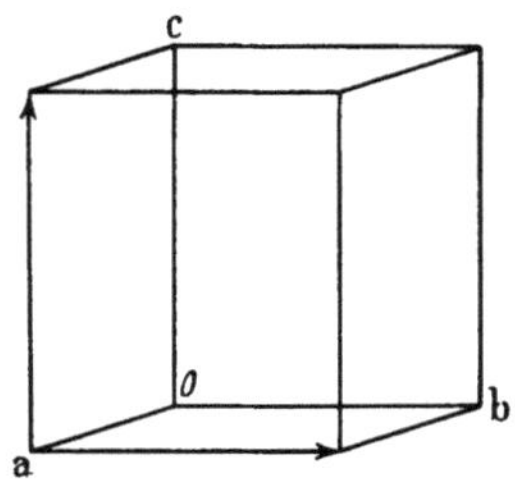

Fig. 30. The monoclinic BRAVAIS lattice P.

Another question is, whether the cells of Table 1 are primitive cells. The answer will be that they are not always primitive, but that 14 different lattices can be distinguished, the BRAVAIS latties.

Triclinic lattice. This is the most general lattice, as has been shown in Chap. I (p. 107). It is compatible with 1 and $\bar{1}$.

Monoclinic lattices. To a twofold axis belongs a translation $\boldsymbol{c}$ along the axis, and $\boldsymbol{a}$ and $\boldsymbol{b}$ perpendicular to it. The angle between $\boldsymbol{a}$ and $\boldsymbol{b}$ is arbitrary. If this cell is primitive, we find the monoclinic primitive cell, P (Fig. 30) (in crystallography it is customary to denote our translation $\boldsymbol{c}$ by $\boldsymbol{b}$). If the cell is not primitive, but $\boldsymbol{a}$ and $\boldsymbol{b}$ are primitive translations of the net, then a translation $\boldsymbol{d}$ is present,

$$\boldsymbol{d} = p\,\boldsymbol{a} + q\,\boldsymbol{b} + r\,\boldsymbol{c}, \qquad p, q, r < 1.$$

The endpoint of this vector lies in the cell. Now the rotation changes this vector into

$$\boldsymbol{d}' = -p\,\boldsymbol{a} - q\,\boldsymbol{b} + r\,\boldsymbol{c}.$$

The vector sum $\boldsymbol{d} + \boldsymbol{d}' = 2r\boldsymbol{c}$ is a translation, too, and is equal to $\boldsymbol{c}$, thus $r = \frac{1}{2}$. The vector difference

$$\boldsymbol{d} - \boldsymbol{d}' = 2p\,\boldsymbol{a} + 2q\,\boldsymbol{b}$$

is equal to one of the other translations. As we are free to choose $\boldsymbol{b}$ for this translation, let $\boldsymbol{d} - \boldsymbol{d}'$ be equal to $\boldsymbol{b}$. Then

$$\boldsymbol{d} = \tfrac{1}{2}\boldsymbol{b} + \tfrac{1}{2}\boldsymbol{c}.$$

The new cell shows a translation to the centre of the face on $\boldsymbol{b}$ and $\boldsymbol{c}$. This is called a *base centered lattice, A*. By B or C a lattice is meant with an extra trans-

[1] Cf. details given by H. JAGODZINSKI in vol. VII, part 1, of this Encyclopedia.

lation to the centre of one of the other faces (in Fig. 31 B is represented). P and A are the only possibilities. For two extra translations cannot exist, as their difference would belong to the net, and then the net would not be primitive. Later on, this restriction will be dropped.

The set of axes or screws, belonging to P has already been discussed. If now a rotation exists in the lattice A, then a mixed set of twofold axes and screws exists. For the lattice complex belonging to x, y, z, consists of translations:

$$x+n_1, \quad y+n_2, \quad z+n_3,$$

extra-translations:

$$x+n_1, \quad y+\tfrac{1}{2}+n_2, \quad z+\tfrac{1}{2}+n_3,$$

rotations:

$$-x+n_1, \quad -y+n_2, \quad z+n_3.$$

screws:

$$-x+n_1, \quad -y+\tfrac{1}{2}+n_2, \quad z+\tfrac{1}{2}+n_3.$$

The last line is caused by a set of screws, which pass through the points $\frac{1}{2}n_1$, $\frac{1}{4}+\frac{1}{2}n_1$, 0. In Fig. 32 the lattice complex has been drawn.

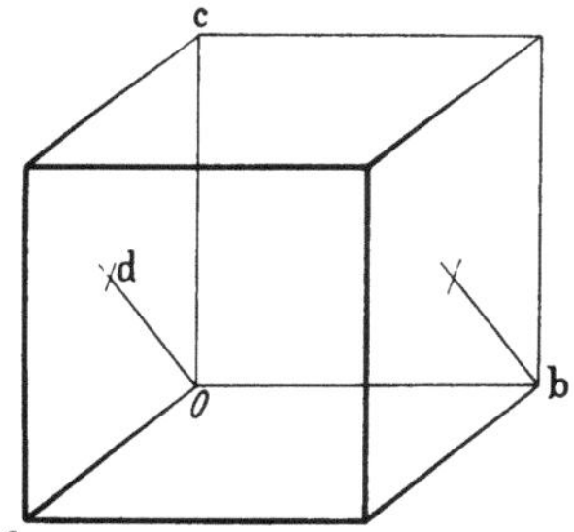

Fig. 31. The monoclinic lattice B with the extra translation $\boldsymbol{d}$.

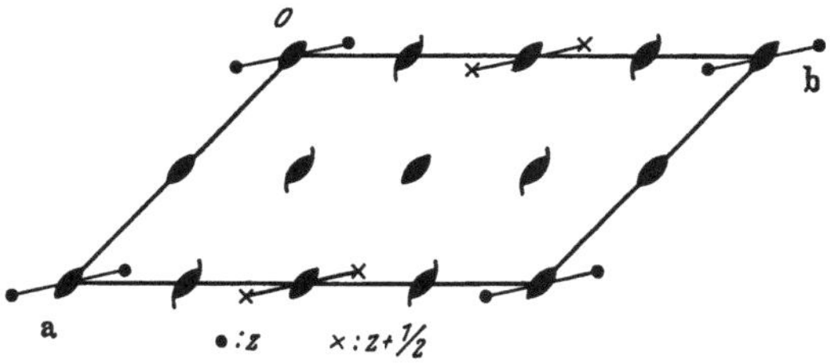

Fig. 32. The set of twofold axes belonging to A, and the corresponding lattice complex.

The same two lattices are possible, if a plane of reflection occurs. In A a mixed set of mirror planes and glide planes is present.

The monoclinic lattices are consistent with the point groups

$$2, \; m, \; \frac{2}{m}.$$

Orthorhombic lattices. The primitive cell, belonging to 2 2 2 has an orthogonal set of elementary translations $\boldsymbol{a}, \boldsymbol{b}, \boldsymbol{c}$. In accordance with the monoclinic lattices, there may be also lattices A, B or C. But now new possibilities arise.

If from the point group 2 2 2 the twofold axes along $\boldsymbol{a}$ and $\boldsymbol{b}$ are dropped, a monoclinic cell is found. The lattice C is a base-centered lattice, which can be transformed into a primitive one by

$$\boldsymbol{a}_1=\tfrac{1}{2}(\boldsymbol{a}+\boldsymbol{b}), \quad \boldsymbol{b}_1=\tfrac{1}{2}(\boldsymbol{a}-\boldsymbol{b}), \quad \boldsymbol{c}_1=\boldsymbol{c}. \tag{27.1}$$

For the monoclinic lattice, where the angle between $\boldsymbol{a}$ and $\boldsymbol{b}$ is arbitrary, this transformation substitutes only another angle instead of the first. But the transformation substitutes in the orthogonal lattice an obtuse or acute angle instead of the right angle between $\boldsymbol{a}$ and $\boldsymbol{b}$. So, here the two cases are different. If now to C an extra-translation is added,

$$\boldsymbol{d}=p\cdot\boldsymbol{a}+q\cdot\boldsymbol{b}+\tfrac{1}{2}\boldsymbol{c},$$

then by applying the three rotations we arrive at

$$\boldsymbol{d}_1 = -p \cdot \boldsymbol{a} - q \cdot \boldsymbol{b} + \tfrac{1}{2}\boldsymbol{c},$$
$$\boldsymbol{d}_2 = p \cdot \boldsymbol{a} - q \cdot \boldsymbol{b} - \tfrac{1}{2}\boldsymbol{c},$$
$$\boldsymbol{d}_3 = -p \cdot \boldsymbol{a} + q \cdot \boldsymbol{b} - \tfrac{1}{2} \cdot \boldsymbol{c}.$$

From $\boldsymbol{d} + \boldsymbol{d}_2$, there follows $p = 0$ or $\frac{1}{2}$, and the same values ensue for q. Choosing

$$\boldsymbol{d} = \tfrac{1}{2}\boldsymbol{a} + \tfrac{1}{2}\boldsymbol{c},$$

it follows that

$$\boldsymbol{d} + \tfrac{1}{2}\boldsymbol{a} + \tfrac{1}{2}\boldsymbol{b} = \boldsymbol{a} + \tfrac{1}{2}\boldsymbol{b} + \tfrac{1}{2}\boldsymbol{c},$$

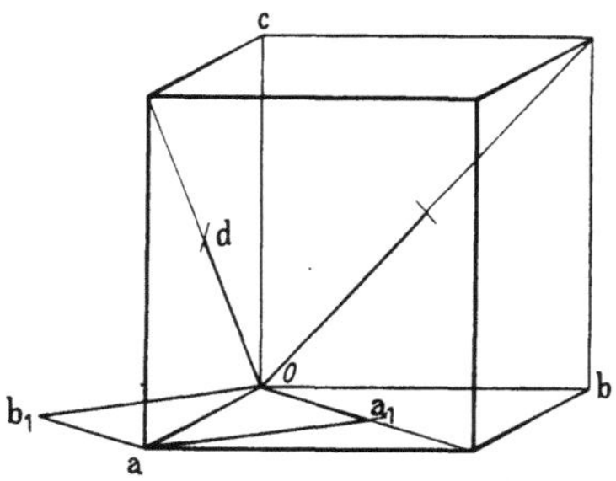

Fig. 33. The orthorhombic lattice F, with the extra translations. Described on $\boldsymbol{a}_1$, $\boldsymbol{b}_1$, $\boldsymbol{c}$, F becomes I, and C becomes P, the right angle is not preserved.

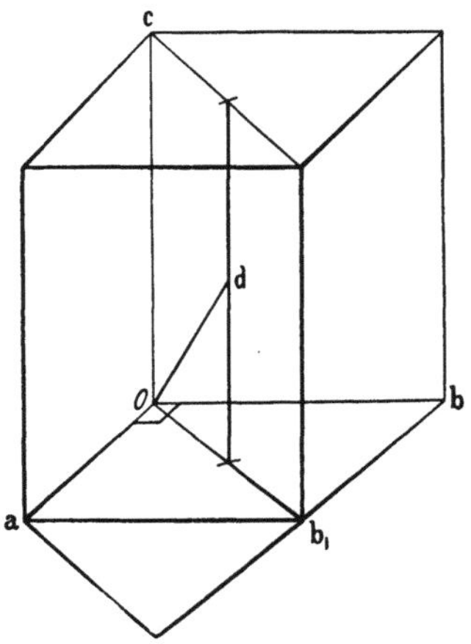

Fig. 34. The orthorhombic lattice I. The transformation $\boldsymbol{a}_1$, $\boldsymbol{b}_1$, $\boldsymbol{c}$ changes I into A, the right angle is not preserved

thus, $\frac{1}{2}\boldsymbol{b} + \frac{1}{2}\boldsymbol{c}$ is a translation too. This lattice, with all faces centered, is called the *face-centered lattice*, F. In Fig. 33 F is drawn, together with the transformation (27.1). The choice $\boldsymbol{d} = \frac{1}{2}\boldsymbol{a} + \frac{1}{2}\boldsymbol{b} + \frac{1}{2}\boldsymbol{c}$ cannot be made in the case of C, as the result would be that $\frac{1}{2}\boldsymbol{c}$ is a translation too. But, if $\boldsymbol{d}$ is added to P, a cell is found with an extra-translation to the centre of the cell, the *body-centered lattice*, I (Fig. 34). I is changed into A by

$$\boldsymbol{a}_1 = \boldsymbol{a}, \quad \boldsymbol{b}_1 = \boldsymbol{a} + \boldsymbol{b}, \quad \boldsymbol{c}_1 = \boldsymbol{c}. \tag{27.2}$$

This gives no new possibility for the monoclinic lattice, but it is a new one for orthorhombic lattices. So four different kinds, P, A (or B, or C), F, and I, are recognized. All lattices, except P, will give rise to mixed sets of axes and screws.

The adding of a centre of symmetry, or the replacing of twofold axes by mirror planes makes no difference for the lattice. The point groups, consistent with orthorhombic lattices are

$$222, \ \frac{2}{m}\frac{2}{m}\frac{2}{m}, \ mm2.$$

Tetragonal lattices are found, if a fourfold axis occurs. This lattice is a special case of the orthorhombic lattice, in this case $\boldsymbol{a}$ and $\boldsymbol{b}$ are equal in length. We might expect the four cases. But we find only P and I. For C is transformed by (27.1) into a new tetragonal lattice, the sides being now $\frac{1}{2}a\sqrt{2}$. A cannot exist, as then the lattice would be B too, because of the fourfold axis, so A becomes F, and this lattice can be transformed into I by (27.1).

I gives a mixed set: a pure rotation axis is accompanied by axes 4_2, and 4_1 by 4_3. The same lattice belongs to $\bar{4}$, and it is seen by inspection that the compatible point groups are

$$4,\quad 422,\quad 4mm,\quad \frac{4}{m},\quad \frac{4}{m}\frac{2}{m}\frac{2}{m},\quad \bar{4},\quad \bar{4}2m.$$

Cubic lattices. The group 23 is found by adding a threefold axis to 222. The ensuing primitive cell is then a cube, $a=b=c$. Next to the primitive cell P we find F and I. A is not possible, for then the cell would be at the same time B and C, thus we find F. The transformation (27.1) conserves the right angles, but not the equality of a and c. F and I are different cases. The lattices are compatible with

$$23,\quad 432,\quad \frac{2}{m}\bar{3},\quad \bar{4}3m,\quad \frac{4}{m}\bar{3}\frac{2}{m}.$$

Hexagonal and rhombohedric lattices. Threefold and sixfold axes are rather different from the other symmetry elements. We find here the hexagonal primitive cell, P, where $\boldsymbol{a}$ and $\boldsymbol{b}$ are equal in magnitude and include an angle of 120°, they are perpendicular to $\boldsymbol{c}$. Now an extra-translation $\boldsymbol{d}$ is changed by the rotations of 120° into $\boldsymbol{d}_1$ and $\boldsymbol{d}_2$. As their vector sum is $\boldsymbol{c}$, their vertical components are $\frac{1}{3}\boldsymbol{c}$. The three vectors $\boldsymbol{d}$ constitute a cell with $a=b=c$ and equal angles between all three. This is the *rhombohedric cell R*. In Fig. 35 its relation to the not primitive hexagonal cell is shown. The hexagonal cell is indicated by 4 cells in the plane (001) and the translation c.

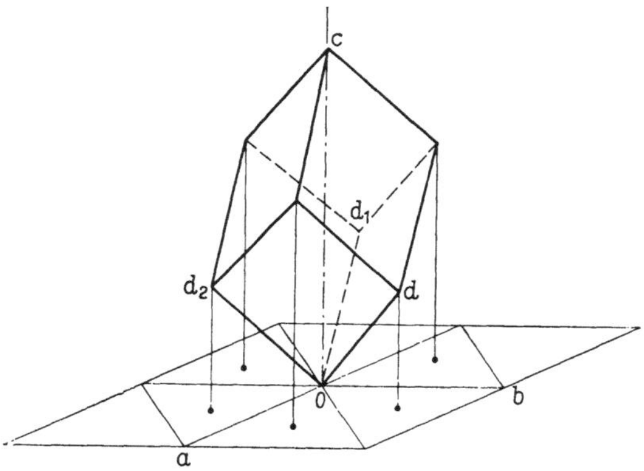

Fig. 35. The rhombohedric cell R described by three extra-translations in the hexagonal cell, $\boldsymbol{a}$, $\boldsymbol{b}$, $\boldsymbol{c}$.

A sixfold axis would give six vectors $\boldsymbol{d}$, and these cannot find place in a lattice, so here P is the only possibility. P and R belong to groups with 3 or $\bar{3}$, so

$$3,\quad 32,\quad 3m,\quad \bar{3},\quad \bar{3}\frac{2}{m}.$$

Only P can be found, combined with

$$6,\quad 622,\quad 6mm,\quad \frac{6}{m},\quad \frac{6}{m}\frac{2}{m}\frac{2}{m},\quad \bar{6},\quad \bar{6}m2.$$

In a rhombohedric lattice all kinds of screws occur, so 3, 3_1 and 3_2.

We will add that sometimes the hexagonal net is changed into an orthogonal, centered one by

$$\boldsymbol{a}_1=\boldsymbol{a}+\boldsymbol{b},\qquad \boldsymbol{b}_1=\boldsymbol{a}-\boldsymbol{b}.$$

We have found the 14 BRAVAIS lattices, and the investigation has lead to the seven systems of crystallography, with the point groups belonging to them. The division of the last system into hexagonal and rhombohedric, the first with P, the second with R and P, is specially used in structure analysis. In crystallography an other division, hexagonal and trigonal, is often used, as here the shape of the crystals is of more importance than the possible lattices.

Table 4. *Crystallographic systems and* BRAVAIS *lattices.*

Triclinic . . .		P	1		$\bar{1}$					
Monoclinic . .	$\alpha=\beta=90°$	$P\,A$	2		$\frac{2}{m}$		m	(m)		
Orthorhombic	$\alpha=\beta=\gamma=90°$	P, A, B, C, F, I		2 2 2		$\frac{2}{m}\frac{2}{m}\frac{2}{m}$	$m\,m\,2$			
Tetragonal . .	$\alpha=\beta=\gamma=90°$ $a=b$	$P\,I$	4	4 2 2	$\frac{4}{m}$	$\frac{4}{m}\frac{2}{m}\frac{2}{m}$	$4\,m\,m$	$\bar{4}$	$\bar{4}\,2\,m$	
Cubic	$\alpha=\beta=\gamma=90°$ $a=b=c$	$P\,F\,I$	2 3	4 3 2	$\frac{2}{m}\bar{3}$	$\frac{4}{m}\bar{3}\frac{2}{m}$			$\bar{4}\,3\,m$	
Hexagonal . .	$\alpha=\beta=90°$ $\gamma=120°$, $a=b$	P	6	6 2 2	$\frac{6}{m}$	$\frac{6}{m}\frac{2}{m}\frac{2}{m}$	$6\,m\,m$	$\bar{6}$	$\bar{6}\,m\,2$	
Rhombohedric.	$a=b=c$	$P\,R$	3	3 2			$3\,m$	$\bar{3}$	$\bar{3}\frac{2}{m}$	
Number of point groups			6	5	5	4	5	3	4	32

28. Space groups. It is found that 230 different space groups exist. This can only be proved by systematically exploring all possibilities, and summing up the results. It will be sufficient to demonstrate the construction of space groups, and to give some examples.

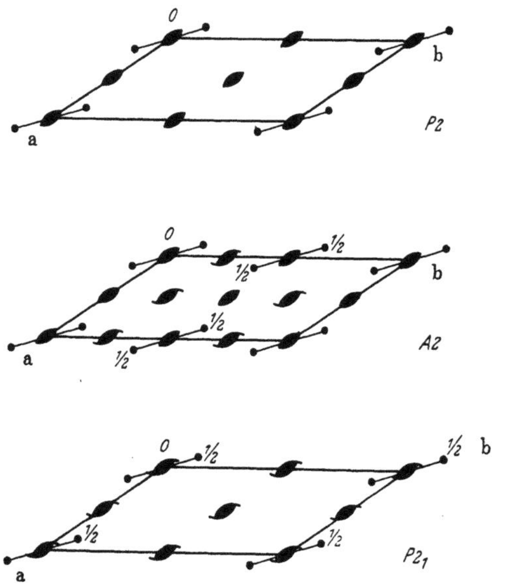

Fig. 36. The space groups, belonging to 2, with the sets of axes and lattice complexes.

When a point group is chosen, and one of the BRAVAIS lattices, compatible with it, then the elements of the point group can be applied to the lattice. Thus the point group 2 gives the space groups $P\,2$ and $A\,2$. The last one shows also screws. But 2 in the point group may also stand for a screw, so the third possibility is $P\,2_1$. In Fig. 36 the space groups are shown in vertical projection, $\frac{1}{2}$ means that the z coordinate is $z+\frac{1}{2}$.

Let us now consider 2 2 2. Two axes can be chosen as axes of rotation, or as screws, but the third element is already determined by the first two. Here $P\,2\,2\,2$, $P\,2\,2\,2_1$, $P\,2_1\,2_1\,2$, and $P\,2_1\,2_1\,2_1$ exist. Two screws 2_1 can be chosen as having a common point, from which the third element 2 results, or as nonintersecting, and then the third element is a screw too. Other space groups are $C\,2\,2\,2$, $C\,2\,2\,2_1$, $I\,2\,2\,2$, $I\,2_1\,2_1\,2_1$ and $F\,2\,2\,2$. The order of the elements is along $\boldsymbol{a}$, along $\boldsymbol{b}$ and along $\boldsymbol{c}$. In the last five groups mixed sets occur. For a derivation of all space groups, see PHILIPS[1]. We will describe $C\,2\,2\,2_1$ in detail. This may be done by giving the coordinates of the lattice complex belonging to x, y, z.

In front of the coordinates of each point, the transformation is indicated which changes x, y, z into this point:

$$\begin{array}{rlll}
t: & x+n_1, & y+n_2 & z+n_3, \\
t: & x+\frac{1}{2}+n_1, & y+\frac{1}{2}+n_2, & z+n_3, \\
2\parallel \boldsymbol{a}: & x+n_1, & -y+n_2, & -z+n_3, \\
2_1\parallel \boldsymbol{a}: & x+\frac{1}{2}+n_1, & -y+\frac{1}{2}+n_2, & -z+n_3, \\
2\parallel \boldsymbol{b}: & -x+\frac{1}{2}+n_1, & y+n_2, & -z+\frac{1}{2}+n_3, \\
2_1\parallel \boldsymbol{b}: & -x+n_1, & y+\frac{1}{2}+n_2, & -z+\frac{1}{2}+n_3, \\
2_1\parallel \boldsymbol{c}: & -x+\frac{1}{2}+n_1, & -y+n_2, & z+\frac{1}{2}+n_3, \\
2_1\parallel \boldsymbol{c}: & -x+n_1, & -y+\frac{1}{2}+n_2, & z+\frac{1}{2}+n_3.
\end{array}$$

The group character is easily verified, as the result of two transformations will always be found in the table. In practice the integers n_1, n_2, n_3 are left out. As the lattice is base-centered, the sets along $\boldsymbol{a}$ and $\boldsymbol{b}$ are mixed, the third consists of screws. The lattice complex is given in Fig. 37. A set of four points, equal to the set at C, has been omitted at D. The meaning of the coordinates can by found from (21.5). As an example, let us consider the fourth line. Since $-y$ and $-z$ occur, it is a rotation along the $\boldsymbol{a}$-direction. $x+\frac{1}{2}$ shows that the transformation is a screw. The points of intersection with the plane $x=0$ are given by

$$y_0=\tfrac{1}{2}n_2+\tfrac{1}{4}, \qquad z_0=\tfrac{1}{2}n_3.$$

The mixed sets of Fig. 34 are easily recognized. The set of screws, along $\boldsymbol{c}$, seems not to be the same as given in Table 1. But this set was given for a primitive parallelogramme of the net. If the net on $\boldsymbol{a}$ and $\boldsymbol{b}$ is described by a primitive cell, the set of Table 1 is found by the transformation

$$\boldsymbol{a}_1=\tfrac{1}{2}(\boldsymbol{a}+\boldsymbol{b}), \qquad \boldsymbol{b}_1=\tfrac{1}{2}(\boldsymbol{a}-\boldsymbol{b}).$$

The origin is chosen on $2\parallel\boldsymbol{a}$. Of course, if another origin would be chosen, the coordinates would be altered too. So there are different descriptions of the same space group. Moreover the lattice might be A or B, and this would give also a new description. It may be remarked that when a centre of symmetry occurs, one of these centres is always chosen as origin.

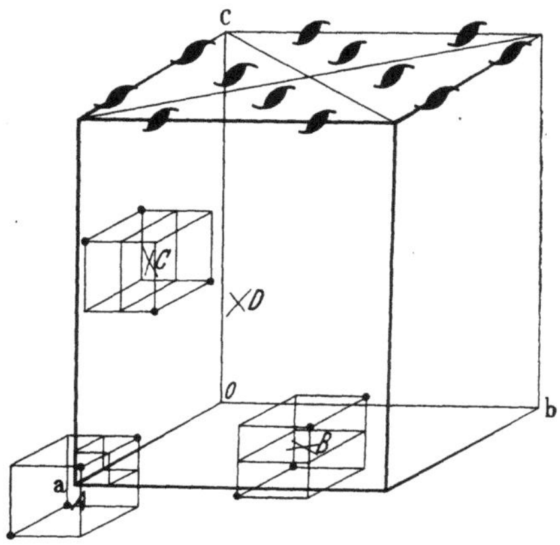

Fig. 37. A lattice complex in $C\,2\,2\,2_1$. The screws along $\boldsymbol{c}$ are drawn in the upper part of the figure. The parallelopiped at A is also present at the other lattice points, corresponding to O, and at the centre of the horizontal face. The centres of the vertical faces are occupied by parallelepipeds with another set of points. One of them is drawn at C.

If now a crystal structure belongs to this space group, each atom will appear 8 times in the cell, and occupy the lattice complex, given above. It is possible that two atoms, which are chemically the same, occupy two lattice complexes, in this case they are structurally different. But if an atom is situated on one of the twofold axes, two points of the lattice complex will coincide, and the number in the cell will be 4 instead of 8. This is called a special position, and

[1] F. C. PHILIPS: An introduction to Crystallography. London 1946.

will be observed, if the atom lies on an axis of rotation, on a plane of reflection, or at a centre of symmetry. But screws and glide planes give the full number of points, even if a point is situated on them. We shall later on discuss the importance for structure analysis (Sect. 31).

The projection of a structure will possess symmetry too. The symmetry of these two-dimensional structures can be discussed in the same way. Then we may find axes of rotation, mirror lines, and glide lines. An extension of the structure is found, if to the points in the lattice a sign is given, positive or negative. A new transformation is then added to the symmetry-elements. This may be useful when studying projections, as discussed in Sect. 17, especially in Eq. (17.3). This density will assume positive and negative values, while the total density, of course, never is negative[1].

29. The symmetry in the intensity space. Till now, the atomic representation has been used. But the results of space-group theory can be expressed equally well in the continuous representation. Then, the electron density must be the same at all points of a lattice complex, in the example $C\,2\,2\,2_1$ we find

$$\begin{aligned}\varrho(x, y, z) &= \varrho(x+n_1, y+n_2, z+n_3)\\ &= \varrho(x+\tfrac{1}{2}+n_1, y+\tfrac{1}{2}+n_2, z+n_3), \text{ etc.}\end{aligned}$$

The FOURIER space will give all particulars of symmetry, but these aspects may not be directly visible. More may be said about the intensity space: The symmetry of this space is the point group of the structure, coupled with a centre of symmetry. These point groups are called LAUE *groups*. The occurrence of screws and glide planes is betrayed by the so-called *regular extinctions*. This means that some structure factors are zero for those space groups. Extinctions are also observed, if the BRAVAIS lattice, used to describe the structure, is nons primitive. Let us now consider first the transformation of a set of lattice planes

$$h x + k y + l z = p. \tag{29.1}$$

We choose as an example a rotation of 90° about the z-axis. The normal on the set of planes will be rotated too, and equally the reciprocal vector. The new MILLER indices h_1, k_1, l_1, are given by

$$h_1 = -k, \quad k_1 = h, \quad l_1 = l \tag{29.2}$$

in accordance to the coordinate transformation in Table 1. This transformation does not depend on the situation of the axis of rotation, i.e. on the coordinates of the point, where the axis intersects the plane $z=0$. The transformed coordinates of a point, which depend on these coordinates, will be denoted by x', y', z' as in (21.2). Since this axis is assumed to be a symmetry element of the structure

$$\varrho(x, y, z) = \varrho(x', y', z')$$

or

$$\sum_h \sum_k \sum_l F(h, k, l)\, e^{-2\pi i(hx+ky+lz)} = \sum_h \sum_k \sum_l F(h, k, l)\, e^{-2\pi i(hx'+ky'+lz')}.$$

Now h, k, l may be replaced by h_1, k_1, l_1, as the summation extends over all values of the indices. Thus the expression on the right side becomes

$$\sum_{h_1} \sum_{k_1} \sum_{l_1} F(h_1, k_1, l_1)\, e^{-2\pi i(h_1 x'+k_1 y'+l_1 z')}.$$

[1] W. COCHRAN: Acta crystallogr. 5, 634 (1952). — A. V. CHOUBNIKOW: Travaux de l'institute de Crystallographie. Moskow 1954.

Let us assume that the axis of rotation passes through the origin. Thence

$$x' = -y, \quad y' = x, \quad z' = z$$

and

$$h_1 x' + k_1 y' + l_1 z' = h x + k y + l z.$$

Then it follows that

$$F(h, k, l) = F(h_1, k_1, l_1), \tag{29.3}$$

so the structure factors exhibit the fourfold axis.

An axis of rotation, which does not pass through the origin, may be described by a rotation of the first kind, preceded by a translation, perpendicular to the axis (21.3). Let this translation be denoted by t_x, t_y, then

$$x' = -y - t_y, \quad y' = x + t_x, \quad z' = z$$

and

$$h_1 x' + k_1 y' + l_1 z' = h x + k y + l z + h t_x + k t_y$$

and it is readily found that

$$F(h, k, l) = F(h_1, k_1, l_1)\, e^{-2\pi i (h t_x + k t_y)}. \tag{29.4}$$

The two structure factors differ in phase. In the same way a screw can be described by a translation t_z, the result is

$$F(h, k, l) = F(h_1, k_1, l)\, e^{-2\pi i l t_z} \tag{29.5}$$

as $l_1 = l$.

In the intensity space it is found from (29.4) and (29.5)

$$|F(h, k, l)|^2 = |F(h', k', l')|^2.$$

The intensity space shows the fourfold symmetry with respect to one axis through the origin.

The same proof might be given for other symmetry elements. Only the centre of symmetry has to be considered separately. If a structure has a centre of symmetry at the origin, x, y, z and $-x, -y, -z$ are equivalent points [cf. Eq. (22.3)] and F is real, $F(h, k, l) = F(\bar{h}, \bar{k}, \bar{l})$. Now in the intensity space the FOURIER components are real and equal for h, k, l and $-h, -k, -l$, $|F(h, k, l)|^2 = |F(\bar{h}, \bar{k}, \bar{l})|^2$, as these two structure factors are conjugate complex. So the intensity space has a centre of symmetry at the origin, even if the structure does not possess a centre. This is the law of FRIEDEL. This law might be expressed: It is impossible to distinguish between a group with symmetry centre and without such centre, using only X-ray data. In this form the law is not true. It will be shown that the intensity of diffraction is not always proportional to $|F|^2$ as defined by (18.8) (cf. Sect. 45 δ), but even if the proportionality exists, the absence or presence of a centre of symmetry may be proved as will be shown in Chap. E.

Extinctions. The expression (29.5) has a special character for $h = k = 0$. Then the two sets of indices are equal.

$$F(0, 0, l) = F(0, 0, l)\, e^{-2\pi i l t_z}.$$

If the last term is not equal to 1, this means that $F(0, 0, l) = 0$. Now for a fourfold axis, $t_z = \frac{1}{4}, \frac{1}{2}$ or $\frac{3}{4}$. In the first and the last case we find

$$F(0, 0, l) = F(0, 0, l)\,(-i)^l \quad \text{or} \quad F(0, 0, l) = F(0, 0, l)\,(i)^l.$$

In both cases $F(0\,0\,l)$ is zero, excepted if $l = 4n$.

In the second case $F(0\,0\,l) = F(0\,0\,l)\,(-1)^l$ and only structure factors with n even appear. The intensities on the reciprocal $\mathbf{c}^*$-axis show *serial extinctions*. In the same way it can be shown that $F(0\,0\,l)$ is not zero for

$$\begin{aligned} l &= 2n \quad \text{for} \quad 2_1, 4_2, 6_3 \\ l &= 3n \quad \text{for} \quad 3_1, 3_2, 6_2, 6_4 \\ l &= 4n \quad \text{for} \quad 4_1, 4_3 \\ l &= 6n \quad \text{for} \quad 6_1, 6_5. \end{aligned}$$

All elements here are taken along the z-axis. Now let us consider a glide plane, perpendicular to $\boldsymbol{c}$.

$$x' = x + t_x, \quad y' = y + t_y, \quad z' = -z + 2z_0.$$

Then it follows that

$$F(h, k, l) = F(h, k, \bar{l})\, e^{4\pi i l z_0}\, e^{-2\pi i (h t_x + k t_y)}. \tag{29.6}$$

Again it is found that $|F(h, k, l)|^2 = |F(h, k, \bar{l})|^2$, so the intensity space reveals a plane of reflection. Further

$$F(h, k, 0) = F(h, k, 0)\, e^{-2\pi i (h t_x + k t_y)}$$

and extinctions occur in the zone $l = 0$. We find:

glide plane a $t_x = \frac{1}{2}$, $t_y = 0$: F not zero for $h = 2n$,
glide plane n $t_x = t_y = \frac{1}{2}$: F not zero for $h + k = 2n$.

These are the *zonal extinctions.*

Non-primitive lattices are also recognizable by the so-called *integral extinctions.* A base-centered lattice has the extra-translations

$$x + \tfrac{1}{2}, \quad y + \tfrac{1}{2}, \quad z.$$

So it follows that

$$F(h, k, l) = F(h, k, l)\,(-1)^{h+k}$$

if this operation is treated in the same way as above. For the lattice C all structure factors with $(h+k)$ odd are extinguished, not only for $l = 0$, as for the glide plane n. It is found that F is not zero, for

$$\begin{aligned} &C \quad \text{if} \quad h + k = 2n, \\ &F \quad \text{if} \quad h + k = 2n, \quad h + l = 2n_1, \quad k + l = 2n_2, \\ &I \quad \text{if} \quad h + k + l = 2n, \\ &R \quad \text{if} \quad h + 2k + l = 3n. \end{aligned}$$

The last result follows from the extra-translation[1]

$$\boldsymbol{d} = \tfrac{1}{3}\boldsymbol{a} + \tfrac{2}{3}\boldsymbol{b} + \tfrac{1}{3}\boldsymbol{c}$$

(cf. Sect. 27 and Fig. 35) which transforms the hexagonal lattice into a rhombohedric one. We can only mention here that our results might be obtained from the inspection of the BRAVAIS lattice, and the other extinctions from the lattice complex, in the manner indicated in Sect. 6. This includes the use of the equation of BRAGG.

30. The symmetry of the vector space. This space being derived from the intensity space cannot yield any more results than this space does. So it exhibits always a centre of symmetry. Let us see, how a rotation is represented in vector

[1] If in Fig. 35 the rhombohedron is turned through 60°, the extinction will be given by $-h + k + l = 3n$, $\boldsymbol{d}$ being $-\frac{1}{3}\boldsymbol{a} + \frac{1}{3}\boldsymbol{b} + \frac{1}{3}\boldsymbol{c}$.

space. The lattice complex consists of n points around each lattice point, which form a regular polygon, perpendicular to the axis. The distances between two neighbours again form a polygon around the origin, in the plane $w=0$. The distances between other points of the polygon, the diagonals, form another polygon, but we will look only at the polygon next to the origin (Fig. 38). So the vector space possesses also a rotation axis, which is repeated at each lattice point, just as in ordinary space. The pseudo-atoms in vector space, belonging to this polygon, have all the same height, Z^2 (cf. Sect. 19). Now a screw is also represented by a rotation axis[1].

The distances between next neighbours have the same horizontal projection as in the case of rotation, but their components along the w-axis are equal to the pitch of the screw. So the same polygon is found, but not in the plane through the origin, but at a height p. They may be detected by calculating the threedimensional PATTERSON function for a plane, perpendicular to the axis, but at a distance $\frac{1}{6}$, $\frac{1}{3}$, $\frac{1}{4}$ or $\frac{1}{2}$. These sections are called HARKER *sections*. BUERGER[2] has given a method for determining the situation of the atoms with respect to the rotation axis from the HARKER sections.

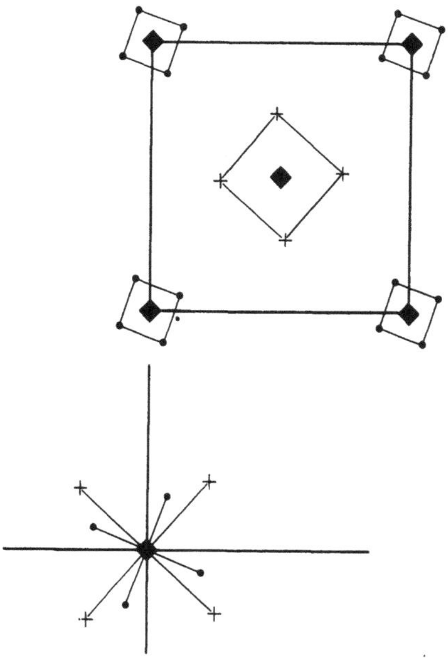

Fig. 38. Two atoms in a tetragonal structure, and a part of their vector set.

Certain *ambiguities* are inherent to the use of vector space. Let a fourfold axis be detected in this way. Now in the cell two fourfold axes are to be found, which are not equivalent (Table 1). It is uncertain, to which of these two axes the coordinates of the atom do belong. So it may be asked, whether the coordinates of two different atoms are to be referred to the same axis, or to two different ones (Fig. 38). From Table 1 the ambiguities can be tabulated:

$\bar{2}$	4 possible choices,
$\bar{3}$	3 possible choices,
$\bar{4}$	2 possible choices,
$\bar{6}$	1 possible choice.

31. The use of space groups for crystal analysis. The knowledge of the space group may be useful to find the structure. Before embarking for an extended treatment of this subject, it may be useful to give a short survey of the preceding sections, in so far as they bear on structure analysis.

It is assumed that the crystal is known. This means that the axes and their proportions $a:b:c$ are known, and further the crystal class, that is the point group. X-ray diffraction has given the intensities of the diffracted rays, and so $|F(h,k,l)|^2$. The adding of the indices to each reflection has been performed too. Then the integral extinctions, if they occur, will indicate that the chosen axes

[1] A systematic discussion of the symmetry properties of the FOURIER space, the intensity space and the vector space, together with extinction tables for the different space groups, will be found in W. NOWACKI: Schweiz. Mineral. Petrogr. Mitt. **30**, 147 (1950); **32**, 185 (1952).

[2] M. J. BUERGER: J. Appl. Phys. **17**, 579 (1946).

do not form a primitive cell, but one of the non-primitive BRAVAIS lattices. The serial and zonal extinctions prove the existence of screws and glide planes. So it is possible to confine the choice of space group to a small number. In most cases the space group is fully determined by the crystal clas and the extinctions (cf. Sect. 68β). If now the space group is known, coordinates have to be assigned to the different atoms. From the chemical constitution and the density, the content of the cell is known, because from the values of the axes a, b and c the volume of the cell is known, and its mass follows from the density. From the chemical constitution the mass of the molecule is known. Hence, we know how many atoms of each kind occur in the cell. If now all atoms occupied general positions, each atom would appear as many times as the number of points of the lattice complex in the cell.

If only a fraction of this number is found for an atom, then the atom must occupy a special position (Sect. 28). So the choice of coordinates for this atom is restricted, and sometimes only one place is possible. The general positions of other atoms have to be ascertained by FOURIER synthesis. The symmetry of a lattice complex belonging to a special position may be higher than the space group to which it belongs. To take a very simple case, if only a twofold axis is present, as in $P2$, then if a point or the centre of a spherical atom is situated on the axis, a centre of symmetry is added to the axis, and a group $P\frac{2}{m}$ describes the symmetry of this lattice complex. So if heavy atoms occupy special positions, and light atoms the general positions, the intensity space may exhibit a higher symmetry than the true one. For the heavy atoms are preponderant in the structure factor, as their atomic factors are larger, and the structure factors constitute the intensity space. Such cases are rather frequent, since atoms like oxygen, carbon, etc. occur in greater numbers in the chemical constitution as heavy atoms. A special case is that of the hydrogen atom. Its atomic factor is small, for the atomic factors are roughly proportional to the number of electrons Z. But if the hydrogen atom is ionized, it does not contain electrons, the atomic factor is zero, and it cannot be determined by X-rays.

C. The fundamental concepts in X-ray scattering.

32. Introductory. The problem of determining the intensity of a beam of X-rays, diffracted by a piece of matter is not yet solved in its most general formulation. We shall show, however, that a very simple result is found for those cases we are interested in. To begin with, the problem may be stated in this way: A parallel beam of monochromatic X-rays falls on a piece of matter. The intensity of the radiation has to be calculated for each point in space. This problem will be described here in a purely qualitative way. We shall start with the scattering by atoms.

As is well known, the electrons of an atom are found in different shells around the nucleus. The two innermost electrons are found in the K-shell, then eight ones in the L-shell, if atoms beyond neon are considered. We are less concerned with the other electrons and their distribution in shells. Now it is impossible to bring a K-electron to the L-shell, or to the M-shell, if this shell is filled. But it is possible to remove an electron from the K-shell to infinity or to one of the outer shells.

Compared with the energy, needed to remove a K-electron to infinity, the energy to remove an outer electron is very small. We may neglect this energy and assume that the energy to remove an electron to infinity and the energy to remove it to an outer shell are the same. The same considerations may be applied to the L-shell, the energy needed for removing one of these electrons, however, is less than the former. The excited states of the atom, in which we are interested, will be those in which one K- or L-electron is missing, and this electron gains a certain constant velocity as soon as it escapes from reach of the forces of the atom.

The beam of X-rays will be considered here as a beam of photons with an energy $h\nu$, ν being the frequency of the radiation. If X-rays are falling on a piece of matter, the following effects will occur:

α) Absorption. If the energy of a photon is higher than the energy needed to bring the atom into an excited state, characterized by the velocity 0 of the emitted electron, the photon may be absorbed. The probability of this occurrence is relatively large if the energy of the photon does not exceed very much the energy difference between the two states. The range of energies of X-ray photons is such that only removing an electron from the K- or the L-shell will cause absorption of the photon. The energies for removing an outer electron will be a thousand times less than the excitation energies, considered here, and will be important for absorption of light.

β) Compton *scattering.* It is, however, possible for a photon to affect one of the outer electrons. In this case the photon imparts some of its energy and momentum to an electron, and leaves the atom with less energy. This means a scattering of X-rays with a wave-length greater than the original one. The two effects, named above, are only of secondary importance in structure analysis. One property of the Compton scattering must be noted here: Its radiation is incoherent. This means that the intensity of the radiation in a point is the sum of the energies of the radiations, scattered by the different atoms.

γ) The coherent scattering. The photon imparts no energy to the atom, and is scattered with wave-length unchanged. This scattering is coherent, and will give rise to diffraction effects.

δ) Fluorescence. If the atom is in an excited state, the gap in the K-shell or in the L-shell can be filled up by an electron from one of the other shells, and the energy difference will be found to be the energy of an emitted photon. As its energy is less than the energy, used for exciting the atom, its wave-length is greater than the wave-length of the exciting radiation, hence the name fluorescence. This fluorescence is mostly an unwished complication, just as the two first named effects. There are cases (Kossel lines), where this effect is useful.

We now turn to the coherent scattering. The best way to calculate its intensity would be the method of Dirac, which is the mathematical expression of the description, given above. In this derivation the quantized radiation field, the atom, and the interaction of both, form the starting point. We shall choose here the simpler way of considering the beam as an electro-magnetic wave and neglecting the photon aspect of the radiation. The atom is perturbed by the field, and emits the scattered radiation. Now, radiation is caused by accelerated electric charges. The problem is reduced to two simpler problems. The electro-dynamical problem treats the radiation, caused by the simple harmonic vibration of charges. The second problem belongs to quantum mechanics and is concerned with the calculation of charge densities and current densities in the perturbed atom.

The perturbing field is composed of the incident radiation and the radiation scattered by other parts of the body, and this may be a serious complication. Let us consider first a single atom. It will be shown that the intensity of the scattered radiation (coherent and incoherent) is a very small fraction of the incident intensity. So, in this case, the incident radiation may be taken as the perturbing field. In a crystal the intensity of the COMPTON-scattering, being the sum of the intensities from the atoms, may be neglected as well.

In general the same will be true for the coherent scattering. But it may be possible, as is shown in Chap. A, that strong diffracted beams will occur in the crystal, and here we meet the complication, mentioned above.

Two cases only will be treated: the small crystal and a slab of crystal, extending infinitely in two dimensions and having a constant thickness in the third.

A crystal will be called small, if the intensity of the diffracted beams is small compared to the incident intensity. It will be shown that crystals with dimensions of 10^{-4} cm. and less belong to this category. As most crystals are composed of such small crystal (mosaïc crystals) this case is of paramount importance. In both cases it is assumed that the whole crystal is irradiated by the incident radiation. Both cases will be treated in the subsequent Chap. D I and II.

Finally, let us give some numerical values. The photons which have just the energy, needed to remove an electron from the K- or L-shell, correspond to wave-lengths which mark the beginning of absorption by one of these shells. They are

Element	K-absorption	L-absorption
C	43.5 Å	
Cu	1.3 Å	13.0 Å
Pb	0.14 Å	0.76 Å

(we neglect the fact that the L-level consists in reality of three levels).

The radiation preferably used in structure analysis is that of the $K\alpha$ line of some metals. Much used are the following wave-lengths:

Element	$K\alpha$
Cu	1.54 Å
Mo	0.71 Å
W	0.21 Å

From these figures it may be seen that it is often possible to use a wave-length which is much shorter than the critical absorption wave-length of the atoms in the crystal whose structure is investigated. This means that the probability of ionization will be relatively small and it will appear that this circumstance facilitates the calculation of the diffracted intensity.

33. The classical theory of scattering by an electron. Let a beam of radiation fall on an electron, the direction of propagation be the x-axis, and the electric vector be directed along the z-axis. The origin of coordinates is the place of the electron at rest. Under the influence of an external force it will be displaced. Let the electron be also subject to a force, proportional to the displacement from the origin, and to a friction, proportional to the velocity. Though this assumption is certainly not true, its results may be used to interpret the expression from the quantum-mechanical treatment of scattering by atoms.

The electric vector at the origin is

$$E_z = E_0 \cos 2\pi \nu t = \mathrm{Re}\, E_0\, e^{2\pi i \nu t}.$$

The magnetic vector $\boldsymbol{H}$ has the same value, and is perpendicular to $\boldsymbol{E}$. The energy dW, transported by the wave through a small area dS in the unit of time is given by the POYNTING vector $\frac{c}{4\pi}(\boldsymbol{E}\times\boldsymbol{H})$, which here is $\frac{c}{4\pi}E_z^2$ and has the direction of the x-axis. So

$$dW = \frac{c}{4\pi} E_0^2 \cos^2(2\pi\nu t)\, dS.$$

The intensity is defined by the average value of dW/dS over a period, the intensity of the incident wave will be denoted by I_0; hence

$$I_0 = \frac{c}{8\pi} E_0^2. \qquad (33.1)$$

The equation of motion of the electron is[1]

$$\left.\begin{aligned} m\frac{d^2 z}{dt^2} + m\varkappa\frac{dz}{dt} + 4\pi^2 m\nu_0^2 z \\ = -eE_z. \end{aligned}\right\} \qquad (33.2)$$

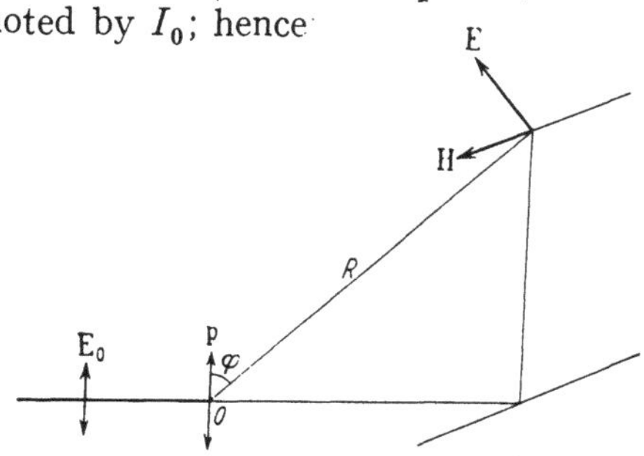

Fig. 39. The electric and magnetic vector of the wave, scattered by a vibrating electron at O, at a large distance R.

m is the mass of the electron, e the absolute value of the charge, ν_0 the frequency of the electron, when it vibrates without external force and without damping. This last force is denoted by $m\varkappa\dot{z}$. The solution of (33.2) is found by putting $z = \mathrm{Re}\, z_0 e^{2\pi i\nu t}$, and writing for E_z the complex expression. Then

$$z_0 = \frac{-eE_0}{m}\,\frac{1}{4\pi^2(\nu_0^2-\nu^2) + 2\pi\nu i\varkappa}.$$

The vibrating electron will emit radiation, a spherical wave, and the electric vector depends on the electric moment $\boldsymbol{p} = -e\boldsymbol{r}$, with $\boldsymbol{r}$ being the displacement. Then,

$$p_z = -ez = \mathrm{Re}\,\frac{e^2 E_0}{m}\,\frac{e^{2\pi i\nu t}}{4\pi^2(\nu_0^2-\nu^2) + 2\pi\nu i\varkappa}. \qquad (33.3)$$

If the frequency ν is not very close to the natural frequency ν_0, the damping term in (33.3) may be neglected. This means: if the frequency lies below $\nu_0(\nu<\nu_0)$, the moment is in phase with the incident wave, in the other case, $(\nu>\nu_0)$, its phase will be opposite.

Without damping, the moment would be infinite, if $\nu=\nu_0$, i.e. in case of resonance. In this case, (33.3) becomes

$$\begin{aligned} p_z &= \mathrm{Re}\left\{-\frac{e^2 E_0}{2\pi\nu m\varkappa}\, i\, e^{2\pi i\nu t}\right\} \\ &= \frac{e^2 E^0}{2\pi\nu m\varkappa}\sin 2\pi\nu t \end{aligned}$$

so p_z is 90° behind in phase.

The damping term will be assumed to be very small, the phase, being 0° for small frequencies ν, will change abruptly to 180° if ν passes ν_0. The wave, emitted by the vibrating moment, has the following properties (Fig. 39): The electric and magnetic vectors at a great distance R from the origin are equal, their values are

$$E = H = \frac{4\pi^2\nu^2}{c^2 R}\, p\left(t - \frac{R}{c}\right)\sin\varphi \qquad (33.4)$$

φ being the angle between the distance $\boldsymbol{R}$ and the moment $\boldsymbol{p}$.

[1] The influence of the magnetic vector may be neglected.

Before calculating the electric vector of the field, scattered by the electron, let us consider (33.3), omitting the damping term. Then

$$p_z = \frac{e^2}{m} \cdot \frac{1}{4\pi^2(\nu_0^2 - \nu^2)} E_0 \cos 2\pi\nu t$$

which for free electrons ($\nu_0 = 0$) becomes

$$p_z = -\frac{e^2}{4\pi^2\nu^2 m} E_0 \cos 2\pi\nu t. \tag{33.5}$$

The more general expression can now be written

$$p_z = -\frac{e^2}{4\pi^2\nu^2 m}\left(1 - \frac{\nu_0^2}{\nu_0^2 - \nu^2}\right) E_0 \cos 2\pi\nu t. \tag{33.6}$$

If (33.5) is introduced into (33.4) we find for the scattering by a free electron

$$E = H = -\frac{e^2}{m c^2} \cdot \frac{\sin\varphi}{R} E_0 \cos 2\pi\left(\nu t - \frac{R}{\lambda}\right). \tag{33.7}$$

If unpolarized radiation is considered, then the electric vector may be decomposed into two equal components, one in the plane through the incident ray and the scattered ray, i.e. the direction of $\boldsymbol{R}$, and the other perpendicular to it. In the first case, $\varphi = 90° - 2\vartheta$, if 2ϑ is the angle between the incident and the scattered ray. In the second case $\varphi = 90°$, since the moment in Fig. 39 is now directed perpendicular to the plane of drawing. Let the two electric vectors be E_1 and E_2, their intensities $I_{1,0}$ and $I_{2,0}$, then from (33.5)

$$I_1 = I_{1,0}\left(\frac{e^2}{m c^2}\right)^2 \frac{\cos^2 2\vartheta}{R^2},$$

$$I_2 = I_{2,0}\left(\frac{e^2}{m c^2}\right)^2 \frac{1}{R^2}$$

and as the two incident intensities are equal, it is found

$$I = I_0\left(\frac{e^2}{m c^2}\right)^2 \frac{1}{R^2}\,\frac{1}{2}\,(1 + \cos^2 2\vartheta). \tag{33.8}$$

e^2/mc^2 is called the *electron scattering factor*, f_{el}, and $\frac{1}{2}(1 + \cos^2 2\vartheta)$ the *polarization factor* or THOMSON *factor* P. It is easy to extend (33.8) to bound electrons, it is, however, more important to discuss the case of an electron, not situated at the origin. If the direction of propagation of the incident wave is given by the unit vector $\mathbf{s}_0$ (being in this section the direction of the x-axis), the electric vector at a point $\boldsymbol{r}$ may be written

$$E = E_0 \cos 2\pi\left(\nu t - \frac{\boldsymbol{r}\cdot\mathbf{s}_0}{\lambda}\right)$$

and in (33.7) we may write for the cosine term

$$\cos 2\pi\left(\nu t - \frac{R'}{\lambda} - \frac{\boldsymbol{r}\cdot\mathbf{s}_0}{\lambda}\right)$$

where R' now is the distance from the electron to the point where the field is observed. Let R be large, compared with r, and let its direction be given by the unit vector $\mathbf{s}$, then from Fig. 40 it is seen that

$$R' = R - (\mathbf{s}\cdot\boldsymbol{r}).$$

Now, though in the cosine we have to introduce R', the denominator may still be written R, and so we find instead of (33.5) and (33.7)

$$p_z = -\frac{e^2}{4\pi^2\nu^2 m} E_0 \cos 2\pi\left(\nu t - \frac{\boldsymbol{r}\cdot\boldsymbol{s}_0}{\lambda}\right), \tag{33.9}$$

$$E = -\frac{e^2}{m c^2}\cdot\frac{\sin\varphi}{R} E_0 \cos 2\pi\left(\nu t - \frac{R}{\lambda} - \frac{\boldsymbol{r}\,\boldsymbol{s}_0}{\lambda} + \frac{\boldsymbol{r}\,\boldsymbol{s}}{\lambda}\right). \tag{33.10}$$

The numerical value of the electron scattering factor has the dimension of a length, it is

$$\frac{e^2}{m c^2} = 2.82\cdot 10^{-13}\ \text{cm.},$$

and its square is $7.95\cdot 10^{-26}$ cm.^{2}.

If now the same calculation is made for a nucleus, the scattering factor is diminished in proportion of the masses of nucleus and electron, so this influence can be neglected. Only the electrons scatter the X-rays. The scattering is small. Taking (33.8) and taking an average value of $\frac{1}{4}$ for the THOMSON factor, which varies between 0 and $\frac{1}{2}$, we find that at the distance of 1 m. from the electron the recorded intensity is about $2\cdot 10^{-30}$ of the incident intensity, and even at a distance of 1 Å only $2\cdot 10^{-10}$.

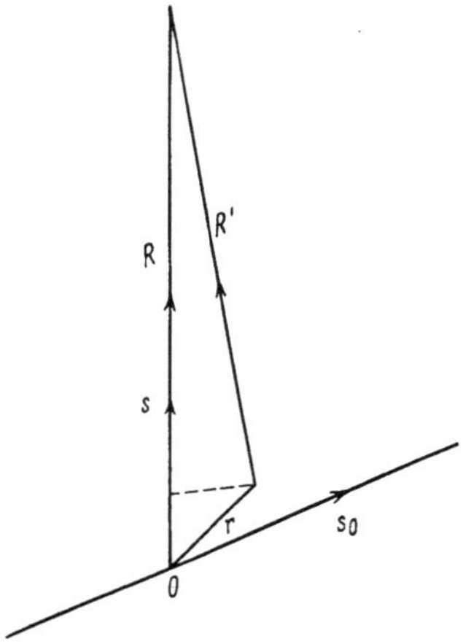

Fig. 40. The relation between R, R' and r, the distance of the electron from the origin.

34. The scattering by an atom. An atom is described by a wave function u, dependent on the coordinates x_k, y_k, z_k of the k-th electron, and so for all electrons, and on the time t. It may be remarked that, in this chapter, x, y, z stand for orthogonal coordinates. The quantity

$$u\bar{u}\,dx_1\,dy_1\,dz_1\ldots dx_k\,dy_k\,dz_k\ldots$$

gives the probability that the first electron is found in the volume element $dx_1\,dy_1\,dz_1$, and so on. The bar of $\bar{u}$ denotes the complex conjugate value. If this probability is integrated over all coordinates, save x_k, y_k, z_k, the result will be the probability that the k-th electron will be found in the volume element at x_k, y_k, z_k. This probability can be considered as the density of distribution of this electron, and its sum over all electrons is the electron density, which has been discussed in Chap. B II.

If the atom is not disturbed by radiation or other influences, it has stationary states, characterized among others, by a definite value of the energy. For an energy $\mathcal{E}_s$ the wave function may be written

$$u = \Psi_s \exp\left(-2\pi i\,\frac{\mathcal{E}_s}{h}\,t\right)$$

h being the constant of PLANCK. The functions Ψ_s depend only on the coordinates. The ground state is denoted by the index 0, we are only interested in those higher states, where a K-electron or one from the L-shell has been removed to infinity (cf. Sect. 32).

The energy values of those states form a continuum. The states important for the scattering of light form a discrete set.

Now the wave function will give also indications on the motion of the electrons, or to put it more exactly, on the electric current density. This density may be calculated by integrating the vector

$$\boldsymbol{j}_k = \frac{h\,e}{4\pi\,i\,m}\left(\Psi\,\mathbf{grad}_k\,\overline{\Psi} - \overline{\Psi}\,\mathbf{grad}_k\,\Psi\right) \tag{34.1}$$

over all coordinates, excepted x_k, y_k, z_k. $\mathbf{grad}_k$ is the vector operator with the components $\partial/\partial x_k$, $\partial/\partial y_k$, $\partial/\partial z_k$.

In the quantum mechanical picture, given here, the emission of radiation might be ascribed to the simultaneous occurrence of two states. The emitted frequency is given by

$$\nu_s = \frac{\mathcal{E}_s - \mathcal{E}_0}{h} \tag{34.2}$$

if as one of the states the ground state is chosen. This brings us to consider the matrix of mixed current densities, which will be needed later on:

$$\boldsymbol{j}_{0s,k} = \frac{h\,e}{4\pi\,i\,m}\left(\Psi_0\,\mathrm{grad}_k\,\overline{\Psi}_s - \overline{\Psi}_s\,\mathrm{grad}_k\,\Psi_0\right) \tag{34.3}$$

and the mixed current density for the k-th electron is

$$\boldsymbol{J}_{0s,k} = \int\cdots\int \boldsymbol{j}_{0s,k}\,dx_1\,dy_1\,dz_1\ldots$$

where the integration over x_k, y_k, z_k is omitted. We shall indicate this by the symbolic notation

$$\boldsymbol{J}_{0s,k} = \int \boldsymbol{j}_{0s,k}\,dv_k'. \tag{34.4}$$

Whereas (34.1) is a real quantity, (34.3) is not, so this concept has not a direct physical meaning.

The method of calculating the scattering of X-rays, as due to WENTZEL[1] and WALLER[2] consists of calculating the wave function of the atom, if perturbed by the incident radiation. For this perturbed state the electric current density can be found. Then by electrodynamics the radiation from the atom is calculated. This radiation is given by (33.4), but here the moment $\boldsymbol{p}$ has to be replaced by the product of the moment density $\boldsymbol{P}$ and the volume element dv, $\boldsymbol{P}\,dv$.

The connection between $\boldsymbol{P}$ and $\boldsymbol{J}$ is given by

$$\boldsymbol{J} = \frac{d\boldsymbol{P}}{dt}.$$

The new expression (33.4) has to be integrated over the atom. For large distances, R in the denominator may be considered a constant, viz. the distance from the centre of the atom to the point where the electric field is calculated. But in the term $\boldsymbol{P}(t - R/c)$ this is not allowed; the contributions of each part of the atom have to be retarded by the time necessary to reach that point (cf. the end of Sect. 33).

Let the incident plane wave have the direction $\boldsymbol{s}_0$, the wave-length λ, the frequency ν, then the electric vector $\boldsymbol{E}$ is given by

$$\boldsymbol{E} = \boldsymbol{E}_0\cos 2\pi\left(\nu\,t - \frac{\boldsymbol{r}\cdot\boldsymbol{s}_0}{\lambda}\right).$$

[1] G. WENTZEL: Z. Physik **43**, 1 (1927).
[2] I. WALLER: Phil. Mag. **4**, 1228 (1927). — Z. Physik **51**, 213 (1928).

The origin is chosen at the centre of the atom. We further shall need the vector potential $\boldsymbol{a}$,

$$\boldsymbol{E} = -\frac{1}{c}\frac{\partial \boldsymbol{a}}{\partial t}.$$

Writing

$$\boldsymbol{a} = \boldsymbol{a}_+ e^{2\pi i \nu t} + \boldsymbol{a}_- e^{-2\pi i \nu t},$$
$$\boldsymbol{E} = \boldsymbol{E}_+ e^{2\pi i \nu t} + \boldsymbol{E}_- e^{-2\pi i \nu t},$$

we find

$$\boldsymbol{E}_+ = -\frac{2\pi i \nu}{c}\boldsymbol{a}_+, \qquad \boldsymbol{E}_- = \frac{2\pi i \nu}{c}\boldsymbol{a}_- \tag{34.5}$$

and

$$\boldsymbol{E}_+ = \overline{\boldsymbol{E}}_- = \frac{1}{2}\boldsymbol{E}_0 \exp\left(-2\pi i \frac{\boldsymbol{r}\cdot\boldsymbol{s}_0}{\lambda}\right). \tag{34.6}$$

The SCHRÖDINGER equation is in this case

$$\sum_k \frac{1}{2m}\left[\left(\frac{h}{2\pi i}\cdot\frac{\partial}{\partial x_k} + \frac{e}{c}a_{kx}\right)^2 + \left(\frac{h}{2\pi i}\cdot\frac{\partial}{\partial y_k} + \frac{e}{c}a_{ky}\right)^2 + \right.$$
$$\left. + \left(\frac{h}{2\pi i}\cdot\frac{\partial}{\partial z_k} + \frac{e}{c}a_{kz}\right)^2\right] u + V u = -\frac{h}{2\pi i}\frac{\partial u}{\partial t}$$

where $\boldsymbol{a}_k$ means the value of $\boldsymbol{a}$ at the place of the k-th electron, and V is the potential of the unperturbated atom. The expression (34.1) has to be modified into

$$\boldsymbol{j}_k = \frac{h e}{4\pi i m}(u\,\mathbf{grad}_k\,\bar{u} - \bar{u}\,\mathbf{grad}_k\,u) - \frac{e^2}{mc}u\bar{u}\boldsymbol{a}_k. \tag{34.7}$$

The wave function for the perturbated ground state is found by perturbation theory, it is, neglecting a^2,

$$\left.\begin{aligned} u = \Psi_0 \exp\left(-\frac{2\pi i}{h}\mathcal{E}_0 t\right) + \sum b_p \Psi_p \exp\left(-\frac{2\pi i}{h}\mathcal{E}_p t\right) + \\ + \sum \int b(s)\,\Psi_s \exp\left(-\frac{2\pi i}{h}\mathcal{E}(s)\,t\right) d\mathcal{E}(s). \end{aligned}\right\} \tag{34.8}$$

$b(s)$, and b_p are assumed to be small quantities.

The second part numbers the eigenfunctions Ψ_p belonging to discrete states, the last part those belonging to continuous states. The summation sign before the integral indicates that to one value of the energy there may be a number of distinct states. The constants b can be expressed by help of the mixed currents, it is found that

$$b(s) = \frac{c_+(s)}{c\,h(\nu + \nu(s))}e^{2\pi i[\nu+\nu(s)]t} + \frac{c_-(s)}{c\,h(-\nu+\nu(s))}e^{2\pi i[-\nu+\nu(s)]t}$$

with

$$c_+(s) = \sum_k \iiint d v_k\,\boldsymbol{a}_{k+}\cdot\boldsymbol{J}_{0s,k},$$
$$c_-(s) = \sum_k \iiint d v_k\,\boldsymbol{a}_{k-}\cdot\boldsymbol{J}_{0s,k}.$$

In these equations, s numbers the states, k the electrons. Now the ν_p, belonging to the discrete states, are comparable with the frequencies of light, and may be neglected, compared with ν. The b_p, having ν in the denominator, will be very small, and may be omitted in calculation. Only the continuous states will have frequencies, comparable with the frequency ν of the X-rays. It must be remarked that the solution breaks down, if ν is equal, or nearly equal to one of the frequencies $\nu(s)$. While discussing our results, we shall return to this question, but shall temporarily assume now that the perturbation solution (34.8) always be valid. In (34.8) only the last and the first part have to be retained, then it can be inserted into (34.7). We shall, however, write $\sum$ instead of $\sum\int$. Then

$$\boldsymbol{J}_k = \sum_s \left[\frac{c_+(s)}{c\,h\,(\nu+\nu(s))}\bar{\boldsymbol{J}}_{0s,k} + \frac{\bar{c}_-(s)}{c\,h\,(-\nu+\nu(s))}\boldsymbol{J}_{0s,k}\right] e^{2\pi i\nu t} + $$
$$+ \sum_s \left[\frac{\bar{c}_+(s)}{c\,h\,(\nu+\nu(s))}\boldsymbol{J}_{0s,k} + \frac{c_-(s)}{c\,h\,(-\nu+\nu(s))}\bar{\boldsymbol{J}}_{0s,k}\right] e^{-2\pi i\nu t} +$$
$$- \frac{e^2}{m\,c}\int \Psi_0 \overline{\Psi}_0\, d v_k' \left[\boldsymbol{a}_{k+}\, e^{2\pi i\nu t} + \boldsymbol{a}_{k-}\, e^{-2\pi i\nu t}\right].$$

Introducing $\boldsymbol{E}$ instead of $\boldsymbol{a}$, and integrating $\boldsymbol{J}$ over t in order to get the moment density $\boldsymbol{P}$, it is found

$$\left.\begin{aligned} \boldsymbol{P}_k = \mathrm{Re}\Bigg\{\frac{1}{4\pi^2\nu^2}\sum_s\Bigg[\frac{\sum_{k'}\iiint dv_{k'}\,(\boldsymbol{J}_{0s,k'}\cdot\boldsymbol{E}_{0k'})}{h\,(\nu+\nu(s))}\bar{\boldsymbol{J}}_{0s,k}\, e^{2\pi i\nu t} + \\ + \frac{\sum_{k'}\iiint dv_{k'}\,(\bar{\boldsymbol{J}}_{0s,k'}\cdot\boldsymbol{E}_{0k'})}{h\,(-\nu+\nu(s))}\boldsymbol{J}_{0s,k}\, e^{2\pi i\nu t}\Bigg]\Bigg\} - \frac{e^2}{4\pi^2\nu^2 m}\iiint \Psi_0\overline{\Psi}_0\, dv_k'\,\boldsymbol{E}_k. \end{aligned}\right\} \quad (34.9)$$

In this expression $\boldsymbol{E}_{0k'}$ stands for

$$\boldsymbol{E}_0 \exp\left(-2\pi i\,\frac{\boldsymbol{r}_{k'}\boldsymbol{s}_0}{\lambda}\right).$$

35. The moment density and the atomic scattering factor. The expression at the end of the preceding section being valid for all frequencies, it is now our task to see, which special form it assumes for the scattering of X-rays. Let us from now on call the last term in (34.9) the principal term, and the rest, for reasons to be given later on, the dispersion terms. For visible light these two terms are comparable in magnitude, and the separation into two terms has no physical significance. For X-rays the principal term is much larger than the dispersion term. This may be seen from the fact that the dispersion terms decrease with the third power of the frequency, the principal one only with its square. We shall start discussing the last term. If $\boldsymbol{E}_k$ is written in full, then

$$\boldsymbol{P}_k = -\frac{e^2}{4\pi^2\nu^2 m}\boldsymbol{E}_0\,\mathrm{Re}\, e^{2\pi i\nu t}\int \Psi_0\overline{\Psi}_0\, dv_k'\, e^{-2\pi i\frac{\boldsymbol{r}_k\cdot\boldsymbol{s}_0}{\lambda}}.$$

Now, since $\int \Psi_0\overline{\Psi}_0\, dv_k'$ is the electron density ϱ_k for the k-th electron, $\boldsymbol{P}_k$ becomes

$$\boldsymbol{P}_k = -\frac{e^2}{4\pi^2\nu^2 m}\boldsymbol{E}_0\,\mathrm{Re}\, e^{2\pi i\nu t}\varrho_k\, e^{-2\pi i\frac{\boldsymbol{r}\cdot\boldsymbol{s}_0}{\lambda}}. \quad (35.1)$$

The index k in $\boldsymbol{r}_k$ has now been dropped, as the different functions ϱ_k may be considered as functions of the same variables x, y, z.

If (35.1) is compared with (33.9), then we find that the electric moment in dv, $\boldsymbol{P}_k\, dv$, is the same as (33.9) multiplied by $\varrho_k\, dv$. Now $-e\varrho_k\, dv$ is the charge in dv, due to the k-th electron, and the total charge will be $-\sum_k \varrho_k\, e\, dv$, which appears in $\boldsymbol{P} = \sum_k \boldsymbol{P}_k$. So we may interpret (35.1) by saying that the moment is the same as the moment, due to an assembly of free electrons, scattering classically. The number of electrons at dv is given by $\sum\varrho_k dv$. The electric field in a point a distance R from the centre of the atom may be found by integrating

(33.10), multiplied by $\sum_k \varrho_k$. Then it is found

$$\left.\begin{aligned} E = H &= -\frac{e^2}{m c^2} E_0 \frac{\sin\varphi}{R} \operatorname{Re} e^{2\pi i\left(\nu t - \frac{R}{\lambda}\right)} f, \\ f &= \iiint \sum \varrho_k \, dx\, dy\, dz\, e^{2\pi i \frac{\boldsymbol{r}\cdot(\boldsymbol{s}-\boldsymbol{s}_0)}{\lambda}} \end{aligned}\right\} \tag{35.2}$$

which may be compared with (33.7). We will find anew that Eq. (33.8) holds but now with the factor $|f|^2$ added.

As $\sum \varrho_k$ equals ϱ, the electron density, and bearing in mind that $(\boldsymbol{s}-\boldsymbol{s}_0)/\lambda$ has been denoted by $\boldsymbol{r}^*$, we have found again the atomic scattering factor, previously discussed in Sect. 7 and 18.

Before treating the dispersion terms, some words may be said on the Compton scattering. This scattering being incoherent, gives a continuous background to the diffracted beams, due to the coherent scattering, and it may be useful to make an estimate of its intensity. We shall only give the result. Assuming the wave function Ψ_0 to be a product of wave functions ψ_k, each being a function of the coordinates of the corresponding electron, then

$$\varrho_k = \psi_k \overline{\psi}_k.$$

Further we write

$$f = \sum f_k,$$

f_k being the atomic scattering factor for the k-th electron. Then, the intensity of the coherently scattered radiation becomes[1]

$$I_{\text{coh}} = I_0 \left(\frac{e^2}{m c^2}\right)^2 \frac{\sin^2\varphi}{R^2} \left(\sum f_k\right)^2 \tag{35.3}$$

and it may be proved that with the assumption given above

$$I_{\text{incoh}} = I_0 \left(\frac{e^2}{m c^2}\right)^2 \frac{\sin^2\varphi}{R^2} \left(Z - \sum |f_k|^2\right). \tag{35.4}$$

It is also assumed that the frequency of the Compton radiation differs very little from the incident frequency. We may refer, for more details, to the paper of Waller and Hartree[2]. If we now turn to the discussion of the dispersion terms, we remark that the frequencies $\nu(s)$ correspond to the emission of K- or L-electrons from the atom. In the following, let us only treat K-frequencies, though our results are valid for L-electrons too. But the contribution of the K-frequencies is the most important part. Further, let us choose the direction of $\boldsymbol{E}$ along the z-axis. The scalar products in (34.9) then become the ordinary products of the z-components of $\boldsymbol{J}$ and $\boldsymbol{E}$. The first simplification follows from the fact that the K-electron is moving in the field of the nucleus, and the outer electrons, and that this field is not considerably changed by removing this electron. The force from the other K-electron may be neglected too, in first approximation, as confirmed by the X-ray spectrum, only the field of the nucleus is of importance. This means that the dispersion terms may be calculated for one electron, the result afterwards being multiplied by 2, as there are 2 K-electrons.

The Schrödinger equation for a K-electron is solved by a series of eigenfunctions which we denote by ψ_p, $\psi(s)$. So $\boldsymbol{J}_{0s}$ is the same as $\boldsymbol{j}_{0s}$ (34.3) and the index k may be omitted. The integrals, occurring in (34.9), as

$$\iiint dv\, j_{0s,z} \cdot E_{0,z} \exp 2\pi i \left(\nu t - \frac{\boldsymbol{r}\cdot\boldsymbol{s}_0}{\lambda}\right),$$

[1] The term $\sin^2\varphi/R^2$ leads to the polarization factor, as explained in Sect. 33.

[2] I. Waller and D. R. Hartree: Proc. Roy. Soc. Lond., Ser. A **124**, 119 (1929).

show retardation. But the function ψ_0 has only appreciable values in the immediate neighbourhood of the nucleus, and so $\exp(-2\pi i \boldsymbol{r}\cdot\boldsymbol{s}_0/\lambda)$ may be put 1. The moment density, from the dispersion terms, thus has a negligible extension, just as in the case of light the entire atom has no extension, compared with the wave-length of light.

The summation $\sum_s$ has been written instead of $\sum\int d\mathcal{E}(s)$. Now from the different states, belonging to one energy $\mathcal{E}(s)$, only *one* has to be retained. To prove this, it may be mentioned that the different eigenfunctions may be written as a function of r, multiplied by a spherical harmonic. Now the integrals of the mixed current densities are zero, excepted if the spherical harmonics $\psi(s)$ are of degree one (ψ_0 having spherical symmetry). This leaves us with three different states, to be considered, viz.

$$\psi(s):\quad f_1(r)\frac{z}{r},\quad f_2(r)\frac{x+iy}{r},\quad f_2(r)\frac{x-iy}{r}.$$

If one of these three functions is introduced into $\iiint j_{0s,z}\,dv$ [cf. (34.3)], then only the first one will not reduce the integral to zero. The moment density $\boldsymbol{P}_{\text{disp}}$ is

$$\boldsymbol{P}_{\text{disp}} = 2\,\text{Re}\left\{\frac{1}{4\pi^2\nu^2}E_{0,z}\int d\mathcal{E}(s)\left[\frac{\iiint dv\, j_{0s,z}}{h(\nu+\nu(s))}\bar{\boldsymbol{j}}_{0s}+\frac{\iiint dv\,\bar{j}_{0s,z}}{h(-\nu+\nu(s))}\boldsymbol{j}_{0s}\right]e^{2\pi i\nu t}\right\}.$$

We still have to apply boundaries to the integral. Changing the variable from $\mathcal{E}(s)$ to $\nu(s)=(\mathcal{E}(s)-\mathcal{E}_0)/h$, we find that the new variable extends from ν_K, which corresponds to an electron which arrives at infinity with the velocity 0, to the infinite value of $\nu(s)$. Now the result of our calculations is a moment density, concentrated at the origin. The scattered radiation will depend from the direction of scattering in no other way then the radiation from a single electron. And the total moment is found by integrating $\boldsymbol{P}$ over the volume of the atom. Then the vector $\boldsymbol{j}_{0s}$, belonging to the same wave function as appears in the integrals in $\boldsymbol{P}$, will give only a finite value for the z-component, if integrated over dv. Thus it is found that the moment $\boldsymbol{p}$ is

$$p_z = E_z\frac{1}{4\pi^2\nu^2}\int_{\nu_K}^{\infty} d\nu(s)\left|\iiint dv\, j_{0s,z}\right|^2\frac{4\nu(s)}{h^2(\nu(s)^2-\nu^2)} \tag{35.5}$$

where $\text{Re}(E_{z0}\,e^{2\pi i\nu t})$ is replaced by E_z, the instantaneous electric vector at the origin. For these terms too, $\boldsymbol{p}$ is proportional to $\boldsymbol{E}$.

It will be useful to summarize the results of this section. The electric moment consists of two parts:

1. The principal part is extended over the atom, and the moment density is given by

$$P_z(\boldsymbol{r}) = -\frac{e^2}{4\pi^2\nu^2 m}\varrho\, E_z(\boldsymbol{r}) \tag{35.6}$$

where $E_z(r)=\text{Re}\left[E_0\exp 2\pi i\left(\nu t-\frac{\boldsymbol{r}\cdot\boldsymbol{s}_0}{\lambda}\right)\right]$ is the instantaneous electric vector of the incident beam at the point $\boldsymbol{r}$.

2. The dispersion part is in first approximation only to be found very near to the centre of the atom. Thus the total electric moment from (35.5), becomes

$$p_z = \frac{e^2}{4\pi^2\nu^2 m}\frac{m}{h^2e^2}\int_{\nu_K}^{\infty} d\nu(s)\left|\iiint dv\, j_{0s,z}\right|^2\cdot\frac{4\nu(s)}{\nu(s)^2-\nu^2}E_z(0). \tag{35.7}$$

The electric vector of the scattered field consists equally of two parts

$$E = -\frac{e^2}{m c^2} \cdot \frac{\sin\varphi}{R} \cdot E_0 \operatorname{Re} e^{2\pi i\left(\nu t - \frac{R}{\lambda}\right)} \quad (f + \Delta f) \tag{35.8}$$

where f corresponds to the first part and Δf to the dispersion terms, Δf being

$$\Delta f = -\frac{m}{h^2 e^2} \int_{\nu_K}^{\infty} d\nu(s) \left| \iiint d v\, j_{0s,z} \right|^2 \frac{4\nu(s)}{\nu(s)^2 - \nu^2} \,. \tag{35.8a}$$

In the last expression, we shall introduce the definition of $j_{0s,z}$ from (34.3), then in the integration the second part of (34.3) can be shown by partial integration to be equal to the first part. Thus we find finally

$$\Delta f = -\frac{1}{\pi^2 m} \int_{\nu_K}^{\infty} d\nu(s) \left| \iiint \psi_0 \frac{\partial \overline{\psi(s)}}{\partial z}\, d v \right|^2 \frac{\nu(s)}{\nu(s)^2 - \nu^2} \,. \tag{35.9}$$

36. The evaluation of the atomic scattering factor. Let us now try to give a classical interpretation of (35.5). We place at the origin a set of bound electrons, (without damping terms) with continuously varying proper frequency, ranging from ν_K to infinity. As we are not permitted to consider these electrons as the electrons of the atom, they will be better called oscillators. Let the number of oscillators in the frequency intervall $d\nu(s)$ be given by $dg(\nu(s))$. The total number of oscillators, g_K, will be given by

$$g_K = \int_{\nu_K}^{\infty} \frac{dg(\nu(s))}{d\nu(s)}\, d\nu(s) \,. \tag{36.1}$$

Then the moment generated by an electric field E_z will be [cf. (33.6)]

$$p_z' = E_z \frac{e^2}{4\pi^2 \nu^2 m} \int_{\nu_K}^{\infty} \frac{dg(s)}{d\nu(s)} \left[1 - \frac{\nu(s)^2}{(\nu(s)^2 - \nu^2)}\right] d\nu(s) \,,$$

or

$$p_z' = -E_z \frac{e^2}{4\pi^2 \nu^2 m} \left[g_K - \int_{\nu_K}^{\infty} \frac{dg(s)}{d\nu(s)} \frac{\nu(s)^2}{\nu(s)^2 - \nu^2}\, d\nu(s) \right] . \tag{36.2}$$

This expression stands for the contribution to scattering of the two K-electrons. Then the first part has to be compared with the contribution of the K-electrons to the principal part, in other words g_K is their contribution to f. The second part is the contribution to the dispersion terms. Thus we find from (35.8) replacing (35.7) by the second part of (36.2),

$$\Delta f = -\int_{\nu_K}^{\infty} \frac{dg(\nu(s))}{d\nu(s)} \cdot \frac{\nu(s)^2}{\nu(s)^2 - \nu^2}\, d\nu(s) \tag{36.3}$$

and this will be equal to (35.9) if we put

$$\frac{dg(\nu(s))}{d\nu(s)} = \frac{1}{\pi^2 m \nu(s)} \left| \iiint \psi_0 \frac{\partial \overline{\psi(s)}}{\partial z}\, d v \right|^2 . \tag{36.4}$$

We should expect g_K to be 2, in reality it is less. An explanation has been given by KRONIG and KRAMERS[1].

[1] R. DE L. KRONIG and H. A. KRAMERS: Ann. Physik **82**, 585 (1927).

As long as the frequency ν is less than ν_K, the expression (35.5) is exact. The correction Δf being negative may be explained by saying that the strongly bound K-electrons being in phase with the incident radiation, counteract the other free electrons vibrating in opposite phase and the scattering factor. But, as ν exceeds ν_K, the integral exhibits a singularity at $\nu(s)=\nu$, as the denominator is zero at this point. This is to be expected as the derivation of Sect. 34 was based on small deviations from the ground state, and the formulae, given there break down at this point. For, such a frequency will eject the electron from the atom, and absorption of radiation will set in. A more detailed examination would describe this effect too; here another way will be chosen. The absorption being very small, it is feasible to assume a damping correction to (36.3) and afterwards to put this correction zero. Choosing the classical expression (33.3), Δf can be written

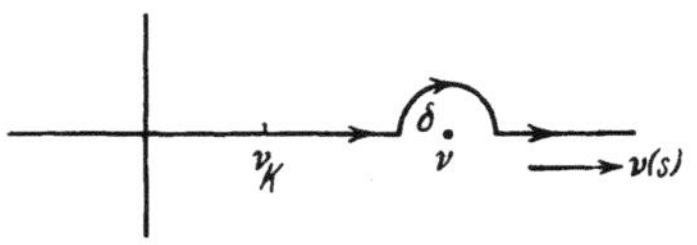

Fig. 41. The path of integration in the complex plane $\nu(s)$ for an inciding wave with frequency ν. The singularity in the integrand lies below the real axis, and in the limit of absorption zero shifts to the real axis.

$$\Delta f = -\int_{\nu_K}^{\infty} \frac{dg(s)}{d\nu(s)} \, \frac{4\pi^2 \nu(s)^2}{4\pi^2(\nu(s)^2-\nu^2)+2\pi\nu i\varkappa} \, d\nu(s) \, .$$

The singularity now lies in the complex plane at

$$\nu(s)^2 = \nu^2 - \frac{i\nu\varkappa}{2\pi} \, .$$

The integration along the real axis may also follow the path, indicated in Fig. 41 where the part near the singularity is replaced by a half circle, with radius δ, around the point $\nu=\nu(s)$. This integration can now be effected too, if $\varkappa$ is put 0. Writing $\Delta f = \Delta f' + \Delta f'' i$, we find

$$\Delta f' = \lim_{\delta\to 0}\left\{-\int_{\nu_K}^{\nu-\delta} \frac{dg(\nu(s))}{d\nu(s)} \, d\nu(s) \cdot \frac{\nu(s)^2}{\nu(s)^2-\nu^2} - \int_{\nu+\delta}^{\infty} \frac{dg(\nu(s))}{d\nu(s)} \, d\nu(s) \, \frac{\nu(s)^2}{\nu(s)^2-\nu^2}\right\}.$$

This limit exists, instead of Δf in (36.3) $\Delta f'$ has to be written, the integral being defined as above. Δf is complex and the imaginary part is given by the integral over the half circle, giving

$$\Delta f'' = \frac{\pi\nu}{2} \, \frac{dg(\nu(s))}{d\nu(s)} \qquad [\text{for } \nu(s)=\nu]. \tag{36.5}$$

We can give here only indications on the computation of the atomic scattering factor and its corrections from the expressions, given above. The atomic scattering factor f can be evaluated, if the wave functions for all electrons in the ground state are known. This has been done by HARTREE using his method of the self-consistent field[1]. The statistical method of THOMAS and FERMI has been used in the case of heavy atoms[2], a third approximative method is due to PAULING and SHERMAN[3]. In Fig. 42 the atomic scattering factor as a function of $\sin\vartheta/\lambda$ (cf. Sect. 7) is given for some elements.

The calculation of the dispersion terms $\Delta f'$ and $\Delta f''$ depends on the evaluation of $dg/d\nu(s)$ (36.4). This function is calculated by HÖNL and SUGIURA[4]. HÖNL[5] has also considered the retardation, which we have put equal to 1. A more empirical way ro calculate the dispersion terms will be given in Sect. 38. We shall finish this section giving a numerical example.

[1] D. R. HARTREE: Prcc. Cambridge Phil. Soc. **24**, 89, 111 (1928).
[2] L. H. THOMAS: Proc. Cambridge Phil. Soc. **23**, 542 (1926). — E. FERMI: Z. Physik **48**, 73 (1928).
[3] L. PAULING and J. SHERMAN: Z. Kristallogr. **81**, 1 (1932).
[4] Y. SUGIURA: J. Phys. Radium **8**, 113 (1927). — H. HÖNL: Z. Physik **84**, 1 (1933).
[5] H. HÖNL: Ann. Physik **18**, 625 (1933).

Let the wave-length of the incident radiation be 1.539 Å and $\sin\vartheta/\lambda$ be 0.5. For the scattering atom Ni is chosen with $\nu_K = 1.484$ Å. So the frequency of the incident radiation is less than ν_K, $\nu_K/\nu = 1.043$, and $\Delta f'' = 0$. Then it is found[1] that $f = 12.8$, $\Delta f' = -3.5$ and $f + \Delta f' = 9.3$.

In this example the dispersion term cannot be neglected. If the difference between the frequencies is greater, the correction is less important. If, on the other hand, $\lambda = 0.710$ Å, thus $\nu_K/\nu = 0.478$, $\sin\vartheta/\lambda$ being still 0.5, then $f = 12.8$, $\Delta f' = 0.28$, $\Delta f'' = 1.02$. Then $\Delta f + \Delta f' + i\Delta f''$ has the absolute value

$$\sqrt{(f + \Delta f')^2 + \Delta f''^2} = 13.1 .$$

$\Delta f''$ contributes almost nothing to the correction, and the total correction may be neglected. As the two wave-lengths are those of a copper anode and from a molybdene anode, it is possible to choose a wave-length for Ni, for which the principal part f may be used without correction terms. So we are justified, if in the following chapters only the principal part of the moment density will be used.

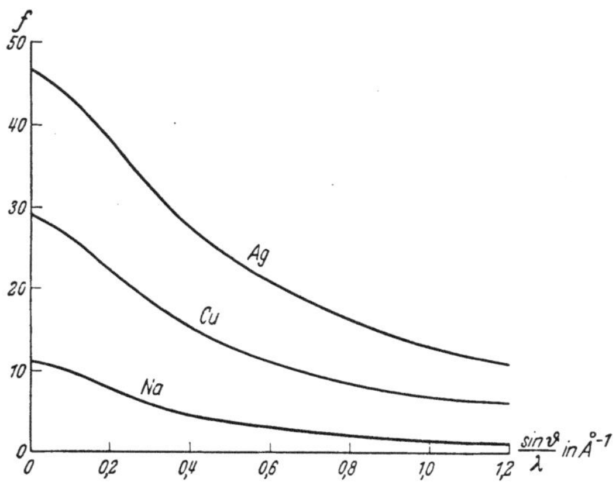

Fig. 42. The atomic scattering factor f as a function of $\sin\vartheta/\lambda$ in $Å^{-1}$ for Na, Cu und Ag. Their values for $\vartheta = 0$ are the atomic numbers Z.

37. The dispersion of X-rays. The coherent scattering by atoms is the starting point for the explanation of dispersion, more generally, of the propagation of electromagnetic waves in matter. This theory has been fully developed by EWALD[2]. The idea is that the wave in matter results from the waves, scattered by vibrating atoms. It is this wave, which in its turn causes the atoms to vibrate. We will, however, use a more formal method due to KOHLER and VON LAUE[3].

If an atom is disturbed by a plane wave, it will exhibit a moment density, as calculated in the preceding Sections, e.g. (34.9). So, if we apply the equations of MAXWELL to an infinite piece of matter (without electric charge or current or magnetic susceptibility)

$$\left.\begin{aligned} \operatorname{div} \boldsymbol{D} &= 0, \\ \operatorname{div} \boldsymbol{H} &= 0, \\ \operatorname{curl} \boldsymbol{H} &= \frac{1}{c}\frac{\partial \boldsymbol{D}}{\partial t}, \\ \operatorname{curl} \boldsymbol{E} &= -\frac{1}{c}\frac{\partial \boldsymbol{H}}{\partial t}, \\ \boldsymbol{D} &= \boldsymbol{E} + 4\pi \boldsymbol{P} \end{aligned}\right\} \qquad (37.1)$$

and $\boldsymbol{P}$, the moment density, is taken from (34.9), we shall get the same results as in EWALD's theory. Now in the case of light, $\boldsymbol{P}$ may be taken as the average value over a large number of atoms, the wave-length being much larger than

[1] H. HÖNL: Ann. Physik **18**, 625 (1933).
[2] P. P. EWALD: Ann. Physik **49**, 1, 117 (1916); **54**, 519 (1917).
[3] M. v. LAUE: Ergebn. exakt. Naturw. **10**, 133 (1931). — M. KOHLER: Berl. Sitzgsber. **1935**, 334.

the distance between neighbouring atoms. But the field, which appears in the expression for the moment density of an atom, is not $\boldsymbol{E}$, as the scattered field of the atom itself must not be reckoned to the exciting field.

In the case of X-rays, the wave-length being of the same order of magnitude as the dimensions of the atoms, we cannot take the average moment density, but we must consider this moment as a variable function in space. At the other hand, the correction for the field, scattered by the volume element dv of the atom, can not be applied. In the calculation of the moment density (34.9) the contributions to the disturbing field from the other parts of the atom were indeed neglected. These contributions will be very small in the case of X-rays, so we put

$$\boldsymbol{P} = -\chi \cdot \boldsymbol{E} \tag{37.2}$$

χ will be the sum of the χ_a belonging to the atoms of the crystal, and for χ_a we find from (35.6), (35.7) and (35.8a)

$$\chi_a = \frac{e^2}{4\pi^2 \nu^2 m} (\varrho_a + \Delta f). \tag{37.2a}$$

The last term exists only at the atomic centres. Δf may be complex and is written $\Delta f = \Delta f' + i\Delta f''$.

In a crystal, χ is a threefold periodic function of the coordinates. If x, y,z denote the coordinates with respect to the axes in the crystal, then, just as we have done with the electron density in Chap. B II we write

$$\chi = \sum_{hkl} \chi_{hkl} e^{-2\pi i(hx+ky+lz)}. \tag{37.3}$$

We may state at once that χ is a very small quantity, this will be proved later on. Now we could try to assume for the electromagnetic vectors, say $\boldsymbol{D}$, the form

$$\boldsymbol{D} = \boldsymbol{D}_0 \exp 2\pi i \left(\nu t - \frac{\boldsymbol{s} \cdot \boldsymbol{r}}{\lambda_c}\right)$$

where $\boldsymbol{s}$ is the direction of the wave. The sign Re will be omitted here. But the wave-length being not the same as in vacuum, we will introduce the wave vector $\boldsymbol{s}/\lambda_c$ and denote this vector by $\boldsymbol{K}_0$. A wave vector in vacuum will be denoted by $\boldsymbol{\varkappa} = \boldsymbol{s}/\lambda$, λ being the wave-length in vacuum.

The expression for D will not give a solution of the MAXWELL equations, so we modulate the wave by writing

$$\boldsymbol{D} = \sum \boldsymbol{D}_{hkl} e^{-2\pi i(hx+ky+lz)} e^{2\pi i(\nu t - \boldsymbol{K}_0 \cdot \boldsymbol{r})}.$$

The unsymmetrical form of this formula invites us to write

$$hx + ky + lz = \boldsymbol{r}^*_{hkl} \cdot \boldsymbol{r}$$

[cf. (18.3)] and to consider $\boldsymbol{K}_0$ as a vector in reciprocal space[1]. Then putting

$$\boldsymbol{K}_0 + \boldsymbol{r}^*_{hkl} = \boldsymbol{K}_{hkl} \tag{37.4}$$

we find

$$\boldsymbol{D} = \sum \boldsymbol{D}_{hkl} e^{2\pi i\nu t} e^{-2\pi i \boldsymbol{K}_{hkl} \cdot \boldsymbol{r}}.$$

The construction of the wave vectors is given in Fig. 43. The four first Eq. (37.1) assume the form

$$\left.\begin{aligned} &\boldsymbol{D}_{hkl} \cdot \boldsymbol{K}_{hkl} = 0, &\quad &\boldsymbol{H}_{hkl} \cdot \boldsymbol{K}_{hkl} = 0, \\ &\boldsymbol{H}_{hkl} \times \boldsymbol{K}_{hkl} = \frac{\nu}{c} \boldsymbol{D}_{hkl}, &\quad &\boldsymbol{E}_{hkl} \times \boldsymbol{K}_{hki} = -\frac{\nu}{c} \boldsymbol{H}_{hkl} \end{aligned}\right\} \tag{37.5}$$

[1] It would be better to write $\boldsymbol{K}^*$, as it is expressed in reciprocal space. For the sake of simplicity $\boldsymbol{K}$ is written.

ν/c can be written $\varkappa$, the absolute value of a wave factor in vacuum. The equations have the following geometrical aspect. $\boldsymbol{D}$ and $\boldsymbol{H}$ are perpendicular to $\boldsymbol{K}$, and so to the direction of propagation. The third equation expresses that $\boldsymbol{H}$ is perpendicular to $\boldsymbol{D}$, the fourth one that $\boldsymbol{E}$ lies in the plane of $\boldsymbol{K}$ and $\boldsymbol{D}$. The situation is given by Fig. 44. Now denoting by E_n the component of $\boldsymbol{E}$ along $\boldsymbol{D}$, the last two equations may be written

$$H_{hkl} K_{hkl} = \varkappa D_{hkl}, \qquad E_{hkl,n} K_{hkl} = \varkappa H_{hkl}$$

for the absolute values.

Eliminating H, we find

$$E_{hkl,n} = \frac{\varkappa^2}{K_{hkl}^2} D_{hkl}. \tag{37.6}$$

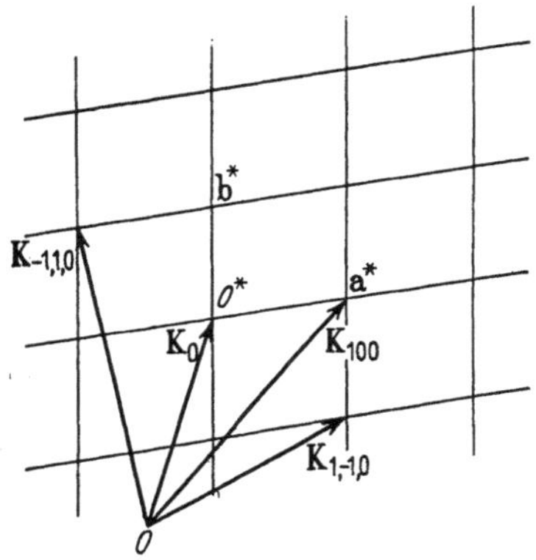

Fig. 43. The several wave vectors occurring in a structure, are drawn from a point O in such a way that one of them points to the reciprocal origin.

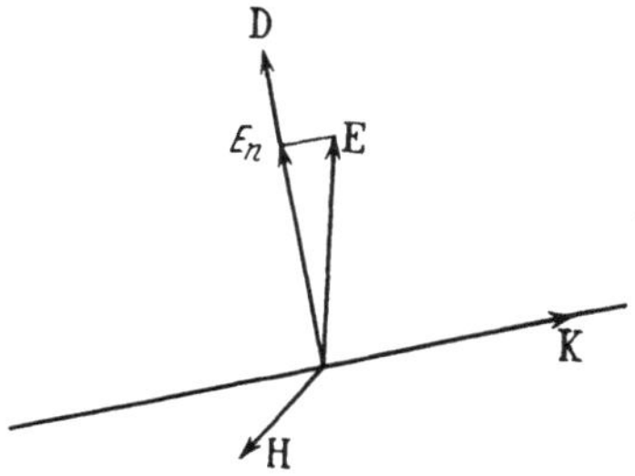

Fig. 44. The electric and magnetic vectors, belonging to one of the wave vectors $\boldsymbol{K}_{hkl}$.

Now we have to rewrite (37.1) and (37.2).

$$\boldsymbol{D} = \boldsymbol{E} - 4\pi\chi\boldsymbol{E}$$

or, due to the small value of χ,

$$\boldsymbol{E} = \boldsymbol{D}(1 + 4\pi\chi).$$

If the expressions for $\boldsymbol{E}$, $\boldsymbol{D}$ and χ are introduced, then with the help of (37.4), it is found

$$\boldsymbol{E}_{hkl} = \boldsymbol{D}_{hkl} + 4\pi \sum_{h_1 k_1 l_1} \boldsymbol{D}_{h_1 k_1 l_1} \chi_{h-h_1, k-k_1, l-l_1} \tag{37.7}$$

or, if the index n denotes the component along $\boldsymbol{D}_{hkl}$

$$E_{hkl,n} = D_{hkl} + 4\pi \sum D_{h_1 k_1 l_1, n} \chi_{h-h_1, k-k_1, l-l_1}. \tag{37.7a}$$

Combination of (37.7a) and (37.6) leads to the fundamental equations for the propagation of X-rays in crystals:

$$D_{hkl} \frac{K_{hkl}^2 - \varkappa^2}{K_{hkl}^2} = - \sum_{h_1 k_1 l_1} 4\pi D_{h_1 k_1 l_1, n} \chi_{h-h_1, k-k_1, l-l_1}. \tag{37.8}$$

In Chap. D II, the equation will be discussed in more detail, here it suffices to state that D_{hkl} will be large, if its factor is very small, in other words, if K_{hkl} is nearly equal to $\varkappa$. From Fig. 43 it is seen that, if K_0 satisfies this condition, other K's will in general be widely different from $\varkappa$. Therefore, in (37.8) we only retain K_0, and the ordinary equations of dispersion are found in this case, writing K instead of K_0

$$D_0 \frac{K^2 - \varkappa^2}{K^2} = - 4\pi\chi_0 D_0$$

or using $\chi_0 \ll 1$

$$K = \varkappa(1 - 2\pi\chi_0)\,. \tag{37.9}$$

This expression indicates how the wave vector, and so the velocity of the wave, s altered in a crystal.

38. The connection between the atomic scattering factor and the index of refraction. We shall now consider a crystal, consisting of one kind of atoms, e.g. a metal crystal. From (37.3) χ_0 is found to be

$$\chi_0 = \int_0^1\int_0^1\int_0^1 \chi\, dx\, dy\, dz = \frac{1}{v_p}\iiint \chi\, dv$$

where the integral is extended over the cell. If (37.2a) is introduced and $1/v_p$ is replaced by N, the number of atoms in unit volume

$$\chi_0 = N\frac{e^2}{4\pi^2\nu^2 m}\left(\iiint \varrho_a\, dv + \Delta f\right)$$

since the last term of (37.2a) exists only at the centres of the atoms and is already the result of an integration. The first part is Z, the number of electrons in the cell, and so the atomic number of the atom, Z. Then,

$$\chi_0 = N\frac{e^2}{4\pi^2\nu^2 m}(Z + \Delta f' + i\Delta f'')\,. \tag{38.1}$$

We can now give the value of χ_0. Discarding the corrections $\Delta f'$ and $\Delta f''$, we find

$$\chi_0 = +NZ\frac{e^2}{mc^2}\cdot\frac{\lambda^2}{4\pi^2} \sim 10^{-5}$$

with $e^2/mc^2 = 2.8\cdot 10^{-13}$ cm, $NZ = 10^{25}$, $\lambda = 10^{-8}$ cm.

So χ and even $4\pi\chi$ are small, the last quantity has the order of magnitude 10^{-4}.

We consider a wave in the crystal propagated in the direction of the x-axis, x being a CARTESian coordinate,

$$E = E_0\, e^{2\pi i(\nu t - Kx)} = E_0\, e^{2\pi i[\nu t - \varkappa(1-2\pi\chi_0)x]}$$

[cf. (37.9)], if K is the length of the wave vector in the crystal. Now writing

$$1 - 2\pi\,\mathrm{Re}\,\chi_0 = 1 - NZ\frac{e^2}{2\pi mc^2}\lambda^2 - N\frac{e^2}{2\pi mc^2}\lambda^2\Delta f' = n \tag{38.2}$$

$$2\pi\,\mathrm{Im}\,\chi_0 = N\frac{e^2}{2\pi\nu^2 m}\Delta f'' = b \tag{38.3}$$

and $\varkappa = 1/\lambda$, the electric field vector assumes the form

$$E = E_0\, e^{2\pi i\left(\nu t - \frac{nx}{\lambda}\right)}\, e^{-2\pi b\frac{\nu}{c}x}\,. \tag{38.4}$$

Hence, n is the index of refraction and $1 - n$ is seen from (38.2) to be proportional to the square of the wave-length, in first approximation, and the correction, depending on the proper frequencies of the atom, is aptly called the dispersion term. We are, however, more interested in b. From (38.4) it is seen that the wave is damped, and writing

$$I = I_0\, e^{-\mu x}$$

we see, as I is proportional to the square of E

$$\mu = 4\pi b\frac{\nu}{c} = N\frac{2e^2}{\nu mc}\Delta f''$$

[cf. (38.3)] and if the expression (36.5) for $\Delta f''$ is introduced,

$$\mu = N \frac{e^2 \pi}{m c} \frac{d g(\nu(s))}{d \nu(s)} . \tag{38.5}$$

So, from empirical expressions for the absorption by one atom, the quantity $dg/d\nu(s)$ can be found, and from this value the Δf can be calculated[1]. Of course the absorption has to be corrected for L-absorption, etc.

D. The intensity of the diffracted X-rays.

I. The diffraction by small crystals.

39. The atomic representation. Let us now resume the study of diffraction, sketched already in Chap. A. The subsequent Chap. B has furnished us with the necessary tools for this study, and the preceding Chap. C has given the justification for our starting point: *The electron density of the crystal describes the scattering of X-rays.* We shall assume as in Chap. A that the crystal is small, this means that the incident beam leaves the crystal with energy unchanged. Thus, the influence of the scattered radiation on the scattering atoms also is ignored approximately. Then it has to be ascertained for which dimensions of a crystal this assumption holds, and secondly, whether the results will have a practical meaning. We may state beforehand that the dimensions must not exceed 10^4 layers in each direction. In general, much larger crystals are used. But these crystals exhibit in many cases *the mosaic structure.* The crystal consists of small parts, each of them with an ideal crystal structure, but these parts have a slightly different orientation. It will be proved, that the contributions of these small crystals are incoherent, so the observed intensity is the sum of the intensities, caused by all of these small crystals. It follows that the diffraction by small crystals is important. We further assume that the point, at which the diffracted intensity is calculated, is at a large distance from the crystal, so that all lines from different parts of the crystal may be assumed to be parallel. Their direction is defined by the unit vector $\mathbf{s}$, the direction of the incident beam by $\mathbf{s}_0$. Let the distance from the origin for one of the scattering atoms be $\boldsymbol{r}$, $n_1 + x_i, n_2 + y_i, n_3 + z_i$ being its coordinates with respect to the axes $\boldsymbol{a}$, $\boldsymbol{b}$, $\boldsymbol{c}$. This is the i-th atom in the cell n_1, n_2, n_3. In the preceding chapter the scattering by an atom at the origin was calculated [cf. Eq. (35.2)]. Now the atom under consideration scatters with a phase difference $(\mathbf{s} - \mathbf{s}_0) \cdot \boldsymbol{r}/\lambda$ [cf. Eq. (4.4)], hence

$$\boldsymbol{E} = -\frac{e^2}{m c^2} \operatorname{Re} \boldsymbol{E}_0 f_i \begin{Bmatrix} \cos 2\vartheta \\ 1 \end{Bmatrix} \frac{1}{R} e^{2\pi i \left(\nu t - \frac{R}{\lambda}\right)} e^{2\pi i \frac{(\boldsymbol{s}-\boldsymbol{s}_0)\cdot \boldsymbol{r}}{\lambda}} . \tag{39.1}$$

$\boldsymbol{E}_0$ is the electric vector of the incident radiation. We have assumed that this beam loses no energy, therefore E_0 is constant throughout the crystal. f_i is the atomic scattering factor, and $\sin\varphi$ from (35.2) has been replaced by its two values for special polarizations, as in the derivation of (33.8). Now by introducing the reciprocal lattice, it will be of advantage to put

$$T = R \cdot \lambda$$

instead of $T = 1$, as has been done in the preceding chapters. Since all reciprocal vectors then are multiplied with $R\,\lambda$, the reciprocal vector $(\mathbf{s} - \mathbf{s}_0)/\lambda$ has

[1] E. J. Williams: Proc. Roy. Soc. Lond., Ser. A **143**, 358 (1934).

to be replaced by

$$R(\mathbf{s} - \mathbf{s}_0) = h'\,\boldsymbol{a}^* + k'\,\boldsymbol{b}^* + l'\,\boldsymbol{c}^*. \tag{39.2}$$

$h'\,k'\,l'$, which are not necessarily integers, are the coordinates of this vector.

The reciprocal vectors now have the dimension of a length, e.g.

$$r^*_{hkl} = \frac{R\lambda}{d_{hkl}} \tag{39.3}$$

is the relation between the spacing of a set of netplanes and the corresponding reciprocal vector.

Then

$$\left.\begin{aligned} R(\mathbf{s}-\mathbf{s}_0)\cdot\boldsymbol{r} &= (h'\,\boldsymbol{a}^* + k'\,\boldsymbol{b}^* + l'\,\boldsymbol{c}^*)\cdot(n_1\cdot\boldsymbol{a} + n_2\,\boldsymbol{b} + n_3\,\boldsymbol{c} + x_i\,\boldsymbol{a} + y_i\,\boldsymbol{b} + z_i\,\boldsymbol{c}) \\ &= R\lambda\,(h'\,n_1 + k'\,n_2 + l'\,n_3 + h'\,x_i + k'\,y_i + l'\,z_i) \end{aligned}\right\} \tag{39.4}$$

[cf. (12.3) and (12.4)]. If this expression is introduced in (39.1), then by summing over the atoms in a cell, we find

$$E = \mathrm{Re}\,E_0\,f_{\mathrm{el}}\,F' \begin{Bmatrix}\cos 2\vartheta \\ 1\end{Bmatrix} \frac{1}{R}\, e^{2\pi i\left(\nu t - \frac{R}{\lambda}\right)}\, e^{2\pi i (h' n_1 + k' n_2 + l' n_3)}$$

with

$$F' = \sum_i f_i\, e^{2\pi i (h' x_i + k' y_i + l' z_i)},$$

and f_{el} standing for $e^2/m\,c^2$. The summation over the cells is only possible, if the crystal has the shape of a parallelopiped, numbering N_1 cells along the $\boldsymbol{a}$-axis, N_2 along $\boldsymbol{b}$, and N_3 along $\boldsymbol{c}$. Summation yields

$$\sum_0^{N_1-1} e^{2\pi i h' n_1} = \frac{\exp(2\pi i\,h'\,N_1) - 1}{\exp(2\pi i\,h') - 1} = e^{\pi i h'(N_1-1)}\cdot\frac{\sin\pi\,h'\,N_1}{\sin\pi\,h'}.$$

The intensity can be calculated in the same way as in Sect. 33, only that, using complex expressions, I is proportional to the square of the absolute value of the complex electric vector. Thus the intensity of the rays, scattered in the direction $\mathbf{s}$, is

$$I = I_0\left(\frac{e^2}{m\,c^2}\right)^2 \frac{1 + \cos^2 2\vartheta}{2R^2}\,|F'|^2\,G \tag{39.5}$$

with

$$G = \frac{\sin^2\pi\,h' N_1}{\sin^2\pi\,h'}\cdot\frac{\sin^2\pi\,k' N_2}{\sin^2\pi\,k'}\cdot\frac{\sin^2\pi\,l' N_3}{\sin^2\pi\,l'} \tag{39.6}$$

G has a maximum for each triple of integers h', k', l', which we shall denote by h, k, l. These maxima are N_1^2, N_2^2, N_3^2. The first minima in the neighbourhood of h, k, l, being zero, are found for

$$h' = h \pm \frac{1}{N_1}, \quad k' = k \pm \frac{1}{N_2}, \quad l' = l \pm \frac{1}{N_3}. \tag{39.7}$$

The following maxima will decrease rather rapidly, so we may say that diffraction occurs only for these directions $\mathbf{s}$, which give rise to h', k', l', within the limits imposed by (39.7). Even if N_1 etc. are comparable with 100, these limits are so narrow that in (39.5) F' may be replaced by $F(h, k, l)$, the structure factor, and equally for ϑ the glancing angle from BRAGG's equation may be taken. Then, writing

$$\delta h = h' - h, \quad \delta k = k' - k, \quad \delta l = l' - l,$$

G assumes the form

$$G = \frac{\sin^2 \pi\, \delta h\, N_1}{\pi^2\, \delta h^2} \cdot \frac{\sin^2 \delta k\, N_2}{\pi^2\, \delta k^2} \cdot \frac{\sin^2 \delta l\, N_3}{\pi^2 \delta l^2}, \tag{39.8}$$

and the diffracted intensity in the neighbourhood of (h, k, l) becomes

$$I = I_0 \left(\frac{e^2}{m\, c^2}\right)^2 \frac{1 + \cos^2 2\vartheta}{2 R^2}\, |F(h\, k\, l)|^2\, G(\delta h, \delta k, \delta l). \tag{39.9}$$

If we only consider maximum intensity, for $\delta h = \delta k = \delta l = 0$, the result (4.3) is found again. The maximum of diffracted intensity is found for those values of $\mathbf{s}$ and $\mathbf{s}_0$, for which

$$R(\mathbf{s} - \mathbf{s}_0) \cdot \boldsymbol{a} = (h \boldsymbol{a}^* + k \boldsymbol{b}^* + l \boldsymbol{c}^*) \cdot \boldsymbol{a} = h\, R\, \lambda$$

or [cf. Eq. (4.3)]

$$(\mathbf{s} - \mathbf{s}_0) \cdot \boldsymbol{a} = h\, \lambda \text{ etc.}$$

40. The representation of the intensity in reciprocal space. It may be objected that the connection between the directions of incident and diffracted beam and the expression (39.8) is rather implicated. This objection can be removed by using a geometrical representation, which is due to EWALD. We will start the explanation of this method, which will very often be used, by drawing a sphere of radius R, with the crystal at the centre O (Fig. 45). Since we assumed that R, the distance to the point where the intensity is calculated, is large compared to the dimensions of the crystal, the latter may be considered as a point, O. Now through O the vectors $R\,\mathbf{s}_0$ and $R\,\mathbf{s}$ are drawn. The first points to O^*, the second to P, both on the sphere. Then $R(\mathbf{s} - \mathbf{s}_0)$ from (39.2) is given by $\overrightarrow{O^* P}$, and if at O^* the origin of the reciprocal lattice, belonging to the crystal, is placed, we can read from the figure the coordinates h', k', l'. If, now, in the reciprocal space we attribute the quantity $|F(h, k, l)|^2$ to each lattice point, and to a point at h', k', l' in its neighbourhood $|F|^2 G/(N_1^2\, N_2^2\, N_3^2)$, then we may say that the intensity I, diffracted in the direction $\mathbf{s}$, is given by the value, written at the point P. The limits (39.7) define a small parallelopiped around each lattice point; outside these domains the intensity is put zero. Even in the case of a very small crystal, e.g. $N = 100$, the sides of this parallelopiped will be $\frac{1}{50}$ of the reciprocal axis $\boldsymbol{a}^*$. We may call this domain *reciprocal crystal*. For the domain has its largest dimension in the direction for which the dimension of the crystal is least, as follows from (39.7). So a needle, e.g., will correspond to a flat domain.

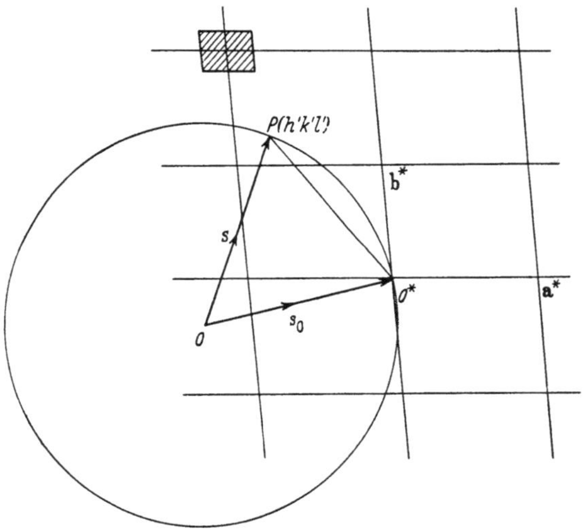

Fig. 45. The sphere of reflection, radius R, to describe the relation between the directions of incident and diffracted beam and $h'\,k'\,l'$. One reciprocal crystal is drawn.

We recognize here the intensity space (cf. Chap. B II), though now also the points not belonging to the reciprocal lattice are taken into consideration. The new concept can be denoted by the same name; for very great values of N it becomes the formerly described intensity space.

The properties of diffraction can now be read from Fig. 45 where for one lattice point the (exaggerated) domain is drawn. For an arbitrary position of the crystal with respect to the inciding beam, no domains will intersect the sphere, and no diffraction is observed. If for a moment we neglect the domains, we state that diffraction is only observed if a reciprocal lattice point lies on the sphere. Now 2ϑ being the angle between $\mathbf{s}$ and $\mathbf{s}_0$ $O^*P = 2R\sin\vartheta$. As O^*P is perpendicular to the corresponding set of net planes, the beams incident and diffracted make equal angles with these planes (Fig. 46). And, as $O^*P = n r^*_{hkl} = nR\lambda/d_{hkl}$, it follows that

$$2\sin\vartheta = \frac{n\lambda}{d_{hkl}}$$

for the reflections nh, nk, nl. This is BRAGG's law. Further, it is seen that also for other directions some intensity is observed, even if the crystal has not the position of maximum diffraction. In our picture, we may say: Even if the reciprocal lattice point does not lie on the sphere, a small pencil of diffracted rays occurs.

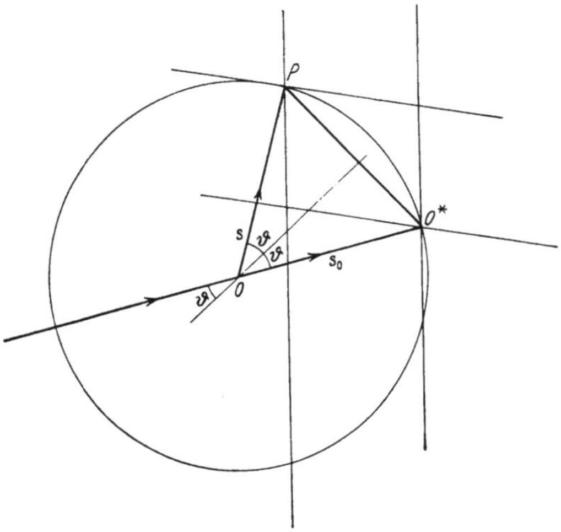

Fig. 46. The sphere of reflection with a reflection, satisfying BRAGG's law.

41. Diffraction in the continuous representation. Till now we could only derive expressions for a special shape of crystals. But we can free ourselves from this restriction by using the electron density. Then extending (35.2), which is valid for an atom, to the entire crystal, as composed of atoms,

$$E = \mathrm{Re}\, E_0 f_{\mathrm{el}} \begin{Bmatrix}\cos 2\vartheta \\ 1\end{Bmatrix} \frac{1}{R} e^{2\pi i\left(\nu t - \frac{R}{\lambda}\right)} \iiint\limits_{\text{crystal}} \varrho(x, y, z)\, e^{2\pi i (h'x + k'y + l'z)}\, v_p\, dx\, dy\, dz. \quad (41.1)$$

Since x, y, z have not the same meaning as in (35.2) the factor v_p has been added. The integral can be extended to infinity, if ϱ is multiplied with the *shape function* S, S being 1 in the crystal, and 0 outside the crystal. By introduction of the FOURIER series

$$\varrho\, v_p = \sum\sum\sum F(h, k, l)\, e^{-2\pi i (hx + ky + lz)}$$

the integral from (41.1) becomes

$$\sum\sum\sum F(h, k, l) \iiint\limits_{-\infty}^{+\infty} S\, e^{2\pi i [(h'-h)x + (k'-k)y + (l'-l)z]}\, dx\, dy\, dz.$$

We introduce the dimensionless function ψ, defined by

$$\psi(\delta h, \delta k, \delta l) = \frac{v_p}{V} \iiint\limits_{-\infty}^{+\infty} S\, e^{2\pi i (x\delta h + y\delta k + z\delta l)}\, dx\, dy\, dz.$$

We note that $\psi(0, 0, 0) = 1$, as V is the volume of the crystal. For large values of the arguments, ψ will be very small, due to the rapidly oscillating integrand.

Now the electric vector becomes

$$E = \operatorname{Re} E_0 f_{el} \begin{Bmatrix} \cos 2\vartheta \\ 1 \end{Bmatrix} \frac{1}{R} e^{2\pi i \left(\nu t - \frac{R}{\lambda}\right)} \cdot \sum \sum \sum F(h\,k\,l) \frac{V}{v_p} \psi(h'-h, k'-k, l'-l). \quad (41.2)$$

We could have found this expression from (15.14), applying this relation to the periodical electron density and the shape function. It may be remarked here that (41.1) states that the electric vector is proportional to the FOURIER component of the electron density of the finite crystal. Eq. (41.1) will be equally valid for non-crystalline matter, such as fluids.

So, X-ray analysis is the FOURIER analysis of the structure, and this structure is given by the electric vector. As experiment gives only the intensity, it only yields the absolute values of the FOURIER components. Let us now return to crystals. In (41.2) we shall assume that the domains, in which $|\psi|$ has a finite value, do not overlap. Then we may say that the value of the electric vector for h', k', l' is defined by the term, belonging to the nearest lattice point, and that between the domains the intensity is zero, though it is the sum of an infinite series. But the results of Sect. 39 have shown that for a parallelopiped this assumption is true. So we retain only one term in (41.2) even in the general case and find for the intensity

$$I = I_0 \left(\frac{e^2}{m c^2}\right)^2 \frac{1 + \cos^2 2\vartheta}{2R^2} |F(h, k, l)|^2 |\psi|^2 \frac{V^2}{v_p^2}. \quad (41.3)$$

Let us now evaluate ψ for some special crystal shapes and give a few of its main properties.

α) *Parallelopiped.* If the crystal has sides $N_1 a$, $N_2 b$ and $N_3 c$, then

$$|\psi| = \frac{1}{N_1 N_2 N_3} \frac{\sin \pi\,\delta h\,N_1}{\pi\,\delta h} \frac{\sin \pi\,\delta k\,N_2}{\pi\,\delta k} \frac{\sin \pi\,\delta l\,N_3}{\pi\,\delta l}$$

in accordance with (39.7). If $|\psi|^2$ is evaluated we find the following values of $\sin^2(\pi\,\delta h\,N)/(\pi\,\delta h\,N)^2 = |\psi_1|^2$:

δh	$\lvert\psi_1\rvert^2$	δh	$\lvert\psi_1\rvert^2$	δh	$\lvert\psi_1\rvert^2$
0	1	$\frac{1}{N}$	0	$\frac{4}{2N}$	0
$\frac{1}{2N}$	0.410	$\frac{3}{2N}$	0.044	$\frac{5}{2N}$	0.017

Now, δh can be measured in the reciprocal lattice vectors. If $N = 10^4$, then at a distance of $2.5 \cdot 10^{-4} \cdot a^*$ the function has decreased to 0.017, and so $|\psi|^2$ to $(0.017)^3$. The shape of the domain of intensity is again a parallelopiped, with sides, parallel to $\boldsymbol{a}^*, \boldsymbol{b}^*, \boldsymbol{c}^*$.

β) *Sphere.* We shall now write ψ in vector notation. Let $\delta h, \delta k, \delta l$ be the components of $\delta\boldsymbol{r}^*$, then [cf. (39.4)]

$$x\,\delta h + y\,\delta k + z\,\delta l = \frac{\boldsymbol{r}\cdot\delta\boldsymbol{r}^*}{R\lambda}.$$

Hence,

$$\psi = \frac{1}{V} \iiint_{-\infty}^{+\infty} S \exp\left(2\pi i \frac{\boldsymbol{r}\cdot\delta\boldsymbol{r}^*}{R\lambda}\right) dv. \quad (41.4)$$

For a sphere of radius r_0, and using polar coordinates, their axis being the direction of $\delta \boldsymbol{r}^*$, this becomes

$$\psi = \frac{1}{V} \int_0^{r_0} \int_0^{\pi} \exp\left(2\pi i \frac{r\,\delta r^* \cos\varphi}{R\lambda}\right) 2\pi r^2\, dr \sin\varphi\, d\varphi.$$

Then, putting

$$2\pi r_0\, \delta r^*/R\lambda = z,$$

we find

$$\psi = \frac{3}{z^3} (\sin z - z \cos z)$$

which gives a sphere in reciprocal space, if the reciprocal crystal is defined by the first root of ψ, z_0.

The radius of this reciprocal sphere is then given by

$$\delta r_0^* = \frac{R\lambda z_0}{2\pi r_0}.$$

It decreases with the radius r_0 of the crystal, and is proportional to the factor $T = R\lambda$.

The following properties of ψ may be mentioned:

a) From the last example it may be seen that ψ is independent of the axes of the crystal. By writing it in vector form, we prove that only the shape matters, not the orientation with respect to the crystal.

b) If the dimensions are multiplied with a factor n the shape is not altered, then the reciprocal crystal is smaller by the same factor n. This may be seen from the definition (41.4)

$$\psi = \frac{1}{V} \iiint \exp\left(2\pi i \frac{\delta \boldsymbol{r}^* \cdot \boldsymbol{r}}{R\lambda}\right) dv.$$

If $\boldsymbol{r}$ is multiplied with n, V and dv by n^3, then by dividing $\delta \boldsymbol{r}^*$ by n, the same value of the integral ensues.

c) The integral

$$\iiint_{-\infty}^{+\infty} |\psi(\delta h, \delta k, \delta l)|^2\, dh'\, dk'\, dl' = \frac{v_p}{V}. \tag{41.5}$$

This integral over the reciprocal space will be useful later on. The proof is given by introducing the expression for ψ in the integral

$$\left(\frac{v_p}{V}\right)^2 \iiint_{-\infty}^{+\infty} d\delta h\, d\delta k\, d\delta l \iiint_{-\infty}^{+\infty} S(x, y, z)\, dx\, dy\, dz \times$$
$$\times \iiint_{\text{crystal}} dx_1\, dy_1\, dz_1 \cdot e^{2\pi i [\delta h (x - x_1) + \delta k (y - y_1) + \delta l (z - z_1)]}.$$

From (15.6) and (15.7) it follows that the integration over δh, δk, δl and x, y, z gives

$$\left(\frac{v_p}{V}\right)^2 \iiint_{\text{crystal}} dx_1\, dy_1\, dz_1\, S(x_1, y_1, z_1) = \frac{v_p}{V}.$$

42. The rotating crystal method. The last step will be to find the intensity to be measured by the different methods, mentioned in Sect. 5. The rotating crystal method can be studied by means of the sphere of EWALD (Fig. 47). The crystal is placed with a zone axis as the vertical, this axis can always be chosen to be $\boldsymbol{c}$. OO^* is the direction of the incident beam. The reciprocal lattice in O^* is characterized by horizontal axes $\boldsymbol{a}^*$ and $\boldsymbol{b}^*$, $\boldsymbol{c}^*$ has in general an arbitrary direction. If the crystal is rotated about $\boldsymbol{c}$, the reciprocal lattice will rotate about the vertical through O^*, as the orientations of direct and reciprocal space are linked together. The reciprocal lattice points will sweep along horizontal circles, and when they pass the sphere of EWALD, a diffracted ray will be observed in the direction OP. Let us consider all reflections with a definite value of l. The reciprocal lattice points lie in a horizontal plane and will give reflections when they pass the circle of intersection of the sphere and the plane l. Let the film be a cylinder, with the axis $\boldsymbol{c}$, then all reflections with the definite value of l are situated on a circle, which is the projection of the circle of intersection from O. These circles are the layer lines. We recognize the cones of Fig. 4. This may be seen by expanding the lattice along $\boldsymbol{a}$ and $\boldsymbol{b}$, $\boldsymbol{c}$ being constant. Then a^* and b^* will become smaller and, in the limit, only one row along $\boldsymbol{c}$ is left, the horizontal planes being filled with reciprocal lattice points. All points on the circle of intersection will simultaneously give rise to reflections, and the entire cone is observed. The interpretation of such diagrams will not be treated in this chapter. If, however, a plane film is used, lying on one of the planes $l=$ const. in Fig. 47, and this film rotates about the vertical axis through O^*, synchronously with the rotation of the crystal, then the reciprocal points will have a fixed position with respect to the film. When a reciprocal point P intersects the sphere of EWALD, the diffracted ray will cause a spot to appear on the right place, and so the reciprocal plane is observed without distortion. We may express this result as follows: The reciprocal lattice may be observed directly, but this is not possible for the direct lattice. We refer for the applications of this principle[1] to the article of A. GUINIER and G. VON ELLER in this volume.

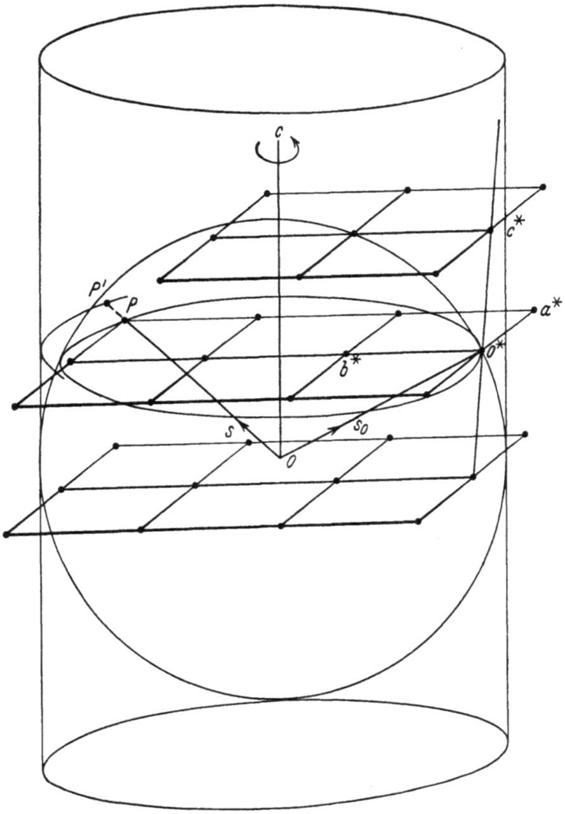

Fig. 47. The sphere of reflection and its intersection with the plane $l=0$. The reciprocal lattice rotates about the vertical line through O^* which has not been drawn. The reflection (130) is observed in this position, and is recorded on the cylindrical film at P'. A part of the layer line, $l=0$ on the film is drawn.

We shall now discuss the intensity of reflection.

In Fig. 48 the position of the crystal is such that a reciprocal point h, k, l lies not on the sphere, but near to it. The sphere intersects the domain of intensity in a small area dS, and the energy, passing through a small part of this area during a time interval dt, $I(\delta h, \delta k, \delta l)\, dt\, dS$, will be recorded on the film. Since

[1] W. F. DE JONG and J. BOUMAN: Z. Kristallogr. A 98, 456 (1938).

during the rotation the domain will sweep through the sphere, each point of the domain will in his turn give a diffracted ray. We shall here treat the case $l=0$, and a horizontally inciding beam. In Fig. 48 the horizontal plane through O is drawn. During dt the domain is shifted over a distance ds,

$$ds = O^* P \cdot \omega\, dt$$

ω being the angular velocity of rotation. $O^* P$ is nearly the same as the distance $O^* P_0$ which is found when the point h, k, l lies on the sphere, and this distance is $2R \sin\vartheta$. So we may write for this energy

$$dW = I(\delta h, \delta k, \delta l)\, dS\, ds \frac{1}{2R \sin\vartheta \cdot \omega}.$$

$dS\, ds$ can be expressed as a volume element dv^* in reciprocal space. and as the angle between ds and the normal on dS, OP, is ϑ, we find

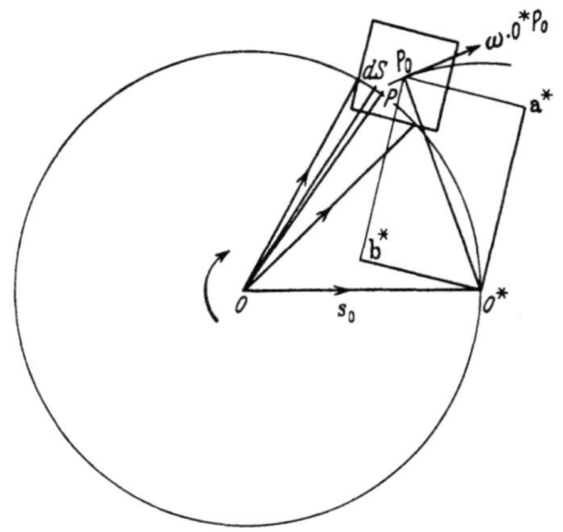

Fig. 48. The plane $l=0$ for a horizontally inciding beam. The crystal is situated at O.

$$dS\, ds = dv^*/\cos\vartheta.$$

Now

$$dv^* = d\delta h\, d\delta k\, d\delta l\, v_p^*.$$

and

$$v_p^* = \frac{R^3 \lambda^3}{v_p}$$

[cf. (13.1)]. From these expressions and (41.3) we find

$$dW = I_0 f_{el}^2 P |F(h,k,l)|^2 |\psi(\delta h, \delta k, \delta l)|^2 \times$$
$$\times\, d\delta h\, d\delta k\, d\delta l \cdot \frac{\lambda^3 V^2}{v_p^3 \omega \sin 2\vartheta}.$$

Now the integration gives the energy recorded at the diffraction spot. Writing f_{el} and P in full, we find, using (41.5)

$$W = I_0 \left(\frac{e^2}{m c^2}\right)^2 \frac{1+\cos^2 2\vartheta}{2} |F(h,k,l)|^2 \frac{\lambda^3 V}{v_p^2 \omega \sin 2\vartheta}. \tag{42.1}$$

This energy is proportional to V and therefore to the number of cells N, whereas from (41.3) it follows that the maximum intensity ($|\psi|=1$) depends on the square of V and so of N. We define the LORENTZ factor L,

$$L = \frac{\lambda^3}{v_p^2 \sin 2\vartheta}, \tag{42.2}$$

and denote by Q the quantity

$$Q = f_{el}^2 P\, |F(h,k,l)|^2 L; \tag{42.3}$$

then

$$W = I_0 Q \frac{V}{\omega}. \tag{42.4}$$

The same argument can be extended to $l \neq 0$, then L is divided by $\cos\varepsilon$, ε being the angle between the plane $l=$ const and the plane through $\mathbf{s}_0$ and $\mathbf{s}$[1].

Let us now consider, whether the expression (41.2) holds for a mosaic crystal. For that purpose, we calculate the width of the pencil of diffracted rays which is the diameter of the reciprocal crystal, divided by R. Now taking a cubic

[1] J. BOUMAN: Selected topics in X-ray crystallography, p. 27. 1951.

crystal, with axis a, and N cells along each axis, this diameter is from (39.7) $2a^*/N$, as $2/N$ is the width expressed in units of δh. So, introducing $a^* = R\lambda/a$, we find for the half width of the pencil

$$\delta\varphi = \frac{\lambda}{a N}. \tag{42.5}$$

Numerically, for $N = 10^2$, $a = 5$ Å, $\lambda = 0.5$ Å, we obtain $\delta\varphi = 10^{-3}\,\mathrm{rad} = 3.4'$ which will be even less for larger crystals. The real pencils, observed with crystals, are much larger, of the order of several degrees. This discrepancy may be explained by assuming the crystal to be built of small crystals, having mutual desorientations of 1° or more. These single parts are observed directly, too. From a crystal in the reflecting position only some of the small crystals will reflect, as the desorientation must not exceed $\delta\varphi$. Such small crystals are arbitrarily distributed over the mosaic crystal. The electric vector from one of these crystals is given by (41.2) but now, the crystal being at a distance from the origin, the exponential will contain a phase ψ and each contribution may be written

$$\operatorname{Re} E_1\, e^{-2\pi i \psi_1},$$

the sum of these vectors being the electric vector of the mosaic crystal. The intensity is found from the product of E and its conjugate complex, and

$$I = I_1 + I_2 + \cdots + \text{ terms with } e^{2\pi i(\psi_2 - \psi_1)}.$$

These phases being unknown and arbitrarily distributed, we take the mean value over the positions of the separate crystals. Then, the last terms cancel and the intensity comes out to be the sum of the separate intensities. This is meant by saying that the small crystals scatter *incoherently*. Now, if the crystal is turned, other parts will contribute to the diffraction, and the energy of the diffraction spot is the sum of the energies from the separate crystals. Since all terms in (42.1) are independent from the shape of the crystal, excepted V, the result will still be the same, but now V is the volume of the mosaic crystal.

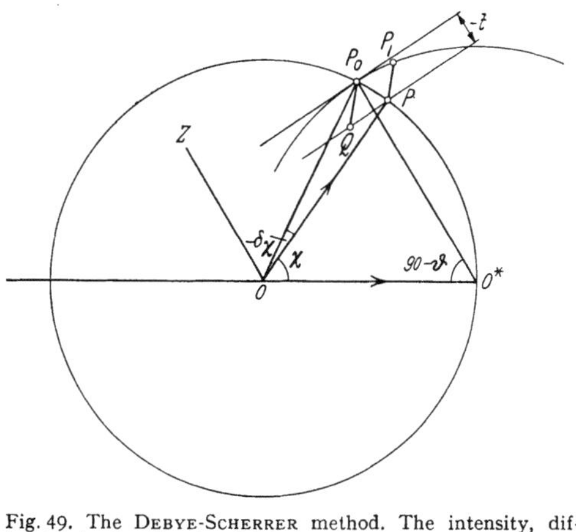

Fig. 49. The DEBYE-SCHERRER method. The intensity, diffracted in the direction OP is found by integrating the intensity over the plane PQ, in the intensity space belonging to one crystal. $R\,\delta\chi\,\cos\vartheta = t$.

43. The DEBYE-SCHERRER method. α) *The energy.* In Fig. 49 a horizontal section of the sphere of EWALD is drawn. It is assumed that one crystal of the aggregate is in the reflecting position h, k, l, and P_0 is the reciprocal lattice point. The aggregate is represented by the centre O. The reciprocal space in O^* is also chosen for this crystal.

Now the corresponding reciprocal points $h\,k\,l$ of the other crystals will be found at the same distance of O^*, and if the powder is well mixed, these points are evenly distributed on the sphere with radius $O^* P_0$. This radius being $2R\sin\vartheta$, the density of distribution, ϱ^*, in P_0 on this sphere will be given by

$$\varrho^*\, dS^* = \frac{N}{4\pi\,(2R\sin\vartheta)^2}\, dS^*$$

if dS^* is a surface element of the second sphere, and N the number of crystals. We will calculate the total intensity I_t for the direction OP. Now the contribution of the crystals for which $h\,k\,l$ lies at P_1 will be (41.3):

$$dI_t = \varrho^*\, dS^*\, I_0 f_{\mathrm{el}}^2 P\,|(F(h,k,l)|^2 \frac{1}{R^2} |\psi|^2 \frac{V^2}{v_p^2} = \varrho^*\, dS^*\, C\,\frac{|\psi|^2}{R^2},$$

where $\psi(\delta h, \delta k, \delta l)$ has the value belonging to the reciprocal space vector $\overrightarrow{P_1 P}$. In the reciprocal space, belonging to P_0, the same value of $|\psi|$ is to be found at Q.

If now the integration is carried out over the sphere, this sphere may be replaced by its tangent plane in P, as the reciprocal domain is very small. The plane dS^* is carried over to a parallel area around Q, in order to use only the intensity space of one crystal, and I_t will be found as the integral over a plane through P, parallel to the tangent plane through P_0:

$$I_t = C\,\frac{N}{16\pi R^2 \sin^2\vartheta}\,\frac{1}{R^2} \iint |\psi|^2\, dS^*. \tag{43.1}$$

We shall postpone the evaluation of I_t, but proceed to calculate the energy diffracted in unit time by this reflection. If now the angle between the incident and the diffracted ray is denoted by χ, then the energy, diffracted into the small angle $d\chi$, in all directions which make an angle χ with OO^* will be

$$dW = I_t\, 2\pi R^2 \sin 2\vartheta \cdot d\chi,$$

where χ has been replaced by twice the angle of BRAGG. Now dS^* and $Rd\chi$ constitute a volume element dv^* and the angle between the normal on dS^*, $\overrightarrow{O^*P}$, and $Rd\chi$ being nearly ϑ, we find

$$dv^* = Rd\chi \cdot dS^* \cos\vartheta = v_p^*\; d\delta h\, d\delta k\, d\delta l$$

and

$$v_p^* = R^3 \lambda^3 / v_p.$$

Then

$$W = C\,\frac{N}{16\pi R^4 \sin^2\vartheta}\, 2\pi R^2 \sin 2\vartheta \int d\chi \iint |\psi|^2\, dS^*$$

$$= C\,\frac{N\lambda^3}{4 v_p \sin\vartheta} \iiint |\psi(\delta h, \delta k, \delta l)|^2\, d\delta h\, d\delta k\, d\delta l.$$

The integral is found from (41.5) and

$$W = C N\,\frac{\lambda^3}{4 V \sin\vartheta}.$$

Here, it has tacitly been assumed that all crystals have the same volume and shape, NV being the volume of the crystalline aggregate[1]. But the same result is obtained for other aggregates, as the contributions of differently shaped crystals can be added. If now C is written in full, and Q, Eq. (42.3), is used, we find

$$W = I_0\, Q\, V_{\mathrm{tot}}\, \frac{\cos\vartheta}{2}\, p. \tag{43.2}$$

In this expression the factor p still has to be explained which is called the *multiplicity factor*. It occurs because in this method all reflections at the same angle ϑ will be found at the same place on the film, whereas the rotation photograph

[1] This is not exactly true, as the crystals may not fill the volume of preparate entirely, but will have empty spaces between them.

gives its own spot to each reflection h, k, l. Since (cf. Chap. IV) an arbitrary plane occurs as often as the order of the point group indicates if the group has a centre of symmetry and twice as often if there is no such centre, all reciprocal lattice points which are related by symmetry in the intensity space, give the same reflection. Thus p is the number of elements of the LAUE group (Sect. 29). But the reciprocal point can have a special position, on a symmetry element, and then the number p has to be divided by an integer. So for the group with point group 2 2 2, p will be 4 in general, but may be 2, if the reciprocal point lies on a twofold axis.

β) The profile of the line. Eq. (43.1) enables us to calculate the profile of the line on the film. Let us assume that all crystals have the same shape and dimensions. We have

$$I_t = \iint |\psi(\delta h, \delta k, \delta l)|^2\, dS^*$$

as the proportionality factor in (43.1) is irrelevant for the distribution of energy over different angles of diffraction χ. Now, in Fig. 49, CARTESian coordinates X, Y, Z are introduced, Z being normal to the reflecting plane. The same coordinates in the neighbourhood of P_0 with P_0 as origin will be, ξ, η, t. The last points along O^*P_0. So, from (41.4), replacing $R\lambda$ by T, we find

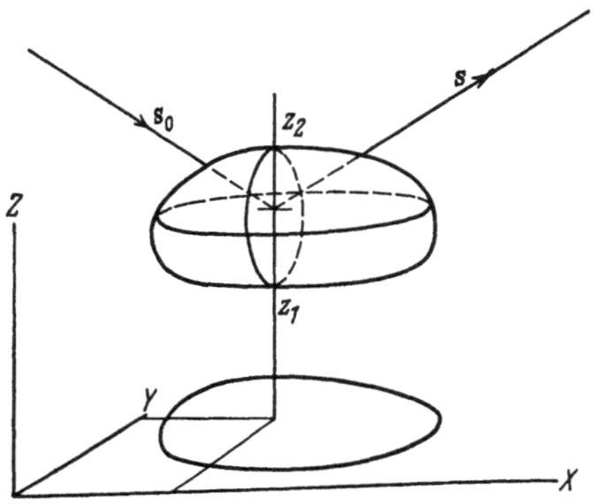

Fig. 50. A crystal and its projection on the plane of reflection. $Z = Z_2 - Z_1$ appears in the expression for the profile of the DEBYE-SCHERRER line for this reflection.

$$\psi(\xi, \eta, t) = \frac{1}{V} \iiint S(XYZ) \exp\left(2\pi i \frac{X\xi + Y\eta + Zt}{T}\right) dX\, dY\, dZ.$$

We shall first integrate over Z. For given X and Y the surface of the crystal has at least two points. Assuming that there are only two such points let Z_1 and Z_2 be their coordinates (Fig. 50), which, of course, still depend upon X and Y. The integration over dX and dY has to be effected over the projection of the crystal on the plane $Z = 0$ (Fig. 49). Thus, we obtain

$$\psi = \frac{T}{V} \iint dX\, dY\, e^{2\pi i \frac{X\xi + Y\eta}{T}}\, \frac{e^{2\pi i Z_2/T} - e^{2\pi i Z_1/T}}{2\pi i t}.$$

Since $dS^* = d\xi\, d\eta$, we find for I_t

$$I_t = \frac{T^2}{V^2} \iint_{-\infty}^{+\infty} d\xi\, d\eta \iint dX\, dY \iint dX'\, dY' \times$$

$$\times e^{2\pi i \frac{(X-X')\xi + (Y-Y')\eta}{T}}\, \frac{\left(e^{2\pi i Z_2/T} - e^{2\pi i Z_1/T}\right)\left(e^{-2\pi i Z_2'/T} - e^{-2\pi i Z_1'/T}\right)}{4\pi^2 t^2}.$$

Applying (15.6) and (15.7) to the integrals over $d\xi$, $d\eta$, dX', dY', h' from these expressions being in turn $-\xi/T$ and $-\eta/T$, we find

$$I_t = \frac{T^4}{V^2} \iint dX\, dY\, \frac{\sin^2(\pi t Z/T)}{\pi^2 t^2}, \tag{43.3}$$

where Z is $Z_2 - Z_1$, the height of the crystal in the Z-direction for the point X, Y of the projection. If now the angle of diffraction χ is written in the form

$$\chi = 2\vartheta + \delta\chi$$

then if follows from Fig. 49

$$t = \delta\chi \cdot R\cos\vartheta. \tag{43.4}$$

The profile of the line is often characterized by the *integral breadth* B, which is the integrated intensity, divided by the maximum intensity.

The expression for the total energy (43.2) has been derived for the full DEBYE-SCHERRER ring, being a circle with radius $R\sin 2\vartheta$. In practice often a small portion of this ring is observed, let its length be 1. Then the intensity is the energy on a small part $d\chi$ of this ring, divided by its area $R\,d\chi$. Then the integrated intensity is

$$W = \int_{-\infty}^{+\infty} I_t R\,d\chi = \frac{1}{\cos\vartheta}\int_{-\infty}^{+\infty} I_t\,dt$$

[cf. (43.4)]. This integral is easily found using the relation

$$\int_{-\infty}^{+\infty} \frac{\sin^2(\pi x \mu)}{\pi^2 x^2}\,dx = |\mu|.$$

Thus we obtain

$$W = \frac{T^3}{V^2\cos\vartheta}\iint Z\,dX\,dY = \frac{T^3}{V\cos\vartheta}.$$

The intensity has a maximum at $t=0$, viz.

$$I_{\max} = \frac{T^2}{V^2}\iint Z^2\,dX\,dY.$$

Then the integral breadth is found to be

$$B = \frac{W}{I_{\max}} = \frac{TV}{\iint Z^2\,dX\,dY}\cdot\frac{1}{\cos\vartheta}.$$

Putting $T = R\lambda$, Λ being defined by

$$\Lambda = \frac{\iint Z^2\,dX\,dY}{V} = \frac{\iint Z^2\,dX\,dY}{\iint Z\,dX\,dY} = \frac{\overline{Z^2}}{\overline{Z}}, \tag{43.5}$$

we find

$$B = \frac{\lambda}{\Lambda\cos\vartheta}. \tag{43.6}$$

In this expression R is put equal to 1, so the intensity only depends on χ. Λ by (43.5) is the mean value of Z^2, divided by the mean value of Z. This formula is due to WALLER[1, 2]. The use of this expression does not concern us here, we only remark that (43.5) and (43.3) depend only on the shape of the crystal, not on the lattice. It can, however, only be used for crystals, as these give sharp diffraction rings.

44. The LAUE method. Here, the normalization $T = R\lambda$ will become very useful. In Fig. 51 the sphere of reflection is drawn again, and the reciprocal lattice is considered for one wave-length λ_0. It is assumed that for this wave-length the reflection h, k, l has been observed. The reciprocal lattices for other wave-lengths will then be found by multiplying all distances by λ/λ_0. Each reciprocal lattice point is drawn out to a line along the direction O^*P_0, and its length depends on the width of the spectrum. Each reciprocal segment, which intersects the sphere, will give rise to a reflection, and from the distance of the

[1] I. WALLER: Nova Acta Reg. Soc. Sci. Upsal. **55**, 11 (1939).
[2] J. BOUMAN: X-ray Crystallography 1951.

point of intersection to the reciprocal lattice point h, k, l for λ_0 the wave-length is found. If the wave-length is not known, only the angles in the reciprocal lattice are observed, not the lengths. This means, only the faces of the crystal, not the dimensions of the cell may be found from the LAUE photograph.

Its use lies in the study of the environment of a lattice point which will be only observed for strong radiations, e.g. the characteristic radiation. This is important for studying deviations from the ideal crystal structure. It is, however, useful to calculate also the intensity of a spot. If maximum reflection holds for λ_0, the wave-length $\lambda_0 + \delta\lambda$ will also contribute appreciably to the intensity. $|\psi|$ has to be calculated for the reciprocal vector $\overrightarrow{PP_0}$, or, which is the same, for $\overrightarrow{P_0Q}$. A small variation $d\lambda$ in the wave-length will correspond to a reciprocal line element

$$P_0 Q = dl^* = \frac{d\lambda}{\lambda_0} O^* P_0 = d\lambda \frac{2R \sin\vartheta}{\lambda_0}.$$

The total energy will be obtained by integrating I over $d\lambda$ and over dS on the sphere. Now

$$dv^* = dl^*\, dS \sin\vartheta$$

and

$$W = \iiint d\lambda\, dS\, C' I_0(\lambda)\, |\psi|^2 \frac{1}{R^2}.$$

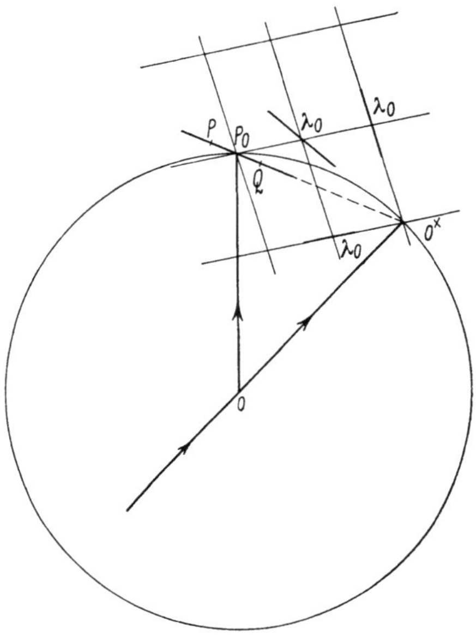

Fig. 51. The sphere of reflection for the LAUE method. The reciprocal lattice points are drawn out into lines, corresponding to the different wave-lengths in the incident radiation. The parts nearest to O^* correspond to short waves.

C' is C divided by the incident intensity. Now in the integration $I_0(\lambda)$ can be replaced by $I_0(\lambda_0)$ as the variation of λ is but small, due to the small dimensions of the reciprocal domain. Putting $C' I_0$ equal to C, as before, we find

$$W = C \frac{\lambda_0}{2R \sin^2\vartheta} \cdot \frac{R^3 \lambda_0^3}{v_p} \cdot \frac{1}{R^2} \cdot \frac{v_p}{V}$$

or

$$W = I_0 Q V \frac{\cos\vartheta}{\sin\vartheta} \lambda_0. \tag{44.1}$$

Here, I_0 has not the same meaning as in (42.4) and (43.2), but it means the intensity, divided by a small interval $d\lambda$ of the wave-length.

45. Final remarks. We may add some brief remarks on different topics, related to the subject of this chapter.

α) In the derivations of this chapter we used a plane, monochromatic incident wave, only in Sect. 44 the last restriction was dropped. In reality, no wave is monochromatic, and the incident beam can be considered as a combination of plane waves, the direction of incidence lying within a certain range. The first LORENTZ factor was derived by him just for the case of a divergent beam. But it is easily seen that the introduction of divergent beams or non-monochromatic radiation changes nothing in the results of this chapter. The diffraction lines or spots will be shifted if other values of $\mathbf{s}_0$ or λ are used, and the total energy is the sum of these differing energies, belonging to definite values of $\mathbf{s}_0$

or λ. Only for the LAUE method it is necessary to introduce explicitly the variation of wave-length.

β) It is possible that two reciprocal lattice points will lie simultaneously on the sphere. For a sphere can be drawn with given radius, which passes through the points O^*, $h\,k\,l$ and $h_1\,k_1\,l_1$. Now this situation may have curious consequences. If reflections will be observed, then

$$R(\mathbf{s}-\mathbf{s}_0)=\boldsymbol{r}^*_{h\,k\,l},$$
$$R(\mathbf{s}_1-\mathbf{s}_0)=\boldsymbol{r}^*_{h_1\,k_1\,l_1}$$

where $\mathbf{s}$ and $\mathbf{s}_1$ are the directions of the two diffracted rays. By subtracting these two equations we get

$$R(\mathbf{s}-\mathbf{s}_1)=\boldsymbol{r}^*_{h-h_1,\,k-k_1,\,l-l_1}.$$

This means that the beam, reflected by (h_1, k_1, l_1) can in its turn be reflected by $(h-h_1,\ k-k_1,\ l-l_1)$, and will leave the crystal in the direction $\mathbf{s}$. This *double reflection* may add to the observed intensity. But it is also possible that $h\,k\,l$ gives no intensity. This is, e.g., the case with extinctions (Sect. 29) which are important for determining symmetry elements. Then, caused by double reflection an intensity may be observed in the forbidden direction $\mathbf{s}$.

γ) Till now we have considered parallel beams. But what will happen if a wide cone of radiation falls on a crystal? This is the case in experiments first performed by SEEMANN and LONSDALE[1], and the result is that on a film conic sections are observed. An other method is to use radiation absorbed by an atom which, then, emits fluorescence radiation (Sect. 32) in all directions. The radiation from different atoms is not coherent, so the observed effect will be the sum of the effects from each separate atom (KOSSEL lines)[2]. Here we may say that the cone has an opening of 180°. In the cone will be rays which fall under the glancing angle on a set of lattice planes $(h\,k\,l)$. Now all directions which give a reflection for a set of lattice planes form a cone with the opening angle $90°-\vartheta$, and the reflected directions lie on the same cone. These cones of reflected rays are intersected by the film, and give parts of conic sections, two for each set $(h\,k\,l)$, as the reflection can happen at both sides. We cannot treat here further particulars, especially the distribution of energy in these cones, and may refer to the literature[3].

δ) In subsection γ the reflections at both sides of the planes were mentioned. From Fig. 46 it is seen that these reflections correspond to the reciprocal vectors h, k, l and $\bar{h}, \bar{k}, \bar{l}$. If the crystal is turned and the reciprocal lattice in O^* till $-h$, $-k$, $-l$ lies on the sphere, then the net planes are turned too and the reflection is observed at the other side of the net planes. There is, however, no need to distinguish between these two reflections, as the intensity is the same for both. This follows from the fact that the electron density is real and so $F(h, k, l)$ is the conjugate complex of $F(-h, -k, -l)$, the absolute values being the same for both. In this way it was explained in Sect. 29 that the intensity space has always a centre of symmetry, and thus fails to indicate a centre or its absence in a structure. The situation is different if one of the atoms of the structure absorbs the radiation. In Sect. 35 it was shown that f has to be replaced in second approximation by $f+\Delta f$, and that Δf in the case of absorption is complex (cf. Sect. 36 and 38). In this case the reasoning of Sect. 29 fails.

[1] H. SEEMANN: Naturwiss. **23**, 735 (1926). — K. LONSDALE: Nature, Lond. **153**, 22, 433 (1944).

[2] W. KOSSEL: Ann. Phys. **25**, 512 (1936).

[3] M. v. LAUE: Ann. Phys. **23**, 705 (1935); **28**, 528 (1937).

Let us consider a structure, consisting of two atoms, atom 1 being absorbing and situated at the origin. Then,

$$F(h,k,l) = (f_1 + \Delta f_1) + f_2\, e^{2\pi i (h x_2 + k y_2 + l z_2)},$$
$$F(\bar{h},\bar{k},\bar{l}) = (f_1 + \Delta f_1) + f_2\, e^{-2\pi i (h x_2 + k y_2 + l z_2)}.$$

We remark that f, being real, is the same for both reflections and that Δf_1 is a constant, not depending on the direction of the reciprocal vector. Now we see that $|F(h,k,l)|^2$ is not equal to $|F(\bar{h},\bar{k},\bar{l})|^2$, as the conjugate complex of $F(h,k,l)$ is

$$\overline{F(h,k,l)} = (f_1 + \overline{\Delta f_1}) + f_2\, e^{-2\pi i (h x_2 + k y_2 + l z_2)}.$$

If, however, only atom 1 were present, the two intensities would be equal, viz. $|f_1 + \Delta f_1|^2$. We may say that 1 is less retarded in phase than 2 (which lags 180°, compared with the incident radiation). This is explained in Sect. 33 by a classical crasoning, the quantum-mechanical theory leads to the same result (Sect. 36). This has the same effect, if 1 is moved backward in the direction of the incident beam. So the intensities will be different at both sides of the reflecting plane, and we know at which side 2 is situated.

II. The dynamical theory, extinction and absorption.

46. Introductory remarks. The theory, explained in Chap. D I, is valid for very small crystals only. The exact theory of diffraction has been treated for the first time by DARWIN[1] and later on by EWALD[2]. The theory of DARWIN has been extended to absorbing crystals by PRINS[3]. We shall treat here the theory of VON LAUE, which we introduced in Sect. 37. The basic principle is the proportionality of moment density and electric vector at the same point, $\boldsymbol{P} = -\chi E$. The proportionality factor χ is a threefold periodic function in the crystal. If for the moment density its principal term only is taken, we find from (37.2a)

$$\chi = \frac{e^2}{4\pi^2 \nu^2 m}\,\varrho.$$

Now χ is written as a threefold FOURIER series (37.3) with the components χ_{hkl}, and as $F(h,k,l)$ is the FOURIER component of $v_p \varrho$, we find

$$\chi_{hkl} = \frac{e^2}{4\pi^2 \nu^2 m\, v_p} F(h,k,l). \tag{46.1}$$

In Sect. 38 the same relation is derived for a structure with one atom in the cell; F is then replaced by the atomic scattering factor f. If the moment density is calculated, including the dispersion terms, we may find a complex value, and so χ will be complex too. This is the case, if the atom, and so the crystal, is absorbing. Now, in Sect. 38, the index of refraction and the coefficient of absorption have been calculated for the case that only one wave is present in the crystal, and it followed that the index of refraction is

$$n = 1 - 2\pi\chi_0 \quad \left(\text{with } \chi_0 = \frac{1}{v_p}\iiint \chi\, dv\right)$$

if χ is real, what we shall assume in this section. The rigorous theory of diffraction will be applied here to an infinitely extended slab of finite thickness d.

[1] C. G. DARWIN: Phil. Mag. **27**, 315, 675 (1914).
[2] P. P. EWALD: Phys. Z. **21**, 617 (1921). — Z. Physik **2**, 332 (1920); **30**, 1 (1930).
[3] J. A. PRINS: Z. Physik **63**, 477 (1930).

A large parallel beam falls on to the front side of the slab, and the diffracted beam will be shown to be also a parallel beam. It may leave the crystal either at the front side (BRAGG *case* or *reflection*) or at the back side (LAUE *case* or *transmission*). We assume for the sake of simplicity that the directions of the two beams lie in the plane, defined by the normal on the slab and the normal on the reflecting planes. Thus, the problem is made a two-dimensional one.

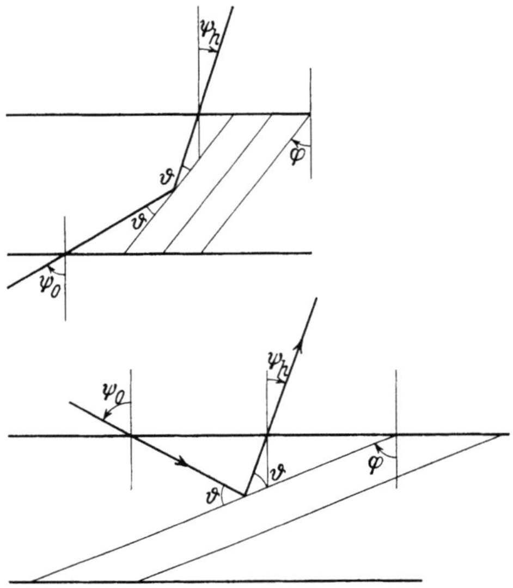

Fig. 52. Diffraction by a slab of crystalline matter according to the kinematical theory. The transmission and reflection case.

As the calculations of the diffracted intensity are very intricate, we shall use a geometrical representation, due to EWALD. Before treating the theory, let us begin with some rather plausible considerations, which only later on can be proved to be true or not. We shall start from the kinematical theory, and than correct the results, assuming that the crystal has an index of refraction, and so another wave-length than in vacuum. The angle of incidence in the kinematical theory will be denoted by ψ_0, and the angle of the diffracted beam with the normal on the slab by ψ_h. If the angle between the normal on the slab and the reflecting planes (h, k, l) is denoted by φ (LAUE denotes the same angle by $90° - \varphi$), then from Fig. 52 it follows that for

$$\left.\begin{array}{lll} \text{transmission:} & \psi_0 = \vartheta + \varphi, & \psi_h = \varphi - \vartheta, \\ \text{reflection:} & \psi_0 = 180° - \vartheta - \varphi, & \psi_h = \varphi - \vartheta, \end{array}\right\} \tag{46.2}$$

ϑ being the BRAGG angle[1].

Now we correct this result for the refraction in the crystal, $n = 1 - 2\pi\chi_0$. We found in Sect. 38 that $4\pi\chi$ and so $4\pi\chi_0$ are of the order of magnitude 10^{-4}. This correction consists of three terms. The incident beam is refracted at the front side, the angle of diffraction is altered, as the wave-length is changed in the crystal, and the diffracted beam is again refracted.

So ϑ in the crystal has to be replaced by ϑ_1, and if $\vartheta_1 = \vartheta + \Delta\vartheta$, the wave-length in vacuum $1/\varkappa$, in matter $1/K$, we may put

$$2d \sin\vartheta = n/\varkappa, \qquad 2d \sin\vartheta_1 = n/K, \qquad K = \varkappa(1 - 2\pi\chi_0),$$

cf. Eq. (37.9), and so

$$\Delta\vartheta = 2\pi\chi_0 \frac{\sin\vartheta}{\cos\vartheta} \tag{46.3}$$

in first approximation. As $\Delta\vartheta$ is measured in minutes, $2\pi\chi_0$ being small, this is a reasonable approximation. Further the incident and the diffracted ray will be refracted when passing the boundary of the slab. Let the angle of incidence at the front side be $\psi_0 + \Delta\psi_0$, and the angle of refraction at the same side $\psi_0 + \delta\psi_0$, then from SNELL's law

$$\frac{\sin(\psi_0 + \Delta\psi_0)}{\sin(\psi_0 + \delta\psi_0)} = n = 1 - 2\pi\chi_0,$$

[1] In Fig. 52 all angles are positive, the arrows indicate positive directions.

whence

$$\Delta\psi_0 - \delta\psi_0 = -2\pi\chi_0 \frac{\sin\psi_0}{\cos\psi_0}.$$

The same expression holds for ψ_h.

As the index of refraction is less then 1, $\Delta\psi_0 < \delta\psi_0$. Now in (46.2) ϑ has to be replaced by $\vartheta + \Delta\vartheta$, and ψ by $\psi + \delta\psi$, the new angles of incidence and diffraction in the crystal. Then we find for

transmission: $\delta\psi_0 = \Delta\vartheta, \qquad \delta\psi_h = -\Delta\vartheta,$

reflection: $\delta\psi_0 = -\Delta\vartheta, \quad \delta\psi_h = -\Delta\vartheta.$

Combining the last two expressions with (46.3), we find

$$\Delta\psi_0 = 2\pi\chi_0\left(\pm\frac{\sin\vartheta}{\cos\vartheta} - \frac{\sin\psi_0}{\cos\psi_0}\right), \qquad (46.4)$$

the upper sign being valid for transmission, the lower sign for reflection. We find for $\Delta\psi_h$

$$\Delta\psi_h = 2\pi\chi_0\left(-\frac{\sin\vartheta}{\cos\vartheta} - \frac{\sin\psi_h}{\cos\psi_h}\right).$$

For the new setting of the crystal with reference to the incident ray we may expect the maximum diffracted intensity. We mention also the special form, which (46.4) assumes in the case of symmetrical reflection, the reflecting planes being parallel to the sides of the slab. Then $\psi_0 = \psi_h = 90^\circ - \vartheta$, and

$$\Delta\psi_0 = \Delta\psi_h = -\frac{4\pi\chi_0}{\sin 2\vartheta}. \qquad (46.4\text{a})$$

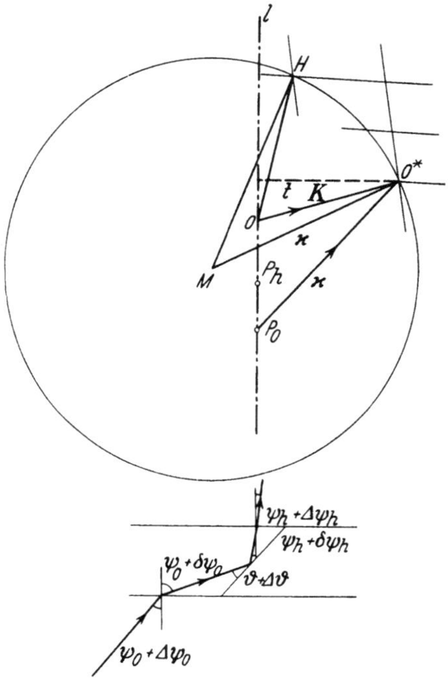

Fig. 53. Transmission by a slab according to the kinematical theory, corrected for the index of refraction. The direction of the diffracted ray, $P_h H$ is not drawn in the construction figure. The wave vectors, according to the kinematical theory are drawn from M.

Now, let us use the sphere of Ewald to express our results. In Fig. 53, $T = R\lambda$ is chosen 1, so R the radius of the sphere is $1/\lambda = \varkappa$. The reciprocal point (h, k, l) lies on the sphere, and is here denoted by H, the reciprocal origin by O^*. The angle ϑ_1 is found by drawing circles of radius K with their centres at O^* and H, their point of intersection being O in Fig. 53. The directions of the incident and of the diffracted beam are found by drawing a line l through O, in the direction of the normal on the slab. The lines $P_0 O^*$ and $P_h H$ from those points P_0 and P_h on l, whose distance to O^* and H is $\varkappa$ will give these directions. To prove this theorem, let the normal from O^* on l be t. Then, $\sin(\psi_0 + \Delta\psi_0) = t/\varkappa$, as the angle between l and $P_0 O^*$ is the angle of incidence, and $\sin(\psi_0 + \delta\psi_0) = t/K$, so their ratio is $K/\varkappa = n$, and Snell's law is satisfied. Two points P_0 or P_h are found, but it is easy to decide, which point has to be used. Fig. 53 is grossly misdrawn, as the angles $\Delta\vartheta$, $\Delta\psi_0$ and $\Delta\psi_h$ are very small.

47. Diffraction in an infinite crystal. The wave propagation in a crystal has been treated in Sect. 37. The result was given by (37.8),

$$D_{hkl}\frac{K_{hkl}^2 - \varkappa^2}{K_{hkl}^2} = -4\pi \sum_{h_1 k_1 l_1} D_{h_1 k_1 l_1, n}\,\chi_{h-h_1, k-k_1, l-l_1}. \qquad (37.8)$$

Here $\boldsymbol{K}_{hkl} = \boldsymbol{K}_0 + \boldsymbol{r}^*_{hkl}$, $\varkappa = 1/\lambda$ in vacuum, and the electric displacement $\boldsymbol{D}$ is

$$\boldsymbol{D} = \operatorname{Re}\sum_{hkl} \boldsymbol{D}_{hkl}\, e^{2\pi i\nu t}\cdot e^{-2\pi i \boldsymbol{K}_{hkl}\cdot\boldsymbol{r}}.$$

The index n an the right-hand side of the Eq. (37.8) indicates that the component along D_{hkl} has to be taken.

In Sect. 37, all $\boldsymbol{D}_{hkl}$ were supposed to be very small, except $\boldsymbol{D}_{000}$, for, if K_{000} is nearly equal to $\varkappa$ the other K's will in most cases be widely different from $\varkappa$. But, let us consider here the possibility that one of these vectors also is nearly equal to $\varkappa$. We denote the index $h\,k\,l$ by h, 0 0 0 by 0. Then, neglecting all other wave vectors, we find

$$\left.\begin{aligned} D_0 \frac{K_0^2-\varkappa^2}{K_0^2} &= -4\pi\chi_0 D_0 - 4\pi\chi_{-h} D_{h,n}, \\ D_h \frac{K_h^2-\varkappa^2}{K_h^2} &= -4\pi\chi_h D_{0,n} - 4\pi\chi_0 D_h. \end{aligned}\right\} \tag{47.1}$$

The right-hand sides are small quantities, and the left-hand sides are supposed to be small, so K_0 and K_h differ from $\varkappa$ only by a small quantity. This means that the wave vectors $\boldsymbol{K}_0$ and $\boldsymbol{K}_h$ are nearly the wave vectors for the incident and refracted waves in the kinematical theory, and so the angle they include may be designed by 2ϑ, as it is nearly twice the BRAGG angle. It will be shown that this approximation is allowed, hence we may use the same symbol for both angles.

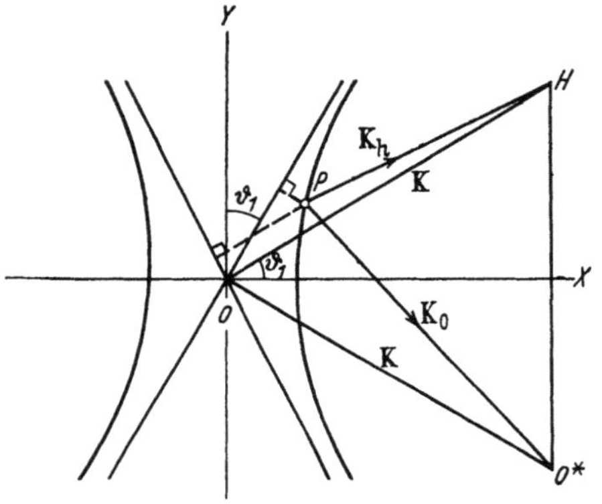

Fig. 54. The surface of dispersion, represented here by a hyperbola. If P moves away from O, only K_0 remains and has then the length K. The asymptotes are in reality parts of circles with the radius R and the centres O^* and H.

Two special cases shall be considered next:

1. $\boldsymbol{D}_0$ and $\boldsymbol{D}_h$ are perpendicular to the plane through $\boldsymbol{K}_0$ and $\boldsymbol{K}_h$. Then the index n can be omitted.

2. Both displacements lie in this plane. Then they include an angle 2ϑ, and $D_{h,n}=D_h\cos 2\vartheta$, $D_{0,n}=D_0\cos 2\vartheta$.

So, if C is introduced, which equals 1 in the first case, $\cos 2\vartheta$ in the second case, (47.1) can be written

$$\left.\begin{aligned} D_0\left(\frac{\varkappa^2-K_0^2}{K_0^2} - 4\pi\chi_0\right) &= 4\pi\chi_{-h} C D_h, \\ D_h\left(\frac{\varkappa^2-K_h^2}{K_h^2} - 4\pi\chi_0\right) &= 4\pi\chi_h C D_0. \end{aligned}\right\} \tag{47.2}$$

If χ is real, then $\chi_{-h}=\bar{\chi}_h$. Let us assume that this is the case. The solution then follows from the construction of Fig. 53. In Fig. 54, O^* and H are the origin of the reciprocal lattice and the point $h\,k\,l$. The point O lies at the same distance K from O^* and H. We have to distinguish between $\boldsymbol{K}$, the wave vector of a wave in the crystal, if the index of refraction n is used, $\boldsymbol{\varkappa}$, the wave vector in vacuum, being related to one another by Eq. (37.9)

$$K = (1 - 2\pi\chi_0)\,\varkappa,$$

and the wave vectors of the incident and the diffracted ray $\boldsymbol{K}_0$ and $\boldsymbol{K}_h$, which will be shown to be different from the $\boldsymbol{K}$ we expected in the last section. Since the vector difference of $\boldsymbol{K}_0$ and $\boldsymbol{K}_h$ is $\boldsymbol{r}^*_{hkl}=\boldsymbol{O^*H}$, we can define these wave vectors by a point P chosen such that $\boldsymbol{PO^*}$ becomes $\boldsymbol{K}_0$ and $\boldsymbol{PH}$ becomes $\boldsymbol{K}_h$. Now we introduce CARTESian coordinates in the plane OHO^*, the x-axis being the line through O perpendicular to O^*H, and the y-axis being parallel to this latter line. The z-axis will be perpendicular to the plane of drawing, and we shall consider the directions of waves in this plane only.

If P has the coordinates x, y, and P lies very near to O, we find, neglecting x^2, y^2

$$K_0^2 = K^2 - 2K(x\cos\vartheta_1 - y\sin\vartheta_1),$$
$$K_h^2 = K^2 - 2K(x\cos\vartheta_1 + y\sin\vartheta_1).$$

ϑ_1 being the angle between OO^* and the x-axis [cf. Eq. (46.3)]. Further we put

$$\xi = x\cos\vartheta_1 - y\sin\vartheta_1,$$
$$\eta = x\cos\vartheta_1 + y\sin\vartheta_1.$$

ξ and η being the distances from P to the lines through O, perpendicular to OO^* and OH. Then,

$$\varkappa^2 - K_0^2 = \varkappa^2 - K^2 + 2K\xi = 4\pi\chi_0\varkappa^2 + 2\varkappa\xi.$$

To get this result, we have used Eq. (37.9) and neglected the differences between $\varkappa$, K, K_0 etc., if they are multiplied with small quantities like x and y. Then, in the denominators of (47.2), $\varkappa^2$ may be written, and the result is

$$\left.\begin{aligned} D_0\xi &= 2\pi\bar{\chi}_h\varkappa C D_h, \\ D_h\eta &= 2\pi\chi_h\varkappa C D_0. \end{aligned}\right\} \tag{47.3}$$

Elimination of D_0 and D_h yields

$$\xi\eta = x^2\cos^2\vartheta - y^2\sin^2\vartheta = 4\pi^2\varkappa^2 C^2 |\chi_h|^2 \tag{47.4}$$

where ϑ_1 has been replaced by ϑ.

This means: the points P lie on a hyperbola, and D_h is found by

$$D_h = \frac{2\pi\chi_h C\varkappa}{\eta} D_0 = \frac{\xi}{2\pi\bar{\chi}_h C\varkappa} D_0. \tag{47.5}$$

Our result contradicts the expectation of Sect. 46. We had assumed that the incident and the diffracted ray had a wave-length, modified by the index of refraction, so their wave vectors, given by OO^* for the primary wave and OH for the diffracted wave, had the length K.

Now we have found that the two wave vectors PO^* and PH have different lengths, so we may say that the index of refraction is different for both waves, and different from the index of refraction for a single wave. But it may be remarked that here the concepts of incident and diffracted ray have no meaning, as the crystal is infinite. So we have to consider the case of a slab of crystalline matter.

48. The diffraction by a crystal, transmission. In this section, we shall combine the crystal of Fig. 52, and the reciprocal space, as given in Fig. 54. In the slab we choose the origin in a point on the front side, and denote the coordinate along the normal by l, along the plane of the slab by t. We do not need a third coordinate, as we consider only the plane perpendicular to the diffracting planes, those planes (h, k, l) are denoted in the figure by lines. The coordinates in the reciprocal space will be, as before, x and y. From the last section, we gather that there may be two waves in the crystal, which may be characterized by P_1 in the reciprocal space, their wave vectors being given by P_1O^* and P_1H. To find the incident wave, we draw (Fig. 55) a line l through P_1, in the direction of the normal, as in Fig. 53. The angle φ between the normal and the reflecting planes equals the angle between l and the x-axis; so the equation of l is

$$x \sin \varphi - y \cos \varphi = r \qquad (48.1)$$

with r the distance from O to the line. We find the wave vector of the incident beam to be $\boldsymbol{P}_0\boldsymbol{O}^*$, P_0 being chosen on l such that $P_0O^* = \varkappa$.

Now l intersects the hyperbola in two points, P_1 and P_2. Both wave systems, those from P_1 and from P_2, are compatible with the same incident wave, so we may say that in the crystal four waves exist. On the back side of the slab the primary wave leaves the crystal in the same direction as the incident wave, and the diffracted wave can be found by P_hH, with the length $\varkappa$, P_h lying also on l. It may be well to express our results analytically. The wave vectors, $\boldsymbol{K}_{0,1}$, $\boldsymbol{K}_{h,1}$, $\boldsymbol{K}_{0,2}$, $\boldsymbol{K}_{h,2}$ in the crystal and $\boldsymbol{\varkappa}_0$, $\boldsymbol{\varkappa}_h$ outside the crystal will be given by their components along l and along t. Now from the construction in Fig. 55 it follows that all vectors with index 0 have the same component $K_{0,t}$ and the other vectors have the same component $K_{h,t}$. Therefore, we write:

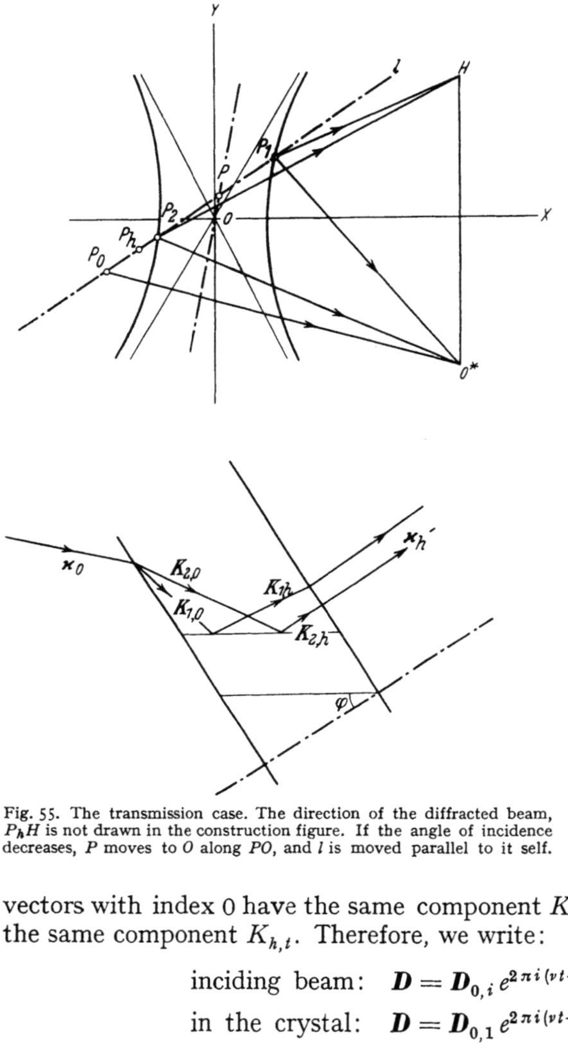

Fig. 55. The transmission case. The direction of the diffracted beam, P_hH is not drawn in the construction figure. If the angle of incidence decreases, P moves to O along PO, and l is moved parallel to it self.

$$\left.\begin{aligned}
&\text{inciding beam:} && \boldsymbol{D} = \boldsymbol{D}_{0,i}\, e^{2\pi i(\nu t - \varkappa_{0,l} l - K_{0,t} t)}, \\
&\text{in the crystal:} && \boldsymbol{D} = \boldsymbol{D}_{0,1}\, e^{2\pi i(\nu t - K_{0,1l} l - K_{0,t} t)} +, \\
& && \quad + \boldsymbol{D}_{0,2}\, e^{2\pi i(\nu t - K_{0,2l} l - K_{0,t} t)}, \\
& && \boldsymbol{D} = \boldsymbol{D}_{h,1}\, e^{2\pi i(\nu t - K_{h,1l} l - K_{h,t} t)} + \\
& && \quad + \boldsymbol{D}_{h,2}\, e^{2\pi i(\nu t - K_{h,2l} l - K_{h,t} t)}, \\
&\text{diffracted beam:} && \boldsymbol{D} = \boldsymbol{D}_{h,d}\, e^{2\pi i(\nu t - \varkappa_{h,l} l - K_{h,t} t)}.
\end{aligned}\right\} \qquad (48.2)$$

We have left out the primary beam which leaves the crystal and the ordinary optically reflected beam at the front side. We do not need the first one. The second one should be included, if the boundary conditions at the front side are considered. The calculation, which will not be repeated here, shows that the reflected beam is very weak, and that the boundary conditions can be replaced by the condition that the electric displacement be the same, within and without the boundary. This can be shown to be the consequence of the fact that the index of refraction nearly equals 1. The boundary conditions on the front side are to be satisfied for all values of t, and for $l=0$. Then, as in the first two expressions of (48.2) the same exponential holds for $l=0$, this leads to

$$D_{0,i}=D_{0,1}+D_{0,2} \tag{48.3}$$

and for the third expression

$$0=D_{h,1}+D_{h,2}. \tag{48.4}$$

Thus is confirmed the construction, we have used: only with the same values of the transverse components for the different wave vectors the boundary conditions can exist.

The diffracted beam can be found by putting $l=d$, the thickness of the slab, and we find

$$D_{h,d}\,e^{-2\pi i\varkappa_{h,l}d}=D_{h,1}\,e^{-2\pi iK_{h,1l}d}+D_{h,2}\,e^{-2\pi iK_{h,2l}d}. \tag{48.5}$$

Being interested in the properties of the waves in the crystal and the meaning of $\boldsymbol{r}$ in (48.1) let us now return to Fig. 55. We choose the point P on $\overline{P_1P_2}$, with equal distances to both points. The wave vectors PO^* and PH will be denoted by $\boldsymbol{K}_0$ and $\boldsymbol{K}_h$. The t-components of these vectors will be again $K_{0,t}$ and $K_{h,t}$, and the l-components of the original wave vectors can be written

$$K_{0,1l}=K_{0,l}-\varDelta,$$
$$K_{0,2l}=K_{0,l}+\varDelta,$$
$$K_{h,1l}=K_{h,l}-\varDelta,$$
$$K_{h,2l}=K_{h,l}+\varDelta,$$

$2\varDelta$ being equal to the distance $\overline{P_1P_2}$. So the waves in the crystal can be written

$$D=(D_{0.1}\,e^{2\pi i\varDelta l}+D_{0,2}\,e^{-2\pi i\varDelta l})\cdot e^{2\pi i(\nu t-K_{0,l}l-K_{0,t}t)} \tag{48.6}$$

and

$$D=D_{h,1}\,(e^{2\pi i\varDelta l}-e^{-2\pi i\varDelta l})\cdot e^{2\pi i(\nu t-K_{h,l}l-K_{h,t}t)}. \tag{48.6a}$$

We have dropped the vector notation for $\boldsymbol{D}$, as the boundary conditions require that $\boldsymbol{D}$ has everywhere the same direction, and we have used (48.4) in the second expression, which may be rewritten

$$D=2i\,D_{h,1}\sin 2\pi\varDelta\,l\,e^{2\pi i(\nu t-K_{h,l}l-K_{h,t}t)}$$

and appears now as a *modulated wave* with the wave vector $\boldsymbol{K}_h$, and a varying amplitude. The same is true for the first expression, though here the resulting expression is less simple. Thus we may say:

The inciding wave gives birth to two modulated waves in the crystal, characterized by the point P, the period of modulation being given by $\varDelta$. From the condition (48.5) it follows that $D_{h,d}$ may be zero, if $\varDelta d$ is an half integer. If the line l is shifted parallel to itself, the point P_0 will be shifted too and the angle of incidence varies. The point P will move along a line through O, as follows from elementary properties of conic sections, this line being the conjugate diameter, belonging to the direction l. We may expect from the symmetry of the figure that the intensity of the diffracted wave is symmetrical with respect to the special angle of incidence, corresponding to P at O. Thus we have arrived, again, at the situation, already described in Sect. 46, with the restriction that the waves in the crystal are modulated. In particular the deviation from the angle of incidence, to be expected from the kinematical theory, for P at O, is given by $\Delta\psi_0$ of (46.4). By a simple geometrical derivation it is found that ε_0, the deviation of the angle of incidence from $\psi_0+\Delta\psi_0$, is given by

$$\varepsilon_0 = -\frac{r}{\varkappa\cos\psi_0} \tag{48.7}$$

and ε_h, the deviation for the angle with the normal of the diffracted ray,

$$\varepsilon_h = \frac{r}{\varkappa\cos\psi_h}. \tag{48.8}$$

Now we can easily find the coordinates of P, P_1, P_2 and Δ. In the expressions one finds $\cos(\vartheta-\varphi)$ and $\cos(\vartheta+\varphi)$ which in the transmission case can be put $\cos\psi_h$ and $\cos\psi_0$. (In the case of reflection the same expressions hold, but then the second expression will be $-\cos\psi_0$.) Therefore,

$$\Delta^2 = \frac{r^2\sin^2\vartheta\cos^2\vartheta}{\cos^2\psi_0\cos^2\psi_h} + \frac{4\pi^2|\chi_h|^2 C^2\varkappa^2}{\cos\psi_0\cos\psi_h}. \tag{48.9}$$

For P we find

$$\xi = x\cos\vartheta - y\sin\vartheta = \frac{r\sin\vartheta\cos\vartheta}{\cos\psi_h} \tag{48.9a}$$

and for P_1 and P_2

$$\xi_1 = \xi + \Delta\cos\psi_0, \qquad \xi_2 = \xi - \Delta\cos\psi_0. \tag{48.9b}$$

From (47.5), (48.3), and (48.4) it follows that

$$D_{h,1} = \frac{\xi_1}{2\pi\overline{\chi}_h C\varkappa} D_{0,1}, \qquad D_{h,2} = \frac{\xi_2}{2\pi\overline{\chi}_h C\varkappa} D_{0,2},$$

$$D_{0,i} = D_{0,1} + D_{0,2}, \qquad D_{h,1} = -D_{h,2}.$$

We can express $D_{h,1}$ into $D_{0,i}$, the amplitude of the electric displacement of the inciding wave. Then the amplitude of the diffracted wave is given by (48.5) which may be rewritten in the form

$$D_{h,d} = D_{h,1}\cdot 2i(\sin 2\pi\Delta d)\, e^{2\pi i(\varkappa_{h,1}-K_{h,l})d}.$$

Now, in vacuum, D and E are equal, so the intensity of the diffracted rays I_h is given by

$$\frac{I_h}{I_0} = \frac{|D_{h,d}|^2}{|D_{0,i}|^2}.$$

The result of the calculation is

$$\frac{I_h}{I_0} = 4\pi^2|\chi_h|^2 C^2\varkappa^2\frac{1}{\cos^2\psi_h}\cdot\frac{\sin^2(2\pi d\Delta)}{\Delta^2},$$

which renders maximum intensity, save of the factor $\sin^2(2\pi d\Delta)$, at the minimum value of Δ^2, i.e. at $r=0$, the angle of incidence then being $\psi_0+\Delta\psi_0$.

This formula does not lend itself to experimental verification, owing to the last factor. For, if d varies by an amount comparable with the value of $1/\Delta$, the result will be totally altered. And Δ is of the order of magnitude of $|\chi_h|\varkappa$ which is 10^4 cm.$^{-1}$. We shall return to this question in Sect. 49, and now say some words about the absorption. It has been remarked already that this absorption can be allowed for by choosing a complex value of χ (Sect. 46). The geometrical approach has to be discarded, but the calculations can be done along the same way, only replacing $\overline{\chi}_h$ by χ_{-h}, so the right side in (47.4) now turns out to have a complex value, $4\pi^2\varkappa^2 C^2\chi_h\chi_{-h}$. We note the following result: Fig. 55 shows that the indices of refraction for the waves corresponding to P_1

and P_2 differ from the value for only one wave present, the one being larger, the other less. The same result holds for absorption. One of the two waves which together form the modulated wave, has an absorption larger than the normal one, the other has a small absorption. This is confirmed by experiments of BORRMANN[1].

49. Diffraction by a crystal, reflection. This case may be treated in the same way, but now the line l intersects the hyperbola in two points at the same side of O, if the distance r is large enough (Fig. 56). For small distances r the points of intersection are complex, though P is still real. Thus, for rather large deviations from $\psi_0 + \Delta\psi_0$ we find again two modulated waves. In the neighbourhood of this angle of incidence Δ is imaginary, this means that one wave will increase in amplitude, the other will decrease. This effect is of special interest for thick slabs. Let us, however, first treat the general case of a thin slab. Using Eq. (46.2) we now find instead of (48.9),

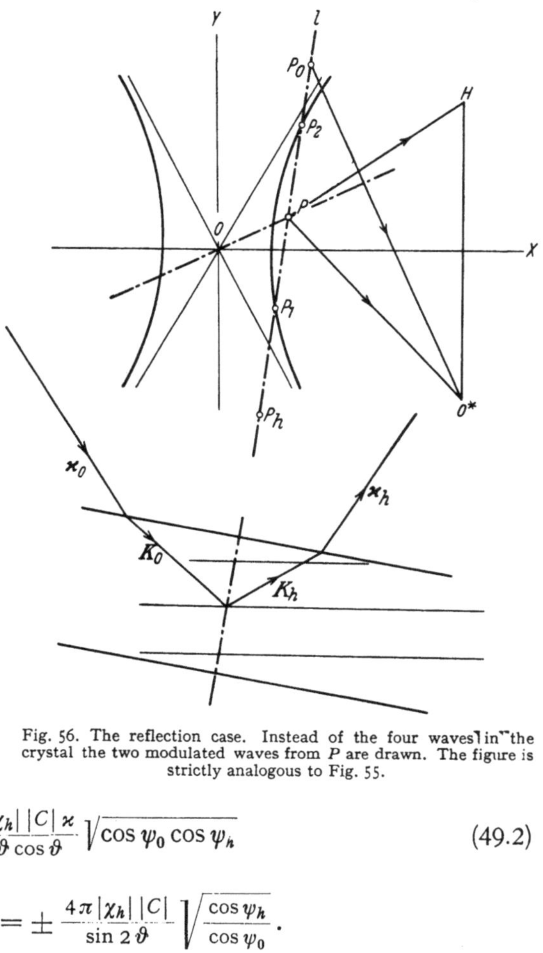

Fig. 56. The reflection case. Instead of the four waves in the crystal the two modulated waves from P are drawn. The figure is strictly analogous to Fig. 55.

$$\left.\begin{aligned}\Delta^2 = &\frac{r^2 \sin^2\vartheta \cos^2\vartheta}{\cos^2\psi_0 \cos^2\psi_h} \\ &- \frac{4\pi^2 |\chi_h|^2 C^2 \varkappa^2}{\cos\psi_0 \cos\psi_h}\end{aligned}\right\} \tag{49.1}$$

as now $\cos\psi_0$ has the opposite sign. ξ still has the same value, in ξ_1 and ξ_2 the signs are interchanged. The limiting values of r where Δ changes from real to imaginary values (geometrically, where l is the tangent to the hyperbola) are found to be

$$r_0 = \pm \frac{2\pi |\chi_h| \, |C| \, \varkappa}{\sin\vartheta \cos\vartheta} \sqrt{\cos\psi_0 \cos\psi_h} \tag{49.2}$$

and [cf. (48.7)]

$$\varepsilon_0 = \frac{r_0}{\varkappa \cos\psi_0} = \pm \frac{4\pi |\chi_h| \, |C|}{\sin 2\vartheta} \sqrt{\frac{\cos\psi_h}{\cos\psi_0}} \,.$$

Since the diffracted rays are to be found at the front side, and D_h at the back side is zero, we have the following boundary conditions:

$$\left.\begin{aligned} l = 0&: \quad D_{0,1} + D_{0,2} = D_{0,i}; \quad D_{h,1} + D_{h,2} = D_{h,d}, \\ l = d&: \quad D_{h,1} e^{+2\pi i d\Delta} + D_{h,2} e^{-2\pi i d\Delta} = 0. \end{aligned}\right\} \tag{49.3}$$

The result for small deviations [$\Delta^2 < 0$, cf. Eq. (49.2)] is

$$\frac{I_h}{I_0} = \frac{|D_h|^2}{|D_0|^2} = \frac{4\pi^2 |\chi_h|^2 \varkappa^2 C^2 \cos^2\psi_0}{r^2 \sin^2\vartheta \cos^2\vartheta - \cos^2\psi_0 \cos^2\psi_h \Delta^2 \operatorname{Cot}^2 2\pi d |\Delta|} \,. \tag{49.4}$$

[1] M. v. LAUE: Acta crystallogr. **5**, 619 (1952). — G. BORRMANN: Z. Physik **127**, 297 (1950).

For larger deviations Δ^2 is positive, and it is found that

$$\frac{I_h}{I_0} = \frac{4\pi^2 |\chi_h|^2 \varkappa^2 C^2 \cos^2\psi_0}{r^2 \sin^2\vartheta \cos^2\vartheta + \cos^2\psi_0 \cos^2\psi_h \Delta^2 \cot^2 2\pi d\Delta}, \tag{49.5}$$

where r again measures the distance from 0 to the line l, and so the angle ε_0. As has been said at the end of the last section, this expression cannot be compared directly with experiment. We may add here that the assumption of an absolutely plane boundary of the crystal is rather artificial, as the roughness of the plane, due to the molecular structure, is of the same order of magnitude as the wavelength of the diffracted radiation. We can get more amenable results by considering a limited portion of the incident beam which falls on an area S of the slab. Then the crystal is rotated along a line in the plane of the slab, perpendicular to the incident and the diffracted rays, and the total energy diffracted is measured. So the variation of the amplitude with ε_0 is smoothed out, and we can compare the results with those of the kinematical theory. Since, strictly speaking, the theory only applies to infinite slabs, it is not easy to see how the results are modified for finite portions of the slab. But, as we only consider rather thin slabs in this section, we may guess that the area of the surface emitting the diffracted beam, is S also.

Let now the angular velocity of the crystal be denoted by ω, then the energy, diffracted in a time dt will be

$$dW = S\cos\psi_h I_h dt = S\cos\psi_h I_h d\varepsilon_0/\omega.$$

The angle between the normal and the diffracted ray is $\psi_h + \Delta\psi_h + \varepsilon_h$ [cf. Eqs. (46.4a), (48.8)], but, the last terms being very small, we have put $\cos\psi_h$ in our expression. The variation of the position of the crystal with respect to the inciding beam is equivalent to a variation of ε_0, hence the factor $d\varepsilon_0$.

Introducing the variable r instead of ε_0, and dividing the diffracted energy by I_0, we find

$$\frac{W}{I_0} = \frac{S}{\varkappa\omega} \cdot \frac{\cos\psi_h}{\cos\psi_0} \int_{-\infty}^{+\infty} \frac{I_h}{I_0} dr, \tag{49.6}$$

where I_h/I_0 has to be taken from Eqs. (49.4) and (49.5) or, in the case of transmission, from Eq. (48.10). We may refer for the evaluation of these integrals to EWALD's paper, and give only the results for the reflection case

$$\frac{W}{I_0} = \frac{4\pi^2 |\chi_h| |C|}{\sin 2\vartheta} \cdot \frac{S\sqrt{\cos\psi_0 \cos\psi_h}}{\omega} \cdot \operatorname{Tan} \frac{4\pi^2 d |\chi_h| |C| \varkappa}{\sqrt{\cos\psi_0 \cos\psi_h}}.$$

We only mention that the result for the transmission case has to be expressed by BESSEL functions, but we do not need this expression.

Now, if d is so small that the hyperbolic tangent can be replaced by its argument, the expression for W becomes identical with our results from the kinematical theory [Eq. (42.1)]. Firstly, however, we replace χ_h by the structure factor, using Eq. (46.1):

$$\chi_h = \frac{e^2}{4\pi^2 \nu^2 m v_p} F(h, k, l).$$

If, then, secondly, $\varkappa$ is replaced by $1/\lambda$, Eq. (42.1) is found again, as $d \cdot S$ is the volume of the irradiated part of the crystal, and C^2 is $\cos^2 2\vartheta$ or 1, the mean value of C^2 being the polarization factor. The argument of the hyperbolic tangent must be studied more in detail. Let it be denoted by U, then the result for W

can be written as a modification of Eq. (42.1),

$$W = I_0 \left(\frac{e^2}{m c^2}\right)^2 \begin{Bmatrix} \cos^2 2\vartheta \\ 1 \end{Bmatrix} |F|^2 \frac{\lambda^3}{v_p^2 \omega \sin 2\vartheta} \cdot \frac{\operatorname{Tan} U}{U} \tag{49.7}$$

and U becomes, after introduction of F and λ,

$$U = \frac{e^2}{m c^2} \begin{Bmatrix} |\cos 2\vartheta| \\ 1 \end{Bmatrix} |F| \frac{\lambda d}{v_p \sqrt{\cos \psi_0 \cos \psi_h}} \,. \tag{49.8}$$

Apparently, the kinematical theory may be used if the condition $U^2 \ll 1$ is satisfied. For the case of symmetrical reflection, the reflecting planes being parallel to the boundary of the slab,

$$\psi_0 = \psi_h = 90^\circ - \vartheta$$

and U assumes the form

$$U = f_{\text{el}} \begin{Bmatrix} |\cos 2\vartheta| \\ 1 \end{Bmatrix} |F| \frac{\lambda d}{v_p \sin \vartheta} \,. \tag{49.8a}$$

Now the condition $U^2 \ll 1$ with the reasonable values $\lambda = 10^{-8}$, $v_p = 10^{-24}$, $|F| > 10$, $f_{\text{el}} = 3 \cdot 10^{-13}$, leads to a slab thickness of $d < 10^{-4}$ cm.

50. Diffraction by large crystals. One could be tempted to extend the results of the last two sections to large values of d. But in this case the absorption no longer can be neglected. However, we may calculate the energy diffracted for zero absorption in the case of reflection. The transmission becomes impossible, if the crystal is rather large. The reflection may be treated, speaking mathematically, by calculating firstly the limit $d = \infty$, and afterwards the limit of zero absorption. Changing the order of these two limits will give a wrong answer.

If now χ is a complex quantity, the same is true for χ_h and in Eq. (49.1) $|\chi_h|^2$ is to be replaced by $\chi_h \chi_{-h}$. Hence, Δ^2 and Δ are complex quantities. Let Δ be

$$\Delta = \Delta' + i \Delta'',$$

and let us choose Δ'' positive. Then the third condition of Eq. (49.3) becomes

$$D_{h,1} e^{-2\pi \Delta'' d} e^{2\pi i \Delta' d} + D_{h,2} e^{2\pi \Delta'' d} e^{-2\pi i \Delta' d} = 0 \,. \tag{50.1}$$

If d increases, the ratio $|D_{h,2}|/|D_{h,1}|$ will decrease so that, in the limit $d \to \infty$, we find $D_{h,2} = 0$. Now we can take the limit for zero absorption. The result is that for thick slabs only P_1 remains valid. Within the limits of ε_0, given by Eq. (49.2), Δ' becomes zero, as Δ then is purely imaginary. It is evident that, without considering absorption, we could as well have found this result. Beyond these limits, $\Delta'' = 0$, and then it is no longer possible to prove that one point P_1 remains without having recourse to absorption. The boundary conditions now are

$$D_{0,1} = D_{0,i} \qquad D_{h,1} = D_{h,d}$$

and Eq. (47.5) becomes

$$D_{h,1} = \frac{\xi_1}{2\pi \bar{\chi}_h C \varkappa} D_{0,i} \,.$$

From Eqs. (48.9a) and (48.9b) we find (changing the sign of $\cos \psi_0$, as those expressions were valid for the transmission case)

$$\xi_1 = \frac{r \cos \vartheta \sin \vartheta}{\cos \psi_h} - \Delta \cos \psi_0 \,. \tag{50.2}$$

The diffracted intensity then is

$$\frac{I_h}{I_0} = \frac{|\xi_1|^2}{4\pi^2 |\chi_h|^2 C^2 \varkappa^2}. \tag{50.3}$$

Within the limits (49.2) for r or ε_0, Δ is imaginary, ξ_1 a complex quantity, and from Eqs. (49.1) and (50.2) we obtain

$$\frac{I_h}{I_0} = \frac{\cos\psi_0}{\cos\psi_h}. \tag{50.4}$$

This means that all energy is reflected, for the energy incident on an area S in unit time will be $S\, I_0 \cos\psi_0$, and for the diffracted intensity we find $S\, I_h \cos\psi_h$. This is evident as all energy falling on the non-absorbing crystal must leave it. This range of angles of incidence is the range of *total reflection*. From Eqs. (49.6) and (50.4), we find for the energy reflected in this range

$$W_1 = I_0 \frac{S}{\varkappa\,\omega} 2 r_0$$

and, introducing r_0 from Eq. (49.2)

$$\omega W_1 = I_0 S \frac{4\pi |\chi_h| C}{\sin\vartheta \cos\vartheta} \sqrt{\cos\psi_0 \cos\psi_h}\,.$$

Now, expressing χ_h by F, and replacing $|C|$ by $|\cos 2\vartheta|$ or 1 we find for the average value of the two cases of polarization

$$W_1 = I_0 S \frac{e^2}{m c^2} \cdot \frac{1 + |\cos 2\vartheta|}{2} \cdot |F| \cdot \frac{2\lambda^2 \sqrt{\cos\psi_0 \cos\psi_h}}{\pi\,\omega \sin 2\vartheta}. \tag{50.5}$$

Outside the range of total reflection, ξ_1 is real. The result of the calculation of the diffracted intensity, which will not be repeated here, leads to the result that the diffracted intensity W is

$$W = \tfrac{4}{3} W_1. \tag{50.6}$$

The important point is that the energy W is now proportional to $|F|$ and not to $|F|^2$, so the resulting intensity will be less than in the case of the kinematical theory.

In the range of total reflection the primary wave decreases in amplitude, it shows extinction. From Eq. (48.6) we find that $|D|^2 = |D_{0,1}|^2 \exp(-4\pi|\Delta|\,l)$, putting $D_{0,2} = 0$, $\Delta = i|\Delta|$ [cf. Eq. (50.1)], so the extinction coefficient will be found from Eq. (49.1). We see that this coefficient is zero for $r = r_0$ and attains its maximum value σ at $r = 0$. This maximum is

$$\sigma = 4\pi \frac{2\pi |\chi_h| |C| \varkappa}{\sqrt{\cos\psi_0 \cos\psi_h}} = \frac{e^2}{m c^2} |F| \begin{Bmatrix} |\cos 2\vartheta| \\ 1 \end{Bmatrix} \frac{2\lambda}{v_p \sqrt{\cos\psi_0 \cos\psi_h}}. \tag{50.7}$$

It may have values of the order $10^3\,\text{cm}^{-1}$, much larger in general than the absorption coefficient. It follows that the primary wave will not penetrate very deeply in the crystal.

51. Diffraction by mosaic crystals. We may now resume the arguments from the last chapter (p. 174), and investigate, how the absorption and the two kinds of extinction change the results for crystal diffraction. We found for a small crystal, Eq. (42.4),

$$\frac{W\omega}{I_0} = Q\,V$$

with [cf. Eqs. (42.2) and (42.3)]

$$Q = f_{el}^2 P \cdot |F(h k l)|^2 \cdot \frac{\lambda^3}{v_p^2 \sin 2\vartheta}.$$

The rigorous treatment of reflection at a slab, Eq. (49.7), yields the result that, in the fore-mentioned expression, Q has to be replaced by Q':

$$Q' = Q \frac{\operatorname{Tan} U}{U}. \tag{51.1}$$

It has become customary to use this formula for all shapes of crystals, as exact calculations do not exist. The meaning of d, ψ_0 and ψ_h is uncertain in those cases, but for d conjectures may be made, and the term with $\cos\psi_0 \cos\psi_h$ is less important. Here, it becomes necessary to treat the influence of absorption for the mosaic crystal, consisting of small crystals. In Fig. 57 a slab of crystalline matter has been drawn. The inciding beam has a cross section S_0 and falls on the slab at an angle of incidence ψ_0. The diffracted beam leaves the slab on the same side at an angle ψ_h. The coordinate perpendicular to the sides of the slab is denoted by z. Now consider a small part dz, situated at a distance z under the boundary. The volume of the irradiated part is $S_0\, dz/\cos\psi_0$, and, if the absorption coefficient is denoted by μ, we find

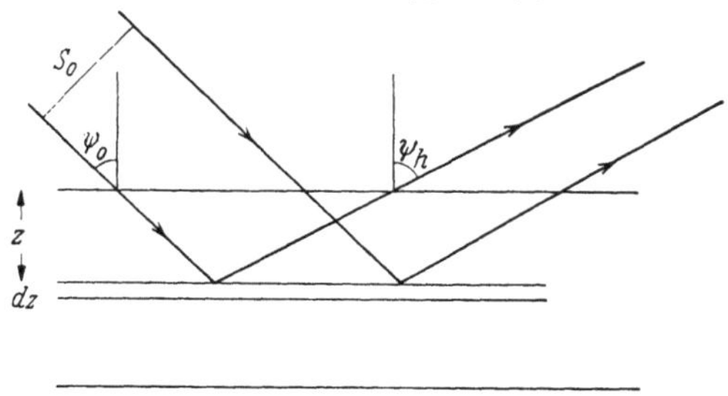

Fig. 57. Absorption in a crystal. Both the inciding beam and the diffracted beam lose energy along their path.

$$dI = -\mu I\, dz/\cos\psi_0, \tag{51.2}$$

hence

$$I = I_0\, e^{-\mu z/\cos\psi_0}$$

as $z/\cos\psi_0$ is the length of the beam in the crystal slab. If now I_h is the diffracted intensity at the plane z, the diffracted intensity outside the slab will be

$$I_h\, e^{-\mu z/\cos\psi_h}.$$

We have to integrate the last expression over the thickness d of the slab, and also to consider the integrated intensity, if the crystal is rotated about an axis perpendicular to the plane of drawing. If we first consider the last integration of I_h, the result will be, from Eq. (42.4),

$$dW = I_0\, e^{-\mu z/\cos\psi_0} \frac{Q}{\omega} \cdot \frac{S_0\, dz}{\cos\psi_0}\, e^{-\mu z/\cos\psi_h}$$

as the angle of rotation is so small, that $\cos\psi_0$ may be considered to be a constant.

The result of the integration over z for a thick slab is

$$\frac{W\omega}{I_0} = \frac{S_0 Q \cos\psi_h}{\mu(\cos\psi_0 + \cos\psi_h)} \tag{51.3}$$

which in the case of symmetrical reflection ($\psi_0 = \psi_h = 90° - \vartheta$) becomes

$$\frac{W\omega}{I_0} = \frac{S_0 Q}{2\mu}. \tag{51.4}$$

In the same way, the integrated intensity through a slab can be calculated, the result is

$$\frac{W\omega}{I_0} = S_0 Q\, t\, e^{-\mu t} \tag{51.5}$$

if t is the total length of the path of the rays in the slab. We do not repeat the argument for a powder; the same expression holds, only with a different Q value [Eq. (43.2)]. For small powder aggregates or mosaic crystals the correction for absorption is unimportant.

We shall now repeat the arguments, given above, taking into account the loss of energy by diffraction.

Let the intensity of the inciding beam at the depth z be I. Then it will lose $I\,\mu\,dz/\cos\psi_0$ in the part dz of the slab. Moreover some crystals will be in the position for reflection, thus contributing to the loss of energy in the primary beam. Since in the *powder* all kinds of crystal orientations occur, only a small fraction will diffract radiation, which loss may be neglected. The situation, however, is different for a *mosaic* crystal. Here many crystals will be just in the position of maximal diffraction and other crystals will be in the neighbourhood of such a position. We put the loss of incident energy per second, $I\,S_0$, qual $-S_0\,dI$, then

$$S_0\,dI = -I\,Q\,g\,dV = -I\,Q\,g\,S_0\,dz/\cos\psi_0$$

where the factor g is a measure for the number of crystals, contributing to the diffraction. g will be zero for a powder, and increase in value, if the mosaic crystal consists of crystals with very small mutual dislocations. The factor g can be assumed to be a constant for each mosaic crystal. A value $g=0$ defines the *perfect mosaic crystal*.

Comparing this result with (51.2) we see that absorption and diffraction give rise to an apparent absorption coefficient μ'

$$\mu' = \mu + g\,Q. \tag{51.6}$$

This defines the so-called *secondary extinction*. It is only important for large values of Q, i.e. for strong reflections. Further we see that the diffracted intensity is strongest when $g=0$. By grinding a crystal, its reflective power is augmented, so by this procedure the crystal approaches the perfect mosaic structure. Of course, it may be objected that the comparison with absorption does not hold. For the diffracted beam will in its turn meet other crystals and by a second diffraction contribute to the primary beam.

The calculation has been given by DARWIN[1], who has treated in the same way the primary extinction. Each layer of atoms will diffract radiation from the primary beam into the diffracted beam, and from the diffracted beam again into the incident beam. The difference between the two cases is that for primary extinction the amplitudes have to be added as all parts of the crystal scatter coherently, and for secondary extinction the intensities as the small crystals scatter incoherently (cf. the end of Sect. 42). We will not pursue this object since no exact results are obtained. It suffices to say that, if the crystals are not very small, Q has to be replaced by Q', and that correction for the two extinctions is far from easy.

III. Lattice distortions and temperature factor.

52. Introduction. The expressions for the intensity of the diffracted rays were deduced, so far, for ideal crystals. Now, in reality, all kinds of deviations occur in crystals[2]. We mention the following examples:

[1] C. G. DARWIN: Phil. Mag. **27**, 315, 675 (1914); **43**, 800 (1922). — J. A. PRINS: Z. Physik **63**, 477 (1934).

[2] See vol. VII of this Encyclopedia for details.

1. The atoms are deplaced from their normal positions.

2. The crystal may be a solid solution of two components.

3. Net planes, in itself perfectly formed, may follow each other in an irregular sequence (stacking faults), etc. These distortions will be treated elsewhere in this volume, it may be remarked here that their influence on the intensity of the diffracted rays is in general very weak, though their influence on the physical properties of the crystal is of the utmost importance. Here, a general theory of the diffraction will be given[1]. A special kind to be considered more in detail is the *heat motion*. The distortions described by HOSEMANN[2] do not belong to our subject.

In this chapter, we shall use the atomic representation, as described in Sect. 39. We mainly consider parallelopipeds of N_1 cells along $\boldsymbol{a}$, N_2 cells along $\boldsymbol{b}$, and N_3 along $\boldsymbol{c}$. Since the atoms do not form a set of ideal lattices, we better consider the whole crystal as one cell, having axes $\boldsymbol{a} \cdot N_1$ etc. Then the reciprocal lattice will have axes $\boldsymbol{a}^*/N_1$ etc. The lattice points, belonging to the original cell, will again be denoted by the integers h, k, l, as the reciprocal space will be described by $\boldsymbol{a}^*$, $\boldsymbol{b}^*$, and $\boldsymbol{c}^*$. The new reciprocal lattice points will have the coordinates

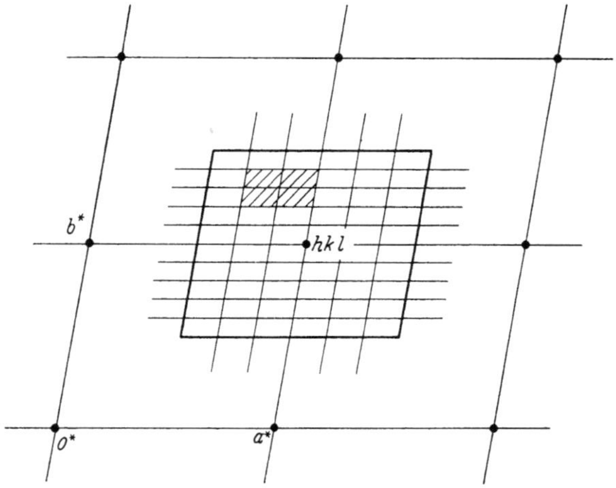

Fig. 58. The reciprocal space and its subdivision for a distorted crystal. Each new lattice point is the centre of a reciprocal crystal. One of them is drawn.

$$h + p/N_1, \quad k + q/N_2, \quad l + s/N_3$$

p, q, and s being integers, too. It suffices to restrain p, q, and s to an interval

$$-\tfrac{1}{2}(N_1 - 1) < p < \tfrac{1}{2}(N_1 - 1),$$

and so on (taking for N_1, N_2, N_3 odd numbers, which makes the discussion easier). If p exceeds these values we reckon this point to the adjacent lattice point $(h+1)$ or $(h-1)$. The domain around each original lattice point reaching halfway to the adjacent points, shall be called *the domain, connected with h, k, l.* In Sect. 40 the *reciprocal crystal* was introduced, measuring from h, k, l to the points $h \pm 1/N_1$, $k \pm 1/N_2$, $l \pm 1/N_3$ [cf. Eq. (39.7)]. This domain still exists, but each new lattice point is now to be found on the boundary of the reciprocal crystal, belonging to an adjacent lattice point.

Fig. 58 shows the connected domain, with one reciprocal crystal being shaded. Now, for an ideal crystal, the intensity-space showed only intensity in the reciprocal crystals around h, k, l. It will be seen that to each new lattice point a kind of structure factor may be assigned. If all these new points bear structure factors, the reciprocal crystals will overlap, and the whole intensity-space will be filled.

Our first aim will be to study the intensity-space of a distorted crystal. Then the question arises, how this intensity-space can be observed. For single crystals,

---

[1] J. BOUMAN: Physica, Haag **9**, 29 (1942).

[2] R. HOSEMANN: Z. Physik **128** 1, 465 (1950).

we can use directly the construction of EWALD, each point of the intensity-space which lies on the sphere of EWALD gives a ray of the intensity defined by this point (cf. Sect. 40). But lattice distortions are often studied at polycrystalline metal samples, and here again we have to deal with the *line-breadth*. In Sect. 43 the following statement has been proved (Fig. 49): The reciprocal space and the EWALD sphere are set up for one of the crystals. The intensity, observed in a direction OP, $\overrightarrow{OP}=\mathbf{s}R$, is found by integrating the intensity in the intensity space over a plane through P, perpendicular to the reciprocal vector h, k, l, i.e. parallel to the reflecting planes. The integrated intensity is then found as a function of the distance, t, between the plane through P and the parallel plane through h, k, l. The argument t is related to $\delta\chi$, the angle of diffraction being $2\vartheta+\delta\chi$, by (43.4)

$$t=\delta\chi\cdot\cos\vartheta/\lambda. \tag{52.1}$$

In this chapter, we put $R\lambda=1$, so $R=1/\lambda$, this has been used in Eq. (52.1).

Let us now consider the intensity-space. The maximum intensity will be found at $t=0$, the total intensity of the line by integration over $\delta\chi$ (or over dt, but then the result has to be multiplied by $\lambda/\cos\vartheta$). We use the theoretical profile, $I_t(t)$, then the theoretical B_t in the t-scale follows as

$$B_t=\frac{1}{I_0}\int I_t\,dt \tag{52.2}$$

with I_0 being the value of I_t for $t=0$. The integral breadth B is related to B_t by

$$B=B_t\frac{\lambda}{\cos\vartheta}\,. \tag{52.3}$$

So, in Eq. (43.6), we now may read $B_t=1/\Lambda$.

We may say beforehand that the breadth cannot be defined without ambiguity in all cases.

53. The intensity space for a distorted crystal. The coordinates of the atom of kind i in the cell n_1, n_2, n_3 will be denoted by

$$n_1+x_i+u_{n,i},\qquad n_2+y_i+v_{n,i},\qquad n_3+z_i+w_{n,i}$$

if the crystal is distorted. The index n stands for the set $n_1\,n_2\,n_3$, as will be done always in this chapter. Now, in Sect. 39 the electric vector and the intensity have been derived for an ideal crystal [Eqs. (39.5) and (39.6)]. When repeating this argument, we may drop the factor

$$E_0\,f_{\text{el}}\begin{Bmatrix}\cos 2\vartheta\\ 1\end{Bmatrix}e^{2\pi i\left(\nu t-\frac{R}{\lambda}\right)}$$

and we find, dropping also the indication Re

$$\left.\begin{aligned}E=\sum_n\sum_i f_i\exp\left[2\pi i\,(h'\,n_1+k'\,n_2+l'\,n_3)\right]\times\\ \times\exp\left[2\pi i\,(h'\,x_i+k'\,y_i+l'\,z_i)\right]\times\\ \times\exp\left[2\pi i\,(h'\,u_{n,i}+k'\,v_{n,i}+l'\,w_{n,i})\right].\end{aligned}\right\} \tag{53.1}$$

This formula is necessary e.g., for treating temperature effects. For distortions it can be simplified, as such distortions are most often studied for metals, and most metals have a simple lattice so that the index i can be dropped. On the other hand, another kind of atoms may be mixed with the metal atoms, e.g.

in alloys; in this case f_i has to be written $f_{i,n}$, as the corresponding atoms in different cells may be different. We shall, however, confine our treatment to crystals with only one atom per cell, all atoms being of the same kind, and shall note afterwards which alterations must be applied in other cases. Hence,

$$\left.\begin{aligned} E = \sum_n \exp\left[2\pi i (h' n_1 + k' n_2 + l' n_3)\right] \times \\ \times \exp\left[2\pi i (h' u_n + k' v_n + l' w_n)\right]. \end{aligned}\right\} \tag{53.2}$$

It will be observed that also the constant factor f has by now been dropped. In order to find an expression as closely related to Eq. (39.5) as possible, we shall use the following relation

$$\sum_{s=-\frac{1}{2}(N-1)}^{+\frac{1}{2}(N-1)} \exp\left[2\pi i \frac{s}{N}(n-n')\right] = \left\{\begin{matrix} 0 \text{ if } n \neq n' \\ N \text{ if } n = n' \end{matrix}\right\} \qquad (n, n' < N) \tag{53.3}$$

which is proved by summing up geometrical series. Then we can prove

$$E = \frac{1}{N_1 N_2 N_3} \sum_n \sum_{n'} \sum_{p=-\frac{1}{2}(N_1-1)}^{+\frac{1}{2}(N_1-1)} \sum_{q=-\frac{1}{2}(N_2-1)}^{+\frac{1}{2}(N_2-1)} \sum_{s=-\frac{1}{2}(N_3-1)}^{+\frac{1}{2}(N_3-1)} \exp\left[2\pi i \left(h' n_1 + k' n_2 + l' n_3 + \frac{p}{N_1} n_1 + \frac{q}{N_2} n_2 + \frac{s}{N_3} n_3\right)\right] \cdot \exp\left[2\pi i \left(h' u_{n'} + k' v_{n'} + l' w_{n'} - \frac{p}{N_1} n_1' - \frac{q}{N_2} n_2' - \frac{s}{N_3} n_3'\right)\right]$$

by summation over p, q and s, wherefrom it results that the factor $1/N_1 N_2 N_3$ disappears and $n = n'$, so that Eq. (53.2) is found again.

Let us introduce the symbol

$$\mathsf{S} \equiv \sum_{p=-\frac{1}{2}(N_1-1)}^{+\frac{1}{2}(N_1-1)} \sum_{q=-\frac{1}{2}(N_2-1)}^{+\frac{1}{2}(N_2-1)} \sum_{s=-\frac{1}{2}(N_3-1)}^{+\frac{1}{2}(N_3-1)}$$

for the sum over all new reciprocal lattice points, belonging to one connected domain. Then, denoting by $A(p, q, s)$ the expression

$$\left.\begin{aligned} A(p, q, s) = \frac{1}{N_1 N_2 N_3} \times \\ \times \sum_n \exp\left[2\pi i \left(h' u_n + k' v_n + l' w_n - \frac{p}{N_1} n_1 - \frac{q}{N_2} n_2 - \frac{s}{N_3} n_3\right)\right], \end{aligned}\right\} \tag{53.4}$$

we find the electric vector

$$E = \mathsf{S} \sum_n A(p, q, s) \exp 2\pi i \left[\left(h' + \frac{p}{N_1}\right) n_1 + \left(k' + \frac{q}{N_2}\right) n_2 + \left(l' + \frac{s}{N_3}\right) n_3\right]. \tag{53.5}$$

This is analogous to the expressions from Sect. 39, the coefficients $A(p, q, s)$ playing the role of structure factors, and the h', k', l' being continuous variables in reciprocal space, defining the direction for which the intensity has to be calculated. Eq. (53.5) easily may be summed up over the index n, the result being

$$\left.\begin{aligned} E = \mathsf{S} A(p, q, s) \exp\left\{\pi i \left[\left(h' + \frac{p}{N_1}\right) N_1 + \left(k' + \frac{q}{N_2}\right) N_2 + \left(l' + \frac{s}{N_3}\right) N_3\right]\right\} \times \\ \times \frac{\sin \pi \left(h' + \frac{p}{N_1}\right) N_1}{\sin \pi \left(h' + \frac{p}{N_1}\right)} \cdot \frac{\sin \pi \left(k' + \frac{q}{N_2}\right) N_2}{\sin \pi \left(k' + \frac{q}{N_2}\right)} \cdot \frac{\sin \pi \left(l' + \frac{s}{N_3}\right) N_3}{\sin \pi \left(l' + \frac{s}{N_3}\right)}. \end{aligned}\right\} \tag{53.6}$$

The absolute value of each term of this sum reaches its maximum at the point

$$h' = h - \frac{p}{N_1}, \quad k' = k - \frac{q}{N_2}, \quad l' = l - \frac{s}{N_3}$$

and is zero outside the reciprocal crystal belonging to the new lattice point as defined above. But the different reciprocal crystals overlap, so if we want to determine the intensity we also have to consider cross products of the terms. Only in the reciprocal lattice points $h - p/N_1$ etc., the value of the intensity simply turns out to be

$$I = N_1^2 N_2^2 N_3^2 |A(p, q, s)|^2,$$

as this point lies on the boundaries of the adjacent domains, and the contributions from those domains are zero at their boundaries. If the crystal is rather large, the new lattice points are lying closely together, and we can get an idea of the distribution of intensity in this space.

Now, we can prove that

$$\mathsf{S}\, |A(p, q, s)|^2 = 1 \tag{53.7}$$

for each value of h', k', l'. By writing

$$\mathsf{S}\, |A(p, q, s)|^2 = \mathsf{S} \sum_n \sum_{n'} \frac{1}{N_1^2 N_2^2 N_3^2} \times$$
$$\times \exp 2\pi i \left[h'(u_n - u_{n'}) + k'(v_n - v_{n'}) + l'(w_n - w_{n'})\right] \times$$
$$\times \exp 2\pi i \left[\frac{p}{N_1}(n_1' - n_1) + \frac{q}{N_2}(n_2' - n_2) + \frac{s}{N_3}(n_3' - n_3)\right]$$

and summing over p, q, s, the result follows at once from Eq. (53.3). This expression is useful when discussing the influence of lattice distortions on DEBYE-SCHERRER diagrams. The A's are functions of the variables h', k', l'. It is easier to consider them as constants within one reciprocal crystal and to put $h' = h - p/N_1$ etc. in Eq. (53.4), or simply $h' = h$, if p, q, s are small numbers. This has been done, too, with the structure factor F' which always has been replaced by F, its value at h, k, l. For one connected domain, the A's are then functions of p, q, s alone.

54. The DEBYE-SCHERRER lines for distorted crystals. *α) General considerations.* We may now resume the considerations from Sect. 43. But the domain of intensity, then restricted to the reciprocal crystal, is now more extended, and may fill the total connected domain. Let us consider firstly this last case. Then a line is observed, if only $A(0, 0, 0)$ is somewhat less than 1. Writing Eq. (53.7)

$$|A(0, 0, 0)|^2 + \mathsf{S}_0 |A(p, q, s)|^2 = 1$$

where S_0 denotes S with exclusion of 0, 0, 0, we see that S_0 is composed of a great number of terms, of which each separate one must be very small, as we have assumed that for all values of p, q, s a value of A exists. We shall discuss this case later on, but we may state already now that the original line, with weakened energy, will stand out against a homogeneous background. The profile of the line is determined by the shape of the crystals as before, only its energy is altered.

A new profile can be expected only if $A(p, q, s)$ has appreciable values in the neighbourhood of the original reciprocal lattice points only, and decreases to zero or to small values for larger values of p, q, s. In this case the line is broadened, and the profile is given by

$$I_t = \iint I \, d\xi \, d\eta .$$

ξ and η being orthogonal coordinates in the plane perpendicular to the reciprocal vector h, k, l, the third coordinate being t, the distance from the point h, k, l

to the integration plane. The relation between t and the angle of diffraction is given by Eq. (52.1).

The profile can now be characterized either by the integral breadth, or it can be described by a FOURIER analysis. This has been done by BERTAUT[1] for undistorted crystals, and by WARREN and AVERBACH[2] for distorted crystals. The factors in the intensity dropped in Sect. 53 do not concern us here, as we have only to compare our results with the results for undistorted crystals, and the factors omitted are the same in both cases.

We may choose the axes of the lattice in such a way that the reflection we are considering has the indices $(h\,0\,0)$ (cf. Sect. 11). Then the length t is measured along the axis $\boldsymbol{a}^*$, and is

$$t = (h' - h)\, a^* = a^*\, \delta h .$$

The intensity, belonging to this reflection lies in the domain, connected with $(h\,0\,0)$, and so δh lies between $-\frac{1}{2}$ and $\frac{1}{2}$. A function, which is defined in an interval may certainly be described by a FOURIER series, this interval being its period, if the function is zero at the boundaries of the interval. The FOURIER series will describe a periodical function, but this is unimportant, as long as we only have to consider the interval. We write $I_t(\delta h)$ for $I_t(t)$, and expand the intensity into a FOURIER series with components $J(m)$

$$I_t(\delta h) = \sum_{m=-\infty}^{+\infty} J(m)\, e^{-2\pi i m \delta h}, \tag{54.1}$$

$$J(m) = \int_{-\frac{1}{2}}^{\frac{1}{2}} I_t(\delta h)\, e^{2\pi i m \delta h}\, d\,\delta h . \tag{54.2}$$

The function I_t also may be written as a FOURIER integral. Before giving this expression, let us replace δh by $\delta\chi$, the deviation of the angle of diffraction from 2ϑ. It is to be preferred, however, to use t, Eq. (52.1), to get rid of the factor $\cos\vartheta/\lambda$. Then, since $t = a^*\,\delta h$, we replace m by $\mu = m/a^*$. Whereas m is an integer in Eq. (54.1), μ and m are now continuous variables. So we find

$$I_t(t) = a^* \int_{-\infty}^{+\infty} J(\mu)\, e^{-2\pi i \mu t}\, d\mu , \tag{54.3}$$

$$a^*\, J(\mu) = \int_{-\infty}^{+\infty} I_t(t)\, e^{2\pi i \mu t}\, dt . \tag{54.4}$$

If $J(\mu)$ is derived from the observed I_t, we also know the integral breadth of the line, as

$$I_t(0) = a^* \int_{-\infty}^{+\infty} J(\mu)\, d\mu \tag{54.5}$$

and from Eq. (54.4)

$$a^*\, J(0) = \int_{-\infty}^{+\infty} I_t(t)\, dt = W, \tag{54.6}$$

W being the integrated intensity, which we denote by its energy W. Hence, the theoretical breadth B_t becomes

$$B_t = \frac{W}{I_t(0)} = \frac{J(0)}{\int J(\mu)\, d\mu}, \tag{54.7}$$

[1] F. BERTAUT: Acta crystallogr. **3**, 14 (1950).
[2] B. E. WARREN and B. L. AVERBACH: J. Appl. Phys. **21**, 595 (1950).

but it is evident that knowledge of $J(\mu)$ gives more information on the line than that of the integral breadth.

β) The evaluation of the profile. We will now compute J and use Eq. (54.2)

$$a^* J(m) = \iint d S^* \int d\delta h\, a^* |E|^2 e^{2\pi i m \delta h}.$$

The element $d\xi\, d\eta$ has been replaced by $d S^*$, perpendicular to a^*. Now $d S^*\, d\delta h\, a^*$ is the volume element in reciprocal space and can be written $v_p^*\, d\delta h\, d\delta k\, d\delta l$. If Eq. (53.5) is introduced, and h', k', l' are replaced by δh, δk, δl, which does not alter the expression, we find

$$\begin{aligned} a^* J(m) = \mathsf{S} \sum_n \mathsf{S}' \sum_{n'} v_p^* \iiint d\delta h\, d\delta k\, d\delta l\, A(p,q,s)\, \overline{A(p',q',s')} \times \\ \times \exp\{2\pi i\, [\delta h (n_1 - n_1' + m) + \delta k (n_2 - n_2') + \delta l (n_3 - n_3')]\} \times \\ \times \exp\left\{2\pi i \left[\frac{p\, n_1 - p' n_1'}{N_1} + \frac{q\, n_2 - q' n_2'}{N_2} + \frac{s\, n_3 - s' n_3'}{N_3}\right]\right\}. \end{aligned}$$

The integrals are extended over the connected domain so that their limits are $-\frac{1}{2}, \frac{1}{2}$ for each of them. If δh is so large that the corresponding plane $d\xi\, d\eta$ cuts a tetraeder from the connected domain, it would be difficult to assign limits to the integrals, but the assumption of a distinct line limits the intensity to small values of δh. Then the integrals will yield zero, except if

$$n_1 + m = n_1', \quad n_2 = n_2', \quad n_3 = n_3'$$

where the value 1 is found. Hence,

$$\begin{aligned} a^* J(m) = \mathsf{S} \sum_n \mathsf{S}'\, v_p^*\, A(p,q,s)\, \overline{A(p',q',s')} \exp\left(-2\pi i \frac{m\, p'}{N_1}\right) \times \\ \times \exp\left\{2\pi i \left[(p-p') \frac{n_1}{N_1} + (q-q') \frac{n_2}{N_2} + (s-s') \frac{n_3}{N_3}\right]\right\}. \end{aligned}$$

Summation over n_2 and n_3 leads to $q=q'$, $s=s'$ and yields a factor $N_2 N_3$. The result is

$$\left.\begin{aligned} a^* J(m) = N_2 N_3 v_p^* \mathsf{S}_p \mathsf{S}_{p'} \mathsf{S}_{qs} \sum_{n_1} A(p,q,s) \times \\ \times \exp\left(2\pi i \frac{p\, n_1}{N_1}\right) \overline{A(p',q,s)} \exp\left(-2\pi i \frac{p'(n_1+m)}{N_1}\right). \end{aligned}\right\} \tag{54.8}$$

Summation over n_1 requires some care. If m is positive, then $n_1 + m$ can not be larger than N_1, so the range of n_1 contains $(N_1 - m)$ terms. If m is negative, we may sum over $n_1' = n_1 + m = n_1 - |m|$, so that we find again a range of $(N_1 - |m|)$ terms. It follows that $J(m) = 0$ for $|m| \geq N_1$. We shall not effect the summation over n_1, but proceed to calculate the integral breadth. If Eq. (54.7) is written in m instead of μ, the theoretical breadth becomes

$$B_t = \frac{a^* J(0)}{\sum J(m)} \tag{54.9}$$

which may be derived directly from Eqs. (54.1) and (54.2).

In $a^* J(0)$ we find N_1 terms and the summation over n_1 yields zero, except $p = p'$. Hence,

$$a^* J(0) = N_1 N_2 N_3 v_p^* \mathsf{S}\, |A(p,q,s)|^2. \tag{54.10}$$

This is the integrated energy W, defined by Eq. (54.6). From Eq. (53.7) we see that

$$W = a^* J(0) = N_1 N_2 N_3 v_p^*. \tag{54.11}$$

This means *that the energy in a connected domain, and therefore also the energy of a line is independent of the distortion, being the same as for an undistorted crystal.* Only if a part of the energy of the connected domain is found in the continuous background, the energy of the line will become smaller.

The calculation of $\sum J(m)$ can be effected if summation over n_1 and m is replaced by summation over n_1 and $n_1' = n_1 + m$. These two sums yield zero, except if $p = p' = 0$, and we find

$$J(m) = N_1^2 N_2 N_3 \frac{v_p^*}{a^*} \mathsf{S}_{qs} |A(0, q, s)|^2.$$

Therefore,

$$B_t = \frac{a^*}{N_1} \cdot \frac{1}{\mathsf{S}|A(0, q, s)|^2}. \tag{54.12}$$

As we are dealing with the distortions of finite crystals, the profile for an undistorted crystal is included in the expressions in this section. As now all $A(p, q, s)$ are zero, and $A(0, 0, 0) = 1$, we obtain $B_t = a^*/N_1$, and $a^* = 1/d_{100}$, d_{100} being the height of the cell, perpendicular to the plane (100). Then $N_1 d_{100}$ is the height of the crystal, which we have denoted by Z and

$$B_t = \frac{1}{Z}.$$

Z is the value of Λ [Eq. (43.5)] for a parallelopiped. The profile of the line, as described by its FOURIER components is found by considering that for an undistorted crystal all the coefficients $A(p, q, s)$ are zero except $A(0, 0, 0) = 1$. Thus only summation over n_1 remains and as the number of terms is $(N_1 - |m|)$, we find

$$a^* J(m) = N_1 N_2 N_3 v_p^* \left(1 - \frac{|m|}{N_1}\right) \tag{54.13}$$

which shows that the plot of J against m consists of two sloping straight lines, ending at the points where they intersect the m-axis. We shall return to this subject in the next section.

55. Distortions of arbitrarily shaped crystals. In this section we shall treat the theory of WILSON[1] which can be applied to cubic crystals only, but which includes also solid solutions. In the general expression (53.1) we put

$$F(h, k, l)_n = \sum_i f_i e^{2\pi i (h x_i + k y_i + l z_i)} e^{2\pi i (h u_{n,i} + k v_{n,i} + l w_{n,i})}. \tag{55.1}$$

We have replaced h', k', l' by the neighbouring integers h, k, l, and the index n counts the cells of an arbitrarily shaped crystal. The factor f_i will not be the same for each cell, as some atoms may be replaced by other atoms. Then

$$E = \sum_n F(h, k, l)_n e^{2\pi i (h' n_1 + k' n_2 + l' n_3)},$$

$$I = \sum_n \sum_{n'} F_n \overline{F}_{n'} e^{2\pi i [h'(n_1 - n_1') + k'(n_2 - n_2') + l'(n_3 - n_3')]}.$$

We consider again the reflection $(h\,0\,0)$, but we now make the additional assumption that the three axes are orthogonal. This assumption is justified for cubic crystals; this follows from the property of cubic lattices that the reciprocal lattice is similar to the direct lattice, both lattices being cubic (Sect. 13γ). To each reciprocal lattice vector, two direct axes may be found, perpendicular to it. From the similarity it follows that these axes will be parallel to two reciprocal

[1] A. J. C. WILSON: Proc. Roy. Soc. Lond., Ser. A **181**, 360 (1943). — Acta crystallogr. **2**, 221 (1949). — A. R. STOKES and A. J. C. WILSON: Proc. Phys. Soc. Lond. **56**, 174 (1944).

axes, and that the reciprocal vector is perpendicular to two reciprocal vectors. We choose one of these axes and the original one. Then a third reciprocal axis is perpendicular to these two, and together they constitute an orthogonal set. Now I_t is found by integrating I over the plane ξ, η, and as this plane is also a reciprocal lattice plane, we may put

$$d\xi = b^* \, dk', \qquad d\eta = c^* \, dl'$$

and

$$I_t = b^* c^* \int_{k-\frac{1}{2}}^{k+\frac{1}{2}} dk' \int_{l-\frac{1}{2}}^{l+\frac{1}{2}} dl' \, I(h', k', l'),$$

$$I_t = b^* c^* \sum_n \sum_{n_1'} F_{n_1 n_2 n_3} \overline{F_{n_1' n_2 n_3}} \, e^{2\pi i h'(n_1 - n_1')}.$$

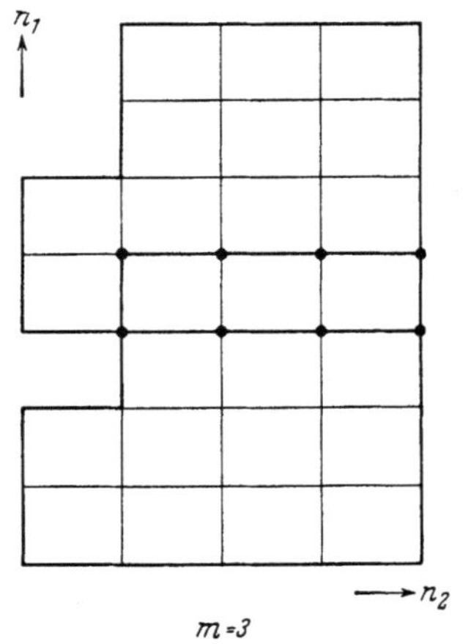

Fig. 59. Construction of the lattice points over which has to be summed in order to calculate the FOURIER component $m=3$ for the profile of the DEBYE-SCHERRER line. $\boldsymbol{c}$ is perpendicular to the plane of drawing.

We replace h' by δh, and put $n_1' = n_1 + m$, then m lies in the range between $-N_1$ and N_1, if N_1 is the number of cells for a definite value of n_2 and n_3. It changes with those numbers, as the crystal is not a parallelopiped. Comparing this expression with Eq. (54.1), we find

$$J(m) = b^* c^* \sum_n F_{n_1 n_2 n_3} \overline{F_{n_1+m, n_2, n_3}}. \tag{55.2}$$

From $J(m)$ the integral breadth is found, Eq. (54.9), and this is WILSON's result with the only difference that WILSON defines J as the mean value of the product of two structure factors, belonging to two cells, at a distance of m cells along the a-axis. This means that

$$J_{\text{Wilson}} = \frac{1}{b^* c^*} \cdot \frac{1}{N} J. \tag{55.3}$$

The factor is unimportant for computation of the line breadth.

The summation can be effected in the following way. Draw the crystal two times, and deplace the second crystal by the vector $m \cdot \boldsymbol{a}$ with respect to the first one. Then the summation is to be effected over that part of the second crystal which both crystals have in common (Fig. 59).

Let us now return to the case of a pure, mono-atomic crystal. Then we may drop f in Eq. (55.1), and put x_i, y_i, z_i equal to zero, the atom being placed at the origin, so that

$$F_n = e^{2\pi i (h u_n + k v_n + l w_n)}.$$

In this case, $J(m)$ becomes

$$J(m) = b^* c^* \sum_n \exp\left[2\pi i h (u_{n_1 n_2 n_3} - u_{n_1+m, n_2, n_3})\right]. \tag{55.4}$$

Introducing into (54.8) $A(p, q, s)$ from Eq. (53.4), effecting the summations over p, q, s, p' and bearing in mind that for an orthogonal set $v_p^* = a^* b^* c^*$, we find Eq. (55.4). This expression is due to WARREN and AVERBACH who, however, take the mean value instead of the sum, and use μ instead of m [Eqs. (54.3) and (54.4)]. If $n_2 n_3$ count the cells in the projection of the crystal on the plane (100), Eq. (55.4) may be written

$$J(m) = b^* c^* \sum_{n_2} \sum_{n_3} \sum_{n_1=0}^{N_1-1-|m|} e^{2\pi i h (u_{n_1 n_2 n_3} - u_{n_1+m, n_2, n_3})}.$$

N_1 being a function of n_2 and n_3. For an undistorted crystal the exponential is 1, and $J(m)$ becomes

$$J(m) = b^* c^* \sum_{n_2} \sum_{n_3} (N_1 - |m|). \tag{55.5}$$

This is the formula of BERTAUT, and it may be remarked here that the slope of the $J(m)$ versus m curve at the origin $m=0$ indicates whether the broadening is due to the particle size, or whether also distortion is present. In the first case the slope is negative, in the second case approximately zero. We cannot pursue this subject further, as it does belong to other articles in this volume, but we shall remark that the expression (55.5) can better be derived from the continuous representation. In Eq. (43.3), $I(t)$ was derived. If in this expression T is put equal to 1, and the factor $1/V^2$ is omitted, we find

$$I(t) = \iint dX\, dY \frac{\sin^2 \pi t Z}{\pi^2 t^2},$$

X and Y being orthogonal coordinates in the plane of reflection, and Z being the height of the crystal at X, Y. Then we find from Eq. (54.3)

$$a^* J(\mu) = \iint dX\, dY \int dt \frac{\sin^2 \pi t Z}{\pi^2 t^2} \cos 2\pi \mu t,$$

since the integral over the imaginary part of $\exp(2\pi i \mu t)$ is zero. Then, using the relations

$$\sin^2\alpha \cdot \cos 2\beta = -\sin^2\beta + \tfrac{1}{2}\sin^2(\alpha+\beta) + \tfrac{1}{2}\sin^2(\alpha-\beta)$$

and

$$\int_{-\infty}^{+\infty} \frac{\sin^2 \pi \mu t}{\pi^2 t^2}\, dt = |\mu|,$$

we find

$$\left.\begin{aligned} a^* J(\mu) &= \iint dX\, dY\, (Z - |\mu|) && \text{if } |\mu| < Z_0 \\ J(\mu) &= 0 && \text{if } |\mu| \geq Z_0. \end{aligned}\right\} \tag{55.6}$$

It follows from the derivation of these formulae that $Z - |\mu|$ can assume only positive values, otherwise it has to be replaced by zero. Thence, if $|\mu|$ exceeds the maximum value of Z, Z_0, $J(\mu)$ is zero.

This expression is valid for all kinds of lattices and structures. Now the spacing of the planes (100) is $1/a^*$, so $Z = N_1/a^*$, and $\mu = m/a^*$, so that the identity of Eqs. (55.6) and (55.5) is proved.

We shall leave this topic at this stage, and consider now small distortions as an introduction to the temperature effect.

56. The description of distortions in reciprocal space. Until now, though the intensity was given as a function in reciprocal space, the distortion was defined by u, v, w, in direct space. It will be of advantage to use the reciprocal space also for the distortion. This means use of the FOURIER expansion, considering parallelopipeds as before

$$u_n = \mathsf{S}\,(U)\,(p, q, s) \exp\left[2\pi i \left(\frac{p}{N_1} n_1 + \frac{q}{N_2} n_2 + \frac{s}{N_3} n_3\right)\right] \tag{56.1}$$

and in the same way v_n is defined by $(V)\,(p, q, s)$, w_n by $(W)\,(p, q, s)$. This means: the displacements u, v, w are given as a sum of sinusoidal distributions, each having an amplitude components (U), (V), (W). Only the values of these distributions at the lattice points n_1, n_2, n_3 are of importance. There are but $N_1 \cdot N_2 \cdot N_3$ of these distributions. For, if p is put $\frac{1}{2}(N_1+1)$, then $\exp\,[2\pi i(\frac{1}{2}+\frac{1}{2}/N_1)]$ is the same as $\exp[2\pi i(-\frac{1}{2}+\frac{1}{2}/N_1)]$, and this belongs to $p=-\frac{1}{2}(N_1-1)$. Thus, p, q, s are restricted to the points within one connected domain, and the summation sign S includes all possibilities. Now n_1, n_2, n_3 are the components of the vector $\boldsymbol{r}$ from the origin to the point n_1, n_2, n_3, and p/N_1, q/N_2, s/N_3 are the components of the vector in reciprocal space from the origin to the new lattice point p, q, s in the domain belonging to (000).

Denoting this vector by $\boldsymbol{r}_p^*$, Eq. (56.1) may be written, if the displacement is given by the vector $\boldsymbol{u}$, and the amplitude by $(\boldsymbol{U})$

$$\boldsymbol{u}_n = \mathsf{S}(\boldsymbol{U})(p, q, s)\exp(2\pi i\,\boldsymbol{r}\cdot\boldsymbol{r}_p^*). \tag{56.2}$$

We may call this distribution a wave, as we have done in Sect. 16, and find that the wavelength of one of such waves is given by $1/r_p^*$, and the direction of this wave by the direction of $\boldsymbol{r}_p^*$.

The existence of a limited number of such distinct waves may now be seen from the new description. For, the wave vector to the point $h+p/N_1$, $k+q/N_2$, $l+s/N_3$ is $\boldsymbol{r}_{hkl}^*+\boldsymbol{r}_p^*$, and as $\boldsymbol{r}_{hkl}^*\cdot\boldsymbol{r}=n_1 h+n_2 k+n_3 l$ is an integer, the expression (56.2) is the same for the new wave vector as for $\boldsymbol{r}_p^*$. This restriction is possible only if the function u is only defined at the lattice points. In Sect. 16, continuous periodic functions were envisaged and an infinite number of different waves $(h\,k\,l)$ were found. The wave vectors in our case lie in one reciprocal cell, there are as many waves as there are new lattice points in the cell.

This was to be expected, as the $N_1\cdot N_2\cdot N_3$ values of u are determined by the same number of (U)'s. The inverse expressions are

$$(U)(p\,q\,s) = \frac{1}{N_1 N_2 N_3}\sum_n u_n \exp\left[-2\pi i\left(\frac{p}{N_1}n_1+\frac{q}{N_2}n_2+\frac{s}{N_3}n_3\right)\right] \tag{56.3}$$

whence

$$(U)(000) = \frac{1}{N_1 N_2 N_3}\sum u_n = \langle u_n\rangle,$$

the mean value of u_n. The relation (56.3) may be proved by using (53.3), after having introduced (56.3) into Eq. (56.1). We may call the (U) the FOURIER components of u_n, and the FOURIER series treated in Sect. 15 an extension of the algebraic relations of this section. The coefficients $A(p, q, s)$ may now be easily expressed in the FOURIER components, if the displacements are small. For A may be written (cf. the end of Sect. 53)

$$A(p, q, s) = \frac{1}{N_1 N_2 N_3}\sum_n \exp[2\pi i(h u_n + k v_n + l w_n)]\times$$
$$\times\exp\left[-2\pi i\left(\frac{p}{N_1}n_1+\frac{q}{N_2}n_2+\frac{s}{N_3}n_3\right)\right].$$

Here, $(h u_n + k v_n + l w_n)$ is the scalar product of the vectors $\boldsymbol{u}$ and $\boldsymbol{r}_{hkl}^*$, so, if u_h is the projection of $\boldsymbol{u}$ on the perpendicular to the planes $(h\,k\,l)$, we may write, as the absolute value of r_{hkl}^* is $2\sin\vartheta/\lambda$,

$$h u_n + k v_n + l w_n = 2 u_{n,h}\sin\vartheta/\lambda. \tag{56.4}$$

This allows a simple interpretation: Only the component of the displacement, perpendicular to the reflecting planes is important for the effect of distortion on diffraction, the components within the planes having no influence. Only the first named components roughen the planes. This influence will be weak for small ϑ, i.e. for large angles of incidence, and for large wavelengths. This is well known in optics; a rough plane will reflect very well, if the incident light nearly grazes the surface. The influence of the wavelength is evident. Molecular irregularities, for instance, do not affect the reflection of light by planes.

If now $u_{n,h} \ll \lambda$, we may write

$$A(p, q, s) = \frac{1}{N_1 N_2 N_3} \sum_n \left(1 + 2\pi i\, u_{n,h} \frac{2\sin\vartheta}{\lambda} - 2\pi^2 u_{n,h}^2 \times \left(\frac{2\sin\vartheta}{\lambda}\right)^2 \cdots\right)$$
$$\times \exp\left[-2\pi i \left(\frac{p}{N_1} n_1 + \frac{q}{N_2} n_2 + \frac{s}{N_3} n_3\right)\right].$$

The first term in the brackets will yield zero, excepted, when $p = q = s = 0$. Therefore, we find from Eq. (56.3) in first approximation

$$A(p, q, s) = 2\pi i \left(h(U) + k(V) + l(W)\right) = 2\pi i \frac{2\sin\vartheta}{\lambda} (U)_h (p, q, s). \tag{56.5}$$

Hence, $A(p, q, s)$ is proportional to the projection of the amplitude of the corresponding wave on the normal to the plane $(h\,k\,l)$.

The same approximation would give the value 1 for $A(000)$, since $U(000)$ etc. being the mean of u_n etc. over the crystal, may be assumed to be zero. If, however, the series in brackets is broken off after the third term, we find

$$A(000) = 1 - 2\pi^2 \left(\frac{2\sin\vartheta}{\lambda}\right)^2 \langle u_{n,h}^2 \rangle. \tag{56.6}$$

The general expression for $A(p\,q\,s)$ may be expressed as the FOURIER component of $\exp 2\pi i\,(h u_n + k\,v_n + l w_n)$.

57. The heat motion in a crystal. The thermal movement of the atoms in a crystal constitutes a special kind of lattice distortion. This movement has been investigated by DEBYE, including the effect on the scattered intensity. DEBYE assumed that each atom vibrates independently from the other atoms. This assumption is not true, though it gives the right answer for the energy of the diffracted rays. BORN and KARMAN have shown that the movement is represented by a set of waves in the crystal. The difference between the two assumptions is apparent for the radiation, scattered in directions not obeying BRAGG's equation. We will give here a survey of the properties of possible movements of the atoms, in so far as they are of consequence for this topic. Let us first consider a structure with one atom in the cell, i.e. with the atoms occupying a point lattice. We express the displacements of the atoms, as we have done in the last section, by their FOURIER components [Eq. (56.1)]. It is preferable to use real quantities, then Eq. (56.1) can be written

$$\left.\begin{aligned} u_n = {} & \mathsf{S}'(U)'(p, q, s) \cos 2\pi \left(\frac{p}{N_1} n_1 + \frac{q}{N_2} n_2 + \frac{s}{N_3} n_3\right) + \\ & + \mathsf{S}'(U)''(p, q, s) \sin 2\pi \left(\frac{p}{N_1} n_1 + \frac{q}{N_2} n_2 + \frac{s}{N_3} n_3\right). \end{aligned}\right\} \tag{57.1}$$

Now the set $-p, -q, -s$ gives the same waves as p, q, s; therefore the sign S' denotes summation over half of the new lattice points p, q, s. The term 0, 0, 0 is unimportant, meaning a displacement of the entire crystal.

The result of the theory of BORN and KARMAN is that the $(\boldsymbol{U})'$ and $(\boldsymbol{U})''$ have a fixed direction, and that for each wave p, q, s three directions exist. We will denote these three cases by an index j, running from 1 to 3, and the directions, which are the same for $(\boldsymbol{U})'$ and $(\boldsymbol{U})''$, by the unit vectors $\boldsymbol{P}$. Each wave

$p, q, s; j$ has its own frequency $\nu(p, q, s; j)$, and so

$$\left.\begin{aligned}(\boldsymbol{U})'(p, q, s) &= \sum_j \mathcal{A}_0 \boldsymbol{P} \sin(2\pi\nu t + \alpha),\\ (\boldsymbol{U})''(p, q, s) &= \sum_j \mathcal{B}_0 \boldsymbol{P} \sin(2\pi\nu t + \beta).\end{aligned}\right\} \tag{57.2}$$

$\boldsymbol{P}(p, q, s; j)$ and $\nu(p, q, s; j)$ are constants of the structure, and have to be found from the forces between the atoms. The variables of the motion are $\mathcal{A}_0$, $\mathcal{B}_0$, α and β. If $N_1 \cdot N_2 \cdot N_3 = N$, we count $\frac{3}{2}N$ sets $p, q, s; j$, so the total number of variables is $6N$. For given initial displacements and velocities of the N atoms the motion of the lattice is completely determined.

Each wave having a wavelength $1/r_p^*$, we may introduce the velocity of propagation of the wave

$$g = \nu / r_p^*. \tag{57.3}$$

These velocities will also be functions of $p, q, s; j$, even for waves with the same direction of $\boldsymbol{r}_p^*$ they are not the same. Generally speaking, the frequency increases with the distance of p, q, s from the origin.

It will be shown in Sect. 58 that the low frequencies are important for the intensity of scattering. The waves belonging to the neighbourhood of the origin are *elastic waves*. For these large wavelengths the atomic structure is unimportant, and the frequencies and polarization vectors $\boldsymbol{P}$ can be found from the elastic constants of the crystal, though the actual evaluation is only possible for isotropic bodies and for hexagonal crystals. In other cases only numerical solutions can be given. Now the elastic vibrations have the property that the velocities g and the polarization vectors $\boldsymbol{P}$ are functions of the direction of $\boldsymbol{r}_p^*$ (and of j) only. All new lattice points, lying on a line through the origin, give the same three velocities.

Let us add a few words on general structures. It suffices to consider structures with *two* atoms in the cell. Then the number of waves is doubled and the atoms of the first kind have other amplitudes for given wavelength and polarization then those of the other kind. For each set $p, q, s; j$ there are two frequencies and for each frequency there exists a fixed proportion between the amplitudes of the two atoms. BORN distinguishes these two frequencies by the names *acoustical branch* (the lower frequencies) and *optical branch*. For large wavelengths the acoustical branch leads to the elastic waves, mentioned before. Then the proportion of the two amplitudes will tend to 1. The limit of the optical branch is the vibration of the two point lattices with respect to each other, the lattices vibrating as rigid bodies. These vibrations are of the utmost importance for the specific heat and the infrared radiation (Reststrahlen), but do not concern us here[1].

We return to mono-atomic structures. The energy of a wave can easily be calculated, being purely kinetic, if $2\pi\nu t + \alpha$ (or β) $= 0$. Then

$$\mathcal{E} = \mathcal{E}_{\text{kin}} = \sum_n \frac{1}{2} m \mathcal{A}_0^2 \cdot 4\pi^2\nu^2 \cdot \cos^2 2\pi\left(\frac{p}{N_1} n_1 + \frac{q}{N_2} n_2 + \frac{s}{N_3} n_3\right), \quad \mathcal{E} = \pi^2\nu^2 m N \mathcal{A}_0^2. \tag{57.4}$$

For the sine waves we find the same expression

$$\mathcal{E} = \pi^2 \nu^2 m N \mathcal{B}_0^2,$$

m being the mass of the atom.

---

[1] Details are given in vol. VII, part 1 of this Encyclopedia, especially in M. BLACKMAN's article.

If now

$$\left.\begin{aligned} \mathcal{A} &= \mathcal{A}_0 \sin(2\pi\nu t + \alpha), \\ \mathcal{B} &= \mathcal{B}_0 \sin(2\pi\nu t + \beta), \\ C(p, q, s; j) &= \tfrac{1}{2}[\mathcal{A}(p, q, s; j) - i\,\mathcal{B}(p, q, s; j)], \\ C(-p, -q, -s; j) &= \tfrac{1}{2}[\mathcal{A}(p, q, s; j) + i\,\mathcal{B}(p, q, s; j)], \\ |C|^2 &= \tfrac{1}{4}[\mathcal{A}^2 + \mathcal{B}^2] \end{aligned}\right\} \tag{57.5}$$

we may write Eqs. (57.1) and (57.2) in the form

$$\boldsymbol{u}_n = \sum_j \mathbf{S}\, C(p, q, s; j)\, \boldsymbol{P}(p, q, s; j) \exp\left[2\pi i\left(\frac{p}{N_1} n_1 + \frac{q}{N_2} n_2 + \frac{s}{N_3} n_3\right)\right] \tag{57.6}$$

very similar to Eq. (56.1). Each variable $\mathcal{A}$ and $\mathcal{B}$ is the solution of the equation of motion of an oscillator, having frequency ν and mass $\frac{1}{2}N\,m$, corresponding to Eq. (57.4). Quantum mechanical treatment of these oscillators yields the result that the energy for the state p[1] is

$$\mathcal{E}_p = h\nu\,(p + \tfrac{1}{2}) \tag{57.7}$$

and that the eigenfunctions $\psi_p(\mathcal{A})$ enable us to find the probability $P_p\, d\mathcal{A}$ for $\mathcal{A}$ to lie between $\mathcal{A}$ and $\mathcal{A} + d\mathcal{A}$,

$$P_p = \psi_p^2(\mathcal{A}).$$

Let us now specialize to thermal motions in the proper sense. There participate all waves in all states, but the states of each wave are varying continually, the probability that a given wave is in the state p being given by

$$W(p) = \frac{\exp(-\mathcal{E}_p/\mathrm{k}T)}{\sum_p \exp(-\mathcal{E}_p/\mathrm{k}T)} \tag{57.8}$$

where k is BOLTZMANN's constant. Then the mean energy of a given wave $\langle\mathcal{E}\rangle$ is found from Eqs. (57.7) and (57.8)

$$\langle\mathcal{E}\rangle = \sum_p W(p)\,\mathcal{E}_p = \frac{h\nu}{\exp(h\nu/\mathrm{k}T) - 1} + \frac{1}{2} h\nu. \tag{57.9}$$

We are also interested in the mean value of $\exp(i\mu\mathcal{A})$, where μ is an arbitrary constant. OTT[2] has found

$$\langle\exp(i\mu\mathcal{A})\rangle = \exp\left(-\frac{h\mu^2}{4\pi^2 m N\nu}\right)\left(\frac{1}{\exp(h\nu/\mathrm{k}T) - 1} + \frac{1}{2}\right). \tag{57.10}$$

We may refer to KRONIG[3], and give a brief survey of his proof.

The probability that $\mathcal{A}$ has a given value in a crystal in thermal equilibrium is $\sum_p W(p)\,\psi_p^2(\mathcal{A})$. This can be proved to be

$$\sum_p W(p)\,\psi_p^2(\mathcal{A}) = \frac{1}{\delta\sqrt{\pi}} \exp(-\mathcal{A}^2/\delta^2)$$

with

$$\delta^2 = \frac{h}{\pi^2 m N\nu}\left(\frac{1}{\exp(h\nu/\mathrm{k}T) - 1} + \frac{1}{2}\right).$$

---

[1] Here p denotes the states of one oscillator, as in (34.8), and not the first symbol of the set $p\ q\ s$, denoting the different waves (oscillators).

[2] H. OTT: Ann. Physik **23**, 169 (1935).

[3] R. KRONIG: Physica, Haag **9**, 113 (1942).

Then

$$\langle \exp i\mu\mathcal{A}\rangle = \int_{-\infty}^{+\infty} \exp(i\mu\mathcal{A})\,\frac{1}{\delta\sqrt{\pi}}\exp\left(-\frac{\mathcal{A}^2}{\delta^2}\right)d\mathcal{A} = \exp\left(-\frac{1}{4}\mu^2\delta^2\right)$$

which is identical with Eq. (57.9). The same expression holds for $\langle\exp(i\mu\mathcal{B})\rangle$. In the same way $\langle\mathcal{A}^2\rangle$ might be found, we prefer to calculate this quantity by developing both sides of (57.10) into a power series in μ. Then

$$1 + i\mu\langle\mathcal{A}\rangle - \tfrac{1}{2}\mu^2\langle\mathcal{A}^2\rangle = 1 - \tfrac{1}{4}\mu^2\delta^2$$

and, as $\langle\mathcal{A}\rangle = 0$, we find

$$\langle\mathcal{A}^2\rangle = \frac{h}{2\pi^2 m N\nu}\left(\frac{1}{\exp(h\nu/\mathrm{k}T)-1}+\frac{1}{2}\right) = \frac{\langle\mathcal{E}\rangle}{2\pi^2 m N\nu^2} \tag{57.11}$$

and

$$\langle\mathcal{A}^2\rangle = \langle\mathcal{B}^2\rangle = 2\langle|C|^2\rangle. \tag{57.12}$$

The expression (57.11) can be derived immediately from Eq. (57.4) as the mean value of $\mathcal{A}^2$ is $\frac{1}{2}\mathcal{K}_0^2$. Thus for small displacements we may reason in a classical way, only using the result (57.9). For high temperatures ($h\nu \ll \mathrm{k}T$) this becomes

$$\langle\mathcal{E}\rangle = \mathrm{k}T, \tag{57.9a}$$

the well-known expression of equipartition of energy.

58. The influence of temperature on the diffracted intensity. This influence has been treated for the first time by DEBYE[1], who assumed that the vibrations of the atoms were independent. This has been corrected by FAXÉN[2], afterwards by WALLER, VON LAUE, BLEULER and WEIGLE[3] and BORN[4]. Whereas the influence on the intensity was proved experimentally, the strange effects which the intensity shows between the diffraction spots were for the first time observed by LAVAL[5] in 1938. These effects are called *diffuse spots*, and will be treated here together with the *temperature factor*. Space does not allow us to give here the complete theory. We might refer to BORN[4] for this calculation, but we shall present here a very simplified theory, due to JAHN[6], and later on discuss some of the refinements we have left out. The initial assumption will be that the diffracted intensity at a given time is defined by the distortion at this time so that the velocity of the atoms is discarded. This velocity would give rise to a slight change in wavelength, which is, however, unobservable, the frequencies of the atomic vibrations being much smaller than the frequency of the X-rays. Then the mean value of the intensity over a long time has to be taken. We are meeting here a new procedure, averaging an intensity, which is of primary importance while treating the diffraction by liquids.

Let us consider structures with one atom as before. The electric vector at a given time has been given in Eq. (53.6), where it is expressed with the help of the constants $A(p, q, s)$ [Eq. (53.4)]. The intensity $I = E\cdot\bar{E}$ has to be averaged over a long time, and so we have to find the mean values of $|A(p, q, s)|^2$ and of products of two of these terms. Though this is easily done using Eq. (57.10), we shall follow this procedure only for $A(0, 0, 0)$, because the amplitudes of the

[1] P. DEBYE: Ann. Phys. **43**, 49 (1914).
[2] H. FAXÉN: Ann. Phys. **54**, 615 (1918). — Z. Physik **17**, 266 (1923).
[3] K. BLEULER and J. WEIGLE: Helv. phys. Acta **15**, 553 (1943).
[4] M. BORN: Proc. Roy. Soc. Lond., Ser. A **180**, 397 (1942).
[5] J. LAVAL: Bull. Soc. franç. Minér. **62**, 137 (1939).
[6] H. JAHN: Proc. Roy. Soc. Lond., Ser. A **179**, 320 (1942).

vibrations are inversely proportional to $N^{\frac{1}{2}}$, due to Eq. (57.11), so that choosing a large crystal we obtain small displacements. Then the theory of Sect. 56 can be used, and from Eq. (57.6) we find

$$(U)(p, q, s) = \sum_j C(p, q, s; j)\, \boldsymbol{P}(p, q, s; j) \tag{58.1}$$

so that, from (56.5),

$$A(p, q, s) = 2\pi i \left(\frac{2\sin\vartheta}{\lambda}\right) \sum_j C(p, q, s; j)\, (\boldsymbol{P}\cdot\boldsymbol{h}) = 2\pi i \sum_j C(p, q, s; j)\, (\boldsymbol{P}\cdot\boldsymbol{r}_h^*), \tag{58.2}$$

since $\boldsymbol{r}_h^*$, the vector in reciprocal space to the point $h\,k\,l$ is $(2\sin\vartheta/\lambda)\cdot\boldsymbol{h}$, if $\boldsymbol{h}$ denotes the unit vector in this direction.

Now, each $A(p, q, s)$ is expressed by the three C's, belonging to this set, and as these waves have varying phases, the products of the C's will cancel when averaged, so that

$$\langle |A(p, q, s)|^2\rangle = 4\pi^2 \sum_j \langle |C(p, q, s; j)|^2\rangle\, (\boldsymbol{P}\cdot\boldsymbol{r}_h^*)^2. \tag{58.2a}$$

The same reasoning gives the result that the mean of products of the A's will cancel. Then, from Eq. (53.6), we may find the intensity

$$\left.\begin{aligned} I = \langle |A(0,0,0)|^2\rangle \frac{\sin^2\pi h' N_1}{\sin^2\pi h'} \cdot \frac{\sin^2\pi k' N_2}{\sin^2\pi k'} \cdot \frac{\sin^2\pi l' N_3}{\sin^2\pi l'} + \\ + \mathsf{S}_0 \langle |A(p,q,s)|^2\rangle \frac{\sin^2\pi (h' + p/N_1) N_1}{\sin^2\pi (h' + p/N_1)} \cdot \frac{\sin^2\pi (k' + q/N_2) N_2}{\sin^2\pi (k' + q/N_2)} \cdot \frac{\sin^2 (l' + s/N_3 N_3)}{\sin^2\pi (l' + s/N_3)}, \end{aligned}\right\} \tag{58.3}$$

where S_0 denotes summation over p, q, s, except $0, 0, 0$. The mean value of the product of $A(0, 0, 0)$ and $A(p, q, s)$ also vanishes. The new lattice points lying closely together, as N_1, N_2, N_3 are large numbers, we can get a good description of the distribution of intensity by considering only those points. At the point $h + p/N_1$, $k + q/N_2$, $l + s/N_3$ all terms of (58.3) are zero, except the term with $A(-p, -q, -s)$. This intensity is $N_1^2 \cdot N_2^2 \cdot N_3^2 \langle |A(-p, -q, -s)|^2\rangle$. We drop the factor N^2, as only the relative intensities are needed for our arguments. Considering that

$$|C(p, q, s; j)| = |C(-p, -q, -s; j)|$$

from (57.5) and

$$|C(p, q, s; j)|^2 = \tfrac{1}{4}(\mathcal{A}^2 + \mathcal{B}^2),$$

then, from Eqs. (57.11) and (57.12), it follows that

$$I(p, q, s) = \sum_j (\boldsymbol{P}\cdot\boldsymbol{r}_h^*)^2 \frac{h\nu(p, q, s; j)}{m N \nu^2} \left(\frac{1}{\exp(h\nu/\mathrm{k}T) - 1} + \frac{1}{2}\right) \tag{58.4}$$

which for high temperatures becomes

$$I(p, q, s) = \sum_j (\boldsymbol{P}\cdot\boldsymbol{r}_h^*)^2 \frac{\mathrm{k}T}{m N \nu^2}. \tag{58.4a}$$

We can see that the influence of the low frequencies will be more effective, as ν^2 appears in the denominator. The intensity will be higher in the neighbourhood of h, k, l, where the frequencies are smaller. So, if only the last factor in Eq. (58.4) is considered, we should expect a cloud of intensity around each lattice point h, k, l. These clouds have the same shape for each lattice point, decreasing at larger distances from h, k, l. The cloud will not be spherical, as different frequencies belong to the same distance from h, k, l in different directions. But the real situation is quite different due to the factors $(\boldsymbol{P}\cdot\boldsymbol{r}_h^*)$ in Eq. (58.4). Now,

$$(\boldsymbol{P}\cdot\boldsymbol{r}_h^*) = (2\sin\vartheta/\lambda)\,(\boldsymbol{P}\cdot\boldsymbol{h})$$

shows a decrease with larger angles ϑ. The projections of the vectors $\boldsymbol{P}$, will depend on the reflecting planes $(h\,k\,l)$ and thus be different for different reflections. So, if in a structure the atoms are loosely bound in one direction, the vibrations in this direction will have low frequencies, and so give a high intensity. If these vibrations are lying in the planes $(h\,k\,l)$, then $(\boldsymbol{P}\cdot\boldsymbol{h})$ will be zero, and no intensity at all is found for this reflection from these vibrations.

Some words may be added on the observation of this intensity which can be done by a LAUE diagram. The single crystal will give LAUE spots on the film, each spot belonging to a certain wavelength out of the white radiation. This radiation is too weak to give observable intensities $I(p, q, s)$. But if a wavelength (the characteristic radiation), or a certain interval of the spectrum is strong, this radiation will give $I(p, q, s)$ as *diffuse spots or streaks* on the film. The film records the intersection of the sphere of EWALD with the intensity space. Taking photographs at different positions of the crystal, the intensity space may be found from the different intersections, and so we may get indications on the waves in the crystal. If, moreover, the photographs are taken at different temperatures, the diffuse spots, due to thermal motion, can be distinguished from the intensity, caused by static deformations.

In most cases, the expressions are simplified by considering only small p, q, s, i.e. long wavelengths belonging to elastic waves. We shall consider only orthogonal lattices, cubic, tetragonal, hexagonal and orthorhombic. The last case may be taken as the general case. Let the axes be a, b and c, and let us use CARTESian coordinates in the direct space and in the intensity space. Then we have Eq. (57.3),

$$\nu(p, q, s) = g_j\, r^*(p, q, s),$$

$r^*(p, q, s)$ being the distance from the origin in reciprocal space to p, q, s, and g_j, the wave velocity, being a function of the direction of propagation of the wave. $\boldsymbol{P}$ is defined by its components P_x, P_y, P_z and the components of $\boldsymbol{r}_h^*$ are h/a, k/b, l/c, as the reciprocal axes are simply $1/a$, $1/b$, $1/c$. Then Eq. (58.4a) becomes

$$I(p, q, s) = \frac{\mathrm{k}\,T}{m\,N\,r_p^{*2}} \sum_j \left(\frac{h^2 P_x^2}{a^2 g_j^2} + 2\,\frac{h\,k\,P_x P_y}{a\,b\,g_j^2} + \cdots\right). \tag{58.5}$$

The sums $\sum\limits_j \frac{P_x P_y}{g_j^2}$, etc. may be calculated from the elastic constants of the crystal. Further details of this calculation may be gathered from JAHN[1] and BOUMAN[2].

59. The temperature factor. Expression (58.3) having been examined for the diffuse intensity indicates in its first term that the reciprocal crystal around the point h, k, l is the same as for an undisturbed crystal, but that the intensity has been diminished by the factor $\langle |A(0,0,0)|^2\rangle$.

We find, as in the first part of Sect. 54, that the DEBYE-SCHERRER line is not broadened, but is decreased in energy. For, as $\langle |A(0,0,0)|^2\rangle$ will be shown to be not very different from 1 and all other $\langle |A(p,q,s)|^2\rangle$ are small quantities, the contributions of the sum S_0 to the reciprocal crystal around h, k, l may be neglected.

[1] H. JAHN: Proc. Roy. Soc. Lond., Ser. A **179**, 320 (1942).

[2] J. BOUMAN: Selected Topics in X-ray Crystallography, p. 126. 1951.

Using the expression (53.4) for $A(0, 0, 0)$, we obtain

$$|A(0,0,0)|^2 = \frac{1}{N^2} \sum_n \sum_{n'} \exp 2\pi i \left[h(u_n - u_{n'}) + k(v_n - v_{n'}) + l(w_n - w_{n'})\right] \quad (59.1)$$

where h', k', l' have been replaced by h, k, l. The square bracket in the exponential can be rewritten using Eqs. (57.1) and (57.2) and

$$\mathcal{A} = \mathcal{A}_0 \sin(2\pi\nu t + \alpha), \qquad \mathcal{B} = \mathcal{B}_0 \sin(2\pi\nu t + \beta)$$

in the form

$$\mathsf{S}' \sum_j \mathcal{A}\,(\boldsymbol{P}\cdot\boldsymbol{r}_h^*) \left[\cos 2\pi\left(\frac{p}{N_1} n_1 + \frac{q}{N_2} n_2 + \frac{s}{N_3} n_3\right) - \cos 2\pi\left(\frac{p}{N_1} n_1' + \frac{q}{N_2} n_2' + \frac{s}{N_3} n_3'\right)\right]$$

+ the same expression with $\mathcal{B}$ and sine instead of cosine.

S' denotes the sum over half the connected domain. We write this expression as $\mathsf{S}' \sum_j (\gamma\mathcal{A} + \sigma\mathcal{B})$, thus obtaining

$$|A(0,0,0)|^2 = \frac{1}{N^2} \sum_n \sum_{n'} \exp\left[2\pi i\, \mathsf{S}' \sum_j (\gamma\mathcal{A} + \sigma\mathcal{B})\right]. \quad (59.2)$$

The waves, represented by $\mathcal{A}$ and $\mathcal{B}$ are entirely independent, consequently the mean of $|A(0,0,0)|^2$, which is a double sum over a product of terms $\exp(2\pi i\gamma\mathcal{A})$ and $\exp(2\pi i\sigma\mathcal{B})$, will be the double sum over the mean of each factor. Using Eq. (57.10), we then find

$$\langle |A(0,0,0)|^2 \rangle = \frac{1}{N^2} \sum_n \sum_{n'} \exp\left[-\mathsf{S}' \sum_j \frac{h}{m N \nu}\left(\frac{1}{\exp(h\nu/kT) - 1} + \frac{1}{2}\right)(\gamma^2 + \sigma^2)\right].$$

The expression in brackets comprises the γ and σ belonging to the same set $p, q, s; j$ and becomes

$$(\gamma^2 + \sigma^2) = \left\{2 - 2\cos 2\pi\left[\frac{p}{N_1}(n_1 - n_1') + \frac{q}{N_2}(n_2 - n_2') + \frac{s}{N_3}(n_3 - n_3')\right]\right\}(\boldsymbol{P}\cdot\boldsymbol{r}_h^*)^2$$

which gives to our expression a form very similar to that of $I(p, q, s)$, Eq. (58.4), viz.

$$I(p\,q\,s) = \sum_j (\boldsymbol{P}\cdot\boldsymbol{r}_h^*)^2 \frac{h}{m N \nu}\left(\frac{1}{\exp(h\nu/kT) - 1} + \frac{1}{2}\right).$$

We therefore may write

$$\langle |A(0,0,0)|^2 \rangle = \frac{1}{N^2} \sum_n \sum_{n'} \exp\left\{-\mathsf{S}'\, I(p, q, s)\, 2\left(1 - \cos 2\pi\left[\frac{p}{N_1}(n_1 - n_1') + \cdots\right]\right)\right\}.$$

Instead of $2\mathsf{S}'$ we may write S. The summation over $I \cos 2\pi\left[\frac{p}{N_1}(n_1 - n_2') + \cdots\right]$ will in general give a result small compared with $\mathsf{S}\, I(p\,q\,s)$ so that the exponential of this sum may be developed into a series. Putting

$$\mathsf{S}\, I(p, q, s) = 2M, \quad (59.3)$$

we have

$$\langle |A(0,0,0)|^2 \rangle = \frac{1}{N^2} \sum_n \sum_{n'} e^{-2M}\left(1 + \mathsf{S}\, I(p, q, s) \cos 2\pi\left[\frac{p}{N_1}(n_1 - n_1') + \cdots\right] \cdots\right)$$

which gives in first approximation

$$|A(0,0,0)|^2 = e^{-2M}. \quad (59.4)$$

We may add that the same method, applied to $|A(p, q, s)|^2$ gives the intensity at p, q, s: $I(p, q, s) \exp(-2M)$. Therefore, the simplified method gives the exact proportion of the intensities at different points of the intensity space, though it must be remembered that in both intensities additional terms are neglected. We are now faced with the problem of calculating M. This has not be done in the general case. As a preliminary to the existing approximations we shall give some expressions for M. First let us compute the mean quadratic value of the displacements, perpendicular to the reflecting plane, $\langle u_{n,h}^2\rangle$, using the relations

$$u_{n,h} = (\boldsymbol{u}_n \cdot \boldsymbol{h}) \quad \text{and} \quad \boldsymbol{u}_n \cdot \boldsymbol{r}_h^* = (\boldsymbol{u}_n \cdot \boldsymbol{h})\, 2 \sin\vartheta/\lambda.$$

If the mean of $(\boldsymbol{u}_n \cdot \boldsymbol{r}_h^*)^2$ is calculated from Eqs. (57.1) and (57.2), we find as before, using $\langle \mathcal{A}^2\rangle = \langle \mathcal{B}^2\rangle$

$$\langle(\boldsymbol{u}_n\, \boldsymbol{r}_h^*)^2\rangle = \mathsf{S}' \sum_j \langle \mathcal{A}^2\rangle (\boldsymbol{P}\, \boldsymbol{r}_h^*)^2$$

for all values of n, and from Eqs. (57.12) and (58.2a)

$$\langle(\boldsymbol{u}_n \cdot \boldsymbol{r}_h^*)^2\rangle = \mathsf{S} \sum_j \langle |C(p, q, s; j)|^2\rangle (\boldsymbol{P} \cdot \boldsymbol{r}_h^*)^2 = \frac{1}{4\pi^2}\, \mathsf{S}\, I(p, q, s) \tag{59.5}$$

since $I(p, q, s) = \langle |A(p, q, s)|^2\rangle$. Thus we find

$$2M = \mathsf{S}\, I(p, q, s) = 4\pi^2 (\boldsymbol{u}_n \cdot \boldsymbol{r}_h^*)^2 = 4\pi^2 \langle u_{n,h}^2\rangle \left(\frac{2\sin\vartheta}{\lambda}\right)^2. \tag{59.6}$$

Eq. (59.6) shows that M increases with $\sin\vartheta/\lambda$, hence the reflections for small wavelengths or large glancing angles will show the largest decrease in energy.

If now (59.4) is introduced in the general expressions for the intensity or energy of reflections, we may say that f, the atomic scattering factor, is multiplied by $\exp(-M)$. Now we may try to extend this reasoning to general structures and put

$$F_T = \sum_i f_i \exp(-M_i) \exp[2\pi i (h\, x_i + k\, y_i + l\, z_i)] \tag{59.7}$$

for the structure factor at temperature T. For M_i Eq. (59.6) may be used, where $u_{n,h}$ represents the displacement of the atoms i. These displacements being different for different atoms, the M_i should be different too.

A second expression for M is derived from

$$2M = \mathsf{S}\, I(p, q, s) = \mathsf{S} \sum_j (\boldsymbol{P} \cdot \boldsymbol{r}_h^*) \frac{h}{m N \nu} \left(\frac{1}{\exp(h\nu/\mathrm{k}T) - 1} + \frac{1}{2}\right).$$

Now if N is a large number, the points p, q, s are lying on a point lattice with a very small cell, being $1/(N_1 \cdot N_2 \cdot N_3) = 1/N$ of the reciprocal cell with the volume v_p^*. So we may replace the sum S by an integral over the connected domain of the origin in reciprocal space, the volume element being $dv^* = v_p^*/N$. Then

$$2M = \sum_j \iiint\limits_{\text{domain}} dv^* (\boldsymbol{P} \cdot \boldsymbol{r}_h^*)^2 \frac{h}{v_p^*\, m \nu} \left(\frac{1}{\exp(h\nu/\mathrm{k}T) - 1} + \frac{1}{2}\right).$$

The low frequencies giving the largest contributions to the integral, and those frequencies belonging to the elastic waves, we may try to introduce $\nu = g_j\, r^*$, [Eq. (57.3)], where g_j depends only on the direction of $\boldsymbol{r}^*$, and r^* is the distance from O^* to a point of the connected domain. Multiplying both numerator and denominator in $2M$ by ν, we find

$$2M = \sum_j \iiint\limits_{\text{domain}} dv^* (\boldsymbol{P} \cdot \boldsymbol{r}_h^*)^2 \frac{\langle \varepsilon\rangle}{v_p^*\, m\, r^{*2}\, g_j^2}$$

since

$$\langle \mathcal{E} \rangle = \frac{h\nu}{\exp(h\nu/kT) - 1} + \frac{1}{2} h\nu \tag{59.8}$$

is the mean energy of a wave. For these elastic waves the difference between the displacements of different atoms in a structure is not very pronounced. With the same approximation, the M_i in Eq. (59.7) may be put equal to one constant M.

60. The evaluation of the temperature factor. Let us return to Eq. (59.8) and consider first $(\boldsymbol{P} \cdot \boldsymbol{r}_h^*)^2$, especially for structures of higher symmetry. In Eq. (58.5) this factor is expressed in orthogonal coordinates. Now the integral

$$\iiint \frac{dv^* \, P_x \, P_y}{g_j^2 \, r^{*2}}$$

will yield zero for these lattices.

In the orthorhombic system to each direction x, y there corresponds a direction $x, -y$ with the same properties. This holds for the direct space and the reciprocal space, and follows from the mirror plane $y=0$. So, in both points P_y will have an opposite sign, and the integral will give zero. In the three remaining terms we note that h/a is the x-component of $\boldsymbol{r}_h^*$, and, if the angles of this vector with the X-, Y-, and Z-axis are denoted by α, β, and γ, we find for the remaining terms of $(\boldsymbol{P} \cdot \boldsymbol{r}_h^*)^2$:

$$(2 \sin\vartheta/\lambda)^2 \, (P_x^2 \cos^2\alpha + P_y^2 \cos^2\beta + P_z^2 \cos^2\gamma) \, .$$

Then

$$2M = \left(\frac{2\sin\vartheta}{\lambda}\right)^2 (B_x \cos^2\alpha + B_y \cos^2\beta + B_z \cos^2\gamma) \tag{60.1}$$

and

$$B_x = \sum_j \iiint dv^* \, \frac{P_x^2 \langle \mathcal{E} \rangle}{v_p^* \, m \, r^{*2} \, g_j^2} \, . \tag{60.2}$$

For tetragonal and hexagonal crystals $B_x = B_y$. This follows from the existence of a sixfold, fourfold or threefold axis along the Z-axis. As regards the threefold and the sixfold axes, the constants of elasticity in those cases correspond to an isotropic behaviour perpendicular to the Z-axis so that all directions perpendicular to the Z-axis are equivalent in this respect. If then φ is the angle between the normal on $(h\,k\,l)$, i.e. between $\boldsymbol{r}_h^*$ and the Z-axis, we find

$$2M = \left(\frac{2\sin\vartheta}{\lambda}\right)^2 (B_x \sin^2\varphi + B_z \cos^2\varphi) \, . \tag{60.3}$$

The best way to find B_x, B_y, B_z will be by experiment, or by numerical computation. The diffuse intensity can give help in ascertaining the properties of the waves.

More can be done for the cubic crystals. Here

$$B_x = B_y = B_z = \tfrac{1}{3}(B_x + B_y + B_z) = \tfrac{1}{3} B$$

and as $P_x^2 + P_y^2 + P_z^2 = 1$, $\boldsymbol{P}$ being an unit vector, we obtain

$$B = \sum_j \iiint dv^* \, \frac{\langle \mathcal{E} \rangle}{v_p^* \, m \, r^{*2} \, g_j^2} \tag{60.4}$$

and

$$2M = \left(\frac{2\sin\vartheta}{\lambda}\right)^2 \frac{1}{3} B \, . \tag{60.5}$$

DEBYE has shown, how to calculate B. This is done by introducing polar coordinates in the reciprocal space, r^*, φ, χ

$$dv^* = r^{*2}\, dr^* \sin^2\varphi\, d\varphi\, d\chi = r^{*2}\, dr^*\, d\Omega.$$

Then the cubic crystal is approximated by an isotropic body, this means that each g_j has a constant value. The indices j now refer to two transverse waves with velocity g_t, and one longitudinal wave with g_l. The reciprocal domain, being a cube, can be replaced by a sphere, and

$$B = \frac{1}{v_p^* m} \sum_j \frac{4\pi}{g_j^2} \int_0^{r_0^*} dr^* \langle \mathcal{E} \rangle$$

as the integral $\iint d\Omega$ gives 4π, the integrand depending only upon ν, and hence upon r^*. Now the radius of the sphere has to be found. Here several methods are available. We may use for the volume of the sphere v_p^*, the volume of the connected domain, then

$$(r_0^*)^3 = \frac{3}{4\pi} v_p^*. \tag{60.6}$$

Now the frequency ν still occurs in B, viz. in $\langle \mathcal{E} \rangle$. It is to be preferred to use ν instead of r^*. DEBYE has found the maximum value of ν, ν_0 putting

$$(r_0^*)^3 = \nu_0^3 \frac{1}{g^3}$$

and taking $1/g^3$ as the mean over the two velocities

$$\frac{1}{g^3} = \frac{1}{3}\left(\frac{2}{g_t^3} + \frac{1}{g_l^3}\right)$$

as in his theory of the specific heat. However, we better consider the terms of $\sum_j$ separately and put

$$r_0^* = \nu_{0,j}/g_j$$

so that a different limit to ν exists for each kind of wave. Then,

$$B = \frac{4\pi}{v_p^* m} \sum_j \frac{1}{g_j^3} \int_0^{\nu_{0,j}} d\nu \langle \mathcal{E} \rangle$$

or, if v_p^* is expressed by $\nu_{0,j}$,

$$B = \sum_j \frac{3}{m \nu_{0,j}^3} \int_0^{\nu_{0,j}} d\nu \langle \mathcal{E} \rangle.$$

Putting $h\nu/\mathrm{k}T = \xi$, and its maximum value $\xi_{0,j}$ we find

$$B = \sum_j \frac{3h^2}{m\,\mathrm{k}T\,\xi_{0,j}^3} \int_0^{\xi_{0,j}} d\xi \left(\frac{\xi}{\exp\xi - 1} + \frac{1}{2}\xi\right).$$

DEBYE introduces the function

$$\Phi(x) = \frac{1}{x} \int_0^x \frac{\xi\, d\xi}{\exp\xi - 1}$$

with $\Phi(0)=1$. Then B becomes

$$B=\sum_j \frac{3h^2}{m\,\mathrm{k}T\,\xi_{0,j}^2}\left[\Phi(\xi_{0,j})+\frac{1}{4}\,\xi_{0,j}\right].$$

$\xi_{0,j}$ depends by definition on the temperature T. Writing

$$\xi_{0j}=\frac{\Theta_j}{T}$$

we again arrive at a constant Θ_j having the dimension of a temperature. It may be useful to define it in terms of the crystal:

$$\Theta_j=\frac{h\,\nu_{0,j}}{\mathrm{k}}=\frac{h\,r_0^*\,g_j}{\mathrm{k}}=\frac{h\,g_j}{a\,\mathrm{k}}\left(\frac{3}{4\pi}\right)^{\frac{1}{3}}. \tag{60.7}$$

Here, we have used Eq. (60.6) and expressed v_p^* as $1/a^3$, the reciprocal axes being $1/a$. Then B can be expressed by Θ_j, and from (60.5) we find

$$2M=\sum_j\left(\frac{2\sin\vartheta}{\lambda}\right)^2\frac{h^2\,T}{m\,\mathrm{k}\,\Theta_j^2}\left[\Phi\left(\frac{\Theta_j}{T}\right)+\frac{1}{4}\,\frac{\Theta_j}{T}\right]. \tag{60.8}$$

For high temperatures this becomes

$$2M=\sum_j\left(\frac{2\sin\vartheta}{\lambda}\right)^2\frac{h^2\,T}{m\,\mathrm{k}\,\Theta_j^2}$$

where a mean Θ may be introduced by the definition

$$\frac{1}{\Theta^2}=\frac{1}{3}\left(\frac{2}{\Theta_t^2}+\frac{1}{\Theta_l^2}\right). \tag{60.9}$$

Then, for all temperatures, the result may be written

$$2M=\left(\frac{2\sin\vartheta}{\lambda}\right)^2\frac{3h^2\,T}{m\,\mathrm{k}\,\Theta^2}\left[\Phi\left(\frac{\Theta}{T}\right)+\frac{1}{4}\,\frac{\Theta}{T}\right]. \tag{60.10}$$

We have given the derivation of (60.10) in detail, in order to show that even in the simplest case the temperature factor cannot be derived without all kinds of approximations. We may add that the definition of DEBYE gives the same result, only using Θ_D defined by

$$\frac{1}{\Theta_D^3}=\frac{1}{3}\left(\frac{2}{\Theta_t^3}+\frac{1}{\Theta_l^3}\right)$$

instead of our Θ [Eq. (60.9)]. The difference between these two characteristic temperatures is not very great, Θ_D appears in the expression for the specific heat[1].

We find that for high temperatures M is proportional to T. The expression in square brackets in Eq. (60.10) becomes 1.164 for $T=\Theta/2.5$. Θ has values between 25° K (He) and 1860° K (diamond) and can be found from the specific heat. The formula (60.10) is in good agreement with experiments which prove at the same time the existence of the zero point energy, in the term $\frac{1}{4}\,\Theta/T$, which gives a contribution to M, independent from the temperature.

[1] Details on Θ_D are given by M. BLACKMAN in vol. VII, part 1, of this Encyclopedia.

E. Problems of structure analysis.

61. Introduction. If we try to summarize the contents of part D, we find that the observed energy of a reflection can be written as a product of several factors. These factors can be classified in the following way:

1. The electron scattering factor f_{el}, the polarization factor P and one of the LORENTZ factors L. Those, together with some less important factors, such as the volume and the angular velocity of rotation in case of the rotation photograph, are to be found in Eqs. (42.2) to (42.4) and (43.2). These factors, being exactly known, are easily evaluated.

2. The corrections for primary extinction [Eq. (51.1)], and for absorption and secondary extinction [Eqs. (51.3) to (51.5)] cannot be given in an exact form in many cases. They will constitute a source of errors, which cannot be wholly eliminated.

3. The absolute value of the structure factor F_T, or rather its square. We have added T to indicate that the atomic scattering factors, occurring in F, have to be multiplied by a temperature factor [Eq. (59.7)], which cannot be calculated in an exact way. We prefer, however, to mention this factor separately, and not to include it under 2.

4. The intensity of the primary beam, I_0. If this quantity is unknown, then only the relative values of the $|F|$ can be obtained. It lies outside the scope of this article to give the methods for determining I_0, but one method will be found in Sect. 68α. If the squares of the absolute values of the structure factors are known, corrected as well as possible for the temperature effect, two problems arise, viz. (1) the more restricted problem of assigning coordinates to the different atoms, i.e. the atomic parameters x_i, y_i, z_i, and (2) the knowledge of the distribution of electron density in the crystal, which of course includes the first problem. Its solution gives more indications on the chemical bonds between the atoms than the first problem does. It must be added that a very precise determination of the atomic parameters will do the same, since the distance of two atoms is determined by the chemical bond, irrespective of the lattice. Inversely, the chemical bond is indicated by the distance, found by structure analysis. Though a method for solving all structures from the experimental data does not exist, and each structure has to be considered separately, still two methods can be distinguished.

The first one, the FOURIER *method*, consists of summing up the FOURIER series for the electron density. This requires knowledge of the phases. This chapter deals with methods to find these phases. The result of this synthesis will not be the definite structure, as has been explained in this section.

One source of errors will be treated in this part too, the *termination effects*. They are due to the fact that only a limited number of structure factors are known by experiment. These errors are removed by *refinement methods*, which will not be treated in this article.

The second method consists of making a preliminary model, this may be done with a PATTERSON synthesis, by applying FOURIER transforms, or by other considerations. Then, from this model structure factors, F_c, can be calculated, and their absolute values can be compared with the observed structure factors $|F_0|$. By making

$$\sum_{h,k,l} w(h,k,l)\left[|F_0(h,k,l)| - |F_c(h,k,l)|\right]^2$$

as small as possible, the structure can be refined if the proposed structure is approximately true. In this expression the sum is taken over all observed structure factors, and w is the weight, to be assigned to each experimental $|F_0|$. The choice of w is a question which has not been completely solved. This method is called the method of *least squares*. Termination effects are corrected together with the other errors.

The F_c are calculated from the assumed atomic parameters and the atomic scattering factors. So the method has to be applied to $|F_0|$, corrected for the temperature factor. From Eqs. (60.1) and (60.3) we find that the temperature factor may depend on the direction of the reflecting planes and not only on the glancing angle and the wave-length. This is due to the variation in the vibration of the atoms for different directions. Mostly, Eq. (60.5) is used. In this case the refinements will show the error made by assuming isotropic vibrations, which lead to Eq. (60.5).

The problems, mentioned here, lead to different methods for structures with a centre of symmetry, called *centrosymmetric structures* and all other structures, called *non-centrosymmetric structures*. This difference will be stressed in the topics to be treated in this part and is also most important for the refinement methods.

62. The phase problem. This problem can be formulated, in the most general way, as follows: To find a three-dimensional function $\varrho(x, y, z)$, if only the absolute values of the structure factors are given. Clearly this problem cannot be solved, as the function is determined by the absolute values and by the phases, and these are missing. If the problem is narrowed down to electron densities, we may add that the function is never negative, but this will not help us very much.

The problem has quite a different aspect, if the number of atoms and their atomic scattering factors f are known. We may write

$$F = \sum_i f_i \, e^{2\pi i (h x_i + k y_i + l z_i)},$$

so, if N atoms are in the cell, $3N$ atomic parameters have to be determined, and theoretically $3N$ absolute values $|F|$ would suffice. This number can be reduced, if the symmetry of the structure is taken into consideration. The position of one atom determines the positions of all atoms, belonging to the same lattice complex. For a general position, this number of atoms is equal to the order of the point group (cf. Sect. 31).

The PATTERSON synthesis, as described in Sects. 19 and 20, is one approach to solving the phase problem, and the considerations, given above, apply to this method too. This method works only, if separate peaks can be recognized in the vector space. We have found, there, that the problem could easily be solved, if the structure consisted of point atoms so that the theory of vector sets could be applied. We shall return to this question in Sect. 69, as regards the calculation of the PATTERSON function in this case. But for other methods of solving the problem, this situation may be achieved in some cases. If a structure consists of atoms, not very different in atomic number, as is the case with organic substances with only light atoms, we may assume that the proportion of two atomic scattering factors is a constant for all arguments of the functions f.

$$f_i = Z_i \hat{f} \,. \tag{62.1}$$

As $f_i = Z_i$ for $\sin\vartheta/\lambda = 0$, Eq. (62.1) holds for this argument. Extension over the whole range is never strictly allowed, but under the condition mentioned before it is a good approximation. Then we may write

$$F(h, k, l) = \hat{f} \sum_i Z_i \, e^{2\pi i (h x_i + k y_i + l z_i)} .$$

Now a point atom would possess a constant scattering factor Z, and consequently $F/\hat{f}$ is the structure factor for a crystal, consisting of point atoms. It is customary to divide F by $\hat{f}\, Z$, Z being the number of electrons in the cell, $Z = \sum_i Z_i$, then, if the fraction

$$n_i = \frac{Z_i}{Z}, \tag{62.2}$$

$$\sum_i n_i = 1 \tag{62.2a}$$

is introduced, we find the so called *unitary structure factor*

$$U(h, k, l) = \frac{F(h, k, l)}{Z \hat{f}} = \sum_i n_i \, e^{2\pi i (h x_i + k y_i + l z_i)} . \tag{62.3}$$

In this chapter, let us denote the vector $\boldsymbol{r}^*_{hkl}$ with components h, k, l by $\boldsymbol{H}$ or by $\boldsymbol{K}$, or, if several reciprocal vectors are considered, by $\boldsymbol{H}_1, \boldsymbol{H}_2$ etc.

The mathematical methods to be described in the following sections can be classified as three methods of seeking relations between structure factors and atomic coordinates, and one statistical method. These are:

1. The method of HARKER and KASPER, which starts from some elementary inequalities. This will be described in Sect. 63.

2. The algebraic method (Sects. 64 and 65) makes use of the theory of equations and of hermitian forms.

3. The method of variations has been used to solve completely the problem of finding all relations between $U(\boldsymbol{H})$, $U(\boldsymbol{K})$, $U(2\boldsymbol{H})$, $U(2\boldsymbol{K})$, $U(\boldsymbol{H}+\boldsymbol{K})$ and $U(\boldsymbol{H}-\boldsymbol{K})$, both for structures with a centre of symmetry and for other structures. Since probably the method will prove to be too cumbersome to be applied to more general problems, we shall not treat this method but refer to the paper by DE WOLFF and BOUMAN[1].

4. The statistical method has been applied to several problems. Its last application is the phase problem (Sects. 66 to 68).

The approaches to solving the phase problem are mainly concerned with unitary structure factors, the statistical method also uses ordinary structure factors. We may add that the implications of these theories are not yet exhausted, only a preliminary account can be given here. The phase problem has still not found a solution which can be used in practice for all cases. Within some years the aspect of these questions may be entirely changed.

63. The method of HARKER and KASPER[2]. The starting point is CAUCHY's inequality

$$\Big|\sum_p a_p \cdot b_p\Big|^2 \leq \sum_p |a_p|^2 \cdot \sum_p |b_p|^2 \tag{63.1}$$

the equality sign being valid only, if a_p/b_p has a constant value, independent of p. We will use also another inequality,

$$2\sqrt{|a\,b|} \leq |a| + |b| \tag{63.2}$$

where a and b are real numbers, while in Eq. (63.1) the a_p, b_p even may be complex numbers.

[1] P. M. DE WOLFF and J. BOUMAN: Acta crystallogr. 7, 328 (1954).

[2] D. HARKER and E. KASPER: Acta crystallogr. 1, 70 (1948).

Let us start with a result due to KARLE and HAUPTMANN[1] which we shall derive from Eq. (63.1), and which may serve as an example for the method.

Consider the quantity

$$g(\boldsymbol{H}, \boldsymbol{K}) = U(\boldsymbol{H}+\boldsymbol{K}) - U(\boldsymbol{H})\, U(\boldsymbol{K}). \tag{63.3}$$

Let us write this expression as a sum of products. This is possible, for

$$g(\boldsymbol{H}, \boldsymbol{K}) = \tfrac{1}{2}\sum_{i,j} n_i n_j \{\exp[2\pi i(\boldsymbol{H}\cdot\boldsymbol{r}_j)] - \exp[2\pi i(\boldsymbol{H}\cdot\boldsymbol{r}_i)]\} \times$$
$$\times \{\exp[2\pi i(\boldsymbol{K}\cdot\boldsymbol{r}_j)] - \exp[2\pi i(\boldsymbol{K}\cdot\boldsymbol{r}_i)]\}.$$

By multiplying the terms of the product and summing over n_i and n_j we find (63.3) using Eq. (62.2a). Now we may use (63.1), writing

$$a_{ij} = \sqrt{n_i n_j}\,\{\exp[2\pi i(\boldsymbol{H}\cdot\boldsymbol{r}_j)] - \exp[2\pi i(\boldsymbol{H}\cdot\boldsymbol{r}_i)]\},$$
$$b_{ij} = \sqrt{n_i n_j}\,\{\exp[2\pi i(\boldsymbol{K}\cdot\boldsymbol{r}_j)] - \exp[2\pi i(\boldsymbol{K}\cdot\boldsymbol{r}_i)]\}.$$

Thence,

$$\sum_{i,j} |a_{ij}|^2 = 2 - \sum_{i,j} n_i n_j \exp[2\pi i(\boldsymbol{H}\cdot\boldsymbol{r}_j)]\exp[-2\pi i(\boldsymbol{H}\cdot\boldsymbol{r}_i)] -$$
$$- \sum_{i,j} n_i n_j \exp[-2\pi i(\boldsymbol{H}\cdot\boldsymbol{r}_j)]\exp[2\pi i(\boldsymbol{H}\cdot\boldsymbol{r}_i)].$$

We have used $\sum n_i = 1$, and moreover $n_i \geqq 0$. For, if some of these quantities were negative, we had to put $|n_i|\cdot|n_j|$ on the right-hand side, and then we could not express this side of the equation by structure factors. Now, the n's being never negative, and denoting

$$1 - |U(\boldsymbol{H})|^2 = g(\boldsymbol{H}),$$

we find

$$\sum_{ij} |a_{ij}|^2 = 2\,(1 - |U(\boldsymbol{H})|^2) = 2g(\boldsymbol{H})$$

so that

$$|g(\boldsymbol{H}, \boldsymbol{K})|^2 \leqq g(\boldsymbol{H})\, g(\boldsymbol{K}) \tag{63.4}$$

or

$$|U(\boldsymbol{H}+\boldsymbol{K}) - U(\boldsymbol{H})\, U(\boldsymbol{K})|^2 \leqq (1 - |U(\boldsymbol{H})|^2)\,(1 - |U(\boldsymbol{K})|^2). \tag{63.5}$$

HARKER and KASPER have derived an inequality in this way: The relation

$$U(\boldsymbol{H}) \pm U(-\boldsymbol{K}) = \sum_i n_i \{\exp[2\pi i(\boldsymbol{H}\cdot\boldsymbol{r}_i)] \pm \exp[-2\pi i(\boldsymbol{K}\cdot\boldsymbol{r}_i)]\}$$

can be written

$$\sum_i n_i \exp[\pi i(\boldsymbol{H}-\boldsymbol{K}, \boldsymbol{r}_i)] \cdot \left\{\begin{matrix} 2\cos\pi(\boldsymbol{H}+\boldsymbol{K}, \boldsymbol{r}_i) \\ 2i\sin\pi(\boldsymbol{H}+\boldsymbol{K}, \boldsymbol{r}_i) \end{matrix}\right\}.$$

We have found again a sum of products, and using the identities

$$2\cos^2\alpha = \cos 2\alpha + 1, \qquad 2\sin^2\alpha = -\cos 2\alpha + 1,$$

we readily find

$$|U(\boldsymbol{H}) \pm U(-\boldsymbol{K})|^2 \leqq 2\,[1 \pm \operatorname{Re} U(\boldsymbol{H}+\boldsymbol{K})]. \tag{63.6}$$

These two examples may elucidate the method. Some critical remarks may follow. If in Eq. (63.5) the a_{ij} and b_{ij} are proportional, the equality sign ensues. This is possible for arbitrary values of $\boldsymbol{H}$ and $\boldsymbol{K}$, if there are no more than two

[1] J. KARLE and H. HAUPTMANN: Acta crystallogr. 3, 181 (1950).

atoms in the cell. For, $a_{ii}=b_{ii}=0$, so a_{ij} and b_{ij} consist of one term each, moreover $a_{ji}=-a_{ij}$ and so the proportionality exists. In the second case, proportionality can be found only, if one atom in the cell is found. This method can be applied easily to all kinds of combinations, and for all space groups. But the question arises, if it is desirable to get such a multitude of inequalities, as many superfluous relations may occur. For, if an inequality can be derived from other relations without using the fundamental assumption

$$U(\boldsymbol{H}) = \sum n_i \exp\left[2\pi i (h x_i + k y_i + l z_i)\right],$$

then this new relation will tell nothing which cannot be found from the other relations. Now, in general, the question can not be answered by this method, and indeed many superfluous inequalities have been derived and used. It is easy to show that Eq. (63.6) can be derived from (63.4). For Eq. (63.6) can be written

$$|U(\boldsymbol{H})|^2 + |U(\boldsymbol{K})|^2 \pm U(\boldsymbol{H})\, U(\boldsymbol{K}) \pm U(-\boldsymbol{H})\, U(-\boldsymbol{K}) \leq 2 \pm U(\boldsymbol{H}+\boldsymbol{K}) \pm U(-\boldsymbol{H}-\boldsymbol{K}).$$

$U(-\boldsymbol{H})$ is the conjugate complex of $U(\boldsymbol{H})$, and so

$$\mp \left[g(\boldsymbol{H},\boldsymbol{K}) + g(-\boldsymbol{H}, -\boldsymbol{K})\right] \leq g(\boldsymbol{H}) + g(\boldsymbol{K}). \qquad (63.6\text{a})$$

Now from Eqs. (63.2) and (63.4) it follows

$$|g(\boldsymbol{H},\boldsymbol{K})| \leq \tfrac{1}{2}\left(g(\boldsymbol{H}) + g(\boldsymbol{K})\right).$$

The same expression holds for $g(-\boldsymbol{H}, -\boldsymbol{K})$, since $g(-\boldsymbol{H}) = g(\boldsymbol{H})$. And as $|a+b|$ is less than $|a|+|b|$, Eq. (63.6a) is found again. Evidently the inverse proof, deriving Eq. (63.5) from (63.6) is impossible, so the last inequality follows frcm the first, is weaker than the first, as in its derivation from (63.4) new inequalities (not following from the non-negativity of the n's) had to be used.

We have not yet considered the possible symmetry of the structure which may lead to new inequalities. If there is a centre of symmetry, we may write Eq. (62.3)

$$U(\boldsymbol{H}) = \sum_i n_i \cos 2\pi (\boldsymbol{H}\cdot\boldsymbol{r}_i), \qquad (63.7)$$

provided the centre is chosen as the origin. Then for $-\boldsymbol{r}_i$ the same n_i is valid. From this expression we find

$$[U(\boldsymbol{H}) \pm U(\boldsymbol{K})]^2 \leq [1 \pm U(\boldsymbol{H}+\boldsymbol{K})]\,[1 \pm U(\boldsymbol{H}-\boldsymbol{K})], \qquad (63.8)$$

and especially for $\boldsymbol{H}=\boldsymbol{K}$:

$$U(2\boldsymbol{H}) \geq 2\,U(\boldsymbol{H})^2 - 1. \qquad (63.9)$$

A calculation, analogous to the derivation of (63.5) [1], leads to

$$\left.\begin{aligned}&[U(\boldsymbol{H}+\boldsymbol{K}) + U(\boldsymbol{H}-\boldsymbol{K}) - 2\,U(\boldsymbol{H})\,U(\boldsymbol{K})]\\ &\quad\leq [1 + U(2\boldsymbol{H}) - 2\,U(\boldsymbol{H})^2]\,[1 + U(2\boldsymbol{K}) - 2\,U(\boldsymbol{K})^2].\end{aligned}\right\} \qquad (63.10)$$

Many other relations can be found, but it has been proved by DE WOLFF and BOUMAN[1] that the inequalities quoted, together with

$$[U(\boldsymbol{H}+\boldsymbol{K}) - U(\boldsymbol{H}-\boldsymbol{K})]^2 \leq [1 - U(2\boldsymbol{H})]\,[1 - U(2\boldsymbol{K})] \qquad (63.11)$$

constitute the complete set of independent inequalities for those structure factors. Eq. (63.11) follows immediately from (63.8). If a higher symmetry is found

[1] P. M. DE WOLFF and J. BOUMAN: Acta crystallogr. 7, 328 (1954).

in the structure, then in U all equivalent points, having the same n_i, can be taken together (cf. Sect. 28), and inequalities can be derived from this expression. We may refer to MacGillavry[1] for the inequality (63.9), which has been extended to all space groups. For a given space group all kinds of combinations of unitary structure factors can be examined. If such a combination can be written as a sum of products, Cauchy's inequality can be applied, and so a new inequality is found. But this method does not lend itself to a systematic exposition.

64. Algebraic methods. We consider again

$$U(\boldsymbol{H}) = \sum_i n_i \exp\left[2\pi i (\boldsymbol{H}\cdot\boldsymbol{r}_i)\right] = \sum_i n_i R_i$$

with

$$R_i = \exp\left[2\pi i (\boldsymbol{H}\cdot\boldsymbol{r}_i)\right] = \exp\left[2\pi i (h x_i + k y_i + l z_i)\right]. \tag{64.1}$$

The number of atoms in the cell is N. We choose a set of reciprocal vectors $\boldsymbol{H}_1, \boldsymbol{H}_2$ etc. The number of vectors in this set may be denoted by M. Now, if $M > N$, we can find a set of complex numbers $a(\boldsymbol{H}_p)$ with the property

$$a(\boldsymbol{H}_1)\, R_i(\boldsymbol{H}_1) + a(\boldsymbol{H}_2)\, R_i(\boldsymbol{H}_2) + \cdots + a(\boldsymbol{H}_M)\, R_i(\boldsymbol{H}_M) = 0 \tag{64.2}$$

for all values of i. Clearly, the N equations (64.2) can be solved with respect to the $a(\boldsymbol{H}_p)$, if $M = N + 1$, and they are more or less undetermined, if $M > N + 1$. The set $\boldsymbol{H}_p$ will be denoted by $\{H\}$. If now the N equations (64.2) are added, after having been multiplied by n_i, then the result will be

$$a(\boldsymbol{H}_1)\, U(\boldsymbol{H}_1) + a(\boldsymbol{H}_2)\, U(\boldsymbol{H}_2) + \cdots = 0. \tag{64.3}$$

If we define

$$\xi_i = e^{2\pi i x_i},$$
$$\eta_i = e^{2\pi i y_i},$$
$$\zeta_i = e^{2\pi i z_i},$$

we may write

$$R_i(\boldsymbol{H}) = \xi_i^h \eta_i^k \zeta_i^l.$$

Let us now take a reciprocal vector $\boldsymbol{K}$ which may belong to $\{H\}$ or not and multiply all terms of Eq. (64.2) with $R_i(\boldsymbol{K})$. Since

$$R_i(\boldsymbol{K})\, R_i(\boldsymbol{H}_1) = R_i(\boldsymbol{K} + \boldsymbol{H}_1),$$

we obtain

$$a(\boldsymbol{H}_1)\, R_i(\boldsymbol{H}_1 + \boldsymbol{K}) + a(\boldsymbol{H}_2)\, R_i(\boldsymbol{H}_2 + \boldsymbol{K}) + \cdots = 0.$$

Multiplying this equation again with n_i, and summing up over i yields

$$a(\boldsymbol{H}_1)\, U(\boldsymbol{H}_1 + \boldsymbol{K}) + a(\boldsymbol{H}_2)\, U(\boldsymbol{H}_2 + \boldsymbol{K}) + \cdots = 0. \tag{64.4}$$

So, if $\boldsymbol{K}$ belongs to a set $\{K\}$ which may coincide with $\{H\}$ or be entirely different, or also may have some terms in common with $\{H\}$, but which has the same number of reciprocal vectors as $\{H\}$, we get as many homogeneous Eqs. (64.4) as there are unknown quantities $a(\boldsymbol{H})$; hence the determinant must be zero:

$$\begin{vmatrix} U(\boldsymbol{H}_1+\boldsymbol{K}_1) & U(\boldsymbol{H}_2+\boldsymbol{K}_1) \ldots & U(\boldsymbol{H}_p+\boldsymbol{K}_1) \\ U(\boldsymbol{H}_1+\boldsymbol{K}_2) & U(\boldsymbol{H}_2+\boldsymbol{K}_2) \ldots & U(\boldsymbol{H}_p+\boldsymbol{K}_2) \\ \vdots & \vdots & \vdots \\ U(\boldsymbol{H}_1+\boldsymbol{K}_p) & U(\boldsymbol{H}_2+\boldsymbol{K}_p) \ldots & U(\boldsymbol{H}_p+\boldsymbol{K}_p) \end{vmatrix} = 0. \tag{64.5}$$

[1] C. H. MacGillavry: Acta crystallogr. **3**, 214 (1950).

These relations have been derived by GOEDKOOP[1] and are generalizations of the results of BANERJEE[2].

Now the argument will be repeated for the special sets

$$\{H\} = 0\,k\,l,\ 1\,k\,l,\ 2\,k\,l \ldots p\,k\,l \ldots N\,k\,l,$$
$$\{K\} = 0\,0\,0,\ 1\,0\,0,\ 2\,0\,0 \ldots p\,0\,0 \ldots N\,0\,0,$$

the two sets having $(N+1)$ terms each. Then the Eqs. (64.4) with $\boldsymbol{K} = (p, 0, 0)$ become

$$a_0\, U(p, k, l) + a_1\, U(p+1, k, l) + \cdots = 0 \qquad (64.4\text{a})$$

where a_0 stands for $a(0, k, l)$, etc. The Eqs. (64.2) can be divided by $\eta^k \zeta^l$ and give

$$a_0 + a_1\, \xi_i + a_2\, \xi_i^2 + \cdots + a_N\, \xi_i^N = 0.$$

These equations are satisfied for all ξ_i which are the roots of the equation

$$a_0 + a_1\, \xi + a_2\, \xi^2 + \cdots + a_N\, \xi^N = 0. \qquad (64.6)$$

By eliminating the a_0, a_1, etc. from Eq. (64.6) and a sufficient number of Eqs. (64.4a) we get

$$\begin{vmatrix} 1 & \xi & \ldots & \xi^N \\ U(0,k,l) & U(1,k,l) & \ldots & U(N,k,l) \\ \vdots & \vdots & & \vdots \\ U(N,k,l) & U(N+1,k,l) & \ldots & U(2N,k,l) \end{vmatrix} = 0.$$

This is the result of AVRAMI and OTT[3], being the Eq. (64.6) expressed in structure factors. If this determinant equation could be solved, the ξ_i, and so the atomic parameters x_i would be known.

As an other example we choose

$$\boldsymbol{H}_p = -\boldsymbol{K}_p$$

so that the sets $\{H\}$ and $\{K\}$ contain opposite reciprocal vectors. In this case $U(\boldsymbol{H}_p + \boldsymbol{K}_p) = U(0,0,0) = 1$ and $U(\boldsymbol{H}_p + \boldsymbol{K}_q) = U(\boldsymbol{H}_p - \boldsymbol{H}_q)$ which may be written U_{pq}; the quantity $U_{qp} = U(\boldsymbol{H}_q - \boldsymbol{H}_p)$ is the conjugate complex of U_{pq}. Then

$$\begin{vmatrix} 1 & U_{12} & U_{13} & \ldots \\ U_{21} & 1 & U_{23} & \ldots \\ U_{31} & U_{32} & 1 & \ldots \\ \ldots & \ldots & \ldots & \ldots \end{vmatrix} = 0. \qquad (64.7)$$

The array of the U_{pq} constitutes a hermitian matrix. This special case becomes of interest, if the number of terms in $\{H\}$ is less than $N+1$. In this case the proof of Eq. (64.7) fails, but now it can be proved that the determinant is positive.

65. The algebraic method and inequalities. Now, a new space, which we shall call the *algebraic space*, may be introduced. It has as many dimensions as there are $\boldsymbol{H}$'s in $\{H\}$, each $\boldsymbol{H}_p$ denoting a dimension. Complex values of the coordinates

[1] J. A. GOEDKOOP: Computing methods and the phase problem in X-ray Crystal Analysis, State College Pennsylvania: X-ray Crystal Analysis Laboratory.

[2] K. BANERJEE: Proc. Roy. Soc. Lond., Ser. A **141**, 188 (1933).

[3] M. AVRAMI: Phys. Rev. **54**, 300 (1938). — H. OTT: Z. Kristallogr. **66**, 136 (1927).

in this space are admitted. We choose an arbitrary vector $\boldsymbol{a}$ with the components in algebraic space $a(\boldsymbol{H}_p)$. Then $\boldsymbol{a}$ can be transformed into another vector $\boldsymbol{b}$ by means of the linear transformation formulas

$$b(\boldsymbol{H}_q) = \sum_p U_{pq}\, a(\boldsymbol{H}_p). \tag{65.1}$$

We consider

$$U = \sum_q b(\boldsymbol{H}_q)\, \bar{a}(\boldsymbol{H}_q) = \sum_p \sum_q U_{pq}\, a(\boldsymbol{H}_p)\, \bar{a}(\boldsymbol{H}_q).$$

This is the quadratic form belonging to the hermitian matrix. We may write

$$\begin{aligned} U_{pq} &= \sum_i n_i \exp\left[2\pi i (\boldsymbol{H}_p - \boldsymbol{H}_q) \cdot \boldsymbol{r}_i\right] \\ &= \sum_i n_i \exp(2\pi i\, \boldsymbol{H}_p \cdot \boldsymbol{r}_i) \cdot \exp(-2\pi i\, \boldsymbol{H}_q \cdot \boldsymbol{r}_i). \end{aligned}$$

Then,

$$U = \sum_i n_i \left| \sum_p a(\boldsymbol{H}_p) \exp\left[2\pi i\, \boldsymbol{H}_p \cdot r_i\right] \right|^2.$$

Since n_i is always positive, U too must be positive. U could be zero if $\sum_p a(\boldsymbol{H}_p) \times \exp(2\pi i\, \boldsymbol{H}_p \cdot \boldsymbol{r}_i) = \sum_p a(\boldsymbol{H}_p)\, R_i(\boldsymbol{H}_p) = 0$ as indicated by Eq. (64.2), but in this section there are less than $N+1$ vectors $\boldsymbol{H}_p$ so that this equation can never be satisfied by all values of i. U is a positively definite form. These special hermitian matrices have the property that the determinant (64.7) and all its principal minors must be positive. The proof can be given in a few words, if the general properties of hermitian matrices are known. These theorems are:

If the algebraic space has n dimensions with n being the number of sets h, k, l, belonging to $\{H\}$, then n vectors $\boldsymbol{R}_\mu$ exist with the following properties.

1. The transformation (65.1) transforms the vector $\boldsymbol{R}_\mu$ into $\lambda_\mu \boldsymbol{R}_\mu$, λ_μ being a real number.

2. The n vectors are orthogonal, i.e.

$$\sum_p R_\mu(\boldsymbol{H}_p)\, \bar{R}_\nu(\boldsymbol{H}_p) = 0, \qquad \mu \neq \nu.$$

3. If in the algebraic space the vectors $\boldsymbol{R}_\mu$, with the additional normalisation property $\sum_p R_\mu(\boldsymbol{H}_p)\, \bar{R}_\mu(\boldsymbol{H}_p) = 1$, are chosen as new axes, each vector $\boldsymbol{a}$ can be given by its components a_μ with respect to the new axes. Then

$$U = \sum_\mu \lambda_\mu\, a_\mu\, \bar{a}_\mu.$$

4. The λ_μ are the roots of the secular equation

$$\begin{vmatrix} U_{11} - \lambda & U_{12} & U_{13} & \cdots \\ U_{21} & U_{22} - \lambda & U_{23} & \cdots \\ U_{31} & U_{32} & U_{33} - \lambda & \cdots \\ \cdots & \cdots & \cdots & \cdots \end{vmatrix} = 0.$$

Now if U is positively definite, the λ_μ must be positive, for if one of them were negative we could choose for $\boldsymbol{a}$ the corresponding vector $\boldsymbol{R}_\mu$, and U would be negative. Then the product of the roots is positive, and so the determinant U_{pq}. If now the algebraic space is reduced by one dimension, e.g. the last set h, k, l of $\{H\}$, then in U the components of this dimension are zero, the remaining expression is still positively definite, and the determinant formed from U_{pq} by omitting the last row and the last column is also positive. We can proceed in this way, and prove that all principal minors are positive. The inverse statement, which will be mentioned without proof, is that the quadratic form U is positively definite, if the series of determinants

$$U_{11}, \quad \begin{vmatrix} U_{11} & U_{21} \\ U_{12} & U_{22} \end{vmatrix}, \quad \begin{vmatrix} U_{11} & U_{21} & U_{31} \\ U_{12} & U_{22} & U_{32} \\ U_{13} & U_{23} & U_{33} \end{vmatrix}, \quad \text{etc.}$$

all are positive.

Now we can return to our subject and put $\boldsymbol{H}_1 = (0, 0, 0)$, $\boldsymbol{H}_2 = \boldsymbol{H}$, $\boldsymbol{H}_3 = \boldsymbol{K}$ in the determinants mentioned above. The first two will yield the trivial results $1 > 0$, and $|U(\boldsymbol{H})|^2 < 1$, the third after some reduction leads to Eq. (63.5). This is the method of KARLE and HAUPTMANN[1].

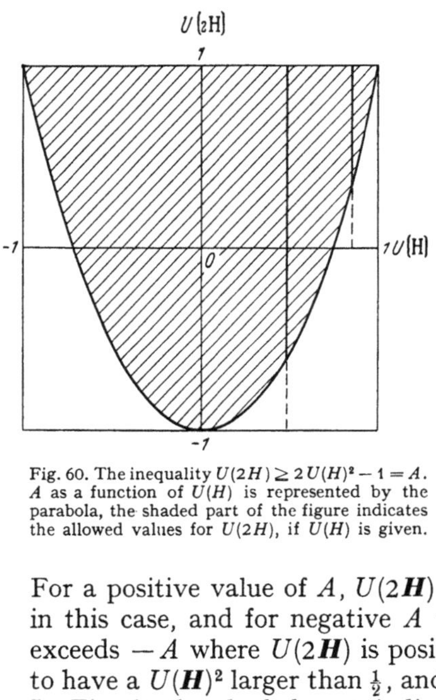

Fig. 60. The inequality $U(2H) \geq 2U(H)^2 - 1 = A$. A as a function of $U(H)$ is represented by the parabola, the shaded part of the figure indicates the allowed values for $U(2H)$, if $U(H)$ is given.

The methods described can be rewritten to be used for the structure factors F. Without entering into a more detailed study of the use of inequalities, we may mention that their usefulness depends on large values for the structure factors.

As an example, we choose Eq. (63.9) for a centrosymmetric structure

$$U(2\boldsymbol{H}) \geq 2U(\boldsymbol{H})^2 - 1.$$

If this inequality is to be used, we find that $U(\boldsymbol{H})^2$ and therefore the right-hand side of the inequality is known, let the latter be called A. If A is negative, all positive values of $U(2\boldsymbol{H})$ are allowed, but negative values are only if $|U(2\boldsymbol{H})| \leq -A$. For a positive value of A, $U(2\boldsymbol{H})$ can not be negative, and so the sign is known in this case, and for negative A we can draw a conclusion only when $|U(2\boldsymbol{H})|$ exceeds $-A$ where $U(2\boldsymbol{H})$ is positive. From this example it is clearly preferable to have a $U(\boldsymbol{H})^2$ larger than $\frac{1}{2}$, and that also a large value of $U(2\boldsymbol{H})$ is favourable. In Fig. 60 the shaded part indicates the allowed range for $U(2\boldsymbol{H})$ for a given $U(\boldsymbol{H})$. Now F is small for large indices where the atomic scattering factors f decrease. In the unitary structure factors the n_i are constants, so their values will oscillate about some mean values, and the inequalities we have derived are more powerful than those to be found for the F. This is in good agreement with the situation in the PATTERSON synthesis. The PATTERSON maps are readily solved for point atoms, and are difficult to handle, if structure factors are used (cf. Sect. 20).

We may end this section by remarking that for centrosymmetric structures the U_{pq} are real, and the matrix is symmetric, $U_{pq} = U_{qp}$.

66. The statistical method. In the preceding sections relations between the structure factors have been derived which are of a restricted use, though they are mathematically exact. The equalities are too unwieldy to be of much use, and the inequalities can be used only for large values of the unitary structure factors. Therefore, we now turn to the statistical method, which has proved its

[1] J. KARLE and H. HAUPTMANN: Acta crystallogr. 3, 181 (1950).

importance for the determining of symmetry elements, and the evaluation of the intensity of the primary beam. The method so far has been used for solving the phase problem, but this subject is still in the stage of development and of controversies. Let us begin with an explanation of the principles and of the underlying assumptions. The structure factor

$$F(h,k,l)=\sum_i f_i\, e^{2\pi i(hx_i+ky_i+lz_i)}$$

can be written

$$F(h,k,l)=\sum_i f_i\, e^{i\Theta_i}. \qquad (66.1)$$

It is a sum of complex numbers, each having the modulus f_i and the argument Θ_i. If the origin is shifted to another point

$$x=x'+x_0,$$
$$y=y'+y_0,$$
$$z=z'+z_0$$

then, if

$$\Theta_0=2\pi\,(h x_0+k y_0+l z_0),$$

and

$$F'(h,k,l)=\sum_i f_i\, e^{i\Theta_i'}$$

with

$$\Theta_i'=2\pi\,(h x_i'+k y_i'+l z_i'),$$

we obtain

$$F(h,k,l)=e^{i\Theta_0}F'(h,k,l)$$

and

$$\Theta_i=\Theta_i'+\Theta_0.$$

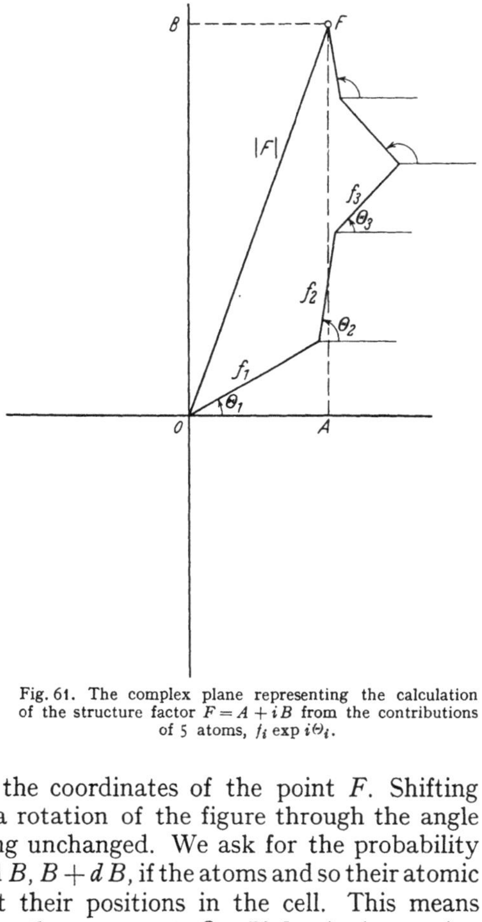

Fig. 61. The complex plane representing the calculation of the structure factor $F=A+iB$ from the contributions of 5 atoms, $f_i \exp i\Theta_i$.

If the structure factor is drawn in the complex plane, we get Fig. 61. We may write $F=A+iB$, then A and B are the coordinates of the point F. Shifting the origin in space is equivalent with a rotation of the figure through the angle Θ_0, the distance $|F|$ from 0 to F being unchanged. We ask for the probability that F lies in the interval $A, A+dA$ and $B, B+dB$, if the atoms and so their atomic scattering factors are known, but not their positions in the cell. This means that the f_i are known in Fig. 61 and not the arguments Θ_i. If d_{hkl} is the spacing of the reflecting planes under consideration, and ζ_i the distance of the i-th atom from the plane $hx+ky+lz=0$, then from

$$\Theta_i=2\pi\,\mathbf{r}^*_{hkl}\cdot\mathbf{r}_i$$

there follows [cf. the derivation of Eq. (16.5)]

$$\Theta_i=2\pi\,\zeta_i/d_{hkl}. \qquad (66.2)$$

If the position of this atom is unknown a priori, then ζ_i can assume all values between 0 and d_{hkl} with equal probability. Hence, the probability that Θ_i lies in the interval

$$\Theta_i,\ \Theta_i+d\Theta_i \quad \text{becomes} \quad d\Theta_i/2\pi.$$

Then the problem can be stated in the following way: To find the probability that after walking n steps of given lengths but arbitrary directions a given point in the plane will be reached. This is the problem of the ***random walk***. From the solution of the problem, we may find the probability for a given distance to be attained, i.e. for a given value of $|F|$ or for the intensity.

We will not give the complete answer, for which we refer to a paper by KLUYVER[1], but only the probability for a large number of small steps. Afterwards the validity of the expression will be examined.

$$\left.\begin{aligned} P(A)\,dA &= \frac{1}{\sigma\sqrt{\pi}}\,e^{-A^2/\sigma^2}\,dA\,,\\ P(B)\,dB &= \frac{1}{\sigma\sqrt{\pi}}\,e^{-B^2/\sigma^2}\,dB\,. \end{aligned}\right\} \tag{66.3}$$

The factors before the exponentials are chosen in such a way that the integral $\int_{-\infty}^{+\infty} P(A)\,dA = 1$, as follows from the definition of probability. The constant σ is the same for both probabilities, for we have seen that the figure can be rotated in its plane, and so each set of axes in the complex plane will give the same probability for the components of F.

The mean values of A and B are zero, and $\langle A^2\rangle$ and $\langle B^2\rangle$ can be found from

$$\langle A^2\rangle = \int_{-\infty}^{+\infty} A^2\,P(A)\,dA = \tfrac{1}{2}\sigma^2 = \langle B^2\rangle\,. \tag{66.4}$$

These are the well known properties of the GAUSSian distribution. Then σ has to be expressed in terms of the f_i. From

$$A = \sum_i f_i \cos\Theta_i$$

it follows that

$$A^2 = \sum_i f_i^2 \cos^2\Theta_i + \sum_{i\neq j} f_i f_j \cos\Theta_i \cos\Theta_j\,.$$

In the mean value the products of the two cosine terms will cancel and, the mean of $\cos^2\Theta_i$ being $\frac{1}{2}$, we find

$$\sigma^2 = 2\langle A^2\rangle = \sum_i f_i^2\,. \tag{66.5}$$

We may test the validity of Eq. (66.3) in the following way. Let the expression be true for $(n-1)$ atoms, then we can calculate the value for n atoms, by adding $f_n \exp(i\,\Theta_n)$, and examine if the result is the same as (66.3) for n atoms.

Let A' be defined by

$$A = A' + f_n\cos\Theta_n\,,\quad A' = \sum_1^{n-1} f_i\cos\Theta_i$$

and in the same way

$$\sigma^2 = \sigma'^2 + f_n^2\,.$$

The probability $P(A)\,dA$ is found by integrating the probability for given values of A' and Θ_n over all values of these quantities, provided that A has a value between A and $A+dA$:

$$P(A)\,dA = \iint P(A')\,dA'\,d\Theta_n\,\frac{1}{2\pi} = \iint P(A - f_n\cos\Theta_n)\,dA'\,d\Theta_n\,\frac{1}{2\pi}\,.$$

[1] J. C. KLUYVER: Proc. Acad. Sci. Amsterdam **8**, 341 (1906).

Changing the variables from A' and Θ_n to $A=A'-f_n\cos\Theta_n$ and Θ_n we find

$$P(A)\,dA=\int_0^{2\pi}\frac{1}{2\pi\sigma'\sqrt{\pi}}\exp\left[-\frac{(A-f_n\cos\Theta_n)^2}{\sigma'^2}\right]d\Theta_n\,dA.$$

The exponential can be written

$$\exp\left(-\frac{A^2}{\sigma'^2}\right)\cdot\exp\left(\frac{2A\,f_n\cos\Theta_n-f_n^2\cos^2\Theta_n}{\sigma'^2}\right)$$

and the last factor may be expanded into a power series. Then, the integration can be effected, and yields

$$P(A)=\frac{1}{\sigma'\sqrt{\pi}}\exp\left(-\frac{A^2}{\sigma'^2}\right)\left(1-\frac{1}{2}\frac{f_n^2}{\sigma'^2}+\frac{A^2}{\sigma'^2}\cdot\frac{f_n^2}{\sigma'^2}+\right.$$
$$\left.+\frac{3}{16}\cdot\frac{f_n^4}{\sigma'^4}-\frac{3}{4}\frac{A^2}{\sigma'^2}\cdot\frac{f_n^4}{\sigma'^4}+\frac{1}{4}\frac{A^4}{\sigma'^4}\cdot\frac{f_n^4}{\sigma'^4}+\cdots\right).$$

On the other hand, we may use Eq. (66.3) for $P(A)$ and insert σ' instead of σ using the relation

$$\sigma=\sigma'\left(1+\frac{f_n^2}{\sigma'^2}\right)^{\frac{1}{2}}.$$

Expanding $\exp A^2\left(\frac{1}{\sigma'^2}-\frac{1}{\sigma^2}\right)$ into a power series, we readily obtain:

$$P(A)=\frac{1}{\sigma'\sqrt{\pi}}\exp\left(-\frac{A^2}{\sigma'^2}\right)\left(1-\frac{1}{2}\frac{f_n^2}{\sigma'^2}+\frac{3}{8}\frac{f_n^4}{\sigma'^4}\right)\times$$
$$\times\left(1+\frac{A^2}{\sigma'^2}\cdot\frac{f_n^2}{\sigma'^2}-\frac{A^2}{\sigma'^2}\cdot\frac{f_n^4}{\sigma'^4}+\frac{1}{2}\frac{A^4}{\sigma'^4}\cdot\frac{f_n^4}{\sigma'^4}\cdots\right).$$

Comparison of these two expressions shows that they are identical if $(f_n/\sigma')^4$ and higher powers are neglected, or if $f_n\ll\sigma'$. The term A^2/σ'^2, or A^2/σ^2, being the ratio of a quantity and its mean value, for many values of A lies in the neighbourhood of 1. The necessary condition for the validity of Eq. (66.3) can be written

$$f_n^2\ll\sum_i f_i^2$$

as σ' can be replaced by σ. This condition can only be satisfied by a large number of atoms, and each separate f must be small compared with σ, since each of these atoms can be chosen to be the n-th atom. Let us assume that all f equal the value ε, then

$$A_{\max}=\sum_i f_i=n\,\varepsilon,$$
$$\sigma^2=\sum_i f_i^2=n\,\varepsilon^2=\frac{A_{\max}^2}{n},$$
$$f_n^2=\frac{A_{\max}^2}{n^2}\ll\sigma^2=\frac{A_{\max}^2}{n}.$$

The probability for $A>A_{\max}$ must be zero. We find that $P(A_{\max})$ is proportional to $\exp(-A_{\max}^2/\sigma^2)=e^{-n}$ which will be small if n is large[1].

[1] We have only derived the *necessary* condition for the validity of Eq. (66.3). This condition is also *sufficient*, but this will not be proved here.

67. The intensity statistics. The results of the last section have been applied by WILSON[1]. It is found that the probability function for $I=|F|^2$ assumes a different form for centric and acentric structures. We use the terms centric and acentric instead of centrosymmetrical and non-centrosymmetrical, through, strictly speaking, these new terms ought to be reserved for the probability distributions, to be described hereafter. The presence of other symmetry elements has no influence on the distribution. It matters only if the F are real or complex. When in a centric structure centro-symmetrical molecules are found whose centres do not coincide with the centres of the structure, a modified distribution is obtained (hypercentric structures[2]). Till now, we have found that the intensities failed to distinguish between these two cases.

α) Acentric structures. The probability for $I=|F|^2=A^2+B^2$ to lie in a given interval dI is defined by

$$P(I)\,dI = \iint P(A)\,P(B)\,dA\,dB.$$

The integral is extended over all values of A and B, for which A^2+B^2 lies in the interval $I, I+dI$. Introducing polar coordinates $|F|$ and φ in the complex plane, and writing

$$dA\,dB = |F|\,d|F|\,d\varphi = \tfrac{1}{2}dI\,d\varphi$$

yields after integration over $d\varphi$

$$P(I)\,dI = \frac{1}{\sigma^2}\exp\left(-\frac{I}{\sigma^2}\right)dI.$$

From Eq. (66.5) we see that

$$\langle I\rangle = \langle A^2\rangle + \langle B^2\rangle = \sigma^2 = \sum_i f_i^2 \tag{67.1}$$

so that

$$P(I) = \frac{1}{\langle I\rangle}\exp\left(-\frac{I}{\langle I\rangle}\right). \tag{67.2}$$

The probability $N(I_0)$ for the intensity to be equal to or less than a given value I_0 is given by the integral of P from 0 to I_0. If the notation z is introduced instead of $I/\langle I\rangle$, then

$$N(z_0) = 1 - e^{-z_0}. \tag{67.3}$$

β) Centric structures. If the origin is placed at one of the centres of symmetry, F is real, and the random walk lies on the A-axis. So only the first of the two expressions (66.3) is used, and $I=A^2$:

$$P(I)\,dI = \frac{1}{2\sigma\sqrt{\pi}}\cdot\frac{1}{\sqrt{I}}\exp\left(-\frac{I}{\sigma^2}\right)dI.$$

This expression, if integrated over the range from $A=-\infty$ to $A=\infty$ yields 1. But the points A and $-A$ correspond to the same intensity so that the last expression has to be multiplied by 2, the range of I lying between 0 and ∞. It follows from Eq. (66.5) that $\sigma^2 = 2\langle A^2\rangle = 2\langle I\rangle$.

---

[1] A. J. C. WILSON: Acta crystallogr. **2**, 318 (1949). — D. ROGERS: Acta crystallogr. **3**, 455 (1950).

[2] H. LIPSON and M. M. WOOLFSON: Acta crystallogr. **5**, 680 (1952).

In $\sigma^2 = \sum_i f_i^2$ all atoms have to be included, so each f_i will appear twice, since each atom is related by the centre of symmetry to an equivalent atom. The result is

$$P(I) = \frac{1}{\sqrt{2\pi\langle I\rangle}} \cdot \frac{1}{\sqrt{I}} \exp\left(-\frac{I}{2\langle I\rangle}\right). \tag{67.4}$$

Instead of Eq. (67.3) we now have

$$N(z_0) = \frac{1}{\sqrt{2\pi}} \int_0^{z_0} \frac{dz}{\sqrt{z}}\, e^{-z/2}.$$

By putting $z = 2x^2$, we transform the integral into the expression for the error function

$$\operatorname{erf} x_0 = \frac{2}{\sqrt{\pi}} \int_0^{x_0} e^{-x^2}\, dx$$

and $N(z_0)$ assumes the form

$$N(z_0) = \operatorname{erf} \sqrt{\tfrac{1}{2} z_0}. \tag{67.5}$$

The Eqs. (67.3) and (67.5) apply to the value of one intensity, observed for all kinds of possible structures with a given number of atoms. In reality, only one structure is observed, and the statistics is applied to intensities for different (h, k, l). In order to ensure a constant value of the atomic structure factors f, only intensities with nearly the same glancing angle are chosen. Then we can neglect all corrections, depending only on the glancing angle, as these corrections are the same for all intensities which we observe. The underlying idea is that, if a large number of intensities are observed, all possessing the same statistical distribution, the distribution can be determined, and so the presence or absence of a centre of symmetry can be detected. Due to the necessary condition that n be large, all atomic scattering factors must be small compared with σ. We find that heavy atoms (with large values of f) will make the application of this method dubious. But for organic compounds as proteins the necessary assumption is satisfied.

68. Applications of the statistical method. *α) The absolute value of the intensity.* In the expression for the diffracted intensity also the intensity I_0 of the incident beam occurs. If we take account of all corrections, described in Chap. D, above, we get $I_0|F(h, k, l)|^2$ which we will denote by I_{obs}. So only the relative values of the $|F|^2$ are known and the proportion $F(0, 0, 0)/|F(h, k, l)|$ is unknown, as $F(0, 0, 0)$ is not observed.

The value of $F(0, 0, 0)$ is equal to the number of electrons in the cell, Z. So, if we wish to calculate the electron density or the PATTERSON function by summing up the FOURIER series, the scale of $F(0, 0, 0)$ is not the same as the scale of $F(h, k, l)$. The same difficulty is present, when inequalities are applied. As these relations are inhomogeneous, we can only use the values of the unitary structure factors, freed from the unknown scale factor.

The scale can be determined by the statistical method. The proportion $I_{\text{obs}}/|F|^2$ is the same as $\langle I_{\text{obs}}\rangle/\langle|F|^2\rangle$. The first term can be computed, and the last term, being $\langle I\rangle$, is equal to $\sum_i f_i^2$. So $|F|^2$ can be determined.

β) The determination of symmetry elements. We will resume the considerations of Sects. 29, 30 and 31. There we found that the intensities enable us to prove the existence of glide planes or screws by means of systematic extinctions. If the point group is known, then it is possible to decide, whether an axis in the point group is represented in the space group by a set of axes, or by a set of screws, or by a mixed set. The same is true for mirror planes in the point group. The point group may be found from the crystallographic properties, but this is not always possible. The symmetry in the intensity space, or in the vector space will give the point group, but coupled with a centre of symmetry, so the point groups 2, m, $\frac{2}{m}$, in the monoclinic system will show the same LAUE group, viz. $\frac{2}{m}$. Instead of the 32 point groups we find only 11 LAUE groups which can easily be gathered from Table 3a and b (Sect. 26). The statistical method enables us to draw more conclusions on the symmetry elements. We have seen already that the presence or absence of a centre of symmetry may be proved. But the simple example, given above, shows that for acentric monoclinic structures two point groups are possible, 2 and m. The same difficulty is encountered in other systems. The following procedure solves this problem. The statistical method may also be applied to projections. Let us consider the projection along the two-fold axis or perpendicular to the mirror plane m. This projection is described by $F(h, k, 0)$, if the line of projection is along c (Sect. 17). If we choose an arbitrary lattice line as the line of projection, then the intensities, belonging to the zone of this lattice line, will describe the projection. It is clear that 2, being acentric, will give a centric projection; m, being acentric, an acentric projection, and the centric structure $\frac{2}{m}$ again a centric one. The space group is determined from the two distribution functions, in space and in the projection.

The projection along a plane, i.e. the intensities for a reciprocal row perpendicular to this plane, can be used too. Using the statistical expressions for projections, some care has to be taken in calculating $\langle I\rangle$. We will show that $\langle I\rangle$ for a zone or for a row may be a multiple of $\langle I\rangle$ for all reflections. This will again give indications on the point group. We shall consider in detail the projection perpendicular to a mirror plane or a glide plane.

In the first case two atoms will coincide in the projection, we find $\frac{1}{2}n$ atoms with the scattering factor $2f_i$. Then $\langle I\rangle$ for the zone $(h, k, 0)$ will be

$$\langle I\rangle_{\text{zone}} = \sum_{1}^{\frac{1}{2}n} 4f_i^2 = 2\sum_{i} f_i^2 .$$

Let us now consider a glide plane a. We find

$$F(h, k, 0) = \sum_{1}^{\frac{1}{2}n} f_i \exp\left[2\pi i(h x_i + k y_i)\right] + \sum_{1}^{\frac{1}{2}n} f_i \exp\left[2\pi i(h x_i + \tfrac{1}{2}h + k y_i)\right],$$

since to each atom at x_i, y_i, z_i there corresponds an atom at $x_i + \frac{1}{2}, y_{i'} - z_i$. So, the result for even values of h is

$$F(h, k, 0) = 2\sum_{1}^{\frac{1}{2}n} f_i \exp\left[2\pi i(h x_i + k y_i)\right],$$

and $F = 0$ if h is odd. We again find $\frac{1}{2}n$ atoms of scattering factor $2f_i$, and the mean value is found again to be

$$\langle I\rangle_{\text{zone}} = 2\sum f_i^2 . \tag{68.1}$$

In this way mirror planes can be detected by calculating the mean intensity for a zone.

The existence of axes is proved by the mean intensity for a row, e.g. $(h, 0, 0)$, which corresponds to a projection along a plane, perpendicular to this axis. This projection can also be used for detecting mirror planes. We will not pursue this subject, however, it may be mentioned that the 230 space groups may be determined by using all information to be obtained from the intensities, safe a few exceptions. These are the enantiomorphic groups, e.g. 6_1 and 6_5, which cannot be distinguished by X-ray methods, though the crystallographic habitus may clearly show the difference (left- and right-handed crystals). This leaves us with 219 space groups. From these $I\,2_1\,2_1\,2_1$ cannot be distinguished from $I\,2\,2\,2$, and $I\,2\,3$ from $I\,2_1\,3$. So 217 different *diffraction groups* exist, each of them showing a different set of extinctions, statistical distributions and average intensities.

γ) The phase problem. The application of the statistical method is due to HAUPTMANN and KARLE[1]. As explained before, it is too early to discuss this theory in detail. We will give some indications and refer to the paper by COCHRAN and WOOLFSON[2] for the most recent developments. Some authors have tried to find a relation between the sign of a structure factor and the sign of a combination of intensities. In the last quoted paper three relations are to be found for centric structures, viz.

$$S\,[U(2\boldsymbol{H})] = S\,[U(\boldsymbol{H})^2 - \sigma], \tag{68.2}$$

$$S\,[U(\boldsymbol{H})] = S\,[U(\boldsymbol{K})]\; S\,[U(\boldsymbol{H}+\boldsymbol{K})], \tag{68.3}$$

$$S\,[U(\boldsymbol{H})] = S\,[\overline{U(\boldsymbol{K})\,U(\boldsymbol{H}+\boldsymbol{K})}^{K}]. \tag{68.4}$$

In these equations S means the sign of the following structure factor or combination of structure factors, and the bar in the last equation denotes the mean value over a set of reciprocal vectors $\boldsymbol{K}$. The first equation has been derived by HAUPTMANN and KARLE, the second is due to ZACHARIASEN[3], the third to SAYRE[4]. The derivations of Eqs. (68.3) and (68.4) will not be repeated here[5], it is sufficient to note that the assumptions used for the derivation cannot be always true. So it is to be preferred to study the probability that these equations are true, which was the method used for deriving the first expression. If the values are such that a large probability for the truth of one of these relations occurs, then we are justified to use it for the sign determination.

69. The accuracy of structure determination, termination effects. This subject does not belong, properly speaking, to the theoretical part of structure analysis. As some points, however, are of more general interest, we may say some words about it. In describing the crystal structure in *B*, we have tacitly assumed that all FOURIER components are known. Now from Fig. 45 (Sect. 40) it is clear that only a limited number of reciprocal lattice points can intersect the sphere of EWALD, and so a limited number of structure factors can be observed. The value of r^*_{hkl} (for $T=1$, $R=1/\lambda$) is $2\sin\vartheta/\lambda$, if ϑ is the corresponding glancing angle, and this value cannot exceed the diameter of the sphere $2/\lambda$. So only the reciprocal lattice points, lying within a sphere of radius $2/\lambda$ with its centre at the reciprocal origin, can cause reflections. If now the electron density is found by

---

[1] H. HAUPTMANN and J. KARLE: Acta crystallogr. **5**, 48 (1952).

[2] W. COCHRAN and M. M. WOOLFSON: Acta crystallogr. **8**, 1 (1955).

[3] W. H. ZACHARIASEN: Acta crystallogr. **5**, 68 (1952).

[4] D. SAYRE: Acta crystallogr. **5**, 60 (1952).

[5] The article by A. GUINIER and G. VON ELLER in this volume gives the derivation of SAYRE's equation (Sect. 28).

a FOURIER synthesis, or a PATTERSON function by summing up the series with $|F|^2$, then we can use only the observed structure factors, and errors will result from this omission. Such errors are called *termination effects*.

We shall start with a very simple example. Let us consider a one-dimensional crystal, with a simple lattice. Equal atoms are lying on a line with spacing 1. The electron density of the atoms is given by

$$\varrho_a(x) = \frac{Z}{d\sqrt{\pi}}\, e^{-x^2/d^2}. \tag{69.1}$$

This function has been treated in Sect. 15β, and its FOURIER transform is given by

$$f(h') = Z\, e^{-\pi^2 h^2 d^2}. \tag{69.2}$$

The structure factors are (Sect. 15δ) $F(h) = f(h)$. Let us first consider point atoms. Then $d=0$, the total number of electrons is found by integrating $\varrho_a(x)$, this yields Z, for all values of d, included 0. In this case all F's have the same value Z, and it is seen by summing up the FOURIER series that this series does not converge. This throws a new light on the unitary structure factors, which are equivalent with point atoms. If we would construct a PATTERSON function with unitary structure factors, in order to get a point-vector set, as described in Sect. 20, we should find it to be impossible.

Let us now return to the expressions (69.1) and (69.2). Since a and a^* are equal to 1, h represents the length of the reciprocal vector, and so it is equal to $2\sin\vartheta/\lambda$. Comparison of these results with Eqs. (59.4) and (59.6) shows that they express the temperature effect for point atoms. As $F=Z$, we get a complete agreement by putting $d^2 = 2\langle u_n^2\rangle$.

The index h has been dropped, since all reciprocal vectors have the same direction; u_n designs the component of u along the line of atoms; d is a measure for the width of the atom, smeared out by the heat motion. If now only the structure factors up to $h = \pm h_0$ are known, we can choose a large value for d, in order to make $F(h)$ for $|h| > h_0$ so small that the missing terms can be neglected. If h_0 is increased, a smaller value of d can be chosen. This means: A small value of h_0 can still be used for a FOURIER synthesis, if the atoms are large. In this case they will overlap considerably and the graph of the electron density will be an undulating curve, showing a small difference between the maxima at the centres of the atoms and the minima in between. However, the resolving power is small. An artificial temperature factor has been applied in order to avoid termination effects, but it is evident that this amounts to smearing out the atoms so that small details are lost.

Let us now give the exact expression for the termination effect. It is shown in Sect. 18β, that the electron density can be written as the sum of the densities of all atoms occupying a point lattice. So we can study the influence on each point lattice separately, and afterwards sum up the results. Let this density for the atom i be designed by $\varrho_i(x, y, z)$, then

$$v_p\, \varrho_i(x, y, z) = \sum_{hkl} f_i\, e^{2\pi i(hx+ky+lz)}. \tag{69.3}$$

This density is the sum of the densities of the individual atoms i, $\varrho_{a,i}$, having the FOURIER transform (the atomic scattering factor) $f_i(h', k', l')$. If we calculate ϱ_i from a finite number of reflections whose reciprocal lattice points are lying within a sphere of radius r_0^*, we obtain a modified density ϱ_i', which is calculated as in Eq. (69.3), only the f's lying outside r_0^* are put zero. We can express this function by introducing a modified atomic density $\varrho'_{a,i}$

$$v_p\,\varrho'_{a,i}(x, y, z) = \iiint\limits_{-\infty}^{+\infty} T\,f_i(h', k', l')\,e^{-2\pi i(h'x+k'y+l'z)}\,, \tag{69.4}$$

T being 1 inside the sphere r_0^* and zero outside this sphere. If these modified atoms are placed at the points of a point lattice, the resulting electron density is just the modified electron density, since its FOURIER components are the values of the FOURIER transform for integer values of h', k', l'.

We may remark that an increase of r_0^* by Δr_0^* changes the modified atomic density, but may leave the modified density $\varrho'_{i'}$ unchanged. This will be the case, if the new sphere of radius $r_0^* + \Delta r_0^*$ includes the same lattice points as the original sphere. So, if the additions to the atomic density are summed up for the lattice, the result will be zero.

The expression (69.4) invites us to use the convolution theorem (Sect. 15γ). If T is the transform of a function $v_p\,S(x, y, z)$, then, the FOURIER transform of $v_p\,\varrho'_{a,i}$ being the product of two terms, it follows

$$v_p\,\varrho'_{a,i} = \iiint\limits_{-\infty}^{+\infty} v_p\,S(x', y', z')\,v_p\,\varrho_{a,i}(x - x', y - y', z - z')\,dx'\,dy'\,dz' \tag{69.5}$$

and since

$$\varrho'_i = \sum_{n_1}\sum_{n_2}\sum_{n_3} \varrho'_{a,i}(x + n_1, y + n_2, z + n_3)$$

[cf. Eq. (14.2)]

$$\varrho'_i = \iiint\limits_{-\infty}^{+\infty} v_p\,S(x', y', z')\,\varrho_i(x - x', y - y', z - z')\,dx'\,dy'\,dz'. \tag{69.5a}$$

The function is defined by

$$v_p\,S = \iiint\limits_{-\infty}^{+\infty} T(h', k', l')\,e^{-2\pi i(h'x+k'y+l'z)}\,dh'\,dk'\,dl',$$

which by putting $v_p = 1/v_p^*$ goes over into

$$S = \iiint\limits_{\text{sphere}} dv^* \exp(-2\pi i\,\boldsymbol{r}\cdot\boldsymbol{r}^*).$$

The evaluation of this integral proceeds along the same lines as the evaluation of the shape function of a sphere (41.4). Hence, if

$$z = 2\pi r\cdot r_0^*, \qquad S = 4\pi r_0^{*3}\left(\frac{\sin z}{z^3} - \frac{\cos z}{z^2}\right).$$

For two-dimensional syntheses we find in the same way

$$S = 2\pi r_0^{*2}\,\frac{J_1(z)}{z},$$

J_1 being the BESSEL function of the first order and for an one-dimensional structure

$$S = 2r_0^*\,\frac{\sin z}{z}.$$

These functions have their maximum at $z = 0$, and decrease to zero at a value z_0, for larger values of z they alternate between decreasing positive and negative maxima. So we may say in a rough approximation that S has to be considered only for such values of r which lie between $+r_0$ and $-r_0$ with

$$r_0 = \frac{z_0}{2\pi r_0^*}.$$

Knowing already r_0^* to be $2/\lambda$, and z_0 in the three-dimensional case being $0.7 \cdot 2\pi$, in two dimensions $0.6 \cdot 2\pi$ and in the last case $0.5 \cdot 2\pi$, we find that r_0 ranges from 0.35λ to 0.25λ. Returning to Eqs. (69.5) and (69.5a) we can interpret these integrals saying: The value of the modified density at a point is found by integrating the densities in the neighbourhood to distances 0.35λ or each side, after having multiplied them by the function S. Therefore, details on a scale less than 0.7λ are lost in the FOURIER synthesis with a limited number of terms. Between the atoms, where ϱ is zero, ripples are found in the modified density, caused by the secondary maxima of S. These ripples, being analogous to optical diffraction effects, constitute *false details*. To avoid these details, special methods have been used. If only the atomic parameters are to be determined, the termination effects can be removed together with other errors by refinement methods. The methods of correcting these errors, together with other errors, are lying outside the scope of this article. Some words have been said on this topic in Sect. 61, but the discussion sheds no new light on the theoretical foundations of structure analysis.

General references.

[1] The Crystalline State, Editor Sir L. BRAGG. Vol. I. W. L. BRAGG: The Crystalline State. London: G. Bell & Sons 1933.

[2] The Crystalline State, Editor Sir L. BRAGG. Vol. II. R. W. JAMES: The optical principles of the Diffraction of X-rays. London: G. Bell & Sons 1954.

[3] The Crystalline State, Editor Sir L. BRAGG. Vol. III. H. LIPSON, and W. COCHRAN: The Determination of Crystal Structures. London: G. Bell & Sons 1953. — These three books give a very complete description of X-ray diffraction and its applications, and they contain an extensive bibliography. Vol. I treats, without elaborate mathematical derivations, the properties of crystals, and many chemical applications. Vol. II contains a great deal of the matter of Part A, B, C and D of this article, and also the scattering by gases, liquids and amorphous solids. A wealth of experimental details illustrates and confirms the theory. Part E and some other topics are to be found in Vol. III, which gives a methodical exposition of the several methods of structure analysis, and their use.

[4] International Tables for X-ray Crystallography. I. Symmetry Groups. Birmingham: Kynoch Press 1952. — Crystal classes, lattices, space groups, structure factors, lattice complexes and some other topics. II. Mathematical Tables, and III. Physical and Chemical Tables, are not yet out of press. Together they constitute the new edition of the Internationale Tabellen zur Bestimmung von Kristallstrukturen, I. and II. Berlin 1935.

Determination of space groups.

[5] BUERGER, M. J.: X-ray Crystallography. New York: John Wiley & Sons 1942. — This book treats mainly experimental methods. It is included in this list for its treatment of lattice theory and the influence of symmetry on diffraction patterns.

[6] BRANDENBERGER, E.: Angewandte Kristallstrukturlehre. Berlin: Gebr. Bornträger 1938. — Though the newer developments are not to be found in this book, it is still a good description of the symmetry of structures, and their connection with X-ray diffraction.

Theoretical treatises.

[7] LAUE, M. v.: Röntgenstrahlinterferenzen. Leipzig: Akademische Verlagsanstalt 1941. — An outstanding exposition of scattering of X-rays and the dynamical theory. The treatment of lattice distortions is somewhat out of date.

[8] ZACHARIASEN, W. H.: Theory of X-ray Diffraction in Crystals. New York: John Wiley & Sons 1945. — A condensed treatise of the problems, mentioned above, and also of the theory of space groups and the diffraction by distorted lattices.

[9] BOUMAN, J. (editor): Selected Topics in X-ray Crystallography. Amsterdam: North-Holland Publishing Company 1951. — The main part of this book is devoted to structure analysis of matter having only approximately a crystalline structure. A, B and F are the more theoretical parts, and the contents of Part A and B are closely connected with subject matter of this article.

FOURIER *synthesis.*

[10] NOWACKI, W.: FOURIER-Synthese von Kristallen. Basel: Birkhäuser 1952. — Treats also PATTERSON syntheses, extinctions etc. The second part deals with methods of computation. A valuable account of all possible methods, based on the theory of FOURIER series.

Textbooks.

[11] BRASSEUR, H.: Les Rayons X et leurs Applications. Liège: Editions Desoer 1945. — The theory of diffraction with many applications and results (description of structures). A number of exercises is found at the end of the volume.

[12] GUINIER, A.: Théorie et technique de la radiocristallographie. Paris: Dunod 1956. English translation: X-ray Crystallographic Technology. London: Hilger & Watts 1952. — Mainly experimental, the theoretical part avoids mathematics as far as possible.

[13] BIJVOET, J. M., N. H. KOLKMEYER and C. H. MAC GILLAVRY: X-Ray Analysis of Crystals. London: Butterworth 1951. — Translated from the Dutch edition. Mainly concerned with chemical applications, i.e. structures and the methods, which are used in structure analysis.

[14] LONSDALE, K.: Crystals and X-rays. London: G. Bell & Sons 1948. — An introduction to the subject, and its ramifications. It contains a detailed description of KOSSEL-lines and of diffuse spots.

Etude de la structure des fluides et des substances amorphes au moyen de la diffusion des rayons X.

Par

G. Fournet.

Avec 27 Figures.

Introduction.

La diffusion des rayons X par les fluides et les substances amorphes a déjà fait l'objet de nombreux exposés détaillés [*2*], [*6*], [*11*], [*12*], [*13*], [*15*] et [*16*]. Nous avons profité de cette monographie pour développer quelques idées nouvelles et perfectionner leur présentation.

Nous n'avons considéré que la diffusion cohérente en négligeant la diffusion Compton; nous n'avons également pas tenu compte de la diffusion multiple.

Nous avons toujours supposé que les dimensions transversales du faisceau de rayons X sont suffisamment grandes pour qu'un grand nombre de particules soient irradiées, mais cependant suffisamment petites par rapport aux distances échantillon-récepteur pour que le faisceau puisse être assimilé à une simple droite dans la macrogéométrie du dispositif expérimental.

Notre gratitude est due à tous les auteurs et publications qui nous ont autorisé à reproduire leurs figures.

Nous remercions M. le Professeur Guinier pour de nombreuses discussions.

A. Théorie de la diffusion des rayons X par les fluides.

I. Diffusion des rayons X par une particule.

Nous allons rappeler rapidement les méthodes de calcul de l'intensité du rayonnement diffusé par une particule; le lecteur trouvera de plus amples renseignements sur cette question dans l'article de Beeman *et al.* Nous allons d'abord examiner le cas simple d'une particule fixe dans l'espace.

a) Diffusion des rayons X par une particule fixe.

1. Calcul de l'amplitude du rayonnement diffusé. La théorie classique de la diffusion des rayons X donne l'amplitude du rayonnement diffusé dans la direction définie par le vecteur unitaire $\mathbf{S}$, par un «point M_k» de facteur de structure f_k sous la forme suivante

$$A_k = A_e f_k \, e^{-i \frac{2\pi}{\lambda} (\mathbf{S}-\mathbf{S}_0)\cdot \overrightarrow{OM_k}} \qquad (1.1)$$

où A_e désigne l'amplitude relative à un électron dans les mêmes conditions, O une origine arbitraire servant à repérer les différences de marche entre les différents rayons, λ la longueur d'onde du rayonnement incident et $\mathbf{S}_0$ le vecteur unitaire définissant le rayonnement incident (cf. Fig. 1).

Dans la suite de cet article nous noterons toujours par $\boldsymbol{s}$ le vecteur:

$$\boldsymbol{s} = \frac{\boldsymbol{S} - \boldsymbol{S}_0}{\lambda}\,; \tag{1.2}$$

si nous désignons par 2ϑ l'angle de diffraction $(\boldsymbol{S}, \boldsymbol{S}_0)$ le module de $\boldsymbol{s}$ est:

$$s = |\boldsymbol{s}| = \frac{2\sin\vartheta}{\lambda}. \tag{1.3}$$

De la loi élémentaire (1.1) nous pouvons passer à l'expression de l'amplitude du rayonnement total diffusé par la particule en effectuant une sommation par rapport à tous les points de la particule:

$$A(\boldsymbol{s}) = \sum_k A_k = A_e(s) \sum_k f_k\, e^{-i2\pi \boldsymbol{s}\cdot\overrightarrow{OM_k}}. \tag{1.4}$$

Par point M_k nous entendons en général l'élément qui permet de décrire la particule. Pour une particule mono-atomique par exemple nous devons employer comme élément de description des éléments de volume dv_k; nous pouvons alors employer l'expression (1.4) à condition de remplacer le signe somme Σ par une intégrale portant sur tout le volume de la particule et de substituer $\varrho(M_k)\,dv_k$ à f_k, ϱ_k étant la densité electronique de la particule dans l'élément de volume dv_k centré sur le point M_k nous obtenons ainsi

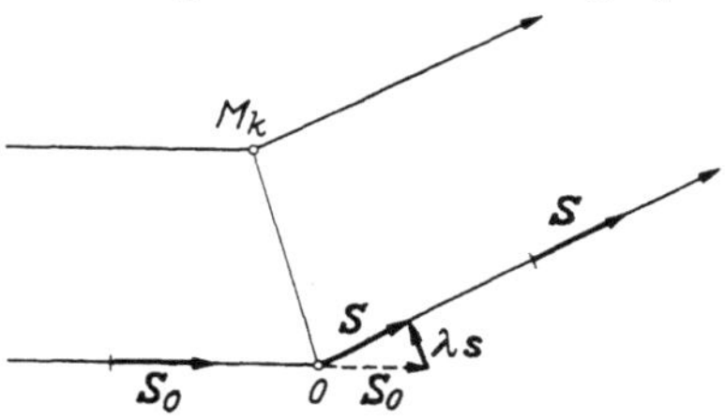

Fig. 1.

$$A(\boldsymbol{s}) = A_e(s) \int\limits_{\substack{\text{volume de}\\ \text{la particule}}} \varrho(M_k)\, e^{-i2\pi \boldsymbol{s}\cdot\overrightarrow{OM_k}}\, dv_k. \tag{1.5}$$

Nous pouvons obtenir une expression plus maniable de l'amplitude $A(\boldsymbol{s})$ en introduisant les vecteurs

$$\boldsymbol{r}_k = \overrightarrow{OM_k};$$

la densité électronique $\varrho(M_k)$ peut alors se noter $\varrho(\boldsymbol{r}_k)$ tandis que l'élément de volume dv_k situé autour de l'extrémité du vecteur $\boldsymbol{r}_k$ est désigné symboliquement par $\boldsymbol{d r}_k$. L'expression (1.5) devient ainsi

$$A(\boldsymbol{s}) = A_e(s) \int\limits_{\substack{\text{volume}\\ \text{particule}}} \varrho(\boldsymbol{r}_k)\, e^{-i2\pi \boldsymbol{s}\cdot\boldsymbol{r}_k}\, \boldsymbol{d r}_k.$$

Nous pouvons maintenant supprimer l'indice k devenu inutile et considérer, non pas une intégration limitée au volume de la particule, mais une intégration étendue à tout l'espace, en convenant que la valeur de $\varrho(\boldsymbol{r})$ sera nulle pour tous les vecteurs $\boldsymbol{r}$ correspondant à des points situés en dehors de la particule. Nous obtenons ainsi:

$$A(\boldsymbol{s}) = A_e(s) \int\limits_{\infty} \varrho(\boldsymbol{r})\, e^{-i2\pi \boldsymbol{s}\cdot\boldsymbol{r}}\, \boldsymbol{d r}. \tag{1.6}$$

La notation $\int\limits_{\infty}$ que nous venons d'employer nous servira à désigner symboliquement une intégration étendue à tout l'espace.

Dans une particule polyatomique au contraire le point M_k peut signifier centre de l'atome k et f_k est alors le facteur de structure de cet atome. Nous devons alors noter

$$A(\boldsymbol{s}) = A_e(s) \sum_k f_k(s)\, e^{-i2\pi \boldsymbol{s}\cdot\overrightarrow{OM_k}} \tag{1.7}$$

puisque le facteur de structure f_k dépend de l'angle de diffusion; nous pouvons pour le moment admettre l'expression (1.7) par analogie avec (1.4); la démonstration est donnée lors de l'établissement de l'expression (16.1).

Nous continuerons l'exposé en nous servant de l'expression (1.4) mais nous savons maintenant comment nous devons modifier les différentes relations que nous allons obtenir pour tenir compte des différents cas possibles.

Dans le cas de particules possédant un centre de symétrie nous ferons toujours coïncider avec ce centre le point servant à repérer les différences de marche; l'expression (1.4) peut alors se simplifier en remarquant que à chaque point M_k de facteur de structure f_k et situé à l'extrèmité du vecteur $\overrightarrow{OM_k}$ on peut faire correspondre un point de même facteur de structure mais situé à l'extrèmité du vecteur $-\overrightarrow{OM_k}$. La contribution qu'apporte l'ensemble de ces deux points à l'amplitude diffusée est donc

$$A_e(s)\, f_k \left[e^{-i\,2\pi\,\mathbf{s}\cdot\overrightarrow{OM_k}} + e^{-i\,2\pi\,\mathbf{s}\cdot(-\overrightarrow{OM_k})}\right]$$

soit

$$2A_e(s)\, f_k \cos\left(2\pi\mathbf{s}\cdot\overrightarrow{OM_k}\right).$$

On peut donc dans ces conditions écrire l'amplitude diffusée par une particule possédant un centre de symétrie sous la forme

$$A(\mathbf{s}) = A_e(s) \sum_k f_k \cos\left(2\pi\,\mathbf{s}\cdot\overrightarrow{OM_k}\right). \tag{1.8}$$

Dans le cas des particules à centre de symétrie que nous venons d'examiner nous définirons le facteur de diffusion $F(\mathbf{s})$ d'une particule par le rapport de l'amplitude diffusée $A(\mathbf{s})$ à l'amplitude $A_e(s)$ relative à un électron placé dans les mêmes conditions

$$F(\mathbf{s}) = \frac{A(\mathbf{s})}{A_e(s)}. \tag{1.9}$$

L'expression générale du facteur de diffusion

$$F(\mathbf{s}) = \sum_k f_k \cos\left(2\pi\,\mathbf{s}\cdot\overrightarrow{OM_k}\right) \tag{1.10}$$

peut donc prendre les aspects suivants:

$$F(\mathbf{s}) = \int_{\infty} \varrho(\boldsymbol{r}) \cos(2\pi\,\mathbf{s}\cdot\boldsymbol{r})\, d\boldsymbol{r} \tag{1.11}$$

pour une particule définie par sa densité electronique $\varrho(\boldsymbol{r})$ et

$$F(\mathbf{s}) = \sum_k f_k(s) \cos\left(2\pi\,\mathbf{s}\cdot\overrightarrow{OM_k}\right) \tag{1.12}$$

pour une particule considérée comme composée d'un ensemble d'atomes.

2. Calcul de l'intensité du rayonnement diffusé. Pour obtenir l'intensité du rayonnement diffusé par une particule quelconque nous multiplions l'amplitude par sa valeur complexe conjuguée.

$$\left.\begin{aligned} I(\mathbf{s}) &= A(\mathbf{s})\cdot A^*(\mathbf{s}) = A_e^2(s) \sum_k f_k\, e^{-i\,2\pi\,\mathbf{s}\cdot\overrightarrow{OM_k}} \cdot \sum_j f_j\, e^{+i\,2\pi\,\mathbf{s}\cdot\overrightarrow{OM_j}} \\ &= I_e(s) \sum_k \sum_j f_k f_j\, e^{-i\,2\pi\,\mathbf{s}\cdot(\overrightarrow{OM_k}-\overrightarrow{OM_j})}. \end{aligned}\right\} \tag{2.1}$$

Si nous nous intéressons à un couple de points p et q bien précisé nous remarquons que ce couple intervient par l'intermédiaire de deux termes; l'un des termes

$$f_p f_q e^{-i 2\pi \mathbf{s} \cdot (\overrightarrow{OM_p} - \overrightarrow{OM_q})}$$

correspond à $k = p$ et $j = q$ tandis que l'autre

$$f_q f_p e^{-i 2\pi \mathbf{s} \cdot (\overrightarrow{OM_q} - \overrightarrow{OM_p})}$$

correspond à $k = q$ et $j = p$.

La somme de ces deux termes est égale à

$$2 f_p f_q \cos\left[2\pi \mathbf{s} \cdot (\overrightarrow{OM_q} - \overrightarrow{OM_p})\right] = 2 f_p f_q \cos\left[2\pi \mathbf{s} \cdot \overrightarrow{M_p M_q}\right]$$

et l'on peut donc écrire

$$I(\mathbf{s}) = I_e(s) \sum_k \sum_j f_k f_j \cos\left[2\pi \mathbf{s} \cdot \overrightarrow{M_k M_j}\right]. \tag{2.2}$$

Nous avons noté par

$$I_e(s) = A_e^2(s)$$

l'intensité diffusée par un electron; nous rappelons que cette intensité est égale à

$$I_e(s) = 7{,}90 \cdot 10^{-26} \cdot I_0 p^{-2} \cdot 0{,}5\,(1 + \cos^2 \vartheta) \tag{2.3}$$

où I_e désigne le flux d'énergie s'écoulant par une surface de 1 cm² perpendiculaire au faisceau incident; p est la distance, exprimée en cm, entre la particule et le récepteur utilisé. L'intensité (2.3) a été notée par $I_e(s)$ parce qu'elle ne dépend du vecteur $\mathbf{s}$ que par l'intermédiaire de son module $s = 2 \sin \vartheta/\lambda$; on peut ainsi écrire

$$I(s) = 7{,}9 \cdot 10^{-26} I_0 p^{-2} \left(1 - \frac{\lambda^2 s^2}{8}\right).$$

De façon tout à fait générale nous notons par $x(s)$ une quantité dont la valeur ne dépend que du module s de $\mathbf{s}$ tandis qu'une quantité dépendant de l'orientation et du module du vecteur $\mathbf{s}$ est désignée par $x(\mathbf{s})$.

Si nous reprenons le calcul (2.1) de l'intensité diffusée pour des particules à centre de symétrie (nous écrirons maintenant pour simplifier «particule centrée») nous obtenons:

$$I(\mathbf{s}) = A(\mathbf{s})\, A^*(\mathbf{s}) = A_e^2(s)\, F^2(\mathbf{s}) = I_e(s)\, F^2(\mathbf{s}); \tag{2.4}$$

nous voyons ainsi que pour des particules centrées le rapport de l'intensité diffusée à l'intensité relative à un électron est égale au carré du facteur de diffusion.

b) Diffusion des rayons X par une particule mobile.

Nous venons de calculer l'intensité diffusée par une particule fixe; dans la plupart des cas (examen des fluides, solutions, suspensions, émulsions etc.) les particules se déplacent. Un déplacement est toujours la somme d'une translation et d'une rotation. Une translation, définie par le vecteur $\boldsymbol{T}$, a pour effet de multiplier l'amplitude par $e^{-i 2\pi \mathbf{s} \cdot \boldsymbol{T}}$ ce qui ne change en rien l'intensité. Seules les rotations vont donc intervenir dans le calcul de l'intensité moyene.

Quand les probabilités des différentes orientations sont définies, nous pouvons atteindre, en partant des expressions (2.2) et (2.4) la moyenne $I(\mathbf{s})$ de l'intensité observée et écrire que:

$$\overline{I(\mathbf{s})} = I_e(s)\, \overline{F^2(\mathbf{s})},$$

relation qui définit la moyenne $\overline{F^2(\mathbf{s})}$ du carré de facteur de diffusion.

3. Cas où toutes les orientations sont également probables. Nous nous limiterons dans la presque totalité de ce chapitre A, Ib) *au cas où toutes les orientations sont également probables.*

Quand on peut faire cette hypothèse, le seul problème mathématique consiste à calculer la moyenne de $\cos(2\pi \mathbf{s}\cdot\boldsymbol{r})$ où le vecteur $\boldsymbol{r}$ de module r bien déterminé, peut prendre toutes les orientations avec une égale probabilité. Pour effectuer ce calcul, introduisons l'angle φ que font les vecteurs $\mathbf{s}$ et $\boldsymbol{r}$. Cet angle peut varier de 0 à π et la probabilité pour qu'il soit compris entre φ et $\varphi + d\varphi$ est $\frac{1}{2}\sin\varphi$.

Nous devons donc évaluer:

$$\int_0^{\pi} \cos(2\pi s r \cos\varphi)\,\frac{1}{2}\sin\varphi\, d\varphi = \int_0^{\pi/2} \cos(2\pi s r\cos\varphi)\sin\varphi\, d\varphi$$

$$= -\frac{1}{2\pi s r}\int_0^{\pi/2}\cos(2\pi s r\cos\varphi)\, d(2\pi s r\cos\varphi) = -\frac{1}{2\pi s r}\int_{2\pi s r}^{0}\cos u\, du = \frac{\sin(2\pi s r)}{2\pi s r}$$

ce qui fournit le résultat classique pour la moyenne de $\cos(2\pi\mathbf{s}\cdot\boldsymbol{r})$:

$$\overline{\cos(2\pi\mathbf{s}\cdot\boldsymbol{r})} = \frac{\sin 2\pi s r}{2\pi s r}. \tag{3.1}$$

Le résultat ne dépend plus de $\mathbf{s}$ que par l'intermédiaire de son module s comme il était facile de le prévoir: la répartition de l'intensité diffusée présente ainsi un axe de révolution qui coïncide avec la direction du rayon incident.

Nous pouvons maintenant atteindre à partir de la relation (2.2) l'expression de $\overline{F^2(s)}$

$$\overline{F^2(s)} = \sum_k\sum_j f_k f_j \frac{\sin 2\pi s|\overrightarrow{M_k M_j}|}{2\pi s|\overrightarrow{M_k M_j}|}. \tag{3.2}$$

La formule que nous venons d'obtenir est générale et s'applique aussi bien aux particules quelconques qu'aux particules centrées.

Dans le cas des particules centrées, nous pouvons à partir de l'expression générale (1.10) du facteur de diffusion obtenir le facteur de diffusion moyen en utilisant la relation (3.1):

$$\overline{F(s)} = \sum_k f_k \frac{\sin 2\pi s|\overrightarrow{OM_k}|}{2\pi s|\overrightarrow{OM_k}|}. \tag{3.3}$$

On pourrait alors être tenté d'écrire que $\overline{F^2(\mathbf{s})}$ est égal au carré $\overline{F(\mathbf{s})}^2$ de la moyenne du facteur de structure. Pour que la moyenne d'un produit $a\cdot b$ soit égale au produit des moyennes de a et b, il suffit que les variables a et b soient stochastiquement indépendantes, c'est-à-dire que le fait de connaitre la valeur de a ne modifie en rien les probabilités des différentes valeurs de b. La proposition précédente ne peut donc être vérifiée puisque

$$a \equiv b = F(\mathbf{s}).$$

Particules à symétrie sphérique (La plupart des atomes peuvent être rangés dans cette rubrique).

Le seul cas où, en général $\overline{F^2}$ et $\overline{F}^2$ sont égaux est le cas des particules à symétrie sphérique; une rotation de la particule autour de son centre ne modifie pas la répartition des centres diffusant et par conséquent laisse $F(\mathbf{s})$ invariable.

Nous obtenons alors:

$$\overline{F^2(s)} = \overline{F(s)}^2 = F^2(s). \tag{3.4}$$

La symétrie sphérique impose que la densité électronique en chaque point $\varrho(\boldsymbol{r})$ ne dépende plus que de la distance r de ce point au centre de la particule. Dans l'expression (1.11) la contribution de tous les points contenus entre deux sphères de rayon r et $r + dr$ est donc

$$\int_{\varphi=0}^{\varphi=\pi} \varrho(r) \cos(2\pi s r \cos\varphi)\, 2\pi r \sin\varphi\, d\varphi\, dr$$

soit [cf. (3.1)]

$$\varrho(r) \frac{\sin 2\pi s r}{2\pi s r} 4\pi r^2 dr.$$

Le facteur de diffusion est donc

$$F(s) = \int_0^R \varrho(r) \frac{\sin 2\pi s r}{2\pi s r} 4\pi r^2 dr,$$

R étant le plus grand rayon de la particule; on peut avoir intérêt à écrire cette même expression sous la forme

$$F(s) = \int_0^\infty \varrho(r) \frac{\sin 2\pi s r}{2\pi s r} 4\pi r^2 dr \tag{3.5}$$

en posant

$$\varrho(r) \equiv 0 \quad \text{pour} \quad r > R.$$

Nous pouvons, à titre d'exemple, calculer le facteur de diffusion relatif à une sphère de densité électronique constante et de rayon R_0; l'expression (3.5) fournit immédiatement:

$$F(s) = \int_0^{R_0} \varrho_0 \frac{\sin 2\pi s r}{2\pi s r} 4\pi r^2 dr = \varrho_0 \frac{4\pi R_0^3}{3} \Phi(2\pi r s) \tag{3.6}$$

où la fonction $\Phi(x)$ est définie par

$$\Phi(x) = 3 \frac{\sin x - x\cos x}{x^3}. \tag{3.7}$$

La valeur de la fonction $\Phi(x)$ étant l'unité pour $x = 0$, le facteur de $\Phi(2\pi s r)$ dans l'expression (3.6) du facteur de diffusion doit être égal au nombre d'électrons contenus dans la particule (cf. l'expression (1.6) avec $s = 0$); c'est bien ce que nous observons ici parceque le volume v_0 de la sphère est $4\pi R_0^3/3$.

Pour résumer l'ensemble de ce que nous venons d'établir nous donnons ci-dessous les expressions valables dans le cas où toutes les orientations sont également probables:

Particule quelconque polyatomique:

$$\overline{F^2(s)} = \sum_k \sum_j f_k(s) f_j(s) \frac{\sin 2\pi s |\overrightarrow{M_k M_j}|}{2\pi s |\overrightarrow{M_k M_j}|}. \tag{3.8}$$

Particule centrée polyatomique:

$$\overline{F(s)} = \sum_k f_k(s) \frac{\sin 2\pi s |\overrightarrow{OM_k}|}{2\pi s |\overrightarrow{OM_k}|}. \tag{3.9}$$

$\overline{F^2(s)}$ [donné par (3.8)] est différent de $\overline{F(s)}^2$.

Particule à symmétrie sphérique définie par $\varrho(r)$:

$$\overline{F^2(s)} = \overline{F(s)}^2 = F^2(s) \tag{3.4}$$

avec

$$F(s) = \int_0^\infty \varrho(r) \frac{\sin 2\pi r s}{2\pi r s} 4\pi r^2 dr. \tag{3.5}$$

4. Cas général. Nous avons d'abord traité le cas le plus fréquemment réalisé où toutes les orientations sont également probables. Nous allons maintenant montrer comment pour des particules centrées on peut aborder le cas général.

La particule est liée à un système de trois axes trirectangulaires Ox, Oy, Oz. L'espace est rapporté à trois axes OX, OY, OZ. Les centres des deux systèmes d'axes peuvent coïncider puisque ce sont uniquement les orientations qui nous intéressent. Nous emploierons les angles d'EULER[1] ψ, ϑ, φ pour repérer la position du trièdre Ox, Oy, Oz par rapport au trièdre OX, OY, OZ. Nous orienterons ce dernier trièdre de façon que le vecteur $\mathbf{s}$ considéré soit dirigé suivant OZ. Avec les notations classiques employées:

$$\mathbf{s} \cdot \overrightarrow{OM_k} = s\,(x_k \sin\varphi \sin\vartheta + y_k \cos\varphi \sin\vartheta + z_k \cos\vartheta)\,,$$

x_k, y_k, z_k étant les coordonnées de M_k dans le système Ox, Oy, Oz.

En utilisant la formule (1.4) on remarque que l'amplitude du rayonnement dépend ainsi de trois paramètres: φ, ϑ et $\mathbf{s}$ (dont le caractère vectoriel est caché, mais les angles ϑ et φ dépendent de $\mathbf{s}$ par le choix particulier de OZ). Nous pouvons noter:

$$A(\mathbf{s}) = A_e(s)\, F(\mathbf{s}, \vartheta, \varphi)\,. \tag{4.1}$$

En désignant par $p_1(\mathbf{s}, \vartheta)$ et $p_2(\mathbf{s}, \varphi)$ les fonctions densité de probabilité de ϑ et de φ (nous sommes obligés d'écrire $p_1(\mathbf{s}, \vartheta)$ pour rappeler le choix particulier de OZ), l'amplitude moyenne est:

$$\overline{A(\mathbf{s})} = A_e(s) \int_0^\pi \int_0^{2\pi} F(\mathbf{s}, \vartheta, \varphi)\, p_1(\mathbf{s}, \vartheta)\, p_2(\mathbf{s}, \varphi)\, d\vartheta\, d\varphi\,. \tag{4.2}$$

De même l'intensité moyenne s'obtient par:

$$\overline{I(\mathbf{s})} = I_e(s) \int_0^\pi \int_0^{2\pi} F^2(\mathbf{s}, \vartheta, \varphi)\, p_1(\mathbf{s}, \vartheta)\, p_2(\mathbf{s}, \varphi)\, d\vartheta\, d\varphi\,. \tag{4.3}$$

Les expressions que nous venons de développer dans ce chapitre A, I laissent prévoir — conformément à l'expérience (cf. Sect. 20) — que le facteur de diffusion d'une particule est en général une fonction continuellement décroissante du paramètre s et par conséquence de l'angle de diffusion 2ϑ. Ce n'est que dans le cas de particule à structure interne fortement marquée (exemple CCl_4) que l'on peut observer des maxima du facteur de diffusion à des angles non nuls.

II. Diffusion des rayons X par un fluide composé d'une seule espèce de particules

a) Cas des particules à symétrie sphérique.

Nous venons de décrire rapidement comment il est possible d'atteindre et de calculer le facteur de structure d'une particule. Nous allons maintenant examiner le cas des ensembles de particules en traitant dans ce chapitre le cas le plus simple, celui d'un ensemble de particules sphériques identiques.

[1] Dans ce chapitre ϑ désigne l'angle d'EULER et non pas l'angle de diffusion qui n'intervient que par s.

5. Etablissement des résultats généraux. *α) Expression générale de l'intensité.* Nous désignons par $\boldsymbol{R}_K$ le vecteur qui, issu d'une origine quelconque, sert à repérer le centre de la k-ième particule et par $\boldsymbol{r}_{kl}$ le vecteur dont l'origine est le centre de la k-ième particule et dont l'extrémité est le point l de cette particule. Le point l (facteur de diffusion f_{kl}) de la k-ième particule est donc repéré par la somme $\boldsymbol{R}_k + \boldsymbol{r}_{kl}$ et l'amplitude du rayonnement diffusé par cette particule est par conséquent [cf. (1.4)]

$$A_k(\mathbf{s}) = A_e(s) \sum_l f_{kl}\, e^{-i2\pi \boldsymbol{s}\cdot(\boldsymbol{R}_k + \boldsymbol{r}_{kl})}.$$

L'amplitude du rayonnement total diffusé s'obtient en considérant toutes les particules, c'est-à-dire en effectuant la somme sur l'indice k:

$$A(\mathbf{s}) = A_e(s) \sum_k \Big\{ \sum_l f_{kl}\, e^{-i2\pi \boldsymbol{s}\cdot(\boldsymbol{R}_k + \boldsymbol{r}_{kl})} \Big\}.$$

Cette expression peut encore se mettre sous la forme

$$A(\mathbf{s}) = A_e(s) \sum_k e^{-i2\pi \boldsymbol{s}\cdot \boldsymbol{R}_k} \sum_l f_{kl}\, e^{-i2\pi \boldsymbol{s}\cdot \boldsymbol{r}_{kl}},$$

où l'on reconnait dans

$$\sum_l f_{kl}\, e^{-i2\pi \boldsymbol{s}\cdot \boldsymbol{r}_{kl}}$$

le facteur de structure $F_k(\mathbf{s})$ de la k-ième particule. Les particules étant toutes identiques on peut négliger dans $F_k(\mathbf{s})$ l'indice k; les particules étant à symétrie sphérique le facteur de structure $F_k(\mathbf{s})$ ne dépend que du module de s et peut donc se noter simplement par $F(s)$. L'expression de l'amplitude totale du rayonnement diffusé est donc

$$A(\mathbf{s}) = A_e(s)\, F(s) \sum_k e^{-i2\pi \boldsymbol{s}\cdot \boldsymbol{R}_k} \tag{5.1}$$

et l'intensité peut s'écrire sous la forme

$$I(\mathbf{s}) = I_e(s)\, F^2(s) \sum_k \sum_j e^{-i2\pi \boldsymbol{s}\cdot(\boldsymbol{R}_k - \boldsymbol{R}_j)} \tag{5.2}$$

[cf. le passage de (1.4) à (2.1)].

Nous avons ainsi obtenu l'expression de l'intensité pour une configuration des particules en examen. Au cours du temps cette configuration va varier, les particules se déplacent; nous ne pouvons donc observer qu'une intensité moyenne et nous allons maintenant calculer une telle moyenne.

C'est uniquement le facteur constitué par la somme double qui est sensible (par l'intermédiaire de $\boldsymbol{R}_k$) à la position des particules; le calcul de la moyenne $\overline{I(\mathbf{s})}$ de $I(\mathbf{s})$,

$$\overline{I(\mathbf{s})} = I_e(s)\, F^2(s)\, \overline{\sum_k \sum_j e^{-i2\pi \boldsymbol{s}\cdot(\boldsymbol{R}_k - \boldsymbol{R}_j)}} \tag{5.3}$$

revient donc uniquement à calculer la moyenne de cette double somme.

β) Calcul de la moyenne de $\sum_k \sum_j e^{-i2\pi \boldsymbol{s}\cdot(\boldsymbol{R}_k - \boldsymbol{R}_j)}$. Le calcul de la moyenne de la double somme se présente de façon plus ou moins difficile suivant l'hypothèse que l'on fait sur la façon dont est limité l'ensemble des particules. Nous effectuerons d'abord le calcul le plus simple qui correspond au cas où le volume V_0 offert aux N_0 particules est très grand devant le volume V irradié par le faisceau de rayons X. Nous supposerons de plus que aucun point du volume V ne se trouve à proximité des bords du volume V_0 (le cas général sera traité dans la Sect. 11).

Ces conditions étant précisées nous allons grouper les différents termes de la somme double en deux groupes:

— le premier groupe est constitué par les termes où $k=j$,

— le deuxième groupe contient les autres termes, c'est-à-dire ceux pour lesquels k est différent de j.

Nous pouvons donc écrire

$$\sum_k \sum_j = \underbrace{\sum_k \text{ avec } j=k}_{1^{\text{er}} \text{ groupe}} + \underbrace{\sum_k \sum_{j \neq k}}_{2^{\text{e}} \text{ groupe}}. \tag{5.4}$$

Nous allons examiner maintenant chaque groupe et sa moyenne étant donné que nous savons que

$$\overline{\sum_k \sum_j} = \overline{1^{\text{er}} \text{ groupe}} + \overline{2^{\text{e}} \text{ groupe}}.$$

La valeur d'un terme du premier groupe

$$e^{-i2\pi \boldsymbol{s}\cdot(\boldsymbol{R}_k - \boldsymbol{R}_k)} = e^0 = 1$$

est l'unité; pour une certaine configuration de l'ensemble de particules le premier groupe contient autant de termes qu'il existe de particules dans le volume V irradié par le faisceau de rayons X et la valeur de l'ensemble des termes du premier groupe est

$$\sum_{\substack{k \\ (N \text{ termes})}} 1 = N.$$

La valeur moyenne de ce premier groupe est donc égale à

$$\overline{\sum_k 1} = \overline{N}, \tag{5.5}$$

nombre moyen de particules contenues dans le volume V.

Nous allons maintenant aborder le calcul de la moyenne du deuxième groupe

$$\sum_k \sum_{j \neq k} e^{-i2\pi \boldsymbol{s}\cdot(\boldsymbol{R}_k - \boldsymbol{R}_j)}. \tag{5.6}$$

En reprenant les calculs qui nous ont permis de transformer la relation (2.1) en la relation (2.2) nous obtenons pour la valeur moyenne de (5.6)

$$\overline{\sum_k \sum_{j \neq k} e^{-i2\pi \boldsymbol{s}(\boldsymbol{R}_k - \boldsymbol{R}_j)}} = \overline{\sum_k \sum_{j \neq k} \cos\left[2\pi \boldsymbol{s}\cdot(\boldsymbol{R}_k - \boldsymbol{R}_j)\right]}. \tag{5.7}$$

Dans cette somme chaque terme kj est relatif à un couple de particules constitué par une particule contenue dans le volume V et une particule ***différente*** ($j \neq k$) contenue dans le même volume. Pour obtenir la valeur de (5.7) nous devons, pour chaque configuration de l'ensemble des N_0 particules, calculer la somme des cosinus en considérant tous les couples de particules situés dans le volume V pour cette configuration, puis ensuite effectuer la moyenne. Etant donné les propriétés d'additivité des moyennes (la moyenne d'une somme est la somme des moyennes) nous pouvons calculer la valeur de (5.7) par un autre procédé si nous décomposons le volume V en volumes très petits Δv, Δv_k servant à désigner le petit volume entourant l'extrémité du vecteur $\boldsymbol{R}_k$. En profitant de notre remarque sur l'additivité des moyennes nous pouvons alors écrire:

$$\overline{\sum_{\substack{\text{toutes les particules} \\ k \text{ situées dans } V}} \sum_{\substack{\text{toutes les particules} \\ j \neq k \text{ situées dans } V}} \cos\left[2\pi \boldsymbol{s}\cdot(\boldsymbol{R}_k - \boldsymbol{R}_j)\right]}$$

$$= \sum_{\substack{\text{tous les élements} \\ \Delta v_k \text{ de } V}} \sum_{\substack{\text{tous les élements} \\ \Delta v_j \text{ de } V}} \overline{\cos\left[2\pi \boldsymbol{s}\cdot(\boldsymbol{R}_k - \boldsymbol{R}_j)\right] \Delta v_k \Delta v_j}.$$

Nous sommes maintenant conduits à chercher la contribution moyenne apportée par les couples de particules constitués par, d'une part, une particule de Δv_k et, d'autre part, une particule *différente* [nous sommes obligés de préciser «différente» puisque nous avons exclu de la somme (5.6) les termes $k=j$] de Δv_j; les éléments de volume étant très petits, les vecteurs $\boldsymbol{R}_k$ et $\boldsymbol{R}_j$ sont bien déterminés de même par conséquent que la valeur $\cos[2\pi\,\mathbf{s}\cdot(\boldsymbol{R}_k-\boldsymbol{R}_j)]$; la contribution considérée s'obtient donc en multipliant la valeur du cosinus par le nombre *moyen* n_{kj} de couples formés comme nous venons de l'indiquer. Nous allons maintenant faire tendre les volumes Δv vers des volumes infiniment petits (même à l'échelle atomique) dv; nous dirons alors qu'une particule est dans dv_k (entourant l'extrémité du vecteur $\boldsymbol{R}_k$) quand le centre d'une particule y est. Le nombre moyen de couples n_{kj} s'exprime maintenant facilement au moyen de la fonction $n_2(\boldsymbol{R}_{kj},\boldsymbol{R}_j)$ employée dans plusieurs des récentes théories des fluides.

La fonction $n_2(\boldsymbol{R}_k,\boldsymbol{R}_j)$ est définie en disant que $n_2(\boldsymbol{R}_k,\boldsymbol{R}_j)\,dv_k\,dv_j$ est la probabilité de trouver *à la fois deux particules*: une particule dans dv_k et une particule *différente* dans dv_j; nous avons donc

$$n_{kj}(\text{dans } dv_k,\, dv_j) = n_2(\boldsymbol{R}_k,\boldsymbol{R}_j)\,dv_k\,dv_j.$$

La plupart des propriétés des fluides (voir Sect. 7) peuvent s'exprimer au moyen de la fonction $n_2(\boldsymbol{R}_k,\boldsymbol{R}_j)$. Nous emploierons encore la fonction $n_1(\boldsymbol{R}_k)$ telle que $n_1(\boldsymbol{R}_k)\,dv_k$ exprime la probabilité de trouver *une* particule dans l'élément de volume dv_k; dans un fluide homogène au repos $n_1(\boldsymbol{R}_k)$ est constant, nous désignerons cette constante par n_1. Les définitions de $n_1(\boldsymbol{R}_k)$ et de $n_2(\boldsymbol{R}_k,\boldsymbol{R}_j)$ peuvent se généraliser et on peut introduire une fonction $n_3(\boldsymbol{R}_k,\boldsymbol{R}_j,\boldsymbol{R}_l)$ telle que la probabilité de trouver à la fois 3 particules toutes différentes dans les éléments de volume dv_k, dv_j, dv_l soit égale à

$$n_3(\boldsymbol{R}_k,\boldsymbol{R}_j,\boldsymbol{R}_l)\,dv_k\,dv_j\,dv_l.$$

La considération de la fonction $n_2(\boldsymbol{R}_k,\boldsymbol{R}_j)$ nous permet d'obtenir ainsi

$$\left.\begin{aligned}&\overline{\sum_k\sum_{j\neq k}\cos[2\pi\,\mathbf{s}\cdot(\boldsymbol{R}_k-\boldsymbol{R}_j)]}\\&\qquad=\int_V\int_V\cos[2\pi\,\mathbf{s}\cdot(\boldsymbol{R}_k-\boldsymbol{R}_j)]\,n_2(\boldsymbol{R}_k,\boldsymbol{R}_j)\,d\boldsymbol{R}_k\,d\boldsymbol{R}_j\end{aligned}\right\}\tag{5.8}$$

où nous désignons par $d\boldsymbol{R}_k$ et $d\boldsymbol{R}_j$ les éléments de volume situés au voisinage de l'extrémité des vecteurs $\boldsymbol{R}_k$ et $\boldsymbol{R}_j$; ces éléments de volume étaient notés primitivement dv_k et dv_j, mais les notations que nous venons d'introduire ont l'avantage de simplifier les calculs qui vont suivre.

La valeur moyenne $\overline{N}$ du nombre de particules contenues dans le volume V étant par définition

$$\overline{N}=\int_V n_1(\boldsymbol{R}_k)\cdot d\boldsymbol{R}_k,$$

nous pouvons maintenant obtenir au lieu et place de (5.3)

$$\left.\begin{aligned}\overline{I(\mathbf{s})}&=I_e(s)\,F^2(s)\Big\{\int_V n_1(\boldsymbol{R}_k)\,d\boldsymbol{R}_k+\\&\quad+\int_V\int_V\cos[2\pi\,\mathbf{s}\cdot(\boldsymbol{R}_k-\boldsymbol{R}_j)]\,n_2(\boldsymbol{R}_k,\boldsymbol{R}_j)\cdot d\boldsymbol{R}_k\,d\boldsymbol{R}_j\Big\}.\end{aligned}\right\}\tag{5.3 bis}$$

Dans l'enceinte V_0 que nous avons considérée tous les points du volume V doivent jouir des mêmes propriétés et par conséquent les valeurs qui nous intéressent de la fonction $n_2(\boldsymbol{R}_k,\boldsymbol{R}_j)$ ne dépendent que du vecteur $\boldsymbol{R}_k-\boldsymbol{R}_j$

joignant les points j et k; les particules étant à symétrie sphérique la fonction n_2 est même uniquement déterminée par le module $|\boldsymbol{R}_k - \boldsymbol{R}_j|$ du vecteur $\boldsymbol{R}_k - \boldsymbol{R}_j$.

C'est dans ces conditions et dans le cas où l'enceinte V_0 est très grande que YVON [18] a montré que l'on pouvait écrire

$$n_2(\boldsymbol{R}_k - \boldsymbol{R}_j) = n_2(|\boldsymbol{R}_k - \boldsymbol{R}_j|) = n_1^2\, P(|\boldsymbol{R}_k - \boldsymbol{R}_j|), \tag{5.9}$$

la fonction $P(|\boldsymbol{R}_k - \boldsymbol{R}_j)$ tendant vers l'unité quand le module $|\boldsymbol{R}_k - \boldsymbol{R}_j|$ croît.

Nous allons maintenant poser, pour faciliter les calculs,

$$n_2(|\boldsymbol{R}_k - \boldsymbol{R}_j|) = n_1^2 \alpha + n_1^2 [P(|\boldsymbol{R}_k - \boldsymbol{R}_j|) - \alpha]\,; \tag{5.10}$$

nous choisirons ultérieurement la constante α.

L'intégrale double (5.8) peut se décomposer en deux parties

$$I_1 = n_1^2 \alpha \int_V \int_V \cos[2\pi\, \boldsymbol{s} \cdot (\boldsymbol{R}_k - \boldsymbol{R}_j)]\, d\boldsymbol{R}_k\, d\boldsymbol{R}_j, \tag{5.11}$$

$$I_2 = n_1^2 \int_V \int_V \cos[2\pi\, \boldsymbol{s} \cdot (\boldsymbol{R}_k - \boldsymbol{R}_j)]\, [P(|\boldsymbol{R}_k - \boldsymbol{R}_j|) - \alpha]\, d\boldsymbol{R}_k\, d\boldsymbol{R}_j. \tag{5.12}$$

Pour effectuer le calcul de l'intégrale double (5.12) nous avons intérêt à prendre comme variables d'intégration non pas $\boldsymbol{R}_k$ et $\boldsymbol{R}_j$ mais $\boldsymbol{R}_j$ et $\boldsymbol{R}_k - \boldsymbol{R}_j = \boldsymbol{r}_{kj}$ dont le module sera noté r_{kj}; d'où l'expression suivante de I_2

$$I_2 = n_1^2 \int_V d\boldsymbol{R}_j \int_{\substack{\text{Volume permis}\\ \text{à } \boldsymbol{R}_k - \boldsymbol{R}_j}} \cos[2\pi\, \boldsymbol{s} \cdot \boldsymbol{r}_{kj}]\, [P(r_{kj}) - \alpha]\, d\boldsymbol{r}_{kj}. \tag{5.13}$$

Si pour des raisons de commodités nous voulons étendre le domaine d'intégration de la variable $\boldsymbol{r}_{kj}$ à tout l'espace nous devons introduire une fonction $f(\boldsymbol{r}, \boldsymbol{R}_j, V)$ (la valeur de cette fonction est 1 ou 0 suivant que le point défini par le vecteur $\boldsymbol{r} + \boldsymbol{R}_j$ est compris dans le volume V ou non) pour pouvoir écrire

$$I_2 = n_1^2 \int_V d\boldsymbol{R}_j \int_{\substack{\text{tout}\\ \text{l'espace}}} \cos(2\pi\, \boldsymbol{s} \cdot \boldsymbol{r})\, [P(r) - \alpha]\, f(\boldsymbol{r}, \boldsymbol{R}_j, V)\, d\boldsymbol{r}; \tag{5.14}$$

la notation $\boldsymbol{r}_{kj}$ n'est plus nécessaire maintenant et c'est pourquoi nous employons simplement la notation $\boldsymbol{r}$.

Si nous cherchons maintenant la signification physique de l'expression suivante

$$V(\boldsymbol{r}) = \int_V f(\boldsymbol{r}, \boldsymbol{R}_j, V)\, d\boldsymbol{R}_j \tag{5.15}$$

nous voyons d'après la définition même de $f(\boldsymbol{r}, \boldsymbol{R}_j, V)$ que cette intégrale représente le volume $V(\boldsymbol{r})$ du solide commun à d'une part le volume irradié V et, d'autre part le «fantôme» de ce volume obtenu par sa translation définie par le vecteur $\boldsymbol{r}$ (voir Fig. 2). Cette notation et cette interprétation ont été données pour la première fois par WILSON[1]. Pour les vecteurs de faibles modules la fonction $V(\boldsymbol{r})$ est donc voisine de V tandis que la valeur correspondant aux grands modules est zéro.

En permutant les intégrations par rapport à $\boldsymbol{r}$ et $\boldsymbol{R}_j$ l'expression (5.14) devient donc grace à (5.15)

$$I_2 = n_1^2 \int_\infty \cos(2\pi\, \boldsymbol{s} \cdot \boldsymbol{r})\, [P(r) - \alpha]\, V(\boldsymbol{r})\, d\boldsymbol{r}. \tag{5.16}$$

---

[1] A. J. C. WILSON: X-Rays Optics. London: Methuen, New York: Wiley 1949.

γ) Interprétation de la formule générale. En rassemblant nos résultats nous pouvons obtenir une expression de l'intensité diffusée de la forme suivante

$$\left.\begin{aligned}\overline{I(\mathbf{s})} &= I_e(s)\,F^2(s)\,\overline{N} + \\ &+ I_e(s)\,F^2(s)\,n_1^2\,\alpha \int\limits_V \int\limits_V \cos\left[2\pi\mathbf{s}\cdot(\boldsymbol{R}_k-\boldsymbol{R}_j)\right] d\boldsymbol{R}_k\, d\boldsymbol{R}_j + \\ &+ I_e(s)\,F^2(s)\,n_1^2 \int\limits_\infty \cos\left(2\pi\,\mathbf{s}\cdot\boldsymbol{r}\right)\left[P(r)-\alpha\right] V(\boldsymbol{r})\, d\boldsymbol{r}.\end{aligned}\right\} \quad (5.17)$$

En comparant l'expression (2.2) de l'intensité diffusée par une particule et le deuxième terme de (5.17) nous voyons que ce deuxième terme peut s'interpréter comme représentant l'intensité diffusée par une particule de même contour apparent que V et dont la densité électronique, identique pour tous les points de cette «particule», serait égale à $F(s)\,n_1\sqrt{\alpha}$. Le facteur de diffusion d'une telle particule décroit extrêmement rapidement avec le paramètre s et devient pratiquement négligeable pour les angles observables. Nous voyons ainsi que dans la plupart des cas, et pour des angles observables, nous pouvons négliger le deuxième terme de l'expression (5.17).

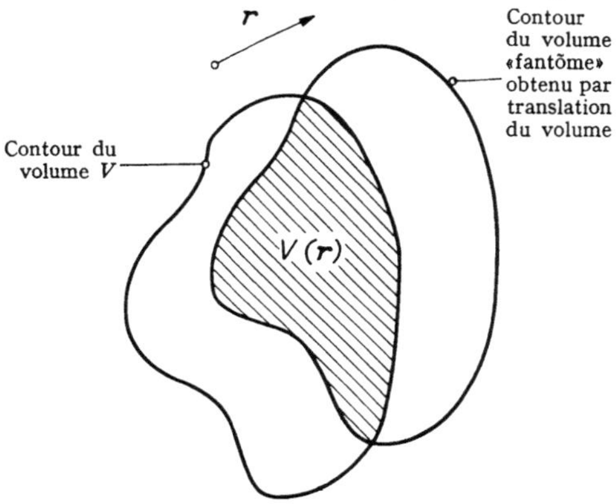

Fig. 2. Le volume $V(\boldsymbol{r})$ a été hachuré.

Le troisième terme de l'expression (5.17) de l'intensité ne dépend du volume V que par l'intermédiaire de la fonction $V(\boldsymbol{r})$. La considération de l'intégrale (5.15) et la signification physique que nous avons donnée à $V(\boldsymbol{r})$ montre que l'on fait apparaître une fonction $\gamma(\boldsymbol{x})$ dépendant uniquement de la *forme* du volume V en écrivant[1] [*13*]:

$$\gamma\left(\frac{\boldsymbol{r}}{R}\right) = \frac{V(\boldsymbol{r})}{V} \quad (5.18)$$

soit encore

$$V(\boldsymbol{r}) = \gamma\left(\frac{\boldsymbol{r}}{R}\right)\cdot V. \quad (5.19)$$

R sert à désigner une dimension repère quelconque du volume V. Il est commode de définir R comme la longueur égale à la moitié du plus grand diamètre du volume V; avec cette définition, quand le volume V a la forme d'une sphère par exemple, R est simplement le rayon de cette sphère et la fonction $\gamma(x)$ se présente sous les deux formes:

$$\gamma(\boldsymbol{x}) \equiv \gamma(x) = 1 - \tfrac{3}{4}\,x + \tfrac{1}{16}\,x^3, \qquad 0 \leq x \leq 2,$$

$$\gamma(x) = 0, \qquad x \geq 2.$$

L'introduction de la fonction γ montre donc que le troisième terme de (5.17) dépend du volume V par deux mécanismes:

1. Ce terme dépend de la *forme* du volume V par l'intermédiaire de la fonction $\gamma(\boldsymbol{r}/R)$ [premier facteur de $V(\boldsymbol{r})$ dans l'expression (5.19)].

[1] G. Porod: Acta Phys. Austriaca **3**, 66 (1949). — Porod utilise la fonction γ pour calculer l'intensité diffusée par une particule de volume V; nous employons cette fonction dans un cas différent; mais la structure mathématique des différentes expressions reste la même.

2. Ce terme dépend de l'étendue du volume V par l'intermédiaire du facteur V [deuxième facteur de $V(\mathbf{r})$ dans (5.19)].

Nous nous proposons que l'influence de la *forme* du volume sur l'expression de l'intensité (5.17) ne se fasse sentir que dans le deuxième terme de cette expression et que par conséquent le troisième terme soit indépendant de cette forme.

Quand la forme du volume V va varier la fonction $\gamma(\mathbf{r}/R)$ va décroître plus ou moins rapidement quand le module de r croît, cette décroissance étant d'autant plus rapide que le volume V est plus petit.

Quelle que soit la forme du volume V la fonction $\gamma(\mathbf{r}/R)$ possède une valeur très voisine de l'unité pour r petit; pour que le troisième terme de (5.17) ne dépende pas de la forme du volume V il faut donc que $P(r)-\alpha$ soit très petit quand $\gamma(\mathbf{r}/R)$ n'est plus sensiblement égale à l'unité; il faut donc que α soit égal à la limite de $P(r)$ quand r augmente; nous voyons qu'il n'est possible de satisfaire le critère que nous nous sommes imposé que lorsque le volume V est suffisamment grand pour que $\gamma(\mathbf{r}/R)$ soit encore suffisamment voisin de l'unité quand $P(r)$ a déjà pratiquement atteint sa limite.

Quand ces conditions sont réalisées et que l'on a choisi $\alpha=1$ nous obtenons

$$I_e(s)\,F^2(s)\,n_1^2\int_\infty \cos(2\pi\mathbf{s}\cdot\mathbf{r})\,[P(r)-1]\,V(\mathbf{r})\,d\mathbf{r} \approx I_e(s)\,F^2(s)\,n_1\,\overline{N}\int_\infty \cos(2\pi\mathbf{s}\cdot\mathbf{r})\,[P(r)-1]\,d\mathbf{r}.$$

L'élément d'intégration $d\mathbf{r}$ représente un volume élémentaire situé à une distance et une direction quelconques par rapport à l'origine.

L'intégration, faite d'abord sur la direction, fournit [cf. (3.1)]

$$\int_{r=0}^{\infty}\int_{\varphi=0}^{\pi}\cos(2\pi s r\cos\varphi)\,[P(r)-1]\,2\pi r^2\,dr\sin\varphi\,d\varphi = \int_0^\infty \frac{\sin 2\pi r s}{2\pi r s}\,[P(r)-1]\,4\pi r^2\,dr.$$

Nous pouvons maintenant, à partir de l'expression (5.17) de l'intensité et avec le choix particulier de la valeur de α que nous avons fait, obtenir une nouvelle expression en groupant les premier et troisième termes de (5.17)

$$\left.\begin{aligned}\overline{I(\mathbf{s})} &= I_e(s)\,F^2(s)\,\overline{N}\left\{1+n_1\int_0^\infty[P(r)-1]\,\frac{\sin 2\pi r s}{2\pi r s}\,4\pi r^2 dr\right\}+\\ &\quad + I_e(s)\,F^2(s)\,n_1^2\int_V\int_V\cos[2\pi\mathbf{s}\cdot(\mathbf{R}_k-\mathbf{R}_j)]\,d\mathbf{R}_k\,d\mathbf{R}_j.\end{aligned}\right\}\qquad(5.20)$$

Nous rappelons que cette expression est valable pour des particules à symétrie sphérique occupant une enceinte très grande V_0; le volume V irradié doit être *petit* devant V_0 et aucun point du volume V ne peut se trouver à proximité des bords du volume V_0. Nous avons supposé de plus que V est suffisamment *grand* pour que la fonction $\gamma(\mathbf{r}/R)$ soit encore suffisamment voisine de l'unité quand $P(r)$ a pratiquement atteint sa valeur limite, c'est-à-dire l'unité; nous pouvons remplacer cette dernière condition en disant que V doit être grand devant le volume défini par le cube d'une longueur r_1 telle que la fonction $P(r)$ soit pratiquement égale à l'unité pour $r>r_1$.

Nous avons montré que le deuxième terme de (5.20) ne prend des valeurs notables que pour des angles de diffusion extrêmement faibles et non accessibles à l'expérience en général. C'est pourquoi dans la suite de cet article nous désignerons souvent par «intensité» uniquement le *premier* terme de (5.20); quand une confusion sera possible nous distinguerons le même terme par *«intensité observable»*.

Les formules classiques de ZERNIKE et PRINS [*19*] ou DEBYE et MENKE [*4*] fournissent uniquement l'expression de l'intensité observable (avec $\alpha = 1$)

$$I_e(s)\,\overline{N}\,F^2(s)\left\{1 + n_1\int_0^\infty [P(r) - 1]\cdot\frac{\sin 2\pi r s}{2\pi r s}\,4\pi r^2 dr\right\}.$$

L'existence d'un autre terme dans l'expression de l'intensité totale diffusée est signalée dans les livres de COMPTON et ALLISON [*2*], de JAMES [*15*] et dans l'article de GINGRICH [*11*] où l'on ne considère que le cas où le volume est sphérique; nous venons de donner l'expression générale de ce terme (cf. [*6*]).

Nous voulons maintenant revenir sur notre méthode de calcul et en particulier sur l'introduction de α [cf. (5.20)] dans

$$n_2(r) = n_1^2\alpha + n_1^2[P(r) - \alpha]$$

pour faire remarquer que le choix de α est arbitraire; il est possible de choisir une valeur quelconque; le choix que nous avons proposé possède les mérites suivants:

1. la *forme* du volume V irradié n'intervient que dans un terme;

2. il permet de retrouver les expressions classiques établies par des voies moins rigoureuses, et dans lesquelles la valeur $\alpha = 1$ était choisie à priori [*4*];

3. les expérimentateurs ont toujours admis que l'intensité était proportionnelle à la masse de matière irradiée et tous leurs résultats ont pu être dépouillés grâce à cette proposition; il est donc intéressant que les calculs théoriques fournissent une expression de la diffusion proportionnelle à la masse irradiée et ce, *pour tous les angles de diffusion*. Le seul moyen pour parvenir à ce résultat est de séparer l'intensité totale en deux termes en employant la valeur $\alpha = 1$ et de ne fournir aux expérimentateurs que l'expression de l'intensité observable. Si au contraire, pour dépouiller les expériences on donnait une expression de la diffusion obtenue en ajoutant les premier et troisième termes de (5.17) et en considérant une valeur d' α différente de l'unité on aboutirait à des difficultés mathématiques inutiles.

Nous verrons dans la Sect. 11 que le choix $\alpha = 1$ est une conséquence de certaines hypothèses que nous avons effectuées pour obtenir l'expression (5.20) et que dans le cas général il est plus intéressant de choisir une autre valeur d' α.

6. Cas des particules éloignées. *α) Résultats généraux.* L'expression générale de l'intensité que nous avons établie dans le chapitre précédent nous montre l'influence de la concentration de l'échantillon. Cette influence s'exerce par l'intermédiaire du produit,

$$n_1[P(r) - 1];$$

n_1 en effet est directement proportionnel à la concentration et nous montrerons dans un chapitre suivant que la fonction $P(r)$ dépend de la concentration [les variations de $P(r)$ en fonction de r sont d'autant plus importantes que la concentration est plus élevée] et doit donc être notée par $P(r, n_1)$. Avant d'examiner justement en détail l'influence globale de la concentration sur la répartition du rayonnement diffusé nous allons tout d'abord considérer le cas où la concentration de la matière est assez faible pour que l'on puisse toujours négliger le terme

$$I_e(s)\,F^2(s)\,\overline{N}\,n_1\int_0^\infty [P(r) - 1]\,\frac{\sin 2\pi s r}{2\pi s r}\,4\pi r^2\,dr$$

devant

$$I_e(s)\,F^2(s)\,\overline{N}.$$

Nous examinerons plus loin, de façon plus précise, les conditions qui doivent être satisfaites pour que cette approximation soit valable.

Nous supposons donc que n_1 est assez petit pour que l'intensité puisse s'exprimer sous la forme

$$\overline{I(\mathbf{s})} = I_e(s)\,F^2(s)\,\overline{N} + I_e(s)\,F^2(s)\,n_1^2 \int\limits_V \int\limits_V \cos\left[2\pi \mathbf{s}\cdot(\boldsymbol{R}_k - \boldsymbol{R}_j)\right] d\boldsymbol{R}_k\, d\boldsymbol{R}_j. \quad (6.1)$$

Nous rappelons que le deuxième terme est pratiquement négligeable devant le premier quand l'angle de diffusion ϑ est plus grand qu'un angle limite ϑ_0 toujours très petit (cf. Sect. 5γ).

Nous voyons ainsi que le résultat bien connu: — l'intensité du rayonnement diffusé par un ensemble de particules *éloignées* est égale à la somme des intensités diffusées par chaque particule séparément — n'est valable qu'à condition d'exclure le faible domaine angulaire défini par $\vartheta < \vartheta_0$.

Pour bien comprendre ce résultat nous allons rappeler tout ce que nous avons déjà établi au sujet du problème suivant: dans un volume V se trouvent N «points»; chaque «point», repéré par l'extrémité d'un vecteur $\boldsymbol{R}_k$, est affecté d'un nombre f_k; on se propose d'évaluer la valeur de la double somme suivante

$$J(\mathbf{s}) = \sum_k \sum_j f_k\, f_j \cos\left[2\pi\, \mathbf{s}\cdot(\boldsymbol{R}_k - \boldsymbol{R}_j)\right]. \quad (6.2)$$

Le vecteur $\mathbf{s}$ est ici un paramètre; nous avons déjà étudié des doubles sommes de même structure mathématique où les nombres f_k et le vecteur $\mathbf{s}$ avaient des significations physiques précises, mais pour le moment nous considérons en général un calcul du type indiqué en (6.2). Quand le module s du vecteur $\mathbf{s}$ est nul nous avons évidemment

$$J(0) = \sum_k \sum_j f_k\, f_j = \Big(\sum_k f_k\Big)^2. \quad (6.3)$$

Conformément au procédé habituel, nous séparons $J(\mathbf{s})$ en deux termes

$$J(\mathbf{s}) = J_1(\mathbf{s}) + J_2(\mathbf{s}) \quad (6.4)$$

avec

$$J_1(\mathbf{s}) = \sum_k f_k^2,$$

$$J_2(\mathbf{s}) = \sum_k \sum_{j\neq k} f_k\, f_j \cos\left[2\pi s\cdot(\boldsymbol{R}_k - \boldsymbol{R}_j)\right].$$

Quand le module s de $\mathbf{s}$ est très petit les différents angles

$$2\pi\, \mathbf{s}\cdot(\boldsymbol{R}_k - \boldsymbol{R}_j) \quad (6.5)$$

sont tous très petits et les cosinus correspondants sont tous voisins de l'unité; à la limite pour $s=0$ nous obtenons le résultat (6.3). Si par contre le module s est suffisamment grand pour que les valeurs de certains angles (6.5) soient de l'ordre de plusieurs fois 2π nous pouvons dire que les valeurs des cosinus de $J_2(\mathbf{s})$ sont réparties, au hasard, entre -1 et 1 et que par conséquent $J_2(\mathbf{s})$ n'apporte qu'une très faible contribution à $J(\mathbf{s})$. Quelle que soit la direction du vecteur $\mathbf{s}$, nous voyons ainsi que, lorsque le module s croit, la double somme $J(\mathbf{s})$ passe de la valeur $(\sum f_k)^2$ à $\sum f_k^2$. Dans le cas où tous les nombres f_k sont égaux (valeur commune f) $J(\mathbf{s})$ passe ainsi de $N^2 f^2$ à $N f^2$. La valeur $J(\mathbf{s})$ évolue d'autant plus rapidement entre ces deux limites que les variations des différents angles (6.5) en fonction de s sont plus rapides et que par conséquent le volume V est plus grand. Nous avons représenté sur la Fig. 3 deux courbes J relatives à deux volumes V_1 et V_2.

Les principales conclusions que nous pouvons tirer de ces considérations sont de deux ordres:

— La décroissance de $J(\mathbf{s})$ en fonction de $\mathbf{s}$ dépend essentiellement de la forme et de l'étendue du volume V.

— La valeur limite $J_\infty(\mathbf{s})$ de $J(\mathbf{s})$ quand le module de s augmente est

$$J_\infty(\mathbf{s}) = J_1(\mathbf{s}) = \sum f^2 = N f^2 \tag{6.6}$$

dans le cas où tous les nombres f_k sont égaux.

Ce résultat peut prendre deux aspects que nous allons définir par deux exemples caractéristiques.

1. On se propose de calculer l'intensité diffusée par un ensemble de particules [cf. les expressions (5.3) et (5.7)] au moyen de

$$\left.\begin{aligned} J(\mathbf{s}) = \sum_k \sum_j F^2(s) \times \\ \times \cos\left[2\pi\,\mathbf{s}\cdot(\boldsymbol{R}_k - \boldsymbol{R}_j)\right] \end{aligned}\right\} \tag{6.7}$$

où les «points» de l'expression (6.2) sont des centres de particules dont le facteur de structure est $F(s)$; notre résultat (6.6) nous fournit ce que nous savons déjà

$$J_\infty(\mathbf{s}) = N F^2(s). \tag{6.8}$$

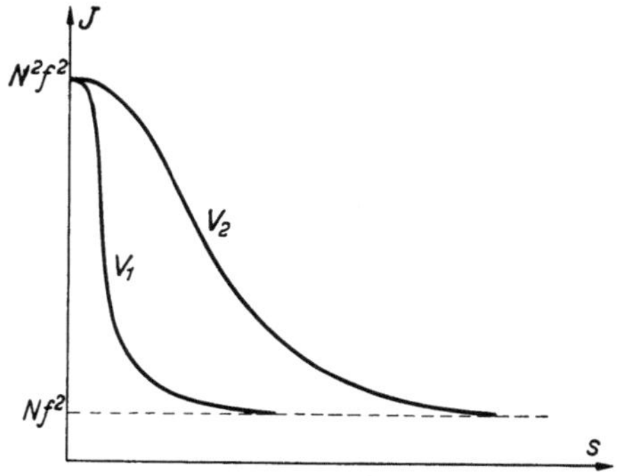

Fig. 3. Représentation des variations de J [cf. (6.2)] en fonction de s pour deux volumes V_1 et V_2 ($V_1 > V_2$) contenant le même mombre N de points.

2. On se propose de calculer l'intensité diffusée par une particule de volume V et de densité électronique constante ϱ en appliquant l'expression (2.2) soit

$$\frac{I(\mathbf{s})}{I_e(s)} = \sum_k \sum_j f_k f_j \cos\left(2\pi\,\mathbf{s}\cdot\overrightarrow{M_k M_j}\right). \tag{6.9}$$

Pour évaluer cette double somme nous allons partager le volume V en N éléments de volume Δv tous égaux à

$$\Delta v = \frac{V}{N};$$

nous savons que par ailleurs nous devons remplacer la valeur commune f des f_k par (cf. Sect. 1)

$$f = \varrho\cdot\Delta v = \varrho\,\frac{V}{N};$$

la valeur de $J_\infty(\mathbf{s})$ est ainsi

$$N f^2 = N\varrho^2\,\frac{V^2}{N^2} = \varrho^2\,\frac{V^2}{N}. \tag{6.10}$$

A la limite quand pour décrire la particule on considère des éléments de volume dv tendant vers zéro N tend vers l'infini et $J_\infty(\mathbf{s})$ tend vers zéro.

Nous voyons ainsi que des sommes doubles du type (6.2) peuvent avoir des valeurs limites qui se présentent de façon très différentes suivant que l'ensemble des N «points» possède une structure discontinue [cas de (6.7) et (6.8)] ou continue [cas de (6.9) et (6.10)].

Pour justifier le résultat

$$J_\infty(\mathbf{s}) = \sum f_k^2$$

nous avons indiqué, conformément aux exposés classiques que l'on trouve dans les différents livres d'Optique[1], que pour des angles (6.5) assez grands les valeurs des cosinus de $J_2(\mathbf{s})$ sont réparties au hasard et que par conséquent $J_2(\mathbf{s})$ n'apporte qu'une contribution négligeable. Ce mode de raisonnement n'est que qualitatif et si l'on veut être certain de la validité de (6.6) il faut utiliser les résultats d'un mémoire de Lord RAYLEIGH[2]. Pour cela considerons N points diffusants, l'amplitude complexe diffusée par chaque point étant notée par

$$f_k\, e^{i\varphi_k},$$

et supposons que toutes les valeurs des φ_k soient également probables. Si nous cherchons maintenant à évaluer la probabilité pour que l'amplitude résultante ait un module compris entre r et $r+dr$ nous trouvons[2], t étant un paramètre d'intégration,

$$p(r)\,dr = \int\limits_{t=0}^{\infty} J_0(rt) \prod_{k=1}^{N} J_0(f_k t)\, t\, dt\, dr. \tag{6.11}$$

Le problème mathématique dont nous venons de donner la solution (6.11) est connu sous le nom de problème[3] du *«random flyer»*.

Pour obtenir l'intensité moyenne il suffit maintenant de calculer

$$\overline{J_\infty(s)} = \int\limits_0^{\infty} r^2 p(r)\, dr.$$

Le calcul de $p(r)$ — nous signalons que ce calcul semble assez peu justifié dans le mémoire de Lord RAYLEIGH, mais en le reprenant de façon plus rigoureuse nous avons obtenu le même résultat — permet ainsi d'obtenir

$$\overline{J_\infty(s)} = N f^2 (1 + \cdots) \tag{6.12}$$

dans le cas où tous les nombres f_k sont égaux; le second terme de la parenthèse est négligeable devant l'unité pour N assez grand.

Nous avons dû calculer la moyenne de $J_\infty(s)$ pour retrouver le résultat classique: si pour reprendre l'exemple du livre de BRUHAT, on considère une série de n écrans percés chacun de N trous identiques répartis au hasard ce n'est pas l'intensité diffractée par un écran qui sera égale à N fois l'intensité diffractée par un trou, mais seulement la moyenne des intensités diffractées par chacun des n écrans (n étant grand).

Dans le cas de la diffusion des Rayons X par les particules d'un fluide la configuration des particules évolue au cours du temps et l'expérimentateur ne peut donc obtenir que la valeur moyenne de l'intensité qui est fournie pour s assez grand par

$$\overline{I(s)} = I_e(s)\, \overline{N}\, F^2(s). \tag{6.13}$$

β) Remarque sue le principe de réciprocité de BABINET [*6*]. Ce principe ne concerne pas uniquement le cas où les particules sont éloignées et sa validité est tout à fait générale dans les conditions que nous allons indiquer; ce sont précisément les résultats que nous venons de développer au sujet des particules éloignées qui vont nous permettre de préciser le domaine de validité de ce principe.

[1] Par exemple G. BRUHAT: Optique, (3e édit) p. 237 Paris 1942.
[2] Lord RAYLEIGH: Phil. Mag. (6) **37**, 321 (1919).
[3] Par exemple G. N. WATSON: Theory of BESSEL Functions, 2. édit., p. 419. Cambridge: University Press 1948.

Le principe de Babinet peut s'énoncer de façon générale sous la forme suivante: des objets «complémentaires» (cf. ci-dessous) produisent les mêmes effets de diffraction et l'exemple classique consiste à indiquer l'identité des figures de diffraction correspondant à d'une part un écran percé de trous et d'autre part à un ensemble de taches, chaque tache correspondant en forme, dimension et position à un trou de l'écran.

Nous reprenons la question en général en considérant l'amplitude diffusée par la matière contenue dans un volume V, soit

$$A_1(\boldsymbol{s}) = A_e(s) \int_V \varrho_1(r)\, e^{-i2\pi \boldsymbol{s}\cdot\boldsymbol{r}}\, d\boldsymbol{r}$$

où $\varrho_1(\boldsymbol{r})$ est la densité électronique au point défini par l'extrémité du vecteur $\boldsymbol{r}$. Nous définirons un espace complémentaire par sa densité électronique $\varrho_2(\boldsymbol{r})$ avec

$$\varrho_2(\boldsymbol{r}) = \varrho_0 - \varrho_1(\boldsymbol{r})$$

où ϱ_0 est une constante quelconque; l'amplitude correspondant à cet espace complémentaire est

$$A_2(s) = A_e(s) \int_V [\varrho_0 - \varrho_1(\boldsymbol{r})]\, e^{-i2\pi \boldsymbol{s}\cdot\boldsymbol{r}}\, d\boldsymbol{r}.$$

Nous devons maintenant comparer les intensités:

$$I_1(\boldsymbol{s}) = A_1(\boldsymbol{s})\, A_1^*(\boldsymbol{s}),$$

$$I_2(\boldsymbol{s}) = A_2(\boldsymbol{s})\, A_2^*(\boldsymbol{s}).$$

Si l'on pose

$$A_0(\boldsymbol{s}) = A_1(\boldsymbol{s}) + A_2(\boldsymbol{s}) = A(s) \int_V \varrho_0\, e^{-i2\pi \boldsymbol{s}\cdot\boldsymbol{r}}\, d\boldsymbol{r},$$

on sait que la fonction

$$I_0(\boldsymbol{s}) = A_0(\boldsymbol{s})\, A_0^*(\boldsymbol{s}),$$

maximum pour $s = 0$ [valeur $I_e(0)\, V^2 \varrho_0^2$], est rapidement décroissante et devient pratiquement nulle à partir d'un angle de diffusion repéré par la valeur s_0. Nous pouvons maintenant calculer

$$\left.\begin{aligned} I_2(\boldsymbol{s}) &= [A_0(\boldsymbol{s}) - A_1(\boldsymbol{s})] \cdot [A_0^*(\boldsymbol{s}) - A_1^*(\boldsymbol{s})] \\ &= I_0(\boldsymbol{s}) - A_0(\boldsymbol{s})\, A_1^*(\boldsymbol{s}) - A_1(\boldsymbol{s})\, A_0(\boldsymbol{s}) + I_1(\boldsymbol{s}). \end{aligned}\right\} \quad (6.14)$$

Nous voyons maintenant apparaître deux cas:

Premier cas: s est plus grand que s_0.

$I_0(\boldsymbol{s})$ est sensiblement nulle et il en est donc de même pour $A_0(\boldsymbol{s})$ et $A_0^*(\boldsymbol{s})$; la relation se réduit donc pratiquement à

$$I_2(\boldsymbol{s}) = I_1(\boldsymbol{s}) \quad (6.15)$$

ce qui constitue l'énoncé habituel du principe de réciprocité de Babinet.

Deuxième cas: s est inférieur à s_0.

Dans ces conditions $I_0(\boldsymbol{s})$, $A_0(\boldsymbol{s})$ et $A_0^*(\boldsymbol{s})$ prennent des valeurs notables et ce d'autant plus que s est plus petit; il est impossible de négliger les termes de (6.14) où ces grandeurs interviennent et par conséquent la relation générale (6.14) ne peut plus se réduire à la forme simplifiée (6.15). Le principe de réciprocité n'est plus valable et il conviendrait de le remplacer par un autre principe dont la relation (6.14) pourrait constituer l'énoncé; cette relation est d'une forme trop compliquée pour qu'en général son emploi soit intéressant.

Pour résumer la discussion nous pouvons dire que l'on a le droit d'appliquer le principe de réciprocité pour calculer l'intensité diffusée à des angles suffisamment grands; la limite inférieure s_0 des valeurs convenables du paramètre s dépend essentiellement du volume V à l'intérieur duquel on définit l'espace complémentaire.

Dans le cas des montages expérimentaux habituellement employés pour les études de diffusion on peut appliquer le principe de réciprocité à l'ensemble des particules (ce qui revient à considerer au lieu et place de l'ensemble de particules un ensemble de cavités dans un espace homogène) puisque le volume V intervenant est alors le volume V_0 de l'enceinte; il n'est pas par contre possible d'utiliser le même principe pour chaque particule (remplacer par exemple une particule sphérique de 100 Å de diamètre comportant une cavité sphérique concentrique de 20 Å de diamètre par une simple sphère de 20 Å de diamètre) puisque dans ce cas le volume V est le volume v_0 de chaque particule.

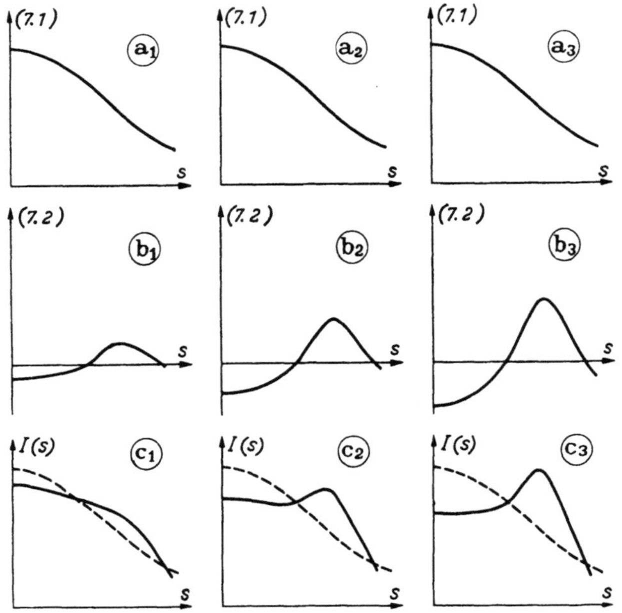

Fig. 4. Nous avons indiqué pour trois concentrations différentes [première colonne (indice 1) concentration faible; deuxième colonne (indice 2) concentration moyenne; troisième colonne (indice 3) concentration élévée] les courbes «a» [terme (7.1)] relatives aux interférences intraparticulaires, les courbes «b» [terme (7.2)] relatives aux interférences interparticulaires et l'intensité diffusée somme des termes «a» et «b» (courbes «c»).

7. Influence du rapprochement des particules. — Comparaison entre les formules «géométriques» et «thermodynamiques» de l'intensité. α) *Introduction.* Nous venons de traiter les cas des ensembles de particules éloignées. Nous pouvons considérer l'intensité observable (courbes c de la Fig. 4) comme composée de deux termes (cf. Sect. 5):

— un terme dû aux interférences *intraparticulaires* (courbes a de la Fig. 4)

$$I_e(s)\,\overline{N}\,F^2(s)\,, \tag{7.1}$$

— un terme dû aux interférences *interparticulaires* (courbes b de la Fig. 4)

$$I_e(s)\,\overline{N}\,F^2(s)\,n_1\int\limits_0^\infty [P(r)-1]\,\frac{\sin 2\pi r s}{2\pi r s}\,4\pi r^2\,dr\,. \tag{7.2}$$

Nous avons déja indiqué (Sect. 6) qu'il suffit de tenir compte du premier terme dans le cas où les particules étant trés éloignées, n_1 est très petit; quand au contraire la concentration des particules devient notable nous devons prendre en compte également le deuxième terme (7.2). En examinant les courbes de l'intensité diffusée en fonction de s nous voycns que ce second terme (7.2) amène des oscillations autour d'une «courbe monnyee» correspondant au premier terme (7.1); au fur et à mesure que la concentration croît les amplitudes de ces oscillations augmentent et la courbe représentant l'intensité observable passe ainsi en général du type «courbe continuellement décroissante» au type «courbe présentant des maxima à des angles non nuls» (forte concentration) en passant par le type «courbe présentant des singularités» («bosses» par exemple) (concentration moyenne).

Nous allons maintenant à partir de l'expression de l'intensité observable

$$\overline{I(s)} = I_e(s)\,\overline{N}\,F^2(s)\left\{1 + n_1\int_0^\infty [P(r) - 1]\,\frac{\sin 2\pi r s}{2\pi r s}\,4\pi r^2 dr\right\} \tag{7.3}$$

examiner en détail les différents faits que nous venons d'indiquer sans démonstration. Nous pouvons cependant remarquer qu'il est difficile d'étudier l'influence du rapprochement des particules sur la courbe de diffusion à partir de cette formule: quand la concentration de la matière augmente, n_1 augmente mais on ne connait pas l'évolution de $P(r)$. Remarquons bien qu'écrire l'expression de l'intensité sous la forme que lui ont donnée ZERNIKE et PRINS, forme que nous avons reproduite dans l'expression (7.3) revient à laisser supposer que l'influence de la concentration de la matière sur la fonction $P(r)$ est nulle. Pour bien montrer cette influence, nous proposons de transformer légèrement l'expression de la formule de ZERNIKE et PRINS et d'écrire

$$\overline{I(s)} = I_e(s)\,\overline{N}\,F^2(s)\left\{1 + n_1\int_0^\infty [P(r, n_1) - 1]\,\frac{\sin 2\pi r s}{2\pi r s}\,4\pi r^2 dr\right\} \tag{7.4}$$

en faisant apparaître expressément la fonction $P(r, n_1)$.

Un grand nombre d'auteurs ont étudié l'influence du rapprochement des particules sur la répartition du rayonnement diffusé en se donnant, a priori, une fonction $P(r)$ plus ou moins bien choisie, mais indépendante de la concentration de la matière; citons par exemple, parmi les dernières tentatives, celles de YUDOWITCH[1]. Nous croyons qu'il est difficile d'évaluer la validité logique des résultats ainsi obtenus: en effet, pour étudier l'influence de la concentration sur $I(s)$ on suppose a priori que l'une des caractérisques les plus importantes [la fonction $P(r, n_1)$] est indépendante de cette concentration.

Nous voyons ainsi que notre problème revient à chercher à atteindre la fonction $P(r, n_1)$. Ce nouveau problème est délicat; nous sentons bien que ce résultat exige une profonde analyse de la thermodynamique des ensembles de particules. Nous pouvons ainsi espérer transformer l'expression (7.4) (que nous qualifierons «expression genre ZERNIKE et PRINS»), expression qui ne concerne que la géométrie des ensembles de particules en une expression «*thermodynamique*» faisant intervenir les caractéristiques intrinsèques des particules.

Il faut maintenant chercher les variables qui peuvent intervenir pour définir la fonction $P(r)$. Nous avons déjà signalé la variable n_1. La fonction $P(r)$ est liée à *la probalilité* de voir se réaliser une certaine configuration de deux particules; le calcul des probabilités s'introduit donc naturellement dans notre problème. Si nous choisissons la statistique de BOLTZMANN, nous avons besoin de faire intervenir d'une part la température T et d'autre part l'énergie potentielle $\Phi(r)$ d'un ensemble de deux particules dont les centres sont situés à une distance r l'un de l'autre.

Le problème du calcul de la fonction $P(r)$ à partir de n_1, T et $\Phi(r)$ est le problème central des diverses théories des fluides faisant directement intervenir la nature particulaire des fluides; la plupart de ces théories font un constant

[1] K. L. YUDOWITCH: J. Appl. Phys. 20, 174 (1949).

usage des fonctions de distribution $n_q(\boldsymbol{R}_1, \boldsymbol{R}_2, \ldots \boldsymbol{R}_q)$; ces fonctions permettent de définir la probabilité

$$n_q(\boldsymbol{R}_1, \boldsymbol{R}_2, \ldots \boldsymbol{R}_q)\, d\boldsymbol{R}_1\, d\boldsymbol{R}_2 \ldots d\boldsymbol{R}_q$$

de trouver à la fois le centre d'une particule de fluide dans un élément de volume $d\boldsymbol{R}_1$ entourant le point défini par le vecteur $\boldsymbol{R}_1$, le centre d'une autre particule dans l'élément de volume $d\boldsymbol{R}_2$ etc., et le centre d'une q-ième particule dans l'élément de volume $d\boldsymbol{R}_q$. La fonction la plus intéressante de la famille des n_q est la fonction $n_2(\boldsymbol{R}_k, \boldsymbol{R}_j)$ concernant deux particules k et j.

Nous avons déjà vu le rôle de cette fonction dans le calcul de l'intensité (cf. Sect. 5); dans le cas que nous considérons (fluide au repos composé d'une seule espèce de particule à symétrie sphérique) la fonction $n_2(\boldsymbol{R}_k, \boldsymbol{R}_j)$ ne dépend plus que du module r_{kj} (ou r) du vecteur $\boldsymbol{R}_k - \boldsymbol{R}_j$ et peut donc se noter par $n_2(r)$; nous avons également vu que dans ce cas $n_1(\boldsymbol{R}_k)$ est une constante n_1. Pour montrer l'influence de n_1 sur les fonctions n_2 et P nous écrirons maintenant [cf. (5.9)]

$$n_2(r, n_1) = n_1^2\, P(r, n_1). \tag{7.5}$$

L'équation d'état, l'énergie potentielle et à peu près toutes les propriétés des fluides peuvent être définies à partir de la fonction $n_2(r, n_1)$; on peut consulter les travaux originaux de YVON [*18*], KIRKWOOD[1], MAYER[2], BORN et GREEN [*1*] ou la revue de DE BOER[3], où l'on trouvera la bibliographie. Quand on emploie la statistique classique de BOLTZMANN et que l'on suppose que l'énergie potentielle totale d'un groupe de particules peut être mise sous la forme

$$W = \tfrac{1}{2} \sum_k \sum_j \Phi_{kj}(r_{kj})$$

il existe une relation entre les fonctions n_3 et n_2; cette relation a été trouvée sous deux formes différentes par YVON d'une part et KIRKWOOD[1] d'autre part; BORN et GREEN plus récemment ont retrouvé le résultat d'YVON. Pour atteindre la fonction n_2 il faut disposer d'une autre relation entre les fonctions n_2 et n_3; KIRKWOOD et BOGGS[4] ont proposé l'emploi d'un «principe de superposition» pour obtenir cette seconde relation. Ce principe, défini par

$$n_1^3\, n_3(\boldsymbol{R}_k, \boldsymbol{R}_j, \boldsymbol{R}_l; n_1) \equiv n_2(\boldsymbol{R}_k, \boldsymbol{R}_j; n_1)\, n_2(\boldsymbol{R}_j, \boldsymbol{R}_l; n_1)\, n_2(\boldsymbol{R}_l, \boldsymbol{R}_k; n_1),$$

n'exprime qu'une approximation (nous en verrons plus loin la valeur). L'introduction de ce principe dans les deux formes de relation entre n_3 et n_2 (nous désignerons par commodité ces deux formes par Y et K) va fournir deux équations intégrales en $n_2(r, n_1)$ dont les formes Y et K, *mais aussi les solutions*, sont différentes. Les solutions seraient identiques si le principe de superposition était exact.

L'équation intégrale en $P(r, n_1) = [n_2(r, n_1) \cdot n_1^{-2}]$ que BORN et GREEN ont obtenue à partir de la forme Y est la suivante

$$\left.\begin{aligned} &\log P(r, n_1) + \frac{\Phi(r)}{kT} \\ &\quad = \pi n_1 \int_0^\infty \int_{-u}^{+u} (u^2 - t^2)\, \frac{t+r}{r}\, \{P(t+r, n_1) - 1\}\, dt\, P(u, n_1)\, \frac{\Phi'(u)}{kT}\, du. \end{aligned}\right\} \tag{7.6}$$

---

[1] J. KIRKWOOD: J. Chem. Phys. **3**, 300 (1935).
[2] J. E. MAYER: J. Chem. Phys. **5**, 67 (1937).
[3] J. DE BOER: Rep. Progr. Phys. **12**, 305 (1949).
[4] J. G. KIRKWOOD et E. M. BOGGS: J. Chem. Phys. **10**, 394 (1942).

Remarquons que cette équation est valable non seulement dans le cas des fluides mais aussi dans le cas de solutions de grosses molécules, de suspension, etc. On peut toujours dans chacun de ces cas définir les fonctions $P(r)$ et $\Phi(r)$. Nous introduirons, ci-dessous, la pression et l'équation d'état de la matière envisagée; il n'y a là aucune difficulté pour les gaz et les liquides; il est bien connu d'autre part que dans les solutions, la pression osmotique joue un rôle analogue à celui de la pression dans les fluides et que l'équation d'état des solutions idéales s'exprime sous la forme $pv = RT$.

Il y a peut-être une difficulté à étendre ces notions dans le cas des suspensions, mais nous pouvons toujours définir la pression formellement en évaluant la variation de l'énergie libre avec le volume total offert.

β) Expression de l'intensité diffusée et l'équation d'état. Nous venons de voir que les théories cinétiques des fluides fournissent une relation entre $P(r)$ et $\Phi(r)$ ce qui montre de quelle façon s'établit le lien entre les fonctions $I(s)$ et $\Phi(r)$. Il semble avantageux de faire intervenir l'équation d'état exprimée sous la forme:

$$p = n_1 kT - \frac{n_1^2}{6} \int_0^\infty P(r, n_1)\, \Phi'(r)\, 4\pi r^3 dr, \tag{7.7}$$

car on a l'habitude de considérer beaucoup plus souvent l'équation d'état d'un corps que la fonction d'énergie potentielle mutuelle $\Phi(r)$ correspondante. Nous sommes donc maintenant capables d'établir le lien existant entre l'équation d'état et l'intensité diffusée.

L'expression (7.7) relative à la pression a été établie dans plusieurs mémoires (par exemple GREEN [*1*] et YVON[1]); remarquons que le premier terme du second membre correspond à la loi des gaz parfaits:

$$p = n_1 kT = \frac{n_1}{N_A} N_A kT = \frac{RT}{v}$$

où N_A désigne le nombre d'AVOGADRO, et v le volume offert à N_A particules.

Considérons d'abord le cas où la fonction $\Phi(r)$ est identiquement nulle.

L'équation (7.6) fournit alors

$$\log P(r, n_1) \equiv 0, \quad \text{soit} \quad P(r, n_1) \equiv 1.$$

Nous pouvons tirer deux expressions importantes liées à cette structure de la fonction $P(r, n_1)$;

1. L'expression de l'intensité diffusée devient [cf. (6.1)]

$$\overline{I(s)} = I(s)\, \overline{N} F^2(s), \tag{7.8}$$

loi des particules éloignées.

2. L'équation d'état, obtenue à partir de l'expression générale (7.7) peut se mettre sous la forme

$$pv = RT, \tag{7.9}$$

loi des gaz parfaits.

Nous voyons ainsi que le domaine de validité des formules (7.8) et (7.9) est le même. En toute rigueur, ces relations ne sont valables que pour des particules ponctuelles (même à l'échelle de l'Ångström) comme le montre la définition de l'énergie potentielle $\Phi(r) = 0$ quelle que soit la valeur de r, si petite soit-elle. Nous préciserons dans la Sect. 8 les conditions dans lesquelles l'expression (7.8) est valable à n% près.

[1] J. YVON: Nuovo Cim. Suppl. 2, 187 (1949).

Cherchons, maintenant à trouver une fonction $P(r)$ *indépendante* de n_1 et définie par l'équation générale (7.6); le premier membre de cette équation est indépendant de n_1; pour qu'il en soit de même du deuxième membre que l'on peut mettre sous la forme

$$\pi n_1 F(r),$$

où $F(r)$ est uniquement une fonction de r, il faut que $F(r)$ soit identiquement nul; ceci impose

$$\log P(r) + \frac{\Phi(r)}{kT} = 0$$

soit

$$P(r) = e^{-\frac{\Phi(r)}{kT}}$$

avec $\Phi(r)$ déterminé par $F(r) \equiv 0$. Des calculs non reproduits nous ont montré que cette condition ne peut être satisfaite que si

$$\Phi(r) \equiv 0.$$

La fonction $P(r, n_1)$ ne peut donc être indépendante de n_1 que si le potentiel $\Phi(r)$ est identiquement nul; nous savons que dans ce cas la fonction $P(r)$ est identiquement égale à l'unité. Nous pouvons maintenant chercher à développer la fonction $P(r, n_1)$ en fonction de n_1 et écrire

$$P(r, n_1) = P_0(r) + n_1 P_1(r) + n_1^2 P_2(r) + \cdots;$$

le calcul que nous venons d'effectuer montre que la première approximation $P_0(r)$ est fournie par

$$P_0(r) = e^{-\frac{\Phi(r)}{kT}}. \tag{7.10}$$

Cette solution approchée fut proposée comme solution correcte par RAMAN[1]. Si l'on considère un ensemble de deux particules il est bien exact que la probabilité de trouver ces deux particules à une distance r est proportionnelle à $P_0(r)$, mais dans un ensemble composé d'un grand nombre de particules il ne peut en être de même puisque les interactions avec les autres particules doivent être prises en compte; il faut donc rejeter $P_0(r)$ comme la solution exacte et ne considérer cette fonction que comme une approximation. Au moyen de cette approximation nous obtenons pour l'intensité diffusée

$$I(s) = I_e(s)\,\overline{N}F^2(s)\,[1 + n_1 (2\pi)^{\frac{3}{2}} \beta(s)] \tag{7.11}$$

où la fonction $\beta(s)$ est définie par

$$s\beta(s) = \frac{2}{(2\pi)^{\frac{1}{2}}} \int_0^\infty r\,\alpha(r) \sin 2\pi r s\, dr \tag{7.12}$$

avec

$$\alpha(r) = e^{-\frac{\Phi(r)}{kT}} - 1; \tag{7.13}$$

du même l'équation d'état se met sous la forme

$$p = n_1 kT \left[1 - n_1 \frac{2}{(2\pi)^{\frac{3}{2}}} \beta(0)\right]. \tag{7.14}$$

Nous voyons ainsi que

— ne considérer que deux termes du viriel dans l'équation d'état,

— exprimer l'intensité observable sous la forme (7.11) sont des approximations de même nature.

[1] C. V. RAMAN: Phil. Mag. **47**, 671 (1924).

Il est possible de calculer d'autres termes du développement de $P(r, n_1)$. Ce développement est en général mis sous la forme

$$P(r, n_1) = e^{-\frac{\Phi(r)}{kT}} [1 + n_1 g_1(r) + n_1^2 g_2(r) + \cdots] \tag{7.15}$$

et les expressions générales des fonctions $g_i(r)$ ont été fournies; à titre d'exemples nous donnons l'expression relative à $g_1(r)$

$$g_1(r) = \int_\infty \alpha(|\boldsymbol{R}_1 - \boldsymbol{R}_3|) \cdot \alpha(|\boldsymbol{R}_2 - \boldsymbol{R}_3|)\, d\boldsymbol{R}_3$$

avec $r = |\boldsymbol{R}_1 - \boldsymbol{R}_2|$. Le calcul de $g_1(r)$ fait ainsi intervenir les situations relatives d'un groupe de 3 particules; de même on montre que le calcul de $g_2(r)$ fait intervenir 4 particules, $g_3(r)$ 5 particules etc. Les calculs numériques deviennent rapidement quasi inextricables; il semble que ces formules n'ait été appliquées qu'àu cas des sphères dures (cf. Sect. 10). L'emploi des fonctions $g_i(r)$ permet d'obtenir le développement suivant de l'expression de l'intensité

$$\overline{I(s)} = I_e(s)\,\overline{N}F^2(s)\left\{1 + n_1(2\pi)^{\frac{3}{2}}\beta(s) + n_1^2 \frac{2}{s}\int_0^\infty r\,[\alpha(r)+1]\,g_1(r)\sin 2\pi r s\,dr + \right.$$
$$\left. + n_1^3 \frac{2}{s}\int_0^\infty r\,[\alpha(r)+1]\,g_2(r)\sin 2\pi r s\,dr + \cdots\right\}$$

de même que l'on obtient pour la pression

$$p = n_1 kT\left\{1 - n_1 \frac{(2\pi)^{\frac{3}{2}}}{2}\beta(0) + n_1^2 \frac{2\pi}{3}\int_0^\infty g_1(r)\,\alpha'(r)\,r^3\,dr + \right.$$
$$\left. + n_1^3 \frac{2\pi}{3}\int_0^\infty g_2(r)\,\alpha'(r)\,r^3\,dr + \cdots\right\}.$$

γ) Application de la théorie de Born *et* Green. Un autre mode d'approche complètement différent de celui considérant le développement (7.15) est d'essayer de résoudre globalement l'équation (7.6). Born et Green ont pu effectuer ce travail grâce à certaines approximations mathématiques. Nous allons donner, sans démonstration (se reporter aux mémoires originaux ou au livre de Green) les principales étapes de ce calcul en suivant la méthode d'exposition due à Rodriguez[1].

La structure mathématique de (7.6) suggère de poser:

$$P(r, n_1) = e^{-\frac{\Phi(r)}{kT} + f(r, n_1)}. \tag{7.16}$$

Pour résoudre l'équation en $f(r, n_1)$ obtenue — la fonction $\Phi(r)$ étant supposée connue — les approximations suivantes sont effectuées

— on néglige $f^2(r, n_1)$, $f^3(r, n_1)$ etc.,

— dans certains cas [l'équation (7.22) en fournit un exemple] on remplace $f(r, n_1)$ par sa valeur moyenne, notée sous la forme $\varepsilon(n_1) - 1$; ces approximations sont d'autant meilleures que la matière est moins concentrée. Les fonctions $\alpha(r)$ [cf. (7.13)] et $f(r, n_1)$ ne sont définies que pour $r \geqq 0$; pour faciliter les calculs on prolonge ces fonctions de la façon suivante pour $r \leqq 0$

$$\left.\begin{aligned} \alpha(r) &= \alpha(-r), \\ f(r, n_1) &= f(-r, n_1). \end{aligned}\right\} \tag{7.17}$$

Les nouvelles fonctions $\alpha(r)$ et $f(r, n_1)$ ainsi définies sont des fonctions paires.

---

[1] A. E. Rodriguez: Proc. Roy. Soc. Lond., Ser. A **196**, 73 (1949).

Grâce aux approximations que nous venons de détailler et aux nouvelles définitions de fonctions $f(r, n_1)$ il est possible de trouver la solution suivante de l'équation en $f(r, n_1)$

$$i r f(r, n_1) = (2\pi)^{\frac{3}{2}} \int\limits_{\substack{-\infty \\ C}}^{+\infty} \frac{\varepsilon^2(n_1)\,\beta^2(s)}{\dfrac{1}{(2\pi)^{\frac{3}{2}} n_1} - \varepsilon(n_1)\,\beta(s)}\, e^{i 2\pi r s}\, d s \tag{7.18}$$

où la fonction $\beta(s)$ est définie par

$$i s \beta(s) = \frac{1}{(2\pi)^{\frac{3}{2}}} \int\limits_{-\infty}^{+\infty} r\,\alpha(r)\, e^{i 2\pi r s}\, d r. \tag{7.12 bis}$$

Le chemin d'intégration C doit être tel qu'il assure la convergence de l'intégrale

$$\int\limits_0^{\infty} [P(r, n_1) - 1]\, 4\pi r^2\, d r. \tag{7.19}$$

Si l'équation

$$\frac{1}{(2\pi)^{\frac{3}{2}} n_1} - \varepsilon(n_1)\,\beta(s) = 0 \tag{7.20}$$

ne possède pas de racines réelles, C sera tout simplement l'axe s en entier. Dans le cas contraire, et pour un tel chemin d'intégration, l'intégrale (7.18) ne convergerait pas. D'après la théorie des intégrales de FOURIER le chemin d'intégration peut être quelconque dans le plan complexe pourvu qu'il débute à $-\infty$ sur l'axe réel pour aboutir $+\infty$ sur le même axe. L'intégrale (7.18) peut alors conserver un sens si, d'une part, il existe une fonction analytique $\beta(z)$ qui se réduit à $\beta(s)$ quand $z = s$ (réel) et si, d'autre part, le chemin d'intégration C ne comprend aucune racine (réelle ou complexe) de l'équation

$$\frac{1}{(2\pi)^{\frac{3}{2}} n_1} - \varepsilon(n_1)\,\beta(z) = 0. \tag{7.20 bis}$$

Si l'on fait augmenter régulièrement la concentration de la matière (ce qui se traduit par une augmentation de n_1) il apparaît donc une discontinuité dans la méthode de calcul (et par conséquent dans les propriétés) de $f(r, n_1)$ au moment où l'équation (7.20 bis) commence à posséder des racines réelles. BORN et GREEN ont identifié cette discontinuité avec le passage de l'état gazeux à l'état liquide [état gazeux quand n_1 est petit et que (7.20 bis) ne possède pas de racines réelles].

Nous allons maintenant appliquer les résultats de la théorie de BORN et GREEN au calcul de l'expression (7.4) de l'intensité diffusée. La valeur $P(r, n_1) - 1$ s'obtient avec les hypothèses déjà faites, sous la forme

$$\begin{aligned} P(r, n_1) - 1 = e^{-\frac{\Phi(r)}{kT}}\, e^{f(r, n_1)} - 1 &= [\alpha(r) + 1]\,[1 + f(r, n_1) + \cdots] - 1 \\ &= \alpha(r) + \alpha(r)\, f(r, n_1) + f(r, n_1) + \cdots. \end{aligned}$$

Le deuxième terme de l'accolade de (7.4)

$$n_1 \int\limits_0^{\infty} [P(r, n_1) - 1]\, \frac{\sin 2\pi r s}{2\pi r s}\, 4\pi r^2\, d r \tag{7.21}$$

devient ainsi

$$\frac{2 n_1}{s} \left[\int\limits_0^{\infty} r\,\alpha(r) \sin 2\pi r s\, d r + \int\limits_0^{\infty} r\,\alpha(r)\, f(r, n_1) \sin 2\pi r s\, d r + \int\limits_0^{\infty} r f(r, n_1) \sin 2\pi r s\, d r\right].$$

Nous avons déjà indiqué que dans le cours du développement de la théorie de BORN et GREEN $f(r, n_1)$ était parfois remplaçé par sa valeur moyenne; ce remplaçement est précisémént effectué dans des intégrales comportant sous le signe somme le produit $\alpha(r)\, f(r, n_1)$; aussi sans faire d'autres hypothèses nouvelles nous pouvons écrire

$$\int_0^\infty r\,\alpha(r)\, f(r, n_1) \sin 2\pi r s\, dr = [\varepsilon(n_1) - 1] \cdot \int_0^\infty r\,\alpha(r) \sin 2\pi r s\, dr. \tag{7.22}$$

La nouvelle valeur de (7.12) est ainsi

$$\frac{2n_1}{s}\left[\varepsilon(n_1)\int_0^\infty r\,\alpha(r)\sin 2\pi r s\, dr + \int_0^\infty r\, f(r, n_1) \sin 2\pi r s\, dr\right]. \tag{7.23}$$

Pour pouvoir continuer les calculs nous allons considérer deux cas: celui des gaz et celui des liquides.

Cas des gaz. A partir de l'expression (7.12 bis) définissant la fonction $\beta(s)$ nous pouvons obtenir grâce à la relation (7.17)

$$s\beta(s) = \frac{2}{(2\pi)^{\frac{3}{2}}}\int_0^\infty r\,\alpha(r)\sin 2\pi r s\, dr. \tag{7.12}$$

Le chemin d'intégration C de (7.18) est simplement l'axe réel puisque dans le cas des gaz l'équation (7.20 bis) ne posséde pas de racines réelles. Les conditions de convergence pour pouvoir considérer la transformation de FOURIER réciproque de (7.18) sont donc satisfaites et nous pouvons écrire:

$$\frac{i\, s\, \varepsilon^2(n_1)\, \beta^2(s)}{\dfrac{1}{(2\pi)^{\frac{3}{2}} n_1} - \varepsilon(n_1)\,\beta(s)} = \frac{1}{(2\pi)^{\frac{3}{2}}}\int_{-\infty}^{+\infty} r\, f(r, n_1)\, e^{i 2\pi r s}\, dr,$$

soit encore après avoir effectué une transformation analogue à celle qui nous a permis de transformer la relation (7.12 bis) en la relation (7.12)

$$\frac{s\, \varepsilon^2(n_1)\, \beta^2(s)}{\dfrac{1}{(2\pi)^{\frac{3}{2}} n_1} - \varepsilon(n_1)\,\beta(s)} = \frac{2}{(2\pi)^{\frac{3}{2}}}\int_0^{+\infty} r\, f(r, n_1) \sin 2\pi r s\, dr. \tag{7.24}$$

Nous pouvons maintenant employer les relations (7.23), (7.12) et (7.24) pour obtenir

$$\left.\begin{aligned} & n_1 \int_0^\infty [P(r, n_1) - 1]\,\frac{\sin 2\pi r s}{2\pi r s}\, 4\pi r^2\, dr \\ & \quad = n_1 (2\pi)^{\frac{3}{2}}\left[\varepsilon(n_1)\,\beta(s) + \frac{\varepsilon^2(n_1)\,\beta^2(s)}{\dfrac{1}{(2\pi)^{\frac{3}{2}} n_1} - \varepsilon(n_1)\,\beta(s)}\right] = \frac{\varepsilon(n_1)\,(2\pi)^{\frac{3}{2}}\, n_1 \beta(s)}{1 - \varepsilon(n_1)\,(2\pi)^{\frac{3}{2}}\, n_1\beta(s)}. \end{aligned}\right\} \tag{7.25}$$

L'expression (7.4) prend alors la forme très simple [6]

$$\overline{I(s)} = I_e(s)\,\overline{N} F^2(s)\,\frac{1}{1 - \varepsilon(n_1)\,(2\pi)^{\frac{3}{2}}\, n_1\,\beta(s)}. \tag{7.26}$$

Dans la section suivante nous montrerons comment on peut interpréter cette formule. Nous allons tout de suite établir la formule correspondante pour le cas des liquides.

Cas des liquides. Dans ce cas nous savons que l'équation (7.20 bis) possède deux racines réelles s_0 et $-s_0$, la fonction $\beta(s)$ étant paire; la relation (7.24) n'est donc plus valable, l'intégrale n'étant pas convergente pour $s = \pm s_0$. Pour obtenir les valeurs de $r f(r, n_1)$ (cf. [1]) *correspondantes aux valeurs positives de r* nous appliquerons le théorème des résidus à la fonction

$$(2\pi)^{\frac{3}{2}} \frac{\varepsilon^2(n_1)\, z\, \beta^2(z)}{\frac{1}{(2\pi)^{\frac{3}{2}} n_1} - \varepsilon(n_1)\,\beta(z)}\, e^{i 2\pi r z} \qquad (7.27)$$

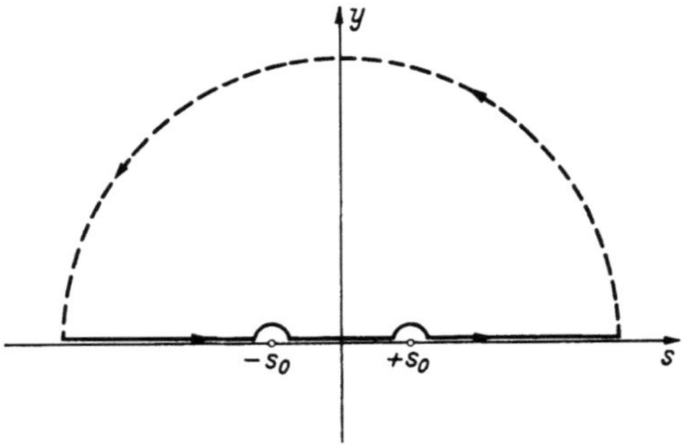

Fig. 5. Nous avons représenté en trait plein le chemin d'intégration C et en trait pointillé la demi circonférence Γ.

en utilisant le contour fermé constitué par:

1. Le chemin d'intégration C (constitué par l'axe réel dans sa quasi totalité et de deux demi circonférences centrées sur les points $s = \pm s_0$ et à parties imaginaires positives).

2. Une demi circonférence Γ, centrée sur l'origine et située du côté des parties imaginaires positives (Fig. 5). Le facteur exponentiel de la fonction (7.27) permet de négliger l'intégrale correspondante au parcours Γ puisque d'une part r est positif et que d'autre part les parties imaginaires de z sont également positives. L'application du théorème des résidus fournit donc

$$i r f(r, n_1) = \int\limits_{\substack{-\infty \\ C}}^{+\infty} \frac{(2\pi)^{\frac{3}{2}} \varepsilon^2(n_1)\, s\, \beta^2(s)}{\frac{1}{(2\pi)^{\frac{3}{2}} n_1} - \varepsilon(n_1)\,\beta(z)}\, e^{i 2\pi r s}\, dr = 2 i \pi \sum \text{Résidus}. \qquad (7.28)$$

Les pôles intéressants de la fonction (7.27) sont les racines complexes à partie imaginaire positive (que nous désignerons en général par z_u) de l'équation (7.20 bis) Le résidu correspondant à z_u est

$$\frac{(2\pi)^{\frac{3}{2}} \varepsilon^2(n_1)\, z_u \beta^2(z_u)}{-\varepsilon(n_1)\,\beta'(z_u)}\, e^{i 2\pi r z_u}$$

d'où [cf. (7.28)]

$$r f(r, n_1) = -2\pi \sum \frac{(2\pi)^{\frac{3}{2}} \varepsilon^2(n_1)\, z_u\, \beta^2(z_u)}{\varepsilon(n_1)\,\beta'(z_u)}\, e^{i 2\pi r z_u}. \qquad (7.29)$$

Calculons maintenant la valeur de la contribution

$$\frac{2 n_1}{s} \int\limits_0^{\infty} r f(r, n_1) \sin 2\pi r s\, dr \qquad (7.30)$$

qu'apporte la fonction $f(r, n_1)$ dans l'expression (7.23) de (7.21). En remarquant que

$$\int\limits_0^{\infty} e^{i 2\pi r z_u} \sin 2\pi r s\, dr = -\frac{s}{2\pi (z_u^2 - s^2)}$$

nous obtenons pour (7.30)

$$2 n_1 \sum \frac{(2\pi)^{\frac{3}{2}} \varepsilon^2(n_1)\, z_u\, \beta^2(z_u)}{\varepsilon(n_1)\,\beta'(z_u)\,(z_u^2 - s^2)}. \qquad (7.31)$$

Nous avons déjà indiqué que la fonction $\beta(s)$ est paire; il est donc possible que le prolongement analytique $\beta(s)$ de cette fonction soit paire. Nous supposerons maintenant que ceci est effectivement réalisé. RODRIGUEZ a donné une méthode générale pour déterminer un développement qui répond à notre condition. A chaque racine z_i de l'équation (7.20) il correspond donc une racine $z_{\bar{i}} = -z_i$. Nous pouvons classer ces racines en trois groupes: les z_u à partie imaginaire positive les $z_{\bar{u}}$ à partie imaginaire négative et enfin les deux racines réelles s_0 et $-s_0$.

Appliquons maintenant à la fonction

$$g(s) = n_1 s \frac{(2\pi)^{\frac{3}{2}} \varepsilon^2(n_1)\, \beta^2(s)}{\frac{1}{(2\pi)^{\frac{3}{2}} n_1} - \varepsilon(n_1)\, \beta(s)} \tag{7.32}$$

le théorème de MITTAG-LEFFLER

$$g(s) = g(0) + \sum \frac{b_i}{s - a_i} + \sum \frac{b_i}{a_i} \tag{7.33}$$

où les a_i et b_i désignent respectivement les pôles et les résidus correspondant de la fonction $g(z)$ prolongement analytique de $g(s)$. Nous connaissons l'ensemble des pôles a_i de la fonction (7.32); c'est l'ensemble des z_i que nous venons de définir. Le résidu b_i est donné par

$$b_i = n_1 z_1 \frac{(2\pi)^{\frac{3}{2}} \varepsilon^2(n_1)\, \beta^2(z_i)}{-\varepsilon(n_1)\, \beta'(z_i)}$$

d'où en remarquant que $\beta'(z_i) = -\beta'(z_{\bar{i}})$

$$b_i = +\, b_{\bar{i}}.$$

Le premier terme de (7.33) est nul; pour calculer le second terme nous grouperons tout d'abord les deux termes relatifs à z_i et $z_{\bar{i}} (= -z_i)$

$$\frac{b_i}{s - z_i} + \frac{b_{\bar{i}}}{s - z_{\bar{i}}} = \frac{b_i}{s - z_i} + \frac{b_i}{s + z_i} = b_i \frac{2s}{s^2 - z_i^2},$$

soit

$$\frac{2 s\, n_1}{s^2 - z_i^2} \cdot \frac{(2\pi)^{\frac{3}{2}} \varepsilon^2(n_1)\, z_i\, \beta^2(z_i)}{-\varepsilon(n_1)\, \beta'(z_i)}. \tag{7.34}$$

Il convient maintenant d'effectuer la sommation des termes analogues à (7.34) pour la *moitié* des z_i. Cette moitié sera constituée par d'une part, l'ensemble des z_u à partie imaginaire positive et d'autre part s_0.

Le troisième terme de (7.33) étant nul:

$$\frac{b_i}{a_i} + \frac{b_{\bar{i}}}{a_{\bar{i}}} = \frac{b_i}{z_i} + \frac{b_i}{-z_i} = 0,$$

l'application du théorème de MITTAG-LEFFLER à la fonction (7.32) fournit

$$n_1 s \frac{(2\pi)^{\frac{3}{2}} \varepsilon^2(n_1)\, \beta^2(s)}{\frac{1}{(2\pi)^{\frac{3}{2}} n_1} - \varepsilon(n_1)\, \beta(s)} = 2 n_1 s \sum \frac{(2\pi)^{\frac{3}{2}} \varepsilon^2(n_1)\, z_u\, \beta^2(z_u)}{\varepsilon(n_1)\, \beta'(z_u)\, (z_u^2 - s^2)} + 2 n_1 s \frac{(2\pi)^{\frac{3}{2}} \varepsilon^2(n_1)\, s_0 \beta^2(s_0)}{\varepsilon(n_1)\, \beta'(s_0)\, (s_0^2 - s^2)}.$$

Nous obtenons donc à partir de (7.31)

$$\frac{2 n_1}{s} \int\limits_0^\infty r f(r, n_1) \sin 2\pi r s\, dr = \frac{(2\pi)^{\frac{3}{2}} n_1\, \varepsilon^2(n_1)\, \beta^2(s)}{\frac{1}{(2\pi)^{\frac{3}{2}} n_1} - \varepsilon(n_1)\, \beta(s)} - \frac{(2\pi)^{\frac{3}{2}} n_1\, \varepsilon(n_1)\, 2 s_0\, \beta^2(s_0)}{\beta'(s_0)\, (s_0^2 - s^2)}. \tag{7.35}$$

Pour évaluer maintenant le terme (7.21) [cf. (7.23)] nous devons ajouter à (7.35) la valeur de

$$\frac{2n_1}{s}\int_0^\infty r\,\varepsilon(n_1)\,\alpha(r)\sin 2\pi r s\,dr = n_1(2\pi)^{\frac{3}{2}}\,\varepsilon(n_1)\,\beta(s)$$

ce qui fournit

$$n_1\int_0^\infty [P(r,n_1)-1]\frac{\sin 2\pi r s}{2\pi r s}4\pi r^2\,dr$$
$$= \frac{\varepsilon(n_1)\,\beta(s)}{\frac{1}{(2\pi)^{\frac{3}{2}}n_1}-\varepsilon(n_1)\,\beta(s)} - \frac{2s_0}{(2\pi)^{\frac{3}{2}}n_1\,\varepsilon(n_1)\,\beta'(s_0)(s_0^2-s^2)}.$$

L'expression générale (7.4) de l'intensité diffusée est donc ainsi dans le cas des liquides [6]

$$I(s) = I_e(s)\,\bar{N}F^2(s)\left\{\frac{1}{1-\varepsilon(n_1)\,(2\pi)^{\frac{3}{2}}n_1\,\beta(s)} - \frac{2s_0}{(2\pi)^{\frac{3}{2}}n_1\,\varepsilon(n_1)\,\beta'(s_0)\,(s_0^2-s^2)}\right\}.$$

8. Etude de l'expression thermodynamique de l'intensité diffusée par un gaz (ou une solution) (cf. [7]). Nous allons maintenant étudier en détail l'expression que nous avons précédemment établie, à partir de la théorie des fluides de Born et Green, pour décrire l'intensité du rayonnement X diffusé par un gaz composé d'une seule sorte de particule à symétrie sphérique.

$$\overline{I(s)} = I_e(s)\,\bar{N}\,F^2(s)\,\frac{1}{1-\varepsilon(n_1)\,(2\pi)^{\frac{3}{2}}n_1\,\beta(s)} \tag{8.1}$$

où la fonction $\beta(s)$ est définie à partir du potentiel $\Phi(r)$ dont dépendent les forces interparticulaires par

$$s\,\beta(s) = \frac{2}{(2\pi)^{\frac{3}{2}}}\int_0^\infty r\left(e^{-\frac{\Phi(r)}{kT}}-1\right)\sin 2\pi r s\,dr. \tag{8.2}$$

Il a été montré [1] que en première approximation

$$\varepsilon(n_1) = 1 + \cdots \tag{8.3}$$

(voir pour plus de détails la Sect. 10). Nous tenons à faire remarquer que l'expression (8.1) n'est pas seulement valable dans le cas des gaz; elle peut encore être appliquée dans le cas de solutions *grosses particules* ou plutôt de solutions pour lesquelles les particules dissoutes sont beaucoup plus grosses que les particules constituant le solvant. Un bon exemple est fourni par les solutions aqueuses de protéines; le facteur de structure $F(s)$ relatif aux molécules de protéine ne présente de valeur notable que pour les petites valeurs du paramètre s: la diffusion ne peut s'observer que dans un domaine angulaire de quelques degrés pour le rayonnement du Cuivre Cu $K\alpha$ par exemple. Pour calculer dans ce domaine angulaire la diffusion due à la solution nous pouvons assimiler devant les dimensions des molécules dissoutes, le solvant à une substance homogène de densité électronique constante ϱ_0. Nous sommes donc maintenant en droit d'appliquer (cf. la démonstration du principe de Babinet à la Sect. 6) les expressions de la diffusion relative aux gaz à condition de remplaçer le véritable facteur de structure $F(s)$ de la molécule de protéine [cf. expression (1.6)]

$$F_{\text{vrai}}(\mathbf{s}) = \int_\infty \varrho(\mathbf{r})\,e^{-i2\pi\mathbf{s}\cdot\mathbf{r}}\,d\mathbf{r} \tag{8.4}$$

par un facteur de structure apparent

$$F_{\text{app}}(\boldsymbol{s}) = \int_{\infty} [\varrho(\boldsymbol{r}) - \varrho_0]\, e^{-i2\pi \boldsymbol{s}\cdot\boldsymbol{r}}\, d\boldsymbol{r}. \tag{8.5}$$

Le domaine d'application de l'expression (8.1) étant maintenant précisé nous pouvons remarquer la structure mathématique très simple de cette expression; les effets de la concentration et de la nature des forces interparticulaires sont séparés: la concentration n'intervenant que par n_1 et la nature des forces que par l'intermédiaire de $\beta(s)$. Les anciennes formules (genre ZERNIKE et PRINS) n'ont pas une structure mathématique aussi simple; nous avons vu que la fonction $P(r, n_1)$ dépend à la fois de la concentration et des forces interparticulaires. Nous pouvons également noter qu'il est plus rapide d'atteindre diverses propriétés des fluides (pression par exemple) au moyen de *la fonction* $\beta(s)$ que par l'intermédiaire *des fonctions* $P(r, n_1)$; c'est là un nouvel avantage de l'expression (8.1).

Nous allons examiner comment évolue en fonction de la pression du gaz (ou la concentration de la solution) la courbe représentative des variations de l'intensité en fonction de l'angle. L'expression (8.1) montre que les formes des courbes de diffusion — la fonction $\beta(s)$ étant connue — sont uniquement déterminées par la valeur du paramètre

$$u = \varepsilon(n_1)\,(2\pi)^{\frac{3}{2}}\, n_1 \tag{8.6}$$

et que ce n'est que pour attribuer une courbe à une certaine concentration de la matière qu'il faut connaître $\varepsilon(n_1)$.

Avant toute étude de l'expression (8.1) nous pouvons déjà remarquer que pour les très faibles valeurs de n_1 (matière très peu concentrée) on retrouve à la limite le résultat classique

$$\overline{I(s)} = I_e(s)\,\overline{N}\,F^2(s) \tag{8.7}$$

relatif aux «particules éloignées». Nous possédons maintenant le critère (cf. Sect. 6) pour préciser l'expression «particules éloignées» il faut que $u\,\beta(s)$ soit petit devant l'unité. L'expression (8.6) sera valable à n% près quand la valeur maximum de $u\,\beta(s)$ est de n centièmes.

La plupart des diagrammes de diffusion des rayons X sont interprétés en s'intéressant uniquement à l'absence ou à la présence d'un maximum et, dans ce dernier cas, à sa position. Nous montrerons plus loin qu'il convient de suivre ce procédé avec beaucoup de prudence. Néanmoins nous pouvons remarquer que le pouvoir diffusant particulaire $\overline{I(s)}/\overline{N} I_e(s)$ défini par la relation (8.1) présente un extrêmum pour

$$\frac{F^2(s)}{1 - u\beta(s)}\left[\frac{2F'(s)}{F(s)} + \frac{u\beta'(s)}{1 - u\beta(s)}\right] = 0, \tag{8.8}$$

soit encore en écartant les solutions $F(s) = 0$ et en éliminant l'extrêmum correspondant à $s = 0$

$$\frac{1}{u} = \frac{1}{\varepsilon(n_1)\,(2\pi)^{\frac{3}{2}}\, n_1} = \beta(s) + \frac{F(s)\,\beta'(s)}{-2F'(s)} \equiv y(s). \tag{8.9}$$

La connaissance de la courbe représentative de la fonction $y(s)$ permet alors de déterminer tous les aspects de l'intensité diffusée.

a) Pour de très grandes dilutions de la matière (n_1 petit) la droite $y = u^{-1}$ ne peut couper la courbe $y(s)$. L'intensité ne présente pas d'autre maximum que celui situé à l'origine (nous supposons que la fonction $F(s)$ est décroissante dans le domaine utile).

b) Pour la concentration telle que u^{-1} soit égal au maximum maximorum de $y(s')$ la courbe $I(s)$ possède un point d'inflexion à tangente horizontale.

c) Pour des concentrations plus grandes, il y a en général deux intersections de la droite $y = u^{-1}$ et de la courbe $y(s)$. Si $F(s)$ est décroissante, dans le domaine considéré l'intensité présente un minimum quand la dérivée $y'(s)$ au point d'intersection est positive et un maximum dans le cas contraire.

Le maximum se produit donc, au contraire du minimum, pour des angles de plus en plus grands au fur et à mesure que la concentration augmente. Le résultat précédent est général quand $F(s)$ est décroissant en ce sens que s'il existe un maximum ou un minimum (autre que l'extrêmum se produisant à $s=0$) ils suivent la règle indiquée, mais il se peut évidemment que les différentes conditions (encombrements, domaine de stabilité etc.) qui limitent supèrieurement la concentration n_1 ou bien certaines configurations de $F(s)$ et de $\beta(s)$ fassent que les courbes à maximum-minimum ne soient jamais atteintes. D'un autre côté il est également possible que l'intensité présente plusieurs minima, certains pouvant d'ailleurs apparaître ou disparaître au-dessus d'une certaine concentration. Pour des particules à structure interne fortement marquée (CCl_4 par exemple) il peut exister des domaines angulaires où $F(s)$ est croisant. Dans ces domaines les extrêma suivent la règle contraire à celle précédemment indiquée.

Tous les extrêma appartiennent à la courbe représentative de

$$I_e(s)\,\overline{N}E(s) = I_e(s)\,\overline{N}F^2(s)\left[1 + \frac{-2F'(s)\,\beta(s)}{F(s)\,\beta'(s)}\right]. \tag{8.10}$$

Sur la Fig. 6 nous avons représenté un exemple schématique montrant les fonctions $\beta(s)$, $y(s)$ et différentes courbes de diffusion.

Nous venons de voir que dans la quasi totalité des cas l'expression (8.1) laisse prévoir que le maximum d'une courbe de diffusion relatif à un gaz ou une solution de macromolécules se produit pour des angles de plus en plus grands quand la concentration de la matière augmente; ces prévisions sont conformes à l'expérience.

Pour mieux comprendre ces faits nous allons considérer séparément les deux facteurs de l'expression du pouvoir diffusant particulaire

$$\frac{\overline{I(s)}}{\overline{N}\,I_e(s)} = F^2(s)\cdot\frac{1}{1-\varepsilon(n_1)\,(2\pi)^{\frac{3}{2}}\,n_1\,\beta(s)}. \tag{8.11}$$

L'etude du deuxième facteur

$$a(s, n_1) = \frac{1}{1-\varepsilon(n_1)\,(2\pi)^{\frac{3}{2}}\,n_1\,\beta(s)} \tag{8.12}$$

montre que ses maxima se produisent toujours pour les mêmes valeurs de s-celles correspondant aux maxima de $\beta(s)$ — quelle que soit la valeur de n_1; l'influence de la concentration se fait uniquement sentir sur la rapidité des variations de $a(s, n_1)$ en fonction de s. Nous avons représenté ces faits sur la Fig. 7 où sont indiquées pour deux valeurs de n_1 les courbes $a(s, n_1)$, $F^2(s)$ et $I(s)/I_e(s)\overline{N}$. Nous voyons ainsi que le produit d'une fonction continuellement décroissante $F^2(s)$ par des fonctions $a(s, n_1)$ manifestant seulement un maximum peu accentué fournit pour le pouvoir diffusant particulaire une courbe présentant un maximum encore moins accentué et situé à un angle encore plus faible que celui correspondant aux maxima des fonctions $a(s, n_1)$. *La position du maximum de l'intensité dépend donc ainsi très fortement de la fonction* $F^2(s)$, *c'est-à-dire de la structure de la particule: la position du maximum de l'intensité ne peut donc fournir que des renseignements dépendant de façon très complexe à la fois de la structure des particules et de la structure interne de la particule.*

Un autre fait caractéristique que l'on peut déduire de la structure de l'expression (8.11) est le suivant: si pour une certaine valeur s_1 de s la fonction $\beta(s)$ est nulle, le pouvoir diffusant particulaire pour cette valeur s_1 est constant (et égal à $F^2(s_1)$ quelle que soit la concentration de la matière. Cette propriété, prévue à partir de l'expression (8.11), se vérifie très bien sur les courbes relatives à l'argon [5] à condition de considérer les courbes relatives à la *même température* (exemple Fig. 7 du mémoire précité) puisqu'il existe une fonction $\beta(s)$ pour chaque température comme le montre l'expression (8.2). Pour éprouver la validité des expressions que nous avons établies nous croyons pré-

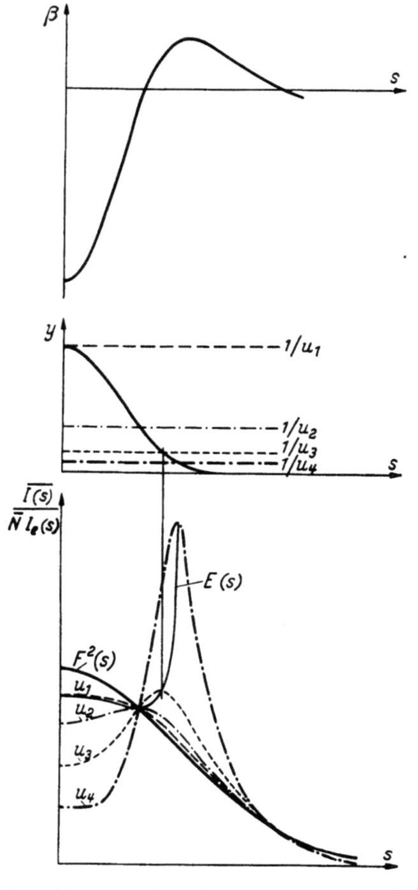

Fig. 6. Exemple schématique montrant les courbes représentatives de $\beta(s)$, $y(s)$ et des fonctions correspondantes $\overline{I(s)}/\bar{N} I_e(s)$ relatives à différentes concentrations (caractérisées par différentes valeurs de u). On a indiqué à partir des courbes $y(s)$ et $E(s)$ la construction du maximum de la courbe de diffusion relative à u_3. Figure extraite de Acta crystallogr. [7].

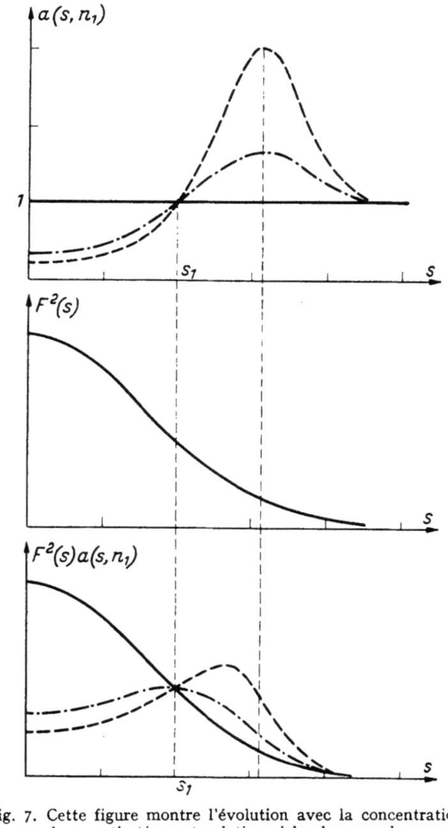

Fig. 7. Cette figure montre l'évolution avec la concentration (les courbes en tiretés sont relatives à la plus grande concentration) des courbes $a(s)$ et $I(s)$ correspondant à un fluide. A titre de comparaison nous avons représenté en trait plein les courbes concernant le cas ou les particules sont idéalement éloignées. Figure extraite du J. Polymer Sci. [9]

férable de comparer les courbes d'intensité [l'une expérimentale, l'autre calculée à partir de (8.1)] plutôt que les courbes $P(r, n_1)$ [l'une déterminée par inversion de FOURIER des données expérimentales, l'autre calculée numériquement à partir de (7.16) et (7.18)]. Nous avons choisi comme substance l'argon qui a été bien étudié et dont les molécules sont monoatomiques et sphériques. LENNARD-JONES a proposé pour l'expression du potentiel $\Phi(r)$ relatif aux gaz rares la forme suivante:

$$\Phi(r) = \varphi_0 \left[\left(\frac{r_0}{r}\right)^{12} - 2\left(\frac{r_0}{r}\right)^{6} \right].$$

Le terme en r^{-6} est un résultat théorique (forces de dispersion de LONDON) tandis que le terme en r^{-12} a été choisi pour traduire l'existence des forces de répulsion.

Les constantes r_0 et φ_0 relatives à l'argon ont été déterminées à partir de certaines données expérimentales (LENNARD-JONES). Nous pouvons donc calculer l'intensité du rayonnement diffusé par l'argon gazeux, grâce aux expressions (8.1) et (8.2). Le calcul effectif de $\beta(s)$ fait intervenir une intégrale transcendante, aussi les calculs numériques sont-ils laborieux. Nous nous sommes servis de la courbe $\beta(s)$ calculée par RODRIGUEZ pour 150° K pour établir les courbes déjà publiées[1], mais pour les courbes de ce présent article, nous avons utilisé et complété les résultats de MONTROLL et MAYER[2] plus précis et relatifs à un certain domaine de température. La Fig. 8 indique les résultats expérimentaux de EISENSTEIN et GINGRICH relatifs à un gaz et un liquide sous des pressions voisines de la pression

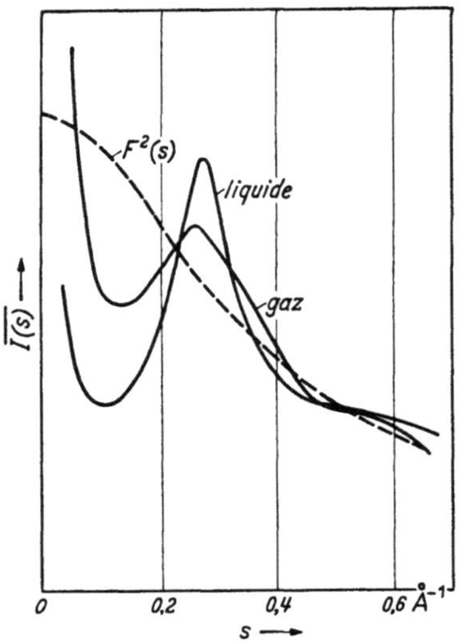

Fig. 8. Courbes expérimentales de diffusion relatives à l'argon soit liquide soit gazeux à des pressions très voisines de sa pression d'ébullition à 149,3° K [5]. La courbe en tireté représente $F^2(s)$. Figure extraite de Acta crystallogr. [7].

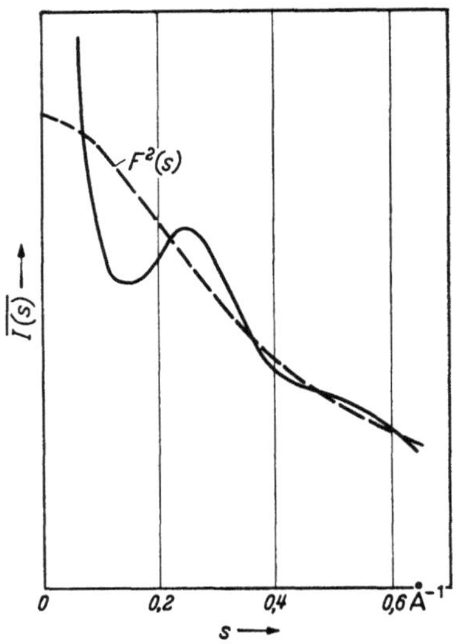

Fig. 9. Courbe théorique de diffusion de l'argon gazeux à sa pression d'ébullition à 149,3° K. Figure extraite de Acta crystallogr. [7].

d'ébullition à la température des expériences, 149,3° K [à titre de référence la courbe du carré du facteur de structure $F(s)$ de l'argon est représentée en tireté]. Signalons que la technique expérimentale était très soignée: emploi de radiation rendue monochromatique par réflexion sur une lame de calcite, chambre dans le vide. La Fig. 9 donne nos résultats théoriques relatifs à l'argon gazeux au point d'ébullition. L'accord général est très bon. Les maxima sont bien prévus à leur position. Les fortes intensités diffusées aux faibles angles par le gaz au voisinage du point d'ébullition sont fournies directement par la théorie; il n'y a pas besoin de faire appel à des hypothèses spéciales (EISENSTEIN et GINGRICH, VINEYARD) sur la formation d'essaims d'atomes, ni de décomposer arbitrairement l'intensité en deux termes comme le fait VINEYARD (cf. Sect. 26). Les résultats expérimentaux de EISENSTEIN et GINGRICH, relatifs à d'autres températures, vérifient parfaitement les lois générales que nous avons établies au sujet de la position et de l'existence des maxima (voir particulièrement les Figs. 5 et 6 du mémoire d'EISENSTEIN et GINGRICH).

Nous pouvons encore appliquer l'expression (8.1) au modèle des «sphères dures». Ce modèle est constitué par un ensemble de sphères identiques, homo-

---

[1] G. FOURNET: C. R. Acad. Sci Paris **228**, 1421, 1801 (1949).

[2] E. W. MONTROLL et J. E. MAYER: J. Chem. Phys. **9**, 626 (1941).

gènes (densité électronique ϱ_0), impénétrables, de rayon R et de volume v_0 et n'exerçant aucune force les unes sur les autres. La fonction potentielle, intervenant dans (8.2), est donc infinie pour $r < 2R$ et nulle pour $r > 2R$. Il en résulte que

$$\alpha(r) = -1, \qquad 0 < r < 2R,$$
$$\alpha(r) = 0, \qquad r > 2R$$

d'où [cf. (8.2)]

$$s\beta(s) = \frac{2}{(2\pi)^{\frac{3}{2}}} \int_0^{2R} r(-1) \sin 2\pi r s\, dr,$$

soit

$$\beta(s) = -\frac{8v_0}{(2\pi)^{\frac{3}{2}}} \Phi(4\pi s R) \tag{8.14}$$

où $\Phi(x)$ est la fonction[1] définie par (3.7) et qui intervient dans l'expression du facteur de structure d'une sphère de rayon R et de densité électronique constante ϱ_0

$$F(s) = v_0 \varrho_0 \Phi(2\pi s R). \tag{8.15}$$

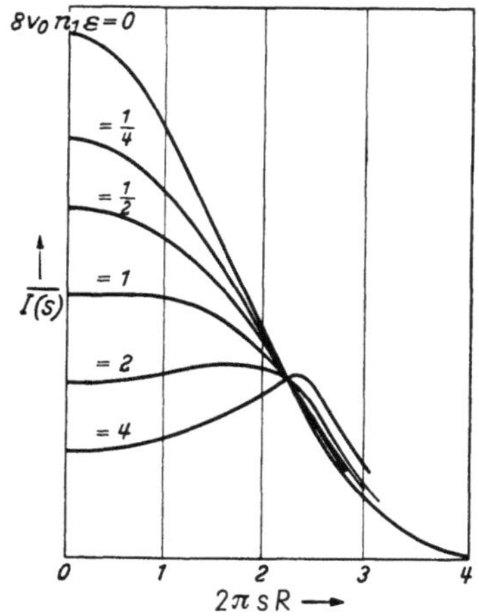

Fig. 10. Réseau de courbe de diffusion relatives à des sphères dures [cf. (8.16)]. Figures extraite de Acta crystallogr. [7].

Nous trouvons ainsi à partir de (8.14) et (8.15) [cf. Fig. 10]

$$\overline{I(s)} = I_e(s)\, \overline{N}\, (v_0 \varrho_0)^2\, \Phi^2 (2\pi s R) \frac{1}{1 + 8v_0 n_1 \varepsilon(n_1)\, \Phi(4\pi s R)}, \tag{8.16}$$

DEBYE[2] avait obtenu pour le même modèle par un calcul analogue à celui de RAMAN [cf. (7.11)]

$$\overline{I(s)} = I_e(s)\, \overline{N}\, (v_0 \varrho_0)^2\, \Phi^2 (2\pi s R) \left[1 - 8v_0 n_1 \Phi(4\pi s R)\right],$$

expression approchée de (8.16) pour les petites valeurs de $8v_0 n_1$ mais qui fournit des valeurs négatives aussitôt que $8v_0 n_1$ dépasse l'unité (cf. Sect. 10).

9. Etude de l'expression thermodynamique de l'intensité diffusée par un liquide [7]. Dans la Sect. 7 nous avons montré comment on pouvait obtenir à partir de certains résultats de la théorie de BORN et GREEN l'expression de l'intensité du rayonnement X diffusé par un liquide composé d'une seule sorte de particule à symétrie sphérique:

$$I(s) = I_e(s)\, \overline{N} F^2(s) \left\{ \frac{1}{1 - \varepsilon(n_1)\,(2\pi)^{\frac{3}{2}}\, n_1 \beta(s)} - \frac{2 s_0}{\varepsilon(n_1)\,(2\pi)^{\frac{3}{2}}\, n_1 \beta'(s_0)\,(s_0^2 - s^2)} \right\}. \tag{9.1}$$

Nous savons que dans la théorie de BORN et GREEN un liquide est caractérisé par l'existence d'une solution réelle de l'équation

$$\varepsilon(n_1)\,(2\pi)^{\frac{3}{2}}\, n_1 \beta(s) = 1 \tag{9.2}$$

et nous désignons par s_0 cette solution. Nous pouvons donc dire que l'expression (9.1) est toujours valable aussi bien pour les liquides que pour les gaz puisque dans ce dernier cas la valeur réelle s_0, solution de (9.2), n'existant pas il suffit de supprimer le deuxième terme de l'accolade de (9.1) pour retrouver les valeurs de l'expression (8.1). Les valeurs de l'expression (9.1) sont uniquement déterminées par

[1] Ne pas confondre cette fonction $\Phi(x)$ avec la fonction du potentiel $\Phi(r)$. Nous n'avons pas changé les notations habituelles, car il nous semble que le contexte indique toujours nettement le sens qu'il convient d'attribuer à Φ.

[2] P. DEBYE: Phys. Z. **2**, 28, 135 (1927).

le paramètre

$$u = \varepsilon(n_2)\,(2\pi)^{\frac{3}{2}}\,n_1 \tag{9.3}$$

quand la fonction $\beta(s)$ est connue; pour cela en remarquant que

$$\beta(s_0) = \frac{1}{u} \tag{9.4}$$

nous pouvons obtenir à partir de (9.1)

$$I(s) = I_e(s)\,\overline{N}\,F^2(s)\left\{\frac{1}{1-u\,\beta(s)} - \frac{2s_0}{u\,\beta'(s_0)\,(s_0^2-s^2)}\right\}. \tag{9.5}$$

La courbe $\beta(s)$ étant tracée on détermine graphiquement s_0, abscisse du point d'intersection de la droite $y = u^{-1}$ avec la courbe $\beta(s)$ puis la dérivée en ce point $\beta'(s_0)$. Il se peut que d'après le calcul numérique la courbe représentative de $I(s)$ présente une oscillation autour de $s = s_0$ chacun des deux termes de l'accolade de (9.5) tendant vers l'infini quand s tend vers s_0; un développement limité dans cette région permet d'écrire:

$$\{\ \} = \frac{\beta(s_0)}{2\beta'(s_0)}\left[\frac{\beta''(s_0)}{\beta'(s_0)} - \frac{1}{s_0}\right] + (s - s_0)\ldots, \tag{9.6}$$

ce qui montre qu'il n'y a aucune discontinuité dans la courbe de l'intensité au voisinage de $s = s_0$ et que les oscillations qui peuvent se présenter ne sont qu'une conséquence de l'imprécision des déterminations graphiques.

Nous allons maintenant examiner l'évolution des courbes de diffusion avec la pression. Le premier terme de (9.5), négatif pour l'angle nul, décroît d'abord jusqu'à $-\infty$ $(s = s_0)$, repart de $+\infty$ et reste toujours positif. Le second terme subit une évolution opposée et son influence ne se fait sentir pratiquement que de $s = 0$ à $s = 2s_0$ (cette derniére limite est arbitraire). Dans la région souvent la plus intéressante (région du premier maximum situé à un angle non nul) l'influence du deuxième terme est faible. La position et la valeur de ce maximum seront donc déterminées en première approximation par les règles précédemment établies pour les gaz [expressions (8.8) et 8.10)]. On peut prévoir le sens dans lequel il faut modifier ces prévisions. Les extrema de (9.5) sont en effet déterminés par l'équation suivante:

$$\frac{F(s)}{1-u\,\beta(s)}\cdot\left[\frac{2F'(s)}{F(s)} + \frac{u\,\beta'(s)}{1-u\,\beta(s)}\right] + \frac{F^2(s)\,2s_0}{u\,\beta'(s_0)\,(s^2-s_0^2)}\left[\frac{2F'(s)}{F(s)} + \frac{2s}{s_0^2-s^2}\right] = 0. \tag{9.7}$$

Le deuxième terme de (9.7) est toujours petit et positif dans la région considérée $[\beta'(s_0) < 0$ et $s > s_0]$. Pour que l'équation aux extrema soit résolue il faut donc que son premier terme soit légèrement négatif. Les maxima de la courbe de l'intensité seront par conséquént situés à des angles plus grands que ceux prévus par l'étude du premier terme de (9.5), les minima obéiront à la règle contraire. Les valeurs de ces extrema sont légèrement inférieures à celles prévues par (8.10).

Pour éprouver la validité de l'expression (9.5) nous avons calculé l'intensité du rayonnement diffusé par l'argon liquide à 149,3° K (Fig. 11); comme nous l'avons déjà fait remarquer, la forme d'une courbe de diffusion n'est déterminée que par la valeur du paramètre u et, pour obtenir un ordre de grandeur de la valeur de u correspondante à la courbe expérimentale «liquide», nous pouvons remarquer:

a) Les courbes «gaz» varient assez peu autour de $u = 0{,}0565$ Å^{-3}.

b) Les déterminations de ε faites par RODRIGUEZ pour l'argon à 150° K montrent que ε varie relativement peu dans la région étudiée et voisine du point d'ébullition; on peut donc admettre que les variations de u ne proviennent que des variations de n_1 (déterminées à partir de la densité).

EISENSTEIN et GINGRICH indiquent pour rapport des densités du gaz et du liquide qu'ils ont examinés à 149,3° K: $0{,}737 \cdot (0{,}330)^{-1}$ ce qui permet, combiné à notre première remarque, de fixer l'ordre de grandeur de la valeur de u relative au liquide à

$$0{,}0565 \cdot 0{,}737 \times (0{,}330)^{-1} = 0{,}126 \text{ Å}^{-3}.$$

Le meilleur accord entre les courbes expérimentales et théoriques correspond à $u = 0{,}143$ Å^{-3} (courbe en tireté de la Fig. 11).

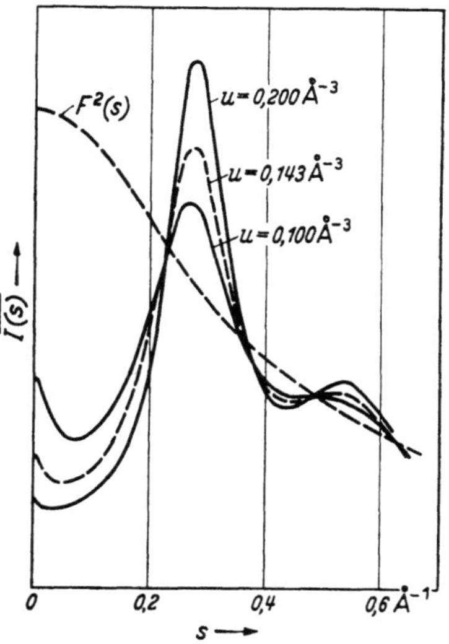

Fig. 11. Courbe théorique de diffusion de l'argon liquide à différentes densités à 149,3°K. Figure extraite de Acta crystallogr. [7].

10. Lien entre les expressions de l'intensité et les différentes théories des fluides[1]. Les différents résultats que nous venons d'indiquer sont des résultats généraux obtenus sans faire d'hypothèses particulières sur le potentiel $\Phi(r)$ des forces interparticulaires. Pour nous rendre compte de la valeur des différentes approximations qui ont été faites nous allons maintenant considérer un cas particulier: le modèle des «sphères dures» (cf. Sect. 8). Les particules qui définissent ce modèle sont des sphères dures (de rayon R et de volume v_0) sans interaction autre que leur impénétrabilité. Le potentiel $\Phi(r)$ est donc défini de la façon suivante: $\Phi(r)$ est infini pour $r < 2R$ et $\Phi(r)$ est nul pour $r > 2R$. Beaucoup de travaux ont été effectués sur ce modèle et nous pourrons donc confronter les valeurs des différentes méthodes de calcul de l'intensité observable.

KIRKWOOD, MAUN et ALDER[2] ont considéré les deux intégrales Y et K en $n_2(r, n_1)$ relatives à ce modèle (cf. page 258). L'équation intégrale Y se présente sous une forme simple dépendant d'un paramètre λ lié à la densité du fluide n_1. L'équation intégrale K possède une structure plus compliquée mais une approximation mathématique permet de lui donner une forme identique à celle de l'équation intégrale Y; la seule différence qui subsiste alors entre les deux versions est la loi reliant le paramètre λ et la densité n_1. KIRKWOOD, MAUN et ALDER ont déterminé numériquement la fonction $n_2(r, n_1)$, dans ses deux versions Y et K, pour cinq valeurs de la densité n_1.

La fonction $g_2(r)$ relative au développement de $P(r, n_1)$ mise sous la forme (7.15) a été récemment obtenue[3]; la fonction $g_1(r)$

$$g_1(r) = \frac{4\pi}{3}\left(1 - \frac{3}{8}\frac{r}{R} + \frac{r^3}{128 R^3}\right) \quad \text{pour} \quad 0 \leq r \leq 4R,$$
$$g_1(r) = 0 \qquad\qquad \text{pour} \quad r > 4R$$

est classique.

α) *Etude de* $a(0, n_1)$. Nous allons d'abord étudier la grandeur

$$a(0, n_1) = 1 + n_1 \int_0^\infty [P(r, n_1) - 1]\, 4\pi r^2\, dr. \tag{10.1}$$

[1] La majeure partie des idées contenues dans cette section a été exposée dans l'article: G. FOURNET: J. Phys. Radium **16**, 395 (1955).

[2] J. G. KIRKWOOD, E. K. MAUN et B. J. ALDER: J. Chem. Phys. **18**, 1048 (1950).

[3] B. R. NIJBOER et L. VAN HOVE: Phys. Rev. **85**, 777 (1952).

Un résultat classique de la mécanique des fluides montre que cette grandeur est liée au coefficient de compressibilité isotherme par

$$a(0, n_1) = -\frac{kT}{v}\left[-\frac{1}{v}\left(\frac{\partial v}{\partial p}\right)_T\right] = kT\left(\frac{\partial n_1}{\partial p}\right)_T. \tag{10.2}$$

Le calcul montre que la valeur de $a(0, n_1)$ définie au moyen de (10.2) par l'intermédiaire de l'équation d'état (7.7) obtenue en employant une fonction $P(r, n_1)$ *approchée*, est *différente* de la valeur obtenue directement au moyen de (10.1) en utilisant la *même fonction* $P(r, n_1)$ *approchée*; les deux procédés définis par les relations (10.1) et (10.2) ne peuvent donner le même résultat que si l'on utilise *la véritable fonction* $P(r, n_1)$ et non l'une de ses approximations. Sauf indications contraires, toutes les valeurs approchées de $a(0, n_1)$ que nous considérerons seront des valeurs obtenues au moyen de (10.1), valeurs liées à l'intensité du rayonnement diffusé.

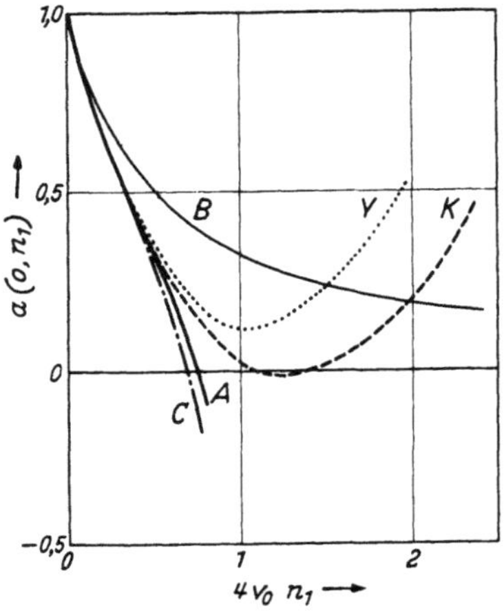

Fig. 12. Figure extraite du J. de Phys. (cf. note 1, p. 273).

Voyons d'abord ce que peut nous fournir le développement exact de l'équation d'état mise sous la forme

$$\left.\begin{aligned} p = n_1 kT\{1 + 4v_0 n_1 + 0{,}625\,(4v_0 n_1)^2 + \\ + 0{,}2869\,(4v_0 n_1)^3 + \cdots\}\end{aligned}\right\} \tag{10.3}$$

(nous rappelons que le covolume b est égal à $4v_0 N_A$ où N_A désigne le nombre d'Avogadro). Le développement *exact* de $a(0, n_1)$ obtenu à partir de (10.3) est alors

$$a(0, n_1) = 1 - 2(4v_0 n_1) + \tfrac{17}{8}(4v_0 n_1)^2 - 1{,}648\,(4v_0 n_1)^3 + \cdots. \tag{10.4}$$

Nous avons choisi pour écrire les variations de $a(0, n_1)$ le paramètre sans dimensions $4v_0 n_1$; quand les sphères sont au contact pour former soit un empilement cubique faces centrées soit un empilement hexagonal compact, le paramètre $4v_0 n_1$ atteint sa plus grande valeur possible 2,96.

Nous avons porté sur la Fig. 12 la courbe A représentative des variations de $a(0, n_1)$ en fonction de $4v_0 n_1$ suivant la relation (10.4).

Les résultats de Kirkwood, Maun et Alder nous ont permis de tracer les courbes K et Y; ces courbes impliquent l'emploi du principe de superposition: nous avons établi le développement (courbe C)

$$a(0, n_1) = 1 - 2(4v_0 n_1) + \tfrac{17}{8}(4v_0 n_1)^2 - 1{,}872\,(4v_0 n_1)^3 + \cdots \tag{10.5}$$

en faisant également intervenir ce principe; la valeur du quatrième terme de (10.5) a éte calculée au moyen des résultats de Nijboer et Fieschi[1] $[B_4' = 0{,}342\,(4v_0)^3]$. Nous voyons ainsi en comparant les développements (10.4) et (10.5) que le principe de superposition ne permet d'obtenir exactement que les trois premiers termes (cf. les travaux de Rushbrooke et Scoins[2]).

Nous avons également fait figurer la courbe relative à l'expression

$$a(s, n_1) = \frac{1}{1 + 2\varepsilon\, 4v_0 n_1\, \Phi(4\pi s R)} \tag{10.6}$$

---

[1] B. R. Nijboer et R. Fieschi: Physica, Haag **19**, 545 (1953).
[2] G. S. Rushbrooke et H. I. Scoins: Phil. Mag. **42**, 582 (1951).

obtenue à, partir de (8.16). La fonction $\Phi(x)$ étant égale à l'unité pour $x=0$, nous obtenons dans ce cas

$$a(0, n_1) = \frac{1}{1 + 2\varepsilon(4v_0 n_1)}. \tag{10.7}$$

La courbe B correspond à l'expression (10.7) avec la première approximation ($\varepsilon = 1$) du paramètre. A partir de la définition de ε donnée par RODRIGUEZ, il est possible d'établir le développement de ce paramètre

$$\varepsilon = 1 + c_1 n_1 + c_2 n_1^2 + \cdots$$

avec dans le cas des sphères dures

$$c_1 = \frac{15}{16}(4v_0), \text{ (cf. note 2, p. 274)},$$

$$c_2 = \frac{6217}{13.440}(4v_0)^2 = 0{,}462(4v_0)^2.$$

Le développement de $a(0, n_1)$ que l'on peut obtenir alors à partir de (10.7) est

$$\alpha(0, n_1) = 1 - 2(4v_0 n_1) + \tfrac{17}{8}(4v_0 n_1)^2 - 1{,}424(4v_0 n_1)^3 + \cdots. \tag{10.8}$$

Le quatrième terme de ce développement est incorrect [cf. la relation (10.4)]; nous ne pouvions pas espérer mieux, puisque la théorie de BORN et GREEN utilise le principe de superposition.

L'ensemble des courbes de la Fig. 12 montre que:

— Le développement de $a(0, n_1)$ réalisé en adoptant le principe de superposition diffère du développement correct à partir du quatrième terme.

— Le développement de $a(0, n_1)$ doit être poussé très loin si l'on veut obtenir des résultats ayant un sens physique $[a(0, n_1) > 0]$ pour des concentrations notables.

— On ne peut donc espérer trouver un résultat correct qu'en adoptant une méthode «globale» ne faisant pas appel à un développement limité. Dans la mise au point d'une telle méthode il semble que le principe de superposition ne doit être employé qu'avec prudence.

— Les résultats (courbe B) que nous avons obtenus à partir de la théorie de BORN et GREEN sont ceux qui semblent être le plus facile à interpréter physiquement: l'intensité $a(0, n_1)$ décroît régulièrement quand la densité de la matière croît; ces résultats font cependant appel à *deux* approximations différentes (principe de superposition et linéarisation de l'équation de base de la théorie de BORN et GREEN), alors que la courbe Y, obtenue à partir des résultats de KIRKWOOD, ne fait intervenir que le principe de superposition.

β) Etude de $a(s, n_1)$. Bien que nous venions de voir que les résultats obtenus pour $a(0, n_1)$ montrent que l'état actuel des calculs fournissant les valeurs des fonctions $P(r, n_1)$ est encore insuffisant, nous allons néanmoins examiner les résultats que ces fonctions permettent d'obtenir pour $a(s, n_1)$

$$a(s, n_1) = 1 + n_1 \int_0^\infty [P(r, n_1) - 1] \frac{\sin 2\pi r s}{2\pi r s} 4\pi r^2 dr.$$

Il nous semble que le test le plus dur que l'on puisse effectuer sur les fonctions $P(r, n_1)$ est précisément le calcul de $a(0, n_1)$ et que les fonctions $a(s, n_1)$ dans leur ensemble sont fournies avec plus de véracité que les valeurs de $a(0, n_1)$.

Nous avons établi, pour diverses valeurs de $4v_1 n_0$, les courbes représentatives de la fonction $a(s, n_1)$ par plusieurs procédés:

1. A partir des fonctions $P(r, n_1)$ fournies par KIRKWOOD, MAUN et ALDER dans leur version «K» (courbes K des Fig. 13, 14, 15 et 17).

2. A partir des fonctions similaires dans leur version «Y» (courbes Y des Fig. 13, 14, 15 et 17).

3. A partir du développement (7.15) soit

$$\left.\begin{aligned} a(s, n_1) = 1 + n_1 \int_0^\infty \left(e^{-\frac{\Phi(r)}{kT}} - 1\right) \frac{\sin 2\pi r s}{2\pi r s} 4\pi r^2 dr + \\ + n_1^2 \int_0^\infty g_1(r)\, e^{-\frac{\Phi(r)}{kT}} \frac{\sin 2\pi r s}{2\pi r s} 4\pi r^2 dr + \\ + n_1^3 \int_0^\infty g_2(r)\, e^{-\frac{\Phi(r)}{kT}} \frac{\sin 2\pi r s}{2\pi r s} 4\pi r^2 dr + \cdots \end{aligned}\right\} \tag{10.9}$$

(courbes A des Fig. 13, 14, 15 et 17).

4. A partir de l'expression (10.6) (courbes B des Fig. 13, 14, 15 et 17).

Examen de la Fig. 13: $4v_0 n_1 = 0.5$. — Les courbes Y, K et A sont presque confondues, la courbe B étant légèrement différente.

Examen de la Fig. 14: $4v_0 n_1 = 1{,}0$. — La courbe A n'est séparée du groupe des courbes Y et K-très semblables entre elles — que pour les faibles valeurs de $2\pi sR$. L'oscillation de la courbe A pour les petites valeurs de $2\pi sR$ est caractéristique d'une courbe dont les ordonnées sont établies par développement d'une série de FOURIER; les termes que nous n'avons pas pu calculer feraient disparaître cette oscillation. On peut d'ailleurs remarquer sur la Fig. 13 une très légère oscillation pour les mêmes valeurs de $2\pi sR$. La courbe B possède la même allure que les courbes Y et K, mais en diffère sensiblement.

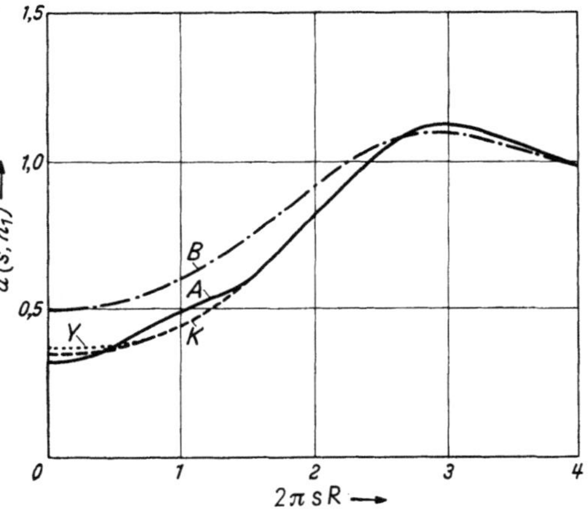

Fig. 13. Figure extraite du J. de Phys. (cf. Note 1, p. 273).

Examen de la Fig. 15: $4v_0 n_1 = 1{,}5$. — Les courbes Y et K sont voisines. Nous n'avons représenté que la portion de la courbe A correspondante aux grandes valeurs de $2\pi sR$, la portion relative aux petites valeurs manifestant un aspect aberrant encore plus marqué que la courbe A de la Fig. 14.

Nous observons ainsi que l'accord entre plusieurs estimations des fonctions $a(s, n_1)$ est d'autant meilleur que s est plus grand: les courbes Y et K et A sont en bon accord pour $2\pi sR > 2{,}3$ d'une part et ces mêmes courbes fournissent d'autre part pour les petites valeurs de $2\pi sR$ des estimations différentes ne possédant pas de sens physiques (valeurs négatives). On peut, au moins qualitativement, justifier ce résultat. Le calcul de $a(s, n_1)$ fait intervenir l'intégrale

$$n_1 \int_0^\infty [P(r, n_1) - 1] \frac{\sin 2\pi r s}{2\pi r s} 4\pi r^2 dr;$$

quand s est grand, les oscillations de la courbe représentative de $\frac{\sin 2\pi r s}{2\pi r s}$ en fonction de r sont très vite «amorties» et seules les valeurs de $P(r, n_1)$ correspondant aux petites valeurs de r jouent un rôle; dans le cas opposé (s petit) il faut au contraire connaître les valeurs de la fonction $P(r, n_1)$ sur un très grand intervalle. On sent très bien par ailleurs que posséder des renseignements [par l'intermédiaire de la fonction $P(r, n_1)$] sur le proche voisinage d'une particule est chose relativement facile [l'un de ces renseignements est immédiat $P(r) \equiv 0$ pour $r < 2R$] mais que, par contre, il est difficile de préciser les conséquences lointaines de la connaissance de la position d'une particule. Une preuve de ces idées peut être trouvée dans la structure mathématique même des différentes fonctions de r qui interviennent dans le développement par rapport à n_1 de $a(s, n_1)$ [cf. l'expression (10.9)]:

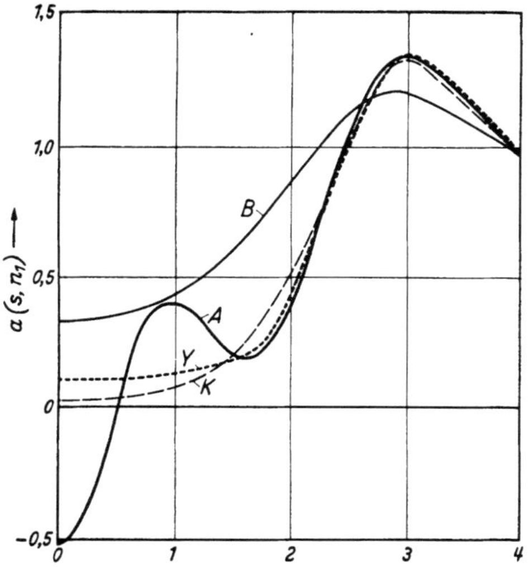

Fig. 14. Figure extraite du J. de Phys. (cf. Note 1, p. 273).

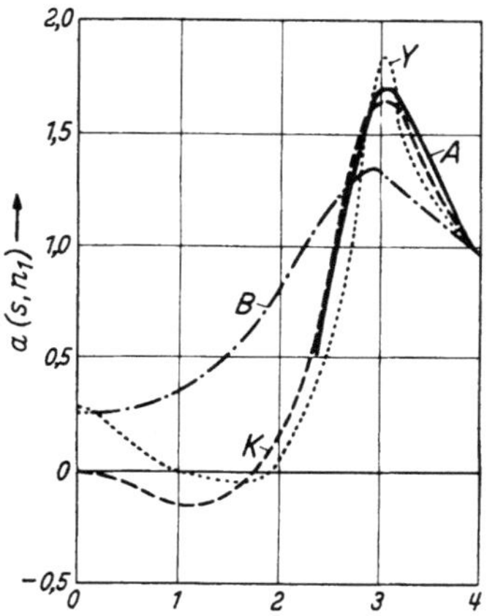

Fig. 15. Figure extraite du J. de Phys. (cf. Note 1, p. 273).

— la fonction $e^{-\frac{\Phi(r)}{kT}} - 1$ intervenant dans le terme en n_1 ne présente de valeurs non nulles que dans l'intervalle $0 < r < 2R$;

— la fonction $e^{-\frac{\Phi(r)}{kT}} g_1(r)$ du terme en n_1^2 ne présente de valeurs non nulles que dans l'intervalle $2R < r < 4R$;

— l'intervalle correspondant à la fonction $e^{-\frac{\Phi(r)}{kT}} g_2(r)$ (terme en n_1^3) est $2R < r < 6R$;

— pour le terme en n_1^4, ce serait $2R < r < 8R$, etc.

Nous observons ainsi que d'une part les valeurs de la fonction $n_1[P(r, n_1) - 1]$ dans l'intervalle $0 < r < 2R$ ne sont pas modifiées par l'intervention des termes en n_1^2, n_1^3 et que, d'autre part, la connaissance des valeurs de cette fonction pour les grandes valeurs de r exige la connaissance des termes élevés de son développement par rapport à n_1.

L'ensemble de ces remarques conduit aux conclusions suivantes: quand on perfectionne les estimations de la fonction $P(r, n_1)$, on modifie peu la courbe $a(s, n_1)$ pour les grandes valeurs de s mais, par contre, on apporte de larges modifications à cette courbe pour les petites valeurs de s. En revenant sur les observations que nous avons faites au sujet de la description de la Fig. 14 et en particulier sur l'oscillation de la courbe A au voisinage de $2\pi s R = 1$, nous pouvons grâce aux remarques précédentes, représenter schématiquement sur la

Fig. 16 l'évolution de la fonction $a(s, n_1)$ en faisant intervenir un nombre croissant de termes; le nombre (entouré d'une circonférence) placé au voisinage d'une courbe indique le nombre de termes du développement que cette courbe fait intervenir. Cette figure nous montre par quel mécanisme les valeurs de $a(0, n_1)$ sont les plus aberrantes.

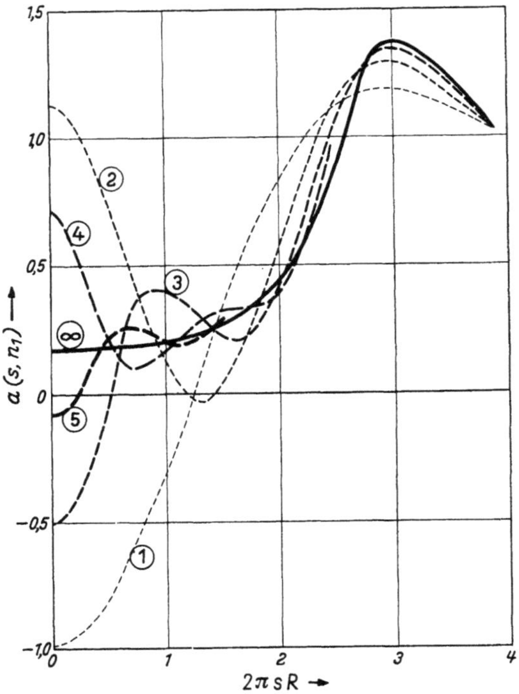

Fig. 16. Valable pour $4v_0n_1 = 1{,}0$. Figure extraite du J. de Phys. (cf. Note 1, p. 273).

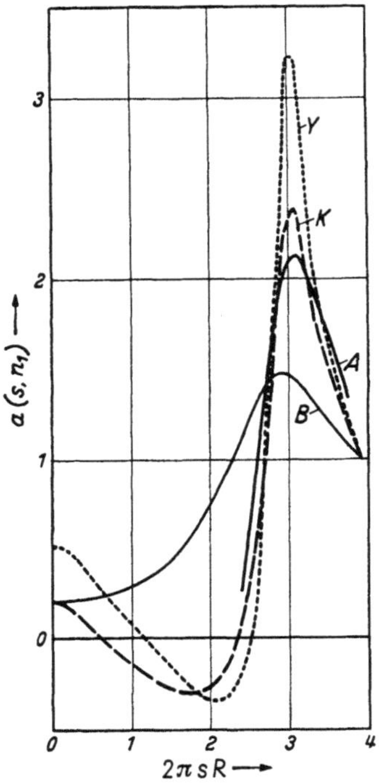

Fig. 17. Figure extraite du J. de Phys. (cf. Note 1, p. 273).

Examen de la Fig. 17: $4v_0n_1 = 1{,}9$. — Cette concentration est la plus élevée qui permet d'effectuer les calculs dans la version Y.

Nous constatons que même pour les grands angles les courbes A, K et Y diffèrent sensiblement.

La valeur de $4v_0n_1$ (qui correspondrait par exemple à des solutions aqueuses de protéines à 50%) est trop élevée pour que les estimations actuelles de $P(r, n_1)$ puissent fournir des valeurs correctes de la fonction $a(s, n_1)$.

En conclusion nous pouvons dire que pour les faibles concentrations ($4v_0n_1$ de l'ordre de 0,5) les courbes K, Y et A sont très semblables. Pour des concentrations moyennes ($4v_0n_1$ de l'ordre de l'unité) seule la partie de la courbe $a(s, n_1)$ correspondant à des valeurs de $2\pi sR$ supérieures à 2 est obtenue avec une bonne précision. Pour les concentrations élevées il subsiste même dans cette région des différences entre les diverses évaluations.

Nous pouvons estimer que les courbes suivantes sont très voisines des courbes exactes:

la moyenne des courbes K, Y, A de la Fig. 13 pour $4v_0n_1 = 0{,}5$;

la courbe «∞» de la Fig. 16: $4v_0n_1 = 1{,}0$;

la moyenne des courbes K, Y, A de la Fig. 15 pour $2\pi sR > 2{,}3$ pour $4v_0n_1 = 1{,}5$.

Les courbes B, résultant de l'application de la théorie de BORN et GREEN, présentent des avantages et des inconvénients:

— aux petits angles les courbes B sont les seules possédant un aspect satisfaisant pour toutes les concentrations, néanmoins même pour $4v_0 n_1 = 0{,}5$ ou 1,0 elles ne fournissent pas des valeurs exactes;
— aux angles correspondant à la région du premier maximum elles ne sont pas assez «accidentées»; elles prévoient cependant l'existence d'un maximum dont la position angulaire $2\pi s R = 2{,}88$ est indépendante de la concentration de la matière en examen, l'augmentation de la concentration n'amenant qu'une augmentation de la rapidité des variations au voisinage du maximum; les «courbes exactes» présentent les mêmes faits; la position du maximum est, d'après nos figures,

$$2\pi s R = 2{,}99 \pm 0{,}02 \quad \text{pour} \quad 4v_0 n_1 = 0{,}5\,,$$
$$2\pi s R = 3{,}02 \pm 0{,}04 \quad \text{pour} \quad 4v_0 n_1 = 1{,}0\,,$$
$$2\pi s R = 3{,}05 \pm 0{,}04 \quad \text{pour} \quad 4v_0 n_1 = 1{,}5\,.$$

En examinant la position des maxima des différents termes du développement,

$$2\pi s R = 2{,}88 \quad \text{pour le terme en } n_1\,,$$
$$2\pi s R = 3{,}04 \quad \text{pour le terme en } n_1^2\,,$$
$$2\pi s R = 3{,}14 \quad \text{pour le terme en } n_1^3\,;$$

on comprend par quel mécanisme la position angulaire du maximum de la courbe représentative de $a(s, n_1)$ en fonction de s est sensiblement constant et croît très légèrement avec n_1.

11. Valeur limite de l'intensité observable aux petits angles[1]. *α) Introduction.* Le calcul de cette valeur limite présente deux genres de difficultés.

1. Etablissement de l'expression fournissant cette valeur. Tous les auteurs ne défendent pas la même formule; nous sommes partisans de la formule classique

$$\overline{I_0(0)} = \overline{N} F^2(0) \left\{1 + n_1 \int_0^\infty [P(r, n_1) - 1]\, 4\pi r^2 dr\right\}; \tag{11.1}$$

nous en donnerons une meilleure démonstration[2] que celles qui ont déjà été proposées; cette valeur de $I_0(0)$ est reliée a la compressibilité du milieu suivant la relation (10.2).

2. Calcul numérique de la valeur limite à partir de fonctions $P(r, n_1)$ déterminées théoriquement. Nous avons montré précédemment (Sect. 10) que dans le cas très simple d'un ensemble de sphères dures les meilleures théories des fluides que nous avons actuellement (1955) à notre disposition ne permettent pas de calculer la valeur de $I_0(0)$ aussitôt que la concentration de la matière devient un peu importante.

Nous allons maintenant avant de donner une démonstration de l'expression (11.1) montrer la difficulté essentielle du calcul. Nous avons obtenu pour le cas simple traité dans la Sect. 5 et défini p. 245 une expression de l'intensité totale de la forme [cf. (5.20)]

$$\left.\begin{aligned} \overline{I_t(\mathbf{s})} = I_e(s) F^2(s)\, \overline{N} \left\{1 + n_1 \int_0^\infty [P(r, n_1) - 1]\, \frac{\sin 2\pi r s}{2\pi r s}\, 4\pi r^2 dr\right\} + \\ + I_e(s) F^2(s)\, n_1^2 \int_V \int_V \cos[2\pi \mathbf{s} \cdot (\boldsymbol{R}_k - \boldsymbol{R}_j)]\, d\boldsymbol{R}_k\, d\boldsymbol{R}_j \end{aligned}\right\} \tag{11.2}$$

[1] Dans cette section, pour éviter toutes confusions, nous adopterons des notations différentes pour l'intensité totale I_t et pour l'intensité observable I_0 [cf. Sect. 5 p. 251 et l'expression (11.2)].

[2] La majeure partie des idées contenues dans cette section ont été exposées dans l'article: G. Fournet: J. Phys. Radium **17** (1956).

et nous savons que le deuxième terme de (11.2) est pratiquement négligeable devant le premier qui constitue l'intensité observable aussitôt que l'angle ϑ lié au paramètre s est plus grand que quelques minutes. Par contre pour l'angle ϑ nul la valeur du deuxième terme de (11.2)

$$I_e(0)\,F^2(0)\,n_1^2\,V^2 = I_e(0)\,F^2(0)\,\overline{N}^2 \tag{11.3}$$

est beaucoup plus élevée que celle du premier terme

$$I_e(0)\,F^2(0)\,\overline{N}\left\{1 + n_1\int_0^\infty [P(r, n_1) - 1]\,4\pi r^2\,dr\right\}$$

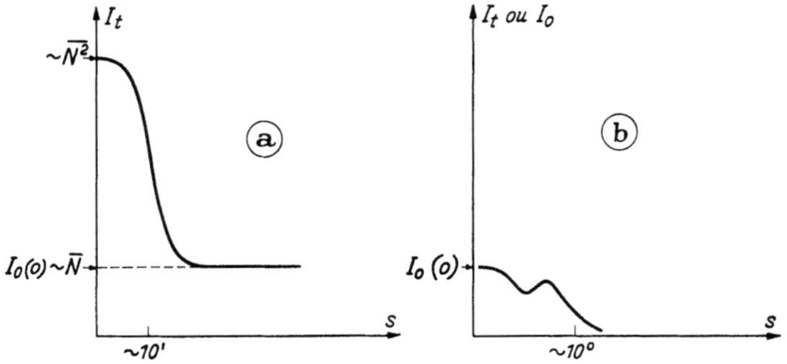

Fig. 18. Nous avons représenté les variations de l'intensité totale diffusée soit à l'échelle de la minute d'arc (a) soit à l'échelle du degré (b).

qui est de l'ordre de

$$I_e(0)\,F^2(0)\,\overline{N}. \tag{11.4}$$

La courbe représentant les variations de

$$\frac{\overline{I_t(\mathbf{s})}}{I_e(0)\,F^2(0)}$$

en fonction de s peut donc se présenter de deux façons différentes:

— si nous considérons cette courbe à très petite échelle (angle de diffusion inférieure à quelques minutes d'arc) nous obtenons la Fig. 18a;

— si au contraire nous considérons cette même courbe à l'échelle du degré nous obtenons la Fig. 18b; à cette échelle il est impossible de distinguer l'intensité totale et l'intensité observable.

C'est ce deuxième genre de représentation qui constitue l'aspect habituel des courbes de diffusion puisque les meilleurs montages expérimentaux permettent d'explorer ces courbes à partir d'angle de diffusion de quelques dizaines de minutes, les montages ordinaires correspondant à une limite inférieure de quelques degrés. C'est aussi ce genre de représentation qui permet de définir la valeur limite de l'intensité observable: on prolonge vers les petits angles la courbe expérimentale; l'ordonnée pour l'angle de diffusion nul, de cette courbe prolongée est ce que nous appelons valeur limite de l'intensité observable, $I_0(0)$.

Pour résumer cette introduction nous pouvons dire

1. La notion de valeur limite de l'intensité observable provient des difficultés expérimentales et théoriques de mesurer correctement les phénomènes de diffusion aux très petits angles (de l'ordre de la minute d'arc).

2. Si dans beaucoup de cas cette valeur est assez bien définie expérimentalement par le prolongement «au sentiment» d'une courbe expérimentale il ne semble pas qu'un critère très sûr ou communément adopté (nous en proposerons un) se soit dégagé afin de permettre de calculer théoriquement cette valeur limite. Le critère ayant été choisi le calcul est très difficile. Ce calcul se présente de la

façon suivante: à l'intensité totale diffusée obtenue à partir d'une expression analogue à (11.2) il convient de retirer un «bon terme» (voir ci-dessous). Pour l'angle nul nous savons déjà que l'intensité totale est de l'ordre de N^2; le «bon terme» doit être également de cet ordre de grandeur puisque la valeur limite, $I_0(0)$ différence entre l'intensité totale et le bon terme est de l'ordre de N; nous voyons ainsi qu'à une erreur relative de l'ordre de $1/N$ sur l'un quelconque des deux termes de la différence il correspond une erreur totale de l'ordre de

$$N^2 \times \frac{1}{N} = N,$$

ce qui peut changer complètement le résultat final. Quand on sait que N, nombre de particules en examen, est au moins de l'ordre 10^{17} par mm.^{3} de matière en examen (un gaz dans les conditions normales correspond à $0{,}27 \times 10^{16}$ molécules par mm.^{3}, on peut se rendre compte de la difficulté d'effectuer des calculs à $1/N$ près. Il faut donc prendre les plus grandes précautions de rigueur et n'effectuer des approximations qu'à bon escient.

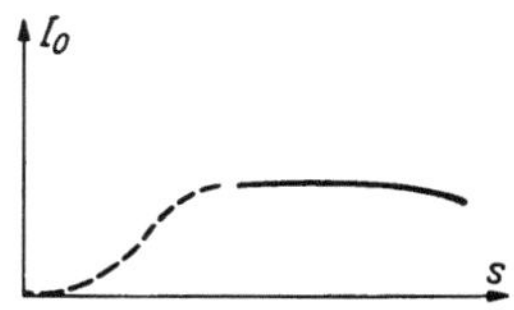

Fig. 19. La partie en tireté montre comment certains critères (que nous critiquons) conduisent à prévoir $I_0(0) = 0$.

Il faut maintenant définir le critère permettant de soustraire le «bon terme». Des calculs que nous ne reproduisons pas ici nous ont montré que certains critères aboutissaient au résultat représenté sur la Fig. 19; de façon générale il faut s'éfforcer que la différence entre l'intensité totale et le «bon terme» ne varie pas dans le domaine angulaire (de quelques minutes) où l'intensité totale varie très rapidement; nous savons que cette variation est liée à la forme du volume irradié par les rayons X (cf. Sect. 5).

C'est pour cette raison que nous choisissons le critère suivant pour calculer le «bon terme»: *la différence entre l'intensité totale et le bon terme ne doit pas dépendre de la forme du volume irradié*; nous indiquons la *forme* du volume pour nous réserver la possibilité que la différence dépende (par l'intermédiaire de $\overline{N}$) de *l'étendue* de ce volume.

C'est déjà ce critère que nous avons utilisé dans la Sect. 5. Nous allons maintenant reprendre le même calcul sans supposer que le volume V_0 offert aux N_0 particules est très grand ce qui permet de nous rapprocher des réalisations expérimentales. Nous supposerons simplement que le volume irradié V est plus petit que V_0 et que aucun point du volume V n'est trop près des bords du volume V_0 [pour fixer les idées la limite de proximité est de l'ordre de 1000 à 10000 Å (10^{-4} mm. à 10^{-3} mm.)].

*β) Rappel de quelques résultats de la théorie des fluides d'*YVON [*18*]. Ces résultats n'ont été établi que dans le cas suivant:
— les particules, à symétrie sphérique, sont toutes identiques;
— la statistique classique de BOLTZMANN est utilisée;
— l'énergie totale du fluide peut s'exprimer sous la forme

$$E = \sum_{k=1}^{N_0} \tfrac{1}{2} m v_k^2 + \sum_{k=1}^{N_0} U_k + \tfrac{1}{2} \sum_{k=1}^{N_0} \sum_{k \neq j=1}^{N_0} \Phi_{kj}. \tag{11.5}$$

La première somme concerne l'énergie cinétique (m est la masse d'une particule); elle comprend N_0 termes. La seconde somme comprend également N_0 termes, U_k étant le potentiel d'où dérive le champ de force extérieur agissant sur la k-ième particule; nous négligerons l'action de la pesanteur de sorte que U ne sert qu'à symboliser sous forme d'un «champ répulsif très localisé mais intense» [*18*] l'action des parois limitant le volume V_0. Le troisième terme de (11.5) comprend effectivement $\frac{1}{2} N_0(N_0-1)$ valeurs du potentiel Φ_{kj} chaque valeur correspondant à chacun des $\frac{1}{2} N_0(N_0-1)$ couples formés par les N_0 particules. Les particules possédant la symétrie sphérique nous supposerons que le potentiel Φ_{kj} ne dépend que de la distance $r_{kj}=|\boldsymbol{R}_k-\boldsymbol{R}_j|$ entre les particules k et j. Les valeurs de la fonction $\Phi(r)$ sont extrêmement élevées pour les petites valeurs de r (traduction de l'impénétrabilité des particules) et très faibles et même sensiblement nulles pous les valeurs de r grandes devant les dimensions des particules en examen, mais extrêmement petites devant les dimensions de l'enceinte.

Nous allons maintenant donner les résultats que YVON a obtenu *sans aucune approximation*, pour ce modèle. La fonction $n_1(\boldsymbol{R}_k)$ possède une valeur constante dans à peu près toute l'étendue de l'enceinte V_0 et ne présente des valeurs inférieures à cette constante que sur les bords de l'enceinte V_0; dans notre modèle ces variations sont dues au potentiel U. C'est l'existence et le sens de ces variations qui montrent que la valeur constante (que nous désignerons par n_1) que $n_1(\boldsymbol{R}_k)$ possède dans la quasi totalité du domaine V_0 est légèrement supérieure au rapport N_0/V_0.

La fonction $n_2(\boldsymbol{R}_k, \boldsymbol{R}_j)$ peut s'exprimer sous la forme:

$$n_2(\boldsymbol{R}_k, \boldsymbol{R}_j) = n_1(\boldsymbol{R}_k)\, n_1(\boldsymbol{R}_j) \left[P(\boldsymbol{R}_k, \boldsymbol{R}_j) + \frac{1}{N_0} Q(\boldsymbol{R}_k, \boldsymbol{R}_j) + \frac{1}{N_0^2} \cdots\right]. \tag{11.6}$$

Dans un domaine V_1, un peu plus restreint que celui où $n_1(\boldsymbol{R}_k)$ est constant et égal à n_1, la fonction $P(\boldsymbol{R}_k, \boldsymbol{R}_j)$ ne dépend que de n_1 et de la distance r_{kj} entre les centres des particules en examen; nous noterons cette fonction par $P(r_{kj}, n_1)$; sur les bords du volume V_0 la fonction $P(\boldsymbol{R}_k, \boldsymbol{R}_j)$ présente quelques variations par rapport à celles qui seraient déterminées à partir de $P(r_{kj}, n_1)$.

La fonction $Q(\boldsymbol{R}_k, \boldsymbol{R}_j)$ n'a pas été complètement déterminée par YVON; il a été simplement montré que pour les distances r grandes devant les dimensions des particules en examen on obtenait:

$$Q(\boldsymbol{R}_k, \boldsymbol{R}_j) = -\, b(\boldsymbol{R}_k)\, b(\boldsymbol{R}_j). \tag{11.7}$$

La fonction $b(\boldsymbol{R}_k)$, dont la valeur est constante dans le domaine V_1 (cette valeur ne dépend que de n_1), présente des variations sur les bords de V_0.

Pour résumer les résultats d'YVON que nous venons d'exposer nous pouvons indiquer que dans une très grande partie V_1 de V_0 la fonction $n_1(\boldsymbol{R}_k)$ présente une valeur constante n_1 très voisine de N_0/V_0. Dans ce domaine V_1 la fonction $n_2(\boldsymbol{R}_k, \boldsymbol{R}_j)$ ne dépend que de la distance r_{kj} entre les centres des deux particules k et j considérées; pour les valeurs de r comprises entre 0 et plusieurs diamètres de particules (20 par exemple) nous avons:

$$n_2(\boldsymbol{R}_k, \boldsymbol{R}_j) = n_2(r_{kj}) = n_1^2\left[P(r_{kj}, n_1) + \frac{1}{N_0} Q(r_{kj}, n_1) + \cdots\right]; \tag{11.8}$$

pour les plus grandes valeurs de r nous avons plus simplement:

$$n_2(R_k, R_j) = n_2(r_{kj}) = n_1^2\left[1 - \frac{1}{N_0} b^2(n_1) + \cdots\right]. \tag{11.9}$$

Le volume compris entre V_1 et V_0, constitue ce que nous pouvons appeler les «bords» du volume V_0; nous pouvons mettre ce volume sous la forme:

$$V_0 - V_1 = \Sigma_0 x_0$$

où Σ_0 est l'aire de la surface limitant V_0 et où x_0 est l'épaisseur de la zone «bordière». Dans cette zône $n_1(\boldsymbol{R}_k)$ varie rapidement et l'on doit employer l'expression

(11.6) pour la définition de $n_2(\boldsymbol{R}_k, \boldsymbol{R}_j)$; la structure mathématique des différentes relations [18] montre néanmoins que $P(\boldsymbol{R}_k, \boldsymbol{R}_j)$ est moins éloignée de $P(r_{kj}, n_1)$ que $n_1(\boldsymbol{R}_k)$ de n_1.

γ) Calcul de la valeur de $b^2(n_1)$. La probabilité de trouver à la fois un centre de particule dans $d\boldsymbol{R}_k$ et le centre d'une autre particule dans $d\boldsymbol{R}_j$ étant

$$n_2(\boldsymbol{R}_k, \boldsymbol{R}_j)\, d\boldsymbol{R}_k\, d\boldsymbol{R}_j$$

l'intégrale

$$d\boldsymbol{R}_k \int_{V_0} n_2(\boldsymbol{R}_k, \boldsymbol{R}_j)\, d\boldsymbol{R}_j$$

est égale à la probabilité de trouver une particule dans $d\boldsymbol{R}_k$ [soit $n_1(\boldsymbol{R}_k)\,d\boldsymbol{R}_k$] multipliée par le nombre de particules se trouvant dans le volume V_0 *a l'exclusion* de celle se trouvant dans $d\boldsymbol{R}_k$ (soit au total $N_0 - 1$). Nous obtenons donc ainsi après division par $d\boldsymbol{R}_k$

$$(N_0 - 1)\, n_1(\boldsymbol{R}_k) = \int_{V_0} n_2(\boldsymbol{R}_k, \boldsymbol{R}_j)\, d\boldsymbol{R}_j. \tag{11.10}$$

Nous allons maintenant, en reprenant un calcul d'Yvon, montrer comment on peut atteindre $b^2(n_1)$ en appliquant la relation générale (11.10) à un point (défini par le vecteur $\boldsymbol{R}_k$) situé dans le volume V_1:

$$(N_0 - 1)\, n_1 = \int_{V_0} n_2(\boldsymbol{R}_k, \boldsymbol{R}_j)\, d\boldsymbol{R}_j. \tag{11.10 bis}$$

Nous allons décomposèr l'intégrale de (11.10 bis) en deux parties (cf. Sect. 5):

première partie:

$$\int_{V_0} \left\{ n_2(\boldsymbol{R}_k, \boldsymbol{R}_j) - n_1^2 \left[1 - \frac{1}{N_0} b^2(n_1) + \cdots\right]\right\} d\boldsymbol{R}_j \tag{11.11}$$

seconde partie:

$$\int_{V_0} n_1^2 \left[1 - \frac{1}{N_0} b^2(n_1) + \cdots\right] d\boldsymbol{R}_j\,;$$

a valeur de cette partie est simplement

$$V_0 n_1^2 \left[1 - \frac{1}{N_0} b^2(n_1) + \cdots\right].$$

Pour calculer la première partie nous pouvons remarquer que pour les points j situées dans V_1 la relation (11.8) est valable et que l'on obtient par conséquent pour valeur de cette partie

$$\left.\begin{aligned} & n_1^2 \int_{V_1} \left\{ P(r_{kj}, n_1) - 1 + \frac{1}{N_0}\left[Q(r_{kj}, n_1) + b^2(n_1)\right] + \cdots \right\} d\boldsymbol{R}_j + \\ & \qquad + \int_{\Sigma_0 x_0} \left\{ n_2(\boldsymbol{R}_k, \boldsymbol{R}_j) - n_1^2\left[1 - \frac{1}{N_0} b^2(n_1) + \cdots\right]\right\} d\boldsymbol{R}_j\,; \end{aligned}\right\} \tag{11.12}$$

le second terme est très petit devant le premier si le volume V_0 est assez grand et ce d'autant plus que les points $\boldsymbol{R}_k$ et $\boldsymbol{R}_j$ sont alors le plus souvent très éloignés; la valeur du premier terme de (11.12) est

$$n_1^2 \int_0^\infty \left[P(r, n_1) - 1\right] 4\pi r^2\, dr + \frac{n_1^2}{N_0} \int_0^\infty \left[Q(r, n_1) + b^2(n_1)\right] 4\pi r^2\, dr + \cdots.$$

Nous obtenons ainsi à partir de (11.10 bis)

$$(N_0-1)\,n_1 = n_1^2\int\limits_0^\infty [P(r,n_1)-1]\,4\pi r^2\,dr + \\ + \frac{n_1^2}{N_0}\int [Q(r,n_1)+b^2(n_1)]\,4\pi r^2\,dr + \cdots + V_0 n_1^2 - \frac{V_0}{N_0} n_1^2 b^2(n_1).$$

En première approximation $V_0 n_1 = N_0$ d'où avec la même rigueur

$$b^2(n_1) = 1 + n_1\int\limits_0^\infty [P(r,n_1)-1]\,4\pi r^2\,dr + \frac{n_1}{N_0}\int\limits_0^\infty \cdots + \cdots. \tag{11.13}$$

δ) Calcul de l'intensité observable. L'expression générale de l'intensité totale diffusée par un ensemble de N_0 particules contenues dans un volume V_0 dans le cas où le volume irradié est V ($\leq V_0$) est fournie par [cf. (5.3 bis), p. 247]:

$$\left.\begin{aligned}\overline{I_t(\mathbf{s})} = I_e(s)\,F^2(s)\Big\{&\int\limits_V n_1(\boldsymbol{R}_k)\,d\boldsymbol{R}_k + \\ &+\int\limits_V\int\limits_V \cos[2\pi\mathbf{s}\cdot(\boldsymbol{R}_k-\boldsymbol{R}_j)]\,n_2(\boldsymbol{R}_k,\boldsymbol{R}_j)\,d\boldsymbol{R}_k\,d\boldsymbol{R}_j\Big\}.\end{aligned}\right\} \tag{11.14}$$

Considérons d'abord le cas où le volume irradié V est compris dans le volume V_1; nous obtenons alors à partir de (11.8):

$$\left.\begin{aligned}&\overline{I_t(\mathbf{s})} = I_e(s)\,F^2(s)\Big\{\int\limits_V n_1\,d\boldsymbol{R}_k + \\ &+\int\limits_V\int\limits_V \cos[2\pi\mathbf{s}\cdot(\boldsymbol{R}_k-\boldsymbol{R}_j)]\,n_1^2\Big[P(r_{kj},n_1)+\frac{1}{N_0}Q(r_{kj},n_1)+\cdots\Big]d\boldsymbol{R}_k\,d\boldsymbol{R}_j\Big\}.\end{aligned}\right\} \tag{11.15}$$

Nous allons maintenant uniquement considérer l'intégrale double de (11.15); pour transformer cette intégrale nous prenons comme variable d'intégration $\boldsymbol{r}=\boldsymbol{R}_k-\boldsymbol{R}_j$ et $\boldsymbol{R}_j$, et nous introduisons la fonction $f(\boldsymbol{r},\boldsymbol{R}_j,V)$ que nous avons précédemment définie [cf. (5.14)]; nous faisons ensuite intervenir la moyenne $V(\boldsymbol{r})$ [cf. (5.15)] pour obtenir en définitive [cf. (5.16)]

$$n_1^2\int\limits_\infty \cos(2\pi\mathbf{s}\cdot\boldsymbol{r})\Big[P(r,n_1)+\frac{1}{N_0}Q(r,n_1)+\cdots\Big]V(\boldsymbol{r})\,d\boldsymbol{r}. \tag{11.16}$$

Décomposons comme précédemment cette intégrale en deux parties; dans la première nous prendrons en compte

$$n_1^2\Big[\alpha+\frac{1}{N_0}\beta+\cdots\Big]$$

et dans la seconde:

$$n_1^2\Big[P(r,n_1)-\alpha+\frac{1}{N_0}\big(Q(r,n_1)-\beta\big)+\cdots\Big].$$

Nous pouvons maintenant choisir α et β pour que la seconde partie de l'intégrale, soit

$$I_2 = n_1^2\int\limits_\infty \cos(2\pi\mathbf{s}\cdot\boldsymbol{r})\Big[P(r,n_1)-\alpha+\frac{1}{N_0}\big(Q(r,n_1)-\beta\big)+\cdots\Big]V(\boldsymbol{r})\,d\boldsymbol{r},$$

qui est toujours proportionnelle à *l'étendue* du domaine V par l'intermédiaire de $V(\boldsymbol{r})$ [cf. la relation (5.19) et la signification de la fonction $\gamma(\boldsymbol{x})$ à la p. 249] ne dépende pas de la *forme* de ce domaine. Quand la forme du volume V varie, la fonction $V(\boldsymbol{r})$ varie, mais possède toujours une valeur très voisine de V pour les distances r petites devant les dimensions du volume V. Nous voyons ainsi qu'il est possible de satisfaire le critère que nous nous sommes proposé si $P(r, n_1) - \alpha$ et $Q(r, n_1) - \beta$ sont très petits quand $V(\boldsymbol{r})$ n'est plus sensiblement égal à V; ces conditions ne peuvent être réalisées que dans le cas où le volume V est suffisamment grand pour que $V(\boldsymbol{r})$ soit encore suffisamment voisin de V quand P et Q ont atteint leur limite.

Quand ces conditions sont réalisées et que l'on a choisi

$$\alpha = 1$$
$$\beta = -b^2(n_1)$$

nous obtenons pour expression de l'intégrale double de (11.15) la somme suivante

$$n_1^2 \int_{\infty} \cos(2\pi \boldsymbol{s}\cdot\boldsymbol{r}) \left\{1 - \frac{1}{N_0} b^2(n_1) + \cdots\right\} V(\boldsymbol{r})\, d\boldsymbol{r} + \\ + n_1^2 \int_0^{\infty} \left\{[P(r, n_1)] - 1 + \frac{1}{N_0}[Q(r, n_1) + b^2(n_1)] + \cdots\right\} \frac{\sin 2\pi r s}{2\pi r s} 4\pi r^2 dr.$$

Donc, en introduisant le nombre moyen de particules contenues dans le volume V

$$\overline{N} = V n_1,$$

l'intensité totale diffusée devient

$$\left.\begin{aligned} \overline{I_t(\boldsymbol{s})} = I_e(s)\, F^2(s)\, \overline{N} \Big\{ 1 + \\ + n_1 \int_0^{\infty} \left\{[P(r,n_1)] - 1 + \frac{1}{N_0}[Q(r,n_1) + b^2(n_1)] + \cdots\right\} \frac{\sin 2\pi r s}{2\pi r s} 4\pi r^2 dr + \\ + n_1 \int_{\infty} \cos(2\pi\boldsymbol{s}\cdot\boldsymbol{r}) \left\{1 - \frac{1}{N_0} b^2(n_1) + \cdots\right\} \frac{V(\boldsymbol{r})}{V} d\boldsymbol{r} \Big\}. \end{aligned}\right\} \quad (11.17)$$

Voyons maintenant ce que nous fournit chaque terme de *l'accolade* quand l'angle de diffusion tend vers zéro (soit s tendant vers zéro).

Premier terme et deuxième terme:

$$1 + n_1 \int_0^{\infty} \left\{[P(r, n_1) - 1] + \frac{1}{N_0}[Q(r, n_1) - 1] + \cdots\right\} 4\pi r^2 dr,$$

troisième terme:

$$n_1 \int_{\infty} \left\{1 - \frac{1}{N_0} b^2(n_1) + \cdots\right\} \frac{V(\boldsymbol{r})}{V} d\boldsymbol{r} = \frac{n_1}{V} \left\{1 - \frac{1}{N_0} b^2(n_1) + \cdots\right\} \int_{\infty} V(\boldsymbol{r})\, d\boldsymbol{r}.$$

Pour calculer l'intégrale qu'implique ce troisième terme nous considérons la définition (5.15) de $V(\boldsymbol{r})$

$$V(\boldsymbol{r}) = \int_V f(\boldsymbol{r}, \boldsymbol{R}_j, V)\, d\boldsymbol{R}_j$$

et intégrons par rapport à $\boldsymbol{r}$ dans tout l'espace

$$\int_{\infty} V(\boldsymbol{r})\, d\boldsymbol{r} = \int_{\infty} d\boldsymbol{r} \int_V f(r, \boldsymbol{R}_j, V)\, d\boldsymbol{R}_j = \int_V d\boldsymbol{R}_j \int_{\infty} f(\boldsymbol{r}, \boldsymbol{R}_j, V)\, d\boldsymbol{r}.$$

La définition même de $f(\boldsymbol{r}, \boldsymbol{R}_j, V)$ montrant que

$$\int_\infty f(\boldsymbol{r}, \boldsymbol{R}_j, V)\, d\boldsymbol{r} = V,$$

nous obtenons

$$\int_\infty V(\boldsymbol{r})\, d\boldsymbol{r} = \int_V V\, d\boldsymbol{R}_j = V^2, \tag{11.18}$$

et la valeur limite du troisième terme de l'accolade de (11.17) est donc

$$n_1 V \left\{1 - \frac{1}{N_0} b^2(n_1) + \cdots\right\} = \overline{N} - \frac{\overline{N}}{N_0} b^2(n_1) + \cdots.$$

En utilisant la valeur de $b^2(n_1)$ que nous avons précédemment définie nous voyons que la valeur limite de l'accolade de (11.17) est

$$\left.\begin{aligned} &1 + n_1 \int_0^\infty [P(r, n_1) - 1]\, 4\pi r^2\, dr + \frac{n_1}{N_0} \int_0^\infty [Q(r, n_1) + b^2(n_1)]\, 4\pi r^2\, dr + \\ &+ \cdots + \overline{N} - \frac{\overline{N}}{N_0}\left[1 + n_1 \int_0^\infty [P(r, n_1) - 1]\, 4\pi r^2\, dr + \cdots\right] + \cdots. \end{aligned}\right\} \tag{11.19}$$

Il apparaît ainsi clairement que le deuxième élément (provenant de $\overline{N} b^2(n_1)/N_0$) du troisième terme de l'accolade est du même ordre de grandeur, au facteur $\overline{N}/N_0$ près, que la partie principale de l'ensemble du premier et du deuxième terme. Cette propriété, indépendante de la densité globale du mélange (rapport V_0/N_0), permet d'établir les propositions suivantes:

— Quand le rapport N/N_0, soit à peu près V/V_0, est très petit devant l'unité, on a le droit d'employer des expressions simples pour la fonction $n_2(\boldsymbol{R}_k, \boldsymbol{R}_j)$:

$$n_2(\boldsymbol{R}_k, \boldsymbol{R}_j) = n_1^2\, P(r_{kj}, n_1). \tag{11.20}$$

C'est ce que nous avons fait dans la Sect. 5 et nous pouvons même maintenant préciser notre expression: «une enceinte très grande» en indiquant que V/V_0 doit être alors très petit devant l'unité.

— Quand le rapport $\overline{N}/N_0$ n'est plus très petit devant l'unité on n'a pas le droit d'employer la première approximation (11.20), il faut obligatoirement se servir de la seconde approximation:

$$n_2(\boldsymbol{R}_k, \boldsymbol{R}_j) = n_1(\boldsymbol{R}_k)\, n_1(\boldsymbol{R}_j) \left[P(\boldsymbol{R}_k, \boldsymbol{R}_j) + \frac{1}{N_0} Q(\boldsymbol{R}_k, \boldsymbol{R}_j)\right] \tag{11.21}$$

quitte à utiliser pour un grand domaine V_1 excluant simplement les «bords» de V_0 l'expression:

$$n_2(r) = n_1^2 \left[[P(r, n_1) + \frac{1}{N_0} Q(r, n_1)\right]. \tag{11.22}$$

L'expression de l'intensité totale diffusée est en négligeant les termes du troisième ordre [intégrale en $Q(r, n_1) + b^2(n_1)$] et les autres termes d'ordre plus élevé:

$$\left.\begin{aligned} \overline{I_t(s)} = I_e(s)\, F^2(s)\, \overline{N} \cdot &\left\{1 + n_1 \int_0^\infty [P(r, n_1) - 1] \frac{\sin 2\pi r s}{2\pi r s} 4\pi r^2\, dr + \right.\\ &+ \frac{n_1}{V}\left[1 - \frac{1}{N_0}\left\{1 + n_1 \int_0^\infty [P(r, n_1) - 1]\, 4\pi r^2\, dr\right\}\right] \times \\ &\left. \times \int_V\int_V \cos[2\pi s \cdot (\boldsymbol{R}_k - \boldsymbol{R}_j)]\, d\boldsymbol{R}_k\, d\boldsymbol{R}_j \right\} \end{aligned}\right\} \tag{11.23}$$

l'intensité observable, correspondant aux deux premiers termes de l'accolade, garde ainsi toujours la même expression.

Quand le rapport $\overline{N}/N_0$ atteint des valeurs très voisines de l'unité, on a sensiblement:

$$\overline{N} = N_0$$

et l'expression (11.23) fournit pour $\overline{I_t(0)}$,

$$\overline{I_t(0)} = I_e(0)\,F^2(0)\,N_0\{N_0\} = I_e(0)\,F^2(0)\,N_0^2,$$

ce qui est le résultat attendu; mais l'intensité observable est toujours donnée par l'expression classique et la limite de l'intensité observable s'exprime toujours par

$$\overline{I_0(0)} = I_e(0)\,F^2(0)\,N_0\left\{1 + n_1\int_0^\infty [P(r, n_1) - 1]\,4\pi r^2 dr\right\}.$$

La forme même de l'expression (11.23) permet d'expliquer l'erreur qui a été commise[1] en écrivant que

$$1 + n_1\int_0^\infty [P(r, n_1) - 1]\,4\pi r^2 dr$$

doit être nul; en effet dans le cas que nous traitons actuellement ($\overline{N} = N_0$) il faut trouver N_0 pour la valeur de l'accolade de (11.23) quand $s = 0$ si le terme

$$\frac{\overline{N}}{N_0}\left[1 + n_1\int_0^\infty [P(r, n_1) - 1]\,4\pi r^2 dr\right]$$

a été omis, la seule ressource consiste à écrire la relation que nous venons de condamner.

Remarquons que nous avons au début (p. 284) de ce calcul précisé que nous traitons uniquement le cas où le volume V irradié par les rayons X était contenu dans le volume V_1 c'est-à-dire le volume $V_0 - \Sigma_0 x_0$; nous n'avons donc pas le droit de considérer les cas où $N = N_0$ soit $V = V_0$. Néanmoins, quand on suppose que le volume $\Sigma_0 V_0$ est petit devant V_0, c'est-à-dire que le rapport du volume V_0 offert aux particules au volume d'une particule est suffisamment grand, on peut montrer que (nous ne reproduirons pas ces calculs) l'expression (11.23) est encore valable en première approximation et ce qui nous a permis d'examiner immédiatement les cas où le volume V était pratiquement confondu avec le volume V_0.

b) Diffusion des rayons X par un fluide composé de particules identiques de nature quelconque.

Nous venons de traiter en détail, au cours des Sect. 5 à 11 du sous-chapitre IIa le cas des fluides composés d'une seule espèce de *particule à symétrie sphérique*; ce premier modèle est valable pour la plupart des atomes et dans quelques cas particuliers (particule de latex par exemple). Pour pouvoir traiter les autres cas nous allons maintenant examiner comment il est possible de prévoir l'intensité diffusée par des fluides composés d'une seule sorte de particule quelconque.

12. Cas des particules centrées. Résultats généraux. Pour ne pas compliquer les calculs nous supposerons néanmoins que ces particules possèdent un centre de symétrie (nous désignerons ces particules sous l'appellation de «particules centrées»). L'expression générale de l'amplitude du rayonnement total diffusé

[1] S. N. Bagghi: Acta crystallogr. 7, 665 (1954).

par un ensemble de particules (cf. le début de la Sect. 5 dont nous adoptons les notations)

$$A(\mathbf{s}) = A_e(s) \sum_k e^{-i2\pi \mathbf{s}\cdot \mathbf{R}_k} \sum f_{kl}\, e^{-i2\pi \mathbf{s}\cdot \mathbf{r}_{kl}}$$

peut donc se mettre sous la forme

$$A(\mathbf{s}) = A_e(s) \sum_k e^{-i2\pi \mathbf{s}\cdot \mathbf{R}_k} \sum_l f_{kl} \cos(2\pi \mathbf{s}\cdot \mathbf{r}_{kl}), \tag{12.1}$$

puisque dans le cas d'une particule centrée le facteur de diffusion peut prendre les deux formes équivalentes [cf. (1.10)]

$$\sum_l f_{kl}\, e^{-i2\pi \mathbf{s}\cdot \mathbf{r}_{kl}} = \sum_l f_{kl} \cos(2\pi \mathbf{s}\cdot \mathbf{r}_{kl}). \tag{12.2}$$

La dernière forme montre que dans le cas de particules centrées le facteur de

$$e^{-i2\pi \mathbf{s}\cdot \mathbf{R}_k}$$

dans la somme (12.1) est toujours *réel*; c'est cette propriété qui simplifie le calcul de l'intensité dans le cas des particules centrées (cf. Sect. 13). En désignant (cf. Sect. 4) par ϑ_k et φ_k les angles qui servent à repérer l'orientation de la k-ième particule, nous notons par

$$\sum_l f_{kl} \cos(2\pi \mathbf{s}\cdot \mathbf{r}_{kl}) = F_k(\mathbf{s}, \vartheta_k, \varphi_k)$$

le facteur de diffusion de cette particule; nous pouvons même supprimer l'indice k de F puisque les particules sont toutes identiques et que les différences entre les différentes sommes du type (12.2) proviennent uniquement de l'angle de diffusion et de l'orientation des particules. L'amplitude totale du rayonnement diffusé par l'ensemble de particules est ainsi

$$A(\mathbf{s}) = A_e(s) \sum_k F(\mathbf{s}, \vartheta_k, \varphi_k)\, e^{-i2\pi \mathbf{s}\cdot \mathbf{R}_k}. \tag{12.3}$$

Pour calculer l'intensité correspondante nous pouvons remarquer l'analogie entre cette expression (12.3) et l'expression (1.7); nous obtenons ainsi (cf. 2.2)

$$I(\mathbf{s}) = I_e(s) \sum_k \sum_j F(\mathbf{s}\cdot \vartheta_k, \varphi_k)\, F(\mathbf{s}, \vartheta_j, \varphi_j) \cos[2\pi \mathbf{s}\cdot (\mathbf{R}_k - \mathbf{R}_j)]. \tag{12.4}$$

Suivant le procédé habituel nous allons grouper les différents termes de la double somme (12.4) en deux groupes:

— le premier groupe est constitué par les termes où $k=j$;

— le second terme contient les autres termes, c'est-à-dire ceux pour lesquels k est différent de j.

Nous obtenons ainsi

$$\frac{I(\mathbf{s})}{I_e(s)} = \sum_k F^2(\mathbf{s}, \vartheta_k, \varphi_k) + \sum_k \sum_{j\neq k} F(\mathbf{s}, \vartheta_k, \varphi_k)\, F(\mathbf{s}, \vartheta_j, \varphi_j) \cos[2\pi \mathbf{s}\cdot (\mathbf{R}_k - \mathbf{R}_j)]. \tag{12.5}$$

Nous savons que nous ne pouvons observer que des intensités moyennes, aussi nous allons maintenant calculer la moyenne de l'expression (12.5). Pour obtenir des résultats simples (cf. dans la Sect. 14 le cas général) nous ferons les suppositions suivantes (constituant l'hypothèse H).

1. Les fonctions densité de probabilité $p_1(\mathbf{s}, \vartheta)$ et $p_2(\mathbf{s}, \varphi)$ (définies dans la Sect. 4) sont les mêmes pour chaque orientation de $\mathbf{s}$.

2. Le fait de connaître la position relative de deux particules k et j (position relative définie par $\boldsymbol{R}_k - \boldsymbol{R}_j$) ne modifie en rien les probabilités de leurs différentes orientations (définies par ϑ et φ). Nous dirons que les variables ϑ et φ d'une part et $\boldsymbol{R}_k - \boldsymbol{R}_j$ d'autre part sont indépendantes en probabilité ou encore stochastiquement indépendantes.

La première condition peut être considérée comme une conséquence de l'identité et de l'indiscernabilité des particules. La seconde condition est toujours réalisée dans le cas de particule à symétrie sphérique et il semble de façon générale que pour des ensembles pas trop denses composés de particules pas trop anisotropes il en est encore de même, au moins en première approximation. Pour des liquides composés de particules anisotropes cette seconde condition n'est certainement pas satisfaite (cf. Sect. 13, p. 290).

13. Diffusion par des ensembles de particules centrées satisfaisant à l'hypothèse *H*. La moyenne du premier terme de (12.5) s'écrit [cf. (4.3)]

$$\overline{\sum_k F^2(\mathbf{s}, \vartheta_k, \varphi_k)} = \sum_k \int_0^{\pi} \int_0^{2\pi} F^2(\mathbf{s}, \vartheta_k, \varphi_k)\, p_1(\mathbf{s}, \vartheta_k)\, p_2(\mathbf{s}, \varphi_k)\, d\vartheta_k\, d\varphi_k \tag{13.1}$$

puisque la moyenne d'une somme est égale à la somme des moyennes. D'après la première condition de l'hypothèse H l'intégrale double de (13.1) ne dépend pas de l'indice k et sa valeur peut donc se noter par

$$\overline{F^2(\mathbf{s})} = \int_0^{\pi} \int_0^{2\pi} F^2(\mathbf{s}, \vartheta, \varphi)\, p_1(\mathbf{s}, \vartheta)\, p_2(\mathbf{s}, \varphi)\, d\vartheta\, d\varphi. \tag{13.2}$$

La valeur moyenne du premier terme de (12.5) s'obtient donc en multipliant $\overline{F^2(s)}$ par le nombre moyen $\overline{N}$ de particules en examen

$$\overline{\sum_k F^2(\mathbf{s}, \vartheta_k, \varphi_k)} = \overline{N} \cdot \overline{F^2(\mathbf{s})}. \tag{13.3}$$

Pour calculer la moyenne du deuxième terme de (12.5) nous allons d'abord supposer que tous les centres de particules sont fixes. Pour le terme en kj les opérations de moyenne ne portent plus que sur les variables ϑ_k, φ_k ϑ_j et φ_j. La seconde condition de notre hypothèse excluant tous liens de probabilité entre, d'une part, ϑ_k et φ_k et, d'autre part, ϑ_j et φ_j, et ce, quelle que soit la position relative des deux particules k et j, permet d'écrire que la moyenne du produit

$$F(\mathbf{s}, \vartheta_k, \varphi_k)\, F(\mathbf{s}, \vartheta_j, \varphi_j)$$

est le produit des moyennes

$$\overline{F_k(\mathbf{s})} \quad \text{et} \quad \overline{F_j(\mathbf{s})}.$$

Ces deux moyennes sont égales à

$$\overline{F(\mathbf{s})} = \int_0^{\pi} \int_0^{2\pi} F(\mathbf{s}, \vartheta, \varphi)\, p_1(\mathbf{s}, \vartheta)\, p_2(\mathbf{s}, \varphi)\, d\vartheta\, d\varphi \tag{13.4}$$

d'après la première condition de l'hypothèse H.

Lorsque les centres des particules sont mobiles nous devons considérer les variations de $\boldsymbol{R}_k - \boldsymbol{R}_j$ mais, ces variations étant indépendantes de ϑ et φ (deuxième condition de l'hypothèse), la moyenne de

$$F(\mathbf{s}, \vartheta_k, \varphi_k)\, F(\mathbf{s}, \vartheta_j, \varphi_j) \cos\left[2\pi\, \mathbf{s} \cdot (\boldsymbol{R}_k - \boldsymbol{R}_j)\right]$$

est le produit des moyennes

$$\overline{F(\mathbf{s})}^2 \cdot \cos\left[2\pi\, \mathbf{s}\cdot(\boldsymbol{R}_k - \boldsymbol{R}_j)\right].$$

En groupant tous les résultats nous trouvons à partir de (12.5) [6]

$$\overline{I(\mathbf{s})} = I_e(s)\left\{\overline{N}\cdot\overline{F^2(\mathbf{s})} + \overline{F(\mathbf{s})}^2\cdot\overline{\sum_k\sum_{k\neq j}\cos\left[2\pi\,\mathbf{s}\cdot(\boldsymbol{R}_k - \boldsymbol{R}_j)\right]}\right\} \tag{13.5}$$

puisqu'une somme de moyennes est toujours égale à la moyenne de la somme.

Nous pouvons maintenant comparer ce résultat à celui que nous avions déjà obtenu dans la Sect. 5. Pour cela nous mettrons l'expression (5.3) valable pour les particules à symétrie sphérique sous la forme

$$\overline{I(s)} = I_e(s)\, F^2(s)\left\{\overline{N} + \overline{\sum_k\sum_{j\neq k}\cos\left[2\pi\, s\cdot(\boldsymbol{R}_k - \boldsymbol{R}_j)\right]}\right\} \tag{13.6}$$

en utilisant les résultats (5.5) et (5.7). Dans le cas de particules à symétrie sphérique nous savons que

$$\overline{F^2(\mathbf{s})} = \overline{F(\mathbf{s})}^2 = F^2(s)$$

et par conséquent nous pouvons bien passer de (13.5) à (13.6).

Il est maintenant possible d'utiliser les résultats établis dans la Sect. 5 sur la valeur de la moyenne de la double somme des cosinus sans faire d'autre supposition que celles constituant l'hypothèse H. Nous trouvons ainsi pour l'expression générale de l'intensité

$$\left.\begin{aligned}\overline{I(\mathbf{s})} &= I_e(s)\left\{\overline{N}\,\overline{F^2(\mathbf{s})} + n_1\overline{F(\mathbf{s})}^2\int_0^\infty\left[P(r,n_1) - 1\right]\frac{\sin 2\pi r s}{2\pi r s}\,4\pi r^2\,dr\right\} + \\ &+ I_e(s)\,\overline{F(\mathbf{s})}^2\, n_1^2\int_V\int_V\cos[2\pi\,\mathbf{s}\cdot(\boldsymbol{R}_k - \boldsymbol{R}_j)]\,d\boldsymbol{R}_k\,d\boldsymbol{R}_j,\end{aligned}\right\} \tag{13.7}$$

l'intensité «observable» au sens où nous l'avons définie étant simplement le premier terme de (13.7).

Dans le cas de particules éloignées l'intensité observable est fournie par

$$I(\mathbf{s}) = I_e(s)\,\overline{N}\,\overline{F^2(\mathbf{s})}\,. \tag{13.8}$$

Pour des ensembles de particules plus denses (gaz comprimé ou solution de grosses molécules) on peut employer les résultats que nous avons déjà établis dans la Sect. 7 à partir de la théorie de BORN et GREEN pour trouver [cf. (7.25)] [6]

$$\overline{I(\mathbf{s})} = I_e(s)\,\overline{N}\left\{\overline{F^2(\mathbf{s})} + \overline{F(\mathbf{s})}^2\,\frac{\varepsilon(n_1)\,(2\pi)^{\frac{3}{2}}\,n_1\,\beta(s)}{1 - \varepsilon(n_1)\,(2\pi)^{\frac{3}{2}}\,n_1\,\beta(s)}\right\}. \tag{13.9}$$

L'emploi de la théorie de BORN et GREEN suppose que le potentiel Φ des forces interparticulaires ne dépend que de la distance r entre les centres des particules considérées; cette propriété est parfaitement vraisemblable pour des particules à symétrie sphérique ou pour des particules centrées quelconques *satisfaisant à l'hypothèse H* (excluant tous liens de probabilité entre les orientations et les positions relatives des particules). Il faut cependant remarquer que cette hypothèse H ne peut constituer un bon modèle dans le cas d'ensembles denses de particules assez anisotropes. Nous ne donnerons donc pas d'expressions analogues à (13.9) et valable dans le cas des liquides composés de particules centrées quelconques.

Dans toute cette section nous avons employé les notations

$$F(\mathbf{s}),\quad \overline{F(\mathbf{s})},\quad \overline{F^2(\mathbf{s})} \tag{13.10}$$

pour montrer que nos expressions étaient valables quelles que soient les différentes probabilités d'orientation des particules considérées, ces probabilités d'orientation étant définies par les fonctions $p_1(\mathbf{s}, \vartheta)$ et $p_2(\mathbf{s}, \varphi)$ [cf. Sect. 4, (13.2) et (13.4)]. Dans le cas où toutes les orientations sont également probables il faut simplement remplacer les notations (13.10) par

$$F(s),\quad \overline{F(s)},\quad \overline{F^2(s)} \tag{13.11}$$

tout en conservant la distinction entre $\overline{F(s)}^2$ et $\overline{F^2(s)}$.

14. Diffusion par des ensembles de particules centrées ne satisfaisant pas à l'hypothèse *H*. Nous venons de traiter le cas ou l'on pouvait supposer que l'hypothèse H était satisfaite. Nous voulons maintenant traiter le cas général concernant les particules centrées. Nous avons vu que la seconde condition de l'hypothèse H — qui exclue toute relation entre d'une part les positions relatives et d'autre part les orientations des particules et donc les facteurs de diffusion — nous a permis d'écrire que la moyenne de l'un quelconque des

$$F(\mathbf{s}, \vartheta_k, \varphi_k)\, F(\mathbf{s}, \vartheta_j, \varphi_j) \cos[2\pi\, \mathbf{s} \cdot (\boldsymbol{R}_k - \boldsymbol{R}_j)]$$

du second terme de (12.5) était égal au produit des moyennes de chacun des facteurs. En nous affranchissant de cette hypothèse nous allons essayer de poser le problème général afin de connaître les grandeurs caractéristiques qui interviennent dans cette question.

Les formules générales et les calculs que nous avons développés pour les obtenir montrent qu'il suffit de connaître les renseignements relatifs aux couples de particules. Il suffit donc de définir les liaisons statistiques qui existent entre deux particules. Nous le ferons de la façon suivante (cf. [*6*]):

— $f_1(F, \mathbf{s})$ désigne la fonction densité de probabilité à priori (c'est-à-dire sans connaître aucun renseignement) du facteur de diffusion d'une particule pour l'angle de diffusion correspondant à $\mathbf{s}$. Nous supposerons que cette fonction est identique pour toutes les particules. Si nous ne connaissons rien du voisinage d'une particule, la probabilité pour que le facteur de diffusion (pour $\mathbf{s}$) de cette particule soit compris entre F_0 et $F_0 + dF_0$ est ainsi égale à $f_1(F_0, \mathbf{s})\, dF_0$.

— $f_2(F_j, F_k, \boldsymbol{r}, \mathbf{s})$ désigne, quand l'angle de diffusion correspond à $\mathbf{s}$, la fonction densité de probabilité du facteur de diffusion F_j de la particule j quand on sait que le facteur de diffusion de la particule k telle $\boldsymbol{R}_k - \boldsymbol{R}_j = \boldsymbol{r}$ a une valeur F_k. Par suite de l'indiscernabilité des particules, nous devons admettre que la fonction f_2 est la même, quelle que soit la position du centre de la particule k, pour la même valeur de F_k et le même vecteur $\boldsymbol{r}$.

Il n'y a pas de contradiction de dire, d'une part, que la loi de probabilité f_1 est la même pour toute les particules et de définir, d'autre part, la fonction f_2 si on remarque que la loi f_2 concerne *l'ensemble* des informations F_k et F_j alors que la loi f_1 régit l'information F_k (ou F_j) considérée à elle seule. Les relations entre f_1 et f_2 s'expriment par:

$$\int_0^\infty f_2(F_j, F_k, \boldsymbol{r}, \mathbf{s})\, f_1(F_k, \mathbf{s})\, dF_k \equiv f_1(F_j, \mathbf{s}). \tag{14.1}$$

Nous allons maintenant chercher l'intensité moyenne du rayonnement diffusé par un ensemble de particules quelconques mais identiques:

$$\overline{I(\mathbf{s})} = I_e(s)\, \overline{\sum_k \sum_j F_k F_j \cos[2\pi\, \mathbf{s} \cdot (\boldsymbol{R}_k - \boldsymbol{R}_j)]}. \tag{14.2}$$

Nous pouvons grouper à part les termes où $k=j$. Nous avons déja traité un problème analogue [cf. (13.1) et (13.3)] et montré ainsi que la sommation de tous ces termes conduit à

$$I_e(s)\,\overline{N}\cdot\overline{F^2(\mathbf{s})} = I_e(s)\,\overline{N}\int\limits_0^\infty F^2 f_1(F,\mathbf{s})\,dF. \tag{14.3}$$

Intéressons-nous maintenant aux termes $k\neq j$. Dans les termes pour lesquels k est différent de j nous trouvons deux types de variables:

1. le facteur de diffusion F_k, le facteur de diffusion F_j étant relié à F_k par l'intermédiaire de la fonction f_2;

2. les vecteurs $\boldsymbol{R}_k-\boldsymbol{R}_j$.

Nous allons maintenant procéder successivement à une intégration par rapport à chacune de ces deux variables.

Intégration par rapport aux facteurs de diffusion. Les moyennes ne portent que sur F_k et F_j, aussi convient-il d'évaluer

$$\sum_k\sum_{j\neq k}\cos[2\pi\mathbf{s}\cdot(\boldsymbol{R}_k-\boldsymbol{R}_j)]\cdot\int\limits_0^\infty\left[F_k f_1(F_k,\mathbf{s})\int\limits_0^\infty F_j f_2(F_j,F_k,\boldsymbol{r},\mathbf{s})\,dF_j\right]dF_k. \tag{14.4}$$

Nous supposerons que les liaisons entre les valeurs des facteurs de diffusion ne subsistent pas à grande distance: le fait de connaître la valeur F_k n'apporte plus aucun renseignement sur F_j si $|\boldsymbol{R}_k-\boldsymbol{R}_j|$ est grand devant le diamètre moyen des particules.

Dans ces conditions, $f_2(F_j,F_k,\boldsymbol{r},\mathbf{s})$ tend vers $f_1(F_j,\mathbf{s})$, quand $|\boldsymbol{r}|$ est assez grand, il est donc alors utile de poser:

$$f_2(F_j,F_k,\boldsymbol{r},\mathbf{s}) = f_1(F_j,\mathbf{s}) + [f_2(F_j,F_k,\boldsymbol{r},\mathbf{s}) - f_1(F_j,\mathbf{s})]. \tag{14.5}$$

En remplaçant f_2 par l'expression ci-dessus (14.4) se décompose en deux termes:

Premier terme: tout se passe comme si les facteurs de diffusion F_k et F_j suivaient indépendamment l'un de l'autre la même loi de probabilité. Nous avons déjà résolu un problème analogue (cf. Sect. 13), d'où le résultat:

$$\overline{F(\mathbf{s})}^2\cdot\sum_k\sum_{j\neq k}\cos[2\pi\mathbf{s}\cdot(\boldsymbol{R}_k-\boldsymbol{R}_j)]. \tag{14.6}$$

Second terme: le facteur de $\cos[2\pi\mathbf{s}\cdot(\boldsymbol{R}_k-\boldsymbol{R}_j)]$ dans le second terme est:

$$b(\boldsymbol{r},\mathbf{s}) = \int\limits_0^\infty\int\limits_0^\infty F_k F_j f_1(F_k,\mathbf{s})\cdot[f_2(F_j,F_k,\boldsymbol{r},\mathbf{s}) - f_1(F_j,\mathbf{s})]\,dF_k\,dF_j \tag{14.7}$$

où $\boldsymbol{r}$ désigne le vecteur $\boldsymbol{R}_k-\boldsymbol{R}_j$. Le crochet de l'intégrale double devient pratiquement nul quand $|\boldsymbol{r}|$ est assez grand, il en est donc de même de la fonction $b(\boldsymbol{r},\mathbf{s})$. Nous pouvons donc dire, lors de l'évaluation de la valeur globale du second terme:

$$\sum_k\sum_{j=k}\cos[2\pi\mathbf{s}\cdot(\boldsymbol{R}_k-\boldsymbol{R}_j)]\,b(\boldsymbol{R}_k-\boldsymbol{R}_j,\mathbf{s})$$

que la première sommation par rapport à j fournit, si on néglige des effets de bords, un résultat indépendant de k:

$$\sum_{\text{Tous les }\boldsymbol{r}\neq 0}\cos(2\pi\mathbf{s}\cdot\boldsymbol{r})\,b(\boldsymbol{r},\mathbf{s}) \tag{14.8}$$

où la sommation est étendue à toutes les espèces de vecteurs $\boldsymbol{r} = \boldsymbol{R}_k - \boldsymbol{R}_j$ qui existent dans le morceau de matière étudié (sauf $\boldsymbol{r} \equiv 0$). La seconde sommation par rapport à k revient simplement à multiplier les résultats ci-dessus par $\overline{N}$, nombre moyen de particules. Nous obtenons pour expression de l'intensité [6]:

$$\left.\begin{aligned} \overline{I(\mathbf{s})} = I_e(s)\,\overline{N}\left\{\overline{F^2(\mathbf{s})} + \overline{\sum_{r\neq 0}\cos(2\pi\,\mathbf{s}\cdot\boldsymbol{r})\,b(\boldsymbol{r},\mathbf{s})}\right\} + \\ + I_e(s)\,\overline{F(\mathbf{s})}^2 \overline{\sum_k \sum_{j\neq k} \cos[2\pi\,\mathbf{s}\cdot(\boldsymbol{R}_k - \boldsymbol{R}_j)]}\,. \end{aligned}\right\} \tag{14.9}$$

Intégration par rapport aux vecteurs $\boldsymbol{R}_k - \boldsymbol{R}_j$. Nous écrivons que (cf. Sect. 5) la probabilité

$$n_2(\boldsymbol{R}_k, \boldsymbol{R}_j)\,d\boldsymbol{R}_k\,d\boldsymbol{R}_j$$

de trouver à la fois le centre d'une particule dans $d\boldsymbol{R}_k$ et le centre d'une autre particule dans $d\boldsymbol{R}_j$ est égale à

$$n_2(\boldsymbol{R}_k, \boldsymbol{R}_j)\,d\boldsymbol{R}_k\,d\boldsymbol{R}_j = n_1^2\,P(\boldsymbol{R}_k - \boldsymbol{R}_j, n_1)\,d\boldsymbol{R}_k\,d\boldsymbol{R}_j. \tag{14.10}$$

Dans l'expression (5.9) nous avions écrit que la fonction P dépendait *du module* $|\boldsymbol{R}_k - \boldsymbol{R}_j|$; pour le cas que nous traitons maintenant nous devons indiquer (14.10) qu'en général la fonction P dépend du *vecteur* $\boldsymbol{R}_k - \boldsymbol{R}_j$.

Nous pouvons maintenant reprendre à partir de (14.10) les raisonnements que nous avions effectués dans la Sect. 5 à partir de l'expression (5.9); le calcul de la moyenne

$$\overline{\sum_k \sum_{j\neq k} \cos[2\pi\,\mathbf{s}\cdot(\boldsymbol{R}_k - \boldsymbol{R}_j)]}$$

fournit ainsi

$$n_1^2 \int_V\!\int_V \cos[2\pi\,\mathbf{s}\,(\boldsymbol{R}_k - \boldsymbol{R}_j)]\,d\boldsymbol{R}_k\,d\boldsymbol{R}_j + n_1\,\overline{N}\int_\infty \cos(2\pi\mathbf{s}\cdot\boldsymbol{r})\,[P(\boldsymbol{r}, n_1) - 1]\,d\boldsymbol{r}. \tag{14.11}$$

Pour obtenir la valeur moyenne

$$\overline{\sum_{r\neq 0}\cos(2\pi\,\mathbf{s}\cdot\boldsymbol{r})\,b(\boldsymbol{r},\mathbf{s})}$$

il suffit de remplacer le signe somme par le signe intégrale et de faire intervenir la probabilité

$$n_1\,P(\boldsymbol{r}, n_1)\,d\,\boldsymbol{r}$$

pour que le centre d'une particule soit, dans l'élément de volume $d\boldsymbol{r}$, à une distance $\boldsymbol{r}$ du centre d'une autre particule:

$$\overline{\sum_{r\neq 0}\cos(2\pi\,\mathbf{s}\cdot\boldsymbol{r})\,b(\boldsymbol{r},\mathbf{s})} = n_1\int_\infty \cos(2\pi\,\mathbf{s}\cdot\boldsymbol{r})\,b(\boldsymbol{r},\mathbf{s})\,P(\boldsymbol{r}, n_1)\,d\boldsymbol{r}\,. \tag{14.12}$$

Le résultat final du calcul de l'intensité (14.9) moyenne est donc:

$$\left.\begin{aligned} \overline{I(\mathbf{s})} = I_e(s)\,\overline{N}\left\{\overline{F^2(\mathbf{s})} + \overline{F(\mathbf{s})}^2 n_1\int_\infty \cos(2\pi\,\mathbf{s}\cdot\boldsymbol{r})\,[P(\boldsymbol{r}, n_1) - 1]\,d\boldsymbol{r} + \right.\\ \left. + n_1\int_\infty \cos(2\pi\,\mathbf{s}\cdot\boldsymbol{r})\,b(\boldsymbol{r},\mathbf{s})\,P(\boldsymbol{r}, n_1)\,d\boldsymbol{r}\right\} + \\ + I_e(s)\,\overline{F(\mathbf{s})}^2\,n_1^2\int_V\!\int_V \cos[2\pi\,\mathbf{s}\cdot(\boldsymbol{R}_k - \boldsymbol{R}_j)]\,d\boldsymbol{R}_k\,d\boldsymbol{R}_j. \end{aligned}\right\} \tag{14.13}$$

Nous pouvons maintenant considérer le cas particulier où chaque particule peut prendre toutes les orientations avec une égale probabilité; la fonction f_1 qui ne dépend donc plus de $\mathbf{s}$, se note alors simplement par $f_1(F, s)$. Bien que chaque particule puisse prendre avec une égale probabilité toutes les orientations cela n'exclut pas les liens entre F_k et F_j, mais ces liens peuvent être maintenant traduits par une fonction f_2 du type $f_2(F_k, F_j, r, s)$. La fonction $b(\boldsymbol{r}, \mathbf{s})$ définie à partir de (14.7) devient maintenant $b(r, s)$; nous pouvons employer de même la fonction $P(r, n_1)$. L'expression générale de l'intensité dans le cas où l'hypothèse H n'est pas vérifiée, mais où chaque particule peut prendre toutes les orientations avec une égale probabilité est donc [6]:

$$\left.\begin{aligned} \overline{I(\mathbf{s})} = I_e(s)\,\overline{N}\left\{\overline{F^2(s)} + \overline{F(s)}^2 n_1 \int_0^\infty \frac{\sin 2\pi r s}{2\pi r s}\,[P(r, n_1) - 1]\,4\pi r^2\,dr\right\} + \\ + I_e(s)\,\overline{N}\,n_1 \int_0^\infty \frac{\sin 2\pi r s}{2\pi r s}\,b(r, s)\,P(r, n_1)\,4\pi r^2\,dr + \\ + I_e(s)\,\overline{F(s)}^2\,n_1^2 \int_V\int_V \cos[2\pi\,\mathbf{s}\cdot(\boldsymbol{R}_k - \boldsymbol{R}_j)]\,d\boldsymbol{R}_k\,d\boldsymbol{R}_j. \end{aligned}\right\} \quad (14.14)$$

Les deux premiers termes représentent l'intensité observable.

Le premier terme est identique à celui que nous avons déjà trouvé en admettant qu'il y a indépendance stochastique entre les orientations et les positions des particules. Le terme en b apparaît donc comme une correction qu'il convient d'apporter à la précédente expression afin qu'elle soit valable dans le cas général. L'expression complète doit être utilisée par exemple pour calculer l'intensité du rayonnement diffusé par un ensemble dense de particules identiques en forme d'ellipsoïde de révolution dont les axes sont R, R et $vR\,(v > 1)$. Le facteur de diffusion d'un tel ellipsoïde, pour un angle de diffusion déterminé, dépend de l'orientation de l'ellipsoïde, les orientations relatives de deux ellipsoïdes dépendent par ailleurs de la distance de leur centre (si la distance entre les centres est $2R$ les lieux des axes de révolution de chaque ellipsoide sont constitués par deux plans parallèles à la distance $2R$ l'un de l'autre). Nous voyons ainsi comment s'établissent les liens entre les valeurs du facteur de diffusion d'une part et la distance entre les centres d'autre part, et c'est pour tenir compte de ces liens que nous avons introduit la fonction f_2 et que le terme en $b(r, s)$ doit être considéré.

Nous sommes ainsi arrivés dans le cas général, où les orientations et les positions des particules sont liées, à obtenir une expression de l'intensité faisant intervenir *deux* fonctions caractéristiques $P(r)$ et $b(r, s)$. Ceci rend impossible en général la détermination de ces fonctions à partir de la courbe expérimentale de l'intensité $\overline{I(s)}$. Pour dominer la question il faudrait maintenant introduire des considérations thermodynamiques dans la formule «géométrique» (14.14) en définissant le potentiel des forces interparticulaires non pas sous la forme $\Phi(r)$ mais au moins sous la forme $\Phi(r, \varphi)$ quand les particules sont de révolution et qu'une seule variable angulaire est necessaire; il faudrait ensuite établir les liens entre $P(r)$ et $b(r, s)$ et ce potentiel $\Phi(r, \varphi)$. Il ne semble pas que les théories des fluides composés de particules non sphériques soient assez avancées pour que l'on puisse entreprendre ce travail.

15. Diffusion des rayons X par des ensembles de particules identiques non centrées. Dans ce cas les calculs sont rendus compliqués parce que dans l'expression générale de l'amplitude totale du rayonnement diffusé

$$A(\mathbf{s}) = A_e(s) \sum_k e^{-i2\pi\mathbf{s}\cdot\boldsymbol{R}_k} \sum f_{kl}\, e^{-i2\pi\mathbf{s}\cdot\boldsymbol{r}_k} \quad (15.1)$$

le facteur de
$$e^{-i2\pi \boldsymbol{s}\cdot \boldsymbol{R}_k}$$
n'est pas obligatoirement réel; nous poserons donc (cf. Sect. 12)
$$\sum f_{kl}\, e^{-i2\pi \boldsymbol{s}\cdot \boldsymbol{r}_{kl}} = F(\boldsymbol{s}, \vartheta_k, \varphi_k)\, e^{-i\psi(\boldsymbol{s}, \vartheta_k, \varphi_k)} \tag{15.2}$$
où les fonctions F et ψ sont purement réelles. L'amplitude totale est ainsi
$$A(s) = A_e(s) \sum_k F(s, \vartheta_k, \varphi_k)\, e^{-i[2\pi s\cdot \boldsymbol{R}_k + \psi(\boldsymbol{s}, \vartheta_k, \varphi_k)]} \tag{15.3}$$
et peut encore se noter sous forme abrégée
$$A(s) = A_e(s) \sum_k F_k\, e^{-i\psi_k}\, e^{-i2\pi \boldsymbol{s}\cdot \boldsymbol{R}_k}. \tag{15.4}$$
L'intensité est donc égale à
$$I(\boldsymbol{s}) = I_e(s) \sum_k \sum F_k\, e^{-i\psi_k}\, F_j\, e^{+i\psi_j}\, e^{-i2\pi \boldsymbol{s}\cdot(\boldsymbol{R}_k - \boldsymbol{R}_j)}. \tag{15.5}$$
Pour simplifier nous n'examinerons que les cas où l'hypothèse H est valide.

Le premier groupe de termes ($k=j$) de (15.5)
$$I_e(s) \sum_k F_k^2$$
a pour valeur moyenne
$$I_e(s)\, \overline{N}\, \overline{F^2(\boldsymbol{s})}$$
où $\overline{F^2(\boldsymbol{s})}$ est défini par (13.2).

La valeur de la moyenne du terme général du deuxième groupe
$$F_k\, e^{-i\psi_k}\, F_j\, e^{+i\psi_j}\, e^{-i2\pi \boldsymbol{s}\cdot(\boldsymbol{R}_k - \boldsymbol{R}_j)}$$
est
$$\overline{F_k\, e^{-i\psi_k}} \cdot \overline{F_j\, e^{+i\psi_j}} \cdot \overline{e^{-i2\pi \boldsymbol{s}\cdot(\boldsymbol{R}_k - \boldsymbol{R}_j)}}$$
grace à la seconde condition de l'hypothèse H; nous sommes obligés de considérer de façon globable les produits $F_k\, e^{-i\psi_k}$ ou $F_j\, e^{+i\psi_j}$ puisque les variables ϑ_k et φ_j agissent sur chacun des termes de ces produits. La première condition de l'hypothèse H permet d'écrire
$$\overline{F_k\, e^{-i\psi_k}} = \overline{F_j\, e^{-i\psi_j}} = \overline{F\, e^{-i\psi}}$$
et
$$\overline{F_k\, e^{+i\psi_k}} = \overline{F_j\, e^{+i\psi_j}} = \overline{F\, e^{+i\psi}};$$
la valeur moyenne du deuxième groupe ($k \neq j$) de termes de (15.5) est donc:
$$\begin{aligned} I_e(s) & \overline{\sum_k \sum_{j\neq k} F_k\, e^{-i\psi_k}\, F_j\, e^{+i\psi_j}\, e^{-i2\pi \boldsymbol{s}\cdot(\boldsymbol{R}_k - \boldsymbol{R}_j)}} \\ &= I_e(s) \sum_k \sum_{j\neq k} \overline{F\, e^{-i\psi}} \cdot \overline{F\, e^{+i\psi}} \cdot \overline{e^{-i2\pi \boldsymbol{s}\cdot(\boldsymbol{R}_k - \boldsymbol{R}_j)}} \\ &= I_e(s)\, \overline{F\, e^{-i\psi}}\, \overline{F\, e^{+i\psi}} \sum_k \sum_{j\neq k} \overline{e^{-i2\pi \boldsymbol{s}\cdot(\boldsymbol{R}_k - \boldsymbol{R}_j)}}, \end{aligned}$$
soit encore en combinant dans un seul terme les contributions des termes en kj et jk
$$I_e(s)\, \overline{Fe^{-i\psi}} \cdot \overline{Fe^{+i\psi}} \cdot \overline{\sum_k \sum_{j\neq k} \cos 2\pi\, \boldsymbol{s}\cdot(\boldsymbol{R}_k - \boldsymbol{R}_j)}.$$

La valeur moyenne de l'intensité relative à un ensemble de particules identiques, non centrées mais satisfaisant à l'hypothèse H est donc

$$\overline{I(\mathbf{s})} = I_e(s)\left\{N\overline{F^2} + \overline{F\,e^{-i\psi}}\cdot\overline{F\,e^{+i\psi}}\;\overline{\sum_k\sum_{j\neq k}\cos\left[2\pi\,\mathbf{s}\cdot(\boldsymbol{R}_k-\boldsymbol{R}_j)\right]}\right\}. \quad (15.6)$$

Nous trouvons ainsi un résultat très semblable à l'expression (13.5) en notant que $\overline{F^2}$ [cf. (13.2)], $\overline{F\,e^{-i\psi}}$ et $\overline{F\,e^{+i\psi}}$ ne dépendent que de s.

Il peut être utile de noter que

$$\overline{F\,e^{-i\psi}}\cdot\overline{F\,e^{+i\psi}} = \overline{F\cos\psi}^{\,2} + \overline{F\sin\psi}^{\,2}.$$

Dans le cas où la phase ψ est nulle on retrouve bien les résultats valables pour les particules centrées.

III. Diffusion des rayons X par un fluide composé de plusieurs espèces de particules.

Dans le chapitre II nous n'avons considéré que des fluides renfermant une seule espèce de particules. Nous allons maintenant traiter le cas général où il existe plusieurs espèces de particules. Pour simplifier le calcul nous supposerons que

1. toutes les particules possèdent un centre de symétrie,
2. les fonctions densité de probabilité d'orientation des particules sont les mêmes pour chaque type de particule,
3. les orientations et les positions relatives des particules sont indépendantes.

Pour garder le maximum de simplicité à l'exposé nous supposerons que le volume irradié V est petit devant le volume V_0 de l'enceinte contenant N_0 particules.

16. Expression générale de l'intensité. Par analogie avec (12.3) l'expression de l'amplitude totale du rayonnement diffusé est

$$A(\mathbf{s}) = A_e(s)\sum_k F_k(\mathbf{s},\vartheta_k,\varphi_k)\,e^{-i2\pi\mathbf{s}\cdot\boldsymbol{R}_k}. \quad (16.1)$$

L'indice k sert à repérer une particule quelconque sans préciser la nature de cette particule; pour désigner uniquement la nature d'une particule nous emploierons les indices A, B, C etc. Le facteur de structure $F_k(\mathbf{s},\vartheta_k,\varphi_k)$ de la k-ième particule peut ainsi être $F_A(\mathbf{s},\vartheta_k,\varphi_k)$ avec une probabilité p_A, $F_B(\mathbf{s},\vartheta_k,\varphi_k)$ avec une probabilité p_B, etc.

A partir de (16.1) nous obtenons l'intensité sous la forme

$$I(\mathbf{s}) = I_e(s)\sum_k\sum_j F_k(\mathbf{s},\vartheta_k,\varphi_k)\,F_j(\mathbf{s},\vartheta_j,\varphi_j)\,e^{-i2\pi\mathbf{s}\cdot(\boldsymbol{R}_k-\boldsymbol{R}_j)}. \quad (16.2)$$

Nous groupons d'abord à part les termes pour lesquels $k=j$ soit

$$I_e(s)\sum_k F_k^2(\mathbf{s},\vartheta_k,\varphi_k); \quad (16.3)$$

pour calculer la moyenne de l'ensemble (16.3) de ces termes nous devons considérer en premier lieu les variables angulaires ϑ et φ pour obtenir

$$I_e(s)\sum_k\overline{F_k^2(\mathbf{s})},$$

puis ensuite les probabilités p_A, p_B, de trouver une particule d'espèce $A, B, \ldots$ dans l'ensemble des N_0 particules en examen pour trouver

$$I_e(s)\,\overline{N}\sum_A p_A\,\overline{F_A^2(\mathbf{s})} \tag{16.4}$$

où $\overline{N}$ désigne le nombre moyen de particules, sans aucune distinction de nature, contenues dans le volume V irradié.

Nous devons maintenant considérer dans l'expression générale (16.2) de l'intensité les termes où k est différent de j

$$\left.\begin{aligned}&\sum_k\sum_{j\neq k} F_k(\mathbf{s},\vartheta_k,\varphi_k)\,F_j(\mathbf{s},\vartheta_j,\varphi_j)\,e^{-i2\pi\mathbf{s}\cdot(\boldsymbol{R}_k-\boldsymbol{R}_j)}\\&\quad=\sum_k\sum_{j\neq k} F_k(\mathbf{s},\vartheta_k,\varphi_k)\,F_j(s,\vartheta_j,\varphi_j)\cos[2\pi\,\mathbf{s}\cdot(\boldsymbol{R}_k-\boldsymbol{R}_j)].\end{aligned}\right\} \tag{16.5}$$

Les hypothèses que nous avons faites au début de cette section sur l'indépendance stochastique des orientations et des positions relatives des particules nous permettent d'effectuer séparement les différentes opérations de moyenne; la somme (16.5) devient ainsi

$$\sum_k\sum_{j\neq k}\overline{F_k(\mathbf{s})}\;\overline{F_j(\mathbf{s})}\;\overline{\cos[2\pi\,s\cdot(\boldsymbol{R}_k-\boldsymbol{R}_j)]}. \tag{16.6}$$

Nous n'allons maintenant considérer dans l'ensemble des termes de (16.6) que ceux où les particules k sont d'espèce A et les particules j d'espèce B, soit

$$\left.\begin{aligned}&\sum_{k\text{ d'espèce }A}\;\sum_{j\text{ d'espèce }B}\overline{F_A(\mathbf{s})}\;\overline{F_B(\mathbf{s})}\;\overline{\cos[2\pi\,\mathbf{s}\cdot(\boldsymbol{R}_k-\boldsymbol{R}_j)]}\\&\quad=\overline{F_A(\mathbf{s})}\;\overline{F_B(\mathbf{s})}\;\overline{\sum_{k\text{ d'espèce }A}\;\sum_{j\text{ d'espèce }B}\cos[2\pi\,\mathbf{s}\cdot(\boldsymbol{R}_k-\boldsymbol{R}_j)]}.\end{aligned}\right\} \tag{16.7}$$

Pour calculer la double somme du deuxième membre de (16.7) soit encore la moyenne

$$\overline{\sum_{k\text{ d'espèce }A}\;\sum_{j\text{ d'espèce }B}\cos[2\pi\,\mathbf{s}\cdot(\boldsymbol{R}_k-\boldsymbol{R}_j)]} \tag{16.8}$$

nous emploierons la même méthode que celle que nous avons utilisée dans la Sect. 5. Nous allons rapidement indiquer les principales étapes du calcul.

Nous commençerons par définir les fonctions du type

$$n_{1,A}(\boldsymbol{R}_k)$$

telles que $n_{1,A}(\boldsymbol{R}_k)\,d\boldsymbol{R}_k$ exprime la probabilité de trouver le centre d'une particule d'espèce A dans l'élément de volume $d\boldsymbol{R}_k$ situé à l'extrêmité du vecteur $\boldsymbol{R}_k$. Dans le volume V irradié, de petites dimensions par rapport au volume total V_0 offert aux particules, nous savons que $n_{1,A}(\boldsymbol{R}_k)$ est constant; nous désignons sa valeur constante par $n_{1,A}$. Cette valeur constante est encore égale à

$$n_{1,A}=p_A\,n_1 \tag{16.9}$$

quand $n_1\,d\boldsymbol{R}$ désigne la probabilité de trouver à l'intérieur du volume V un centre de particule — sans distinction de nature — situé dans l'élément de volume $d\boldsymbol{R}$.

Nous définirons également les fonctions du type

$$n_{2,AB}(\boldsymbol{R}_k,\boldsymbol{R}_j)$$

telles que $n_{2,AB}(\boldsymbol{R}_k,\boldsymbol{R}_j)\,d\boldsymbol{R}_k\,d\boldsymbol{R}_j$ exprime la probabilité de trouver le centre d'une particule d'espèce A dans l'élément de volume $d\boldsymbol{R}_k$ et le centre d'une *autre* particule d'espèce B dans l'élément de volume $d\boldsymbol{R}_j$. A l'intérieur du volume V la fonction $n_{2,AB}(\boldsymbol{R}_k, \boldsymbol{R}_j)$ dépend uniquement de la distance

$$r_{kj} = |\boldsymbol{R}_k - \boldsymbol{R}_j|$$

et peut s'écrire [cf. (5.9)]

$$n_{2,AB}(\boldsymbol{R}_k, \boldsymbol{R}_j) = p_A\, p_B\, n_1^2\, P_{AB}(r_{kj}) \tag{16.10}$$

en définissant ainsi la fonction $P_{AB}(r)$. Les résultats que nous avons obtenus dans la Sect. 5 lors du calcul de l'expression (5.8) nous permettent d'écrire immédiatement la valeur de la double somme partielle (16.8) sous la forme:

$$\left.\begin{aligned} &\overline{\sum_{k\text{ d'espèce }A}\ \sum_{j\text{ d'espèce }B} \cos[2\pi\,\mathbf{s}\cdot(\boldsymbol{R}_k-\boldsymbol{R}_j)]} \\ &\quad = p_A\, p_B\, n_1^2 \int\limits_V\int\limits_V \cos[2\pi\,\mathbf{s}\cdot(\boldsymbol{R}_k-\boldsymbol{R}_j)]\, d\boldsymbol{R}_k\, d\boldsymbol{R}_j + \\ &\quad + p_A\, p_B\, n_1\, \overline{N} \int\limits_0^\infty [P_{AB}(r)-1]\,\frac{\sin 2\pi r s}{2\pi r s}\, 4\pi r^2\, dr. \end{aligned}\right\} \tag{16.11}$$

L'expression de l'intensité totale diffusée (16.2) devient ainsi après avoir pris en compte tous les termes analogues à (16.8) et utilisée la relation

$$\sum_A\sum_B p_A\, p_B\, \overline{F_A(\mathbf{s})}\ \overline{F_B(\mathbf{s})} = \Big[\sum_A p_A\, \overline{F_A(\mathbf{s})}\Big]^2, \tag{16.12}$$

$$\left.\begin{aligned} \overline{I(\mathbf{s})} &= I_e(s)\,\overline{N}\Big\{\sum_A p_A\,\overline{F_A^2(\mathbf{s})} + \\ &+ \sum_A\sum_B p_A\, p_B\, \overline{F_A(\mathbf{s})}\ \overline{F_B(\mathbf{s})}\, n_1 \int\limits_0^\infty [P_{AB}(r)-1]\,\frac{\sin 2\pi r s}{2\pi r s}\, 4\pi r^2\, dr\Big\} + \\ &+ I_e(s)\, n_1^2 \Big(\sum_A p_A\,\overline{F_A(\mathbf{s})}\Big)^2 \cdot \int\limits_V\int\limits_V \cos[2\pi\,\mathbf{s}\cdot(\boldsymbol{R}_k-\boldsymbol{R}_j)]\, d\boldsymbol{R}_k\, d\boldsymbol{R}_j. \end{aligned}\right\} \tag{16.13}$$

Le premier terme de (16.13) constitue l'expression de l'intensité observable [*6*]. Il est intéressant de comparer l'expression (16.13) que nous venons d'établir et l'expression (13.7) relative à un ensemble de particules quelconques ***identiques***. Pour faire coïncider les deux expressions on peut être tenté d'identifier

$$\overline{F^2(\mathbf{s})} \quad \text{et} \quad \sum p_A\, \overline{F_A^2(\mathbf{s})}, \tag{16.14}$$

$$\overline{F(\mathbf{s})} \quad \text{et} \quad \sum p_A\, F_A(\mathbf{s}), \tag{16.15}$$

mais, si on compare l'ensemble des termes de (16.13) où les fonctions $P_{AB}(r)$ interviennent, ensemble que l'on peut écrire sous la forme

$$n_1 \int\limits_0^\infty \Big[\sum_A\sum_B p_A\, p_B\, \overline{F_A(\mathbf{s})}\ \overline{F_B(\mathbf{s})}\, P_{AB}(r) - \sum_A\sum_B p_A\, p_B\, \overline{F_A(\mathbf{s})}\ \overline{F_B(\mathbf{s})}\Big]\,\frac{\sin 2\pi r s}{2\pi r s}\cdot 4\pi r^2\, dr$$

avec l'ensemble correspondant

$$n_1 \int\limits_0^\infty \Big[\overline{F(\mathbf{s})}^2\, P(r) - \overline{F(\mathbf{s})}^2\Big]\,\frac{\sin 2\pi r s}{2\pi r s}\, 4\pi r^2\, dr$$

de l'expression (13.7), on voit qu'il faut outre (16.15) identifier

$$\overline{F(\mathbf{s})}^2\, P(r) \quad \text{et} \quad \sum_A\sum_B p_A\, p_B\, \overline{F_A(\mathbf{s})}\ \overline{F_B(\mathbf{s})}\, P_{AB}(r), \tag{16.16}$$

ce qui ferait correspondre les fonctions

$$P(r) \quad \text{et} \quad \sum_A \sum_B p_A\, p_B \frac{\overline{F_A(\mathbf{s})}}{\overline{F(\mathbf{s})}} \cdot \frac{\overline{F_B(\mathbf{s})}}{\overline{F(\mathbf{s})}}\, P_{AB}(r). \tag{16.17}$$

Sauf dans le cas très particulier où, quel que soit l'indice A, il est possible d'écrire

$$\overline{F_A(s)} = k_A\, \overline{F(\mathbf{s})} \tag{16.18}$$

[ce qui indique que toutes les particules ont la même forme, les mêmes dimensions et la même structure la seule différence résidant dans les valeurs des densités électroniques

$$\varrho_A(\mathbf{r}) = k_A\, \varrho(\mathbf{r}) \tag{16.19}$$

qui sont égales à un facteur k_A près] le second membre de (16.17) dépend de r et de s, ce qui montre que l'identification (16.17) ne peut se réaliser. Il est donc impossible de faire correspondre — sauf cas très particulier (cf. Sect. 29) — l'expression de l'intensité relative à un ensemble de plusieurs espèces de particules et l'expression de l'intensité correspondant à un ensemble de particules identiques.

17. Influence du rapprochement des particules. L'expression générale de l'intensité observable [cf. (16.13)] devient dans le cas où la concentration de *chaque espèce* de particule est faible

$$I(\mathbf{s}) = I_e(s)\, \overline{N} \sum_A p_A\, \overline{F_A^2(\mathbf{s})}, \tag{17.1}$$

ce qui peut s'obtenir directement par une généralisation intuitive de l'expression (13.8) valable pour des particules identiques. Quand la concentration du mélange devient plus grande il faut tenir compte des termes en $P_{AB}(r)$ et utiliser l'expression

$$\left.\begin{aligned} I(\mathbf{s}) = I_e(s)\, \overline{N} \Big\{ &\sum_A p_A\, \overline{F_A^2(\mathbf{s})} + \\ &+ \sum_A \sum_B p_A\, p_B\, \overline{F_A(\mathbf{s})} \cdot \overline{F_B(\mathbf{s})}\, n_1 \int_0^\infty [P_{AB}(r) - 1] \frac{\sin 2\pi r s}{2\pi r s}\, 4\pi r^2\, dr \Big\} \end{aligned}\right\} \tag{17.2}$$

pour obtenir l'intensité observable. Nous avons déjà dit qu'il était difficile d'interpréter cette expression «géométrique», aussi est-il intéressant d'obtenir l'expression «thermodynamique» correspondante. Pour effectuer ce travail il faut généraliser[1] la théorie des fluides de BORN et GREEN afin de la rendre valable dans le cas où les particules sont d'espèces différentes. Après avoir introduit des potentiels de la forme $\Phi_{AB}(r)$ et défini des fonctions $f_{AB}(r)$ par

$$P_{AB}(r) = \exp\left\{ -\frac{\Phi_{AB}(r)}{kT} + f_{AB}(r) \right\} \tag{17.3}$$

nous avons montré que les fonctions $f_{AB}(r)$ sont déterminées à partir de leur transformée de FOURIER

$$i\, s\, g_{AB}(s) = \frac{1}{(2\pi)^{\frac{3}{2}}} \int_{-\infty}^{+\infty} r\, f_{AB}(r)\, e^{i 2\pi r s}\, dr \tag{17.4}$$

au moyen des fonctions

$$i\, s\, \beta_{AB}(s) = \frac{1}{(2\pi)^{\frac{3}{2}}} \int_{-\infty}^{+\infty} r \left(e^{-\frac{\Phi_{AB}(r)}{kT}} - 1 \right) e^{i 2\pi r s}\, dr \tag{17.5}$$

[1] G. FOURNET: C. R. Acad. Sci. Paris **229**, 1071 (1949). — G. FOURNET: J. Phys. Radium **12**, 592 (1951). — G. S. RUSHBROOKE et H. I. SCOINS: Phil. Mag. **42**, 582 (1951). — G. S. RUSHBROOKE: Phil. Mag. **43**, 1276 (1952).

par l'ensemble des relations

$$\frac{g_{AB}(s)}{n_1(2\pi)^{\frac{3}{2}}} = \sum_C p_C \left[g_{AC}(s) + \varepsilon_{AC}\beta_{AC}(s)\right] \varepsilon_{CB}\beta_{CB}(s) \tag{17.6}$$

où les ε_{AB} désignent les valeurs moyennes autour de l'origine de $f_{AB}(r) + 1$.

L'expression générale d'une fonction $g_{AB}(s)$ est donnée à partir des équations (17.6) sous forme d'un rapport de deux déterminants à m lignes et m colonnes quand m est le nombre des espèces de particules. Le déterminant dénominateur $\Delta(s)$ est le même pour tous les $g_{AB}(s)$.

Nous ne développerons les calculs que dans le cas où l'équation

$$\Delta(s) = 0 \tag{17.7}$$

ne possède pas de racines réelles, l'analogie avec la condition (7.20) permet d'indiquer que ce cas correspond aux mélanges gazeux[1]. En reprenant les calculs de la Sect. 7 [cf. (7.21) et (7.23)] nous obtenons

$$n_1 \int_0^\infty [P_{AB}(r) - 1] \frac{\sin 2\pi r s}{2\pi r s} 4\pi r^2 dr$$

$$= \frac{2n_1}{s}\left[\varepsilon_{AB}\int_0^\infty r\,\alpha_{AB}(r)\sin 2\pi r s\,dr + \int_0^\infty r\,f_{AB}(r)\sin 2\pi r s\,dr\right],$$

soit encore, au moyen de (17.4) et (17.5)

$$= (2\pi)^{\frac{3}{2}} n_1 \left[\varepsilon_{AB}\beta_{AB}(s) + g_{AB}(s)\right].$$

L'expression de l'intensité observable devient [6]

$$\left.\begin{aligned}\overline{I(\mathbf{s})} = I_e(s)\,\overline{N}\Big\{&\sum_A p_A \overline{F_A^2(\mathbf{s})} + \\ &+ (2\pi)^{\frac{3}{2}} n_1 \sum_A\sum_B p_A p_B \overline{F_A(\mathbf{s})}\,\overline{F_B(\mathbf{s})}\left[\varepsilon_{AB}\beta_{AB}(s) + g_{AB}(s)\right]\Big\}\end{aligned}\right\} \tag{17.8}$$

et ne dépend plus ainsi que des fonctions $F_A(\mathbf{s})$ et $\beta_{AB}(s)$ puisque les g_{AB} s'expriment en fonction des β_{AB}. Devant la difficulté d'écriture de l'expression définitive nous ne la donnerons pas ici. Si on se contente du cas où il n'existe que deux espèces de particules (à symétrie sphérique) on obtient

$$\left.\begin{aligned}
&\frac{\overline{I(s)}}{\overline{N} I_e(s)} = \frac{A}{B},\\
A &= \frac{1}{n_1(2\pi)^{\frac{3}{2}}}\Big\{F_1^2(s)\left[\frac{p_1}{n_1(2\pi)^{\frac{3}{2}}} - p_1 p_2 \varepsilon_{22}\beta_{22}(s)\right] + \\
&\quad + 2p_1 p_2 F_1(s) F_2(s)\,\varepsilon_{12}\beta_{12}(s) + F_2^2(s)\left[\frac{p_2}{n_1(2\pi)^{\frac{3}{2}}} - p_1 p_2 \varepsilon_{11}\beta_{11}(s)\right]\Big\},\\
B &= \left[\frac{1}{n_1(2\pi)^{\frac{3}{2}}}\right]^2 - \frac{1}{n_1(2\pi)^{\frac{3}{2}}}\left[p_1\varepsilon_{11}\beta_{11}(s) + p_2\varepsilon_{22}\beta_{22}(s)\right] + \\
&\quad + p_1 p_2\left[\varepsilon_{11}\beta_{11}(s)\,\varepsilon_{22}\beta_{22}(s) - \varepsilon_{12}^2\beta_{12}(s)\right].
\end{aligned}\right\} \tag{17.9}$$

[1] CHIN-YU LING — Publication No 4274 (Thèse) University of Missouri (USA) — a developpé une expression valable pour les liquides (cf. Sect. 24).

Si l'on suppose $p_1 = 1$, $p_2 = 0$ on retrouve la formule déjà établie dans le cas d'une seule espèce de particule à symétrie sphérique:

$$\frac{\overline{I(s)}}{N I_e(s)} = \frac{\frac{1}{n_1 (2\pi)^{\frac{3}{2}}} \left\{ F_1^2(s) \frac{1}{n_1 (2\pi)^{\frac{3}{2}}} \right\}}{\left[\frac{1}{n_1 (2\pi)^{\frac{3}{2}}} \right]^2 - \frac{1}{n_1 (2\pi)^{\frac{3}{2}}} [\varepsilon_{11} \beta_{11}(s)]} = \frac{F_1^2(s)}{1 - (2\pi)^{\frac{3}{2}} n_1 \varepsilon_{11} \beta_{11}(s)} .$$

La formule (17.9) est compliquée et il semble difficile d'en donner une interprétation simple. L'expression (17.8) a le mérite de faire intervenir des caractéristiques intrinsèques des particules en présence: $F_A(s)$ et $\beta_{AA}(s)$, caractéristiques qui peuvent être déterminées par des études préalables. On peut donc espérer que l'étude des mélanges puisse fournir des renseignements sur les potentiels $\Phi_{AB}(r)$ par l'intermédiaire des $\beta_{AB}(r)$.

Il n'y a pas de difficulté de principe pour établir l'expression relative aux mélanges de liquides[1].

A titre d'exemple d'emploi de la formule (17.9) nous avons cherché [6] l'intensité du rayonnement diffusé par un mélange de deux espèces de particules sphériques, homogènes, de rayon R et $2R$ (volume v_0 et $8v_0$), contenant n et $8n$ électrons, impénétrables, et n'exerçant aucune force les unes sur les autres. Ce problème constitue une généralisation du problème traité dans la Sect. 10. Nous affecterons l'indice 1 aux petites particules et l'indice 2 aux grosses. Dans ces conditions les calculs déjà effectués (cf. Sect. 8) permettent d'écrire immédiatement:

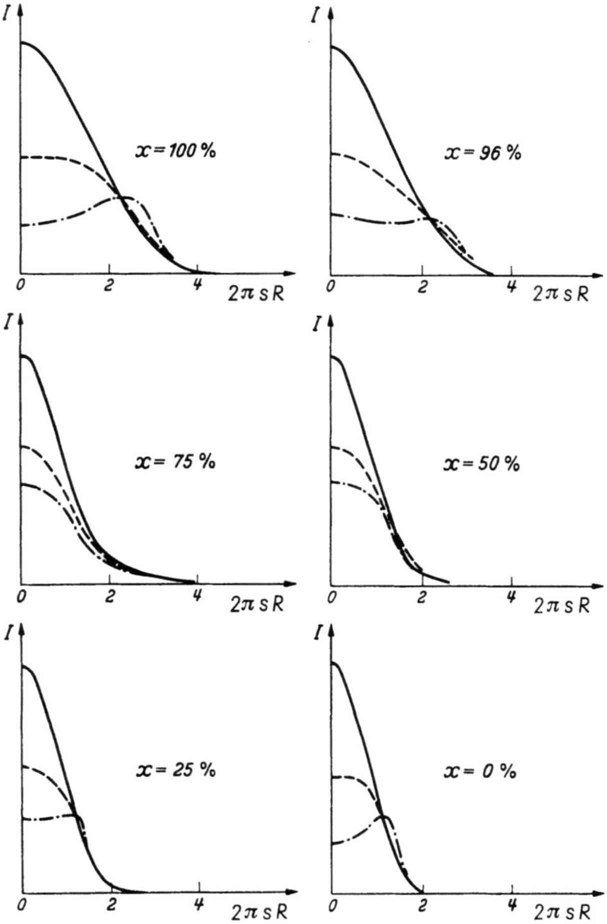

Fig. 20. Intensité diffusée par des mélanges de sphères de rayons R et $2R$. Le paramètre x est le rapport de la masse des petites sphères à la masse totale; k est rapport du volume des sphères au volume total offert. —— $k = 0$ – – – $k = 0{,}125$ –·–·– $k = 0{,}5$. Figure extraite du Bull. Soc. franç. Minér. et Crist. [6].

$$F_1(s) = n\,\Phi(2\pi s R), \qquad \beta_{11}(s) = -\,8 v_0 (2\pi)^{-\frac{3}{2}}\,\Phi(4\pi s R),$$

$$\beta_{12}(s) = -\,27 v_0 (2\pi)^{-\frac{3}{2}}\,\Phi(6\pi s R),$$

$$F_2(s) = 8n\,\Phi(4\pi s R), \qquad \beta_{22}(s) = -\,64 v_0 (2\pi)^{-\frac{3}{2}}\,\Phi(8\pi s R).$$

[1] Chin-Yu Ling: cf. note p. 300.

Pour simplifier nous supposerons $\varepsilon_{11}=\varepsilon_{12}=\varepsilon_{22}=1$; l'expression de l'intensité est ainsi en posant $2\pi s R = u$

$$\frac{\overline{I(s)}}{\overline{N} I_e(s)\, n^2} = \frac{C}{D},$$

$$C = p_1 \Phi^2(u)\,[1 + p_2 \Phi(4u)\, 64 v_0 n_1] -$$
$$- 2 p_1 p_2 \Phi(u)\, \Phi(2u)\, \Phi(3u)\, 216 v_0 n_1 + 64 p_2 \Phi^2(2u)\,[1 + p_1 \Phi(2u)\, 8 v_0 n_1],$$

$$D = 1 + p_1 \Phi(2u)\, 8 v_0 n_1 + p_2 \Phi(4u)\, 64 v_0 n_1 +$$
$$+ p_1 p_2 [\Phi(2u)\, \Phi(4u)\, 512 (v_0 n_1)^2 - \Phi^2(3u)\, 729 (v_0 n_1)^2].$$

Nous avons étudié ces courbes (Fig. 20) pour différentes valeurs k du rapport du volume occupé par les particules au volume total qui leur est offert. Les courbes sont en trait mixte pour $k=0{,}5$, tiretées pour $k=0{,}125$ et en trait plein pour $k=0$ (particules idéalement éloignées). Nous avons caractérisé les différents mélanges par le rapport x de la masse des petites particules à la masse totale $x=p_1\,(p_1+8p_2)^{-1}$. Sur la Fig. 20 les courbes correspondent à des concentrations de $x=100\%$, 96%, 75%, 50%, 25% et 0%. Pour chaque concentration, les ordonnées des courbes sont multipliées par un coefficient tel que l'ordonnée à l'origine de la courbe $k=0$ soit l'unité. Les courbes de l'intensité sont d'autant plus accidentées, à rapport k constant, que le mélange est plus homogène. C'est, croyons-nous, un fait général. Dans notre exemple, les courbes $k=0{,}5$ ne possèdent un maximum que si la masse des petites particules représente plus de 95% ou moins de 25% de la masse totale.

Il faut remarquer que les particules sont sphériques et que nous sommes par conséquent dans un cas favorable pour observer des maxima de l'intensité. En généralisant les conclusions tirées de l'étude de cet exemple, on peut donc être tenté de dire: dans un mélange de particules non identiques, de formes quelconques et disposées au hasard, il est peu probable que le tassement des particules amène de gros changements de la courbe de diffusion et la loi des particules éloignées peut fournir des ordres de grandeur des phénomènes.

B. Etude expérimentale de la diffusion des rayons X par les fluides.

Nous venons de voir dans la première partie de cet article comment il est possible d'atteindre théoriquement les différentes expressions de l'intensité du rayonnement diffusé. Nous allons maintenant dans cette deuxième partie indiquer d'une part les montages expérimentaux qui doivent être utilisés pour des études de diffusion et d'autre part les méthodes de dépouillement et d'interprétation.

I. Les montages expérimentaux.

18. Adaptation des montages classiques. La plupart des travaux effectués au moyen de la diffraction et de la diffusion des rayons X concernent les substances cristallines aussi allons nous d'abord indiquer les deux principales différences qui se présentent entre l'étude classique des substances cristallines et l'étude des fluides qui nous intéresse:

1. Nous avons vu dans la première partie de cet article que dans le cas des fluides les courbes figuratives de l'intensité diffusée présentent toujours des variations lentes en fonction de l'angle de diffusion; pour les substances cristallines au contraire ces courbes présentent en général des discontinuités (raies de Debye-Scherrer, taches de Laue).

2. Nous verrons ci-dessous (Sect. 20 à 28) que pour obtenir dans le cas des fluides des renseignements qui ne soient pas purement qualitatifs il faut connaître toute la *courbe de diffusion*; pour les substances cristallines au contraire des renseignements importants — et qui suffisent en général — peuvent être déduits de la *seule position angulaire des discontinuités.* (Dans un cliché de DEBYE-SCHERRER par exemple on fait correspondre une distance interréticulaire d_i à chaque raie dont la position angulaire est définie par l'angle de diffusion $2\Theta_i$ au moyen de la loi de BRAGG $2d \sin\Theta = \lambda$).

Ces deux différences caractéristiques montrent qu'il faut être très sévère dans le choix des montages expérimentaux destinés à l'étude des fluides et que les montages classiques utilisés dans l'étude des substances cristallines ne conviendront pas en général. C'est avec cette idée que nous allons examiner les principales conditions nécessaires pour l'étude de la diffusion par les fluides.

α) Rayonnement. Le rayonnement doit être en général strictement monochromatique et issu d'un monochromateur à lame courbée (voir la description des monochromateurs dans les livres [*12*] et [*13*]; la méthode du double filtre[1,2] qui a été utilisée est moins bonne. Dans la plupart des cas il semble que l'emploi d'un rayonnement simplement filtré ne peut convenir.

Pour dépouiller un certain nombre de clichés il est nécessaire de connaître (cf. Sect. 23) l'intensité $\overline{I(s)}$ correspondante à de grandes valeurs du paramètre $s \left(s = \frac{2\sin\vartheta}{\lambda}\right)$; il est dans ce cas indiqué d'utiliser de courtes longeurs d'onde, Mo $K\alpha$ (0,72 Å) par exemple. On peut être également conduit pour connaître avec précision toute la courbe de diffusion à utiliser plusieurs clichés effectués au moyen de longeurs d'onde différentes Cu $K\alpha$ et Mo $K\alpha$ par exemple.

β) Définition géométrique du faisceau utilisé et disposition de l'échantillon. Le faisceau de rayons X utilisé doit être bien défini; le paramètre principal est le paramètre s; il est donc aussi important de bien définir la longuer d'onde λ que de se rapporter à des angles ϑ bien déterminés. Les dimensions transversales du faisceau seront donc limitées par des fentes, collimateurs etc.; on peut bénéficier de la focalisation du faisceau quand on emploie un monochromateur à lame courbée ce qui en constitue un nouvel avantage. La chambre de mesure doit dans ce cas être convenablement disposée par rapport au monochromateur et à son foyer (cf. [*12*]).

γ) Echantillon. La disposition de certains échantillons (gaz comprimé à basse température par exemple) pose des problèmes spéciaux. On peut consulter à ce sujet les dispositifs expérimentaux décrits dans la littérature, [*16*] et [*11*] par exemple.

δ) Détecteur. L'emploi des films permet d'avoir un premier aspect du cliché; un enregistrement au microphotomètre est nécessaire si on veut obtenir la courbe de l'intensité diffusée. La méthode photographique ne peut fournir de bons résultats que si beaucoup de précautions sont prises; en particulier la densité photographique du cliché doit être comprise entre 0,1 et 0,7 pour qu'il existe une relation linéaire entre cette densité d'une part et l'intensité du rayonnement d'autre part; on est conduit ainsi pour obtenir toute la courbe de diffusion à prendre plusieurs clichés avec différents temps de pose. L'exemple montre souvent que le raccordement de ces différents clichés est délicat.

L'emploi de compteur de GEIGER-MÜLLER est beaucoup plus commode et plus rapide. Ces compteurs doivent être associés à un montage électronique bien

[1] P. A. ROSS: J. Opt. Soc. Amer. and Rev. Sci. Instrum **16**, 433 (1928).

[2] P. KIRKPATRICK: Rev. Sci. Instrum. **10**, 186 (1939).

conçu pour fournir des résultats à peu près exacts; il faut veiller en particulier aux constantes de temps des circuits utilisés. Cette méthode exige que la source de rayons X ait une brillance constante au cours du temps; on peut à ce sujet utiliser des régulateurs à SCd.

L'emploi de chambres d'ionisation semble constituer la meilleure méthode pour les expérimentateurs très patients; des rapports d'intensité très élevées peuvent en particulier être mesurés avec précision. On peut consulter à ce sujet les travaux de LAVAL[1] et de ses élèves[2,3].

ε) Corrections. Pour obtenir l'intensité $\overline{I(s)}$ que nous avons calculée dans la première partie il est nécessaire de faire subir un certain nombre de corrections à la courbe expérimentale. Ces corrections peuvent être divisées en deux groupes:

Le premier groupe de corrections comprend les corrections liées au défaut du montage expérimental:

— Diffusion due à l'air placé entre l'échantillon et le détecteur, on peut s'affranchir de cette correction en disposant l'appareil dans le vide [*6*] ou la diminuer considérablement en travaillant[4] dans l'hydrogène ou l'hélium. On peut simplifier le dispositif en remarquant que la diffusion parasite provient surtout de l'air situé au voisinage immédiat du détecteur; on botient donc une notable amélioration en ménageant une enceinte soit vide, soit emplie d'hydrogène ou d'hélium, juste devant le détecteur.

— Diffusion due aux fenêtres limitant le récipient où est disposé le fluide en examen et la fenêtre d'entrée du faisceau de rayons X dans l'enceinte vide ou emplie d'un gaz léger. Pour diminuer cette diffusion on se contente d'employer une substance bien cristallisée et ayant un faible pouvoir absorbant. Le béryllium et le mica sont particulièrement recommandés.

Le deuxième groupe de correction comprend les corrections qu'il est impossible de supprimer:

— Influence de l'absorption de l'échantillon. Suivant le montage et la technique utilisés cette correction peut être variable ou non avec l'angle de diffusion

— Influence du «bruit de fond». Cette correction s'effectue en comparant les résultats expérimentaux avec et sans échantillon.

— Influence de l'intensité diffusée par un électron $I_e(s)$. Nous avons dans la première partie calculé le rapport $\overline{I(s)}/I_e(s)$ de l'intensité cohérente diffusée à l'intensité diffusée par un électron. Il faut donc tenir compte de ce facteur $I_e(s)$ pour passer de l'intensité expérimentale aux valeurs du rapport $\overline{I(s)}/I_e(s)$. Nous avons déjà donné (2.3) l'expression classique

$$I_e(s) = 7{,}90 \cdot 10^{-26} I_0 p^{-2} \frac{1+\cos^2 2\vartheta}{2} \tag{18.1}$$

de l'intensité diffusée par un électron. Le facteur de polarisation

$$\frac{1+\cos^2 2\vartheta}{2}$$

de l'expression (18.1) correspond au cas où aucun monochromateur n'est interposé entre la source de rayon X et le détecteur. Dans le cas où un monochromateur (à lame courbée ou plane) est utilisé il faut employer le facteur de polarisation suivant:

$$\frac{1+\cos^2 2\alpha \cos^2 2\vartheta}{1+\cos^2 2\alpha}$$

[1] J. LAVAL: Bull. Soc. franç. Minér. et Crist. **62**, 137 (1939).
[2] P. OLMER: Bull. Soc. franç. Minér. et Crist. **71**, 144 (1948).
[3] M. CURIEN: Bull. Soc. franç. Minér. et Crist. **75**, 197 (1952).
[4] J. W. ANDEREGG, W. W. BEEMAN et S. SHULMAN: Phys. Rev. **87**, 186 (1952).

si 2α désigne l'angle moyen entre les directions du faisceau avant et après le monochromateur. De même, si on emploie un monochromateur double, le facteur de polarisation correspondant est:

$$\frac{1+\cos^4 2\alpha \cos^2 2\vartheta}{1+\cos^4 2\alpha}.$$

Si dans le montage utilisé la distance p entre l'échantillon et le détecteur varie avec l'angle de diffusion 2ϑ il faut corriger convenablement la valeur de $I_e(s)$. On peut encore grouper dans ce facteur $I_e(s)$ l'influence de la variation de l'angle entre la normale au détecteur (film ou fenêtre du compteur de GEIGER-MÜLLER) et la direction du rayonnement diffusé en fonction de l'angle ϑ.

— Diffusion COMPTON. Il faut soustraire la diffusion COMPTON de la diffusion totale pour obtenir la diffusion cohérente la seule que nous ayons calculée.

En résumé, nous pouvons dire que grâce aux corrections précédentes nous pouvons faire correspondre aux données expérimentales brutes la fonction

$$\frac{\overline{I(\boldsymbol{s})}}{I_e(s)}$$

que nous avons atteinte théoriquement dans la première partie.

19. Cas particuliers de l'étude de la diffusion aux petits angles. Cette étude comporte des difficultés expérimentales particulières. Pour pouvoir effectuer des observations aux très petits angles le faisceau direct doit présenter une très faible divergence angulaire. Pour observer des valeurs de s supérieures à $3{,}10^{-3}$ Å^{-1} le meilleur montage expérimental est celui constitué par un monochromateur double [*6*]; pour des valeurs de s plus petites il faut recourir obligatoirement à des dispositifs géométriques (fentes, collimateur) pour limiter la largeur angulaire du faisceau direct. Nous renvoyons pour tous les détails au livre [*13*] que nous avons spécialement consacré à la diffusion aux petits angles. Signalons cependant que pour cette étude il faut tenir compte d'un type de correction qui le plus souvent en général peut être négligé: l'influence des dimensions transversales du faisceau de rayons X. On peut dire que chaque fois que sur la surface d'observation (exemple: surface du film) la distance «point observé-centre du faisceau direct» est de l'ordre des dimensions de la trace du faisceau direct sur cette surface d'observation il faut effectuer cette correction (cf. [*13*]).

II. Etude des gaz peu comprimés.

Nous n'envisageons dans ce chapitre que *le cas des gaz très peu comprimés*; c'est-à-dire que nous avons le droit d'utiliser l'expression relative aux particules éloignées

$$\frac{\overline{I(\boldsymbol{s})}}{I_e(s)} = \overline{N}\,\overline{F^2(\boldsymbol{s})}. \tag{20.1}$$

20. Cas des gaz monoatomiques. A partir de l'expression (4.3) que nous avons fournie dans la Sect. 4 il est toujours possible à partir d'un modèle quelconque de calculer la moyenne du carré du facteur de structure et de comparer ce résultat aux déterminations expérimentales. Par contre le cas des gaz composés de particules sphériques semble être le seul cas où l'on puisse déduire à partir des déterminations expérimentales un renseignement important. En effet dans ce cas nous avons

$$\frac{\overline{I(s)}}{I_e(s)} = \overline{N}\,[F(s)]^2 \tag{20.2}$$

avec

$$F(s) = \int_0^\infty \varrho(r) \frac{\sin 2\pi r s}{2\pi r s} 4\pi r^2 dr, \tag{20.3}$$

soit

$$s F(s) = 2 \int_0^\infty r \varrho(r) \sin 2\pi r s\, dr. \tag{20.4}$$

Par inversion de FOURIER de (20.4) nous obtenons

$$r \varrho(r) = 2 \int_0^\infty s F(s) \sin 2\pi r s\, ds, \tag{20.5}$$

soit encore d'après la relation (20.2)

$$r \varrho(r) = \int_0^\infty s \sqrt{\frac{\overline{I(s)}}{\overline{N} I_e(s)}} \sin 2\pi r s\, ds. \tag{20.6}$$

Pour obtenir la valeur absolue du rapport

$$\frac{\overline{I(s)}}{\overline{N} I_e(s)} \tag{20.7}$$

on peut avec le même appareil observer la diffusion due à de l'hydrogène gazeux; on sait en effet que pour des valeurs de s pas trop petites la seule diffusion observable de l'hydrogène provient de l'effet COMPTON. On peut donc repérer ainsi la valeur de (20.7). Cette méthode a été utilisée en particulier par WOLLAN[1] (cf. [2], page 144).

L'expression (20.6) n'est valable que pour les gaz composés de particules sphériques; aussi il semble qu'elle n'ait été utilisée que pour l'hélium, l'argon et le néon. La principale difficulté, commune d'ailleurs à toutes les fonctions obtenues par transformation de FOURIER de données expérimentales est la suivante: la fonction (20.7) n'est connue que pour des valeurs de s inférieures à $s_M = 2/\lambda_m$ si λ_m désigne la plus petite longueur d'onde utilisée. L'exemple montre que la fonction

$$s \sqrt{\frac{\overline{I(s)}}{\overline{N} I_e(s)}}$$

est loin de tendre vers zéro pour les valeurs de s voisines de s_M; la Fig. 21 relative à l'argon (cf. dans [15] page 407 le cas du néon) représente ainsi la courbe $sF(s)$ en fonction de s. Nous voyons ainsi que la fonction $\varrho(r)$ définie par (20.6) est mal connue ou peut même présenter des ondulations fallacieuses. En fait si la fonction $4\pi r^2 \varrho(r)$ relative au néon est en accord modéré avec la détermination théorique il n'en est plus de même pour l'argon: la fonction $4\pi r^2 \varrho(r)$ expérimentale ne présente pas de séparation entre les couches K et L. Dans ces conditions nous croyons que

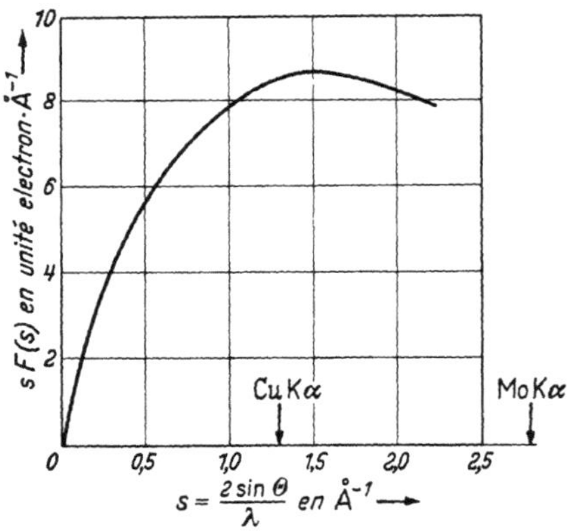

Fig. 21. Nous avons représenté la courbe de variation de $sF(s)$ en fonction de s pour l'argon. Les flèches indiquent les limites supérieures de s que l'on peut obtenir au moyen du rayonnement Cu $K\alpha$ (1,54 Å) et Mo $K\alpha$ (0,72 Å).

[1] E. O. WOLLAN: Proc. Nat. Acad. Sci. USA. **17**, 475 (1931). — Phys. Rev. **37**, 862 (1931); **38**, 15 (1931).

l'expression (20.6) constitue une solution presque illusoire: sur le papier le problème semble résolu, mais les nécessités expérimentales (surtout limitation des valeurs de s) font que la solution est fallacieuse.

Pour choisir entre plusieurs déterminations théoriques de la densité $\varrho(r)$ il faut donc employer le procédé inverse: à partir des fonctions $\varrho(r)$ théoriques, on calcule au moyen de (20.3) des facteurs de structure $F(s)$ que l'on compare ensuite aux valeurs expérimentales. C'est ainsi qu'à été éprouvée la méthode de HARTREE des «*self consistent fields*» pour l'hélium, le néon et l'argon.

Nous venons ainsi de voir que même dans le cas favorable des particules à symétrie sphérique — soit pratiquement les gaz monoatomiques — la méthode déductive ne peut être pratiquement employée et qu'il faut se contenter de comparer les courbes théoriques et expérimentales représentant la variation du facteur de structure en fonction de l'angle.

21. Cas des gaz polyatomiques. Dans le cas des gaz polyatomiques la même méthode a été appliquée; la moyenne du carré du facteur de structure est obtenue [cf. (3.8)] dans le cas où toutes les orientations sont également probables au moyen de

$$\overline{F^2(s)} = \sum_k \sum_j f_k(s)\, f_j(s)\, \frac{\sin 2\pi s\,|\overrightarrow{M_k M_j}|}{2\pi s\,|\overrightarrow{M_k M_j}|}. \tag{21.1}$$

La structure compliquée de l'expression (21.1) fait qu'en général l'intensité observée relative à des gaz polyatomiques très peu comprimés présente une série de minima et de maxima. Ces accidents sont dus à la *structure interne* de la molécule et non pas aux effets d'interférences intermoléculaires. Les courbes expérimentales et les courbes théoriques [établies à partir de (21.1)] sont en bon accord pour les gaz suivants: N_2, O_2, Cl_2, CCl_4 etc. [*2*].

On trouvera dans le livre de PIRENNE [*16*] spécialement consacré à cette question une bibliographie très complète sur cette question. Le principal intérêt de ces études semble être de déterminer, au moyen d'essais successifs, la structure interne d'une molécule; en particulier on peut obtenir des informations sur les mouvements éventuels d'une partie de la molécule part rapport au reste de cette molécule.

III. Etude des fluides denses.

22. Rappel des résultats généraux. Dans ce chapitre, contrairement au chapitre précédent, nous allons envisager le cas des fluides denses, qu'il s'agisse de gaz ou de liquides; l'expression de l'intensité observable doit donc inclure les effets des interférences interparticulaires. Nous avons vu que cette expression est particulièrement simple quand les particules constituant le fluide sont à symétrie sphérique (Sect. 5)

$$\overline{I(s)} = I_e(s)\,\overline{N} F^2(s) \left\{1 + n_1 \int_0^\infty [P(r, n_1) - 1]\, \frac{\sin 2\pi r s}{2\pi r s}\, 4\pi r^2 dr\right\}. \tag{22.1}$$

Dans le cas contraire les résultats sont encore simples quand il est possible de supposer (hypothèse H) que les orientations et les positions relatives des particules centrées sont indépendantes (cf. Sect. 13)

$$\overline{I(s)} = I_e(s)\,\overline{N} \left\{\overline{F^2(s)} + n_1 \overline{F(s)}^2 \int_0^\infty [P(r, n_1) - 1]\, \frac{\sin 2\pi r s}{2\pi r s}\, 4\pi r^2 dr\right\}. \tag{22.2}$$

Dans les autres cas (cf. Sect. 14) les expressions fournissant l'intensité observable sont trop complexes pour qu'il soit possible d'exploiter par voie déductive les résultats expérimentaux.

Dès les premiers travaux sur la diffusion des rayons X par les fluides, [*19*] et [*4*], il fut indiqué que la structure mathématique de l'expression (22.1) permettait d'obtenir la fonction $P(r, n_1)$ au moyen d'une transformation de FOURIER

$$r n_1 [P(r, n_1) - 1] = 2 \int_0^\infty s \left[\frac{\overline{I(s)}}{\overline{N} I_e(s) F^2(s)} - 1 \right] \sin 2\pi r s \, ds. \tag{22.3}$$

L'expression (22.2) permet de même [*6*] d'obtenir la fonction $P(r, n_1)$

$$r n_1 [P(r, n_1) - 1] = 2 \int_0^\infty s \left[\frac{\overline{I(s)}}{\overline{N} I_e(s) \overline{F(s)}^2} - \frac{\overline{F^2(s)}}{\overline{F(s)}^2} \right] \sin 2\pi r s \, ds. \tag{22.4}$$

23. Méthode de dépouillement. Nous allons décrire la méthode de dépouillement des résultats expérimentaux en traitant l'exemple de l'argon liquide [*5*] à 84,4° K sous une pression de 0,8 atmosphère:

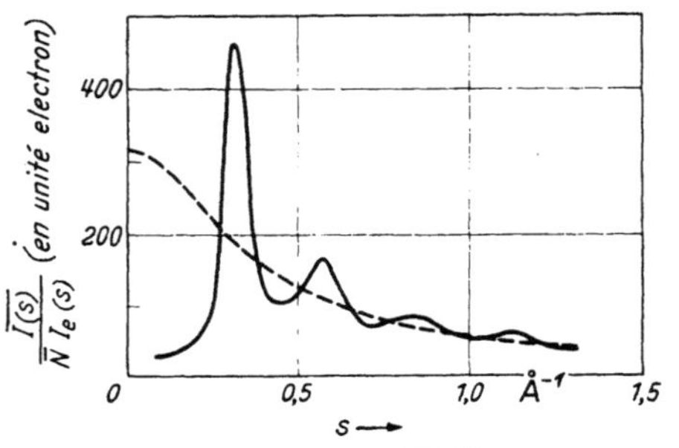

Fig. 22. Courbe représentative de $\overline{I(s)}/\overline{N}\, I_e(s)$ pour l'argon liquide à 84,4° K et 0,8 atmosphère; en pointillé courbe du carré $F^2(s)$ du facteur de structure [*5*]. (Figure extraite de Phys. Rev. [*5*].)

Le premier travail consiste à effectuer toutes les corrections (cf. Sect. 18) de façon à faire correspondre aux données expérimentales brutes une fonction $\overline{I(s)}/I_e(s)$ comparable à celles définies par (21.1)

L'opération suivante consiste à déterminer les valeurs[1] du crochet de l'intégrale (22.3); ceci peut s'effectuer en remarquant qu'aux grands angles le rapport $\overline{I(s)}/I_e(s)$ tend vers $\overline{N} F^2(s)$ (cf. la discussion de la Sect. 10).

Nous avons reproduit sur la Fig. 22 les courbes relatives, d'une part, à $F^2(s)$ et, d'autre part, à $\overline{I(s)}/\overline{N} I_e(s)$ pour l'argon liquide dans les conditions que nous avons précisées. A partir de ces deux courbes il est possible de déterminer en valeur absolue (unités électrons) les valeurs du crochet de (22.3).

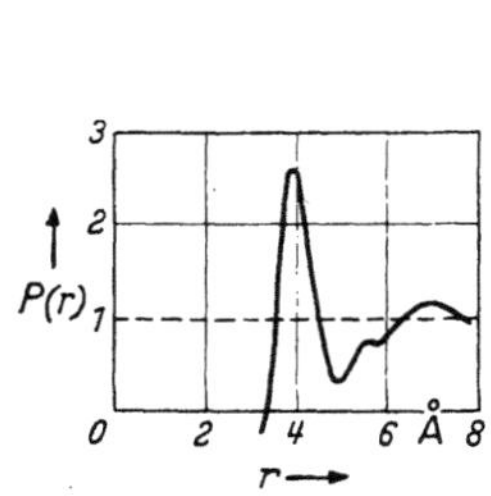

Fig. 23. Courbe représentative de la fonction $P(r)$ correspondant à la Fig. 22. (Figure extraite de Phys. Rev. [*5*].)

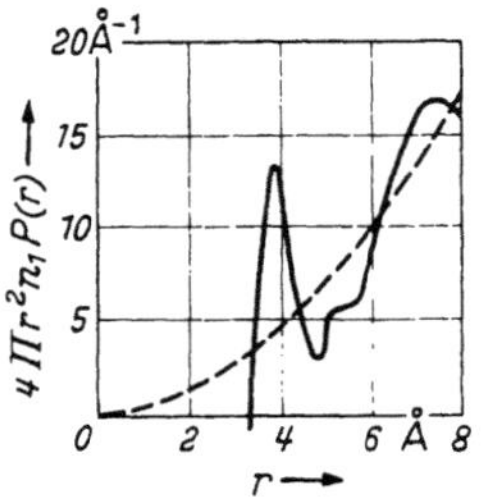

Fig. 24. Courbe représentative de la fonction $4\pi r^2 n_1 P(r)$ correspondant à la Fig. 22; en pointillé courbe relative à $4\pi r^2 n_1$ [*5*]. (Figure extraite de Phys. Rev. [*5*].)

Après multiplication de ces valeurs par s il ne reste plus qu'à procéder à la transformation de FOURIER (22.3); le résultat final est fourni soit sous la forme de la fonction $P(r, n_1)$, soit sous la forme de la fonction $4\pi r^2 n_1 P(r, n_1)$ (Fig. 23 et 24). Lors du calcul des (22.3) toutes les précautions au sujet des transformation de FOURIER sont à prendre. La limitation des valeurs expérimentales de s peut introduire en particulièr des oscillations supplémentaires dans les courbes transformées (cf. Sect. 20); le procédé classique consiste à utiliser un «facteur de

[1] N. S. GINGRICH [Phys. Rev. **59**, 290 (1941)] montre les conséquences d'un mauvais raccordement des courbes $\overline{I(s)}/\overline{N} I_e(s)$ et $F^2(s)$ en prenant l'exemple de l'argon (cf. [*5*]). Cet auteur estime que l'on peut faire dans ce cas une erreur de 10% dans la position du maximum du premier pic de la courbe.

forme». Pour cette question et toutes les autres touchant les transformations de FOURIER nous renvoyons à l'article de J. WASER et V. SHOMAKER [17] où l'on trouve en particulier des références aux travaux de FINBAK[1] et VIERVOLL[2].

24. Résultats expérimentaux au sujet des liquides monoatomiques. Les éléments suivant ont été étudié à l'état liquide par la diffusion des rayons X:

He, Li, N, O, Na, Al, P, S, Cl, A, K, Zn, Ga, Ge*,

Se, Rb,Cd, In, Sn, X[3], Cs, Au*, Hg, Tl, Pb, Bi.

La bibliographie complète — sauf indications contraires — a été indiqué par GINGRICH [11]. D'autres renseignements en particulier les corps repérés par un astérique, sont fournis par HENDUS [14]. On peut encore consulter un résumé de ces résultats dans l'article de SAUERWALD[4] ainsi qu'une étude très détaillée de FROST [10] sur la structure des métaux liquides.

Les conclusions générales que l'on peut tirer de l'ensemble de ces résultats sont les suivants:

— Les courbes $P(r)$ sont à peu près semblables; la première oscillation est toujours beaucoup plus marquée que les suivantes (cf. Fig. 23 relative à l'argon).

— La fonction $4\pi r^2 n_1 P(r)$ exprimée le plus souvent en Å^{-1} est très employée; elle fournit la probabilité $4\pi r^2 n_1 P(r)\,dr$ de trouver un centre d'atome à une distance comprise entre r et $r+dr$ du centre d'un autre atome: on peut donc dire que l'aire se trouvant sous chaque *pic*, caractérisé par une distance r_i, de la fonction représente le nombre d'atomes qui en moyenne sont à peu près à la distance r_i du centre d'un atome quelconque. Sous certaine hypothèse il a été montré[5,6] que la fonction $4\pi r^2 P(r) n_1$ peut être résolue en pics symétriques de même largeur de base et possédant la même forme; l'aire de chaque pic est censé représenter le nombre moyen d'atomes contenus dans une «couche» d'atomes autour d'un atome quelconque; les déterminations expérimentales et graphiques sont telles qu'il ne faut pas espérer pouvoir déterminer plus de deux ou trois «couches». Remarquons que les dernières théories des fluides (1955) que nous avons décrites précédemment ne semblent pas justifier cette notion de «couches». Quoiqu'il en soit la comparaison entre le nombre d'atomes de la première «couche» dans un élément à l'état liquide avec le nombre moyen d'atomes premiers voisins d'un autre atome pour le même élément à l'état solide est souvent satisfaisant: les deux nombres d'atomes sont en général voisin [10]. Citons parmi les résultats où l'accord est bon:

Au [14]. — état liquide 11 atomes dans la première couche avec $r_1 = 2{,}86$ Å.

— état solide. c.f. c. 12 atomes à 2,88 Å

A [5]. — état liquide à 84,4°K et 0,8 atmosphère (Fig. 24) 10,5 atomes dans la première couche avec $r_1 = 3.79$ Å.

— état solide 12 atomes à 3,82 A.

Dans d'autres cas par contre les nombres sont très dissemblables: pour l'argon liquide [5] (144,1°K et 33,7 atmosphère) la première couche ne contient que 4 atomes environ à $r_1 = 3{,}8$ Å.

L'examen d'autres cas nous paraît montrer la règle suivante: *il y a bon accord quand la densité du liquide est voisine de celle du solide*; l'accord est mauvais dans le cas contraire quelle que soit la cause de la variation de densité. Sur la Fig. 25 nous avons porté la densité du fluide (argon) en fonction du nombre d'atomes de

[1] C. FINBAK: Acta chem. scand **3**, 1279, 1293 (1949).
[2] H. VIERVOLL: Acta chem. scand. **1**, 120 (1947).
[3] J. A. CAMPBELL et J. M. HILDEBRAND: J. Chem. Phys. **11**, 334 (1934).
[4] F. SAUERWALD: Z. Metallkde. **41**, 97 (1950).
[5] C. N. WALL: Phys. Rev. **54**, 1062 (1938).
[6] C. A. COULSON et G. S. RUSHBROOKE: Phys. Rev. **56**, 1216 (1939).

a première couche (cf. [5]); les chiffres au voisinage de chaque point sont ceux correspondant aux différentes expériences (EISENSTEIN et GINGRICH [5]); le point 7 est relatif à un gaz, tous les autres points concernant des liquides. Le nombre d'atomes de la première couche est très difficile à déterminer dans les expériences 6 et 7; ces nombres sont fournis sans indication de précision. Sur la Fig. 25 le point 6 est nettement aberrant; la courbe $4\pi r^2 n_1 P(r)$ correspondante est en effet différente des précédentes (point 1, 2, 4 et 5): pour ce point 6 les deux premières oscillations de la courbe sont confondues en une seule, et correlativement la distance r_1 indiquée dans [5] est alors beaucoup plus grande que dans les autres cas.

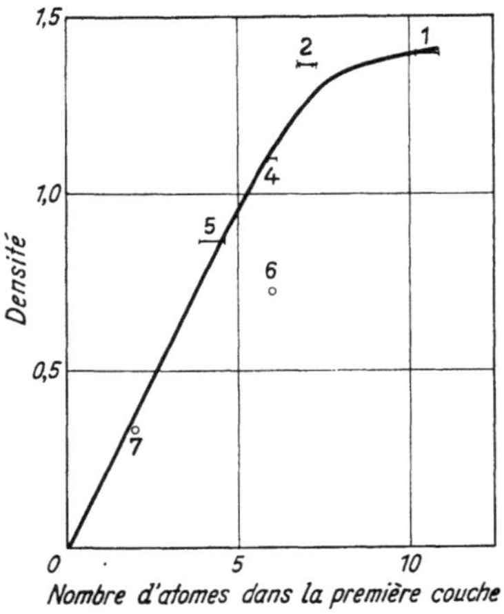

Fig. 25. Nous avons porté la densité d'un fluide (argon liquide ou gazeux) en fonction du nombre d'atomes (cf. [5]) contenus dans la «première couche».

Nous ne croyons donc pas qu'il soit nécessaire d'attacher une importance particulière sur le nombre d'atomes contenus dans les différentes couches (cf. Fig. 25).

Une autre idée qui a été émise au sujet des liquides est l'introduction par STEWARD de l'état cybotaxique; certains auteurs ont indiqué qu'un liquide se composait d'un grand nombre de cristaux submicroscopique orientés au hasard (cf. [10]). En accord avec FROST nous ne pensons pas que ces idées traduisent l'état liquide; les liquides sont caractérisés par des courbes $P(r)$ présentant des oscillations et il n'y a pas besoin de faire intervenir les propriétés de petits cristaux ou d'amas quasi cristallisé pour pouvoir expliquer ce fait. L'ordre à petite distance que manifeste les liquides s'explique simplement par des conditions d'impénétrabilité (cf. les calculs que nous avons faits au sujet du modèle des sphères dures) et de respect des lois de la thermodynamique (cf. Sect. 7). DARMOIS [3] et FROST [10] relatent des expériences entreprises par DEBYE[1] (sur un modèle à deux dimensions) et par MORREL et HILDEBRAND[2] (modèle à trois dimensions) sur des sphères impénétrables, toutes identiques, pour lesquelles on a effectué une statistique de la répartition des distances entre deux centres de sphères préalablement repérées: les résultats fournissent des courbes $P(r)$ d'un aspect correct.

Expériences sur les alliages liquides. Les expériences dans ce domaine semblent peu nombreuses; signalons parmi les derniers résultats ceux de HENDUS [14] relatifs à trois alliages Au-Sn et celles de GINGRICH et HENDERSON[3] sur les alliages Na-K. Pour les alliages Au-Sn HENDUS a trouvé une structure double pour le premier pic de la fonction $I(s)$. Les résultats relatifs aux alliages Na-K semblent montrer qu'en accord avec ce que nous avons prévu dans le cas des gaz ou solutions (Sect. 17) que les variations en fonction de l'angle de l'intensité observable sont d'autant plus rapides que la matière est plus homogène. CHIN-YU LING[4] après avoir obtenu une expression de l'intensité diffusée par un liquide composé de plusieurs sortes de particules — généralisant ainsi notre formule (9.1) — a pu calculer par des méthodes d'approximation successives les fonctions $\Phi(r)$ relatives au sodium et potassium à partir de la courbe de l'intensité observable. Les différentes prévisions effectuées à partir de ces courbes ainsi que ces courbes elles-même sont en bon accord avec les faits.

---

[1] P. DEBYE: Ergebn. techn. Röntgenkde. 2, 1 (1931).
[2] W. E. MORREL et J. H. HILDEBRAND: J. Chem. Phys. 4, 224 (1936).
[3] N. S. GINGRICH et R. E. HENDERSON: J. Chem. Phys. 20, 1117 (1952).
[4] CHIN-YU LING: Publication No 4274 (Thèse) University of Missouri (USA.).

25. Résultats expérimentaux au sujet des liquides polyatomiques. On trouvera dans le livre de COMPTON et ALLISON [2] la description des nombreux travaux de STEWARD sur les liquides organiques. Parmi les autres travaux citons l'étude des oxydes nitreux[1] et nitriques[1], du tétrachlorure de carbone[2,3,4], des alcools méthylique[5] et éthylique[6] et de l'eau[7,8]. Pour cette substance on peut négliger l'effet des atomes d'hydrogène et considérer par conséquent, pour prévoir les phénomènes de diffusion par les rayons X, l'eau comme une substance monoatomique. Le corps typique le plus étudié est donc CCl_4; les méthodes de dépouillement sont analogues à celles que nous décrivons dans la Sect. 30 au sujet des corps amorphes et nous renvoyons à ce développement. Néanmoins la comparaison des deux derniers résultats publiés[3,4] en léger désaccord sur certains points [en particulier les premiers pics de la fonction $4\pi r^2 n_1 P(r)$] montre qu'il ne faut pas s'attendre à trouver des résultats très précis dans ce genre de travail.

26. Résultats relatifs aux gaz comprimés. Les expériences sont peu nombreuses, les gaz étudiés sont l'éther[9], l'isopentane[10], l'azote[11,12] et l'argon [5]. Nous ne discuterons que le cas de l'argon.

Les courbes $4\pi r^2 P(r) n_1$ ont été obtenues de la même façon que pour l'état liquide; elles représentent des variations moins rapides que pour les liquides.

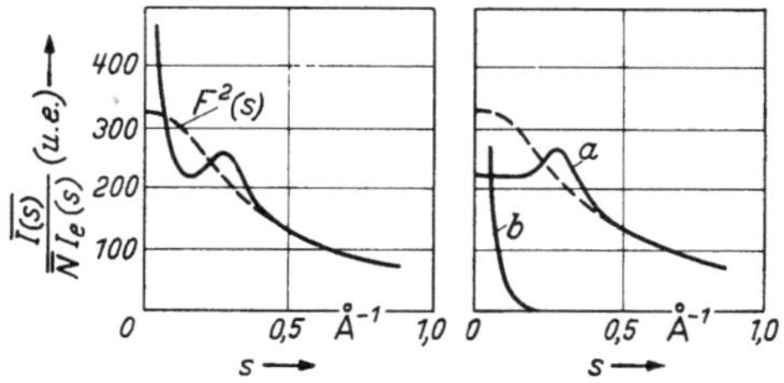

Fig. 26. Nous avons porté à gauche les résultats [5] relatifs à l'argon gazeux sous 36 atmosphères à 144° K et à droite la décomposition selon[13] de ces résultats en deux composantes: la composante aux grands angles *a* et la composante aux petits angles *b*. Figures extraites de Phys. Rev.[13].

L'explication des fortes intensités observées aux petits angles (cf. Fig. 8) a d'abord été recherchée en faisant intervenir de petites gouttelettes de liquide dans la phase vapeur. Pour trouver les dimensions de ces gouttelettes VINEYARD[13] a décomposé de façon *arbitraire* l'intensité diffusée en deux composantes (cf. Fig. 26); l'application de différents critères à la composante relative aux petits angles permet de déterminer 6 Å comme ordre de grandeur des rayons des gouttelettes nécessaires pour expliquer cette composante. Ce résultat, ainsi que la considération du nombre d'atomes (70%) qui doivent[13] alors se trouver dans les gouttelettes, ont amené VINEYARD à rejetter en partie son hypothèse pour ne retenir que l'idée de fluctuations de densité moins rapidement variables que celles amenées par la présence de gouttelettes. GRAHAM et LUND[14] ont précisé à partir de la même décomposition arbitraire de l'intensité ces idées en obtenant la courbe de corrélation (cf. Sect. 31). Nous avons déjà vu (Sect. 8) que l'expression de l'intensité que nous avons obtenue à partir de la théorie de BORN et GREEN laisse prévoir une grande intensité aux petits angles pour les gaz (cf. Fig. 9) *sans faire aucune hypothèse supplémentaire sur l'existence ou la non-existence de gouttelettes ou d'amas.*

---

[1] P. C. SHARRAH: J. Chem. Phys. **11**, 435 (1943).
[2] H. MENKE: Phys. Z. **33**, 593 (1932).
[3] A. EISENSTEIN: Phys. Rev. **63**, 304 (1943).
[4] E. E. BRAY et N. S. GINGRICH: J. Chem. Phys. **11**, 351 (1943).
[5] N. S. GINGRICH: J. Chem. Phys. **8**, 29 (1940).
[6] G. G. HARVEY: J. Chem. Phys. **7**, 878 (1939).
[7] J. MORGAN et B. E. WARREN: J. Chem. Phys. **6**, 66 (1938).
[8] L. SIMONS: Soc. Sci. Fenn, Comm. Phys. Math X.9 et X.10.
[9] R. D. SPANGLER: Phys. Rev. **46**, 698 (1934).
[10] C. A. BENZ et G. N. STEWART: Phys. Rev. **46**, 703 (1934).
[11] G. G. HARVEN: Phys. Rev. **46**, 441 (1934).
[12] R. L. WILD: J. Chem. Phys. **18**, 1627 (1950).
[13] G. H. VINEYARD: Phys. Rev. **74**, 1076 (1948).
[14] W. GRAHAM et L. H. LUND: J. Chem. Phys. **19**, 1390 (1951).

Nous avons vu (Sect. 10) que les prévisions théoriques que l'on peut faire au sujet de l'intensité sont d'autant moins sûres que l'angle de diffusion est plus petit. Nous allons considérer néanmoins l'expression (8.1) de l'intensité pour $s=0$

$$\frac{I(0)}{I_e(0)\,\overline{N}F^2(0)} = \frac{1}{1-\varepsilon(n_1)\,(2\pi)^{\frac{3}{2}}\,n_1\beta(0,\,T)} \tag{26.1}$$

en sachant que l'on ne peut espérer que des accords qualitatifs; $\beta(0,\,T)$ est relatif à la valeur $s=0$ de la fonction $\beta(s)$ où nous avons mis en évidence la rôle de la température

$$\beta(0,\,T) = \frac{2}{(2\pi)^{\frac{1}{2}}}\int\limits_0^\infty r^2\left(e^{-\frac{\Phi(r)}{kT}}-1\right)dr. \tag{26.2}$$

Nous introduisons maintenant le second coefficient du viriel défini[1] par

$$B(T) = \frac{1}{2}\int\limits_0^\infty\left(1-e^{-\frac{\Phi(r)}{kT}}\right)4\pi r^2\,dr \tag{26.3}$$

pour pouvoir écrire

$$\frac{I(0)}{I_e(0)\,\overline{N}F^2(0)} = \frac{1}{1+2\varepsilon(n_1)\,n_1B(T)}. \tag{26.4}$$

Les résultats expérimentaux établis sur le second coefficient du viriel montrent[2] que $B(T)$ est positif pour $T_c/T<0{,}33$ et négatif dans le cas contraire. Nous en déduisons que pour $T>3\,T_c$ le rapport (26.4) est d'autant plus petit que la vapeur est plus comprimée et que dans le cas contraire ($T<3\,T_c$) la valeur de ce rapport est d'autant plus élevée que la vapeur est plus comprimée. Quelle que soit la température, la valeur de (26.4) est l'unité pour les concentrations très faibles (loi des particules éloignées). Ces prévisions, en ce qui concerne l'argon pour des températures inférieures ou de l'ordre de T_c sont qualitativement conformes à l'expérience. Pour une température donnée (144,1° K) la limite de l'intensité observable augmente régulièrement avec la pression. Pour essayer de voir les limites d'une expression du type (26.1) ou (26.4) nous avons porté (points de la Fig. 27) en fonction de la pression exprimée en atmosphère

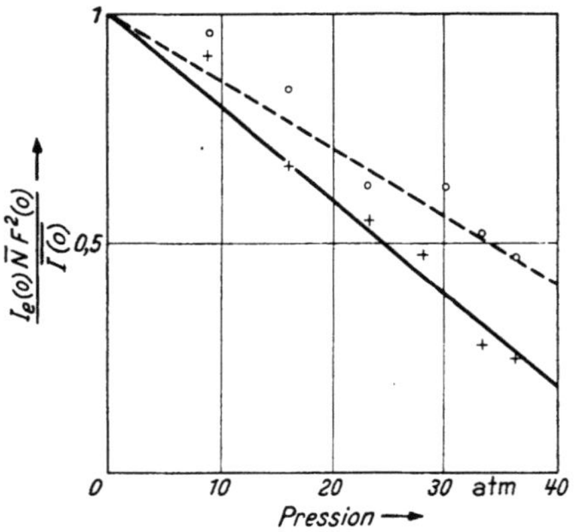

Fig. 27. Les points sont relatifs aux déterminations de Vineyard à partir des résultats expérimentaux sur l'argon à 144° K [5]; la position des croix a été obtenue par Vineyard par application de la relation (10.2), la compressibilité de l'argon étant obtenue à partir des résultats de H. K. Onnes et C. A. Crommelin [Akademie van Wetenschappen te Amsterdam 29 octobre 1910, p. 582]. Les points et les croix se laissent disposer assez facilement sur une droite comme le prévoit notre expression (26.4).

$$\frac{I_e(0)\,\overline{N}F^2(0)}{I(0)} \tag{26.5}$$

soit l'inverse des valeurs fournies dans la troisième colonne du Tableau 1 de l'article de Vineyard. L'expression (26.4) montre que les écarts (T étant fixé) entre l'unité et les valeurs de (26.5) doivent être proportionnels à $2\varepsilon(n_1)\,n_1$ soit à peu près à la pression. Les différents points se mettent à peu près sur une droite

[1] Sir R. Fowler et F. A. Guggenheim: Statistical Thermodynamics, p. 279. Cambridge: University Press.

[2] E. A. Guggenheim: Thermodynamics p. 140. — Amsterdam: North-Holland Publishing Company 1950.

(droite en pointillé). Sur la même figure nous avons porté (croix) l'inverse des valeurs fournies dans la deuxième colonne du tableau de VINEYARD. Ces valeurs sont relatives à l'intensité $I(0)$ évaluée à partir de la compressibilité [cf. (10.2)]; les «croix» peuvent assez bien se grouper sur la droite en trait fort. La pression de liquéfaction correspond dans la théorie de BORN et GREEN au point où

$$1 + 2\varepsilon(n_1)\, n_1\, B(T) = 0$$

soit, en interpolant la droite en trait fort, à 44 atmosphères (la valeur expérimentale est 37 atmosphères). Il est difficile d'obtenir la bonne position des points de la Fig. 27. Les petites valeurs du rapport (26.5) correspondent à de grandes valeurs de $I(0)$ qui n'ont pas été mesurées; les valeurs voisines de l'unité par contre correspondent à des courbes $I(s)$ voisines des courbes relatives aux particules éloignées et une petite erreur de raccordement entre $I(s)$ et $NF^2(s)$ amène de grandes erreurs sur (26.5).

Nous avons effectué des vérifications analogues (courbes non reproduites) sur les expériences faites à 126,7 et à 154,0° K.

L'ensemble de ces résultats montre que notre expression (8.1) peut servir de guide dans le dépouillement des résultats expérimentaux.

IV. Etude des solutions.

Nous n'envisagerons que l'étude des solutions aqueuses. Ces études se présentent de façon fort différente suivant que les particules dissoutes sont de l'ordre de grandeur des dimensions des molécules d'eau ou pas.

27. Etudes des solutions de macromolécules. Dans ce cas l'approximation classique consiste à supposer que l'eau constitue, devant les dimensions des macromolécules, une matière de densité électronique constante ϱ_0. Nous avons traité ce cas (Sect. 8) et montré comment il était possible de calculer un facteur de structure «équivalent» de la macromolécule. Les macromolécules considérées possèdent des dimensions grandes devant les longeurs d'ondes usuelles (1.54 Å par exemple) aussi, la diffusion ne peut se produire qu'aux petits angles. Nous touchons ici le domaine de la diffusion des rayons X aux petits angles, aussi pour ne pas faire double emploi nous renvoyons dans cette Encyclopédie à l'article de W. W. BEEMAN et collaborateurs (ce volume) ou à notre livre [*13*] sur la question.

28. Etudes des autres solutions. La calcul théorique de la diffusion des rayons X par ces solutions paraît particulièrement complexe; (le cas simple où l'on examine une solution de NaCl fait intervenir des molécules d'eau, des ions OH^-, Na^+, Cl^-, et H^+; en négligeant les ions H^+ il reste à considérer quatre espèces de particules). Les expérimentateurs semblent avoir été peu tentés par ce genre d'études. Citons cependant les travaux de PRINS[1,2,3] qui a étudié en particulier des solutions de $Th(NO_3)_4$ et ceux de STEWART[4] sur la structure de l'eau dans les solutions ioniques.

V. Interprétation générale de la présence d'un maximum dans une courbe de diffusion[5].

29. On a souvent interprété les résultats expérimentaux en examinant uniquement la position angulaire des maxima ou des «bosses» de la courbe de diffusion.

[1] J. A. PRINS: J. Chem. Phys. **3**, 72 (1935).
[2] J. A. PRINS et FONTAYNE: Physica, Haag **2**, 570, 1016 (1935).
[3] J. A. PRINS et PETERSEN: Physica, Haag **3**, 147 (1936).
[4] G. W. STEWART: J. Chem. Phys. **7**, 869 (1939).
[5] Nous donnons dans ce chapitre un résumé de ce que nous avons d'abord exposé dans les articles [*8*] et [*9*] puis dans le livre [*13*]. On pourra consulter ces travaux si l'on désire des détails.

Il semble que la seule justification qui ait été fournie à l'appui de ce procédé soit une analogie avec les résultats relatifs aux substances cristallisées, la loi de Bragg en particulier.

Nous allons montrer que dans *le cas général des fluides* ces procédés conduisent le plus souvent à des résultats erronés.

Nous ne discuterons que le cas des particules sphériques pour lequel l'intensité peut se mettre sous la forme

$$\overline{I(s)} = I_e(s)\,\overline{N}\,F^2(s)\,a(s, n_1), \tag{29.1}$$

mais des généralisations simples montrent que ces conclusions peuvent s'étendre à tous les cas. Dans (29.1) $\overline{N}a(s, n_1)$ désigne l'intensité qui serait diffusée par $\overline{N}$ électrons, chaque électron étant disposé au centre de chaque particule. La fonction $a(s, n_1)$ dépend du paramètre angulaire s et de la concentration n_1 comme le montre par exemple la structure de la fonction $a(s, n_1)$ obtenue par application de la théorie de Born et Green [cf. (7.26)]

$$a(s, n_1) = \frac{1}{1 - (2\pi)^{\frac{3}{2}}\, n_1\, \varepsilon(n_1)\, \beta(s)}\,. \tag{29.2}$$

Nous désignerons la position angulaire des maxima de la fonction $a(s, n_1)$ par des indices numériques ($s_1, s_2, \ldots s_p$ ou $\vartheta_1, \vartheta_2 \ldots \vartheta_p$) et ceux de la fonction $I(s)$ par des indices «lettres en capitales» [$s_N, s_M \ldots$ ou $\vartheta_N, \vartheta_M \ldots$].

Nous allons maintenant donner les différentes interprétations qui pourraient être envisagées.

α) Interprétation au moyen d'une distance moyenne. La présence d'un maximum ou même d'un accident dans une courbe de diffusion a souvent été interprétée comme prouvant l'existence d'une «distance moyenne fréquemment réalisée entre particules voisines».

Remarquons d'abord qu'il est impossible de définir le concept de particules voisines pour des substances qui ne possèdent pas d'ordre à grandes distances; les auteurs qui ont employé la notion de distance moyenne $\bar{d}$ entre particules voisines n'en ont d'ailleurs jamais fourni de définition.

La formule la plus souvent citée[1]

$$2d \sin\vartheta_M = 1{,}23\,\lambda \tag{29.3}$$

est due à Ehrenfest[2]. Cet auteur a en réalité calculé l'angle ϑ_M correspondant au maximum de l'intensité diffusée par un ensemble de particules éloignées, chaque particule — composée de deux points à la distance $\bar{d}$ — prenant toutes les orientations possibles avec une égale probabilité.

Nous voyons ainsi que ni la notion de particules voisines, ni l'expression (29.3) ne peuvent être utilisées pour l'interprétation de la structure d'un fluide.

β) Interprétation au moyen du modèle du paracristal. Dans ce modèle abondamment développé par Hosemann[3], on suppose que les centres des particules sont toujours voisins des nœuds d'un réseau cubique faces centrées plus ou moins distordu; la distance moyenne $\bar{d}$ entre chaque particule et ses douze premiers voisins est alors $d_0/\sqrt{2}$ si d_0 désigne la maille moyenne du réseau paracristallin. Hosemann a montré que la fonction $a(s)$ présentait plusieurs maxima correspon-

[1] R. W. Matton, R. S. Stearns et W. D. Markins (par exemple): J. Chem. Phys. **16**, 644 (1947).

[2] P. Ehrenfest: Proc. Amsterd. Acad. **17**, 1132, 1184 (1915).

[3] R. Hosemann: Kolloid-Z. **117**, 13 (1950).

dant aux réflexions sur les différentes «plans» du réseau; la position angulaire de ces maxima est définie par:

$$\left.\begin{aligned} 2\bar{d}\sin\vartheta_1 &= \sqrt{\tfrac{3}{2}}\,\lambda = 1{,}22\,\lambda, \\ 2\bar{d}\sin\vartheta_2 &= \sqrt{2}\,\lambda = 1{,}41\,\lambda, \\ 2\bar{d}\sin\vartheta_3 &= \;\;2\,\lambda = 2{,}00\,\lambda, \end{aligned}\right\} \tag{29.4}$$

etc. Les variations de $a(s)$ en fonction de s au voisinage de chaque maximum sont d'autant moins rapides et moins importantes que l'indice p de ce maximum est plus élevé; HOSEMANN a montré que l'on doit observer en général deux à trois maxima.

Dans ce modèle on peut calculer la concentration n_1 des particules à partir de la distance moyenne $\bar{d}$

$$n_1 = \frac{4}{d_0^3} = \frac{4}{2\sqrt{2}\,\bar{d}^3} = \frac{\sqrt{2}}{\bar{d}^3}\,; \tag{29.5}$$

la relation (29.4) prend alors la forme:

$$\sin\vartheta_1 = \frac{1{,}22\,\lambda}{2\bar{d}} = 0{,}54\,\lambda\, n_1^{\frac{1}{3}}\,; \tag{29.6}$$

on peut obtenir des relations analogues valables pour $\sin\vartheta_2$, $\sin\vartheta_3$ etc.

Nous voyons ainsi que le modèle du paracristal est caractérisé par l'existence de plusieurs maxima de la fonction $a(s)$, la valeur de chaque $\sin\vartheta_p$ variant proportionnellement à la puissance un tiers de la concentration n_1; nous faisons remarquer que les expressions du type (29.6) concernent les angles pour lesquels la fonction $a(s)$ — et non pas l'intensité $I(s)$ — atteint un maximum.

Très peu de résultats expérimentaux sont en accord avec *l'ensemble* de ces prévisions. On a cependant appliqué des expressions du type (29.4) [avec parfois des coefficients comportant quatre chiffres significatifs] dans différents travaux.

Remarquons enfin que dans le cas des solutions, l'existence d'un modèle paracristallin suppose que le potentiel intermoléculaire varie avec la concentration ce qui est très peu probable.

γ) Interprétation en fonction de la concentration n_1. Nous avons vu qu'il est impossible de définir la distance moyenne entre particules voisines; le seul paramètre géométrique restant à notre disposition est la concentration n_1 qui fournit le nombre de particules par unité de volume. Les expressions que nous avons obtenues à partir de la théorie de BORN et GREEN montrent que la fonction $\beta(s)$ joue un rôle aussi important que n_1. L'interprétation au moyen de la seule concentration n_1 est donc impossible.

δ) Interprétation au moyen d'une fonction $a(s)$ *type*. Nous avons vu que cette fonction dépend par l'intermédiaire de $\beta(s)$ de la nature du potentiel $\Phi(r)$ des forces intermoléculaires. Cette méthode d'interprétation ne peut donc être employée avec prudence que pour des particules analogues.

Nous venons ainsi de montrer que les différentes interprétations possibles de la position angulaire d'un maximum d'une courbe de diffusion sont à rejetter. Il en est ainsi parce que la relation exacte du type (7.4) ou la relation approchée du type (7.26) possèdent des structures mathématiques compliquées. Le premier type de formule montre que la courbe de diffusion dépend à la fois de $P(r)$ et de $F(s)$. Il existe ainsi une relation compliquée — impossible à définir dans le cas général — entre la position angulaire du maximum de l'intensité et la structure de l'ensemble de particules; l'emplacement du maximum n'a aucun caractère particulier et ne constitue qu'un renseignement «anecdotique». Il faut également *abandonner l'idée que l'intensité diffusée sous un certain angle contient des informations relatives à certaines distances interparticulaires (par exemple la probabilité d'existence de cette distance).*

Le second type de formule (7.26), valable en deuxième approximation, montre que le déplacement vers les grands angles de la position angulaire du maximum quand la concentration augmente s'explique pour la plus grande part par le mécanisme que nous avons décrit (Sect. 8) et non pas par une modification de la position angulaire du maximum de $a(s)$ (cf. Sect. 10).

Pour résumer l'ensemble de cette discussion nous allons considérer deux cas:

1. Les variations de l'intensité autour du maximum sont peu rapides; il en est de même pour le maximum de $a(s)$. La matière étudiée est largement différente d'un cristal et le calcul de la position du maximum s_1 de $a(s)$ est en général difficile. L'influence de $F^2(s)$ sera notable et la position du maximum s_M de l'intensité est largement différente de s_1.

Pour dépouiller les résultats deux procédés sont possibles:

— Pour obtenir des résultats précis il faut étudier expérimentalement la famille des courbes $I(s)$ en fonction de la concentration et comparer cette famille avec les prévisions établies à partir d'un modèle bien choisi.

— Pour obtenir des résultats approchés on peut appliquer simplement la loi de BRAGG au maximum de diffusion et déterminer ainsi un ordre de grandeur (à 30 ou 50% près) d'une dimension géométrique caractéristique de la matière étudiée; mais il est ainsi *impossible* de déterminer la signification de cette dimension géométrique à partir de cette seule mesure.

2. Les variations de l'intensité autour du maximum sont très rapides; il en est de même pour la courbe représentative de $a(s)$. L'influence de $F^2(s)$ sera faible; s_1 et s_M sont peu différents; il est probable que s_1 peut être atteint par des considérations simples.

C. Etude des substances amorphes.

Nous désignons dans cet article par «substance amorphe» une substance à peu près isotrope et dont le diagramme de diffusion est uniquement composé de quelques halos. Un bon exemple de ces substances est fourni par les verres.

Dès le début de l'étude de ces corps on pensa à utiliser les théories développées au sujet des liquides. Nous montrerons donc dans une première partie comment on a pu adapter ces théories à l'étude des substances amorphes en donnant quelques exemples de déterminations récentes.

Dans une deuxième partie nous indiquerons comment on peut atteindre l'intensité diffusée à partir de la seule connaissance de la densité électronique.

30. Adaptation des résultats obtenus pour les fluides. Dans le cas limite ou la substance amorphe peut être assimilée à un liquide «gelé» nous pouvons directement obtenir l'intensité observable à partir des résultats que nous avons obtenus dans la Sect. 16 [expression (16.13) relative aux fluides composés de plusieurs espèces de particules]

$$\left.\begin{aligned}\overline{I(s)} = I_e(s)\,\overline{N}\Big\{&\sum_A p_A\,F_A^2(s) + \\ &+ \sum_A\sum_B p_A\,p_B\,F_A(s)\,F_B(s)\,n_1\int_0^\infty P_{A\,B}(r) - 1]\,\frac{\sin 2\pi r s}{2\pi r s}\,4\pi r^2\,dr\Big\}.\end{aligned}\right\}\quad(30.1)$$

Pour passer de l'expression (16.13) à l'expression (30.1) nous avons remplaçé le vecteur $\boldsymbol{s}$ par son module s et supprimé les indications de moyenne au sujet des facteurs de structure puisque dans la quasi totalité des cas les atomes peuvent être assimilés à des particules à *symétrie sphérique.*

L'expression (30.1) permet de calculer l'intensité mais ne permet pas connaissant l'intensité et les facteurs de structure $F_A(s)$ d'obtenir des renseignements par voie déductive sur l'arrangement des atomes. Pour obtenir un résultat dans cette voie il faut supposer que les facteurs de structure sont identiques à un facteur près c'est-à-dire que l'on a [cf. (16.18)]

$$F_A(s) \approx K_A f(s) \tag{30.2}$$

où la fonction $f(s)$, universelle, est définie à une constante multiplicative près. Nous pouvons donc choisir arbitrairement $f(0) = 1$ ce qui indique alors que K_A est le nombre effectif d'électrons de l'atome d'espèce A. L'expression (30.1) se simplifie alors et prend la structure suivante

$$\left.\begin{aligned}\overline{I(s)} &= I_e(s)\,\overline{N}\Big\{\sum_A p_A F_A^2(s) + \\ &+ n_1 f^2(s)\int_0^\infty \Big[\sum_A\sum_B K_A K_B p_A p_B P_{AB}(r) - \sum_A\sum_B K_A K_B p_A p_B\Big]\frac{\sin 2\pi r s}{2\pi r s}\,4\pi r^2\,dr\Big\}.\end{aligned}\right\} \tag{30.3}$$

Une inversion de FOURIER permet donc d'obtenir

$$\left.\begin{aligned}&n_1 r\Big[\sum_A\sum_B K_A K_B p_A p_B P_{AB}(r) - \sum_A\sum_B K_A K_B p_A p_B\Big] \\ &\qquad = 2\int_0^\infty s\left[\frac{\overline{I(s)}}{I_e(s)\,\overline{N} f^2(s)} - \sum_A p_A \frac{F_A^2(s)}{f^2(s)}\right]\sin 2\pi r s\,ds.\end{aligned}\right\} \tag{30.4}$$

Dans l'accolade de l'intégrale de (30.4) on pourrait remplacer

$$\sum_A p_A \frac{F_A^2(s)}{f^2(s)} \quad \text{par} \quad \sum_A p_A K_A^2 \tag{30.5}$$

en utilisant le relation (30.2), mais la forme (30.4) que nous avons adoptée contient moins d'approximations.

La fonction $f(s)$ peut être définie de plusieurs façons:

$$\frac{\sum_A p_A F_A(s)}{\sum p_A K_A} \quad \text{ou} \quad \frac{\sum p_A F_A^2(s)}{\sum p_A K_A^2}; \tag{30.6}$$

la première définition est fournie par JAMES ([*15*, p. 505) et la deuxième, utilisée par MERING et OBERLIN[1].

Il est intéressant de considérer la fonction

$$g_A(r) = n_1 \sum_B p_B K_B P_{AB}(r); \tag{30.7}$$

$n_1 p_B P_{AB}(r)\,dv$ étant la probabilité de trouver le centre d'un atome d'espèce B à une distance r d'un centre d'atome A, la fonction $g_A(r)$ est *liée* à la probabilité $\varrho_A(r)$ de trouver des électrons à une distance r d'un centre d'atome A. La fonction $\varrho_A(r)$ diffère cependant de $g_A(r)$ puisque pour obtenir cette fonction (30.7)

[1] Communication personnelle.

tous les électrons d'un même atome sont considérés comme ayant été groupés au centre de cet atome. Pour les grandes distances r

$$\lim g_A(r) = n_1 \sum p_B K_B \quad [\text{limite } P_{AB}(r)] = n_1 \sum p_B K_B \tag{30.8}$$

soit la densité électronique moyenne ϱ_0 de la substance considérée. La multiplication de (30.4) par $4\pi r / \sum_A p_A K_A$ permet donc d'obtenir

$$4\pi r^2 \left[\frac{\sum_A K_A p_A g_A(r)}{\sum_A K_A p_A} - \varrho_0 \right] = \frac{8\pi r}{\sum_A K_A p_A} \int_0^\infty s \left[\frac{\overline{I(s)}}{I_e(s)\,\overline{N}} - \sum_A p_A F_A^2(s) \right] \frac{\sin 2\pi r s}{f^2(s)}\, ds. \tag{30.9}$$

Dans le cas simple où tous les atomes sont de même nature il est inutile d'effectuer une approximation: l'intensité observable

$$I(s) = I_e(s)\,\overline{N}\,F^2(s) \left\{ 1 + n_1 \int_0^\infty [P(r) - 1] \frac{\sin 2\pi r s}{2\pi r s} 4\pi r^2\, dr \right\} \tag{30.10}$$

fournit après transformation de Fourier [cf. (22.3)]

$$4\pi r^2 [P(r) - 1] = \frac{8\pi r}{n_1} \int_0^\infty s \left[\frac{\overline{I(s)}}{I_e(s)\,\overline{N}\,F^2(s)} - 1 \right] \sin 2\pi r s\, ds. \tag{30.11}$$

L'expression (30.11) donne des renseignements sur la probabilité de trouver des centres d'atomes; cette expression a été utilisée par exemple pour l'étude du phosphore[1] blanc ou rouge et du caoutchouc non étiré[2].

Par contre l'expression (30.9) fournit la probabilité de trouver des électrons, cette expression a été utilisée pour déterminer[3] la structure de la silice vitreuse (SiO_2) des verres soude-silice, silice-oxyde de bore, etc.

Les modes d'interprétation sont toujours les mêmes: après avoir obtenu les courbes représentatives des premiers membres de (30.9) ou (30.11) on cherche à déterminer la signification des premiers accidents de ces courbes au moyen de modèle bien choisi.

Citons encore comme travail récent dans un domaine voisin (à la frontière des corps cristallisés et des corps amorphes) les études des charbons graphitisables[4] et de la cellulose[5,6].

31. Calcul de l'intensité en fonction de la densité électronique. Nous allons maintenant donner, en la modifiant légèrement, la solution que Debye et Bueche[7] ont fournie pour le calcul de l'intensité diffusée par une substance uniquement définie par sa densité électronique $\varrho(\boldsymbol{R})$.

D'après nos expressions précédentes l'intensité totale est dans ce cas

$$I_t(\boldsymbol{s}) = I_e(s) \int_V \int_V \varrho(\boldsymbol{R}_k)\, \varrho(\boldsymbol{R}_j) \cos[2\pi \boldsymbol{s} \cdot (\boldsymbol{R}_k - \boldsymbol{R}_j)]\, d\boldsymbol{R}_k\, d\boldsymbol{R}_j. \tag{31.1}$$

---

[1] R. Hultgren, N. S. Gingrich et B. E. Warren: J. Chem. Phys. **3**, 351 (1935).
[2] G. L. Simard et B. E. Warrer: J. Amer. Chem. Soc. **58**, 507 (1936).
[3] B. E. Warren: Chem. Rev. **26**, 237 (1940).
[4] R. E. Franklin: Acta crystallogr. **3**, 107 (1950); **4**, 253 (1951).
[5] M. Oberlin et J. Mering: Acta crystallogr. **7**, 645 (1954).
[6] G. Fournet, J. Rogué et P. Antzenberger: Acta crystallogr. **7**, 644 (1954).
[7] P. Debye et A. M. Bueche: J. Appl. Phys. **20**, 518 (1949).

DEBYE et BUECHE donnent pour l'intensité observable (voir la démonstration dans [13])

$$I_0(\mathbf{s}) = I_e(s) \int_V \int_V [\varrho(\boldsymbol{R}_k) - \varrho_0][\varrho(\boldsymbol{R}_j - \varrho_0)] \cos[2\pi \mathbf{s}\cdot(\boldsymbol{R}_k - \boldsymbol{R}_j)]\, d\boldsymbol{R}_k\, d\boldsymbol{R}_j \quad (31.2)$$

où ϱ_0 est une densité électronique moyenne (voir ci-dessous). En utilisant les mêmes procédés que ceux employés dans la Sect. 5 et après avoir posé

$$\eta(\boldsymbol{R}_k) = \varrho(\boldsymbol{R}_k) - \varrho_0 \quad (31.3)$$

on définit la fonction de corrélation $\Gamma(\boldsymbol{r})$ par

$$\int_V \eta(\boldsymbol{R})\,\eta(\boldsymbol{R}+\boldsymbol{r})\, d\boldsymbol{R} = \eta^2\, V\,\Gamma(\boldsymbol{r}) \quad (31.4)$$

et

$$\int_V \eta(\boldsymbol{R})\,\eta(\boldsymbol{R})\, d\boldsymbol{R} = \eta^2\, V \quad (31.5)$$

pour trouver

$$I(\mathbf{s}) = I_e(s)\,\bar{\eta}^2\, V \int_\infty \Gamma(\boldsymbol{r}) \cos(2\pi \mathbf{s}\cdot\boldsymbol{r})\, d\boldsymbol{r}, \quad (31.6)$$

soit, dans le cas d'une substance isotrope

$$I(s) = I_e(s)\,\eta^2\, V \int_0^\infty \Gamma(r)\, \frac{\sin 2\pi r s}{2\pi r s}\, 4\pi r^2\, dr. \quad (31.7)$$

Les résultats que nous avons obtenus dans la Sect. 5 montrent que l'on doit considérer ϱ_0 non pas comme la densité électronique moyenne dans le volume V irradié mais plutôt comme la densité moyenne à l'intérieur d'une coquille sphérique (comprise entre les rayons r et $r+dr$) centrée sur un point quelconque M du milieu, le rayon r étant grand devant les hétérogénéités du milieu, mais petit devant les dimensions du volume V; le point M ne doit pas toutefois être situé trop près des bords du volume V.

L'expression (31.7) a été utilisé dans l'interprétation de la diffusion des rayons X par certains polymères; nous en avons également signalé l'usage dans l'étude de la diffusion aux petits angles par l'argon gazeux (cf. Sect. 26).

Bibliographie générale.

[1] BORN, M. and H. S. GREEN: Proc. Roy. Soc. Lond., Ser. A **188**, 10 (1946). — GREEN, H. S.: Proc. Roy. Soc. Lond., Ser. A **189**, 103 (1947). — BORN, M., and H. S. GREEN: A General kinetic theory of liquids. Cambridge: University Press 1949. — GREEN, H. S.: Molecular theory of fluids. Amsterdam: North-Holland Publishing Compagny 1952. — Les articles originaux et livres où l'on trouve un exposé de la théorie de BORN et GREEN.

[2] COMPTON, A. H., and S. K. ALLISON: X rays in theory and experiments. New York: Van Nostrand Compagny 1935. Livre classique dont le chapitre III est consacré à la diffusion des rayons X.

[3] DARMOIS, E.: L'état liquide de la matière. Paris: Albin Michel 1947. Ce livre décrit systématiquement les propriétés des liquides en fournissant des explications «résolument moléculaires».

[4] DEBYE, P., u. H. MENKE: Phys. Z. **31**, 797 (1930). C'est le premier article où les considérations de ZERNIKE et PRINS sont appliqués; le corps étudié est le mercure à l'état liquide.

[5] EISENSTEIN, A., and N. S. GINGRICH: Phys. Rev. **62**, 261 1942). La meilleure étude expérimentale de la diffusion des rayons X par un corps simple (argon) dans un large domaine de température et de pression.

[6] FOURNET, G.: Thèse. Bull. Soc. franç. Minér. et Crist. **74**, 39 (1951). Ce travail constitue la base de l'exposé de la première partie du présent article.

[7] Fournet, G.: Acta crystallogr. **4**, 293 (1951). Dans cet article nous avons donné les expressions «thermodynamiques» de l'intensité diffusée par un fluide; ces expressions ont été appliquées au cas de l'argon et du modèle des sphères dures.

[8] Fournet, G.: Discuss. Faraday Soc. **11**, 121 (1951). Premier article où est entrepris la discussion critique de la validité des relations entre la position angulaire du maximum de l'intensité diffusée et une distance moyenne.

[9] Fournet, G.: J. Polymer Sci. **9**, 539 (1952). Base du développement donné dans la Sect. 7.

[10] Frost, B. R. T.: The structure of liquid metal, dans: Progress in Metal Physics, vol. 5 (B. Chalmers et R. King Editeurs). Londres: Pergamon Press Ltd. 1954. Cette étude de la structure des métaux liquides en général comprend une importante partie consacrée à la diffusion des rayons X.

[11] Gingrich, N. S.: Rev. Mod. Phys. **15**, 90 (1943). Cet article fait le point à cette date de la diffusion des rayons X par les élements à l'état liquide.

[12] Guinier, A.: Théorie et technique de la Radiocristallographie. Paris: Dunod 1956; Londres: Hilger 1952. On consultera ce livre pour les techniques d'emploi des montages à monochromateur ainsi que pour le chapitre 11 consacré aux fluides.

[13] Guinier, A., et G. Fournet: Small angle scattering of X Rays. New York: John Wiley; Londres: Chapman & Hall 1955. Les chapitres 2 et 4 de ce livre fournissent en partie certains éléments du présent article.

[14] Hendus, H.: Z. Naturforsch. **2**a, 505 (1947). Article concernant les éléments suivants à l'état liquide: Ga, Ge, In, Sn, Au, Tl Pb, Bi; les courbes $\overline{I(s)}$ et $P(r)$ sont fournies. Même travail sur trois alliages Au-Sn à l'état liquide.

[15] James, R. W.: The optical principles of the diffraction of X Rays. Londres: G. Bell 1950. Les chapitres III et IX sont particulièrement intéressants pour notre sujet.

[16] Pirenne, M. H.: The diffraction of X Rays and electrons by free molecules. Cambridge: University Press 1946. Le titre de ce livre en montre l'intérêt.

[17] Waser, J., and V. Shomaker: Rev. Mod. Phys. **25**, 671 (1953). Article où l'on trouvera traité en détail l'effet de limitation dans les transformations de Fourier et toutes les questions annexes. Les différentes façons d'exploîter une même courbe expérimentale sont également analysées.

[18] Yvon, J.: Actualités Scientifiques et Industrielles Hermann, Nr. 205 (1935) et Nr. 542, 543 (1937). Exposé de la théorie des fluides d'Yvon.

[19] Zernike, F., et J. A. Prins: Z. Physik **41**, 184 (1927). Tous les travaux postérieurs ont utilisé les résultats développés dans cet article, en particulier la relation entre l'intensité diffusée et la fonction $P(r)$.

Size of Particles and Lattice Defects.

By

W. W. Beeman, P. Kaesberg, J. W. Anderegg and M. B. Webb.

With 59 Figures.

This chapter is divided into the two principal parts indicated by the title. These parts are discussed much more independently than would have been the case twenty years ago. At that time x-ray determinations of particle size were almost entirely measurements of crystallite size. Finite size is one of the many respects in which real crystals may deviate from the infinite perfect lattice. In addition line broadening by small crystallites is sometimes quite difficult to distinguish experimentally from that produced by other lattice defects and distortions. Thus both for reasons of principle and practice, crystallite size has historically been a part of any general discussion of the x-ray scattering by imperfect lattices. This reasoning has not lost its validity and in the section on Lattice Defects we include a discussion of crystallite size and its measurement.

However, x-ray techniques are now available which measure particle size quite independently of any internal lattice structure which the particle may or may not possess. These simply measure the diffraction pattern of the particle as a whole. Since particles of interest are usually much larger than the convenient x-ray wavelengths, the diffraction patterns are at small angles. Guinier in 1939 was the first to fully realize the possibilities of small angle x-ray scattering and to develop useful equipment for the purpose. The first part of this chapter is a discussion of the methods and results of small angle x-ray scattering as used in the determination of particle size and shape. A particle in this sense is not necessarily a crystal fragment but merely a volume distinguished from its surroundings by a difference in average electron density.

Time has also produced great changes in our knowledge of crystal imperfections. The subject is a major concern of the presently very active field of solid state physics. It must be noted that no large fraction of the recent progress has resulted from x-ray investigation. X-ray methods are far from occupying the central position in research on the imperfect crystal that they occupy in research on the perfect crystal.

In the latter half of this chapter we give a review of lattice imperfections as they are investigated by x-ray methods. We emphasize those areas where the important imperfections, as judged by the solid state physicist, appear to be amenable to x-ray methods.

Certain varieties of lattice imperfection which have historically been the concern of crystallographers will find their principal treatment in other parts of this volume, particularly the articles of Bouman and of Guinier. These include temperature diffuse scattering and the mosaic crystal.

A. Size and shape of particles from small angle x-ray scattering.

Introduction.

In his 1939 paper GUINIER [1] showed that under proper conditions the x-ray scattering at small angles from colloidal material was the sum of the diffracted intensities of the individual particles. A necessary condition for this is that the arrangement of the particles in the sample be essentially random as in a gas or dilute solution. The randomness will ordinarily be one of orientation as well as position so that the scattering will be symmetric about the central beam and will represent the diffraction pattern averaged over all particle orientations. Later work has shown what sorts of changes in the scattering occur when the concentration of particles is increased to the point where appreciable short range order exists among the particles. In the absence of long range order, however, the scattering will always be symmetric about the central beam and will represent an average over all positions of the scattering particles. It is only such systems that are considered in Part A of this chapter. Because of the averaging over all orientations the information that can be obtained from these systems is much less detailed than that ideally obtainable from ordered systems such as fibers or crystals. The advantage of the investigation of random systems is that they afford comparatively easy estimates of over-all size and shape.

For particles in nearly random arrangement as in a gas or dilute solution the angular dependence of the scattered intensity will closely approximate that from a single particle averaged over all orientations. The intensity will have a maximum in the forward direction where the scattered fields from all parts of the particle are in phase. It will decrease as the scattering angle increases and the fields from different parts of the particle interfere destructively. Roughly, the scattering will be small at scattering angles, 2ϑ, greater than λ/d, where λ is the wavelength of the x-rays and d is some average dimension of the particle. Thus for a particle with dimensions in the neighborhood of 100 Å, and for 1.5 Å x-rays, the strong scattering will be inside 0.015 radians or about 1°. Measurements can be made at angles as small as one minute and thus useful scattering data obtained on particles as large as several thousand Angstroms. Particles smaller than about 20 Å are seldom investigated since the scattering is weak and standard methods seeking the detailed atomic arrangement are more likely to be useful.

The small-angle x-ray scattering technique thus extends into the region observable with the electron microscope but in addition covers an important size range which is below the practical limit of that instrument. Particle size determinations in this range can also be made with light scattering techniques, but the x-ray method has the advantage of greater resolution due to the shorter wavelength. Protein and virus molecules are in a very convenient size range for small angle x-ray measurement and are easily obtained as preparations of identical particles. It appears that their investigation will be one of the most useful applications of the technique.

I. Theory.

1. Assumptions. In the theory to follow, the assumption is made that the incident and scattered x-rays are plane waves. We assume also that in passing through a single particle of the sample the incident wave is neither appreciably attenuated nor does it undergo a significant phase shift with respect to the wave outside the particle. The electrons of each volume element scatter the incident wave with the THOMSON cross section and the total scattered amplitude in a given direction is the sum of the scattered amplitudes from all volume elements, giving to each a phase determined only by total path length regardless of whether the path is inside the particle or outside.

The above assumption is made in all the classical theory of x-ray scattering and is the same as that made by RAYLEIGH[1] and GANS[2] in calculating the scattering of electromagnetic radiation in the optical region by spheres of arbitrary size as their refractive index approaches unity. It is also equivalent to the BORN approximation in the case of scalar waves. As VAN DE HULST[3] has pointed out, the important consideration, other than negligible absorption, is the difference, ϱ, between the phase change of the wave in moving through the particle and the phase change of the wave in moving the same distance outside the particle. If $\varrho \ll 1$, the RAYLEIGH-GANS approximation holds; if $\varrho \gg 1$ but the index of refraction is close to unity then the theory of VON NARDROFF[4] based on geometrical optics and considering only refraction is valid. If the index of refraction is not close to unity, reference must ordinarily be made to the more complicated formulas derived by MIE[5].

In light scattering investigations it is frequently necessary to use general MIE theory; in x-ray work the refractive index increment is generally so small (of the order of 10^{-6}) that the RAYLEIGH-GANS approximation is very good. It is only in the case of very large or very dense particles and with exceptionally long wavelength x-rays that the approximation becomes noticeably inaccurate. HART and MONTROLL[6] have reduced the general MIE formulas to a closed expression which holds for the case of spheres with small absorption and small phase shift. HENKE and DUMOND[7] have used this expression to calculate the absorption and refraction effects in some extreme cases. For very large polystyrene spheres (radius 1400 Å) and for very dense spheres of gold (radius 100 Å) they found significant absorption and refraction effects with N K_α x-rays (31.6 Å) but negligible effects with Cu K_α x-rays (1.54 Å).

We also neglect COMPTON scattering and consider only the coherently scattered waves. This is an excellent approximation in the small-angle scattering case since the COMPTON scattering decreases to zero in the forward direction and since it is proportional to the first power of the number of electrons in a particle while the coherently scattered radiation is proportional to the square of the number of electrons per particle.

Finally, in the following discussion we will at first assume that there is negligible multiple scattering of the x-rays. That is, we assume that there is a negligible chance for a once-scattered photon to be scattered again, before it leaves the sample. This is almost always the case although it is possible with large particles of carbon black, for instance, to obtain considerable multiple scattering[8]. This will be discussed in greater detail later.

a) Scattering by single particles.

2. Single particle structure factors. In calculating the angular dependence of the scattering from a single particle we must calculate the amplitude and phase

[1] Lord RAYLEIGH: Proc. Roy. Soc. Lond., Ser. A **84**, 25 (1911).
[2] R. GANS: Ann. Physik **76**, 29 (1925).
[3] H. C. VAN DE HULST: Optics of Spherical Particles. Amsterdam 1946.
[4] R. VON NARDROFF: Phys. Rev. **28**, 240 (1926).
[5] G. MIE: Ann. Phys., Lpz. **25**, 377 (1908).
[6] R. W. HART and E. W. MONTROLL: J. Appl. Phys. **22**, 376 (1951).
[7] B. L. HENKE and J. W. M. DUMOND: J. Appl. Phys. **26**, 903 (1955).
[8] D. L. DEXTER and W. W. BEEMAN: Phys. Rev. **76**, 1782 (1949).

of the wave scattered by each scattering center within the particle and then sum the contributions from all the scattering centers. This is done with the particle in a fixed position with respect to the incident wave. We must then, in the case of a gas or solution, average over all possible orientations of the particle, since in the time required to observe the scattered intensity each particle will assume all possible orientations. In the case of an amorphous solid the average over all orientations will be a space average rather than a time average. These calculations can be quite simply carried out in the RAYLEIGH-GANS approximation.

Let us first calculate the scattering from any molecule in terms of the form factors, f_m, of its constituent atoms. The form factor is the ratio of the amplitude scattered by the given atom to the amplitude scattered by a single, classical electron at its nucleus under the same conditions. Thus the amplitude of the radiation scattered by the m-th atom at a vector distance $\boldsymbol{r}_m$ from an arbitrary origin which serves as a phase reference is given by

$$A_m(\boldsymbol{h}) = A_e(h)\, f_m\, e^{2\pi i(\boldsymbol{k}-\boldsymbol{k}_0)\cdot\boldsymbol{r}_m} = A_e(h)\, f_m\, e^{-i\boldsymbol{h}\cdot\boldsymbol{r}_m} \tag{2.1}$$

where $A_e(h)$ designates the amplitude scattered by a single electron, at the arbitrary origin. $\boldsymbol{k}_0$ and $\boldsymbol{k}$ are wave vectors in the directions of the incident and scattered wave respectively and $|\boldsymbol{k}| = |\boldsymbol{k}_0| = 1/\lambda$. We designate the vector $2\pi(\boldsymbol{k}-\boldsymbol{k}_0)$ with the symbol $\boldsymbol{h}$. The magnitude of this vector is given by $h = \frac{4\pi\sin\vartheta}{\lambda}$ where 2ϑ is the angle between the incident and scattered beams. Summing over all the atoms of the molecule, we obtain for the total scattered amplitude

$$A(\boldsymbol{h}) = \sum_m A_m(\boldsymbol{h}) = A_e(h) \sum_m f_m\, e^{-i\boldsymbol{h}\cdot\boldsymbol{r}_m}. \tag{2.2}$$

To obtain the scattered intensity we multiply the amplitude A by its complex conjugate A^*:

$$I(\boldsymbol{h}) = A A^* = A_e^2(h) \sum_m \sum_n f_m f_n \cos(\boldsymbol{h}\cdot\boldsymbol{r}_{mn}) \tag{2.3}$$

where $\boldsymbol{r}_{mn} = \boldsymbol{r}_m - \boldsymbol{r}_n$. It is assumed, of course, that the molecule is fixed in position with respect to the incident and scattered x-rays.

The intensity scattered by a single electron when measured at a distance d (in centimeters) from the electron is given according to classical theory by the expression:

$$I_e(h) = A_e^2(h) = \frac{7.90\times 10^{-26}\, I_0}{d^2}\left(\frac{1+\cos^2 2\vartheta}{2}\right) \tag{2.4}$$

where I_0 is the intensity of radiation incident on the electron. For the small angles involved in this work $I_e(h)$ is essentially constant.

The results just obtained are valid for any rigid assembly of atoms, and therefore for a colloidal particle, providing the conditions of the RAYLEIGH-GANS approximation are satisfied. It is economical of notation to define and use the *structure factor* of the particle, that is the ratio of the amplitude scattered by the particle to the amplitude scattered by an electron at the origin of coordinates. Then from Eq. (2.2) we have

$$F(\boldsymbol{h}) = \frac{A(\boldsymbol{h})}{A_e(h)} = \sum_m f_m\, e^{-i\boldsymbol{h}\cdot\boldsymbol{r}_m}. \tag{2.5}$$

The square of the structure factor becomes

$$F^2(\boldsymbol{h}) = \frac{A(\boldsymbol{h})\, A^*(\boldsymbol{h})}{A_e^2(h)} = \frac{I(\boldsymbol{h})}{I_e(h)} = \sum_m \sum_n f_m f_n \cos(\boldsymbol{h}\cdot\boldsymbol{r}_{mn}). \tag{2.6}$$

If we now know the probability of a given orientation occurring, we can average over all possible orientations to obtain the observed scattered intensity:

$$\overline{I(\boldsymbol{h})} = I_e(h)\,\overline{F^2(h)} = I_e(h)\,\overline{\sum_m \sum_n f_m f_n \cos(\boldsymbol{h}\cdot\boldsymbol{r}_{mn})} \tag{2.7}$$

where the bar indicates an average over all orientations.

We shall consider only cases where all particle orientations are equally probable. We use the result that the average value of $\cos(\boldsymbol{h}\cdot\boldsymbol{r})$, as the vector $\boldsymbol{r}$ takes all orientations with equal probability, is given by

$$\overline{\cos(\boldsymbol{h}\cdot\boldsymbol{r})} = \frac{\sin h r}{h r} \tag{2.8}$$

where r is the magnitude of $\boldsymbol{r}$. From Eq. (2.7) we then obtain the result due to DEBYE[1]:

$$\overline{F^2(h)} = \sum_m \sum_n f_m f_n \frac{\sin h r_{mn}}{h r_{mn}}. \tag{2.9}$$

Instead of calculating the particle structure factor in terms of the atoms as scattering centers as above, we can make the calculation in terms of a continuous charge distribution. The scattering centers then becomes infinitesimal volume elements, dv_m. The scattering factor of a volume element is $\varrho_m dv_m$ where ϱ_m is the electron density in the volume element dv_m. By analogy with (2.9) we then have:

$$\overline{F^2(h)} = \int_V \int_V \varrho_m \varrho_n \frac{\sin h r_{mn}}{h r_{mn}}\, dv_m\, dv_n \tag{2.10}$$

where the integrals extend over the volume, V, of the particle.

Calculations with both (2.9) and (2.10) require a knowledge of the atomic or subatomic structure of the particle. This structure does not actually effect the scattering at small angles since the atomic spacings are too small to produce appreciable phase shifts at these angles. In calculating the small angle scattering, therefore, it is permissible to assume that the electrons of the particle are spread uniformly throughout volumes containing many atoms. Eq. (2.10) can still be used in this case but ϱ_m, instead of being the local electron density in volume element dv_m, will now be equal to the average or "smeared-out" electron density for a region in the neighborhood of dv_m. In this way we can allow for large scale density fluctuations within the particle (a hollow particle, for example) but avoid the complication of specifying the atomic structure. However in most of the calculations to be discussed the particle is assumed to have a constant electron density equal to the average over the whole particle.

3. Methods of calculating. In proceeding with the calculation of the average structure factor for a particle of a given shape two different approaches have been used—the analytical method and the geometrical method. In the *analytical method* one attempts to carry out the integration implied by Eq. (2.5) for the particular particle shape involved, square the resulting amplitude to get the scattered intensity, and average over all orientations. This method has been used by GUINIER [*1*] to calculate the scattering from spheres and from ellipsoids of revolution of uniform density. It is a particularly simple procedure in the case of spherically symmetric particles since the average over orientation is unnecessary.

[1] P. DEBYE: Ann. Phys., Lpz. **46**, 809 (1915).

For particles with spherical symmetry (actually only a center of inversion is required for this step) Eq. (2.5) becomes

$$F(\boldsymbol{h}) = \sum_m f_m \cos(\boldsymbol{h}\cdot\boldsymbol{r}_m) = \int_V \varrho(\boldsymbol{r}_m)\cos(\boldsymbol{h}\cdot\boldsymbol{r}_m)\,dv_m \tag{3.1}$$

where $\boldsymbol{r}_m$ is now the vector distance from the center of symmetry to the m-th atom. With spherical symmetry the average over orientation is immediate and we have

$$F(h) = \overline{F(h)} = \int_0^R \varrho(r)\frac{\sin hr}{hr}4\pi r^2\,dr. \tag{3.2}$$

With (3.2), $\overline{F(h)}$ can be readily calculated for a given radial density distribution and squaring this leads directly to the scattered intensity, since $\overline{F^2(h)} = \overline{F(h)}^2$ in this case. Calculations have been made in this way by LEONARD[1] for hollow spheres and by OSTER and RILEY[2] for hollow spheres and for spheres with a radially periodic density.

It should be noted that the relation $\overline{F^2(h)} = \overline{F(h)}^2$ fails in the absence of spherical symmetry. It is only the average of the square of the structure factor which is given by experiment and thus the average of the structure factor is in general inaccessible.

The *geometrical method* has been used by KRATKY[3] and POROD [*2*], to calculate the scattering from cylinders and pirsms of uniform density. This method starts with an expression of the type due to DEBYE, such as (2.10). By partial integration this can be reduced in a general way to an integral over r, which can then be integrated for certain special cases. Choose first an arbitrary volume element dv_m within the particle and surround it with a shell of radius r and thickness dr. ϱ_n is the electron density in a volume element dv_n within this shell and within the element of solid angle $d\Omega_n$. We have

$$dv_n = r^2\,dr\,d\Omega_n. \tag{3.3}$$

Holding r and dv_m constant we integrate $\varrho_n d\Omega_n$ over the entire 4π solid angle. Then with r still constant we integrate $\varrho_m dv_m \int_0^{4\pi} \varrho_n d\Omega_n$ as the central volume element dv_m moves over the entire particle volume, V. Carrying out these integrations with respect to $d\Omega_n$ and dv_m gives

$$\overline{F^2(h)} = \int_0^\infty \frac{\sin hr}{hr} r^2\,dr \int_V \varrho_m\,dv_m \int_0^{4\pi} \varrho_n\,d\Omega_n = \int_0^\infty D(r)\frac{\sin hr}{hr}4\pi r^2\,dr \tag{3.4}$$

where $D(r)$ is a function which depends only on the arbitrarily chosen distance r and, of course, the structure of the particle. ϱ_n must be set equal to zero for a volume element outside the particle.

The function $D(r)$ was first defined in this way by DEBYE and PIRENNE[4] and named the "density function". The quantity $4\pi r^2 D(r)\,dr$ is the number of electron pairs in the particle which are separated by a distance between r and $r+dr$. It is entirely analogous to the pair distribution function or PATTERSON function of crystallography. The function $D(r)$ contains all the information about the particle structure that can in principle be derived from the measurement

[1] B. R. LEONARD jr.: Thesis, University of Wisconsin 1951.
[2] G. OSTER and D. P. RILEY: Acta crystallogr. **5**, 1 (1952).
[3] O. KRATKY: Mh. Chem. **76**, 325 (1947).
[4] P. DEBYE and M. H. PIRENNE: Ann. Phys., Lpz. **33**, 617 (1938).

of the angular distribution of the x-rays scattered by particles which are randomly oriented in the x-ray beam.

The same arguments about smearing of electron distribution which were discussed in connection with (2.10) apply equally well to (3.4). DEBYE and PIRENNE were concerned with the scattering at wide angles from small molecules and hence in calculating $D(r)$ they had to take into account the electron distributions in the atoms. We are concerned with large molecules and scattering at small angles and therefore can use an average electron distribution in calculating the scattering. Our calculation will be valid at angles small enough that $1/h$ is large compared to the diameter of the regions over which the electron density has been averaged.

Functions similar to $D(r)$ have been defined by POROD [4] and by GUINIER and FOURNET [5]. POROD defined a *characteristic function*, $H(r)$, for a system composed of an arbitrary distribution of matter of constant density. Thus any point in space is either occupied by scattering material of a definite electron density or else is unoccupied. If $h(r)$ is the probability that a point in the system at a distance r from an occupied point is itself also occupied, then $H(r)$ is defined by

$$h(r) = w + (1 - w)\, H(r) \tag{3.5}$$

where w is the fraction of the system occupied by matter. There is no necessity for a particle model in POROD's system. The scattering from such a system is given by an equation such as (3.4) with $H(r)$ replacing $D(r)$. GUINIER and FOURNET showed that, for a dilute system of particles with uniform density and random orientations, POROD's function $H(r)$ reduces to a function they called $\gamma_0(r)$, the characteristic function of a particle. $\gamma_0(r)$ represents the probability that a point at a distance r in an arbitrary direction from an arbitrary point in a particle will itself also be in the particle. If ϱ is the constant electron density of the particle and V its volume, then the relation between $D(r)$ and $\gamma_0(r)$ is given by

$$D(r) = V\varrho^2\gamma_0(r)\,. \tag{3.6}$$

The geometrical method of calculating the structure factor for a particle consists of calculating the density function or the characteristic function and then performing the integration in Eq. (3.4). In this way POROD [2] calculated the scattering from a needle (a cylinder whose diameter is negligible compared to its height), a disc (a cylinder whose height is negligible compared to its diameter), and a sphere, all with uniform density. Calculating the characteristic function for particles of other shapes becomes quite difficult, but the advantage of the geometrical method results from a procedure used by POROD [2] which enables one to calculate the structure factor for certain other particles by making use of only the characteristic functions for needles and discs. His procedure is as follows.

For a particle of uniform electron density and of volume V the quantity $(V\varrho)^{-2}D(r)\,4\pi r^2\,dr$ will be the probability that two arbitrarily chosen points in the particle will be separated by a distance between r and $r+dr$. If we call this probability $\psi(r)\,dr$ then (3.4) becomes

$$\overline{F^2(h)} = V^2\varrho^2\int\limits_0^\infty \psi(r)\,\frac{\sin hr}{hr}\,dr\,. \tag{3.7}$$

Now $\frac{\sin hr}{hr}$ can be expanded in a power series involving only even powers of hr:

$$\frac{\sin hr}{hr} = \sum_{n=0}^{\infty} a_{2n}\,h^{2n}\,r^{2n}\,; \tag{3.8}$$

then (3.7) becomes

$$\frac{\overline{F^2(h)}}{V^2 \varrho^2} = \sum_{n=0}^{\infty} a_{2n} h^{2n} \int_0^{\infty} \psi(r)\, r^{2n}\, dr. \tag{3.9}$$

The integrals over r of $\psi(r)\, r^{2n}$ are simply the average values of r^{2n} over the volume of the particle. If we restrict our discussion to figures with uniform height and uniform cross section, such as right cylinders and prisms, and if we resolve r into a component z parallel to the height of the figure and a component ϱ perpendicular to z or in the plane of the cross section, then the value of r^2 averaged over the volume of the particle will be equal to the value of ϱ^2 averaged over the cross sectional area plus the value of z^2 averaged over the height of the particle. In a similar manner the average values of r^{2n} for all n's can be obtained from the average values of ϱ^{2n} and z^{2n}. The average values of z^{2n} can be obtained from the characteristic function for a needle and the average values of ϱ^{2n} for a circular cylinder can be obtained from the characteristic function for a disc. For a rectangular prism the value of ϱ^{2n} averaged over the rectangular cross section can again be broken down into the sum of two averages over perpendicular lines which will in turn be determined by the characteristic function for needles. In this way POROD obtained series expressions for the scattering functions for right circular cylinders and rectangular prisms. For the cylinders he was able to go from the series form back to closed expressions. These results will be discussed in Sect. 5.

As implied in the preceding discussion, the usual procedure is to calculate structure factors for particles having certain general shapes and assumed density distributions. These results are compared with experimental scattering curves in attempting to estimate the size and shape of the particles of the sample. An alternative procedure is to invert the scattering curve, but the maximum information obtained is the explicit presentation of the density function $D(r)$. A FOURIER inversion of (3.4) gives the result:

$$D(r) = \frac{1}{2\pi^2 r} \int_0^{\infty} h\, \overline{F^2(h)} \sin h r\, dh. \tag{3.10}$$

If scattering data out to large values of h are used, the resulting $D(r)$ will contain maxima due to prominent interatomic spacings; if only the small-angle data are used, these fluctuations due to short spacings will be averaged out. There is no simple relation between the density function and the size or shape of a particle. The most direct information that the density function gives is an indication of the largest dimensions of the particle.

If the scattering particle is known from other information to be spherically symmetric, then the structure factor can be determined from the square root of the scattered intensity and the radial density distribution determined by FOURIER inversion of (3.2).

$$\varrho(r) = \frac{1}{2\pi^2 r} \int_0^{\infty} h F(h) \sin h r\, dh. \tag{3.11}$$

4. General results. In this section we will discuss certain general properties of $\overline{F^2(h)}$, the average square of the single particle structure factor.

α) The value of $\overline{F^2(h)}$ at $h=0$ is seen from (2.9) or (2.10) to be n^2:

$$\overline{F^2(0)} = \sum_m \sum_n f_m f_n = n^2 \tag{4.1}$$

where n is the total number of electrons in the particle. The amplitudes scattered by all the electrons in the particle are in phase in the forward direction and add up to n times the single electron amplitude. Thus the intensity is proportional to n^2.

β) The dependence of $\overline{F^2(h)}$ on h for small values of h can be given for all particles by a useful relation first derived by GUINIER [1]:

$$\overline{F^2(h)} = n^2\, e^{-\frac{h^2 R^2}{3}} \tag{4.2}$$

where R is the *radius of gyration* of the particle or the root mean square distance of the electrons from the center of charge. This result can be derived from (2.10) by expanding $\frac{\sin h r_{mn}}{h r_{mn}}$ in a power series in $h r_{mn}$.

$$\left.\begin{aligned} \overline{F^2(h)} &= \int\limits_V\int\limits_V \varrho_m \varrho_n \left[1 - \frac{h^2 r_{mn}^2}{6} + \cdots\right] d v_m\, d v_n \\ &= \left[\int\limits_V \varrho_m\, d v_m\right]^2 - \frac{h^2}{6}\int\limits_V\int\limits_V \varrho_m \varrho_n r_{mn}^2\, d v_m\, d v_n + \cdots. \end{aligned}\right\} \tag{4.3}$$

If $\boldsymbol{r}_m$ is taken to be the vector distance of the m-th volume element from the center of charge of the particle, then by definition

$$\int\limits_V \varrho_m \boldsymbol{r}_m\, d v_m = 0. \tag{4.4}$$

Also, using r_m for $|\boldsymbol{r}_m|$ we can write

$$r_{mn}^2 = r_m^2 + r_n^2 - 2 r_m r_n \cos \Phi_{mn}. \tag{4.5}$$

The second term of the expansion in (4.3) can then be written

$$\left.\begin{aligned} \frac{h^2}{6}\int\limits_V\int\limits_V \varrho_m \varrho_n r_{mn}^2\, d v_m\, d v_n &= \frac{h^2}{6}\int\limits_V\int\limits_V \varrho_m \varrho_n r_m^2\, d v_m\, d v_n + \\ &+ \frac{h^2}{6}\int\limits_V\int\limits_V \varrho_m \varrho_n r_n^2\, d v_m\, d v_n - \frac{2h^2}{6}\int\limits_V\int\limits_V \varrho_m \varrho_n r_m r_n \cos\Phi_{mn}\, d v_m\, d v_n. \end{aligned}\right\} \tag{4.6}$$

The first two terms of (4.6) are equal and the third term is zero since

$$\int\limits_V \varrho_n r_n \cos \Phi_{mn}\, d v_n$$

is the projection of $\int\limits_V \varrho_n \boldsymbol{r}_n\, d v_n$ on $\boldsymbol{r}_m$ and $\int\limits_V \varrho_n \boldsymbol{r}_n\, d v_n$ is zero.

Therefore:

$$\left.\begin{aligned} \overline{F^2(h)} &= \left[\int\limits_V \varrho_m\, d v_m\right]^2 - \frac{2h^2}{6}\int\limits_V \varrho_n\, d v_n \int\limits_V \varrho_m r_m^2\, d v_m + \cdots \\ &= n^2\left[1 - \frac{h^2}{3}\,\frac{\int\limits_V \varrho_m r_m^2\, d v_m}{n} + \cdots\right]. \end{aligned}\right\} \tag{4.7}$$

The coefficient of $h^2/3$ in the second term is the square of the quantity GUINIER called the radius of gyration, R

$$R^2 = \frac{\int\limits_V \varrho_m r_m^2\, d v_m}{n}. \tag{4.8}$$

Thus for terms up to h^4 the exact expression coincides with the GUINIER approximation, Eq. (4.2). Further terms in the two series are in fair agreement and all corresponding terms have the same sign.

γ) The dependence of $\overline{F^2(h)}$ on h for large values of h has been derived by POROD [4] for the case of particles with uniform electron density. We will not go into the details of the derivation here, except to say that it depends on calculating the initial slope of the characteristic function, $\gamma_0(r)$. For a uniform particle this initial slope can be shown to be proportional to the surface to volume ratio, s/V, of the particle. Using this result it is found that for large values of h the structure factor shows damped oscillations about an average curve which continually decreases according to the inverse fourth power of the scattering angle:

$$\overline{F^2(h)} \approx \frac{2\pi \varrho^2 s}{h^4} \tag{4.9}$$

where s is the surface area and ϱ the electron density of the particle. For this approximation to be good h must be large with respect to the reciprocal of the shortest dimension of the particle.

δ) The integral of $h^2\overline{F^2(h)}$ can be readily calculated from (3.10). Evaluating that equation at $r=0$ we obtain

$$\int_0^\infty h^2 \overline{F^2(h)}\, dh = 2\pi^2 D(r)|_{r=0}. \tag{4.10}$$

From (3.4) we see that

$$D(r)|_{r=0} = \int_V \varrho_m^2\, dv_m = V\overline{\varrho^2}. \tag{4.11}$$

Hence

$$\int_0^\infty h^2 \overline{F^2(h)}\, dh = 2\pi^2 \overline{\varrho^2}\, V. \tag{4.12}$$

Thus for particles with uniform and equal densities, the integral of $h^2\overline{F^2(h)}$ will be proportional to the particle volume. Density fluctuations with small spacings, such as those due to the atomic structure, will not be involved in the value of $\overline{\varrho^2}$ in (4.12) if the integration is only carried out over the small-angle scattering, that is over values of h which are small compared to the reciprocal of the small spacings. Fluctuations with periods of the same order as the particle dimensions will, however, be involved in $\overline{\varrho^2}$ and the integral must at least be carried out to values of h which are large compared to the reciprocal of these large spacings.

ε) The integral of $h\overline{F^2(h)}$ for the case of a particle with uniform density has been shown by GUINIER and FOURNET [5] to be related to the integral of $\gamma_0(r)$ and a characteristic length, $\bar{l}$, for the particle:

$$\bar{l} = 2\int_0^\infty \gamma_0(r)\, dr = \frac{1}{2\pi \varrho^2 V} \int_0^\infty h\overline{F^2(h)}\, dh. \tag{4.13}$$

The characteristic length $\bar{l}$ represents the mean length of all the lines passing through every point of the particle in all directions and ending on the surface of the particle.

5. Results for particles of specific shapes. In the preceding section we saw that for all particles the value of $\overline{F^2(h)}$ at $h=0$ was given by n^2, the square of the total number of electrons in the particle. Therefore, if we write

$$\overline{F^2(h)} = n^2 i(h), \tag{5.1}$$

then $i(h)$ will always equal unity for $h=0$. We shall call $i(h)$ the scattering function for a particle. In this section we shall summarize the results of the calculations by several authors of the functions $i(h)$ for particles of various shapes.

α) *Spheres.* The scattering function for spheres of radius a and uniform electron density was first calculated by RAYLEIGH[1]

$$i(h) = \Phi^2(h a) = \left[3\,\frac{\sin h a - h a \cos h a}{h^3 a^3}\right]^2 = \frac{9\pi}{2}\left[\frac{J_{\frac{3}{2}}(h a)}{(h a)^{\frac{3}{2}}}\right]^2. \tag{5.2}$$

This function has a central maximum followed by a series of subsidiary maxima which rapidly decrease in intensity and which at large angles approach a spacing

Table 1. *Maxima and minima in the scattering function for uniform spheres.*

	Perfect collimation			Infinite slits		
	ha minima	ha maxima	intensity of maxima	ha minima	ha maxima	intensity of maxima
0		0	1		0	1
1	4.493	5.765	0.00742	4.32	5.31	0.0165
2	7.725	9.095	0.00127	7.52	8.63	0.00383
3	10.90	12.32	0.00039	10.67	11.85	0.00145
4	14.07	15.52	0.000154	13.82	15.04	0.000696
5	17.22	18.69	0.000073	16.96	18.22	0.000282
6	20.37	21.85	0.000039			
7	23.52	25.01	0.0000228			
8	26.67	28.17	0.0000142			

Table 2. *Scattering function for uniform spheres,* $\Phi^2(h a) = 3\left[\frac{\sin h a - h a \cos h a}{h^3 a^3}\right]^2$.

ha	$\Phi^2(ha)$	ha	$\Phi^2(ha)$	ha	$\Phi^2(ha)$	ha	$\Phi^2(ha)$
0.5	0.951	5.5	0.00689	10.5	0.000114	15.5	0.000153
1.0	0.816	6.0	0.00704	11.0	0.00000559	16.0	0.000121
1.5	0.628	6.5	0.00449	11.5	0.000161	16.5	0.0000528
2.0	0.427	7.0	0.00163	12.0	0.000342	17.0	0.00000515
2.5	0.249	7.5	0.000140	12.5	0.000371	17.5	0.00000727
3.0	0.119	8.0	0.000159	13.0	0.000241	18.0	0.0000423
3.5	0.0419	8.5	0.000835	13.5	0.0000777	18.5	0.0000705
4.0	0.00758	9.0	0.00126	14.0	0.00000102	19.0	0.0000664
4.5	0.00000	9.5	0.00108	14.5	0.0000358	19.5	0.0000364
5.0	0.00326	10.0	0.000554	15.0	0.000115	20.0	0.00000739

of $ha=\pi$. The position of the zeros of $\Phi^2(ha)$ are given by the zeros of the BESSEL function of order $\frac{3}{2}$, $J_{\frac{3}{2}}(ha)$, and the positions of the subsidiary maxima are given by the zeros of $J_{\frac{5}{2}}(ha)$. Table 1 gives the position of the first eight minima and maxima of $\Phi^2(ha)$ along with the value of $\Phi^2(ha)$ at each maximum. Table 2 gives tabulated values of $\Phi^2(ha)$ for values of ha out to 20. A curve of $\log[\Phi^2(ha)]$ versus $\log(ha)$ is shown in Fig. 1. This type of a plot is used because it is the most convenient plot for comparing experimental data to theoretical curves. Fig. 2 shows a linear plot of Φ^2 versus hR, where R is the radius of gyration and is equal to $\sqrt{\frac{3}{5}}\,a$ for a sphere. The curve extends out through the first subsidiary maximum; the other maxima are too small to show on this scale.

[1] Lord RAYLEIGH: Proc. Roy. Soc. Lond., Ser. A **90**, 219 (1914).

The scattering function for spheres with a hollow center has been calculated by LEONARD[1] and by OSTER and RILEY[2]. If the radius of the sphere is a and the radius of the hollow center is ca, then the scattering function is given by

$$i(h) = \left[3\,\frac{(\sin ha - ha\cos ha) - (\sin cha - cha\cos cha)}{(1-c^3)\,(ha)^3}\right]^2. \tag{5.3}$$

Tabulated values of this function have not been published; tables have been computed, however, by SCHMIDT[3] for the hollow sphere scattering curves as

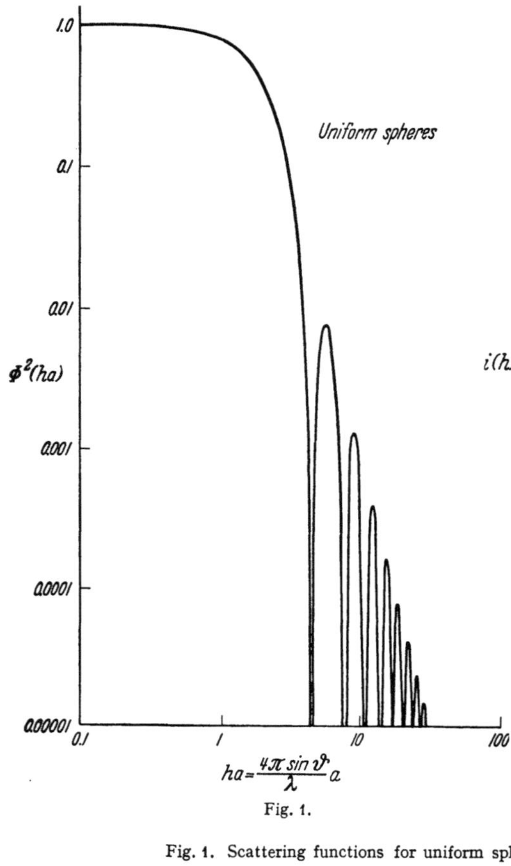

Fig. 1.

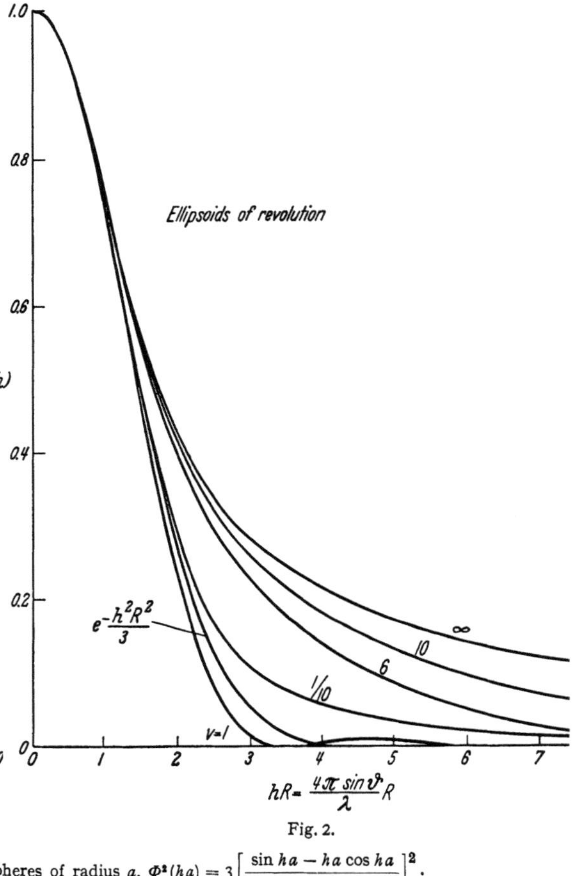

Fig. 2.

Fig. 1. Scattering functions for uniform spheres of radius a, $\Phi^2(ha) = 3\left[\frac{\sin ha - ha\cos ha}{h^3 a^3}\right]^2$.

Fig. 2. Scattering functions for uniform ellipsoids of revolution with radius of gyration R and axial ratio v. The GAUSSian $e^{-\frac{h^2R^2}{3}}$ is also shown for comparison.

they would be observed if they were scanned with an infinitely high slit, since this is frequently the experimental situation. These slit-smearing calculations will be discussed in more detail in Sect. 9. SCHMIDT's curves for $c = 0$, 0.6, and 1 are shown in Fig. 3. OSTER and RILEY have also calculated the scattering from spheres with an internal structure which is radially periodic.

[1] B. R. LEONARD jr.: Thesis, University of Wisconsin 1951.
[2] G. OSTER and D. P. RILEY: Acta crystallogr. 5, 1 (1952).
[3] P. W. SCHMIDT: Acta crystallogr. 8, 772 (1955).

β) Ellipsoids of Revolution. The scattering functions for uniform ellipsoids of revolution with axes $2a, 2a$, and $v2a$ has been shown by GUINIER [1] to be given by

$$i(h) = \int_0^{\pi/2} \Phi^2\left(h\,a\sqrt{\cos^2\vartheta + v^2\sin^2\vartheta}\right)\cos\vartheta\, d\vartheta. \tag{5.4}$$

$\Phi^2(ha)$ is the scattering function for a sphere of radius a [Eq. (5.2)] and v is the axial ratio of the ellipsoid. POROD [2] has given an infinite series form for (5.4) which can be written as follows:

$$\left.\begin{aligned} i(h) &= \sum_{n=0}^{\infty} C_n \cdot (hR)^{2n} \\ &= \sum_{n=0}^{\infty}\left[(-1)^n\, 72\,\frac{(2n+2)\,(2n+5)}{(2n+6)\,!}\,2^{2n}\left(\frac{5}{2+v^2}\right)^n \sum_{r=0}^{n}\frac{n\,!}{r\,!\,(n-r)\,!}\,\frac{(v^2-1)^r}{2r+1}\right](hR)^{2n}\end{aligned}\right\} \tag{5.5}$$

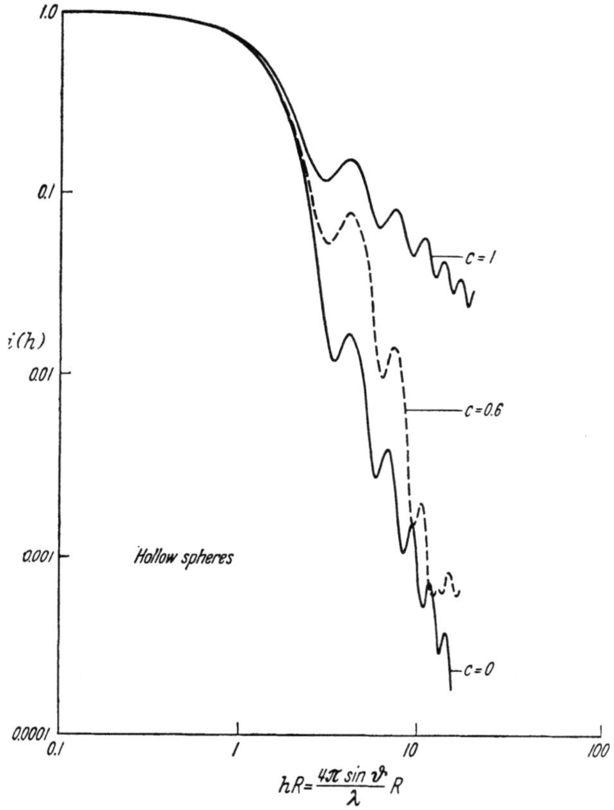

Fig. 3. Scattering functions for spheres with a hollow center as they would be observed with very high scanning slits c is the ratio of the diameter of the hollow center to the diameter of the sphere. The curves are drawn for particles with the same radius of gyration R.

where R is the radius of gyration, which for ellipsoids is equal to $\sqrt{\frac{2+v^2}{5}}\cdot a$. ROESS and SHULL[1] have given another equation for this case in which they make use of hypergeometric functions.

[1] L. C. ROESS and C. G. SHULL: J. Appl. Phys. **18**, 308 (1947).

In the limiting case as v becomes infinitely large and a becomes infinitesimally small in such a way that va remains finite, (5.4) reduces to

$$i(h) = \frac{1}{v\,h\,a}\int_0^{v\,h\,a} \Phi^2(y)\,dy \qquad (v \gg 1,\; h\,a \ll 1). \tag{5.6}$$

If now we go to large enough angles such that $v\,h\,a \gg 1$, Eq. (5.6) further reduces to:

$$i(h) = \frac{1.885}{v\,h\,a} \qquad (v\,h\,a \gg 1,\; h\,a \ll 1). \tag{5.7}$$

These last two results can be applied to particles with a finite radius if the angles are small enough, so that $h\,a \ll 1$. In the limiting case of very large angles (h large compared to reciprocal of shortest dimension) Eq. (5.4) for an ellipsoid of arbitrary axial ratio reduces to

$$i(h) = \frac{9}{(h\,R)^4}\left(\frac{2+v^2}{5}\right)^2\left[\frac{1}{4v^2} + \frac{\operatorname{arc\,cos}(1/v)}{4\sqrt{v^2-1}}\right] \qquad (h\,a \gg 1,\quad v > 1), \tag{5.8}$$

$$= \frac{9}{(h\,R)^4}\left(\frac{2+v^2}{5}\right)^2\left[\frac{1}{4v^2} + \frac{\operatorname{Ar\,Sec} v}{4\sqrt{1-v^2}}\right] \qquad (v\,h\,a \gg 1,\quad v < 1). \tag{5.9}$$

These large angle approximations show the h^{-4} dependence mentioned in the previous section.

Tabulated values of $i(h)$ for ellipsoids of various axial ratios are given in Table 3 and 4. Fig. 2 shows several of these curves plotted on a linear scale.

Table 3. *Scattering functions for prolate ellipsoids of revolution.*

hR	$i(h)$						
	$v=1,5$	2	3	4	6	10	∞
0.0	1.000	1.000	1.000	1.000	1.000	1.000	1.000
0.5	0.920	0.920	0.921	0.921	0.922	0.922	0.920
1.0	0.713	0.718	0.726	0.730	0.735	0.737	0.738
1.5	0.461	0.477	0.505	0.522	0.537	0.546	0.551
2.0	0.242	0.274	0.327	0.359	0.389	0.407	0.418
2.5	0.0990	0.138	0.206	0.250	0.292	0.318	0.334
3.0	0.0293	0.0616	0.128	0.176	0.225	0.259	0.278
3.5	0.00638	0.0240	0.0760	0.122	0.176	0.214	0.239
4.0	0.00333	0.00789	0.0421	0.0827	0.138	0.180	0.210
4.5	0.00447	0.00294	0.0216	0.0546	0.108	0.153	0.187
5.0	0.00450	0.00270	0.0101	0.0347	0.0836	0.131	0.168

Table 4. *Scattering functions for oblate ellipsoids of revolution.*

hR	$i(h)$						
	$v=1/1,5$	1/2	1/3	1/4	1/6	1/10	0
0.0	1.000	1.000	1.000	1.000	1.000	1.000	1.000
0.5	0.920	0.920	0.920	0.920	0.920	0.920	0.920
1.0	0.712	0.714	0.716	0.717	0.717	0.718	0.718
1.5	0.457	0.464	0.472	0.475	0.477	0.479	0.479
2.0	0.236	0.250	0.267	0.274	0.278	0.284	0.284
2.5	0.0931	0.112	0.136	0.148	0.154	0.162	0.166
3.0	0.0262	0.0450	0.0714	0.0846	0.0916	0.102	0.106
3.5	0.00688	0.0203	0.0428	0.0555	0.0627	0.0738	
4.0	0.00523	0.0113	0.0274	0.0385	0.0453	0.0562	
4.5	0.00525	0.00625	0.0166	0.0259	0.0320	0.0426	
5.0	0.00369	0.00307	0.00934	0.0170	0.0225	0.0328	

The curves are plotted against hR which has the effect of comparing scattering curves for particles which all have the same radius of gyration but different axial ratios. In Fig. 4 and 5 the scattering curves for ellipsoids of revolution are shown on a plot of Log $i(h)$ versus Log hR which, as mentioned previously, is the best plot for showing up the distinguishing characteristics of the different curves.

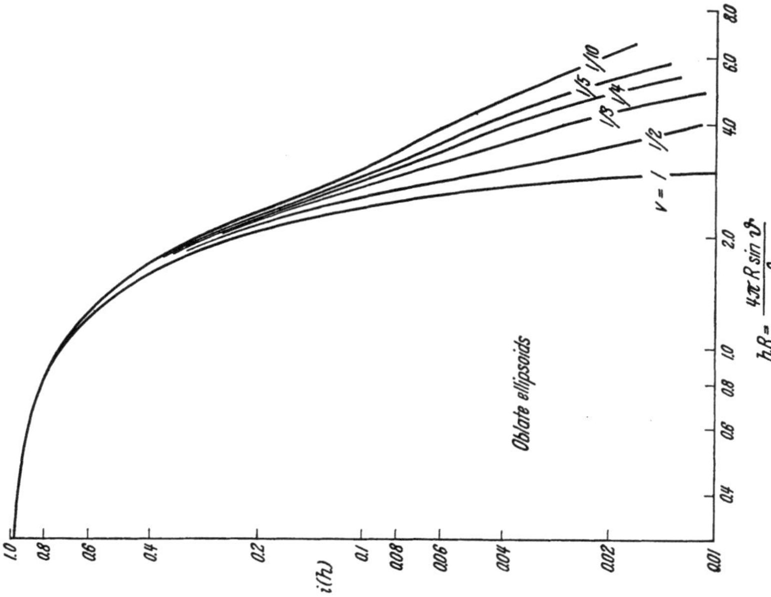

Fig. 5. Scattering functions for oblate ellipsoids of revolution with radius of gyration R and axial ratio v.

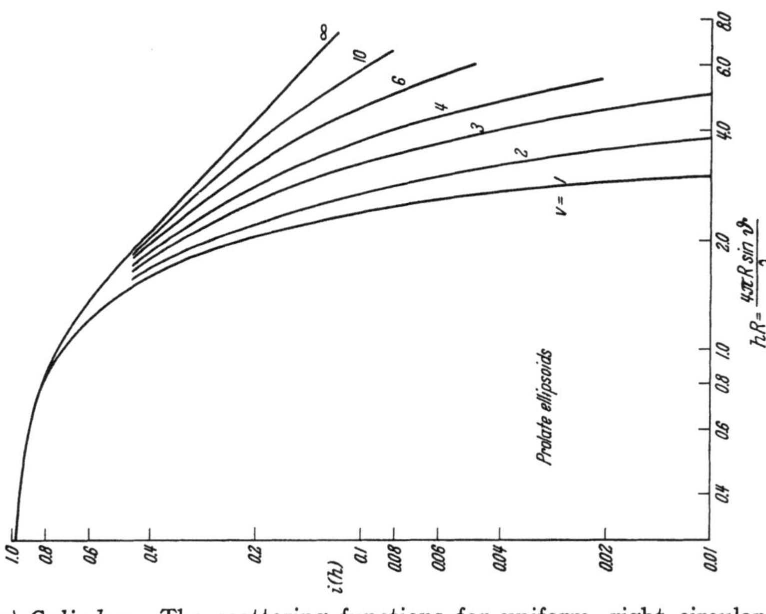

Fig. 4. Scattering functions for prolate ellipsoids of revolution with radius of gyration R and axial ratio v.

γ) Cylinders. The scattering functions for uniform, right circular cylinders of diameter $2a$ and height $2H$ have been shown by FOURNET[1] to be given by

$$i(h) = \int_0^{\pi/2} \frac{\sin^2(hH\cos\vartheta)}{h^2H^2\cos^2\vartheta} \cdot \frac{4J_1^2(ha\sin\vartheta)}{h^2a^2\sin^2\vartheta} \sin\vartheta \, d\vartheta. \tag{5.10}$$

[1] G. FOURNET: Bull. Soc. franç. Minér. Crist. **74**, 39 (1951).

$J_1(x)$ is the BESSEL function of order 1. In the limiting case of a needle (diameter negligible compared to height) NEUGEBAUER[1] derived the result

$$i(h) = \frac{\mathrm{Si}(2hH)}{hH} - \frac{\sin^2(hH)}{h^2H^2} \qquad (v \gg 1,\ ha \ll 1) \tag{5.11}$$

where

$$\mathrm{Si}(x) = \int_0^x \frac{\sin y}{y}\, dy .$$

For the opposite limiting case of a flat disc (height negligible compared to diameter) POROD [2] gives the formula

$$i(h) = \frac{2}{h^2a^2}\left[1 - \frac{1}{ha} J_1(2ha)\right] \qquad (v \ll 1,\ hH \ll 1). \tag{5.12}$$

As in the case of ellipsoids, these last two results will hold for real particles with finite dimensions if the angles are small enough, so that h is small compared to the reciprocal of the short dimension.

Using the geometrical method outlined in Sect. 3, POROD derived a different expression for the scattering from a cylinder. Because of a useful general approximation to which it leads we will outline POROD's derivation for the case of a prolate cylinder ($H > a$).

From (3.9) it follows that

$$i(h) = \sum_{n=0}^{\infty} a_{2n} h^{2n} \int_0^{\infty} \psi(r)\, r^{2n}\, dr \tag{5.13}$$

where the a_{2n} are the coefficients in a power series expansion of $\frac{\sin x}{x}$ and $\psi(r)\,dr$ is the probability that two arbitrarily chosen points in the cylinder are separated by a distance between r and $r+dr$. As stated previously $\int_0^{\infty} \psi(r)\, r^{2n}\, dr$ is simply the average value, $\overline{r^{2n}}$, over the volume of the particle. Using this notation we can write out the first few terms of (5.13) as follows:

$$i(h) = 1 - \overline{r^2}\frac{h^2}{3!} + \overline{r^4}\frac{h^4}{5!} - \overline{r^6}\frac{h^6}{7!} + \cdots. \tag{5.14}$$

If we resolve r into a component z parallel to the height of the cylinder and a component ϱ parallel to a diameter, the following relations hold between the average values $\overline{r^{2n}}$, $\overline{z^{2n}}$, and $\overline{\varrho^{2n}}$ because of the orthogonality of the components:

$$\left.\begin{aligned} \overline{r^2} &= \overline{z^2} + \overline{\varrho^2}, \\ \overline{r^4} &= \overline{z^4} + 2\,\overline{\varrho^2}\,\overline{z^2} + \overline{\varrho^4}, \\ &\ \vdots \\ \overline{r^{2n}} &= \sum \binom{n}{y} \overline{z^{2(n-y)}}\,\overline{\varrho^{y}}. \end{aligned}\right\} \tag{5.15}$$

Eq. (5.14) can then be rearranged to read

$$\left.\begin{aligned} i(h) = &\left[1 - \overline{z^2}\frac{h^2}{3!} + \overline{z^4}\frac{h^4}{5!} - \overline{z^6}\frac{h^6}{7!} + \cdots\right] - \\ &- \frac{\overline{\varrho^2}h^2}{2}\left[\frac{1}{3} - \overline{z^2}\frac{h^2}{5\cdot 3!} + \overline{z^4}\frac{h^4}{7\cdot 5!} - \overline{z^6}\frac{h^6}{9\cdot 7!} + \cdots\right] + \\ &+ \frac{\overline{\varrho^4}h^4}{2\cdot 4}\left[\frac{1}{5\cdot 3} - \overline{z^2}\frac{h^2}{7\cdot 5\cdot 3!} + \overline{z^4}\frac{h^4}{9\cdot 7\cdot 5!} - \overline{z^6}\frac{h^6}{11\cdot 9\cdot 7!} + \cdots\right] \\ &\ \vdots \\ &\ \text{etc.} \\ = &\ P_0(h) - \frac{\overline{\varrho^2}h^2}{2} P_2(h) + \frac{\overline{\varrho^4}h^4}{2\cdot 4} P_4(h) - \cdots. \end{aligned}\right\} \tag{5.16}$$

[1] T. NEUGEBAUER: Ann. Phys., Lpz. **42**, 509 (1943).

We see that $P_0(h) = \sum_{n=0}^{\infty} a_{2n} h^{2n} \overline{z^{2n}}$ and is therefore simply the scattering function for a needle as given by (5.11). Also by termwise integration we find that

$$P_n(h) = \frac{1}{h^{n+1}} \int_0^h h^n P_{n-2}(h)\, dh. \tag{5.17}$$

Using this result the P_n's can be shown to be

$$\left.\begin{aligned}
P_0(h) &= \frac{1}{hH}\left[\mathrm{Si}(2hH) + \frac{\cos(2hH)}{2hH} - \frac{1}{2hH}\right],\\
P_2(h) &= \frac{1}{2hH}\left[\mathrm{Si}(2hH) + \frac{\cos(2hH)}{2hH} + \frac{\sin(2hH)}{(2hH)^2}\right] - \frac{1}{2h^2H^2},\\
P_4(h) &= \frac{1}{2\cdot 4hH}\left[\mathrm{Si}(2hH) + \frac{\cos(2hH)}{2hH} + \frac{\sin(2hH)}{(2hH)^2}\right] - \frac{1}{3}\,\frac{1}{2h^2H^2} + \cdots,\\
P_6(h) &= \frac{1}{2\cdot 4\cdot 6hH}\left[\mathrm{Si}(2hH) + \frac{\cos(2hH)}{2hH} + \frac{\sin(2hH)}{(2hH)^2}\right] - \frac{1}{3\cdot 5}\,\frac{1}{2h^2H^2} + \cdots.
\end{aligned}\right\} \tag{5.18}$$

The expression in brackets which repeats each time rapidly approaches the value $\pi/2$ for large values of hH. There are additional terms of the order of $(2hH)^{-4}$ and smaller in all the P_n's beyond P_4; the significance of these terms will be discussed later.

The P_n's can be evaluated from (5.18); the values of $\overline{\varrho_{2n}}$ are readily calculated from the characteristic function for a disc; hence the series in (5.16) can be used to calculate the scattering function for prolate cylinders. Porod [2] has done this and some of his results are tabulated in Table 5 and shown graphically in Fig. 6.

Table 5. *Scattering functions for prolate cylinders.*

hR	$i(h)$						
	$v=1$	2	3	4	6	8	∞
0.0	1.000	1.000	1.000	1.000	1.000	1.000	1.000
0.5	0.916	0.920	0.921	0.921	0.922	0.922	0.922
1.0	0.704	0.714	0.722	0.732	0.738	0.738	0.738
1.5	0.447	0.482	0.510	0.520	0.533	0.538	0.543
2.0	0.233	0.290	0.340	0.363	0.388	0.399	0.410
2.5	0.0820	0.168	0.235	0.270	0.302	0.314	0.333
3.0	0.0263	0.092	0.162	0.205	0.244	0.258	0.282
3.5		0.0463	0.110	0.154	0.198	0.217	0.245
4.0		0.0205	0.070	0.113	0.161	0.183	0.217
4.5				0.0816	0.132	0.155	0.193
5.0				0.0606	0.108	0.133	0.175

We have graphically interpolated between Porod's calculated values in order to tabulate $i(h)$ as a function of hR, where R is the radius of gyration of the cylinder. v is the ratio H/a.

By neglecting the terms of smaller order than $(2hH)^{-4}$ in the P_n's, Porod was able to go from the infinite series back to a closed expression. Letting $\pi'/2$ stand for the expression in brackets in (5.18), then (5.16) can be written:

$$\left.\begin{aligned}
i(h) = \frac{1}{hH}\Bigg\{&\frac{\pi'}{2}\left[1 - \overline{\varrho^2}\frac{h^2}{2^2} + \overline{\varrho^4}\frac{h^4}{(2\cdot 4)^2} - \cdots\right] - \frac{\sin(2hH)}{(2hH)^2} - \\
&- \frac{1}{2hH}\left[1 - \overline{\varrho^2}\frac{h^2}{2!} + \overline{\varrho^4}\frac{h^4}{4!} - \cdots\right]\Bigg\}.
\end{aligned}\right\} \tag{5.19}$$

POROD recognized the first expression in square brackets as the scattering which would result from a cross-sectional plane of the cylinder if this plane were restricted to those positions for which the normal to the plane was perpendicular to $\boldsymbol{h}$. In this case two points in the plane separated by a vector ϱ scatter proportional to $\cos(\boldsymbol{h}\cdot\varrho) = \cos(h\varrho\cos\alpha)$. Because of the above restriction on the position of the plane all values of the angle α are equally probable. Thus the average scattering from these two points is proportional to

$$\int_0^\pi \cos(h\varrho\cos\alpha)\,d\alpha = J_0(h\varrho). \tag{5.20}$$

If $\psi(\varrho)\,d\varrho$ is the probability of two arbitrary points in the cross sectional plane being separated by a distance between ϱ and $\varrho + d\varrho$, the scattering from the plane is

$$\left.\begin{aligned}\varphi(h) &= \int_0^\infty \psi(\varrho)\,J_0(h\varrho)\,d\varrho\\ &= 1 - \overline{\varrho^2}\frac{h^2}{2^2} + \overline{\varrho^4}\frac{h^4}{(2\cdot 4)^2} - \cdots\end{aligned}\right\} \tag{5.21}$$

which is seen to be identical with the first expression in brackets in (5.19). For a circular cross-section of radius a POROD [2] calculated that $\varphi(h)$ is given by

$$\varphi(h) = \frac{4J_1^2(ha)}{(ha)^2}. \tag{5.22}$$

The second expression in square brackets in (5.19) POROD called $\omega(h)$ and he again was able to obtain a closed form for this series in the case of a circular cylinder. His final equation for the scattering from a prolate, circular cylinder is as follows:

$$i(h) = \frac{1}{hH}\left\{\frac{\pi'}{2}\left[\frac{4J_1^2(ha)}{(ha)^2}\right] - \frac{1}{hH}\left[\frac{2J_2(2ha)}{(ha)^2} - \frac{1}{(ha)^2}\left(1 - \frac{J_1(2ha)}{ha}\right)\right] - \frac{\sin(2hH)}{(2hH)^2}\right\}. \tag{5.23}$$

If the cylinder is very long and narrow ($H \gg a$) and if the angle is large enough ($hH \gg 1$), Eq. (5.23) is approximated by

$$i(h) = \frac{\pi}{2hH}\,\frac{4J_1^2(ha)}{(ha)^2} \quad (H \gg a,\ hH \gg 1). \tag{5.24}$$

If h is large enough so that $hH \gg 1$ but still small enough so that $ha \ll 1$, Eq. (5.24) reduces to

$$i(h) = \frac{\pi}{2hH}\,e^{-\frac{h^2a^2}{4}} = \frac{\pi}{2hH}\,e^{-\frac{h^2Q^2}{2}} \quad (hH \gg 1,\ ha \ll 1), \tag{5.25}$$

where Q is the radius of gyration of the cross-sectional area.

Because of the terms which were dropped in all the P_n's beyond P_4, Eq. (5.23) is not correct for large values of h. This is obvious from the fact that at large h the last term in (5.23) is of the order of $(2hH)^{-3}$ while we know that $i(h)$ should go as h^{-4} at large angles. We can, however, make Eq. (5.23) valid over an arbitrarily large range of h by making the axial ratio, H/a, sufficiently large. This is because at large angles the neglected terms as well as the last term in (5.23) become smaller with respect to the first two terms as the axial ratio is increased. By calculating the correction terms at a few points we found that for an axial ratio of 1 Eq. (5.23) is accurate to 1% out to about $2hH = 5$ where the intensity is down to 0.2 of $i(0)$. For an axial ratio of 10 Eq. (5.23) is accurate to better than 0.1% at $2hH = 100$ where the intensity is 5×10^{-4} times $i(0)$. Thus the approximate formulas for very elongated particles (5.24) and (5.26) can be shown to be good out to very large angles and if the correction terms to (5.23) could be correctly evaluated it would undoubtedly be found that (5.24) and (5.26) are good for all angles such that $hH \gg 1$.

Eq. (5.24) also follows directly from (5.10) when the limits of $H \gg a$ and $hH \gg 1$ are applied. The value of the above derivation is that it need not be restricted to cylinders but applies equally well to any very elongated particle with a uniform cross section. From (5.19) we see that in general if the height, $2H$, of the particle is large compared to the largest cross-sectional dimension and if the angle is large enough so that $hH \gg 1$, then

$$i(h) \approx \frac{\pi}{2hH}\varphi(h) \qquad (hH \gg 1) \tag{5.26}$$

where $\varphi(h)$, as given by (5.21), is the scattering from a cross-sectional plane of the particle when that plane is restricted to positions for which its normal is perpendicular to $\boldsymbol{h}$. By a calculation analogous to that in Sect. 4 by which the GUINIER approximation was derived it can also be shown that for h small compared to the reciprocal of the radius of gyration, Q, of the cross-sectional area

$$\varphi(h) \approx e^{-\frac{h^2 Q^2}{2}} \qquad (hQ \ll 1). \tag{5.27}$$

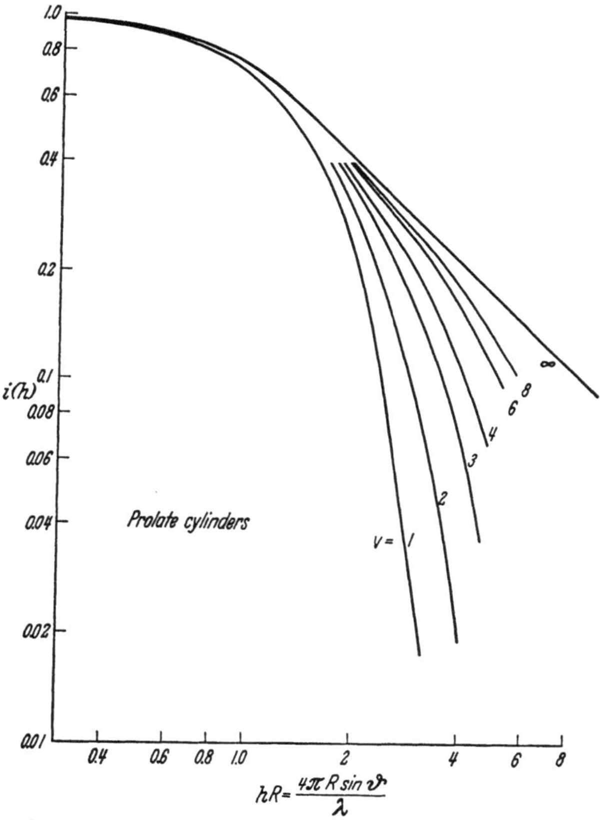

Fig. 6. Scattering functions for prolate, right circular cylinders with radius of gyration R and axial ratio v.

POROD [2] derived for the case of flat cylinders ($H < a$) formulas analogous to (5.16) and (5.19) by interchanging the role of the z and ϱ components of $\boldsymbol{r}$. The resulting series have not been numerically evaluated. By neglecting certain terms he was again able to go from the series to the following expression:

$$i(h) = \frac{2}{(ha)^2}\left\{\left(\frac{\sin hH}{hH}\right)^2 + \frac{1}{ha}\left(\int\limits_0^{2ha}\frac{J_1(x)}{x}\,dx\right)\frac{1}{hH}\left(\int\limits_0^{2hH} J_0(x)\,dx - 2J_1(2hH)\right) - \frac{J_1(2ha)}{ha}\right\}. \tag{5.28}$$

Just as in the case of prolate cylinders, Eq. (5.28) is not correct for large values of h because of the terms neglected in the derivation. It can, however, be made to hold over as large an angular range as is desired by making the axial ratio, H/a, sufficiently small.

For the limiting case of a very flat or thin cylinder ($a \gg H$) and for angles such that $ha \gg 1$, Eq. (5.28) is approximated by

$$i(h) \approx \frac{2}{(ha)^2}\frac{\sin^2 hH}{(hH)^2} \qquad (a \gg H,\ ha \gg 1). \tag{5.29}$$

If $ha \gg 1$ but $hH < 1$, Eq. (5.29) can be written as

$$i(h) \approx \frac{2}{(ha)^2} e^{-\frac{h^2 H^2}{3}} \quad (a \gg H,\ ha \gg 1,\ hH < 1). \tag{5.30}$$

These last two equations are apparently true for all thin platelets regardless of their shape so long as all their other dimensions are much larger than their thickness, $2H$.

δ) Rectangular prisms. POROD [2] also calculated the scattering from rectangular prisms for various ratios of the lengths of the sides. Eq. (5.16) and (5.18) derived for long circular cylinders apply equally well to prisms if the $\overline{\varrho^{2n}}$ are calculated for a rectangular cross section rather than for a circular cross section. This can be readily done using the characteristic function for a needle. In this way POROD calculated the scattering functions for rectangular prisms with the length of the three sides given by a, $2a$, and $2va$. These results for $v = 1, 2, 3, 4, 6, 8$, and 10 are tabulated in Table 6 as a function of hR. The radius of gyration, R, for such a prism is given by $R^2 = (5 + 4v^2)\, a^2/3$.

Table 6. *Scattering functions for rectangular prisms with dimensions of $a : 2a : 2va$.*

hR	$i(h)$						
	$v = 1$	2	3	4	6	8	10
0.0	1.000	1.000	1.000	1.000	1.000	1.000	1.000
0.5	0.920	0.920	0.920	0.921	0.921	0.921	0.921
1.0	0.716	0.722	0.728	0.735	0.738	0.738	0.738
1.5	0.462	0.491	0.513	0.525	0.536	0.536	0.536
2.0	0.246	0.308	0.350	0.374	0.393	0.399	0.400
2.5	0.118	0.190	0.248	0.280	0.307	0.320	0.323
3.0	0.055	0.119	0.182	0.218	0.249	0.268	0.273
3.5	0.030	0.077	0.130	0.169	0.206	0.223	0.232
4.0		0.050	0.082	0.128	0.171	0.188	0.199
4.5		0.029	0.063	0.099	0.141	0.160	0.173
5.0				0.076	0.117	0.138	0.151

For prisms POROD was not able to derive a general closed expression from the series form of (5.16). For the special case of an infinitely thin, rectangular plate, however, he obtained a closed form. If the lengths of the sides of the plate are taken to be a and b with $a > b$, then his result is as follows:

$$i(h) = \frac{2}{ha}\left\{\frac{\pi'}{hb}\left(\int_0^{hb} \frac{J_1(x)}{x}\, dx\right) + \frac{1}{ha}\left(\frac{\sin\frac{hb}{2}}{\frac{hb}{2}}\right)^2 - \frac{\sin ha}{(ha)^2}\right\}. \tag{5.31}$$

b) Scattering by a group of particles.

6. A group of identical particles. We have until now considered only the scattering from a single particle. In an actual experiment the number of particles in the illuminated volume of the scattering sample will, of course, be very large. If the positions of these particles were entirely random the intensity of scattering, $I(h)$, would simply be equal to N, the number of particles, times the scattering from a single particle, assuming that the particles are all identical.

$$I(h) = I_e(h)\, N\, \overline{F^2(h)} = I_e(h)\, N\, n^2\, i(h). \tag{6.1}$$

For a gas or for particles in a very dilute solution the positions of the particles may be nearly random, but as the concentration of particles increases this is no longer true and the scattering pattern will begin to show changes due to the interference between waves scattered from neighboring particles. These interparticle interference effects are of interest to us here only to the extent that we want to eliminate them from the scattering data in order to obtain the single particle scattering curve from which we hope to estimate the size and shape of the scattering particle. In this section we are concerned with a group of identical particles. Only in this case can we obtain unambiguous information about the size and shape of the particles. In the next section we discuss the information that can be obtained when the scattering particles are not identical.

The problem of calculating interparticle interference effects was first discussed by ZERNIKE and PRINS[1] for the case of spherical particles and was extended to particles of general shape by MENCKE[2] and FOURNET[3]. These authors found that for the case in which the orientation of the scattering particles is completely independent of their relative positions the scattering can be expressed as follows:

$$I(h) = I_e(h)\, N\, \overline{F^2(h)} \left\{1 - F_1(h)\, V_1^{-1} \int_0^\infty [1 - W(r)]\, \frac{\sin hr}{hr}\, 4\pi r^2\, dr\right\}. \tag{6.2}$$

$W(r)$ is a particle distribution function so defined that the probability of finding a particle in an element of volume dv_m and at the same time finding another particle in the element dv_n at a distance r from dv_m is $W(r)\, dv_m\, dv_n\, v_1^{-2}$ where v_1 is the average volume available to each particle ($v_1 = M/cN_0$, M is the molecular weight of the particle, c is the density or concentration in grams per milliliter, N_0 is AVOGADRO's number). The factor $F_1(h) = \overline{F(h)}^2/\overline{F^2(h)}$. For particles with spherical symmetry $F_1(h)$ is identically equal to unity.

FOURNET[3] has attempted to transform the "ZERNIKE-PRINS type equations", such as (6.2), which concern only the geometry of the ensemble of particles, into "thermodynamic equations" by the introduction of certain intrinsic characteristics of the particles. Using the BORN and GREEN theory of fluids he has derived an expression for the scattered intensity in terms of the temperature, T, and the potential energy $\Phi(r)$ of a pair of particles whose centers are separated by a distance r. This expression is

$$I(h) = I_e(h)\, N\, \overline{F^2(h)} \left\{1 + F_1(h)\, \frac{\varepsilon\beta(h)}{v_1 (2\pi)^{-\frac{3}{2}} - \varepsilon\beta(h)}\right\}. \tag{6.3}$$

The function $\beta(h)$ is defined by

$$h\,\beta(h) = \frac{2}{\sqrt{2\pi}} \int_0^\infty \left(e^{-\frac{\Phi(r)}{kT}} - 1\right) r \sin(hr)\, dr \tag{6.4}$$

and ε designates a constant approximately equal to unity.

Eq. (6.3) is convenient for following the change in shape of the scattering curve with increasing concentration of scattering matter. In very dilute systems it reduces to (6.1). As the concentration increases, (6.3) shows that the effect of the interparticle interference is usually to decrease the scattered intensity at the smallest angles and to have little or no effect on the outer part of the curve. Thus, if one uses the GUINIER approximation to determine the radius of gyration

[1] F. ZERNIKE and J. PRINS: Z. Physik **41**, 184 (1927).
[2] H. MENCKE: Phys. Z. **33**, 593 (1932).
[3] G. FOURNET: C. R. Acad. Sci., Paris **228**, 1421 (1949a).

of the scattering particle, the effect of the interparticle interference will be to give an apparent radius of gyration smaller than true value. In practice the radius of gyration is determined from the average slope over a finite angular range of the $\log I$ versus h^2 curve. If we assume that this average slope is equal to the actual slope at the angle h_0 in the middle of the range, then we can define an apparent radius of gyration, R_a, as follows:

$$R_a^2 = -3 \left| \frac{d[\log I(h)]}{d(h^2)} \right|_{h=h_0}. \tag{6.5}$$

R_a will in general be a function of both concentration and angle. It can be shown from (6.3) that for low concentrations, i.e., $v_1(2\pi)^{-\frac{3}{2}} \gg \varepsilon\beta(0)$, we have

$$R_a(c, h_0) = R_a(0, h_0) - c \cdot \left[\frac{3(2\pi)^{\frac{3}{2}} N_0}{4 M R_a(0, h_0)}\right] \cdot \left[\frac{F_1'(h)\,\varepsilon\beta(h) + F_1(h)\,\varepsilon\beta'(h)}{h}\right]_{h=h_0}. \tag{6.6}$$

Thus the apparent radius of gyration is a linear function of the concentration at low concentration regardless of the angle at which we determine it. This is convenient in extrapolating to infinite dilution. If h_0 is large enough, then in some cases $R_a(0, h_0)$, the apparent radius of gyration extrapolated to infinite dilution, may differ appreciably from the true radius of gyration, R. This is because the slope was measured in these cases at an angle outside the GUINIER approximation region. Corrections for this effect will be discussed in Sect. 10.

If the concentration of scattering particles is high or if their interaction is strong, the curve of $\overline{F^2(h)}$ will be so deformed that a straight line approximation on a $\log I(h)$ versus h^2 plot will be meaningless. In many cases the initial slope of such a graph would be reversed from its usual negative slope and the curve would rise to a maximum before it returned to its normal decrease. These interference maxima tend to become more pronounced and move out to large angles as the concentration increases. Various attempts have been made to interpret the positions of these maxima in terms of an average separation of particles by making use of BRAGG's law or a modification of this law. GUINIER and FOURNET [5] have discussed this matter in detail and point out the inadequacy of such an interpretation. These authors also outline a procedure which makes use of (6.3) in obtaining the single particle scattering curve, $\overline{F^2(h)}$, from data taken under conditions where interparticle interference effects are appreciable. This procedure will be reviewed in Sect. 10.

7. A group of non-identical particles. The scattering from a collection of particles known to be polydisperse is very difficult to interpret. The theoretical calculation of the scattering from such a system is extremely complicated if one attempts to include the effect of interparticle interference. Several authors have discussed the less complicated problem of calculating the scattering from a heterogeneous system under the assumption that interparticle interference effects can be neglected. We will review this work and then briefly discuss the validity of the assumption.

If p_m is the number of particles with structure factor $F_m(h)$, then the scattering from a group of particles which are randomly oriented and which scatter independently is given by

$$I(h) = I_e(h) \sum_m p_m \overline{F_m^2(h)}. \tag{7.1}$$

Expanding $F_m^2(h)$ in a series as in (4.7), Eq. (7.1) becomes

$$\left.\begin{aligned} I(h) &= I_e(h) \sum_m p_m n_m^2 \left(1 - \frac{h^2 R_m^2}{3} + \cdots\right) \\ &= I_e(h) \left(\sum_m p_m n_m^2\right) \left(1 - \frac{h^2}{3} \frac{\sum_m p_m n_m^2 R_m^2}{\sum_m p_m n_m^2} + \cdots\right) \end{aligned}\right\} \tag{7.2}$$

where n_m is the number of electrons in each particle with structure factor $F_m(h)$. From this it is seen that if an experimental curve extends to angles small enough so that h is small compared to the reciprocal of the radius of gyration of the largest particles, then the curve should approximate a GAUSSian just as in the case of identical particles. If a radius of gyration is determined from this GAUSSian by the usual GUINIER formula [Eq. (4.2)], the result so determined will be a weighted average value as defined by the relation:

$$\overline{R^2} = \frac{\sum_m p_m n_m^2 R_m^2}{\sum_m p_m n_m^2}. \tag{7.3}$$

If it is assumed that the particles are all of similar shape so that n_m is proportional to R_m^3 and if a continuous mass distribution is assumed such that $M(R)\,dR$ gives the total mass of particles whose radii of gyration are between R and $R+dR$, then (7.3) becomes

$$\overline{R^2} = \frac{\int M(R)\, R^5\, dR}{\int M(R)\, R^3\, dR}. \tag{7.4}$$

This shows that the large radii of gyration are weighted very heavily in the average determined in this way.

It may be difficult in practice to obtain data at sufficiently small angles to satisfy the requirements of the last paragraph. In this case it may be easier to work with the tail of the curve where the scattering is proportional to the surface area of the particles. For angles large enough, so that h is large compared to the reciprocal of the shortest dimension of all the particles, it follows from (4.9) and (7.1) that

$$I(h) \approx I_e(h) \frac{2\pi}{h^4} \sum_m p_m \varrho_m^2 s_m \tag{7.5}$$

where ϱ_m is the density and s_m the surface area of each particle of type m. Thus if the density of all the particles is the same, the scattered intensity at large angles will be proportional to the total surface area of all the particles. Since interparticle interference effects on the tail of the scattering curves are very small, this result would be valid even in quite densely packed systems.

Eqs. (7.2) and (7.5) represent for a group of non-identical particles the scattering at very small angles and very large angles respectively. They enable us to determine a weighted average radius of gyration and the total surface area of the scattering particles. The complete scattering curve can also be calculated from (7.1) by making certain assumptions about the distribution of particle size and the form of the structure factors. The aim of such a calculation is to enable one to deduce certain features of the size distribution from an experimental scattering curve.

HOSEMANN [3] suggested using a MAXWELLian type of particle mass distribution and calculated the scattering assuming that the particles scattered at all angles according to the GUINIER approximation [Eq. (4.2)]. The number of particles with radii of gyration between R and $R+dR$ can then by given by

$$m(R)\,dR = \frac{2}{R_0^{n+1}\,\Gamma\left(\frac{n+1}{2}\right)}\,R^2\,e^{-\frac{R^2}{R_0^2}}\,dR \tag{7.6}$$

where R_0 and n are parameters which determine the average value of R and the width of the distribution. The average radius of gyration for the distribution in (7.6) is given by

$$R_{av} = R_0\,\frac{\Gamma\left(\frac{n+2}{2}\right)}{\Gamma\left(\frac{n+1}{2}\right)} \tag{7.7}$$

and the fractional standard deviation is

$$\frac{\sqrt{\overline{\Delta R^2}}}{R_{av}} = \sqrt{\frac{\Gamma\left(\frac{n+1}{2}\right)\Gamma\left(\frac{n+3}{2}\right)}{\Gamma^2\left(\frac{n+2}{2}\right)} - 1} \approx \frac{1}{\sqrt{2(n+1)}}\,. \tag{7.8}$$

In terms of a continuous particle mass distribution and the GUINIER approximate scattering function, Eq. (7.1) for the scattered intensity becomes

$$I(h) = K\,I_e(h)\int_0^\infty m(R)\,R^3\,e^{-\frac{h^2R^2}{3}}\,dR\,. \tag{7.9}$$

Substituting for $m(R)\,dr$ the MAXWELLian distribution given by (7.6) we can integrate (7.9) directly to give

$$I(h) = K\left(1+\frac{h^2R_0^2}{3}\right)^{-\frac{n+4}{2}}\,. \tag{7.10}$$

A graph of this function for various values of n is shown in Fig. 7.

SHULL and ROESS[1] have made calculations of the scattering from a group of non-identical particles in which they too used the GUINIER approximation for the structure factor but in addition to the MAXWELLian type of size distribution they also used a GAUSSian distribution and a rectangular distribution. In a second paper[2] they made use of the exact structure factors for ellipsoids of revolution of axial ratio v and again used a MAXWELLian and a rectangular size distribution. All of these calculations showed that there was considerable similarity among the various curves and that essentially identical curves could be obtained by choosing the proper combinations of particle shape, type of size distribution, and width of the distribution. Thus it is apparent from the work of SHULL and ROESS that without prior information on some of the above factors the interpretation of a given experimental scattering curve from a sample which is inhomogeneous will be quite ambiguous. Nevertheless it does appear that reasonable values for the average (arithmetic mean) radius of gyration at least are possible. The methods proposed by HOSEMANN and by SHULL and ROESS for analyzing an experimental curve will be discussed in Sect. 11.

The above work assumes a form for the size distribution function, calculates the scattering by making use of this assumption, and then shows how an ex-

[1] C. G. SHULL and L. C. ROESS: J. Appl. Phys. 18, 295 (1947).
[2] L. C. ROESS and C. G. SHULL: J. Appl. Phys. 18, 308 (1947).

perimental curve can be analyzed by comparing it to the calculated scattering curves. BAUER[1], ROESS[2], and RISEMAN[3] have shown how the size distribution function can be determined directly from the experimental scattering data by an inversion process if one assumes that the scattering particles are spherical and if interparticle interference can be neglected. As far as we know, no use has been made of these calculations. In view of the rather drastic assumptions which are necessary it seems preferable to avoid the complicated calculations involved in the inversion process in favor of the simpler methods based on an assumed form for the distribution function.

There has been considerable controversy in the literature about the importance of interparticle interference effects in polydisperse systems. The calculations that have been made on this subject have not completely clarified the situation. FOURNET[4] has made use of a generalized form of BORN and GREEN's theory of fluids and a hard sphere interaction in order to calculate the scattering from a mixture of two groups of spheres of radii a and $2a$ respectively. In Ref. [5], p. 69, there are graphs of his results for various values of x, the ratio of mass of smaller particles to the total mass of the particles, and for various values of the packing density k, the ratio of the volume occupied by the particles to the total volume offered them. These results show definite interparticle interference effects in all cases, even at a packing density of 0.125. These effects, however, are considerably smaller in the mixture containing equal masses of the large and small spheres than they are in those cases where the spheres are all or nearly all of the same size.

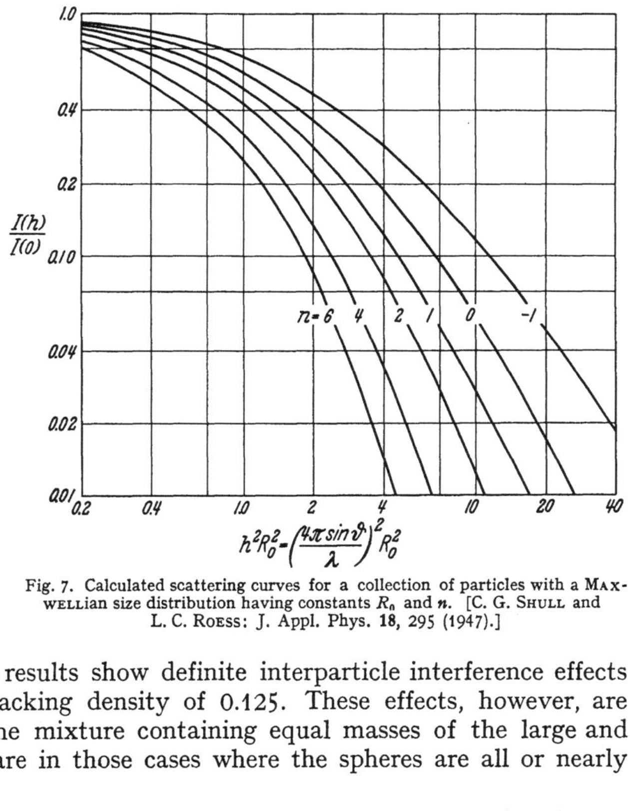

Fig. 7. Calculated scattering curves for a collection of particles with a MAXWELLian size distribution having constants R_0 and n. [C. G. SHULL and L. C. ROESS: J. Appl. Phys. **18**, 295 (1947).]

Both HOSEMANN[5] and POROD [4, II) have calculated the scattering from a polydisperse collection of particles taking interparticle interference effects into consideration by means of a modified ZERNIKE-PRINS type of treatment. They assumed the GUINIER approximation for the structure factor of all the particles and a MAXWELLian type of distribution of the radii of the particles. However, they each made slightly different assumptions for the form of the distribution function $W_{mn}(r)$ which is used in specifying the probability of particles m and n being separated by a distance r. These calculations apply to particles which are

[1] S. H. BAUER: J. Chem. Phys. **13**, 450 (1945).
[2] L. C. ROESS: J. Chem. Phys. **14**, 695 (1946).
[3] J. RISEMAN: Acta crystallogr. **5**, 193 (1952).
[4] G. FOURNET: Bull. Soc. franç. Minér. Crist. **74**, 39, (1951).
[5] R. HOSEMANN: Kolloid-Z. **117**, 13 (1950).

not too far from spherical since a GAUSSian structure factor is assumed and since the radial distribution function for the particles is taken to be isotropic. For particles with a large asymmetry the structure factors would be quite different and the packing considerably more complicated, with the orientation of the particles depending on distance and direction of separation. POROD [4, I] has also calculated the scattering for an extreme case of this latter kind, that is, for a linear array of parallel plates of varying thickness and separation.

Although HOSEMANN emphasizes the unimportance of interparticle interference effects as shown by his calculations and POROD emphasizes the opposite viewpoint, their results do not appear to be as different as their statements indicate. All the calculations show definite interference effects on the shape of the scattering curve. HOSEMANN's method of analyzing the curve, however, involves multiplying the scattering curve, $I(h)$, by h^2 and this de-emphasizes the small-angle part of the curve where interference effects are largest. Thus he finds that the average radius and fractional standard deviation as determined by his method are only slightly affected by interparticles interference so long as the ratio of fractional standard deviation to packing density is less than unity. A different method of analyzing the curves would undoubtedly be influenced more by interference effects. Also a less isotropic system such as POROD's laminar model can show much larger interference effects.

The situation is further complicated by several experimental results (see Sect. 22) which indicate very little interparticle interference effects at quite high packing densities even in nearly monodisperse systems. It would seem that the absence of interference effects in these cases must be due to the particular type of radial distribution function rather than due to any effect of polydispersity.

The situation can perhaps be summarized as follows: Although interparticle interference effects are less important in polydisperse systems than they are for a collection of identical particles, nevertheless calculations show that these effects are appreciable even in polydisperse systems and at packing densities as small as 0.1. Analyzing an experimental curve for the average particle size and width of size distribution by the method due to HOSEMANN involves multiplying the curve of $I(h)$ by h^2 which minimizes the influence of the interference effects on the results so that good results can be obtained if the particles are roughly spherical and if the ratio of fractional standard deviation to packing density is less than unity. For quite asymmetric particles in dense systems the effects can be more complicated. On the other hand even in monodisperse systems the packing in some cases may be such that the interparticle interference almost completely cancel out. In general, whenever possible, one should take data at several different packing densities to determine whether or not interference effects are important.

8. Multiple scattering. We have neglected until now any rescattering of the once-scattered x-rays. With thick samples of large particles the probability of such multiple scattering can be appreciable. DEXTER and BEEMAN[1] have calculated the angular distribution of the scattering as a function of sample thickness for this case. Their calculation is based on the GUINIER approximate scattering function. For a sphere of radius a this can be written as

$$I(h) = I_e(h)\, n^2\, e^{-\frac{2}{9} h^2 a^2} \tag{8.1}$$

where n is the number of electrons in the sphere. The usual coefficient of $\frac{1}{5}$ has been changed to $\frac{2}{9}$ in order to make the area under the GAUSSian agree with the area under the curve of the exact scattering function for spheres.

[1] D. L. DEXTER and W. W. BEEMAN: Phys. Rev. 76, 1782 (1949).

DEXTER and BEEMAN obtained the following result for the total scattered intensity:

$$I(h, m) = K \mathrm{e}^{-\mu m} \left(\frac{8\pi a^2}{9\lambda^2}\right) \sum_{k=0}^{\infty} \frac{(\mu_s m)^k}{k \cdot k!} \mathrm{e}^{-\frac{2}{9k} h^2 a^2} . \tag{8.2}$$

The index k indicates that component of the scattered intensity due to radiation which has been scattered k times. m is the mass per unit area of the sample, μ_s is the mass scattering coefficient, and $\mu = \mu_a + \mu_s$ is the total extinction coefficient, the sum of the mass absorption and mass scattering coefficients. From this result we see that the angular width of the k-th scattered component is $\sqrt{k}$ times as wide as the once scattered component. For large values of $\mu_s m$ the most important term in (8.2) is that for which $k = \mu_s m$. Assuming that for sufficiently thick samples this term principally determines the shape of the scattering curve, the angular width, W, of the curve at 1/e of the central maximum is given by

$$W = \frac{3\lambda (k/2)^{\frac{1}{2}}}{\pi a} = \frac{3\lambda (\mu_s m/2)^{\frac{1}{2}}}{\pi a} . \tag{8.3}$$

By integrating the scattering function for spheres over 4π solid angle, μ_s, for particles of low atomic number, can be shown to be given by

$$\mu_s = \frac{9 N n^2 r_0^2 \lambda}{8\pi a^2} = \frac{3}{8} (N_0 r_0 \lambda)^2 a \varrho = 0.0108\, \lambda_A^2 a_A \varrho . \tag{8.4}$$

N is the number of particles per gram, N_0 is AVOGADRO's number, r_0 is the classical electron radius, and ϱ is the density within a particle. The subscript A denotes that the quantity is expressed in Angstrom units. If one plots the width of the scattering curve against the square root of the mass per unit area of the sample, one should obtain a straight line at large values of m. The slope, α, of this line is given by

$$\alpha \equiv \frac{dW}{d(m)^{\frac{1}{2}}} = \frac{3\lambda}{\pi a} \sqrt{\frac{\mu_s}{2}} = \frac{3\sqrt{3}\, \lambda^2 r_0 N_0}{4\pi \sqrt{a}} . \tag{8.5}$$

Thus the particle radius can be determined from the slope α. The results which DEXTER and BEEMAN obtained in this way on some carbon black samples are given in Sect. 23. For polydisperse samples the curve of W versus $\sqrt{m}$ should still approach a straight line. The particle size determined from this line will be an average value weighted more heavily by the larger particles.

The method of DEXTER and BEEMAN should be useful for obtaining an estimate of the particle size in samples where the particles are large enough to make high multiplicities obtainable. An alternative method for particles in this size range is to determine μ_s by measuring the total power of the radiation scattered at small angles as suggested by WARREN[1]. The particle radius can then be calculated using Eq. (8.4). Both of these methods assume spherical particles and neglect interparticle interferences.

With a monodisperse sample, however, the most precise information on size and shape of the particles can be determined from the single-particle structure factor and multiple scattering effects are an undesirable complication. A check for the presence of these effects can be made experimentally by varying the sample thickness. A theoretical estimate can be made by calculating $\mu_s m$. For small values of $\mu_s m$ only the once and twice scattered components will be significant.

[1] B. E. WARREN: J. Appl. Phys. 20, 96 (1949).

According to Eq. (8.2) the ratio of the intensity, I_1, of once scattered radiation to intensity, I_2, of double scattering will be given by

$$\frac{I_2(h)}{I_1(h)} = \frac{\mu_s m}{4} e^{\frac{h^2 a^2}{9}}. \tag{8.6}$$

Thus double scattering will account for less than 1% of the scattered intensity at very small angles if $\mu_s m \leq 4 \times 10^{-2}$. For proteins in water solution, taking the density of the protein to be $\frac{4}{3}$ that of water, μ_s is given by

$$\mu_s = 0.00090\, \lambda_A^2\, a_A\, c \tag{8.7}$$

where c is the protein concentration in gm/ml. For $\lambda_A = 1.54$ Å, $a_A = 100$ Å, and $c = 0.05$ gm/ml we find $\mu_s = 10^{-2}$. If the protein solution has the optimum thickness for single scattering (10^{-1} gm/cm²), the value of $\mu_s m$ will be about 10^{-3} and double scattering will be completely negligible. Only in concentrated solutions of very large proteins or at very long wavelengths will multiple scattering become significant when working with water solutions of proteins. It may be necessary in those cases to reduce the sample thickness below the optimum thickness for single scattering.

II. Analysis of data.

9. Slit corrections. The calculations in Part I give the scattering in a definite direction with respect to an incident beam which is assumed to be composed of parallel rays. In an actual experiment there will be a certain angular divergence in the incident beam due to the size of the collimating apertures and an integration over a range of scattering angles due to the size of the detector aperture. Unless these apertures can be made very small the observed curve is an integration over a range of scattering angles large enough to affect the experimental data. In many cases slit shaped apertures are used in order to obtain sufficient scattered power into the detector while still maintaining a beam fine enough to permit investigation of very small scattering angles. In these cases the effects of the slit widths may be negligible while the effect of the slit heights may be considerable.

Two different approaches have been used in considering these collimation errors. One approach is to start with the theoretical scattering functions for various systems of particles and calculate how these functions will be altered by a given experimental arrangement. These "slit-smeared" curves can then be compared to the experimentally observed curves and an interpretation of the data attempted on the basis of this comparison. Alternatively, one can start with the experimentally observed curve and try to deduce from it the shape of the corresponding perfect-collimation curve.

A useful approach for both of these processes is suggested by the work of various investigators on the correction of x-ray diffraction line shapes for the broadening effect of the spectrometer. SPENCER[1] and JONES[2] pointed out that the observed diffraction line shape, $\mathfrak{J}(h)$, is the convolution of the actual line shape, $I(h)$, and an instrumental weighing function, $W_w(h)$. That is

$$\mathfrak{J}(h) = \int_{-\infty}^{+\infty} W_w(y)\, I(h-y)\, dy. \tag{9.1}$$

[1] R. SPENCER: Phys. Rev. 38, 618 (1931).
[2] F. W. JONES: Proc. Roy. Soc. Lond., Ser. A 166, 16 (1938).

Eq. (9.1) is useful in correcting scattering data for the effects due to the width of the collimating apertures. In this equation $h = \frac{4\pi \sin\vartheta}{\lambda}$ where 2ϑ is the nominal scattering angle, that is, the angular position of the detecting aperture (see Fig. 8). $y = \frac{4\pi \sin\eta}{\lambda}$ where $(2\vartheta - \eta)$ is the projection of the actual scattering angle in the same plane as ϑ (the equatorial plane). $W_w(h)$ is the intensity distribution that would be measured as the detecting aperture is moved through the direct beam with no sample in position.

A similar relation can be used in correcting for effects due to the height of the collimating apertures:

$$\Im(h) = \int_0^\infty W_h(z)\, I\left(\sqrt{h^2 + z^2}\right) dz. \tag{9.2}$$

Here $z = \frac{4\pi \sin\varphi}{\lambda}$ where φ is the projection of the scattering angle in the plane through the slits (the meridional plane). The weighting function $W_h(z)$ is the

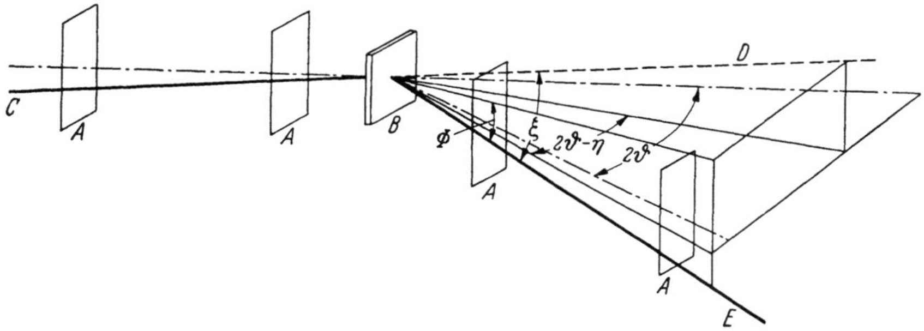

Fig. 8. Diagram of a slit system with a ray passing through the slits and being scattered at the sample. ξ is the scattering angle, φ its projection in the meridional plane, and $(2\vartheta - \eta)$ its projection in the equatorial plane. A = slits, B = scattering sample, C = incident ray, D = unscattered ray, E = scattered ray.

intensity distribution that would be observed if the detecting slit were moved in the meridional plane through the direct beam. With a uniform focal spot $W_h(z)$ should depend on the slit height in the same way the $W_w(y)$ depends on the slit width. Also with a uniform focal spot the intensity distribution in a meridional plane through the direct beam should be independent of position in the equatorial plane so that if both height and width of the slits are appreciable we can write:

$$\Im(h) = \int_0^\infty \int_{-\infty}^{+\infty} W_h(z)\, W_w(y)\, I\left(\sqrt{(h-y)^2 + z^2}\right) dy\, dz. \tag{9.3}$$

We shall consider first the slit smearing calculations. If the instrumental weighting functions are known for a given experimental set-up then Eqs. (9.1) to (9.3) can be used to calculate the smearing effect of the slits on any arbitraty scattering function. ANDEREGG and DEXTER[1] have calculated the weighting function for the slit-system shown in Fig. 15, verified it experimentally, and used it to calculate the smearing effect of slits of several sizes on the scattering function for ellipsoids of revolution. These calculations are to be published soon. All other smearing calculations refer only to slit heights since slit width effects are ordinarily considered to be negligible.

[1] J. W. ANDEREGG: Thesis, University of Wisconsin 1952.

If the scattering function is a GAUSSian such as the GUINIER approximation, $I(h) = \exp(-\frac{1}{3}h^2R^2)$, the effect of the slit heights can be easily calculated from Eq. (9.2)

$$\mathfrak{J}(h) = \int_0^\infty W_h(z)\, e^{-\frac{R^2}{3}(h^2+z^2)}\, dz = (\text{const}) \times e^{-\frac{h^2R^2}{3}}. \tag{9.4}$$

Thus the experimentally observed curve will be proportional to the true scattering curve regardless of the slit height. Since the scattering functions for near-spherical particles follow a GAUSSian approximation quite closely over a large intensity range, the above result shows that slit height corrections will be small for these particles over this range.

If the slits are very high compared to the width of the scattering pattern the weighing function will be essentially constant over that part of the integral in (9.2) which contributes appreciably to the observed scattering. Eq. (9.2) for this case (infinitely high slits) becomes

$$\mathfrak{J}(h) = K_1 \int_0^\infty I\left(\sqrt{h^2+z^2}\right) dz. \tag{9.5}$$

Several useful results for this case have been pointed out by POROD [4, 1]. If the asymptotic form of the true scattering curve is $I(h) = K_2 h^{-4}$ then the asymptotic form of the observed curve is

$$\mathfrak{J}(h) = K_1 \frac{\pi}{4} K_2 h^{-3}. \tag{9.6}$$

Also the following relations can be readily derived:

$$\int_0^\infty \mathfrak{J}(h)\, dh = \frac{\pi}{2} K_1 \int_0^\infty h\, I(h)\, dh, \tag{9.7}$$

$$\int_0^\infty h\,\mathfrak{J}(h)\, dh = K_1 \int_0^\infty h^2 I(h)\, dh \tag{9.8}$$

K_1 and K_2 are constants.

GUINIER and FOURNET[1] have calculated the smearing effect of infinitely high slits on the initial slope of the $\log I(h)$ versus h^2 curve for ellipsoids of revolution. According to the GUINIER approximation this curve will be a straight line at small h as is seen when (4.2) is written in the following way:

$$\log I(h) = \log I(0) - \frac{h^2R^2}{3}. \tag{9.9}$$

GUINIER and FOURNET found that to a first approximation the effect of infinitely high slits on the scattering function for ellipsoids of revolution resulted in the following expansion of $\log I(h)$:

$$\log I(h) = \log I(0) - \frac{h^2R^2}{3k^2(v)} + \cdots \tag{9.10}$$

$k(v)$ is a correction factor which is a function of the axial ratio v (Fig. 9). If the scattering from a collection of ellipsoids is observed with infinitely high slits the initial slope of the $\log I(h)$ versus h^2 curve will give an apparent radius of gyration which must be multiplied by $k(v)$ to obtain the true radius of gyration.

[1] A. GUINIER and G. FOURNET: J. Phys. Radium 8, 395 (1947).

SCHMIDT[1] has considered a scattering function which is given by an equation such as (3.7):

$$I(h) = \int_0^\infty \psi(r) \frac{\sin hr}{hr} \, dr. \tag{9.11}$$

He has shown that after smearing by infinitely high slits the scattering will be given by an equation of the form

$$I(h) = \int_0^\infty \frac{\psi(r)}{r} J_0(hr) \, dr. \tag{9.12}$$

SCHMIDT has calculated $\psi(r)$ for uniform spheres with a hollow center and has used (9.12) to calculate the corresponding scattering functions after smearing

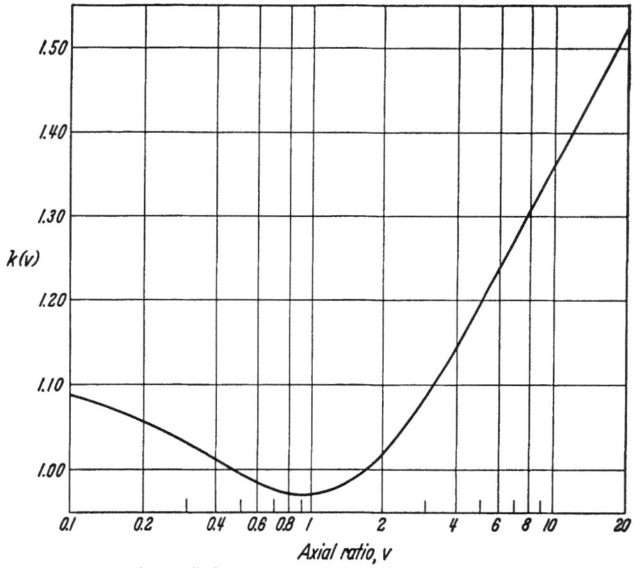

Fig. 9. Correction factor $k(v)$ to be applied to an apparent radius of gyration determined from a curve observed with infinitely high slits. The true radius of gyration is $k(v)$ times the apparent radius of gyration. [A. GUINIER and G. FOURNET: J. Phys. Radium 8, 395 (1947).]

by infinitely high slits. His paper gives a tabulation of these results. He has also calculated a series expression for the scattering function for ellipsoid of revolution after smearing by infinite slits.

Consider now the process of unsmearing an experimental curve to obtain the true scattering curve. To correct for the effect of slit widths (9.1) must be solved for $I(h)$ in terms of the experimentally observed functions $\mathfrak{J}(h)$ and $W_w(h)$. Let $I^*(h)$, $\mathfrak{J}^*(h)$, and $W_w^*(h)$ be the FOURIER cosine transform of $I(h)$, $\mathfrak{J}(h)$, and $W_w(h)$, which we shall assume to be even functions. For example,

$$I^*(h) = \sqrt{\frac{2}{\pi}} \int_0^\infty I(x) \cos hx \, dx. \tag{9.13}$$

Then (9.1) leads to the result:

$$I^*(h) = \frac{\mathfrak{J}^*(h)}{W_n^*(h)}. \tag{9.14}$$

[1] P. SCHMIDT: Acta crystallogr. 8, 772 (1955).

Thus to correct for the effect of slit widths we find the FOURIER transforms of the observed scattering curve and the instrumental weighting function and form their quotient. The transform of this quotient is the corrected scattering function.

In correcting for the effect of slit heights a similar, general solution to (9.2) is not available. Solutions are known, however, for several special cases. GUINIER and FOURNET[1] derived a method which applies when the slits are essentially infinitely high. In other words they have a method of solving (9.5) for $I(h)$. Their solution is as follows:

$$I(h) = -\frac{2}{\pi K_1}\int_0^\infty \frac{\mathfrak{J}'\left(\sqrt{h^2+z^2}\right)}{\sqrt{h^2+z^2}}\,dz. \tag{9.15}$$

Thus one takes the first derivative of the experimental curve, divides by the argument, and integrates numerically in the manner shown above in order to obtain the slit-corrected curve.

KRATKY, POROD, and KAHOVEC[2] have indicated how this same method may be used in the general case of finite slits by introducing a new function $g(s)$ such that

$$\int_0^{\pi/2} W_h(t)\,g(s)\,d\alpha = 1 \tag{9.16}$$

where $t = r\sin\alpha$ and $s = r\cos\alpha$. The solution of (9.2) for $I(h)$ is then given by

$$I(h) = -\frac{2}{\pi K_1}\int_0^\infty \frac{\mathfrak{J}'\left(\sqrt{h^2+z^2}\right)}{\sqrt{h^2+z^2}}\,g(z)\,dz. \tag{9.17}$$

One is left with the problem, however, of obtaining $g(s)$. KRATKY *et al.* give a solution for $g(s)$ only for the very special case where $W_h(h)$ is constant for $h < h_0$ and is zero for $h > h_0$.

The above authors also point out that GUINIER and FOURNET's method for infinitely high slits [Eq. (9.14)] can be used for the case of finite slits if the weighing function $W_h(h)$ is a GAUSSian. If $W_h(h)$ is given by

$$W_h(h) = e^{-ch^2}, \tag{9.18}$$

then the solution of (9.2) is given by

$$I(h) = -e^{ch^2}\int_0^\infty \frac{d}{d\sqrt{h^2+z^2}}\left[\mathfrak{J}\left(\sqrt{h^2+z^2}\right)e^{-c(h^2+z^2)}\right]\frac{dz}{\sqrt{h^2+z^2}}. \tag{9.19}$$

One multiplies the experimental curve by the GAUSSian weighting function, unsmears this modified curve in the same manner as for infinitely high slits, and then divides again by the GAUSSian. This method should be rather general since the weighting functions appear to be roughly GAUSSian in many cases.

Another important case for which (9.2) can be solved has been pointed out by SHULL and ROESS[3]. They show that if the experimental scattering curve, $\mathfrak{J}(h)$, can be resolved into a sum of GAUSSians then the true scattering wave, $I(h)$, is also given by a sum of GAUSSian with different term amplitudes which can be calculated if the weighting function is known. Let $I(h)$ be prepresented by

$$I(h) = \sum_{i=1}^{n} T_i\,e^{-t_i^2 h^2}. \tag{9.20}$$

---

[1] A. GUINIER and G. FOURNET: J. Phys. Radium 8, 345 (1947).

[2] O. KRATKY, G. POROD and L. KAHOVEC: Z. Elektrochem. 55, 53 (1951).

[3] C. G. SHULL and L. C. ROESS: J. Appl. Phys. 18, 295 (1947).

Substituting this into (9.2) we find:

$$\mathfrak{I}(h) = \sum_{i=1}^{n} T_i' \, e^{-t_i^2 h^2} \tag{9.21}$$

where

$$T_i' = T_i \int_0^\infty W_h(z)\, e^{-t_i^2 z^2}\, dz = g(t_i)\, T_i. \tag{9.22}$$

The function $g(t)$ depends only on the geometry of the scattering apparatus. Thus if one can resolve an experimental scattering curve into a sum of GAUSSians with constants t_i and T_i', then (9.22) can be used to find the constants T_i and hence the perfect resolution scattering curve. For many curves the resolution into GAUSSians can be quite easily done graphically using a plot of $\log I(h)$ versus h^2. For such cases the above method is very convenient. It is not a general method, however, since not all curves can be expanded in a sum of GAUSSians.

A general method of correcting for the effect of both slit widths and heights, suggested by KRANJC[1], involves making a microphotometer trace of the entire area of the film exposed by the scattered x-rays. The correction is then made by use of double transforms. The method appears to be very laborious and will not be discussed further.

Summarizing the methods for unsmearing scattering curves we see that effects of slit widths can be corrected for in general, that is, for arbitrary weighting function and scattering curves. The corrections for the effect of slit heigths can be made for an arbitrary scattering curve if the weighting function is constant (i.e., if the slits are essentially infinitely high) or is a GAUSSian, and for an arbitrary weighting function if the scattering curve can be resolved into a sum of GAUSSians.

10. Scattering by a group of identical particles. In this section we will discuss the steps that one might go through in analyzing an experimental, small-angle scattering curve if one had good reason to believe from other information that the scattering sample consisted of a collection of identical particles. First we shall summarize from Eq. (6.1) and from Sect. 4 the following general results for the scattering from a collection of N particles each with structure factor $\overline{F^2(h)}$ and randomly positioned with respect to each other:

$$I(h) = I_e(h)\, N \overline{F^2(h)} = I_e(h)\, N n^2 i(h), \tag{10.1}$$

$$i(0) = 1, \tag{10.2}$$

$$I(h) \approx I_e(h)\, N n^2 e^{-\frac{h^2 R^2}{3}} \qquad (hR < 1), \tag{10.3}$$

$$I(h) \approx I_e(h)\, N \frac{2\pi \varrho_e^2 s}{h^4} \qquad (hR \gg 1;\ \varrho_e = \text{const}), \tag{10.4}$$

$$\int_0^\infty h I(h)\, dh = I_e(h)\, N\, 2\pi \varrho_e^2 V \bar{l} \qquad (\varrho_e = \text{const}), \tag{10.5}$$

$$\int_0^\infty h^2 I(h)\, dh = I_e(h)\, N\, 2\pi^2 \overline{\varrho_e^2}\, V. \tag{10.6}$$

n is the number of electrons in each particle, R is the radius of gyration, s the surface area, ϱ_e the electron density and V the volume of each particle. $\bar{l}$ is the characteristic length defined in Sect. 4. Eqs. (10.4) and (10.5) hold only for

[1] K. KRANJC: Acta crystallogr. 7, 709 (1954).

particles which have no large scale, internal fluctuations in electron density. All the equations as written refer to particles in vacuum; the modifications which will be required if the particles are in solution will be discussed below.

These equations can only be applied to the data after the latter have been corrected for the smearing effect of the slits and for interparticle interference effects. Corrections for slit effects were discussed in the last section. In some cases it may be possible to take data on powders or solutions which are dilute enough so that interparticle interference effects are negligible. This can be checked by taking data at several concentrations. If there is a change in shape of the scattering curve as a function of the concentration of scattering particles, an extrapolation procedure outlined by FOURNET[1] can be used to determine $\overline{F^2(h)}$. Eq. (6.3) can be rewritten as follows:

$$\frac{I_e(h)\,N}{I(h)} = \frac{1 - \varepsilon\beta(h)\,N_0 M^{-1}(2\pi)^{\frac{3}{2}}c}{\overline{F^2(h)} - [\overline{F^2(h)} - \overline{F(h)}^2]\,\varepsilon\beta(h)\,N_0 M^{-1}(2\pi)^{\frac{3}{2}}c}\,. \tag{10.7}$$

This result suggests that one should normalize all the scattering curves to the same intensity scale and then plot the reciprocal of the intensity at a given angle as a function of the concentration, c. If the scattering particles are spherically symmetric the data at all concentrations should fall on a straight line. If the particles are not spherically symmetric the plot of reciprocal intensity as a function of c should still approach a straight line at small $c\left(\varepsilon\beta(h)\,N_0 M^{-1}(2\pi)^{\frac{3}{2}}c \ll 1\right)$. The intercept of this straight line with the $c=0$ axis should give the value of $[\overline{F^2(h)}]^{-1}$ at the given h.

With slit effects and interparticle interferences eliminated one can analyze the resultant scattering curve for various parameters which describe the scattering particles. Most of these parameters can be determined from the shape of the curve without the necessity of absolute intensity measurements. The least ambiguous of these is the radius of gyration, R. Eq. (10.3) can be written:

$$\operatorname{Log} I(h) = -\frac{h^2 R^2}{3}\operatorname{Log} e + \text{constant}. \tag{10.8}$$

Thus a plot of $\operatorname{Log} I(h)$ versus h^2 should give a straight line at small values of h and from the slope of this line the radius of gyration is determined. Actually (10.3) and (10.8) are only approximations and the plot of $\operatorname{Log} I(h)$ versus h^2 is a curve with the radius of gyration determined by the slope of the tangent at the origin. The deviations from a straight line are greater for assymetric particles.

Since experimental data do not extend into the origin, we have defined in Sect. 6 an apparent radius of gyration, R_a, which is determined experimentally from the slope of the $\operatorname{Log} I(h)$ versus h^2 curve at $h=h_0$

$$R_a^2 = -3\left|\frac{d\,[\operatorname{Log} I(h)]}{d\,h^2}\right|_{h=h_0}. \tag{10.9}$$

In practice the slope will be measured over a range of h but if this range is small we can assume that the measured slope will be equal to the actual slope at the mid-point of the range. If a series of curves at different concentrations is available and if the interference effects are small then instead of eliminating these effects by the method in the last paragraph it is perhaps preferable to proceed as follows in determining the radius of gyration. A value of R_a is determined from each curve. These will be a function of the concentration and the angle at which they are determined and we shall designate them as $R_a(c, h_0)$. Eq. (6.6) shows

[1] G. FOURNET: Acta crystallogr. 4, 293 (1951).

that the R_a will depend linearly on c and hence it is easy to extrapolate to the infinite dilution value, $R_a(0, h_0)$. Now a correction factor k^* is needed to obtain R from $R_a [R = k^* R_a(0, h_0)]$. For the case of ellipsoids of revolution we have used 5.3 to obtain k^* as a function of axial ratio, v, by measuring the average slope over an intensity range from $0.9\,I(0)$ to $0.7\,I(0)$. If a larger range is used, the deviation of the curve from linearity makes it difficult to decide on the best straight line, and if a smaller range is used, a small error in the intensity results in too large an error in the slope. A curve of k^* as a function of v for ellipsoids of revolution is shown in Fig. 10. Thus one determines apparent radii of gyration from a series of curves by measuring the slope of each over the intensity range from $0.9\,I(0)$ to $0.7\,I(0)$. These values of $R_a(c, h_0)$ are plotted against concentration and extrapolated to $c = 0$. A correction factor $k^*(v)$ is determined from Fig. 10 after estimating the axial ratio of the scattering particles in the manner described in the next paragraph. The true radius of gyration is determined from $R = k^*(v)\, R_a(0, h_0)$. The correction factor $k^*(v)$, which results from deviations from the GUINIER approximation, should not be confused with the correction factor $k(v)$ described in Sect. 9, which results from the smearing effect of infinitely high slits.

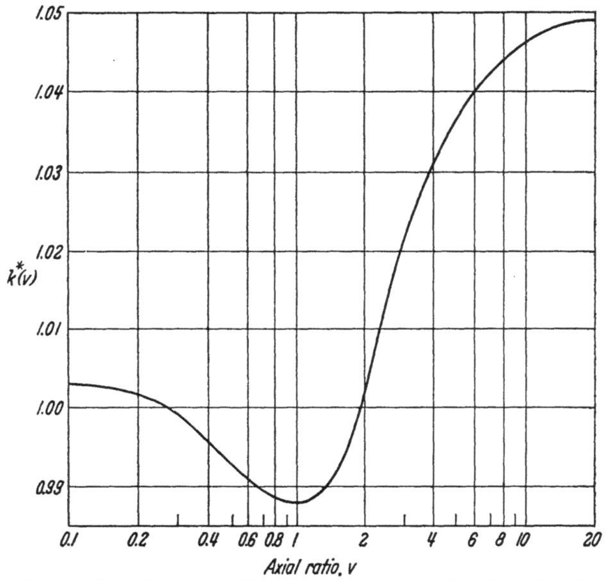

Fig. 10. Correction factor $k^*(v)$ to correct for deviations from GAUSSIAN approximation. The true radius of gyration is $k^*(v)$ times the apparent radius of gyration determined from the data between $0.9\,I(0)$ and $0.7\,I(0)$.

The shape of the scattering particles can be estimated by plotting the corrected scattering curve on a graph of Log $I(h)$ versus Log h and comparing the shape of the curve with the shape of the theoretical curves for uniform ellipsoids, cylinders, etc. (Fig. 2 to 6). Since it is difficult to distinguish details of shape it is frequently assumed in practice that the particles are uniform ellipsoids of revolution and one attempts only to determine the best value for the axial ratio. The presence of a $1/h$ dependence over an appreciable region of the scattering curve indicates a very elongated particle. Multiplying such a curve by h enables one to determine $\varphi(h)$ and hence the radius of gyration, Q, of the cross-sectional plane from (5.27). The presence of a $1/h^2$ dependence indicates a thin platelet and multiplying by h^2 enables one to determine the plate thickness, $2H$, from (5.29).

If one assumes a model (ellipsoid or cylinder) and determines the radius of gyration and axial ratio from the scattering curve, the particle volume can be calculated. For particles in vacuum (or air) this volume should agree with the volume calculated from the molecular weight and particle density if these are known. For particles in solution the situation is not so clear because of the possibility of the particle taking up water. For instance in the case of several nucleoproteins and proteins (see Sect. 19) it has been found that the volume given by the x-ray scattering curve (R and v) is considerably larger than the volume given by the product of molecular weight and partial specific volume. One explanation for this could be that the molecule in solution is internally hydrated. An additional determination of the particle volume can be made using (10.6) if it can be assumed that the particle has uniform density. Here again absolute intensity measurements are not necessary. For a uniform particle (10.1) gives for the central scattered intensity:

$$I(0) = I_e N V^2 \varrho_e^2. \tag{10.10}$$

Dividing (10.6) by (10.10) we get

$$\int_0^\infty h^2 i(h)\, dh = \frac{2\pi^2}{V}. \tag{10.11}$$

This holds for particles in solution or in air, for the former, V is equal to the volume of the internally hydrated molecule. The determination of the volume in this way is experimentally difficult since the scattering curve must be investigated out to very small intensities in order that the remaining area under the $h^2 i(h)$ curve be negligible.

If the scattering curve has an average h^{-4} dependence at larger h then (10.4) can be used to determine the surface area, s, of the particle if the particle volume, V, is known. This also assumes that the density of the particle is constant. To normalize the curve we can again divide by the zero-angle scattering [Eq. (10.10)] and we get

$$h^4 i(h) = \frac{2\pi s}{V^2}. \tag{10.12}$$

If the scattering data have been taken with slits of essentially infinite height the surface area can be determined without correcting for the effects of the slit heights. From Eqs. (9.6), (9.8), (10.4), and (10.6) we get the result

$$\frac{h^3 \mathfrak{J}(h)}{\int_0^\infty h \mathfrak{J}(h)\, dh} = \frac{s}{4V}. \tag{10.13}$$

The characteristic length can also be determined without the necessity of absolute intensity measurements if V has been previously determined. Dividing Eq. (10.5) by (10.10) we get

$$h\, i(h)\, dh = \frac{2\pi}{V} \bar{l}. \tag{10.14}$$

Correspondingly, if the curves have been taken with infinitely high slits we can get the following result by combining Eqs. (10.5), (10.6), (9.7) and (9.8):

$$\bar{l} = 2 \frac{\int_0^\infty \mathfrak{J}(h)\, dh}{\int_0^\infty h \mathfrak{J}(h)\, dh}. \tag{10.15}$$

In addition to the radius of gyration, axial ratio, particle volume, surface area, and characteristic length $\bar{l}$, which can be determined from the shape of the scattering curve alone, one can also determine the molecular weight of the particle if the scattering curve can be put on an absolute intensity scale. The molecular weight is determined by the extrapolated value for the zero-angle scattering. Eq. (10.1) for the case of N particles of molecular weight M in air reduces at $h=0$ to the following:

$$I(0) = I_e(0)\, V_s\, N_v\, M^2 \left(\frac{n}{M}\right)^2 \tag{10.16}$$

where V_s is the effective scattering volume of the sample, N_v is the number of particles per unit volume, and n/M is the ratio of the molecular number to the molecular weight. n/M will be determined by the chemical composition of the particle. $I_e(0)$ is equal to $(7.90 \times 10^{-26})\, I_0\, d^{-2}$, where I_0 is the intensity incident on the sample and d is the distance from the sample to the plane in which $I(h)$ is measured. $N_v M = N_0 c$ where c is the concentration in gm./ml. and N_0 is AVOGADRO's number. Thus we have

$$I(0) = \frac{(7.90 \times 10^{-26})\, P}{d^2}\, t\, N_0\, c\, M \left(\frac{n}{M}\right)^2. \tag{10.17}$$

Since I_0 will not be constant across the beam we have written $I_0 V_s$ as Pt where P is the total power incident on the sample and t is the sample thickness. Eq. (10.17) neglects absorption in the sample so this must be taken into account when measuring P. If collimation errors are also properly considered when measuring the incident and scattered power then (10.17) can be used to determine M if the concentration and chemical composition are also known.

For particles in solution (10.1) must be modified so that at $h=0$ we have

$$I(0) = I_e(0)\, N (n - n_0)^2 \tag{10.18}$$

where n is the number of electrons in the solute particle and n_0 is the number of electrons in an equal volume of solvent. If there is no internal hydration then in close analogy with (10.17) we find

$$I(0) = \frac{(7.90 \times 10^{-26})\, P}{d^2}\, t\, N_0\, c\, M \left(\frac{n}{M}\right)^2 \left(1 - \frac{\varrho_w}{\varrho_e}\right)^2 \tag{10.19}$$

where ϱ_w is the electron density of the solvent and ϱ_e is the electron density of the solute particles. For particles in solution, therefore, the molecular weight can be determined from the absolute intensity measurement if in addition the concentration and chemical composition of the solute and the electron density of solute and solvent are known. The above result also holds for an internally hydrated particle if the hydration is such that there is within the particle a definite water phase of electron density ϱ_w and a definite solid phase of electron density ϱ_e and if M refers to the dry molecular weight. More complicated situations are possible however.

Finally there is the information that can be obtained by FOURIER inversion of the scattering curve. From (3.10) and (10.1) it follows that

$$D(r) = \frac{1}{2\pi r^2} \int_0^\infty h \frac{I(h)}{I_e(h)\, N} \sin h r\, dh. \tag{10.20}$$

Thus we can determine the density function, $D(r)$, from a FOURIER inversion of the scattering curve. The value of r at which $D(r)$ goes to zero gives the longest dimension of the particle. For particles that are known to be spherically symmetric the FOURIER inversion of the square root of the intensity gives the radial density distribution:

$$\varrho(r) = \frac{1}{2\pi^2 r} \int_0^\infty h \sqrt{\frac{I(h)}{I_e(h)\, N}} \sin h r\, dh. \tag{10.21}$$

Summarizing the information that can ideally be obtained from a complete scattering curve, we find as follows. With no assumptions at all about the nature of the particles one can determine their radius of gyration and longest dimension. In addition, by assuming that the particles have a uniform density after atomic fluctutations are averaged out, one can determine the particle volume, surface area, and mean diameter, $\bar{l}$, passing through every point of the particle in all directions. An estimate of the shape of the particle can also be made. The above things can all be determined without the necessity of absolute intensity measurements. If such absolute measurements have been made, the molecular weight can also be determined provided the concentration of the solution, chemical composition and density of solute, and density of solvent are all known and provided there is not internal hydration.

11. Scattering by a group of non-identical particles. The scattering from a sample in which the particles are not all indentical will generally be characterized by an upward concavity of the scattering curve on a $\operatorname{Log} I(h)$ versus h^2 plot. An interpretation of the scattering data will be very difficult in this case. Two parameters can be unambiguously determined, however, provided the data extends over a sufficient angular range. A weighted average radius of gyration given by (7.3) can be determined from the initial slope of the $\operatorname{Log} I(h)$ versus h^2 curve provided the data extended to angles small enough so that h is small compared to the reciprocal of the radius of gyration of the largest particle. The total surface area of the scattering particles can be determined from the large angle tail of the scattering curve according to (7.5) provided the data extend to angles large enough so that h is large compared to the reciprocal of the shortest dimension of any of the particles. The average surface to volume ratio for all the particles can be determined without the necessity of absolute intensity measurements if we can assume uniform density for all the particles and make use of (10.6) and (7.1) in addition to (7.5). Then for large h we have:

$$\frac{h^4 i(h)}{\int\limits_0^\infty h^2 i(h)\, dh} \approx \frac{1}{\pi} \frac{\sum\limits_m P_m s_m}{\sum\limits_m P_m V_m}. \tag{11.1}$$

To obtain any information beyond these two parameters we must assume a continuous distribution of particle size and attempt to determine the average particle size and width of the size distribution from the scattering data. If the particles are known to be all spherical and if interparticle interference effects can be neglected it is possible to obtain the size distribution function directly by an inversion of the scattering curve, but no such ideal system has as yet been investigated.

In the absence of other information it is most convenient to assume that the particles in a polydisperse system are nearly spherical and hence scatter approximately according to the GUINIER formula, Eq. (4.2), and that their size distribution can be adequately described by a MAXWELLian type of distribution. The formula for such a distribution is given in (7.6); the average value of the radius of gyration and the width of the distribution in terms of the parameters R_0 and n are given in (7.7) and (7.8); the formula for the scattered intensity from a collection of particles with such a size distribution is given in (7.10).

To analyze an experimental curve in terms of the parameters R_0 and n SHULL and ROESS[1] suggest the following procedure. The standard scattering curves

[1] C. G. SHULL and L. C. ROESS: J. Appl. Phys. 18, 295 (1947).

given by (7.10) are plotted on a graph of $\operatorname{Log} I(h)$ versus $(hR_0)^2$ for a range of values of n as in Fig. 7. The experimental curve is plotted on a graph of $\operatorname{Log} I(h)$ versus h^2. If the experimental scattering curve can be matched to one of these standard scattering curves by suitable displacement of the two graphs along horizontal and vertical axes, the particle size distribution is represented by (7.10) with the parameter n determined by the selected standard curve and R_0 determined by comparing the location of the h^2 axis on the experimental graph in relation to the $(hR_0)^2$ axis of the standard curve graph. If the experimental curve does not match any of the standard curves it is necessary to resolve the experimental curve into the sum or difference of two or more component curves each of which matches one of the standard curves. The parameters of the component curves will be determined as previously and the relative amplitude of the distributions will be determined by the relative intensities of the component scattering curves.

Hosemann [3] has suggested an alternative procedure for analyzing the experimental data. He plots a curve of $h^2 I(h)$ versus h. Such a curve will have a maximum at some position h_M. As the curve decreases from the maximum it will pass through an inflection point W and a line is drawn tangent to the curve at this point (see Fig. 11). The point where this tangent crosses the h axis is called h_T. Hosemann has derived the following relations for obtaining the parameters n and R_0:

$$n = \frac{1}{2}\left(\frac{h_T}{2h_M} - 1\right)^{-2} - 1, \tag{11.2}$$

$$R_0 = \frac{1}{h_M}\sqrt{\frac{6}{n+2}}. \tag{11.3}$$

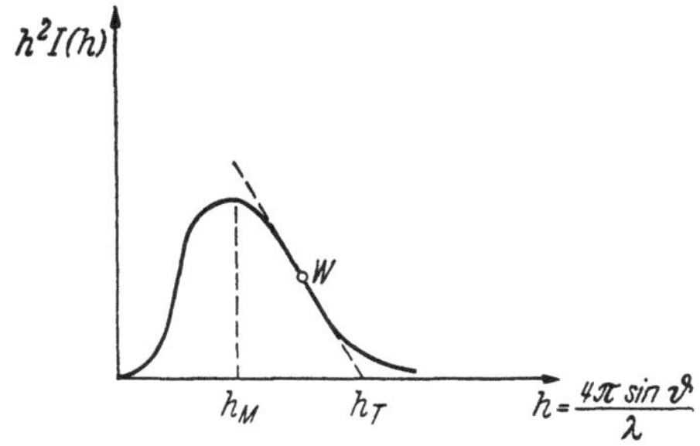

Fig. 11. Hosemann's method for analyzing the scattering data from a collection of particles with a Maxwellian size distribution [R. Hosemann: Ergebn. exakt. Naturw. 24, 142 (1951).]

Hosemann's method has an advantage over that suggested by Shull and Roess in that it makes no use of the small-angle portion of the curve where interference effects are most pronounced.

III. Experimental equipment.

12. General remarks. The immediate objectives of the experiments discussed in this article are the measurement of the angular distribution and occasionally the absolute intensity of x-rays scattered by particulate materials in the size range 20 Å to 2000 Å. Almost all of the scattered flux in such experiments is confined to an angular range within a few degrees of the primary beam. In this section we discuss some of the experimental requirements of such studies and some of the instruments that have been shown to be most useful.

There are a number of important considerations in the design of small angle scattering equipment. Among them are: the magnitude and the constancy of the x-ray intensity incident upon the sample and recorded by the detector, the spectral purity of the x-ray beam, the collimating properties of the instrument, i.e. the angular resolution and the angular range accessible to experiment, the properties of the detector, and the spurious intensity recorded by the detector. These factors are all interrelated, and their relative importance may depend upon the particular experiment under consideration.

The standard x-ray tubes and their associated power supplies need little discusssion here. Most scattering experiments in which the specimen consists of particulate solids are readily feasible with commercially available tubes; however, with weakly scattering materials high-intensity, rotating-anode, tubes may be preferable. If the scattered x-rays are recorded sequentially (e.g. with a GEIGER counter detecting system) the beam intensity must be held constant—usually by means of current and voltage regulating power supplies. If the x-rays are recorded concurrently (e.g. photographically) no precise regulation of beam intensity is required unless the absolute magnitude of the scattering is to be determined or background corrections are needed.

The usual source of a monochromatic beam is the $K\alpha$ line spectrum from a convenient x-ray target material (e.g. Cu $K\alpha = 1.54$ Å). With a copper target tube operated at 30 kilovolts about 75% of the x-ray intensity is contained in the Cu $K\alpha$ line, Cu $K\beta$ has about 10% and the remaining 15% of the radiation is in the continuous spectrum[1]. Forquantitative results it is necessary to eliminate both the $K\beta$ and the continuous radiation. This is commonly done by diffracting the beam with a crystal (to be discussed in more detail later) or by the use of selective filters. The $K\beta$ spectrum can be made negligible by using a filter whose K absorption edge occurs at a wavelength between the $K\alpha$ and $K\beta$ wavelengths of the x-ray target material. Such filters can also eliminate most of the continuous spectrum of wavelengths longer than that of the K lines, but they are ineffective in removing the shorter wavelength continuous radiation. ARNDT[1] and RILEY have investigated the extent of monochromatization achieved with β filters under various conditions. They have reported that with Ni filtered Cu radiation at 30 kilovolts, about 96% of the radiation detected by their GEIGER counter was in the $K\alpha$ line spectrum. Under similar conditions, but with a proportional counter set to detect a narrow range of wavelengths, over 99% of the recorded radiation was in the $K\alpha$ lines. The degree of monochromatization achieved in the latter arrangement is sufficient for all but the most stringent requirements. With photographic or GEIGER counter detection it may be necessary to employ the balanced filter technique to reduce the continuous spectrum sufficiently. In this method the scattered intensity must be recorded twice, making use of two properly chosen filters whose K edges bracket the line spectrum to be employed. The difference between the two measurements represents the scattered intensity due to the selected wavelength.

Since scattering calculations usually assume an incident and scattered x-ray beam of well defined direction it is desirable to approach this ideal as nearly as possible in the design of experimental equipment. This is the aim of systems using pinhole collimating apertures. In order to obtain sufficient scattered flux, however, it has commonly been found necessary to use slit-shaped apertures. This introduces a beam geometry that may change the shape of the scattering curves considerably. Consequently, analytical procedures have been devised to derive perfect collimation curves from experimentally determined slit-smeared curves. Conversely, theoretical curves have, in some cases, been modified to apply to very high, narrow slits. These procedures have been discussed in Sect. 9. They are not very successful when the required corrections are large, as in the case of particles of large axial ratio. Nevertheless, the advantage of greater x-ray flux has in most cases, particularly for weakly scattering materials, outweighed all other considerations. Even with pinhole collimating systems errors due to the size of the apertures will have to be considered in many cases.

It will be convenient if we discuss the details of beam collimation in the next sections which deal with specific types of slit and pinhole collimators and confine

[1] U. W. ARNDT and D. P. RILEY: Proc. Phys. Soc. Lond. A 65, 74 (1952).

ourselves here to a few general remarks. Most commonly, a geometrically well-defined beam is obtained using either apertures (slits or pinholes) or crystals. The former should be carefully constructed from a heavy metal such as tungsten or tantalum and must be precisely adjustable.

In crystal collimators the (100) planes of calcite and the (1011) planes of quartz are most commonly employed. A large fraction of the beam intensity is lost in reflection from plane crystals; however, rays are obtained whose horizontal components are very precisely parallel. For example, Cu $K\alpha$ x-rays can be reflected successively from two calcite crystals whose faces are parallel, but the twice reflected beam will be decreased in intensity by an order of magnitude if one of the crystals is turned from parallelism by as little as 15 seconds of arc. Properly curved crystals can also give monochromatic beams and these have the additional important property that all the reflected rays are converged to a line or to a point. Thus the linear size of the beam is very small at its focus but the power in the beam can be made high because the angular aperture seen by the x-ray tube target can be large. We shall see in the following sections that curved crystals may be used advantageously even for experiments with weakly scattering materials.

The degree of collimation determines an important instrumental factor—the angular resolution. This refers to the range of scattering angles, $\Delta\varepsilon$, actually recorded by the detector set at the nominal angle ε, (or to the horizontal components of these angles in the case of slit collimation). The angular width of the curve obtained by moving the detector aperture across the unscattered beam with no scattering sample present is a useful measure of the angular resolution of the instrument. Such a curve (sometimes called a rocking curve) gives an experimental determination of the weighting function discussed in Sect. 9. The angular resolution must be chosen with the following considerations in mind: 1. It sets a lower limit on the scattering angle that can be recorded. 2. It modifies the shape of the scattering curve particularly in regions of greatest curvature and this complicates the comparison of experimental and theoretical scattering. 3. In all instruments collimated by apertures it determines aperture sizes and thus governs beam intensity.

Photography is the traditional method of recording x-ray scattering curves. It is relatively automatic and provides a two dimensional scattering pattern. Since all scattering angles are recorded concurrently, no elaborate regulation of beam intensity is necessary unless the absolute scattered intensity is desired or background corrections are required. However it is difficult to get accurate results with films when wide variations in intensity or very low intensities are to be recorded.

Both Geiger counters and proportional counters are usable as x-ray detectors. In addition to the associated electronic circuits, they require appropriate equipment to define the scattered beam and to provide for mechanical traversal of the counter.

Finally we would like to refer to some of the factors concerned with the background radiation recorded by the detector. These considerations apply particularly to scattering from dilute protein solutions which, because of their low scattering power, present the greatest experimental difficulties, but are studied intensively because of their uniformity and their biological importance. The most significant background radiation arises from scattering from aperture edges, crystal faces and other instrumental parts. In general, we may expect scattering from any material that sees both the primary beam and the detector. With proper shielding (e.g. guard slits) this scattering can be confined to a small angular region near the primary beam. For weakly scattering materials it is the angle at which this scattering is eliminated, rather than the angular width of the rocking curve, that determines the minimum angle at which usuable data are obtainable.

In addition, there are easily measurable effects due to air scattering, scattering from the sample holder and room background. Air scattering may be reduced readily by evacuating the beam path or replacing the air by helium. Sample holder and room backgrounds have not received a great deal of attention because they are smaller than the scattering from the solvent itself. For protein concentrations of less than 1%, the solvent scattering exceeds that of the protein over a considerable angular range. With properly designed scattering equipment the background scattering due to the solvent is the *single, important barrier* that prevents accurate experiments at very low sample concentrations.

13. Slit collimation instruments. The most common type of slit collimator is shown schematically in Fig. 12. It consists of a pair of slit S_1 and S_2 which serve

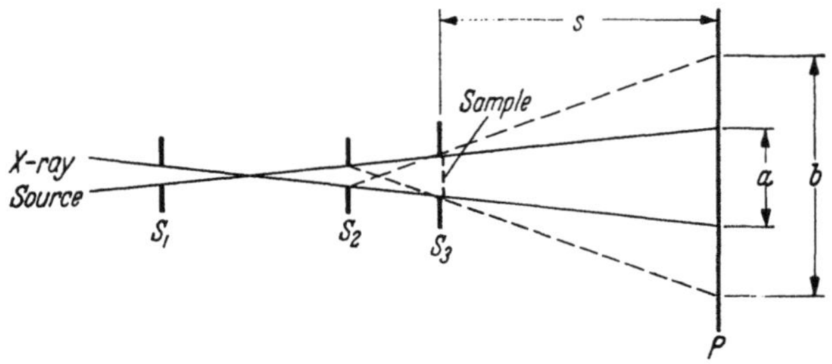

Fig. 12. Diagram of a simple slit collimator. S_1, S_2 Collimating slits. S_3 guard slit. P photographic film.

to collimate the beam and a guard slit S_3 which has the function of eliminating, beyond a certain angle, the x-rays scattered from the second collimating slit. S_3 is just wide enough to be missed by the primary beam. The scattering pattern is recorded by a photographic film placed perpendicular to the beam axis at P. Here the width of the primary beam in the detector plane is a, and the corresponding scattering angle is $a/2s$. The minimum angle at which slit edge scattering is eliminated is $b/2s$. The slit dimensions and separations which are chosen depend principally upon the resolution and the minimum scattering angles required by the experiment and upon constructional convenience. YUDOWITCH[1], BOULDUAN and BEAR[2] and also GUINIER and FOURNET[3] have shown, however, that it is readily possible to calculate optimum dimensions given particular supplementary conditions.

Fig. 13 is a diagram of an instrument designed by HOSEMANN [3] which uses the collimation principle of Fig. 12. In order to eliminate absorption and air-scattering for the long wavelength radiation used (3.6 Å radiation monochromatized by absorption) the entire unit is operated under vacuum. By using exceedingly narrow collimating slits (0.01 mm) the author is able to attain a very high resolution and measure scattering angles as small as 1.8×10^{-3} radians.

If a plane crystal is placed to the left of slit S_1 in Fig. 12 the collimation geometry is changed considerably. Since the angle of reflection is limited, only the desired line spectrum and a narrow range of continuous radiation will pass through

[1] K. L. YUDOWITCH: J. Appl. Phys. **20**, 1232 (1949).
[2] D. E. A. BOULDUAN and R. S. BEAR: J. Appl. Phys. **20**, 983 (1949).
[3] A. GUINIER and G. FOURNET: Small-Angle Scattering of x-rays, p. 88. John Wiley and Sons: New York 1955.

the system for a properly oriented crystal. The continuous x-ray intensity in this narrow wavelength range is completely negligible so that the angular divergence of the beam depends only on the angular width of the line radiation reflected from the crystal. The linear width of the beam is determined by S_1 or S_2, whichever is the smaller. The minimum detectable scattering angle is again $a/2s$ since

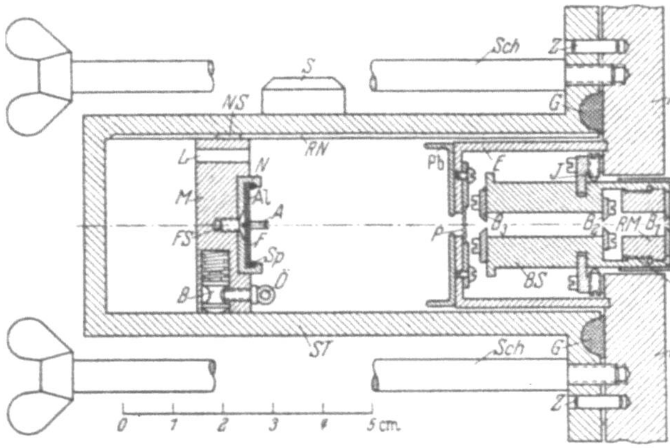

Fig. 13. Collimation instrument which uses the collimation principle of Fig. 12. [R. HOSEMANN: Ergebn. exakt. Naturw. **24**, 142 (1951).]

at smaller angles there is strong parasitic scattering from the crystal face. There is not a great amount of slit edge scattering from S_2 so S_3 is unnecessary unless weak sample scattering is to be recorded.

Fig. 14 is a diagram of the camera used by SHULL and ROESS[1]. It consists of a crystal monochromator as described above and a scattering chamber which

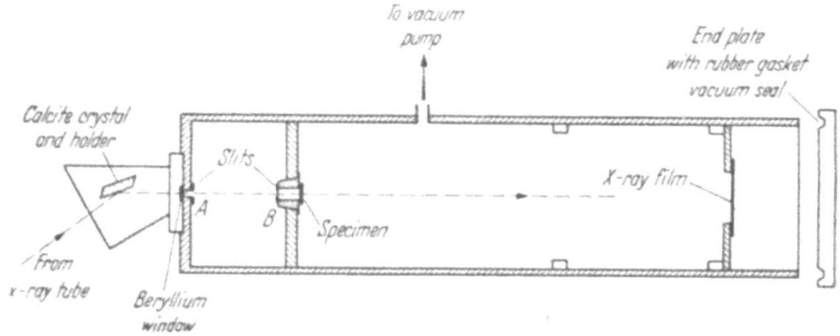

Fig. 14. Crystal and slit collimation camera of SHULL and ROESS. [C. G. SHULL and L. C. ROESS: J. Appl. Phys. **18**, 295 (1947).]

is an evacuated cylinder about 15 cm in diameter and 60 cm in length. Both calcite and rocksalt crystals were used as monochromating crystals, the former when a high degree of collimation was necessary and the latter when higher intensity and less collimation were desired. The x-radiation coming from the monochromator passes into the evacuated scattering chamber through a thin beryllium window and then through two slits, the first 0.13 by 1.6 mm and the second 0.13 by 2.5 mm. These slits serve both to limit the width of the primary beam and to eliminate the weaker component of the $K\alpha$ doublet when a calcite crystal is used. If only one slit were used the well-resolved $K\alpha$ doublet would pass through the camera, and because of the angular separation of its components

[1] C. G. SHULL and L. C. ROESS: J. Appl. Phys. **18**, 295 (1947).

an unsymmetrical scattering pattern would be obtained. By proper alignment of the calcite crystal and the two slits, a homogeneous primary beam of $K\alpha_1$, radiation can be obtained. The half width of this beam after passage through the second slit has been determined by Shull and Roess to be 0.10 mm, and at a distance of 50 cm beyond the second slit this value has increased to only 0.14 mm. Thus it is seen that very little divergence is present in the beam reflected from the calcite crystal.

A variation of the simple collimator which is useful for counter detection of the x-rays has been described by Ritland, Kaesberg and Beeman[1]. A later modification[2] is shown schematically in Fig. 15. A pair of stationary tantalum slits collimates the beam incident upon the scatterer. A second pair of slits analyzes the angular distribution of the radiation leaving the sample. The second pair of slits and also the specimen holder and the Geiger counter, are fixed to an arm which may be rotated, by means of a calibrated screw, about an axis

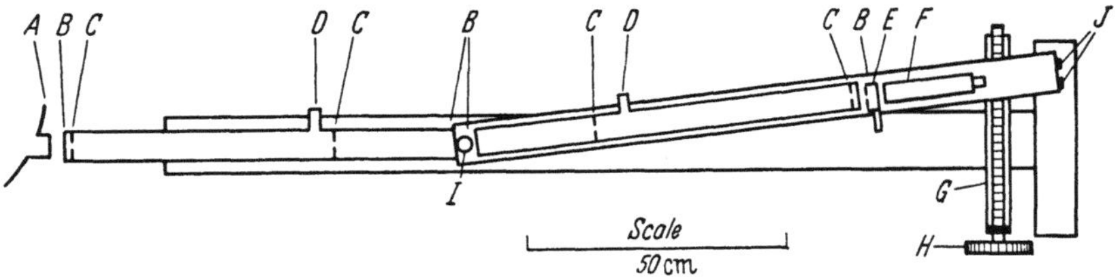

Fig. 15. Diagram of slit collimating system. A. X-ray tube exit window. B. Mica window. C. Tantalum slits. D. Vacuum connections. E. Ross filters on slide. F. Geiger counter. G. High precision screw. H. Calibrated wheel. I. Pivot and sample holder. J. Rollers. [J. W. Anderegg, W. W. Beeman, Sidney Shulman and Paul Kaesberg: J. Amer. Chem. Soc. 77, 2927 (1955).]

through the center of the specimen. The distance between successive slits is 50 cm and the scatterer is halfway between the second and third slits. The slits are 1 cm high, but can be cut down by suitable apertures. The slit widths are adjustable, usually being between 0.1 and 0.8 mm wide. In order to reduce the loss by air absorption, the slits are mounted in two evacuated tubes with windows of thin mica at each end. Monochromatization is achieved by means of the balanced filter method. The differential filters are mounted on a slide in front of the x-ray tube exit window. The scatterer, Geiger counter, and filters are not in the evacuated region.

If *intensity vs. angle* is plotted for the slit apparatus with no scattering sample in place a rocking curve is obtained as has been discussed in the previous section. This curve is shown in Fig. 16 for the original instrument of Ritland *et al.* plotted on a log scale in order to show the very great variation in x-ray intensity. The central part of the curve consists mainly of radiation that goes straight through all of the slits. Intensity in the wings of the curve arises from slit edge scattering, and from air scattering in the non-evacuated regions. If the slit width is d and the separation is a, the counter no longer sees the x-ray tube target at an angle of rotation of $2d/a$ from the straight through position. Scattering from the edges of the second and third slits is eliminated at an angle of $4d/a$.

For protein scattering studies the later instrument was used in conjunction with a rotating anode x-ray tube operating at 30 kilovolts d.c. and a current of 80 mA. With slits 0.06 cm wide and 1 cm high the total incident flux upon the sample was approximately 10^8 photons/sec and the background scattering with

[1] H. N. Ritland, P. Kaesberg and W. W. Beeman: J. Appl. Phys. 21, 838 (1950).

[2] J. W. Anderegg, W. W. Beeman, S. Shulman and P. J. Kaesberg: J. Amer. Chem. Soc. 77, 2927 (1955).

nothing in the scattering position was less than 1 photon/sec at angles from the center of the beam greater than 5×10^{-3} radians. Fig. 17 shows the distribution with angle of the background scattering broken down into scattering from the solvent, sample holder, the small volume of air near the sample holder and a blank background which is mainly due to scattering from the mica windows of the slit system. At these angles there was no detectable slit edge scattering whatever. It is readily seen that the largest single background contribution comes from the solvent (water) scattering which of course cannot be eliminated.

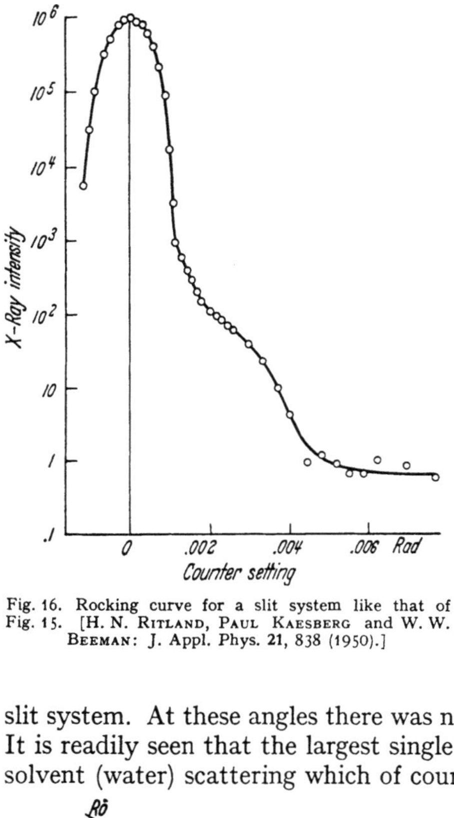

Fig. 16. Rocking curve for a slit system like that of Fig. 15. [H. N. RITLAND, PAUL KAESBERG and W. W. BEEMAN: J. Appl. Phys. 21, 838 (1950).]

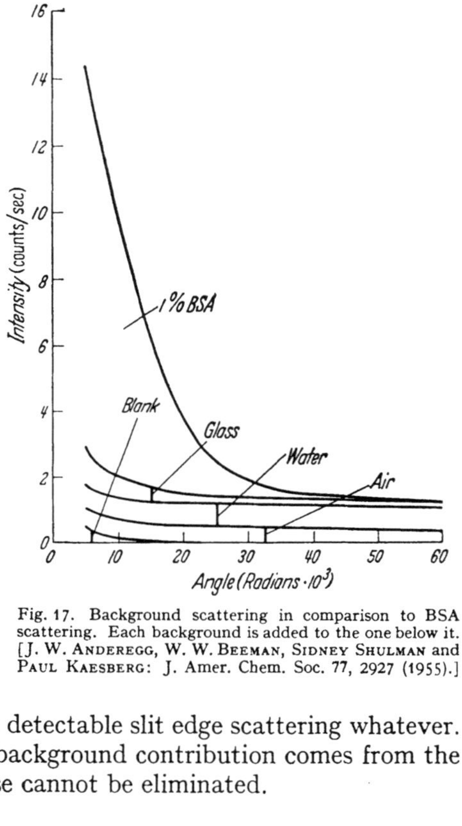

Fig. 17. Background scattering in comparison to BSA scattering. Each background is added to the one below it. [J. W. ANDEREGG, W. W. BEEMAN, SIDNEY SHULMAN and PAUL KAESBERG: J. Amer. Chem. Soc. 77, 2927 (1955).]

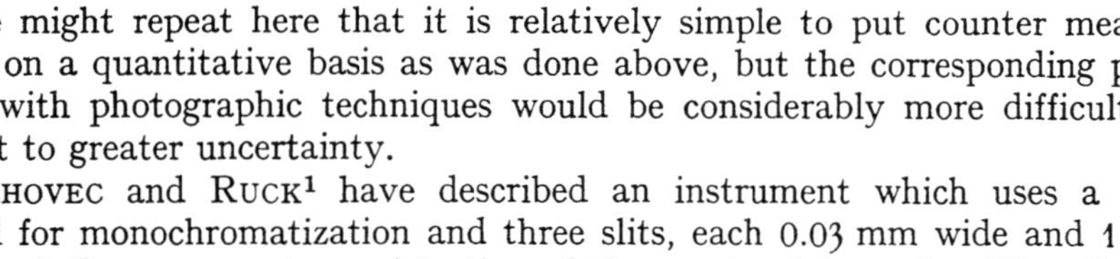

Fig. 18. Crystal slit and GEIGER counter collimating system of KAHOVEC and RUCK. [L. KAHOVEC and H. F. RUCK: Z. Elektrochem. 57, 859 (1953).]

We might repeat here that it is relatively simple to put counter measurements on a quantitative basis as was done above, but the corresponding procedures with photographic techniques would be considerably more difficult and subject to greater uncertainty.

KAHOVEC and RUCK[1] have described an instrument which uses a plane crystal for monochromatization and three slits, each 0.03 mm wide and 11 mm high, and GEIGER counter registration of the scattered intensity (Fig. 18). Slit S_3 is before the counter and moves with it in a manner similar to the previously described counter arrangements. Since there is no guard slit (e.g. such as S_3 in Fig. 12) to eliminate scattering from the edges of the second slit, there is some

[1] L. KAHOVEC and H. F. RUCK: Z. Elektrochem. 57, 859 (1953).

background effect at smallest angles. The authors do not describe the slit scattering quantitatively but state that its angular dependence may be found by taking a second set of readings with the sample placed before S_1. With strongly scattering samples such as carbon black there is sufficient scattered intensity so that this subtraction can be done accurately and thus with their instrument data may be obtained at very small angles (within 6×10^{-4} radians of the center of the beam). However, the low intensity brought about by the plane crystal monochromatization and the exceedingly narrow slits, as well as presence of slit and air scattering, would seem to preclude experiments with weakly scattering materials.

KRATKY[1] has designed a novel collimation system which eliminates all slit edge scattering from one side of the central beam and thus for a given beam width (and beam intensity) permits data to be taken at smaller angles than with

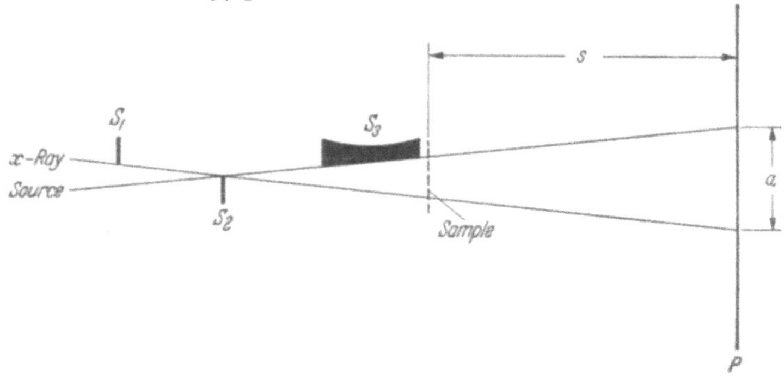

Fig. 19. Diagram of a slit system designed by KRATKY. [O. KRATKY: Z. Elektrochem. 58, 49 (1954).]

conventional slit collimation. It consists of three beam stops S_1, S_2, and S_3 disposed as shown in Fig. 19. For the sake of comparison the figure has been drawn so that the beam has the same angular spread as the simple collimator of Fig. 12. It is seen that the primary beam extends to a scattering angle $a/2s$ to each side of center, and there is scattering from S_2 beyond this on one side of center, but there is no slit scattering beyond the central beam on the other side of center. Thus the entire angular region extending outward from one side of the central beam (including the region from $b/2s$ to $a/2s$ in Fig. 12) is susceptible to experiment in KRATKY's scheme.

Beyond the angle $b/2s$ this type of collimator is not superior to the standard slit collimation method. Indeed for a given angular spread of the primary beam it provides less intensity. It is, however, a useful contribution for experiments that require access to very small scattering angles.

KRATKY, POROD, SEKORA and PALETTA[2] have used the above collimating system in conjunction with a curved crystal as a monochromator in a study of the scattering from the protein γ-globulin. Fig. 20 shows their scattering curve for a 16% solution and also shows the blank diagram under corresponding conditions. We would judge from the authors text that the vertical scale corresponding to the central beam has been reduced by a factor of 5.58×10^4. Thus the central beam intensity at zero scattering angle is about 1.6×10^5 times as large as their average background in the scattering region. Because of the considerably different collimation conditions this value is not directly comparable to the results shown in Fig. 17 (in which this ratio was of the order of 10^8), nevertheless

[1] O. KRATKY: Z. Elektrochem. **58**, 49 (1954).
[2] O. KRATKY, G. POROD, A. SEKORA and B. PALETTA: J. Polymer Sci. **82**, 163 (1955).

it would seem clear that KRATKY and his collaborators were working under less favorable background conditions. The same qualitative conclusions may be drawn by comparing the ratio of protein to background scattering in each of the Figs. 17 and 20. Over the entire angular scattering range this ratio is more favorable for Fig. 17 despite the fact that it refers to a protein concentration 16 times more dilute (and of lower molecular weight) than that of Fig. 17. Probably their relatively higher background may be accounted for by the differences in collimation and detection and particularly by higher air and specimen holder scattering.

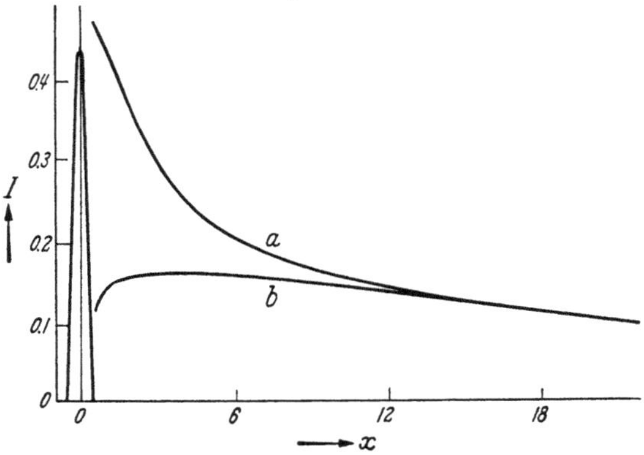

Fig. 20. Curve a. Scattering from a 16% solution of γ-globulin. Curve b. Blank diagram taken under corresponding conditions. [O. KRATKY, G. POROD, A. SEKORA and B. PALETTA: J. Polymer Sci. **82**, 163 (1955).]

For experiments that require exceedingly high resolution it is useful to collimate the incident beam by means of a crystal and to analyze the scattered radiation with a second crystal[1,2] (Fig. 21). The first crystal is fixed in position so that line radiation from the x-ray tube strikes it at the BRAGG angle. The scattering material is placed midway between the two crystals. The angular distribution of the radiation leaving the scatterer may be analyzed by rotating the second crystal since its reflectivity is high only for radiation impinging at the BRAGG angle. Even with a beam that is several millimeters wide (thus providing high intensity) the width of the rocking curve is less than 6×10^{-5} radians, so that very high resolution and very small scattering angles are attainable. The instrument is seriously limited by intense diffuse scattering from the crystal which makes experiments with weakly scattering materials quite impossible. The parasitic scattering can be reduced greatly by the addition of a third crystal (shown also in Fig. 21) which plays the role of a guard slit. The latter system requires very delicate adjustment and also results in an intensity loss compared to two crystals of about a factor of three. Fig. 22 shows rocking curves for the two and three crystal spectrometers plotted to the same vertical log scale as Fig. 16. Clearly the crystal spectrometers provide higher resolution but give less beam intensity (as measured by the areas under the curves) and much higher background than even the early model of the slit collimation instrument.

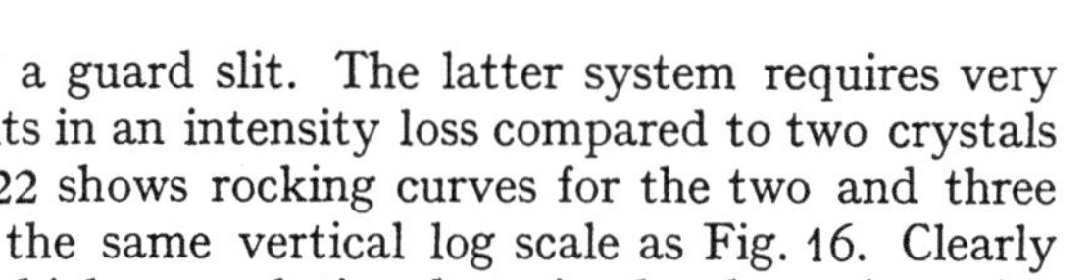

Fig. 21. The geometry of crystal collimators. In the double crystal arrangement only the first two crystals are used and the counter position is shown by the dashed line drawing. [H. N. RITLAND, P. KAESBERG and W. W. BEEMAN: J. Appl. Phys. **21**, 838 (1950).]

Curved crystals provide a beam geometry which has been exploited much more successfully than the plane crystal geometry above. The curved crystal collimator, as introduced by JOHANN[3] gives a monochromatic beam which converges to a very fine focus and may be arranged to give an intense scattered

[1] P. KAESBERG, W. W. BEEMAN and H. N. RITLAND: Phys. Rev. **78**, 336 (1950).
[2] H. N. RITLAND, P. KAESBERG and W. W. BEEMAN: J. Appl. Phys. **21**, 838 (1950)
[3] H. H. JOHANN: Z. Physik **69**, 185 (1931).

beam in the observation plane. Its geometry as used by GUINIER [1] is shown in Fig. 23. Rays from the x-ray source are diffracted by a crystal bent to a radius of curvature R and are focused at F. The scattering sample is placed about midway between the crystal and the focus F. The detecting film is placed with its center at F and lies along the arc of a circle passing through F and the sample. The width of the beam at F is essentially independent of the beam divergence at the source and hence the beam intensity can be made very large, since its divergence is limited ultimately only by the size of the crystal. Just as with the plane crystal collimators there is an intense diffuse scattering from the face of the crystal which obscures the x-ray pattern at the smallest angles. In the instrument of Fig. 23 the crystal diffuse scattering is confined to a small angular region about the primary beam by means of slits which, however, also limit the beam divergence and thus the beam intensity. In spite of these limitations GUINIER in 1939, without the benefit of a high intensity x-ray source, was able to record the exceedingly weak scattering diagram of an ovalbumin solution.

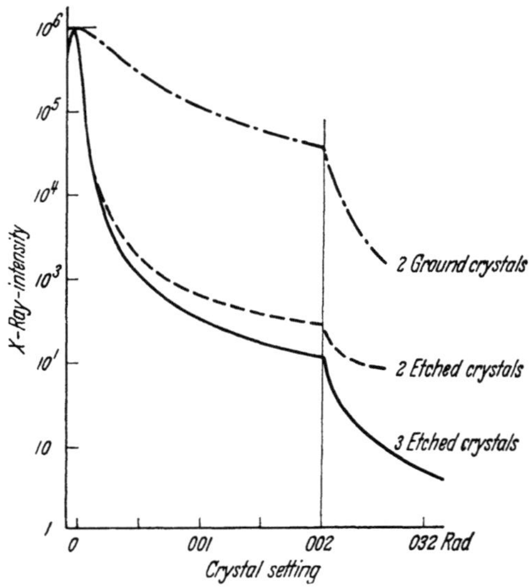

Fig. 22. Rocking curves for two and three crystal spectrometers. [H. N. RITLAND, P. KAESBERG and W. W. BEEMAN J. Appl. Phys. 21, 838 (1950).]

This instrument has been modified recently by BLIN[1] to provide for GEIGER counter detection. In some experiments he also eliminated air-scattering by placing the system in a vacuum. Beyond the angle obscured by crystal scattering

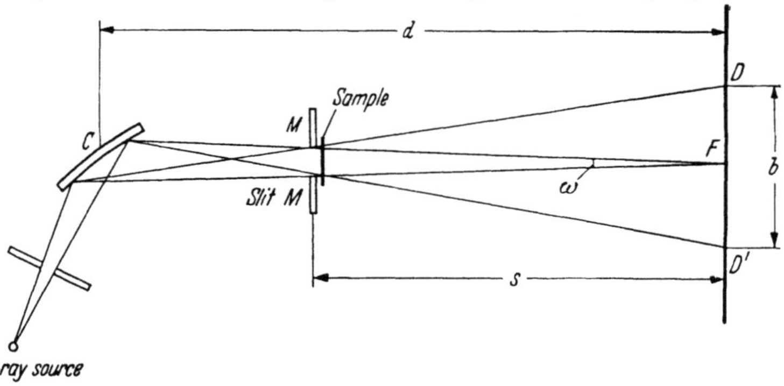

Fig. 23. Diagram of a single curved crystal collimator. (A. GUINIER and G. FOURNET: Small-Angle Scattering of X-Rays. John Wiley and Sons, New York 1955.)

(1.5×10^{-2} radians) his background from all sources was very low (of the order of 1 photon/sec), so that he could easily measure the relatively weak scattering from cold-worked metals.

When working at scattering angles smaller than those required in the experiments of BLIN, the parasitic scattering from the curved crystal can be removed much more effectively by the replacement of the divergence-limiting slit by a

[1] J. BLIN: Thèse Ing. Doct., Univ. Paris 1954)

second curved crystal[1] as shown in Fig. 24. The second crystal is oriented so as to reflect the primary beam correctly, but the reflectivity of diffusely scattered x-rays from the first crystal will be very low. This system provides about $^1/_3$ as much intensity as the single curved crystal system but the parasitic scattering is almost completely eliminated beyond a scattering angle of 3×10^{-3} radians. The intensity and background conditions are sufficiently good so that FOURNET (using photographic film detection) was able to record patterns from 1% hemoglobin solutions although with a single curved crystal system, background effects had limited him to concentrations of 5% and greater.

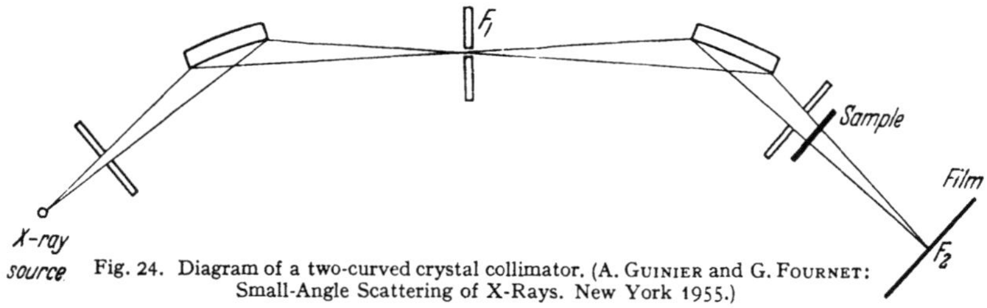

Fig. 24. Diagram of a two-curved crystal collimator. (A. GUINIER and G. FOURNET: Small-Angle Scattering of X-Rays. New York 1955.)

14. Pinhole instruments. If the slits in Fig. 12 are replaced by small circular apertures we have a standard pinhole collimating system. Such systems are relatively uncommon in small angle scattering work since the beam intensity is sufficiently low that detection of the scattered intensity is difficult. The major problem in the design of pinhole systems is the provision of adequate intensity.

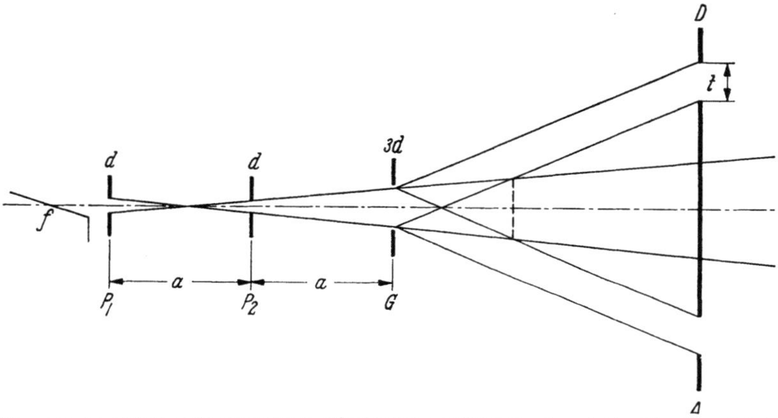

Fig. 25. Diagram of a pinhole collimating system of ROTHWELL and BEEMAN. P_1 and P_2 collimating pinholes. G guard ring. A annular detecting slit. f x-ray tube target. (W. S. ROTHWELL: Thesis, Univ. Wisconsin 1954.)

BEEMAN and ROTHWELL[2] have designed a pinhole system (Fig. 25) with an annular slit and counter detecting arrangement which records all of the x-rays scattered through a particular angle. X-rays from a circular focal spot are collimated by two identical pinholes of diameter d and then strike the sample which is directly in front of a guard ring G. Scattered radiation from the sample then passes through the annular slit A and is detected by a counter directly behind A. For infinitely small pinholes and annular slit width the paths of all scattered radiation detected for a given annular slit diameter will describe the surface of a right circular cone with its axis along the path of the central beam. Thus all

[1] G. FOURNET: Bull. Soc. franç. Minér. Crist. **74**, 39 (1951).
[2] W. S. ROTHWELL: Thesis, Univ. Wisconsin 1954.

the radiation scattered at any given angle can be detected by properly varying the distance L from the sample to the annular slit. The sliding annular slit detector intercepts a solid angle which increases as $1/L^2$ and hence as the square of the scattering angle ε. Thus as the angle of detection increases, the gain in solid angle tends to compensate for the decreasing scattered intensity provided by most samples. This system therefore has the novel property that the relative angular resolution $\Delta\varepsilon/\varepsilon$ rather than the absolute resolution $\Delta\varepsilon$ remains constant at all angles.

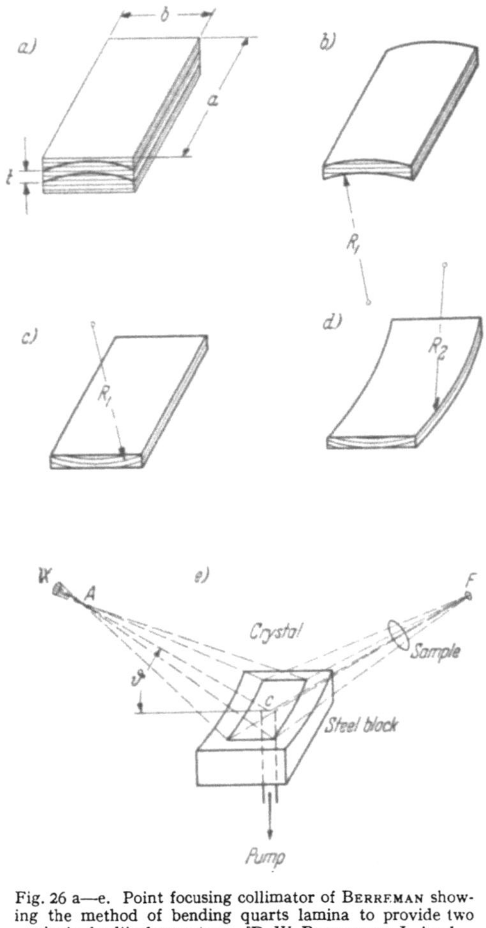

Fig. 26 a—e. Point focusing collimator of BERREMAN showing the method of bending quarts lamina to provide two principalradii of curvature. [D. W. BERREMAN: J. Appl. Phys. **26**, 1048 (1955).]

In the limited number of experiments performed with the instrument thus far, it has compared quite favorably with the slit system of BEEMAN and his associates described earlier. For example, in a study of the scattering from a 13% solution of turnip yellow mosaic virus equivalent information was obtained in less time with equivalent statistics with the pinhole system. As evidence for the sensitivity of the instrument ROTHWELL was able to obtain good curves for solutions of serum albumin and hemoglobin of concentrations as low as 0.5%. For the collimation conditions used so far ($a=30$ cm, $d=0.5$ mm, $t=2$ mm and $D=10$ mm or 20 mm) scattering angles from 5×10^{-3} to 60×10^{-3} radians can be reached.

SHENFIL, DANIELSON and DUMOND[1] have shown that it is possible to get pinhole collimation by successive reflection from two cylindrically curved crystals whose axes are oriented perpendicularly to each other. While the resolution with such an instrument is exceedingly high, the intensity losses (due to polarization of the beam upon diffraction from the crystals) are sufficient to preclude scattering from any but very powerful scattering materials. In the instrument built by these authors a focused beam of dimensions $0.19.\times1.41$ mm was obtained for a focusing distance of about 65 cm. Exposure times of several hours were required with strong scatterers such as carbon black and polystyrene latex spheres.

BERREMAN[2] has described a point focusing collimator which uses BRAGG reflection from a single piece of thin quartz bent in such a way that its atomic planes are given two principal radii of curvature. His process for making the quartz lamina is shown in Fig. 26. A thin lamina of a crystal is cut in the shape

[1] L. SHENFIL, W. E. DANIELSON and J. W. M. DUMOND: J. Appl. Phys. **23**, 854 (1952).
[2] D. W. BERREMAN: J. Appl. Phys. **26**, 1048 (1955).

of a developable surface such as a cylinder, and is then deformed into another developable surface whose axes are not parallel to those of the original surface. This introduces two principal radii of curvature in the crystal planes at any point in the lamina although the surface of the lamina itself has only one finite principal radius at each point.

The author's instrument reflects almost 3% of the incident Cu$K\alpha$, radiation into a converging beam one meter long. Diffuse scattering from the crystal face produces a halo whose intensity at 1 mm from the focal spot was measured to be less than 10^{-4} times as great as that at the focal spot. The latter was the image of a circular aperture of 0.25 mm radius placed near the x-ray tube target. The ratio is about 2×10^{-6} at 5 mm from the focal spot. A large fraction of this parasitic radiation is removed by placing a multiple-partition baffle system in the converging beam. There remains a halo band about 6 mm wide passing

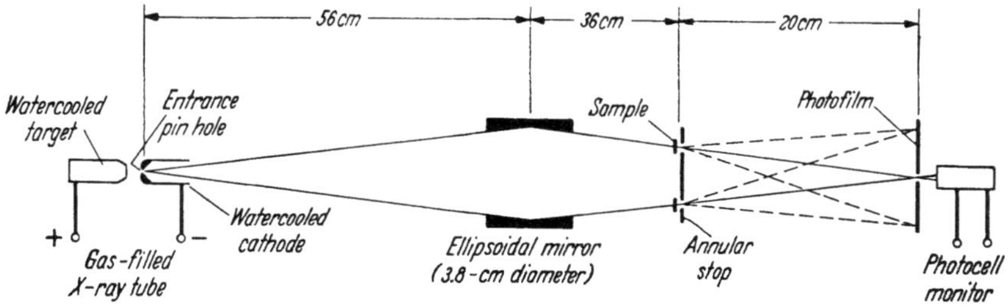

Fig. 27. Pinhole collimating system using total reflection designed by HENKE and DUMOND. [B. L. HENKE and J. W. M. DUMOND: J. Appl. Phys. **26**, 903 (1955).]

over the focal spot. Since the sample to focal spot distance can be made as large as 40 cm the minimum detectable angle of scattering is therefore about 7×10^{-3} radians.

From the preliminary information available so far it appears that the instrument is capable of recording relatively weak scattering patterns. Excellent patterns of concentrated hemoglobin suspension were obtained with exposures of 24 hours while 5 of the subsidiary maxima of a 30% solution of southern bean mosaic virus were obtained in a two-day exposure.

An entirely new collimation system which uses total reflection from an ellipsoidal mirror has been built by HENKE and DUMOND[1] (Fig. 27). It employs very long wavelength CuL radiation (13.3 Å) produced by a gas-type x-ray tube. The radiation from the tube strikes the ellipsoidal mirror at an angle such that only x-rays of long wavelength are reflected and the beam is then focused to a point image. The sample is placed in the converging beam and the scattering is recorded by means of a photographic film. This instrument is still too new to assess its capabilities; however, it may make experiments possible in a wavelength region which, up until now, has been relatively inaccessible.

15. Summary. A single, best instrument for small angle x-ray scattering has yeto be built. For strongly scattering materials the important considerations are convenience, speed, angular range, and accuracy. In the case of weakly scattering materials we must add two more factors of paramount importance—detector sensitivity and background suppresion. In most of the instruments that have been designed in the last decade the latter factors have been of primary interest. It appears certain that instruments using counters are more practical for measuring low scattered intensities than those using photographic detection, but a decision among the various collimating systems is far less clearcut.

[1] B. L. HENKE and J. W. M. DUMOND: J. Appl. Phys. **26**, 903 (1955).

IV. Applications.

16. Introduction. The methods of small-angle x-ray scattering have been used to obtain information concerning the size and shape of a variety of small particles. The most extensive studies have been concerned with protein and virus solutions. This has come about not only because they are biologically important materials, but also because they consist of identical particles that are obtainable readily by many investigators, and for which the scattering may be determined under a variety of solution conditions. For these reasons and also because in many cases they serve as the best experimental illustrations of scattering theory, we will present the results for them in some detail.

Scattering from concentrated solutions of both organic and inorganic materials has provided qualitative information about particle size in a number of investigations. However, the quantitative relationship between concentrated solution curves and particle size is still a matter of some controversy.

Studies concerning finely divided solid materials—particularly those having industrial applications—have received the attention of many investigators. These results are often difficult to interpret very precisely because they may refer to particle size distributions or to complex, structural inhomogeneties in solid materials. Even when they lead to only approximate results, the scattering from specimens of this kind can be exceedingly useful because of the paucity of experimental methods for studying structure on a colloidal level.

a) Dilute solutions of proteins and viruses.

17. General remarks. Since GUINIER's basic paper in 1939 [*1*] some twenty proteins and viruses in solution have been investigated by small-angle x-ray scattering—most of these since 1950. With the refinements in interpretation and instrumentation which are now available, x-ray scattering is a valuable addition to the other physical and chemical methods of determining particle size and shape.

In obtaining information about size and shape of proteins, investigators have used scattering curves primarily in two ways: 1. A direct determination of the radius of gyration R from the initial slope of scattering curves plotted as $\log I(\varepsilon)$ vs. ε^2 where I is the scattered intensity and ε is the scattering angle. 2. A determination of the shape of the molecule by combining a knowledge of R with other information (e.g. molecular volume), or alternatively by comparing experimental scattering curves, which extend beyond the GUINIER region, with theoretical curves calculated for a variety of shapes. A special case of the latter is a calculation of particle diameter, for nearly spherical particles, from the angular positions of the subsidiary maxima and minima in the scattering curves $I(\varepsilon)$.

18. Radius of gyration determinations. The radius of gyration R, as defined in Sect. 4, is a definite characteristic of the protein particle regardless of its shape, and its knowledge is useful in any attempt to deduce the structure of the molecule. One important function of an x-ray scattering experiment is thus to make an accurate determination of R.

The instrumental problems which attend such experiments have already been discussed. To recapitulate briefly, account must be taken of the dependence of the experimental curves upon the finite size of the collimators, the spectral characteristics of the beam, and the background radiation entering the detector. At this time we want to talk about the effects of the protein preparations themselves in limiting an accurate determination of the radius of gyration.

With theory and instrumentation under reasonable control it is now increasingly important for the investigator to define the conditions of solution carefully (concentration, ionic strength, p_H, etc.) and to obtain data under a variety of these conditions. In addition it is necessary to provide information regarding the source, treatment, and purity of the preparations. In view of the past experimental difficulties it is understandable that these factors have sometimes been neglected, but nevertheless this has left a number of conclusions in doubt and has made it impossible in some instance to analyze experiments critically or to offer independent interpretations.

It is necessary to define the solution conditions because they determine the extent to which the molecules interact and thus the extent to which they scatter independently. Particle interactions affect the scattering curves predominantly at small scattering angles and usually result in an underestimation of R. The error in the measured value of the radius of gyration may be great, even at moderate concentrations, under conditions of low ionic strength, or at p_H values far from the isoelectric point of the protein. Away from the isoelectric point the net charge of the molecule is large so that there is a large mutual COULOMB repulsion. At low ionic strengths there may be considerable molecular interaction, even when the net charge is small, because most proteins have a considerable number of positively and negatively charged chemical groups. In salt solutions these groups are shielded to a large extent by the surrounding ionic charge clouds. The value of R determined from the initial curvature of a scattering curve which may be affected by interparticle interference will be referred to in the succeeding discussions as the apparent radius of gyration R_a (see Sect. 6). In order to obtain a reliable value for R it is necessary to determine the variation of R_a with concentration c and to obtain the interference-free value at infinite dilution by extrapolation. At sufficiently low concentrations R_a and c are linearly related so that this may be done with considerable accuracy.

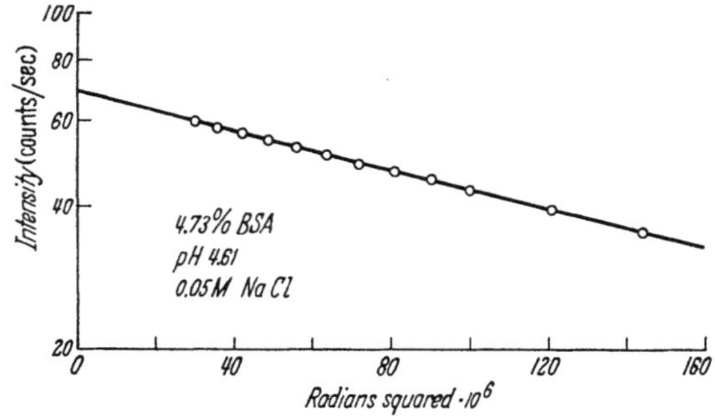

Fig. 28. GUINIER plot for a 4.73% solution of bovine serum albumin. [J. W. ANDEREGG, W. W. BEEMAN, SIDNEY SHULMAN and PAUL KAESBERG: J. Amer. Chem. Soc. 77, 2927 (1955).]

Under present instrumental conditions, where scattering curves at a series of concentrations can be obtained in a reasonable period of time, this source of error can be avoided almost completely—and addition, it is now feasible to make use of the curves affected by interference to study the interactions themselves.

Table 7 lists radii of gyration for all proteins for which this parameter has been determined. In cases where an extrapolation to infinite dilution has not been made but an apparent radius of gyration R_a has been determined, the latter is listed in parentheses. All of the date in Table 7 have been derived from the linear portions of scattering curves plotted as $\log I(\varepsilon)$ vs. ε^2 (GUINIER plots) as discussed in Sect. 10. Fig. 28 shows a typical such curve for a 4.73% solution of bovine serum albumin from which an apparent radius of gyration was readily determined to be R_a (4.73%) = 28.6 Å. It is one of a set of such curves used to find R.

Let us take as an example of the dependence of R_a upon c, some data concerning the bovine serum albumin molecule which was first investigated by x-ray scattering by Ritland, Kaesberg, and Beeman in 1950[1]. These authors scattered from 30, 15, 10, and 5% albumin in distilled water and noted that there were large interference effects at the higher concentrations, but that the 10 and 5% solutions gave the same radius of gyration—26.6 Å—to within their experimental error. It was concluded that at these concentrations interparticle interference effects could be neglected and that the true radius of gyration had been measured. However, in 1955, with improved equipment, data were obtained[2] at 5, 3, 2, 1.5, 1, and 0.5% bovine serum albumin in 0.05 *M* NaCl at p_H 4.7 which showed a small but very definite dependence of the apparent radius of gyration upon concentration. Extrapolation to infinite dilution as shown in Fig. 29 gave a value of $R = 29.8$ Å. It is seen from Fig. 29 that R_a (5%) = 28.5 Å and R_a (10%) would be about 27 Å. Thus it appears that the discrepancy between the 1950 result of 26.6 Å and the 1955 result of 29.8 Å is primarily due to interparticle

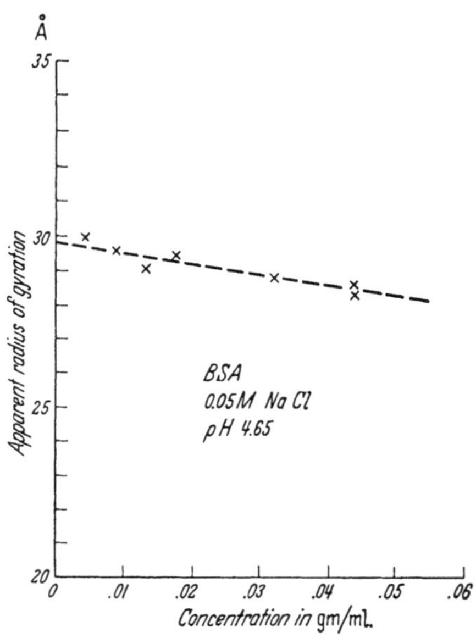

Fig. 29. Apparent radius of gyration versus concentration for bovine serum albumin. [J. W. Anderegg, W. W. Beeman, Sidney Shulman and Paul Kaesberg: J. Amer. Chem. Soc. 77, 2927 (1955).]

Table 7.

Protein	R or (R_a) in Å		References
β-lactoglobulin		(24.6)	3
euglobulin (horse)		(35.0)	4
γ-globulin (human)		(70.0)	5
pseudoglobulin (horse)		(36.0)	4
hemoglobin (horse)		(23.0)	6
hemoglobin (horse)	23.0		4
hemoglobin (bovine)		(23.9)	3
hemoglobin (bovine)	25.9		7
lysozyme		(16.0)	3
ovalbumin (egg white)		(20.3)	6
ovalbumin		(24.0)	3
"renatured" silk fibroin		(31.0)	8
serum albumin (bovine)		(26.6)	3
serum albumin (bovine)	29.8		9
serum albumin (bovine)	30.3		7
serum albumin (horse)		(23.0)	4
serum albumin (human mercaptalbumin)	31.0		9
serum albumin dimer (human mercaptalbumin)	37.2		9
southern bean mosaic virus		(107)	10
tomato bushy stunt virus	120		10
tobacco necrosis virus		(105)	10
turnip yellow mosaic virus	104		11
turnip yellow mosaic protein		(125)	11

[1] H. N. Ritland, P. Kaesberg and W. W. Beeman: J. Chem. Phys. **18**, 1237 (1950).

[2] J. W. Anderegg, W. W. Beeman, S. Shulman and P. Kaesberg: J. Amer. Chem. Soc. 77, 2927 (1955).

[3] H. N. Ritland, P. Kaesberg and W. W. Beeman: J. Chem. Phys. **18**, 1237 (1950).

[4] G. Fournet: Bull. Soc. franç. Minér. Crist. **74**, 39 (1951).

[5] P. Kaesberg, H. N. Ritland and W. W. Beeman: Phys. Rev. **78**, 336 (1950).

[6] A. Guinier: Ann. Phys. **12**, 161 (1939).

[7] W. S. Rothwell: Thesis, Univ. of Wisconsin 1954.

[8] O. Kratky, G. Porod and A. Sekora: Mh. Chem. **85**, 1176 (1954).

[9] H. N. Ritland, P. Kaesberg and W. W. Beeman: J. Appl. Phys. **21**, 838 (1950).

[10] B. R. Leonard, J. W. Anderegg, S. Shulman, P. Kaesberg and W. W. Beeman: Biochim. Biophys. Acta **12**, 499 (1953).

[11] P. Schmidt, P. Kaesberg and W. W. Beeman: Biochim. Biophys. Acta **14**, 1 (1954).

interference effects. Clearly it is necessary to obtain curves with considerable precision at sufficiently low concentrations.

A much more striking effect of the solution conditions upon R_a is shown by the extrapolation curves from human mercaptalbumin. They show that p_H can have a large effect upon the values of the apparent radius of gyration. The true radius of gyration of human mercaptalbumin is $R = 31.0$ Å. However, the measured value of R_a (5%) at p_H 4.7 is only 28.5 Å, while R_a (5%) at p_H 6.0 is 20.5 Å—*only 66% as large as R*.

Most of the entries in Table 7 are straightforward applications of GUINIER'S original theory. In the remainder of this section we want to refer briefly to several studies which bring out special features of the radius of gyration concept.

FOURNET[1] is the only investigator thus far to present data for inhomogeneous protein solutions. He found that the scattering curves from the euglobulin and pseudoglobulin fractions of horse serum, which are believed to be complex mixtures, fail to show a linear relationship between log I and ε^2. He was able to calculate average values of R_a but concluded that it was not feasible to deduce precise information regarding the size distribution of these mixtures.

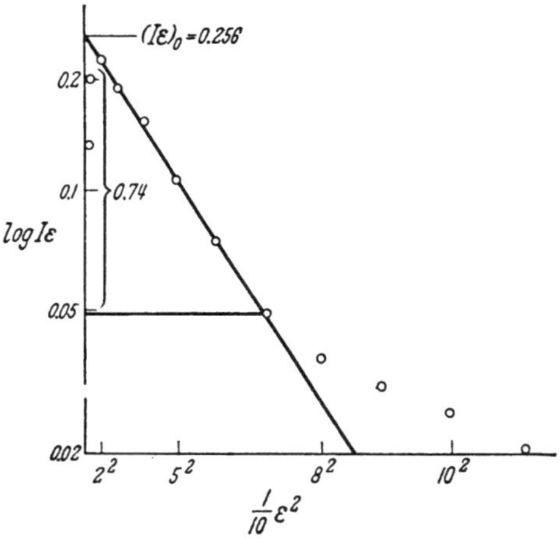

Fig. 30. Curve of log $I \cdot \varepsilon$ vs. ε^2 for γ-globulin. [O. KRATKY, G. POROD, A. SEKORA and B. PALETTA: J. Polymer Sci. **82**, 163 (1955).]

KRATKY, POROD, SEKORA, and PALETTA[2] have applied the radius of gyration in a novel way in a study of γ-globulin. By combining their value of $R_a = 70$ Å with a value for the molecular volume of 1.98×10^5 Å^3, it was apparent that their sample consisted of very elongated particles. Thus they were able to use the theory of POROD (Sect. 5) which states that for scattering angles large compared to λ/L (L is particle length) it is permissable to split the scattering curve into two factors, a $1/\varepsilon$ factor common to all very elongated particles, and a factor which depends only upon the cross-section of the particles. The latter must be approximately GAUSSian over some angular range and is interpreted in terms of a cross-sectional radius of gyration Q defined as the root mean square distance of electrons from the axis of the elongated particle. Fig. 30 shows their curve for the cross-sectional factor plotted as $\log \varepsilon I(\varepsilon)$ vs. ε^2. From this they deduce a cross-sectional apparent radius of gyration $Q_a = 15$ Å. This value may differ somewhat from the infinite dilution value since it refers to a very high protein concentration of 16%. It might be pointed out that their value of the apparent radius of gyration R_a is deduced from a GUINIER plot which appears to be concave in shape rather than linear, suggesting a distribution of sizes while the GUINIER plot corresponding to the cross-section has a definite linear region. This would agree with the concept that the γ-globulin fraction of blood serum consists of mixture of proteins inhomogeneous in length but similar in cross-section. Their results will be discussed further in Sect. 19δ. Using a similar procedure to that described above, KRATKY, POROD and SEKORA[3] found a value of $Q_a = 31$ Å for "renatured" silk fibroin.

[1] G. FOURNET: Bull. Soc. franç. Minér. Crist. **74**, 39 (1951).
[2] O. KRATKY, G. POROD, A. SEKORA and B. PALETTA: J. Polymer Sci. **82**, 163 (1955).
[3] O. KRATKY, G. POROD and A. SEKORA: Mh. Chem. **85**, 1176 (1954).

An interesting extension of the work on human mercaptalbumin discussed earlier[1] is concerned with the scattering from the mercury dimer of the mercaptalbumin molecule. Under proper conditions it is possible to make a solution of the dimer that is almost completely free of monomer contamination. When the appropriate scattering curves for such solutions were corrected for the small admixture of monomer and extrapolated to inifinite dilution a radius of gyration for the dimer could be determined—$R=37.2$ Å. It can be shown readily that the radius of gyration R_2, about the center of charge of a rigid system composed of two identical particles each with a center of inversion is given by

$$R_2^2 = R_1^2 + \left(\frac{d}{2}\right)^2$$

where R_1 is the radius of gyıation about its own center of charge of each of the individual particles and d is the separation of the centers of charge. Using this relation and the results of 31.0 and 37.2 Å for the radii of gyration of the *HMA* monomer and dimer, the separation of the centers of the two components was calculated to be 41 Å.

19. Determination of particle shape. GUINIER [*1*] originally suggested two methods for getting information concerning particle shape. If the particle volume V is known, and a model is assumed, the particle dimensions can be calculated directly from the radius of gyration. For example, if we assume as a model a prolate ellipsoid of revolution of major dimension $2b$ and minor dimension $2a$, their values are calculable from

$$R^2 = \frac{b^2 + 2a^2}{5} \quad \text{and} \quad V = \frac{4}{3}\, b\, a^2. \tag{19.1}$$

As a slight variation of this procedure, knowing R and V, we can calculate a particle form factor f without reference to a molecular model Following KRATKY[2], we can define $f=R/R'$ where R' is a radius of gyration corresponding to a sphere whose volume equals that of the actual particle. Thus, if f has a value near unity, we are dealing with a nearly spherical particle while a considerably larger value of f corresponds to an asymmetric particle. As we shall see shortly when we refer to specific examples it is difficult at the present time to assess the value of the above procedures for determining particle shape because it is not known whether the assumptions required to obtain volumes from physico-chemical data are soundly based.

GUINIER'S second method consists in comparing the experimental scattering curves, at angles beyond the GAUSSian approximation, with theoretical curves calculated for a variety of particle shapes (Sect. 10). No auxiliary physico-chemical data are required but again ambiguity arises because in many cases the curves do not differ sufficiently to allow a clearcut decision among several models. In some cases, however, scattering curves have been obtained showing a series of maxima and minima which agree closely with the maxima and minima of the scattering function for uniform spheres. This indicates quite clearly that these scattering particles are nearly spherical. In the remainder of this section we will be concerned with specific applications of the above methods to particular proteins and viruses.

---

[1] J. W. ANDEREGG, W. W. BEEMAN, S. SHULMAN and P. KAESBERG: J. Amer. Chem. Soc. **77**, 2927 (1955).

[2] O. KRATKY: Naturwiss. **42**, 237 (1955).

α) Ovalbumin. This was the first protein in solution to be examined by x-ray scattering. GUINIER in 1939 [1] obtained a value of $R_a = 20.3$ Å. In 1950 RITLAND, KAESBERG and BEEMAN[1] obtained $R_a = 24$ Å for a 5% solution of ovalbumin in distilled water. In order to illustrate GUINIER'S two methods let us assume (arbitrarily) that $R = 24$ Å and take the molecular volume to be 55000 Å^3. These values yield a particle form factor of $f = 1.3$ indicating a relatively symmetrical particle. If we further assume that the molecular shape may be approximated by a prolate ellipsoid of revolution the axial ratio is found to be 2.9. The extended scattering curve of RITLAND *et al.* agreed well with a prolate ellipsoid of axial ratio about 2.5, although a good fit could undoubtedly also have been obtained from curves for an oblate ellipsoid or cylinder having an appropriate axial ratio.

β) Hemoglobin. This molecule was also first studied by GUINIER in 1939 and since that time has been investigated under a variety of conditions. In addition to its biological importance hemoglobin is a very useful molecule for study because its molecular weight is known to a high degree of precision ($M = 66700$) and because its molecular structure has been studied extensively, especially by PERUTZ, BRAGG and their associates using the methods of x-ray diffraction. The latter authors[2] estimate the horse hemoglobin molecule to be ellipsoidal in shape and quote dimensions of $53 \times 53 \times 71$ Å^3 for the hydrated molecule and $45 \times 45 \times 65$ Å^3 for the dry molecule. They believe the hydration to be in a layer around the outside of the molecule. Such a layer would not affect the scattering from the molecule in solution and hence the small-angle scattering results should be compared with the unhydrated dimensions. An ellipsoid with dimensions of $45 \times 45 \times 65$ Å^3 has a radius of gyration of 20 Å and an axial ratio of 1.4.

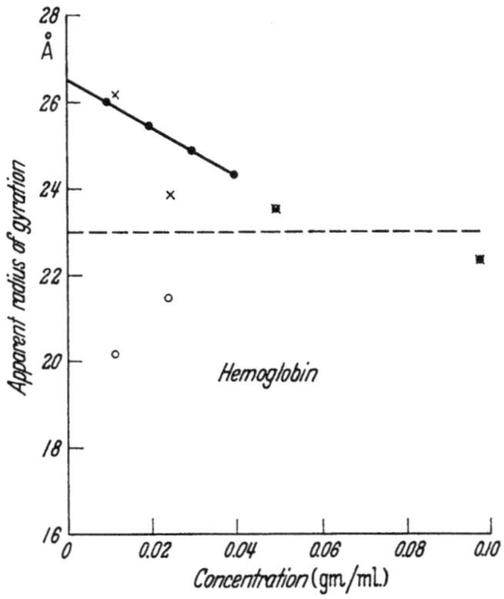

Fig. 31. Apparent radius of gyration versus concentration for hemoglobin. × = FOURNET, before subtracting background, o = FOURNET, after, substracting backgrund, ● = ROTHWELL, after subtractng background. [G. FOURNET: Bull. Soc. franç. Minér. Crist. 76, 39 (1951) and W. S. ROTHWELL: Thesis, Univ. Wisconsin 1954.]

FOURNET[3], by x-ray scattering, found a radius of gyration of $R = 23.0$ Å for horse hemoglobin. The curves of RITLAND, KAESBERG, and BEEMAN[4] for bovine hemoglobin indicate an axial ratio of approximately 1.5 if a prolate ellipsoidal model is assumed. We would judge from FOURNET'S extrapolation of R_a vs. c (shown in Fig. 31) that R is accurate to perhaps ± 3 Å while the axial ratio quoted should be accurate to within ± 0.5.

ROTHWELL[5] has recently obtained a considerably higher radius of gyration, $R = 25.9$ Å, for bovine hemoglobin. These data were taken with pinhole geometry, under very favorable background conditions, and they show a quite unambiguous R_a extrapolation (also shown in Fig. 31). His scattering curves, over an intensity

[1] H. N. RITLAND, P. KAESBERG and W. W. BEEMAN: J. Chem. Phys. **18**, 1237 (1950).
[2] W. L. BRAGG, E. R. HOWELLS and M. F. PERUTZ: Proc. Roy. Soc. Lond., Ser. A **222**, 33 (1954).
[3] G. FOURNET: Bull. Soc. franç. Minér. Crist. **74**, 39 (1951).
[4] H. N. RITLAND, P. KAESBERG and W. W. BEEMAN: J. Chem. Phys. **18**, 1237 (1950).
[5] W. S. ROTHWELL: Thesis, Univ. of Wisconsin 1954.

range of more than 200, agree closely with the theoretical curve for a prolate ellipsoid of axial ratio 1.5. These values correspond to particle dimensions of $56 \times 56 \times 84$ Å^3, which are even larger than those of BRAGG and PERUTZ for the hydrated molecule. The explanation of this discrepancy is not known.

γ) Serum albumin. The data on serum albumin[1] to which we have already referred are the most complete thus far for any protein molecule. Scattering curves have been obtained at several concentrations, for various salt conditions and at several p_H values for both bovine serum albumin (BSA) and human serum albumin fractionated with mercury, called human mercaptalbumin (HMA).

The radii of gyration for BSA and HMA are $R = 29.8$ Å and $R = 31.0$ Å respectively. Since the precision of the data is estimated to be about 1%, this difference of 4% in the R's is real. Whether it represents a real difference between the molecules in solution or whether it represents instead a difference in the purity of preparation or perhaps an effect due to aggregation or denaturation is a more difficult question.

If, for BSA, we combine $R = 29.8$ Å and the values for molecular weight (66000) and specific volume (0.734 cm^3/g) and assume an ellipsoidal model we obtain axial ratios of 3.5 prolate or $(5.4)^{-1}$ oblate.

In order to compare complete scattering curves with theoretical curves, runs were made on BSA and HMA at concentrations of 5% and under isoelectric conditions. The runs extended to an angle of 0.5 radians where the intensity was down by almost a factor of one hundred from the central scattered intensity. These scattering curves were combined with data taken at small angles on more dilute solutions to give composite curves which extended to large angles and were free of interference effects. There was no appreciable difference between the curves for bovine serum albumin and human mercaptalbumin after the abscissa has been adjusted to allow for the 4% difference in radius of gyration, indicating that the two molecules have essentially the same shape. Fig. 32 shows the comparison of the slit-corrected scattering curve for BSA with the theoretical scattering curves for ellipsoids of revolution, both prolate and oblate. The solid lines are the theoretical curves; the dashed line is the slit-corrected experimental curve. All the theoretical curves are drawn for a radius of gyration of 29.8 Å. Obviously the experimental curve agrees better with an oblate ellipsoidal model than with a prolate model. The experimental curve for serum albumin is in fairly close agreement over the entire intensity range of nearly 100 to 1 with the theoretical curve for an oblate ellipsoid of axial ratio about $(3.5)^{-1}$.

It is clear that the two methods for obtaining molecular shape are in marked disagreement. This could be due to failure of the assumption that the molecular density in solution is the reciprocal of the partial specific volume. This assumption would be in error if the serum albumin molecule in solution were internally hydrated and *would completely invalidate any shape determination using R, molecular weight, and specific volume.*

If we use the axial ratio of $(3.5)^{-1}$ oblate which is in best agreement with the extended scattering curve, a molecular volume may be calculated from the x-ray scattering data alone. This volume turns out to be 120000 Å^3 as compared with 80000 Å^3 for the volume of the anhydrous molecule. The difference could be explained if we assign to the serum albumin molecule in solution an internal hydration of 40000 Å^3 of water. It is necessary that this be an *internal* hydration (which expands the region of higher electron density) since water bound to the outside of the protein molecule would not affect the x-ray scattering unless the

[1] J. W. ANDEREGG, W. W. BEEMAN, S. SHULMAN and P. KAESBERG: J. Amer. Chem. Soc. **77**, 2927 (1955).

hydrated layer were considerably compressed or expanded. An internal hydration of 40000 Å^3 amounts to 0.37 gm of water per gram of protein assuming that the partial specific volume of the water of hydration is unity. It must be pointed out, however, that the present evidence for internal hydration is not conclusive. Possibly some model other than an ellipsoid of revolution would give a scattering curve in agreement with the results of Fig. 32 and would not require the assumption of internal hydration. Such possibilities are explored by the authors of this paper but the further arguments are too involved for discussion here.

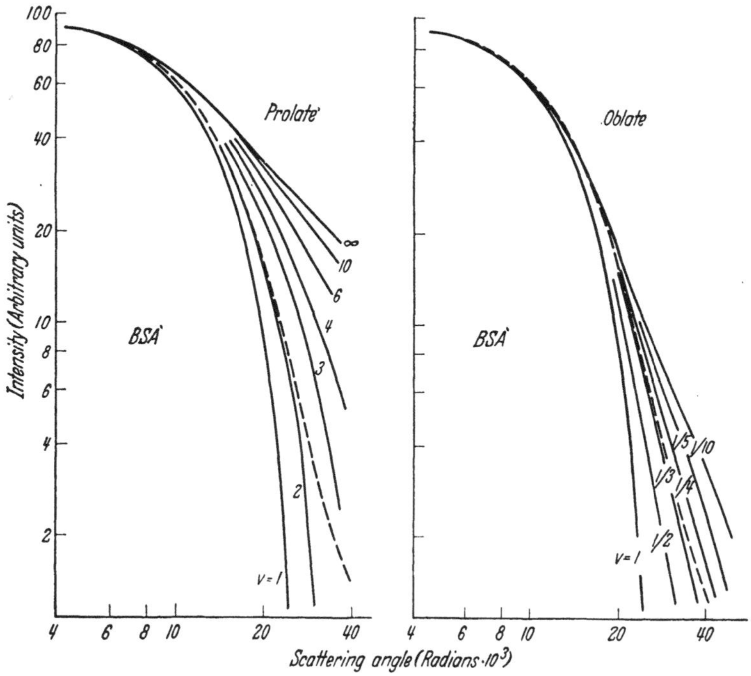

Fig. 32. A comparison of the slit corrected scattering curve for bovine serum albumin (dashed line) with the theoretical scattering curves (solid lines) for prolate and oblate ellipsoids of revolution. [J. W. ANDEREGG, W. W. BEEMAN. SIDNEY SHULMAN and PAUL KAESBERG: J. Amer. Chem. Soc. 77, 2927 (1955).]

δ) γ-globulin. The protein material γ-globulin was studied by KRATKY, POROD, SEKORA and PALETTA[1] as supplied as a purified solution by the Behring-Werke and also after the addition of water and after addition of NaCl. All of the curves were obtained at protein concentrations of 8 or 16%. The authors found that after the appropriate background corrections their scattering curves coincided so all of their calculations are referred to a single, combined scattering curve as shown in Fig. 20.

KRATKY and co-workers derive four important quantities from their combined scattering curve—the apparent radius of gyration, $R_a = 70$ Å, the apparent radius of gyration of the cross-section of the particle, $Q_a = 15$ Å, the molecular volume, $V = 1.98 \times 10^5$ Å^3 and the cross-sectional area of the molecule, $A = 860$ Å^2. The quantity V is obtained from the area under the curve of $\varepsilon I(\varepsilon)$ vs. ε as discussed in Sect. 10 (and also independently from the absolute value of the scattered intensity and the particle density). The quantity A comes from a similar curve appropriate to the cross-section. By implication, the apparent radii are

[1] O. KRATKY, G. POROD, A. SEKORA and B. PALETTA: J. Polymer Sci. **82**, 163 (1955).

taken by the authors to be their infinite dilution values R and Q, and then assuming a rod-like shape for γ-globulin, a molecular length L may be calculated from

$$R^2 = Q^2 + \frac{L^2}{12}. \tag{19.2}$$

The length calculated this way is $L = 230$ Å and this agrees closely with the value of length calculated from $L = V/A$ which is 236 Å.

By analogy with axial ratio determinations using V and R the authors calculate cross-sectional axial ratios from

$$Q^2 = \frac{a^2}{4} + \frac{b^2}{4} \quad \text{and} \quad A = a\,b \tag{19.3}$$

and so obtain values $a = 9.5$ Å and $b = 28.5$ Å. Thus values for all three molecular dimensions have been determined.

It is questionable whether the experimental results are sufficiently precise to warrant the detailed analysis described in the last paragraph. The combined scattering curve was derived from data in which the protein scattering was, for most angles, much less than the considerable background scattering for the blank. Moreover, some additional uncertainty was introduced because large slit corrections were needed, and because of the unknown effects of interparticle interference at such high protein concentrations. Nevertheless the calculations described here can serve as valuable examples for future interpretation of curves for elongated particles.

ε) Bushy stunt virus and other spherical viruses. We will discuss the spherical viruses in one section because the data for all of them have been interpreted in a similar way. Tomato bushy stunt virus, southern bean mosaic virus and tobacco necrosis virus have been studied by LEONARD, ANDEREGG, SHULMAN, KAESBERG and BEEMAN[1], and turnip yellow mosaic virus and its associated protein were studied by SCHMIDT, KAESBERG, and BEEMAN[2].

The scattering function for a sphere of constant electron density is given by

$$\Phi^2(h\,a) = \left[\frac{3(\sin h a - h a \cos h a)}{(h a)^3}\right]^2 \tag{19.4}$$

where a is the sphere radius and $h = \frac{4\pi}{\lambda} \sin\frac{\varepsilon}{2}$. ε is the scattering angle. This function exhibits a series of maxima and minima the positions of which are given in Table 1. By numerical integration of the expression

$$\mathfrak{I}(h\,a) = \int_0^\infty \Phi^2\left(\sqrt{h^2 a^2 + x^2}\right) dx \tag{19.5}$$

one can calculate the curve for the scattering from a sphere as observed with infinitely high slits. Eqs. (19.4) and (19.5) are nearly identical in the region of the GUINIER approximation but the maxima and minima are less sharp and shifted slightly for the infinite slit case. The positions of the maxima and minima of (19.5) are also given in Table 1.

When the general shape of an experimental scattering curve suggests spherical scattering particles, one can calculate a particle radius from the positions of the maxima and minima as well as from the radius of gyration. Agreement among these results is good evidence for the assumption of sphericity. This is,

[1] B. R. LEONARD, J. W. ANDEREGG, S. SHULMAN, P. KAESBERG and W. W. BEEMAN: Biochim. Biophys. Acta 12, 499 (1953).

[2] P. SCHMIDT, P. KAESBERG and W. W. BEEMAN: Biochim. Biophys. Acta 14, 1 (1954).

of course, only another way of saying that detailed agreement between the entire experimental curve and the theoretical curve for spheres is good evidence that the scattering particles are nearly spherical.

In the case of the viruses studied thus far the agreement with the assumption of sphericity is exceedingly good. The most complete analysis has been made for tomato bushy stunt virus which is found to be a sphere of diameter 309 Å. Fig. 33a shows the experimental points for a 0.5% solution in water together with the theoretical curve for 309 Å. The vertical scale is in arbitrary units. Fig. 33b shows the angular region just beyond for a 5% solution. (The use of a bilogarithmic scale facilitates comparison of experimental and theoretical curves.) In order to obtain further peaks it is necessary to widen the slits with the result that the peaks are more smeared than the theoretical infinite slit curves (Fig. 33c). It is thus apparent that except for small slit width effects in the region of the second and third maxima, there is complete

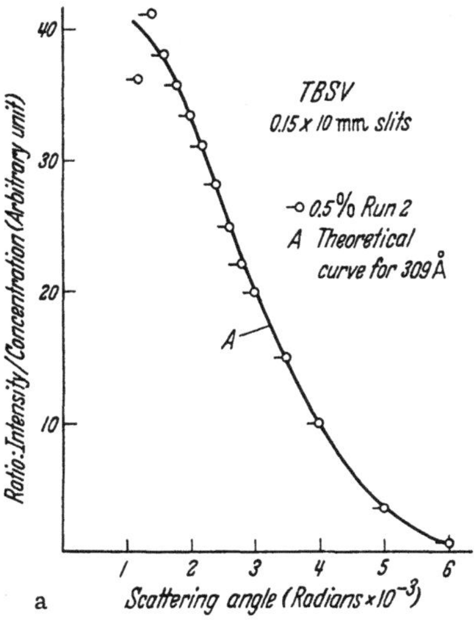

a

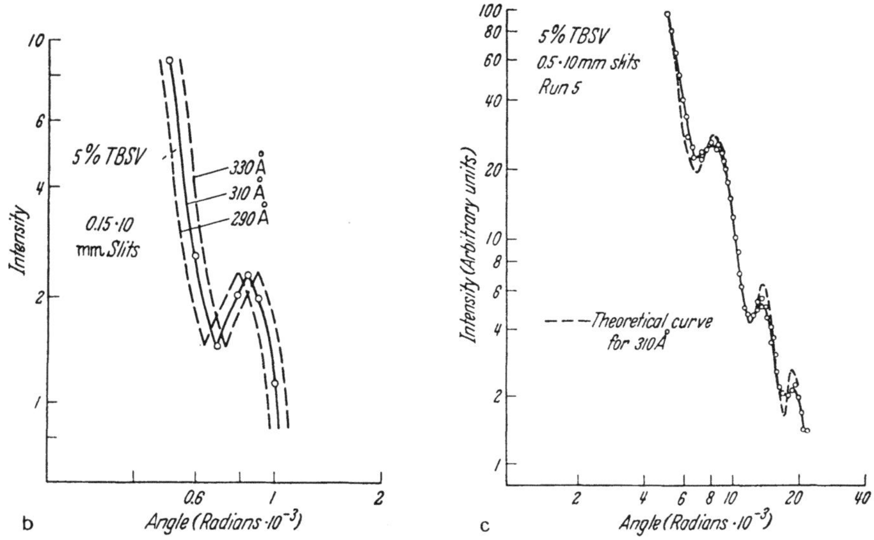

b c

Fig. 33 a—c. Experimental points for scattering curves of tomato bushy stunt virus together with the theoretical scattering curve for spheres. a) central region, b) region of first maximum using narrow slits, c) region of first three maxima using wider slits.

agreement with the theoretical infinite slit curve for uniform spheres *over an intensity range of 1000 to 1.*

Using similar procedures the diameter of southern bean mosaic virus, tobacco necrosis virus, and turnip yellow mosaic virus were found to be 286 Å, 280 Å and 280 Å respectively. In each case the diameters are much larger than the diameter that would be calculated from the molecular weight and the specific volume. Thus these viruses must be internally hydrated. For example, for

SBMV an internal hydration of 0.4 gram water per gram of protein is indicated. Comparison with other physico-chemical data suggest there is also some external hydration.

ζ) Turnip yellow mosaic protein (TYP). There is ample evidence from the work of MARKHAM[1] that this particle is related to turnip yellow mosaic virus. TYMV is composed of a protein portion and a nucleic acid portion, while TYP has the same protein part but contains no nucleic acid. The x-ray scattering data, which we will not describe in detail, showed that TYP is a hollow water-filled shell in agreement with one of the models proposed by MARKHAM on the basis of other biophysical evidence.

The scattering curve of TYP shows a series of subsidiary maxima and minima but they do not agree in intensity or position with those expected for a uniform sphere. Theoretical curves for hollow spheres have been calculated, but since slit collimation curves were not available, slit corrections were estimated by referring back to the corresponding uniform sphere curves. Even with these difficulties the data clearly favored a hollow sphere. Best agreement was found for a sphere of 280 Å diameter having a central, water-filled hole 210 Å in diameter.

η) Other particles. Limited x-ray scattering data are available for edestin[2], insulin[3], helix pomatia hemocyanin[4,5], β-lactoglobulin[6], and lysozyme[6].

20. Summary. There are only a few proteins and viruses whose interference-free scattering curves are known accurately. However, sufficient information is at present available, both with regard to sample preparation and instrumental requirements, to obtain reliable scattering curves for a range of scattering intensity exceeding 100. The least ambiguous information obtainable from the scattering curve is the radius of gyration, a valuable parameter characteristic of particle size. With some assumptions it is also possible to deduce information concerning particle shape and hydration. The scattering curves from several virus preparations have provided good evidence for the sphericity of the virus particles. X-ray studies from proteins and viruses have proved to be especially useful when correlated with the results of other physical and chemical measurements.

b) Concentrated solutions of colloidal particles.

21. General remarks. The scattering curves for concentrated solutions depend both on particle interactions [i.e. on an interparticle interference function $a(h)$] and on the structure factor $F(h)$, of the individual particles. Such curves often show intensity maxima which arise because of either $a(h)$ or $F(h)$. Peaks due to $F(h)$ are identifiable in the scattering curves because they persist even at low concentrations and furthermore their positions are substantially independent of concentration. Their role in the determination of particle size is quite secure and has been discussed in detail in the section on spherical viruses. Fig. 33 in that section showed peaks resulting from $F(h)$. Fig. 34 illustrates the existence of a maximum resulting from interparticle interference. It shows curves for 5.2 and 20.8% solutions of phosphomolybdic acid taken by POROD [*4*, II]. The maximum for the higher concentration is considerably more prominent and occurs at a somewhat larger angle than the maximum for the lower concentration.

[1] R. MARKHAM: Disc. Faraday Soc. **11**, 221 (1951).
[2] O. KRATKY: Mh. Chem. **77**, 224 (1947).
[3] O. KRATKY and A. SEKORA: Naturwiss. **31**, 46 (1943).
[4] O. KRATKY: J. Polymer Sci. **3**, 195 (1948).
[5] G. FOURNET: Bull. Soc. franç. Minér. Crist. **74**, 39 (1951).
[6] H. N. RITLAND, P. KAESBERG and W. W. BEEMAN: J. Chem. Phys. **18**, 1237 (1950).

The maxima in the scattering curves that arise from the function $a(h)$ are not readily interpretable in terms of particle size or structure. These curves are more useful for getting information concerning particle interactions; however, for this purpose the entire course of $a(h)$ must be determined and this can be done only provided that $F(h)$ is known (e.g. from an interference-free scattering curve).

If only approximate information is wanted, BRAGG'S law may be applied to the diffuse peak and an order of magnitude determination may be made of some geometrical dimension characteristic of the distance between the particles in the sample. In general it is impossible to state the precise significance of this geometrical factor. However, as GUINIER and FOURNET [5] have discussed carefully, many of the detailed results that have been claimed from indiscriminate applications of BRAGG'S law or a "modified BRAGG'S law" are of dubious validity. Since the quantitative relationship of these curves to particle size is not clear, we will confine our discussion, below, to a brief resume of some representative investigations.

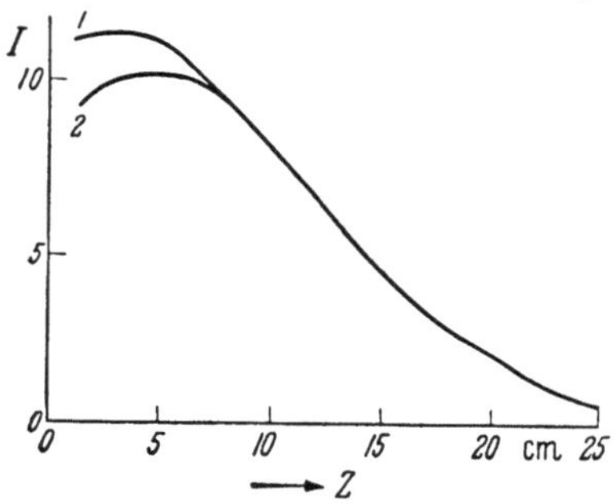

Fig. 34. Scattering curves for 5.2% (curve 1) and 20.8% (curve 2) solutions of phosphomolybdic acid. [G. POROD; Kolloid-Z. 125, 51 (1952)].

SCHULMAN and RILEY[1] have studied the scattering maxima found in systems of oil, water and soap. Two systems were investigated in detail; one in which the oil was the continuous phase and the other in which water was the continuous phase. In general, the curves had well-defined maxima although both the diffuseness and the intensity of these so-called bands varied within wide limits. The authors interpreted their results as indicating, in most cases, uniform, close-packed, water spheres in oil or uniform, close-packed oil spheres in water. By changing the relative concentrations the positions of the maxima could be varied over wide limits. Interparticle distances have been calculated assuming the application of a "corrected" BRAGG'S law.

MATTOON, STEARNS, and HARKINS[2] report that four maxima and sometimes a fifth are obtained with aqueous solutions of pure soaps and detergents, both with and without solubilized oils. Some of the maxima change in position with concentration while others remain constant, indicating a very complicated combination of micelle structure and strong interparticle interference effects. These authors also applied a modification of BRAGG'S law and calculated numbers which they interpreted in terms of intermicellular and intermolecular spacings.

RILEY and HERBERT[3] found 2 scattering maxima for a 57.9% solution of human hemoglobin. They related these maxima to the height and width of cylindrical particles existing in a paracrystalline structure in the solution. Using a modified BRAGG'S law they found good agreement with the then accepted hemoglobin dimensions but the agreement with more recent models is less satisfactory. The second maximum disappears at lower concentrations while the first peak moves to smaller angles indicating that the molecules in the assumed micellular arrangement have moved apart. A similar analysis was carried out for the maxima found for concentrated ovalbumin and serum albumin solutions. In the case of serum albumin RILEY and HERBERT interpreted their data in terms of a cylinder 45 Å high and 49 Å in diameter, in marked disagreement with other data on serum albumin (e.g. see Sect. 19γ).

[1] J. H. SCHULMAN and D. P. RILEY: J. Coll. Sci. **3**, 383 (1948).
[2] R. W. MATTOON, R. S. STEARNS and W. D. HARKINS: J. Chem. Phys. **16**, 644 (1948).
[3] D. P. RILEY and D. HERBERT: Biochim. Biophys. Acta **4**, 374 (1950).

FOURNET[1] also studied human hemoglobin in concentrated solutions. Fig. 35 gives curves of human hemoglobin for various concentrations showing particle interference peaks similar to those found by RILEY and HERBERT. These curves, however, were found by him to be fully interpretable in terms of particle interactions with no direct relationship to particle shape.

Data for turnip yellow mosaic virus[2] have also been interpreted in terms of particle interactions using the theory developed by FOURNET. Under the particular conditions of solution it was deduced that the virus particles did not behave as hard spheres which interact only upon contact with each other, but rather there were repulsive forces which gave them an effective collision diameter about 50% greater than their actual diameter.

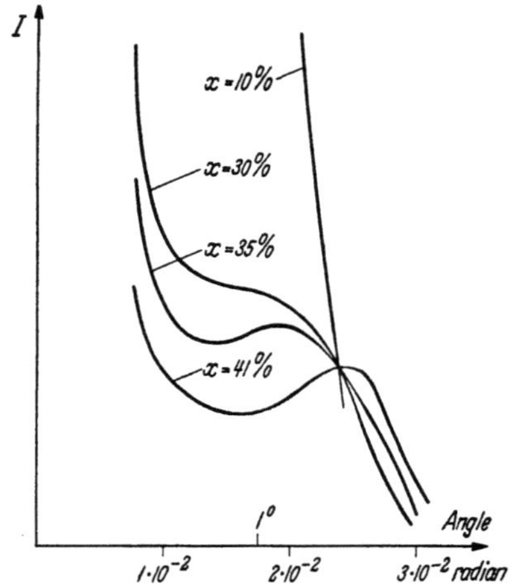

Fig. 35. Scattering curves for concentrated solutions of hemoglobin. [G. FOURNET: Bull. Soc. franç. Minér. Crist. 74, 39 (1951).]

c) Finely divided solids.

22. General remarks. The interpretation of scattering curves for finely divided solids is also made difficult by interparticle interference effects and in many of the most interesting applications further complication is introduced because we must deal with particle size distributions. In general it appears that interference effects can be important even in polydisperse systems. Experiments on finely divided solids have indicated important interference effects in some cases and negligible effects in other cases. The difference appears to be due to differences in the type of packing, i.e. in the form of the radial distribution function, rather than due to any effect of polydispersity. Also, of course, deductions based on the data at larger angles, such as a determination of specific surface, are much less influenced by interference effects than calculations based on the small angle part of the curve, such as determination of average radius of gyration.

An interference-free experiment is illustrated in a study by FOURNET[3] in which he compared the scattering in the GUINIER region from a solution of colloidal silver (described as being slightly non-uniform) with the flocculated colloid. The curves superposed exactly except at very small angles. Under the assumption of uniform spheres both gave a particle diameter (from an R_a measurement) of 130 Å. An electron microscope study of the flocculated material showed fairly uniform spheres of average diameter 120 Å. It would appear that neither the solution nor the powder were affected greatly by interparticle interference.

YUDOWITCH[4] worked with several preparations of spherical colloidal gold, among them a sample shown by electron microscopy to be about 464 Å in diameter with a size variation of about 11%. His curves showed very large interparticle effects resulting in an interference maximum whose intensity was about $^1/_3$ the extrapolated intensity at zero angle. He also found several subsidiary maxima resulting from the particle structure factor. A quantitative interpretation of such a curve in the region of the interference maximum is difficult and the conclusions are further obscured by the large effects of the slit geometry.

[1] G. FOURNET: Bull. Soc. franç. Minér. Crist. 74, 39 (1951).
[2] P. SCHMIDT, P. KAESBERG and W. W. BEEMAN: Biochim. Biophys. Acta 14, 1 (1954).
[3] G. FOURNET: Bull. Soc. franç. Minér. Crist. 74, 39 (1951).
[4] K. L. YUDOWITCH: J. Appl. Phys. 20, 174 (1949).

The author calculated diameters of 566, 520, 544 Å from the particle structure factor peaks (under the assumption of uniform spheres and perfect collimation) but pointed out that lower values would obtain if comparison could be made with theoretical curves calculated for the actual experimental conditions. He also calculated a value of 542 Å from the position of the interference maximum and 496 Å from the curve shape within this maximum, both on the application of interparticle interference theories.

TURKEVITCH and HUBBELL[1], working with samples similar to those of YUDOWITCH, found no interparticle effects. They scattered from dried gold sols which had been carefully prepared to produce particles of uniform size and were shown electron microscopically and by other methods to be about 200 Å in diameter with a mean deviation of about 10%. At smallest angles they showed a sharply decreasing intensity with increasing scattering angle, then a slower decrease with angle, which gave a nearly linear relationship on a GUINIER plot, and finally a plateau which they interpreted as a particle structure factor peak washed out by slit and size distribution effects. The high intensity at smallest angles was attributed possibly to clusters of particles or to instrumental effects. Because of the sharp upturn of the curve at smallest angles the useful part of their GUINIER plot occurs for angles slightly too large for the GUINIER formula to hold very precisely. Hence the authors made use of approximate expressions to calculate four diameters 228, 216, 206 and 196 Å, all differing slightly from the single value that could have been obtained from the theoretical curve for spheres. Nevertheless, the agreement with the electron microscope value of 200 Å is sufficiently good to warrant the conclusion that the interparticle interference effects were small.

SHULL and ROESS[2] have made a careful theoretical study of the scattering curves that would be expected for several types of particle size distributions. It was concluded that very accurate and extensive experimental data would be required in order to select a correct distribution function, but nevertheless their calculations suggested that it was possible to specify a weighted average particle size and to draw some semi-quantitative conclusions about the size distribution. By matching procedures with their theoretical curves they determined average particle sizes for a variety of finely divided materials and compared the results with those obtained from gas adsorption studies and from x-ray line broadening. Among the materials they used were Al_2O_3, Fe_2O_3, NiO, and $Al_2O_3 \cdot MoO_3$ having sizes from 30 Å to about 500 Å. Scattering data were taken over angular range from about 0.2 to 2.5 degrees with particular care taken to cover the region of greatest curvature on a $\log I$ vs. $\log \varepsilon$ plot. In general the agreement among these methods was quite good; for example, the average particle diameter for a sample of silica gel was 36 Å as determined by x-ray scattering, while the corresponding crystal diameter obtained from line broadening was 38 Å. Also there was excellent correlation among the methods when preparative modifications were made which brought about changes in particle size.

YUDOWITCH[3] first studied the scattering from the material polystyrene latex Lot 580-G (produced by the Dow Chemical Co.) which is known from electron microscopy to consist of exceedingly uniform spherical balls having a diameter somewhat greater than 2500 Å. These balls are the only monodisperse nonbiological particles whose size has been determined by x-ray scattering in several different laboratories. Because of their large size only the curve in the region of

[1] J. TURKEVITCH and H. H. HUBBELL: J. Amer. Chem. Soc. **73**, 1 (1951).
[2] C. G. SHULL and L. C. ROESS: J. Appl. Phys. **18**, 295 (1947).
[3] K. L. YUDOWITCH: J. Appl. Phys. **22**, 214 (1951).

the subsidiary maxima has thus far been accessible to experiment. YUDOWITCH obtained a value of 2740 Å with an apparatus employing Cr$K\alpha$ radiation, slit collimation and photographic detection. This was essentially confirmed by LEONARD[1] *et al.* who reported a diameter of 2730 Å (Cu$K\alpha$ radiation, slit collimation and GEIGER counter detection). DANIELSON, SHENFIL and DUMOND[2] using a two crystal point focusing spectrometer, determined a diameter of 2690 Å Fig. 36 shows an x-ray diagram of polystyrene latex taken with the new long wavelength instrument of HENKE and DUMOND described briefly in Sect. 14[3]. Many electron microscope results, while slightly more variable, have led to a value about 100 Å lower than the x-ray values[4]. The origin of this small discrepancy is still obscure.

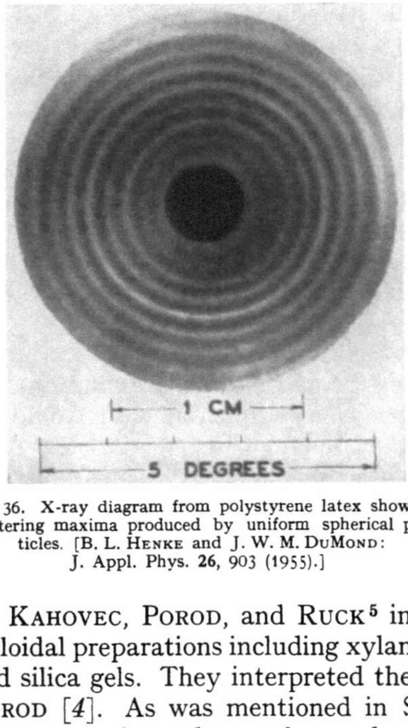

Fig. 36. X-ray diagram from polystyrene latex showing scattering maxima produced by uniform spherical particles. [B. L. HENKE and J. W. M. DUMOND: J. Appl. Phys. **26**, 903 (1955).]

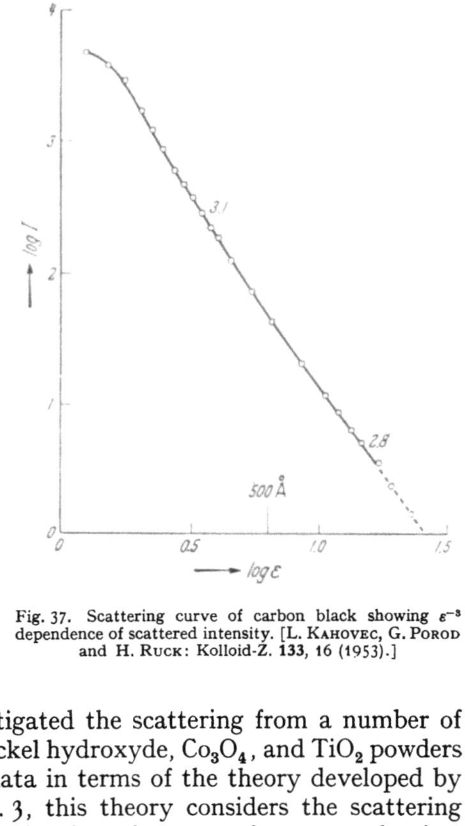

Fig. 37. Scattering curve of carbon black showing ε^{-3} dependence of scattered intensity. [L. KAHOVEC, G. POROD and H. RUCK: Kolloid-Z. **133**, 16 (1953).]

KAHOVEC, POROD, and RUCK[5] investigated the scattering from a number of colloidal preparations including xylan, nickel hydroxyde, Co_3O_4, and TiO_2 powders and silica gels. They interpreted their data in terms of the theory developed by POROD [*4*]. As was mentioned in Sect. 3, this theory considers the scattering from a sample made up of a random distribution of matter of constant density. The scattering is interpreted in terms of several constants of the system without making any assumptions about the presence of discrete particles. POROD showed that at angles large enough so that $1/h$ was small compared to the smallest dimensions of the occupied regions of the sample, the scattered intensity should decrease as h^{-4} (or as h^{-3} for data taken with very high slits). If such an intensity distribution is obtained experimentally then the intensity in this region can be used to determine the total free surface per unit volume of the sample. A typical curve showing the 3rd power dependence is given in Fig. 37. It is not possible

[1] B. R. LEONARD, J. W. ANDEREGG, P. KAESBERG and W. W. BEEMAN: J. Appl. Phys. **23**, 152 (1952).
[2] W. E. DANIELSON, L. SHENFIL and J. W. M. DUMOND: J. Appl. Phys. **23**, 860 (1952).
[3] B. L. HENKE and J. W. M. DUMOND: J. Appl. Phys. **26**, 903 (1955).
[4] C. H. GEROULD: J. Appl. Phys. **21**, 183 (1950).
[5] L. KAHOVEC, G. POROD, and H. RUCK: Kolloid-Z. **133**, 16 (1953).

to discuss their results in detail here but it should be pointed out that this work is important since it illustrates a new and quantitative way of characterizing materials with inhomogeneities on the colloidal level.

VAN NORDSTRAND and HACH [1] also obtained values of specific surface from the tail of the scattering curve. They found the ε^{-4} dependence at large angles predicted by POROD's theory and also discovered empirically that the scattered intensity in that angular region was proportional to the specific surface as determined by nitrogen adsorption.

23. Carbons. Much of our detailed knowledge concerning the structure of solid carbons and carbon blacks comes from analyses of large angle diffractions rather than from small angle scattering. The latter studies have served to supplement the diffraction analyses by providing information concerning particle size and the size of graphite-like layers which exist in solid carbons. This information is not very precise because one is dealing with a distribution of particle sizes and shapes, with interparticle interference effects brought about by close packing, and in some cases with materials that present considerable experimental difficulties because they produce scattering which requires access to exceedingly small angles. In the material which follows it is our intention mainly to refer to representative experiments and methods rather than to present an overall picture of our present knowledge concerning the fine structure of carbons.

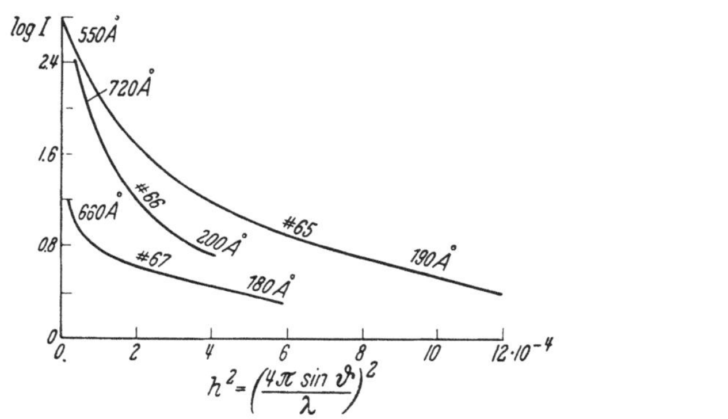

Fig. 38. GUINIER plots of scattering curves for several carbon blacks. [J. BISCOE and B. E. WARREN: J. Appl. Phys. 13, 364 (1942).]

BISCOE and WARREN [2] in 1942 studied the scattering from several carbon blacks useful in the rubber industry obtained from the Godfrey L. Cabot Co. Their curves of $\log I$ vs. ε^2 are non-linear, the slope decreasing with increasing scattering angle, suggesting a distribution of particle sizes. Since the analysis of curves from a distribution of particle sizes is difficult and requires somewhat arbitrary assumptions the authors contented themselves with a qualitative analysis of the curves and calculated the range in particle diameters that would be suggested by slopes at the extreme ends of the scattering curves (Fig. 38).

As part of a detailed study on crystallite growth in graphitizing and non-graphitizing carbons, FRANKLIN [3] has studied the low angle scattering from carbons prepared by pyrolysis of polyvinylidene chloride. The intensity curves for pyrolysis at several temperatures (corrected for x-ray beam height and other factors) are shown in Fig. 39. She has applied the FOURIER transform to each of these curves in order to obtain the radial distribution function of the particles as shown in Fig. 40. Since the author does not introduce auxiliary data concerning packing and size and shape distributions, this function represents the maximum information that can be obtained from the scattering curve. The positions of the maximum and minimum, however, show quite clearly that the particle

[1] R. A. VAN NORDSTRAND and K. M. HACH: Pittsburgh Conf. X-Ray and Electron Diffration, Nov. 1954.

[2] J. BISCOE and B. E. WARREN: J. Appl. Phys. **13**, 364 (1942).

[3] R. E. FRANKLIN: Proc. Roy. Soc. Lond., Ser. A **209**, 196 (1951).

size increased with the temperature of carbonization, the particle diameters for material treated at 1000° C being of the order of 15 Å and at 3000° C about 60 Å.

A paper by HIRSCH[1] describes some of the results of x-ray scattering experiments on a series of vitrain coals of varying rank. He interprets scattering at large angles (around 10°) in terms of condensed aromatic layers and from FOURIER transforms of moderately low angle scattering (around 1°) suggests that these layers occur singly and partly in groups of two or three. A unique interpretation of such data is exceedingly difficult since the transforms do not have a simple physical significance because the experiments do not deal with well-separated uniform particles.

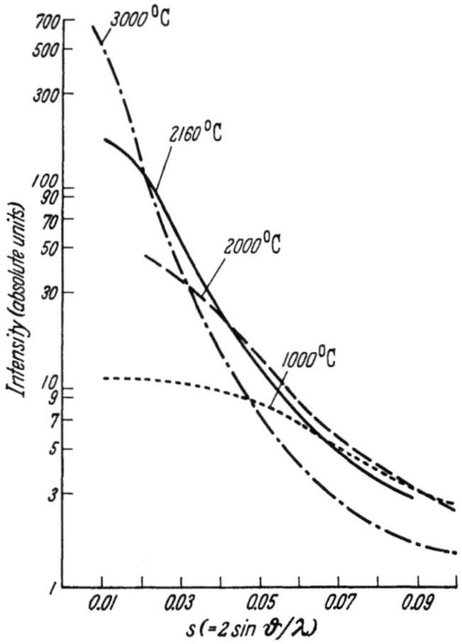

Fig. 39. Low angle scattering of polyvinylidene chloride chars. [R. E. FRANKLIN: Proc. Roy. Soc. Lond., Ser. A **209**, 196 (1951).]

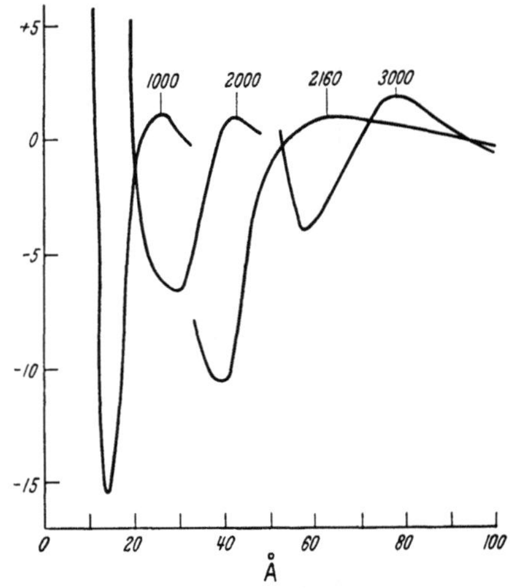

Fig. 40. FOURIER transforms of the scattering curves of Fig. 39. [R. E. FRANKLIN: Proc. Roy. Soc. Lond., Ser. A **209**, 196 (1951).]

Although it is not always possible to obtain quantitative results, scattering data can nevertheless be very useful for making qualitative comparison. BRUSSET[2], for example, has compared natural carbons from several sources and charcoals given different activating treatments.

Following POROD'S theory, discussed briefly earlier in this section, KAHOVEC, POROD and RUCK[3] have calculated the following quantities from a slit-smeared scattering curve of a carbon black derived from naphthalene:

$$Z = \int_0^\infty x\,\mathfrak{I}(x)\,dx; \qquad A = \lim_{x\to\infty} [x^3\,\mathfrak{I}(x)].$$

The quantity x is the distance on the photographic film measured from the center of the beam. It is proportional to the scattering angle. From these they calculated the total free surface per unit weight of sample, O_{sp}, from the equation:

$$O_{sp} = \frac{4p(1-w)}{d} \cdot \frac{A}{Z} = 27.5\ \mathrm{m^2/g}.$$

[1] P. B. HIRSCH: Proc. Roy. Soc. Lond., Ser. A **226**, 143 (1954).
[2] H. BRUSSET: C. R. Acad. Sci., Paris **228**, 323 (1949).
[3] L. KAHOVEC, G. POROD and H. RUCK: Kolloid-Z. **133**, 16 (1953).

The factor w is the volume fraction occupied by the scattering matter, d is the particle density and p is an instrumental constant. They also determined from the specific surface a characteristic length

$$\bar{l}_0 = \frac{4}{O_{sp} \cdot d} = 650 \text{ Å}$$

which for uniform spheres can be shown to be $^2/_3$ the particle diameter. Thus a particle diameter of 975 Å may be calculated in good agreement with the average particle size found by the authors by electron microscopy.

DEXTER and BEEMAN[1] have obtained particle sizes for several carbon blacks by analyzing the scattering curves from samples sufficiently thick to give considerable multiple scattering. Their theoretical analysis indicated that the scattered intensity is a sum of GAUSSian in the polar angle with coefficients dependent on the sample thickness. Particle radius a is determined from the variation of the width of the scattering curve with sample thickness as follows (see Sect. 8):

$$a = \frac{27 r_0^2 L^2 \lambda^4 \varrho}{16\pi^2} \cdot \frac{1}{\gamma^2}$$

where r_0 is the classical electron radius, L is AVOGADRO'S number, ϱ is the density within a particle, and $\gamma = dW/d(m^{\frac{1}{2}})$ is the slope of the curve of *scattering width vs. root of mass per unit area of the sample*. Particle diameters of 1540 Å and 960 Å were found for Sterling L and P-33 carbon blacks obtained from the Cabot Co. Since these samples are known to consist of a distribution of particle sizes the authors interpreted these numbers as representing a weighted average favoring large particles. The diameters are in good agreement with published results of nitrogen adsorption for these materials (also a weighted average), but the result for P-33 is somewhat larger than the particle size range given by BISCOE and WARREN in Fig. 38. The method of DEXTER and BEEMAN would seem to be particularly useful for particles too large to be treated readily by standard single scattering techniques.

24. Summary. Radii of gyration have been determined for some finely divided solids but in many cases such measurements are limited in usefulness because they are obtained from the initial part of the scattering curve which may be affected considerably by interparticle interference. Since these materials are surrounded by air rather than by water, as in solution studies, they are very powerful scatterers. Thus the tail of the scattering curve can be determined accurately and has been used to get particle diameters (in the case of uniform spherical particles) and values for specific particle surface. Several specialized analyses have been developed, particularly for determinations of average particle size for samples having particle size distributions.

B. Lattice defects.

I. Formal treatment of scattering by an Imperfect Crystal.

a) Review of results for the perfect crystal.

We present first, in very condensed form, the usual treatment of the x-ray scattering by a perfect crystal. This will serve as a review and to introduce notation and formulae to be used in the remainder of the chapter. Further reference may be made to the standard texts, for instance, JAMES, ZACHARIASEN or VON LAUE [*6*] to [*8*].

[1] D. L. DEXTER and W. W. BEEMAN: Phys. Rev. **76**, 1782 (1949).

25. The interference function. Consider a perfect but finite crystal built on the space lattice vectors $\boldsymbol{a}_1, \boldsymbol{a}_2, \boldsymbol{a}_3$ and containing N_1, N_2, N_3 unit cells respectively in the direction of each of the three basis vectors. $N = N_1 N_2 N_3$ is the total number of unit cells. The position vector of any point in the crystal may be written

$$\boldsymbol{r} = (m_1 + x)\,\boldsymbol{a}_1 + (m_2 + y)\,\boldsymbol{a}_2 + (m_3 + z)\,\boldsymbol{a}_3 \tag{25.1}$$

where the m_j are integers or zero and x, y, z are continuous variables each having a total range of variation of unity. The origin of coordinates is so chosen that $0 \leqq m_j \leqq N_j - 1$ and x, y, z take values between zero and one. The notation $\boldsymbol{r}_m$ is used for the position vectors of points for which x, y, z are zero. These lattice points serve then as local origins for the continuous variables x, y, z within each unit cell.

We now illuminate the crystal with monochromatic x-rays of wavelength λ. The crystal is assumed so small that attenuation within it, of the incident beam, may be neglected and, in addition, sufficiently distant from the x-ray source and the point of observation of the scattered rays that we may deal with plane waves. Let $\boldsymbol{\mu}_0$ and $\boldsymbol{\mu}$ be unit vectors in the directions of the incident and scattered rays and $\boldsymbol{k}_0 = \boldsymbol{\mu}_0/\lambda$ and $\boldsymbol{k} = \boldsymbol{\mu}/\lambda$ the corresponding wave vectors. The angle between incident and scattered rays is 2ϑ. The path difference between rays reflected from the point $\boldsymbol{r}_m$ and from the crystal origin is $(\boldsymbol{\mu} - \boldsymbol{\mu}_0)\cdot\boldsymbol{r}_m$ and the phase difference $2\pi(\boldsymbol{k} - \boldsymbol{k}_0)\cdot\boldsymbol{r}_m$. We write $\boldsymbol{S} = \boldsymbol{k} - \boldsymbol{k}_0$. It follows that $|\boldsymbol{S}| = 2\lambda^{-1}\sin\vartheta$. The vectors $\boldsymbol{k}_0$ and $\boldsymbol{k}$ may be considered as incident and reflected rays from planes whose normal is $\boldsymbol{S}$. The glancing angle is ϑ.

The unit cell at the crystal origin will scatter to the observation point a field amplitude which we write $E_0 = A_0 F$. In this expression A_0 is the amplitude scattered to the observation point by a classical THOMSON electron placed at the crystal origin, and F is therefore the ratio of the amplitude produced by the entire charge distribution of the unit cell to that produced by an electron at the origin. Because of phase differences between waves scattered from different points in the crystal, the amplitudes we discuss will in general be complex. A unit cell at the lattice point $\boldsymbol{r}_m$ will scatter an amplitude

$$E_m = A_0 F\, e^{2\pi i \boldsymbol{S}\cdot\boldsymbol{r}_m}. \tag{25.2}$$

The amplitude scattered by the entire crystal is got by summing (25.2) over all lattice points. We obtain

$$E = A_0 F \sum_m e^{2\pi i \boldsymbol{S}\cdot\boldsymbol{r}_m}. \tag{25.3}$$

The scattered intensity is proportional to the square of the absolute value of the field amplitude. Thus

$$I = I_0 |F|^2 \sum_m \sum_{m'} e^{2\pi i \boldsymbol{S}\cdot(\boldsymbol{r}_m - \boldsymbol{r}_{m'})} \tag{25.4}$$

where I_0 is the intensity scattered by one electron. We shall in the future deal with the dimensionless reduced intensity I/I_0 which we write simply as I. In Eqs. (25.3) and (25.4) the notation $\sum_m$ indicates the triple summation over m_1, m_2, m_3. If this is made explicit by substituting for $\boldsymbol{r}_m$ its expression in terms of the basis vectors, Eq. (25.1), we see that each of the separate summations over m_j is a finite geometric progression. Substituting for each progression its sum, and after some trigonometric manipulation, we obtain the well known closed form of Eq. (25.4)

$$I = |\mathrm{F}|^2 \left[\frac{\sin^2(N_1 \pi \boldsymbol{S}\cdot\boldsymbol{a}_1)}{\sin^2(\pi \boldsymbol{S}\cdot\boldsymbol{a}_1)} \cdot \frac{\sin^2(N_2 \pi \boldsymbol{S}\cdot\boldsymbol{a}_2)}{\sin^2(\pi \boldsymbol{S}\cdot\boldsymbol{a}_2)} \cdot \frac{\sin^2(N_3 \pi \boldsymbol{S}\cdot\boldsymbol{a}_3)}{\sin^2(\pi \boldsymbol{S}\cdot\boldsymbol{a}_3)}\right]. \tag{25.5}$$

The scattered intensity has maxima when

$$\left.\begin{aligned} \boldsymbol{S}\cdot\boldsymbol{a}_1 &= H_1, \\ \boldsymbol{S}\cdot\boldsymbol{a}_2 &= H_2, \\ \boldsymbol{S}\cdot\boldsymbol{a}_3 &= H_3, \end{aligned}\right\} \tag{25.6}$$

where the H_j are integers or zero. These are the LAUE conditions. At a maximum the scattered intensity is $I=|F|^2N^2$. The scattered intensity first becomes zero for any $\boldsymbol{S}\cdot\boldsymbol{a}_j = H_j + \frac{1}{N_j}$. These are followed by rapidly decreasing subsidiary maxima.

The quantity in square bracketts in Eq. (25.5) or the double summation of Eq. (25.4) is called the interference function. For large N and near a diffraction maximum it is a rapidly varying function of the vector $\boldsymbol{S}$.

26. BRAGG's law. The equation of a plane perpendicular to $\boldsymbol{S}$ is

$$\frac{\boldsymbol{S}\cdot\boldsymbol{r}}{|\boldsymbol{S}|} = d \tag{26.1}$$

where d is the distance of the plane from the crystal origin. We substitute $\boldsymbol{r} = (m_1+x)\,\boldsymbol{a}_1 + (m_2+y)\,\boldsymbol{a}_2 + (m_3+z)\,\boldsymbol{a}_3$ and evaluate the intercepts of the plane with the crystal axes. These intercepts, in terms of the basis vectors as units, are

$$\frac{|\boldsymbol{S}|\,d}{\boldsymbol{S}\cdot\boldsymbol{a}_1};\quad \frac{|\boldsymbol{S}|\,d}{\boldsymbol{S}\cdot\boldsymbol{a}_2};\quad \frac{|\boldsymbol{S}|\,d}{\boldsymbol{S}\cdot\boldsymbol{a}_3}. \tag{26.2}$$

If the LAUE conditions are satisfied the reciprocals of these intercepts are proportional to $H_1:H_2:H_3$ and the MILLER indices of the family of planes perpendicular to $\boldsymbol{S}$ are

$$h_1 = \frac{H_1}{n};\qquad h_2 = \frac{H_2}{n};\qquad h_3 = \frac{H_3}{n} \tag{26.3}$$

where n is the greatest common integral divisor of $H_1:H_2:H_3$. Thus if, and only if, $\boldsymbol{S}$ satisfies the LAUE conditions is it normal to planes whose reciprocal intercepts are proportional to integers.

We return to Eq. (26.1) and, confining our attention to planes containing lattice points, make the substitution $\boldsymbol{r} = m_1\boldsymbol{a}_1 + m_2\boldsymbol{a}_2 + m_3\boldsymbol{a}_3$. We get

$$m_1\boldsymbol{S}\cdot\boldsymbol{a}_1 + m_2\boldsymbol{S}\cdot\boldsymbol{a}_2 + m_3\boldsymbol{S}\cdot\boldsymbol{a}_3 = |\boldsymbol{S}|\,d. \tag{26.4}$$

We impose the LAUE conditions and in addition substitute $|\boldsymbol{S}| = 2\lambda^{-1}\sin\vartheta$. We obtain

$$n\,\lambda\,(m_1h_1 + m_2h_2 + m_3h_3) = 2d\sin\vartheta. \tag{26.5}$$

This equation may be considered as determining the possible values of d (now a function of $m_1m_2m_3$) for planes which contain lattice points and which are normal to an $\boldsymbol{S}$ satisfying the LAUE conditions. It is clear that one of the planes passes through the crystal origin. From number theory (EUCLID's algorithm) there exists a choice of $m_1m_2m_3$ for which $m_1h_1 + m_2h_2 + m_3h_3 = 1$. Thus follows BRAGG's law

$$n\,\lambda = 2d\sin\vartheta \tag{26.6}$$

and d is now the distance between neighboring planes of the family with MILLER indices $h_1h_2h_3$. The reflecting planes, in the BRAGG sense, always contain a two-dimensional array of lattice points.

27. The reciprocal lattice[1]. Calculations beyond the elementary level are most easily carried out in reciprocal space. We define three vectors

$$\boldsymbol{b}_1 = \frac{\boldsymbol{a}_2 \times \boldsymbol{a}_3}{(\boldsymbol{a}_1 \boldsymbol{a}_2 \boldsymbol{a}_3)}; \quad \boldsymbol{b}_2 = \frac{\boldsymbol{a}_3 \times \boldsymbol{a}_1}{(\boldsymbol{a}_1 \boldsymbol{a}_2 \boldsymbol{a}_3)}; \quad \boldsymbol{b}_3 = \frac{\boldsymbol{a}_1 \times \boldsymbol{a}_2}{(\boldsymbol{a}_1 \boldsymbol{a}_2 \boldsymbol{a}_3)}. \tag{27.1}$$

These are the basis vectors of the lattice reciprocal to the space lattice $\boldsymbol{a}_1, \boldsymbol{a}_2, \boldsymbol{a}_3$. An equivalent definition is $\boldsymbol{a}_j \cdot \boldsymbol{b}_k = \delta_{jk}$. It can be shown that the unit cell volumes in the two lattices are reciprocal, more precisely $(\boldsymbol{a}_1 \boldsymbol{a}_2 \boldsymbol{a}_3)\ (\boldsymbol{b}_1 \boldsymbol{b}_2 \boldsymbol{b}_3) = 1$. From the second definition of the $\boldsymbol{b}_k$ it is obvious that the relation between the space lattice and the reciprocal lattice is symmetric and that either may be considered the reciprocal of the other. We note that $\boldsymbol{k}_0$, $\boldsymbol{k}$ and $\boldsymbol{S}$ have the dimensions of a reciprocal length and will shortly be treated as vectors in the reciprocal space.

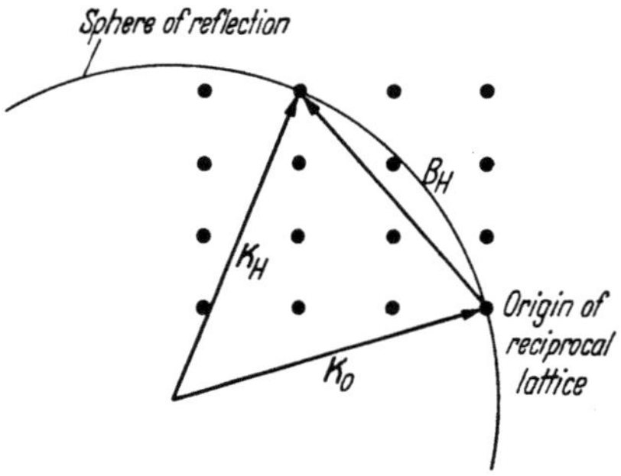

Fig. 41. EWALD's construction illustrating the reflection process in reciprocal space.

The result of fundamental importance is that the vector

$$\boldsymbol{B}_H = H_1 \boldsymbol{b}_1 + H_2 \boldsymbol{b}_2 + H_3 \boldsymbol{b}_3 \tag{27.2}$$

is normal to the family of planes of the space lattice whose MILLER indices are H_1/n; H_2/n and H_3/n. The equation of a member of this family may therefore be written $\boldsymbol{B}_H \cdot \boldsymbol{r}/|\boldsymbol{B}_H| = d$. We substitute $\boldsymbol{r} = m_1 \boldsymbol{a}_1 + m_2 \boldsymbol{a}_2 + m_3 \boldsymbol{a}_3$ and obtain $n(m_1 h_1 + m_2 h_2 + m_3 h_3) = d|\boldsymbol{B}_H|$. By the argument of the last section we have the result

$$|\boldsymbol{B}_H| = n/d. \tag{27.3}$$

As before d is the distance between neighboring planes (containing lattice points) of the family $h_1 h_2 h_3$. BRAGG's law can now be put in the vector form

$$\boldsymbol{S} = \boldsymbol{k}_H - \boldsymbol{k}_0 = \boldsymbol{B}_H. \tag{27.4}$$

As a prescription on directions, this states that the incident and scattered waves must behave as incident and reflected waves on the family of reflecting planes, $h_1 h_2 h_3$. As a prescription on magnitudes, it gives the usual form of BRAGG's law $n\lambda = 2d \sin\vartheta$.

The vector formulation of BRAGG's law leads to EWALD's construction shown in Fig. 41. The incident wave vector $\boldsymbol{k}_0$ is drawn to terminate at the origin of the reciprocal lattice. $\boldsymbol{k}$ and $\boldsymbol{k}_0$ have a common initial point. Since $|\boldsymbol{k}| = |\boldsymbol{k}_0|$ the possible termini of $\boldsymbol{k}$ lie on a sphere (the sphere of reflection) whose center is this initial point and which passes through the origin of the reciprocal lattice. Thus $\boldsymbol{S}$ is a vector from the origin of the reciprocal lattice to the terminus of $\boldsymbol{k}$. The condition for a reflection in the EWALD construction is that the sphere of reflection pass through at least one lattice point of the reciprocal space (in addition to the origin).

If the crystal is imperfect or very small we expect a weak diffuse scattering at all angles or a broadening of the BRAGG lines or both. Thus $\boldsymbol{S}$ may terminate almost anywhere in reciprocal space and still define a scattering process with which is associated detectable intensity. Thus our later discussions will not be

[1] For more details see Vol. VII, part 1 and the article of J. BOUMAN in this volume.

confined to the lattice points of reciprocal space and in analogy with Eq. (25.1) we write for the general position vector in reciprocal space

$$\boldsymbol{B} = (H_1 + \xi)\,\boldsymbol{b}_1 + (H_2 + \eta)\,\boldsymbol{b}_2 + (H_3 + \zeta)\,\boldsymbol{b}_3. \tag{27.5}$$

H_1, H_2, H_3 are integers or zero and ξ, η, ζ are continuous variables having each a range of unity.

28. The crystal structure factor. Let us assume that the unit cell contains a continuous distribution of charge. We denote this by $\varrho(\boldsymbol{r})$, the number of electrons per unit volume at the point $\boldsymbol{r}$. Here $\boldsymbol{r}$ is the position vector with respect to the local origin of a unit cell.

The amplitude scattered by the charge in the volume element dv is $E = A_0 \varrho(\boldsymbol{r})\, e^{i\delta}\, dv$ where δ, the phase difference with respect to scattering from the local origin, is given by $\delta = 2\pi\, \boldsymbol{S} \cdot \boldsymbol{r}$. If we confine ourselves to BRAGG reflections we have $\delta = 2\pi\, \boldsymbol{B}_H \cdot \boldsymbol{r}$ and the scattered amplitude from the entire unit cell becomes

$$E = A_0 \int\limits_v \varrho(\boldsymbol{r})\, e^{2\pi i \boldsymbol{B}_H \boldsymbol{r} \cdot}\, dv. \tag{28.1}$$

If we focus attention on the separate atoms occupying the unit cell we get

$$E = A_0 \sum_j f_j\, e^{2\pi i \boldsymbol{B}_H \cdot \boldsymbol{r}_j} \tag{28.2}$$

where $\boldsymbol{r}_j$ is the position of the nucleus of the j-th atom and f_j is the atomic structure factor. The summation is over all atoms of the unit cell. The ratio of amplitudes which we have already denoted by F is called the crystal structure factor and is given either by the integral of Eq. (28.1) or the summation of Eq. (28.2). Of course F is a function of $\boldsymbol{S}$ (or of position in reciprocal space). However, since amplitudes are summed only over a unit cell rather than the entire crystal, F varies much more slowly near a reciprocal point than does the interference function.

We now rewrite the equation for the intensity scattered by a small crystal in the form

$$I = |F|^2\, |G|^2. \tag{28.3}$$

By $|G|^2$ we denote the interference function. It is the double lattice sum of Eq. (25.4). I is commonly called the intensity function. All three quantities of Eq. (28.3) are functions of position in reciprocal space. However, in much of what follows, we will be concerned with the neighborhood of a particular reciprocal lattice point and thus need consider only the dependence on the continuous variables ξ, η, ζ.

29. FOURIER series. Let us now consider an infinite crystal and take $\varrho(\boldsymbol{r})$ to be an electron density function defined everywhere. Because of the lattice property $\varrho(\boldsymbol{r})$ is triply periodic with the period of the space lattice. We may express $\varrho(\boldsymbol{r})$ as a FOURIER series

$$\varrho(\boldsymbol{r}) = \sum_{H=-\infty}^{\infty} A_H\, e^{-2\pi i (H_1 x + H_2 y + H_3 z)}. \tag{29.1}$$

The space variables are those of Eq. (25.1) and $\sum\limits_{H=-\infty}^{\infty}$ indicates the triple summation over $H_1 H_2 H_3$ each from $-\infty$ to $+\infty$. Using reciprocal vector notation the same expansion becomes

$$\varrho(\boldsymbol{r}) = \sum_{H=-\infty}^{\infty} A_H\, e^{-2\pi i \boldsymbol{B}_H \cdot \boldsymbol{r}}. \tag{29.2}$$

We may solve for the FOURIER amplitudes A_H and obtain

$$A_H = \int_0^1\int_0^1\int_0^1 \varrho(\boldsymbol{r})\, e^{2\pi i \boldsymbol{B}_H\cdot\boldsymbol{r}}\, dx\, dy\, dz. \qquad (29.3)$$

It is convenient to transform to a volume integral over the unit cell. We have $dv = V\,dx\,dy\,dz$ where V is the actual volume of the unit cell and dv is the element of volume whose edges, expressed as fractions of the unit cell edges, are dx, dy and dz. We then get

$$A_H = \frac{1}{V}\int_v \varrho(\boldsymbol{r})\, e^{2\pi i \boldsymbol{B}_H\cdot\boldsymbol{r}}\, dv. \qquad (29.4)$$

From the discussion of the preceding section we see that

$$A_H = \frac{1}{V} F_H \qquad (29.5)$$

where F_H is the crystal structure factor evaluated for $\boldsymbol{S} = \boldsymbol{B}_H$.

The FOURIER expansion represents the electron density of the crystal as the sum of an infinite number of plane sinusoidal waves. With each is associated a vector $\boldsymbol{B}_H$ of the reciprocal lattice which is normal to the FOURIER wave and whose magnitude $|\boldsymbol{B}_H|$ is the reciprocal of the FOURIER wavelength. In addition, Eq. (29.5) states that each separate BRAGG reflection occurs with an amplitude which is proportional to one and only one of the FOURIER amplitudes.

Another expansion of great usefulness is that introduced by PATTERSON[1]. We consider the function

$$P(\boldsymbol{R}) = \frac{1}{V}\int \varrho(\boldsymbol{r})\, \varrho(\boldsymbol{r}+\boldsymbol{R})\, dv.$$

The integration is with respect to $\boldsymbol{r}$ and over the unit cell. Expanding, we have

$$P(\boldsymbol{R}) = \int_0^1\int_0^1\int_0^1 \sum_{H,H'=-\infty}^{\infty} A_H A_{H'}\, e^{-2\pi i \boldsymbol{B}_H\cdot\boldsymbol{r}}\, e^{-2\pi i \boldsymbol{B}_{H'}\cdot(\boldsymbol{r}+\boldsymbol{R})}\, dx\, dy\, dz. \qquad (29.6)$$

The integration gives zero unless $H' = -H$. In addition, since $\varrho(\boldsymbol{r})$ is real, $A_{-H} = A_H^*$. Thus

$$P(\boldsymbol{R}) = \frac{1}{V}\int \varrho(\boldsymbol{r})\, \varrho(\boldsymbol{r}+\boldsymbol{R})\, dv = \sum_{H=-\infty}^{\infty} |A_H|^2\, e^{-2\pi i \boldsymbol{B}_H\cdot\boldsymbol{R}}. \qquad (29.7)$$

$P(\boldsymbol{R})$ is the average value of the products of the electron densities at points separated by a constant vector $\boldsymbol{R}$. It may be considered a correlation function for the electron density and since it depends only on the square of the FOURIER amplitudes it is given directly by the experimental data. Closely analogous functions occur in the discussion of imperfect crystals.

b) The finite crystal.

30. Elementary considerations. In Sect. 25 we gave a discussion of the scattering from a finite crystal containing N unit cells. As expected the angular extent of a diffraction maximum is reciprocally related to the number of unit cells in the crystal. The purpose of the present discussion is to make quantitative this relationship and to discuss methods of determining crystallite size.

Let us consider a BRAGG reflection in which $N^{\frac{1}{3}}$ planes (each of the same total scattering power) are uniformly illuminated by the incident beam. The

[1] A. L. PATTERSON: Phys. Rev. **46**, 372 (1934).

scattered amplitudes from successive planes will be equal in magnitude but will differ in phase by $4\pi d\lambda^{-1}\sin\vartheta$. At the BRAGG angle, ϑ_0, this is an integral multiple of 2π. If the glancing angle differs from the BRAGG angle by an amount $\Delta\vartheta$ there will be a phase defect in the scattering from successive planes of $4\pi d\lambda^{-1}\times(\cos\vartheta_0)\Delta\vartheta$. In the spirit of diffraction calculations in elementary optics we may make a vector diagram of the successive scattered amplitudes and note that, when the total phase defect between the first and the last planes is 2π, the diagram closes and we are at the first minimum of the diffraction pattern. Thus the $\Delta\vartheta$ determined by $4\pi N^{\frac{1}{3}} d\lambda^{-1}(\cos\vartheta_0)\Delta\vartheta = 2\pi$ gives a half-width of the BRAGG line. For the total width β we have

$$\beta = 2\Delta\vartheta = \frac{\lambda}{(N^{\frac{1}{3}} d)\cos\vartheta_0}. \tag{30.1}$$

More precise calculations give a result of the above form which is usually written

$$\beta = \frac{K\lambda}{L\cos\vartheta_0}. \tag{30.2}$$

L is a linear dimension of the crystallite and K, the SCHERRER constant, a numerical constant of order unity. Incident beams can conveniently be collimated to a divergence of the order of 10^{-3} radians. We see from Eq. (30.2) that crystallites must then be smaller than 10^{-4} or 10^{-5} cm to give detectable broadening.

Experimentally, line widths are investigated using the DEBYE-SCHERRER powdered crystal method in which many crystallites contribute to the observed ring intensity. A single crystal, small enough to give appreciable broadening, is too small to handle conveniently or to scatter a usable intensity. It may also be noted that the one-dimensional broadening of a line is much more easily characterized and measured than is the two-dimensional broadening of a spot.

Several experimental definitions of line breadth are possible. That most used is the integral line breadth.

$$\beta = \frac{\int I(2\vartheta)\, d(2\vartheta)}{I(2\vartheta_0)}. \tag{30.3}$$

In this expression 2ϑ is the scattering angle and ϑ_0 is the BRAGG angle. The integral line breadth is the area under the line divided by its peak intensity.

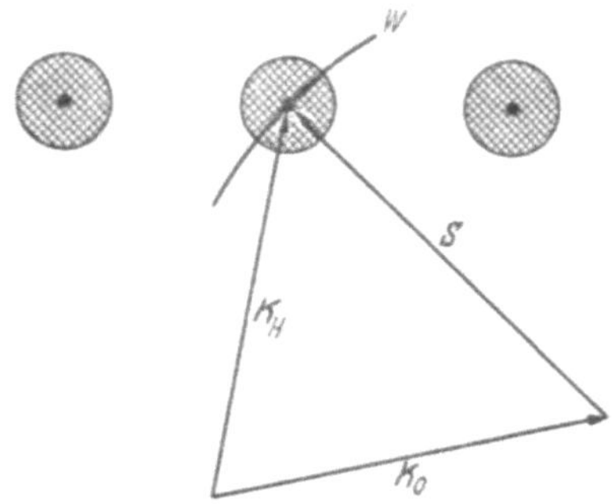

Fig. 42. The integration appropriate to randomly oriented small crystallites. The intensity at a fixed scattering angle is given by the integration over the surface W.

31. Integrations in reciprocal space. We shall derive an expression for the integral line breadth for the case of a large number of randomly oriented, identical small crystallites illuminated by a parallel beam of monochromatic x-rays. In Fig. 42 we illustrate the reflection process in reciprocal space. Each lattice point is surrounded by a cross hatched region (in general not actually spherical) whithin which the intensity function is assumed to have appreciable values. These regions are small compared to $(\boldsymbol{b}_1\boldsymbol{b}_2\boldsymbol{b}_3)$ the volume in reciprocal space of the unit cell if, as is usually true, $N \gg 1$.

The intensity observed at a scattering angle ϑ from a particular one of the illuminated crystallites is determined by the value of the intensity function at the terminus of $\boldsymbol{S}$ in the reciprocal space of this crystallite. The contributions of all the crystallites at the given scattering angle may be obtained by rotating the reciprocal space about its origin ($\boldsymbol{k}_0$, $\boldsymbol{k}$ and $\boldsymbol{S}$ are stationary) and summing the intensity contributions from all points which pass through the terminus of $\boldsymbol{S}$. The surface of integration is a sphere of which $\boldsymbol{S}$ is a radius. Since contributions come only from a region of reciprocal space whose linear dimensions are much less than $|\boldsymbol{S}|$ we replace the sperical surface by its tangent plane normal to $\boldsymbol{S}$. The evaluation of the area under the diffraction line requires, finally, an integration over 2ϑ which in reciprocal space is over a coordinate parallel to $\boldsymbol{S}$. The convenient coordinate axes in reciprocal space would thus be orthorhombic with one axis parallel to $\boldsymbol{S}$. In general such axes will bear no simple relationship to $\boldsymbol{b}_1, \boldsymbol{b}_2, \boldsymbol{b}_3$, the basis vectors of the reciprocal space.

STOKES and WILSON[1], whose derivation we present, therefore confined themselves to crystals of the cubic system. In this system new orthorhombic crystal axes can always be found which place an arbitrary reflection in the form $(0\,0\,H_3)$. In this representation $\boldsymbol{S}$ is parallel to $\boldsymbol{b}_3$. Integrations over ξ and η collect the intensity scattered at a given angle 2ϑ, and 2ϑ is a function of ζ only. The BRAGG angle corresponds to $\zeta=0$.

We first evaluate the integral line breadth defined in reciprocal space

$$\beta_r = \frac{\int\int\limits_{-\frac{1}{2}}^{\frac{1}{2}}\int I(\xi,\eta,\zeta)\,d\xi\,d\eta\,d\zeta}{\int\int\limits_{-\frac{1}{2}}^{\frac{1}{2}} I(\xi,\eta,0)\,d\xi\,d\eta}. \tag{31.1}$$

This will later be transformed to the line breadth of Eq. (30.3). For mathematical convenience integrations are extended from $-\frac{1}{2}$ to $\frac{1}{2}$ for each variable although as mentioned, the intensity function has appreciable values in only a small fraction of the volume of the reciprocal unit cell. The crystal structure factor is a slowly varying function of $\boldsymbol{S}$. It therefore disappears from the ratio of Eq. (31.1) and we use only the interference function

$$|G(\boldsymbol{S})|^2 = \sum_m \sum_{m'} e^{2\pi i \boldsymbol{S}\cdot(\boldsymbol{r}_m - \boldsymbol{r}_{m'})} \tag{31.2}$$

where

$$\boldsymbol{S} = \xi\,\boldsymbol{b}_1 + \eta\,\boldsymbol{b}_2 + (H_3+\zeta)\,\boldsymbol{b}_3. \tag{31.3}$$

To evaluate the numerator of β_r we substitute $|G(\xi,\eta,\zeta)|^2$ for $I(\xi,\eta,\zeta)$ and integrate. Each integration gives terms of the type $\frac{\sin\pi(m_j-m_j')}{\pi(m_j-m_j')}$ which are zero if $m_j \neq m_j'$ and unity if $m_j = m_j'$. Thus the subsequent summation over m and m' contains only N terms and

$$\int\int\limits_{-\frac{1}{2}}^{\frac{1}{2}}\int |G(\xi,\eta,\zeta)|^2\,d\xi\,d\eta\,d\zeta = N = \frac{V}{(\boldsymbol{a}_1\,\boldsymbol{a}_2\,\boldsymbol{a}_3)} \tag{31.4}$$

where V is the volume of the crystallite.

The evaluation of the denominator gives a somewhat more complicated summation. As before, the integrations over ξ and η leave only those terms for which $m_1 = m_1'$ and $m_2 = m_2'$. However the integral is evaluated at $\zeta=0$, thus each term in the summation is of the form $e^{2\pi i H_3(m_3 - m_3')}$. This is unity for all permissable values of m_3 or m_3' and we get

$$\int\limits_{-\frac{1}{2}}^{\frac{1}{2}}\int |G(\xi,\eta,0)|^2\,d\xi\,d\eta = \sum_{m_1}\sum_{m_2}\sum_{m_3}\sum_{m_3'} 1. \tag{31.5}$$

[1] A. R. STOKES and A. J. C. WILSON: Proc. Cambridge Phil. Soc. **38**, 313 (1942). An equivalent derivation was first given by I. WALLER: Nova Acta Reg. Soc. Sci. Upsal. **4**, 11 (1939).

We note that only those terms occur in the fourfold summation for which both $m_1\, m_2\, m_3$ and $m_1\, m_2\, m_3'$ describe a unit cell of the crystallite.

We may proceed as follows. For each term $m_1\, m_2\, m_3$ (of which there are N) we sum over m_3'. This is a summation over a column of unit cells perpendicular to the BRAGG planes and containing the cell $m_1\, m_2\, m_3$. The number of cells in the column is $T/|\boldsymbol{a}_3|$ where T is the thickness of the crystal in the direction of $\boldsymbol{S}$. T is a function of position in the crystallite and we write for the value of T averaged over the volume of the crystallite $\overline{T} = \int T\, dv/V$.

Finally

$$\int_{-\frac{1}{2}}^{\frac{1}{2}}\!\!\int |G(\xi,\eta,0)|^2\, d\xi\, d\eta = \frac{N\int T\, dv}{|\boldsymbol{a}_3|\, V}. \tag{31.6}$$

The fourfold summation of Eq. (31.5) may be handled in a different way. We may sum first over all m_1 and m_2 and those m_3 and m_3' for which $m_3 - m_3' = k$. Finally we sum over k. Again let us consider columns of unit cells parallel to $\boldsymbol{S}$. A column of length T will furnish $T/|\boldsymbol{a}_3| - k$ terms to the first summation. The contribution of all columns, for a given k, may be visualized by translating the crystallite a distance $T = k|\boldsymbol{a}_3|$ parallel to $\boldsymbol{S}$. The common volume V_T of the crystallite and its translated image or "ghost" divided by the volume of a unit cell is the number of terms occurring in the first summation. The final summation over k is a summation of $V_T/(\boldsymbol{a}_1\, \boldsymbol{a}_2\, \boldsymbol{a}_3)$ over all values of $k = T/|\boldsymbol{a}_3|$ for which V_T is non zero. Replacing the summation by an integration we obtain

$$\int_{-\frac{1}{2}}^{\frac{1}{2}}\!\!\int |G(\xi,\eta,0)|^2\, d\xi\, d\eta = \frac{\int V_T\, d\,T}{|\boldsymbol{a}_3|\, (\boldsymbol{a}_1\, \boldsymbol{a}_2\, \boldsymbol{a}_3)}. \tag{31.7}$$

Combining Eqs. (31.4), (31.6), and (31.7) gives

$$\beta_r = \frac{|a_3|\, V}{\int T\, dv} = \frac{|a_3|\, V}{\int V_T\, d\,T}. \tag{31.8}$$

Because this derivation makes no explicit use of the details of the intensity distribution in the reciprocal space of one of the collection of identical crystallites, we now mention a few such results[1] of general interest. The interference function is the same function of ξ, η, ζ about each reciprocal lattice point, it depends only on the external form of the crystal. The intensity function is symmetric with respect to an inversion of coordinates through the reciprocal lattice point. Thus surfaces of constant intensity about each reciprocal lattice point have inversion symmetry, no matter what the shape of the crystallite. LAUE was able to express the scattered amplitude as an integral over the external surface of the crystallite. It may then be seen that the surfaces of constant intensity extend farthest from the reciprocal lattice point in directions perpendicular to the most developed plane faces of the crystallite.

32. The integral line breadth. It remains to transform β_r, the integral breadth in reciprocal space to β. The numerator of each is the same definite integral expressed in different variables. They differ only in the denominators, one of which expresses the line shape as a function of ζ, the other as a function of 2ϑ. We must make the substitution

$$\int_{-\frac{1}{2}}^{\frac{1}{2}}\!\!\int I(\xi,\eta,0)\, d\xi\, d\eta = I(2\vartheta)\, \frac{d(2\vartheta)}{d\zeta}\bigg|_{\vartheta=\vartheta_0}. \tag{32.1}$$

[1] M. v. LAUE: Ann. Physik **26**, 55 (1936).

Differentiating $|\boldsymbol{S}| = 2\lambda^{-1}\sin\vartheta = (\zeta + H_3)\,|\boldsymbol{b}_3|$ we obtain

$$\cos\vartheta\, d(2\vartheta) = \lambda\,|\boldsymbol{b}_3|\,d\zeta. \tag{32.2}$$

Substituting (32.1) and (32.2) in (31.8) and using $|\boldsymbol{a}_3|\,|\boldsymbol{b}_3| = 1$ gives

$$\beta = \frac{\lambda V}{\cos\vartheta \int T\,dv} = \frac{\lambda V}{\cos\vartheta \int V_T\,dT} \tag{32.3}$$

which is the final result of STOKES and WILSON[1]. They remark that the result would seem to be valid for non-cubic systems. This is intuitively convincing if we consider the line as resulting from the summation of amplitudes from a sequence of BRAGG planes whose number and extent is determined only by the size and shape of the crystallite.

BOUMAN and DE WOLFF[2] and later STOKES and WILSON[3] have indeed given derivations of β which do not depend on the assumption of cubic axes. In their derivations the double summation over lattice points is replaced by a double integration over the continuous charge distribution of the crystallite. This simplifies the transformation to axes properly oriented with respect to the BRAGG planes. As a result of these investigations one may state, quite generally, that the linear parameter determined by a measurement of the integral breadth is the volume average of the crystallite thickness measured perpendicular to the BRAGG planes.

The treatment just given, while it correctly summarizes the information that can be obtained from the integral breadth of a single DEBYE-SCHERRER ring, does little justice to the extensive literature on particle size broadening. Reference may be made to the text of JAMES [6], the monograph edited by BOUMAN [9] or the recent text of KLUG and ALEXANDER[4]. The latter is particularly complete on experimental procedures.

Much of the literature is complicated by the only recent appreciation of what linear parameter is really involved in the integral breadth and by the fact that this parameter is a function, not only of the size and shape of the crystallite, but also (except for spheres) of the orientation of the reflecting planes within the crystallite. If, as is still common, some other linear parameter L is used, then the SCHERRER constant K becomes the ratio of L to $V^{-1}\int T\,dv$ and, in general, a function of crystallite shape and the particular reflection observed. Values of K for $L = V^{\frac{1}{3}}$ and various simple shapes and reflections may be found in the references cited.

No information on crystallite shape is furnished by the integral breadth unless several different reflections are measured. It may then be found that the integral breadth fails to vary with the BRAGG angle as $(\cos\vartheta)^{-1}$. This implies that, averaged over the crystallite population, the value of $V^{-1}\int T\,dV$ is different for different reflecting planes. Thus both an asymmetry of shape and a correlation between lattice orientation and external form are implied and information about both may be deduced from the observations.

It appears[5] that in the most favorable cases average crystallite dimensions may be determined to 10 or 20% but that 25 to 50% accuracy is more common.

[1] STOKES and WILSON: See footnote 1 on p. 396 above.

[2] J. BOUMAN and P. M. DEWOLFF: Physica, Haag 9, 833 (1942).

[3] A. R. STOKES and A. J. C. WILSON: Proc. Cambridge Phil. Soc. **40**, 197 (1944).

[4] H. P. KLUG and L. E. ALEXANDER: X-Ray Diffraction Procedures. New York and London 1954.

[5] L. BIRKS and H. FRIEDMAN: J. Appl. Phys. **17**, 687 (1946).

A number of important considerations, for instance the correction of line shapes for instrumental broadening, will be discussed later in this chapter under the FOURIER analysis of line shapes.

c) The disordered crystal.

33. Substitutional disorder. We first consider a problem in substitutional disorder. A simple translational lattice is occupied by atoms of several different varieties with structure factors f_A, f_B, f_C etc. The scattered intensity is

$$I = \sum_{m, m'=1}^{N}\sum f_m f^*_{m'} e^{2\pi i \boldsymbol{S}\cdot(\boldsymbol{r}_m - \boldsymbol{r}_{m'})} \tag{33.1}$$

where f_m, the structure factor associated with the m-th lattice site, has, at any particular moment, one of the values f_A, f_B etc. The scattering depends, in principle, on the detailed arrangement of the atoms on the lattice. However, a time average may be achieved by diffusion processes during a measurement of scattered intensity. We expect, in any case, that the scattering from an instantaneous configuration of a reasonably large and properly equilibrated crystal will be indistinguishable from the time average.

The evaluation of (33.1) then requires the time average $\overline{f_m f^*_{m'}}$. Since each lattice point will be similarly occupied on the time average we have for each of the N terms for which $m=m'$

$$\overline{f_m f^*_m} = \overline{|f|^2} = \omega_A |f_A|^2 + \omega_B |f_B|^2 + \cdots \tag{33.2}$$

where the ω_j are the atom fractions of the several constituents, presumed known from the chemical composition.

The terms in which $m \neq m'$ are more complicated but may be handled easily if we assume that the occupancy of a given lattice site is independent of the occupancy of all other lattice sites. This statistical independence is unrealistic since we expect at least some short range order. However, with its aid we get

$$\overline{f_m f^*_{m'}} = \overline{f_m} \cdot \overline{f^*_{m'}} = |\bar{f}|^2 = |\omega_A f_A + \omega_B f_B + \cdots|^2. \tag{33.3}$$

Collecting (33.1) to (33.3) we obtain

$$I = \left\{N\left[\overline{|f|^2}\right] + |\bar{f}|^2 \sum_{m \neq m'=1}^{N}\sum e^{2\pi i \boldsymbol{S}\cdot(\boldsymbol{r}_m - \boldsymbol{r}_{m'})}\right\}. \tag{33.4}$$

It is convenient to add and subtract the missing terms, $m=m'$, of the double summation. There results[1]

$$I = \left\{N\left[\overline{|f|^2} - |\bar{f}|^2\right] + |\bar{f}|^2 \sum_{m, m'=1}^{N}\sum e^{2\pi i \boldsymbol{S}\cdot(\boldsymbol{r}_m - \boldsymbol{r}_{m'})}\right\}. \tag{33.5}$$

We see that the scattering consists of two quite different terms.

$I_D = N\left[\overline{|f|^2} - |\bar{f}|^2\right] = N\overline{|f - \bar{f}|^2}$ is a diffuse scattering. It may be viewed as the summation of the scattered intensities from a collection of N independent scatterers, each having as structure factor the deviation of the structure factor at its lattice site from the mean. I_D varies only slowly with $\boldsymbol{S}$ as do the atomic structure factors. In the absence of disorder $I_D = 0$. This results if the constituent atoms are all identical or if, as in compounds or superlattices, a larger unit cell may be found which repeats identically. On the other hand

$$I_B = |\bar{f}|^2 \sum_{m, m'=1}^{N}\sum e^{2\pi i \boldsymbol{S}\cdot(\boldsymbol{r}_m - \boldsymbol{r}_{m'})}$$

[1] M. v. LAUE: Ann. Physik **56**, 497 (1918).

is the intensity function for the perfect lattice. It exhibits the BRAGG reflections as sharp as in the absence of disorder. However, the appropriate structure factor is the average structure factor of Eq. (33.3).

Let us evaluate I_D for the case where atom B is a substitutional impurity of low concentration in a lattice of A atoms. Thus $\omega_A = 1 - \delta$, $\omega_B = \delta$ and $\delta \ll 1$. We find

$$I_D = N\,\delta\,|f_B - f_A|^2. \tag{33.6}$$

The diffuse scattering is that to be expected from a dilute gas of atoms of structure factor $f_B - f_A$. The scattering is a maximum in the forward direction. Vacant lattice sites in the A lattice may be treated by placing $f_B = 0$. Therefore an array of vacancies scatters diffusely as a similar array of A atoms in vacuum. BLIN and GUINIER[1] have, indeed, observed a small angle scattering from cold rolled metals which they attribute to cavities in the metal, presumably formed by the local aggregation of a few hundred lattice vacancies. With good x-ray techniques single vacancies may be detected at a concentration of about 10^{-3}. This is still rather high but begins to approach the low concentrations of interest in the study of color centers. Of course when aggregated into cavities a much smaller concentration of vacancies may be detected since the scattered intensity per vacancy, in the forward direction, is proportional to the number of vacancies per cavity.

34. Displacement disorder. We may use much of the formalism of the preceding section to discuss the scattering by a crystal of identical atoms which undergo small random displacements from their correct lattice positions. Thus the lattice points are at the positions $\boldsymbol{r}_m$ and the atoms at $\boldsymbol{r}_m + \boldsymbol{u}_m$. The m-th atom scatters an amplitude $f_m = e^{2\pi i \boldsymbol{S}\cdot\boldsymbol{u}_m}$ taking as unity the amplitude scattered by an electron at the lattice point $\boldsymbol{r}_m$. The customary structure factor of the atom with the nucleus as origin is f. Assuming the statistical independence of the displacements we arrive as before at Eq. (33.5) for the scattered intensity. Now however, since $f_m f_m^*$ is independent of $\boldsymbol{u}_m$ we get

$$\overline{|f|^2} = \overline{f_m f_m^*} = |f|^2 \tag{34.1}$$

and also

$$|\overline{f}|^2 = \overline{f_m}\cdot\overline{f_{m'}^*} = |\overline{f\, e^{2\pi i \boldsymbol{S}\cdot\boldsymbol{u}_m}}|^2. \tag{34.2}$$

To evaluate the average we use the result of OTT[2] and BORN and SARGINSON[3] $\overline{e^{ix}} = e^{-\frac{1}{2}\overline{x^2}}$ which holds for sufficiently general distributions of the variable x, in particular, thermal distributions. We get

$$|\overline{f}|^2 = |f|^2\, e^{-2M} \tag{34.3}$$

where $M = 8\pi^2\, \overline{u_s^2}\, \frac{\sin^2\vartheta}{\lambda^2}$ and $\overline{u_s^2}$ is the average square of the projection of the displacement $\boldsymbol{u}_m$ in the direction of $\boldsymbol{S}$. The scattered intensity becomes

$$I = |f|^2 \left[N(1 - e^{-2M}) + e^{-2M} \sum_{m,m'=1}^{N}\sum e^{2\pi i \boldsymbol{S}\cdot(\boldsymbol{r}_m - \boldsymbol{r}_{m'})}\right]. \tag{34.4}$$

As a particular case we may consider the displacements $\boldsymbol{u}_m$ to result from thermal vibrations. It is correct to average the instantaneous intensity, as we have done, since the periods of thermal vibration, $\tau \sim 10^{-12}$ sec, are long compared

[1] J. BLIN and A. GUINIER: C. R. Acad. Sci., Paris **223**, 1288 (1951).
[2] H. OTT: Ann. Physik **23**, 169 (1935).
[3] M. BORN and K. SARGINSON: Proc. Roy Soc. Lond., Ser. A **179**, 69 (1941/42).

to the periods of the x-ray wave, $\tau \sim 10^{-18}$ sec. It is abundantly clear that a good average over the various thermal configurations is obtained during an intensity measurement. DEBYE[1] was the first to consider the effect of thermal vibrations on x-ray scattering. The DEBYE factor, e^{-2M}, reduces in intensity, but does not broaden, the BRAGG reflections, an effect which is correctly predicted by Eq. (34.4). However the neglect of correlations in the motions of nearby atoms leads to an erroneous diffuse scattering term. This is discussed in detail in the article of BOUMAN in this volume.

35. A general description of the disordered crystal. Several authors, e.g. ZACHARIASEN [7], BOUMAN [9], have given general treatments of the scattering by a disordered crystal. A close analogy may be developed with the customary treatment of the perfect crystal. One associates with each lattice point a reduced scattered amplitude which is simply the ratio of the amplitude actually scattered by the corresponding unit cell to the amplitude which would be scattered by an electron at the lattice point. These amplitudes (or effective structure factors) may vary from one lattice point to another because of substitutional or displacement disorder or both. They are each, in addition, slowly varying functions of the scattering vector $\boldsymbol{S}$. The difference between the amplitude at a given lattice site and the average amplitude (over all lattice sites) is called the disorder at the given lattice site. The disorders contribute to the diffuse scattering while, as in the examples just discussed, the average amplitude determines the intensity of the BRAGG lines.

Attention is focussed on a volume of crystal large enough to present a fair sample of the disorder. "Large enough" is, of course, a function of how accurately we wish to measure. In most cases the disorder correlations, which directly determine the scattering, are short range. Local fluctuations of the disorder are smoothed out over distances still quite small compared to sample dimensions and a representative volume is repeated many times in the illuminated volume of a diffraction sample. This representative volume is treated somewhat as a unit cell for the disordered crystal. The disorder distribution within the representative volume is analogous to the electron density distribution within the normal unit cell, with the exception that the former is defined only at a set of discrete points rather than continuously. We express the disorder distribution as a sum of N FOURIER components where N is the number of (normal) unit cells in the representative volume. As with the perfect crystal the most convenient discussion is in reciprocal space. Since our representative volume contains N unit cells the corresponding volume in reciprocal space is very small, more precisely $N^{-1}(\boldsymbol{b}_1 \boldsymbol{b}_2 \boldsymbol{b}_3)$. With each of these is associated a diffuse intensity which is proportional to the amplitude squared of one and only one of the FOURIER components of the disorder. The long wavelength FOURIER components contribute intensity close to regular reciprocal lattice point and conversely. Thus the disorder produces a diffuse scattering which, for all practical purpose, fills reciprocal space but which can be assigned to a discrete sub-lattice of the reciprocal lattice determined by the choice of the representative volume.

A general treatment is valuable for a fresh insight into, and a classification of processes already understood. It is somewhat less useful to the investigator who must postulate the model and calculate the disorder correlations which will illuminate what is not understood.

We follow the presentation of ZACHARIASEN [7] but neglect disorder within the unit cell. Thus the notation of the two examples just discussed is appropriate.

[1] P. DEBYE: Verh. dtsch. phys. Ges. **15**, 678, 738, 857 (1913).

36. The disorder scattering and the BRAGG scattering. We treat, then, as the representative volume of the preceding section, a small crystal, built on a simple translational lattice and containing N lattice points. At any instant there is associated with each lattice point an atom with atomic structure factor f_m. The f_m may be different at different lattice points (substitution disorder). The atoms may, in addition, be displaced small amounts $\boldsymbol{u}_m$ from the correct lattice positions (displacement disorder). The amplitude scattered by the m-th atom, taking as unity the amplitude scattered by an electron at the lattice point $\boldsymbol{r}_m$, is $f_m\, e^{2\pi i \boldsymbol{S}\cdot\boldsymbol{u}_m}$. The average amplitude (or average effective structure factor) is

$$g = \frac{1}{N}\sum_{m=1}^{N} f_m\, e^{2\pi i \boldsymbol{S}\cdot\boldsymbol{u}_m}. \tag{36.1}$$

The deviation from the average at $\boldsymbol{r}_m$ or what we have called the disorder associated with the site $\boldsymbol{r}_m$ is

$$\varphi_m = f_m\, e^{2\pi i \boldsymbol{S}\cdot\boldsymbol{u}_m} - g. \tag{36.2}$$

The intensity function for the crystal then becomes

$$I = \sum_{m,m'=1}^{N}\sum (\varphi_m + g)\,(\varphi_{m'}^{*} + g^{*})\, e^{2\pi i \boldsymbol{S}\cdot(\boldsymbol{r}_m - \boldsymbol{r}_{m'})}. \tag{36.3}$$

This reduces to

$$I = \sum_{m,m'=1}^{N}\sum (\varphi_m\, \varphi_{m'}^{*} + g\, g^{*})\, e^{2\pi i \boldsymbol{S}\cdot(\boldsymbol{r}_m - \boldsymbol{r}_{m'})} \tag{36.4}$$

because the cross terms are zero. For instance

$$\sum_{m,m'=1}^{N}\sum \varphi_m\, g^{*}\, e^{2\pi i \boldsymbol{S}\cdot(\boldsymbol{r}_m - \boldsymbol{r}_{m'})} = 0. \tag{36.5}$$

This is seen at once since the φ_m are deviations from a mean.

We may therefore express the intensity function as $I = I_D + I_B$ where

$$I_D = \sum_{m,m'=1}^{N}\sum \varphi_m\, \varphi_{m'}^{*}\, e^{2\pi i \boldsymbol{S}\cdot(\boldsymbol{r}_m - \boldsymbol{r}_{m'})} \tag{36.6}$$

is a diffuse scattering depending only on the disorders and

$$I_B = \sum_{m,m'=1}^{N}\sum g\, g^{*}\, e^{2\pi i \boldsymbol{S}\cdot(\boldsymbol{r}_m - \boldsymbol{r}_{m'})} \tag{36.7}$$

is the BRAGG scattering depending only on the average structure factor. If we assume that the disorders on different sites are uncorrelated the terms $m \neq m'$ in I_D go to zero and the intensity function reduces to Eq. (33.5).

37. The FOURIER expansion of the disorders. It is now convenient to assume that the small crystal or representative volume is bounded by plane surfaces each containing two of the lattice basis vectors. The crystal edges are of length $N_1|\boldsymbol{a}_1|$, $N_2|\boldsymbol{a}_2|$, and $N_3|\boldsymbol{a}_3|$ and $N = N_1 N_2 N_3$. We expand the disorders

$$\varphi_m = \frac{1}{\sqrt{N}}\sum_{p} \psi_p\, e^{-2\pi i \boldsymbol{t}_p\cdot\boldsymbol{r}_m} \tag{37.1}$$

where

$$\boldsymbol{t}_p = \frac{p_1}{N_1}\boldsymbol{b}_1 + \frac{p_2}{N_2}\boldsymbol{b}_2 + \frac{p_3}{N_3}\boldsymbol{b}_3$$

and $p_1 p_2 p_3$ are any three integers. The expansion is triply periodic with the periods $N_1 \boldsymbol{a}_1$; $N_2 \boldsymbol{a}_2$; $N \boldsymbol{a}_3$. Since φ_m is defined at only a finite number, N, of points only N terms of the FOURIER expansion are independent. In particular $\boldsymbol{t}_p$ and $\boldsymbol{t}_{p'}$ represent the same FOURIER wave if $\boldsymbol{t}_{p'} = \boldsymbol{t}_p + \boldsymbol{B}_H$. Letting $\boldsymbol{B}_H$ equal $\boldsymbol{b}_1$, $\boldsymbol{b}_2$ and $\boldsymbol{b}_3$ successively, it is apparent that we need consider only those $\boldsymbol{t}_p$ which terminate in a volume having the size, shape and orientation of a unit cell of reciprocal space. The volume need not be coincident with a cell of reciprocal space. Both of the ranges $-\frac{1}{2} N_j \leq p_j \leq \frac{1}{2} N_j - 1$ or $0 \leq p_j \leq N_j - 1$ are commonly used depending on the purposes of the moment.

We substitute (37.1) in Eq. (36.6) and obtain for the disorder scattering

$$I_D = \frac{1}{N} \sum_{p,p'} \sum \psi_p \psi_{p'}^* \sum_{m,m'} \sum e^{2\pi i (\boldsymbol{s} - \boldsymbol{t}_p) \cdot \boldsymbol{r}_m} e^{-2\pi i (\boldsymbol{s} - \boldsymbol{t}_{p'}) \cdot \boldsymbol{r}_{m'}}. \tag{37.2}$$

The double summation over m and m' is similar to that occurring in the interference function except that the two summations, which each separately represent a total scattered amplitude, refer to different vectors, $\boldsymbol{S} - \boldsymbol{t}_p$ and $\boldsymbol{S} - \boldsymbol{t}_{p'}$, of the reciprocal lattice. Because of the limitations on the range of the $\boldsymbol{t}_p$ both vectors cannot equal a $\boldsymbol{B}_H$ of the reciprocal lattice unless $p = p'$. Thus the conditions that I_D be non-zero are that $p = p'$ and $\boldsymbol{S} - \boldsymbol{t}_p = \boldsymbol{B}_H$. The interference function has then the value N^2. We write finally

$$\left.\begin{aligned} I_D &= N \sum_p \psi_p \psi_p^* \\ \boldsymbol{S} &= \boldsymbol{B}_H + \boldsymbol{t}_p. \end{aligned}\right\} \tag{37.3}$$

These equations provide a complete description of the disorder scattering. They associate with the point $\boldsymbol{B}_H + \boldsymbol{t}_p$ of reciprocal space the disorder intensity $N \psi_p \psi_p^*$. The long wavelength FOURIER components (small $|\boldsymbol{t}_p|$) contribute intensity close to the reciprocal lattice points or, therefore, close to the BRAGG line. We note also that a measurement of the disorder intensity determines only the absolute magnitudes of the FOURIER amplitudes, not the phases.

With this comment it is well to introduce the disorder correlations since these may be got directly from the x-ray measurements. We define

$$\varphi^k = \frac{1}{N} \sum_{m=1}^{N} \varphi_m \varphi_{m-k}^*. \tag{37.4}$$

This is the average over the crystal of the product of the disorders at two lattice sites whose separation is the constant vector $\boldsymbol{r}_k$. Substituting the FOURIER expansion of φ_m we get

$$\varphi^k = \frac{1}{N^2} \sum_{p,p'} \sum \psi_p \psi_{p'}^* \sum_m e^{-2\pi i (\boldsymbol{t}_p - \boldsymbol{t}_{p'}) \cdot \boldsymbol{r}_m} e^{-2\pi i \boldsymbol{t}_{p'} \cdot \boldsymbol{r}_k}. \tag{37.5}$$

Unless $p = p'$ the sum over m is zero. If $p = p'$ the exponential involving $\boldsymbol{r}_m$ is unity. There are N such terms and we get

$$\varphi^k = \frac{1}{N} \sum_p \psi_p \psi_p^* e^{-2\pi i \boldsymbol{t}_p \cdot \boldsymbol{r}_k}. \tag{37.6}$$

Thus the absolute magnitudes of the FOURIER amplitudes determine the disorder correlations. This is entirely analogous to the perfect crystal where a knowledge of the intensity function gives the electron density correlations (the PATTERSON function) but not the actual distribution of electrons in the unit cell.

II. Survey of important lattice defects.

a) The mosaic crystal.

38. Primary and secondary extinction. Among the first evidences of crystal imperfection to be observed and understood were the anomalies in reflectivity near the BRAGG angle which are introduced by the so-called mosaic structure of real crystals. The early work is associated with the names of BRAGG and DARWIN and began a year or two after the discovery of crystal diffraction by VON LAUE in 1912.

Consider a plane, monochromatic wave incident, at a BRAGG angle, on a perfect crystal. The amplitudes scattered by successive planes are in phase and a reflected wave is built up. This may be scattered back into the incident wave (within the crystal) and a continuous interchange of energy between the two results. However, we now assume the crystal surface to be parallel to the reflecting planes. In this case reflected waves leaving the crystal are permanently lost. A continuous transfer of energy to the reflected beam occurs and the incident beam is weakened as it penetrates the crystal. This extinction of the incident beam within a perfect crystal, by energy loss to the reflected beam, is called *primary extinction*. Calculations indicate (see the article of BOUMAN, this volume) that a perfect non-absorbing crystal should reflect totally for angles of incidence within a few seconds of the BRAGG angle. At angles outside this range the reflectivity drops rapidly, approximately as the inverse square of the deviation from the BRAGG angle. The angular extent of the region of complete reflection is directly proportional to the amplitude scattered per plane. The primary extinction depth is inversely proportional to the amplitude scattered per plane and is of the order of a few thousand atomic planes for representative reflections.

Nearly all real single crystals depart from the above expectations in the following way. The angular breadth of a BRAGG reflection is much larger than that predicted. The maximum reflectivity is reduced but not at all to the extent that the curve is widened. Thus it is observed that the integrated reflection (the area under the curve of reflectivity versus angle) may be ten to fifty times greater than predicted by theory. DARWIN[1] proposed, in explanation, that a real crystals consists of a large number of small mosaic blocks, each perfect within itself but slightly tilted or rotated with respect to other blocks. Since primary extinction is small at angles of incidence more than a few seconds from the BRAGG angle each element of the incident beam can pass through many incorrectly oriented mosaic blocks until one is found which reflects with high intensity. This can be done throughout a range of angles of incidence which is limited not to a few seconds of arc but rather by the tilt angle distribution of the mosaic. The latter can be of the order of minutes or even degrees.

Of course, a sharp distinction between correctly and incorrectly oriented mosaic blocks is somewhat artificial. We expect loss by primary extinction in each block traversed although it may be of negligible proportions in most, if the blocks are small or if the tilt angle distributions is broad. The decrease in the intensity of the incident beam which results from the incoherent addition of the primary extinction losses in each of the separate blocks traversed is called *secondary extinction*. A correct treatment of secondary extinction also requires consideration of multiple reflection between the incident and reflected beam.

It is clear that many of the above considerations are academic unless absorption losses are less than diffraction losses. This is the case for many strong reflections. Thus Mo $K\alpha$ radiation incident on the cleavage face of calcite pene-

[1] C. G. DARWIN: Phil. Mag. **27**, 315, 657 (1914); **43**, 800 (1922).

trates vertically some seventy times deeper if limited only by true absorption than if limited also by primary extinction.

It is almost impossible to measure reflectivity curves from good crystals because of the requirements upon the angular collimation of the incident beam. Two-crystal experiments in the parallel position do furnish indirect evidence on their angular width and the integrated reflection. For some crystals, in particular calcite, quartz and diamond, and not too short wavelengths, the measurements are within a few percent of the theoretical expectation for a perfect crystal. Recently RENNINGER[1] has prepared a very highly collimated beam by successive reflections in the second order from two good calcite crystals. The beam is used to investigate the reflectivity in the first order of a third calcite. He finds the flat topped and asymmetric curve of reflectivity versus angle which is calculated.

The early recognition of the existence of a mosaic structure was based upon measurements of the integrated reflection. As mentioned this parameter is quite sensitive to the mosaic. It is, in addition, easily measured by rotating the crystal at constant angular speed through the region of appreciable reflectivity. The incident beam need not be highly collimated.

39. Investigations of mosaic structure. One finds a considerable literature on extinction effects, only a small part of which is primarily concerned with the nature of the mosaic structure. A secondary interest in the subject is forced upon all who use the relative intensities of diffraction lines in crystallography or even in the investigation of other crystal imperfections. Variations in the extinction depth from one reflection to another, which may be large, mean that different numbers of unit cells are illuminated in different reflections. This must be corrected for it relative intensities are to be significant. Almost any combination of primary and secondary extinction may occur and the corrections are not easy, particularly if primary extinction remains important. If both primary and secondary extinction are negligible for all reflections the crystal is said to be *ideally imperfect* or to be an *ideal mosaic*. In this case the penetration of the beam is limited only by true absorption and may be handled by simple geometrical considerations. A powder of sufficiently small particles behaves as an ideal mosaic.

We will now mention some of the work in which interest has centered on the mosaic structure itself. An early but important investigation was that of JAMES, BRINDLEY and WOOD[2]. They measured the integrated reflection of Mo $K\alpha$ from a single crystal of aluminium in five orders of the (111) reflection and four of the (200) reflection. Corrections were made for temperature, and the theoretical integrated reflections were calculated for a perfect crystal and for an ideal mosaic. The observed integrated reflections vary by a factor of four hundred and decrease smoothly with increasing BRAGG angle. They are larger than the values calculated for the perfect crystal, by a factor of thirty for the (111) reflection and a factor of four for the (555) reflection. The agreement with the expectations for an ideal mosaic is good except for the strongest reflections where the observed values are low by as much as forty percent. Assuming negligible primary extinction and small secondary extinction it is possible to achieve quite impressive agreement between theory and experiment. This involves the assignment of one parameter, namely the width of the distribution curve for the orientations of mosaic blocks about the mean. The distribution function is assumed GAUSSian.

---

[1] M. RENNINGER: Acta crystallogr. **8**, 597 (1955).

[2] R. W. JAMES, G. W. BRINDLEY and R. G. WOOD: Proc. Roy. Soc. Lond., Ser. A **125**, 401 (1929).

A standard deviation of about three minutes of arc gives agreement for the aluminium crystal investigated.

SAKISAKA[1] measured the integrated reflection and to some extent, also, the shape of the reflectivity curve for a number of crystals both before and after grinding the reflecting surface. His experiments illustrate rather nicely the separate influences of the two parameters which are customarily used to describe the mosaic. These are the average thickness of the mosaic blocks and the width of the orientation distribution of the blocks. In general one expects grinding to decrease the size of the mosaic blocks and increase the width of their distribution in angle. This should reduce both primary and secondary extinction and increase the integrated reflection and the angular width of the reflectivity curve. Normally, if primary extinction is not too important in the original crystal, the reflectivity in the central part of the curve is reduced by grinding and the increase in the integrated reflection is entirely caused by the additional intensity in the wings. In some cases SAKISAKA observed an increase in central reflectivity after grinding. This implies strong primary extinction and large mosaic blocks in the original crystal. Apparently grinding is always initially accompanied by at least some broadening of the reflectivity curve and increase in the integrated reflection.

The recent very rapid development of dislocation theory has led to suggestions that the mosaic structure is determined by a dislocation pattern. Small angle boundaries between coherent domains are clearly established as frequently, if not always, the result of rather uniformly spaced arrays of dislocations of the same sign. HEIDENREICH and SHOCKLEY have also suggested[2] that randomly arranged dislocations of both signs will limit coherence to distances no greater than the average separation of such dislocations. Some of the recent work with metals will be discussed later.

b) One-dimensional disorders.

40. Introduction. A crystal is said to have one-dimensional disorder if there is strict periodicity in two directions but not in the third. Thus the natural unit on which to base further discussion is the perfect two-dimensional crystalline layer. The real crystal results from the irregular stacking of these two-dimensional units. In many crystals the forces between atoms are much stronger in two directions than in the third and the layers have more than a geometric significance. The clays are excellent examples of such layer lattices. The easy cleavage of mica parallel to the layers is perhaps the best known physical attribute of a structure of this type.

Crystals are known which exhibit almost every conceivable variety of disorder in the stacking of the layers. Substitution disorder occurs when different kinds of layers are mixed. Displacement disorder results from the translation or rotation of layers from their correct positions. The translation of a layer from its correct position may have components both parallel and perpendicular to the layer. An example of the latter is partially hydrated montmorillonite. The distance between adjacent silicate layers is 10 Å if no water intervenes and 13 Å if a single layer of hydration separates the layers. The water makes only a small contribution to the scattering. Partially graphitized carbon blacks consist of well crystallized (although sometimes small) layers which may be rotated or

[1] Y. SAKISAKA: Proc. Phys.-Math. Soc. Japan **12**, 189 (1930).

[2] R. D. HEIDENREICH and W. SHOCKLEY: Report of a Conference on the Strength of Solids, p. 57. Bristol 1947. The Physical Soc. London.

translated parallel to their surfaces in an almost completely random fashion. The layer separations are less variable, of course, but show an appreciable dispersion in the early stages of graphitization.

Not all one-dimensionally disordered structures are layer lattices in the physical sense that the cohesive forces between atoms tend to saturate in two dimensions. It may happen that the bonding between layers is strong but that each added layer has available a small number of positions of almost equal energy which are not crystallographically equivalent. The stacking of close-packed layers in mixed hexagonal and face centered cubic sequence is a well known example.

41. Displacement disorder. In much of the discussion it is convenient to use the amplitude scattered by a layer of the structure rather than that scattered by a unit cell. We denote this amplitude by $V(\boldsymbol{S})$ which may be complex. It is the ratio of the amplitude scattered by the entire layer to that scattered by an electron at an origin in the layer. We assume that $\boldsymbol{a}_1$ and $\boldsymbol{a}_2$ are parallel to the layer and therefore $\boldsymbol{a}_3$ has a component perpendicular to it. The layer may be treated in two dimensions by methods entirely analogous to those used in three dimensions. Let $\boldsymbol{b}_1$ and $\boldsymbol{b}_2$ be vectors reciprocal to $\boldsymbol{a}_1$ and $\boldsymbol{a}_2$. In the two-dimensional problem $\boldsymbol{b}_1$ and $\boldsymbol{b}_2$ must be in the plane of the layer. They are equivalent to the first two reciprocal vectors of the three-dimensional problem only if $\boldsymbol{a}_3$ is perpendicular to the layer. A layer will scatter with appreciable intensity only if the component of $\boldsymbol{S}$ parallel to the layer is of the form $H_1\boldsymbol{b}_1 + H_2\boldsymbol{b}_2$. The intensity is more closely concentrated about the reciprocal lattice points (in two dimensions) the greater the area of the layer. The intensity scattered by a single layer does not depend on the component of $\boldsymbol{S}$ normal to the layer. As layers are stacked the intensity distribution in reciprocal space is modulated in the direction normal to the layer and the effect is greater the greater the order in the stacking.

We consider first the problem of N identical layers. Let the m-th layer be derived from the first by a pure translation ϱ_m. Since the layers are in sequence the component of ϱ_m perpendicular to the layers increases monotonically with m but not necessarily in a smooth or regular fashion. We assume that the vectors $\varrho_{m+1} - \varrho_m$ may take any of r different values $\boldsymbol{y}_1, \boldsymbol{y}_2 \ldots \boldsymbol{y}_r$ with the probabilities $p_1, p_2 \ldots p_r$. There is no correlation in the values taken by successive layers. The problem thus formulated is most easily treated following MERING[1].

The scattered intensity is given by

$$I = |V|^2 \sum_{m,m'=1}^{N}\sum \mathrm{e}^{2\pi i \boldsymbol{S}\cdot(\varrho_m - \varrho_{m'})}. \tag{41.1}$$

The summation indices m and m' now refer to single integers and not to an integer triplet. Consider a particular vector $\varrho_m - \varrho'_m$ where $|m - m'| = n$. It may be expressed in terms of the translations between neighboring layers as follows

$$\varrho_m - \varrho_{m'} = (\varrho_m - \varrho_{m-1}) + (\varrho_{m-1} - \varrho_{m-2}) + \cdots + (\varrho_{m'+1} - \varrho_{m'}) = \sum_{k=1}^{n} \boldsymbol{y}_k. \tag{41.2}$$

Each $\boldsymbol{y}_k$ is one of the permitted nearest neighbor translations, $\boldsymbol{y}_r$. We write

$$\mathrm{e}^{2\pi i \boldsymbol{S}\cdot(\varrho_m - \varrho_{m'})} = \prod_{k=1}^{n} \mathrm{e}^{2\pi i \boldsymbol{S}\cdot\boldsymbol{y}_k}. \tag{41.3}$$

---

[1] J. MERING: Acta crystallogr. **2**, 371 (1949).

In evaluating the scattered intensity we must average $e^{2\pi i \boldsymbol{S}\cdot(\varrho_m-\varrho_{m'})}$ over all pairs of layers for which $|m-m'|=n$. From (41.3) this is expressed as the average of the product of exponentials involving nearest neighbor translations. Since the nearest neighbor translations are statistically independent the average of the product is the product of the averages. We have

$$\overline{e^{2\pi i \boldsymbol{S}\cdot(\varrho_m-\varrho_{m'})}} = \prod_{k=1}^{n} \overline{e^{2\pi i \boldsymbol{S}\cdot \boldsymbol{y}_k}} = Q^{|n|} \tag{41.4}$$

and

$$Q = \sum_{i=1}^{r} p_i \, e^{2\pi i \boldsymbol{S}\cdot \boldsymbol{y}_i}.$$

The scattered intensity becomes

$$I = |V|^2 \left[N + \sum_{n=1}^{N-1} (N-n)\,(Q^n + Q^{*n})\right]. \tag{41.5}$$

$N-n$ is the number of terms for which $|m-m'|=n$, N outside the summation arises from the terms $m=m'$ and Q and Q^* enter symmetrically because of the occurrence in pairs of terms involving $m-m'$and $m'-m$. The triangular array of terms represented by $\sum_{n=1}^{N-1}(N-n)\,Q^n$ (arrange like powers of Q in horizontal rows) may be summed vertically to obtain a set of $N-1$ geometrical progressions. Replacing each by its sum we have

$$I = N\,|V|^2 \left[\frac{1}{1-Q}\left\{1 - \frac{Q}{N}\left(\frac{1-Q^N}{1-Q}\right)\right\} + \frac{1}{1-Q^*}\left\{1 - \frac{Q^*}{N}\left(\frac{1-Q^{*N}}{1-Q^*}\right)\right\} - 1\right]. \tag{41.6}$$

Let $Q = U e^{i\varphi}$ and we obtain

$$\left.\begin{aligned} U\cos\varphi &= \sum_{i=1}^{r} p_i \cos 2\pi\, \boldsymbol{S}\cdot \boldsymbol{y}_i, \\ U\sin\varphi &= \sum_{i=1}^{r} p_i \sin 2\pi\, \boldsymbol{S}_i\cdot \boldsymbol{y}_i. \end{aligned}\right\} \tag{41.7}$$

Substitution in (41.6) gives

$$I = N\,|V|^2 \left\{\frac{1-U^2}{1+U^2-2U\cos\varphi} + \left(\text{term of order } \frac{1}{N}\right)\right\}. \tag{41.8}$$

The first term was obtained by HENDRICKS and TELLER[1] and is correct for sufficiently large N and $U-1$ not too small. Generally, scattering maxima occur for φ an integral multiple of 2π and are sharper the more nearly U approaches unity. When $U=1$ the scattered intensity becomes

$$I = |V|^2 \frac{\sin^2 \frac{N\varphi}{2}}{\sin^2 \frac{\varphi}{2}}, \tag{41.9}$$

and when $U=0$

$$I = N\,|V|^2. \tag{41.10}$$

Both HENDRICKS and TELLER[1] and MERING[2] treat the case where two interlayer spacings d_1 and d_2 are possible, i.e. there are two $\boldsymbol{y}_r$ both normal to the layers. It is not difficult to introduce d_1 and d_2 into Eq. (41.8) for the scattered

[1] S. B. HENDRICKS and E. TELLER: J. Chem. Phys. **10**, 147 (1942).
[2] MERING, see footnote 1 (s. S. 410) p. 401 above.

intensity, but the resulting expression is complicated. HENDRICKS and TELLER have plotted the scattered intensity for d_1 and d_2 occurring with equal probability and for reflections from the layers. Scattering maxima tend to occur at angles corresponding to integral orders of reflection of the spacings d_1 or d_2. The scattering is the most intense where such orders (not necessarily the same) most nearly agree in angle. An interesting result is the absence of higher orders n of the average spacing. This occurs as soons as $n(d_1 - d_2)$ is of the same magnitude as d_1 or d_2. At larger angles the maxima are due to the approximate coincidence of different orders of the two spacings. HENDRICKS and TELLER state that the observed scattering from montmorillonite appears to agree with the calculated curve.

Another displacement disorder of interest is that in which the possible adjacent layer displacements $\boldsymbol{y}_r$ have the same normal component d but, of course, different components parallel to the layers. In this case all reflections having the layers as reflecting planes are sharp as if from completely ordered crystal. Other reflections may be sharp or diffuse as a simple example will show. Assume that three positions of a layer differing by the translation $\frac{1}{3}\boldsymbol{a}_2$ occur with equal probability, that is, $\boldsymbol{y}_r = \boldsymbol{d} + \alpha_r \boldsymbol{a}_2$ and $\alpha_r = \pm\frac{1}{3}$ or 0. We substitute in

$$Q = U\,\mathrm{e}^{i\varphi} = \sum_{r=1}^{3} p_r\,\mathrm{e}^{2\pi i \boldsymbol{S}\cdot\boldsymbol{y}_r}$$

and obtain

$$U\,\mathrm{e}^{i\varphi} = \sum_{r=1}^{3} \tfrac{1}{3}\,\mathrm{e}^{2\pi i [S_n d + (H_1 \boldsymbol{b}_1 + H_2 \boldsymbol{b}_2)\cdot \alpha_n \boldsymbol{a}_2]}\,. \tag{41.11}$$

Here S_n is the projection of $\boldsymbol{S}$ perpendicular to the layers. We see that $U = 0$ unless H_2 is a multiple of 3. The reflection for $U = 0$ behaves as if from a two-dimensional lattice. If H_2 is a multiple of 3, $U = 1$ and the reflection is sharp. In either case the condition for a maximum, that φ be an integral multiple of 2π, is satisfied if S_n is an integral multiple of $1/d$.

Mixtures of sharp and diffuse lines are observed[1] from many layer lattices and interpretations analogous to the example have been given.

42. Correlations. If the structure factor or position of a given layer depends on neighboring layers we have a problem in correlations. The device fails of expressing averages in terms of products of independent averages over adjacent layers and more complicated calculations are necessary. A. J. C. WILSON[2] made one of the first such calculations in treating the data of EDWARDS and LIPSON[3] on hexagonal cobalt. The latter authors measured a number of the sharp and diffuse lines which are observed in the powder pattern of cobalt and proposed that occasional mistakes in the hexagonal stacking of close-packed layers were responsible for the diffuse lines. Close packed layers may occupy any one of three positions which we label A, B and C. In hexagonal stacking next nearest layers occupy similar positions and the layer sequence may be described ABABAB.... A mistake or fault occurs if a layer in the C instead of A position follows B. The sequence may then continue ABABCBCB .... Thus the crystal consists of blocks of hexagonal material which are out of register on opposite sides of stacking faults.

WILSON describes the structure in terms of a single parameter α which is the probability that the $(j+2)$nd layer is positioned like neither the $(j+1)$st nor the

[1] S. B. HENDRICKS: Phys. Rev. **57**, 448 (1940). — K. ROBINSON and G. W. BRINDLEY: Proc. Leeds Phil. Soc. **5**, 109 (1949).

[2] A. J. C. WILSON: Proc. Roy. Soc., Lond., Ser. A **180**, 277 (1942).

[3] O. S. EDWARDS and H. LIPSON: Proc. Roy. Soc. Lond., Ser. A **180**, 268 (1942).

j-th. Thus $1-\alpha$ is the probability that a given layer continues an hexagonal sequence and α is the probability of a fault. Adjacent layers must, of course, be differently positioned. WILSON calculated the integral breadth of several lines and found broad and narrow lines depending on whether $\boldsymbol{S}\cdot\boldsymbol{a}_3$ is an even or an odd integer, $\boldsymbol{a}_3$ is a vector parallel to the hexagonal axis and equal in length to the interlayer spacing. The calculations are in good agreement with experiment and imply that α was about one tenth in the cobalt specimens of EDWARDS and LIPSON. A value of α close to unity describes a structure predominantly face centered cubic with occasional hexagonal stacking faults. It is clear that whatever the value of α, as long as the crystal is large enough to contain many faults, there will be approximately the same number of layers in the A, B and C positions. Thus the methods of the previous section do not apply.

General methods of treating correlations have been discussed by several authors, particularly HENDRICKS and TELLER[1], JAGODZINSKI[2] and KAKINOKI and KOMURA[3]. The first authors use matrix methods to handle the two-dimensional array of amplitude products which give the scattered intensity. However, JAGODZINSKI (and earlier WILSON) derived, in terms of the correlation parameter, a difference equation whose solution gives the probabilities of n-th nearest layers having various relative positions. From these, the averages necessary to calculate the scattered intensity may be determined.

KAKINOKI and KOMURA have compared the matrix and the difference equation method and given simplified derivations for cases with explicit correlations between second and third nearest neighbors.

An excellent and fairly broad treatment of disorder scattering, using elementary methods, is to be found in the monograph of A.J.C. WILSON [*10*].

43. Other results. ZACHARIASEN[4] has given a FOURIER analysis of line shapes from which certain types of stacking disorder may be characterized. He considers a crystal of N identical, parallel and equidistant layers which are displaced parallel to each other by amounts $\boldsymbol{\delta}=x\boldsymbol{a}_1+y\boldsymbol{a}_2$. We assume that $\boldsymbol{\delta}$ values are not periodic. By $W_M(\boldsymbol{\delta})$ we denote the probability that two layers M spacings apart have a relative displacement of $\boldsymbol{\delta}$. It is clear that $W_0(\boldsymbol{\delta})=1$ if $x=y=0$ and is otherwise zero.

Since $W_M(\boldsymbol{\delta})$ is a periodic function of x and y we may write

$$W_M(x,y)=\sum_{H_1,H_2=-\infty}^{\infty}\sum W^M_{H_1H_2}\,e^{-2\pi i(H_1x+H_2y)}\,. \tag{43.1}$$

Inversion gives

$$W^M_{H_1H_2}=\int_0^1\int_0^1 W_M(x,y)\,e^{2\pi i(H_1x+H_2y)}\,dx\,dy\,. \tag{43.2}$$

We now evaluate the intensity distribution in reciprocal space. Let $V(\boldsymbol{S})$ be the amplitude scattered by one layer and

$$\boldsymbol{S}=(H_1+\xi)\,\boldsymbol{b}_1+(H_2+\eta)\,\boldsymbol{b}_2+\zeta\,\boldsymbol{b}_3\,. \tag{43.3}$$

For the present discussion ζ is a continuous variable but not confined to a range of unity and $\boldsymbol{a}_3$ is that lattice vector having a component perpendicular to the layers. The scattered intensity is

$$I(\boldsymbol{S})=N\,|V(\boldsymbol{S})|^2\sum_M \overline{e^{2\pi i\boldsymbol{S}\cdot(M\boldsymbol{a}_3+\boldsymbol{\delta}_M)}}\,. \tag{43.4}$$

---

[1] HENDRICKS and TELLER: See footnote 1 on p. 408 above.
[2] H. JAGODZINSKI: Acta crystallogr. **2**, 201, 208, 298 (1949).
[3] J. KAKINOKI and Y. KOMURA: J. Phys. Soc. Japan **7**, 30 (1952); **9**, 169, 177 (1954).
[4] W. H. ZACHARIASEN: Phys. Rev. **71**, 715 (1947).

The average for each M will be expressed in terms of an integral over the distribution function $W_M(x, y)$. We also assume that $V(\boldsymbol{S})$, and therefore $I(\boldsymbol{S})$, is a rapidly varying function of ξ and η with a maximum at $\xi=\eta=0$ but only a slowly varying function of ζ. Thus the intensity distribution of experimental interest is obtained by integrating over ξ and η. We obtain

$$I(\zeta) = N \int\limits_{\xi,\eta=\frac{1}{2}}^{-\frac{1}{2}}\int \left\{ |V(\boldsymbol{S})|^2 \sum_M e^{2\pi i\zeta M} \int\limits_{x,y=0}^{1}\int W_M(x,y)\, e^{2\pi i[(H_1+\xi)x+(H_2+\eta)y]}\, dx\, dy \right\} d\xi\, d\eta. \quad (43.5)$$

This reduces to

$$I_{H_1H_2}(\zeta) = N K_{H_1H_2}(\zeta) \sum_M W^M_{H_1H_2}\, e^{2\pi i\zeta M} \quad (43.6)$$

where

$$K_{H_1H_2}(\zeta) = \int\limits_{\xi,\eta=\frac{1}{2}}^{-\frac{1}{2}}\int |V(\boldsymbol{S})|^2 d\xi\, d\eta.$$

The scattered intensity is expressed as a FOURIER series whose coefficients are those occurring in the expansions of the stacking disorders $W_M(\delta)$. Inversion gives

$$W^M_{H_1H_2} = \int\limits_{-\frac{1}{2}}^{\frac{1}{2}} D_{H_1H_2}(\zeta)\, e^{-2\pi i\zeta M}\, d\zeta \quad (43.7)$$

where

$$D_{H_1H_2}(\zeta) = \frac{I_{H_1H_2}(\zeta)}{N K_{H_1H_2}(\zeta)}$$

and is in principle obtainable from the presumed known layer structure and a measurement of the scattering. A knowledge of the intensity distribution about every reciprocal lattice point is required to determine any one of the probability distribution functions $W_M(\delta)$.

In a later paper ZACHARIASEN[1] applied the formalism to the powder pattern of anhydrous uranyl fluoride (UO_2F_2). The structure consists of identical hexagonal layers. There are three possible layer positions and adjacent layers may not occupy identical positions. Thus the problem is similar to the stacking of close-packed hexagonal layers and can be characterized by the probability that a third layer continue the stacking sequence established by the preceding two. ZACHARIASEN found this probability to be between 0.6 and 0.95 depending on the heat treatment of the crystals. Because of the somewhat limited information available in the powder patterns, line shapes were calculated from assumed disorders and compared with experiment rather than the inverse.

A discussion of layer structures would not be complete without some mention of the very considerable literature on graphite. WARREN[2] and HOUSKA and WARREN[3] have investigated both theoretically and experimentally the early stages of graphitization of carbon black. As described in the second paper a fine carbon black was heated for two hours at 2300° C and the DEBYE-SCHERRER pattern of the resulting partially graphitized product was carefully determined using a GEIGER counter diffractometer. The original carbon black consists of domains of linear dimensions of the order of 20 Å within which the layers are parallel to each other but randomly displaced or rotated (in their own planes) from the regular hexagonal stacking of graphite. With heat treatment the domains grow both laterally and in the number of parallel layers. When the dimensions of single layers reach about 100 Å adjacent layers begin to assume

[1] W. H. ZACHARIASEN: Acta crystallogr. **1**, 277 (1948).
[2] B. E. WARREN: Phys. Rev. **59**, 693 (1941).
[3] C. R. HOUSKA and B. E. WARREN: J. Appl. Phys. **25**, 1503 (1954).

the graphite relation and the characteristic graphite layer separation of 3.35 Å. In random stacking the average layer separation is 3.44 Å. HOUSKA and WARREN found that about 25% of the nearest neighbor pairs and 6% of second nearest neighbor pairs are ordered with the heat treatment described. Ordered second nearest neighbors occur about equally in ABA and ABC sequences. Thus stacking faults are expected in the more completely graphitized material.

Some of the results on particle size in carbon and carbon blacks are given in Sect. 23 of this contribution.

c) Three-dimensional substitutional disorder.

44. Long and short range order. We confine this discussion to the determination of long and short range order in two-component substitutional systems capable of forming a superlattice. A good general review is that of NIX and SHOCKLEY[1]. The simplest example of such a system is an equal atomic mixture of two components A and B crystallizing on a body-centered cubic lattice, for instance, β brass. In the completely ordered system we may imagine all the copper atoms at the corners of unit cells and all the zinc at the centers. The long range order s is the fraction of correctly occupied lattice sites minus the fraction incorrectly occupied. The short range order σ is defined as the fraction of nearest neighbor pairs which is correct (that is unlike) minus the fraction which is incorrect. Somewhat more complicated definitions of the order parameters are necessary for the AB_3 systems but s and σ again range from zero for complete disorder to unity for perfect order. Since the interatomic potential is short range the energy of the system is almost entirely a function of the short range order. Greater attractive forces between unlike atoms than between like implies a tendency to superlattice formation, the contrary, a tendency to separation into two phases of quite different atomic composition. The fundamental problem of a theory of superlattices is the prediction of the long and short range order as a function of temperature. Experimentally the most striking aspect of this dependence is the very rapid disappearance of the long range order at a critical temperature. Appreciable short range order remains above the critical temperature.

The most direct proof of the existence of long range order is the appearance of certain BRAGG reflections (superlattice lines) which normally are forbidden. Thus in the AB system on a body-centered cubic lattice the (100) reflection is usually missing since the planes through the cube centers reflect an amplitude which is the negative of that reflected by the planes through cube corners. If the long range order is complete each set of planes is occupied either entirely by A or entirely by B atoms and a superlattice line appears whose intensity is proportional to $|f_A - f_B|^2$. The intensities of the normal reflections are proportional to $|f_A + f_B|^2$.

Evaluating the crystal structure factor for a body-centered lattice we obtain

$$F = f_{\text{corner}} + f_{\text{center}}\, e^{\pi i (H_1 + H_2 + H_3)}.$$

Thus in the normal and superlattice reflections the sum of the LAUE indices is even or odd, respectively. In terms of the long range order parameter s the probability that a site is correctly occupied is $\frac{1}{2}(1+s)$ and incorrectly occupied $\frac{1}{2}(1-s)$. Assigning A atoms preferentially to corner sites, the average structure factor associated with corners becomes $\frac{1}{2}(1+s)\, f_A + \frac{1}{2}(1-s)\, f_B$. Substituting this, and the analogous expression for centers, into the crystal structure factor

[1] F. C. NIX and W. SHOCKLEY: Rev. Mod. Phys. **10**, 1 (1938).

it is easily shown that $s^2\,|f_A - f_B|^2/|f_A + f_B|^2$ is the intensity ratio of the superlattice to the normal reflections. This was first pointed out by BRADLEY and JAY[1] and the result is commonly used for the determination of long range order. Actually this formula is exact only for the scattering precisely at the BRAGG angle. It is quite possible, for instance, that zero long range order be the result of a few large ordered domains which are out of step. In this case, assuming coherence of the scattering from different domains, the intensity is concentrated near, but not at, the reciprocal lattice points and the integrated intensity is very nearly that of the completely ordered structure[2]. Thus the formula of BRADLEY and JAY may correctly apply to a volume of reciprocal space so small as to be experimentally inaccessible. Of course, the superlattice lines will be observably broadened if the out-of-step domains are sufficiently small. One can then estimate the average crystal volume throughout which the measured long range order extends. However, somewhat different answers are obtained depending on whether different domains are assumed to scatter coherently or incoherently.

45. X-ray determinations of order. It is clear from the example just given that a fairly careful analysis of the problem is necessary. MACGILLAVRY and STRIJK[3] have presented such a treatment which we now outline. Consider a body-centered cubic lattice occupied by atoms A and B. For convenience let the summation of scattered amplitudes be over a simple cubic lattice whose unit cell has an edge one-half that of the body centered cell. The scattered intensity is

$$I = \sum_m \sum_{m'} f_m f^*_{m'}\, e^{2\pi i \boldsymbol{S}\cdot(\boldsymbol{r}_m - \boldsymbol{r}_{m'})}. \tag{45.1}$$

Because of the choice of an artificial unit cell the f_m are f_A or f_B for (000) and (111) lattice points and zero for all others. We collect the terms for which $m - m' = n$ and obtain

$$I = N \sum_n K_n\, e^{2\pi i \boldsymbol{S}\cdot\boldsymbol{r}_n} \tag{45.2}$$

where

$$K_n = N^{-1} \sum_m f_m f^*_{m-n}$$

is the average over the crystal of the product of the structure factors at sites separated by the constant vector $\boldsymbol{r}_n$. Only the K_n corresponding to $\boldsymbol{r}_n$ which begin and end on lattice points of the original body-centered cubic lattice are different from zero. The non-zero K_n are determined by the atomic composition of the crystal and the order parameters. For small $\boldsymbol{r}_n$ the dependence is mainly on the short range order, σ, and for large $\boldsymbol{r}_n$ on the long range order s. We expect K_n to approach a limiting value for very large n which we label K_∞. However, if s is non-zero, K_∞ is double valued. Those $\boldsymbol{r}_n$ which always connect like sites lead to a different K_∞ than those which connect unlike sites since the former give a preponderance of terms $f_A f^*_A$ and $f_B f^*_B$ while the latter weight more heavily the cross terms $f_A f^*_B$ and $f_B f^*_A$. In the absence of long range order the two limits coincide. It is easily shown that K_∞ *(like sites)* $\gtrsim K_\infty\ (s=0) \gtrsim K_\infty$ *(unlike sites)*, the equality resulting when $s = 0$.

In Eq. (45.2) we add and subtract the quantity $N \sum_n K_\infty e^{2\pi i \boldsymbol{S}\cdot\boldsymbol{r}_n}$ and obtain

$$I = I_D + I_S = N \sum_n (K_n - K_\infty)\, e^{2\pi i \boldsymbol{S}\cdot\boldsymbol{r}_n} + N \sum_n K_\infty\, e^{2\pi i \boldsymbol{S}\cdot\boldsymbol{r}_n}. \tag{45.3}$$

---

[1] A. J. BRADLEY and A. H. JAY: Proc. Roy. Soc. Lond., Ser. A **136**, 210 (1932).
[2] F. W. JONES and C. SYKES: Proc. Roy. Soc. Lond., Ser. A **166**, 376 (1938).
[3] C. H. MACGILLAVRY and B. STRIJK: Physica, Haag **11**, 369 (1946).

This is analogous to separation of the scattering into a diffuse and a sharp term as in Sect. 33. However the present formalism permits a discussion of correlation effects. The second term gives the sharp interference maxima. There is no contribution from this term to the superlattice lines unless $s > 0$. If it were the only term contributing to the intensity, the considerations of BRADLEY and JAY would be correct.

The first or diffuse term describes an intensity which may be highly localized or widely distributed in reciprocal space depending on how rapidly K_n approaches K_∞. If K_n rapidly reaches its limiting value only a small number of elements of the summation are non-zero and the intensity is broadly distributed. In the case of very large but out-of-step domains it is this diffuse term which then contributes the intensity very close to, but not at, the superlattice positions. In general, the diffuse intensity tends to be concentrated about the superlattice lattice reflections. It should be noted that in a system with a tendency toward phase separation (like atoms attract) the diffuse scattering is concentrated about the normal reflections.

MACGILLAVRY and STRIJK point out that the first term of Eq. (45.3) expresses the diffuse scattering as a FOURIER series. An inversion gives the quantities $(K_n - K_\infty)$. They become experimentally available if the diffuse and sharp scattering near a superlattice reflection can be separated. The relations between $K_n - K_\infty$ and the order parameters are easily established for the various lattices. Short range order is determined from $K_n - K_\infty$ for small n. Long range order is determined from sufficiently sharp lines using the formula of BRADLEY and JAY. In principle this may be wrong but as a practical matter it is generally of little interest that a specimen may consist of out-of-step domains so large as to give superlattice lines without detectable broadening.

46. Recent work. COWLEY[1] has also developed, using FOURIER methods, a formalism for the analysis of the diffuse scattering to give short range order parameters. He emphasizes the spherical symmetry of the problem and determines the average occupancy of the lattice sites in successive shells around an arbitrary A or B atom. In another contribution COWLEY[2] calculates, by straightforward thermodynamic methods, the dependence of the shell occupancy parameters on the temperature and the atomic interaction energies.

Both COWLEY[2] and ROBERTS and VINEYARD[3] have investigated Cu_3Au experimentally as a single crystal. The two groups, in fact, used the same single crystal. The critical temperature of this system is about 392° C. COWLEY measured the short range order at 405, 460, and 550° C. The excess or deficit of copper atoms in successive shells around a gold atom decreases with increasing temperature and with the radius of the shell. In the first shell, and at 405° C the copper excess is almost half that expected for perfect order. The larger shells sometimes show a small excess when a deficit is expected, or vice-versa, but averaged over two or three neighboring shells the short range order is always of the expected variety.

Measurements of the long range order and the rate at which it is achieved illustrate several remarks of the last section. COWLEY found that the crystal, cooled from above the critical temperature to slightly below it, requires about seventy hours to reach equilibrium long range order. The integrated intensity of a superlattice line rises rapidly (about 15 minutes) to half its final value and

[1] J. M. COWLEY: J. Appl. Phys. **21**, 24 (1950).
[2] J. M. COWLEY: Phys. Rev. **77**, 669 (1950).
[3] B. W. ROBERTS and G. H. VINEYARD: J. Appl. Phys. **27**, 203 (1956).

then more slowly. The width of the line remains much greater than its final value during the rapid increase of integrated intensity. One assumes that long range order nucleates at a number of sites and rapidly propagates until the crystal is filled by out-of-step domains. The subsequent growth of a few of these domains at the expense of the others is a slow process. Since the integrated intensity of the reflection is not a sensitive function of the domain size it changes only slowly even when the domains are still so small as to give an obviously broadened line.

ROBERTS and VINEYARD[1] made careful measurements of the short range order coexisting with a long range order of $s=0.85$. The latter was achieved by heating just below the critical temperature for about seventy hours and then quenching in ice water. For comparison purposes, the crystal could be nearly completely ordered by prolonged heating at a sequence of decreasing temperatures. The quenched crystal showed the greater diffuse scattering between the BRAGG lines and this contribution was analyzed to give the copper occupancy of the first three shells around a gold atom. The results are in good agreement with COWLEY's calculations[2] and with a model which essentially gives the greatest randomness to the local atomic arrangement which is consistent with the long range order.

d) Point defects.

Interstitial atoms, vacant lattice sites, and foreign atoms are examples of imperfections in the lattice which arise from a mistake in the position of single atoms. We shall refer to imperfections of this class as point defects. We discuss two aspects of the investigation of point defects by X-ray techniques. In the first, one compares the measured density of a crystal to the density inferred from accurate lattice parameter measurements and atomic weights and interprets the difference in terms of vacant lattice sites or interstitial atoms. In the second, one examines the effects on the X-ray diffraction pattern of the strain fields surrounding the point defects. These latter effects are in addition to the change in the average structure factor from the substitutional introduction of impurity atoms discussed in Sect. 33.

47. Comparison of densities. The best value of AVOGADRO's number is determined by the accurate measurement of the densities and lattice parameters of highly perfect crystals and the atomic weights of the constituents. Then for a cubic crystal, for example, the ideal density is given by:

$$D = n\,M/d^3 N \tag{47.1}$$

where n is the number of molecules per unit cell, M is the molecular weight, d is the lattice parameter, and N is AVOGADRO's number. The difficulties encountered in such determinations are discussed by BIRGE[3] who gives 6.02338×10^{23} mole^{-1} as the best value derived from measurements of the five crystals: calcite, diamond, sodium chloride, lithium fluoride, and potassium chloride. Of course the value so determined depends upon the crystal perfection of the samples.

Once N is determined, there is the possibility of investigating the soundness of other, presumably less perfect, crystals by comparing precise direct measurements of the density with the x-ray density determined by Eq. (47.1). If D_x, the density determined by X-rays, is less than the measured density, interstitial atoms may be present; while if D_x is greater, vacancies may be present. Impurity atoms

[1] B. W. ROBERTS and G. H. VINEYARD: J. Appl. Phys. **27**, 203 (1956).
[2] J. M. COWLEY: Phys. Rev. **77**, 669 (1950).
[3] R. BIRGE: Amer. J. Phys. **13**, 63 (1945). — See also the detailed report of E. R. COHEN and J. W. M. DUMOND in Vol. XXXV of this Encyclopedia.

may have an effect, positive or negative, depending on their mass, atomic radii, and position in the lattice.

Several investigators have made such determinations [1-3]. However, we shall discuss only the most recent very careful work of SMAKULA *et al.* They examine a variety of crystals of the highest chemical purity, Si, Ge, Al, CaF_2, CsI, TlCl, TlBr, and SiO_2. Represented in this group are various types of crystal structure and binding. The X-ray and density measurements were made on the same sample which is an improvement over some of the earlier work. The lattice parameter was determined with a GEIGER counter diffractometer to within a few parts in 10^5, the largest uncertainty being due to uncertainty in the X-ray wavelength. The densities were determined with a semi-micro balance. The accuracy of the density measurements was estimated as one part in 10^5.

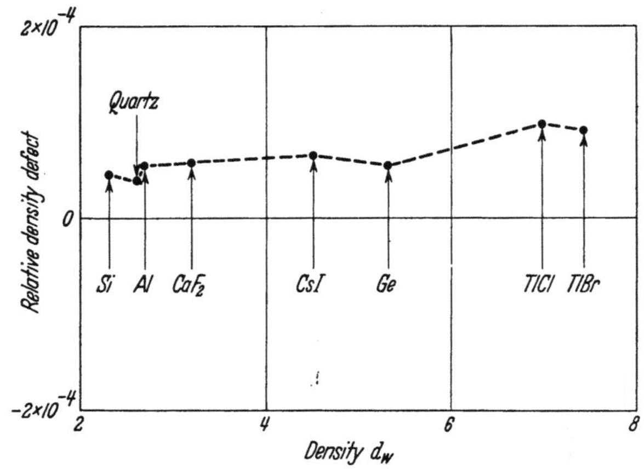

Fig. 43. Relative density defects remaining after correction of the atomic weights using $N = 6.02338 \times 10^{23}$ mole^{-1} and $\lambda = 1.5401$ Å [3].

In the case of germanium, SMAKULA found a fractional difference between the hydrostatic and X-ray densities of approximately 2×10^{-3} if he used the atomic weight recommended by the International Commission on Atomic Weights. This difference largely disappeared if he used isotopic weights and abundances from mass spectroscopic data. The density differences for the other crystals were also generally reduced by using mass spectroscopic data. Fig. 43 shows the density defects remaining after correction of the atomic weights. These were calculated using BIRGE'S value of AVOGADRO'S number and 1.5401 Å for the wavelength of Cu $K\alpha_1$ radiation. The defect is approximately equal for all crystals. SMAKULA suggests that this is an improbable result and that the remaining defect is actually due to an error in either λ or N. Fig. 44 shows the defects computed using $N = 6.02368 \times 10^{23}$ mole^{-1}. These results indicate that only TlCl and TlBr among the crystals studied have defect concentrations detectable by this method

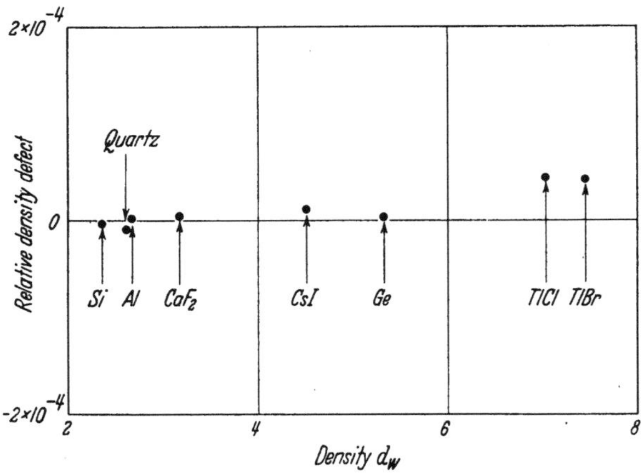

Fig. 44. Relative density defects remaining after correction of the atomic weights using $N = 6.02368 \times 10^{23}$ mole^{-1} and $\lambda = 1.5401$ Å [3].

[1] C. R. BERRY: Phys. Rev. **97**, 679 (1955).
[2] M. E. STRAUMANIS: J. Appl. Phys. **23**, 330 (1952).
[3] A. SMAKULA, J. KALNAJS and V. SILS: Phys. Rev. **99**, 1747 (1955).

and that these crystals may contain vacancies in concentrations of the order of 4×10^{-5} atomic fraction.

BERRY[1] has found fractional density defects in AgBr and AgCl of 8×10^{-5} and 22×10^{-5}. He points out that reasonable concentrations of SCHOTTKY defects can not explain these magnitudes and suggests that the density difference may result from the expansion of the lattice around edge type dislocations or from clustered vacancies.

It appears that in normal situations and with present techniques, this approach is not able to give quantitative measures of point defect concentrations and that even the qualitative results must be carefully examined.

48. Effect of the strain field around a point defect. EKSTEIN[2], MATSUBARA[3], and HUANG[4] have discussed the X-ray diffraction effects arising from the elastic strain surrounding point defects. The most complete treatment is that of HUANG whose results we discuss here. TUCKER and SENIO[5] have observed in radiation damaged crystals the effects predicted by HUANG.

HUANG considers a random distribution of defects each producing a displacement of the surrounding atoms, $\boldsymbol{U}(\boldsymbol{r}) = C\boldsymbol{r}/|\boldsymbol{r}|^3$, which is the only radially symmetric solution of the elasticity equations satisfying proper boundary conditions for an isotropic infinite elastic medium. ESHELBY[6] has considered point distortions in finite media and states that the effect of the boundaries is to increase the constant C, the strength of the imperfection, by a small amount. For a dilute system the position of the m-th atom is determined by the superposition of the displacements from all defects. Thus:

$$\boldsymbol{r}_m = \boldsymbol{a}_m + \sum_i \boldsymbol{U}(\boldsymbol{a}_m - \boldsymbol{a}_i) \tag{48.1}$$

where the summation is over all sites occupied by defects. HUANG substituted this into the interference function and analyzed for the scattered intensity. His result in a form discussed by TUCKER[5] and applicable to face-centered cubic lattices is:

$$\left.\begin{aligned} I = |f|^2 \sum_m \sum_{m'} &\left[1 - (1-\delta_{m m'})(p - p^2)\frac{4\pi C^2 |2\pi \boldsymbol{S}|^2}{3\varrho_0 v}\right] \times \\ &\times \exp\left[2\pi i \boldsymbol{S}\cdot(\boldsymbol{a}_m - \boldsymbol{a}_{m'})\right]\left[1 + \frac{4\pi C p}{3v}\right] + |f|^2 (p-p^2)\frac{\pi C^2 |2\pi \boldsymbol{S}|^2}{2v} \times \\ &\times \sum_m \sum_{m'} (1-\delta_{m m'})\left[\frac{2\sin^2\vartheta}{|\boldsymbol{a}_m - \boldsymbol{a}_{m'}|} - \frac{(2\varrho_0)^2 \sin^2\vartheta}{3|\boldsymbol{a}_m - \boldsymbol{a}_{m'}|^3} - \frac{2(2\varrho_0)^2\cos^2\vartheta}{3|\boldsymbol{a}_m - \boldsymbol{a}_{m'}|^3}\right] \times \\ &\times \exp\left[2\pi i \boldsymbol{S}\cdot(\boldsymbol{a}_m - \boldsymbol{a}_{m'})\right]\left[1 + \frac{4\pi C p}{3v}\right] \end{aligned}\right\} \tag{48.2}$$

where ϑ is the angle between $(\boldsymbol{a}_m - \boldsymbol{a}_{m'})$ and $\boldsymbol{S}$, v is the atomic volume, ϱ_0 is a cut off of the order of the lattice spacing, p is the fractional defect concentration, and $\delta_{m m'}$ is the KRONECKER symbol.

Some qualitative features of the diffraction may be easily recognized. Consider the first term. It represents the scattering from an ideal lattice, namely:

$$I = |f|^2 \sum_m \sum_{m'} e^{2\pi i \boldsymbol{S}\cdot(\boldsymbol{a}_m - \boldsymbol{a}_{m'})} \tag{48.3}$$

---

[1] C. R. BERRY: Phys. Rev. **97**, 679 (1955).
[2] M. G. EKSTEIN: Phys. Rev. **68**, 120 (1945).
[3] T. J. MATSUBARA: Proc. Phys. Soc. Japan **7**, 270 (1952).
[4] K. HUANG: Proc. Roy. Soc. Lond., Ser. A **190**, 102 (1947).
[5] C. W. TUCKER jr. and P. SENIO: Phys. Rev. **99**, 1777 (1955).
[6] J. D. ESHELBY: J. Appl. Phys. **25**, 255 (1954).

with two modifications: first, a term in the exponent representing an isotropic expansion of the lattice by a factor $[1+(4\pi\, C p)/(3v)]$; secondly, the term multiplying the exponential which is functionally similar to the DEBYE temperature factor, although of course independent of temperature. The first term then gives sharp diffraction peaks, shifted in position and reduced in intensity but not broadened by the introduction of the defects. The second term contributes in a manner roughly analogous to the thermal diffuse scattering. In particular it concentrates intensity near reciprocal lattice points in contrast to the uniform diffuse scattering contributed by the change in the average structure factor.

Although HUANG considered dilute solid solutions, TUCKER and SENIO point out that irradiated crystals containing vacancies, interstitials, and noble gas atoms provide more convenient tests of the theory since the strength, C, of these imperfections should be much greater than for substitutional solute atoms. They have observed all of the predicted effects, simultaneously, in neutron irradiated single crystals of boron carbide, diamond, silicon carbide and magnesium oxide. In these materials the artificial temperature dependence and the lattice expansion are anisotropic and TUCKER is extending HUANG'S analysis to this case. He states that there is no indication that such an extension will give effects qualitatively different than those predicted by HUANG. The observed diffuse scattering and the absence of broadening are taken as qualitative evidence supporting HUANG'S conclusions. There remains a discrepancy between the shape of the diffuse scattering observed in irradiated boron carbide and that shape predicted by HUANG. TUCKER suggests that careful experimental study of the diffuse scattering may show deviations from the $(C\boldsymbol{r})/|\boldsymbol{r}|^3$ displacement surrounding a point defect.

TUCKER and SAMPSON[1] have estimated the strength, C, of the elastic singularities associated with vacancies and interstitials by matching the $C\boldsymbol{r}/|\boldsymbol{r}|^3$ displacement with the displacements of near neighbors calculated by others. The result for copper is that C is five times greater for interstitials than for vacancies. Thus the interstitials dominate the expansion of the lattice. The interstitial concentration in atomic percent turns out to be roughly equal to the linear lattice expansion expressed in percent. It should therefore be possible to estimate interstitial concentrations of the order of 0.01%. They point out that this approach gives a measure of interstitial concentrations almost independent of the concentration of vacancies. Most other measurable properties are about equally sensitive to both defects.

Investigators determining the soundness of crystals by comparing densities as outlined in Sect. 47, have neglected the expansion of the lattice predicted by HUANG. The expansion changes the difference between the X-ray and the gravimetric densities for a given defect concentration, and before quantitative measurements of the concentrations may be made, an appropriate correction must be applied. We have already mentioned that density comparisons are insufficiently sensitive to make this an important effect.

III. The interpretation of DEBYE-SCHERRER line shapes.

Thus far, special emphasis has been placed on powder pattern methods only in the sections on the determination of crystallite size. We now discuss from a much broader point of view the information that can be got from the shapes of DEBYE-SCHERRER lines. Most of the interest centers about the effect of cold work on the structure of metals and alloys. Of necessity powder pattern methods

[1] C. W. TUCKER jr. and J. B. SAMPSON: Acta met. 2, 433 (1954).

have been widely used. Metals, as used, are polycrystalline and single crystals have been less readily available than for many other materials. In addition a single crystal, subjected to an interesting amount of cold work, is generally so distorted that single crystal methods lose much of their advantage. Because of the immense practical importance of metals there has been some tendency toward a very intensive exploitation of the research tools at hand at the expense of efforts to improve them. Within the last decade, however, investigators have made increasing use of all the information available in the shape of the line rather than basing deductions solely on the intensity and breadth. Two advances have made this possible. Crystal monochromatized radiation and GEIGER counter registration furnish accurate line contours including the feeble but extended wings. Secondly, simple and accurate methods are available for correcting the observed line shape for the effects of instrumental broadening. The new methods have by no means settled all the problems of the structure of cold worked metals, but it can be claimed that our ignorance is now so much more sophisticated that we may properly ignore much of the voluminous earlier literature.

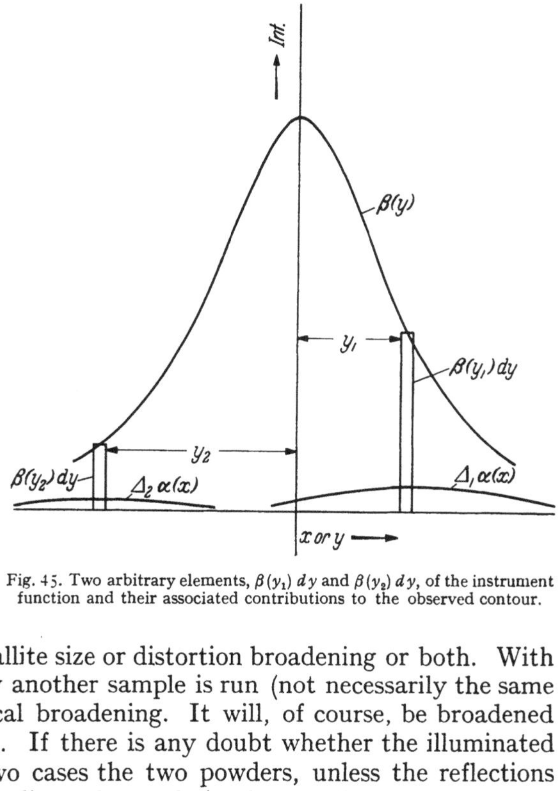

Fig. 45. Two arbitrary elements, $\beta(y_1)\,dy$ and $\beta(y_2)\,dy$, of the instrument function and their associated contributions to the observed contour.

49. The correction of line shapes for instrumental broadening. We assume that a DEBYE-SCHERRER line is scanned radially with slits and GEIGER counter or with a microphotometer so that an accurate intensity contour is obtained. Presumably this line is from a sample showing detectable crystallite size or distortion broadening or both. With the same experimental geometry another sample is run (not necessarily the same material) which gives no physical broadening. It will, of course, be broadened because of instrumental factors. If there is any doubt whether the illuminated volumes are the same in the two cases the two powders, unless the reflections interfere, may be mixed and the lines observed simultaneously.

For the present section we use the following notation. Let x or y be the distance from the center of a line. They can be considered either as angle or distance parameters. $\alpha(x)$ is the observed intensity contour from a sample giving physical broadening. $\beta(x)$ is the contour from a sample without physical broadening. This is called the instrument function. $\gamma(x)$, the diffraction function, is the intensity contour which would be observed from the first sample in the absence of instrumental effects. In the limit of sufficiently small pinholes and monochromatic radiation $\alpha(x)=\gamma(x)$. The problem is to deduce $\gamma(x)$ from the known functions $\alpha(x)$ and $\beta(x)$.

Consider an element of the instrument function $\beta(y)\,dy$. This represents the radiation reaching the detection plane at the distance y from the center of the line assuming no physical broadening. This element of the instrument function makes a contribution to $\alpha(x)$ which we write (see Fig. 45).

$$\Delta\alpha(x)=\gamma(x-y)\,\beta(y)\,dy. \qquad (49.1)$$

Integrating over the instrument function we obtain

$$\alpha(x) = \int_{-\infty}^{\infty} \gamma(x - y)\, \beta(y)\, dy. \tag{49.2}$$

Thus the observed contour is expressed as the convolution of the instrument function and the diffraction function. The result, in this application, is due to JONES[1].

The derivation assumes only that the diffraction function is the same for every element of the instrument function, which is valid for not unreasonably broad lines. It should be noted that the geometrical situation is fairly complicated. Even for an infinitesimal segment of the complete diffraction ring and for the case of zero physical broadening the rays which reach the line at a given distance y do not all come from the same part of the sample and of course the rays through a given part of the sample do not all reach the same part of the line. The element of the instrumental function which occurs in Eq. (49.1) therefore consists of a set of rays converging to the same point in the line. Each ray of the element is physically broadened in a way described by the diffraction function and, for the rays of a given element, these broadened patterns superpose in the detection plane.

If the instrument function and the diffraction function are both GAUSSian the following relation holds

$$B^2 = b^2 + \beta^2 \tag{49.3}$$

where B, b, and β are the integral breadths of the observed contour, the instrument function and the diffraction function respectively. The relation between

$$B = b + \beta \tag{49.4}$$

if the lines are CAUCHY functions of the form $\beta(x) = \frac{1}{1 + R^2 x^2}$, etc. Both formulae have been widely used in correcting observed line widths for instrumental broadening.

A method of solving the convolution equation which makes no assumptions about line shape and which preserves all the information available in the diffraction function has been used by STOKES[2].

He expands the functions in FOURIER series as follows

$$\left.\begin{aligned} \alpha(x) &= \sum_{t=-\infty}^{\infty} A(t)\, e^{-2\pi i x t/a}, \\ \beta(x) &= \sum_{t=-\infty}^{\infty} B(t)\, e^{-2\pi i x t/a}, \\ \gamma(x) &= \sum_{t=-\infty}^{\infty} C(t)\, e^{-2\pi i x t/a}. \end{aligned}\right\} \tag{49.5}$$

The range of x is from $-a/2$ *to* $+a/2$ and a is chosen large enough to include all of the line contour which is detectably above background. Substitution of the expansions in (49.2) gives

$$\sum_t A(t)\, e^{-2\pi i x t/a} = \int_{-a/2}^{a/2} \sum_t \sum_{t'} B(t)\, C(t')\, e^{-2\pi i y t/a}\, e^{-2\pi i (x-y) t'/a}\, dy. \tag{49.6}$$

[1] F. W. JONES: Proc. Roy. Soc. Lond., Ser. A **166**, 16 (1938).
[2] A. R. STOKES: Proc. Phys. Soc. Lond. **61**, 382 (1948).

After the integration with respect to y this reduces to

$$\sum_t A(t)\, e^{-2\pi i x t/a} = a \sum_t B(t)\, C(t)\, e^{-2\pi i x t/a}, \tag{49.7}$$

and finally, solving for $C(t)$

$$C(t) = \frac{1}{a}\,\frac{A(t)}{B(t)}. \tag{49.8}$$

In practice a sufficient number of the FOURIER coefficients of the known functions $\alpha(x)$ and $\beta(x)$ may be determined, for instance using LIPSON-BEEVER strips. The evaluation of the diffraction function is then straightforward. The detailed procedure is discussed by STOKES[1]. This method also corrects for line broadening arising from the $K\alpha_{1,2}$ splitting. The rays which the instrument function directs to a given part of the line may vary somewhat in wavelength without spoiling the superposition of the diffraction broadening associated with each ray.

50. Influence of lattice distortions. We repeat, and generalize, the derivation of the expression for the integral line breadth presented earlier, in the discussion of the finite crystal. The crystal structure factors associated with the lattice sites are no longer assumed identical but may vary because of displacements of the unit cells from their correct positions. Thus $F_m = F\, e^{2\pi i \boldsymbol{S}\cdot\boldsymbol{u}_m}$ where $\boldsymbol{u}_m$ is the displacement of the m-th unit cell. The intensity function is

$$I(\xi,\eta,\zeta) = \sum_{m,m'=1}^{N}\sum F_m F_{m'}^{*}\, e^{2\pi i \boldsymbol{S}\cdot(\boldsymbol{r}_m-\boldsymbol{r}_{m'})}. \tag{50.1}$$

Let $m' = m - n$ and obtain

$$I(\xi,\eta,\zeta) = \sum_m\sum_n F_m F_{m-n}^{*}\, e^{2\pi i \boldsymbol{S}\cdot\boldsymbol{r}_n} = \sum_n V_n J_n\, e^{2\pi i \boldsymbol{S}\cdot\boldsymbol{r}_n}. \tag{50.2}$$

In this notation V_n is the number of times the lattice vector $\boldsymbol{r}_n$ occurs in the crystal and $J_n = \overline{F_m F_{m-n}^{*}}$ is the average value of the product of structure factors at sites separated by $\boldsymbol{r}_n$. As in the earlier discussion we bring the reflection into the form $(00H_3)$ and are led to Eq. (31.1) which expresses the integral breadth in reciprocal space as the ratio of two integrals over the intensity function. In the example now considered the numerator

$$\iiint_{-\frac{1}{2}}^{\frac{1}{2}} I(\xi,\eta,\zeta)\, d\xi\, d\eta\, d\zeta = N J_0 = N\,|F|^2$$

since contributions occur only when $n=0$. It is apparent that $V_0 = N$, the number of unit cells in the crystal. The denominator may be evaluated easily using the intensity function, Eq. (50.2). We get

$$\iint_{-\frac{1}{2}}^{\frac{1}{2}} I(\xi\,\eta\,0)\, d\xi\, d\eta = \sum_{n_3} V_n J_n.$$

The only terms remaining in this sum are those corresponding to $\boldsymbol{r}_n$ parallel to $\boldsymbol{S}$, i.e. $n_1 = n_2 = 0$. It will be noted that in this calculation the F_m are functions of $\boldsymbol{S}$ through $e^{2\pi i \boldsymbol{S}\cdot\boldsymbol{u}_m}$ (in addition to their slight dependence via the atomic structure factors). However, since $\boldsymbol{u}_m \ll \boldsymbol{r}_m$ the terms $e^{2\pi i \boldsymbol{S}\cdot\boldsymbol{u}_m}$ are slowly varying, near a reciprocal lattice point, compared to $e^{2\pi i \boldsymbol{S}\cdot\boldsymbol{r}_m}$. Therefore in the integra-

[1] A. R. STOKES: Proc. Phys. Soc. Lond. **61**, 382 (1948).

tions over ξ, η, and ζ we take the F_m outside the integral and evaluate them for $\boldsymbol{S}$ at the reciprocal lattice point. We have then for the integral breadth in reciprocal space

$$\beta_r = \frac{N J_0}{\sum_{n_3} V_n J_n}. \tag{50.3}$$

The contribution to V_n (where the subscript n now stands for $00n_3$) from any one column of unit cells, N_3 in number, and perpendicular to the reflecting plane is $N_3 - |n_3|$. Therefore $V_n = V_T/(\boldsymbol{a}_1 \boldsymbol{a}_2 \boldsymbol{a}_3)$ where, as earlier, V_T is the common volume of the crystal and its ghost after a translation $T = n_3 |\boldsymbol{a}_3|$. Changing from the summation to an integration we may write as the generalized result

$$\beta_r = \frac{|\boldsymbol{a}_3| \, V J_0}{\int V_T J_T \, d T}$$

or

$$\beta = \frac{\lambda V J_0}{\cos\vartheta \int V_T J_T \, d T} \tag{50.4}$$

where V is the volume of the crystallite.

Let us examine the limit in which either particle size or distortion broadening is negligible compared to the other. If each unit cell is in its correct position $J_n = J_0 = |F|^2$ and the formula reduces to Eq. (32.3) for pure particle size broadening. To discuss the other limit, it is necessary to assume that beyond some sufficiently large $T = n_3 |a_3|$. the unit cell displacements are uncorrelated and

$$J_n = |F|^2 \, \overline{e^{2\pi i \boldsymbol{S}\cdot(\boldsymbol{u}_m - \boldsymbol{u}_{m'})}} = 0.$$

We must now take a crystal so large that V_T is still very nearly as large as V for the T at which $J_T \to 0$. The integral breadth is then, for pure distortion broadening

$$\beta = \frac{\lambda J_0}{\cos\vartheta \int J_T \, d T}. \tag{50.5}$$

This result is due to Wilson[1]. Both J_T and V_T may be looked upon as correlation functions. The former gives the correlation of unit cell displacements as a function of their separation, the latter the correlation of a property which might be named, with apologies, "crystal insideness". It is seen that, except for geometrical factors, the integral line breadth is the reciprocal of the integral breadth of the appropriate correlation function.

Stokes and Wilson[2] have evaluated the J_T under the following assumptions on the strain distribution in the distorted crystal. They ignore the effect of rotations of unit cells. They assume that for large values of T displacements are random, thus $J_T \to 0$, and for small values of T relative displacements may be calculated using only terms linear in T. Remembering that a given reflection determines the strains perpendicular to the reflecting planes we write $\boldsymbol{S}\cdot(\boldsymbol{u}_m - \boldsymbol{u}_{m'}) = |\boldsymbol{S}| \, \varepsilon T$ where ε is the tensile strain parallel to $\boldsymbol{S}$. We then have

$$J_T = |F|^2 \int_{-\infty}^{\infty} \varphi(\varepsilon) \, e^{2\pi i |\boldsymbol{S}| \varepsilon T} \, d\varepsilon$$

and

$$\left.\begin{aligned} \beta &= \frac{\lambda}{\cos\vartheta \iint_{-\infty}^{\infty} \varphi(\varepsilon) \, e^{2\pi i |\boldsymbol{S}| \varepsilon T} \, d\varepsilon \, d T} \\ &= \frac{\lambda |\boldsymbol{S}|}{\varphi(0)\cos\vartheta} = \frac{2\tan\vartheta}{\varphi(0)}. \end{aligned}\right\} \tag{50.6}$$

[1] A. J. C. Wilson: Proc. Roy. Soc. Lond., Ser. A **181**, 360 (1943).
[2] A. R. Stokes and A. J. C. Wilson: Proc. Phys. Soc. Lond. **56**, 174 (1944).

In these equations $\varphi(\varepsilon)$ is the distribution function for the strain, i.e. the fraction of the crystal volume for which the strain is between ε and $\varepsilon + d\varepsilon$. STOKES and WILSON point out that the complete distribution functinn $\varphi(\varepsilon)$ could be obtained by using all the information in the broadened line (after correction for instrumental effects).

Much of the literature on line broadening in cold worked metals attempts to separate crystallite size from strain broadening. A frequently used criterion is the dependence of the first on $\lambda/\cos\vartheta$ and the other on $\tan\vartheta$. In reciprocal space the equivalent statements are that the size broadening is independent of the position of the reciprocal lattice point and that the strain broadening is proportional to $|\boldsymbol{S}|$, the distance of the reciprocal lattice point from the origin. A good review of the entire problem of cold worked metals is found in BARRETT [*11*].

51. The FOURIER analysis of line shapes. To obtain an explicit expression for the line shape from a collection of finite and strained crystallites we integrate the intensity function, Eq. (50.1), which gives

$$\int\int_{-\frac{1}{2}}^{\frac{1}{2}} I(\xi,\eta,\zeta)\, d\xi\, d\eta = P(\zeta) = C \sum_{m_3}\sum_{m_3'} F_m F_{m'}^* \, \mathrm{e}^{2\pi i (H_3+\zeta)(m_3-m_3')}. \tag{51.1}$$

In this result C contains geometrical factors and is a constant for a given DEBYE-SCHERRER line. We assume that only the reflection $(00H_3)$ contributes to the line, i.e. $\boldsymbol{S} = \xi\boldsymbol{b}_1 + \eta\boldsymbol{b}_2 + (H_3+\delta)\,\boldsymbol{b}_3$. The F_m have been treated as independent of (ξ,η,ζ) and evaluated at $\boldsymbol{S} = H_3\boldsymbol{b}_3$. We proceed as in the last section and obtain

$$P(\zeta) = C \sum_{n_3} V_n J_n \mathrm{e}^{2\pi i \zeta n_3}. \tag{51.2}$$

In the remainder of the discussion all summations are over a single index labeling unit cells in columns perpendicular to the BRAGG planes. We therefore drop the subscript, and n_3 becomes n. It should be remembered, however, that the average entering into V_n or J_n is over all pairs of unit cells in the crystal which are separated by the vector $\boldsymbol{r}_n$. The simplification involved is that only the $\boldsymbol{r}_n$ parallel to $\boldsymbol{b}_3$ need be considered. We write $J_n = |F|^2\, \overline{\mathrm{e}^{2\pi i H_3 Z_n}}$ where $Z_n|\boldsymbol{a}_3|$ is the component of $\boldsymbol{u}_m - \boldsymbol{u}_{m'}$ parallel to $\boldsymbol{b}_3$. Therefore $Z_n|\boldsymbol{a}_3|$ is the change in length, due to strain, of a column of n unit cells of original length $n|\boldsymbol{a}_3|$.

Eq. (51.2) gives the line shape as a FOURIER series in ζ. Each FOURIER coefficient is the product of two correlation coefficients, one characterizing the crystallite size, the other the displacement disorder. The reduction of Eq. (51.2) to a line contour as a function of 2ϑ, the scattering angle, follows from the relation $|\boldsymbol{S}| = (H_3+\zeta)\,|\boldsymbol{b}_3| = \frac{2\sin\vartheta}{\lambda}$.

WARREN and AVERBACH[1] first developed the expansion as it applies to strain broadening. BERTAUT[2] derived the result for size broadening. WARREN[3] has recently generalized the calculations to any reflection of any class of crystal. The physical content of the theory is unchanged but the restriction to $(00H_3)$ reflections is avoided.

We now consider the use of the expansion in the analysis of experimental data. The series represents a real quantity; this is assured since V_N is real and $J_{-N} = J_N^*$ (because $Z_{-N} = -Z_N$). In most cases line shifts are negligible compared to line broadening and we therefore expect sine terms to disappear from

[1] B. E. WARREN and B. L. AVERBACH: J. Appl. Phys. **21**, 595 (1950).
[2] M. F. BERTAUT: C. R. Acad. Sci., Paris **228**, 492 (1949).
[3] B. E. WARREN: Acta crystallogr. **8**, 483 (1955).

the series. This result is obtained if positive and negative values of Z_n are equally likely, for a given n. With such a distribution of the Z_n there is no net compression or expansion of the lattice and $\overline{\sin 2\pi H_3 Z_n} = 0$. The expansion now becomes

$$P(\zeta) = \sum_n A_n B_n \cos 2\pi n \zeta \tag{51.3}$$

which is written in normalized form since the intensity comparison of different lines is not under discussion. We have taken $A_n = V_n/V_0$ and $B_n = J_n/J_0 = \overline{\cos 2\pi H_3 Z_n}$, therefore $A_0 = B_0 = 1$.

Now a given experiment will furnish a set of products $A_n B_n$. From the definitions of V_n and J_n and the assumption that displacement correlations disappear at large $\boldsymbol{r}_n$ we have seen that that factor of $A_n B_n$ which corresponds to the dominant source of broadening decreases from unity much more rapidly with increasing n than does the other factor. Thus either factor of the FOURIER coefficients may be separately determined if the specimen is known to be free of the other source of broadening. This is neither surprising nor very useful and we must investigate the dependence of the factors on parameters such as n and H_3.

We may write, for sufficiently small n,

$$A_n = \frac{V_n}{V_0} = \frac{(\overline{N_3} - |n|)\, N_1 N_2}{\overline{N_3}\, N_1 N_2} \tag{51.4}$$

where $\overline{N_3}$ is the average number of unit cells in columns perpendicular to the reflecting planes and $N_1 N_2$ is the total number of such columns. Differentiating we get

$$\left.\frac{dA_n}{dn}\right|_{n=0} = -1/\overline{N_3}. \tag{51.5}$$

Thus a plot of A_n versus n determines, by its initial slope, an average particle size. A_n is, of course, independent of H_3.

A discussion of the B_n is more difficult. For sufficiently small Z_n we expect

$$B_n = \overline{\cos 2\pi H_3 Z_n} = 1 - 2\pi^2 H_3^2 \overline{Z_n^2}. \tag{51.6}$$

Making the assumption of STOKES and WILSON that displacements are proportional to $T = n\,|\boldsymbol{a}_3|$ for small T we have $(\overline{Z_n^2})^{\frac{1}{2}}$ proportional to n for small n. Thus a plot of B_n versus n has an initial slope of zero and, for small n, is concave downward.

The dependence of B_n on H_3 can, in principle, be used to determine the distribution function $p(Z_n)$ of the Z_n. We have

$$B_n(H_3) = \overline{\cos 2\pi H_3 Z_n} = \int_0^\infty p(Z_n) \cos 2\pi H_3 Z_n \, dZ_n. \tag{51.7}$$

Considering H_3 as a continuous variable this may be inverted to give

$$p(Z_n) = 4\int_0^\infty B_n(H_3) \cos 2\pi H_3 Z_n \, dH_3. \tag{51.8}$$

Probably the most useful procedure for separating the effects of size and strain broadening is the following, also suggested by WARREN and AVERBACH[1]. They assume (as was done in their earlier paper) that B_n may be approximated by a GAUSSIAN

$$B_n = \overline{\cos 2\pi H_3 Z_n} = e^{-2\pi^2 H_3^2 \overline{Z_n^2}}. \tag{51.9}$$

[1] B. E. WARREN and B. L. AVERBACH: J. Appl. Phys. **23**, 497 (1952).

One then takes the logarithms of the FOURIER coefficients

$$\log A_n B_n = \log A_n - 2\pi^2 H_3^2 \overline{Z_n^2} \tag{51.10}$$

and plots $\log A_n B_n$ against H_3^2 for a given n. The variation of H_3 is achieved experimentally by measuring several orders of the same reflection. In such a plot the intercept at $H_3^2=0$ determines A_n and the initial slope determines $\overline{Z_n^2}$. Using plots for eachof several n a number of the smaller A_n may be evaluated and from them an average particle size using Eq. (51.5). Figs. 46 and 47 show data obtained by WARREN and AVERBACH on a crystal (after rolling) of copper containing 2% Si. Five orders of the (111) reflection were measured. Most of the broadening can be attributed to lattice distortion, however, the effects of particle size are clearly evident in the failure of the extrapolated lines to pass through the origin. A crystallite size of about 1000 Å is indicated.

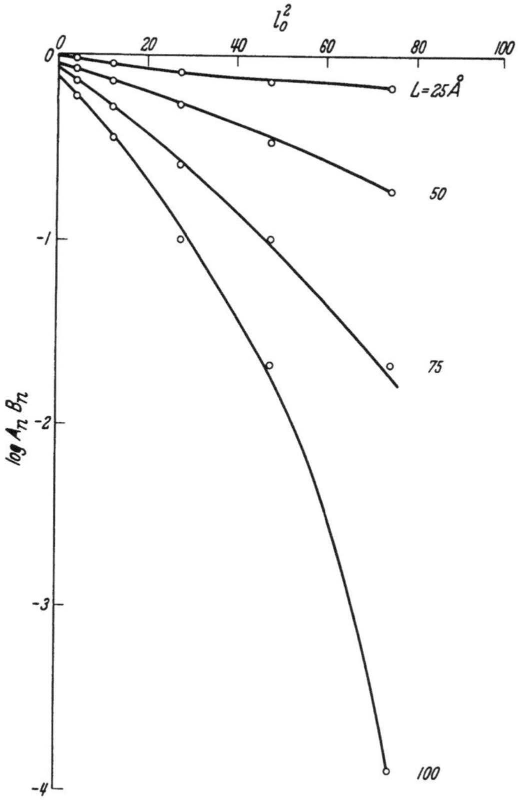

Fig. 46. The WARREN and AVERBACH[2] plot fot the separation of particle size and strain broadening. L is the actual column length corresponding to the FOURIER coefficient $A_n B_n$ and $l_0 = [h_1^2+h_2^2+h_3^2]^{\frac{1}{2}}$ is proportional to the order of the (111) reflection measured.

Finally we draw attention to a contribution of PATERSON[1] where the FOURIER coefficients are calculated for a face-centered cubic lattice with stacking faults. PATERSON concludes that the plot of A_n versus n has a finite initial slope from which the probability per layer of faulting may be determined.

52. Some results of line shape analysis. WARREN and AVERBACH[3] have presented an extended discussion of their work on α brass (70 to 30) filings where the line broadening is mainly the result of strain. Several different reflections were analyzed. It was found that the strains in various crystallographic directions are inversely proportional to YOUNG's modulus for that direction, thus the stress appears to be isotropic. The quantities $(\overline{Z_n^2})^{\frac{1}{2}}$ were obtained both from the GAUSSian approximation to B_n, Eq. (51.9), and from the distribution

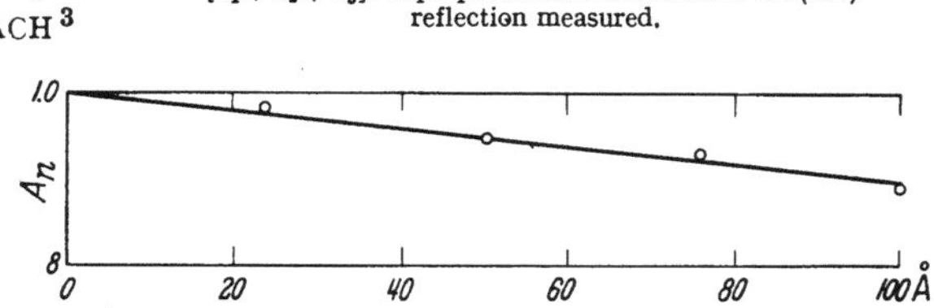

Fig. 47. Plot of the particle size FOURIER coefficient A_n versus the column length $L (L \cong n)$[2].

[1] M. S. PATERSON: J. Appl. Phys. **23**, 805 (1952).
[2] B. E. WARREN and B. L. AVERBACH: J. Appl. Phys. **23**, 497 (1952).
[3] W. SHOCKLEY *et al.*: Imperfections in Nearly Perfect Crystals. New York: John Wiley Sons, Inc. 1952.

function, Eq. (51.8). The latter method is particularly useful if either the stress or strain is isotropic since information from all the lines can then be combined to determine the distribution function for each column length. In Fig. 48 are the results for the (111) direction. Rather than plotting $(\overline{Z_n^2})^{\frac{1}{2}}$ versus n, the actual root mean square change in length of the columns is plotted against their length. First it is obvious that the three curves approach agreement only at the smallest values of L. WARREN and AVERBACH attribute this to the failure of the GAUSSian approximation. Secondly, we remark that the slope of the curve at the origin is the root mean square local strain, i.e. the root mean square fractional change in length of sufficiently short columns. If the strain were uniform over a considerable volume, for instance, the volume of a crystallite as sometimes assumed, the

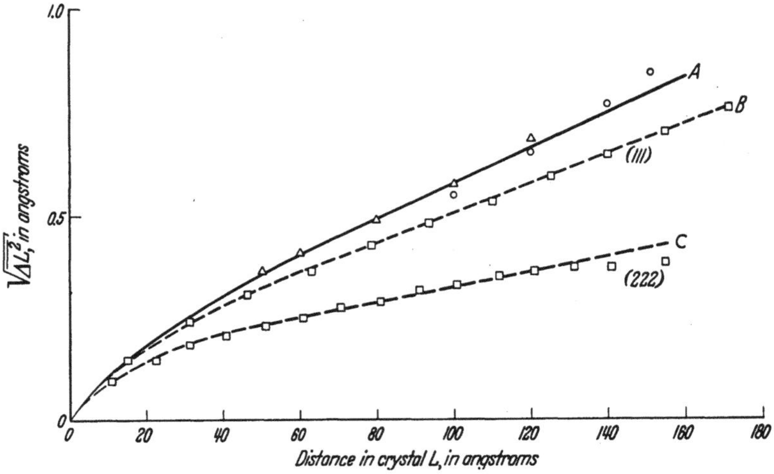

Fig. 48. Root mean square relative displacement in the (111) direction as a function of distance along (111) for cold-worked alpha brass. (A) Obtained from the distribution functions; ooo stress distribution function, △△△ strain distribution function. (B) Obtained from the (111) reflection by the approximation of Eq. (51.9). (C) Obtained from the (222) refection by the approximation of Eq. (51.9) [1].

plot of Fig. 48 would be a straight line, tangent at the origin to the observed curve. The fact that the observed curve rapidly falls below the tangent at the origin implies that strains are non-uniform over distances of a few unit cell lengths. This is the nature of the strain fields surrounding dislocations. In fact one can calculate a dislocation density necessary to produce the root mean square local strain found by WARREN and AVERBACH. It is slightly more than 10^{12} lines per cm^2. This density is generally taken to be reasonable for heavily cold worked metals. One expects large deviations from uniform strain when averaging over column lengths of the order of the average dislocation separation. This also is observed.

We now discuss some of the work of WILLIAMSON and his collaborators who have used the FOURIER methods just described with careful attention to possible errors of measurement and interpretation. WILLIAMSON and SMALLMAN [2] analyzed the line broadening from iron and molybdenum cold worked by filing. They did, however, measure FOURIER coefficients corresponding to smaller column lengths than did WARREN and AVERBACH. The plots of $(\overline{Z_n^2})^{\frac{1}{2}}$ versus n for iron and molybdenum show the same characteristic features that brass does in Fig. 48. The plot is concave downward and higher orders of a given reflection give smaller

[1] W. SHOCKLEY *et al.*: Imperfections in Nearly Perfect Crystals. New York: John Wiley & Sons, Inc. 1952.

[2] G. K. WILLIAMSON and R. E. SMALLMAN: Acta crystallogr. 7, 574 (1954).

values of $(\overline{Z_n^2})^{\frac{1}{2}}$. This feature persists even for the smallest column lengths ($n=1$) measured by WILLIAMSON and SMALLMAN which casts doubt on the usual assumption that the failure of the GAUSSian approximation to B_n, Eq. (51.9) is to blame. No consistent separation of the iron and molybdenum data into crystallite size and strain broadening was possible using Eq. (51.10).

In an attempt to locate the difficulty WILLIAMSON and SMALLMAN assume a CAUCHY strain distribution of a certain width and calculate the corresponding line shape which is also of the form $(1+k^2x^2)^{-1}$. This line is then cut off at slightly too high a background, as might easily occur in practice, and the resulting line is run through the FOURIER analysis of WARREN and AVERBACH. All of the usual difficulties are duplicated. Plots of $(\overline{Z_n^2})^{\frac{1}{2}}$ versus n are concave downward and higher orders of reflection give smaller $(\overline{Z_n^2})^{\frac{1}{2}}$. This is fictitious since the strain distribution plugged into the calculation implied $(\overline{Z_u^2})^{\frac{1}{2}} \approx n$. Also the use of Eq. (51.10) gives a finite crystallite size although the line analyzed was broadened entirely by strain. It is therefore the contention of WILLIAMSON and SMALLMAN that slight errors in the determination of background can falsify the interpretation of line shapes. They advacate procedure, necessarily less precise, since an uncertain background is involved, but which place the root mean square strain and the average particle size within rather broad limits.

In conclusion, there seems to be widespread agreement on the following points. Most of the line broadening in cold worked metals should be attributed to strain. After correction for extinction, integrated line intensities are very little affected by cold work. This argues against theories of cold work which compare the atom displacements to a frozen-in thermal motion. The strains deduced from x-ray line broadening are consistent with those produced by dislocations although there appears to be some disagreement as to the reasoning which leads to this conclusion, see, for instance, WILLIAMSON and HALL[1].

IV. Special techniques.

a) Qualitative investigation of sub-structure in metals.

53. Introduction. The grains of a polycrystalline metal are regions within which the lattice orientation is nearly constant and which are separated from their neighbors by clearly defined grain boundaries. The misorientation across a grain boundary is large. Grain boundaries are immobile and a given polycrystalline array persists until it is absorbed by new crystals growing during a recrystallization anneal. The grains or single crystals under certain conditions may be further divided into sub-grains by sub-boundaries. The sub-structure has properties distinctly different from the grain structure. The sub-grains are regions of high perfection misoriented from neighboring regions by very small angles, the sub-boundaries have high mobility, and the substructure pattern can be drastically changed during deformation or relatively mild heat treatment.

The phenomenon of polyganization or "*recrystallizat tion in situ*" has definitely been established as of primary importance in the occurrence of sub-grain structure, and has contributed greatly to the understanding of the texture of deformed metals in terms of dislocation mechanisms. It is a structural change, occurring early in the annealing process, in which portions of the lattice lose their internal strains but maintain nearly their original crystallographic orientations. This distinguishes the process from primary recrystallization.

[1] G. K. WILLIAMSON and W. H. HALL: Acta met. **1**, 22 (1953).

CAHN[1] describes a dislocation mechanism for the process which is shown schematically in Fig. 49. A plastically bent lattice contains excess dislocations of one sign and their assembly into a vertical wall during the early stages of annealing forms a polyganization boundary. A sub-boundary formed in this way satisfies the geometrical conditions of continuity between adjacent sub-grains and is energetically favorable, since at large distances from the boundary the adjacent crystallites are strain free although slightly tilted with respect to each other.

This sub-structure has been observed with both the optical and electron microscope and with various X-ray techniques. The microscopic techniques are particularly useful in observing the network of sub-boundaries as delineated by row etch pits or precipitates. For optical observations the pits observed are of

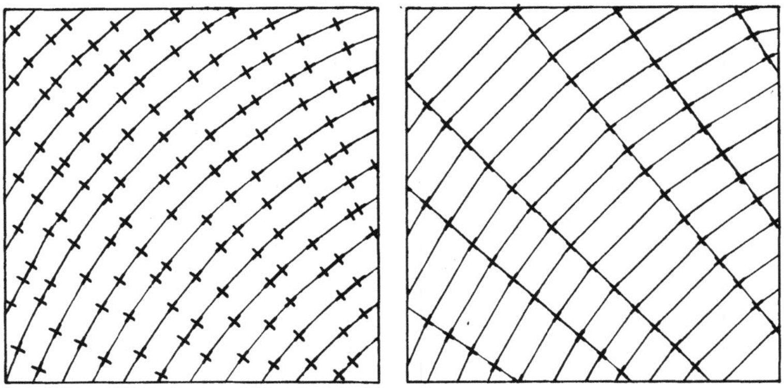

a b

Fig. 49 a and b. a) Crystal as plastically bent containing excess edge type dislocations of one sign. b) Assembly of the excess dislocation into polyganization boundaries[1].

the order of 10 microns so that sub-grains must have dimensions several times this to be distinguished. With an electron microscope etch pits of 0.1 micron are seen and the discernable sub-grains are proportionately smaller. However, the microscopic observations do not determine the misorientation between, and the crystal imperfections within, the sub-grains. Specialized X-ray techniques on the other hand, give very sensitive measures of the misorientations and imperfections. Here we shall discuss several of these special techniques.

The work prior to 1950 is reviewed by CAHN[1], GUINIER and TENNEVIN[2] and CRUSSARD *et al.*[3]

54. Method of GUINIER and TENNEVIN[4]. With an ordinary LAUE camera, the lower limit of the misorientation between grains which is observable is of the order of 1°30′. To increase the angular resolution by finer collimation ordinarily reduces the illuminated volume. GUINIER'S and TENNEVIN'S experiments allow a hundred fold increase in the resolution while maintaining large irradiated volumes, thus insuring results characteristic of the average structure of the sample. The method is based upon a focussing property of reflected X-rays first discussed by BRAGG. In Fig. 50 it is shown that a polychromatic divergent X-ray beam, from a point source, s, reflected by the planes of a thin crystal, B, used in transmission, is approximately focussed at the point M_0. For different directions of

[1] R. W. CAHN: Prog. Met. Phys. **2** (1950).
[2] A. GUINIER and J. TENNEVIN: Progr. Met. Phys. **2** (1950).
[3] C. CRUSSARD *et al.*: Progr. Met. Phys. **2** (1950)
[4] A. GUINIER and J. TENNEVIN: Acta crystallogr. **2**, 133 (1949).

the normals to the reflecting planes, that is, different angles φ, the point M moves along a circle C, passing through the symmetry point ($so = os'$) and tangent to the crystal lamella at O. The width of the focal spot from a perfect crystal is determined by the size of the X-ray source and the thickness of the sample. These effects are discussed by GUINIER and TENNEVIN and determine the lower limit of the misorientations between two sub-grains which can be detected by the method. For very good crystals it is practical to obtain a resolution of 10 seconds of arc with a distance, os, of one meter. For deformed crystals intensity considerations require os to be shorter and the resulting resolution is the order of minutes of arc, or essentially 100 times better than ordinary LAUE techniques.

GUINIER and TENNEVIN investigated the focussed LAUE spots first from very large and perfect crystals of high purity aluminum, and then after the specimen

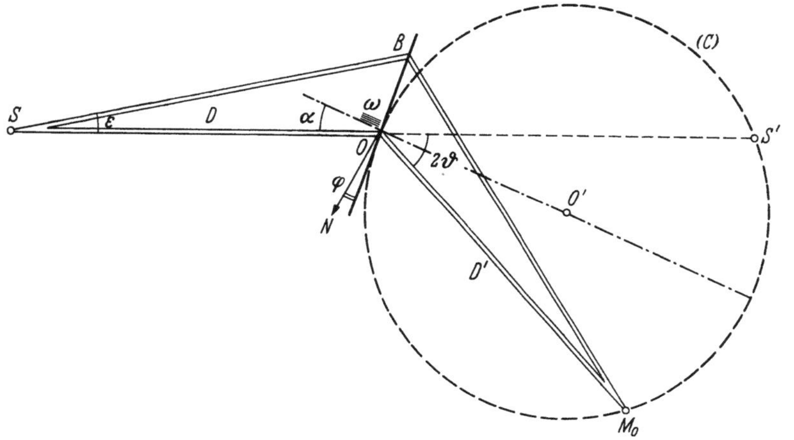

Fig. 50. Schematic diagram of experimental method of GUINIER and TENNEVIN[1].

was deformed and annealed. For a surface region 6 mm square, the width of the line corresponds to an orientation range of 25 seconds of arc. After a small extension, the line broadens but shows no granular structure. Successive anneals at temperatures below 450° C do not change the appearance of the line, but anneals between 450 and 520° C begin to develop striations, each of which has the width of the line from a perfect crystal. From 520 to 580° C the striations become more prominent and the diffuse background diminishes. Above 630° C, either primary recrystallization occurs or a few of the striations grow very intense at the expense of the others. A set of photographs showing this type of behavior is given in Fig. 51.

The breadth of the focussed LAUE spots clearly indicates a range of orientations in the sample, and the striation of the spots indicates the non-uniformity of the misorientations. The disappearance of the background between the striations corresponds to the transformation indicated schematically in Fig. 49b where the region consists entirely of very perfect sub-grains separated by small angle sub-boundaries. The interpretation of the early stages of the process, where the focussed spot is not striated, is unclear and the uniform spot may be due either to unpolyganized material or to polyganizations on a scale too fine for reflections from individual blocks to be resolved.

The method is not effective when the sub-grains are very small since their reflections may no longer be separated on the film. The individual sub-grain

[1] A. GUINIER and J. TENNEVIN: Acta crystallogr. 2, 133 (1949).

reflections may occupy 0.1 mm² on the film and the whole asterism may cover 300 mm². Thus the illuminated volume may not contain more than the order of 3000 sub-grains if their reflections are to be resolved. This means that the sub-grains must have volumes larger than the order of 0.1 mm³.

The experiments of GUINIER and TENNEVIN show that fine scale polyganization is the early stage of "recrystallization in situ", a term reserved in the literature for the production of large blocks separated by low angle grain boundaries observable with ordinary LAUE and microscopic techniques as in the experiments of CAHN and others. "Recrystallization in situ" corresponds, in the experiments of GUINIER and TENNEVIN, to the growth of a few striations at the expense of others in the high temperature annealing (greater than 630° C), and is a much less general phenomenon than polyganization because often primary recrystallization occurs on less severe annealing. Whereas CAHN gave as conditions for "recrystallization in situ" (1) plastic bending of the crystal, (2) annealing within 40° of the melting point and (3) very high purity, GUINIER and TENNEVIN find fine scale polyganization after low temperature anneals of crystals deformed in a way leading to plastic curvature even in low purity metals. The effect of impurities is to increase the number of striations even after prolonged annealing. GUINIER and TENNEVIN demonstrate differences between polyganization and primary recrystallization in addition to the continuity in orientation through polyganization. The sub-grain boundaries are very mobile at relatively low temperatures in contrast to the stability of large angle grain boundaries. Also, the temperature of the first observable polyganization is essentially independent of degree of deformation unlike the strong dependence for primary recrystallization.

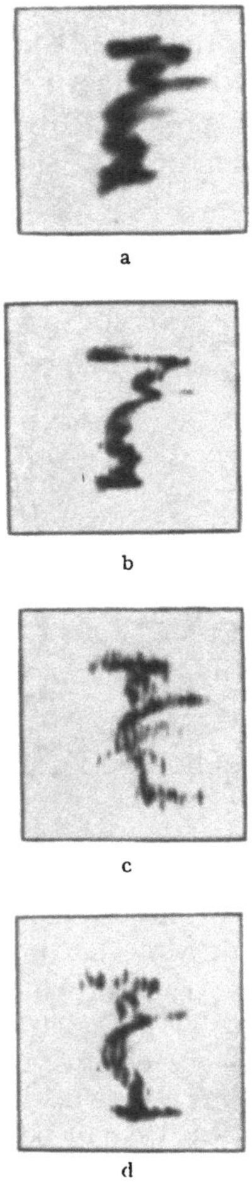

Fig. 51a–d. Focussed LAUE spots of an aluminum crystal. (a) Extended by 2%. (b) After annealing 14 hours at 520° C. (c) After annealing 14 hours at 565° C. (d) After annealing 14 hours at 610° C.[1]

The texture of the deformed metal after recovery is qualitatively similar to that of a mosaic crystal as postulated in calculations of diffracted intensity. However, the substructure investigated in these experiments is definitely not the mosaic structure since the observed coherent domains are orders of magnitude greater than the 10^{-5} cm of the mosaic structure and the occurrence of polyganization is far less general than the mosaic structure.

55. Experiments of LAMBOT, VASSAMILLET and DEJACE[2]. These authors have developed a technique for studying lattice distortions in single crystals and the sub-structure in deformed crystals. The main advantage of the method is that, while it has a resolution for misorientations and imperfections nearly as good as that of GUINIER and TENNEVIN, it is able to reveal sub-grains of considerably

[1] A. GUINIER and J. TENNEVIN: Progr. Met. Phys. **2** (1950).
[2] H. LAMBOT, L. VASSAMILLET, and J. DEJACE: Acta met. **1**, 711 (1953); **3**, 150 (1955).

smaller dimensions. It also can be used in both reflection and transmission and is thus capable of examining samples of any thickness.

Fig. 52 shows the method schematically. The characteristic radiation from the X-ray tube is focussed by a curved quartz crystal to a line on the sample several centimeters high and about 50 microns wide. $K_{\alpha 1}$ and $K_{\alpha 2}$ radiation may be separated by the knife edge, or both may be used for the more perfect samples.

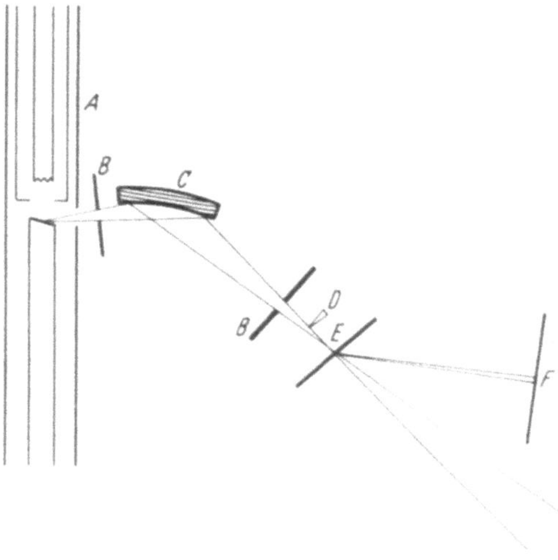

Fig. 52. Schematic diagram of the experiments of LAMBOT, VASSAMILLET, and DEJACE[1]. *A*, X-ray tube; *B*, slit; *C*, curved crystal monochromater; *D*, knife edge; *E*, sample; *F*, film.

The horizontal convergence of the beam incident on the sample is the order of one degree so that a sample containing total misorientations of less than this amount may be examined in a single exposure with the sample fixed in a position to reflect. In this case each domain contriutes a line on the film. If the total misorientation is greater than the horizontal convergence, several exposures must be taken rotating the sample slightly between them.

The use of characteristic radiation permits short exposure times even at large sample to film distances and thereby high angular resolution. The width on the film of the BRAGG reflection from a perfect crystal is determined by the spectral width of the radiation, the thickness of the sample, the width of the focussed line

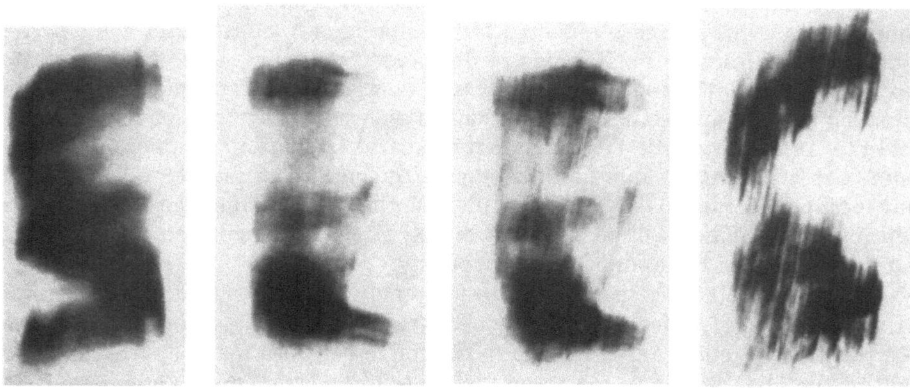

a b c d

Fig. 53 a—d. The (111) reflection from a very pure aluminium single crystal a) stretched 4%, b) annealed 12 hours at 300° C c) annealed 12 hours at 400° C and d) annealed 12 hours at 550° C.[1]

on the sample, and on the vertical divergence allowed by the aperture. In practice this allows the clear separation of reflections from domains misoriented by about 20″. As in the case of GUINIER'S and TENNEVIN'S experiments there is a lower limit to the size of the sub-grains observable, since for sufficiently small sub-grains the striations in the BRAGG spot are too numerous to appear separately. This limit

[1] H. LAMBOT, L. VASSAMILLET and J. DEJACE: Acta met. 1, 711 (1953).

depends upon the illuminated volume, the specimen film distance, and the crystal perfection of the sub-grains. If the sub-grains have linear dimensions of the order of 10 microns, the striated structure of the BRAGG reflection is evident.

Fig. 53 shows the appearance of the BRAGG spots from a high purity aluminum single crystal initially very perfect and stretched 4%. Successive pictures are after successive twelve hour anneals at 300, 400 and 550° C. They show the sharpening of the substructure upon annealing similar to that of Fig. 51, except that the striations are evident after milder anneals than in the method of GUINIER and TENNEVIN. In especially favorable cases, these authors have observed striations in slightly deformed aluminum without heat tratment above room temperature.

It is evident that the conditions for the occurrence of the substructure depend on the sensitivity of the techniques used in observing it. This is an important consideration in interpreting the diffuse background between the striations and leaves open the question of whether the backgrond arises from very imperfect regions between the more perfect polyganized blocks or is the result of many unresolved striations from smaller blocks which are subsequently absorbed into larger ones.

56. BERG and BARRETT's X-ray microscopy. In the two preceding sections we have discussed special techniques able to resolve misorientations of 10 or 20 seconds providing that the sub-grains are reasonably large and perfect. In this section, we briefly describe a technique which has high spatial resolution for small sub-grains and their internal imperfections, but does not give quantitative measures of the misorientations. This is the technique first suggested by BERG[1] and developed and used by BARRETT[2] and since then used extensively by many investigators. It is often referred to as X-ray microscopy. The method is related to ordinary metallography, but instead of detecting the changes in light intensity reflected across the surface, it detects the difference in the diffracted X-ray intensity.

The method is shown schematically in Fig. 54. The characteristic radiation from a narrow line source is reflected by the specimen mounted in a goniometer. After being diffracted the X-rays are detected by a film placed very near the specimen (about 0.1 mm). This gives nearly a one to one correspondence between points on the film and points on the specimen and results in a map of the intensity reflected at each point. To estimate the spatial resolution, suppose that the source has a width of 2 mm at a distance 10 cm from the sample, and that the film-specimen distance is 0.1 mm. In this case the width of the blackening from a point on the specimen will be 2 microns wide. Maximum resolution photographic plates are used and examined microscopically.

The pattern obtained from a deformed single crystal or melt grown crystal is the result of many effects. (1) Some parts of the crystal may be so misoriented that they fail to reflect any radiation in the convergent beam and appear as white spots on the film. (2) If two regions are separated by a small angle grain boundary, they reflect in slightly different directions and their images either overlap or do not meet. The boundaries of such regions appear either light or dark. (3) Finally, regions of high plastic deformation, disorientation boundaries or impurity concentrations may change extinction and thus the reflectivity. It has been shown that slip lines appear black on BERG-BARRETT photographs. All of these effects are evidenced in the photograph by HULME[3], Fig. 55, of a zinc crystal grown by a traveling furnace method.

[1] W. BERG: Naturwiss. **89**, 286 (1934).
[2] C. S. BARRETT: Trans. Amer. Inst. Min. Metallurg. Engrs. **161**, 15 (1945).
[3] K. F. HULME: Acta met. **2**, 810 (1954).

The investigation of polycrystalline materials of course requires no goniometer and the pictures show individual separated grains which are embedded in non-reflecting grains. This allows very simple determination of grain size even on

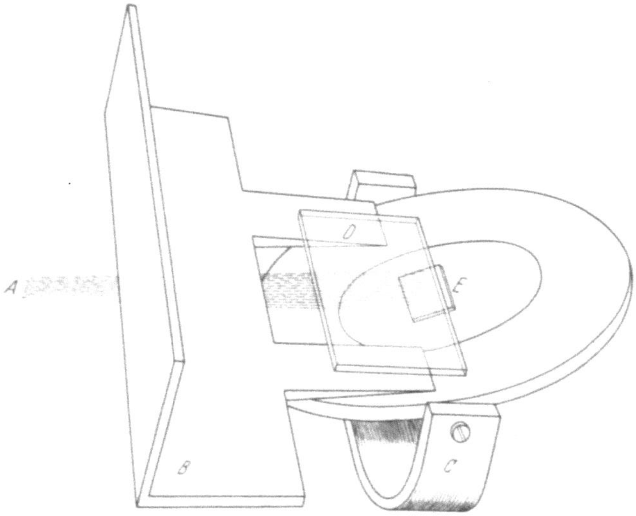

Fig. 54. BERG-BARRETT[1] camera for single crystal. *A*, incident X-ray beam; *B*, shielding; *C*, goniometer; *D*, film; *E*, sample.

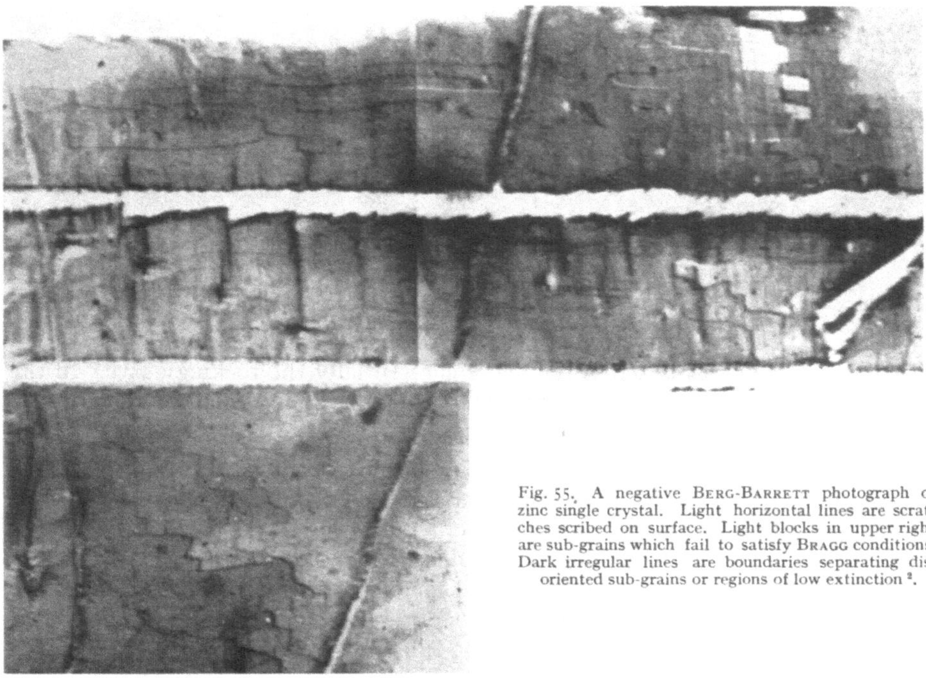

Fig. 55. A negative BERG-BARRETT photograph of zinc single crystal. Light horizontal lines are scratches scribed on surface. Light blocks in upper right are sub-grains which fail to satisfy BRAGG conditions. Dark irregular lines are boundaries separating disoriented sub-grains or regions of low extinction[2].

samples whose surfaces are not suitable for metallography. Such photographs of deformed materials show the sub-grain structure, but in general do not yield quantitative information.

[1] C. S. BARRETT: Trans. Amer. Inst. Min. Metallurg. Engrs. **161**, 15 (1945).
[2] K. F. HULME: Acta met. **2**, 810 (1954).

57. Experiments of WEISSMANN et al. WEISSMANN and co-workers[1–4] have studied disorientations in sub-structures by using the specimen in place of the second calcite crystal in a double crystal spectrometer. The specimen is rotated in discrete steps and the rocking curve is detected both by a GEIGER tube and on a photographic plate. The photographic plate is displaced slightly between the rotations of the samples giving a multiple exposure showing arrays of images. The

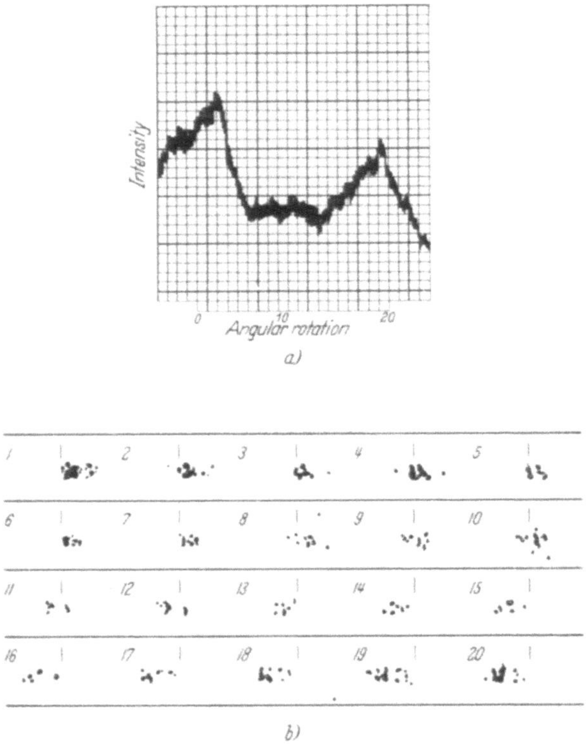

Fig. 56a and b. (a) GEIGER tube rocking curve from sample of deformed aluminum. (b) Enlarged photographic images recorded by retracing rocking curve in one minute intervals[2].

distribution of intensity across the array is essentially the rocking curve. In the case of deformed aluminum these rocking curves are multimodal indicating reflections from slightly disoriented regions.

Fig. 56a shows the GEIGER tube rocking curve from a sample of deformed coarse grained aluminum. It has maxima about eight minutes apart and can be decomposed into GAUSSians of width five to seven minutes. Fig. 56b shows the enlarged series of photographically recorded images and each consists of many spots. Using a reference mark, individual spots can be traced through successive photographs and persist through rotations of three to four minutes which is then taken as the width of reflection from the substructures. From the pictures it is clear that the peaks in the GEIGER tube rocking curve are due to the non-uniform distribution of reflections from the individual subgrains through the angular

[1] S. WEISSMANN and D. L. EVANS: Acta crystallogr. **7**, 733 (1954).
[2] J. INTRATER and S. WEISSMANN: Acta crystallogr. **7**, 729 (1954).
[3] A. REIS, J. J. SLADE and S. WEISSMANN: J. Appl. Phys. **22**, 665 (1951).
[4] J. J. SLADE and S. WEISSMANN: J. Appl. Phys. **23**, 323 (1952).

range of the rocking curve. By careful consideration of the sequence of spots it is sometimes possible to determine if they arise from adjacent regions of the specimen.

WEISSMANN and co-workers have analyzed the method in great detail and applied it to the study of silicon powders, silicon ferrite, low carbon alloys, and coarse and fine grained aluminum.

In the techniques discussed previously, the substructure has usually been evidenced by the granular nature of the LAUE or BRAGG reflections, but it can not be said with certainty that adjacent parts of the reflection arise from adjacent sub-structures. WEISSMANN[1] has combined his technique with BERG-BARRETT photographs to determine this correspondence. Fig. 57 shows the method schematically. The reflections are traced outward by successive exposures at the positions indicated by Roman numerals. The monochromatizing crystal imposes

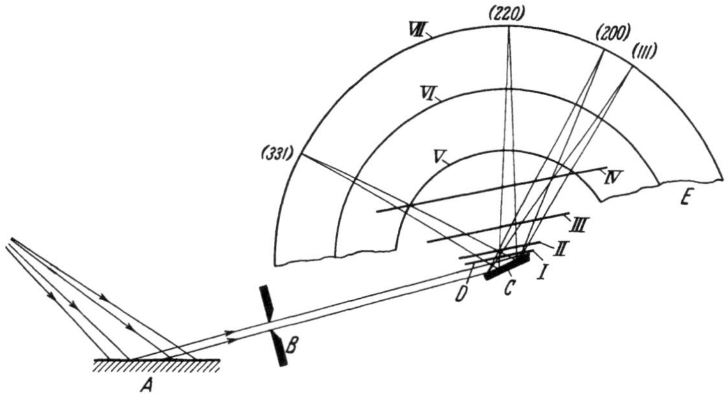

Fig. 57. Schematic diagram of WEISSMANN's[1] method. *A*, monochromatizing crystal; *B*, slit; *C*, speciman; Roman numerals, successive positions of fine grained photographic film.

stringent reflection conditions on crystallites in the specimen and reduces the number of reflections so they can be conveniently traced through successive exposures. After following the images to large distances, the disorientations may be studied by WEISSMANN's double crystal spectrometer method. The method is applicable wherever a correlation between the X-ray reflection and the position in the sample giving rise to it is desired.

b) Microbeam experiments.

With ordinary back reflection cameras having beam diameters of the order of 1 mm, it is possible to determine the average linear dimensions of grains larger than 15 to 20 μ by counting spots around the DEBYE-SCHERRER rings. For the smaller sub-grains encountered in deformed metals, the rings become continuous. In this case, the size determination depends on the difficult interpretation of line breadths and profiles where the separation of size and strain effects is uncertain. HIRSCH *et al.* have developed an X-ray micro beam technique with beam diameters of σ few microns which reduces the illuminated volume of the sample so that the DEBYE-SCHERRER rings are spotty for sub-grain sizes as small as one micron. It is found in their experiments that on cold working a metal the sharp diffraction spots of the annealed metal are spread into arcs around the ring. This indicates that the material of the original grain now covers a range of orientations.

[1] S. WEISSMANN: J. Appl. Phys. **27**, 389 (1956).

For small deformations the arcs consist of discrete spots, each from an individual sub-grain; for larger deformation, although arcs from different original spots remain separate, the arcs may again become continuous. Fig. 58 shows examples of the spotty rings. The primary results of these experiments then are the determination of the size of sub-grains and their misorientation. These authors also interpret the shapes of the spots in terms of the shape and distortion of the sub-grains.

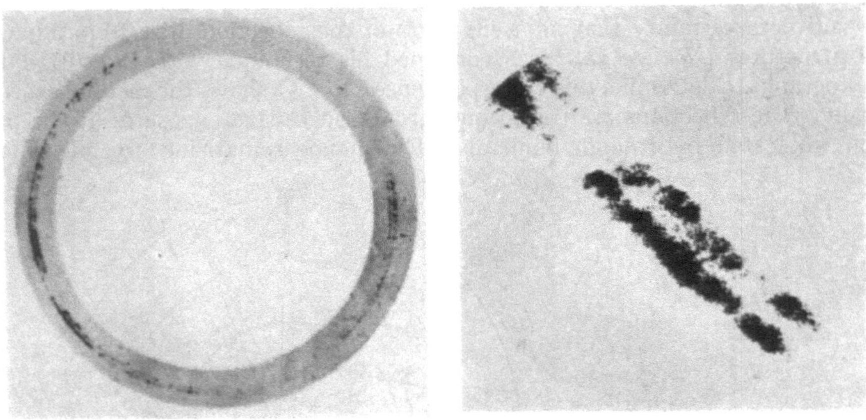

a b

Fig. 58 a and b. (a) Back reflection micro-beam photographs of (422) reflections from annealed spectroscopically pure aluminum slightly rolled. (b) Enlarged portion of ring[1].

58. Experimental apparatus. The X-ray source for these experiments is a fine focus rotating anode tube with an adjustable electron gun giving a focal spot whose width is conveniently varied from 50 μ to 1 mm². The beam is collimated by either fine lead pinholes (to 6 μ) or by lead glass capillaries (to 1 μ). In a typical back reflection exposure the important apparatus parameters may be: diameter of capillary, 35 μ; lengths of capillary, 0.3 cm; divergence, 10^{-3} radians; specimen film distance, 0.9 cm; size of spots, 50 μ; exposure (Cu $K\alpha$), 10 hours; tube power, 20 ma, 40 kv; size of foreshortened tube focus, 0.015×0.015 cm²; size of crystallite, 2 μ[3].

59. Analysis of spotty diffraction rings. HIRSCH and KELLAR[1] have modified the method of STEPHEN and BARNES[4] for determining the grain size from spotty back reflection diffraction rings. From solid angle considerations, the number, N, of spots on a particular diffraction ring is given by:

$$N = \frac{1}{2} \frac{A l}{V} p \cos\vartheta \, (d\vartheta + \Delta) \tag{59.1}$$

where A is the cross sectional area of the beam; l is the effective depth of penetration of the X-rays; V, the average volume of the individual sub-grains; p, the multiplicity of the planes; ϑ, the BRAGG angle; $d\vartheta$, the divergence of the beam, and Δ is the angular range over which a particle will reflect because of its imperfec-

[1] P. B. HIRSCH and J. N. KELLAR: Acta crystallogr. **5**, 162 (1952).
[2] P. GAY, P. B. HIRSCH, J. S. THORP and J. N. KELLAR: Proc. Phys. Soc. Lond. B **64**, 374 (1951).
[3] P. B. HIRSCH and J. N. KELLAR: Proc. Phys. Soc. Lond. B **64**, 369 (1951).
[4] R. N. STEPHEN and R. J. BARNES: J. Inst. Met. **60**, 285 (1937).

tion or small size. The quantity l cannot be determined from a single photograph since spots of the same blackening may be due to small sub-grains near the surface or large ones deeper in the sample and it is necessary to use a multiple exposure method. Then:

$$\frac{N_1 - N_0}{A \log T_1/T_0} = \frac{p \cos\vartheta}{2\mu(1 - \sec 2\vartheta)} \frac{l}{V} (d\vartheta + \Delta) \qquad (59.2)$$

where N_1 and N_0 are the number of spots with blackening greater than some limiting value for exposures of time T_1 and T_0, and μ is the linear absorption coefficient. The slope of a plot of the left hand side against $d\vartheta$ then gives V. The analysis is based on the assumption of random orientation of crystallites which is surely not the case in cold worked metals. However, this assumption is less serious for reflections with a high multiplicity. The authors find a difference of 20% in the value of V determined from the same sample of cold worked metal in different orientations. HIRSCH[1] also examines in detail the effects of the distribution in grain size, of large absorption, of penetration depths less than linear dimension of grains and of overlapping of diffraction lines on the grain size determination.

In the microbeam experiments with cold worked metals, the spots on an arc arise from small sub-grains, all from the same original grain in the annealed metal, with orientations clustered around the original orientation. In this case, GAY and KELLY[2] use a simpler analysis counting only spots on a single arc and using the original grain size as the illuminated volume. This analysis is more applicable than the previous one since it does not assume random orientation.

When the sub-grain size is so small that the arcs are continuous, limits can still be put on their size: the upper limit from the condition that the spots are just numerous enough to make them unresolved, and the lower limit by ascribing the whole physical broadening to particle size effects.

The angle of misorientation between sub-grains giving two discrete spots on the arc can be determined from the angle they subtend on the arc. Thus the total misorientation within one original grain is easily measured.

Further information can be obtained from the spot shapes. HIRSCH[3] describes a method for eliminating instrumental broadening and determining the boundaries of regions in reciprocal space where the interference function is appreciable. There is, however, no attempt to determine the distribution of the interference function in these regions and only order of magnitude results are obtained. Since there is an independent measure of the average particle dimensions from the number of spots, it is often possible to assign the physical broadening to size or strain effects by requirements of self consistency.

60. Experimental results. The first metal to be comprehensively studied with the microbeam technique was aluminum[4]. For spectroscopically pure aluminum the measured sub-grain (or particle) size and total misorientations as functions of the deformation by cold rolling are given in Table 8.

The mean particle size decreases slightly with time after rolling. For example, in one sample reduced 60% by rolling the particle size was 2.5 μ after two days, 2.2 μ after four months and 2.0 μ after one year.

The measurements of the physical broadenings can not generally be interpreted as a result of particle shape consistent with the independent measure of

[1] P. B. HIRSCH: Brit. J. Appl. Phys. **5**, 257 (1954).
[2] P. GAY and A. KELLY: Acta crystallogr. **6**, 165 (1953).
[3] P. B. HIRSCH: Acta crystallogr. **5**, 168 (1952).
[4] P. B. HIRSCH and J. N. KELLAR: Acta crystallogr. **5**, 162 (1952).

the volume of the grains. It is then necessary to assume that some of the broadening is the result of elastic strain. The indicated elastic bending of the particles corresponds to stresses of the order of 12×10^8 dyne/cm^2 or the same order as the yield stress of the bulk material, 7.4×10^8 dyne/cm^2. This result is in order of magnitude agreement with previous work on line broadening[1-3].

GAY and KELLY[4,5] have studied examples of the harder metals, copper and nickel ferrite, and the softer metals, tin, zinc, lead and cadmium with microbeam techniques.

In all cases the particle size decreases rapidly with deformation until it reaches a limiting value as shown in Fig. 59. For sufficient deformation in the softer metals, zinc, tin, cadmium and lead, spontaneous recrystallization occurs shown by an abrupt increase in the particle size. The total misorientation within one original grain increases with deformation.

Table 8.

Percent reduction by rolling	Particle size in microns	Total range of misorientation in degrees
0	20.0	
1.3	4.3	4
3	5.2	2
8	2.0	11
57	2.0	16

In most cases, there is a continuous background between the diffraction spots, indicating the presence of highly distorted boundary material between the less severely distorted sub-grains which disappears upon recovery. It is similar to the background observed between striations in the work of LAMBOT *et al.*

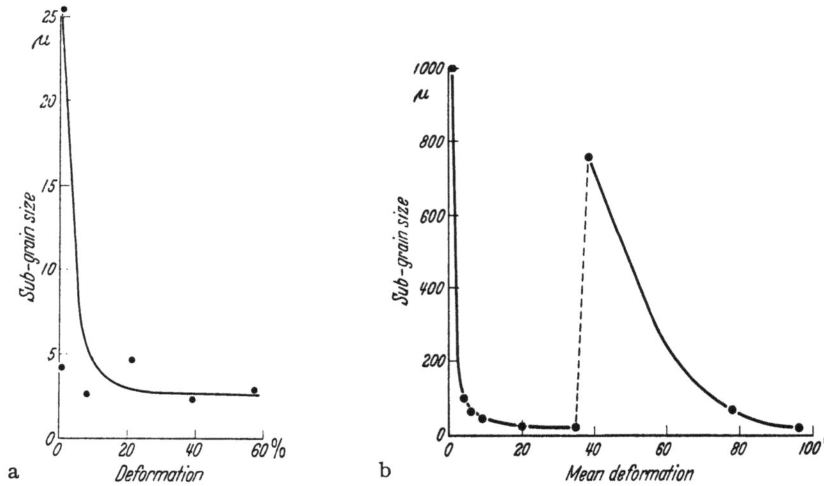

Fig. 59a and b. Variation of sub-grain size with deformation for (a) iron, (b) tin[5].

61. Interpretation of results. The experimental results are interpreted in terms of dislocation mechanisms mainly in two papers[6,7]. The experimental observations are consistent with a structure for the cold worked metals consisting of relatively perfect regions, the sub-grains, separated by boundary regions of

[1] H. D. MEGAW and A. R. STOKES: J. Inst. Met. **71**, 279 (1945).
[2] M. S. PATERSON: Thesis, Cambridge University, 1949.
[3] W. H. HALL: Proc. Phys. Soc. Lond. **62**, 741 (1949).
[4] P. GAY and A. KELLY: Acta crystallogr. **6**, 165 (1953).
[5] P. GAY and A. KELLY: Acta crystallogr. **6** 172 (1953).
[6] P. GAY P. B. HIRSCH and A. KELLY: Acta crystallogr. **7**, 41 (1954).
[7] P. GAY, P. B. HIRSCH and A. KELLY: Acta met. **1**, 315 (1953).

large deformations. The authors associate the sub-grains with the regions between slip bands and the boundary regions with the material in the slip band. The measured particle size is in fair agreement with the minimum spacing between slip bands. The observed X-ray background in a spotty arc implies a continuous curvature in the boundaries between the particles which indicates the structure is a result of the accumulated dislocations rather than fragmentation. That the boundary regions are plastically curved is indicated by the fact that the broadening of the continuous background is the same order as the broadening for the spot. This broadening corresponds to elastic curvatures far smaller than the necessary curvature across the boundaries.

The dislocation density in the deformed metal can be estimated from the knowledge of the mean tilt angle between sub-grains and their linear dimensions. Suppose the material consists of blocks with dimensions t separated from one another by dislocation walls or polyganized boundaries and that the dislocations have separation l inthe walls. There are then t/l dislocations per particle, and the contribution to the density from these dislocations in boundaries is thus:

$$D_B = \frac{t}{l} \cdot \frac{1}{t^2} = \frac{1}{t\,l} \,. \tag{61.1}$$

The angular misorientation across such a wall is $\alpha = s/l$ where s is the BURGERS vector. Thus:

$$D_B = \frac{\alpha}{s\,t} \,. \tag{61.2}$$

For spotty rings, t is measured directly. The quantity α is deduced under two assumptions:

(a) If the original grain is deformed uniformly, then α is equal to the total misorientation in the grain divided by the number of walls, T/t, where T is the original grain size. Thus:

$$D_B = \frac{B}{s\,T} \tag{61.3}$$

where B is the total misorientation. This is the most efficient use of dislocations to produce the total misorientation and the result is to be considered a lower limit of the concentration.

(b) If the original grain is broken into sub-grains distributed about a mean position in a GAUSSian manner, the mean angle between sub-grains from statistical arguments is $\alpha \approx B/3$. Then:

$$D_B \approx \frac{B}{3\,s\,t} \,. \tag{61.4}$$

This result gives an upper limit.

The difference between the two limits is not prohibitively large especially if the original grain size is small. The authors consider the geometric mean of the two limiting values as an accurate dislocation density to within a factor of 2 or 3.

The contribution to the density from dislocations inside the sub-grains can be estimated from the physical broadening and is small compared to the contribution from the boundaries.

Some results of these estimates are given in Table 9. These estimates give results consistently much lower than the ordinarily accepted value of 10^{12} lines/cm for cold worked metal.

The discrepancy may be due to configurations of dislocations which do not result in plastic curvature such as the coexistence of dislocations of opposite sign in the same boundary. Such dislocations would not be detectable in these experiments. Such an arrangement of dislocations is thought to be physically unlike in recovered materials.

Table 9.

Metal	Percent deformation	Particle size in microns	Density of excess dislocations of one sign in boundary in lines/cm²		Mean value in lines/cm²
			model (a)	model (b)	
Al	51	2.0	4.5×10^9	2.0×10^{10}	9×10^9
Cu	7.3	2.8	6.0×10^8	1.5×10^9	8×10^8
Cu	50	0.6	5.5×10^9	5.5×10^{10}	2×10^{10}

c) Small angle scattering from cold worked metals.

62. Review of results to date. In addition to the granular structure of the diffraction maxima discussed in the several previous sections, the imperfections introduced into a metal during deformation give rise to a diffuse scattering at small angles. This scattering was first observed by GUINIER[1] in 1939 and then extensively studied by BLIN[2], BLIN and GUINIER[3], SMOLUCHOWSKI *et al.*[4] and by NEYNABER[5], BRAMMER[6] and WEBB[7]. To date the interpretation of this diffuse scattering is uncertain. Here we shall briefly describe the more important experimental observations and some of the questions of interpretation.

The scattering is observed within a few degrees of the forward direction using thin rolled or stretched foils in transmission. Because the scattering is weak, it is necessary to use intense sources of X-rays and to eliminate scattering originating outside of the foil and any possible flourescent radiation. BLIN has observed the scattering from aluminium, nickel, copper and zinc. The qualitative features of his results are as follows:

1. The scattering curve can usually be fit by the first few terms of a series:

$$I(\vartheta) = I_1 e^{-a_1\vartheta^2} + I_2 e^{-a_2\vartheta^2} + \cdots$$

where I_i and a_i are constants and ϑ is the scattering angle.

2. The harder metals, copper and nickel, give more intense scattering than the softer metals, aluminum and zinc, after similar treatments.

3. The scattering is not symmetrical about the transmitted beam. It decreases more rapidly with increasing angle in the plane perpendicular to the direction of rolling.

4. The intensity scattered at a fixed angle is generally a monotonically increasing function of the amount of deformation.

5. The room temperature scattering from a foil is independent of previous heat treatments so long as the recrystallization temperatures are not exceeded. The scattering diappears after a recrystallization anneal.

[1] A. GUINIER: C. R. Acad. Sci. Paris **208**, 894 (1939).
[2] J. BLIN and A. GUINIER: C. R. Acad. Sci. Paris **233**, 1288 (1951).
[3] J. BLIN: Ph.D. Thesis, L'Universite de Paris, 1954.
[4] S. HAYES and R. SMOLUCHOWSKI: Appl. Sci. Res. B **4**, 10 (1954).
[5] R. H. NEYNABER: Ph.D. Thesis, Univ. of Wisconsin 1955.
[6] W. G. BRAMMER: Ph.D. Thesis, Univ. of Wisconsin, 1955.
[7] M. B. WEBB: Ph.D. Thesis, Univ. of Wisconsihn, 1956.

BLIN has interpreted these results in terms of cavities or voids formed in the metal during the deformation. These might result from the aggregation of individual lattice vacancies. By the methods of Part A of this article, he estimates that the average radius of gyration of the cavities ranges from 10 to 30 Å for various metals and treatments. There are no results of BLIN inconsistent with this interpretation.

BEEMAN, NEYNABER and BRAMMER have extended the observations of the small angle scattering and have found several results that are difficult to explain on the basis of cavity scattering. In particular, NEYNABER and BRAMMER have measured the scattering as a function of foil temperature. The scattering at a fixed angle decreases slowly and reversibly with increasing temperatures in the range from $-178°$ C to recrystallization temperatures. Above this range the intensity falls rapidly and irreversibly. On a cavity model of the scattering one would suppose that this reversible behavior is the result of evaporation and condensation of individual vacancies from the surface of the cavities. However, absolute intensity measurements indicate that the supposed evaporation would contribute far too great a concentration of vacancies in the surrounding lattice. BRAMMER has also stretched a foil while it was held at liquid air temperatures and simultaneously watched the scattering. He found that the scattering characteristic of the cold worked metal developed immediately upon deformation. This experiment shows that, if the scattering is due to cavities, their formation does not depend upon the diffusion of individual vacancies to clustering sites as had been assumed. Non-diffusion mechanisms of cavity formation are difficult to formulate.

BEEMAN, NEYNABER and BRAMMER have proposed an alternative mechanism to explain this small angle scattering. They suggest that two sub-grains from the same original grain may cooperate in a double BRAGG scattering process. Such a twice scattered beam would emerge from the sample at an angle roughly proportional to the tilt angle between the normals of the reflecting planes of the two sub-grains. They propose that the diffuse small angle scattering from the cold worked metals is the unresolved sum of many such double reflections. They have shown that such a mechanism might be expected to give the shape and intensities of the observed scattering curves. This explanation attributes the reversible temperature dependence of the scattering to the DEBYE factor in the intensity of each single BRAGG process. BRAMMER has compared the observed temperature dependences with that calculated for such a double BRAGG process and found reasonable agreement. Such a double BRAGG process predicts that the scattered beam should be strongly polarized. WEBB has measured the polarization of the scattered beam and found that it is polarized to near the expected extent for small deformations of the metal samples. However, at sufficiently large deformations the scattered beam is almost unpolarized. This indicates that the mechanism proposed by BEEMAN, NEYNABER and BRAMMER contributes at small deformation ,but is less important for more severe working.

These difficulties in interpretation are not resolved to date. Other mechanisms may be possible. For instance, double BRAGG scattering within a single subgrain would contribute a forward beam which might be physically broadened. This explanation is not in good agreement with the observed polarization.

Bibliography.

[1] GUINIER, A.: La diffraction des rayons X aux très petits angles; application à l'étude de phênomènes ultramicrosopiques. Ann. Phys. **12**, 161 (1939). — The first exposition of a quantitative method of determining the size and shape of colloidal particles by the method of small-angle X-ray scattering.

[2] POROD, G.: Die Abhängigkeit der Röntgen-Kleinwinkelstreuung von Form und Größe der kolloiden Teilchen in verdünnten Systemen. IV. Acta phys. Austriaca **2**, 255 (1948). Contains calculations and tables of scattering functions for particles of various shapes.

[3] HOSEMANN, R.: Die Erforschung der Struktur hochmolekularer und kolloider Stoffe mittels Kleinwinkelstreuung. Ergebn. exakt. Naturw. **24**, 142 (1951). — A review of all phases of small-angle X-ray scattering investigations into the structure of high molecular weight matter.

[4] POROD, G.: Die Röntgenkleinwinkelstreuung von dichtgepackten kolloiden Systemen. I., II. Kolloid-Z. **124**, 83 (1951); **125**, 51 (1952). — A general approach to the interpretation of small-angle scattering data from dense, two-phase systems, without the necessity of a particle model.

[5] GUINIER, A., and G. FOURNET: Small-Angle Scattering of X-Rays. New York and London: John Wiley & Sons 1955. — This book is the most comprehensive review of small-angle X-ray scattering that is presently available.

[6] JAMES, R. W.: The Optical Principles of the Diffraction of X-Rays, London: G. Bell & Sons 1950. — A standard text: contains excellent treatments of temperature diffuse scattering, the mosaic crystal and the finite crystal.

[7] ZACHARIASEN, W. H.: The Theory of X-Ray Diffraction in Crystals, New York and London: John Wiley & Sons 1945. — Especially valuable for Chap. IV which contains, among other things, a more detailed treatment of the material of Sect. 33—37 of this article; more formal and abstract than the text of JAMES.

[8] LAUE, M. v.: Röntgenstrahlinterferenzen, Leipzig: Akademische Verlagsgesellschaft 1941. — This text is now rather old but contains much material not found in more recent books.

[9] BOUMAN, J. (edit): Selected Topics in X-ray Crystallography. Amsterdam u. New York: North Holland Publ. Co. 1951. — Monographs on recent work from the Netherlands; valuable for the contribution of BOUMAN on the finite crystal and several contributions on distortions in crystals.

[10] WILSON, A. J. C.: X-Ray Optics. London: Methuen & Co. 1949. — X-ray diffraction by finite and imperfect crystals, an excellent treatment, particulary of the English work, using elementary methods.

[11] BARRETT, C. S.: Structure of Metals, 2nd edit. New York: McGraw-Hill 1952. — A comprehensive review of physical metallurgy, particulary as studied by X-ray methods.

Elektroneninterferenzen.

Von

H. Raether.

Mit 110 Figuren.

1. Einleitung. In der heutigen Physik schreiben wir sowohl der elektromagnetischen Strahlung, also dem Licht, den Röntgenstrahlen, den Gammastrahlen, wie auch den Materiestrahlen, z.B. den Elektronenstrahlen, Atom- und Ionenstrahlen Korpuskular- und Welleneigenschaften zu. Die Welleneigenschaft der genannten Strahlen läßt sich durch ihre Interferenzen an einem Gitter nachweisen, das die Natur in dem Raumgitter der Kristalle liefert. Dieses Gitter haben zuerst v. Laue, Friedrich und Knipping 1912 benutzt, um die Wellennatur der Röntgenstrahlen zu zeigen. Noch ein zweites Mal erwies sich das Raumgitter des festen Körpers von Bedeutung, als die de Brogliesche Konzeption der Welleneigenschaft der Kathodenstrahlen von Davisson und Germer 1927 an Hand der Elektroneninterferenzen bestätigt wurde.

Die Elektroneninterferenzen wie die Röntgeninterferenzen[1] werden beide am Raumgitter des festen Körpers erzeugt, verschieden jedoch ist die Wechselwirkung der Strahlung mit den Streuzentren des Gitters: Im Falle der Röntgenstrahlung — also elektromagnetischen Strahlung — sind es die Elektronen, die unter dem Einfluß des elektrischen Feldes der elektromagnetischen Strahlung schwingen und daher die einfallende Strahlung in die verschiedenen Winkel zerstreuen. Im Falle der Materiestrahlen ist es im allgemeinen die Coulombsche Wechselwirkung, die die Strahlen aus ihren Bahnen ablenkt. Bei Neutronen jedoch ist infolge Fehlens einer elektrischen Ladung keine Coulombsche Wechselwirkung vorhanden, dafür vermitteln die Kernkräfte die Ablenkung der Teilchen[2]. Bestünde diese Verschiedenheit der Wechselwirkung zwischen Elektronen und Röntgenstrahlen nicht, so wären die Elektroneninterferenzen eine wenig bemerkenswerte Variante der Röntgenstrahlen. Da aber die Wechselwirkung der Elektronenstrahlung mit dem Atomkern etwa um den Faktor 10^4 größer ist als die der elektromagnetischen Strahlung mit den Atomelektronen, mithin die Elektronenstrahlen entsprechend stärker gestreut werden, erhält man bereits von sehr dünnen Schichten intensive Interferenzen. Die Untersuchung dünnster Schichten, sei es mittels Durchstrahlung dünner Kristalle, sei es durch Beobachtung der dünnen Oberflächenschicht eines massiven Körpers in Reflexion, hat daher durch die Methode der Elektroneninterferenzen einen entscheidenden Impuls erhalten.

Der folgende Abschnitt I behandelt die Apparaturen zum Studium der Elektroneninterferenzen in ihren wesentlichen Zügen. In Abschnitt II werden die für Elektronenwellen charakteristischen Interferenzerscheinungen besprochen: Durchstrahlung dünner Kristallblättchen und kleiner Kristalle, Reflexion an

---

[1] Die Ergebnisse der Röntgeninterferenzen werden in den ersten vier Artikeln dieses Bandes behandelt.

[2] Die Ergebnisse der Neutroneninterferenzen werden im folgenden Artikel von G. R. Ringo behandelt.

Oberflächen sowie KIKUCHI-Linien u. a. Im Anschluß hieran erfolgt eine Übersicht über die Interferenzen, die durch die Abweichungen vom idealen Kristallgitter hervorgerufen werden, die dann zu den Interferenzen an nichtkristallinen Substanzen überleiten. Abschnitt III enthält die Anwendungen der Elektroneninterferenzen (Oberflächenschichten, Aufbau dünner Filme). Abgeschlossen wird diese Übersicht durch die Besprechung der Beugung von Elektronenwellen an makroskopischen Begrenzungen.

I. Aufbau von Interferenzapparaturen.

Die von einer Elektronenquelle, meist einer Glühkathode ausgehenden Elektronen erhalten nach Durchlaufen eines elektrischen Potentialgefälles $eU = mc^2 - m_0c^2$ einen Impuls $p = mv$ der auf Grund der DE BROGLIEschen Beziehung $\lambda = h/p$ die Wellenlänge festlegt, die dem Strahl zugeordnet werden kann. Mittels Blenden und Elektronenlinsen — magnetischen oder elektrischen — wird ein feiner und intensiver Strahl erzeugt. Ein Objektträger bringt das zu untersuchende Objekt in den Strahlengang. Die von ihm ausgehenden Interferenzstrahlen werden meist photographisch festgehalten. Je nachdem, ob der Strahl eine dünne Schicht durchsetzt oder ob der Strahl streifend auf eine Oberfläche trifft, spricht man von „Durchstrahlung“ (Fig. 1a) oder „Reflexion“ (Fig. 1b).

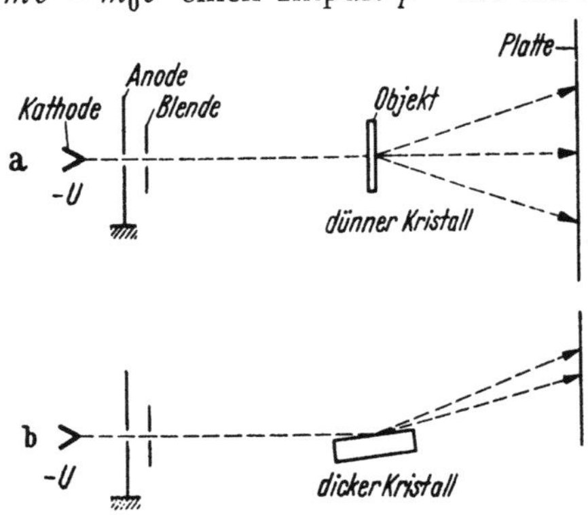

Fig. 1a u. b. Schema der Elektroneninterferenzanordnungen für Durchstrahlung (a) und Reflexion (b).

a) Aufbau einer normalen Anordnung.

Die Teile einer Elektroneninterferenz-Apparatur sollen jetzt kurz besprochen werden, nämlich der Elektronenstrahl und seine Erzeugung (Ziff. 2), der Objektträger (Ziff. 3), der Nachweis der Elektronen (Ziff. 4).

2. Der Elektronenstrahl und seine Erzeugung. Die häufigst gebrauchte Kathode ist die Glühkathode. Sie wird meist in Form eines haarnadelförmig gebogenen Wolframdrahtes von 0,1 bis 0,2 mm Durchmesser verwendet, dessen Spitze die Emissionsstelle ist. Es ist auch eine Anordnung angegeben worden, um die Stirnfläche eines dünnen Wolframstäbchens durch indirekte Heizung (Elektronenbombardement) zur Emission zu bringen[1]. Ein negativ vorgespannter WEHNELT-Zylinder sammelt die allseitig ausgehenden Elektronen und vereinigt sie in einem „Kreuzungspunkt“, der infolge der starken Linsenfehler des WEHNELT-Zylinders einen Durchmesser von etwa 0,1 mm und auch längs der Strahlenachse eine gewisse Ausdehnung hat. Ein vielfach verwendeter Typ ist die Kathode nach STEIGERWALD[2]. Bei einer Beschleunigungsspannung von etwa 50 kV und einer negativen WEHNELT-Spannung von einigen 100 V liegt der Kreuzungspunkt etwa 10 cm von der Kathode entfernt.

Um einen Elektronenstrahl geringen Durchmessers zu erhalten, kann man durch eine Doppelblende, beispielsweise vom Blendendurchmesser 100 μ bei einem Abstand von 20 cm, einen Strahl von einer Divergenz von 10^{-3} ausblenden (Fig. 2a). Ist der Leuchtschirm (oder die Photoplatte) 30 cm entfernt, so beträgt

[1] E. B. BAS: Optik 12, 377 (1955).
[2] K. H. STEIGERWALD: Optik 5, 469 (1949).

der Fleckdurchmesser 0,3 mm. Man verliert jedoch durch diese — kaum noch verwendete — Anordnung viel Intensität.

Zur Steigerung der Intensität des Fleckes auf der Photoplatte kann mittels einer langbrennweitigen Linse der Kreuzungspunkt oder eine an dieser Stelle angebrachte Blende kleinen Durchmessers auf der Photoplatte abgebildet werden[1], wobei der Abbildungsmaßstab etwa gleich 1:1 gewählt wird (s. Fig. 2b)[2], s. a. Ziff. 8. Bei Verwendung von Blenden von einigen 10 μ erhält man noch ausreichende Fleckintensität auf dem Leuchtschirm.

Vereinzelt wird als Kathode eine sog. kalte Kathode oder Gasentladungskathode verwendet. Die Elektronen stammen in diesem Falle von einer bei geringem Druck ($< 10^{-3}$ Torr) brennenden anomalen Glimmentladung ($pd < pd_{\text{norm}}$, $U > U_{\text{norm}}$), in der sie durch Ionenaufprall auf die Kathode entstehen. Die Elektronen treten durch die durchbohrte Anode in ein Vakuum von $\sim 10^{-5}$ Torr aus, das durch leistungsfähige Pumpen aufrechterhalten wird[3].

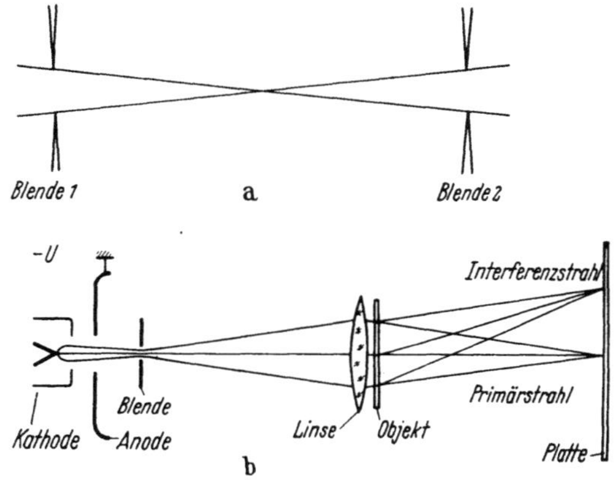

Fig. 2a u. b. Erzeugung eines Elektronenstrahles, (a) in einer Anordnung mit Blenden, (b) in einer Anordnung mit einer Linse.

Die Geschwindigkeit der Elektronen ist von der durchfallenen Spannung abhängig. Der Sprachgebrauch unterscheidet zwischen schnellen (etwa 10 kV und mehr) und langsamen (kleiner als einige 100 V) Elektronen. Die Wellenlänge hängt nach der DE BROGLIE-Beziehung von der Geschwindigkeit v ab und diese von der Spannung. Für $\beta = \frac{v}{c} < 1$ gilt überschlägig

$$\lambda = \sqrt{\frac{150}{U}}\,\text{Å} \quad (U \text{ in Volt}), \tag{2.1}$$

relativistisch

$$\lambda = \frac{12{,}26}{\sqrt{U\,(1 + 97{,}88 \cdot 10^{-8}\,U)}}\,\text{Å}. \tag{2.2}$$

Für $U < 10^6$ V

$$\lambda = \sqrt{\frac{150}{U}}\,(1 - 5 \cdot 10^{-7}\,U)\,\text{Å}.$$

Besondere Sorgfalt muß auf die Konstanz der Spannung verwendet werden, da die Strahlung nur einen geringen Wellenlängenbereich ($\Delta\lambda$) enthalten soll. Wegen $\lambda \sim U^{-\frac{1}{2}}$ gilt bei einer Spannungsschwankung um ΔU die Beziehung $\frac{\Delta U}{U} = 2\frac{\Delta\lambda}{\lambda}$. Mit der Reflexionsbedingung

$$2d \sin\Theta = n\lambda \tag{2.3}$$

und Einführung des Abstandes r zwischen Reflex und Primärfleck auf der Platte wird $\frac{\Delta U}{U} = 2\frac{\Delta r}{r}$, wenn Δr die durch die Spannungsschwankung ΔU

---

[1] A. A. LEBEDEFF: Nature **128**, 491 (1931).

[2] Hierbei kann im Prinzip die Fokussierung des Strahles auch durch eine Linse erfolgen, die hinter dem Objekt aufgestellt wird. Infolge der Linsenfehler ist jedoch die Aufstellung der Linse *vor* dem Objekt günstiger. Vgl. R. C. PICARD, P. C. SMITH u. J. H. REISNER: Rev. Sci. Instrum. **20**, 601 (1949).

[3] G. IDUNI: Helv. Phys. Acta **206**, 463 (1947).

verursachte Reflexbreite ist. Hat man einen Reflexdurchmesser δ von 50 μ bei einem Reflexabstand von $r = 2$ cm, so muß die relative Spannungsänderung $\frac{\Delta U}{U} < 5 \cdot 10^{-3}$ sein, damit $\Delta r \ll \delta$ ist, eine Forderung, die experimentell bei einer Hochspannungsanlage mit Transformator, Gleichrichter und Ladekondensator ohne Schwierigkeiten durch geeignete Siebung mit (R, C)-Gliedern und bei einem Netz üblicher Konstanz zu erfüllen ist.

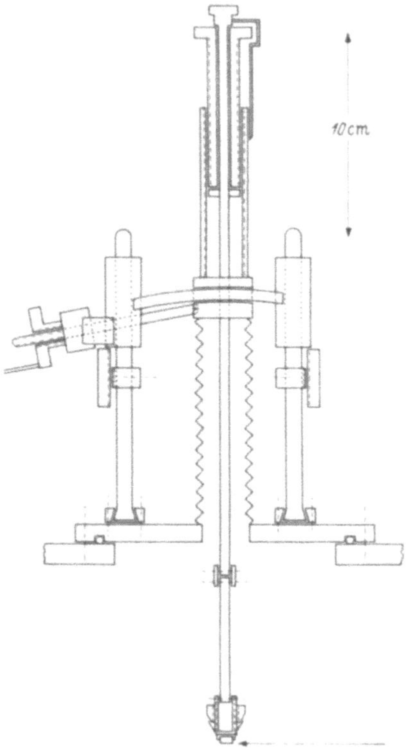

Fig. 3. Schema eines Objektträgers.

Um den Wert der Wellenlänge zu kennen und um damit die Gitterkonstante einer unbekannten Substanz zu ermitteln, ist eine Messung der Spannung notwendig. Bei kleinen Spannungen (< 1000 V) ist dies nicht schwierig, hingegen ist die Meßgenauigkeit hoher Spannungen nicht ausreichend. Die elektrostatischen Methoden erlauben nur eine Genauigkeit von etwa 1%. Genauer ist das Verfahren, die Hochspannung über einen bekannten Hochohmwiderstand zu leiten und den Strom zu messen. Die hierdurch verursachte Stromentnahme führt zu einer störenden Welligkeit der Spannung und damit zu einem zu großen $\Delta U/U$. Man verzichtet daher zumeist auf eine Spannungsmessung und ermittelt die Wellenlänge aus einem Interferenzbild einer bekannten Substanz. Die Überlegung ist dabei folgende: Um den Gitterabstand d_x einer unbekannten Substanz zu messen, ist auf Grund der Beziehung (2.3) die Kenntnis der Wellenlänge λ und des Glanzwinkels Θ notwendig. Wegen der Kleinheit der Winkel kann $\sin\Theta = \Theta = \frac{r}{2P}$ gesetzt werden, wo r der Abstand des Interferenzmaximums vom Primärstrahl und P der Abstand der Platte vom Objekt ist. Eine genaue Bestimmung von d_x ist also wegen $d_x = \lambda P/r$ mit einer genauen Kenntnis der Konstanten λP verbunden. Es ist möglich, das Produkt λP auf einige 10^{-4} genau zu bestimmen. Um mit dieser Methode zu konkurrieren, müßte die Spannung auf einige 10^{-2}% genau gemessen werden, was nicht annähernd der Fall ist.

Über die experimentellen Einzelheiten dieser Vergleichsmethode s. Ziff. 7.

3. Objektträger. Mit Hilfe des Objektträgers soll das Objekt in den Strahl bewegt und vom Strahl abgetastet werden. Da diese Bewegung von außen über vakuumdichte Durchführungen erfolgen soll, erfordert sein Aufbau besondere Maßnahmen. Die Anforderungen sind folgende: Das Objekt, z.B. eine dünne Schicht oder eine Kristalloberfläche, soll erstens gegen den Strahl geneigt werden können, um den Reflexionswinkel zu verändern, und zweitens senkrecht zum Strahl bewegt werden können, um das ausgedehnte Objekt an verschiedenen Stellen abzutasten. Diese Bewegung wird zumeist auf zwei zueinander senkrechte Richtungen beschränkt.

Für die Lösung dieser Aufgabe wurden eine Reihe von Konstruktionen vorgeschlagen, die einander sehr ähneln. Sie unterscheiden sich untereinander, abgesehen von dem Grade der Kompliziertheit, in der vakuumdichten Bewegungsübertragung: teils werden Tombakbälge verwendet, teils Gummidichtungen (sog. Simmerringe). Eine Kombination beider Dichtungsarten an einem Objektträger zeigt Fig. 3[1].

Im allgemeinen befindet sich unterhalb des Objektes eine Aufdampfvorrichtung zum Verdampfen von Substanzen, z.B. eine Wolframdraht-Spirale oder ein sog. Schiffchen aus Tantalblech, das elektrisch hochgeheizt werden kann.

Häufig soll das Objekt bei verschiedenen Temperaturen untersucht werden, so daß für hohe Temperaturen ein Ofen, für tiefe Temperaturen eine Kühlvorrichtung eingebaut werden muß.

Eine solche Heizvorrichtung (Wärmeleitungsofen), die vor allem für Objekte in Durchstrahlung geeignet ist und Temperaturen von etwa 600° C erreicht, zeigt Fig. 4[2]. Für Reflexionsversuche ist ein Ofen der in Fig. 5 gezeigten Art brauchbar[3]:

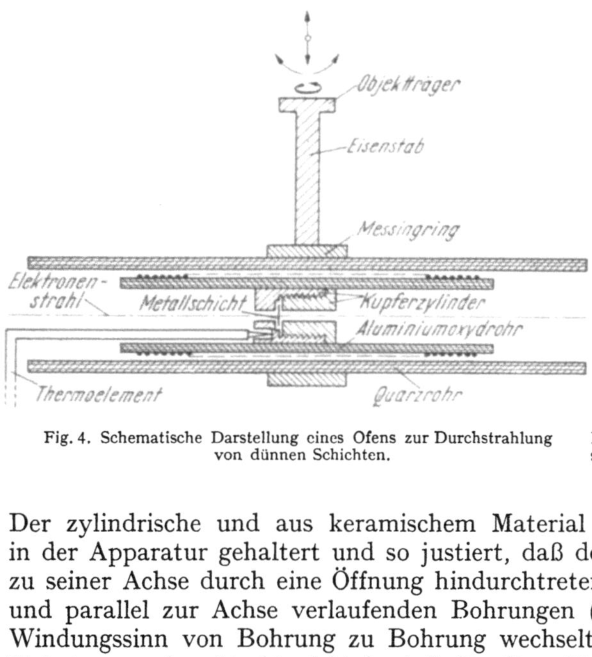

Fig. 4. Schematische Darstellung eines Ofens zur Durchstrahlung von dünnen Schichten.

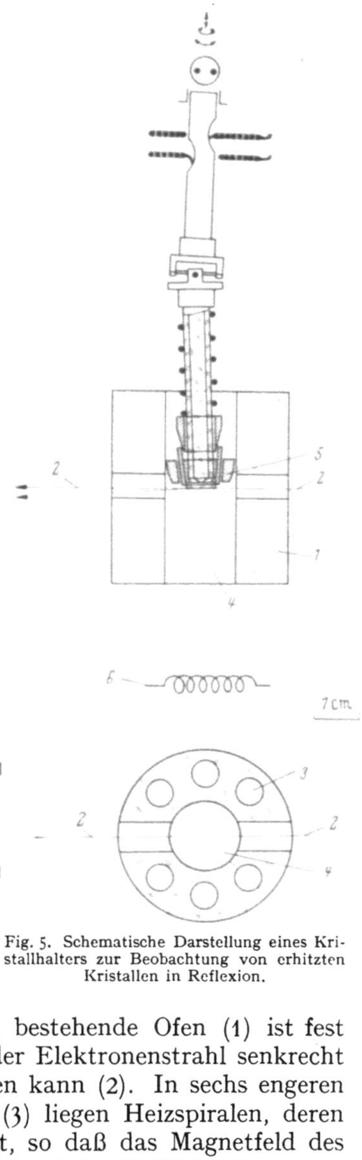

Fig. 5. Schematische Darstellung eines Kristallhalters zur Beobachtung von erhitzten Kristallen in Reflexion.

Der zylindrische und aus keramischem Material bestehende Ofen (1) ist fest in der Apparatur gehaltert und so justiert, daß der Elektronenstrahl senkrecht zu seiner Achse durch eine Öffnung hindurchtreten kann (2). In sechs engeren und parallel zur Achse verlaufenden Bohrungen (3) liegen Heizspiralen, deren Windungssinn von Bohrung zu Bohrung wechselt, so daß das Magnetfeld des Heizstromes den Strahl nicht beeinflußt. Der Ofen wird mit Gleichstrom von 10 bis 20 V und 2 bis 4 Amp betrieben. Reflektierende Bleche, die den Ofen umgeben, setzen die Wärmestrahlung auf andere Teile der Apparatur herab. Der Ofen hat in der Mitte eine axiale Bohrung (4), in die der Kristallhalterkopf (5) ragt. Die Spirale (6) stellt einen Verdampfungsofen dar. Weitere Einzelheiten sind in der zitierten Arbeit von HAASE angegeben.

[1] A. LADAGE: Z. Physik **144**, 354 (1956).

[2] H. RAETHER: Z. angew. Phys. **4**, 53 (1952). Ähnliche Konstruktionen s. ALLESSANDRINI, J. Appl. Phys. **20**, 691 (1949); E. A. GULBRANSEN, Rev. Sci. Instrum. **18**, 546 (1947).

[3] O. HAASE: Z. Naturforsch. **11**a, 46 (1956).

Will man tiefe Temperaturen im Objekt z.B. durch Kühlen mit flüssiger Luft erreichen, so muß man darauf achten, daß dieses von einem kühleren Schutzmantel umgeben ist. Hierdurch vermeidet man das Kondensieren von Fett- und Wasserdampf auf dem Objekt[1].

Sollen gasförmige Substanzen untersucht werden, so wird ein Gasstrahl aus einer seitlich angebrachten Düse senkrecht in den Elektronenstrahl geschossen. Um einwandfreie Aufnahmen zu erhalten, benutzt man folgende Anordnung: Durch Öffnen eines Hahnes wird das Gas-Vorratsgefäß mit dem Düsenrohr verbunden und es erfolgt das Ausströmen des Gases in das Vakuum. Mit dem Gaseinlaß wird zugleich der zuvor durch ein elektrisches Ablenkfeld gesperrte Elektronenstrahl für einige $^1/_{10}$ sec freigegeben, so daß die Belichtung erfolgt. Auf diese Weise stört das sich in der Apparatur ausbreitende Gas nicht die Aufnahme des Interferenzbildes. Werden Dämpfe untersucht, so müssen diese an einer der Düse gegenüberliegenden stark gekühlten Wand kondensiert werden[2].

4. Nachweis der Elektronen. Zum Nachweis der Elektronen, insbesondere der schnellen, dient im allgemeinen eine photographische Platte oder ein Film. Sie ist hinreichend empfindlich bis herab zu Geschwindigkeiten von etwa 10^3 V. Ihre Nachweisempfindlichkeit für mittelschnelle Elektronen liegt bei etwa $10^{-11}\ \frac{\text{Coul}}{\text{cm}^2}$; dies entspricht bei 10 sec Belichtungszeit etwa 10^{-12} A/cm^2.

Die Photoplatten werden in einer besonderen Plattenkamera untergebracht, in der sie durch geeignete Drehdurchführungen aus einem Vorratsbehälter in den Strahlengang gebracht, belichtet und dann wieder aus dem Strahlengang entfernt werden können, um den Leuchtschirm für weitere Beobachtungen frei zu geben. In diesem Fall muß die Apparatur belüftet werden, um die Platten auszuwechseln. Man kann auch mit einer sog. Plattenschleuse die Platten einführen und sofort nach ihrer Belichtung nach außen bringen, ohne daß die Apparatur mit Atmosphärendruck gefüllt werden muß.

Genaue Intensitätsmessungen werden auch mit elektrischen Verfahren durchgeführt, indem in einem Auffänger der Elektronenstrom mit Hilfe eines Elektrometers oder eines Gleichstromverstärkers mit Galvanometer gemessen wird. Durch Verwendung eines Gegenfeldes kann der unelastische und elastische Anteil getrennt werden, was für die Probleme der Wechselwirkung der Elektronen mit dem Gitter des festen Körpers von grundlegender Bedeutung ist (s. Ziff. 15). Die Nachweisempfindlichkeit liegt hier bei etwa 10^{-14} A. Bei einer Auffängeröffnung von 1 mm entspricht dies etwa 10^{-12} A/cm^2.

Das Verfahren der Strommessung muß bei langsamen Elektronen angewandt werden, da diese die Photoplatte auch bei Benutzung von Sensibilisierungsmethoden nicht genügend schwärzen.

Um veränderliche Vorgänge mittels Elektroneninterferenzen stetig zu verfolgen, wie z.B. die Umwandlung einer Kristallmodifikation, kann man auch statt einer Photoplatte einen langsam laufenden Film verwenden[3].

Eine schematische Gesamtdarstellung einer solchen Apparatur gibt Fig. 6 wieder. Die von der Kathode (*F* Wolframfaden, *W* WEHNELT-Zylinder) auf die Anode *A* beschleunigten Elektronen treffen auf die vom Blendenträger *B* ge-

---

[1] M. J. GEN, J. ZELMANOFF u. A. J. SCHALNIKOFF: Phys. Z. Sowjet. **4**, 825 (1933). — G. HASS: Ann. Phys. **31**, 245 (1938). — H. KÖNIG: Nachr. Akad. Wiss. Göttingen **1942**, H. 1. — W. BUCKEL: Z. Physik **138**, 136 (1954).

[2] Eine Beschreibung einer Gas-Interferenz-Apparatur s. z.B. L. O. BROCKWAY and L. S. BARTELL: Rev. Sci. Instr. **25**, 569 (1954).

[3] A. BOETTCHER u. R. THUN: Phys. Verh. **3**, 115 (1952). — J. J. TRILLAT u. N. TAKAHASHI: Acta crystallogr. **7**, 15 (1954).

haltene Blende. Mittels einer Justiervorrichtung (*SJ*)[1] wird die Kathode justiert. Die von der Blende ausgehenden Strahlen werden mit Hilfe der Linse (*ML*) auf dem Leuchtschirm (*L*) vereinigt und auf den in dem Plattenhalter (*Ph*) befindlichen Platten photographisch festgehalten. Der Objektträger (*O*) hält den zu untersuchenden Kristall (*K*), der in einem Ofen (*Of*) geheizt werden kann und mit Hilfe einer Kathodenzerstäubungseinrichtung (*J*) gereinigt werden kann (vgl. Ziff. 6). Über das Ventil (*HV*) erfolgt die Evakuierung der Apparatur.

Der Aufbau eines solchen Apparates erfolgt im allgemeinen aus Eisen- oder Messingrohren, die mit Gummidichtungen zusammengefügt werden. Das erreichte Vakuum liegt daher im allgemeinen nicht wesentlich unter 10^{-5} Torr. Für Untersuchungen mit empfindlichen Objekten benötigt man Drucke von

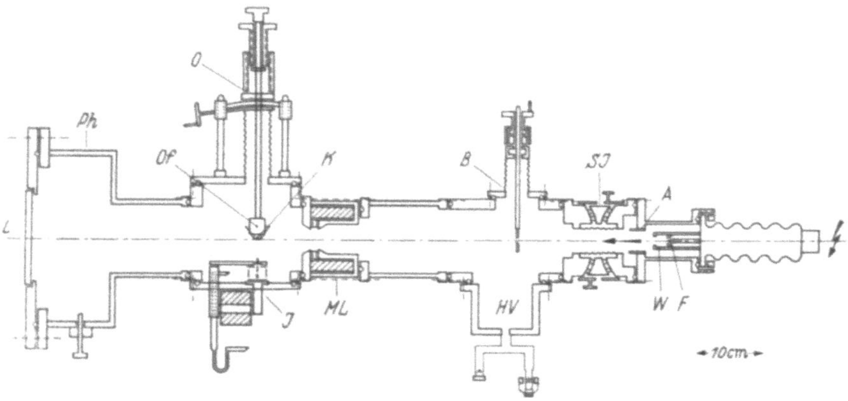

Fig. 6. Schematische Darstellung einer normalen Interferenzapparatur.

10^{-8} Torr und weniger. Unter Verwendung eines abschmelzbaren Kathodenstrahlrohres haben RUSSEL und EISENSTEIN[2] eine ausheizbare Elektroneninterferenz-Anordnung gebaut (Beschleunigungsspannung der Elektronen 25 kV) und mit ihr bei Drucken von 10^{-8} Torr die Oberflächenstruktur von BaO-Filmen bei verschiedenen Temperaturen untersucht und zugleich die thermische Emission verfolgt.

b) Verschiedene Zusatzeinrichtungen.

5. Neutralisator zur Verhinderung der Aufladung. Die Erscheinung der elektrischen Aufladung des Objektes beim Bestrahlen mit Elektronen tritt vor allem bei Reflexion an Isolatorflächen und isoliert gehalterten Metallschichten auf. Sie äußert sich in einer starken Ablenkung der Elektronenstrahlen und Verzerrung des Interferenzbildes. Das Vorzeichen der Aufladung kann verschieden sein, da je nach Einstrahlwinkel und Material die Zahl der Sekundärelektronen größer oder kleiner als die Zahl der steckengebliebenen Elektronen ist[3,4]. In Durchstrahlung ist sie bei Verwendung isolierender Folien im allgemeinen nicht bemerkbar; erst bei Verwendung von Strahlen sehr kleinen Durchmessers (einige μ), bei denen kleinste Verschiebungen von Bedeutung sind, muß auf diese Erscheinung geachtet werden[5].

Um diese sehr störende Aufladung zu vermeiden, werden mehrere Mittel empfohlen:

[1] R. RÜHLE: Optik **5**, 463 (1949).
[2] P. N. RUSSEL u. A. S. EISENSTEIN: J. Appl. Phys. **25**, 954 (1954).
[3] D. G. BRUBAKER u. M. L. FULLER: J. Appl. Phys. **16**, 128 (1945).
[4] H. RAETHER: Optik **1**, 296 (1946).
[5] J. HILLIER: J. Appl. Phys. **17**, 12 (1946).

a) Füllung der Apparatur mit geringem H_2-Druck. Der schnelle Elektronenstrahl ionisiert den Wasserstoff, ohne durch ihn merkbar gestreut zu werden; die entstandenen Ionen kompensieren die Flächenladung. Häufig genügt für die Beseitigung der Aufladung schon ein „schlechtes" Vakuum (etwa 10^{-4} Torr).

b) Beschießen des Objektes mit langsamen Elektronen[1,2]. Hierbei wird das Objekt mit Elektronen von etwa 200 bis 1000 eV bestrahlt (Stromdichte $\sim$1 mA/cm²). Diese Elektronen werden in einer gegenüber dem Objekt befindlichen Elektronenkanone erzeugt (Wolframdraht mit Anode; häufig ist die Kathode zur Intensitätssteigerung mit einem WEHNELT-Zylinder umgeben). Die Heizung des Wolframdrahtes muß möglichst niedrig sein, um den Niederschlag von verdampftem Wolfram auf dem Objekt zu verhindern. Aus der Wirksamkeit dieser Anordnung ist zu schließen, daß in den meisten Fällen die Aufladung der Fläche positiv ist, also die Sekundärelektronenemission überwiegt, so daß die zusätzlich heraufgebrachten Elektronen neutralisierend wirken.

c) Erwärmen des Objektes. In vielen Fällen, wie z.B. bei der Untersuchung von Spaltflächen der Alkalihalogenide, hat es sich herausgestellt, daß eine Erwärmung der Kristalle auf $\sim$100° C die bei Zimmertemperatur häufig auftretenden Aufladungen zum Verschwinden bringt.

6. Kathodenzerstäubungseinrichtung. Besteht die Absicht, von einer Oberfläche, die in Reflexion untersucht werden soll, eine gewisse Schicht zu entfernen, um ihre Struktur in größerer Tiefe zu untersuchen oder sie von einer Fremdschicht zu befreien, ohne durch diesen Prozeß diese erneut zu verunreinigen, so hat sich bisher, mit gewissen Einschränkungen, die Kathodenzerstäubung (Bombardieren mit Ionen von A, H_2 oder N_2) bewährt[3]. Um die durch die Kathodenzerstäubung behandelte Fläche sogleich zu untersuchen, ohne sie dem Sauerstoff der Luft auszusetzen, wurde von HAASE[4] eine Ionenquelle angegeben, die nach dem PENNING-Prinzip bei relativ geringen Drucken arbeitet und in die Interferenzapparatur eingebaut werden kann; sie erlaubt es, unmittelbar nach der Zerstäubung die Oberfläche zu beobachten (s. Fig. 105). Diese Anordnung kann auch dazu verwendet werden, Schichten, die zu dick für die Durchstrahlung sind, durch Abstäuben in ihrer Dicke zu reduzieren, bis sie sich durchstrahlen lassen. Allerdings geht die Abtragung nur dann gleichmäßig und ohne Aufrauhung vor sich, wenn die entfernten Schichten nicht stärker als mehrere 100 Å sind. Wird mehr Material abgetragen, so entstehen im allgemeinen sehr ungleichmäßig dicke Schichten.

7. Eichung der Apparatur zur genauen Bestimmung der Gitterkonstanten. Man ermittelt die Gitterkonstante einer unbekannten Substanz, indem man das Produkt $\lambda \cdot P$ aus einer Eichsubstanz bestimmt. An diese Eichsubstanz müssen folgende Forderungen gestellt werden:

1. Sie muß ein Interferenzdiagramm mit möglichst zahlreichen und scharfen Pulverringen liefern, damit eine gute Mittelwertbildung für $\lambda \cdot P$ möglich ist. Beispielsweise gibt Graphit nur wenige, unscharfe Ringe, die Interferenzen von LiF-Aufdampfschichten sind dagegen zahlreich, aber im allgemeinen ebenfalls zu breit.

---

[1] KAMAGOWA: Phys. Rev. **58**, 660 (1940).

[2] R. C. PICARD, P. C. SMITH u. J. H. REISNER: Rev. Sci. Instrum. **20**, 601 (1949).

[3] A. WESEMEYER u. H. RAETHER: Naturwiss. **39**, 398 (1952) sowie A. LADAGE: Z. Physik **144**, 354 (1956).

[4] O. HAASE: Z. Physik **143**, 141 (1955). Vgl. den Artikel von D. KAMKE in Bd. XXXIII dieses Handbuches.

2. Sie darf keine Veränderung der Kristallgröße an Luft zeigen. Beispielsweise wachsen die Kriställchen von NaCl und gewissen anderen Alkalihalogeniden infolge der Luftfeuchtigkeit an und geben keine kontinuierlich geschwärzten Ringe mehr.

3. Ihre Gitterkonstante muß genau bekannt sein und darf keine Abhängigkeit von der Herstellungsart zeigen, wie z. B. bei Gold in Form von „Goldschlägerhäutchen" (s. unten).

Als im obigen Sinne sich eignende Substanz ist TlCl anzusprechen: in Schichtdicken von 300 bis 400 Å auf Kollodium gedampft, ist es ein zeitlich unveränderliches und obige Bedingungen befriedigendes Eichpräparat[1]. Seine mit Röntgenstrahlen bestimmte Gitterkonstante ist $d = 3{,}834 \pm 0{,}02\%$ bei 20° C.

Weiterhin ist MgO geeignet, obgleich es nur wenige scharfe Ringe, vor allem (200), besitzt; das Aufbringen der Eichsubstanz ist bequem, da es durch Verbrennen von Magnesium an Luft und Auffangen des MgO-Rauches auf das auszumessende Objekt gebracht werden kann. Die Eichung dieses so hergestellten MgO mit TlCl (die Gitterkonstante von TlCl wird mit dem Röntgenwert gleichgesetzt) ergibt $d = 4{,}202 \pm 0{,}02\%$ in Übereinstimmung mit dem Röntgenwert.

Eine gewisse Vorsicht ist bei Gold und Aluminium am Platze[2]:

Vergleicht man Gold, hergestellt durch Aufdampfen, mit LiF als Eichsubstanz, so ergibt sich der Röntgenwert 4,070 Å. Verwendet man jedoch Gold in Form (mit KCN) dünn geätzter Goldblattfolie, so findet man variable Gitterkonstanten bis zu 4,045 Å herunter. Diese Goldschlägerfolien enthalten Cu und Ag. An Luft erhitzt liefern sie Diagramme mit Extraringen, die dem Kupferoxyd zugeschrieben werden können.

Verdampft man Aluminium von Wolframwendeln, so ergeben die anfangs entstehenden Schichten $d_{Al} = 4{,}041$ Å (Röntgenwert, verglichen mit LiF), bei weiterem Verdampfen mißt man an den Schichten Gitterkonstanten bis zu 4,025 Å herunter. Der Grund hierfür ist die Entstehung einer Al—W-Legierung mit kleinerer Gitterkonstante. Andererseits haben die Al-Folien die Eigenschaft, daß sie beim Erhitzen an Luft oder auch im Vakuum bei mehreren 100° C ihre Gitterkonstante durch Sauerstoffaufnahme vergrößern. Es wurden Werte bis maximal 4,078 Å gemessen.

Der Vergleich mit der Eichsubstanz kann auf zweierlei Arten durchgeführt werden: entweder durch zeitlich aufeinanderfolgende Aufnahmen des bekannten und unbekannten Objektes oder durch gleichzeitiges Aufnehmen beider Objekte.

Im ersten Fall muß λ (d.h. die Spannung) und der Plattenabstand, worauf bei der Plattenbewegung zu achten ist, sehr konstant sein. Nach RYMER und Mitarbeitern[3] soll eine Konstanz von λP von 10^{-4} und weniger erreichbar sein.

Um diesen beiden Unsicherheiten aus dem Wege zu gehen, werden beide Objekte — unbekannte Schicht und Eichschicht — gleichzeitig photographiert: Ein einfaches Verfahren ist, eine Eichsubstanz auf das unbekannte Objekt zu bringen oder den Strahl durch zwei getrennt hintereinanderliegende Folien — die Eichsubstanz und das unbekannte Objekt — zu schicken[4]. Will man vermeiden, den Strahl durch zwei Schichten zu schicken, um den infolge der großen Schichtdicke auftretenden Untergrund zu vermeiden, so verwendet man die

[1] BOSWELL: Phys. Rev. **80**, 91 (1950).
[2] H. KÖNIG: Naturwiss. **33**, 367 (1946); **34**, 375 (1947). — R. J. GARROD: Proc. Phys. Soc. Lond. A **65**, 292 (1952).
[3] T. B. RYMER u. K. H. R. WRIGHT: Proc. Roy. Soc. Lond., Ser. A **215**, 550 (1952).
[4] H. BOOCHS: Ann. Phys. (5) **35**, 336 (1939).

Doppelblendenmethode (Fig. 7)[1]: Der von der Kathode kommende Strahl tritt nach Ausblendung in der Anode in eine Doppelblende; der Abstand beider Blenden a und b betrug in der von RIEDMILLER[1] angegebenen Anordnung 5 mm bei 165 mm Abstand von dem Kreuzungspunkt, d. h. der Strahl mußte eine Divergenz von einigen 10^{-2} haben. Auf einer dieser Öffnungen (a) befindet sich das Eichobjekt, auf der anderen (b) die auszumessende Schicht. Um ein Überdecken der Interferenzen zu vermeiden, wurde mittels des Schirmes (c) der beiden gemeinsame Bereich abgedeckt. Die Meßgenauigkeit von d beträgt $1-0{,}5\cdot 10^{-3}$.

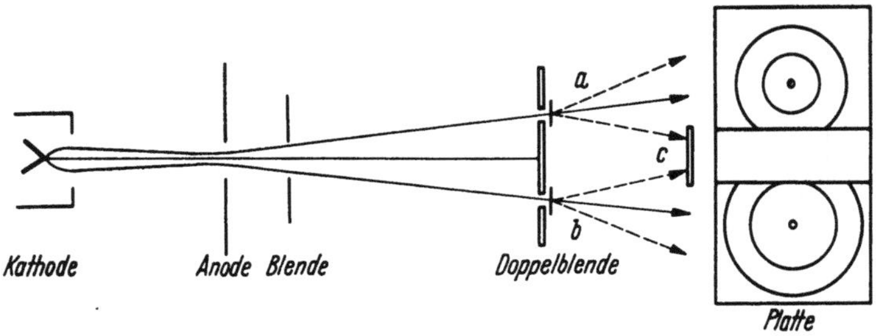

Fig. 7. Doppelblendenanordnung zur genauen Bestimmung von Gitterkonstanten.

c) Feinstrahlanordnungen.

8. Anordnung zur Herstellung eines sehr feinen Elektronenstrahles auf der Photoplatte. Wie in Ziff. 2 erwähnt, wird die übliche, intensitätsstarke Anordnung mit Hilfe einer den Kreuzungspunkt (⌀ ~0,1 mm) oder die an seiner

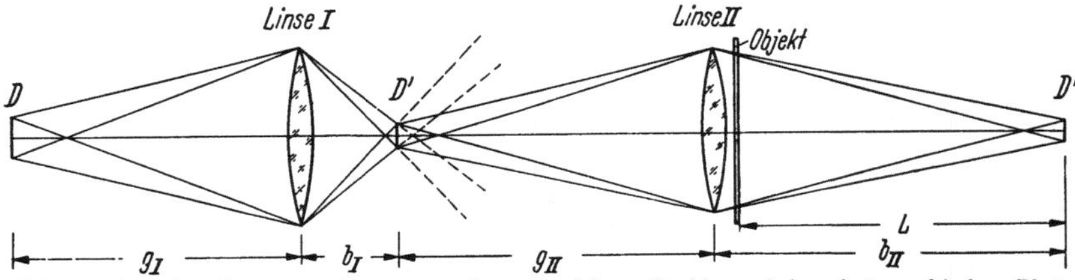

Fig. 8. Schema einer Anordnung zur Erzeugung eines sehr feinen Strahles auf der photographischen Platte. Sein Durchmesser beträgt $D'' = (b/g)_{\mathrm{I}} \cdot (b/g)_{\mathrm{II}} \cdot D$ in der Bildebene.

Stelle befindliche Blende abbildenden Linse gebaut. Mit der normalerweise verwendeten 1:1 Abbildung erhält man also einen Fleck auf der Photoplatte vom Durchmesser der Blende, falls der Kreuzungspunkt als ein „Bild" der emittierenden Kathodenspitze angesehen werden kann, was nur näherungsweise der Fall ist. Will man kleinere Fleckdurchmesser erzielen, so kann man zu einer Verkleinerung der Abbildung übergehen, was jedoch, da der Abstand Objekt—Photoplatte zur guten Trennung der Interferenzen einige 10 cm betragen muß, zu unbequem langen Abständen Elektronenquelle—Linse führt. Man nimmt daher bequemer in der 1:1 Anordnung kleinere Blenden. Ein Hindernis ist hier jedoch weniger die damit verbundene Intensitätsminderung des Strahles, als die im Laufe der Zeit eintretende Verschmutzung der Blenden.

Man umgeht diese Schwierigkeit durch Verwendung zweier Linsen (Fig. 8)[2]. Die erste kurzbrennweitige Linse hat die Aufgabe, den Kreuzungspunkt, bzw. die dort angebrachte Blende (z. B. 100 μ) verkleinert abzubilden (z. B. auf 2 μ); die

[1] R. RIEDMILLER: Z. Physik **102**, 408 (1936).

[2] J. HILLIER u. R. F. BAKER: J. Appl. Phys. **17**, 12 (1946) sowie J. M. COWLEY u. A. L. G. REES: J. Sci. Instrum. **30**, 33 (1953); R. S. PAGE and R. G. GARFITT: J. Sci. Instrum. **29**, 398 (1952); H. EHLERS: Z. Naturforsch. **11a**, 359 (1956).

zweite Linse, eine schwache langbrennweitige Linse, bildet ohne wesentliche Änderung der Bildgröße in großem Abstand dieses verkleinerte Bild auf der Platte ab. Die zweite Linse hat nur die Aufgabe, zwischen Objekt und Photoplatte einen genügenden Abstand (von etwa 20 cm) herzustellen, damit die Interferenzen auf der Photoplatte gut getrennt sind. Allerdings verursacht die Anwendung der zweiten Linse einen Intensitätsverlust, da die Apertur der zweiten Linse kleiner als die der ersten ist. Die Experimente zeigen jedoch, daß noch ein ausreichend intensiver Fleck zu erhalten ist.

Damit mit Hilfe der in Fig. 8 gezeigten Anordnung ein sehr geringer Fleckdurchmesser erreicht wird, ist ein besonders sorgfältiger Aufbau notwendig, damit der rein geometrisch aus der Größe der am Kreuzungspunkt angebrachten Blende D und aus der Verkleinerung berechnete Durchmesser des Fleckes D'' in der Bildebene (Photoplatte) auch beobachtet werden kann. Ist kein Objekt im Strahlengang, so wird im allgemeinen dieser berechnete Durchmesser durch eine Reihe von Einflüssen um Δr vergrößert. Abgesehen davon, daß störende Magnetfelder und mechanische Erschütterungen fernzuhalten sind und daß auf gutes Vakuum zu achten ist, wird der Durchmesser durch die Linsenfehler (Öffnungsfehler und chromatischer Fehler) verändert werden. Eine eingehende Diskussion[1] zeigt, daß sowohl der Öffnungsfehler wie der chromatische Fehler bei einer Spannungskonstanz von $\Delta U/U \leqq 10^{-4}$ (die Welligkeit läßt sich stärker reduzieren, jedoch schwer die Konstanz der Netzspannung), vernachlässigbar sind ($\Delta r <$ einige $10^{-2}\,\mu$). Die kleinste heute erreichbare Fleckgröße auf der photographischen Platte beträgt wenige μ, eine Grenze, die durch die Körnigkeit der Photoplatte gegeben ist.

Befindet sich jedoch ein Kristall im Strahlengang, so tritt zu den oben genannten Ursachen als wichtigste der infolge der BRAGGschen Bedingung $2d\sin\Theta = n\lambda$ oder $\Delta r/r = \Delta\Theta/\Theta = \Delta\lambda/\lambda = \Delta U/2U$ auftretende „chromatische“ Fehler: $\Delta r = r\frac{\Delta U}{2U}$, wo r der Abstand des Reflexes vom Primärfleck ist. Bei $\frac{\Delta U}{U} \sim 10^{-4}$ und $r \sim 1$ cm beträgt $\Delta r \sim 0{,}5\,\mu$, ist also der bedeutsamste Fehler nach der Körnigkeit der Photoplatte. Charakteristisch ist seine lineare Abhängigkeit von r d.h. dem Streuwinkel 2Θ.

Im allgemeinen wird aber der Reflexdurchmesser nicht durch die genannten Faktoren, sondern durch die Kristallgröße bestimmt. Wie in Ziff. 14 abgeleitet ist, wird die Reflexwinkelbreite durch $\Delta\Theta = \lambda/D_{\mathrm{Kr}}$ bestimmt (würfelförmiger Kristall der Länge D_{Kr}). Die Reflexbreite Δr ist also bei einem Plattenabstand von P: $\Delta r = \frac{\lambda}{D_{\mathrm{Kr}}}\cdot P$. Nehmen wir $\lambda = 0{,}05$ Å und $P = 30$ cm, so ergeben sich für verschiedene D_{Kr} folgende Reflexdurchmesser:

D_{Kr} (Å)	50	100	500	1000	5000	(8.1)
Δr (μ)	300	150	30	15	3	

Man sieht also, daß bei einer Kristallitgröße von etwa 500 Å, selbst wenn der Fleck ohne Objekt $\sim 1\,\mu$ Schärfe hat, die Reflexdurchmesser Werte von etwa $30\,\mu$ haben. Um also die große Fleckschärfe auszunutzen, beispielsweise, um Gitterkonstanten sehr genau zu messen oder sehr geringe Änderungen von Gitterkonstanten zu erkennen — bei einem Fleckdurchmesser von $1\,\mu$ und $r = 1$ cm wäre eine relative Änderung von etwa 10^{-4} noch meßbar —, so bedarf es großer Kristalle.

Vergleich der Blendenanordnung mit der Linsenanordnung: Würde der feine Primärstrahl allein durch Ausblendung erzeugt werden, so ersieht man

[1] Zum Beispiel H. EHLERS: Z. Naturforsch. **11a**, 359 (1956).

aus Fig. 9, daß (bei Annahme paralleler Strahlen[1]) die Größe eines Interferenzfleckes eines *einzelnen* Kriställchens durch die Kristallgröße gegeben ist, er wirkt als Strahlblende. Wenn die einzelnen Kriställchen eine Größe von wenigen 10^3 Å haben, so ist nach obiger Tabelle ihre Reflexgröße infolge Beugung etwa 15 μ. Die einzelnen Reflexe sind je nach der Lage der Kriställchen im Strahlquerschnitt um die Größe dieses Strahlquerschnittes gegeneinander verschoben. Liegen viele verstreute Kriställchen im Strahlquerschnitt, so ist die Größe des Reflexes aller Kristalle zusammen (Breite des Debye-Scherrer-Ringes) mit der Größe der Blende (bzw. des Primärfleckes) identisch, falls die Beugungsfigur nicht ausgedehnter als diese ist.

Wird jedoch eine Linsenanordnung gewählt, so sind der Reflex und der Primärfleck unabhängig von der Größe des Kriställchens, falls nicht durch Beugung an der „Kristallblende" eine Reflexverbreiterung eintritt. Man kann dies am übersichtlichsten dadurch einsehen, daß man zum sauberen Fraunhoferschen Strahlengang übergeht (Hinzunahme der Linse hinter dem Objekt). Dabei zeigt sich, daß unabhängig vom Querschnitt des Strahlenganges der Reflexdurchmesser durch die Bildgröße der Blende gegeben ist. Befinden sich viele Kriställchen im Strahlengang, so entsteht, falls die Zahl der Kriställchen genügend groß ist, eine Überlagerung einzelner Reflexe und damit eine Intensitätserhöhung im Pulverdiagramm. Würde man also einen Fleckdurchmesser von 30 μ verlangen und ihn mittels einer Blende von 30 μ erzeugen (Kristallitgröße etwa 500 Å), so werden die in dem Strahlquerschnitt von 30 μ befindlichen Kristalle erfaßt. Eine Linsenanordnung für einen Fleckdurchmesser von 30 μ, läßt jedoch einen Strahlquerschnitt von etwa 1000 μ zu; die Zahl der erfaßten Kristalle und damit die Intensität im Debye-Scherrer-Ring ist also beträchtlich größer, welches der Vorteil der Linsenanordnung ist.

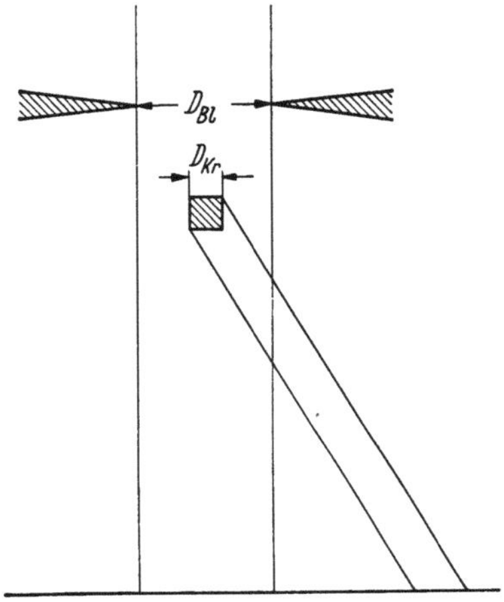

Fig. 9. Zur Größe eines Reflexes in der Blendenanordnung.

Man ersieht weiterhin aus diesen Betrachtungen, daß zur Beobachtung einer Feinstruktur eines Interferenzfleckes wie sie z.B. bei der Interferenzdoppelbrechung auftritt (s. Ziff. 18), es nicht notwendig ist, was die Intensität und Auflösung anbetrifft, eine Feinstrahlapparatur zu verwenden. Hierfür genügt eine Anordnung ohne Linse und mit wenig divergentem Strahl[2], da der Kristall Blende ist. Verwendet man eine Anordnung mit Linsen, so muß der Fleckdurchmesser genügend klein sein, um die Feinstruktur aufzulösen. In jedem Falle muß die Kristallgröße ausreichend sein, die Reflexschärfe nicht zu beeinträchtigen.

Unter Umständen kann eine Linsenanordnung dazu benutzt werden, das Interferenzbild zu vergrößern[3]. In Fig. 10 ist eine solche dargestellt: Das mit der Linse I auf E fokussierte Interferenzbild wird mittels der Linse II vergrößert

[1] Durch die — immer vorhandene — Strahldivergenz werden die Verhältnisse nicht wesentlich geändert.

[2] Zur Trennung dieser Feinstruktur muß die Divergenz des Strahles kleiner als $\frac{V}{2E} \sim 10^{-4}$ sein (s. Ziff. 18).

[3] W. Kossel u. G. Möllenstedt: Optik **1**, 163 (1946) — R. G. Picard, P. C. Smith u. J. R. Reisner: Rev. Sci. Instrum. **20**, 601 (1949).

auf die Plattenebene abgebildet. Hierbei muß die durch die Fehler der Abbildung hervorgerufene Verzerrung des Interferenzbildes als Funktion des Streuwinkels genau bestimmt werden, um die Diagramme auswerten zu können.

9. Anordnung zur Herstellung eines kleinen bestrahlten Objektbereiches. Während in der in Ziff. 8 beschriebenen Anordnung die Fokussierung in der Ebene der Photoplatte erfolgte, kann sie auch in einer Ebene vor der Platte zustande kommen. Dies ist besonders wichtig für den Fall, daß man beabsichtigt, die Interferenzen eines sehr kleinen bestrahlten Bereiches zu erzeugen. Man erhält den kleinsten bestrahlten Bereich durch Fokussierung auf dem Objekt, wodurch Sondendurchmesser von wenigen μ bis zu mehreren 10^2 Å zu erreichen sind[1].

Wie Fig. 11 erkennen läßt, wächst mit zunehmender Verkleinerung des bestrahlten Bereiches die Defokussierung der Interferenzen infolge der zunehmenden Öffnung des Strahlenbündels. So beträgt bei einem Durchmesser des bestrahlten Bereiches von 230 Å bei einem Plattenabstand von 30 cm die Breite der Interferenzen etwa 2 mm, bei 0,3 μ ist sie immerhin noch 0,15 mm, ein Wert mit dem unter Umständen noch gearbeitet werden kann.

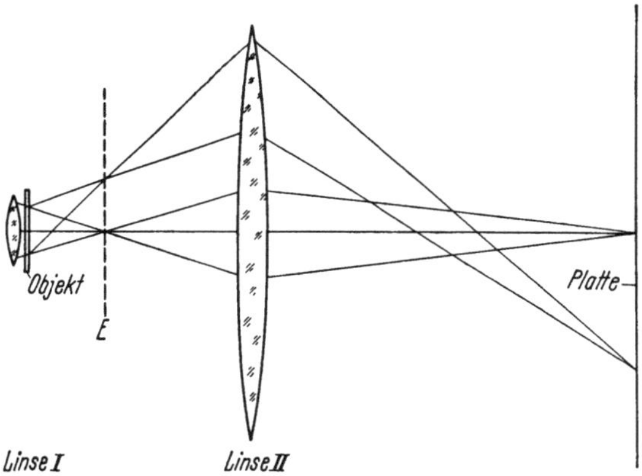

Fig. 10. Linsenanordnung zur Vergrößerung des Interferenzbildes.

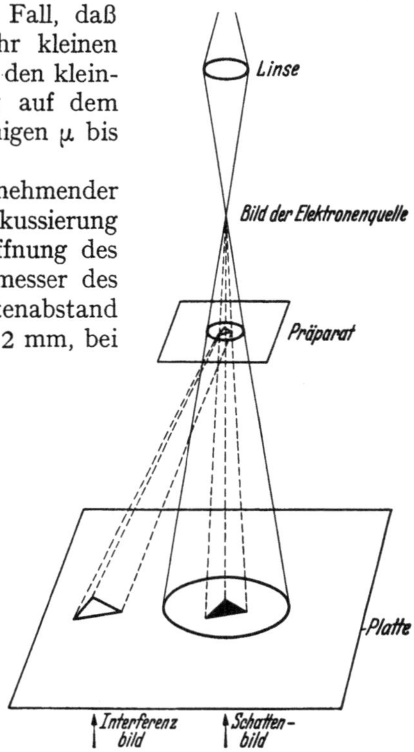

Fig. 11. Zuordnung von Interferenzbild und elektronenmikroskopischem Schattenbild eines Kristalles.

Die Verkleinerung des bestrahlten Bereiches kann dazu benutzt werden z.B. eine Metallschicht abzutasten und in ihr befindliche Inhomogenitäten auf ihre Zusammensetzung hin zu untersuchen. Charakteristisch für diese Methode ist, daß sie bei Fokussierung des Strahles auf das Objekt das Diagramm von wenigen Einkristallen liefert, da in dem verringerten Querschnitt nur wenige Kristalle liegen. Bei Fokussierung auf die Photoplatte kann sich bei genügender Zahl von bestrahlten Kristallen das Interferenzbild in ein übliches Pulverdiagramm verwandeln.

Erfolgt die Fokussierung nicht genau auf das Objekt, sondern etwas außerhalb seiner Ebene, so erzeugt die „punktförmige" Elektronenquelle ein vergrößertes Bild, einen „Schattenwurf" des Objektes, wobei die Vergrößerung durch

[1] M. v. ARDENNE: Z. Physik **117**, 515 (1941). — M. v. ARDENNE, E. SCHIEBOLD u. F. GÜNTHER: Z. Physik **119**, 352 (1942). — G. MÖLLENSTEDT u. I. ACKERMANN: Naturwiss. **29**, 647 (1941). — J. HILLIER und R. F. BAKER: J. Appl. Phys. **17**, 12 (1946). — N. DAVIDSON u. J. HILLIER: J. Appl. Phys. **18**, 499 (1947).

a

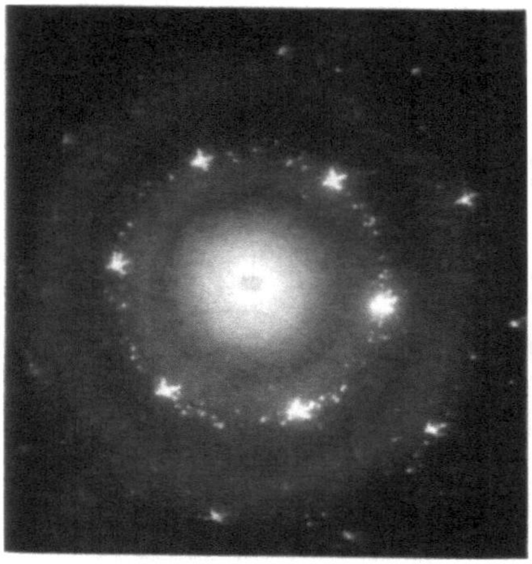

b

c

d

Fig. 12 a—d. Übergang des „normalen" Interferenzbildes, entstanden durch Fokussieren des Elektronenstrahles auf der Photoplatte (a), zum „defokussierten" Interferenzbild (b und c). (d) ist das elektronenmikroskopische Bild des Kristalles (Präparat $NiCl \cdot 2H_2O$).

das Verhältnis des Abstandes von Schirm und Elektronenquelle zum Abstand von Objekt und Elektronenquelle gegeben ist[1]. Auf diese Weise entsteht ein vergrößertes Bild der Form des streuenden Kristalles, die sich auch in der Form des Reflexes widerspiegelt [Fig. 12 (nach ITO)][2]. Man entnimmt

[1] H. BOERSCH: Z. techn. Phys. **20**, 346 (1939). — J. HILLIER u. R. F. BAKER: J. Appl. Phys. **17**, 12 (1946). — N. DAVIDSON u. J. HILLIER: J. Appl. Phys. **18**, 499 (1947).

[2] Fig. 12 ist mit Hilfe eines dreistufigen Mikroskopes aufgenommen worden (Objektiv-Zwischenlinse-Projektiv), wobei in a die Zwischenlinse die Brennebene des Objektivs (Ebene der Interferenzmaxima) auf die Objektebene des Projektors abbildet. Die Objektebene wiederum wird vom Projektiv auf die Photoplatte abgebildet. In b und c wurde zunehmend defokussiert, d.h. die Bildebene der Interferenzmaxima rückt aus der Objektebene der Zwischenlinse heraus. Trotz dieser Verschiedenheit in der Herstellung der Aufnahme 12 von der oben beschriebenen ist das ihr zugrunde liegende physikalische Prinzip das gleiche. In d wird die Bildebene des Objektivs von der Zwischenlinse auf die Objektebene des Projektivs abgebildet.

also aus dem Interferenzabstand die Struktur (und daraus die Zusammensetzung des Kristalles); die Form der Interferenz kann die Zuordnung zum individuellen Kristall ermöglichen[1].

10. Anordnung zur Erzeugung von Interferenzen im konvergenten Bündel. Im allgemeinen werden die Interferenzen durch Reflexion eines nahezu parallelen Elektronenstrahles erzeugt. Wie in Ziff. 17 näher erläutert wird, kann die Absicht bestehen, einen größeren Bereich um einen Punkt des reziproken Gitters herum abzubilden. Dann kann der Kristall mit einem Bündel bestrahlt werden, dessen Konvergenzpunkt im Objekt liegt. Hierzu wird die Anordnung nach Fig. 11 verwendet, wobei die Öffnung mehrere 10^{-2} beträgt, so daß die Interferenzen im „konvergenten Bündel" entstehen[2]. Diese Methode ist insbesondere für die dynamische Interferenztheorie von Bedeutung geworden.

d) Erwärmung des bestrahlten Objektes.

11. Neben diesen apparativen Einrichtungen spielt nicht nur in der Elektronenmikroskopie, sondern auch zunehmend bei Elektroneninterferenzen die Frage eine Rolle, wie weit bei der Untersuchung mit dem Elektronenstrahl das Objekt erwärmt wird. Bei elektronenmikroskopischen Untersuchungen arbeitet man mit Stromdichten von einigen 0,1 bis 10 $\mathrm{Amp/cm^2}$ und stellte Übereinstimmung der berechneten und gemessenen Temperaturen des Objektes fest[3].

Eine Messung und Berechnung der Objekterwärmung im Bereich der Elektroneninterferenzen, d.h. für Strahlstromdichten bis zu maximal etwa $10^{-3}\ \mathrm{A/cm^2}$, ist ebenfalls durchgeführt worden[4]. Die Messungen wurden an dünnen einkristallähnlichen Gold-Kupferfolien mit etwa 75 Atomprozenten Kupfer vorgenommen, die durch Aufdampfen im Vakuum auf eine etwa 400° C heiße Steinsalz-Spaltfläche hergestellt wurden. Wie in Ziff. 26 genauer beschrieben, besitzt diese Legierung einen ganz bestimmten Umwandlungspunkt, der für genau 75 Atom-Prozente Kupfer bei 388° C liegt. Unterhalb dieser sog. Umwandlungstemperatur bildet sich eine Überstruktur, bei der die Goldatome die Ecken und die Kupferatome die Flächenmitten der kubisch-flächenzentrierten Elementarzelle besetzen, die oberhalb 388° C in einen ungeordneten Zustand mit statistischer Verteilung der Gold- und Kupferatome übergeht. Der Übergang Ordnung—Unordnung ist nun durch Elektroneninterferenzen sehr gut erfaßbar, da die geordnete Struktur Zusatzinterferenzen, sog. Überstrukturinterferenzen, liefert, deren Verschwinden beim Überschreiten der Umwandlungstemperatur, die vom Kupfergehalt abhängig ist, beobachtet wird. Zur Bestimmung der Umwandlungstemperatur wird die Temperatur der auf einem Nickelnetz aufgefangenen Folie in einem Ofen in der Elektronenbeugungsanlage stufenweise bei gleichzeitiger Beobachtung des Interferenzdiagrammes bis zum Verschwinden der Überstrukturinterferenzen erhöht.

Die experimentelle Ermittlung der Temperaturerhöhung in Abhängigkeit von der Strahlstromdichte erfolgte in folgender Weise: Die Folie wurde zunächst auf

---

[1] H. Boersch: Z. techn. Phys. **20**. 346 (1939). — J. Hillier u. R. F. Baker: J. Appl. Phys. **17**, 12 (1946). — N. Davidson u. J. Hillier: J. Appl. Phys **18**, 499 (1947).

[2] W. Kossel u. G. Möllenstedt: Ann. Phys. **36**, 113 (1939).

[3] B. v. Borries u. W. Glaser: Kolloid-Z. **106**, 122 (1944) sowie S. Leisegang: Proc. Intern. Conf. on Electron Microscopy, London 1954 (s. a. dieses Handbuch, Bd. XXXIII, Artikel Leisegang, S. 511).

[4] A. Winkelmann: Z. angew. Phys. **7**, 296 (1955) sowie **8**, 218 (1956). — S. Yamaguchi: Z. angew. Phys. **8**, 221 (1956).

eine bestimmte Temperatur mittels des Heizofens erwärmt und dann mit steigender Intensität stufenweise so lange bestrahlt, bis die Überstrukturreflexe verschwanden. Die so ermittelte Temperaturerhöhung, die jeweils der Differenz der Umwandlungstemperatur und der Ofentemperatur entspricht, ist in Fig. 13 in Abhängigkeit von der Strahlstromdichte j wiedergegeben.

Bei der Berechnung der Objekterwärmung wurde nur die Abstrahlung berücksichtigt, die Wärmeleitung dagegen vernachlässigt. Das Objekt selbst ist eine dünne Schicht, die freitragend oder auf einem Netz[1] in einer Blende von einigen mm Durchmesser gehalten wird. Der Strahlquerschnitt (etwa einige $10^2\,\mu$) ist

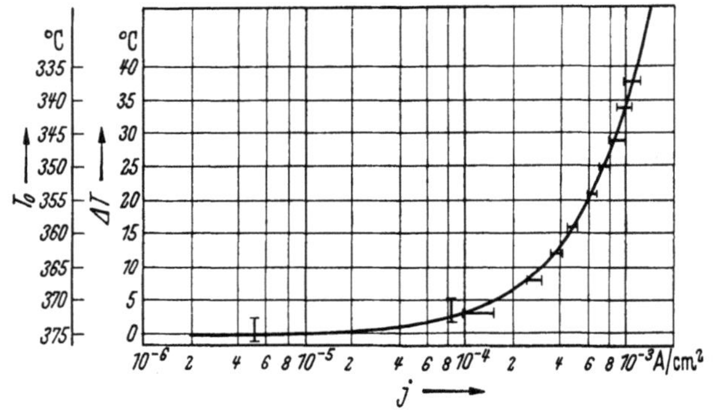

Fig. 13. Berechnete und gemessene Temperaturerhöhung einer dünnen (etwa 500 Å) $AuCu_3$-Schicht.

kleiner als die Blende. Unter dieser Voraussetzung ergibt sich die Folientemperatur T im stationären Zustand durch Gleichsetzen der abgestrahlten Leistungsdichte $2C(T^4 - T_0^4)$ und der vom Elektronenstrahl erzeugten Leistungsdichte $0{,}24\,\Delta U \cdot j$ zu:

$$T_{\text{Mitte}}^4 = T_0^4 + 0{,}12\,\frac{\Delta U \cdot j}{C}\,. \tag{11.1}$$

Dabei bedeutet T_0 die Temperatur der Umgebung, hier die Ofentemperatur, in °K und C die Strahlungskonstante.

Da der mittlere Energieverlust ΔU pro einfallendes Elektron nicht genau bekannt ist, wurde für ein Wertepaar j, T_0 wie es im Experiment auftrat, ΔU nach Gl. (11.1) berechnet und dieser Wert (18.5 V) dann für die Ermittlung der Funktion $\Delta T = T - T_0 = f(j)$ benutzt, d.h. die berechnete Funktion wurde in einem Punkte an die gemessenen Werte angeschlossen. Die so errechnete Temperaturerhöhung in Abhängigkeit von der Stromdichte j ist in Fig. 13 als ausgezogene Kurve wiedergegeben und zeigt die Übereinstimmung zwischen der Messung und der Berechnung.

Die Lösung (11.1) gilt bei Vernachlässigung der Wärmeleitung. Ist hingegen bei gleicher Schichtdicke d der Durchmesser $2R_B$ der Blende (Objektträger) (Temperatur T_0) sehr klein, so wird die Wärme des bestrahlten Bereiches (sein Radius r ist $< R_B$) infolge des großen Temperaturgradienten, verursacht durch den nahen Blendenrand, durch Wärmeleitung abgeführt. Die Lösung (11.1) ist dann zu ersetzen durch die Beziehung (36.2) von Artikel LEISEGANG (umstehendes Zitat). Die zitierte Lösung (36.2) gilt, sobald $8C\,R^2 T_0^3 \ll \lambda\, d$ wird. Dies ist

[1] Das Gitter wird zwar ebenfalls durch den Strahl erwärmt, seine Temperaturerhöhung (die vorwiegend durch die Wärmeleitung bestimmt ist) liegt jedoch unter der Temperaturerhöhung der Folie.

für kleine Blenden von etwa 100 μ erfüllt ($10^{-9} \ll 5 \cdot 10^{-7}$), jedoch nicht mehr für Blenden von einigen mm Durchmesser, wie sie häufig für Interferenzversuche benutzt werden.

II. Die Interferenzen der Elektronenwellen.

a) Elementare Darstellung der Interferenzen an Kristallen.

12. Um die Lage und Form der Interferenzerscheinungen an einem festen Körper (Kristall) zu ermitteln, betrachten wir vorerst die Interferenzerscheinungen auf einfachste Weise, indem wir eine ebene Welle auf eine Atomanordnung auffallen lassen. Die von den Atomen gestreuten Kugelwellen mit ihren entsprechenden Phasen summieren wir in großer Entfernung und ersehen daraus, bei welchen Winkeln Interferenzmaxima und -minima entstehen. Wir gehen von einer linearen Kette aus; die Koordinaten der Atome sind also $\boldsymbol{r}_m = m_1 \boldsymbol{a}_1$.

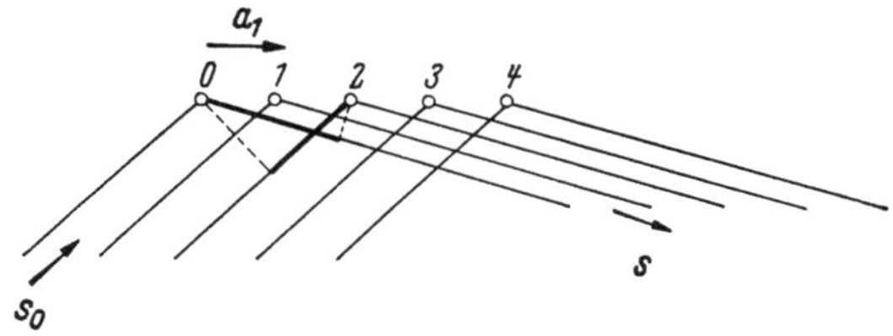

Fig. 14. Zur Berechnung des Gangunterschiedes der Streuwellen an einer linearen Kette.

Ist $\boldsymbol{s}_0$ bzw. $\boldsymbol{s}$ der Einheitsvektor der einfallenden bzw. gestreuten Welle mit der Wellenlänge λ, so ist der Gangunterschied zwischen der am nullten und der am m_1-ten Atom gestreuten Welle (vgl. Fig. 14, in der $m_1 = 2$ ist):

$$\frac{1}{\lambda}\left[(\boldsymbol{r}_{m_1}, \boldsymbol{s}_0) - (\boldsymbol{r}_{m_1}, \boldsymbol{s})\right],$$

und der Phasenfaktor wird:

$$e^{i\frac{2\pi}{\lambda}(\boldsymbol{r}_{m_1}, \boldsymbol{s}-\boldsymbol{s}_0)}.$$

Hierbei ist also vorausgesetzt, daß die Atome im Kristall in festen Abständen fixiert (keine Wärmebewegung) und streng periodisch angeordnet sind (keine Baufehler). Ist die von jedem Atom gestreute Amplitude die gleiche, so wird für die an M Atomen und in der Richtung $\boldsymbol{s}$ gestreute Amplitude der Wert des Phasenfaktors

$$\sum_{m_1=0}^{M-1} e^{2\pi i \frac{\boldsymbol{s}-\boldsymbol{s}_0, \boldsymbol{r}_{m_1}}{\lambda}}$$

entscheidend sein.

Das Gitter eines dreidimensionalen Kristalls kann aus drei Grundvektoren $\boldsymbol{a}_1, \boldsymbol{a}_2, \boldsymbol{a}_3$ aufgebaut werden, so daß dem Atom der Vektor $\boldsymbol{r}_{m_i} = m_1\boldsymbol{a}_1 + m_2\boldsymbol{a}_2 + m_3\boldsymbol{a}_3$ zugeordnet werden kann. Der Phasenfaktor nimmt daher den Wert

$$\sum_{m_1=0}^{M_1-1}\sum_{m_2=0}^{M_2-1}\sum_{m_3=0}^{M_3-1} e^{2\pi i \frac{\boldsymbol{s}-\boldsymbol{s}_0,\, \boldsymbol{r}_{m_i}}{\lambda}} \tag{12.1}$$

an. Man setzt nun für den Vektor

$$\frac{\boldsymbol{s}-\boldsymbol{s}_0}{\lambda} = \boldsymbol{h} = A_1\boldsymbol{b}_1 + A_2\boldsymbol{b}_2 + A_3\boldsymbol{b}_3, \tag{12.2}$$

wo $\boldsymbol{h}$ ein Vektor des reziproken Gitters ist, dessen drei Basisvektoren $\boldsymbol{b}_1, \boldsymbol{b}_2, \boldsymbol{b}_3$ durch die Relationen $(\boldsymbol{a}_i \cdot \boldsymbol{b}_k) = \delta_{ik}$ definiert sind, und wo jedes A_i eine kontinuierliche Koordinate ist. Dann lautet der Phasenfaktor

$$L(A_1 A_2 A_3) = \sum_{m_1=0}^{M_1-1} \sum_{m_2=0}^{M_2-1} \sum_{m_3=0}^{M_3-1} e^{2\pi i \sum_{i=1}^{3} m_i A_i} . \tag{12.3}$$

Hat der Kristall eine parallelepipedische Begrenzung, so kann die Summation für jede Koordinate einzeln durchgeführt werden und ergibt den „Gitterfaktor"

$$|L(A_1 A_2 A_3)| = \frac{\sin \pi A_1 M_1}{\sin \pi A_1} \cdot \frac{\sin \pi A_2 M_2}{\sin \pi A_2} \cdot \frac{\sin \pi A_3 M_3}{\sin \pi A_3} . \tag{12.4}$$

$|L(A_i)|$ ist abgesehen vom Atomformfaktor der Amplitude der Streuwelle in Richtung $\boldsymbol{s}$ proportional. Bei dieser Berechnung ist vorausgesetzt, daß alle Atome

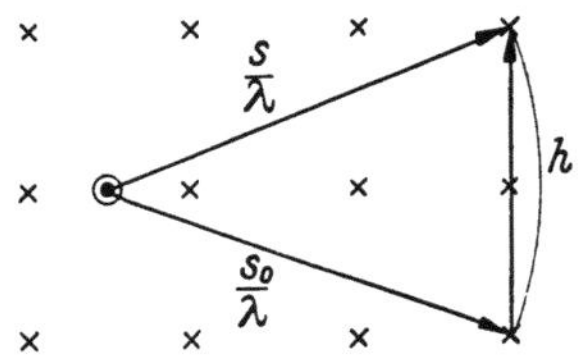

Fig. 15. Konstruktion der EWALDschen Ausbreitungskugel.

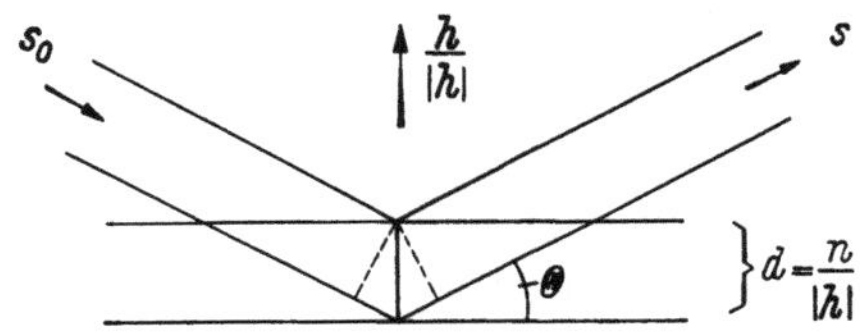

Fig. 16. Zur Herleitung der BRAGGschen Bedingung.

gleich und in einem Translationsgitter angeordnet sind. Für zusammengesetzte Gitter, sog. Gitter mit Basis, tritt der Strukturfaktor hinzu, auf den wir in Ziff. 15 zurückkommen.

Die Diskussion des Gitterfaktors teilen wir folgendermaßen ein:

Lage der Interferenzen (Ziff. 13),

Form der Interferenzen (Ziff. 14),

Intensität der Interferenzen (Ziff. 15).

13. Lage der Interferenzen. Die Streuintensität $L^2(A_i)$ hat an den Nullstellen des Nenners Maxima, die sog. „Interferenzmaxima" die durch ein ganzzahliges Zahlentripel $A_i = h_i$ gekennzeichnet sind. Trägt man daher die Funktion $L^2(A_i)$ im reziproken Gitter auf, so erreicht die Intensität $L^2(A_i)$ in den Punkten des reziproken Gitters

$$\boldsymbol{h} = h_1 \boldsymbol{b}_1 + h_2 \boldsymbol{b}_2 + h_3 \boldsymbol{b}_3$$

ihren Maximalwert $M_1^2 \cdot M_2^2 \cdot M_3^2$. Die Gleichung

$$\boldsymbol{s} - \boldsymbol{s}_0 = \lambda \boldsymbol{h} \tag{13.1}$$

ist dann die Bedingung für das Entstehen einer Interferenz $(h_1 h_2 h_3)$ an einer Ebenenschar mit der Normalenrichtung $\boldsymbol{h}/|\boldsymbol{h}|$ und dem Abstand $1/|\boldsymbol{h}|$. Für ein kubisches Gitter ist beispielsweise

$$|\boldsymbol{h}| = \frac{1}{a} \sqrt{h_1^2 + h_2^2 + h_3^2} .$$

Die geometrische Darstellung der Interferenzbedingung (13.1) geschieht durch die Konstruktion der EWALDschen Ausbreitungskugel (Fig. 15). Gl. (13.1) ist mit der BRAGGschen Beziehung

$$2d \sin \Theta = n \lambda \tag{13.2}$$

identisch, da

$$\frac{d}{n} = \frac{1}{|\boldsymbol{h}|} \tag{13.3}$$

ist, s. Fig. 16.

Das reziproke Gitter sollte per definitionem nur aus den Punkten

$$\boldsymbol{h}^* = \sum_{i=1}^{3} h_i^* \boldsymbol{b}_i$$

bestehen, deren h_i^* inkommensurabel sind. Um die physikalische Tatsache der Reflexe höherer Ordnungen, d.h. Gangunterschiede mit mehr als einer ganzen Wellenlänge im reziproken Gitter darzustellen, führt man für die Interferenzen n-ter Ordnung Ebenenabstände $d/n = 1/(n\,|\boldsymbol{h}^*|$ ein d.h. die Vektoren $\boldsymbol{h} = n\boldsymbol{h}^*$, so daß ein ausgedehntes reziprokes Punktgitter entsteht.

Die Komponentendarstellung der Vektorgleichung (13.1) gibt die drei LAUEschen Gleichungen:

$$(\boldsymbol{a}_i, \boldsymbol{s} - \boldsymbol{s}_0) = h_i \lambda \tag{13.4}$$

oder

$$(a_i, \cos\alpha_i - \cos\alpha_i^0) = h_i \lambda .$$

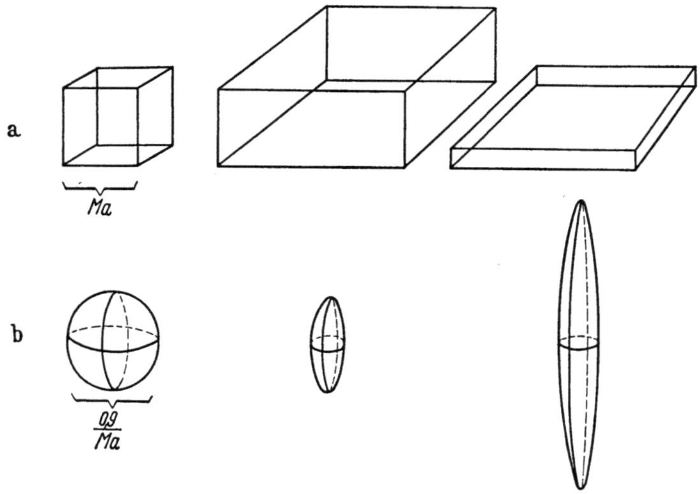

Fig. 17 a u. b. Die zu den Kristallformen (a) gehörigen Intensitätsbereiche im reziproken Gitter (b). Die Begrenzung des Bereiches ist durch den Halbwert definiert.

14. Form der Interferenzen. Die Ausdehnung und Form des Reflexes ist durch den Schnitt der Ausbreitungskugel mit dem Intensitätsbereich der Funktion $L^2(A_i)$ gegeben. Fassen wir die Halbwertsbreite ins Auge d.h. die Orte, für die

$$L^2(A_i^{(\frac{1}{2})}) = \tfrac{1}{2} L^2(h_i)$$

ist, so wird bei einem würfelförmigen Kristall der Kantenlänge Ma dieser Intensitätsbereich eine Kugel mit dem Radius $A_{\frac{1}{2}} = \frac{0,9}{M\,a}$. Die Halbwertsbreite der Interferenzen, gemessen von Halbwert zu Halbwert, ist mithin

$$\Delta\Theta_{\frac{1}{2}} = \frac{0,9\,\lambda}{M\,a}. \tag{14.1}$$

Bei einem Parallelepiped ist der Intensitätsbereich ein Ellipsoid, dessen kurze Achse in Richtung der größten Ausdehnung des Kristalles liegt (Fig. 17). Häufig werden auch blattförmige Kristalle verwendet, die wegen der geringen Durchdringbarkeit für Elektronen in der Durchstrahlungsrichtung sehr dünn sein müssen. Ist z.B. $M_3 a_3$ kleiner als $M_1 a_1$ und $M_2 a_2$, so ist der Intensitätsbereich im reziproken Gitter ein Stäbchen der Länge $\frac{0,9}{M_3 a_3}$ (gemessen von Halbwert zu Halbwert), dessen Breite wegen M_1 und $M_2 > M_3$ sehr gering ist.

15. Intensität der Interferenzen. Auf Grund der Formel (12.4) ist die Intensität im Hauptmaximum $M_1^2 \cdot M_2^2 \cdot M_3^2$ unabhängig vom Streuwinkel Θ. Hierbei wurden die Atome als punktförmige Streuzentren behandelt. Die Atome haben jedoch eine räumliche Ausdehnung der Ordnung 1 Å. Da das Streuvermögen des Atoms in jedem Volumenelement $d\tau$ dem an dieser Stelle vorhandenen durch die positiven und negtiven Ladungen hervorgerufenen Potential proportional ist [s. Formel (16.10], so ist die resultierende Streuamplitude des Atoms die Summe aller an den einzelnen $d\tau$ mit Berücksichtigung der Phasendifferenzen gestreuten Wellen. Da die Wellenlänge der Elektronenwellen klein gegen den Atomdurchmesser ist, sind diese Phasendifferenzen beträchtlich und bewirken, daß die Streuamplitude im wesentlichen nur bei kleinen Streuwinkeln (nach „vorn") endliche Werte hat, daß sie jedoch bei größeren Streuwinkeln durch Interferenz vernichtet wird. Die genauere Berechnung [s. (16.12)] liefert für die an einem Atom gestreute Amplitude der Kugelwelle

$$A_s = A_0 \frac{m_0 e^2}{2\hbar^2} \frac{Z - f_{\text{Rö}}}{K^2 \sin^2\Theta}. \tag{15.1}$$

Hier ist A_0 die Amplitude der einfallenden Welle, m und e Ruhmasse und Ladung des Elektrons, $\hbar = \frac{h}{2\pi}$ die PLANCKsche Konstante, $K = 2\pi/\lambda$, λ = Wellenlänge des Elektronenstrahles, 2Θ der Streuwinkel, Z die Kernladungszahl und $f_{\text{Rö}}$ der für Röntgenstrahlen gültige Atomformfaktor. Der Intensitätsabfall ist proportional $1/\sin^4\Theta$ und hat also eine rasche Abnahme mit dem Winkel zur Folge[1]. Diese Streuamplitude des Atoms tritt zum Gitterfaktor (12.4) hinzu und bewirkt, daß die Elektroneninterferenzen praktisch nur im Bereich weniger Grade um den Primärstrahl große Intensitäten haben.

Im allgemeinen Fall entsteht das Raumgitter nicht durch Translation $\boldsymbol{a}_i$ eines Atoms, sondern durch Translation einer Basis, die aus mehreren verschiedenen Atomen zusammengesetzt ist. Haben die verschiedenen Atome der Basis mit den obigen Atomstreuamplituden (15.1) die Koordinaten

$$\boldsymbol{r}_l = u_1^{(l)} \boldsymbol{a}_1 + u_2^{(l)} \boldsymbol{a}_2 + u_3^{(l)} \boldsymbol{a}_3,$$

so tritt zu dem Gitterfaktor statt der Atomstreuamplitude eines Atoms die Summe der Streuamplituden der l Atome der Basis:

$$\sum_l A_s^{(l)} e^{\frac{2\pi i}{\lambda}(\boldsymbol{s}-\boldsymbol{s}_0)\cdot \boldsymbol{r}_l} = K_1 \cdot F_{\text{El}},$$

wo

$$F_{\text{El}} = \sum_l (Z - f_{\text{Rö}})_l \, e^{\frac{2\pi i}{\lambda}(\boldsymbol{s}-\boldsymbol{s}_0)\cdot \boldsymbol{r}_l} = \sum_l (Z - f_{\text{Rö}})_l \, e^{2\pi i \sum_k u_k^{(l)} h_k} \tag{15.2}$$

den sog. *Strukturfaktor* bedeutet. Hierbei wurde

$$\boldsymbol{s} - \boldsymbol{s}_0 = \lambda \sum_k h_k \boldsymbol{b}_k$$

[s. (13.1)] gesetzt und

$$K_1 = A_0 \frac{m_0 e^2}{2\hbar^2 K^2 \sin^2\Theta}. \tag{15.3}$$

---

[1] Die Atomstreuamplitude erhält man experimentell direkt durch Messung der Streuintensität an einatomigen Gasen, wie zuerst mit Röntgenstrahlen gezeigt wurde. (Literatur s. M. H. PIRENNE: Diffraction of X-rays and electrons by free molecules, Cambridge 1946). Mit Elektronenstrahlen wurde die Bestätigung für obige Beziehung (15.1) an Argon von BARTELL und BROCKWAY [Phys. Rev. **90**, 833 (1953)] erbracht.

Beispielsweise nehmen in dem raumzentrierten Gitter des CsCl die Parameter $(u_1\, u_2\, u_3)$ der Basisatome Cs^+ und Cl^- die Werte (0 0 0) und $(\frac{1}{2}\,\frac{1}{2}\,\frac{1}{2})$ an, während im flächenzentrierten Cu-Gitter den vier Cu-Basisatomen die Parameter (0 0 0), $(\frac{1}{2}\,\frac{1}{2}\,0)$, $(\frac{1}{2}\,0\,\frac{1}{2})$, $(0\,\frac{1}{2}\,\frac{1}{2})$ zukommen, woraus sich die zugehörige Strukturfaktoren ohne Schwierigkeiten berechnen lassen. Der Strukturfaktor bewirkt keine Veränderung der Lage der durch die Gitterfunktion gegebenen Reflexe, sondern nur eine der Intensität, wobei die Auslöschungen von besonderer Bedeutung sind. Die Intensität eines Reflexes $(h_1\, h_2\, h_3)$ ist mithin

$$J_{h_1 h_2 h_3} = K_1^2 \cdot F_{\mathrm{El}}^2 (h_1\, h_2\, h_3) \cdot L^2 (h_1\, h_2\, h_3). \tag{15.4}$$

Die entsprechenden Verhältnisse findet man bei den Licht-Interferenzerscheinungen an Gittern; die periodische Anordnung der Striche führt zu winkelunabhängigen periodischen Intensitätsschwankungen (Interferenzmaxima und -minima) analog dem Gitterfaktor, während die Interferenz am einzelnen Spalt, analog der Atomstreuamplitude, zu einer mit zunehmendem Streuwinkel abfallenden Streuintensität führt. Der Strukturfaktor findet sein Analogon darin, daß z.B. jeweils zwei benachbarte Spalte verschieden breit sind und sich diese Spaltgruppe aus zwei verschiedenen Spalten periodisch im Strichgitter wiederholt.

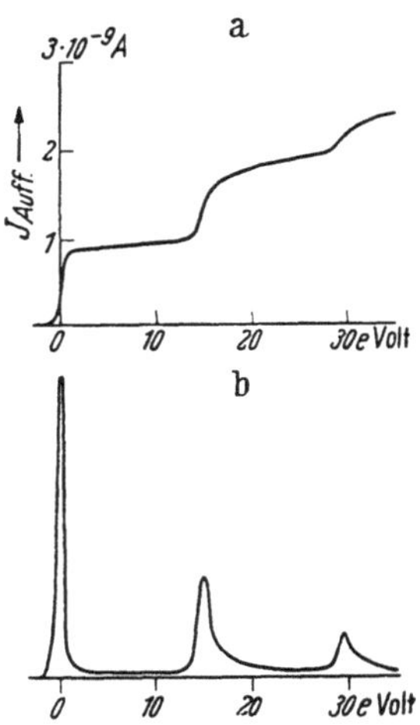

Fig. 18 a u. b. Intensität der Elektronen (Auffängerstrom) im Primärfleck nach Durchtritt durch eine Aluminiumfolie als Funktion des Energieverlustes, gemessen mit der Gegenfeldmethode. a Integriertes, b differentiiertes Energiespektrum. ($U^{\mathrm{El}} = 35$ kV.)

Die bisherigen Experimente der Intensitätsmessung der Interferenzen mit der Photoplatte an dünnen polykristallinen Metallschichten, insbesondere der starke Abfall der Reflexintensität mit dem Streuwinkel infolge der Ausdehnung des Atoms sind in qualitativer Übereinstimmung mit den Berechnungen[1].

Für quantitative Messungen ist die Kenntnis der Mehrfachstreuung sowie des unelastischen Anteiles von Bedeutung. Diese unelastisch gestreuten Elektronen haben nach RUTHEMANN für jede Substanz charakteristische Energieverluste von der Größe von 10 bis 20 V erlitten. Man kann sie wie RUTHEMANN mit der magnetischen Ablenkmethode[2], man kann sie aber auch elektrisch mit Hilfe der Gegenfeldmethode messen[3]. Letztere hat den Vorteil, zugleich eine quantitative Erfassung der verschiedenen Anteile von elastischer und unelastischer Intensität zu liefern (s. Fig. 18). Genaue Messungen der Winkelverteilung der unelastisch gestreuten Elektronen mit der Gegenfeldmethode haben ergeben, daß die unelastisch gestreuten Elektronen in dünnen Schichten praktisch in Richtung der elastisch gestreuten Elektronen laufen, d.h. beim Erleiden *eines* Energieverlustes kaum abgelenkt werden. Erst wenn der Strahl mehrfach unelastische Stöße (Vielfache von ΔU) ausgeführt hat, nimmt die Winkelverteilung an Breite zu. Wird also durch elastische Streuung ein Interferenzstrahl erzeugt, so bildet er beim Durchlaufen der Materie „unelastische" Elektronen fast der gleichen Richtung (bei genügend dünner Schicht). Aus dem Anteil an unelastisch gestreuten Elektronen — bei 30 kV Elektronen enthält

[1] H. MARK u. R. WIERL: Z. Physik **60**, 741 (1930). Neuere Messungen (mittels GEIGER-MÜLLER-Zählrohr) S. LENNANDER: Ark. f. Fysik **8**, 551, (1954).

[2] G. RUTHEMANN: Ann. d. Phys. **2**, 133 (1948), s. a. G. MÖLLENSTEDT: Optik **5**, 497 (1949).

[3] G. HABERSTROH u. H. RAETHER: Naturwiss. **19**, 531 (1955). — G. HABERSTROH: Z. Physik **145**, 20 (1956).

der Reflex (200) bzw. (220) von Al an unelastischer Intensität ($1 \times \Delta U$) etwa 30% der elastischen Intensität — geht hervor, daß die Wahrscheinlichkeit eines elastischen und unelastischen Stoßes von gleicher Größenordnung ist, oder daß die elastische Streuweglänge L_{el} vergleichbar mit der unelastischen Streuweglänge L_{unel} wird ($\sim$500 Å bei Al). Unter diesen Bedingungen gibt die Messung der Reflexintensität, elastische plus unelastische, etwa photographisch gemessen, zugleich die Intensität des primär elastisch gestreuten Anteiles wieder, da die unelastische Intensität aus der elastischen *nach* dem elastischen Streuakt entsteht. Die Elektronen, die unelastisch stoßen, bevor sie elastisch gestreut werden, gehen in dünner Schicht praktisch in Primärstrahlrichtung weiter. Erst in dickerer Schicht, bei der durch mehrfache Verluste die Winkelverteilung der unelastischen Intensität verbreitert wird, so daß ein unelastischer Untergrund zwischen

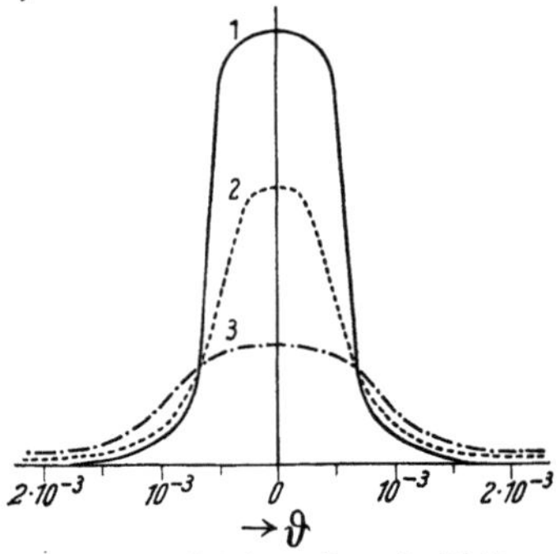

Fig. 19.

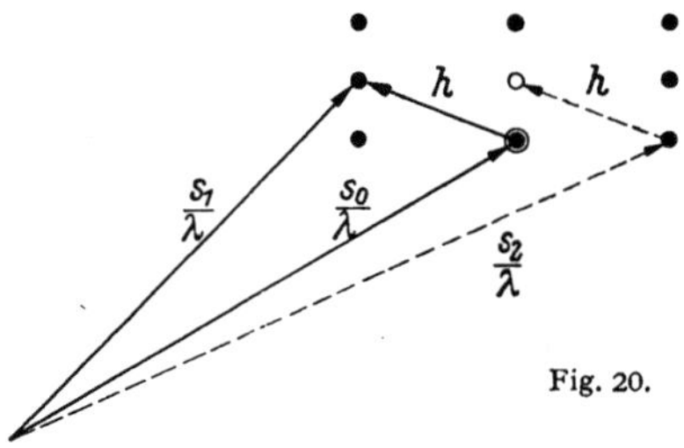

Fig. 20.

Fig. 19. Differentielle Winkelverteilung der Elektronen nach dem Durchgang durch eine Al-Schicht. — Kurve 1 gilt für die Verteilung der unverzögerten Elektronen (die mit der eingeschossenen Verteilung identisch ist) nach dem Durchgang durch Al, Kurve 2 und 3 für den ersten Energieverlust bei 45 bzw. 30 kV.

Fig. 20. Zur Entstehung von „verbotenen" Reflexen durch Umweganregung.

den Reflexen entsteht, kann die unelastische Intensität die Reflexintensität verfälschen. In diesem Dickenbereich, in dem also Umweganregung stattfindet, mithin auch elastische Intensität in die Reflexrichtung nicht nur direkt vom Primärstrahl, sondern auch aus anderen Interferenzstrahlen gestreut wird, ist die Intensität bereits nach den Ergebnissen der dynamischen Theorie zu berechnen.

Werden also die Kristalle genügend dünn gewählt, dann kann man auf Grund der oben angegebenen Beziehungen aus Intensitätsmessungen die FOURIER-Koeffizienten des Potentials [s. (16.16)] bestimmen. Diese Bedingungen werden in Reflexion niemals einzuhalten sein, sollten aber in Durchstrahlung erfüllt werden können. Strukturbestimmungen aus Intensitätsmessungen an dünnen Einkristallen (Borsäure, $C_{32}H_{66}$) sind von COWLEY[1] ausgeführt worden. An polykristallinen Schichten haben schon früher PINSKER und Mitarbeiter[2] Strukturbestimmungen mit Hilfe von Intensitätsmessungen durchgeführt. Eine Übersicht der zahlreichen von ihnen untersuchten Stoffe findet sich in PINSKERs Buch.

Wird ein dickerer Kristall durchstrahlt oder die von Einkristalloberflächen reflektierte Intensität beobachtet, so ergibt die Beobachtung, daß die Intensität der Reflexe im allgemeinen nicht den wellenkinematischen, d.h. den durch den Strukturfaktor gegebenen Werten entspricht. Teilweise treten sogar Reflexe mit merklicher Intensität auf, die der Strukturfaktor auslöscht[3]. Der Grund hierfür ist, daß die Interferenzstrahlen selbst als Primärstrahlen wirken, d.h. dynamisch gesprochen eine „*Umweganregung*" vorliegt. Man kann sich diesen Sachverhalt auf folgende Weise veranschaulichen: Sind beispielsweise alle Reflexe

[1] J. M. COWLEY: Acta crystallogr. **6**, 516, 522 (1953).

[2] Z. G. PINSKER: Electron diffraction, S. 278 u. f. London 1953. (Übersetzung aus dem Russischen.)

[3] H. RAETHER: Z. Physik **78**, 527 (1932).

der Fig. 20 in Reflexionsstellung, so wird unter anderem dem Primärstrahl $\boldsymbol{s}_0$ vom Gitter der Impuls $2\pi\hbar\boldsymbol{h}$ übertragen, so daß der Interferenzstrahl $\boldsymbol{s}_1$ entsteht. Ist der mit einem Kreis bezeichnete Reflex (o) verboten, so streut der Primärstrahl $\boldsymbol{s}_0$ in seine Reflexrichtung keine Intensität. Liegt jedoch der Interferenzstrahl $\boldsymbol{s}_2$ so zur Ebene h, daß er sich, mit einem gewissen Anregungsfehler, in

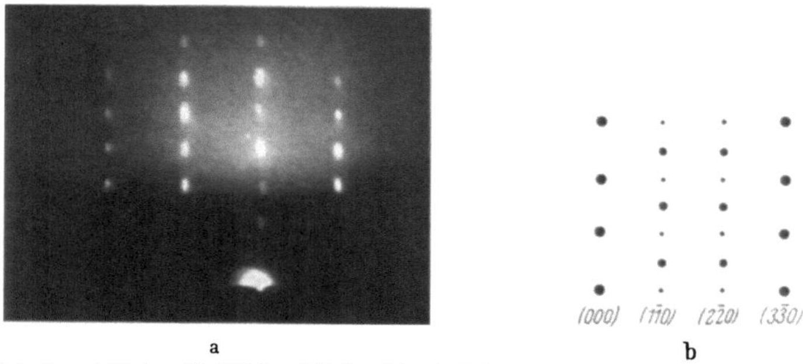

Fig. 21 a u. b. a Interferenzbild einer (001) Zinkspaltfläche, elektrolytisch poliert und mit Phosphorsäure angeätzt im [100] Azimuth. Bemerkenswert ist das Auftreten der verbotenen ($00l$) Reflexe (l ungerade). (b) Schematisches Diagramm mit Intensitätsangaben. Die Größe der Punkte entspricht den Intensitäten 2, $\sqrt{3}$ und 1.

Reflexionsstellung befindet, so wirkt er als „Primärstrahl", und er wird durch Übertragung des Impulses $2\pi\hbar\boldsymbol{h}$ in die „verbotene" Richtung gestreut. Die Beobachtung solcher verbotener Reflexe liegt an einer großen Zahl von Kristallen vor (vgl. z.B. Fig. 21). Es ist zugleich verständlich, daß durch diese Umweganregung die Intensitäten gegenüber den durch den Strukturfaktor gegebenen Werten verändert werden, und zwar im Sinne eines Ausgleiches, wie auch die Beobachtung ergibt.

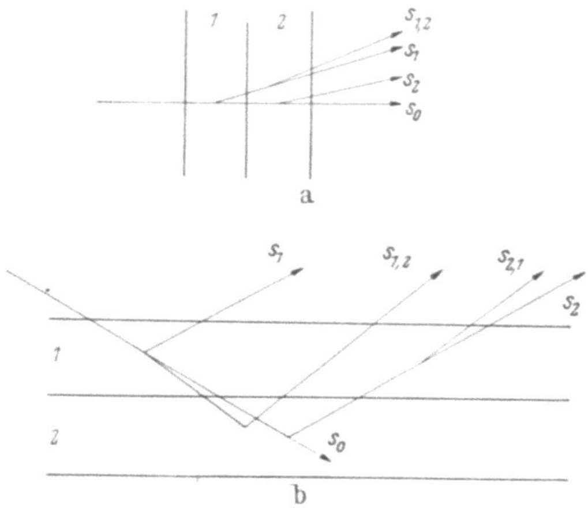

Fig. 22 a u. b. Zur Entstehung von zusätzlichen Reflexen durch Mehrfachstreuung in Durchstrahlung (a) und in Reflexion (b).

Der gleiche physikalische Vorgang wie dieser dynamische Effekt ist die sogenannte *Mehrfachstreuung*. Sie tritt dann auf, wenn die Interferenzstrahlen eines Kriställchens ein zweites dahinter liegendes Kriställchen, sei es von der gleichen Sorte, sei es davon verschieden, durchsetzen. Treffen die Interferenzstrahlen auf Netzebenen des zweiten Kristalls unter dem Reflexionswinkel, so entstehen neue Interferenzen (Fig. 22). Eine solche Wirkung beobachtete KIRCHNER[1] an CdJ_2-Schichten, die auf Glimmer aufgedampft worden waren, und sie ist anschließend häufig beschrieben worden[2]. — Diese Mehrfachstreuung ist auch in Reflexion wirksam[3]. In diesem Fall liegt die Situation insofern etwas anders, als der Austritt der Strahlen wiederum durch die Eingangsschicht erfolgen muß, so daß

[1] F. KIRCHNER: Z. Physik **76**, 676 (1932).
[2] Zum Beispiel COWLEY, REES, SPINK: Proc. Phys. Soc. Lond. A **64**, 609 (1951).
[3] J. SCHULZ: J. Appl. Phys. **21**, 942 (1950). — L. N. D. LUCAS: Proc. Phys. Soc. Lond. **64**, 943 (1951). — H. EHLERS: Z. Physik **136**, 379 (1953). — H. GÖTTSCHE: Z. Naturforsch. **11**a, 55 (1956).

der Interferenzstrahl $\mathbf{s}_{2,1}$ hinzutritt. Die hierdurch auftretenden neuen Reflexe erschweren das Auswerten der Diagramme unter Umständen erheblich, vgl. z.B. Fig. 23 (nach GÖTTSCHE[1]).

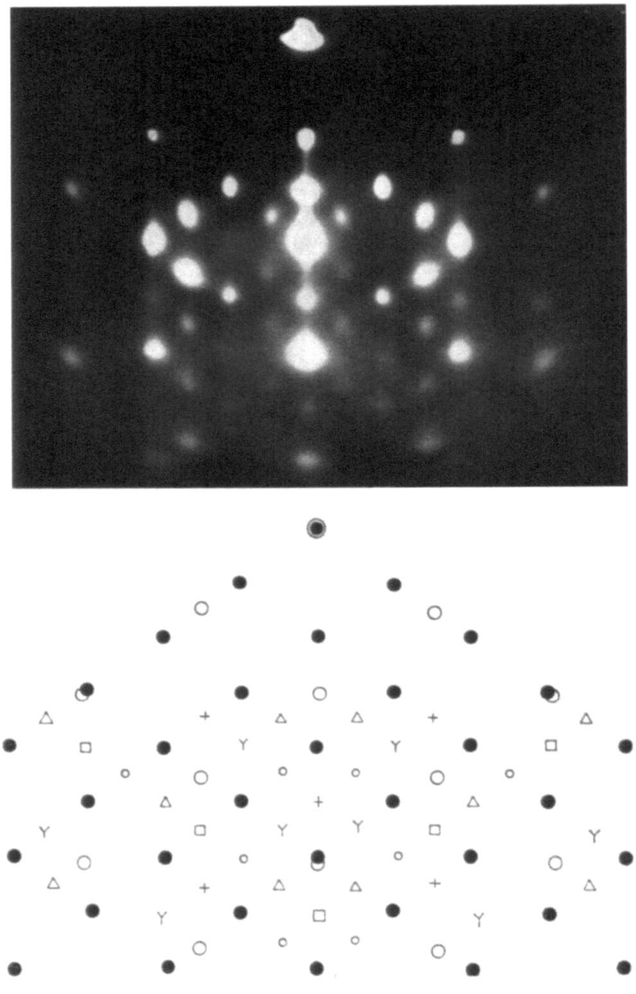

a

b

Fig. 23 a u. b. a Ag-Aufdampfschicht auf KCl-Unterlage (001) im [110] Azimut. Neben den Ag- und KCl-Reflexen entstehen weitere Reflexe durch Mehrfachstreuung. b Erläuterung zu (a) ○ Ag-Reflexe, ● KCl-Reflexe. Die durch Mehrfachstreuung entstandenen Interferenzen werden durch folgende KCl-Reflexe erzeugt: Y durch 111 und $1\bar{1}\bar{1}$, △ durch 222 und $2\bar{2}\bar{2}$, + durch 200, □ durch 400 und ○ durch 311 und $3\bar{1}\bar{1}$. Es wurde hier angenommen, daß die zweite Reflexion in der Silberschicht stattfindet.

b) Begründung der elementaren Darstellung.

16. Die physikalische Begründung für die bisherigen Betrachtungen, insbesondere für die Streuung einer Elektronenwelle beim Auftreffen auf ein Atom ergibt sich aus der wellenmechanischen Durchrechnung. Sie sei hier kurz angedeutet.

Ausgehend von der SCHRÖDINGER-Gleichung

$$\frac{\hbar^2}{2m}\Delta\psi + (E - V)\,\psi = 0, \tag{16.1}$$

[1] Siehe Fußnote 3 der vorangehenden Seite.

in der E die Gesamtenergie und V die potentielle Energie ist, erhält man außerhalb des Kristalls, wo $V=0$ gesetzt werden kann, als Lösung für die Amplitude der Aufenthaltswahrscheinlichkeit eine ebene Welle

$$\psi = A\, e^{i(\boldsymbol{K}\cdot\boldsymbol{r})}. \tag{16.2}$$

Es ergibt sich, daß die Wellenzahl $K=2\pi/\lambda$ mit der kinetischen Energie E über

$$K^2 = \frac{2m_0}{\hbar^2} E_{\text{Kin}} \tag{16.3}$$

verknüpft ist, eine Beziehung, die mit der bereits von DE BROGLIE abgeleiteten Beziehung $\lambda = h/mv$ identisch ist. Innerhalb des Kristalls ist $V<0$ (Bindung der Elektronen an den Kristall). Ist $V=\text{const}=-V_0$ und E die kinetische Energie des Elektronenstrahls, so wird

$$\psi = B\, e^{i(\boldsymbol{K}^e\cdot\boldsymbol{r})} \tag{16.4}$$

mit

$$(K^e)^2 = \frac{2m_0}{\hbar^2}(E+V_0) \quad \text{oder} \quad \lambda = \frac{h}{\sqrt{2m_0(E+V_0)}}. \tag{16.5}$$

Die Wellenlänge ist also gegenüber dem Vakuum verkleinert, so daß ein Brechungsindex

$$\mu = \frac{\lambda_{\text{Vak}}}{\lambda_{\text{Krist}}} = \sqrt{1+\frac{V_0}{E}} \tag{16.6}$$

entsteht, d.h. der Kristall ist das optisch dichtere Medium. (Bei Röntgenstrahlen dagegen ist im allgemeinen $\mu<1$.)

Die Annahme einer konstanten inneren potentiellen Energie V_0 ist nur eine grobe Näherung. Um der Gitterstruktur des Kristalls Rechnung zu tragen, muß die potentielle Energie als eine periodische Funktion des Ortes angesetzt werden. Die Lösung der SCHRÖDINGER-Gleichung ist zwar im Prinzip anzugeben, jedoch sehr kompliziert. Eine erste Näherung, mit der man in den meisten Fällen auskommt, ist die sog. wellenkinematische Theorie. Sie geht von der Voraussetzung aus, daß die in den Kristall eintretende Welle

$$\psi_0 = A_0\, e^{i(\boldsymbol{K}\cdot\boldsymbol{r})} \tag{16.7}$$

Streu- oder Interferenzstrahlen erzeugt, deren Amplituden allesamt klein gegen $|\psi_0|$ sind. Die Gültigkeit dieser Annahmen wird immer dann erfüllt sein, wenn wir die Elektronen an genügend kleinen Kristallen streuen lassen oder, falls wir mit größeren Kristallen arbeiten, wenn die Ausbreitungskugel in genügender Entfernung von den Hauptmaxima vorbeiläuft, so daß die Reflexintensitäten klein bleiben. Sind diese Voraussetzungen nicht erfüllt, so ist die sog. dynamische Theorie maßgebend.

Um die wellenkinematische Theorie durchzuführen, wird die SCHRÖDINGER-Gleichung mit periodischer potentieller Energie $V(r)=\sum_h V_h\, e^{2\pi i(\boldsymbol{h},\boldsymbol{r})}$ in bekannter Weise nach dem Störungsverfahren gelöst. Die Konstante V_{000} ist in der Wellenzahl K^e gemäß (16.5) untergebracht. Es ergibt sich mit $\psi=\psi_0+\psi_s$ unter Streichung von $V\psi_s$ als kleiner Größe die inhomogene Gleichung

$$\Delta\psi_s + (K^e)^2\psi_s = \frac{2m_0}{\hbar^2} V_h\, e^{i(\boldsymbol{K}^e\cdot\boldsymbol{r})}, \tag{16.8}$$

deren Lösung

$$\psi_s(r) = -A_0\frac{m_0}{2\pi\hbar^2}\int\limits_{\text{Kristall}} V(r_i)\,\frac{e^{i(\boldsymbol{K}^e\cdot\boldsymbol{r}_i)+(K^e|\boldsymbol{r}-\boldsymbol{r}_i|)}}{|\boldsymbol{r}-\boldsymbol{r}_i|}\,d\tau_i \tag{16.9}$$

ist. Geht man zu großen Abständen ($r \gg r_i$) über, so wird

$$|\boldsymbol{r} - \boldsymbol{r}_i| \approx r - \frac{1}{r}(\boldsymbol{r}_i \cdot \boldsymbol{r}) + \frac{r_i^2}{2r}.$$

Setzt man $K^e \boldsymbol{r}/r = \boldsymbol{K}^s$, so wird der Exponent der e-Funktion unter dem Integral $i(\boldsymbol{K}^e - \boldsymbol{K}^s) \cdot \boldsymbol{r}_i + i \frac{K^e}{2} \frac{r_i^2}{r}$, wobei $K^e = K^s \cong K$ ist[1]. In der FRAUNHOFERschen Näherung ist $e^{i \frac{K}{2} \frac{r_i^2}{r}} \approx 1$, d.h. $K r_i^2 \ll r$. Da r_i mit der Kristalldimension D dentifiziert werden kann, so muß also $KD < \sqrt{Kr}$ sein. Diese Bedingung ist bei den Elektroneninterferenzversuchen im allgemeinen erfüllt, wenn für $r \sim 30$ cm und $\lambda = 0{,}05$ Å die Kristallgröße $D < 5000$ Å ist. Unter dieser Voraussetzung erhält man

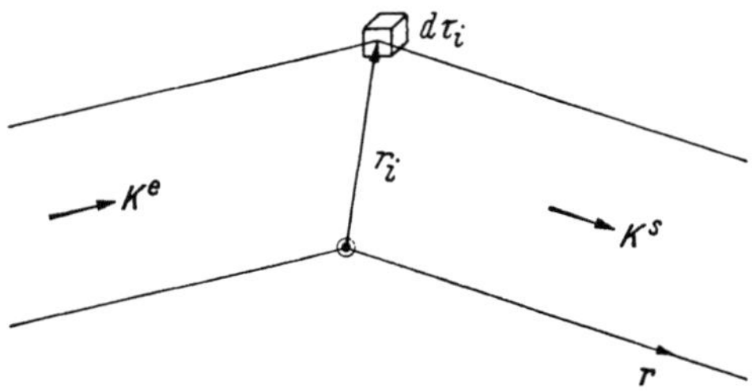

Fig. 24. Zur Berechnung des Phasenfaktors.

$$\psi_s = -\frac{m A_0}{2\pi \hbar^2} \times \frac{e^{iK^e r}}{r} \int_{\text{Kristall}} V(r_i)\, e^{i(\boldsymbol{K}^e - \boldsymbol{K}^s)\cdot \boldsymbol{r}_i}\, d\tau_i, \tag{16.10}$$

d.h. jedes Volumenelement $d\tau_i$ streut eine Kugelwelle, deren Amplitude durch $V(r_i)$, und deren Phasenfaktor durch $e^{i(\boldsymbol{K}^e - \boldsymbol{K}^s)\cdot \boldsymbol{r}_i}$ gegeben ist. Dieser Phasenfaktor, dessen Berechnung sich anschaulich nach Fig. 24 verstehen läßt, ist, wenn wir

$$\frac{2\pi}{\lambda} \boldsymbol{s} = \boldsymbol{K}^s \quad \text{und} \quad \frac{2\pi}{\lambda} \boldsymbol{s}_0 = \boldsymbol{K}^e \tag{16.11}$$

setzen, der gleiche wie in Ziff. 12 angegeben, d.h. unter den eben angegebenen Voraussetzungen ist es erlaubt, am Kristall und am Aufpunkt (Beobachter) mit ebenen Wellenflächen zu rechnen (FRAUNHOFERsche Näherung).

Da sich die Elementarzellen periodisch wiederholen, kann man mit Hilfe der Substitution

$$\boldsymbol{r}_i = \boldsymbol{r}_{m_i} + \boldsymbol{r}'_i,$$

worin

$$\boldsymbol{r}_{m_i} = \sum_i m_i \boldsymbol{a}_i$$

ist, die Integration über den ganzen Kristall durch eine Summe gleicher Integrale über je eine Gitterzelle ersetzen:

$$\int_{\text{Kristall}} V(r_i)\, e^{i(\boldsymbol{K}^e - \boldsymbol{K}^s)\cdot \boldsymbol{r}_i}\, d\tau_i = \int_{\text{Zelle}} V(r'_i)\, e^{i(\boldsymbol{K}^e - \boldsymbol{K}^s)\cdot \boldsymbol{r}'_i}\, d\tau'_i \sum_{m_1} \sum_{m_2} \sum_{m_3} e^{i(\boldsymbol{K}^e - \boldsymbol{K}^s)\cdot \boldsymbol{r}_{m_i}}.$$

Der Summenfaktor ist identisch mit dem Ausdruck (12.1) und führt unmittelbar zum Gitterfaktor $L(A_i)$.

Das übrig bleibende Integral über eine Zelle läßt sich weiter in eine Summe über Integrale über die einzelnen Atome der Zelle zerlegen. Ist $\boldsymbol{r}_l$ der Vektor, der den Ort des l-ten Atoms in der Basis beschreibt, so führt die Substitution

$$\boldsymbol{r}'_i = \boldsymbol{r}_l + \boldsymbol{r}''$$

zu

$$\int_{\text{Zelle}} V(r'_i)\, e^{i(\boldsymbol{K}^e - \boldsymbol{K}^s)\cdot \boldsymbol{r}'_i}\, d\tau'_i = \sum_l e^{i(\boldsymbol{K}^e - \boldsymbol{K}^s)\cdot \boldsymbol{r}_l} \int_{\text{Atom}} V_l(r'')\, e^{i(\boldsymbol{K}^e - \boldsymbol{K}^s)\cdot \boldsymbol{r}''}\, d\tau''.$$

[1] $E > V_{000}$ angenommen.

Das Integral
$$\int_{\text{Atom}} V_l(r'')\, e^{i(\boldsymbol{K}^e-\boldsymbol{K}^s)\cdot \boldsymbol{r}''}\, d\tau''$$
ist die Streuamplitude des l-ten Atoms. Mit Hilfe des GREENschen Satzes kann über die POISSONsche Gleichung die Ladungsdichte ϱ eingeführt werden; dann geht es über in
$$\frac{\pi e}{K^{e2}\sin^2\Theta}\int_{\text{Atom}} \varrho_K(r'')\, e^{i(\boldsymbol{K}^e-\boldsymbol{K}^s)\cdot \boldsymbol{r}''}\, d\tau'',$$
wobei $|\boldsymbol{K}^e-\boldsymbol{K}^s| = 2K^e\sin\Theta$ eingeführt ist. Das verbleibende Integral ergibt, da sich ϱ aus den Anteilen von Kern- und Elektronenhülle zusammensetzt, $e(Z-f_{\text{Rö}})$, worin $f_{\text{Rö}}$ der Atomformfaktor für Röntgenstrahlen ist. Die Streuamplitude eines Atoms wird daher [vgl. (15.1)]
$$A_s = \frac{m_0 A_0 e}{2\pi\hbar^2}\,\frac{e\pi}{K^{e2}\sin^2\Theta}\,(Z-f_{\text{Rö}}). \tag{16.12}$$
Wir erhalten also [vgl. (15.2)] für das obige Integral über die Zelle
$$\sum_l A_s^{(l)}\, e^{i(\boldsymbol{K}^e-\boldsymbol{K}^s,\,\boldsymbol{r}_l)} = K_1 F_{\text{El}},$$
mit $\boldsymbol{K}^s-\boldsymbol{K}^e = 2\pi\boldsymbol{h}$, also $(\boldsymbol{K}^s-\boldsymbol{K}^e)\cdot\boldsymbol{r}_l = 2\pi\sum_k u_k^{(l)} h_k$.

Die Amplitude der Kugelwelle $\frac{e^{iKr}}{r}$ wird also $K_1 F_{\text{El}}\cdot L(A_i)$, ihre Intensität ist mithin, abgesehen vom Faktor $1/r$ (r Entfernung Beobachter—Kristall), identisch mit der Beziehung (15.4).

Geht man in Gl. (16.10) sofort mit
$$V = \sum_{h_1}\sum_{h_2}\sum_{h_3} V_{h_1 h_2 h_3}\, e^{2\pi i(\boldsymbol{h}\cdot\boldsymbol{r})}$$
ein, so erhält man
$$\psi_s = -\frac{m_0 A_0}{2\pi\hbar^2}\,\frac{e^{iK^e r}}{r}\int_{\text{Kristall}}\sum_{h_i} V_{h_i}\, e^{i(\boldsymbol{K}^e-\boldsymbol{K}^s+2\pi\boldsymbol{h})\cdot\boldsymbol{r}}\, d\tau. \tag{16.13}$$
In Reflexionsstellung ist
$$\boldsymbol{K}^e-\boldsymbol{K}^s-2\pi\boldsymbol{h} = 2\pi\left(\frac{\boldsymbol{s}-\boldsymbol{s}_0}{\lambda}-\boldsymbol{h}\right) = 0\,^{1}. \tag{16.14}$$
Also ergibt sich
$$\psi_s = -\frac{m_0 A_0}{2\pi\hbar^2}\,\frac{e^{iK^e r}}{r}\, V_z\cdot V_h, \tag{16.15}$$
wo V_z das Volumen einer Zelle bedeutet. Man sieht, daß der Betrag des FOURIER-Koeffizienten der potentiellen Energie unmittelbar aus Intensitätsmessungen entnommen werden kann und identisch ist mit dem Strukturfaktor
$$|V_h| = \frac{e^2}{\pi h^2 V_z}\,|F_{\text{El}}|. \tag{16.16}$$
mit $h = \frac{1}{\pi}K^e\sin\Theta$.

c) Spezielle Interferenzerscheinungen.

Im folgenden sollen einige typische Interferenzerscheinungen von Elektronenwellen besprochen werden, die durch verschiedene Kristallformen zustande kommen. Dabei bedient man sich gern der nicht sehr strengen Unterscheidung: Durchstrahlung und Reflexion.

[1] Diese Reflexionsbedingung gilt ebenso wie Gl. (16.11) mit (16.5), im Kristallinneren. Um die Winkel im Außenraum zu berechnen, s. Gl. (19.3).

17. Durchstrahlung eines dünnen Kristallblättchens. *α) Erklärung des Reflexreichtums*[1]. Eine dünne Kristallplatte ist dadurch gekennzeichnet, daß die Zahl der Atome (M_3) in der Durchstrahlungsrichtung (z.B. $\boldsymbol{a}_3$) klein ist gegen die in den beiden hierzu senkrechten Richtungen ($\boldsymbol{a}_1, \boldsymbol{a}_2$). Ein solches dünnes Einkristallblättchen von wenigen 100 Å Dicke wird z.B. durch Spalten von Glimmer oder anderen Schichtkristallen hergestellt. Der Intensitätsbereich der LAUE-Funktion $L(A_i)$ wird daher

$$L^2(A_3) = M_1^2 M_2^2 \frac{\sin^2 \pi M_3 A_3}{\sin^2 \pi A_3} \tag{17.1}$$

und hat in Richtung $\boldsymbol{b}_3$ [vgl. (12.2)] eine große Halbwertsbreite, so daß er die Form eines Stäbchens hat[2]. Strahlt man also in der Normal-Richtung des Blättchens ein und konstruiert die EWALDsche Ausbreitungskugel nach Fig. 15, so erhält man Fig. 25. Diese Darstellung läßt die reflexreichen Diagramme an dünnen Blättchen verstehen und warum diese gegen geringe Veränderung des Einfallswinkels nahezu unempfindlich sind[1]. Es ist jedoch irreführend, diese Interferenzen als zweidimensionale zu bezeichnen, da für zweidimensionale Interferenzen charakteristisch ist, daß die Intensität auf den Stäbchen in der $\boldsymbol{b}_3$ Richtung konstant ist.

Die Winkelbreite $2\,\Theta_0$ des sog. nullten Hauptmaximum ($h_3 = 0$), d.h. die Ausdehnung des nullten Hauptmaximums auf der Photoplatte ist um so kleiner, je dicker das Blättchen ist, und es zieht sich schließlich auf den Primärstrahl zusammen, während auf den Kreisen $h_3 > 0$ je nach Wellenlänge und Einfallswinkel wenige oder keine LAUE-Reflexe übrig bleiben. Setzt man die Stäbchenlänge $B = 2/Ma$, rechnet sie also von Nullstelle zu Nullstelle, so ergibt sich

$$2\,\Theta_0 = \sqrt{\frac{2\lambda}{M a}}, \tag{17.2}$$

so daß Θ_0 die Dicke zu ermitteln erlaubt[3].

Die bisher durchgeführten Vergleiche der Dicke D_{beob}, die aus Interferenzfarben oder mit Hilfe des MICHELSON-Interferometers bestimmt wurden, mit der aus der Breite des nullten Maximums berechneten D_{ber} ergab jedoch, daß vor allem bei größeren Dicken (> 100 Å) $D_{\text{beob}} > D_{\text{ber}}$ ist, so daß neben dem Dickeneffekt noch andere Faktoren zur Verbreiterung des Maximums beitragen. KIRCHNER[4] maß bei einem Kollodiumkristall von 20 Å Dicke eine gute Übereinstimmung von berechnetem und beobachtetem Wert, bei Glimmer hingegen gibt eine Platte von 900 Å nach (17.2) $2\,\Theta_0 \sim 1{,}1 \cdot 10^{-2}$, während die Ausmessung mindestens $4 \cdot 10^{-2}$ liefert, d.h. $D_{\text{ber}} \sim 100$ Å statt 900 Å. DARBYSHIRE[5] maß mit Hilfe des MICHELSON-Interferometers die Plättchendicke; er fand an seiner dünnsten Schicht von 1760 Å ein ausgedehntes Hauptmaximum, aus dessen Breite eine Dicke von einigen 10 Å folgt. Desgleichen wurde bei Durchstrahlung dünner Metalleinkristalle (Zn, Cd, Bi, Al) eine ähnliche Diskrepanz zwischen Beobachtung und Berechnung gefunden[6].

Diese Diskrepanz wird durch zwei Faktoren erklärbar: 1. Verwacklung der durchstrahlten Kristalle, 2. Einbeziehung der Nebenmaxima.

---

[1] W. L. BRAGG u. F. KIRCHNER: Nature, Lond. **127**, 738 (1931).
[2] F. KIRCHNER: Ann. d. Phys. **13**, 38 (1932). Zur Verallgemeinerung der Darstellung der Intensitäts- bzw. Amplitudenfunktion im reziproken Gitter s. v. LAUE (Zitat S. 485) und EWALD: Proc. Phys. Soc. **51**, 167 (1939), sowie PATTERSON (Zitat S. 485).
[3] F. KIRCHNER: Ann. Phys. **11**, 741 (1931).
[4] F. KIRCHNER: Ann. Phys. **13**, 38 (1932).
[5] J. A. DARBYSHIRE: Z. Kristallogr. **86**, 313 (1933).
[6] J. A. DARBYSHIRE u. E. R. COOPER: Phil. Mag. **27**, 315 (1935).

1. Im allgemeinen werden die durchstrahlten Schichten keine Einkristalle sein, sondern aus vielen gegeneinander verwackelten Kriställchen bestehen. Dies hat nach Fig. 26 zur Folge, daß ein breiteres Hauptmaximum vorgetäuscht wird als der Dicke entspricht und damit zu einem geringeren D_{ber} führt. Eine Möglichkeit, diese Verwacklung zu reduzieren, ist die Verkleinerung des bestrahlten Querschnittes und damit die Verminderung der Zahl der bestrahlten Kristalle. Die Mitwirkung der Verwacklung kann aus der Betrachtung der Interferenzen im konvergenten Bündel (s. unten) erkannt werden.

2. Bei der obigen Definition der Breite des nullten Hauptmaximums war die erste Nullstelle der Funktion $L(A_3)$ zugrundegelegt worden. Da auch die Nebenmaxima dieser Funktion merkliche Intensität besitzen und bei dem Schnitt mit der Ausbreitungskugel Reflexe liefern können, wird die Breite des wirksamen

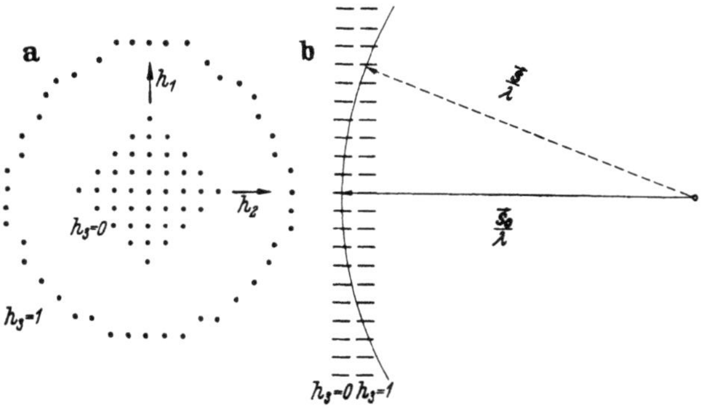

Fig. 25 a u. b. Entstehung des kreuzgitterähnlichen Diagrammes (a) an einem dünnen Plättchen. Die Intensitätsbereiche des reziproken Gitters haben infolge der geringen Plättchendicke Stäbchenform, so daß die Ausbreitungskugel viele Bereiche schneidet (b).

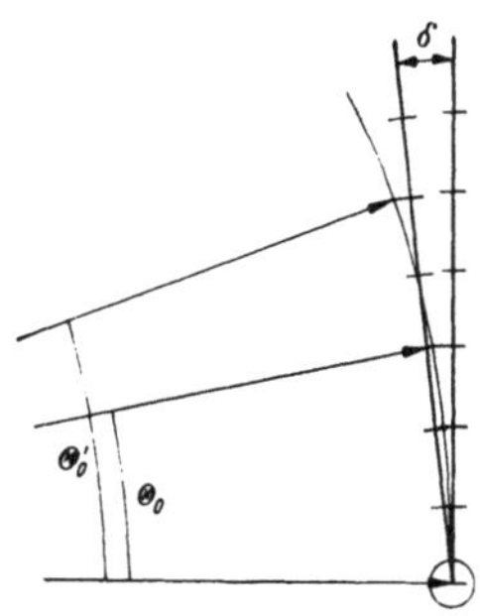

Fig. 26. Vergrößerung der Zahl der auftretenden Reflexe durch Verwacklung der Kristalle.

Intensitätsbereiches merklich über die Nullstelle des Hauptmaximums hinausgehen[1]. Wie wenig jedoch eine quantitative Aussage möglich ist, zeigt folgende Betrachtung: Das m-te Nebenmaximum liegt an der Stelle $A^{(m)} \approx \frac{m+\frac{1}{2}}{M}$[2], seine Intensität ist proportional

$$\frac{1}{\sin^2 \pi A^{(m)}} \cong \frac{M^2}{\pi^2 (m+\frac{1}{2})^2}. \tag{17.3}$$

Legt man eine bestimmte Belichtungszeit zugrunde, d.h. eine bestimmte nachweisbare Reflexintensität, also $\frac{M^2}{\pi^2 (m+\frac{1}{2})^2} = \text{const.}$ so beobachtet man mit dicker werdenden Blättchen Nebenmaxima entsprechend höherer Ordnung m. Berechnet man also die Schichtdicke aus der ersten Nullstelle, so wird diese Berechnung mit dickerer Schicht zunehmend falscher, da sich mit zunehmender Dicke die Nebenmaxima wachsender Ordnung beteiligen. Wieviele Nebenmaxima bei dünneren Schichten noch berücksichtigt werden müssen, können nur genaue Intensitätsmessungen entscheiden. Auf jeden Fall zeigt die Übereinstimmung bei sehr dünnen Schichten, daß dort die Nebenmaxima keine Rolle spielen.

Man erhält, wie aus Fig. 25 hervorgeht, eine große Zahl von Reflexen vor allem bei Substanzen, bei denen die Gitterkonstante in einer Richtung (hier $[0\,0\,h_3]$) wesentlich größer als in den beiden dazu senkrechten ist. Im reziproken

[1] H. Raether: Ergebn. exakt. Naturw. **24**, 66 (1950). — H. Ehinger u. Chr. Menzel-Kopp: Z. Physik **136**, 248 (1953).
[2] Definition von $A^{(m)}$ siehe (12.2).

Gitter liegen in dieser Richtung die Punkte besonders dicht, so daß die Ausbreitungskugel viele Bereiche schneidet. Dies ist vor allem bei Substanzen mit Schichtstruktur wie Glimmer, Molybdänit u. a. der Fall.

β) Rotationsdiagramme. Wird ein solches Blättchen bei fester, aber beliebiger Einstrahlrichtung um eine Achse geschwenkt, so durchstoßen die Gitterpunkte die Ausbreitungskugel und erzeugen eine Reihe von auf einer Hyperbel liegenden Reflexen. Diese Hyperbel kann zu einer Geraden entarten, falls die Einstrahlung längs einer Gittergeraden erfolgt und um eine Achse senkrecht zu ihr geschwenkt wird. Solche Hyperbeln wurden an Graphit, Molybdänit (MoO_3), Glimmer u. a. beobachtet[1]. Fig. 27 zeigt eine an Glimmer erhaltene Interferenzfigur, die sich geometrisch einfach deuten läßt[2].

Fig. 27. Interferenzen an einer geschwenkten Glimmerschicht. Die Reflexe einer Hyperbel gehören zu einem festen h_1, h_2 und variablen h_3.

γ) Nebenmaxima. Jenseits der Nullstelle hat die Funktion $L(A_3)$ wie bereits erwähnt, eine Reihe von Nebenmaxima und Nebenminima. Ist M_3 die Zahl der Atome, so haben wir zwischen den Hauptmaxima h_3 und h_3+1 insgesamt M_3-1 Nebenminima, deren Abstand vom Hauptmaximum $\frac{m}{M_3 a_3}$ ist, wo m zwischen 0 und M_3-1 läuft. Ist der einfallende Strahl parallel zu $\mathfrak{a}_3$, so erscheinen unter dem Winkel

$$2\Theta_{\min} = \sqrt{2\lambda\left(\frac{h_3}{a_3} + \frac{m}{M_3 a_3}\right)}$$

die Nebenminima. $m=0$ und $m=M_3$ ergeben die Hauptmaxima h_3 und h_3+1. Um diese Nebenmaxima an dünnen Blättchen wie z.B. Glimmer, Molybdänit (MoO_3), PbJ_2 u. a. sichtbar zu machen, gibt es zwei Methoden:

1. Schwenkung der Ausbreitungskugel bei feststehendem Kristall,
2. Schwenkung des Kriställchens bei feststehender Einfallsrichtung.

1. Durch Verwendung des konvergenten Bündels (s. Ziff. 10) haben KOSSEL und MÖLLENSTEDT[3] an Glimmerfolien die Nebenminima und -maxima sichtbar gemacht (Fig. 28 und 29). Im reziproken Gitter entspricht dies der Schwenkung der Ausbreitungskugel um den Nullpunkt (s. Fig. 30). Auf diese Weise ist ein Hauptreflex von einer Reihe von Nebenminima-Streifen umgeben, deren Winkelabstand vom Hauptreflexstreifen

$$\varepsilon = \frac{m\lambda}{M_3 a_3 2\Theta_{h_3}} \tag{17.4}$$

[1] G. J. FINCH u. H. WILMAN: Ergebn. exakt. Naturw. **16**, 353 (1937).
[2] H. EHLERS: Z. Naturforsch. **11a**, 368 (1956). Über die Interferenzen an gebogenen Kristallen s. M. BLACKMAN: Proc. Phys. Soc. B. **64**, 625, 631 (1951).
[3] W. KOSSEL u. G. MÖLLENSTEDT: Ann. Phys. **36**, 113 (1939); **42**, 287 (1942).

ist, wo $2\Theta_{h_3}$ der Winkel zwischen Primärstrahl und Richtung des Hauptreflexes h_3 ist. Um also bei $\lambda = 0{,}05$ Å und einem $\Theta_{h_3} = 0{,}01$ mindestens ein Neben-

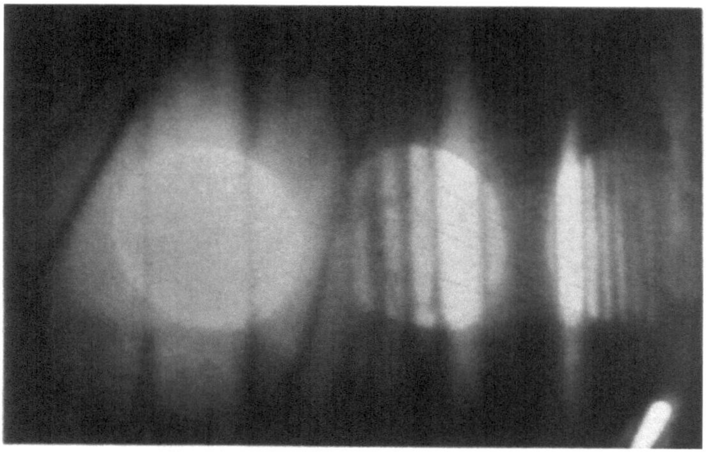

Fig. 28. Interferenzen an dünnen Glimmerblättchen im konvergenten Bündel.

a

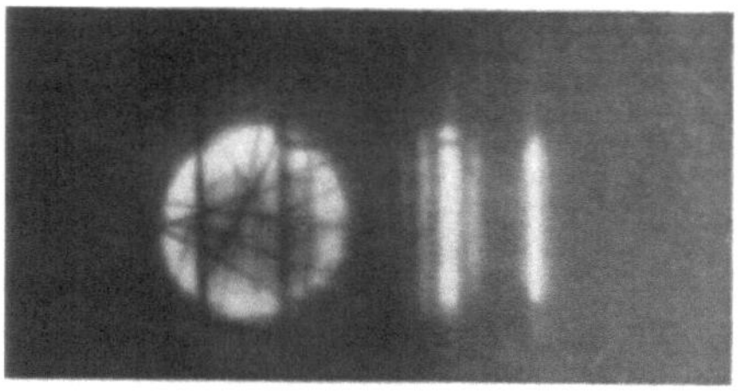

b

c

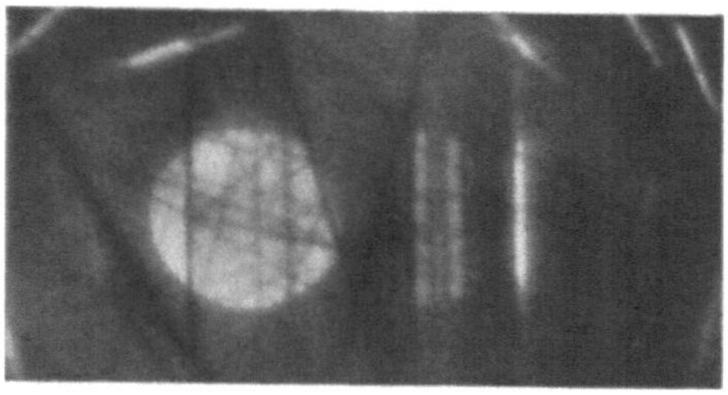

d

Fig. 29 a—e. Interferenzen an dünnen Glimmerblättchen im konvergenten Bündel bei verschiedener Dicke. $U = 60$ kV; Dicke $d =$ (a) 800 Å; (b) 1210 Å; (c) 1326 Å; (d) 1620 Å; (e) 2040 Å.

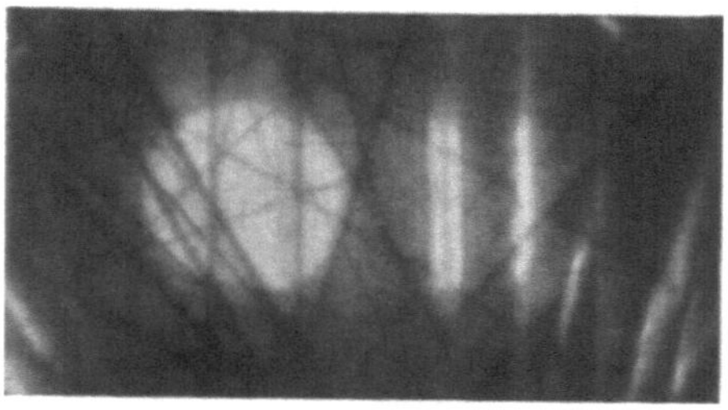

e

maximum zu erhalten ($m > 1$), muß die Kristalldicke $M_3\, a_3$ bei einer Öffnung des konvergenten Bündels von $2{,}5 \cdot 10^{-2}$ mindestens 200 Å sein. Um eine größere Zahl von Streifen zu erhalten, sind daher relativ dicke Blättchen notwendig. Die Beobachtung ergibt in Übereinstimmung mit der Formel (17.4), daß der Streifenabstand mit zunehmender Ordnung ($\Theta_h \sim n$) abnimmt, (Fig. 28), desgleichen mit zunehmender Blättchendicke, (Fig. 29).

Voraussetzung für das Sichtbarmachen dieser Interferenzen ist, daß das Blättchen nicht aus mehreren gegeneinander verwackelten Kriställchen besteht, wodurch Minima und Maxima aufeinanderfallen können. Bei $\lambda = 0{,}05$ Å und $D = 1000$ Å genügt eine Verwacklung von $\frac{1}{2}\varepsilon_1 = 10^{-3}$, d.h. von rund einer Bogenminute, um die Nebenmaxima zu verwischen. So ergeben beispielsweise „Metalleinkristalle" von Silber, die nach dem Verfahren von Ziff. 40β hergestellt sind, infolge Verwacklung keine Nebenmaxima. An Glimmer, PbJ_2, Graphit[1] ist die Verwacklung so gering, daß die Sichtbarkeit der Nebenmaxima nicht beeinträchtigt wird. Um den Einfluß der Verwacklung herabzudrükken, verringert man die Größe des Konvergenzpunktes auf der Schicht ($\sim 1\,\mu$).

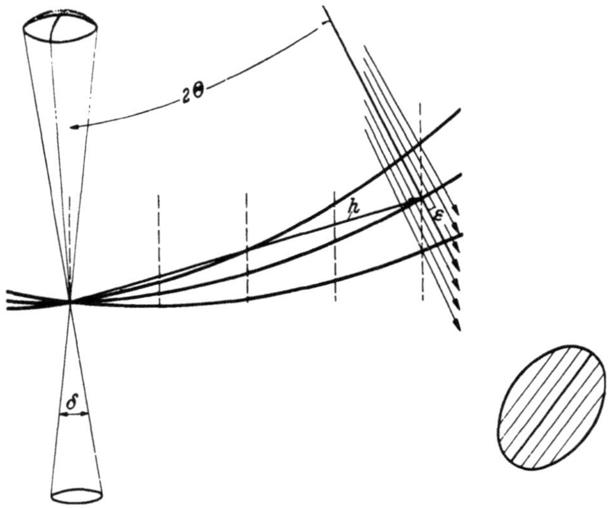

Fig. 30. Zur Entstehung der Interferenzen im konvergenten Bündel (bei feststehenden Kristallen wird die Einfallsrichtung geschwenkt). Gegenüber Fig. 25 sind außer den Hauptmaxima (Stäbchen) die Nebenmaxima eingezeichnet. Weiterhin ist die Ausbreitungskugel um den Winkel δ geschwenkt: Die Schwenkung in der Papierebene bewirkt das gleichzeitige Auftreten einer größeren Zahl von Nebenmaxima neben dem Hauptmaximum. Die Schwenkung senkrecht zur Papierebene erzeugt strichartige Verbreiterung der Reflexe.

2. Die Nebenmaxima können auch dadurch sichtbar gemacht werden, daß statt der Ausbreitungskugel der Kristall geschwenkt wird (Fig. 31). Im allgemeinen erfolgt dabei eine Kristalldrehung um mehrere Grad, wobei auch eine Anzahl von Hauptmaxima die EWALDsche Kugelfläche durchstoßen. Wie Ziff. 17β erwähnt, sind die Reflexe auf Hyperbeln angeordnet. Verwendet man eine Feinstrahlapparatur, so werden zwischen den Hauptmaxima Reflexe mit kleinerem Abstand gefunden, die sich als Nebenmaxima deuten lassen, entstanden durch die endliche Blättchendicke[2] (Fig. 32).

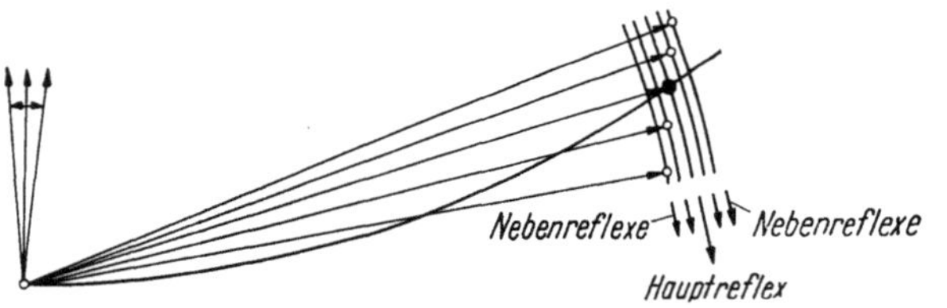

Fig. 31. Zur Entstehung der Haupt- und Nebenmaxima bei fester Einstrahlrichtung und geschwenktem Kristall.

Die gleiche Erscheinung beobachtet man an gekrümmten Kristallblättchen; die Krümmung verursacht eine wechselnde Neigung der reflektierten Ebenen gegen die Strahlrichtung, so daß der Hauptreflex samt seinen Nebenreflexen erscheint[3].

Mit diesen Verfahren kann man also im Prinzip aus dem Abstand der Nebenmaxima die Schichtdicke bestimmen. Die genauere Untersuchung der Erscheinung mit dem konvergenten Bündel zeigte jedoch, daß die einfachen Vorstellungen, die oben verwendet wurden, um diese Interferenzerscheinung zu beschreiben, nicht ausreichen. Die Beobachtung ergab, daß die Diskrepanz zwischen

[1] J. HOERNI: Nature, Lond. **164**, 1045 (1949).
[2] H. EHLERS: Z. Naturforsch. **11a**, 368 (1956).
[3] R. UYEDA, T. ICHINOKAWA u. Y. FUKANO: Acta crystallogr. **7**, 216 (1954).

beobachteter und berechneter Lage der Nebenmaxima mit Annäherung an den Hauptreflex größer wird. Die Abweichung nimmt also mit Annäherung der Ausbreitungskugel an den Hauptreflex zu. Da im gleichen Maße die Gültigkeit der kinematischen Vorstellungen abnimmt, erkennt man, daß diese Abweichungen erst in der dynamischen Theorie ihre Erklärung finden können (s. Ziff. 17ε).

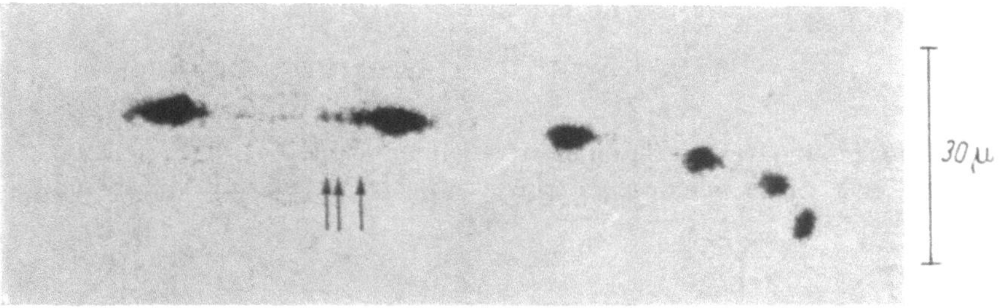

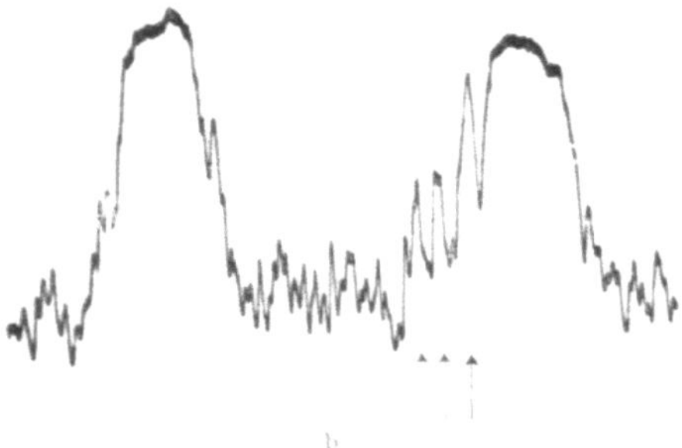

Fig. 32 a u. b. Nebenmaxima (↑) an Interferenzen einer dünnen Glimmerschicht. a Zwischen den auf einer Hyperbel liegenden Hauptreflexen liegen Nebenmaxima. b Photometerkurve der Umgebung des Hauptreflexes.

δ) Zur wellenkinematischen Theorie der Interferenzerscheinungen in dünnen Blättchen[1]. Die elementare Darstellung der Interferenzerscheinungen in dünnen Blättchen, wie sie im Vorstehenden gegeben wurde, läßt sich mit Hilfe der Ansätze von Ziff. 16 genauer begründen. Hierdurch erhält man zugleich ein besseres Verständnis der dynamischen Lösung des Problems, wie sie anschließend besprochen wird.

Während in der obigen Begründung der elementaren Darstellung das Integral (16.9) für große Entfernungen ausgewertet wurde (FRAUNHOFERsche Lösung), soll im folgenden diese Integration im Kristallinnern durchgeführt werden, d.h. für $r \sim r_i$: Mit Benutzung der FOURIER-Darstellung

$$V(r) = \sum_h V_h e^{2\pi i (\boldsymbol{h} \cdot \boldsymbol{r})} \tag{17.5}$$

erhält man

$$\psi_s = -\frac{A_0 m_0}{2\pi \hbar^2} \sum_h V_h e^{i(\boldsymbol{K}^e + 2\pi \boldsymbol{h}) \cdot \boldsymbol{r}} \int\limits_{\text{Kristall}} \frac{e^{i K^e r'}}{r'} e^{i(\boldsymbol{K}^e + 2\pi \boldsymbol{h}) \cdot \boldsymbol{r}'} \, d\tau', \tag{17.6}$$

wo $\boldsymbol{r}_i - \boldsymbol{r} = \boldsymbol{r}'$ gesetzt wurde, s. Fig. 33. Die Auswertung dieses Integrals gibt *im Kristall* $-D \leq z \leq 0$

$$\psi_s = -\frac{A_0 m_0}{\hbar^2} \sum_h V_h \frac{e^{i(\boldsymbol{K}^e + 2\pi \boldsymbol{h} - \Delta K_z \boldsymbol{z}_0) \cdot \boldsymbol{r}} - e^{i(\boldsymbol{K}^e + 2\pi \boldsymbol{h}) \cdot \boldsymbol{r}}}{(+K_z^s)(+i\,\Delta K_z)}, \tag{17.7}$$

---

[1] Herrn Prof. K. ARTMANN danke ich für viele anregende Diskussionen, insbesondere für die von ihm gegebene Darstellung des Wellenfeldes im Kristallinnern in kinematischer Näherung [Integration von Gl. (16.9)].

wobei nur der Anteil der Streuwellen K^s hingeschrieben wurde, die in Richtung $\boldsymbol{K}^e$ laufen ($K_z^s < 0$), also die reflektierten ($K_z^s > 0$) vernachlässigt sind, s. Fig. 33. Die Intensität der reflektierten Wellen ist zu vernachlässigen, wenn der Winkel, unter dem die Grenzfläche Kristall—Vakuum getroffen wird, nicht zu klein ist. $\boldsymbol{z}_0$ ist ein Einheitsvektor in z-Richtung. Weiterhin wird vorausgesetzt, daß die Grundvektoren $\boldsymbol{a}_1$, $\boldsymbol{a}_2$ und $\boldsymbol{a}_3$ des Raumgitters den Achsen x, y und z parallel sind.

Hinter dem Kristall ($z \leq -D$) nimmt die Streuwelle folgenden Wert an:

$$\psi_s = \frac{A_0 m_0}{\hbar^2} \sum_h V_h \frac{e^{i(\boldsymbol{K}^e + 2\pi \boldsymbol{h})\cdot \boldsymbol{r}}}{(+K_z^s)\,(+i\,\Delta K_z)} \left(1 - e^{i\,\Delta K_z D}\right). \tag{17.8}$$

Im Kristall entstehen also zu einer einfallenden Welle mit dem Wellenvektor $\boldsymbol{K}^e$ unendlich viele Streuwellen. Bemerkenswert ist hierbei, daß jede Streuwelle ψ_h

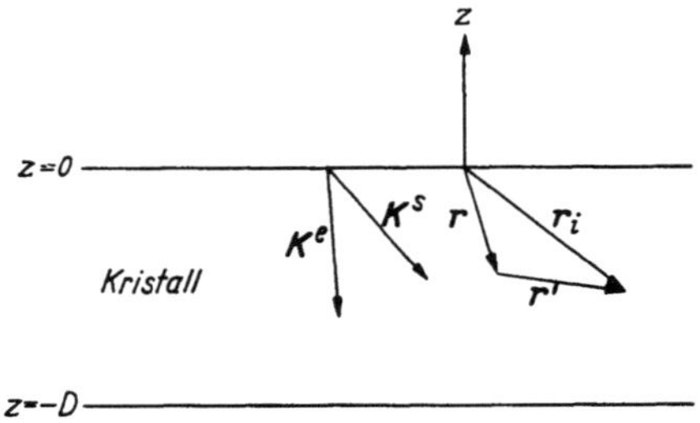

Fig. 33. Lage der verschiedenen Vektoren $\boldsymbol{K}^{s,e}$ und $\boldsymbol{r}$.

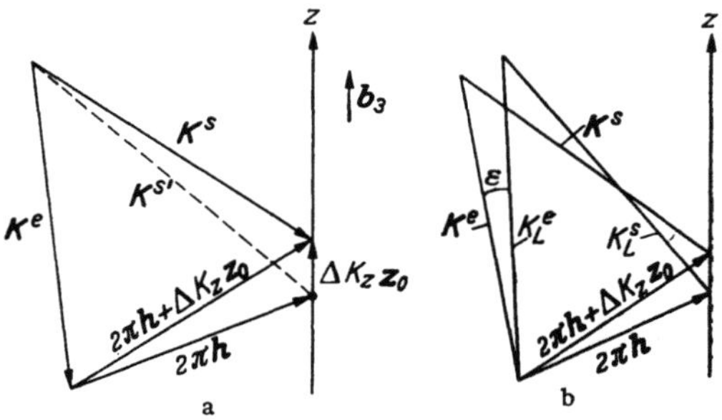

Fig. 34 a u. b. Zur Veranschaulichung der verschiedenen Wellenvektoren.

aus zwei Wellen mit in ihrer z-Komponente um ΔK_z verschiedenen Wellenvektoren $\boldsymbol{K}^{s'} = \boldsymbol{K}^e + 2\pi\,\boldsymbol{h}$ und $\boldsymbol{K}^s = \boldsymbol{K}^{s'} - \Delta K_z \cdot \boldsymbol{z}_0$ aufgebaut ist (Fig. 34a)[1]. Diese Differenz der Wellenvektoren $(\boldsymbol{K}^{s'} - \boldsymbol{K}^s) = \Delta K_z \cdot \boldsymbol{z}_0$ ist eine kleine Größe, die wie Fig. 34b zeigt, der Abweichung ε des Einstrahlwinkels vom Reflexionswinkel proportional ist (Anregungsfehler) (s. unten). Mit merklicher Intensität treten nur solche Strahlen auf, für die ΔK_z klein ist. $\Delta K_z = 0$ bedeutet exakte Erfüllung der LAUE-Bedingung, also $\boldsymbol{K}_L^s - \boldsymbol{K}_L^e = 2\pi\,\boldsymbol{h}$ mit $K_L^e = K_L^s$.

Zur Vereinfachung betrachten wir außer dem Primärstrahl (ψ_0) nur *einen* Interferenzstrahl als merklich angeregt, d.h. ΔK_z soll nur für einen Vektor $\boldsymbol{h}$ klein sein, alle übrigen ebenen Wellen werden vernachlässigt.

Dann reduzieren sich obige Summen auf die Ausdrücke:

im Kristall:

$$\psi_s = -\frac{A_0 m_0}{\hbar^2} V_h \left(\frac{1}{+K_z^s}\right) \frac{e^{i(\boldsymbol{K}^s\cdot \boldsymbol{r})} - e^{i(\boldsymbol{K}^{s'}\cdot \boldsymbol{r})}}{+i\,\Delta K_z}, \tag{17.9}$$

hinter dem Kristall:

$$\psi_s = \frac{A_0 m_0}{\hbar^2} V_h \left(\frac{1}{+K_z^s}\right) e^{i(\boldsymbol{K}^{s'}\cdot \boldsymbol{r})} \frac{1 - e^{i\,\Delta K_z D}}{+i\,\Delta K_z}. \tag{17.10}$$

Beide Lösungen schließen sich für $z = -D$ aneinander an.

Führt man für die Abweichung von der LAUE-Richtung den Winkel ε ein (Anregungsfehler), so besteht wegen

$$\Delta K_z = +K_z^s - (K_z^e + 2\pi h_3 b_3)^1$$

ein linearer Zusammenhang zwischen ε und ΔK_z. Eine Rechnung liefert hierfür

$$\Delta K_z = \frac{2\pi h}{\cos\gamma} \cos\Theta\,\varepsilon,$$

[1] ΔK_z ist negativ, wie aus $\boldsymbol{K}^{s'} - \boldsymbol{K}^s = \Delta K_z \cdot \boldsymbol{z}_0$ und Fig. 34a folgt.

wo γ der Winkel des Streuvektors $\boldsymbol{K}^s$ mit der z-Richtung ist. Im allgemeinen kann man wegen der Kleinheit der Wellenlänge $\cos\Theta = 1$ $\left(\Theta = \frac{n\lambda}{2d}\right)$ und, wenn man wie üblich nahezu parallel zur z-Richtung einstrahlt, $\cos\gamma = 1$ setzen[1].

Die Streuwelle ist dann

im Kristall

$$\text{für } \underset{(K^s = K^{s\prime})}{\varepsilon = 0} \qquad \psi_s = \frac{A_0 m_0}{\hbar^2} V_h \frac{1}{K_z^s} \cdot z \cdot e^{i(\boldsymbol{K}^s \cdot \boldsymbol{r})}, \tag{17.11}$$

$$\text{für } \varepsilon > 0 \qquad \psi_s = \frac{A_0 m_0}{\hbar^2} V_h \frac{1}{K_z^s} \cdot \frac{\sin \pi \varepsilon h z}{\pi \varepsilon h z} \cdot z \cdot e^{-i\pi h \varepsilon \cdot z} \cdot e^{i(\boldsymbol{K}^s \cdot \boldsymbol{r})}, \tag{17.12}$$

hinter dem Kristall

$$\text{für } \varepsilon = 0 \qquad \psi_s = -\frac{A_0 m_0}{\hbar^2} V_h \frac{1}{K_z^s} \cdot D \cdot e^{i(\boldsymbol{K}^s \cdot \boldsymbol{r})}, \tag{17.13}$$

$$\text{für } \varepsilon > 0 \qquad \psi_s = +\frac{A_0 m_0}{\hbar^2} V_h \frac{1}{K_z^s} \frac{\sin \pi \varepsilon h D}{\pi \varepsilon h D} D e^{i\pi h \varepsilon D} \cdot e^{i(\boldsymbol{K}^s \cdot \boldsymbol{r})}. \tag{17.14}$$

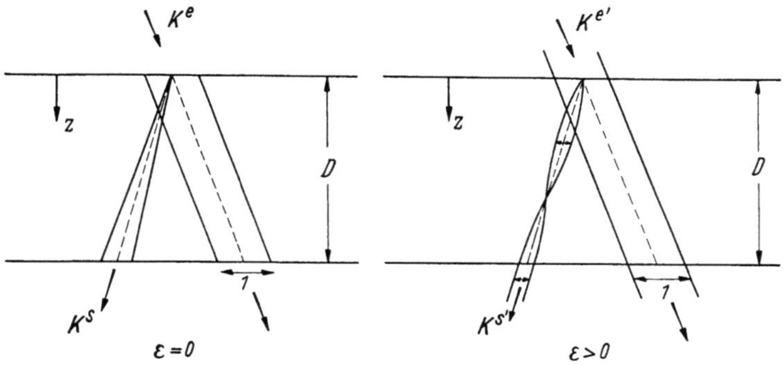

Fig. 35. Schematische Darstellung der Intensität der Wellen im und hinter dem Kristall. Der Primärstrahl wird den Voraussetzungen entsprechend nicht geschwächt. (*a*) Für $\varepsilon = 0$ wächst die Reflexintensität linear mit z an. (*b*) Für $\varepsilon > 0$ entsteht eine amplitudenmodulierte Welle.

Wir haben also im Kristall für $\varepsilon = 0$ eine mit z linear wachsende Amplitude der Streuwelle, die bei $z = -D$ den Kristall verläßt, vgl. Fig. 35. Die Amplitude der Streuwelle hinter dem Kristall ist D proportional. Im Falle $\varepsilon > 0$, d.h. wenn etwas außerhalb der Reflexionsstellung eingestrahlt wird, erhalten wir eine Welle mit dem Vektor $\boldsymbol{K}^s$ und einer Amplitude, die längs der z-Achse mit der Funktion

$$\frac{\sin \pi h \varepsilon z}{\pi h \varepsilon z} \tag{17.15}$$

moduliert ist. Diese Modulation rührt von der Schwebung der beiden Teilwellen mit der geringen Wellenzahldifferenz ΔK_z her. Der Maximalwert der Amplitude nimmt mit $1/\varepsilon$ ab, während der Knotenabstand der modulierten Streuwelle $1/(\varepsilon \cdot h)$ mit ε abnimmt. Hinter dem Kristall durchläuft daher mit wachsendem ε oder mit zunehmender Abweichung von der LAUE-Richtung die Streuamplitude $|\psi_s|$ bei festem D den Wertebereich der Funktion $\frac{\sin x}{x}$ mit $x = \pi \varepsilon h D$, zeigt also Maxima und Minima der Intensität, die wir in Ziff. 17γ als Nebenmaxima und -minima bezeichnet haben.

[1] Für $\Theta \approx 0$ ist die Beziehung $\Delta K_z \cos\gamma = 2\pi h \varepsilon$ unmittelbar aus Fig. 34b abzulesen.

Die Amplitude hat Minima an der Austrittsstelle $z = -D$ für

$$\pi \varepsilon h D = m\pi,$$

oder

$$\varepsilon = \frac{m\lambda}{2D\Theta}.$$

Diese Beziehung ist identisch mit (17.4), so daß hiermit die exakte Begründung dieses Ergebnisses der geometrischen Theorie gegeben ist. Die Primärwelle ψ_0 ($|\psi_0| = A_0$) durchläuft den Kristall ohne merkliche Schwächung, da die für die geometrische Theorie charakteristische Bedingung $|\psi_0| \gg |\psi_s|$ gilt.

Bei festem ε durchläuft mit zunehmender Dicke D die Amplitude $|\psi_s|$ Maxima und Minima, entsprechend der Funktion $\sin \pi \varepsilon h D$. Diese Art der Variation der Amplitude mit der Schichtdicke findet man in der dynamischen Theorie wieder, s. unten.

Aus diesen Betrachtungen erhalten wir zugleich ein exaktes Kriterium für die Grenzen der Gültigkeit der wellenkinematischen Theorie:

Die obigen Beziehungen ergeben eine mit der Schichtdicke linear zunehmende Reflexintensität (s. Fig. 35). Die kinematische Theorie fordert $|\psi_s| < |\psi_0|$ oder wenn wir in der z-Richtung einstrahlen, also $K_z^s \approx K^s$ ist [vgl. (17.13)],

$$D < \frac{K^s}{V_h} \frac{\hbar^2}{m_0}.$$

Mit einem Wert von 5 Volt für V_h und mit $\lambda \sim 0{,}05$ Å muß also $D < \sim 200$ Å bleiben. Man ersieht daraus, wie nahe man sich an der Grenze der Gültigkeit der kinematischen Theorie in den üblichen Experimenten bewegt. Hingegen hält in den Nebenmaxima die Gültigkeit der Theorie wegen des Faktors $\frac{\sin x}{x}$ länger vor. So gilt für das m-te Nebenmaximum

$$D \lesssim 200 \frac{(2m+1)\pi}{2},$$

also bei

$$m = 1: \quad D < 1000\,\text{Å},$$

$$m = 2: \quad D < 1500\,\text{Å}.$$

ε) Zur dynamischen Betrachtung der Interferenzen an dünnen Blättchen. Um die Erscheinungen an dickeren Schichten theoretisch zu verstehen, ist die Voraussetzung $|\psi_s| < |\psi_0|$ fallen zu lassen. Die „dynamische" Theorie löst daher, um auch starke Reflexe behandeln zu können, die SCHRÖDINGER-Gleichung mit periodischem Potential

$$V(r) = \sum_h V_h e^{2\pi i (\boldsymbol{h} \cdot \boldsymbol{r})}$$

ohne Einschränkung.

Auf Einzelheiten der Durchführung der Lösung kann an dieser Stelle nicht eingegangen werden[1]. Es lassen sich aber mit den eben gegebenen physikalischen Grundlagen die Ergebnisse in folgender Weise verstehen:

Auch die dynamische Lösung ergibt ein Feld aus unendlich vielen ebenen Wellen. Beschränkt man sich wie oben auf *zwei* starke Strahlen (Zweistrahlproblem) und löst die dynamischen Gleichungen für eine dünne Kristallplatte[2], so ergibt sich, daß sich *sowohl* die durchgehende *wie* die gestreute Welle im

[1] H. BETHE: Ann. Phys. **5**, 325 (1930). — M. v. LAUE: Materiewellen und ihre Interferenzen. Leipzig, 1944

[2] McGILLAVRY: Physica, Haag **7**, 329 (1940).

Kristall als eine Superposition zweier ebener Wellen mit etwas verschiedenen z-Komponenten des Wellenvektors darstellen lassen[1]. Die Differenz dieser z-Komponenten beträgt[2]:

$$\Delta K_z^{\mathrm{dyn}} = 2\sqrt{\left(\frac{m_0}{\hbar^2 K^e}\right)^2 V_h^2 + (\pi h \varepsilon)^2}. \tag{17.16}$$

Hierbei ist angenommen, daß wie zumeist in den Experimenten der einfallende und der Streustrahl nahezu parallel der z-Richtung verläuft, so daß der Cosinus des Winkels zwischen z-Richtung und den Strahlen gleich Eins gesetzt werden kann. Wir betrachten nun getrennt die beiden Fälle $\varepsilon = 0$ und $\varepsilon > 0$.

a) $\varepsilon = 0$: Aus Gl. (17.16) liest man ab, daß abweichend von der geometrischen Theorie für $\varepsilon \to 0$ $\Delta K_z \neq 0$ bleibt. Es ist also in der Reflexionsstellung $\boldsymbol{K}_L^s - \boldsymbol{K}_L^e = 2\pi \boldsymbol{h}$ mit $|\boldsymbol{K}_L^s| = |\boldsymbol{K}_L^e + 2\pi \boldsymbol{h}|$ *sowohl* der Primärstrahl *als* der Streustrahl eine amplitudenmodulierte Welle (Fig. 36). Die Größe von

$$(\Delta K_z)_{\varepsilon=0} = \Delta K_z^0 = 2\,\frac{m_0 V_h}{\hbar^2 K} \tag{17.17}$$

ist unter anderem ein Maß für die Stärke der Wechselwirkung der Elektronen mit dem Gitter bei der Reflexion an der Ebene h. Die Amplituden der durchgehenden wie der gestreuten Welle im Kristall werden

$$\left.\begin{aligned} \psi_{\mathrm{Durch}} &= A_0 \cos\left(\tfrac{1}{2}\,\Delta K_z^0 z\right),\\ \psi_{\mathrm{Streu}} &= A_0 \sin\left(\tfrac{1}{2}\,\Delta K_z^0 z\right). \end{aligned}\right\} \tag{17.18}$$

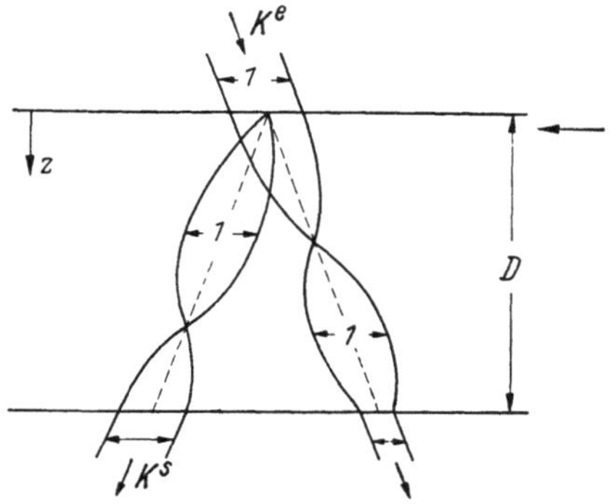

Fig. 36. Schematische Darstellung des Amplitudenverlaufes des durchgehenden und des Interferenzstrahles in und hinter dem Kristall in Reflexionsstellung ($\varepsilon = 0$) im dynamischen Fall.

Sie sind also um 90° phasenverschoben und von gleicher Größe, da die Absorption vernachlässigt wurde. Bei kleinen Werten von z (Pfeil in Fig. 36) gilt für sie das von der geometrischen Theorie her bekannte Bild (Fig. 35). Mit weiter zunehmendem z nimmt jedoch, nachdem die Streuwelle die gesamte Energie übernommen hat, ihre Amplitude wieder ab und leitet ihre Energie dem Primärstrahl zu. Der Energiesatz $A_0^2 = \psi_{\mathrm{Durch}}^2 + \psi_{\mathrm{Streu}}^2$ ist also gewahrt. Nach einem Abstand von $\pi \hbar^2 K/m_0 V_h$ setzt infolge der Kopplung der Wellen ψ_{Durch} und ψ_{Streu} erneut das Pendeln der Energie in die Reflexrichtung ein (Ewaldsche Pendellösung). Je stärker die Kopplung ist — hervorgerufen durch ein größeres V_h — auf desto kürzerer Wegstrecke findet das Hin- und Herpendeln statt. Die Größe der Amplituden ψ_{Durch} und ψ_{Streu} beim Austritt aus dem Kristall ($z = -D$) hängt von der Dicke des Kristalls ab.

Beobachtet man daher hinter einem Kristall variabler Dicke, z. B. hinter einem keilförmig begrenzten Kristall, der in Reflexionsstellung liegt, die Strahlintensitäten in Primärstrahlrichtung (ψ_{Durch}) und Reflexrichtung (ψ_{Streu}), so werden diese mit der Dicke periodisch schwanken. Beobachtet man beispielsweise das hinter einem würfelförmig begrenzten MgO-Kristall, der sich für (220) in Reflexionsstellung

[1] Bei dieser Berechnung wird vorausgesetzt, daß die Einstrahlung nicht zu streifend erfolgt, damit wie oben, die an den Kristallbegrenzungen reflektierten Strahlen vernachlässigt werden können.

[2] Hier wie in Gl. (16.14) bedeutet K^e und ε die Wellenzahl $2\pi/\lambda$ und den Anregungsfehler *im* Kristall. Beide unterscheiden sich jedoch von den entsprechenden Größen im Außenraum für $E_{\mathrm{kin}} > V_{000}$ und steilen Einfall, wie es bei den Experimenten an planparallelen Blättchen immer der Fall ist, nur unwesentlich.

befindet (vgl. Fig. 37a) liegende Gebiet mit einem Elektronenmikroskop, so beobachtet man eine periodische Intensitätsschwankung an der Kristallkante. Fig. 37b, c zeigt eine Aufnahme dieser Erscheinung[1]. Der Streifenabstand beträgt einige 100 Å. In Fig. 37b wurde das elektronenmikroskopische Bild mit kleiner Blenden-Apertur, d.h. unter Ausschaltung der Interferenzstrahlen erzeugt. Es zeigt die periodischen Intensitätsschwankungen in Primärstrahlrichtung. In Fig. 37c wurde das Bild bei großer Apertur erzeugt, d.h. der Interferenzstrahl (220) wird zur Abbildung mitbenutzt. Infolge der Öffnungsfehler der Linse fallen beide Bilder, das mit dem „Primärstrahl" und das mit den „Interferenzstrahlen" erzeugte, nicht zusammen. Der Vergleich läßt erkennen, daß die Intensitäten in beiden Bildern um eine Streifenbreite verschoben sind, d.h. daß ein Maximum im Primärstrahl einem Minimum im Interferenzstrahl entspricht, gemäß (17.18).

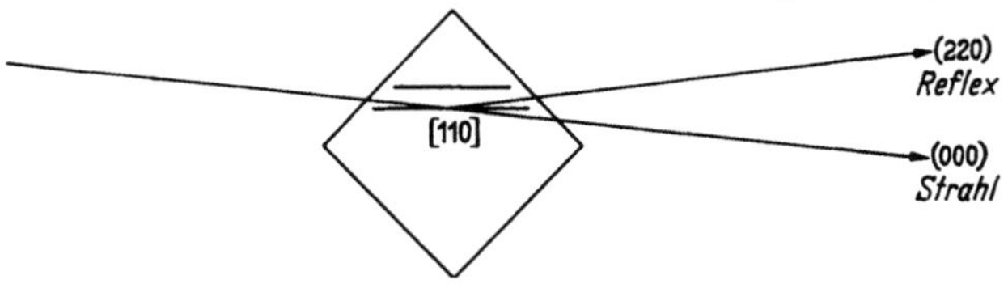

Fig. 37 a. Zur Entstehung des (220) Reflexes im [110] Azimut.

Der Streifenabstand läßt sich mit Hilfe von (17.18) sofort angeben: Im Reflex ist jeweils für $\frac{1}{2}\Delta K_z^0 \cdot D = \nu\pi$ (ν ganze Zahlen) Dunkelheit zu erwarten ($\psi_{\text{Streu}} = 0$), mithin ist der zugehörige Dickenunterschied $\Delta D = \frac{2\pi}{\Delta K_z^0}$. Da bei einer Neigung der Begrenzungsflächen gegen die reflektierende Netzebene von 45° (wie in dem oben betrachteten Fall) der Streifenabstand $d_0 = D/2$ ist, so wird $d_0 = \pi/\Delta K_z^0 = \lambda/2 \cdot E_{\text{kin}}/V_h$, wo $E_{\text{kin}} = \hbar^2/2m_0 \cdot K^2$ die Elektronenenergie ist. Mit $\lambda = 0{,}05$ Å und $E_{\text{kin}}/V_h \sim 10^4$ ergibt sich $d_0 \sim 250$ Å. Auf diese Weise würde eine relativ genaue Bestimmung von V_h aus dem Abstand der Minima möglich sein, wenn nicht der Streifenabstand eine empfindliche Funktion von ε wäre. Ist $\varepsilon > 0$, so erhält man aus (17.20):

$$\tfrac{1}{2} \cdot \Delta K_z^0 \cdot D \cdot \sqrt{1 + (C\varepsilon)^2} = \nu\pi$$

oder

$$d(\varepsilon) = \frac{d_0}{\sqrt{1 + \left(\lambda h \frac{E_{\text{kin}}}{V_h} \varepsilon\right)^2}}.$$

Hier ist $\lambda h \frac{E_{\text{kin}}}{V_h} \sim 200$, wenn $\lambda = 0{,}05$ Å, $h = \frac{n}{a}$ mit $n = 2$, $a = 5$ Å und $\frac{E_{\text{kin}}}{V_h} \sim 10^4$ gesetzt wird. Diese Abhängigkeit des Streifenabstandes von ε zeigt, daß ε für eine Bestimmung von V_h bekannt sein muß, es sei denn, man sucht durch Variation von ε das Maximum von d auf, welches gleich d_0 ist. Andererseits erkennt man, daß die Divergenz des auf die Netzebenen auftreffenden Strahles klein sein muß, damit scharfe Minima entstehen. — Die Abschätzung der V_h-Werte aus den Streifenabständen ergibt hierfür plausible Zahlenwerte[1].

b) $\varepsilon > 0$: Geht man um geringe Werte aus der Richtung $\varepsilon = 0$ heraus, so sinkt die Primäramplitude nicht mehr auf Null ab wie für $\varepsilon = 0$, s. (17.18), sondern nur noch auf den Wert $A_0 C\varepsilon/\sqrt{1 + C^2\varepsilon^2}$, wo

$$C = \frac{2\pi h}{\Delta K_z^0} \tag{17.19}$$

[1] Aufnahmen von Frl. D'ANS in H. NIEHRS, Z. Physik **138**, 570 (1954). Die erste Beobachtung stammt von E. KINDER, Naturwiss. **31**, 149 (1943) und R. D. HEIDENREICH, Phys. Rev. **62**, 291 (1942). Zur Deutung s. W. KOSSEL, Naturwiss. **31**, 323 (1943).

b

c

Fig. 37 b, c. Sichtbarmachen der Pendellösung an einem MgO-Kristall in (220) Reflexionsstellung (Kristallgröße etwa 1 μ).

ist, ΔK_z^0, s. (17.17), während die Streuamplitude maximal nur noch auf den Wert $A_0/\sqrt{1+C^2\varepsilon^2}$ ansteigt. Der Abstand zweier Schwebungsknoten $\frac{2\pi}{\Delta K_z^{\mathrm{dyn}}}$ nimmt, wie oben (s. S. 477), mit zunehmendem ε ab. Fig. 38 gibt unter diesen Umständen die Verhältnisse wieder.

Im besonderen variiert die Intensität der Streuwelle am Kristallrand ($z=-D$) und daher auch hinter dem Kristall entsprechend der Funktion

$$\left(\frac{\sin\sqrt{1+C^2\varepsilon^2}\,\frac{\Delta K_z^0}{2}\,D}{\sqrt{1+C^2\varepsilon^2}\,\frac{\Delta K_z^0}{2}}\right)^2. \tag{17.20}$$

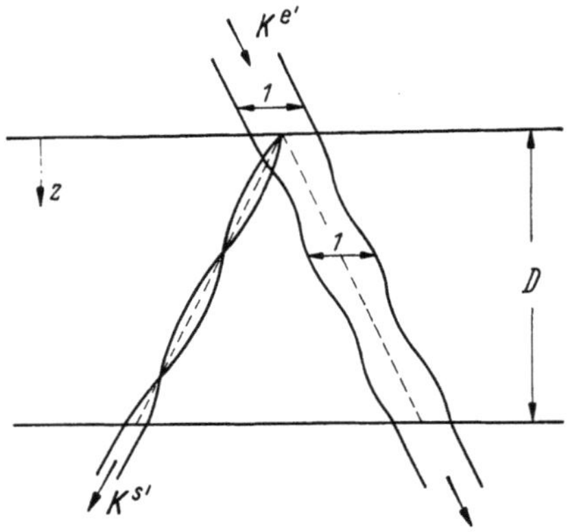

Fig. 38. Schematische Darstellung des Amplitudenverlaufes des durchgehenden und des Interferenzstrahles in und hinter dem Kristall für kleine ε im dynamischen Fall. Die Amplitude des Primärstrahles pendelt nicht mehr durch den Wert Null, sondern nur noch durch den Minimalwert $\frac{C\varepsilon}{\sqrt{1+C^2\varepsilon^2}}$; die Amplitude des Streustrahles nimmt maximal den Wert $\frac{1}{\sqrt{1+C^2\varepsilon^2}}$ an.

Die wellenkinematische Theorie ergab [s. (17.14)]

$$\left(\frac{\sin\pi h\,\varepsilon D}{\pi h\,\varepsilon}\right)^2, \tag{17.21}$$

ein Ausdruck, der aus Gl. (17.20) der dynamischen Theorie entsteht, falls $C\varepsilon \gg 1$ ist. Daß diese Forderung $C\varepsilon \gg 1$ zur wellenkinematischen Näherung führt, geht weiterhin daraus hervor, daß die Amplitude der durchgehenden Welle

$$A_0\cdot\frac{C\varepsilon}{\sqrt{1+C^2\varepsilon^2}}\to A_0$$

strebt und die Amplitude der Streuwelle

$$\frac{A_0}{\sqrt{1+C^2\varepsilon^2}}\to\frac{A_0 m_0 V_h}{\hbar^2 K}\,\frac{1}{\pi h\,\varepsilon},$$

ein Wert, der bis auf den Modulationsfaktor $\sin(\pi h\,\varepsilon D)$ mit der Beziehung (17.14) identisch ist. Für $C\varepsilon \gg 1$ nimmt $\Delta K_z^{\mathrm{dyn}}$ [s. (17.16)] den Wert $\Delta K_z = 2\pi\varepsilon h$ an, den wir in der geometrischen Näherung erhalten hatten.

Man ersieht hieraus, daß für $C\varepsilon \gg 1$ der Abstand der Nebenmaxima und -minima sowie der Intensitätsverlauf durch die kinematischen Beziehungen geregelt werden, daß jedoch für $C\varepsilon \sim 1$ Abweichungen auftreten. Diese sind an der Abweichung der Abstände der Nebenmaxima von der Äquidistanz zu erkennen, da statt $\varepsilon = \frac{m\lambda}{2D\Theta}$ jetzt die Beziehung

$$\varepsilon = \sqrt{\left(\frac{m\lambda}{2D\Theta}\right)^2 - 2\left(\frac{m_0 V_h}{\hbar^2 K}\right)^2\frac{\lambda^2}{(2\Theta)^2}} = \frac{\lambda}{2\Theta}\sqrt{\frac{m^2}{D^2}-\frac{1}{D_0^2}} \tag{17.22}$$

gilt, wo

$$D_0 = \frac{\hbar^2 K}{m_0 V_h\sqrt{2}} \tag{17.23}$$

ist. D_0 stellt im wesentlichen den Abstand zwischen zwei Schwebungsknoten $\pi\frac{\hbar^2 K}{m_0 V_h}$ dar (s. oben).

Es werden also die Nebenminima gegenüber dem geometrischen Wert nach kleineren Winkeln verschoben; das Streifensystem rückt an den Hauptreflex heran, und der Streifenabstand

$$\Delta\varepsilon = \frac{\lambda}{2D\Theta}\,\frac{1}{\sqrt{1-\left(\frac{D}{m D_0}\right)^2}} \tag{17.24}$$

wird für $m \sim D/D_0$ vergrößert. Diese Tatsache wurde bereits von KOSSEL und MÖLLENSTEDT[1] beobachtet, und zwar ergab sich, daß in Übereinstimmung mit der obigen Beziehung

1. die Abweichung von der geometrischen Formel $\varepsilon = \frac{m\lambda}{2D\Theta}$ für kleine Werte von m merkbar wird (genauer für $m \sim D/D_0$);

2. die Abweichung bei gegebenem m um so stärker wird, je größer die Schichtdicke ist (genauer, sobald $D \sim m D_0$ wird);

3. die Abweichung bei gegebenem D um so stärker wird, je größer die Wellenlänge ist, d.h. da $D_0 \sim 1/\lambda$, je kleiner D_0 wird[2].

Der genaue Vergleich der Beobachtung mit Gl. (17.24) an Glimmer ($D > 1000$ Å) und Bleijodid[2] zeigte jedoch, daß die genannte Beziehung nur eine Näherung ist.

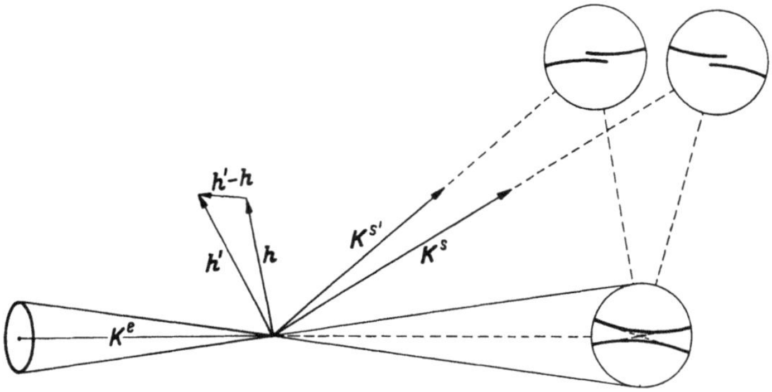

Fig. 39. Schematische Darstellung des Dreistrahlproblems: Die einfallende Welle $\boldsymbol{K}^e$ ist sowohl für die Ebene $\boldsymbol{h}$ wie $\boldsymbol{h}'$ in Reflexionsstellung. Variiert man die Einstrahlrichtung von $\boldsymbol{K}^e$ (durch den Kreis links angedeutet), so entstehen die in den rechten Kreisen dargestellten Linien: Im Kreis rechts unten stellen die Linien die herausreflektierte Intensität dar, d.h. sie sind dunkle Linien. Im Kreis rechts oben sind die hellen Linienreflexe wiedergegeben.

An dem infolge seiner schweren Atome stark streuenden PbJ_2 ist diese Abweichung stärker als bei Glimmer. Der Grund hierfür liegt aller Wahrscheinlichkeit nach in der Tatsache, daß es schwer ist, den reinen Zweistrahlfall zu realisieren, vor allem dann, wenn wie bei PbJ_2 die FOURIER-Koeffizienten V_h relativ groß sind. Eine Bestimmung der FOURIER-Koeffizienten V_h aus der Veränderung des Streifenabstandes gegenüber dem „geometrischen" Abstand, wie sie auf Grund der obigen Beziehung durchgeführt werden kann, ist daher mit Unsicherheit behaftet.

Beim genaueren Studium der Interferenzen an dünnen Blättchen im konvergenten Bündel ergab sich eine Reihe weiterer Erscheinungen, die vor allem ihren Grund darin haben, daß nicht nur ein Reflex angeregt ist, sondern noch mindestens ein zweiter merkliche Intensität hat, d.h. daß ein Drei- oder Mehrstrahlproblem vorliegt.

Eine solche Erscheinung ist folgende schon früher an KIKUCHI-Linien beobachtete Interferenzfigur: Ist für eine Einfallsrichtung ($\boldsymbol{K}^e$) nicht nur die Ebene $\boldsymbol{h}$ in Reflexionsstellung, sondern zugleich eine zweite Ebene $\boldsymbol{h}'$, so daß die Streuwellen mit den Wellenvektoren $\boldsymbol{K}^s$ und $\boldsymbol{K}^{s'}$ entstehen, so liegt ein solches Dreistrahlproblem vor (im Kristall sind drei Wellen mit den Wellenvektoren $\boldsymbol{K}^0$, $\boldsymbol{K}^s$ und $\boldsymbol{K}^{s'}$ vorhanden), s. Fig. 39. Ist außerdem $\boldsymbol{h} - \boldsymbol{h}'$ klein, also der zugehörige FOURIER-Koeffizient $V_{h-h'}$ groß [wegen $V_h \sim 1/h^2$, s. (16.16)], so wird die Welle $\boldsymbol{K}^s$ an der Ebene $\boldsymbol{h} - \boldsymbol{h}'$ stark gestreut, und zwar in die Richtung $\boldsymbol{K}^{s'}$ (ebenso umgekehrt $\boldsymbol{K}^{s'}$ in die Richtung $\boldsymbol{K}^s$). Die Rechnung ergibt, daß die Intensität in

[1] W. KOSSEL u. G. MÖLLENSTEDT: Ann. Phys. **42**, 287 (1942).

[2] ACKERMANN: Ann. Phys. **2**, 19 (1948).

den Richtungen $\boldsymbol{K}^s$ und $\boldsymbol{K}^{s'}$ Null wird, falls genau im Schnittpunkt der gestrichelten Linien d.i. genau in die geometrische Reflexionsstellung für $\boldsymbol{h}$ und $\boldsymbol{h}'$ eingestrahlt wird (Kreis rechts unten in Fig. 39). Variiert man die Einstrahlrichtungen, so ergibt die Durchrechnung, daß auf den gestrichelten Linien keine Reflexion stattfindet, hier löschen sich die Interferenzstrahlen infolge ihrer Wechselwirkung über $V_{h-h'}$ aus, so daß der einfallende Strahl ungehindert hindurchgeht (Einstrahlproblem). Um Reflexe zu erhalten, muß man die Einfallsrichtungen auf den ausgezogenen Linien entlang laufen lassen, d.h. man muß „ausweichen", so daß die reflektierten Linien den angedeuteten Verlauf zeigen. Die Größe der Ausweichung wird durch $V_{h-h'}$ bestimmt. Ließe sich diese genau messen, so könnte man auch auf diese Weise FOURIER-Koeffizienten der potentiellen Energie bestimmen.

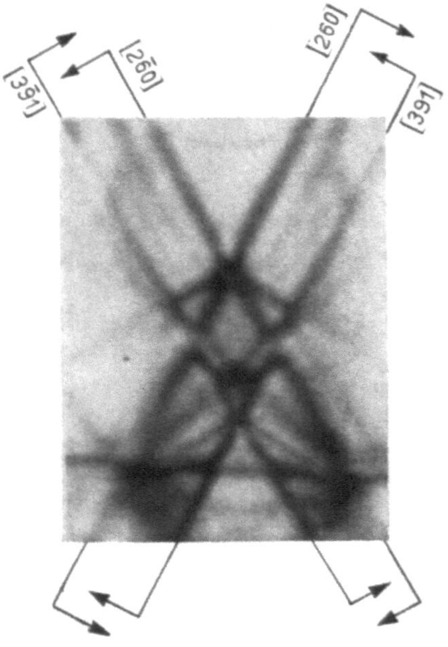

Fig. 40. Ausweichen beim Überkreuzen zweier Extinktionslinien.

Trifft also eine Elektronenstrahlung variierender Einfallsrichtung auf die Netzebenen, so entstehen Linienreflexe von den in Reflexionsstellung liegenden Ebenen. Ist dies für zwei Ebenen der Fall, so liegt im Schnittpunkt dieser Linien und seiner Umgebung ein „Dreistrahlproblem" vor. Es findet dann das oben beschriebene Ausweichen der Reflexionsrichtungen statt. Fig. 40[1] zeigt diese Erscheinung in der Anordnung des konvergenten Bündels an den sog. Extinktionslinien (schwarze Linien), die durch Herausreflektieren aus der Einstrahlrichtung entstanden sind. Die gleiche Erscheinung beobachtet man an zwei sich schneidenden KIKUCHI-Linien (s. Ziff. 21 und Fig. 63).

Eine weitere Interferenzerscheinung ist die Störung des Streifensystems der Nebenmaxima (s. Ziff. 17γ), falls ein zweiter Hauptreflex (oder mehrere) stark angeregt ist. Die Theorie dieser Beobachtungen wurde von FUES und WAGNER[2] sowie HOERNI[2] gegeben.

η) *Zur dynamischen Theorie der Reflexion.* Obwohl die Reflexionsversuche erst später (Ziff. 19) besprochen werden, gehört zur Vervollständigung der theoretischen Diskussion an diese Stelle die Betrachtung des Falles, daß die Elektronenstrahlen nicht wie oben auf der Rückseite einer dünnen Kristallplatte austreten — Fall der Durchstrahlung oder sog. LAUE-Fall — sondern daß der Elektronenstrahl an der Vorderseite eines *dicken* Kristalles gestreut wird — Fall der Reflexion oder sog. BRAGG-Fall. Die Durchrechnung zeigt einen charakteristischen Unterschied gegenüber dem LAUE-Fall: Im BRAGG-Fall bleiben sowohl für die einfallende Welle wie für die Streuwelle von den zwei im Wellenvektor um ΔK_z unterschiedenen Wellen jeweils nur eine Welle übrig, es gibt also keine Pendellösung mehr. Sowohl die einfallende wie die Streuwelle sind ins Kristallinnere hinein stark gedämpft, d.h. die eindringende Welle gibt ihre Energie schnell an die reflektierte, den Kristall auf der Vorderseite wieder verlassende Welle ab. Der Winkelbereich,

[1] CHR. MENZEL-KOPP: Z. Naturforsch. **8**a, 28 (1953).

[2] Siehe E. FUES u. E. H. WAGNER: Z. Naturforsch. **6**a, 1, 79, 133 (1951), dort weitere Literaturangaben. — J. HOERNI: Thèse No. 1152, Univ. Genf 1950.

in dem diese Totalreflexion der Energie stattfindet (bei Vernachlässigung der Absorption) beträgt

$$\Delta\,\varepsilon_{\mathrm{tot}} \approx \frac{|V_h|}{E_{\mathrm{kin}}}\,\frac{a K}{n\pi}. \qquad (17.25)^{1}$$

Die Strecke, auf der die Energie auf $1/e$ infolge Streuung abgesunken ist („Eindringtiefe"), beträgt

$$\bar{z} \approx |\gamma|\,\frac{a}{\frac{|V_h|}{E_{\mathrm{kin}}}\,a K} = |\gamma|\,\frac{a}{n\pi}\,\frac{1}{\Delta\varepsilon_{\mathrm{tot}}}, \qquad (17.26)$$

wo $|\gamma|$ der Cosinus des Winkels zwischen der Strahlrichtung und der Flächennormalen ist. Damit die Welle mehrere Atomlagen eindringt, um Raumgitterinterferenzen zu erzeugen, muß $\bar{z} > a$ sein oder $\gamma \sim \Theta > \frac{|V_h|}{E_{\mathrm{kin}}} K a = 6 \cdot 10^{-2}$, d.h. es darf nicht zu flach eingestrahlt werden.

Diese Forderung ist gleichwertig mit der Bedingung, daß wir das Problem als Zweistrahlproblem behandeln dürfen, d.h. daß die Reflexionsbreite $\ll$ Winkelabstand benachbarter Reflexe ist oder daß

$$\Delta\,\varepsilon_{\mathrm{tot}} \ll \frac{\lambda}{2d} \qquad (17.27)$$

bleiben muß. Letztere Bedingung verlangt:

$$\frac{V_h}{E_{\mathrm{kin}}}\,\frac{a K}{\pi} \ll \Theta \qquad (17.28)$$

wegen $\frac{V_h}{E_{\mathrm{kin}}} \sim 10^{-4}$ und $aK \sim 500$ muß daher $\Theta \gg 2 \cdot 10^{-2}$ sein, was ebenfalls keinen zu flachen Einfall erfordert.

Da wir bei Reflexionsversuchen im allgemeinen $\Theta \sim$ mehrere 10^{-2} haben, ist die Voraussetzung für ein Zweistrahlproblem in obiger vereinfachter Lösungsform nicht mehr erfüllt. Die Anwendung der BRAGGschen Gleichung, modifiziert durch Einführung einer konstanten inneren potentiellen Energie, hat daher nur sehr bedingte Berechtigung; der aus diesen Messungen erhaltene Wert des inneren Potentials ist jedenfalls nur als ein orientierender Wert zu betrachten. Diese Tatsache zeigt sich auch darin, daß der Wert des inneren Potentials, bestimmt mit Hilfe der modifizierten BRAGGschen Gleichung [s. (19.3)] eine Funktion der Ordnungszahl ist (s. Ziff. 19 γ).

18. Durchstrahlung von kleinen Kristallen. Hat der Kristall weder eine Blättchenform noch eine parallelepipedische Gestalt, sondern ein beliebig geformtes Äußeres, so ist die Summation der Phasen in Gl. (12.3) nicht mehr durchführbar. Glättet man jedoch die atomar treppenförmige Kristallbegrenzung, was bei einem nicht zu kleinen Kristall keinen großen Fehler bedeutet, so wird die Summe $L(A_i)$ durch das Integral

$$E(A_i) = \frac{1}{V_z}\iiint e^{2\pi i \sum_i x_i A_i}\,dx_1\,dx_2\,dx_3 \qquad (18.1)$$

gut approximiert, sofern man sich auf $A_i < \frac{1}{2}$ um jeden Punkt des reziproken Gitters herum beschränkt (V_z Volumen der Zelle)[2].

Für das Parallelepiped wird

$$E(A_i) = M_1 M_2 M_3 \frac{\sin\pi M_1 A_1}{\pi M_1 A_1} \cdot \frac{\sin\pi M_2 A_2}{\pi M_2 A_2}\,\frac{\sin\pi M_3 A_3}{\pi M_3 A_3} \qquad (18.2)$$

---

[1] Die Bedeutung der Buchstaben ist die gleiche wie oben; n Ordnungszahl.

[2] M. v. LAUE: Ann. d. Phys. **26**, 55 (1936); **29**, 211 (1937). — A. L. PATTERSON: Phys. Rev. **56**, 972 (1939).

eine Beziehung, die für kleine A, d.h. $\sin \pi A \approx \pi A$ mit der Formel (12.4) identisch ist. Für andere Kristallformen (Oktaeder u.a.) wurde das Integral ebenfalls ausgewertet[1].

Sind die Dimensionen der Kristalle in den drei Raumrichtungen nicht zu verschieden, so ist der Intensitätsbereich gemessen von Halbwert zu Halbwert in erster Näherung eine Kugel (s. Ziff. 14). In der zweiten Spalte von Tabelle 18.1 sind die Halbwertsbreiten in den verschiedenen Richtungen für einen Würfel angegeben, woraus die Kugelform des Intensitätsbereiches hervorgeht.

Tabelle 18.1. *Ausdehnung A des Intensitätsbereiches eines Würfels abhängig von der Richtung, gemessen von der Mitte des Bereiches A = 0.*

Richtung	$A_{\frac{1}{2}}\,(\varepsilon=\frac{1}{2})$*	$A_{0,05}\,(\varepsilon=0{,}05)$	$A_0\,(\varepsilon=0)$
[100]	$0{,}442 \cdot 1/M$	$0{,}806 \cdot 1/M$	$1 \cdot 1/M$
[110]	$0{,}451 \cdot 1/M$	$0{,}892 \cdot 1/M$	$\sqrt{2} \cdot 1/M$
[111]	$0{,}455 \cdot 1/M$	$0{,}923 \cdot 1/M$	$\sqrt{3} \cdot 1/M$

* Intensitätsverhältnis $\varepsilon = L^2(A_{\frac{1}{2}})/L^2(0)$.

Ist dies nicht der Fall, so treten je nach der Kristallgestalt verschiedenartige Intensitätsbereiche oder Interferenzflecke (000, der Primärstrahl, inbegriffen) auf. Um deren Form zu erkennen, muß allerdings die apparative Fleckschärfe klein sein gegen das eben betrachtete Beugungsscheibchen $(\lambda/D)P$ (P Abstand Platte—Objekt). Über die Fleckform der Interferenzen oder des Primärfleckes liegen bisher nur vereinzelte Beobachtungen vor[2].

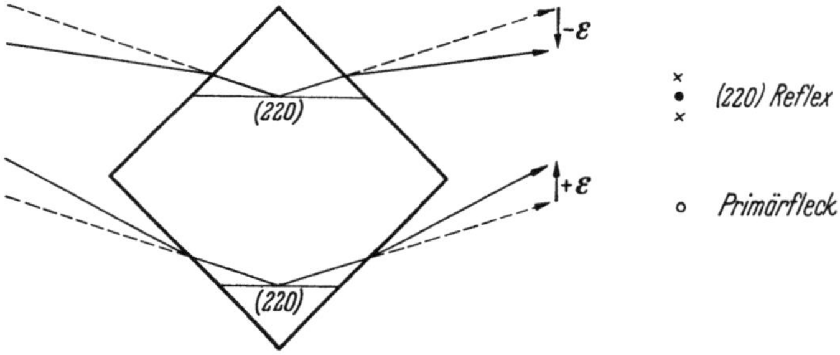

Fig. 41. Aufspaltung des (220) Reflexes infolge Brechung bei Einstrahlung in der [110] Richtung.

Feinstruktur der Reflexe (sog. Interferenzdoppelbrechung). Besitzt der bestrahlte Kristall eine reguläre Gestalt, z.B. Würfelform, so macht sich die Brechung des Strahles an der Ein- und Austrittsfläche des Kristalles bemerkbar, die zu einer charakteristischen Feinstruktur der Interferenzen führt. Voraussetzung ist hierbei allerdings, daß die Fleckschärfe durch Beugung nicht zu sehr beeinträchtigt wird, d.h. genügend große Kristalle von einigen 100 Å vorliegen [s. Tabelle (8.1)]. Um die Größenordnung dieser Strahlablenkung durch Brechung abzuschätzen, benutzt man Gl. (19.7) und erhält als Differenz der Winkel zwischen einfallendem und gebrochenem Strahl

$$\varepsilon = -\frac{V_0}{2E}\cot\delta\,, \tag{18.3}$$

wo δ der Winkel zwischen reflektierender Ebene und äußerer Begrenzung ist. So ergibt sich z.B. bei $\delta = 45^\circ$, $E = 50$ kV und $V = 10$ Volt: $\varepsilon \sim 10^{-4}$; bei einem Plattenabstand von 30 cm bedeutet dies eine Strahlversetzung von etwa 50 µ, so daß dieser Effekt ein sog. „Feinstruktureffekt“ ist und zu seiner Beobachtung eine Reflexschärfe erforderlich ist, die größer als die eben angegebene Strahlversetzung ist.

[1] M. v. LAUE u. K. H. RIEWE: Z. Kristallogr. **95**, 408 (1936). — A. L. PATTERSON: Phys. Rev. **56**, 972 (1939). — K. H. RIEWE: Z. Kristallogr. **96**, 85 (1937).

[2] Siehe z.B. H. EHLERS: Z. Naturforsch. **11a**, 368 (1956). — H. BOERSCH: Z. Physik **116**, 469 (1940).

Betrachten wir als Beispiel den Strahlengang bei der Entstehung des (220) Reflexes an einem Würfel (Fig. 41), der in [110] Richtung angestrahlt wird, so gilt für den Strahl durch die oberen Begrenzungen wegen $\delta = 45°$: $\varepsilon = -\frac{V_0}{2E}$ und für den Strahl, der die beiden unteren Begrenzungen durchsetzt wegen $\delta = 135°$: $\varepsilon = +\frac{V_0}{2E}$. Mithin wird ein Paar von Reflexen $\pm\frac{V_0}{2E}$ entstehen, das symmetrisch um den unabgelenkten Strahl, der eine obere *und* eine untere Begrenzung durchsetzt hat, liegt. Der unabgelenkte Strahl wird intensitätsmäßig sehr schwach sein, da er den ganzen Kristall durchsetzt hat[1].

Bei Einstrahlung in [100] Richtung entsteht keine Verschiebung, da wegen $\delta = 90°$: $\varepsilon = 0$ wird [vgl. Gl. (19.5)]. Es findet zwar eine Brechung statt, diese wird jedoch durch die mit der Wellenlängenverkleinerung verbundene Änderung des Reflexwinkels kompensiert.

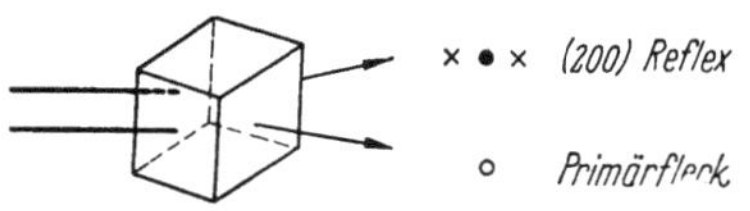

Fig. 42. Aufspaltung des (200) Reflexes bei Einstrahlung in [110] Richtung.

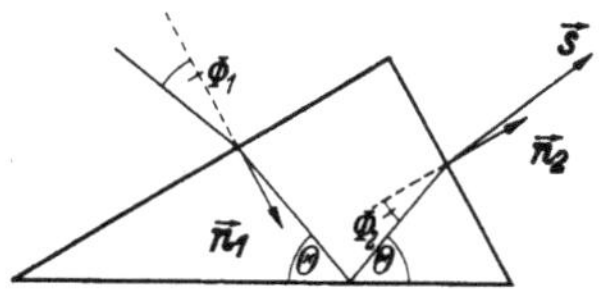

Fig. 43. Strahlengang beim Durchtritt durch eine Kristallkante.

Ähnlich liegen die Verhältnisse bei dem (200) Reflex: In der [100] Richtung liegt der gleiche Strahlengang wie bei (220) Reflex in [100] Richtung vor, so daß keine Aufspaltung entsteht. Hingegen erwarten wir beim Entstehen des (200) Reflexes in [110] eine Aufspaltung (unabgelenkter Reflex und zwei Nachbarreflexe). Diesmal findet aber die Reflexaufspaltung senkrecht zur Einfallsebene (Ebene aus Strahl und Normale der reflektierenden Netzebene) statt, s. Fig. 42.

Im allgemeinen Fall liegt der Strahl nicht in der durch die Normalen der Begrenzungen gegebenen Ebene. Die Berechnung ergibt hierfür, daß der Strahlvektor $\mathbf{s}$ (Ziff. 12) durch die Brechung eine Verschiebung $\Delta\mathbf{s}$ nach „unten" erfährt (Fig. 43)[2]:

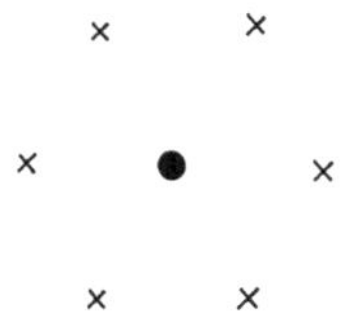

Fig. 44. Feinstruktur eines Reflexes infolge Brechung im allgemeinsten Fall nach der geometrischen Theorie.

$$\Delta\mathbf{s} = \frac{V_0}{2E}\left(\frac{\mathbf{n}_1}{\cos\Phi_1} - \frac{\mathbf{n}_2}{\cos\Phi_2}\right),$$

wo $\mathbf{n}_{1,2}$ die Einheitsvektoren der Normalen der Begrenzungen sind und $\Phi_{1,2}$ die Einfallswinkel. Berücksichtigt man auch den Durchtritt durch die „unteren" Flächen, so wird

$$\Delta\mathbf{s} = \frac{V_0}{2E}\left(\pm\frac{\mathbf{n}_1}{\cos\Phi_1} \pm \frac{\mathbf{n}_2}{\cos\Phi_2}\right).$$

[Diese Formel geht für den Fall, daß die Einstrahlung in der $(\mathbf{n}_1, \mathbf{n}_2)$-Ebene erfolgt, in Gl. (18.3) über.]

Je nach der Richtung von $\mathbf{n}$ und der Größe von Φ erfährt der Strahl verschiedene Ablenkung. Bei einem Würfel können durch Kombination der drei Normalen $\pm\mathbf{n}_1$, $\pm\mathbf{n}_2$, $\pm\mathbf{n}_3$ sechs nicht parallele Würfelflächenpaare gefunden werden, so daß sechs Komponenten, wie in Fig. 44 dargestellt, den unabgelenkten Fleck umgeben.

Werden die Experimente an Kristallen regulärer Gestalt durchgeführt, wofür sich vornehmlich die Würfel von MgO, CdO, sowie die Prismennadeln von ZnO eignen, so erhält man zwar Aufspaltungen, d.h. eine Feinstruktur der Reflexe,

[1] Zur experimentellen Anordnung s. Ziff. 8.

[2] J. M. Cowley u. A. L. G. Rees: Proc. Phys. Soc. Lond. **59**, 287 (1947).

diese ist aber nicht in Übereinstimmung mit der oben betrachteten, da die Aufspaltung komplizierter ist. Das hat seinen Grund darin, daß die obigen wellenkinematischen Vorstellungen nicht ausreichend sind, da die für die Beobachtung des Effektes notwendigen großen Kristalle die Behandlung der Interferenzerscheinungen mit Hilfe der dynamischen Theorie erfordern.

Die ersten Beobachtungen einer Feinstruktur der Reflexe an MgO und CdO wurden von STURKEY und FREVEL[1] mitgeteilt und im Anschluß hieran genauer studiert[2]. Bereits STURKEY[3] wies darauf hin, daß erst die dynamische Betrachtung die Beobachtung erklären könne; schon vorher hatte v. LAUE[4] darauf aufmerksam gemacht, daß diese Erscheinung theoretisch zu erwarten ist.

Fig. 45[5] zeigt eine Aufnahme der Feinstruktur eines (220) Reflexes an MgO. Der Vergleich der Fig. 45 mit Fig. 44 zeigt die Abweichungen: Die durch Brechung versetzten Reflexe (Kreuze in Fig. 44) sind verdoppelt, und der ungebrochene Reflex tritt nicht auf. Letzteres läßt sich durch Absorption des den ganzen großen Kristall durchsetzenden Strahles verstehen[6], während die Verdoppelung der gebrochenen Reflexe eine typisch „dynamische" Erscheinung ist.

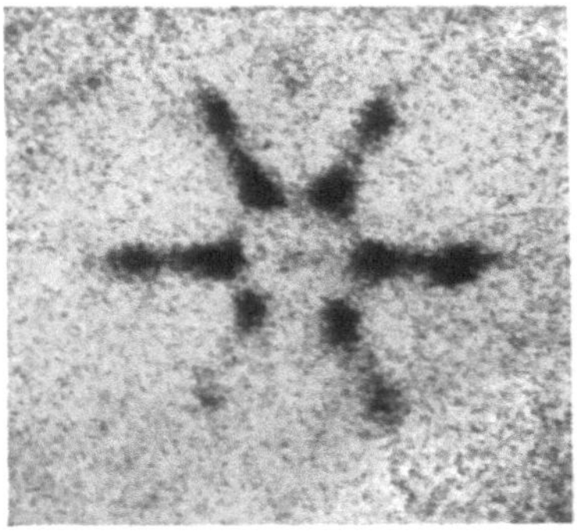

Fig. 45. Feinstruktur der Interferenz (220) von MgO (100mal vergrößert). BRAGGsche Bedingung annähernd erfüllt ($\varrho E = -0{,}86$ Volt)[8].

Ohne hier im einzelnen auf die dynamische Theorie dieser Interferenzen einzugehen[7], läßt sich das Prinzipielle der Erscheinung auf Grund der obigen Überlegungen (Ziff. 17δ) verstehen: Ein einfallender Strahl mit dem Wellenvektor $\boldsymbol{K}$ erzeugt im Inneren des Kristalles einen sog. gebrochenen Strahl mit dem Wellenvektor $\boldsymbol{K}_i^e$ und einen Streustrahl $\boldsymbol{K}_i^s = \boldsymbol{K}_i^e + 2\pi \boldsymbol{h}$ (s. Fig. 46). Ist die Reflexionsbedingung für die Netzebene $\boldsymbol{h}$ näherungsweise erfüllt, so besteht jede Welle jeweils aus zwei im Wellenvektor um ΔK_z [Gl. (17.17)] verschiedenen Wellen. Da beim Eintritt wie Austritt der einzelnen Wellen die Tangentialkomponenten der Wellenvektoren an der Trennfläche jeweils gleich sind, wird beim Austritt der Wellen aus der planparallelen Rückseite die Verschiedenheit der $\boldsymbol{K}$-Vektoren um ΔK_z zu keiner Verschiedenheit in den $\boldsymbol{K}$-Vektoren auf der Hinterseite führen, d.h. es tritt keine Interferenzdoppelbrechung auf. Hingegen wird der Austritt der Strahlen aus einer zur Vorderseite geneigten Begrenzung zu einer Verdoppelung des Primärstrahles wie des Interferenzstrahles führen. Da die austretenden Wellen in jedem Falle den im Betrag gleichen Wellenvektor $\boldsymbol{K}$

---

[1] L. STURKEY u. L. K. FREVEL: Phys. Rev. **68**, 56 (1945), siehe auch J. HILLIER u. R. F. BAKER: Phys. Rev. **68**, 98 (1945). STURKEY und FREVEL zeigen bereits in ihrer Arbeit, daß MgO mit unregelmäßiger äußerer Gestalt (ermittelt aus elektronenmikroskopischen Beobachtungen) keine Feinstruktur der Interferenzen zeigt.

[2] J. M. COWLEY u. A. L. G. REES: Proc. Phys. Soc. Lond. **59**, 287 (1947). — G. HONJO: J. Phys. Soc. Japan **2**, 133 (1947). — K. MOLIÈRE u. H. NIEHRS: Z. Physik **137**, 445 (1954); **140**, 581 (1955).

[3] L. STURKEY: Phys. Rev. **73**, 183 (1948).

[4] M. v. LAUE: Naturwiss. **28**, 645 (1940).

[5] H. J. ALTENHAIN u. K. MOLIÈRE: Z. Physik **139**, 103 (1954).

[6] STURKEY und FREVEL zeigten, daß mit abnehmender Spannung die Intensität des unabgelenkten Strahles als Folge zunehmender Absorption abnimmt.

[7] M. v. LAUE: Naturwiss. **28**, 645 (1940). — N. KATO u. R. UYEDA: Acta Crystallogr. **4**, 227, 229, (1951). — N. KATO: J. Phys. Soc. Japan **7**, 397, 406 (1952). — K. ARTMANN: Z. Physik **133**, 576 (1952).

[8] Die Erläuterung von ϱ siehe Fußnote 1 der folgenden Seite.

wie die einfallende haben müssen, liegen die Endpunkte ihrer Wellenvektoren auf einem Kreis mit dem Radius $\boldsymbol{K}$ (s. Fig. 46). Andererseits liegen sie, wegen der Stetigkeit der Tangentialkomponenten auf den gestrichelten Linien, so daß insgesamt vier Vektoren $\boldsymbol{K}^{1,2}$ und $\boldsymbol{K}^{s\,1,2}$ an der rechten Austrittsfläche (Aufspaltung des durchgehenden wie des Interferenzstrahles) entstehen, dieselbe Konstruktion führt auf der Hinterseite nur zu zwei Wellenvektoren. Durchsetzt also ein Elektronenstrahl ein Parallelepiped im speziellen Fall einen Würfel in der Weise, daß nicht parallele Flächen durchstrahlt werden, so tritt eine Aufspaltung ein, im Falle eines Zweistrahlproblems eine Verdoppelung, bei Anregung mehrerer Hauptreflexe eine Vervielfachung.

Nehmen wir beispielsweise den Fall der Fig. 41, so ist im wellenkinematischen Fall die Winkelaufspaltung $\pm V_0/2E$ (Fall b, Fig. 47). In der

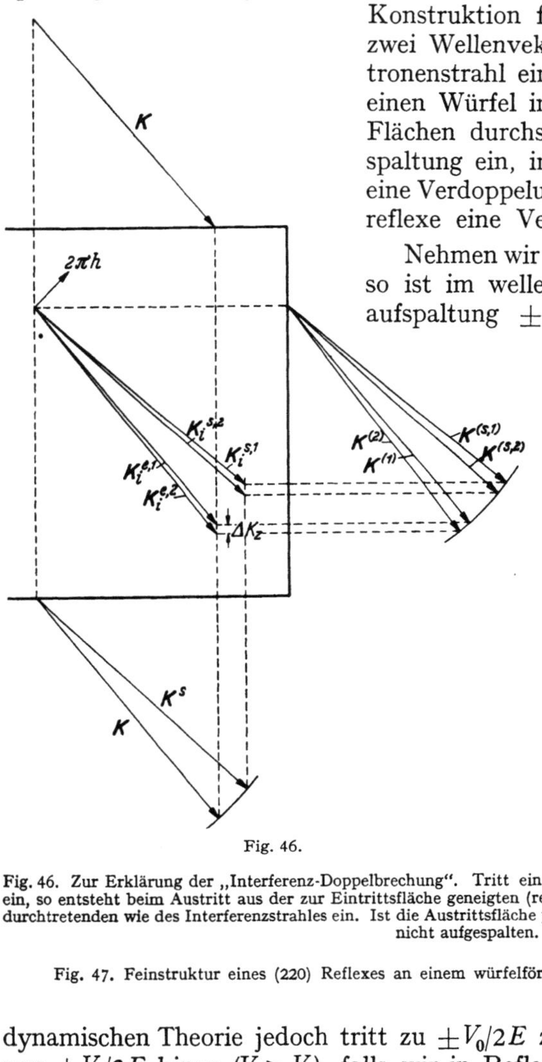

Fig. 46.

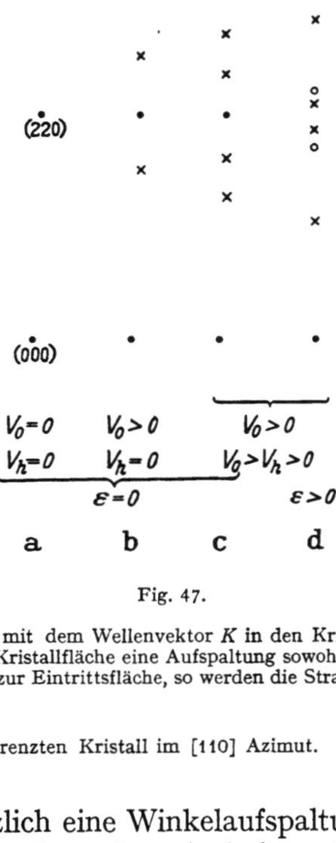

Fig. 47.

Fig. 46. Zur Erklärung der „Interferenz-Doppelbrechung". Tritt ein Strahl mit dem Wellenvektor K in den Kristall ein, so entsteht beim Austritt aus der zur Eintrittsfläche geneigten (rechten) Kristallfläche eine Aufspaltung sowohl des durchtretenden wie des Interferenzstrahles ein. Ist die Austrittsfläche parallel zur Eintrittsfläche, so werden die Strahlen nicht aufgespalten.

Fig. 47. Feinstruktur eines (220) Reflexes an einem würfelförmig begrenzten Kristall im [110] Azimut.

dynamischen Theorie jedoch tritt zu $\pm V_0/2E$ zusätzlich eine Winkelaufspaltung von $\pm V_h/2E$ hinzu ($V_0 > V_h$), falls wir in Reflexionsstellung ($\varepsilon = 0$) sind, so daß also die Flecke $(V_0 \pm V_h)/2E$ sowie $-(V_0 \pm V_h)/2E$ auftreten (Fall c, Fig. 47).

Ist der Anregungsfehler nicht Null, geht also die Ausbreitungskugel in einem kleinen Abstand, der durch εh gegeben ist (vgl. Fig. 48), an der Mitte des Bereiches eines Gitterpunktes vorbei[1], so treten noch unter Umständen die Reflexe hinzu, die durch den Schnitt der Ausbreitungskugel mit den Nebenmaxima („Stacheln") entstehen. In Fig. 48 ist für den Reflex (220) im [110] Azimut (Fig. 41) das reziproke Gitter zweidimensional dargestellt und die Entstehung dieser zusätzlichen Reflexe veranschaulicht, die in Fig. 47, Fall d, durch Kreise

[1] Hierbei bedeutet „klein", daß dieser Abstand bezogen auf den Betrag des Vektors $1/\lambda$, also $\varepsilon h \lambda = \varrho$ vergleichbar oder kleiner als V_h/E ist (E Energie der eingeschossenen Elektronen).

dargestellt sind. Man erwartet daher im allgemeinen sechs Maxima bei den Winkeln

$$\pm\frac{\varrho}{2}, \quad \pm\left(\frac{V_0}{2E} \pm \sqrt{\varrho^2 + \left(\frac{V_h}{2E}\right)^2}\right),$$

wo $\varrho = \varepsilon h \lambda$ ist.

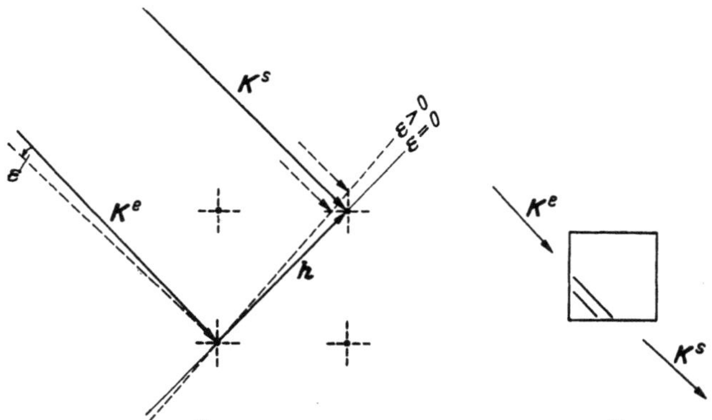

b a

Fig. 48a u. b. Für den würfelförmig begrenzten Kristall (a) ist in (b) das reziproke Gitter dargestellt, wobei die Nebenmaxima (Stachel) ebenfalls eingezeichnet sind. Für $\varepsilon > 0$ (ε Anregungsfehler) (gestrichelte Vektoren) schneidet die Ausbreitungskugel zwei Stacheln und erzeugt die in Fig. 47 (d) durch Kreise dargestellten Reflexe.

Im allgemeinen Fall, d.h. bei beliebiger Einstrahlrichtung, ergibt sich für $\varepsilon > 0$, daß die Reflexe auf einem Dreieck angeordnet sind, dessen Form von der Orientierung des Kristalls zur Einfallsrichtung abhängt. Man sieht dies leicht ein, wenn man Fig. 48 ins Dreidimensionale überträgt: Dann schneidet die Ausbreitungskugel den Bereich des reziproken Gitters in den drei „Stacheln" (Kreise in Fig. 49b), die ein Dreieck aufspannen. Außer diesen Reflexen, die, falls die Stacheln an der Stelle eines Nebenmaximums getroffen werden, beobachtbare Intensität haben können, treten die „gebrochenen" Reflexe auf. Sie liegen auf den Seiten des Dreiecks (Fig. 49b), so daß insgesamt 15 Reflexe auftreten können, die sich für $\varepsilon = 0$ auf 13 reduzieren (Fig. 49). Die Diagramme Fig. 50, 51[1] zeigen die Bestätigung dieser theoretischen Aussagen am (220) und (222) Reflex. Im Falle des (220) Reflexes ist bei festgehaltener Einstrahlrichtung der Anregungsfehler ϱ (s. oben) durch Veränderung der Beschleunigungsspannung variiert worden. Da der Flächeninhalt des Dreiecks ϱ^2 proportional ist, nimmt in der Reihenfolge *a b c* der Anregungsfehler ab; in *d* schneidet die Ausbreitungskugel den Intensitätsbereich auf der „anderen Seite" des Gitterpunktes, d.h. ϱ hat sein Vorzeichen gewechselt. Aus den Reflexabständen und den Anregungsfehlern lassen sich die Werte V_0 und V_h bestimmen. An MgO ergab die Messung am (220) Reflex $V_0 = 15{,}8 \pm 0{,}15$ Volt und $V_{220} = 5{,}1 \pm 0{,}1$ Volt, am (222) Reflex $V_0 = 17{,}8$ Volt und $V_{222} = 3{,}85$ Volt. Im Gegensatz zur Bestimmung des FOURIER-Koeffizienten bei

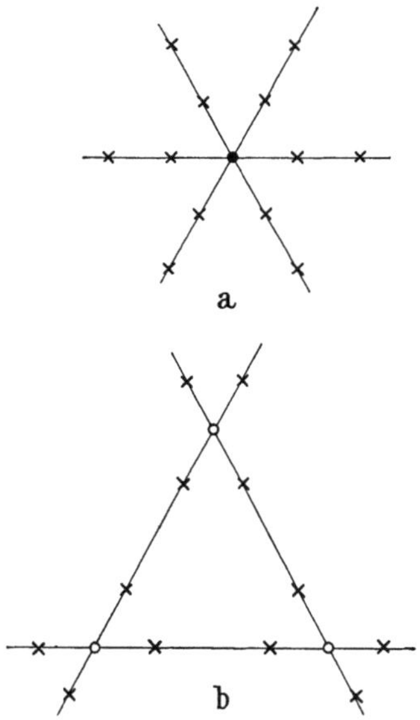

Fig. 49 a u. b. Feinstruktur eines Reflexes infolge „dynamischer Brechung" bei einem Zweistrahlproblem. a Der Anregungsfehler ε ist Null. b Dasselbe wie a, jedoch $\varepsilon > 0$.

[1] K. MOLIÈRE u. H. WAGENFELDT: Z. Kristallogr. (im Druck, 1956).

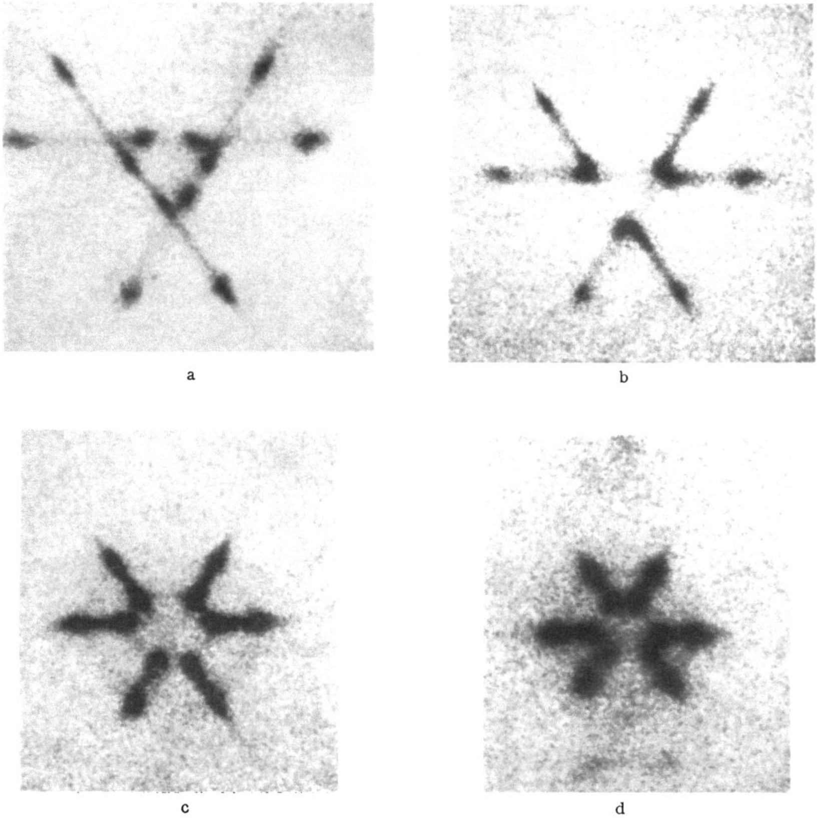

Fig. 50 a—d. Feinstruktur der (220) Interferenz an MgO bei variabler Beschleunigungsspannung. a 36,50 kV, $\varrho E = -9{,}6$ V, b 38,50 kV, $\varrho E = -5{,}5$ V, c 46,32 kV, $\varrho E = -2{,}5$ V, d 62,65 kV, $\varrho E = +2{,}4$ V (66fach vergrößert).

der planparallelen Platte (Ziff. 17 ε) aus der Streifenverschiebung gegenüber dem wellenkinematischen Fall ergibt sich hier am keilförmigen Kristall auch ein Brechungseffekt durch V_0, d.h. durch eine Messung der Aufspaltung eines Reflexes kann daher nicht nur V_h, sondern auch V_0 bestimmt werden.

Nebenmaxima (v. LAUE*sche Stacheln*). In der obigen Darstellung wurde der Intensitätsbereich durch seine Halbwertsbreite gekennzeichnet. Zur vollständigen Diskussion ist die Kenntnis seiner genauen Form notwendig. Sie werde am Beispiel eines würfelförmigen Kristalles erläutert. Seine Intensitätsfunktion ist

$$\left(\frac{\sin \pi M A}{\sin \pi A}\right)^6.$$

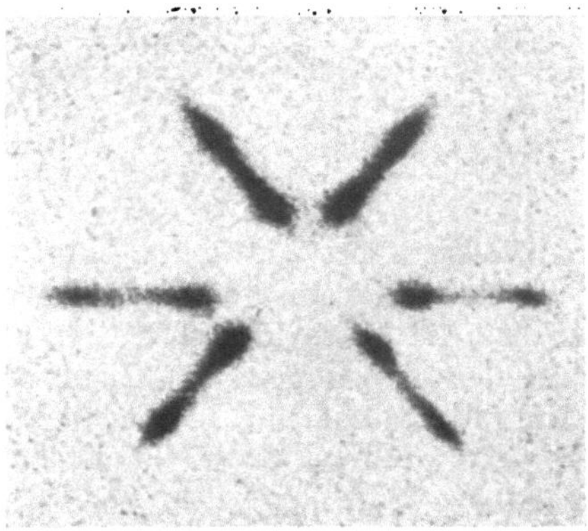

Fig. 51. Feinstruktur der (222) Interferenz von MgO (66fache Vergrößerung), $\varrho E = -4{,}28$ V.

Wie zu ersehen, hat der *Null*wert des Intensitätsbereiches jedes Hauptmaximums die Form eines Würfels, d.h. er hat seine größte Ausdehnung in der [111] Richtung, die kürzeste in der [100] Richtung [s. auch Tabelle (18.1)].

Berücksichtigt man jedoch die Nebenmaxima, so geht der Intensitätsabfall — von den Nullstellen der Nebenminima abgesehen — in Richtung [100] am langsamsten vor sich, in [111] am schnellsten: In der untenstehenden Tabelle 18.2 sind Lage (A_1) und relative Höhe des ersten Nebenmaximums $\varepsilon(A_1)$, [vgl. Tabelle (18.1)] sowie die Nullstelle des Hauptmaximums (A_0) für einen Würfel zusammengestellt. Sie zeigt unmittelbar den langsamsten Intensitätsabfall der Nebenmaxima in Richtung senkrecht zur Würfelfläche.

Die beobachtete „Stachellänge" hängt naturgemäß von der Belichtungszeit oder der Nachweisempfindlichkeit ab: die Lage des m-ten Nebenmaximums ist $\frac{m+\frac{1}{2}}{M_3}$, während seine Intensität durch $M_1^2 \cdot M_2^2 \frac{M_3^2}{\pi^2 (m+\frac{1}{2})^2}$ gegeben ist. Will man also eine Stachellänge festlegen, so ist bei gegebenem M_3 das m-te Nebenmaximum maßgebend, für welches

$$M_1^2 M_2^2 M_3^2 \frac{1}{\pi^2 (m+\frac{1}{2})^2} = J_{\text{Grenze}}$$

ist oder $m + \frac{1}{2} = \frac{M_1 M_2 M_3}{\pi \sqrt{J_{\text{Grenze}}}}$, wo J_{Grenze} die gerade noch nachweisbare Intensität ist. Nimmt M_3 zu, wird also ein dickerer Kristall bei festen M_1, M_2 genommen, so steigt zwar die Intensität der Nebenmaxima an, dafür rücken sie aber nach innen. Die Stachellänge $\frac{m+\frac{1}{2}}{M_3} = \frac{M_1 M_2}{\pi \sqrt{J_{\text{Grenze}}}}$ bleibt jedoch erhalten und wird durch ein Nebenmaximum entsprechend höherer Ordnung dargestellt.

Tabelle 18.2. *Ausdehnung des Intensitätsbereiches eines Würfels mit Berücksichtigung der Nebenmaxima.*

Richtung	[100]	[110]	[111]
1. Nullstelle (A_0):	$\frac{1}{M}$	$\frac{\sqrt{2}}{M}$	$\frac{\sqrt{3}}{M}$
1. Nebenmaximum:			
Höhe $\varepsilon(A_1)$	0,05	0,0025	0,0001
Lage (A_1)	$1{,}5\,\frac{1}{M}$	$1{,}5\,\frac{\sqrt{2}}{M}$	$1{,}5\,\frac{\sqrt{3}}{M}$

Bei gegebenem M_3 (Kristalldicke) wird der Stachel um so intensiver, je größer die zu ihm senkrechte Fläche $M_1 a_1 \cdot M_2 a_2$ ist.

Ähnlich liegen die Verhältnisse an einem Oktaeder, bei welchem der Intensitätsbereich des Hauptmaximums bezüglich der Halbwertsbreite eine Kugel ist; die Stacheln hingegen dehnen sich senkrecht zu den (111) Flächen aus[1].

Tabelle 18.3. *Ausdehnung A des Intensitätsbereiches eines Oktaeders abhängig von der Richtung.*

Richtung	$A_{\frac{1}{2}}$	$A_{0,04}$	$A_{0,01}$	A_0
[100]	$0{,}835 \cdot 1/M$	$1{,}78 \cdot 1/M$	$2{,}39 \cdot 1/M$	∞
[110]	$0{,}817 \cdot 1/M$	$1{,}59 \cdot 1/M$	$1{,}75 \cdot 1/M$	$1{,}97 \cdot 1/M$
[111]	$0{,}812 \cdot 1/M$	$1{,}49 \cdot 1/M$	$1{,}69 \cdot 1/M$	$1{,}78 \cdot 1/M$

Diesen Tatbestand hat v. LAUE allgemein formuliert[1], indem er das Integral $E(A)$ (18.1) in ein Oberflächenintegral überführte und zeigte, daß sein Wert (E^2 ist die Reflexintensität) im allgemeinen wie $1/h^3$ abfällt ($\boldsymbol{h} = A_1 \boldsymbol{b}_1 + A_2 \boldsymbol{b}_2 + A_3 \boldsymbol{b}_3$) in gewissen Richtungen jedoch langsamer: Senkrecht zu einer Kristallkante wie $1/h^2$, senkrecht zu einer Kristallfläche nur wie $1/h$. Man sieht dies ohne weiteres an der Funktion $E(A)$ des Würfels:

In der Richtung [111]

$$E \sim \left\{ \frac{\sin \pi M h_{111} \frac{1}{\sqrt{3}}}{\pi h_{111} \frac{1}{\sqrt{3}}} \right\}^3,$$

[1] Siehe Zitat 1, S. 486.

in der Richtung [110]

$$E \sim \left\{ \frac{\sin \pi M h_{110} \frac{1}{\sqrt{2}}}{\pi h_{110} \frac{1}{\sqrt{2}}} \right\}^2,$$

und in der Richtung [100]

$$E \sim \frac{\sin \pi M h_{100}}{\pi h_{100}}.$$

Auf diese Weise ergibt sich, daß ein Kristall senkrecht zu den ihn begrenzenden Flächen einen schwächeren Intensitätsabfall, einen sog. Stachel besitzt, eine Erscheinung die auch aus der Lichtoptik bekannt ist: Die Beugungserscheinung

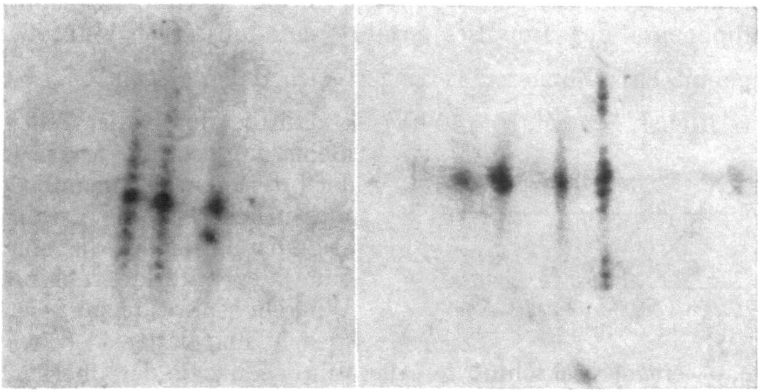

a b

Fig. 52a u. b. Nebenmaxima der (110) Reflexe von ZnO. In (a) tritt kein durch Brechung verschobener Reflex auf; in (b) zeigen auch die durch Brechung entstandenen Komponenten die Nebenmaxima.

an einer kleinen Öffnung, z.B. von der Form eines Sechseckes, zeigt senkrecht zu den begrenzenden Kanten einen langsameren Intensitätsabfall als in anderen Richtungen[1].

Eine Beobachtung dieser Nebenmaxima an kleinen Kristallen — an dünnen Blättchen wurden sie schon vorher beobachtet (s. Ziff. 17) — gelang REES und SPINK an ZnO-Nadeln[2] (s. Fig. 52).

19. Reflexion an Oberflächen. Bisher ist vorausgesetzt worden, daß mindestens *eine* Kristalldimension ausreichend klein ist, um eine Durchstrahlung für Elektronen zu ermöglichen. Bestrahlt man dagegen einen in allen Richtungen sehr großen Kristall, so erhält man Interferenzen nur durch „Reflexion" an seiner Oberfläche. Infolge der kleinen Wellenlänge schneller Elektronen muß die Oberfläche unter einem sehr kleinen BRAGGschen Winkel von wenigen Grad angestrahlt werden. Da außerdem die „Streuweglänge", d.h. die Strecke, die die Elektronen zurücklegen ohne gestreut zu werden, in Materie sehr kurz ist — je nach der Ordnungszahl von der Größe 100 bis 1000 Å —, so tastet man mit dem Elektronenstrahl nur eine sehr dünne Oberflächenhaut ab. Es wird daher die Rauhigkeit der Oberfläche den Charakter des Reflexionsinterferenzbildes bestimmen (Fig. 53): Ist

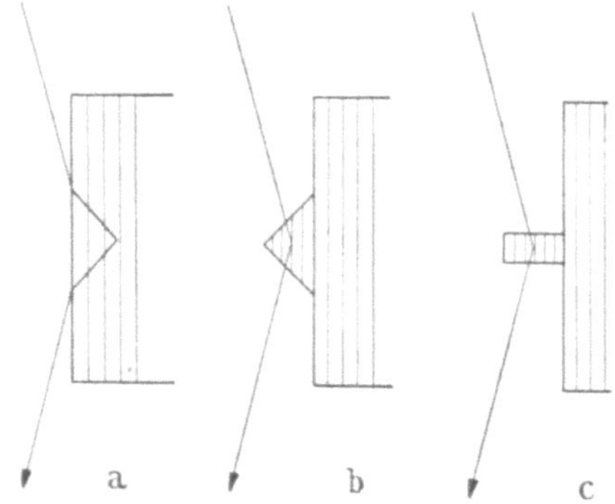

a b c

Fig. 53a—c. Strahlengang bei Reflexion für verschiedene Rauhigkeiten der Oberfläche.

[1] Siehe z.B. v. LAUE: Materiewellen, S. 166. Leipzig 1944.

[2] A. L. G. REES u. J. A. SPINK: Acta crystallogr. 3, 316 (1950).

die reflektierende Fläche atomar glatt (netzebenenartige Glätte, Fall a), so verändert die Brechung der Elektronenwellen an der Eintritts- und Austrittsfläche zusammen mit der geringen Eindringtiefe des Strahles in die Oberfläche das Interferenzbild in charakteristischer Weise gegenüber dem Fall c, der mit dem Fall der reinen Durchstrahlung identisch ist. Die Interferenzen an Flächen des Typs b stellen einen Übergang dar. Im folgenden soll ausgehend von der glatten Fläche der Einfluß der Rauhigkeit auf das Interferenzbild diskutiert werden.

α) Glatte Oberfläche: Brechungseffekt. Tritt ein Elektronenstrahl in eine atomar glatte Fläche eines Kristalles ein, dessen Brechungsindex $\mu = \sqrt{1+\frac{V_0}{E}}$ ist [vgl. (16.6)], so werden die Elektronen senkrecht zur Oberfläche beschleunigt, d.h. die Normalkomponente des Impulses erfährt eine unstetige Vergrößerung. Die Wellenlänge im Kristallinneren verringert sich dabei wegen $\lambda_{\text{Krist}} = \frac{1}{\mu}\lambda_{\text{Vak}}$ um $\Delta\lambda \cong \frac{V_0}{2E} \sim 10^{-4}$ ($V_0 = 10$ V, $E = 50$ kV), so daß die durch die Wellenlängenverkleinerung bedingte Änderung der Lage der Interferenzen nur unbedeutend ist. Wesentlicher ist die Brechung an der Begrenzungsfläche, die eine Verschiebung der Interferenzen nach kleinen Winkeln senkrecht zur Oberfläche verursacht und daher — das ist hier das Wichtigste — einen Rückschluß auf die Mikrogeometrie der Oberfläche erlaubt. Man erhält (Fig. 54) eine Abschätzung der Größe dieses Effektes aus folgender Beziehung:

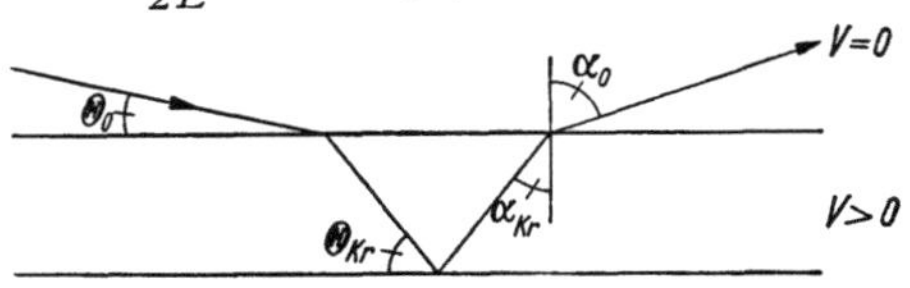

Fig. 54. Brechung des Strahles bei Reflexion an einer glatten Oberfläche.

$$\mu = \frac{\sin\alpha_0}{\sin\alpha_{\text{Krist}}} = \frac{\cos\Theta_0}{\cos\Theta_{\text{Krist}}} \approx 1 + (\Theta_{\text{Krist}} - \Theta_0)\,\Theta_0 \tag{19.1}$$

(α Einfallswinkel, Θ Glanzwinkel), mithin wird die Verschiebung

$$\Delta\Theta = \Theta_{\text{Krist}} - \Theta_0 = \frac{V_0}{2E}\frac{1}{\Theta_0} \sim 10^{-4}\frac{1}{\Theta_0}. \tag{19.2}$$

Mit abnehmendem Θ_0 wird die Abweichung $\Delta\Theta$ größer und erreicht bei einigen 10^{-2} die Größe des Glanzwinkels Θ_0 selbst.

Berücksichtigt man diesen Brechungseffekt in der BRAGGschen Gleichung[1], so erhält man

$$\sin\Theta = \sin\Theta_0 \sqrt{1 - \frac{4d^2}{n^2}\frac{V_0}{150}}, \tag{19.3}$$

d.h. der Winkel, unter dem der Reflex erscheint, wird gegenüber dem Winkel Θ_0 (für $V_0 = 0$) verkleinert, um so mehr, je kleiner die Ordnungszahl n ist. Voraussetzung dieser Berechnung ist, daß die Oberfläche parallel der begrenzenden Netzebene ist und daß die Oberfläche genügend groß ist, in Strahlrichtung zumindest größer als die doppelte Streuweglänge, so daß der Strahl durch diese Oberfläche ein- und austreten kann.

β) Glatte Oberfläche: Eindringtiefe. Dringt der Strahl in den Kristall, so wird seine Intensität rasch durch Streuung vermindert. Da die Intensität des Interferenzstrahles sehr bald mit der des Primärstrahles vergleichbar wird, sind die wellenkinematischen Vorstellungen ungültig. Immerhin kann man sich ein un-

[1] A. G. EMSLIE: Phys. Rev. **45**, 43 (1934).

gefähres Bild der Vorgänge dadurch machen, daß man eine mittlere Streuweglänge L berechnet, nach welcher eine elastische Streuung in den Winkelbereich zwischen 0 und 180° stattfindet. Man erhält dann auf Grund der Beziehung $T = L \sin\Theta$, wo Θ der Reflexionswinkel ist, ein Maß für die Eindringtiefe T der Elektronenstrahlen. L beträgt für eine mittlere Ordnungszahl ($Z=30$): 100 bis 200 Å[1]. Bei einem Glanzwinkel von $\Theta = 0{,}05$ ergibt sich daher für die Eindringtiefe T etwa 10 Å.

Eine Eindringtiefe von 10 Å, wie sie bei Atomen mittlerer Ordnungszahl zu erwarten ist, bedeutet eine Beteiligung von etwa fünf Atomen der Punktreihe senkrecht zur Oberfläche oder, wenn wir wieder ins reziproke Gitter gehen, eine beiderseitige Verbreiterung des Gitterpunktes um $\frac{1}{5}$ des Punktabstandes. Der Interferenzfleck erhält hierdurch eine symmetrische Verbreiterung von $\Delta\Theta = 2\lambda/T$. Da $T = L \cdot \sin\Theta$, also $\Delta\Theta = \frac{2\lambda}{L\sin\Theta} = \frac{4d}{L}\frac{1}{n}$ ist, so sollte der Reflex mit zunehmender Ordnungszahl n kürzer werden, da die Eindringtiefe mit Θ wächst.

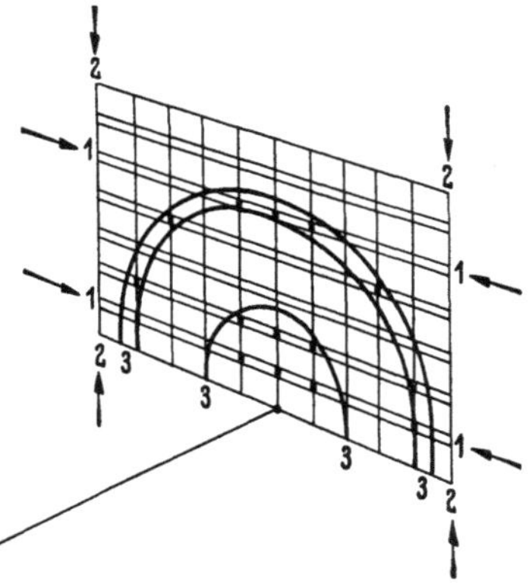

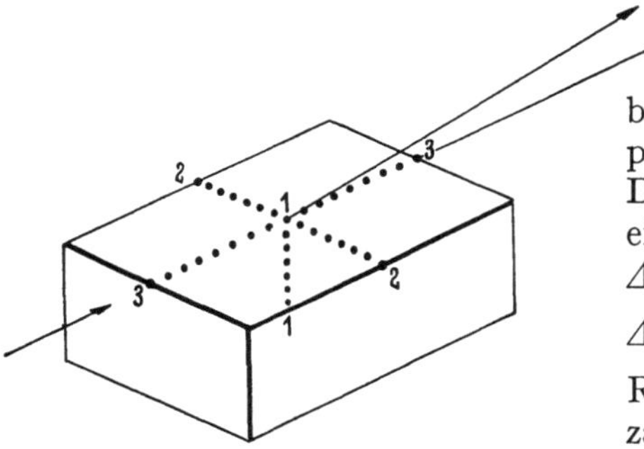

Fig. 55. Entstehung des Reflexionsinterferenzbildes an dem aus den Punktreihen (11), (22) und (33) aufgebauten Raumgitter. Die Interferenzlinien (11), (22) bzw. -kreise (33) entstehen an den entsprechenden Punktreihen.

Je höher die Ordnungszahl Z der Atome wird, um so breiter werden infolge der abnehmenden Eindringtiefe die Reflexe, und sie entarten schließlich zu Strichen, wenn nur noch die obersten Netzebenen mitwirken[2].

Schätzt man mit Hilfe der dynamischen Theorie die Eindringtiefe T ab, so erhält man nach der Gl. (17.26) ($\bar{z} = T$)

$$T \approx \Theta \frac{a\cdot E}{V_h \cdot aK} \sim a\cdot\Theta\cdot 20 \left(\frac{V_h}{E} \approx 10^{-4}, \qquad aK \approx 500\right)$$

Für $\Theta \approx 5\cdot 10^{-2}$ ergibt sich $T \sim a$, ein Wert, der größenordnungsmäßig mit dem oben angegebenen von 10 Å übereinstimmt.

γ) Die Entstehung der Interferenzen in Reflexion bei glatter Oberfläche. Die Entstehung der Interferenzen in Reflexion läßt sich folgendermaßen darstellen[2]:

Ein Interferenzpunkt (Laue-Punkt) entsteht bekanntlich im Schnittpunkt der Interferenzkegel der drei Punktreihen (11), (22), (33), aus denen das Raumgitter aufgebaut ist (Fig. 55). Der Schnitt der Interferenzkegel der Punktreihen mit der photographischen Platte stellt im allgemeinen Hyperbeln; für die Punktreihe (33) stellt er Kreise (33) dar und ist für die Punktreihen (11) und (22) zu Geraden (11) und (22) entartet. Die geringe Eindringtiefe bewirkt eine beiderseitige

---

[1] H. Raether: Z. Naturforsch. **4**a, 582 (1949).

[2] F. Kirchner u. H. Raether: Phys. Z. **30**, 510 (1932) sowie H. Raether: Z. Physik **78**, 527 (1932).

Verbreiterung $\Delta\Theta = 2\lambda/T$ des zur Geraden entarteten Interferenzkreises (11), so daß die Selektivität der Interferenzen etwas gelockert wird.

Die Reflexe sollten also punktförmig sein. Hat man keine ideale Einkristalloberfläche vor sich, sondern eine Fläche, die aus vielen kleinen, zumeist etwas gegeneinander verwackelten Kristallen zusammengesetzt ist, so bewirkt dies nach Fig. 56 eine Schwenkung des Kreises (33), so daß statt punktförmiger Reflexe längliche entstehen, entsprechend der Breite von (11). Dieselbe Wirkung kommt auch dadurch zustande, daß infolge der Kleinheit der Kristalle auf der Oberfläche der Interferenzkreis (33) verbreitert wird. Es ist dies der gleiche Effekt, der bei Durchstrahlung dünner Blättchen (Ziff. 17) besprochen wurde und dort im reziproken Gitter als Ausdehnung der Gitterpunkte dargestellt wurde.

Der Brechungseffekt äußert sich darin, daß die „Gerade" (11) eine Verschiebung nach kleineren Winkeln erfährt, wie sie durch die obigen Formeln (19.2) gegeben ist. Während also die geringe Eindringtiefe eine Verbreiterung nach größeren und kleineren Winkeln verursacht, ruft die Brechung eine einseitige Verlegung des Interferenzmaximums nach kleineren Winkeln hervor.

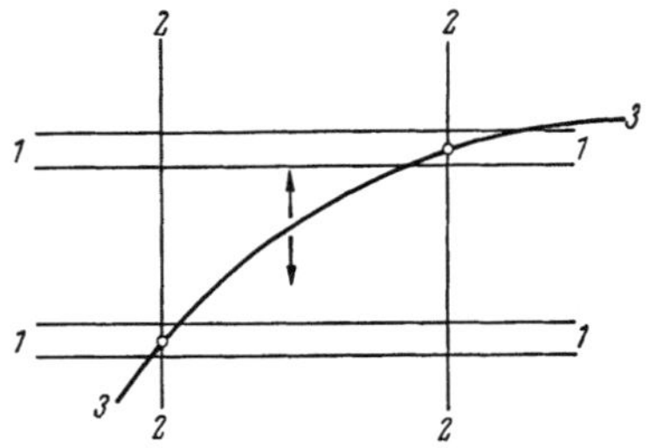

Fig. 56. Zur Reflexbreite bei Reflexion.

Die Beobachtung der Interferenzen an glatten Oberflächen ergibt ein reflexreiches Diagramm, dessen eine Hälfte durch den Kristall verdeckt ist, im übrigen ähnlich wie bei Durchstrahlungsdiagrammen von Einkristallen aus einem breiten nullten Hauptmaximum und einer Anzahl von Hauptmaxima mit $h_3 > 0$ besteht. Die Reflexe selbst sind durch die geringe Eindringtiefe verbreitert, und ihr Maximum ist durch den Brechungseffekt nach kleineren Glanzwinkeln verschoben.

Die Entstehung der großen Zahl von Reflexen ist an einer großen kohärenten Einkristalloberfläche wegen des großen Auflösungsvermögens der Punktreihe in Strahlrichtung d.h. wegen der geringen Breite der Kreise (33) nicht zu verstehen. Man muß vielmehr wie eben besprochen annehmen, daß die Oberfläche aus vielen kleinen Kriställchen besteht. Die Größe der Kriställchen ergäbe sich aus der Breite des nullten Hauptmaximums zu etwa 10 Å. Diese Länge ist — ebensowenig wie in Durchstrahlung dünner Blättchen — als die wahre Kristallausdehnung aufzufassen. Vielmehr führt auch hier die Verwacklung der kleinen Kriställchen zusammen mit der Hinzunahme der Nebenmaxima der Intensitätsfunktion für die Punktreihe in Strahlrichtung zu einer zu kurzen Kristalldimension, deren wahrer Wert allerdings nur schwer abzuschätzen ist. Daß die Verwacklung eine Rolle spielt, ergibt sich daraus, daß die Kikuchilinien, die „fest mit dem Kristall" verbunden und daher ein Maß für die Kristallgüte sind, bei relativ ausgedehnten Hauptmaxima häufig nicht beachtet werden, da die Intensität dieser Linien über einen größeren Winkelbereich verteilt wird, s. Ziff. 21.

Da bei streifendem Einfall nach der Abschätzung in Ziff. 17η ein Mehrstrahlproblem vorliegt, so wird bei Reflexion auch an einer *idealen* Einkristalloberfläche mit dem gleichzeitigen Auftreten einer größeren Zahl von Reflexen zu rechnen sein. Die Durchrechnung dieses dynamischen Problems stößt auf große Schwierigkeiten, so daß man sich zur Zeit mit den obigen geometrischen Abschätzungen begnügen muß.

Mit Hilfe der obigen Formel (19.3) läßt sich aus der Verschiebung der Reflexe nach kleineren Winkeln das innere Potential berechnen. Ist *a* der gemessene

Reflexabstand, a_0 der Reflexabstand für $V_0 = 0$, so ergibt sich

$$V_0 = \frac{150 n^2}{4 d^2} \left(1 - \frac{a^2}{a_0^2}\right). \tag{19.4}$$

Den Wert a_0 bestimmt man aus einer Messung der Reflexabstände parallel zur begrenzenden Oberfläche, da dieser durch das innere Potential nicht verändert wird (Tangentialkomponente des Impulses bleibt unverändert).

An einer großen Zahl von Substanzen ist der Wert von V_0 gemessen worden, wobei sich herausgestellt hat, daß der so gemessene Wert abhängig von der Ordnungszahl n ist[1], und zwar nimmt mit abnehmender Ordnungszahl der Wert von V_0 ab, wenn man obige Formel zugrunde legt. Bei Molybdänit ergab sich beispielsweise ab $n = 10$ ein konstanter Wert des inneren Potentials von etwa 17 V[2]. Vermutlich ist der Grund für dieses Verhalten darin zu suchen, daß die Voraussetzungen für den einfachen Zweistrahlfall — Voraussetzung für die Anwendung der Formel (19.3) — nicht für niedrige, sondern erst für höhere Ordnungen, also größere Streuwinkel erfüllt sind, wie die Abschätzung [Gl. (17.28)] ergab. Leider ist bei diesen hohen Ordnungen die Genauigkeit der Messung von V_0 gering. Die in der Literatur angegebenen Zahlenwerte von V_0 haben unter diesen Umständen nur orientierenden Wert. Eine Zusammenstellung von bisher gemessenen inneren Potentialen findet man in den Büchern von v. LAUE und THOMSON und COCHRANE (s. Literaturangaben am Ende dieses Artikels).

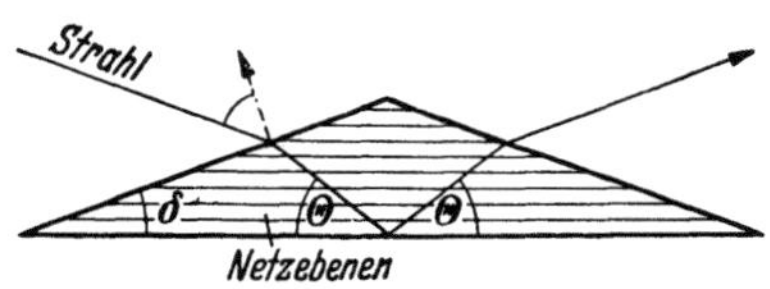

Fig. 57. Strahlengang an einer rauhen Oberfläche.

δ) Rauhe Oberflächen. Ist die Oberfläche nicht mehr atomar glatt, sondern besteht sie aus Zacken, so bezeichnen wir sie als rauh. Wir glätten die atomaren Treppen aus, so daß eine ebene Oberflächenbegrenzung entsteht, die gegen die reflektierende Netzebene geneigt ist. Für die Diskussion behandeln wir zwei Fälle:

1. Die Normale der Grenzfläche gegen die Netzebene liegt in der Ebene, die aus Strahl und Normale der reflektierenden Netzebene (Einfallsebene) gebildet wird.

2. Diese Normale liegt in einer Ebene senkrecht hierzu.

Fall 1: *Neigung der Kristalloberfläche gegen die Netzebene in der Einfallsebene.* Das Profil einer solchen Fläche ist in Fig. 57 dargestellt, wobei zur Vereinfachung eine symmetrische Form angenommen wurde.

Brechungseffekt: Da jetzt die Grenzfläche zwischen Kristall und Vakuum stärker und zwar um $\Theta + \delta$ gegen den Strahl geneigt ist, so wird die Verschiebung des Strahles geringer sein. Die Rechnung ergibt[3] für die Verschiebung des Strahles

$$\varepsilon = \Theta - \Theta_0 = (\tan\delta + \Theta_0)\left\{\sqrt{1 - \frac{V_0}{E(\tan\delta + \Theta_0)^2}} - 1\right\}, \tag{19.5}$$

oder da im allgemeinen $\frac{V_0}{E(\tan\delta + \Theta_0)^2} < 1$ ist,

$$\varepsilon = -\frac{V_0}{2E(\tan\delta + \Theta_0)} \quad \text{bzw.} \quad \frac{\Theta}{\Theta_0} = 1 - \frac{V_0}{2E(\tan\delta + \Theta_0)\,\Theta_0}\,. \tag{19.6}$$

[1] T. YAMAGUTI: Proc. Phys. Math. Soc. Jap. **16**, 95 (1934); **17**, 58 (1935). Siehe auch W. E. LASCHKAREW, Z. Physik **86**, 797 (1933).

[2] S. KIKUCHI u. S. NAKAGAWA: Z. Physik **88**, 757 (1934).

[3] W. KRANERT, K. H. LEISE u. H. RAETHER: Z. Physik **122**, 248 (1944). — H. RAETHER: Nature, Lond. **161**, 311 (1948).

Für $\delta \to 0$ geht diese Formel in die oben abgeleitete Beziehung (19.2) über. Für $\delta \to \pi/2$ geht hingegen $\Theta \to \Theta_0$, da hier die durch Brechung bedingte geringe Winkelveränderung kompensiert wird durch die Glanzwinkeländerung, die die veränderte Wellenlänge in der BRAGGschen Bedingung (19.3) verursacht.

Ist $\tan\delta > \Theta_0$, so wird

$$\varepsilon = -\frac{V_0}{2E}\cot\delta, \tag{19.7}$$

eine Formel, die mit der Beziehung (18.3) identisch ist. Zur Veranschaulichung der Formel ist in Fig. 58 der Wert Θ/Θ_0 abhängig vom Dachwinkel δ für verschiedene Werte von n und V_0 aufgetragen.

Der Wert von ε stellt die Richtungsänderung des gebrochenen gegen den einfallenden Strahl dar. Er ist mit der Richtungsänderung des austretenden Strahles identisch, da ein zur Netzebenen-Normale symmetrisches Profil der Rauhigkeit angenommen wurde.

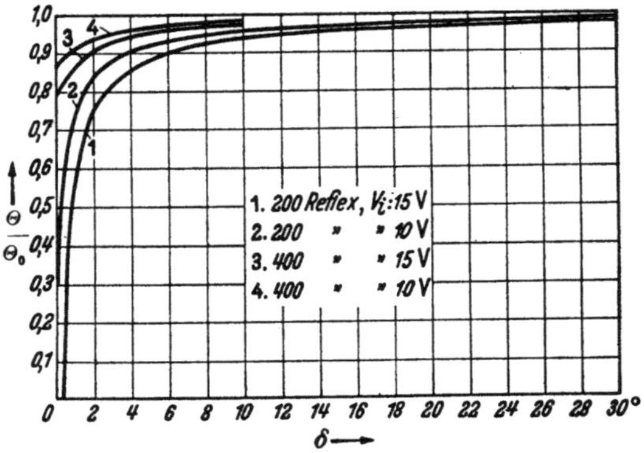

Fig. 58. Abhängigkeit des Wertes Θ/Θ_0 (Θ_0 Glanzwinkel für $V=0$) vom Dachwinkel δ (Winkel zwischen Begrenzung und Netzebene). Die Kurven wurden für die zweite und vierte Ordnung des Reflexes ($h00$) und bei Werten des inneren Potentials $V=10$ und 15 V gezeichnet.

Eindringtiefe. Dadurch, daß die Oberfläche ein Zackenprofil besitzt, bietet sich dem Elektronenstrahl bei Durchdringen einer Zacke eine ausgedehntere Punktreihe senkrecht zur Oberfläche dar als bei ebener Oberfläche ($\delta = 0$). Der Maximalwert der Eindringtiefe T erhöht sich, wie der Fig. 53 entnommen werden kann, auf

$$T = L \cdot (\sin\Theta + \tan\delta). \tag{19.8}$$

Die Interferenzen an einer solchen Oberfläche lassen sich entsprechend der Größe des Brechungseffektes nach der Größe des Dachwinkels δ einteilen. Der Wert von $\delta \sim 10°$ stellt eine praktische Grenze dar, da unterhalb von $\delta \sim 10°$ die Verschiebung $\Theta - \Theta_0$ der Interferenzen so groß ist, daß sie mit normalen Apparaturen festgestellt werden kann, während für $\delta > 10°$ Anordnungen mit größerer Auflösung notwendig sind.

$\delta < 10°$: Bei einem Plattenabstand von 30 cm beträgt nach Fig. 58 die Verschiebung einige Millimeter, so daß ein Rückschluß auf die mittlere Neigung δ der Begrenzungsflächen gezogen werden kann. Die Reflexlänge, verursacht durch die geringe Eindringtiefe, beträgt $\Delta\Theta \cdot P = \frac{2\lambda}{T} \cdot P$ (P Plattenabstand). Sie ist im allgemeinen größer als der apparative Fleckdurchmesser, wenn er mit 0,1 mm auf der Platte angenommen wird. Anwendung findet diese Betrachtung bei der Diskussion der Interferenzen an elektrolytisch polierten Flächen, s. Ziff. 35, bei denen der Dachwinkel δ infolge der Wellung der Oberfläche eine kontinuierliche Folge durchläuft und daher zu einer Strichform der Reflexe führt.

$\delta > 10°$: In diesem Fall ist im allgemeinen eine Fleckverbreiterung durch zu geringes Auflösungsvermögen nicht mehr vorhanden, da die Eindringtiefe wegen $T \sim L$ nach (19.8) groß ist. Desgleichen wird die Reflexverschiebung infolge Brechung praktisch vernachlässigbar. Wir befinden uns im Gebiet der Interferenzen der „reinen" Durchstrahlung, für die die in Abschnitt II angegebenen Gesetze gelten.

Dieser Fall der Reflexion, bei dem die Interferenzen tatsächlich in Durchstrahlung entstehen, liegt, wie von G. P. THOMSON[1] erkannt wurde, vielfach bei den Oberflächenversuchen vor, sei es, daß aus der Einkristalloberfläche herausstehende Kristallsplitter durchstrahlt werden und Interferenzen einer dünnen durchstrahlten Kristallplatte liefern, sei es, daß die Zacken von Kristallen eines Kristallpulvers durchstrahlt werden und DEBYE-SCHERRER-Ringe bilden. In dieser geläufigen Form der Oberflächenanalyse handelt es sich meist darum, aus dem Reflexabstand auf das Gitter, d.h. auf die chemische Zusammensetzung der Oberfläche zu schließen.

Verwendet man jedoch Interferenzapparaturen sehr hohen Auflösungsvermögens, so ist es notwendig, Feinheiten zu berücksichtigen, die durch den

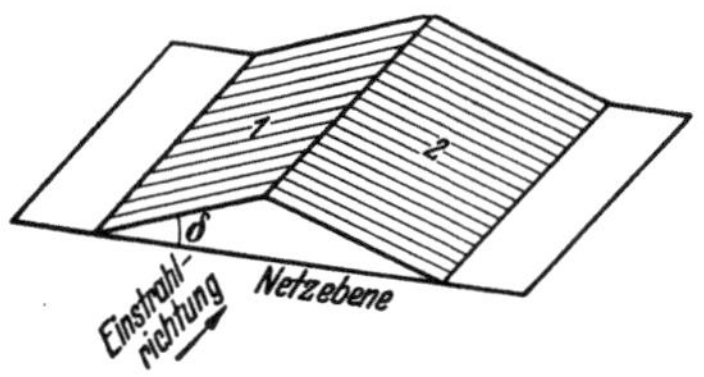

Fig. 59. Schema einer rauhen Oberfläche.

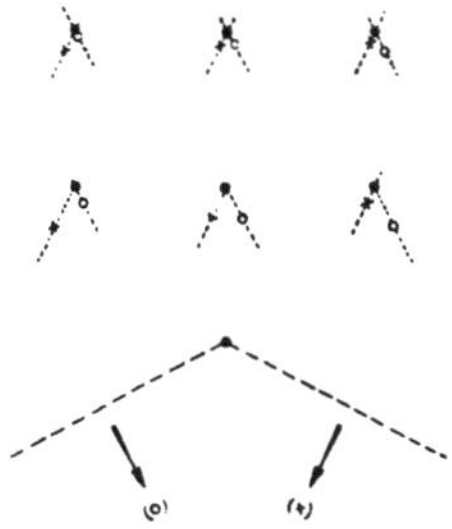

Fig. 60. Schema des Interferenzbildes, wie es an der in Fig. 59 gezeigten Oberfläche entsteht.

Brechungseffekt verursacht werden. Ist z.B. eine Grenzfläche um 45° gegen die reflektierende Ebene geneigt, so berechnet man eine Versetzung des Interferenzfleckes von 30 μ, die mit einer sog. Feinstrahlapparatur ohne weiteres erkannt werden kann.

Fall 2: *Neigung der Kristalloberfläche gegen die Netzebene senkrecht zur Einfallsebene.* Wir wählen als Beispiel ein Profil, wie es Fig. 59 wiedergibt und an dem das Wesentliche der Interferenzerscheinung erklärt werden kann[2]: Da die Reflexe nach dem in Ziff. 19α Gesagten infolge Brechung nach kleineren Winkeln nach dem Gesetz $\sin\Theta = \sin\Theta_0 \sqrt{1 - \frac{V_0}{E\sin^2\Theta_0}}$ senkrecht zur Oberfläche verschoben werden, so tritt sowohl senkrecht zur Fläche 1 wie zu 2 eine Verschiebung ein, deren Größe von Θ_0 abhängt.

Infolge der Wirkung der beschränkten Eindringtiefe werden die Reflexe senkrecht zur Begrenzung nach größeren und kleineren Winkeln symmetrisch verbreitert. Das Interferenzbild, das beide Wirkungen, die des Brechungseffektes und die der Eindringtiefe vereint enthält, sieht schematisch wie Fig. 60 aus, wenn wir ein kubisches Gitter mit der (100) Ebene parallel zur makroskopischen Oberfläche annehmen.

Voraussetzung für die Entstehung dieses Interferenzbildes ist, daß die Länge des Kristalles groß gegen die Streuweglänge ist, so daß wahre Reflexion vorliegt. Bei zu kurzer Länge des „Daches" in Strahlrichtung entstehen die Reflexe in Durchstrahlung.

ε) Über den Nachweis von Oberflächenfilmen. In engem Zusammenhang mit den Betrachtungen über den Einfluß der Rauhigkeit auf das Interferenzbild steht die Frage nach dem Nachweis von Oberflächenfilmen mittels Elektroneninterferenzen, da die Empfindlichkeit dieses Nachweises von der Rauhigkeit

[1] G. P. THOMSON: Proc. Roy. Soc., Lond. **133**, 1 (1931). — G. P. THOMSON u. W. COCHRANE: Electron diffraction. London 1939.

[2] S. MIYAKE: Sci. Pap. Inst. Phys. Chem. Res. Japan **34**, 565 (1938).

wesentlich abhängig ist[1]. Wir greifen einige charakteristische Fälle von Rauhigkeiten heraus.

a) Eine netzebenenartig glatte Fläche, wie sie eine Spaltfläche darstellt.

b) Eine sanft gewellte Oberfläche, wie sie die elektrolytische Politur liefert.

c) Eine rauhe Fläche, wie sie durch Schmirgeln, Aufdampfen, Ätzen u.a. im allgemeinen geliefert wird.

Jede dieser Oberflächen sei mit einem Film der Dicke D bedeckt, wie Fig. 61 zeigt. Eine Abschätzung der Dicke eines Oberflächenfilms geschieht dann auf Grund eines Vergleiches der Interferenzintensitäten dieser Deckschicht mit denen der Unterlage. Damit die Interferenzintensität eines dünnen Filmes merklich ist, muß der Elektronenstrahl eine hinreichend lange Strecke in ihm verlaufen und in ihm gestreut werden, bevor er in die Unterlage tritt. Bei gegebener Dicke ist diese Wegstrecke L im Film von der Rauhigkeit, gemessen durch den Winkel δ, abhängig, und zwar besteht der Zusammenhang (vgl. Fig. 61)

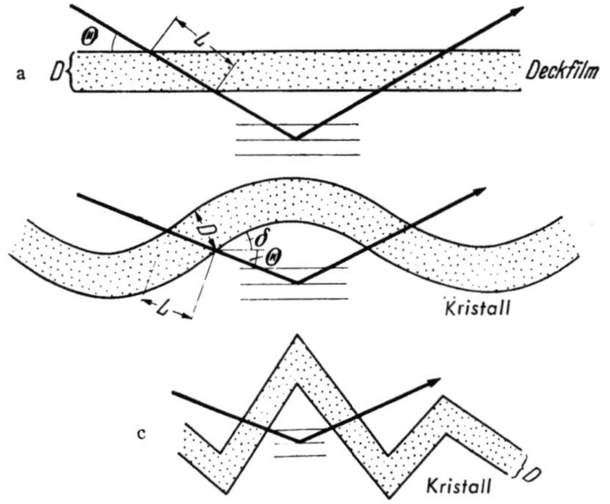

Fig. 61 a—c. Verlauf des Elektronenstrahles bei Reflexion an einer mit einem Film der Dicke D bedeckten Oberfläche. a Netzebenenartig glatte, b sanft gewellte, c rauhe Fläche.

$$D = L \sin(\Theta + \delta).$$

Fall a):

$$\delta = 0, \quad D = L\Theta, \quad D = 0{,}03\,L, \quad D_{\max} = 15\ \text{Å},$$

Fall b):

$$\delta \sim \Theta, \quad D = L(\Theta + \delta), \quad D = 0{,}06\,L, \quad D_{\max} = 30\ \text{Å}.$$

Fall c):

$$\delta > \Theta, \quad D = L \sin\delta, \quad D = 0{,}8\,L, \quad D_{\max} = 400\ \text{Å}.$$

Im allgemeinen ist ein Vergleich der Interferenzintensitäten abgesehen von der Unsicherheit in der Kenntnis der Streulänge L sehr schwierig. Allein die Diskussion des Falles, daß der Deckfilm eine solche Dicke ($D_{\max}$) hat, daß er gerade die Interferenzen der Unterlage verdeckt, gibt bereits über die Nachweisempfindlichkeit einige Auskunft. In der vorletzten Spalte ist zu diesem Zweck der zahlenmäßige Zusammenhang zwischen D und L für $\Theta = 3 \cdot 10^{-2}$ (d.h. etwa 2°) und $\delta \sim \Theta$ im Fall b), und $\delta = 45-60°$ oder $\sin\delta = 0{,}8$ im Fall c) gegeben. Bei einem Material von mittlerer Ordnungszahl $Z \sim 20$, also $L_{\max} \sim 500$ Å, ergibt dann die letzte Spalte die in den einzelnen Fällen a) bis c) gültige Grenzdicke. Für schwere Atome sind die Werte $D_{\max}$ etwa um den Faktor 10 zu verkleinern.

Der Wert dieser Überlegungen ist folgender: Beobachtet man neben Interferenzen der Unterlage noch die des Filmes, so ist $D < D_{\max}$, d.h. im Falle einer glatten Fläche $D < 15$ Å, im Fall einer gewellten Fläche < 40 Å, im Fall einer rauhen Fläche < 400 Å. Innerhalb dieses Bereiches ist dann durch Intensitätsvergleich eine Verschärfung der Angabe möglich. Man erkennt hieran, daß für

[1] Siehe Zitat 1 auf S. 495.

Metalle, die selten Spaltflächen liefern, die Herstellung sehr glatter Flächen mittels elektrolytischer Politur wichtig ist, da sie Oberflächenfilme geringer Dicke erkennen lassen.

Ist also beispielsweise eine Metalloberfläche von einer Oxydschicht mit einer gewissen Grenzdicke von z.B. 15 Å bedeckt, so wird die oxydierte Metalloberfläche, falls sie rauh ist, ein Reflexionsinterferenzbild des Metalles geben, ohne daß das Oxyd im Interferenzbild erscheint, mithin wird sie eine oxydfreie Metallfläche vortäuschen. Eine längere Belichtungszeit würde nur den allgemeinen Untergrund verstärken, aber nicht die Oxydreflexe erkennen lassen. Ist sie hingegen glatt, wie z.B. eine Spaltfläche (Beispiel: Zink) oder eine elektrolytisch polierte Fläche, so wird man die Oxydreflexe erkennen[1], s. Fig. 105.

Aus dem gleichen Grund beobachtet man, daß beispielsweise die Interferenzen eines Oberflächenfilmes auf einer glatten Fläche bei kleineren Glanzwinkeln eine Intensität haben, die größer als die Interferenzen der Unterlage sind, während bei größeren Glanzwinkeln die Reflexe der Unterlage relativ stärker werden. Dies ist auf Grund der Tatsache verständlich, daß die Eindringtiefe $T \approx L\Theta$ ist. Beobachtungen hierzu liegen an elektrolytisch polierten Kupferoberflächen vor, die bei kleinen Glanzwinkeln stärker die Cu_2O-Reflexe, bei größeren Winkeln stärker die Cu-Reflexe zeigen[2].

20. Pulverdiagramme. Bestrahlt man statt eines Einkristalles ein Pulver von Kriställchen, d.h. eine Gesamtheit willkürlich gegeneinander orientierter Einkristalle, so erhält man eine Folge von Reflexen, die für jeden Gitterabstand d in einem festen Abstand um den Primärfleck liegen, sog. „Pulverringe". Je nach der Zahl der reflektierenden Kristalle werden die Ringe mehr oder weniger kontinuierlich geschwärzt sein. Durch Reduktion des bestrahlten Objektquerschnittes kann die Zahl der bestrahlten Kristalle verringert werden, so daß sich ein kontinuierlich geschwärzter Ring in Punkte auflöst. Der gleiche Effekt kann aber auch durch Verringerung des Strahlquerschnittes auf der photographischen Platte zustande kommen, falls die Kristalle groß genug sind, d.h. keine ausgedehnte Beugungsfigur erzeugen (vgl. Tabelle 8.1).

Die oben besprochenen Faktoren, die die Form und Lage der Einkristallreflexe bestimmten, werden sich auch auf Form und Lage der Pulverringe auswirken. So können bei einer Kristallform, die stark von einer Form abweicht, deren Dimensionen in den drei Richtungen nahezu gleich sind, die verschiedenen Ringe eine unterschiedliche Breite haben. Dieser Fall ist jedoch bisher noch nicht einwandfrei realisiert worden. Einen weiteren Einfluß auf die Ringbreite wird man auf Grund des Brechungseffektes, insbesondere bei einer regulären Kristallgestalt erwarten: Wie aus den Überlegungen von S. 487 hervorgeht, ist der Reflex $(h\,0\,0)$ bei einer würfelähnlichen Gestalt eines kubischen Gitters (MgO, NaCl usw.) wesentlich schärfer als z.B. der $(h\,h\,0)$-Reflex, da dieser senkrecht, jener aber parallel zur reflektierenden Ebene aufgespalten wird. Ähnlich liegen die Verhältnisse bei ZnO, von dem Fig. 62 (nach COWLEY und REES) eine Pulveraufnahme zeigt. Wegen der Nadelform der Kristalle, Nadelachse parallel zur (001) Normalen, wird der $(00l)$-Reflex, ähnlich wie der $(h00)$-Reflex am MgO-Würfel, senkrecht zum Ringradius aufgespalten, so daß diese Reflexringe besonders scharf im Vergleich zu den übrigen Ringen sind. Bei mäßigem Auflösungsvermögen sind daher die Ringe infolge der verschiedenen Arten der Aufspaltung verschieden breit[3].

[1] A. LADAGE: Z, Physik **144**, 354 (1956).
[2] Artikel des Verfassers in: Ergebn. exakt. Naturw. **24**, 90 (1950).
[3] Q. L. G. REES u. J. A. SPINK: Nature, Lond. **165**, 645 (1950).

Liegen die bestrahlten, desorientierten Kriställchen auf einer Oberfläche, so wird mehr als die Hälfte des Ringdiagramms abgedeckt. An einem Reflexions-Pulverdiagramm werden die Spitzen der Kriställchen durchstrahlt, so daß der

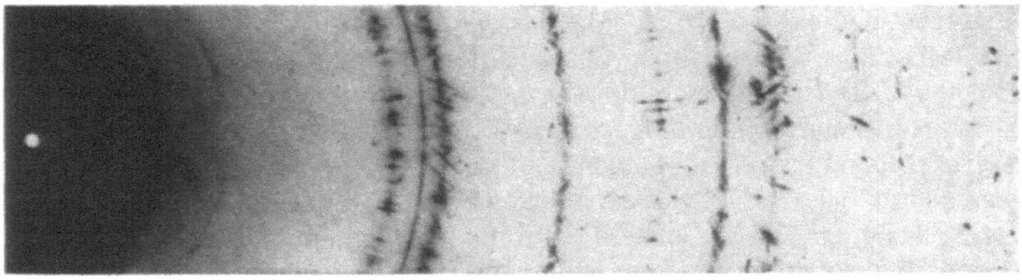

Fig. 62. Durchstrahlungsaufnahme von ZnO mit der durch Brechung hervorgerufenen Feinstruktur.

Brechungseffekt nur eine Verschiebung nach dem Primärstrahl hin bewirkt (nicht auch vom Primärstrahl weg, wie bei der Durchstrahlung von Kriställchen, s. Fig. 41). Haben die Kristalle gut ausgebildete Flächen, so werden in beiden

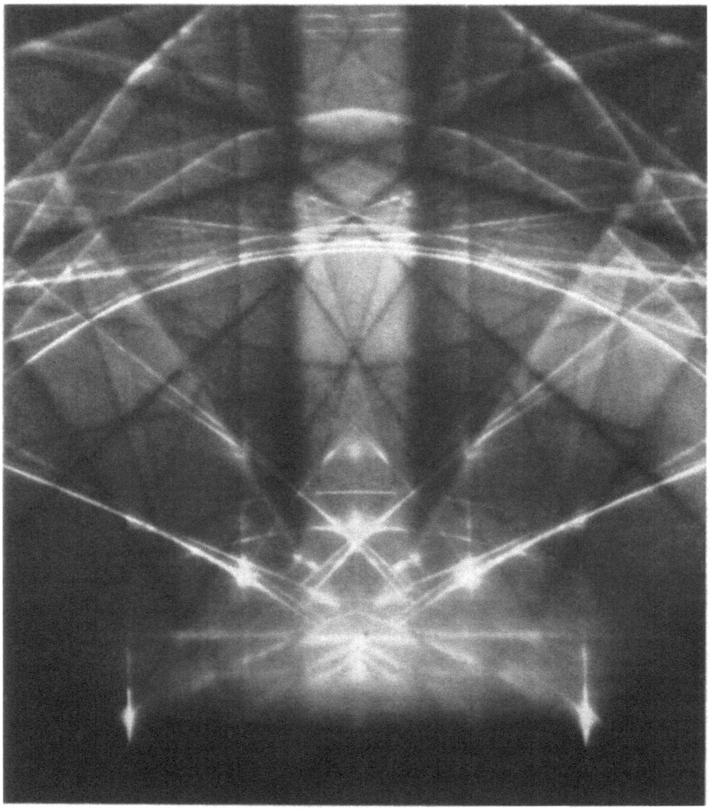

Fig. 63. Reflexionsdiagramm einer Spaltfläche von CaF_2.

Fällen — der Durchstrahlung wie der Reflexion — gewisse Reflexe in wahrer Reflexion entstehen und daher nicht nur die Wirkung des Brechungseffektes, sondern auch die der geringen Eindringtiefe (Verbreiterung) zeigen[1].

[1] Über den Einfluß der Rauhigkeit auf die Eindringtiefe: s. Artikel des Verfassers in: Ergebn. exakt. Naturw. **24**, 86 (1951).

21. Kikuchi-Linien. Bereits in den ersten Anfängen der Elektroneninterferenzversuche fand S. Kikuchi 1928 am Glimmer in dicker Schicht eine Interferenzerscheinung, die darin besteht, daß neben punktförmigen Reflexen Systeme von Linienreflexen und Bändern auftreten. Bei Durchstrahlung dickerer Schichten bleiben diese Kikuchi-Linien und -Bänder allein übrig, während die Reflexe im diffusen Untergrund verschwinden. Charakteristisch ist, daß im allgemeinen einer hellen Linie eine dunkle parallel läuft. Auch bei Reflexion an guten Kristalloberflächen treten diese Kikuchi-Linien und -Bänder mit großer Intensität auf (Fig. 63) (nach Heise) und zwar bis zu sehr großen Winkeln[1].

Ihre Entstehung verdanken diese Linien der Tatsache, daß der einfallende, nahezu parallele Elektronenstrahl im Kristall unelastisch gestreut wird, so daß ein nahezu kontinuierlicher, inkohärenter Untergrund entsteht (vgl. Ziff. 15)[2]. Greift man eine Netzebene des Kristalls heraus, so wird diese von aus verschiedenen Richtungen kommenden Strahlen „unelastisch" gestreuter Elektronen getroffen, ähnlich wie bei dem Versuch im konvergenten Bündel eine Ebene von einem Bündel „elastisch" gestreuter Elektronenstrahlen getroffen wird. Es entsteht daher für die Richtungen, welche die Bragg-Bedingung erfüllen, ein Strahlenkegel der in Einfallsrichtung durchgehenden und der reflektierten Strahlen; bei dem Schnitt mit der photographischen Platte erzeugt er wegen des großen Öffnungswinkels dieser Kegel zu Geraden entartete Hyperbeln (vgl. Fig. 64). Der Winkelabstand dieser Geraden beträgt $2\Theta = n\lambda/d$, wenn d der Netzebenenabstand ist. Das System der Kikuchi-Linien ist also fest mit dem Kristall verbunden.

Die mit Röntgenstrahlen beobachteten „Kossel-Linien" werden auf die gleiche Weise verständlich. Die der unelastischen Elektronenstrahlung entsprechende Strahlung ist in diesem Fall die durch die einfallende Röntgen- oder Elektronenstrahlung angeregte inkohärente Fluorescenzstrahlung.

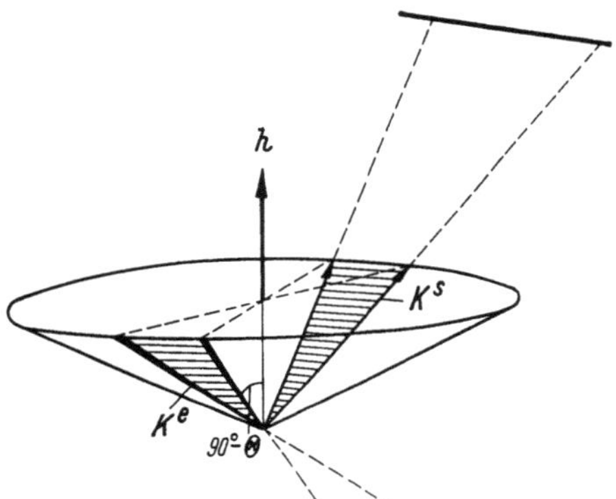

Fig. 64. Anschauliche Erläuterung des Entstehens von Kikuchi-Linien im reziproken Gitter: auf die durch $\boldsymbol{h}$ dargestellte Ebene fällt aus allen Richtungen Strahlung $\boldsymbol{K}_e$ ein. Die auf dem Kegel mit $\boldsymbol{h}$ als Achse liegenden und mit $\boldsymbol{h}$ den Winkel $90-\Theta$ bildenden Strahlen (Θ Braggscher Winkel) werden an $\boldsymbol{h}$ reflektiert, ergeben die Interferenzstrahlen $\boldsymbol{K}^s$ und erzeugen beim Schnitt mit der Photoplatte die Kikuchi-Linien.

Hieraus folgt eine für die Auswertung der Elektroneninterferenz-Diagramme, d.h. für den Rückschluß auf das Kristallgefüge wichtige Tatsache: Sind die Kikuchi-Linien scharf, so hat man einen Einkristall oder viele gegeneinander parallel orientierte Kriställchen vor sich. Sind sie unscharf, so läßt sich auf den Grad der Desorientierung dieser Kriställchen schließen; häufig beobachtet man ein Einkristall-Punktdiagramm, bei welchem jedoch das Fehlen der Kikuchi-Linien auf eine stärkere Verwacklung der Kriställchen deutet; eine Desorientierung von 1 bis 2° der nebeneinanderliegenden Kriställchen bringt die Kikuchi-Linien zum Verschwinden.

Liegt die Einstrahlrichtung des Primärstrahles nahezu parallel einer dicht besetzten also niedrig indizierten Netzebene, so ist das Gebiet zwischen den zugehörigen Kikuchi-Linien durch eine gegenüber dem allgemeinen Untergrund

[1] M. Blackman u. I. A. Khan: Proc. Phys. Soc. A **67**, 553 (1954).

[2] Zum Nachweis, daß die Kikuchi-Linien von unelastisch gestreuten Elektronen herstammen s. H. Boersch: Z. Physik **134**, 156 (1953).

veränderte, und zwar im allgemeinen erhöhte Intensität (Fig. 63) ausgezeichnet, so daß ein sog. KIKUCHI-Band entsteht. Bei Durchstrahlung dünner Schichten, z.B. bei PbJ_2 von 700 Å Dicke, hat dieses Band mehr Intensität, bei dickeren Schichten, z.B. bei PbJ_2 von 2000 Å hat es weniger Intensität als der allgemeine Untergrund[1]. Die Intensität längs des Bandes ist von der Entfernung vom Primärfleck d.h. vom Streuwinkel abhängig[2].

Legt man die Annahme zugrunde, daß die unelastisch gestreuten Elektronen (ähnlich wie die elastischen) bevorzugt in die Vorwärtsrichtung gestreut werden, so ist die Beobachtung verständlich, daß die dem Primärstrahl näher gelegene Linie weniger Intensität und die entferntere (reflektierte) Linie mehr Intensität als der Untergrund hat. Diese Vorstellung reicht jedoch nicht mehr aus, die Bänder zu erklären, sowie die Intensität am Bandrand und in seiner Mitte. Diese Fragen sind erst auf Grund einer eingehenderen Betrachtung der Wellenvorgänge zu verstehen[3].

Eine weitere Beobachtung an KIKUCHI-Linien ist das Auftreten von Enveloppen[4] d.i. von parabelförmigen Linienreflexen, die die Einhüllende einer Schar von KIKUCHI-Linien sind (vgl. Fig. 63). Die Entstehung dieser gekrümmten Linien kann auf eine Raumgitterwirkung zurückgeführt werden: Schneiden sich zwei KIKUCHI-Linien unter einem nicht zu kleinen Winkel, so weichen sie sich wie auf S. 484 beschrieben, als Folge der Umweganregung einander aus. Es entstehen gekrümmte Linienstücke, die, falls eine Schar von KIKUCHI-Linien vorliegt, zusammengesetzt, eine Enveloppe dieser Linienschar bilden. Eine andere Erklärung führt die Enveloppe auf die Wirkung einer einzelnen Netzebene im besonderen der Oberflächenebene zurück[5]. Läuft ein Strahl *innerhalb* einer Netzebene, so erzeugt er von dieser Netzebene Kreuzgitterinterferenzen. Greift man einen Interferenzstrahl heraus, so beschreibt dieser, falls die Richtung des Primärstrahles innerhalb dieser Ebene geschwenkt wird, ebenfalls eine Enveloppe. Die Diskussion über die Frage, welche dieser Erklärungen zutrifft, ob beide Arten von Enveloppen auftreten und wie weit beide Enveloppen im Interferenzbild zu unterscheiden sind, ist noch im Fluß[3].

d) Interferenzen sehr harter und sehr weicher Elektronenwellen.

22. Die Mehrzahl der Elektroneninterferenzversuche wird mit Elektronen von 50 bis 100 kV durchgeführt, da diese Spannung handlich und das Arbeiten mit Elektronen dieser Geschwindigkeit relativ einfach ist. Es ist jedoch aussichtsreich, systematische Interferenzversuche auch mit wesentlich höheren Spannungen auszuführen, und zwar aus folgenden Gründen: Die in Ziff. 19 β eingeführte mittlere Streuweglänge L ist theoretisch proportional zur Elektronenenergie U

$$L = \text{const}\, U. \tag{22.1}$$

Mit zunehmender Härte der Strahlung wird also eine Steigerung der Durchdringbarkeit der dünnen Schichten erreicht, so daß auch dickere Schichten der Untersuchung mit Elektroneninterferenzen zugänglich werden. Fig. 65, nach SAKAKI, ist ein aufschlußreiches Beispiel für die Zunahme der Durchdringbarkeit

[1] J. ACKERMANN: Ann. Phys. **22**, 19 (1948).
[2] H. PFISTER: Ann. Phys. **11**, 239 (1953).
[3] Zur Theorie der KIKUCHI-Linien s. v. LAUE: Ann. Phys. **23**, 705 (1935); **25**, 569 (1936); HAYASHI: Sci. Rep. Tok. Imp. Univ. **23**, 23 (1934) und vor allem Y. KAINUMA: Acta crystallogr. **8**, 247 (1955). — Zur Theorie der Enveloppen und KIKUCHI-Bänder s. K. ARTMANN: Z. Physik **124**, 80, 154 (1947); **125**, 27, 225, 298 (1949); **126**, 533 (1949) sowie E. FUES u. H. RIEDEL: Ann. Phys. **6**, 105 (1949).
[4] SHINOHARA: Sci. Pap. Inst. Phys. Chem. Res. **20**, 39 (1932).
[5] A. G. EMSLIE: Phys. Rev. **45**, 43 (1934). — v. LAUE: Phys. Z. **37**, 544 (1936).

mit der Spannung[1]. Für Reflexionsversuche folgt aus der Tatsache, daß die Eindringtiefe

$$T \approx L \sin\Theta \sim \text{const} \cdot \sqrt{U}$$

ist, daß auch hier die Verwendung härterer Strahlen erfolgversprechend ist.

Abgesehen von dieser Erweiterung des Untersuchungsbereiches der Elektroneninterferenzen besteht ein theoretisches Interesse an den Interferenzen sehr harter Elektronenwellen: Durch Vergrößern von $K = 2\pi/\lambda$ nähert man sich dem Gültigkeitsbereich der geometrischen Theorie, da C [Gl. (17.19)] bzw. D_0 mit K wächst, wobei die Dicke noch vernünftig handhabbare Dimensionen behalten kann. Weiterhin erreicht man, sofern man sich im Gültigkeits bereich der dynamischen Theorie befindet, eine „Entkopplung" der Strahlen, da ΔK_z^0 [Gl. (17.17)] $\sim 1/K$ ist (vgl. hierzu die Ausführungen in Ziff. 17ε).

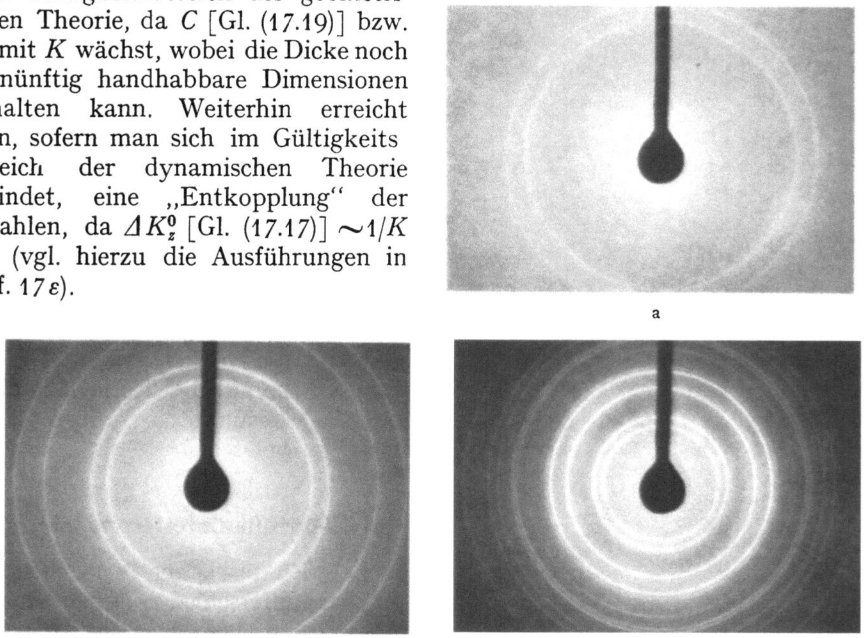

a

b c

Fig. 65a—c. Pulverdiagramm einer Al-Schicht bei verschiedenen Spannungen. (Schichtdicke 2000 Å.) a 55 kV, b 95 kV c 260 kV.

Auf der anderen Seite gibt es die Möglichkeit, die Interferenzen mit sehr langsamen Elektronen zu untersuchen. Bekanntlich waren es die Versuche von Davisson und Germer (1927) mit langsamen Elektronen (~ 50 V), die zuerst die Wellennatur eines Elektronenstrahles einwandfrei bewiesen[2]. Die hierzu notwendige Experimentiertechnik benötigt einen größeren Aufwand, da die langsamen Elektronen — abgesehen von ihrer größeren Störanfälligkeit — eine kürzere Streuweglänge besitzen, mithin ein geringeres Durchdringungsvermögen haben. Erfolgreiche *Durchstrahlungs*versuche sind daher nicht ausgeführt worden. Die Interferenzen müssen also in Reflexion erfolgen. Infolge der starken Wechselwirkung tastet man mit langsamen Elektronen eine noch dünnere Oberflächenhaut ab als mit 50 kV Elektronen. Es muß daher durch sorgfältiges Evakuieren und Ausheizen der Apparatur und des Objektes dafür gesorgt werden, daß die zu untersuchende Kristallfläche während der Versuche einen definierten Oberflächenzustand beibehält. Bereits eine Belegung mit einer monoatomaren Gasschicht verändert das Interferenzbild. Ein rasches Auswechseln von Präparaten

[1] Interferenzversuche mit Elektronen hoher Spannung (500 kV) wurden bereits von Kossel und Mitarbeitern im Jahre 1943 ausgeführt.

[2] C. J. Davisson u. L. H. Germer: Phys. Rev. **30**, 705 (1927). — Proc. Nat. Acad. Amer. **14**, 317, 619 (1928).

ist unter diesen Umständen nicht möglich. Aus diesen Gründen ist die Zahl der Arbeiten, die sich mit Interferenzen langsamer Elektronen beschäftigen, außerordentlich gering. Die ersten Versuche von DAVISSON und GERMER zeigten, daß ein auf die (111)-Nickeleinkristall-Fläche treffender Elektronenstrahl von 50 bis 300 V ($\lambda \sim 1$ Å) elastisch gestreute Intensität mit ausgesprochenen Intensitätsmaxima ergibt. Diese Maxima lassen sich als Kreuzgitterinterferenzen der (111)-Ebene deuten; die Hinzunahme der dritten LAUEschen Interferenzbedingung senkrecht zur Oberfläche jedoch ergibt, daß die geometrische Theorie die Lage der Maxima nicht richtig wiedergibt. Spätere Versuche bestätigten diesen Sachverhalt[1]. Die dynamische Theorie läßt diese Resultate in großen Zügen verstehen[2].

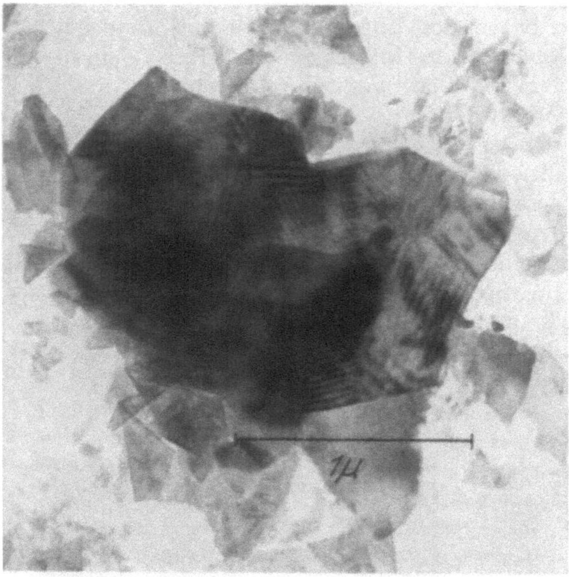

a

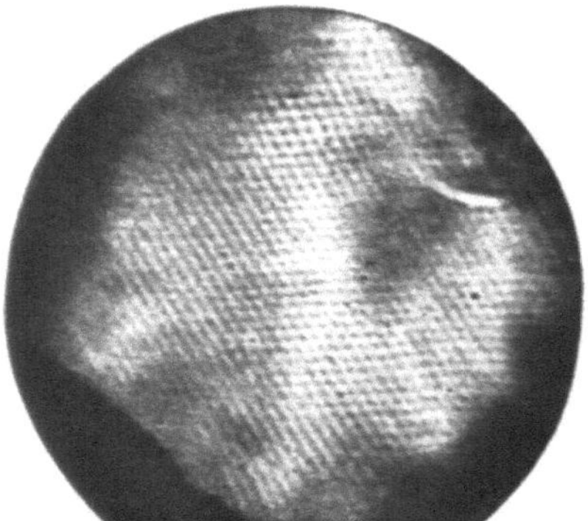

b

Fig. 66a u. b. Interferenzstreifen, die durch Überlagerung von zwei kohärenten Wellenzügen entstehen, wenn zwei Graphitlamellen übereinanderliegen.

e) Elektroneninterferometrie.

23. Bei den bisherigen Versuchen betrug der Gangunterschied zwischen benachbarten Streuzentren (Atomen des Kristalles) wenige Wellenlängen, je nach der Ordnung des Reflexes. In der Lichtoptik ist ein Analogon zu diesem Experiment die Interferenz am Strichgitter ($d \sim 10^{-3}$ cm, $\lambda \sim 5 \cdot 10^{-5}$ cm). Man ging jedoch in der Lichtoptik bald dazu über, durch geeignete Anordnungen, sog. Interferometer, Interferenzen hohen Gangunterschiedes herzustellen. Auch in der Elektronenoptik ist vor kurzem durch eine Beobachtung von neuartigen Interferenzstreifen[3] ein erster Schritt getan worden, um die Elektroneninterferometrie zu erschließen. Übereinanderliegende Graphitblättchen zeigten im Elektronenmikroskop ein Streifensystem (Fig. 66a, b), das von den Verfassern in folgender Weise gedeutet wird (Fig. 67a, b): Ein Elektronenstrahl $\boldsymbol{K}^0$ trifft zwei Einkristalle, die miteinander einen kleinen Winkel bilden. Wird der im oberen Kristall erzeugte Interferenzstrahl $\boldsymbol{K}^g$ nochmals im unteren Kristall reflektiert, so

[1] W. EHRENBERG: Phil. Mag. **18**, 878 (1934). — H. E. FARNSWORTH: Phys. Rev. **34**, 679 (1929); **49**, 605 (1936). — R. E. SCHLIER u. H. E. FARNSWORTH: J. Appl. Phys. **25**, 1333 (1954).

[2] P. M. MORSE: Phys. Rev. **35**, 1310 (1930).

[3] T. MITSUISHI, H. NAGASAKI u. R. UYEDA: Proc. Japan Acad. **27**, Nr. 2 (1951).

entstehen zwei um den Winkel ε gegeneinander geneigte kohärente Wellenfelder mit den Wellenvektoren $\boldsymbol{K}^0$ und $\boldsymbol{K}^{gh}$. Hinter der unteren Kristallplatte bildet sich dann bei nicht zu verschiedener Amplitude beider Wellen ein gut sichtbares

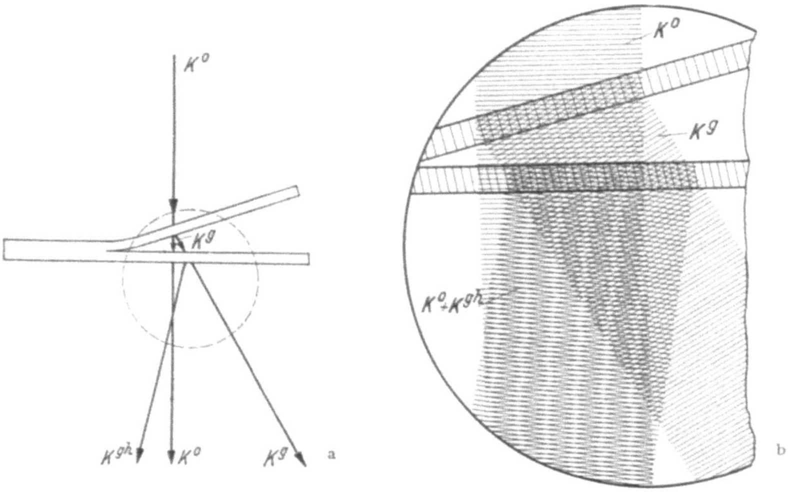

Fig. 67 a u. b. a Zur Deutung der Interferenzerscheinung Fig. 66. b Schematische Darstellung der Wellenfelder, die nach (a) entstehen und zur Erscheinung Fig. 66 führen.

amplitudenmoduliertes Feld aus, dessen Streifenabstand λ/ε proportional ist. Diese FRESNELschen Interferenzen werden mit Hilfe einer Linse auf der photographischen Platte abgebildet.

Auf eine andere Art beobachtete RANG[1] derartige Interferenzstreifen: in Glimmerspaltblättchen befinden sich Hohlräume oder Blasen[2]. An diesen Stellen sind also zwei fest zueinander orientierte Einkristallblättchen in kleinem variierendem Abstand ($\sim$100 Å) voneinander getrennt. In der oberen und unteren Fläche der Blase entstehen an parallel gestellten Netzebenen zwei reflektierte kohärente Streuwellen, die sich bei geeigneter Einstrahlrichtung überdecken und miteinander interferieren. Je nach dem Abstand der Blättchen entstehen Maxima und Minima; Minima, wenn die Netzebenen oben und unten um $d/2$ versetzt sind (in Analogie zu den gegenphasigen Bereichen von Ziff. 27), Maxima, wenn sie um d verschoben sind (Fig. 68). Auf diese Weise gelang es, Interferenzen bis zu Gangunterschieden von einigen 10 λ herzustellen. Von MARTON und Mitarbeitern[3] wurde auf Grund dieser Beobachtungen eine Anordnung gebaut, in der die Streuwellen, die durch „Spiegelung" an den Netzebenen von drei justierbar hintereinanderliegenden Metallschichten entstehen, wiederum durch BRAGGsche Reflexion überlagert werden. Es gelang ihnen, mit Hilfe dieses „Interferometers" die Interferenzerscheinung dieser Strahlen zu beobachten.

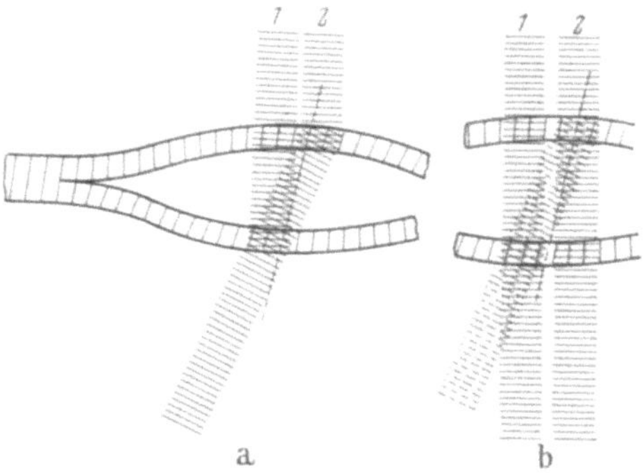

Fig. 68 a u. b. Zur Entstehung der Interferenzen an „Blasen". In (a) wird infolge der Phasengleichheit (vgl. die gestrichelte Linie) der reflektierenden Netzebenen eine Verstärkung, in (b) infolge der Gegenphasigkeit, hervorgerufen durch den veränderten Abstand von Ober- und Unterfläche, eine Schwächung bei der Interferenz der Wellenzüge auftreten.

[1] O. RANG: Z. Physik **136**, 465 (1953).
[2] G. MÖLLENSTEDT: Optik **10**, 72 (1953). — O. RANG: Optik **10**, 90 (1953).
[3] L. MARTON, J. A. SIMPSON u. J. A. SUDDETH: Phys. Rev. **90**, 490 (1953).

Während in dem eben genannten Versuch die Wellenfelder durch BRAGGsche Reflexion wieder zusammengeführt werden, kann man sie auch durch elektrische Felder zur Überlagerung bringen, so daß eine Anordnung entsteht, die das Analogon zum FRESNELschen Biprismaversuch der Lichtoptik darstellt. MÖLLENSTEDT und DÜKER[1] bildeten das elektronenoptische Biprisma in der Weise nach, daß sie die von einer etwa 500 Å kleinen Elektronenquelle E ausgehenden Strahlen an einem Faden F von 3 μ Stärke vorbeigehen ließen. Eine positive Fadenspannung von 5,8 V bringt die Teilwellenfelder auf der Photoplatte zur Überlagerung (Fig. 69a). Auf diese Weise entstehen die in Fig. 70 wiedergegebenen Interferenzstreifen.

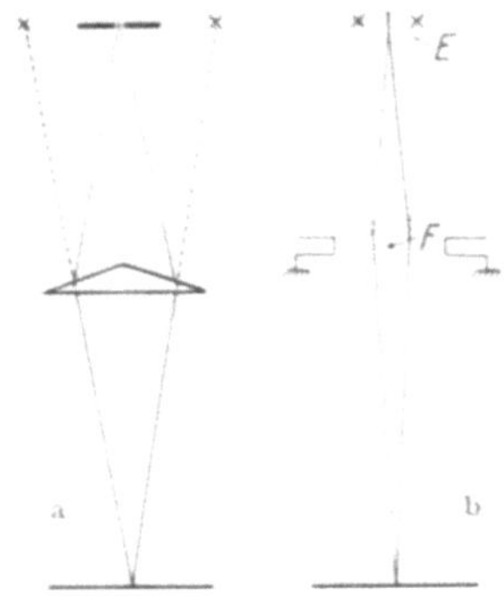

Fig. 69 a u. b. Schematische Darstellung der Nachbildung des FRESNELschen Biprismas in der Elektronenoptik (links die lichtoptische, rechts die elektronenoptische Anordnung).

Dieses Gebiet der Elektroneninterferometrie steht noch ganz im Anfang der Entwicklung und es besteht die Möglichkeit, daß es durch seine Anwendungen die gleiche Bedeutung erhält wie die Lichtinterferometrie.

Fig. 70. Interferenzen an einem Biprisma für Elektronenwellen (19,4 kV).

f) Interferenzen an nichtidealen Kristallgittern.

Den bisherigen Betrachtungen über Lage und Form der Interferenzflecke lag die Voraussetzung eines idealen Gitters zugrunde. Abweichungen vom Idealbau können durch Störungen des Gitters (Baufehler), Kleinheit der Kristalle, Wärmeschwingungen usw. zustande kommen. Soweit diese Faktoren bisher für Elektroneninterferenzen von Bedeutung geworden sind, sollen sie im folgenden besprochen werden, nämlich: Zwillingsbildung (Ziff. 24), Wechselstrukturen (Ziff. 25), Überstrukturen (Ziff. 26), Gegenphasige Bereiche (Ziff. 27), Änderung der Gitterkonstanten mit der Kristallgröße (Ziff. 28), Ausscheidungen in kleinen Kristallen (Ziff. 29), Wärmeschwingungen des Gitters (Ziff. 30).

24. Zwillingsbildung. Ein Zwillingsgitter ist eine Atomanordnung, die aus zwei an einer Ebene (Zwillingsebene) gespiegelten Gittern aufgebaut ist. [Da im allgemeinen ein Symmetriezentrum vorhanden ist, so ist das Zwillingsgitter auch identisch mit einem Gitter, das durch Drehung um 180° um eine zur Zwillingsebene senkrechte Achse (Zwillingsachse) entsteht.] Bekannt ist die im kubischen System häufig vorkommende Zwillingsbildung des Spinells, bei der (111) Zwillingsebene ist. Die beiden miteinander verzwillingten Gitter sind räumlich getrennt und nur durch die Zwillingsebene miteinander verbunden. Werden sie beide vom Elektronenstrahl erfaßt, so liefern die beiden Gitter Interferenzen, die nur zum Teil zusammen fallen, so daß neue Interferenzflecke, zusätzlich zu den Interferenzen des Ausgangsgitters, entstehen.

[1] G. MÖLLENSTEDT u. H. DÜKER: Naturwiss. **42**, 41 (1954). — H. DÜKER: Z. Naturforsch. **10**a, 256 (1955).

Als Beispiel wählen wir den häufig vorkommenden Spinellzwilling eines flächenzentrierten kubischen Gitters. Fig. 71 stellt zwei miteinander nach (111) verzwillingte Würfel dar. Fig. 72a gibt die Projektion der Atome in die (1$\bar{1}$0) Ebene von Ausgangsgitter und Zwillingsgitter wieder. Die Buchstaben *ABC ABC* ... kennzeichnen die für die kubisch dichteste Packung charakteristische Netzebenenfolge, die durch Spiegelung an der (111) Ebene umgekehrt wird. Diese Ebene bildet mit den zwei benachbarten eine Folge *CAC*, d.h. eine dünne Schicht einer hexagonal dichtesten Packung. Die zugehörige Ebene des reziproken Gitters, die zugleich das zu erwartende Interferenzbild darstellt, zeigt Fig. 72b, wobei die Zwillingsbildung nicht nur nach (111), sondern auch nach ($\bar{1}\bar{1}$1) (d.i. die die linke Ecke des Würfels abschneidende Oktaederebene in Fig. 71) eingezeichnet ist. Es treten neue Interferenzpunkte auf, die, von den Interferenzen des Ausgangsgitters in Richtung der Raumdiagonalen um $\frac{1}{3}$ des Abstandes zweier Gitterpunkte entfernt, an den in Fig. 72b angemerkten Stellen auftreten. Sie haben bezüglich des Ausgangsgitters gebrochene Indices.

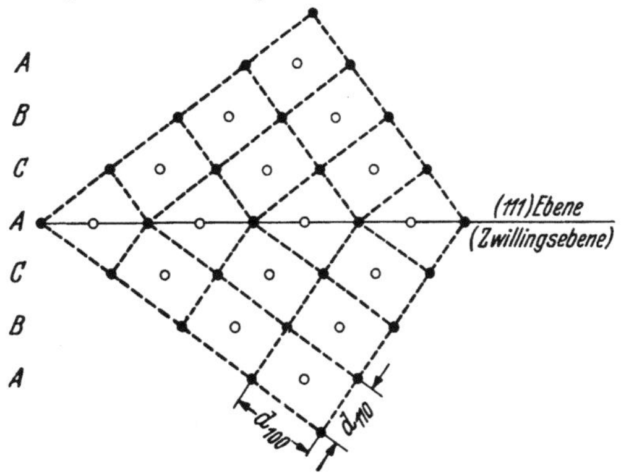

Fig. 72a.

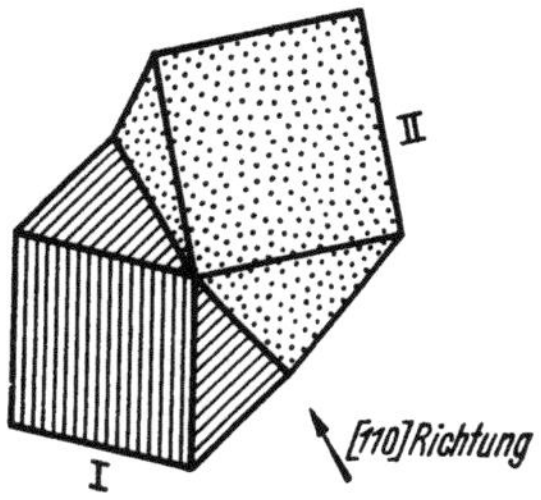

Fig. 71.

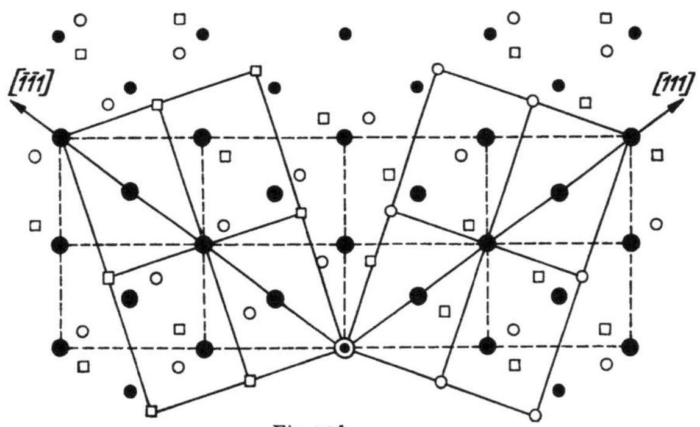

Fig. 72b.

Fig. 71 stellt zwei nach (111) verzwillingte Würfel dar.

Fig. 72a u. b. a Projektion des Ausgangsgitters und des Zwillingsgitters nach (111) auf die (1$\bar{1}$0) Ebene: ● Atome in der Abbildungsebene und im Abstand d_{110} sowie ganzzahliger Vielfache von d_{110}, o Atome im Abstand $\frac{1}{2} d_{110}$, $\frac{3}{2} d_{110}$ usw. b (110) Ebene des reziproken Gitters bei Zwillingsbildung nach (111) und nach (1$\bar{1}$1). ● Ausgangsgitter, ○ Zwillingsgitter nach (111), □ Zwillingsgitter nach ($\bar{1}\bar{1}$1).

Diese Zwillingsbildung ist eine in dünnen Wachstumsschichten sehr häufig beobachtete Erscheinung und zwar an aufgedampften wie elektrolytisch niedergeschlagenen Schichten. Die ersten einkristallähnlichen Silberschichten, durch Aufdampfen auf eine erwärmte NaCl-Unterlage hergestellt[1], zeigten diese zusätzlichen $\frac{1}{3}$-Punkte auf der [111] Richtung im reziproken Gitter (Fig. 73). Seitdem wurden sie an einer großen Zahl von Aufdampfschichten und Reaktionsschichten gefunden, in Durchstrahlung wie in Reflexion, z.B. Ni, Au, PbS[2], Fe_3O_4[3], Cu_2O, Al[4] u. a.

[1] H. Lassen: Phys. Z. **35**, 172 (1934). — H. Lassen u. L. Brück: Ann. Phys. **22**, 65 (1935). — L. Brück: Ann. Phys. **26**, 233 (1936).

[2] A. T. Elleman u. H. Wilman: Proc. Phys. Soc. Lond. **61**, 164 (1948).

[3] O. Haase: Z. Naturforsch. **11a**, 46 (1956).

[4] H. Göttsche: Z. Naturforsch. **11a**, 55 (1956).

Fig. 73a—c. a Reflexionsdiagramm einer Silberschicht, die auf eine heiße (150° C) NaCl-Spaltfläche aufgedampft wurde. Einstrahlrichtung längs [110]. Ein Vergleich mit Fig. 72b zeigt, daß die Ag-Kristalle nach der Oktaederebene verzwillingt sind. b Durchstrahlte Silberschicht, die auf eine vergütete (110) NaCl-Fläche aufgedampft und anschließend abgelöst wurde. Auch hier erkennt man die Drittelpunkte, die durch Zwillingsbildung entstehen. Für einen Vergleich von a und b muß man die Pfeile parallel stellen. c Durchstrahlte Silberschicht, die auf eine (001) Spaltfläche aufgedampft und abgelöst wurde. Durchstrahlungsrichtung [100]. Infolge Verwacklung der Kristalle beobachtet man die Zwillingsreflexe auch in diesem Azimut.

Desgleichen zeigt sich dieselbe Zwillingsbildung an elektrolytisch niedergeschlagenen Schichten von Ni, Cu, Co u. a., wie von COCHRANE[1] gefunden wurde, der auch diesen $\frac{1}{3}$-Punkten zuerst die Deutung als Zwillingsreflexe gab.

Diese Zwillingsreflexe werden auch in Schichten beobachtet, die z.B. auf (001) NaCl Spaltflächen aufgedampft, abgelöst und in der [100] Richtung durchstrahlt werden (Fig. 73c). Da im reziproken Gitter die Zwillingspunkte auf der [111] Richtung liegen, muß man annehmen, daß die Kristalle der Schicht beim Ablösen so stark verdreht werden, daß die Zwillingspunkte in Reflexionsstellung kommen, d.h. die Ausbreitungskugel schneiden[2].

Neben der Zwillingsbildung nach (111) findet man auch andere Arten von Zwillingsbildung, z.B. wurde am raumzentrierten α-Eisen eine Zwillingsbildung nach (112) gefunden[3].

Die Zwillingsbildung zeigt eine Abhängigkeit von der Dicke, wie Versuche an Aufdampfschichten zeigten: über 1000 Å werden im allgemeinen keine $\frac{1}{3}$-Punkte mehr beobachtet, woraus zu schließen ist, daß in größeren Dicken das normale Gitter fortwächst[4]. Desgleichen fehlen sie bei sehr dünnen Schichten[5], während bei 200 bis 300 Å Dicke die Satelliten ein Maximum an Intensität haben.

Eine ausführliche Diskussion der Aufnahmen[5,6] bestätigte diese Deutung der Satelliten im Interferenzbild aufgedampfter Schichten und widerlegte eine Erklärung, die die Satelliten als Schnittpunkte der Ausbreitungskugel mit den Stacheln der Bereiche des reziproken Gitters ansah: die Stacheln sollten sich als Folge einer Oktaederbegrenzung der Kriställchen in Richtung der Raumdiagonalen erstrecken[7]. Das Auftreten eines Brechungseffektes [Verschiebung der Ag-Reflexe senkrecht zur (100) Ag-Ebene] bewies jedoch, daß die Ag-Kriställchen von (100) Ebenen begrenzt sind, also als kleine Würfel auf der NaCl-Unterlage liegen.

[1] W. COCHRANE: Proc. Phys. Soc. London **48**, 723 (1936).
[2] Siehe hierzu H. GÖTTSCHE: Z. Physik **134**, 517 (1953).
[3] O. HAASE: Z. Naturforsch. **11** a, 46 (1956).
[4] F. KIRCHNER u. H. LASSEN: Ann. Phys. **24**, 113 (1935).
[5] F. KIRCHNER u. H. CRAMER: Ann. Phys. **33**, 138 (1938).
[6] F. KIRCHNER u. O. RÜDIGER: Ann. Phys. **30**, 609 (1937). — G. MENZER: Z. Kristallogr. **99**, 378 (1938).
[7] M. v. LAUE: Ann. Phys. **26**, 55 (1936); **29**, 211 (1937).

An den Zwillingsbildung zeigenden Schichten werden häufig noch zwei charakteristische Interferenzerscheinungen beobachtet:

a) Neben den in Fig. 72b eingetragenen Reflexen treten — vor allem in Durchstrahlung — noch die übrigen nicht eingezeichneten $\frac{1}{3}$-Reflexe auf, allerdings intensitätsschwächer[1]. In Reflexion werden sie ebenfalls beobachtet[2].

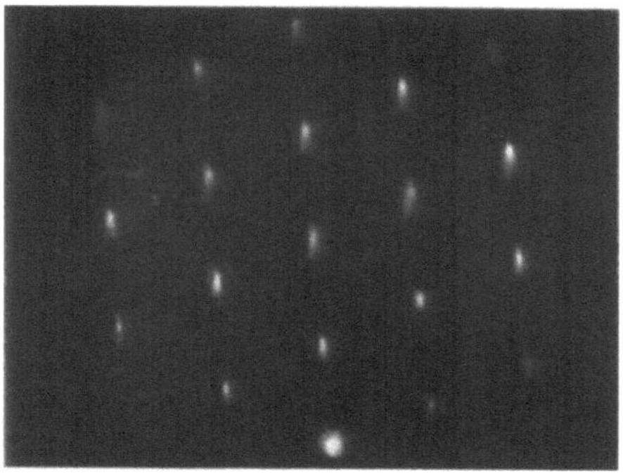

a

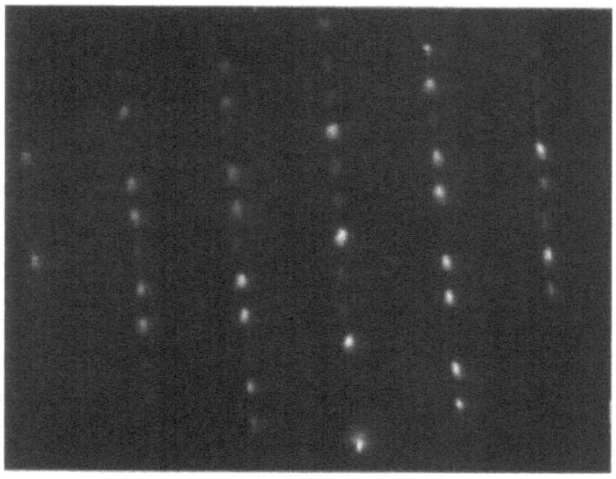

b

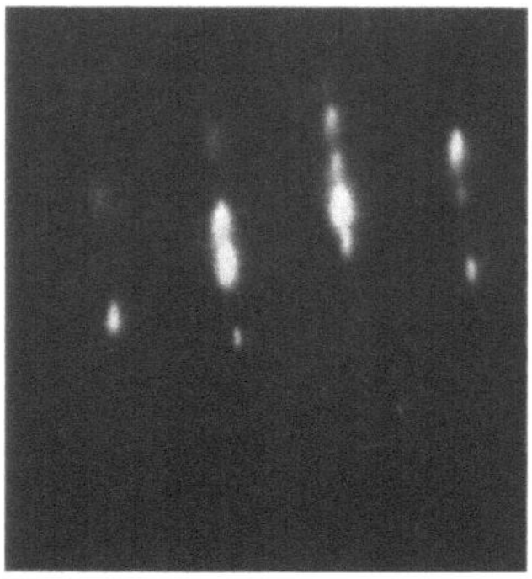

c

Fig. 74a—c. Reflexionsdiagramm (a) einer Cu (111) Einkristallfläche längs [110]. b Nach Aufdampfen einer dünnen Cu-Schicht. Die stärksten Zusatzreflexe (Drittelpunkte) in (b) entstehen durch Zwillingsbildung nach (111), d.h. durch Spiegelung an der (111) Oberfläche (Zwillingsebene) (s. Fig. 72b, Ebene senkrecht zur [111] Richtung). Neben diesen treten noch weitere, schwächere Zusatzreflexe (Drittelpunkte) auf. Sie lassen sich besser auf Grund der Mehrfachstreuung deuten als auf Grund von Gitterfehlern, da ihre Intensität von der Nähe starker Reflexe abhängig ist (c).

Die Erklärung für diese Erscheinung wurde von MENZER[3] in den bei der Zwillingsbildung entstehenden Gitterfehlern, hervorgerufen durch die Berührung von Ausgangsgitter und Zwillingsgitter, gesehen. Neben diesem Effekt spielt eine — sicherlich größere — Rolle die Mehrfachstreuung[2], die zu dem Auftreten dieser Zusatzreflexe Anlaß gibt. Fig. 74 (nach HAASE) zeigt diese Reflexe an einer Cu-Schicht, die auf eine Cu-Unterlage aufgedampft wurde, s. Ziff. 40β.

b) In gewissen Richtungen, insbesondere in der [111] Richtung, beobachtet man stets gemeinsam mit Zwillingsreflexen eine kontinuierliche Intensität von den Reflexen ausgehend, zum Teil sie verbindend. Solche Beobachtungen liegen an Ni, Co[4] sowie Al, Ag, Pd, Cu, Au, Co, Ni[2] vor.

Zum Verstehen dieser kontinuierlichen Intensität wurden zwei Vorschläge gemacht: die „Zwillingsebene" stellt mit ihren Nachbarebenen eine hexagonale Anordnung (*C*-*A*-*C*) dar (Fig. 72a). Es wurde nun angenommen, daß diese dünne Schicht, durch eine geringe Änderung des Gitterabstandes aus der Folge der Ebenen herausgehoben, für sich streut[5]. Dadurch, daß sie aus dem kohärenten

---

[1] H. LASSEN: Phys. Z. **35**, 172 (1934). — F. KIRCHNER u. H. LASSEN: Ann. Phys. **24**, 113 (1935).

[2] H. GÖTTSCHE: Z. Naturforsch. **11**a, 55 (1956).

[3] G. MENZER: Z. Kristallogr. **99**, 410 (1938).

[4] W. COCHRANE: Proc. Phys. Soc. Lond. **48**, 723 (1936).

[5] F. KIRCHNER u. H. LASSEN: Ann. Phys. **24**, 113 (1935).

Verbande der Netzebenen herausgehoben ist, entsteht im reziproken Gitter ein kontinuierlicher Intensitätsbereich in der [111] Richtung. Diese Erklärung ist physikalisch schwer verständlich. Eine andere Erklärung sieht das Entstehen dieser Linienintensität in den „Stacheln" des Intensitätsbereiches, hervorgerufen durch (111) Begrenzungen der Kriställchen[1] (s. o.). Die Beobachtung (s. o.) deutet jedoch darauf hin, daß im Falle des Silbers die Kristalle Würfel sind, mithin die kontinuierliche Intensität eine andere Ursache haben muß.

H. GÖTTSCHE[2] erklärt das Auftreten dieser kontinuierlichen Intensität mit Hilfe einer eindimensionalen Lagenfehlordnung längs [111] und ordnet damit diese Erscheinung zwanglos in den Rahmen der bekannten Gitterfehler ein.

25. Wechselstrukturen. Ein weiterer Nachweis einer Gitterstörung mittels Elektroneninterferenzen gelang an Graphit[3]:

In Richtung der *c*-Achse ist das Graphitgitter aus Kohlenstoffatomen aufgebaut, die auf regulären Sechsecken angeordnet sind und zwar normalerweise in der Folge *ABAB*. Die Mittelpunkte der Sechsecke der Ebene *B* liegen dabei je über einem Kohlenstoffatom der Ebene *A*. Ein genaueres Studium der Graphitinterferenzen im konvergenten Bündel, bei dem jeder Hauptreflex von einer größeren Zahl von Nebenreflexen umgeben ist (s. Ziff. 17γ), ergab, daß für gewisse Hauptreflexe das Nebenreflexsystem (bei verschiedenen Kristallen in verschiedener Weise) gestört ist. Aus der Art dieser Störung kann abgeleitet werden, daß die normale Folge *ABAB* ... der Graphitebenen bei den einen Kristallen durch die Folge *ABABCBCB* ..., bei anderen durch *ABABCABC* ... ersetzt ist (Wechselstruktur). Es ist bemerkenswert, daß dieser Wechsel der Ebenenfolge, der an Graphit, Kobalt und anderen Substanzen mit Röntgeninterferenzen studiert worden ist, an der Struktur der Nebenreflexe erkannt werden kann.

26. Überstrukturen. In einer festen Lösung zweier Metalle sind im allgemeinen die beiden Atomarten statistisch auf die Gitterplätze verteilt. Ist der Durchmesser der beiden Atomarten nicht sehr verschieden, so sind sie in weiten Grenzen der Zusammensetzung miteinander mischbar. Die Intensität der Reflexe ist hierbei durch einen mittleren Strukturfaktor bestimmt, der durch die Strukturfaktoren der Atomsorten und die Wahrscheinlichkeit gegeben ist, mit der sich die Atome an den Gitterplätzen aufhalten[4].

Es gibt jedoch Lösungen, wie beispielsweise das System Gold-Kupfer, in dem bei einer bestimmten Zusammensetzung und Temperatur eine Ordnung der Atome stattfindet. So zentrieren bei einer Lösung von 75 Atomprozent Kupfer und 25 Atomprozent Gold die Kupferatome die Würfelflächen der Elementarzelle des kubisch flächenzentrierten Gitters, während die Goldatome die Ecken des Würfels besetzen. Diese Ordnung der Atome hat das Auftreten von Interferenzen mit gemischten Indices zur Folge, die im normalen flächenzentrierten Gitter verboten sind, sog. Überstrukturinterferenzen, wie z. B. (110) (100) usw. Ihr Entstehen ist an Hand der Fig. 75 zu verstehen, da z. B. der (110) Reflex, der normalerweise ausgelöscht ist, wegen des nach Fig. 75 verschiedenen Streuvermögens benachbarter Ebenen im geordneten Zustand eine von Null verschiedene Intensität behält. Oberhalb einer „kritischen" Temperatur (bei 75 Atomprozent Cu: 388° C) verschwindet diese Ordnung.

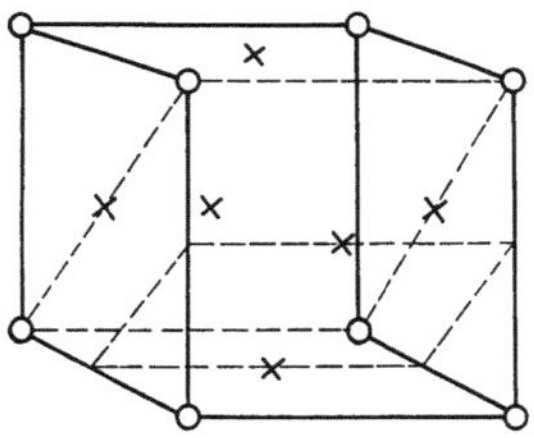

Fig. 75. $AuCu_3$ Gitter im geordneten Zustand. ○ Goldatome, × Kupferatome.

[1] M. v. LAUE: Ann. Phys. **26**, 55 (1936); **29**, 211 (1937).
[2] H. GÖTTSCHE: Act. crystallogr. **9**, 179 (1956).
[3] J. HOERNI: Nature (Lond.) **164**, 1045 (1949).
[4] Siehe z. B. M. v. LAUE: Röntgenstrahlinterferenzen, S. 193 u. f. Leipzig 1948.

An Hand von einkristallähnlichen, dünnen Schichten von Legierungen, die durch Verdampfen auf heiße Steinsalzspaltflächen hergestellt wurden, wurde dieser Vorgang mit Elektroneninterferenzen beobachtet[1]. Fig. 76a zeigt die Überstrukturreflexe an $AuCu_3$ im geordneten Zustand bei 380° C, während Fig. 76b dieselbe Schicht bei 550° C oberhalb der kritischen Temperatur wiedergibt, bei welcher die Überstrukturreflexe verschwunden sind. Bei 388° C nimmt die Intensität der Überstrukturreflexe innerhalb weniger Grad sprungartig ab.

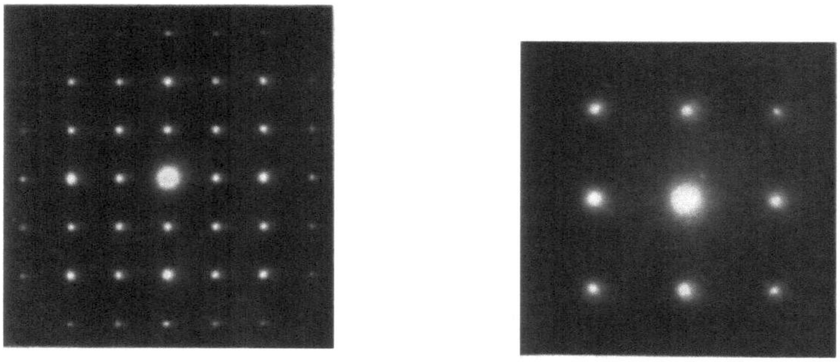

a b

Fig. 76a u. b. Elektroneninterferenzbild eines $AuCu_3$-Einkristalles (kubisch-flächenzentriertes Gitter). a: Bei 380° C treten Überstrukturinterferenzen (h_i gemischt) auf. b: Bei 550° C sind die Überstrukturreflexe verschwunden, während die Hauptreflexe (200), (220) . . . bleiben.

27. Gegenphasige Bereiche. Eine gitterphysikalisch interessante Störung der Kristalle findet man bei Legierungen in der Ausbildung von sog. „gegenphasigen Bereichen". Sie wurde zuerst mit Röntgenstrahlen an der Feinstruktur der Überstrukturreflexe in der geordneten AuCu-Legierung von Borelius, Johansson und Linde[2] gefunden. Die Deutung der Feinstruktur gelingt mit Hilfe der Vorstellung, daß benachbarte Gitterbereiche der geordneten Legierung in periodisch wiederkehrenden Abständen um einen bestimmten Gittervektor gegeneinander verschoben sind, ohne daß hierdurch die Kohärenz des Gitters gestört wird.

Die Grundvorstellung ist folgende: Betrachtet man eine Punktreihe von M Atomen, so ist die Phase der gestreuten Wellen:

$$S = 1 + e^{2\pi i A_3} + \cdots + e^{2\pi i (M-1) A_3}$$

(s. Ziff. 12). Liegen N solcher Punktreihen nebeneinander, wobei jede von ihnen gegen die benachbarte infolge räumlicher Versetzung eine Phasenverschiebung φ hat, so nimmt der Phasenfaktor den Wert

$$G_3 = S\left(1 + e^{2\pi i M A_3 - \varphi} + \cdots + e^{2\pi i m (M A_3 - \varphi)} \cdots + e^{2\pi i (N-1)(M A_3 - \varphi)}\right)$$

oder

$$G_3 = \frac{\sin \pi M A_3}{\sin \pi A_3} \cdot \frac{\sin \pi N(M A_3 - \varphi)}{\sin \pi (M A_3 - \varphi)} = G_3^{(1)} \cdot G_3^{(2)}$$

an. Das erste Glied $G_3^{(1)}$ ist der bekannte Phasenfaktor einer Punktreihe mit M Atomen und hat ein Maximum bei $A_3 = h_3$, der zweite Faktor $G_3^{(2)}$ verursacht im Abstand $\Delta A_3 = \pm \frac{\varphi}{M}$ symmetrisch um h_3 Maxima, deren Breite $1/NM$ ist.

---

[1] H. Raether: Compt. Rendues **231**, 653 (1950).

[2] G. Borelius, C. H. Johansson u. I. O. Linde: Ann. Phys. **86**, 291 (1928).

Das Maximum bei $A_3 = h_3$ wird im allgemeinen ($\varphi < 1$) durch die Funktion $G_3^{(2)}$ stark reduziert (s. Fig. 77).

Erfolgt die Versetzung der Gitterbereiche in einem Raumgitter in der Richtung der Diagonalen um den Vektor $\frac{1}{2}(\boldsymbol{a}_1 + \boldsymbol{a}_2)$ also senkrecht zur Richtung $[0\,0\,h_3]$, so ist

$$\varphi = \tfrac{1}{2}(\boldsymbol{a}_1 + \boldsymbol{a}_2, \boldsymbol{h}) = \tfrac{1}{2}(h_1 + h_2).$$

Dies ist z. B. der Fall in der Legierung AuCu und $AuCu_3$ (Fig. 78). Dann wird für a) $h_1 + h_2$ gerade

$$G_3^{(2)} = \frac{\sin \pi N M_3 A_3}{\sin \pi M_3 A_3}.$$

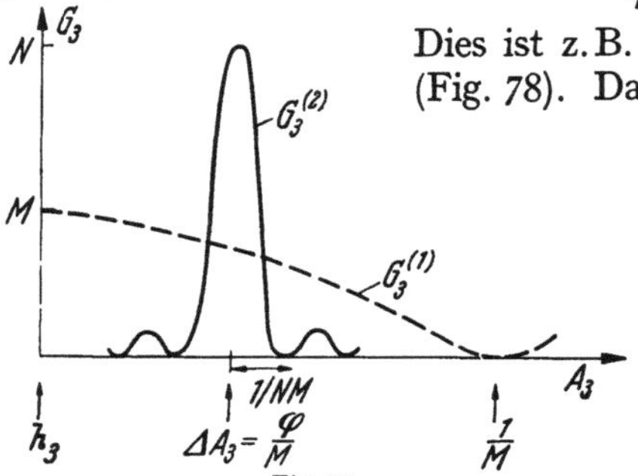

Fig. 77.

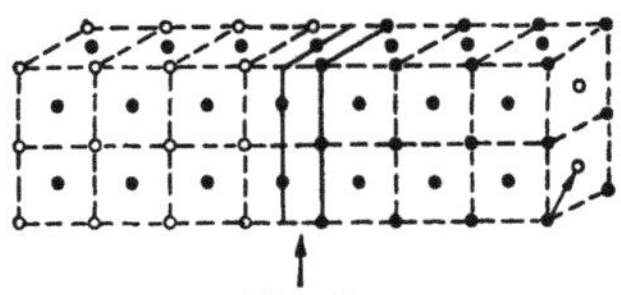

Fig. 78.

Fig. 77. Verlauf der Funktion $G_3 = G_3^{(1)} \cdot G_3^{(2)} = \frac{\sin \pi M A_3}{\sin \pi A_3} \cdot \frac{\sin \pi N(M A_3 - \varphi)}{\sin \pi (M A_3 - \varphi)}$ als Funktion der Koordinate A_3.

Fig. 78. Atomanordnung im $AuCu_3$-Gitter mit Versetzung: Rechts ist durch einen Pfeil der die Versetzung (Translation) darstellende Vektor wiedergegeben. Der senkrechte Pfeil kennzeichnet die fehlerhafte Ebene.

Dieses ist der Phasenfaktor eines Gitters, welches in der Richtung $\boldsymbol{a}_3$: NM_3 Atome enthält, und der in der Stelle $A_3 = h_3$ ein Maximum hat.

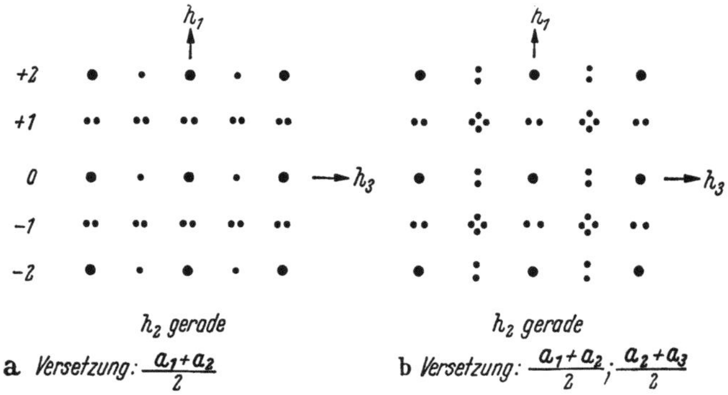

Fig. 79a u. b. Feinstruktur durch Ausbildung gegenphasiger Bereiche in (a) durch die Translation $\frac{1}{2}(\boldsymbol{a}_1+\boldsymbol{a}_2)$, in (b) durch die Translation $\frac{1}{2}(\boldsymbol{a}_1+\boldsymbol{a}_2)$ und $\frac{1}{2}(\boldsymbol{a}_2+\boldsymbol{a}_3)$.

b) $h_1 + h_2$ ungerade, z. B. $h_1 + h_2 = 1$,

$$G_3^{(2)} = \frac{\sin \pi N(M_3 A_3 \pm \frac{1}{2})}{\sin \pi (M_3 A_3 \pm \frac{1}{2})}.$$

Hierdurch wird für große N im Abstand $\Delta A_3 = \pm \frac{1}{2M_3}$ von $h_3 = A_3$ ein Maximalwert entstehen.

Das Maximum bei $A_3 = h_3$ fällt für N gerade mit einem Nebenminimum zusammen und wird gelöscht, für N ungerade fällt es mit einem Nebenmaximum zusammen und wird stark reduziert. Es bleibt mithin eine Aufspaltung in ein Dublett übrig.

Insgesamt ergibt sich, daß z. B. in der Ebene des reziproken Gitters ($h_2 = 0$ oder gerade) die Reflexe mit h_1 gerade unverändert bleiben ($h_1 + h_2$ gerade), sie hingegen für h_1 ungerade in Dubletts in Richtung $[0\,0\,h_3]$ aufgespalten werden, s. Fig. 79a.

Erfolgt in dem Kristall obendrein noch nach der Periode N eine Versetzung $\frac{1}{2}(\boldsymbol{a}_2 + \boldsymbol{a}_3)$ also senkrecht zur Richtung $[h_1\,0\,0]$, so werden für h_3 ungerade auch noch die Reflexe in Richtung $[h_1\,0\,0]$ in Dubletts aufgespalten, so daß eine Feinstruktur mit Kreuzen wie Fig. 79b entsteht.

Erfolgt außerdem eine Translation in einer Ebene senkrecht zur $[0\,h_2\,0]$ Richtung, also $\frac{1}{2}(\boldsymbol{a}_1 + \boldsymbol{a}_3)$, so spalten die Reflexe mit $h_1 + h_3$ ungerade in Doppelpunkte senkrecht zur Papierebene auf, d.h. die Dubletts sind Teile eines Kreuzes, dessen anderer Arm senkrecht zur Papierebene in Fig. 79 steht.

Diese Feinstruktur der Überstrukturreflexe wurde mit Elektroneninterferenzen an dünnen „einkristallähnlichen" Schichten von $AuCu_3$ gefunden und aus der Aufspaltung auf würfelförmige Bereiche einer Länge von etwa 7 Atomen (bei etwa 300° C) geschlossen[1]. Sie zeigt eine Abhängigkeit von der Temperatur in dem Sinn, daß mit zunehmender Temperatur die Bereiche größer werden; bei der kritischen Temperatur (Ziff. 26) ist die Aufspaltung unmeßbar klein.

Weitere Untersuchungen an AuCu II[2] und $AuPd_3$[2] lassen an Hand der Feinstruktur auch bei diesen Legierungen im geordneten Zustand die Existenz gegenphasiger Bereiche erkennen. Fig. 80[2] zeigt die Feinstruktur an der AuCu-Legierung. In AuCu II ist die Aufspaltung temperaturunabhängig und weist auf Bereiche mit einer Kantenlänge von 5 Atomen.

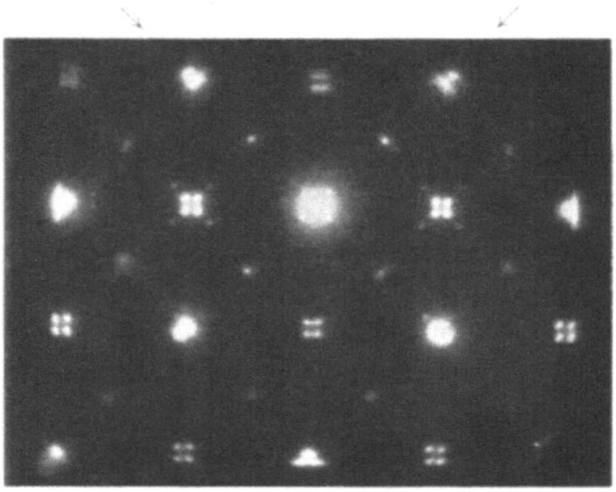

Fig. 80. Feinstruktur („Kreuze") der Überstrukturreflexe einer geordneten AuCu-Legierung als Folge von „gegenphasigen" Bereichen. Zum Vergleich mit Fig. 79 ist das Bild um 45° zu drehen. Der Schnittpunkt der Pfeile gibt den Primärfleck.

28. Änderung der Gitterkonstanten mit der Kristallgröße. Eine weitere Abweichung von dem idealen, unendlich ausgedehnten Kristallgitter ist durch die endliche Begrenzung des Kristalles bedingt. Vor allem dann, wenn das Verhältnis von Oberfläche zu Volumen des Kristalles groß wird, wie z.B. bei Kristallen von 100 Å Kantenlänge und weniger, kann man das Kriställchen in seinen Eigenschaften nicht einfach als identisch mit einem entsprechend kleinen Teilstück eines unendlich ausgedehnten Kristalles betrachten. Insbesondere wird man die Frage stellen, ob die Gitterkonstante sehr kleiner Kristalle Abweichungen von der des ausgedehnten Kristalles zeigt.

Die große Empfindlichkeit der Elektroneninterferenz-Methode d.h. die Tatsache, daß ein sehr kleiner Kristall bereits ausreichende Streuintensität gibt, um nach kurzer Belichtungszeit photographisch nachgewiesen werden zu können, erlaubt es, diese Frage anzuschneiden. Hierzu ist Voraussetzung, daß die Gitterkonstante mit großer Genauigkeit gemessen werden kann. Um diese zu erreichen, muß das Interferenzbild der zu untersuchenden Kristalle mit einem Eichpräparat verglichen werden (s. Ziff. 7). Die Größe der Kristalle wird dadurch variiert, daß von der Erfahrung Gebrauch gemacht wird, daß dünne Schichten breite Interferenzen liefern, d.h. aus kleinen Kristallen bestehen, und daß mit zunehmender Schichtdicke die Kristalle größer und daher die Interferenzen schärfer

[1] H. RAETHER: Acta crystallogr. **4**, 70 (1951). — Z. angew. Phys. **4**, 53 (1952).
[2] S. OGAWA u. D. WATANABE: Acta crystallogr. **5**, 848 (1952); **7**, 377 (1954); **8**, 510 (1955) sowie J. Phys. Soc. Japan **9**, 475 (1954).

werden. Aus der Breite der Interferenzen ermittelt man die Kristallgröße, während ihre Lage die Gitterkonstante ergibt. Messungen dieser Art wurden an im Vakuum aufgedampften Alkalihalogeniden und anderen Substanzen, z.B. Gold, ausgeführt und hatten folgendes Ergebnis:

Während die an großen Kristallen (> 100 Å) von NaCl, KCl, NaF, NaBr, KI und LiF gemessenen Gitterkonstanten innerhalb 0,05 % mit $d_{Rö}$ übereinstimmen[1,2,3], findet man bei kleinen Kristallen von NaCl, KCl, NaBr, LiF, Au und Bi eine mit abnehmender Größe der Kristallite abnehmende Gitterkonstante, die nach BOSWELL bei den Alkalihalogeniden 0,4 bis 0,8% erreicht, wenn die Kristallgröße 20 bis 30 Å beträgt (Tabelle 28.1)[2].

Tabelle 28.1. *Änderung der Gitterkonstante von LiF mit der Kristallgröße* [d_{LiF} = 4,018 Å (Röntgenwert)].

Kristallgröße (Å)	30	45	60	90
Zugehöriger Wert von d_{LiF} (Å) .	3,981	3,999	4,010	4,016

Die Genauigkeit der Bestimmung der Gitterkonstante nimmt zwar mit zunehmender Ringbreite von 0,05 auf 0,2% ab, immerhin ist die Abweichung unverkennbar. Die Erklärung wird darin gesehen, daß mit abnehmender Kristallgröße eine Kontraktion des Gitters einsetzt. Frühere Messungen[4], in denen an Alkalihalogeniden eine Vergrößerung der Gitterkonstanten mit abnehmender Kristallgröße gefunden worden war, konnten nicht bestätigt werden.

29. Ausscheidungen in kleinen Kristallen. Eine für die Gitterphysik kleiner Kristalle, im besonderen für die Metallphysik bemerkenswerte Erscheinung ist das Verhalten der Ausscheidungen, wie es bei Mischkristallen und zwar bei, Legierungen gefunden wurde.

In einem Aluminiumgitter kann ein gewisser Prozentsatz von Silber, Kupfer oder anderen Bestandteilen gelöst werden, wobei an Stelle der Al-Atome statistisch verteilt Fremdatome liegen. Die Löslichkeit an Fremdatomen nimmt mit erhöhter Temperatur zu. Wird nun eine solche feste Lösung abgeschreckt, so enthält das Wirtsgitter eine größere Zahl von Fremdatomen gelöst als dem Gleichgewicht entspricht (Übersättigung). Der Gleichgewichtszustand wird dadurch erreicht, daß eine neue Phase in dem vorher homogenen Mischkristall ausgeschieden wird, bei Al—Ag: Al_2Ag, bei Al—Cu: $AlCu_2$. Wie man aus ausführlichen Untersuchungen mit Röntgenstrahlen weiß, geht diese Ausscheidung in sehr komplizierter und je nach Temperatur verschiedener und verschieden schneller Weise vor sich. Charakteristisch ist hierbei, daß vor der Bildung der Gleichgewichtsphase Anreicherungen der Fremdatome längs Netzebenen, z.B. bei Al—Cu längs (100) Ebenen erscheinen (sog. GUINIER-PRESTON-Zonen), die engstens mit dem Anwachsen der Festigkeitseigenschaften dieser Legierung („Dur-aluminium") zusammenhängen. Im Röntgeninterferenzbild führen diese Zonen zu kontinuierlichen Interferenzstreifen.

Diese am kompakten Material erhaltenen Resultate werden an dünnen Schichten (kleinen Kristallen) nicht wiedergefunden: werden einkristallähnliche Schichten von Al—Ag (30% Ag) oder Al—Cu (3% Cu) über die sog. Sättigungstemperatur erhitzt, d.h. über die Temperatur, bei welcher die Ausscheidungen gelöst werden und ein homogener Mischkristall entsteht, und anschließend ab-

---

[1] H. BOOCHS: Ann. Phys. **35**, 333 (1939).
[2] F. W. C. BOSWELL: Proc. Phys. Soc. Lond. A **64**, 465 (1951).
[3] V. HAUK u. A. KRINGS: Naturwiss. **42**, 68 (1955).
[4] G. I. FINCH u. S. FORDHAM: Proc. Phys. Soc. Lond. **48**, 85 (1936).

geschreckt, so ist die Gleichgewichtsphase im Elektroneninterferenzbild sogleich zu beobachten[1]. Fig. 81 gibt ein Beispiel dieser Ergebnisse an Al—Cu. Der Grund für diese Abweichung scheint nach den bisherigen Resultaten in der Kleinheit der Kristalle zu liegen. Da das Verhältnis Oberfläche zu Volumen mit abnehmender Kristallgröße zunimmt, wächst auch die an der Oberfläche befindliche Zahl von Störstellen, die die Bildung des stabilen Endphase erleichtern.

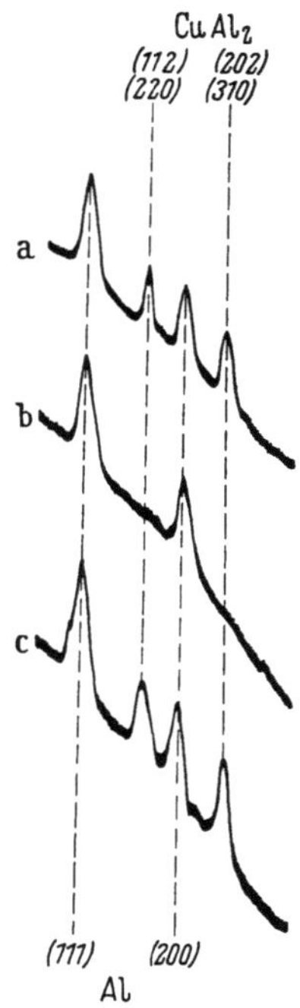

Fig. 81 a—c. Photometeraufnahmen der Umgebung der DEBYE-SCHERRER-Ringe (111) und (200) des Aluminium-Wirtgitters (Kappa-Phase) einer ausscheidungsfähigen, polykristallinen Al-Cu-Folie mit etwa 4 Gewichtprozenten Kupfer. a: Bei Zimmertemperatur: gleichzeitiges Auftreten der Ringe der Kappa-Phase und der Theta-Phase $CuAl_2$; b: oberhalb der Sättigungstemperatur: die Ringe der Theta-Phase sind verschwunden; c: nach dem Abschrecken von 550° C auf Zimmertemperatur treten die Ringe der Theta-Phase $CuAl_2$ sofort wieder in Erscheinung.

30. Wärmeschwingungen des Gitters. Eine weitere unvermeidliche Abweichung vom idealen Gitter bildet die Temperaturbewegung der Atome. Sie hat für die Interferenzen drei Konsequenzen, die wir nacheinander behandeln.

α) Änderung der Lage der Interferenzen infolge Vergrößerung der Gitterkonstanten. Die Gitteraufweitung kommt infolge der nicht harmonischen Kräfte zustande. (Hinzunahme der quadratischen Abhängigkeit der Kraft von der Verrückung der Atome.) Da der lineare Ausdehnungskoeffizient z.B. für Al: $23 \cdot 10^{-6}$ Grad^{-1} beträgt, so ist die Vergrößerung Δd der Gitterkonstanten d bei $\Delta T = 100°$ C: $\Delta d/d = 23 \cdot 10^{-4}$. Wegen $\Delta\Theta/\Theta = \Delta r/r = \Delta d/d$ führt dies bei einem Reflexabstand vom Primärfleck von $r = 1$ cm zu einer Reflexionsverschiebung von $\Delta r = 23$ μ auf der photographischen Platte. Zur Beobachtung dieser kleinen Veränderung bedarf es einer Feinstrahlapparatur, wie sie in Ziff. 8 beschrieben wurde. Es gelang an Al-Schichten, die infolge Beugung an der Kristallbegrenzung eine Fleckschärfe von etwa 20 μ zeigten, bei einer Temperatur erhöhung um 300° C eine Verschiebung von etwa 70 μ nachzuweisen[2], in Übereinstimmung mit dem linearen Ausdehnungskoeffizienten von Aluminium. In Fig. 82 sind neben den Interferenzen bei Zimmertemperatur gleichzeitig die infolge der Gitterausdehnung durch Temperaturerhöhung ein wenig nach innen verschobenen Reflexe zu sehen. Man erkennt zugleich die bei höheren Temperaturen geringere Intensität der Reflexe (siehe die folgenden Betrachtungen).

β) Schwächung der Intensität der Interferenzen infolge Wärmebewegung. Die Temperaturbewegung der Atome führt zu einer „Aufrauhung" der Netzebene. Diese wird dann die reflektierte Intensität beeinflussen, wenn die auf die Strahlrichtung projizierte Höhe der Rauhigkeit $a \sin\Theta$ (Θ Glanzwinkel) vergleichbar mit der Wellenlänge λ der Strahlung wird. Der Einfluß ist also um so stärker, je größer der Glanzwinkel oder die Ordnung des Reflexes ist. Infolgedessen tritt zu den oben angegebenen Intensitätsfaktoren noch ein Temperaturfaktor. Man wird in Ermangelung einer besseren Theorie vorläufig den bei Röntgeninterferenzen gültigen DEBYE-Faktor

$$D = e^{-s^2 \overline{u^2}}$$

[1] A. WINKELMANN u. H. RAETHER: Naturwiss. **20**, 526 (1953). — A. WINKELMANN: Z. angew. Physik **7**, 7 (1955). — Z. Metallkunde **47**, 621 (1956).

[2] H. EHLERS: Z. Naturforsch. **11**a, 368 (1956).

heranziehen, wobei $\overline{u^2}$ das mittlere Quadrat der Atomverrückung ist, das man zu $\overline{u^2} = \frac{2\hbar^2 T}{k M T_\Theta}$ ansetzen kann ($\hbar$ Wirkungsquantum, k BOLTZMANNsche Konstante, M Atommasse, T_Θ DEBYE-Temperatur) und $s = \frac{4\pi}{\lambda} \sin\Theta$.

Im Bild des reziproken Gitters kann der Temperaturfaktor dadurch dargestellt werden, daß die Maxima des Intensitätsbereiches entsprechend

$$\exp(-16\pi^2 \overline{u^2} |h|^2)$$

mit zunehmender Entfernung $|h| \left(= \frac{n}{d}\right)$ vom Punkt (000) geschwächt werden.

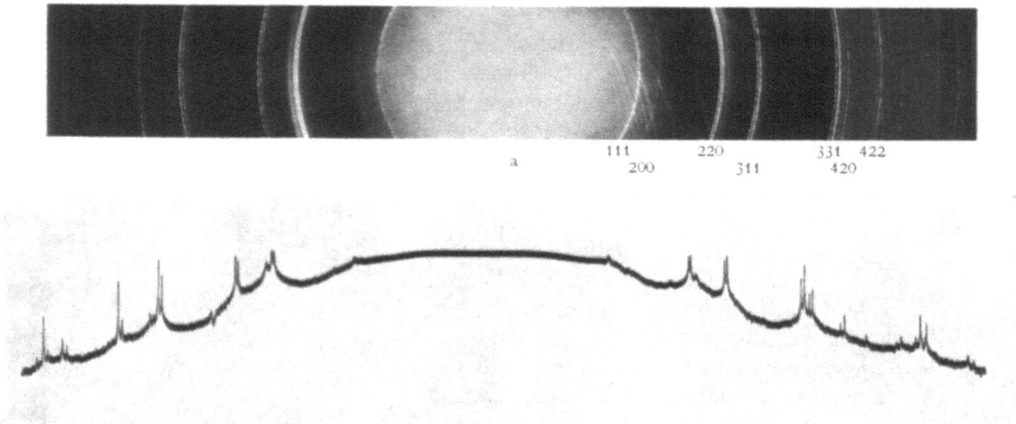

a

b

Fig. 82 a u. b. Aluminium-Pulverdiagramme bei verschiedenen Temperaturen ($T = 293°$ C, $T = 293 + 300°$ C) übereinander photographiert. Man erkennt die bei höheren Temperaturen durch Gitteraufweitung ein wenig nach innen verschobenen Interferenzen. Die Reflexintensität ist bei höherer Temperatur geringer.

Diese Beziehung zwischen Intensität und Streuwinkel konnte an durchstrahlten Goldschichten qualitativ nachgewiesen werden (Fig. 83)[1]. Dabei zeigte sich, daß Abweichungen vor allem in Reflexion auftreten, die vermutlich auf Grund von nichtlinearen Kräften auf die Atome, vor allem in der Oberfläche, zu verstehen sind[1].

γ) Änderung der Form der Interferenzen. Die Temperaturbewegung der Atome erfolgt nicht unabhängig voneinander, vielmehr führt sie infolge Kopplung zur Ausbildung von elastischen Wellen, deren Wellenlänge Λ bzw. deren zugehöriger Impuls $K = 2\pi/\Lambda$ ist. Die Theorie der Reflexion eines Röntgen- bzw. Elektronenstrahles an einem solchen Wellenzug ergibt, daß der auf das Raumgitter durch die Strahlung übertragene Impuls in diesem Falle statt $\boldsymbol{h}(|\boldsymbol{h}| = n/d)$: $\boldsymbol{h} \pm \boldsymbol{K}$ ist. Ein Punkt im reziproken Gitter ist daher von zwei Nebenpunkten umgeben, deren Abstand und Lage in bezug auf die Gitterachsen von der Wellenlänge und Fortpflanzungsrichtung der elastischen Wellen abhängig ist. Da ein ganzes Spektrum von elastischen Wellen mit verschiedenen Ausbreitungsrichtungen im Gitter existiert, ist der reziproke Gitterpunkt von einem ausgedehnten Bereich („Impulswolke") umgeben, dessen Form von der Kristallstruktur abhängig ist (Einzelheiten siehe [2]). Seine Ausdehnung bewirkt, daß bei beliebiger Kristallstellung ein Interferenzbild entsteht, das aus diffusen Flecken verschiedener Form

[1] CHR. MENZEL-KOPP u. E. MENZEL: Z. Physik **142**, 245 (1955); **144**, 538 (1956).
[2] K. LONSDALE: Proc. Phys. Soc. Lond. **54**, 314 (1942).

und diffusen Streifen besteht, die oftmals die Gitterpunkte untereinander verbinden. Versuche mit Röntgenstrahlen haben wenigstens für einfache Gitter eine gute Übereinstimmung mit den theoretischen Vorstellungen ergeben.

Diese durch die thermische Bewegung hervorgerufene Interferenzerscheinung wurde mit Elektronenwellen bei Durchstrahlung von Einkristallen aus Anthrazen Cadmiumjodid und anderen Substanzen bemerkt[1, 2]. Die Feinstruktur, bestehend

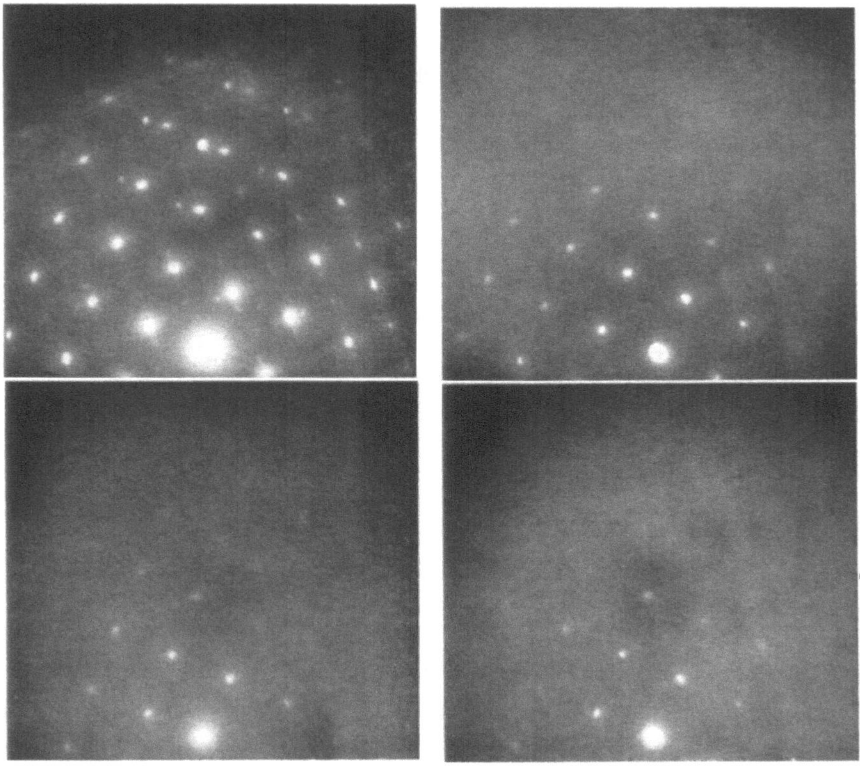

Fig. 83 a—d. Durchstrahlungsinterferenzbild von Gold bei 20° C (a), 630° C (b), 712° C (c) und 880° C (d). Man erkennt die mit zunehmender Temperatur abnehmende Reflexintensität, insbesondere bei größerem Streuwinkel.

aus diffusen Flecken verschiedener Form, ähnelt sehr den mit Röntgenstrahlen an anderen Kristallen erhaltenen, und ihr Schwächerwerden mit abnehmender Temperatur[2] stützt die Auffassung, daß sie die Folge der Wechselwirkung mit den Wärmewellen des Gitters ist. Eine genauere Auswertung ist bisher nicht möglich gewesen, da die Form der „Impulswolke" für das reziproke Gitter der untersuchten Substanzen nicht bekannt ist.

g) Interferenzerscheinungen an nichtkristallinen Stoffen.

Abschließend soll hier zur Vervollständigung noch einiges über die Interferenzen an nichtkristallinen Substanzen gesagt werden.

31. Interferenzen am freien Molekül (Gasinterferenzen). Wie bereits Ziff. 15 auseinandergesetzt, streut ein einzelnes Atom eine Amplitude, die durch die

[1] A. Charlesby: Proc. Phys. Soc. Lond. **54**, 379 (1942). — A. Charlesby, G. I. Finch u. H. Wilman: Proc. Phys. Soc. Lond. **51**, 479 (1930). — A. Charlesby u. H. Wilman: Nature, Lond. **149**, 411 (1942).

[2] J. Skrebowski: Proc. Phys. Soc. Lond. **61**, 430 (1948).

Beziehung (15.1) bzw. (16.12) gegeben ist: Die Intensität ist eine monoton und sehr rasch abfallende Funktion des Streuwinkels.

Liegt ein mehratomiges Gas vor, so ist die Streuamplitude, wenn wir von der Wärmebewegung absehen, durch die Beziehung

$$\sum_k A_k e^{i(\boldsymbol{K}^e - \boldsymbol{K}^s)\cdot \boldsymbol{r}_k}$$

gegeben, wo $\boldsymbol{r}_k$ die Lagevektoren der k-Atome eines Moleküls, gerechnet von einem willkürlichen Aufpunkt sind und A_k die Streuamplitude eines Atoms. Die Intensität ist daher

$$I = \sum_i \sum_k A_i A_k e^{i(\boldsymbol{K}^e - \boldsymbol{K}^s)\cdot \boldsymbol{r}_{ik}},$$

wobei $\boldsymbol{r}_{ik} = \boldsymbol{r}_i - \boldsymbol{r}_k$ ist. Ist die Lage des Moleküls nicht fest im Raum, sondern ständig wechselnd, so müssen wir eine räumliche Mittelung vornehmen, die in bekannter Weise zu

$$A_i A_k \sum_i \sum_k \frac{\sin x_{ik}}{x_{ik}}$$

führt, worin

$$x_{ik} = 4\pi d_{ik} \frac{\sin\Theta}{\lambda},$$

d_{ik} der Abstand des i-ten vom k-ten Atom und 2Θ der Streuwinkel ist. Die Streuintensität eines zweiatomigen Moleküls ist also beispielsweise proportional zu

$$2A_k^2\left(1 + \frac{\sin s l}{s l}\right),$$

wo l der Abstand beider Atome und $s = \frac{4\pi}{\lambda}\sin\Theta$ ist.

Liegt nicht ein Molekül, sondern ein Gas mit N Atomen vor, so gibt $I = N \cdot I_{\text{Molekül}}$ die Streuintensität des aus N Molekülen bestehenden Gases wieder. Diese Beziehung gilt, solange die Gasdichte nicht zu groß ist, genauer, solange das Volumen der Wirkungssphären des Gases $N(2a)^3 \frac{4\pi}{3}$ ($2a$ = Abstand der Mittelpunkte zweier Moleküle) gegen das Volumen des Gases zu vernachlässigen ist (s. unten).

Da das Streuvermögen eines einzelnen Atoms für Elektronen, verglichen mit Röntgenstrahlen, beträchtlich ist, so daß die Belichtungszeit von Stunden bei Röntgenstrahlen auf Sekunden im Falle der Elektronenstrahlen reduziert werden kann, sind die Elektroneninterferenzen an Gasen schon sehr bald dazu benutzt worden, mit ihnen die Molekülstruktur zu untersuchen[1]. Allerdings ist infolge des starken Abfalls der Streuintensität eines Atoms mit dem Winkel $\left(\sim \frac{1}{\sin^4\Theta}\right.$, vgl. Ziff. 15$\left.\right)$, die Festlegung der Interferenzmaxima mit Schwierigkeiten verbunden, die jedoch durch Anwendung des rotierenden Sektors überwunden werden können[2]: Um den starken Intensitätsabfall auszugleichen, photographiert man durch einen rotierenden Sektor geeigneter Formung, welcher die dem Primärstrahl nahe liegenden Winkelbereiche auf der Platte weniger belichtet als die entfernteren Teile. Durch diesen Ausgleich treten die Interferenzmaxima auf dem nunmehr fast horizontal verlaufenden Untergrund gut hervor. Man erreicht hierdurch eine Meßgenauigkeit der Atomabstände in den Molekülen von wenigen $^1/_{1000}$ Å.

---

[1] H. Mark u. R. Wierl: Naturwiss. **18**, 205 (1930). — R. Wierl: Ann. Phys. **8**, 521 (1931).

[2] F. Trendelenburg u. E. Franz: Wiss. Veröff. Siemens-Konzern **13**, 48 (1931). — Physik. Z. **40**, 727 (1933) sowie P. P. Debye: Physik Z. **40**, 66, 404 (1939).

Mit Hilfe der Elektroneninterferenzen sind eine große Zahl von Gasen untersucht worden. Die Ergebnisse dieser Versuche, die hier im einzelnen nicht besprochen werden können, bilden einen wesentlichen Beitrag zur Molekülforschung[1].

32. Interferenzen an Flüssigkeiten. Zwischen dem (idealen) Kristall, bei dem die Streuzentren (Atome oder Moleküle) in strenger Ordnung nebeneinander liegen und dem (idealen) Gas, in dem die Intensitäten der Moleküle addiert werden, da alle Abstände der Moleküle bis zum Wert Null [punktförmige Moleküle vorausgesetzt (ideales Gas)] gleich wahrscheinlich sind, mithin alle Phasenbeziehungen herausgemittelt werden, liegt der flüssige (und auch der später zu besprechende „fest amorphe") Zustand. Er ist dadurch gekennzeichnet, daß zwischen den Molekülen — allein schon wegen des Eigenvolumens der Moleküle — bevorzugte Abstände und damit Phasenbeziehungen existieren, die zu sog. *zwischen*molekularen Interferenzen Anlaß geben. Sie modifizieren die *inner*molekularen, in Ziff. 31 besprochenen Interferenzerscheinungen.

Man erkennt das Auftreten von zwischenmolekularen Interferenzen bereits bei der Berücksichtigung des Eigenvolumens der Moleküle. Schreibt man einem Molekül eine Wirkungssphäre vom Radius $2a$ zu, so kann sich ein zweites nur in einem Abstand $r \geqq 2a$ vom Auf-Molekül aufhalten. Das Gesamtvolumen der N Moleküle ist also $\Omega = N\frac{4\pi}{3}(2a)^3$. Nimmt man nun an — eine Voraussetzung, die im realen Gas besser erfüllt ist als in der realen Flüssigkeit —, daß die Wahrscheinlichkeit W im Abstand r vom Auf-Molekül ein zweites Molekül anzutreffen für $r \geqq 2a$ konstant gleich eins ist, so wird für zweiatomige Moleküle die Streuintentität[2]

$$J_s = \text{const}\cdot 4A_k^2\left[\frac{1}{2}\left\{1+\frac{\sin sl}{sl}\right\} - \frac{\Omega}{V}\left(\frac{\sin sl}{sl}\right)^2 \Phi(u)\right]. \qquad (32.1)$$

Hierbei ist l der Atomabstand im Molekül, V das Volumen, in dem sich die bestrahlten N Moleküle befinden und

$$\Phi(u) = \frac{3}{u^3}\cdot(\sin u - u\cos u)$$

mit

$$u = 2sa.$$

Diese Funktion Φ wird eins für $u=0$ und geht für große u nach Null.

Ist $\Omega = 0$, so hat man den oben behandelten Fall des idealen Gases. Ist $\Omega > 0$, so ist für *große u* d.h. große $\frac{\sin\Theta}{\lambda}$ das Interferenzbild des zweiatomigen Gases zu erwarten, d.h. es treten nur die innermolekularen Interferenzen auf. Für *kleine u* jedoch tritt eine Abänderung insofern ein, als die Streuintensität gegen $1-\frac{\Omega}{V}$ geht, d.h. sie wird je nach dem Wert von $\frac{\Omega}{V}$ gegenüber dem Fall der rein innermolekularen Interferenzen geschwächt. Dieser Intensitätsabfall bei kleinen Winkeln ruft zusammen mit dem Intensitätsabfall bei großen Winkeln ein Intensitätsmaximum bei mittleren Winkeln hervor, das als zwischenmolekulare Interferenz angesprochen wird. Dieses Intensitätsmaximum tritt im allgemeinen zu den innermolekularen Maxima hinzu, die bei größeren Streuwinkeln liegen, da die zwischenmolekularen Abstände größer als die innermolekularen sind.

[1] Eine Zusammenstellung der bis 1949 mittels Elektroneninterferenzen gemessenen Atomabstände und Atomkonfigurationen in verschiedenen Gasmolekülen (500 Substanzen) gibt ALLEN und SUTTON [Acta crystallogr. **3**, 46 (1950)].

[2] P. DEBYE: Phys. Z. **28**, 135 (1927).

Für die Interferenzen einer Flüssigkeit wird nach dem eben Gesagten der Verlauf der Funktion $W(r)$ maßgebend sein. Die Rechnung ergibt für die Streuintensität einer Flüssigkeit[1]

$$J_s = \text{const} \cdot \left\{1 - \frac{4\pi}{d^3} \int_0^\infty (1 - W(r)) \frac{\sin s r}{s r} r^2 \, d r\right\} = \text{const}\, F,$$

wo $d^3 = V/N$, N die Anzahl der Atome, V das Volumen der Flüssigkeit ist und F in Analogie zum Gitterfaktor (12.4) als „Flüssigkeitsfunktion" bezeichnet werden kann. Da der Verlauf von $W(r)$ von vornherein nicht bekannt ist, wird man ihn umgekehrt aus dem gemessenen Intensitätsverlauf zu ermitteln suchen.

Dies ist mit Röntgeninterferenzen für eine Reihe von Flüssigkeiten ausgeführt worden, wie Quecksilber, Metallschmelzen, und andere[2], wobei sich in allen Fällen eine Verteilungsfunktion $W(r)$ mit Maxima und Minima ergab. Es gibt also in einer Flüssigkeit, auch für $r \geqq 2a$, gewisse ausgezeichnete Abstände oder Schalen um ein Aufatom, in denen eine bestimmte mittlere Anzahl von Atomen liegt (Koordinationszahl). Als Beispiel sei das flüssige Germanium angeführt, dessen Verteilungsfunktion $W(r)$ für $r < 2$ Å Null ist, bei 2,70 Å ein relativ hohes Maximum zeigt, und bei größeren Abständen (etwas über 3 Å) nahezu 1 bleibt (vgl. Fig. 86). Die Zahl der Atome im Abstand $r = 2{,}70$ Å ist 8.

Entsprechende Versuche, d.h. eine quantitative Auswertung von Flüssigkeitsdiagrammen, um daraus die Wahrscheinlichkeitsfunktion $W(r)$ zu ermitteln, sind mit Elektroneninterferenzen nicht durchgeführt worden.

Die bisherigen Experimente beschränken sich auf die Durchstrahlung von dünnen Flüssigkeitsfilmen und die Ermittlung der zugehörigen „Gitter"-Abstände, wobei man diese mit Hilfe der Braggschen Gleichung ausrechnet. (Reflexionsversuche an Flüssigkeitsoberflächen haben bisher zu keinem befriedigendem Ergebnis geführt.)

Untersuchung an Ölfilmen. Hierzu wird auf einen Träger mit Löchern ein Tropfen Öl gebracht und dieser mit erhöhter Elektronenstrahlintensität solange beschossen, bis durch Verdampfung der Tropfen so dünn geworden ist, daß Interferenzen beobachtet werden. Die weitere Untersuchung erfolgt mit reduzierter Stromstärke. Man beobachtet im allgemeinen eine Reihe breiter Ringe, von denen der innerste der intensivste ist. Die mit Hilfe der Braggschen Gleichung ermittelten Streuperioden stimmen gut mit denen der Röntgenstrahlen, soweit sie hiermit untersucht wurden, überein[3, 4]. Es wurden Versuche an Ölsäure, Silicon-Ölen, Kohlenwasserstoffen, Pumpenölen und anderen ausgeführt.

Untersuchung von Metallschmelzen. Erhitzt man freitragende Metallschichten in einem Ofen — man wählt hierzu bequemerweise niedrig schmelzende Metalle —, so erhält man beim Schmelzpunkt ein Verschwinden des Kristallinterferenzbildes zugunsten eines Diagrammes mit mehreren breiten Ringen. Fig. 84a[4] zeigt das Interferenzbild von kristallinem Zinn, Fig. 84b von geschmolzenem Zinn. Nach Richter[4] entsteht beim Schmelzen ein dünner Oxydfilm — zu dünn, um selbst Interferenzen zu liefern, — der die Schmelze stellenweise vor der Tropfenbildung bewahrt und daher ihre Durchstrahlung ermöglicht. Es zeigte sich, daß bei Blei, Indium, Zinn und Wismut Ringe erhalten wurden, deren zugehörige Streuperioden mit den in Röntgeninterferenzversuchen an Metallschmelzen erhaltenen überein-

[1] P. Debye u. H. Menke: Ergebn. techn. Röntgenkunde **3**, 11 (1933).
[2] Zum Beispiel H. Hendus: Z. Naturforsch. **2**a, 505 (1947).
[3] L. R. Maxwell: Phys. Rev. **44**, 73 (1933). — C. W. Lufcy, F. Palubinskas and L. R. Maxwell: J. Chem. Phys. **19**, 217 (1951).
[4] H. Richter: Phys. Z. **44**, 406 (1943).

stimmen. Das gleiche wurde an flüssigen (unterkühlten) Galliumschichten gefunden.

33. Interferenzen an nichtkristallinen Festkörpern. Es sind eine Reihe von Substanzen bekannt, die außer in ihrer normalen Kristallstruktur in einer sog. amorphen Modifikation vorkommen. Selen, Arsen, Antimon und Germanium

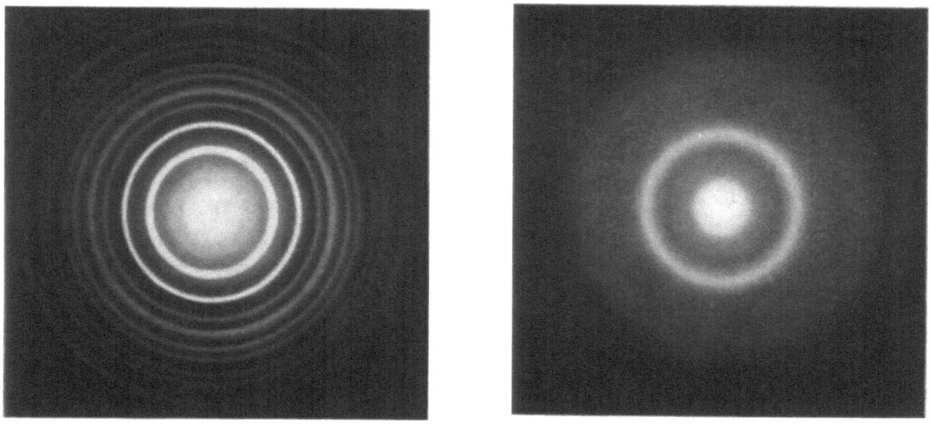

a b

Fig. 84a u. b. a Interferenzbild von kristallinem Zinn (tetragonal). b Interferenzbild von geschmolzenem Zinn.

sind Beispiele hierfür. Die amorphe Phase wird durch Aufdampfen (Se, As, Sb, Ge), chemische Fällung (Se, Sb, As) oder Unterkühlung (Se) hergestellt. Durch Temperaturerhöhung findet der Übergang in die kristalline Phase statt, der bei

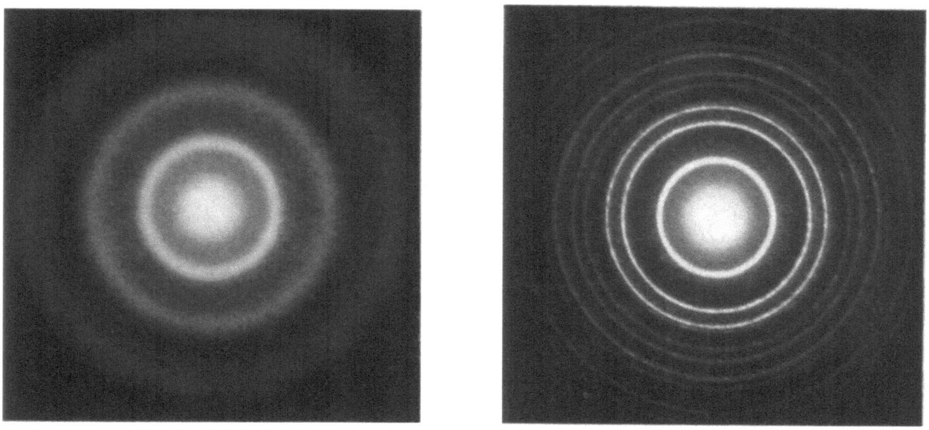

a b

Fig. 85a u. b. Interferenzbild von amorphem (a) und kristallinem (b) Germanium.

Se und Ge allmählich, bei Sb (~80° C) und As (285° C) hingegen plötzlich stattfindet. Fig. 85 zeigt eine Elektroneninterferenz-Aufnahme von einer „amorphen" und einer kristallinen Ge-Schicht[1]. Die Untersuchung dieser Substanzen mit Elektronenstrahlen, vor allem aber mit Röntgenstrahlen und die Ermittlung der Verteilungskurve $W(r)$ ergab, daß eine ausgeprägte Nahordnung in der Atomanord-

[1] H. Richter u. O. Fürst: Z. Naturforsch. **6**a, 38 (1951), vgl. auch H. König: Optik **3**, 201 (1948).

nung vorhanden ist, die teils mit der kristallinen und auch der flüssigen übereinstimmt (Selen), teils von ihnen verschieden ist. Ein interessantes Beispiel ist amorphes Germanium. Die Auswertung der Röntgeninterferenzen ergab, daß die Atomanordnung nicht die der flüssigen Phase ist, sondern daß sie einen höheren Grad von Ordnung hat, also dem Kristall näher steht (Fig. 86) (nach

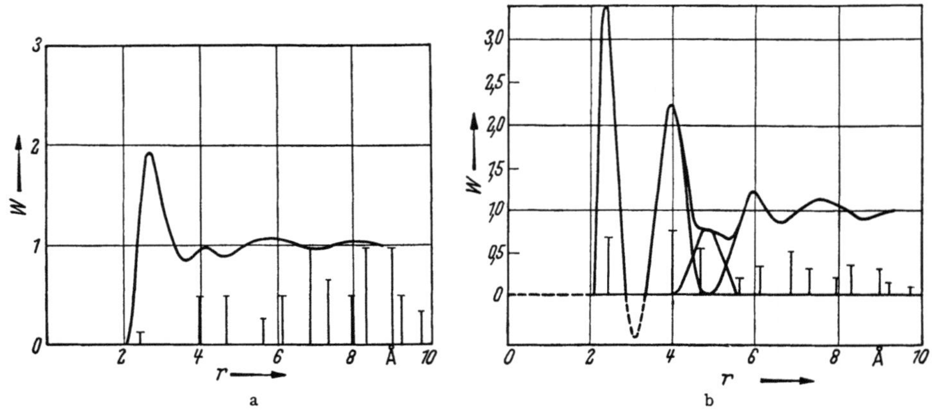

Fig. 86 a u. b. Verteilungsfunktion $W(r)$ in flüssigem (a) und amorphem (b) Germanium. Die vertikalen Striche geben ein Maß für die Atomzahl im kristallinen Zustand.

HENDUS). In untenstehender Tabelle 33.1 sind die durch die Analyse des Intensitätsverlaufes ermittelten Atomabstände und die zugehörige Zahl der Atome, die in diesem Abstand das Aufatom umgeben, für die ersten drei Koordinationen (Maxima der Verteilung) dargestellt[1]:

Tabelle 33.1.

Zustand	1. Koordination		2. Koordination		3. Koordination	
	Atomabstand Å	Atomzahl	Atomabstand Å	Atomzahl	Atomabstand Å	Atomzahl
Kristallin .	2,43	4	3,97	12	4,66	12
Amorph . .	2,36	4	3,93	12	4,84	6,6
Flüssig. . .	2,70	8	4,14	—	—	—

Man erkennt, daß die ersten beiden „Schalen" oder Atomanordnungen im Kristall und amorphen Zustand gleich sind, bis auf eine geringe Differenz im Abstand; erst in der dritten Koordination und bei größeren Abständen tritt eine starke Abweichung auf. Der „amorphe" Zustand bei Ge ist also ein solcher mit einem hohen Grade von Nahordnung, charakterisiert durch eine Verteilungsfunktion $W(r)$, die mehrere Maxima und Minima hat und schließlich bei größeren Abständen den Wert 1 annimmt.

Eine bei fest amorphen (und flüssigen) Körpern charakteristische Erscheinung ist der steile Abfall der Streuintensität bei kleinen Winkeln. Sie beruht auf der Tatsache, daß die Verteilungsfunktion $W(r)$ bei größeren Abständen (etwa 10 Å) den Wert 1 annimmt, mithin ein räumlich ausgedehntes, homogen erfülltes Medium vorliegt. Es kommt daher eine sehr schmale Interferenz (000) zustande, d.h. ein Primärstrahl, der durch die Wirkung des Streukörpers nicht zusätzlich verbreitert wird. Die Interferenzmaxima hingegen sind breit, da die Streuung der Abstandswerte in der Verteilungsfunktion $W(r)$ relativ groß ist, d.h. keine exakt definierte Streuperiode vorliegt.

[1] H. RICHTER und O. FÜRST: Z. Naturforsch. 6a, 38 (1951).

Ein feinstkristalliner Körper, das ist ein aus vielen kleinen Kristallen zusammengesetzter Stoff, gibt ebenfalls breite Interferenzringe, da die geringe Zahl von (exakt definierten) Gitterperioden eine geringe Auflösung bedingt. Häufig wird daher unberechtigterweise aus dem Auftreten von breiten Interferenzen auf einen „amorphen" Zustand der betreffenden Substanz geschlossen.

Für einen feinstkristallinen Körper berechnet man im allgemeinen das Interferenzbild in der Weise, daß man die Interferenzen eines einzelnen Kriställchens ermittelt und deren Intensität mit der Zahl der Kristalle multipliziert, um die gesamte Streuintensität zu erhalten. (Annahme eines „Kristallgases".) Wie in Ziff. 14 ausgeführt, hat hierbei auch die Interferenz (000), das ist der Primärfleck, die durch die Kristallausdehnung bestimmte Winkelbreite. Im obigen Bilde kann man sagen, daß die Funktion $W(r)$ eines kleinen Kristalles am Kristallrand Null wird. Ein Intensitätsabfall bei kleinen Winkeln, wie er für den amorphen und flüssigen Körper charakteristisch ist und wegen $W(r) \sim 1$ (für große r) entsteht, findet hier also nicht statt. Dies und die Tatsache, daß die Interferenzmaxima durch Verbreiterung der intensivsten Kristallinterferenzen zustande kommen, ist für den feinstkristallinen Zustand charakteristisch.

Anders können die Verhältnisse liegen, falls nicht ein Kristallgas oder besser gesagt ein locker liegendes Kristallpulver vorliegt, sondern ein dicht gepacktes Aggregat von kleinen Kriställchen, wie wir es uns in den obersten Schichten eines mechanisch bearbeiteten Metalls vorstellen (vgl. Ziff. 37). Hier wird die Funktion $W(r)$ wegen der unmittelbaren Nähe des Nachbarkristalles für größere Abstände endlich bleiben und einen Abfall der Streuintensität bei kleinen Winkeln bewirken. Eine Unterscheidung zwischen feinstkristallin und fest-amorph verliert hier ihren Sinn.

III. Anwendung der Elektroneninterferenzmethode auf spezielle Probleme.

a) Über die Struktur elektrolytisch polierter Metalloberflächen.

Um sehr glatte Metalloberflächen herzustellen, verwendet man heute häufig ein elektrochemisches Verfahren, das sog. elektrolytische Polieren, das in der Metallkunde und in der Technik für die Oberflächenbearbeitung eine große Rolle spielt. Die mechanisch grob vorgeglättete Metalloberfläche wird als Anode in einen geeigneten Elektrolyten getaucht und unter empirisch ermittelten elektrischen Daten elektrolytisch abgetragen. Nach einer bestimmten Zeit entnimmt man dem Elektrolyten eine hochglänzende Metallfläche. Systematische Versuche, geeignete Elektrolyte und die optimalen elektrischen Bedingungen für die Politur der verschiedenen Metalle zu finden, verdankt man P. Jacquet[1]. Die Einebnung der Oberfläche findet durch einen noch ungeklärten elektrochemischen Mechanismus statt, der die Spitzen und Kanten der rauhen Oberfläche bevorzugt abträgt. Um die Natur der elektrolytisch polierten Oberflächen zu untersuchen, ist die Reflexionsmethode der Elektroneninterferenzen besonders geeignet.

34. Die Gitterstruktur der elektrolytisch polierten Metalloberfläche. Das Ergebnis der Elektroneninterferenzversuche[2] war folgendes: Elektrolytisch polierte Einkristalloberflächen ergeben im allgemeinen ein Einkristall-Interferenzbild des polierten Metalles, zum Teil mit Kikuchi-Linien, s. Fig. 87. Poliert man polykristallines Metall elektrolytisch, so zeigt das Elektroneninterferenzdiagramm

---

[1] P. Jacquet: Le polissage électrolytique des surfaces métalliques et ses applications. St. Germain 1947 sowie Metalloberfläche: **4**, 81 (1950); S. Wernick: Electrolytic polishing and bright plating of metals, London 1948; E. Gebhardt u. G. Winkhardt: Elektrotechniker **4**, 1 (1952).

[2] W. Kranert, K. H. Leise u. H. Raether: Z. Physik **122**, 248 (1944). Weitere Einzelheiten und Literatur siehe den Aufsatz des Verfassers in Ergebn. exakt. Naturw. **24**, 106 (1951). siehe auch S. Yoshida: J. Phys. Soc. Japan **11**, 129 (1956).

das grobkristalline Gefüge des Metallinneren an. Die Versuche bestätigen damit die Vermutung, daß die elektrolytische Abtragung die durch die mechanische Vorglättung entstandene zerstörte Oberflächenschicht (s. Ziff. 37, 38) entfernt und das ungestörte Gefüge des Metallinneren freilegt. Als Beispiel seien folgende Versuche genannt: Eine mit Orthophosphorsäure polierte Cu-Einkristallfläche gibt ein Cu-Einkristallbild, eine mit Perchlorsäure-Essigsäureanhydrid polierte Al-Fläche gibt ein Al-Einkristallbild, eine mit KCN polierte Ag-Fläche gibt Ag-Interferenzen usw. Hierbei werden die dem Elektrolyten entnommenen Flächen meist mit Aceton oder Alkohol gespült und in der Vakuumapparatur getrocknet. Es sind jedoch auch Fälle bekannt, in denen die polierten Metallflächen nicht die Interferenzen des Metalls geben: Zinkflächen, in Kalilauge poliert, geben keine Interferenzen, auch nicht die des Zinks, da sie sich offenbar infolge ihrer großen chemischen Aktivität mit einer (nichtkristallinen) Deckschicht überziehen. Aluminium-

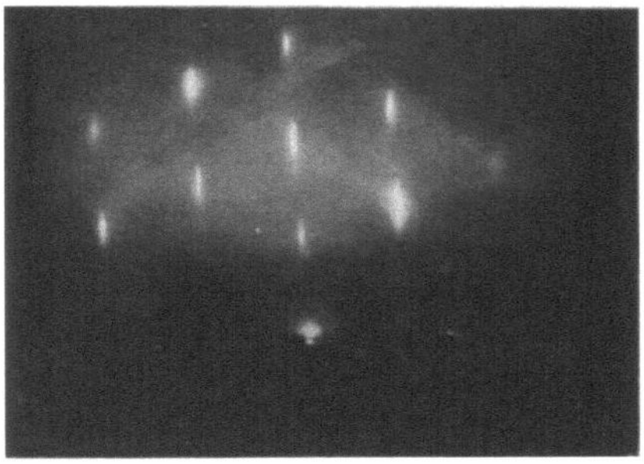

a

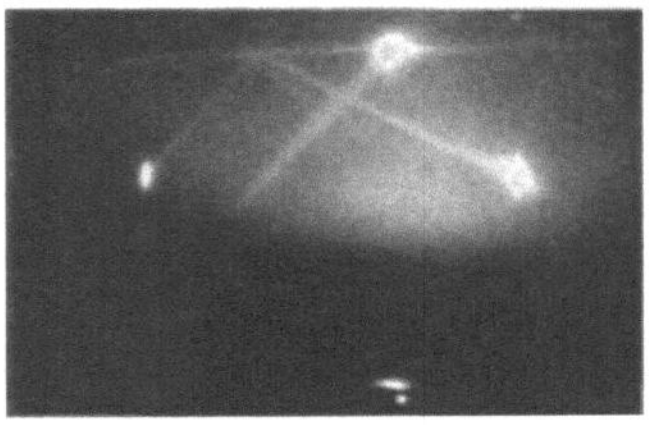

b

Fig. 87 a u. b. Interferenzbilder elektrolytisch polierter Einkristalloberflächen von Aluminium. (a) [110] Azimut, (b) willkürliches Azimut. Man beachte die KIKUCHI-Linien.

flächen, in Perchlorsäure-Methylalkohol poliert, sind mit einer dicken Oxydschicht überzogen. In allen diesen Fällen sind die Metallflächen hochglänzend und lassen optisch keine Verunreinigung erkennen.

Wieweit in den erstgenannten Beispielen die Oberflächen tatsächlich „reine“, d.h. aus Atomen des Metallinneren gebildete Flächen sind, wird weiter unten diskutiert (Ziff. 36).

35. Die Glätte der elektrolytisch polierten Oberflächen. Das ungestörte Innere einer Metallfläche kann auch durch Anätzen freigelegt werden (vorausgesetzt, daß keine Deckschicht als Folge der Reaktion mit dem Ätzmittel zurückbleibt). Der Unterschied einer geätzten und einer elektrolytisch polierten Fläche besteht jedoch in ihrer Rauhigkeit, die sich in der Form der Interferenzreflexe äußert. Eine geätzte Oberfläche gibt infolge Durchstrahlung stehengebliebener Kanten runde Interferenzpunkte (den durch die Streuung unverändert gebliebenen Primärfleck), eine elektrolytisch polierte Oberfläche hingegen liefert in charakteristischer Weise geschwänzte Reflexe (Fig. 88). Diese Schwänzung stellt eine Verlängerung der Reflexe von der Stelle des normalen LAUE-Reflexes $\sin\Theta_0 = \frac{n\lambda}{2d}$ nach kleineren Streuwinkeln hin dar und findet sich bei einkristallinem und polykristallinem Material. Sie ist dadurch zu erklären, daß die Oberfläche sanft gewellt ist: Der Elektronenstrahl wird infolge Brechung an der Begrenzung, die mit den reflektierenden Netzebenen verschiedene Dachwinkel δ einschließt, nach kleineren Streuwinkeln auseinandergezogen (s. Ziff. 19 δ). Die Intensitätsverteilung längs des Reflexes hängt von der Geometrie der Oberflächen ab: Im allgemeinen ist die Maximalintensität nach Winkeln $\Theta < \Theta_0$ verschoben, woraus sich ein Mittelwert des Dachwinkels von der Größe einiger Grade abschätzen läßt.

Die Wellung der Oberfläche wird auch in elektronenmikroskopischen Aufnahmen sichtbar. Ein Kollodiumabdruck (in Durchstrahlung) gibt zwar infolge der sehr hohen Glätte der Fläche keine Kontraste, jedoch läßt sich bei Reflexion,

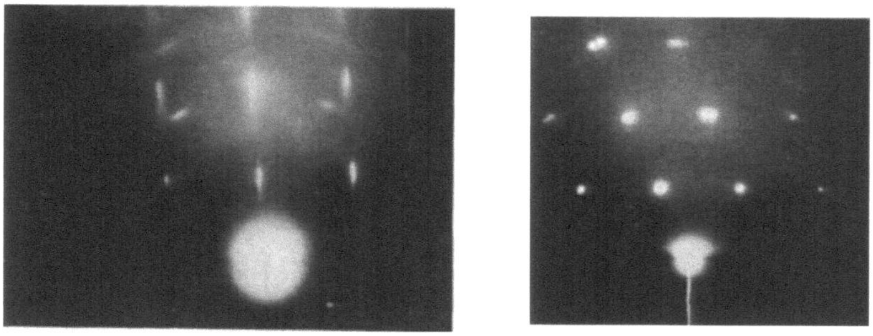

a b

Fig. 88 a u. b. Interferenzbild einer (a) elektrolytisch polierten Cu-Würfeloberfläche [100] Azimut (mit Andeutung von Oxyd) (b) angeätzten Cu-Oberfläche. Man beachte die unterschiedliche Reflexform: in (a) Reflexion unter Mitwirkung der Brechung, in (b) reine Durchstrahlung.

d.h. wenn die elektrolytisch polierte Metallfläche selbst im reflektierten Elektronenlicht (etwa 4°) betrachtet wird, der gewellte Charakter gut erkennen (Fig. 89.)

Ist die elektrolytische Politur weniger gut, so sind die Reflexe weniger lang geschwänzt, da die Oberfläche rauher ist. Infolgedessen wird auch ein Reaktionsfilm weniger stark das Interferenzbild beeinflussen; so kann beispielsweise eine schlecht polierte Zinkoberfläche infolge ihrer Rauhigkeit ein Zinkdiagramm mit Reflexen geringer Schwänzung liefern, während auf einer gut eingeebneten Oberfläche der Deckfilm die Zinkinterferenzen verdeckt[1]. Die Länge der Schwänzung ist als Kriterium für die Ebenheit der Fläche anzusehen. Bestätigt wird diese Auffassung dadurch, daß bei Abtragen verschieden dicker Schichten einer elektrolytisch polierten Oberfläche, z.B. einer Kupferoberfläche durch Kathodenzerstäubung, die Länge der Reflexe allmählich abnimmt, da die Abtragung zur Aufrauhung (Änderung der Mikrogeometrie) führt. Das gleiche findet man bei Abtragen durch Anätzung.

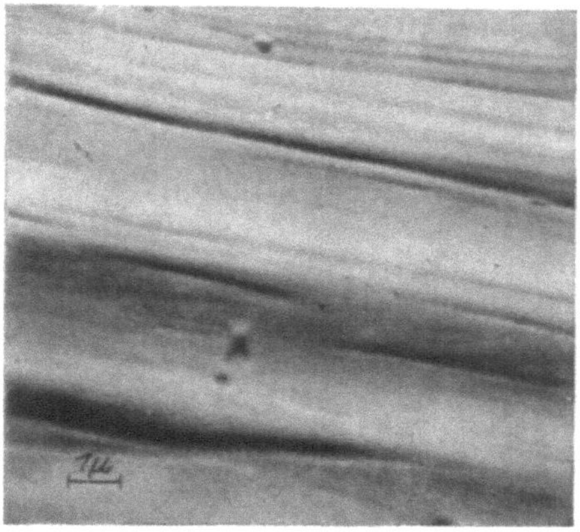

Fig. 89. Elektronenmikroskopische Aufnahme einer elektrolytisch polierten Kupferfläche, die vor der Politur fein geschmirgelt wurde. Einige Schmirgelkratzer sind noch zu sehen. Charakteristisch für den Oberflächenzustand sind die sanften Wellungen, die auch aus Elektroneninterferenzen gefolgert wurden. (Zugehörige Interferenzaufnahme Fig. 87 a.) Bei dieser Aufnahme ist zu berücksichtigen, daß die Fläche unter einem Winkel von etwa 4° betrachtet wird, mithin in der Tiefendimension etwa 14mal verkürzt erscheint, so daß die Wellungen stark hervortreten. (Aufgenommen mit dem Siemens-Reflexionsübermikroskop.)

36. Die Reinheit der elektrolytisch polierten Oberfläche. Die Frage ist berechtigt, ob eine elektrolytisch polierte Oberfläche, die die Interferenzen des Metalles zeigt, möglicherweise noch von einem Reaktionsfilm (Deckschicht) bedeckt ist, wie es die Behandlung der Fläche erwarten läßt, hervorgerufen durch Reaktionsprodukte mit dem Polierelektrolyten, eventuell der Spülflüssigkeit und der Atmosphäre. Ein Hinweis auf diese Möglichkeit ist die Beobachtung, daß eine elektrolytisch polierte Cu-Oberfläche, die brillante Interferenzen von Cu zeigt,

[1] Vgl. Ziff. 19 ε.

Stunden bis Tage an Luft aufbewahrt werden kann, ohne Oxydreflexe erkennen zu lassen, ein Anzeichen dafür, daß sie von einem passivierenden Film unbekannter Natur überzogen ist[1]. Wird dieser Schutzfilm durch Kathodenzerstäubung (Bombardement mit H^+- oder Ar^+-Ionen) (vgl. Ziff. 6) entfernt, so setzt unmittelbar nach Sauerstoffzulaß die Oxydation ein[2,3]. Ebenso deuten Messungen des Lösungspotentials auf das Vorhandensein einer sehr dünnen Oxydschicht auf Al-Oberflächen hin, falls diese mit Perchlorsäure-Essigsäureanhydrid poliert wurden. (Bei Verwendung anderer Polierelektrolyte ist die Oxydschicht dicker.) In diesen beiden Fällen (Cu und Al) ist die passivierende Deckschicht noch so dünn, daß die Interferenzen des Metalles genügend intensiv gegenüber dem Streuuntergrund sind. Der Film selbst gibt infolge seiner nichtkristallinen Struktur keine Interferenzen.

Die eben erwähnte Methode der Kathodenzerstäubung erlaubt es, elektrolytisch polierte Flächen von verunreinigenden Deckschichten zu befreien und damit die Oberflächen zu reinigen[3,4].

b) Über die Struktur mechanisch bearbeiteter Oberflächen.

Die Frage nach der Struktur mechanisch bearbeiteter, insbesondere mechanisch polierter Oberflächen ist erst durch Verwendung der Elektroneninterferenzen zugänglich geworden. Beispielsweise zeigt das Röntgenbild in Rückstrahlung selbst mit sehr weichen Strahlen ($\lambda \sim 2$ Å) beim Übergang einer geschmirgelten Metallfläche zu einer mechanisch polierten keine Veränderung. Dies deutet darauf hin, daß die Röntgenstrahlen infolge ihrer relativ großen Eindringtiefe, Strahlen von $\lambda = 2{,}2$ Å (CrK_α) werden in Kupfer nach etwa 60000 Å auf die Hälfte geschwächt, erst über die in einer Tiefe von einigen 10^3 Å und mehr liegenden Schichten Auskunft geben können. Der Nachweis der Veränderungen in den näher nach der Oberfläche zu liegenden Schichten ist nur mit Elektroneninterferenzen möglich. Die Ergebnisse der Versuche sind in den folgenden Ziffern zusammengefaßt[5].

37. Metalle. Wird ein ungestörter Metalleinkristall mechanisch bearbeitet (z.B. mit Polierstahl gedrückt oder mit Poliermitteln bearbeitet), so wird das Gefüge in den Oberflächenschichten zerstört. Dies beweisen:

1. Durchstrahlungsversuche. Dünne einkristallähnliche Schichten, z.B. von Au und Cu, ergeben eine mit zunehmender mechanischer Bearbeitung (Drücken) wachsende Zerstörung des Gefüges, wie Fig. 90 erkennen läßt.

2. Reflexionsversuche an Oberflächen. Von elektrolytisch polierten Einkristallflächen — also ungestörten Oberflächen — z. B. Cu werden nach der mechanischen Bearbeitung verschieden dicke Schichten elektrolytisch abgetragen und somit die Struktur des Gefüges in verschiedenen Tiefen untersucht. Es wird unter speziellen Versuchsbedingungen in etwa 10 μ Tiefe der ungestörte Einkristall wiedergefunden, während darüber, wie aus dem Übergang des Interferenzbildes vom Einkristalldiagramm zum Pulverdiagramm mit Ringen zunehmender Breite geschlossen werden kann, ein Gefüge liegt, dessen Kristalle um so stärker gegeneinander desorientiert liegen und deren Größe um so mehr

---

[1] H. RAETHER: Métaux et Corros. **24**, 145 (1949); **25**, 1 (1950).
[2] H. WESEMEYER u. H. RAETHER: Naturwiss. **17**, 398 (1952).
[3] A. LADAGE: Z. Physik **144**, 354 (1956).
[4] H. EHLERS: Z. Physik **136**, 379 (1953).
[5] Ausführliche Literaturangaben und weitere Einzelheiten siehe den Aufsatz des Verfassers in Ergebn. exakt. Naturw. **24**, 96 (1950) sowie den Aufsatz von G. P. THOMSON in R. GOMER u. C. S. SMITH, „Structure and properties of solid surfaces", Chicago 1953.

abnimmt, je mehr man sich der Oberfläche nähert. Der Grund hierfür liegt in der stärkeren Wirkung der Bearbeitung in den oberen Schichten. Das ungestörte Metall wird erst in um so größeren Tiefen angetroffen, je stärker die Bearbeitung und je weicher das Metall ist.

Im einzelnen ergibt sich, daß bei beginnender Deformation des Metall-Einkristalles als erstes Anzeichen der Störung des Gefüges die KIKUCHI-Linien diffuser werden und schließlich verschwinden, d.h. die Kristalle werden leicht

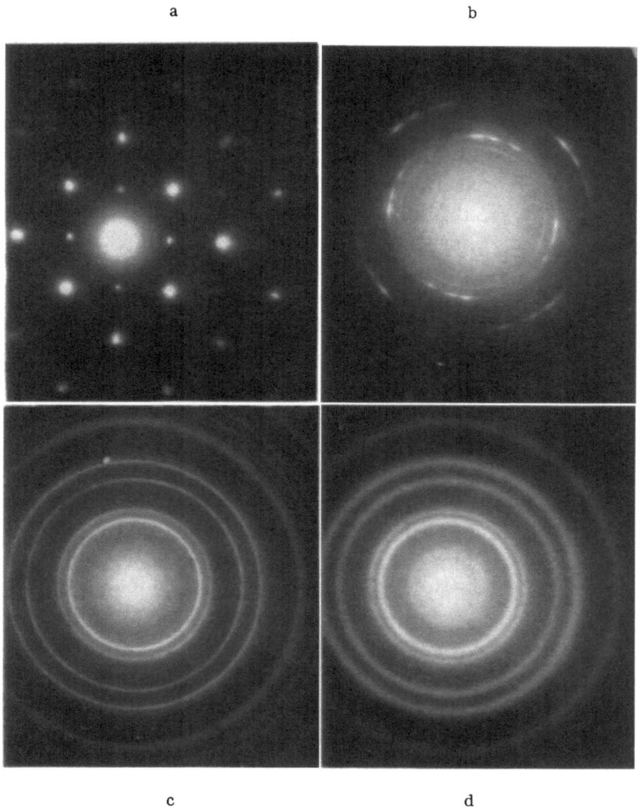

Fig. 90a—d. In Durchstrahlung aufgenommene Interferenzbilder dünner Einkristallschichten von Gold nach verschieden starker Bearbeitung, (a) bis (d) zeigen den Übergang vom unbearbeiteten Einkristall (a) zum feinkristallinen Metall (d). Bei noch stärkerer Bearbeitung laufen die Interferenzringe ineinander, s. Fig. 91f.

gegeneinander desorientiert. Mit weiterer Deformation spalten die LAUE-Punkte auf (s. Fig. 90b), d.h. die Kristalle werden in mehrere gegeneinander verdrehte Einheiten zerteilt, ein Vorgang, der schließlich zu einem regellos verteilten Pulver führt.

Eine Frage von besonderem Interesse ist die nach der Stärke der Gefügezerstörung „*in*“ der Oberfläche. Das Reflexionsinterferenzbild einer mit ausreichenden Vorsichtsmaßregeln gegen Verunreinigungen (keine Verwendung von Poliermitteln, sondern Bearbeitung mit Polierstahl) und gegen Oxydation bearbeiteten Oberfläche zeigt einige, zumeist zwei breite Ringe. Diese Ringe lassen sich durch Verbreiterung der stärksten Interferenzen des betreffenden Gitters verstehen, dies sind z.B. bei einem flächenzentrierten Gitter (Ag, Au, Cu, Ni usw.) die (111 + 200) sowie (220, 311 + 222) Interferenzen; sie sind somit für jedes Metall charakteristisch. Die gleiche Erscheinung des Zusammenlaufens der stärksten Interferenzen mit weiterer Bearbeitung zeigen die durchstrahlten Schichten (Fig. 91). Die Kristallgröße der am stärksten bearbeiteten Flächen beträgt 1—2 Elementarzellen; die Dicke dieser feinstkristallinen Schicht (oft BEILBY-Schicht genannt) auf einer bearbeiteten Oberfläche beträgt etwa 10 Å.

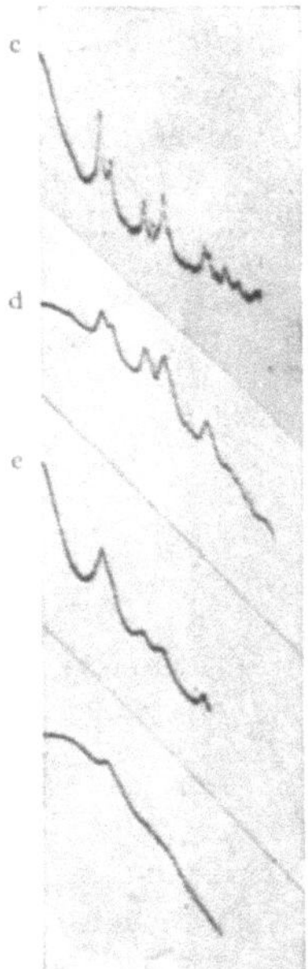

Fig. 91 c—f. Photometerkurven der Interferenzbilder dünner Metalleinkristalle nach starker Bearbeitung. (c) und (d) entsprechen Fig. 90 c, d. (e) und (f) entstehen nach stärkster Bearbeitung und lassen einen feinstkristallinen Zustand der bearbeiteten Metallschicht erkennen.

Aus der Breite der Reflexe ist zu schließen, daß ein feinstkristalliner Zustand vorliegt. Ob die kleinen Kriställchen sehr dicht nebeneinander liegen, also nicht ein „Kristallgas", sondern eine „Kriställchenflüssigkeit" vorliegt. ließe sich nur aus einem Intensitätsabfall bei kleinen Winkeln entnehmen (Ziff. 33), worüber jedoch noch keine Beobachtungen vorliegen. Eine dichte Packung ist jedoch auf Grund der Entstehung sehr wahrscheinlich. Die Diskussion, ob die stark bearbeitete Metalloberfläche eine flüssigkeitsähnliche oder eine feinstkristalline Struktur hat, verliert im Fall einer dichten Packung der Kriställchen ihren Sinn (Ziff. 33).

Diese stark zerstörte Schicht kann, wie im Falle des Silbers (+ geringen Fremdmetallzusätzen) gefunden wurde, durch Lagern rekristallisieren und wieder ein Interferenzdiagramm mit scharfen Pulverringen geben. Die Zeit bis zur Rekristallisation ist stark temperaturabhängig.

Bei der Bearbeitung tritt, sofern diese an Luft ausgeführt wird, auf vielen Metallen eine Oxydation ein, die an einem veränderten Interferenzbild erkennbar ist. Das Diagramm läßt sich als feinstkristallines Oxyd deuten[1]. Abätzen der Oxydschicht führt zu breiten Interferenzen der Metalle, wie am Beispiel des Kupfer gezeigt werden konnte[2].

38. Isolatoren. Gegenüber Metallen haben die bearbeiteten Isolatorenflächen andere Eigenschaften: Das Interferenzbild polierter Isolatorenoberflächen zeigt nicht wie bei den Metallen mehrere breite Ringe als Folge der Zerstörung der Kristalle in der Oberfläche, sondern — bei Verwendung von Einkristallflächen (Spaltflächen) als Ausgangsflächen — alle Übergänge vom nahezu unverändert gebliebenen Einkristall bis zum ungeordneten Kristallpulver. Bestimmend für den Oberflächenzustand ist die Härte des bearbeiteten Materials: Eine Kalkspatfläche wird beim Polieren mit Chromoxyd praktisch nicht verändert (KIKUCHI-Linien bleiben erhalten), eine Steinsalzfläche zeigt merkbare Veränderungen (ausgeprägte Faserstruktur, in Pulverdiagrammen d. h. mehr oder weniger zueinander orientiert liegende Kriställchen), während eine Kaliumbromidfläche in viele regellos liegende Kristalle aufgebrochen ist, wie das Pulverdiagramm der bearbeiteten Fläche schließen läßt. Die Ringschärfe läßt selbst bei stärkster

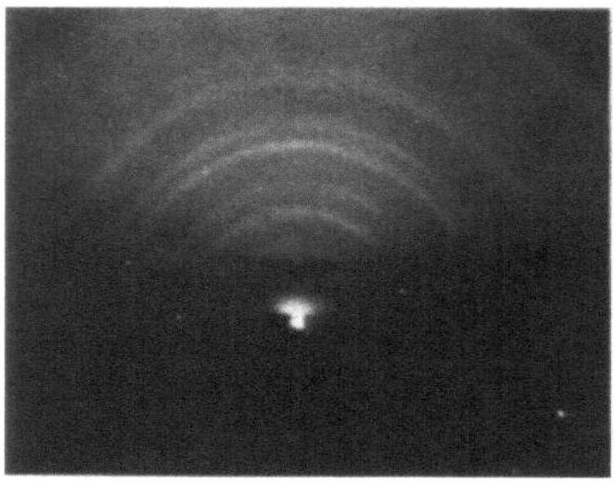

Fig. 92. Interferenzbild einer mechanisch polierten Steinsalzfläche (vielkristalline Ausgangsfläche). Das Diagramm besteht aus relativ scharfen Ringen, im Gegensatz zu dem Diagramm polierter Metallflächen mit seinen wenigen breiten Ringen.

[1] S. DOBINSKI: Phil. Mag. **23**, 397 (1937). — H. RICHTER: Phys. Z. **44**, 406 (1943).
[2] W. KRANERT u. H. RAETHER: Ann. Phys. **43**, 520 (1943).

Bearbeitung kein Nachlassen erkennen (Kristallgröße 50—100 Å), wie die an NaCl aufgenommene Fig. 92 erkennen läßt. Im Gegensatz zu Metallen, bei denen durch plastische Deformation die Zerstörung des Gefüges stattfindet, geht hier bei den spröden, also plastisch kaum verformbaren Isolatoren das Zerstören der Oberfläche durch Zerbrechen in kleinere

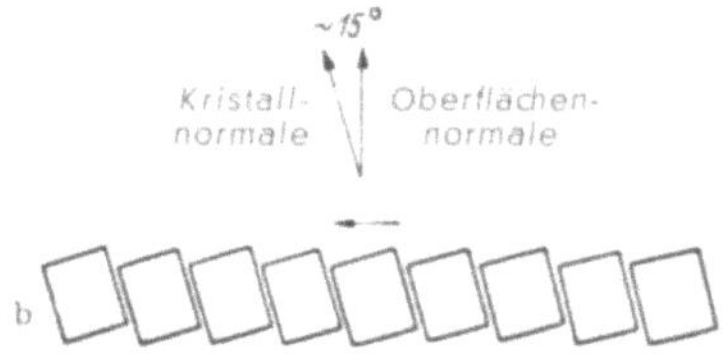

Fig. 93a u. b. Interferenzbild einer einsinnig polierten NaCl-Würfelfläche (a): Beobachtungsrichtung senkrecht zur Polierrichtung. Die unsymmetrische Intensitätsverteilung auf den Interferenzringen deutet auf eine Verkantung der Kriställchen hin. Bei einer um 180° gedrehten Einstrahlrichtung wird das Interferenzbild an einer zur Papierebene senkrechten Ebene gespiegelt. (b): Schematische Darstellung des Aufbaues einer einsinnig polierten NaCl-Fläche.

Einheiten vor sich, das durch die Härte bestimmt ist[1].

Für den Aufbau z.B. der polierten Steinsalzfläche aus kleinen Würfeln sprechen weiterhin elektronenmikroskopische Untersuchungen mit Hilfe des Abdruck- und Beschattungsverfahrens, die eine charakteristische Rauhigkeit ergeben, je nachdem ob eine (100)-, (111)- oder (110)- Steinsalzfläche verwendet wird. Da je nach der Fläche die Lage der würfelförmigen NaCl-Kriställchen zur Oberfläche verschieden ist, hat die Oberfläche eine verschiedene geometrische Struktur: „Dächer" auf einer (110)-Fläche, „Pyramiden" auf einer (111)-Fläche. Für den Aufbau einer polierten Steinsalzoberfläche aus kleinen Würfeln spricht ferner das Interferenzbild einer einsinnig polierten Würfelfläche von NaCl, s. Fig. 93. Hier sind die Würfelkriställchen etwas in der Polierrichtung verkantet, so daß ein Faserstruktur-Interferenzbild entsteht, dessen Maxima gegen die Flächennormale verschoben sind.

Die eben genannten elektronenmikroskopischen Beobachtungen sowie die Interferenzversuche zeigen eindeutig, daß eine polierte Isolatoroberfläche eine kristalline Struktur hat. Auf Isolatorflächen kann eine vollständige Rekristallisation der zerstörten Oberfläche durch Erhitzen (z.B. bei NaCl 450—500°C) erreicht werden, die als „Vergütung der Oberfläche" bezeichnet wird. Das Interferenzbild der polierten NaCl-Fläche geht dabei in ein Interferenzbild über, wie es von Spaltflächen her bekannt ist. Ein ähnliches Verhalten ist bei polierten Silberflächen beschrieben worden (s. Ziff. 37).

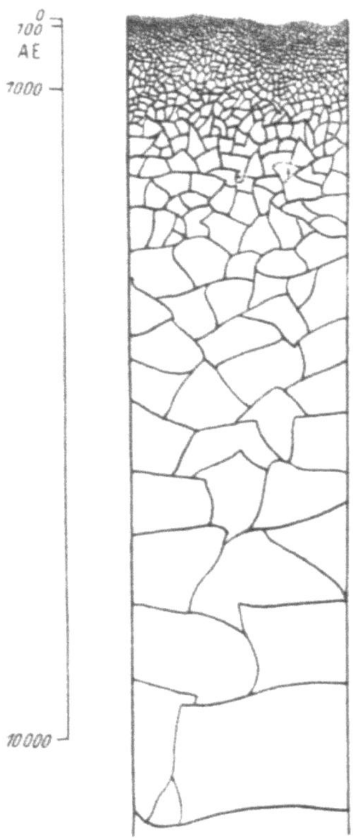

Fig. 94. Schematische Darstellung der Oberfläche eines bearbeiteten Metalleinkristalles, die den Übergang des nahezu ungestörten Einkristalls in die feinstkristalline Schicht der Oberfläche zeigt. Der beigefügte Maßstab entspricht einer Bearbeitung von Kupfer mit einem Polierstahl während 30 min.

[1] Die Härte von Kalkspat ist größer als 100 kg/mm², die von Steinsalz etwa 20 kg/mm² und die von Kaliumbromid etwa 7 kg/mm².

Die für Metalle und Isolatoren erhaltenen Ergebnisse lassen sich in der schematischen Fig. 94 zusammenfassen. Diese Abbildung eines Metall-Einkristalles gibt das Aussehen der verformten Oberflächenschicht wieder, die sich von dem im Innern gelegenen, ungestörten Einkristall, der bei den angegebenen Bedingungen in 10 μ Tiefe beginnt, bis zur äußersten, feinstkristallinen Schicht des bearbeiteten Einkristalles erstreckt. Für eine schwächere Bearbeitung oder ein härteres Metall ist die Dicke der Übergangsschicht geringer. Um dieses Bild auf Isolatoren zu übertragen, muß man den oberen Teil der Figur abschneiden, da die feinstkristalline Schicht hier nicht existiert. Die Stelle des Schnittes ist durch die Härte des Stoffes bedingt: je härter die Substanz, desto tiefer muß der Schnitt erfolgen.

c) Der Aufbau dünner Schichten.

39. Die Physik dünner Schichten von einigen Å an ist ein Gebiet, welches erst durch die Anwendung der Elektroneninterferenzen erschlossen wurde. Diese Schichten werden im allgemeinen auf Unterlagen verschiedener Art — einkristalline bis amorphe (Glas u.a.) — aufgebracht und in Reflexion untersucht oder sie werden, von der Unterlage abgelöst, in Durchstrahlung beobachtet. Sie sind in ihrem Aufbau entscheidend von der Struktur, Temperatur und anderen Eigenschaften dieser Unterlage abhängig. Unter „Aufbau" ist hierbei die Gitterstruktur, Größe und Orientierung der Kristalle der dünnen Schichten zur Unterlage verstanden.

Über dieses Gebiet existieren eine Fülle von Einzelerkenntnissen, ohne daß es jedoch bisher gelungen wäre, auf Grund einiger einfacher Gesetze den Aufbau dieser Schichten zu verstehen. Im folgenden werden die wichtigsten Ergebnisse und Versuche einer Erklärung beschrieben.

Es liegt nahe, nach Art der Entstehung der Schicht folgende Einteilung dieses Abschnitts vorzunehmen: *Aufdampfschichten*, die durch Kondensation eines Molekularstrahles auf einer Unterlage entstehen; *elektrolytisch* aufgetragene Schichten, die sich durch Ionenabscheidung auf einer metallischen Unterlage bilden oder aus *Lösungen* abgeschiedene Schichten; *Reaktionsschichten*, die durch eine chemische Reaktion der Oberfläche mit einem Gas oder einer Flüssigkeit entstehen, wovon die Oxydschichten die wichtigsten sind.

40. Aufdampfschichten. Am durchsichtigsten liegen die Verhältnisse bei Verwendung von einkristallinen Flächen als Unterlage, da hier die Versuche einige Regeln zu formulieren erlauben.

α) Alkalihalogenidschichten. Verwendet man als einkristalline Unterlagen frische Spaltflächen von Alkalihalogenidkristallen und bedampft sie mit Alkalihalogeniden, also Fluoriden, Chloriden, Bromiden und Jodiden von Lithium, Natrium, Kalium und Rubidium, so findet man, daß die Schichten schon bei Zimmertemperatur der Unterlage in der Grenzschicht einkristallin mit der Grundgitterorientierung (= Orientierung der Unterlage) aufwachsen. Dies gilt erst recht bei höheren Temperaturen. Es ist dabei gleichgültig, welche Differenzen in den Gitterkonstanten zwischen Schicht und Unterlage vorhanden sind[1-3]. Charakteristische Interferenzbilder zeigen Fig. 95 u. f. (nach LÜDEMANN); Unterschiede in den Gitterkonstanten sind in Tabelle 40.1 zusammengestellt.

Bemerkenswert ist, daß bei Verwendung der gleichen Substanz für Schicht und Unterlage (z.B. NaCl auf NaCl, KCl auf KCl, kurz *A* auf *A*) ein Teil der Kristalle in Zwillingsstellung nach (111) zur Unterlage aufwächst[2,3] (Fig. 96).

---

[1] L. G. SCHULZ: Phys. Rev. **78**, 638 (1950). — Acta crystallogr. **5**, 130 (1952).

[2] H. LÜDEMANN u. H. RAETHER: Acta crystallogr. **6**, 873 (1953).

[3] H. LÜDEMANN: Z. Naturforsch. **9**a, 252 (1954).

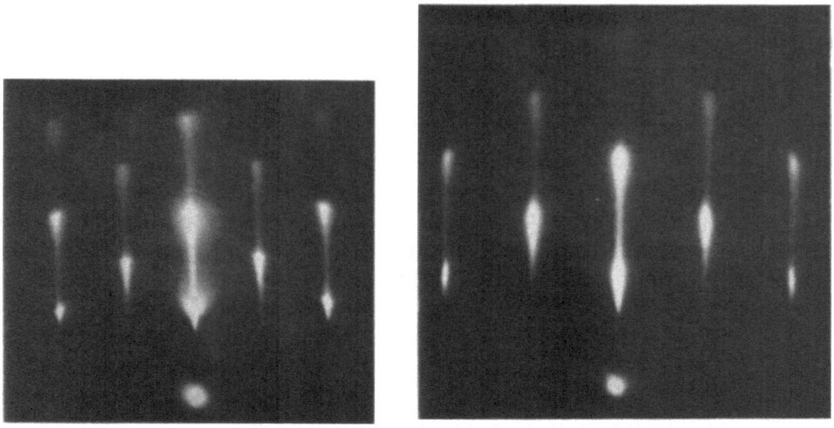

a b

Fig. 95a u. b. a NaF-Schicht auf NaF-Spaltfläche (001) bei 270° C aufgedampft, [110] Azimut. Dicke: einige 10 Å. b LiF-Schicht (Dicke etwa 100 Å) auf NaCl-Spaltfläche (001) bei 280° C aufgedampft. Azimut [110]. Die Differenz der Gitterkonstanten von Schicht und Unterlage beträgt $\frac{d_{\mathrm{LiF}} - d_{\mathrm{NaCl}}}{d_{\mathrm{NaCl}}} = -29\%$, trotzdem wächst eine einkristalline Schicht in der Orientierung der Unterlage auf.

Tabelle 40.1.

Schicht	Unterlage					
	LiF (4,02)	NaCl (5,63)	NaBr (5,96)	KCL (6,28)	KBr (6,59)	KJ (7,05)
LiF (4,02)	0	−29		−36	−39	−43
LiJ (6,00)			+0,6			
NaCl (5,63)	+40	0		−10	−14	−20
NaJ (6,46)					−2	
KCl (6,28)	+56	+13		0	−5	−11
KBr (6,59)	+64	+18		+5	0	−7
KJ (7,05)	+75	+25		+12	+7	0
RbCl (6,54)					−0,7	

Die Gitterkonstanten in Å sind den chemischen Symbolen beigefügt; die Differenzen der Gitterkonstanten sind in Prozent aufgeführt, bezogen auf die Gitterkonstante der Unterlage.

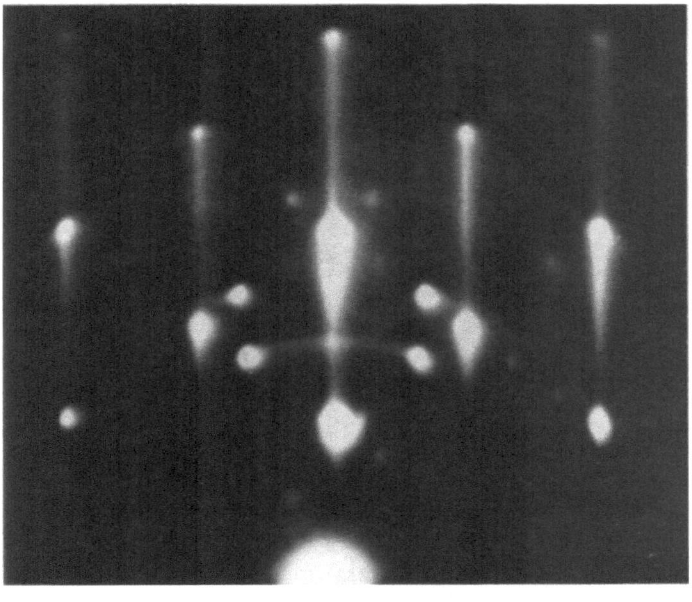

Fig. 96. NaCl-Schicht auf NaCl-Spaltfläche (001) bei 180° C aufgedampft. [110] Azimut. Die Zusatzreflexe ($\frac{1}{3}$-Punkte auf den Diagonalen) lassen die Zwillingsbildung erkennen.

Oberhalb der in Tabelle 40.2[1] aufgeführten, für jedes Alkalihalogenid charakteristischen Grenztemperatur T' beobachtet man ein normales Weiterwachsen der Schicht mit der Orientierung der Unterlage.

Tabelle 40.2.

Stoff	LiF	KCl	NaCl	KJ	KBr
T' °C . . .	410	285	245	95	80

Die Zwillingsbildung tritt nach LÜDEMANN[1] auch in denjenigen Fällen auf, wo Schicht und Unterlage aus verschiedenen Substanzen bestehen (z.B. KCl auf NaCl, kurz A auf B). Sie beginnt jedoch erst, nachdem die Unterlage von der Schichtsubstanz hinreichend bedeckt ist, was schätzungsweise erst von einigen 10 Å an eintritt, so daß für die nachfolgenden Moleküle die gleichen Verhältnisse vorliegen wie im Falle A auf A. Es verschwindet auch in den beiden nachgeprüften Fällen KCl auf NaCl und KJ auf NaCl die Zwillingsbildung bei der Grenztemperatur der Schichtsubstanz, also T'_{KCl} bzw. T'_{KJ}. Die Dicke der auf diese Weise orientiert aufgewachsenen Schichten betrug bis zu 1000 Å und mehr.

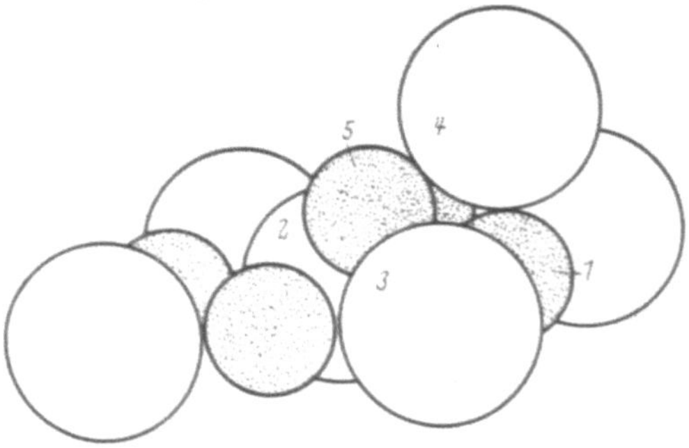

Fig. 97. Anschauliche Erläuterung der Entstehung der Zwillingsstellung: das ankommende Alkalihalogenidmolekül (4—5) legt sich in der dargestellten Weise auf die Alkalihalogenidunterlage. Unter bestimmten Bedingungen ist diese Molekülllage der Keim für einen in Zwillingsstellung liegenden Kristall.

Bei denjenigen Kombinationen, die LiF als Schicht oder Unterlagesubstanz enthalten und eine Gitterkonstantendifferenz $> 25\%$ zeigen, treten auch noch andere einkristalline Orientierungen auf. Sie sind Schichtdicken- und temperaturabhängig[2].

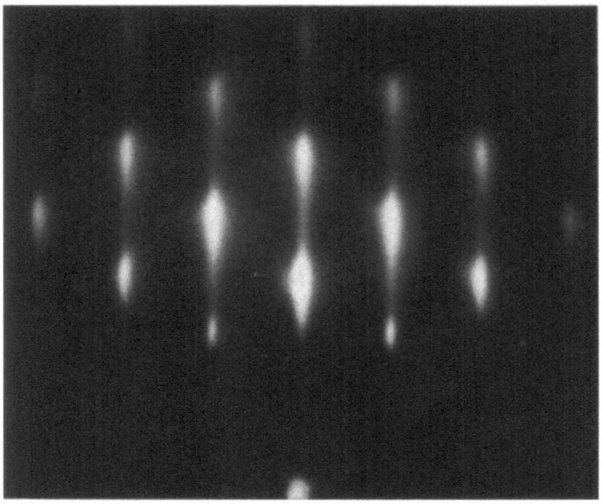

Fig. 98. CsCl-Schicht auf NaCl-Spaltfläche bei Zimmertemperatur aufgedampft. [110] Azimut. Das CsCl hat eine flächenzentrierte Struktur.

Die Entstehung der zwillingsorientierten Kristallite läßt sich geometrisch einfach erklären (Fig. 97): Lagert sich das Dampfmolekül (= Alkalihalogenid-Molekül der Dampfphase) derart auf der Unterlage an, daß sein negatives Ion (4 in Fig. 97) senkrecht über einem positiven der Unterlage (1) liegt und das positive Ion (5 in Fig. 97) zwei benachbarte negative der Unterlage, 2 und 3, berührt, so befindet sich das Molekül in Zwillingsstellung nach (111) zur Unterlage. Die Zwillingsebene wird hier durch die negativen Ionen 2, 3 und 4 gebildet; durch Spiegelung an ihr geht das positive Ion 1 in das positive 5 über.

[1] H. LÜDEMANN: Z. Naturforsch. **9**a, 252 (1954).
[2] H. LÜDEMANN: Z. Naturforsch. **11**a (1956), im Erscheinen.

Werden Alkalihalogenide mit raumzentriertem Gitter (CsCl-Typ) wie z.B. die Chloride, Bromide und Jodide von Tl und Cs auf Unterlagen vom NaCl-Typ oder Glimmer u. a. aufgedampft, so haben die mit der Unterlage in Kontakt befindlichen Kriställchen eine flächenzentrierte Struktur[1,2] (Fig. 98, nach LÜDEMANN), ausgenommen TlCl auf NaCl sowie TlCl und CsI auf Glimmer. Ihre Orientierung zur Unterlage erfolgt so, daß die kristallographischen Achsen von Schicht und Unterlage parallel laufen. Die Gitterkonstante des flächenzentrierten CsCl z.B. beträgt 6,94 Å. Der Ionenabstand ($Cs^+—Cl^-$) von 3,47 Å ($\frac{1}{2}d_{100}$) unterscheidet sich also nur wenig von dem in der normalen CsCl-Struktur von 3,56 Å ($\frac{1}{2}\sqrt{3}\,d_{100}$ mit $d_{100}=4{,}11$ Å). Es legen sich also die ankommenden Moleküle unter dem Einfluß der Kristallunterlage in eine flächenzentrierte Schicht mit vierzähliger Symmetrie zusammen, so daß der Keim zu einem flächenzentrierten Gitter gegeben ist (s. unten). Normalerweise wandelt sich CsCl erst über 445° C in die flächenzentrierte Struktur um. Offenbar wird unter dem Einfluß der Kristallunterlage eine flächenzentrierte Struktur (NaCl-Struktur) bei Zimmertemperatur angenommen. Werden diese Substanzen auf amorphe Unterlagen niedergeschlagen, so behalten sie ihre CsCl-Struktur.

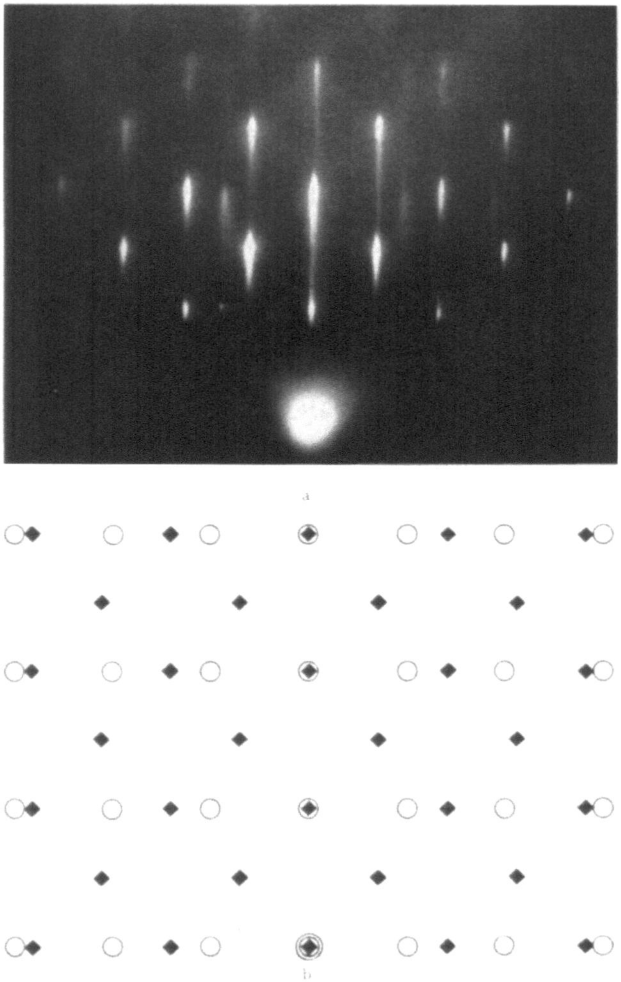

Fig. 99 a u. b. (a) TlCl-Schicht auf NaCl-Spaltfläche (001) bei 100° C aufgedampft. [110] Azimut der Unterlage (Pfeile in Fig. 100a). Das TlCl hat eine raumzentrierte Struktur, es treten die beiden, um 90° verschiedenen Orientierungen der (110) Fläche von TlCl auf der (100) Unterlage auf. Pfeile (1) und (2) in Fig. 100b. (b) zeigt das schematisierte Interferenzbild.

Tritt keine Umwandlung der Gitter der Aufdampfschichten ein, wie z.B. bei TlCl auf NaCl (Fig. 99a, nach LÜDEMANN), so legt sich die (110)-Fläche des raumzentrierten TlCl auf die (100)-NaCl-Fläche. Die gegenseitige Orientierung in der Berührungsebene erfolgt also so, daß die Ketten der gleichnamigen Ionen parallel liegen, so wie es auch bei den flächenzentrierten Alkalihalogeniden der

[1] L. G. SCHULZ: Acta crystallogr. **4**, 487 (1951).

[2] D. W. PASHLEY: Proc. Phys. Soc. Lond. A **65**, 33 (1952).

Fall ist, wobei in der einen Richtung der Abstand gleicher Ionen in Schicht und Unterlage nur wenig verschieden ist (s. Richtung 1 in Fig. 100b).

Gehen die in Fig. 100b gezeichneten Ionen der (110)-Ebene eines raumzentrierten Gitters unter dem Einfluß einer geeigneten Unterlage in eine Anordnung vierzähliger Symmetrie über (wenn also die Diagonalen der zentrierten Rechtecke in Fig. 100b senkrecht aufeinanderstehen, also die Rechtecke in Quadrate übergehen), so bilden sie die (100)-Ebene eines flächenzentrierten Gitters. Auf diesem Keim wächst bei geeigneten energetischen Bedingungen, wie sie offenbar bei CsCl auf NaCl vorliegen, ein flächenzentriertes CsCl.

Wählt man als Unterlage nicht Alkalihalogenidflächen, sondern Spaltflächen von $CaCO_3$ und $NaNO_3$, so findet man ebenfalls eine Orientierung der Alkalihalogenidgitter zum Unterlagegitter[1]. Diese Orientierung hat die Tendenz, in der Weise vor sich zu gehen, daß sich niederindizierte Gitterebenen der Aufdampfschichten, mit Ionen beiderlei Vorzeichens belegt, auf die Unterlage legen, wie z.B. (100), (110) bei NaCl-Typ, (110) bei CsCl-Typ. Die Unterlage selbst enthält ebenfalls Ionen beiderlei Vorzeichens. Die azimutale Orientierung in der Berührungsebene erfolgt in der Weise, daß der Gitterabstand zweier gleicher Ionen zumindest in einer Richtung in Schicht und Unterlage so gut wie möglich übereinstimmt. Ist diese Übereinstimmung schlecht, so kann diese azimutale Orientierung innerhalb der Berührungsebene fehlen, es ergibt sich dann eine Faserstruktur. — Ähnlich liegen die Verhältnisse beim Aufdampfen von Alkalihalogeniden auf Glimmerspaltflächen.

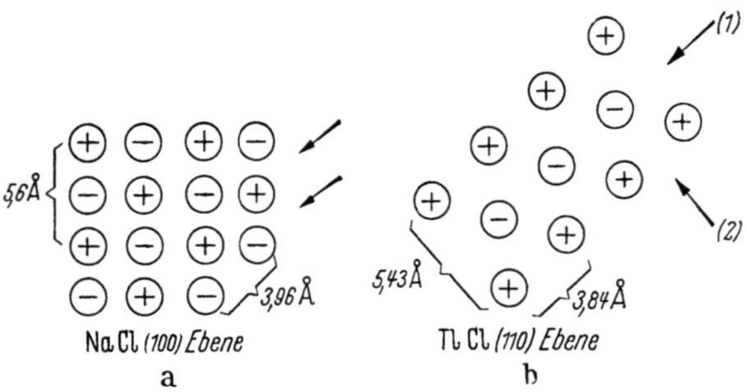

Fig. 100 a u. b. Orientierung der raumzentrierten TlCl-Kristalle zur NaCl-Unterlage.

Eine Faserstruktur, d.h. ein Wachstum ohne azimutale Orientierung, findet man auch, wenn die Alkalihalogenide auf amorphe Unterlagen wie z.B. Collodium, Glas u. a. gedampft werden[2], ein Verhalten, wie es auch bei Metallen als Aufdampfschichten auf amorphen Unterlagen beobachtet wird (s. unten).

Es wäre von Interesse, auch die Orientierung von Alkalihalogenidschichten auf glatten Netzebenen von Metalleinkristallen zu untersuchen. Bisher liegen hierüber nur Untersuchungen auf Silberschichten vor, die zwar eine einkristallähnliche Struktur haben (durch Aufdampfen von Silber auf erwärmte Steinsalzflächen erzeugt), deren Rauhigkeit bzw. deren Kristallbegrenzungsfläche jedoch unbekannt sind. Es zeigte sich, daß im allgemeinen die Substanzen des NaCl- und CsCl-Typs mit einer Netzebene zur Metalloberfläche parallel liegen, die nur mit einer Ionenart belegt ist. Dies ist beim NaCl-Typ die (111) Fläche, beim CsCl-Typ (110) und (111). Die Orientierung innerhalb der Berührungsebene ist im allgemeinen [110] NaCl-Typ || [100] Ag und [100] CsCl-Typ || [100] Ag, was mit der geringsten Differenz der Atomabstände in Schicht und Unterlage gleichbedeutend ist[3].

β) Metallschichten. Einkristalline Unterlagen. Dampft man Metalle auf Alkalihalogenidspaltflächen oder andere einkristalline Flächen, so zeigt die

[1] L. G. SCHULZ: Acta crystallogr. **4**, 483 (1951); **5**, 264 (1952).
[2] L. G. SCHULZ: J. Chem. Phys. **17**, 1153 (1949).
[3] L. BRÜCK: Ann. Phys. **26**, 233 (1936). — L. G. SCHULZ: Acta crystallogr. **5**, 266 (1952).

Metallschicht — sie läßt sich in Reflexion beobachten und, wenn sie von der Unterlage durch Lösen in Wasser abtrennbar ist, in Durchstrahlung — eine einkristallähnliche Struktur, sofern die Temperatur der Unterlage über einem charakteristischen Mindestwert T_E liegt[1] (Fig. 101, nach HAASE). Diese Temperaturen sind in Tabelle 40.1 angegeben (Genauigkeit etwa $\pm 20°$)[2,3]. Kobalt, Eisen und Chrom geben nach BRÜCK keine guten Einkristallschichten bei den angegebenen Temperaturen. Da Steinsalz oberhalb 540° C schon merklich verdampft, wodurch die Oberfläche aufgerauht wird, konnte die Temperatur von 540° C nicht überschritten werden. Allerdings wurden von HAASE bei 450° C auf NaCl gut orientierte Eisenschichten erhalten (s. Fig. 101)[4]. Auf den Reflexionsaufnahmen sind scharfe KIKUCHI-Linien zu erkennen. Ablösen der Schicht von der Unterlage — hierzu ist bei freitragender Schicht eine Mindestdicke von etwa 200 Å erforderlich — bewirkt eine gewisse Verwacklung der Kristalle der Schicht[5], wodurch die KIKUCHI-Linien verschwinden. Die Verwacklung der Kristalle kann auch dem Interferenzbild im konvergenten Bündel entnommen werden (vgl. Ziff. 17).

Fig. 101. Durchstrahlungs-Interferenzbild einer Aluminiumschicht, die auf eine erwärmte (485° C) Steinsalzspaltfläche aufgedampft und abgelöst wurde.

Die Orientierung der Kristalle der Schicht ist bei Alkalihalogeniden als Unterlage und den üblichen flächenzentrierten (Ag, Au, usw.) sowie raumzentrierten (Fe, Cr) Metallen folgende: Die Würfelebene (100) der Metalle liegt auf den Spaltflächen [(100) Flächen] der Alkalihalogenide. Die azimutale Orientierung hingegen, d.h. die Orientierung der Achsen innerhalb der Berührungsebene,

Tabelle 40.1.

Unterlage	Ag °C	Au °C	Al °C	Pd °C	Cu °C	Ni °C	β-Co °C	Fe °C	Cr °C
LiF . .	340	440	350	400	250				
NaCl . .	150	400	300	250	150	370	> 540	> 540	> 540
KCl . .	130	380	280	250	150	410			
KJ. . .	80	185		200	120				

erfolgt bei den flächenzentrierten Metallen in der Weise, daß die [100] Richtungen einander parallel sind, während bei den raumzentrierten Metallen die [100] Richtung parallel zur [110] Richtung der Unterlage ist. Es bildet sich also *nicht* eine Orientierung aus, bei der nahezu gleichgroße Gitterabstände in Schicht und Unterlage aufeinander liegen. Bei Ag auf NaCl beispielsweise wäre diese azimutale Orientierung: [100] (Ag) ∥ [110] (NaCl), da $d_{100}(\text{Ag}) = 4{,}08$ Å und $d_{110}(\text{NaCl}) = 3{,}98$ Å; bei Fe auf NaCl: [100] (Fe) ∥ [100] (NaCl), da $d_{100}(\text{Fe}) = 2{,}86$ Å und $\frac{1}{2} d_{100}(\text{NaCl}) = 2{,}81$ Å. Das Umgekehrte wird beobachtet (s. Fig. 102).

[1] H. LASSEN: Phys. Z. **35**, 172 (1934). — H. LASSEN u. L. BRÜCK: Ann. Phys. **22**, 233 (1935).
[2] L. BRÜCK: Ann. Phys. **26**, 233 (1936). — O. RÜDIGER: Ann. Phys. **30**, 505 (1937).
[3] H. GÖTTSCHE: Z. Naturforsch. **11** a, 55 (1956).
[4] O. HAASE: Z. Naturforsch. **11** a, 46 (1956).
[5] H. GÖTTSCHE: Z. Physik **134**, 517 (1953).

Eine Ausnahme bildet Al, da es bei der angegebenen Temperatur mit der Oktaederebene aufwächst, statt mit der Würfelfläche wie die übrigen. Erst bei höheren Temperaturen (auf NaCl etwa 440° C) legt sich das Al-Gitter mit der Würfelfläche auf die Spaltfläche der Alkalihalogenide.

Diese starke Orientierung der Metallschichten beobachtet man auch auf Spaltflächen anderer Kristalle wie z.B. Kalkspat, Glimmer, $NaNO_3$ u. a., wobei ähnliche Ergebnisse gefunden werden. Da die Atomanordnung der Unterlage nicht die kubische ist, sondern wie im Falle des Glimmers eine hexagonale Symmetrie besitzt, legen sich die kubisch-flächenzentrierten Metalle mit der (111) Fläche auf, und zwar Gold ab 450° C, Silber ab 150° C und Pd ab 470° C. Unter anderem wird auch hier wie bei Al beobachtet, daß die Berührungsebene der Schichtkristalle mit der Temperatur wechselt und zwar von (111) Ebenen beginnend über (100) Ebenen schließlich zu (110) Ebenen. Nähere Angaben finden sich bei RÜDIGER[1] und MAYER[2].

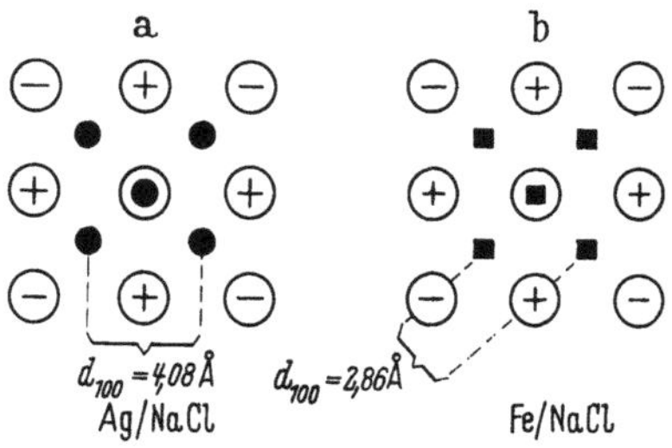

Fig. 102 a u. b. Anordnung der Atome der Metallkristalle auf einer NaCl-100-Fläche. (a) Flächenzentriertes Metallgitter ●; (b) raumzentriertes Metallgitter ■. Die Anordnung der Metallatome im Fall (b) ist durch die 45°-Drehung des Metallgitters die einer flächenzentrierten Gitterschicht.

Dampft man die Metallschichten bei Temperaturen unterhalb T_E auf, so werden im allgemeinen relativ breite Pulverdiagramme erhalten, zum Teil mit Faserstruktur. Erst ab einer gewissen Mindesttemperatur setzt eine schwache azimutale Orientierung ein, die bei T_E zu einer vollständigen azimutalen Orientierung entwickelt ist.

Dampft man im besonderen die Metallschichten z.B. Au, Ag, Al, Pd, Cu auf Spaltflächen der Alkalihalogenide bei Zimmertemperatur auf, so findet man weder azimutale Orientierung in der Berührungsebene noch Faserstruktur. Nachträgliches Erwärmen führt zur Ausbildung von Faserstrukturen, d.h. bestimmte Netzebenen legen sich auf die Berührungsebene ohne innerhalb der Berührungsebene orientiert zu sein. Zum Beispiel zeigen Au, Ag und Pd Faserstrukturen nach (100), (110) und (111) Ebenen, die alle mehr oder weniger zugleich auftreten. Höhere Erhitzung bis auf $T \geqq T_E$ erzeugt, falls die Schichten nicht zu dick sind, azimutale Orientierung. Neben der zu erwartenden (100) Orientierung ergeben sich dabei noch eine Reihe weiterer Orientierungen, für die charakteristisch ist, daß die [110] Richtungen in Schicht und Unterlage einander parallel sind. Es treten neben den Orientierungen, bei denen die (100), (110) und (111) Ebenen auf der Spaltfläche liegen, zusätzlich die Zwillingsorientierungen dieser verschiedenen Kristall-Lagen nach der Ebene (111) auf. Außerdem findet man noch Kristall-Lagen, die dadurch zustandekommen, daß sich die Metallkristalle mit ihren (100) oder (110) Ebenen auf die (111) Ebenen der schon vorhandenen nach (100) orientierten Metallkristalle auflegen. Erhöht man die Temperatur über T_E, so findet eine völlige Durchorientierung nach (100) statt[3].

Werden Metallschichten bei Zimmertemperatur auf Metalleinkristallflächen, z.B. Cu(111)-Flächen, aufgedampft, so beobachtet man, falls diese Unterlagen vorher durch Kathodenzerstäubung gereinigt worden waren, ein einkristallines Aufwachsen der Aufdampfschicht [Cu (s. Fig. 74), Ag, Au, Pd; Fe; Zn]. Die

[1] O. RÜDIGER: Ann. Phys. **30**, 505 (1937).

[2] Weitere Literatur über die Orientierung von Kristallschichten auf verschiedenen Unterlagen siehe A. NEUHAUS [Fortschr. Min. **29/30**, 136 (1950/51)], das Buch von H. MAYER, Physik dünner Schichten (Stuttgart 1955) sowie den Artikel „Epitaxy" von H. SEIFERT in R. GOMER und C. S. SMITH, Structure and properties of solid surfaces, Chicago 1953.

[3] H. GÖTTSCHE: Z. Naturforsch. **11a**, 55 (1956).

Orientierung geschieht in der Weise, daß sich Flächen möglichst gleicher Atomanordnung berühren[1].

Amorphe Unterlagen. Werden als Unterlagen Flächen genommen, die keine Einkristallstruktur zeigen, sondern sog. „amorphe" wie z.B. Glas, Kollodiumfolie oder „strukturlose" wie z.B. poliertes Molybdänblech, polierte Quarzfläche u. a., so beobachtet man vielfach eine mehr oder weniger ausgeprägte Faserstruktur. Es legt sich also eine bestimmte Ebene auf die Unterlage, es fehlt aber die azimutale Orientierung, wie sie durch die periodische Atomanordnung in der Berührungsebene im Fall einer Einkristallfläche gegeben ist. Ein Teil der aufgedampften Metalle legt sich schon bei Zimmertemperatur in dieser Weise auf, wie z.B. Wismut (und LiF) auf Kollodium [Faserstruktur nach (111)]; bei anderen wie z.B. Au, Ag, Pd, Al erfolgt dies erst bei erhöhter Temperatur.

Bemerkenswerterweise ist auch hier eine Abhängigkeit der Orientierung von der Temperatur vorhanden. So legt sich Al auf poliertes Molybdänblech bei $\sim 260°$ C auf die (111), bei $\sim 350°$ C auf die (100) Fläche und schließlich oberhalb $\sim 600°$ C auf die (110) Fläche. Unter 100° C findet keine Orientierung statt[2].

Kristallorientierung und Dampfstrahlrichtung. Eine unerwartete Erscheinung beim Wachstum dünner Schichten ist der Einfluß der Dampfstrahlrichtung auf die Lage der Faserachse bezüglich der Unterlage[3]. Dampft man CaF_2 senkrecht auf eine Kollodiumfolie[4], so entsteht eine Faserstruktur nach (111) (Faserachse senkrecht zur Unterlage), sobald die Schichtdicke etwa 10^3 Å erreicht. Wird die Dampfstrahlrichtung um 65° gegen die Normale geschwenkt, so neigt sich die Faserachse $\sim 10°$ dem Dampfstrahl zu. Ebenso verhalten sich Al-Schichten[5]. Ba-Schichten[6], Fe-Schichten[7] sowie LiF- und NaCl-Schichten[8]. LiF bildet insofern eine Ausnahme, als es sich bei Neigung der Dampfstrahlrichtung von dem Dampfstrahl wegneigt.

Um die Bedeutung dieser Erscheinung für den Aufbau dünner Schichten zu verstehen, ist jedoch noch ein eingehenderes Studium notwendig.

Kristallorientierung und Schichtdicke. Mit zunehmender Schichtdicke (bei $T \geqq T_E$) soll[9] ein bevorzugtes Wachstum der orientierten Kristallite stattfinden, so daß die orientierten Kristalle die weniger gut orientierten überdecken. In ähnlichen Versuchen wird jedoch eine Verbesserung der Güte der Orientierung mit zunehmender Schichtdicke bei konstanter Temperatur der Unterlage nicht gefunden[10]. Im allgemeinen nimmt die Stärke der Desorientierung mit zunehmender Schichtdicke zu; andererseits ist sie bei gegebener Schichtdicke um so größer, je niedriger die Temperatur ist.

Diskussion des Schichtwachstums. Eine interessante Frage vor allem im Hinblick auf das Kristallwachstum ist die nach den atomaren Vorgängen, die zu dem beobachteten Aufbau der Schichten führen. Insbesondere ist es die Frage nach dem Gesetz, welches die verschiedenen Orientierungen der Schichtkristalle auf der Unterlage beherrscht und im Zusammenhang damit, welche Gittereigenschaften die Temperaturabhängigkeit der Orientierung bedingen. Es liegt eine Reihe von Versuchen vor, das Wachstum zu erklären.

[1] O. Haase: Z. Naturforsch. (im Druck).
[2] K. R. Dixit: Phil. Mag. **16**, 1047 (1933).
[3] Coper, Frommer u. Zocher: Z. Elektrochem. **37**, 571 (1931).
[4] W. G. Burgers u. J. Dippel: Physica, Haag **1**, 549 (1934).
[5] R. Beeching: Phil. Mag. **22**, 938, 942 (1936).
[6] W. G. Burgers u. J. Dippel: Physica, Haag **3**, 1057 (1936).
[7] H. R. Nelson: J. Chem. Phys. **5**, 252 (1937).
[8] L. G. Schulz: J. Chem. Phys. **17**, 1153 (1949).
[9] O. Rüdiger: Ann. Phys. **30**, 505 (1937).
[10] H. Lüdemann: Z. Naturforsch. **9**a, 252 (1954). — T. N. Rhodin: Discuss. Faraday Soc. **5**, 215 (1949). — H. Göttsche: Z. Naturforsch. **11**a, 55 (1956).

Eine plausible Forderung für die Entstehung einer Orientierung ist, daß Flächen gleicher Symmetrie aufeinander wachsen; eine solche Tendenz wird auch beobachtet. Für ein orientiertes Aufwachsen im allgemeinen oder für die Frage, welche azimutale Orientierung sich einstellt, ist jedoch die Übereinstimmung der Gitterkonstanten von Schicht und Unterlage keine entscheidende Voraussetzung. So tritt z.B. das orientierte Aufwachsen bei Cu/KJ ($d_{\mathrm{Cu}} = 3{,}6$ Å, $d_{\mathrm{KJ}} = 7{,}0$ Å) wie bei KJ/LiF ($d_{\mathrm{KJ}} = 7{,}0$ Å, $d_{\mathrm{LiF}} = 4{,}0$ Å) ein, obgleich hier der relative Unterschied $\frac{d_{\mathrm{Schicht}} - d_{\mathrm{Unterlage}}}{d_{\mathrm{Unterlage}}} = 48$ bzw. 75% ist (s. auch das obige Beispiel Ag/NaCl).

Da aber zweifellos die einkristalline Unterlage eine Richtwirkung und zwar die azimutale Orientierung bewirkt, so wird man als eine Arbeitshypothese folgendes Bild entwerfen können:

Die an der Oberfläche ankommenden Atome (bei Metallen) oder Moleküle (z.B. bei Alkalihalogeniden) besitzen in der Oberfläche, wenigstens im allgemeinen, eine gewisse Beweglichkeit. Zum Beispiel ist die Beweglichkeit von Zink und Cadmiumatomen auf den verschiedensten Unterlagen so extrem groß, daß der größte Teil der Atome wieder von der Unterlage abdampft, bevor sie auf ihr fixiert werden. In diesem Falle hilft eine Vorbedampfung („Bekeimung") der Unterlage mit einer geringen Anzahl von Cu-Atomen ($\frac{1}{100}$ monoatomare Bedeckung), um eine Zink- oder Cadmiumschicht zu erhalten[1]. Für den Fall, daß Metallatome auf Alkalihalogenidspaltflächen kondensieren, kann man eine wesentlich geringere Beweglichkeit annehmen, so daß die Metallatome sich sogleich an die Anionen, z.B. Ag an Cl^- (auf Grund von Polarisationskräften) legen. In der [110] Richtung der Unterlage liegen nun die Metallatome am nächsten. Bei Temperaturerhöhung und zwar bei $T \sim T_E$ werden sich daher unter dem Einfluß der Gitterschwingungen die Metallatome zu einem Kristallkeim von der Größe einer Elementarzelle vereinen, der eine Orientierung zur Unterlage hat, wie sie oben beschrieben wurde.

Fig. 103 zeigt die Ionen der Unterlage (⊕ ⊖). Setzt sich auf das mittlere negative Ion ein Metallatom (●), so vereinigt sich dieses bei genügender Temperatur ($T \sim T_E$) mit den umgebenden Metallatomen zu einem Keim, wobei Parallelorientierung der flächenzentrierten Gitter stattfindet. Bei raumzentrierten Metallen führt die Bildung einer ersten (flächenzentrierten) Schicht (und Weiterwachsen im raumzentrierten Gitter) zu der beobachteten 45°-Drehung der raumzentrierten Elementarzelle gegenüber dem Gitter der Unterlage (s. auch Fig. 102). Dieser so orientierte Keim wächst zu einem größeren Kriställchen mit der dem Metallkristall zukommenden Gitterkonstanten. Diese Vorstellung gilt nur für *eine* Elementarzelle, da für die benachbarten Zellen die Metallatome auch auf positive Ionen zu liegen kommen. Offenbar ist für das *Weiter*wachsen des Metallkristalles die Unterlage von sekundärer Bedeutung, da wahrscheinlich die Kohäsionsenergie (Metall-Metall) größer als die Adhäsionsenergie (Metall-Unterlage) ist. In Übereinstimmung hiermit ist, daß kein Angleichen der Gitterkonstanten der Schicht an die Unterlage stattfindet („Pseudomorphie").

Eine solche „Pseudomorphie" der Schichtkristalle ist bisher in keinem Falle einwandfrei beobachtet worden. Eine Angleichung des Gitters der Schicht an das der Unterlage glaubte man bei ZnO/Zn gefunden zu haben. Diese Ergebnisse wurden jedoch nicht bestätigt[2]; es konnte gezeigt werden, daß bereits in ein-

---

[1] E. ZEHENDER: Optik **7**, 200 (1950).

[2] H. RAETHER: Z. Naturforsch. **4a**, 582 (1949). — J. Phys. Radium **11**, 11 (1950). — LUCAS, L.N.D.: Proc. Phys. Soc. **64**, 943 (1951). — H. EHLERS u. H. RAETHER: Naturwiss. **21**, 487 (1952). — H. EHLERS: Z. Physik **136**, 379 (1953). — A. LADAGE: Z. Physik **144**, 354 (1956).

kristallinen ZnO-Schichten von nur wenigen Elementarzellen Dicke die normale Struktur des ZnO ausgebildet ist.

Diese Kriställchen wachsen an den verschiedenen Stellen der Oberfläche auf, bilden also ein gleichorientiertes Kristallaggregat, das eine „einkristallähnliche" Struktur hat. Die elektronenmikroskopischen Bilder bestätigen den Aufbau der Schicht aus vielen Einzelkriställchen. Auch die Interferenzaufnahmen geben einen Hinweis hierauf: beim Aufdampfen von Metallen[1] wie von Alkalihalogeniden[2] auf Alkalihalogenide, z.B. LiF auf NaCl bei 20° C, werden beim Aufbringen von Schichten einer mittleren Dicke von wenigen Å Interferenzen beobachtet, die auf eine Kristallgröße von einigen 10 Å schließen lassen. Zusätzlich werden häufig die Interferenzen der Unterlage gesehen. Es ist also eine Keimbildung anzunehmen, wie sie Fig. 104 zeigt; sie ist nicht vom Gitterkonstanten-

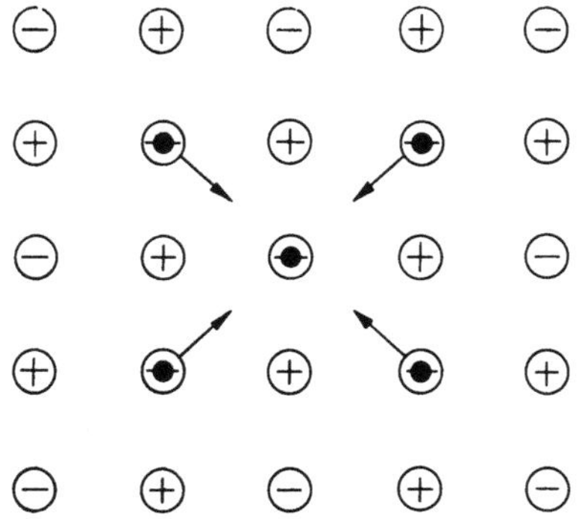

Fig. 103. Schematische Darstellung des Entstehens orientierter Keime von Metallkristallen.

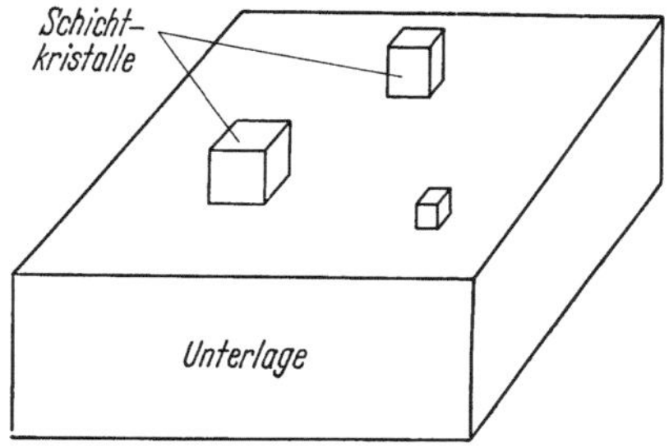

Fig. 104. Verteilung der Keime bei geringer Dicke der Aufdampfschicht (Blöckchenbildung).

Unterschied abhängig und findet bei Alkalihalogeniden auf Alkalihalogeniden statt, sogar noch bei KJ auf LiF, bei welchen $\frac{d_{\text{Schicht}} - d_{\text{Unterlage}}}{d_{\text{Unterlage}}} = 75\%$ beträgt.

Mit der sog. Blöckchen- oder Haufenstruktur dünner Metallschichten hängen eng die Anomalien ihres elektrischen Widerstandes zusammen: Der mangelnde Kontakt der Kristallkörner untereinander bewirkt eine Verringerung der Leitfähigkeit. Erst bei genügender Schichtdicke verschwinden diese Anomalien.

Um den experimentellen Befund der Parallelstellung der kubisch flächenzentrierten Metalle beim Aufdampfen auf Steinsalzunterlagen zu erklären, wurde die Annahme[3] gemacht, daß nicht das kubische Gitter des Metalles parallel zum Steinsalzgitter liegt, sondern die vier Zwillingsgitter nach (111) unmittelbar auf das Steinsalz aufwachsen. Dies bedeutet, daß die (221) Flächen die (100) NaCl-Ebene berühren. Bilden sich an diesen mit der (221) Fläche angewachsenen Gittern Zwillinge nach (111), so entsteht ein mit dem Steinsalzgitter parallel orientiertes Gitter. Der Gitterkonstanten-Unterschied zwischen Schicht und Unterlage ist dadurch wenigstens für den Fall Ag/NaCl wesentlich verringert. Diese Betrachtungen werden durch das Experiment nicht bestätigt. Die *Rückseite* einer Silberschicht, die auf heißes Steinsalz bei über 150° C gedampft worden war, liefert nach Ablösen von der Unterlage in Reflexion ein Interferenzbild, das durch Silberkristalle erzeugt wird, deren (100) Ebenen parallel der Steinsalzoberfläche sind[4]. Diese Versuche ergeben, daß die Vorstellung aufgewachsener Zwillingskristalle nicht realisiert ist.

Bei tieferen Temperaturen ($T < T_E$) muß man annehmen, daß die Atome so festhaften, daß keine Keimbildung im obigen Sinne stattfindet, mithin die nachkommenden Atome keine Kristalle mit azimutaler Orientierung bilden.

---

[1] F. Kirchner u. H. Cramer: Ann. Phys. **33**, 138 (1938).

[2] Nach Beobachtungen von H. Lüdemann.

[3] G. Menzer: Z. Kristallogr. **99**, 410 (1938).

[4] H. Raether: Erg. exakt. Naturw. **24**, 121 (1951). — Optik **1**, 296 (1946).

Es gibt auch Kombinationen Schicht/Unterlage, die bei sehr dünner Aufdampfschicht stark verbreiterte Interferenzen zeigen, z.B. Au, Ag, Cu, ($CdCl_2$, MgO) auf Kollodiumunterlage. Dies deutet darauf hin, daß die Beweglichkeit in dieser Oberfläche nicht ausreicht, größere Kriställchen zu bilden. Bei Erhöhen der Temperatur (Vergrößern der Beweglichkeit) wird im allgemeinen eine Verringerung der Reflexunschärfe beobachtet infolge einer Sammelkristallisation[1].

Wird die Temperatur der Unterlage stark erniedrigt (bis zu wenigen Grad Kelvin), so kondensieren Metallschichten (wie auch Schichten von Verbindungen) in Form von feinkristallinen Niederschlägen[2].

Dieses Bild gibt in großen Zügen das beobachtete Verhalten wieder, wenngleich eine Reihe von Tatsachen mit dieser Erklärung nicht erfaßt werden, wie z.B. die Orientierung nach verschiedenen Ebenen bei zunehmender Temperatur der Unterlage.

Hinsichtlich der Diskussion des Schicht-Wachstums von Ionenkristallen auf Ionenkristallunterlagen sind die wesentlichen Gesichtspunkte bereits in Ziff. 40α mitgeteilt worden.

41. Elektrolytisch und aus Lösungen aufgebrachte Schichten. *α) Elektrolytisch aufgebrachte Schichten.* Werden die metallischen Schichten als Ionen eines Elektrolyten auf eine metallische Unterlage niedergeschlagen, so treten gegenüber den eben beschriebenen Ergebnissen an aufgedampften Schichten einige Abweichungen auf. Als allgemeine Regel gilt etwa folgendes[3, 4]: Bei einkristalliner Unterlage erhält man eine nach dieser orientiert aufgewachsene Schicht, sofern die Stromdichte unter einem bestimmten Grenzwert bleibt. Dieser Wert ist von Metall zu Metall verschieden und hängt von dem Unterschied der Gitterabstände von Schicht und Unterlage ab. Die Ionen dürfen also nicht in zu großer Zahl pro sec herangebracht werden, damit das Gitter der Schicht, das Gitter der Unterlage fortsetzend, weiter wachsen kann. Bei Überschreiten einer gewissen Stromdichte wachsen die Kristalle unorientiert auf. Bemerkenswert ist, daß dieses orientierte Aufwachsen bei normalen Temperaturen stattfindet, während im Vakuum häufig eine erhöhte Temperatur unerläßlich war. Offenbar vermittelt das Lösungsmittel den auf der Oberfläche ankommenden Ionen eine genügende Beweglichkeit, um sich sofort in die stabilste Lage zu begeben.

Ein wesentlicher Unterschied gegenüber aufgedampften Schichten besteht in der Orientierung der elektrolytisch aufgebrachten Schichten, die sich wie die aus Lösungen niedergeschlagenen verhalten: Die Atome legen sich so aufeinander, daß die Abstände in Schicht und Unterlage möglichst geringen Unterschied zeigen. Es folgen einige Beispiele:

Kupfer auf Kupfereinkristall. Läßt man Cu auf einer angeätzten (oder elektrolytisch polierten) (110) Cu-Einkristallfläche niederschlagen, so erhält man bis zu einer Stromdichte von 3 mA/cm², selbst wenn bis zu 20000 Å aufgetragen werden, eine Fortsetzung des Cu-Raumgitters, dagegen werden an einer mit 500 mA/cm² niedergeschlagenen Cu-Schicht DEBYE-SCHERRER-Ringe beobachtet.

Andere Metalle auf Kupfereinkristallunterlage. Werden Metalle, die von der Unterlage verschieden sind, niedergeschlagen, so wachsen sie bei niedrigen Stromdichten ebenfalls orientiert auf, sofern die Gitter in ihrem Aufbau nicht zu verschieden sind. So bildet sich eine Zn-Schicht (hexagonal) auf dem (110) Cu-Einkristall im Bereich von 8 μA/cm² bis 1 mA/cm² immer nur als

---

[1] F. KIRCHNER: Z. Physik **76**, 676 (1932).

[2] M. I. GEN, I. ZELMANOFF u. A. I. SHALNIKOV: Phys. Z. Sowjet. **4**, 825 (1933). – G. HASS: Ann. d. Phys. **31**, 245 (1938). — W. BUCKEL: Z. Physik **138**, 136 (1954).

[3] W. COCHRANE: Proc. Phys. Soc. Lond. **48**, 723 (1936).

[4] G. P. THOMSON: Proc. Phys. Soc. Lond. **61**, 403 (1948).

polykristalline Schicht, ebenso verhält sich Cd (hexagonal) gegenüber der Cu-Unterlage; dagegen wächst Ag, auf der (110) Cu-Einkristallfläche niedergeschlagen, gleich orientiert wie das Cu-Gitter weiter. Die Erscheinung der Gleichorientierung von Schicht und Unterlage zeigt sich auch bei den übrigen kubisch-flächenzentrierten Metallen, sobald die Unterschiede in den Gitterkonstanten etwa 15% nicht überschreiten. Je geringer die Differenz der Gitterkonstanten, desto größer ist der Grenzwert der Stromdichte, unterhalb dessen das orientierte Aufwachsen der Schicht beobachtet wird: er beträgt 0,3 mA/cm² bei Cu auf Cu; Ni (3,5 Å) auf Cu (3,6 Å) bildet bei 0,3 mA/cm² eine polykristalline Nickelschicht, erst bei 0,025 mA/cm² eine einkristalline Schicht. Dagegen gibt Ag (4,07 Å) auf Cu erst bei 15 μA/cm² einen Silbereinkristall, allerdings mit schwachen Anzeichen von polykristallinem Material.

Weitere Details über elektrolytisch niedergeschlagene Schichten enthält die Arbeit von FINCH, WILMAN und YANG[1].

β) Aus Lösungen kondensierte Schichten. Ganz allgemein hatten die Untersuchungen des Wachstums von Kristallen auf Kristallunterlagen aus Lösungen (mittels mikroskopischer Methoden) ergeben[2,3], daß sich möglichst gleichgroße Gitterabstände in Schicht und Unterlage parallel stellen, wobei der Unterschied der Gitterkonstanten kleiner als etwa 15% bleiben muß. Ein ähnliches Verhalten findet man an elektrolytisch niedergeschlagenen Schichten (s. oben).

Vergleicht man Schichten, die durch Aufdampfen auf einer Unterlage erzeugt wurden, mit denen, die auf derselben Unterlage durch Niederschlagen aus einer (z.B. wäßrigen) Lösung gewonnen wurden, so zeigt sich hinsichtlich ihrer Orientierung z.B. bei Alkalihalogenidschichten auf Glimmerunterlage, im wesentlichen das gleiche Ergebnis[4]. Eine auffällige Ausnahme ist die Verschiedenheit der Orientierung von NaCl auf Ag aus der Dampf- und der Lösungsphase[5]: auf eine einkristallähnliche (100) Silberunterlage (durch Aufdampfen von Ag auf erwärmte NaCl-Unterlage hergestellt) legen sich aus einer wäßrigen Lösung die NaCl-Kristalle mit ihren Würfelflächen auf die (100) Ag-Fläche, jedoch ist die [100] Richtung der NaCl-Kristalle in der Berührungsebene der [110] Richtung der Ag-Kristalle parallel. Da a_{100} (Ag) = 4,04 Å und d_{110} (NaCl) = 3,98 Å, so entspricht diese Orientierung der besten Anpassung der Atomabstände in der Berührungsebene von Schicht und Unterlage.

Die Orientierung aus der Dampfphase hingegen zeigt, daß die NaCl-Kristalle mit ihren (111) Ebenen parallel zur (100) Ebene von Silber liegen (Temperatur der Ag-Unterlage 340° C), wobei die Dreieckseiten in der (111) NaCl-Ebene parallel den Würfelkanten des Silbers liegen. Dieses verschiedenartige Verhalten liegt offenbar an der Mitwirkung des Lösungsmittels; einen genaueren Einblick in diese Verhältnisse hat man jedoch noch nicht.

42. Oxydschichten. Die Aufdampfschichten legen sich im allgemeinen auf die Oberfläche, ohne mit ihr eine chemische Verbindung einzugehen. In Gegensatz hierzu entstehen die Reaktionsschichten (Anlaufschichten) durch eine chemische Reaktion der Oberfläche mit dem umgebenden Gas (oder der Flüssigkeit). Eine der wichtigsten Schichten dieser Art sind die Oxydschichten.

Oxydschichten entstehen durch Reaktion des Sauerstoffs mit der Oberfläche. Hierbei dringen die ersten Sauerstoffmoleküle nach ihrer Dissoziation in die

---

1 G. I. FINCH, H. WILMAN u. L. YANG: Trans. Faraday Soc. **1947**, 144.
2 L. ROYER: Bull. Soc. franç. Minér. **51**, 7 (1928).
3 A. SLOAT u. A. W. C. MENZIES: J. Phys. Chem. **35**, 2005 (1931).
4 L. G. SCHULZ: Acta crystallogr. **4**, 483 (1951).
5 L. BRÜCK: Ann. Phys. **26**, 233 (1936).

Metalloberfläche ein, so daß im allgemeinen die Orientierung des Oxydgitters eine Beziehung zum Metallgitter aufweisen wird. Durch das weitere Wachstum der Deckschicht werden die Reaktionsteilnehmer — Sauerstoff und Metall — voneinander getrennt. Über die Art dieses Wachsens der Reaktionsschicht, die durch Diffusion der Partner durch diese Schicht hindurch stattfinden muß, erlauben die Elektroneninterferenzen nur schwer eine Aussage zu machen. Dagegen kann man mit ihrer Hilfe die Struktur und Orientierung der Reaktionsschicht erkennen. Von Interesse ist weiterhin, ob die Struktur dieses Oxyds in sehr dünner Schicht mit der in sehr dicken Schichten gefundenen übereinstimmt. Sind mehrere Oxydationsstufen vorhanden, wie z.B. bei Eisen, Chrom usw., so wechselt ihr Auftreten mit den Versuchsparametern wie z.B. mit der Temperatur, dem Sauerstoffdruck, oder ob die Oxydschicht in Berührung mit dem Unterlagemetall ist oder abgelöst. Für die Untersuchung dieser Fragen mit Elektroneninterferenzen, insbesondere für die Präzisierung der Aussagen ist es wichtig, Einkristallflächen zu verwenden, auf denen durch Reflexion die Bildung der ersten Filme studiert werden kann. Da die Resultate von Metall zu Metall variieren, seien einige Beispiele angeführt:

1. Kupfer. Läßt man eine Cu-Einkristalloberfläche bei normaler Temperatur oxydieren z.B. durch Liegenlassen in trockener Luft, so dringt der Sauerstoff ein, weitet das Cu-Gitter ($a_{Cu} = 3{,}60$ Å) auf und bildet ein parallel zum Metallgitter orientiertes Cu_2O-Gitter ($a_{Cu_2O} = 4{,}2$ Å). Dieses Ergebnis wurde sowohl in Reflexion[1] wie in Durchstrahlung[2] gefunden. Erhitzt man Cu an Luft, so beobachtet man im allgemeinen monoklines CuO, welches im Gegensatz zum Cu_2O keine Orientierung zur Cu (oder Cu_2O)-Unterlage aufweist, abgesehen von einer Faserstruktur. Unter gewissen Bedingungen, und zwar auf reinem Cu bei 300 bis 600° C (an Luft erhitzt) wird jedoch ein sog. „3-Ring-CuO" oder CuO′ gefunden[3], welches dadurch charakterisiert ist, daß die Ringe (110) und (112) wesentlich stärker sind als in den Röntgendiagrammen von CuO. Die Ursache für diese Intensitätsanomalien ist noch unbekannt.

2. Zink. Eine Zink-Einkristallfläche [Spaltfläche (001), hexagonal: $a = 2{,}65$ Å, $c = 4{,}92$ Å] bedeckt sich bei normalen Temperaturen sofort nach dem Spalten mit einkristallinem Zinkoxyd, dessen Gitter (normales hexagonales ZnO-Gitter mit $a = 3{,}24$ Å und $c = 5{,}18$ Å) dem Zink-Gitter parallel in a und c ist. Obgleich die Gitterkonstanten einen Unterschied von 20% aufweisen, findet noch in Schichten bis zu 100 Å eine ausgeprägte Ausrichtung des Oxydgitters statt[4]. Die Struktur des Zinkoxyd konnte auf sehr glatten Flächen bis zu Dicken von nur 2 Elementarzellen untersucht werden; dabei zeigt sich, daß seine Struktur die gleiche wie im kompakten Material war[5-6] (Fig. 105).

Die ZnO-Schicht ist bei geringer Dicke (<100 Å) so glatt, daß die Interferenzen in Reflexion entstehen und somit das innere Potential zu etwa 14,6 V (für 006) zu messen erlauben. Geht man zu dickeren Schichten über — entweder durch Erhitzen der Fläche oberhalb 300° C oder durch anodische Oxydation (s. unten) — so hört allmählich die Orientierung auf und die Oberfläche wird von ZnO-Nadeln bedeckt, deren Achse (die c-Achse des Gitters) mehr oder weniger parallel der Zn-Oberfläche liegt.

[1] G. P. THOMSON: Proc. Roy. Soc. Lond. **133**, 1 (1931).
[2] L. BRÜCK: Ann. Phys. **26**, 233 (1936).
[3] C. A. MURISON: Phil. Mag. **17**, 96 (1934). — J. M. COWLEY: J. Electrochem. Soc. **101**, 277 (1954). — R. D. HEIDENREICH u. K. H. STORKS: J. Appl. Phys. **26**, 1056 (1955).
[4] H. RAETHER: J. Phys. Radium **11**, 11 (1950). — Z. Naturforsch. **4**a, 582 (1949).
[5] H. EHLERS u. H. RAETHER: Naturwiss. **39**, 487 (1952). — H. EHLERS: Z. Physik **136**, 379 (1953). — LUCAS, L. N. D.: Proc. Phys. Soc. **64**, 943 (1951).
[6] A. LADAGE: Z. Physik **144**, 354 (1956).

3. *Eisen.* Wird eine frische Eiseneinkristalloberfläche (durch Verdampfen auf eine erwärmte LiF- oder NaCl-Spaltfläche oder auf eine elektrolytisch polierte Fläche, die anschließend mittels Kathodenzerstäubung gereinigt worden ist, erzeugt) bei Zimmertemperatur trockener Luft ausgesetzt, so bilden sich neben den scharfen Fe-Reflexen breite Reflexe von Fe_3O_4 oder γ-Fe_2O_3 (kubisch, $a = 8{,}4$ Å) aus (die beiden Strukturen sind im Interferenzbild nicht zu trennen); die Orientierung dieses Oxyds geht aus Fig. 106 hervor[1,2]. Bei etwas erhöhter Temperatur (200 bis 300° C) verschwinden die Fe-Reflexe. Die Fe_3O_4-Reflexe heben sich vom sonst sehr starken diffusen Untergrund ab, wenn die Oxydation bei verringertem Luftdruck von 10^{-2} bis 10^{-4} Torr erfolgt (Fig. 107)[1].

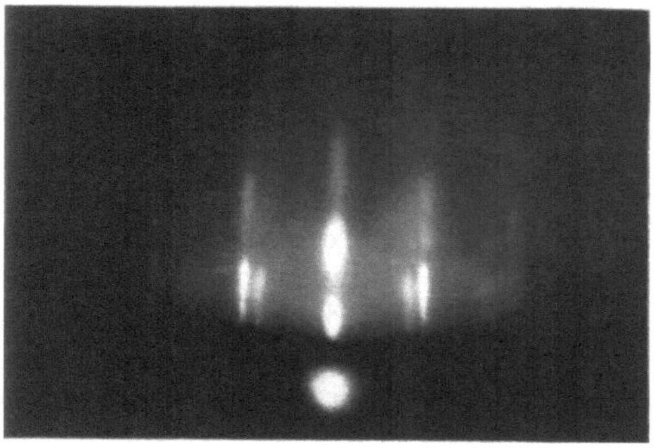

Fig. 105.

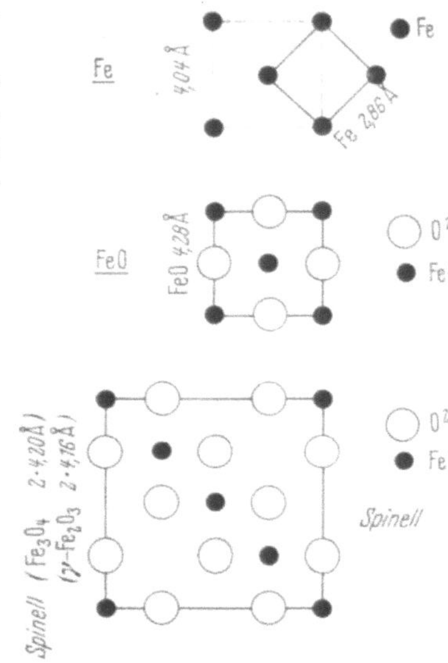

Fig. 106.

Fig. 105. Zinkspaltfläche (001) im [100] Azimut. Die Fläche wurde unter Alkohol gespalten und 1 min einer Kathodenzerstäubung mit Ar ausgesetzt, wodurch der ZnO-Film so dünn geworden ist, daß Zn-Reflexe sichtbar werden. Das ZnO hat seine normale Struktur.

Fig. 106. Orientierung der Eisenoxyde (FeO und Fe_3O_4) in bezug auf α-Eisen.

An feuchter Luft oder in Wasser bildet sich auf einer Eisenoberfläche „Rost". Nach Röntgen- sowie Elektroneninterferenz-Untersuchungen besteht dieser im wesentlichen aus Eisenhydroxyd (γ-FeOOH); letzteres geht beim Erhitzen in γ-Fe_2O_3 über[3].

Wird eine etwa 100 Å dicke Fe_3O_4-Schicht auf der Eisenunterlage bei einem Druck von wenigen 10^{-5} Torr erhitzt, so wandelt sich (ohne wesentliche Zunahme der Oxydschichtdicke) das Fe_3O_4 in FeO um. Bei der Umwandlung bleiben beide Gitter kantenparallel orientiert[1] (Fig. 108). Nach dem Gleichgewichtsdiagramm liegt dieser Transformationspunkt im kompakten Material bei 570° C. Bei Verringerung der Schichtdicke und Verbesserung des während des Erwärmens herrschenden Vakuums sinkt dieser Punkt auf 440° C[4], ja sogar auf 350° C[1].

Beobachtet man die Oxydation an dickeren Eisenschichten bei höheren Temperaturen und nach langen Oxydationszeiten (> 1 Std)[4,5], so daß die Übergangszustände verschwunden sind, so erhält man bei Temperaturen unter 225° C γ-Fe_2O_3 wie auf dünnen Eisenschichten. Zwischen 225 und 425° C entsteht α-Fe_2O_3 (rhomboedrisch, Korund-Typ). Darüber erhält man wieder Fe_3O_4, das oberhalb 550° C von FeO (kubisch, NaCl-Typ, $a = 4{,}28$ Å) abgelöst

[1] O. Haase: Z. Naturforsch. **11**a, 46 (1956).
[2] H. R. Nelson: J. Chem. Phys. **5**, 252 (1937).
[3] J. Cates: Trans. Faraday Soc. **29**, 817 (1933).
[4] E. A. Gulbransen u. J. W. Hickmann: Metals Techn. T. P. 2068, 2069, **1946**.
[5] Jackson u. Quarrel: Iron Steel Inst. Spec. Report, London **24**, 65 (1939).

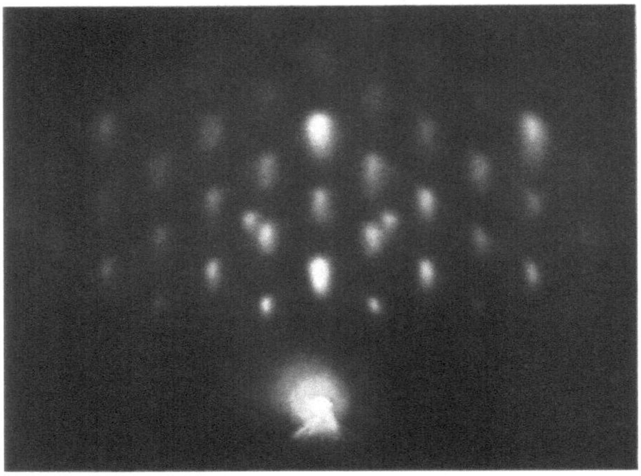

a

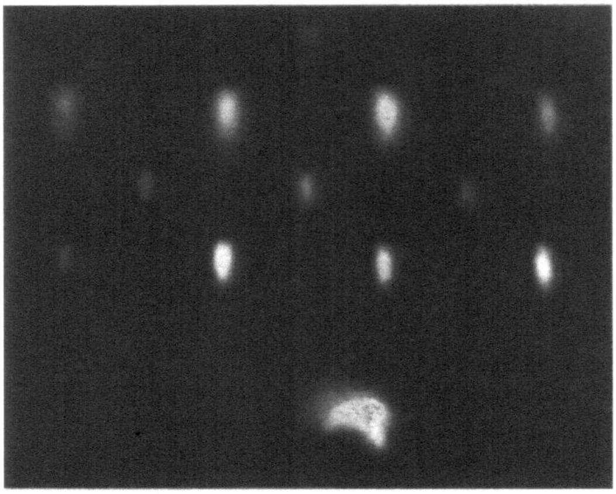

b

wird. Bei kürzeren Oxydationszeiten (< 1 Std) findet man zwischen 225 und 425° C eine Mischung von α-Fe_2O_3 und γ-Fe_2O_3, das sich bei längerer Oxydation in α-Fe_2O_3 umwandelt. In dünner Schicht und bei kurzen Oxydationszeiten wurde kein α-Fe_2O_3 gefunden [1].

In sehr dünner (etwa 10 Å) Oxydschicht, wie sie entsteht, wenn man eine Eiseneinkristallfläche zwecks langsamer Oxydation 1 Std bei 200° im Vakuum von 10^{-5} Torr aufbewahrt, erhält man ein Oxyd, das zwar die Gitterdimensionen des Fe_3O_4 hat, jedoch in den Intensitäten der Reflexe dem FeO-Gitter ähnelt. Diese Zwischenstruktur erlaubt es auf Grund der engen Verwandtschaft des FeO- und Fe_3O_4-Gitters die Orientierung der Oxyde auf dem Eisengitter zu verstehen [1].

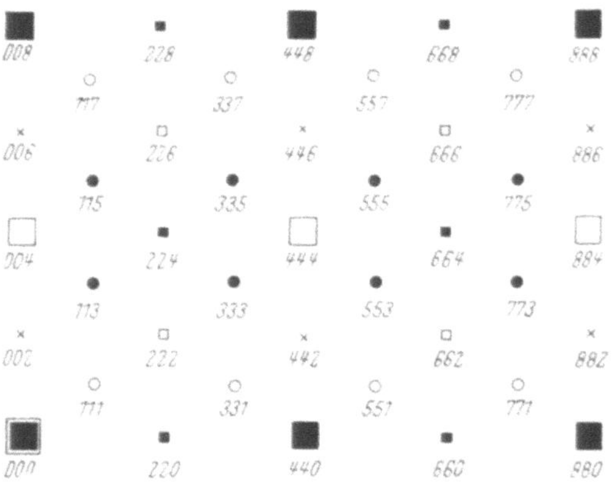

c

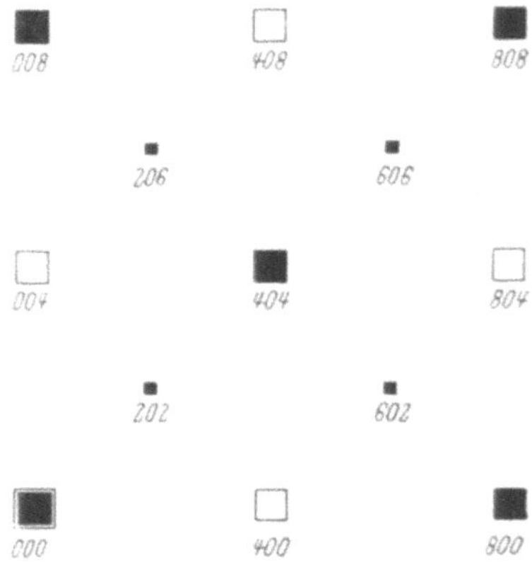

d

Fig. 107 a—d Interferenzbild einer Fe_3O_4-(Spinell) Schicht. a [110] Azimut. Es treten Spinell-Zwillinge auf. b [100] Azimut. c und d: die zugehörigen schematisierten Diagramme mit Indizierung und Intensitätsangaben. Man erkennt das Auftreten von verbotenen Reflexen. ■ = 100% (gesetzt), □ = 28%, ● = 16%, ■ = 6%, □ = 3%, ○ = 0,5%, × = 0% (verboten)

[1] O. HAASE: Z. Naturforsch. 11a, 46 (1956).

Es ist bemerkenswert, daß eine solche Oxydschicht von Fe_3O_4 (oder γ-Fe_2O_3) auch die Passivierung einer Eisenoberfläche gegen Chromsäure bedingt. Die Passivierung einer Metalloberfläche besteht darin, daß eine im allgemeinen chemisch sehr aktive Metalloberfläche bei geeigneter Vorbehandlung chemisch passiv wird, z. B. ist Eisen in verdünnter Salpetersäure löslich, während es in *konzentrierter* Salpetersäure nicht angegriffen wird. Wird eine (geschmirgelte) Eisen-

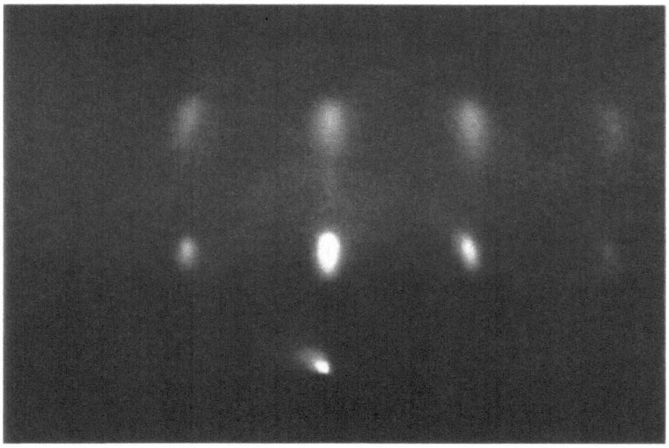

a

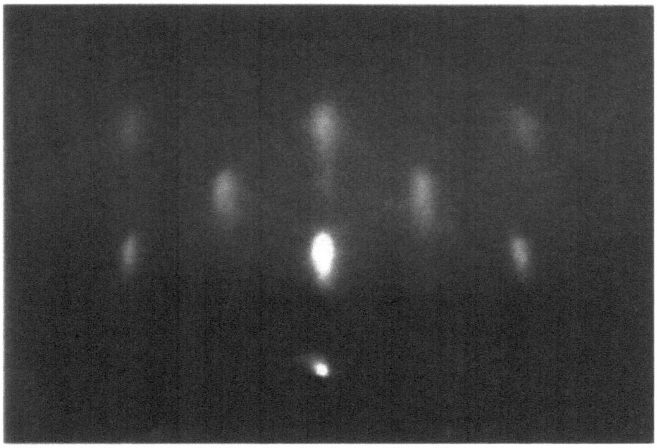

b

Fig. 108 a u. b. Interferenzbild von FeO, das durch Erhitzen einer mit einer dünnen Fe_3O_4-Schicht bedeckten Eisenunterlage auf 350° C (Druck $\sim 10^{-5}$ Torr) entsteht. (a) [100] Azimut. (b) [110] Azimut.

oberfläche in Chromsäure oder Kaliumchromat getaucht, so ist die Eisenoberfläche passiv. Reflexionsversuche wie Durchstrahlungsversuche am abgelösten Deckfilm, der bei der Passivierung entstanden ist, deuten auf eine Fe_3O_4-Schicht und nicht auf eine Eisenchromatschicht, wie man erwartet hätte[1].

4. *Barium*. Bei der Oxydation des raumzentrierten Bariummetalles ($a =$ 5,02 Å) entsteht das im NaCl-Typ kristallisierende BaO ($a = 5{,}53$ Å). Dies legt sich mit seiner Würfelfläche auf die des Ba und ist um die Normale der Berührungs-

[1] J. E. O. MAYNE u. M. J. PRYOR: J. Chem. Soc. **1949**, 1831. — J. JITAKA, S. MIYAKE u. T. JIMONI: Nature, Lond. **139**, 156 (1937). — E. M. MAHLA u. N. A. NIELSEN: J. Electrochem. Soc. **93**, 1 (1948).

ebene um 45° gedreht, so daß die Würfelkante des BaO mit der Würfelflächendiagonale des Ba zusammenfällt

$$(001)_{\mathrm{BaO}} \parallel (001)_{\mathrm{Ba}} \quad \text{und} \quad [100]_{\mathrm{BaO}} \parallel [110]_{\mathrm{Ba}}.$$

Die Orientierung des Oxyds zum Metall ist die gleiche wie im Fall des (ebenfalls raumzentrierten) Eisens. Diese Folgerungen wurden aus Faserstruktur-Diagrammen gezogen, die bei der Oxydation von nach (111) orientiertem Barium erhalten wurden[1].

5. Aluminium. Eine auffällige Ausnahme dieses orientierten Aufwachsens stellt Aluminium (sowie Magnesium) dar, das auch bei einkristallinen Ausgangsflächen stets mit einer feinstkristallinen (amorphen) Oxydschicht bedeckt ist. Ist die Oxydschicht genügend dick (s. unten), so ergibt sie ein Diagramm mit zwei breiten Ringen. Die Struktur dieser im Elektronenmikroskop „strukturlosen" Schicht wird als amorphes (feinstkristallines) γ-Al_2O_3 gedeutet.

Die Oxydschicht wächst bei normalen Temperaturen bis zu einer Enddicke von etwa 50 Å an, die sie etwa nach 10 Tagen erreicht. Für das Wachstum der Oxydschichtdicke abhängig von der Zeit gilt also (bis etwa 350° C) eine logarithmische Abhängigkeit, so daß das Wachstum der Oxydschicht rasch nahezu zu einem Stillstand kommt. Hierdurch wird die Oberfläche vor weiterer Sauerstoffeinwirkung geschützt und die Al-Fläche erhält so ihren korrosionsbeständigen Charakter. Im Falle eines linearen Wachstumsgesetzes, wie es bei K, Na und bei Al bei höheren Temperaturen der Fall ist (s. unten), „verbrennt" das Metall.

Im Reflexionsinterferenzbild einer einkristallinen glatten (elektrolytisch polierten) Al-Oberfläche macht sich diese Oxydation nur als eine Verstärkung des kontinuierlichen Untergrundes bemerkbar, da die breiten Ringe der Oxydschicht zu schwach sind, um sich genügend vom Untergrund abzuheben und ihn daher nur verstärken[2]. Bei Reflexion an *rauhen* Schichten ist die Oxydschicht nach den Betrachtungen von Ziff. 19ε von noch geringerer Wirkung auf das Interferenzbild. — Entsprechend dem Wachstum der Oxydschicht nimmt das Lösungspotential der Oberfläche laufend zu und erreicht einen Endwert von (-760 ± 40) mV, sobald die Dicke der Oxydschicht den Wert von etwa 50 Å erreicht hat[2]

Wird ein dünnes Aluminiumhäutchen, das genügend lange der Luft exponiert worden ist, in Durchstrahlung untersucht, so ist selbst bei Al-Häutchen von etwa 100 Å kein Oxyd zu erkennen[3], da sein Diagramm mit den breiten Ringen sich kaum vom Untergrund abhebt. Selbst mehrere Stunden bei 400° C erhitzte Al-Folien verhalten sich so[4]. Diese Schutzoxydschicht läßt sich als dünnes Häutchen vom Metall ablösen (Eintauchen des Metalls in gesättigte Hg_2Cl_2-Lösung) und im Durchstrahlungsversuch als feinstkristallines oder amorphes γ-Al_2O_3 identifizieren[5].

Diese oft störende Oxydhaut läßt sich durch kurzzeitiges Eintauchen in eine Phosphor-Chromsäurelösung entfernen. Diese Lösung greift Aluminium nicht an: Elektroneninterferenzen an elektrolytisch polierten Al-Oberflächen, die mit einem Oxydfilm bedeckt waren, zeigten nach Entfernung der Oxydhaut an der erhalten gebliebenen „Schwänzung" der Al-Interferenzen, daß die Mikrogeometrie der Oberfläche nicht verändert worden ist[2].

[1] W. G. Burgers u. Ploos van Amstel: Physica, Haag **3**, 1057 (1936).

[2] H. Raether: C. R. Acad. Sci. Paris **227**, 124 (1948). — Métaux et Corros. **25**, 1 (1950). — Z. Naturforsch. **4**a, 582 (1949).

[3] A. Steinheil: Ann. Phys. **19**, 721 (1934).

[4] Diese Oxydschichten können, wie H. Richter [Phys. Z. **44**, 406 (1943)] zeigte, dazu dienen, die Metalle Blei, Wismut, Zinn und Indium in geschmolzenem Zustand in Durchstrahlung zu untersuchen, da die dünnen Oxydhäute das flüssige Metall hindern, zu Tropfen zusammenzulaufen.

[5] G. D. Preston: Phil. Mag. **22**, 654 (1936).

Erhitzen dieser amorphen Oxydschicht führt zur Bildung von γ-Al_2O_3-Kristallen, wobei im Falle einer einkristallinen Al-Unterlage ein gleichorientiertes Oxyd entsteht[1]. Die Umwandlungstemperatur (T) ist davon abhängig, ob die Oxydschicht in Kontakt mit dem Metall ($T \gtrsim 500°$ C) oder von ihm abgelöst ($T \gtrsim 680°$ C) erhitzt wird. Außerdem spielt noch die Erhitzungsgeschwindigkeit eine Rolle, da bei raschem Erhitzen auf 500° C amorphes Al-Oxyd entsteht und bei langsamem Erhitzen auf 400° C kristallisiertes γ-Al_2O_3[2]. Im ersten Fall ist offenbar die Kristallisationsgeschwindigkeit nicht ausreichend, um die Schicht in eine kristalline Oxydschicht umzuwandeln. Zugleich mit der Rekristallisation der Oxydschicht setzt ein lineares Wachstumsgesetz ein. Erhitzen über 1400° C verwandelt γ-Al_2O_3 in α-Al_2O_3.

Die Größe der Gitterkonstanten von γ-Al_2O_3 hängt ebenfalls davon ab, ob die Oxydschicht in Kontakt mit dem Metall war oder nicht. In Kontakt mit dem Metall ist sie bei 800° C: $(7{,}89 \pm 0{,}01)$ Å, unabhängig davon, ob die Oxydschicht durch Erhitzen von Al-Aufdampfschichten in Sauerstoffatmosphäre oder eine anodisch oxydierte Schicht hergestellt wurde. Beim Erhitzen abgelöster Oxydschichten an Luft vergrößert sich durch Sauerstoffaufnahme die Gitterkonstante bis auf $(8{,}06 \pm 0{,}01)$ Å. Heizt man die Schicht im Vakuum aus, so gibt sie den Sauerstoff ab und nimmt wieder den Gitterabstand 7,89 Å an[3].

6. Magnesium, Zinn. Wie Al verhalten sich auch Mg und Sn: Eine frisch geschmirgelte Mg-Fläche gibt beim Lagern an Luft von Zimmertemperatur „amorphes" MgO, das bei Erhitzen auf über 200° C in kristallines MgO übergeht. Bei Durchstrahlung von Zinnfolien wurde beobachtet, daß sich auf ihnen bis zu einer Temperatur von 130° C amorphes Zinnoxyd bildet, das bei höheren Temperaturen kristallin ist[4].

Oxydschichten auf Legierungen. Werden Metalle miteinander legiert, so entsteht die Frage, welche Zusammensetzung die gebildete Oxydschicht an der Oberfläche hat. Von besonderem Interesse sind hierbei Legierungen, die sich mit Schutzoxydschichten überziehen. So ließ eine Cu-Be-Legierung nach Erhitzen auf Rotglut kein Cu_2O an der Oberfläche erkennen, sondern nur BeO (Be-Gehalt $> 1\%$). Es tritt also eine Anreicherung von Be in der Oberfläche ein, die zur Bildung eines BeO-Schutzfilmes führt[5].

Andere Beispiele sind die Bildung von ZnO-Filmen auf Messingoberflächen (30% Zn, 70% Cu) und von γ-Al_2O_3 auf Oberflächen von Aluminiumbronzen (Cu+Al) mit mehr als 3% Al nach Erhitzen der Flächen dieser Legierungen[6].

Interessant sind ebenfalls die Al-Mg-Legierungen (2 bis 8% Mg), die über 120° C, aber unterhalb 350° C eine kristalline γ-Al_2O_3 Oberfläche zeigen, während über 350° C kristallines MgO die Fläche bedeckt. Es ist anzunehmen, daß ab 350° C die Mg-Atome, da sie rascher als die Al-Ionen durch die Oxydschicht diffundieren, an der Grenze Al_2O_3/Luft oxydiert werden. Nach Abätzen der MgO-Schicht konnte das darunter liegende Al_2O_3 erkannt werden[7].

Oxydschichten auf flüssigen Metallen. Untersucht man mittels Reflexion die Oberfläche flüssiger geschmolzener Metalle, so findet man sowohl beim Erhitzen in Luft wie im mäßigen Vakuum ($\sim 10^{-3}$ Torr), daß die Metalloberflächen von einer Oxydhaut überzogen sind. Es gelingt diese Oxydhaut mittels Drahtnetzen

[1] A. Böttcher: Kolloid-Z. **100**, 228 (1942).
[2] De Brouckère: J. Inst. Met. **71**, 131 (1945).
[3] H. König: Naturwiss. **34**, 375 (1947).
[4] R. K. Hart: Proc. Phys. Soc. Lond. B **65**, 955 (1952).
[5] J. Jitaka u. S. Miyake: Nature, Lond. **137**, 457 (1936).
[6] J. Jitaka u. S. Miyake: Nature, Lond. **136**, 437 (1935). — N. Takahashi: C. R. Acad. Sci., Paris **238**, 462 (1954).
[7] Preston u. Bircumshaw: Phil. Mag. **20**, 706 (1935).

oder Drahtschlingen abzuheben und in Durchstrahlung zu untersuchen[1,2]. Es wurden die Flächen von Blei, Zink, Zinn, Wismut in Reflexion untersucht und Interferenzbilder erhalten, die von kleinen Kristallen herstammen, die mit ihren (001) Flächen auf der Metalloberfläche schwimmen, im übrigen um die Normale der Oberfläche gedreht sind. Wird das Metall abgekühlt, so orientieren sich die Oxydkristalle gegeneinander aus, so daß ein Einkristallinterferenzbild entsteht.

Die Gitter der Oxyde (PbO, ZnO, SnO, bei Temperaturen wesentlich über dem Schmelzpunkt: SnO_2, Bi_2O_3) unterscheiden sich in den Dimensionen nicht von denen in dicker Schicht.

Bemerkenswert ist, daß die Oberfläche der Oxydschichten so glatt ist, daß die Reflexe infolge Brechung verschoben sind und die Bestimmung des inneren Potentials der Oxyde erlauben. So ergibt sich beispielsweise $V_{ZnO} = 12{,}3$ V, während es aus dem Interferenzbild von Zinkoxyd, das sich auf kalten Zinkspaltflächen bildet, in guter Übereinstimmung zu $V = 13{,}5$ V ermittelt wird.

Anodisch oxydierte Flächen. In den angeführten Beispielen wurde der Sauerstoff aus der Gasphase an die Metalloberfläche herangeführt. Entsprechend den elektrolytisch aufgebrachten Schichten kann der Sauerstoff jedoch auch als Ion in einem Elektrolyten an das als Anode geschaltete Metall herangebracht werden und die Oxydation bewirken. Einige Beispiele:

Zink. Wird eine Zinkoberfläche, der physikalischen Übersichtlichkeit halber eine Einkristalloberfläche, [(001) Fläche], in Natronlauge anodisch oxydiert, so bildet sich eine Oxydschicht aus, die Dicken bis zu einigen μ annehmen kann und die die Zinkoberfläche chemisch passiv macht. Diese Schicht wurde nach Ablösung von der Unterlage mittels Elektroneninterferenzen und Elektronenmikroskop untersucht, und es ergab sich, daß in dünnen Schichten (100 bis 150 Å) das Oxydgitter parallel zum Zinkgitter orientiert ist. Bei dickeren Schichten (einige 10^3 Å) nimmt diese Orientierung ab, bis bei einigen μ (10^4 Å) ein normales DEBYE-SCHERRER-Diagramm von ZnO entsteht[3]. Die anodisch oxydierten Oberflächen zeigen also das gleiche Verhalten wie die an Luft oxydierten Flächen (s. Ziff. 42.2).

Aluminium. Die anodische Oxydation von Al hat eine große technische Bedeutung gewonnen, da sie ebenfalls dazu dient, das Metall korrosionsbeständig zu machen (Eloxalverfahren). Reflexionsversuche mit Elektronenstrahlen an anodisch behandelten Al-Oberflächen sowie Durchstrahlungsversuche an den abgelösten Schichten[4-6] ergaben immer zwei breite Ringe, weshalb man das Oxyd als amorph (feinstkristallin) anspricht. Das Interferenzbild ist immer das gleiche, gleichgültig, welcher Elektrolyt zur Oxydation benutzt wird. Die Struktur dieser anodisch erzeugten Oxydfilme wird als ein amorphes (feinstkristallines) γ-Al_2O_3 beschrieben[7].

IV. Beugung der Elektronenwellen.

Der Nachweis der Wellennatur eines Elektronenstrahles wurde in den bisher beschriebenen Versuchen durch Streuung der Elektronen an den Atomen eines Kristallgitters erbracht. Die Beobachtung erfolgte nach der FRAUNHOFERschen Methode; d.h. Elektronenquelle und Beobachter (Aufpunkt) sind so weit vom Objekt entfernt, daß mit parallelen Wellenflächen am Objekt und am Aufpunkt

[1] R. O. JENKINS: Proc. Phys. Soc. Lond. **47**, 109 (1935).
[2] COOPER u. DARBYSHIRE: Trans. Faraday Soc. **30**, 1038 (1934).
[3] K. HUBER u. B. BIERI: Helv. phys. Acta **21**, 375 (1948).
[4] F. BELWE: Z. Physik **100**, 192 (1936).
[5] R. A. HARRINGTON u. H. R. NELSON: Metals Techn. T. P. 1158, **1940**.
[6] G. HASS u. H. KEHLER: Kolloid-Z. **97**, 27 (1941).
[7] E. J. W. VERWEY: Z. Kristallogr. **91**, 37 (1935).

gerechnet werden kann. In der Formulierung von Ziff. 16 heißt dies, daß, wenn D die Dimension des Objektes ist, $KD < \sqrt{Kr}$ sein muß, wo K die Wellenzahl und r die Entfernung des Aufpunktes vom Objekt ist; für Kristalle kleiner als 5000 Å ($\lambda = 0{,}05$ Å), wie sie allgemein vorliegen, ist diese Bedingung erfüllt.

Analog zu den Experimenten der Optik des sichtbaren Lichtes und der Röntgenstrahlen kann die Wellennatur der Materiestrahlen, im besonderen der Elektronenstrahlen, statt durch Verwendung eines Gitters, dessen Gitterkonstante

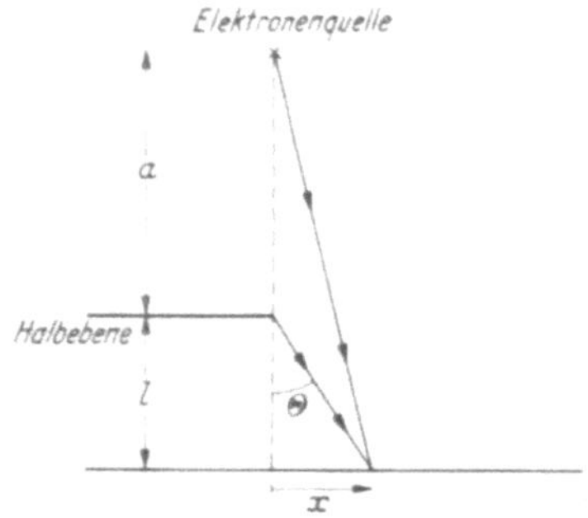

Fig. 109. Beugung an der Halbebene.

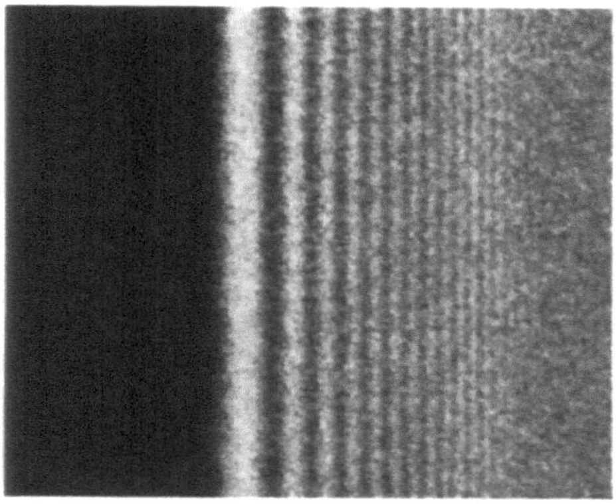

Fig. 110. FRESNELsche Elektronenbeugungsfigur einer Halbebene (MgO Kristallkante) ($V_{El} = 38$ kV), Vergrößerung 183000.

vergleichbar mit der Wellenlänge ist, auch an den Beugungserscheinungen erkannt werden, die durch eine makroskopische Begrenzung des Strahles zustande kommen. So wurde von H. BOERSCH[1] die FRESNELsche Beugungserscheinung an einer Kante beobachtet, die im SOMMERFELDschen Sinne als eine Interferenz der an der makroskopischen Kante entstehenden Randwelle (Zylinderwelle) und der Primärwelle aufgefaßt werden kann. Durch Überlagerung beider Wellen entsteht in der *(endlichen)* Entfernung l hinter der (undurchlässigen) Halbebene ein Interferenzfeld, dessen Intensitätsmaxima unter dem Winkel $\Theta_{\max} = \sqrt{\frac{\lambda}{l}\left(n - \frac{1}{4}\right)}$ $(a \gg l)$ erscheinen (Fig. 109). Da bei einem Abstand l von etwa $2 \cdot 10^{-2}$ cm und $\lambda = 0{,}05$ Å der Abstand des ersten Maximums von der geometrischen Schattengrenze etwa 300 Å beträgt, müssen die Beugungsstreifen mit Hilfe eines Elektronenmikroskopes vergrößert werden. Fig. 109 zeigt die FRESNELsche Beugungsfigur von der Kante eines MgO Kristalles.

Die Beobachtung dieses Beugungsphänomens an einer makroskopischen Begrenzung vervollständigt in befriedigender Weise die Interferenzerscheinungen am Raumgitter der Kristalle hinsichtlich des experimentellen Nachweises der Wellennatur des Elektrons.

Zusammenfassende Darstellungen über das Gebiet der Elektroneninterferenzen.

a) Bücher:

1. THOMSON, G. P., u. W. COCHRANE: Electron Diffraction. London 1939.
2. LAUE, M. v.: Materiewellen und ihre Interferenzen. Leipzig 1948.
3. PINSKER, Z. G.: Electron Diffraction. London 1953.

b) Artikel in den Ergebnissen der exakten Naturwissenschaften:

1. KIRCHNER, F.: Elektroneninterferenzen und Röntgeninterferenzen, Bd. 11, S. 64, 1932.
2. FINCH, G. J., u. H. WILMAN: The study of surface structure by electron diffraction, Bd. 16, S. 354. 1936.
3. RAETHER, H.: Elektroneninterferenzen und ihre Anwendungen, Bd. 24, S. 54. 1951.

[1] H. BOERSCH: Phys. Z. **44**, 202 (1943).

Neutron Diffraction and Interference.

By

G. R. Ringo.

With 37 Figures.

I. Introduction.

With the availability of nuclear reactors as neutrons sources, neutron diffraction and interference — neutron optics — has become a technique with rapidly developing applications. At the present, the main direction of this development is toward studies of the extra-nuclear properties of matter. Since these studies are generally based on x-ray diffraction technique, it will be assumed in this article that the reader is acquainted with the theory of x-ray diffraction. The main emphasis here will be on the techniques of neutron optics rather than on the results, which are applied to such diverse fields that they cannot be properly discussed here.

1. Historical. Since the neutron was discovered after the development of quantum mechanics it was appreciated almost from its discovery that it would have a wave-like character. The earliest observations of neutron diffraction, which were stimulated by a suggestion of Elsasser[1], were those of Halban and Preiswerk[2] who used a Rn-Be source. Slightly later Mitchell and Powers[3] first observed Bragg peaks from single crystals using the same kind of source. While these sources were quite weak, several important experiments depending on interference phenomena were done with them. Perhaps the most important were the early ortho-para hydrogen transmission experiments[4,5] which were basic to our understanding of nuclear forces. It was obvious, however, that much stronger sources of neutrons would be very desirable and by the use of accelerators such sources were soon produced. These, together with development of the time-of-flight technique[6] opened up so many experimental possibilities that it appeared worthwhile to develop theories for the interaction of slow neutrons and matter in which interference played an important role. Thus, it was at this stage, even before the availability of the nuclear reactor, that the standard references on neutron scattering in magnetic materials [*10*], [*11*], [*12*] and inelastic scattering of thermal neutrons [*14*] were written. When nuclear reactors were developed there was a great increase in the experimental work in neutron optics. Until about 1950 the chief interest in this technique lay in its application to studies of nuclear properties. This interest, however, has now declined. The

---

[1] W. M. Elsasser: C. R. Acad. Sci., Paris **202**, 1029 (1936).

[2] H. Halban and P. Preiswerk: C. R. Acad. Sci., Paris **203**, 73 (1936).

[3] D. P. Mitchell and P. N. Powers: Phys. Rev. **50**, 486 (1936).

[4] J. Halpern, I. Estermann, O. C. Simpson and O. Stern: Phys. Rev. **52**, 142 (1937).

[5] F. G. Brickwedde, J. R. Dunning, H. J. Hoge and J. H. Manley: Phys. Rev. **54**, 266 (1938).

[6] L. W. Alvarez: Phys. Rev. **54**, 609 (1938).

present interest is largely in applications to such fields as crystal structure and the theory of magnetism where the usefulness of the technique appears to be increasing steadily.

2. Properties of the neutron. Most of the properties of the neutron which are relevant for interference and diffraction effects have been well known for several years. They are collected in Table 1 for convenient reference.

Table 1. *Properties of the neutron.*

Mass	$= 1.008982 \pm 0.000007$ atomic mass units
	$= (1.67470 \pm 0.00004) \times 10^{-24}$ g.
Half-life	$= 12.8 \pm 2.5$ min.
Spin	$= \frac{1}{2}$
Magnetic moment	$= -\ 1.91319 \pm 0.00006$ nuclear magnetons
	$= -\ (0.96623 \pm 0.00004) \times 10^{-23}$ erg gauss^{-1}.

The mass of the neutron is determined by several closed cycles of nuclear reactions in which the reaction energies are very well measured[1]. The most accurately known of these is the one involving the H^3 (p, n) He^3 reaction[2] and the β-decay of tritium. The half-life comes from the work of ROBSON[3] who observed the proton-beta particle coincidences from a beam of neutrons at the Chalk River reactor. The spin of the neutron was shown to be $\frac{1}{2}$ by analysis of the deuteron's properties and the neutron-proton scattering data[4]. A more direct demonstration can be given from analysis[5] of the experiments on reflection of polarized neutrons from magnetized mirrors. The magnetic moment of the neutron has been measured by comparing the precession frequency of neutrons in a magnetic field with that of protons in the same field using the depolarization of a beam of polarized neutrons to detect the neutron precession[6]. From the known magnetic moment of the proton[7], 2.79275 ± 0.00003 nuclear magnetons, and this comparison the value in Table 1 was obtained.

The charge of the neutron is, of course, zero, almost certainly identically zero. With nearly the same confidence the same can be said of a possible dipole moment which has actually been searched for without success[8].

From the neutron mass and the DE BROGLIE relation the wavelength governing the interference properties of the neutron can be found:

$$\lambda = \frac{h}{M v} . \tag{2.1}$$

Here, as usual, λ is the wavelength in cm., h is PLANCK's constant in erg sec., v is the neutron velocity in cm./sec. and M is the neutron's rest mass in grams (relativistic effects on the neutron wavelength will be ignored in this article). The numerical value[7] thus is

$$\lambda = \frac{(3.95603 \pm 0.00005) \times 10^{-3}}{v} \text{ cm.},$$

---

[1] C. W. LI, W. WHALING, W. A. FOWLER and C. C. LAURITSEN: Phys. Rev. **83**, 512 (1951).

[2] R. F. TASCHEK, H. V. ARGO, A. HEMMENDINGER and G. A. JARVIS: Phys. Rev. **76**, 325 (1949).

[3] J. M. ROBSON: Phys. Rev. **83**, 349 (1951).

[4] These arguments are reviewed by H. A. BETHE in "Elementary Nuclear Theory", pp. 24—27 and 45. New York: John Wiley 1947.

[5] M. HAMERMESH and E. EISNER: Phys. Rev. **79**, 888 (1950).

[6] N. R. CORNGOLD, V. F. COHEN and N. F. RAMSEY: Bull. Amer. Phys. Soc. **1**, **11** (1956).

[7] R. E. COHEN, J. W. W. DUMOND, T. W. LAYTON and J. S. ROLLETT: Rev. Mod. Phys. **27**, 363 (1955).

[8] E. M. PURCELL and N. F. RAMSEY: Phys. Rev. **78**, 807 (1950), see also J. H. SMITH: PhD thesis Harvard University, Cambridge, Mass. 1951.

or

$$\lambda = \frac{(2.86005 \pm 0.00004) \times 10^{-9}}{E^{\frac{1}{2}}} \text{ cm.}$$

where E is the neutron energy in ev.

Neutrons have been produced with energies varying roughly from 10^{-3} to 10^{10} ev. We will be mainly concerned with those of 1 ev energy or less. For definiteness an attempt will be made to adhere to the following conventions.

Slow neutrons are those with less than 10^3 ev energy.

Thermal neutrons are those in or coming from approximate thermal equilibrium at ordinary temperatures ($< 2000°$ K).

Resonance neutrons are those with energies between roughly 0.3 and 10^3 ev where the neutron cross sections of many elements are characterized by sharp resonance peaks when the neutron energy is varied.

Thermal neutrons are produced in abundance by nuclear reactors and by moderating fast neutrons produced by reactions using accelerated particles. Their velocities are in the 10^5 to 10^6 cm./sec. range; hence, their wavelengths are in the region of 1 angstrom. This is the wavelength region that has been so useful in x-ray and electron diffraction work. It is this fortunate circumstance, that the neutrons most easily produced have wavelengths in the most interesting region, which gives so much promise to the field of neutron diffraction. Neutron diffraction and interference—neutron optics—has been studied almost entirely with thermal neutrons and it is with these that we will be most concerned.

If thermal neutrons are in a true thermal equilibrium, they will have a velocity spectrum given by the MAXWELL distribution law

$$d n = n \left(\frac{2}{\pi}\right)^{\frac{1}{2}} \left(\frac{M}{\mathrm{k} T}\right)^{\frac{3}{2}} v^2 e^{-\frac{M v^2}{2 \mathrm{k} T}} d v. \tag{2.2}$$

n is the number of neutrons per cm³ of any velocity, dn is the number of neutrons per cm.³ having a velocity between v and $v + dv$, k is BOLTZMANN'S constant and T is the temperature in degrees KELVIN. The most probable velocity is that corresponding to an energy of $\mathrm{k}T$ per neutron. In Table 2 are given the energy, velocity, temperature at which the given velocity is the most probable, and wavelength for neutrons in a range of energies of interest.

Table 2. *Properties of neutrons of various energies.*

E in ev	v in cm./sec.	T at which v is most probable velocity in °K	λ in cm.
10^{-3}	4.374×10^4	11.61	9.044×10^{-8}
10^{-2}	1.383×10^5	116.1	2.860
0.0253	2.200×10^5	293.6	1.798
10^{-1}	4.374×10^5	1161	0.9044
1	1.383×10^6	1.161×10^4	0.2860
10^2	1.383×10^7	1.161×10^6	0.02860
10^6	1.38×10^9	1.161×10^{10}	2.86×10^{-12}

3. Comparison with x-rays. The fact that thermal neutrons are penetrating neutral particles of wavelength in the angstrom region means that in many ways they are quite similar to x-rays in their behavior. This is so much so, that large amounts of x-ray diffraction theory can be taken over directly. It is, however, the differences between neutrons and x-rays that give interest to the properties of the former and much of this article is written from the point of view of contrasting their behavior. It seems appropriate, in fact, to conclude this introduction with a summary of the more important differences between thermal neutrons and x-rays.

1. The rest mass of the neutron is finite. This has the important consequences that:

(a) The velocity of thermal neutrons is much lower than that of x-rays and varies with wavelength; this permits certain experimental techniques not possible with x-rays.

(b) The energy of thermal neutrons is much lower than that of x-ray photons; this has important consequences in thermal inelastic scattering.

2. The neutron has a magnetic moment; this makes neutron scattering sensitive to the magnetic structure of materials and, hence, provides a way of measuring it.

3. In non-magnetic materials the neutrons interact with nuclei more than with electrons, to about the same extent as x-rays interact with electrons more than with nuclei. This means that neutron scattering amplitudes are not similar to x-ray scattering amplitudes. Except for hydrogen, they are smaller than x-ray scattering amplitudes and, for the heavy elements, much smaller. They differ, of course, for different isotopes of an element.

4. In general, neutrons are attenuated much less than x-rays in passing through materials. For heavy elements, the attenuation is about 10^{-4} times smaller for neutrons than for x-rays. Lithium and boron are strong exceptions to the rule.

5. There are no sources of neutrons available which emit even approximately monochromatic neutrons in the thermal region in useful numbers. This means that in general most neutrons produced by any source are wasted in a diffraction experiment.

6. All strong sources of thermal neutrons emit also fast neutrons and γ-rays in important amounts. This means that in experiments with thermal neutrons, shielding, which is heavy and relatively clumsy compared to x-ray shields, must usually be provided to protect the detecting equipment and the experimenters.

II. Theory of the scattering of thermal neutrons.

a) Scattering by single nuclei.

4. Scattering by a free nucleus. The study of neutron optics is guided by a theoretical structure which will be outlined here in a series of stages of increasingly greater complexity (in principle) starting with the interaction of neutrons and a single isolated nucleus. It must be recognized that the necessity of holding this article to a reasonable length has prevented the presentation of this theory in full detail. The emphasis in these sections is on showing the chief results of the theory and the definitions and conventions used in it.

The data on the interaction of thermal neutrons with nuclei are very extensive but they are not properly accounted for by any available theory. There is, however, a framework which provides a way of organizing this data and a rough understanding of it. It starts with some results from standard quantum mechanics and in this we will follow the notation and development of SCHIFF[1].

Consider the case of an unpolarized neutron beam incident on a nucleus which, for its effects on the neutron, can be represented by a potential well of

[1] L. I. SCHIFF: Quantum Mechanics, Chapt. V and VI. New York: McGraw-Hill Book Co. 1949.

depth V which is assumed to be a function only of the distance, r, between the center of the nucleus and the center of the neutron. The SCHRÖDINGER equation in the center of mass system is then

$$-\frac{\hbar^2}{2M_R}\nabla^2 u + V u = E_R u \tag{4.1}$$

where

$$\hbar = \frac{h}{2\pi}$$

and

$$M_R = \frac{M M_T}{M + M_T}, \tag{4.2}$$

M_T being the mass of the target nucleus. E_R is the kinetic energy in the center of mass system of the relative motion of neutron and target nucleus and u is the wave function. There exist solutions of this equation in the form of a combination of a plane wave

$$e^{ikz}, \quad \left(k = \frac{2\pi}{\lambda}\right) \tag{4.3}$$

representing a beam incident along the z-axis and a wave spreading spherically from the nucleus, which has the asymptotic form

$$\frac{a(\vartheta_s, \varphi)}{r}\, e^{ikr},$$

representing the scattered wave. The solution for u at large distances from the scattering nucleus is then

$$u(r, \vartheta_s, \varphi) = A_0\left[e^{ikz} + \frac{a(\vartheta_s, \varphi)}{r}\, e^{ikr}\right]. \tag{4.4}$$

Here ϑ_s is the angle between the directions of the incident and the scattered waves, φ is the azimuthal angle, A_0 is a coefficient determined by the incident flux of neutrons and a is the *scattering amplitude* which in this general form is a function of ϑ_s and φ. In neutron scattering, a plays very much the same role as

$$\frac{e^2}{m c^2}\, f\left(\frac{\sin\vartheta}{\lambda}\right),$$

the classical electron radius times the atomic form factor, plays in x-ray scattering.

It can be shown that the number of neutrons scattered into a unit solid angle in the direction ϑ_s, φ, for one neutron per cm.^{2} incident on the target nucleus, the *differential cross section*, is

$$\frac{d\sigma_R(\vartheta_s, \varphi)}{d\Omega} = |a(\vartheta_s, \varphi)|^2$$

and the *total cross section*, the number scattered in any direction for one neutron per cm.^{2} incident on the target, is

$$\sigma_R = \int |a(\vartheta_s, \varphi)|^2 \sin\vartheta_s\, d\vartheta_s\, d\varphi. \tag{4.5}$$

Since the total cross section represents the number of events per neutron passing the target nucleus it is the same in the laboratory coordinate system as in the center of mass system.

To see the nature of the solutions of the wave equation, (4.1), it is convenient to expand the wave function u in spherical harmonics since the potential being considered at this point, $V(r)$, is spherically symmetrical.

$$u(r, \vartheta_s) = \sum_{l=0}^{\infty} \frac{\chi_l(r)}{r} P_l(\cos\vartheta_s). \tag{4.6}$$

P_l is the LEGENDRE polynomial of the order l. It is used rather than the associated LEGENDRE polynomials and φ is ignored because the problem is symmetrical about the z-axis. χ_l is the radial wave function which, substituting (4.6) in (4.1), can be shown to satisfy

$$\frac{d^2\chi_l}{dr^2} + \left[k^2 - \frac{2M_R}{\hbar^2} V(r) - \frac{l(l+1)}{r^2}\right]\chi_l = 0. \tag{4.7}$$

The wave equation has thus been separated into a series of equations, one for each value of l. As in optical spectroscopy l determines the orbital angular momentum of the neutron wave which is given by $l\hbar$ and the wave of $l=0$ is referred to as the s-wave, the one of $l=1$ as the p-wave, etc.

From Eq. (4.7) an argument[1] can be given to show that the terms with $l>0$ in the expansion (4.6) are negligible for thermal neutrons. This has the important consequence that nuclear scattering of thermal neutrons is spherically symmetrical since $P_0(\cos\vartheta)=1$. The argument is based on the fact that for thermal neutrons $\lambda > 10^{-9}$, hence

$$k^2 \ll \frac{l(l+1)}{r^2} \tag{4.8}$$

for r less than say 10^{-10} cm. and $l>0$. Since $V(r)=0$ for r greater than a nuclear radius, there is a region, roughly from $10^{-12} < r < 10^{-10}$, in which the radial wave Eq. (4.7) is

$$\frac{d^2\chi_s}{dr^2} - \frac{l(l+1)}{r^2}\chi_l = 0.$$

The solutions of this equation are

$$\chi_l = c_0 r^{l+1}. \tag{4.9}$$

c_0 is an arbitrary constant. Thus the wave function is very much smaller in the vicinity of the nucleus than at larger distances. Conditions of continuity require in general that the wave function inside the nucleus not be enormously greater than outside, hence, the effect of $V(r)$ is negligible since it is appreciable only where the wave function is not. s-wave neutrons, for which $l=0$, escape this argument since (4.8) does not apply to them. The argument is perhaps not quantitative in the case of, say, a p-wave resonance which can cause violent fluctuations in the wave function inside the nucleus. However, resonances of thermal neutrons are almost certain to show much stronger absorption than scattering, hence, they are not apt to affect the angular distribution of scattered neutrons since they will certainly be quite weak. In any event there is no experimental evidence that the nuclear scattering of thermal neutrons is ever appreciably different from spherically symmetrical.

5. Scattering by a bound nucleus. In most cases of interest in neutron optics the scattering nuclei are not free, as is implied by Eq. (4.1), but are bound to other nuclei by potentials which are comparable to, or larger than, the energy of the neutrons of interest. The question naturally arises then of the relation of the scattering by such bound nuclei to that by free nuclei. This problem brings in all the formidable complications of many-body mechanics which are

[1] H. A. BETHE and R. F. BACHER: Rev. Mod. Phys. **8**, 82 (1936). Sects. 14 and 15.

not easy to handle even in classical mechanics. The first solution of the problem for thermal neutrons was given by FERMI in his very important paper on the motion of neutrons in hydrogenous materials[1]. FERMI solved the problem by the introduction of a pseudopotential invented to meet the demands of the BORN approximation. Since then, several authors have attempted to put the solution on a more rigorous or general basis. The chief such efforts are those of BREIT[2], LIPPMAN and SCHWINGER[3,4] and EKSTEIN[5]. These all agree that the scattering by a nucleus with appreciable binding can be calculated by the following equation which has the form of the first BORN approximation and is good to somewhat better than 1%. (Considerably better than 1% for nuclei heavier than hydrogen.)

$$\frac{d\sigma}{d\Omega} = \frac{(M+M_T)^2}{(M+M_M)^2}\frac{M_M^2}{M_T^2}\,a^2\sum_f \frac{k_f'}{k}\left|\int e^{i(\boldsymbol{k}-\boldsymbol{k}')\cdot \boldsymbol{r}_T}\,u_f^*(\boldsymbol{r}_T,\ldots)\,u_i(\boldsymbol{r}_T,\ldots)\,d\tau\right|^2. \tag{5.1}$$

Here k_f' is the wave vector amplitude of the scattered neutron, the subscript f referring to the particular final state of the scattering system, M_M is the mass of the system in which the nucleus in question is bound, $\boldsymbol{r}_T$ is the radius vector to the bound nucleus and u_f and u_i are respectively the final and initial wave functions of the system just mentioned. The integration is over all the coordinates of that system. For elastic scattering, $u_f = u_i$ and for very long wavelength neutrons the exponential is essentially unity. For a very heavy molecule or crystal $M_M \to \infty$. Under all these conditions Eq. (5.1) becomes

$$\frac{d\sigma}{d\Omega} = \left(\frac{M+M_T}{M_T}\right)^2 a^2\,d\Omega. \tag{5.2}$$

One may define a scattering amplitude which is appropriate for bound nuclei as the *bound scattering amplitude*, b.

$$b = \frac{M+M_T}{M_T}\,a. \tag{5.3}$$

Also

$$b \approx \frac{1+A}{A}\,a, \tag{5.4}$$

where A is the mass number of the scattering nucleus.

Eq. (5.2) can be derived by a plausible classical argument which has the merit of great simplicity. Consider a given nucleus in two states, one bound in a crystal and the other free. In both cases the scattering in the center of gravity system is spherically symmetrical. In the free state, the relation between the angles in the center of gravity system and the laboratory system is

$$\tan\vartheta_L = \frac{\sin\vartheta_c}{\zeta+\cos\vartheta_c}, \qquad \zeta = \frac{M}{M_T}. \tag{5.5}$$

ϑ_L is the angle between the direction of the incident and scattered neutrons in the laboratory system and ϑ_c the corresponding quantity in the center of gravity system. Eq. (5.5) leads to the relation between solid angle elements in the two

[1] E. FERMI: Ric. Sci. VII–2, 13 (1936). English translation by G. M. TEMMER is USAEC-TIS, Oak Ridge, Tenn. Document NP-2385.
[2] G. BREIT: Phys. Rev. **71**, 215 (1947). See also [7], p. 71 et. seq.
[3] B. A. LIPPMANN and J. SCHWINGER: Phys. Rev. **79**, 469 (1950).
[4] B. A. LIPPMANN: Phys. Rev. **79**, 481 (1950).
[5] H. EKSTEIN: Phys. Rev. **87**, 31 (1952).

systems

$$\sin\vartheta_L\, d\vartheta_L = \frac{1+\zeta\cos\vartheta_c}{(1+2\zeta\cos\vartheta_c+\zeta^2)^{\frac{3}{2}}}\sin\vartheta_c\, d\vartheta_c \tag{5.6}$$

which in the forward direction ($\cos\vartheta_c \approx 1$) becomes

$$\sin\vartheta_L\, d\vartheta_L = \frac{M_T^2}{(M+M_T)^2}\sin\vartheta_c\, d\vartheta_c. \tag{5.7}$$

Now in the forward direction the differential cross section should be the same in the laboratory for a bound or free nucleus because so little momentum is given to the nucleus that the two states would behave similarly. (An 1 Å neutron, scattered at an angle of 10^{-3} radians would give 7×10^{-9} ev to a nucleus of mass 10 which would move less than 10^{-16} cm. in the interaction time, about 3×10^{-18} sec. For any reasonable kind of binding, the average potential in which the nucleus lies would not change appreciably in this distance from its equilibrium point.) Hence, we must have in the forward direction

$$\left(\frac{d\sigma_L}{d\Omega_L}\right)_{\text{bound}} = \left(\frac{d\sigma_L}{d\Omega_L}\right)_{\text{free}} = \left(\frac{M+M_T}{M_T}\right)^2\left(\frac{d\sigma_c}{d\Omega_c}\right)_{\text{free}}. \tag{5.8}$$

For both states the scattering of low energy neutrons by a single nucleus is spherically symmetric in the center of gravity system, which is the same as the laboratory system for the bound particle, hence,

$$\sigma_{\text{bound}} = \left(\frac{M+M_T}{M_T}\right)^2\sigma_{\text{free}}, \tag{5.9}$$

which leads to Eq. (5.3).

This derivation has violated some of the assumptions of Sect. 4, so the assumption of spherical symmetry of the low energy scattering must be considered as an empirical fact in this argument.

In the present state of nuclear theory Eq. (4.1) cannot be used to calculate useful values of a. [It does, however, lead to values of a which give the rough variation of a with atomic number when a simple square well potential about 42 Mev deep and $1.45\times A^{\frac{1}{3}}\times 10^{-13}$ cm. in radius[1] is used for $V(r)$.] In practice the values of a are found experimentally by methods which are usually based on Eq. (4.5) and will be described in Sect. 32 to 34.

6. The BREIT-WIGNER resonance formula. Another approach to the problem of expressing a in terms of more fundamental nuclear constants or properties is available. This is the famous BREIT-WIGNER resonance theory ([7], Chap. VIII). In this theory nuclear processes are considered as occurring through the formation of a compound nucleus, one including the neutron and the target nucleus. This compound nucleus in general will not be in its ground state but highly excited. *Resonances*—large increases in scattering or absorption as a function of the energy of the incident neutron—will occur when the kinetic energy of the neutron (relative to the target nucleus) plus the binding energy of the neutron in the compound nucleus equals the energy of a quantum level (of appropriate spin) in the compound nucleus. Since the spin of the neutron is $\frac{1}{2}$, for s-neutrons there will be only two possible spins of the compound nucleus $I+\frac{1}{2}$ and $I-\frac{1}{2}$, (I is the spin of the target nucleus) for s-neutrons cannot add any angular momentum except that of their spin.

[1] K. W. FORD and D. BOHM: Phys. Rev. **79**, 745 (1950). — H. FESHBACH, C. E. PORTER and V. F. WEISSKOPF: Phys. Rev. **96**, 448 (1954).

The chief result of the theory is, for the present purposes, the BREIT-WIGNER one-level formula for the scattering cross section for s-neutrons.

$$\left.\begin{aligned}\sigma_{sc} &= \frac{1}{2}\left(1 \pm \frac{1}{2I+1}\right) 4\pi \lambda\!\!\!^{-}{}_0^2 \left| \frac{\frac{\Gamma_n}{2}}{(E-E_0)+\frac{i\Gamma}{2}} + \frac{a_{p1}}{\lambda\!\!\!^{-}{}_0} \right|^2 + \\ &+ 4\pi a_{p2}^2 \left[1 - \frac{1}{2}\left(1 \pm \frac{1}{2I+1}\right)\right].\end{aligned}\right\} \tag{6.1}$$

The term

$$\frac{1}{2}\left(1 \pm \frac{1}{2I+1}\right)$$

is a weighting factor which depends on the spin of the state of the compound nucleus showing the resonance. If it is an $(I+\frac{1}{2})$ state, the positive sign is chosen in the factor, if an $(I-\frac{1}{2})$ state, the negative sign. This factor comes from the usual quantum statistical considerations. $\lambda\!\!\!^{-}{}_0$ is λ, at the resonance, divided by 2π, E_0 is the energy of the resonance, Γ is the total resonance "width", Γ_n is the partial "width" due to neutron emission, a_{p1} is the "potential" scattering amplitude, the scattering amplitude far from the resonance for the same combination of neutron and target nucleus spins which the resonance involves, and a_{p2} is the same thing for the other possible combination of spins.

Eq. (6.1) is no more capable of giving the scattering using only known force laws and the composition of nuclei than is (4.1), but it brings out several physically important features of the scattering. The more important of these are the following.

1. The scattering amplitude is given by

$$a = \frac{\frac{\lambda\!\!\!^{-}\Gamma_n}{2}}{(E-E_0)+\frac{i\Gamma}{2}} + R \tag{6.2}$$

near a resonance, for the last term in (6.1) is then negligible. This will not always be a real positive number. It can have imaginary components of appreciable size and it can be, and in fact for several nuclei is, negative for $E < E_0$. This occurs when

$$\frac{\Gamma}{2} \ll |E - E_0| < \frac{\lambda\!\!\!^{-}\Gamma}{2R}.$$

2. Far from resonances, the scattering amplitude is a positive real constant (R) independent of neutron energy.

3. This formula is applicable to nuclei with spin. It is assumed, however, in the form given here that there is a resonance in only one of the two possible spin states of the compound nucleus.

4. Far from a resonance the scattering is constant in amplitude and equal to that of an infinitely hard sphere of radius a_p. This radius turns out to be usually about $1.5\,A^{\frac{1}{3}} \times 10^{-3}$ cm., which is not far from that found for nuclei by several other methods.

The specifically nuclear properties have been concealed in this treatment in E_0, Γ_n, and Γ. While these cannot yet be calculated at all satisfactorily, certain generalizations can be given about them based on fairly extensive measurements of neutron cross sections. Most resonances for most elements have been located for $E < 1000$ ev and for many elements for $E < 10^6$ ev. On the basis of this, it can be said that resonances are spaced by hundreds of kev for elements lighter than sulfur and that the spacing gradually narrows in an irregular way to a few volts for elements as heavy as tungsten. Γ_n varies with E_0 from hundreds of volts or more for $E_0 \approx 10^5$ ev to about 10^{-3} ev for $E_0 < 10$ ev. As for Γ, for thermal neutrons it can be written as $\Gamma = \Gamma_n + \Gamma_\gamma$, where Γ_γ is the partial width of the resonance due to γ-ray emission. Now γ-ray emission prevents re-emission of a thermal neutron, once it is taken into the compound nucleus, by lowering the excitation to a level where the neutron is bound. Γ_γ is, therefore, a measure of the resonance capture cross section. In fact, Γ_γ/Γ_n is very nearly the ratio of capture to scattering cross section at the peak of the resonance. Γ_γ appears to be roughly independent of energy and has a value around 0.1 ev.

From these rough rules, it is clear that at the low energy resonances $\Gamma \gg \Gamma_n$, hence, σ_s is never more than a small fraction of $4\pi\lambda\!\!\!^{-2}$. However, the resonance effect on the scattering amplitude can be quite appreciable for thermal neutrons and in elements such as Cd, Gd etc., which are very strong thermal neutron absorbers it could cause appreciable changes in the scattering amplitude between, say, 1 and 2 Å wavelength. In other elements, a should not change appreciably in the wavelength range of thermal neutrons.

The one-level resonance formula does not give the scattering amplitude for all nuclei with satisfactory accuracy even when the parameters of the nearest resonance are known. Its failure to do so can usually be ascribed to the interference of other nearby resonances.

b) Scattering by non-magnetic crystals.

7. Scattering by a unit cell of a crystal. The calculation of the neutron scattering by a crystal is sufficiently similar to that for x-ray scattering that a detailed derivation of the formulas for neutron scattering does not seem warranted here. Instead the x-ray results will be assumed (see Sect. 39 et. seq. of the article in this volume by J. BOUMAN and [5] and [6]) and the necessary modification for the neutron case will be indicated. The reader who is interested in an independent derivation of the formulas for neutron scattering by crystals is referred to the work of GOLDBERGER and SEITZ [8].

It can be shown by x-ray diffraction theory that the amplitude of the x-ray wave scattered in the direction of the wave vector $\boldsymbol{k}'$ by a unit cell irradiated by a beam of wave vector $\boldsymbol{k}$ is given by

$$A_X = \frac{A_{0X}}{r_D}\left(\frac{e^2}{m c^2}\right)\left(\frac{1+\cos^2 2\vartheta}{2}\right)^{\frac{1}{2}} \sum_{\text{cell}} f_j\, e^{i(\boldsymbol{k}'-\boldsymbol{k})\cdot \boldsymbol{r}_j}. \tag{7.1}$$

A_{0X} is the amplitude of the incident wave, r_D the distance from the unit cell to the point of detection ($r_D \gg$ cell edge), e^2/mc^2 is the classical electron radius, 2.818×10^{-13} cm., ϑ is one half the angle between the incident beam and the direction of scattering being considered, f_j is the atomic scattering factor of the j-th atom in the cell and $\boldsymbol{r}_j$ a vector from a reference corner of the cell to the j-th atom. $\boldsymbol{k}$ and $\boldsymbol{k}'$ both have the magnitude $2\pi/\lambda$ (we are considering only elastic scattering at present) and we define the scattering vector as

$$\boldsymbol{\varkappa} = \boldsymbol{k}' - \boldsymbol{k}. \tag{7.2}$$

The summation is of course the structure factor of the cell,

$$F_X = \sum_j f_j\, e^{i\boldsymbol{\varkappa}\cdot \boldsymbol{r}_j}. \tag{7.3}$$

These relations apply in the approximation in which the atoms are considered stationary. Including the effects of the thermal vibrations of the atoms by means of the DEBYE-WALLER *temperature factor*, F_X becomes

$$F_X = \sum_j f_j e^{-W_j} e^{i\varkappa\cdot r_j} \tag{7.4}$$

when W_j is given by

$$W_j = 8\pi^2 \overline{u_{j\varkappa}^2} \frac{\sin^2\vartheta}{\lambda^2}. \tag{7.5}$$

$\overline{u_{j\varkappa}^2}$ is the mean square displacement of the j-th atom in the direction of $\varkappa$ arising from the thermal motion. [The evaluation of W_j in a useful approximation is given in Eq. (13.1).]

In the case of neutron scattering the amplitude of scattering by the unit cell is derivable from a starting point such as Eq. (5.1), by methods very similar to those used for x-rays. The result for the amplitude is

$$A_N = \frac{A_{0N}}{r_D} F_N \tag{7.6}$$

where

$$F_N = \sum_j b_j e^{-W_j} e^{i\varkappa\cdot r_j} \tag{7.7}$$

is the *structure factor for neutron diffraction*. In this last equation b_j is the bound neutron scattering amplitude of the j-th atom. It is assumed for the moment that all the elements involved are monoisotopic and have a nuclear spin of zero. The generalization to more complicated cases will be given in Sect. 9. There are two obvious differences between these and the corresponding equations for x-rays. First, the polarization factor for neutrons is 1 instead of

$$\left(\frac{1+\cos^2 2\vartheta}{2}\right)^{\frac{1}{2}}$$

for we are considering only the spherically symmetrical scattering of s-neutrons. The effects of neutron polarization are absorbed into b_j for non-magnetic crystals. Second, there is no factor corresponding to $e^2/(mc^2)$ (the electron scattering amplitude). This has also been absorbed in b_j. As a consequence F_N is of the order of magnitude of 10^{-12} where F_x is of the order of one. These somewhat discordant conventions appear to be well established in the literature and are accepted here since factors of 10^{12} (10^{24} in intensities) are not easily misplaced. F_N and $\frac{e^2}{mc^2} F_x$ are the really analogous quantities and are roughly comparable in magnitude for elements lighter than chlorine. In the case of heavy elements $\frac{e^2}{mc^2} F_x$ in general will be larger.

8. Diffraction by a small perfect crystal. The next stage of complication is the scattering—or diffraction, since we are ignoring incoherent effects—by a collection of cells in a perfect lattice. By the modification of x-ray diffraction theory used in the preceding section it is easy to show that the amplitude of the neutron wave scattered by a small perfect crystal is,

$$A_N = \frac{A_{0N}}{r_D} F_N \sum_L e^{i\varkappa\cdot A_L} \tag{8.1}$$

when A_L is the vector from the reference corner of the small crystal to the reference corner of the L-th unit cell. This leads to the expression for the intensity of the wave which, assuming the crystal is a parallelopiped, takes the familiar form,

$$I_N = \frac{I_{0N}}{r_D^2} |F_N|^2 \frac{\sin^2(\frac{1}{2} n_a \boldsymbol{\varkappa} \cdot \boldsymbol{a})}{\sin^2(\frac{1}{2} \boldsymbol{\varkappa} \cdot \boldsymbol{a})} \frac{\sin^2(\frac{1}{2} n_b \boldsymbol{\varkappa} \cdot \boldsymbol{b})}{\sin^2(\frac{1}{2} \boldsymbol{\varkappa} \cdot \boldsymbol{b})} \frac{\sin^2(\frac{1}{2} N_c \boldsymbol{\varkappa} \cdot \boldsymbol{c})}{\sin^2(\frac{1}{2} \boldsymbol{\varkappa} \cdot \boldsymbol{c})} . \tag{8.2}$$

I_N is the intensity of the scattered neutron wave, I_{0N} the intensity of the incident wave and $\boldsymbol{a}$ is a vector having the length and direction of a unit cell edge. $n_a \boldsymbol{a}$ is the length of the crystal in the direction of $\boldsymbol{a}$. $\boldsymbol{b}$ and $\boldsymbol{c}$ and n_b and n_c are the corresponding quantities for the other edges of a unit cell. This expression for the intensity has maxima (the BRAGG peaks) in directions in which

$$\left.\begin{aligned} \frac{\boldsymbol{\varkappa} \cdot \boldsymbol{a}}{2\pi} &= h, \\ \frac{\boldsymbol{\varkappa} \cdot \boldsymbol{b}}{2\pi} &= k, \\ \frac{\boldsymbol{\varkappa} \cdot \boldsymbol{c}}{2\pi} &= l. \end{aligned}\right\} \tag{8.3}$$

h, k, and l are integers which are in fact the MILLER indices of the crystal planes. These relations lead directly to the conditions required to observe a maximum characterized by a set of integers hkl. Such maxima will appear only at directions relative to the (hkl) plane of a simple reflection of the incident beam from that plane and in addition the BRAGG equation must be satisfied

$$n\lambda = 2d(hkl)\sin\vartheta . \tag{8.4}$$

Here $d(hkl)$ is the interplaner spacing of the planes having MILLER indices hkl and the integer n is the order of the maximum.

From Eq. (8.3) we get the value of the structure factor for neutron scattering at the BRAGG peaks as

$$F_N(hkl) = \sum_j b_j e^{-W_j} e^{2\pi i (h x_j + k y_j + l z_j)} \tag{8.5}$$

where

$$x_j = \boldsymbol{r}_j \cdot \boldsymbol{a}, \quad y_j = \boldsymbol{r}_j \cdot \boldsymbol{b} \quad \text{and} \quad z_j = \boldsymbol{r}_j \cdot \boldsymbol{c}.$$

Eq. (8.2) gives the intensity at a mathematical point. Some kind of integral of this equation over a finite angle would be more useful and this, of course, is also avaible from x-ray diffraction theory. Before giving this, however, it may be desirable to review the conventions used in calculating the intensities of diffracted waves.

The diffracting crystal is considered as mounted on a rotating table with the axis of rotation parallel to the diffracting planes. The incident radiation is supposed to be perfectly collimated and perfectly monochromatic. It is supposed to be of uniform intensity, I_{0X} photons per cm.^{2} per sec., and to be wide enough to more than cover the irradiated crystal. The detector, placed at an angle 2ϑ to the incident beam is assumed to be wide enough to receive all the radiation in the hkl spectrum. In the approximation used in this section the intensity of the incident beam is constant in traversing the crystal which implies that the crystal is not much greater than 10^3 atoms thick. Under these conditions the average number of photons received by the detector per second, P_x, when the crystal is rotating at a uniform speed is given by

$$2\pi \frac{P_X}{I_{0X}} = Q_X \Delta v \tag{8.6}$$

where Δv is the volume of the crystal and

$$Q_X = \frac{N^2 \lambda^3}{\sin 2\vartheta} |F_X|^2 \left(\frac{e^2}{m c^2}\right)^2 \frac{1+\cos^2 2\vartheta}{2}. \tag{8.7}$$

N is the number of unit cells per cm.³ in the crystal. In measuring P_X only the photons in the (hkl) spectrum, i.e., those "reflected" from the (hkl) planes are counted.

The quantity

$$\frac{2\pi P_X}{I_{0X}} = R_{SX} \tag{8.8}$$

is known as the integrated reflection. For neutrons, the analogous quantity is clearly given by

$$R_{SN} = \frac{2\pi P_N}{I_{0N}} = Q_N \Delta v = \frac{N^2 \lambda^3}{\sin 2\vartheta} (F_N)^2 \Delta v. \tag{8.9}$$

9. Coherent and incoherent scattering. Up to this point the atoms of every element involved in the crystals under discussion have been assumed to belong to one isotope and to have no nuclear spin. Very few real elements have this character and it is necessary to consider the modification of the theory appropriate when some or all of the positions of every element are occupied at random by the isotopes (with spins not necessarily zero) which actually make up the element. This problem is clearly analogous to the calculation of the x-ray diffraction by a crystal showing substitutional disorder and the results of this calculation (cf. the article in this volume by W. W. BEEMAN and his coworkers and Chap. IV of [6]) can be used here.

We consider the case of a small crystal containing N unit cells. At the site j in the unit cell L there is a nucleus of scattering amplitude b_j^L. The average scattering amplitude at the j-sites is then

$$b_j = \frac{1}{N} \sum_L b_j^L. \tag{9.1}$$

The structure factor of the unit cell L is, for an arbitrary direction of the scattered wave (the DEBYE-WALLER factor is dropped for simplicity)

$$F_L = \sum_j b_j^L e^{i\boldsymbol{\varkappa}\cdot\boldsymbol{r}_j}. \tag{9.2}$$

The mean structure factor $\overline{F}$ is then

$$\overline{F} = \frac{1}{N} \sum_L F_L = \sum_j b_j e^{i\boldsymbol{\varkappa}\cdot\boldsymbol{r}_j} \tag{9.3}$$

and

$$\overline{|F|^2} = \frac{1}{N} \sum_L F_L^2. \tag{9.4}$$

Now from the theory of substitutional-disorder scattering for x-rays we have that the intensity of the scattering due to the disorder is given by

$$\frac{J r_D^2}{J_0} = N\left[\overline{|F|^2} - |\overline{F}|^2\right] \tag{9.5}$$

where r_D is the distance from the crystal to the point of measurement. In neutron optics this type of scattering is called *incoherent scattering* when the disorder in the structure arises from the differences in the scattering amplitudes of the different isotopes or spin states of one or more of the elements involved.

It is fairly clear that in a *coherent* process, such as diffraction as described by Eq. (8.1), the structure factor involved is $\bar{F}$ which from (9.3) is that obtained using $\bar{b}_j$ for the amplitude at each site where $\bar{b}_j$ is defined by (9.1). In the case of a site occupied by only one element this average amplitude is just the *coherent scattering amplitude*,

$$b_E = \sum_i w_i \left[\frac{I+1}{2I+1} b_i(+) + \frac{I}{2I+1} b_i(-)\right] = \bar{b}_i. \tag{9.6}$$

w_i is the fraction of the element which is of the isotope, i, of nuclear spin I, $b_i(+)$ is the scattering amplitude of the isotope i associated with the state in which the neutron and nuclear spins are parallel and $b_i(-)$ the same for the anti-parallel state.

In the case of a crystal of a single element containing only one atom per unit cell Eq. (9.5) becomes

$$\frac{J r_D^2}{J_0} = N\left[\overline{|b_i|^2} - |\bar{b}_i|^2\right]$$

where

$$\overline{|b_i|^2} = \sum_i w_i \left[\frac{I+1}{2I+1} b_i^2(+) + \frac{I}{2I+1} b_i^2(-)\right]. \tag{9.7}$$

Put in the cross section form, this becomes the basis for the definition of the *incoherent scattering cross section* of an element

$$\sigma_{\text{inc}} = 4\pi\left[\overline{|b_i|^2} - |\bar{b}_i|^2\right]. \tag{9.8}$$

Now the scattering cross section of an element measured at short wavelength or in other circumstances such that there are no appreciable interference effects between the waves scattered by different nuclei (and corrected for center of mass motion to give the bound cross section) is given by

$$\sigma_{\text{sc}} = \frac{4\pi}{N} \sum_L b_L^2 = 4\pi \overline{|b_i|^2}. \tag{9.9}$$

We define the *coherent scattering cross section* as

$$\sigma_{\text{coh}} = 4\pi b_E^2. \tag{9.10}$$

Then Eq. (9.8) becomes

$$\sigma_{\text{inc}} = \sigma_{\text{sc}} - \sigma_{\text{coh}}. \tag{9.11}$$

It should be understood that in the further development b_E should be used for the calculation of F_N whenever σ_{inc} is appreciable for any element involved.

The incoherent scattering coming from the difference in scattering amplitudes of the two possible spin combinations of neutron and target nucleus has an interesting consequence. Two thirds of the neutrons incoherently scattered from this cause will have their spins inverted (cf. Eq. (3.94) of [*10*]). The cross section for this *spin flip* scattering is

$$\sigma_{\text{flip}} = \frac{8\pi}{3} \frac{I(I+1)}{(2I+1)^2} \left[b_i(+) - b_i(-)\right]^2 \tag{9.12}$$

for a single isotope. For a mixture of isotopes, a weighted average of (9.12) over the various isotopes applies.

10. Diffraction by a large perfect crystal. Removing the restriction that the crystal be small and the incident radiation constant in traversing the crystal leads to the DARWIN theory or the more exact EWALD dynamical theory for the reflection from perfect crystals. We will consider here only one rather special case which will bring out the chief point to be made—the similarity of the x-ray and neutron reflections.

For large crystals the definition of integrated reflection must be changed slightly. The reflected beam is essentially perfectly collimated (since it comes from a large perfect crystal, it is reasonable that it should be about as well collimated as the incident beam) and we will be concerned with the number of photons (or neutrons) per sec. passing through a cm.^{2} area in the reflected beam and normal to it, I_{RX}. The integrated reflection becomes

$$R_{PX} = \int_0^{\pi/2} \frac{I_{RX}}{I_{0X}}\, d\vartheta. \tag{10.1}$$

In this integration it is to be understood that the detector is stationary and the crystal rotates. Thus, the definition is very similar to that of Eq. (8.8).

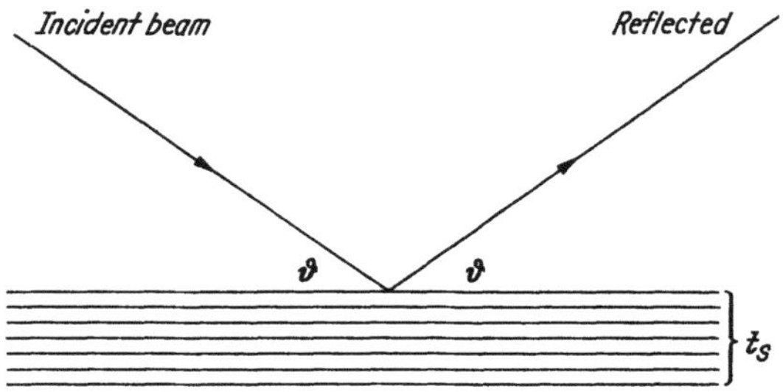

Fig. 1.

The case which will be considered here is that of a perfect crystal cut into a slab with plane parallel faces and with the incident beam and reflected beam on the same side of the crystal (Fig. 1). We consider only the reflections from crystal planes parallel to the surface of the crystal. The incident beam is assumed to be attenuated only by diffraction (i.e., primary extinction) not by absorption. In this drastically simplified case it can be shown (Chap. III of [6]) that

$$R_{PX} = K \frac{e^2}{m c^2} \frac{N \lambda^2 |F_X|}{\sin 2\vartheta} \operatorname{Tan}\left[\frac{e^2}{m c^2} \frac{N \lambda |F_X| K t_S}{\sin\vartheta}\right]. \tag{10.2}$$

K is the polarization factor which for an unpolarized beam may be taken as

$$K = \left[\frac{1+\cos^2 2\vartheta}{2}\right]^{\frac{1}{2}}.$$

Now the modifications of this for neutrons[1] are, as before, simply that the polarization factor becomes 1, and that $\frac{e^2}{m c^2}|F_X|$ becomes $|F_N|$.

$$R_{PN} = \frac{N \lambda^2 |F_N|}{\sin 2\vartheta} \operatorname{Tan} \frac{N \lambda |F_N| t_S}{\sin\vartheta}. \tag{10.3}$$

In Eq. (10.3) we are chiefly interested in the variation with the thickness of the slab, t_S. For t_S so large that the argument of the hyperbolic tangent is $\gg 1$

$$R_{PN} = \frac{N \lambda^2 |F_N|}{\sin 2\vartheta},$$

which is roughly 2π times the range of angles of perfect reflection independent of t_S. For t_S so small (in practice less than roughly 10^4 atomic layers) that the

[1] J. W. KNOWLES: Acta crystallogr. 9, 61 (1956), has verified in detail the predictions of the dynamical theory on the enhancement (and depression) of the wave amplitude at angles near the BRAGG angle, by a study of the neutron capture rate in a calcite crystal irradiated by a monochromatic beam.

argument is $\ll 1$,

$$R_{PN} = Q_N \frac{t_S}{\sin\vartheta}\,, \tag{10.4}$$

essentially the small crystal formula.

11. Diffraction by an ideally imperfect crystal. We turn now to a physically more interesting case—the large crystal composed of a mosaic of small crystals each of which may be treated as perfect. This is, of course, the model which real single crystals appear to follow. The small perfect crystals which we will call blocks are presumed to be of 10^2 to 10^4 Å in linear dimensions and in the case of the "ideally imperfect" crystal are small enough so that the diffraction in each can be represented by the small crystal formulas. The blocks are all supposed to be oriented roughly parallel to each other with a distribution of angles relative to some average block given by a gaussian

$$W(\Delta) = \frac{1}{\eta\sqrt{2\pi}}\, e^{-\frac{\Delta^2}{2\eta^2}}\,. \tag{11.1}$$

Δ is the angle between the axis of the blocks and an average axis, projected onto an arbitrary plane containing this average axis, i.e., this is the two dimensional distribution of block directions. η is the standard deviation of these angles and has values varying from about 1 second for some calcite crystals on up to the point where the large crystal can no longer be referred to as a single crystal—perhaps a few degrees.

The orientation of adjacent blocks is assumed to be randomly distributed within the range of Eq. (11.1) and they are assumed to diffract independently. In such a crystal there will be several sources of attenuation of a beam traversing the crystal in a direction satisfying the Bragg equation. To calculate the intensity of the beam at a point in the crystal, we must consider.

(1) *Primary Extinction.* This is the attenuation caused by diffraction in the block containing the point. This can be calculated by the methods of Sect. 10 and is a complicated function of the thickness of the block.

(2) *Secondary Extinction.* This is the attenuation caused by diffraction in other blocks. Since these blocks have no special distance from the given block the intensities of the diffracted and direct waves arriving at the given block from other blocks can be added and the attenuation (fractional loss of intensity per unit thickness of crystal) is a constant independent of distance travelled in the crystal.

(3) *Incoherent Scattering.* This can be by Compton effect in the case of x-rays or by spin and isotope effects in the case of neutrons.

(4) *True Absorption.* This includes the photoelectric absorption of x-rays and nuclear capture of neutrons.

In x-ray diffraction the loss of intensity caused by item (3) is relatively negligible, (4) is much more important and is measured by the linear absorption coefficient, μ_x, which is defined by

$$I = I_0 e^{-\mu_x x} \tag{11.2}$$

x being the distance the beam has travelled in going from the point where the intensity is I_0 to the point where it is I. For thermal neutrons both (3) and (4) are important and the equivalent of μ_x would be $\sum_j N_j(\sigma_a + \sigma_{\text{inc}})_j$. In this expression N_j is the number of atoms of the j-th kind per cm.^{3} in a material and σ_a is the neutron absorption cross section for atoms of a given kind.

The attenuation caused by (1), (2) and (3) is not greatly different in the case of x-rays and neutrons, but (4) is very different. For example, in the case of aluminum, which is fairly typical, the absorption cross section for neutrons of 1.8 Å wavelength is 0.22 barns (1 barn $= 10^{-24}$ cm.^{2}) which means a neutron would go an average of about 70 cm. in a block of aluminum before being absorbed. The penetration of a beam would obviously be limited by secondary extinction if not primary before this. For x-rays of 1.5 Å wavelength, on the other hand, the cross section for absorption is 2170 barns which means the x-rays would penetrate a distance of less than 10^{-2} cm. on the average. This could mask secondary extinction in many crystals. That this is true for most elements can be seen from Appendix I.

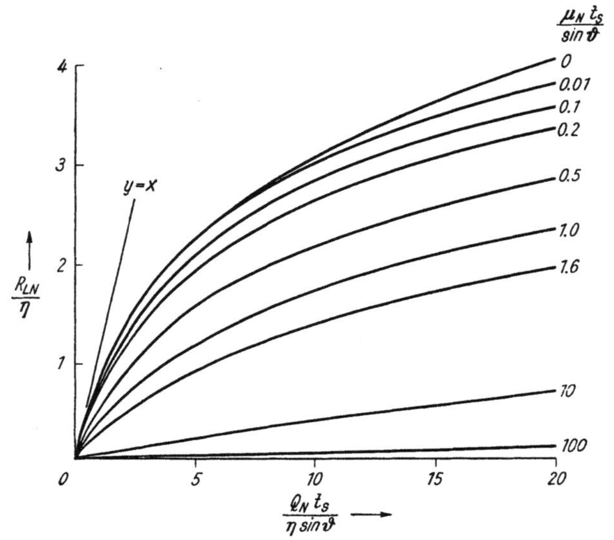

Fig. 2. The reflectivity of a large, ideally imperfect crystal, for neutrons. [From G. E. BACON: Proc. Roy. Soc. Lond., Ser. A **209**, 397 (1951).]

The fact that x-rays and neutrons can differ considerably in their penetrating power implies that the treatment of the diffraction of these two by real crystals will require somewhat different approximations. The necessary modifications of the x-ray diffraction theory have been studied in a comprehensive series of papers by BACON, LOWDE, and THEWLIS of the neutron diffraction group at HARWELL[1]. They base their treatment on that of ZACHARIASEN (cf. Chap. III of [6]) for x-rays. For the case of reflection from a slab of ideally imperfect crystal in which the reflecting crystal planes are nearly parallel to the faces of the crystal slab, BACON and LOWDE [9] give for the integrated reflection, R_{LN},

$$\frac{1}{\eta} R_{LN} = \int\limits_{-\infty}^{\infty} \frac{U\, d\left(\frac{\Delta}{\eta}\right)}{(1+U) + \sqrt{1+2U}\,\mathrm{Cot}\left[\frac{\mu_N t_S}{\sin\vartheta}\sqrt{1+2U}\right]}\,. \tag{11.3}$$

Here

$$U = \frac{\varrho_N W(\Delta)}{\mu_N}\,, \tag{11.4}$$

t_S is the thickness of the slab of real crystal used, and μ_N is $\sum\limits_j N_j(\sigma_a + \sigma_{\mathrm{inc}})_j$. These authors have evaluated the integral shown for various values of $\mu_N \frac{t_S}{\sin\vartheta}$ as a function of

$$\frac{\varrho_N t_S}{\eta \sin\vartheta}\,.$$

The results are shown in Fig. 2. (The ordinate, R_{LN}/η, has a simple interpretation for values of about 2 or more. It is the range of angles of incidence in which

---

[1] Cf. [9] and G. E. BACON and J. THEWLIS: Proc. Roy. Soc. Lond., Ser. A **196**, 50 (1949). (First of the series despite its later publication date.) — G. E. BACON: Proc. Roy. Soc. Lond., Ser. A **209**, 397 (1951).

reflection is complete, measured in units of η radians). From this one can see, for example, that for small thickness and absorption, R_{LN} is given by (10.4), the small crystal formula modified for the wide beam case. BACON[1] has checked these results experimentally using KBr crystals and neutrons of 1.25 Å wavelength. For these crystals $\mu_N = 0.2$ cm.$^{-1}$ and η, which varied from crystal to crystal, was in the range of 0.5 to 5 minutes. Good agreement was found within the accuracy of the measurements which was in the region of $\pm 5\%$.

Generalizations of the case discussed in the preceding paragraphs are given by BACON and LOWDE [*9*]. One simple one is for the case in which the restriction to reflections from planes parallel to the surface of the crystal is removed. This brings in the direction cosines of the incident wave and the reflected wave taken with respect to the inward directed normal to the slab surface. Calling these γ_0 and γ_H, respectively, they find the only change necessitated by the generalization is the replacement of μ_N by μ_N' where

$$\mu_N' = \mu_N \frac{1}{2}\left(1 + \frac{\gamma_0}{\gamma_H}\right). \tag{11.5}$$

12. Diffraction by polycrystalline materials and powders. For reasons which will be taken up in the later sections on experimental techniques, it is often most convenient to do neutron diffraction studies on powdered materials. For many of these powders, it is a reasonable assumption that individual grains fall in a range of thicknesses, t_S, and mosaic spreads, η, such that the small crystal approximation is justified. (The fact that the Q_N for neutrons is usually relatively low makes this more commonly true for neutrons than for x-rays.) In this case the calculation of the intensities of diffracted beams is fairly straightforward. It is done in some detail for x-rays by JAMES [*5*] who treats the diffraction by powders composed of randomly oriented grains. These diffract an incident ray into a cone of angular width 4ϑ, where ϑ is the BRAGG angle. Since only a fraction of this cone is detected in most experiments, we are interested in the case of a detector of some height H, at a distance, r_D, from the powder sample. As in the definitions of R_{SX} and R_{SN} in Sect. 8, the detector is considered large enough in the ϑ dimension to intercept the whole width of the diffracted beam. In this case the detector obviously intercepts a fraction

$$\frac{H}{2\pi r_D \sin 2\vartheta}$$

of all the intensities reflected at or near the angle, ϑ, provided $2\pi r_D \sin\vartheta \gg L$. Starting from the results of Sect. 8, which are in effect the solution for a powder with grains distributed randomly around an axis, the solution for a powder with grains distributed randomly in three dimensions can be shown to be, for neutrons,

$$P_N = I_{0N} \frac{H Q_N V \varrho'}{8\pi r_D \varrho \sin\vartheta}. \tag{12.1}$$

Here P_N is the number of neutrons received in the detector per second, I_{0N} the intensity of the incident neutron beam in number per cm.^{2} per sec., Q_N is given by Eq. (8.9), V is the volume of the sample, ϱ' is the density of the powder and ϱ the density of the microcrystals of which it is composed. If there is more than one set of values of hkl which give reflections at ϑ $[(\bar{h}, \bar{k}, \bar{l})$ always will, for example$]$, the P_N's for all these must be added to get the total. It is assumed, of course, that the beam is wider than the sample and that attenuation of the beam in the sample

[1] G. E. BACON: Proc. Roy. Soc. Lond., Ser. A **209**, 397 (1951).

is negligible. These last two assumptions are not reasonable in many important experimental cases, but if they are not made, the intensity in the diffracted beam will depend on details of the sample shape. The necessary modifications for this will be discussed in Sect. 27.

Measurements on polycrystalline or powdered materials are quite frequently made by studying the transmission of the sample rather than the beam scattered by it. From Eq. (12.1) one can readily find the expression for the intensity removed from the incident beam by any one set of atomic planes and from this it is easy to see that the cross section per atom for removal of neutrons by coherent scattering by all relevant planes (those for which $2d > \lambda$) is

$$\sigma_{pc} = \frac{N\lambda^3}{4J} \sum_{\text{all } d > \frac{\lambda}{2}} \frac{|F_N|^2}{\sin\vartheta} \tag{12.2}$$

where J is the number of atoms per unit cell.

If the grains in the polycrystalline material or powder are not small enough to satisfy the small crystal approximation, quite different expressions may be necessary to give the diffracted intensity. In these cases it may be necessary to use the theory for ideally imperfect crystals given in Sect. 11. Thus, in an early study of transmission by such materials, FERMI, STURM and SACHS[1] obtained cross sections which appeared to depend on F_N rather than F_N^2 in metallic Be and powdered BeO.

c) Additions to the simple diffraction theory.

13. Thermal inelastic scattering. In the diffraction effects discussed so far it has been assumed that the atoms are stationary in the laboratory reference system except that the DEBYE-WALLER thermal motion correction was added to the structure factor definition [Eq. (7.7)]. In reality, however, the motions of the atoms have other effects on the scattering which can be very important. In general, these effects will result in a gain or loss of energy by the scattered neutron. This type of scattering is called *thermal inelastic scattering* in contrast to the scattering where there is no change in the neutron energy. It is at least plausible that it will be dependent on the potentials holding atoms in place in solids and, hence, on the elastic properties of the solids. It turns out, in fact, that thermal inelastic scattering offers one of the most promising methods of studying these properties of solids. Why neutron scattering should be more suitable as a tool for these studies than x-ray scattering can be made reasonable by a short argument.

The interchange of energy between neutrons and solid scatterers can be treated as quantized. The quanta of the thermal vibrations, called *phonons*, are of roughly the same order of energy as the kinetic energy of thermal neutrons. Thus, the absorption or loss of one of these quanta represents a very appreciable change in the interacting neutrons' velocity and wavelength and is potentially quite easy to measure. In the case of x-rays, the energy of the x-ray photons of reasonable penetrating power is in the neighborhood of 10000 ev and the phonons' energy is negligible in comparison.

There is an extensive theoretical literature on inelastic scattering and only room here for a rough guide to it. The first papers in the field were by WICK[2] and POMERANCHUK[3] who treated cases of relatively restricted physical interest. In 1944 WEINSTOCK[*14*] published a calculation of thermal inelastic scattering in

---

[1] E. FERMI, W. J. STURM and R. G. SACHS: Phys. Rev. **71**, 589 (1947).
[2] G. C. WICK: Phys. Z. **38**, 403 (1937).
[3] Y. A. POMERANCHUK: Phys. Z. Sowjet. **13**, 65 (1938).

a polycrystalline material composed of one kind of nuclei. This calculation which considered only one-phonon interchange processes has given fair agreement with some experiments. By a different method AKHIESER and POMERANCHUK[1] obtained WEINSTOCK's results and an expression for the total scattering including multi-phonon processes. FINKELSTEIN[2] calculated the multi-phonon scattering on the basis of the EINSTEIN model of a crystal. CASSELS [15] has generalized WEINSTOCK's treatment to cover the case of polycrystalline materials containing several different kinds of nuclei with spin. This treatment in turn has been generalized by SQUIRES [16] to include multi-phonon processes. FRÖMAN, WALLER and SJÖLANDER[3] have calculated the inelastic scattering from a different point of view. SQUIRES and CASSELS give their results in total cross sections for polycrystalline materials or powders. FRÖMAN, WALLER and SJÖLANDER give theirs in differential cross sections for single crystals and emphasize the contribution of inelastic scattering to angles near diffraction peaks in analogy to the x-ray case. Recently a series of papers by PLACZEK and VAN HOVE [17], [18], [19] have appeared in which these problems are treated in a rather general way and the results put in forms more suitable than the foregoing for use in investigations of the properties of solids. There are also a series of papers by PLACZEK, NIJBOER and VAN HOVE[4], PLACZEK[5,6] and WICK[7] in which the total cross sections including multi-phonon inelastic scattering are calculated by an expansion in powers of the ratio of the neutron mass to the nuclear mass. This mass expansion is particularly successful in calculations of the cross section for higher energy thermal neutrons which is not easy to calculate by other methods. It is also used in calculating the low energy inelastic scattering by PLACZEK and VAN HOVE [19] and KOTHARI and SINGWI[8].

None of these calculations can be expected to give a very accurate description of inelastic scattering for they all use the DEBYE model or the EINSTEIN model of the vibration spectrum. However, quite useful approximations of the various effects of nuclear motion on neutron scattering by crystals can be obtained from them. In discussing these effects it is convenient to consider the scattering as separated into the following four types.

α) *Coherent elastic scattering* is the type showing the full interference effects and is described in Sects. 7, 8, 10, 11 and 12. The effects of nuclear motion show up in the DEBYE-WALLER factor of Eq. (7.7). From the theories under discussion (e.g., [15]) it can be shown that in the DEBYE approximation this factor becomes, for the reflection characterized by reciprocal lattice vector τ and for an atom of mass M_T,

$$W_\tau = \frac{6\pi^2\hbar^2\tau^2}{M_T \mathrm{k}\,\Theta}\left[\frac{1}{4} + \left(\frac{T}{\Theta}\right)^2 \int\limits_0^{\Theta/T} \frac{\beta}{(e^\beta - 1)}\, d\beta\right], \tag{13.1}$$

$$= \frac{6\pi^2\hbar^2\tau^2}{M_T \mathrm{k}\,\Theta}\left[\frac{1}{4} + \Lambda\left(\frac{\Theta}{T}\right)\right]. \tag{13.2}$$

Here Θ is the DEBYE temperature. The integral has been evaluated by DEBYE[9] and the value of the term involving it is given in Table 3.

[1] A. AKHIESER and Y. POMERANCHUK: J. exp. theor. Phys. USSR. **18**, 475 (1948).

[2] R. J. FINKELSTEIN: Phys. Rev. **72**, 907 (1947).

[3] I. WALLER and P. O. FRÖMAN: Ark. Fysik **4**, 183 (1952). — P. O. FRÖMAN: Ark. Fysik **4**, 191 (1952). — A. SJÖLANDER: Ark. Fysik **7**, 375 (1954).

[4] G. PLACZEK, B. R. A. NIJBOER and L. VAN HOVE: Phys. Rev. **82**, 392 (1951).

[5] G. PLACZEK: Phys. Rev. **86**, 377 (1952).

[6] G. PLACZEK: Phys. Rev. **93**, 895 (1954).

[7] G. C. WICK: Phys. Rev. **94**, 1228 (1954).

[8] L. S. KOTHARI and K. S. SINGWI: Proc. Roy. Soc. Lond., Ser. A **231**, 293 (1955).

[9] P. DEBYE: Ann. Phys., Lpz. **43**, 49 (1914).

Table 3. The value of $\Lambda\left(\frac{\Theta}{T}\right)=\left(\frac{T}{\Theta}\right)^2\int\limits_0^{\Theta/T}\frac{\beta}{(e^\beta-1)}\,d\beta$.

Θ/T	Λ	Θ/T	Λ	Θ/T	Λ	T/Θ	Λ	Θ/T	Λ	Θ/T	Λ
0	∞	0.8	1.022	1.6	0.418	3	0.161	7	0.0334	12	0.0114
0.2	4.755	1.0	0.778	1.8	0.354	4	0.0970	8	0.0256	14	0.0081
0.4	2.260	1.2	0.616	2.0	0.304	5	0.0642	9	0.0203	16	0.0064
0.6	1.433	1.4	0.502	2.5	0.216	6	0.0452	10	0.0164	20	0.0041

β) Incoherent elastic scattering is the part of the elastic scattering which is proportional to the incoherent atomic cross section, σ_{inc}. It is only indirectly dependent on the structure of the material involved (through Θ). In the cross section approximation (i.e., neglecting extinction effects) and assuming a structure of one atom per unit cell this type of scattering is given [*15*] by

$$\sigma_{\text{pie}}=\frac{\sigma_{\text{inc}}}{4k^2Y}\{1-e^{-4k^2Y}\}. \tag{13.3}$$

Here, Y is a factor similar to the DEBYE-WALLER W_τ and is given by

$$Y=\frac{3\hbar^2}{M_T\,\mathrm{k}\,\Theta}\left[\frac{1}{4}+\Lambda\left(\frac{\Theta}{T}\right)\right]. \tag{13.4}$$

γ) Incoherent inelastic scattering is the part of the inelastic scattering which is proportional to σ_{inc}. It also shows dependence on the structure only through Θ. The cross section for this process (again neglecting extinction and assuming one atom per unit cell) can be estimated from PLACZEK's mass expansion formula[1] which, for low energy neutrons ($E<\mathrm{k}\Theta$) at reasonably high temperatures ($T\gg\Theta/2\pi$) gives this cross section for a polycrystalline material as

$$\left.\begin{aligned}\sigma_{\text{pii}}=\sigma_{\text{inc}}\frac{M}{M_T}&\sum_{n=0,2,3,4}\left(\frac{\mathrm{k}\Theta}{E}\right)^{\frac{1}{2}-\frac{n}{2}}\left[a_n\frac{T}{\Theta}-b_n+c_n\left(\frac{T}{\Theta}\right)^{-1}\right]+\\&+\sigma_{\text{inc}}\left(\frac{M}{M_T}\right)^2\sum_{n=0,2,3,4,5}\left(\frac{\mathrm{k}\Theta}{E}\right)^{\frac{1}{2}-\frac{n}{2}}\left[d_n\left(\frac{T}{\Theta}\right)^2-e_n\frac{T}{\Theta}+f_n+g_n\left(\frac{T}{\Theta}\right)^{-1}\right].\end{aligned}\right\} \tag{13.5}$$

The values of the coefficients here are given in Table 4. The first summation in Eq. (13.5) is usually much more important than the second. For the formulas appropriate to other ranges of the parameters E and T the reader is referred to

Table 4. *Coefficients of the inelastic scattering cross section formula.*

n	a_n	b_n	c_n	d_n	e_n	f_n	g_n
0	1.2	0.4286	0.0556	1.3221	2.1141	0.7410	−0.1044
2	5	1.5	0.1786	−8.0590	3.8562	1.660	0.1877
3	−12	0	−0.333	0	0	0	0
4	5.25	0.825	0.0825	−41.042	−5.439	−1.262	0.2666
5	0	0	0	96	0	5.333	0

PLACZEK and VAN HOVE's article [*19*]. For very rough estimates the graph shown in Fig. 3 which was calculated by CASSELS [*15*] may be used. The graph applies to iron (ignoring magnetic scattering) but may be used for other materials by assuming the inelastic cross sections are proportional to $1/(M_T\Theta)$. Since it is based on a one-phonon calculation, the graph is most inaccurate at short wavelengths and high temperatures.

[1] G. PLACZEK: Phys. Rev. **93**, 895 (1954).

δ) Coherent inelastic scattering is the part of the inelastic scattering which is proportional to the coherent atomic cross section, σ_{coh}. In detail, it is generally sensitive to structure, however, the cross section for this process in the conditions appropriate to Eq. (13.5) is given to about $\pm 10\%$ accuracy by Eq. (13.5)

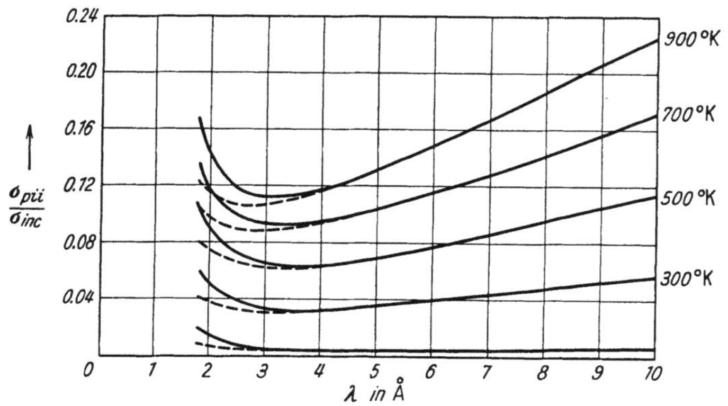

Fig. 3. The cross section for incoherent inelastic scattering by iron neglecting magnetic effects. Calculated in one phonon approximation by CASSELS [15].

with σ_{coh} substituted for σ_{inc}. This is even true with another small (of the order of $\pm 10\%$) loss in accuracy for a single crystal. Again, for other ranges of parameters the reader is referred to [19] and for very rough estimates Fig. 3 may be used substituting, of course, σ_{coh} for σ_{inc}. (See also the discussion at the end of this section.)

This last type of scattering may be very useful in studying the elastic properties of solids. This application in fact appears promising enough to warrant a more detailed discussion of the properties of this type.

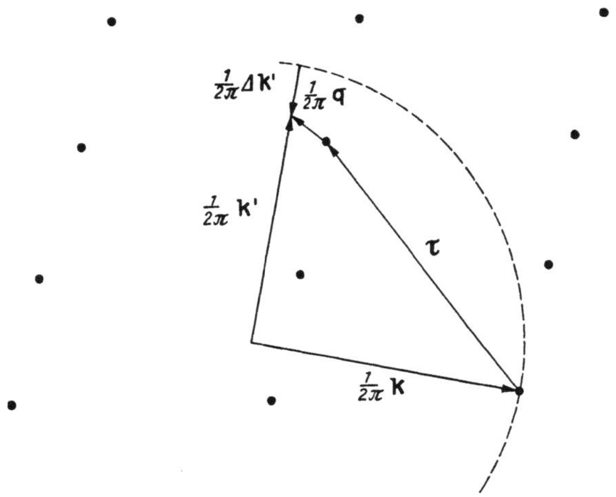

Fig. 4. The reciprocal lattice representation of coherent inelastic scattering. $\boldsymbol{k}$ is the wave vector of the incident neutrons, $\boldsymbol{k}'$ that of the scattered, $\boldsymbol{q}$ is the wave vector of the phonon exchanged with the lattice (absorbed from the lattice in the case shown) and $\Delta\boldsymbol{k}'$ is the change in wave vector of the scattered wave coming from the phonon exchange. $\Delta\boldsymbol{k}'$ is parallel to $\boldsymbol{k}'$. $\boldsymbol{\tau}$ is a reciprocal lattice vector.

Coherent inelastic scattering can be treated in a rather simple way first used by SEEGER and TELLER[1]. Consider the diffraction in the reciprocal lattice representation — using a two dimensional lattice for illustration. Such a lattice is shown in Fig. 4. In elastic scattering, of course, the BRAGG conditions are met if the vector difference between the incident and reflected wave vectors (of the same length in this case) can be drawn between two points of the reciprocal lattice. In inelastic scattering the corresponding interference condition will be met if

$$\boldsymbol{k}' - \boldsymbol{k} = \boldsymbol{q} + 2\pi\,\boldsymbol{\tau}. \tag{13.6}$$

[1] R. J. SEEGER and E. TELLER: Phys. Rev. 62, 37 (1942).

(The quantities involved are defined in Fig. 4.) The justification of this relation, which is only made plausible by Fig. 4, is given in the x-ray case by ZACHARIASEN (Chap. IV of [6]) and JAMES (Chap. V of [5]). The proof for the neutron case would be very similar, the only difference being that $|\boldsymbol{k}'|$ does not equal $|\boldsymbol{k}|$ which is not crucial in the argument.

How this kind of coherent scattering can give information about the elastic properties of solids has been shown by PLACZEK and VAN HOVE [17]. (These authors emphasize the interest of the case in which neutrons of relatively long wavelength are used. For such neutrons it is fairly clear from a construction such as Fig. 4 that there can be no coherent inelastic scattering involving donation of energy to the lattice if $\frac{1}{\pi}|\boldsymbol{k}| \leq \boldsymbol{\tau}_{\text{minimum}}$. Thus, the inelastic scattering is not complicated by the case of energy loss to the lattice.)

They start with the condition for conservation of energy,

$$2M\hbar^2(k'^2 - k^2) = \hbar\,\omega_j(\boldsymbol{q}), \tag{13.7}$$

where $\omega_j(\boldsymbol{q})$ is the angular frequency of the phonon, interchanged by the neutron, having wavelength and direction given by $\boldsymbol{q}$ and polarization index j. Restricting considerations to single crystals with one atom per unit cell—BRAVAIS lattices—the thermal motions of the atoms may be represented in terms of the phonons as

$$\boldsymbol{u} = \sum_k \boldsymbol{a}_{kj}\, e^{i(\omega_{kj}t + \boldsymbol{q}_{kj}\cdot\boldsymbol{r} + \delta_{kj})}. \tag{13.8}$$

$\boldsymbol{a}_{kj}$ is the amplitude of the wave of frequency ω_{kj} and polarization index j, $\boldsymbol{r}$ is the radius vector from the origin taken at the position of the center of an atom, and δ_{kj} is a phase factor for the kj wave. At the position of an atomic center $\boldsymbol{\tau}\cdot\boldsymbol{r}$ is an integer, hence, $2\pi\boldsymbol{\tau}\cdot\boldsymbol{r}$ can be added to the exponent in Eq. (13.7) without effect on the value of $\boldsymbol{u}$ at the atomic centers, which are the only places where $\boldsymbol{u}$ is meaningful. Thus, the elastic wave of wave vector $\boldsymbol{q} + 2\pi\boldsymbol{\tau}$ is equivalent to the one of wave vector $\boldsymbol{q}$

$$\omega(\boldsymbol{q} + 2\pi\boldsymbol{\tau}) = \omega(\boldsymbol{q}). \tag{13.9}$$

From Eqs. (13.6), (13.7) and (13.9) it is readily seen that

$$k'^2 - k^2 = \frac{2M}{\hbar}\,\omega_j(\boldsymbol{k}' - \boldsymbol{k}). \tag{13.10}$$

This equation permits the determination of the velocity of the elastic wave of wave vector $(\boldsymbol{k}' - \boldsymbol{k})$ by measurement of the spectrum of neutrons inelastically scattered in the direction given by the wave vector. For example, if one makes the DEBYE assumption that the elastic wave velocity is constant (C_{ej}) and considers the case of $k \ll \tau$

$$k' = \frac{2M}{\hbar}\,C_{ej}(\boldsymbol{k}')$$

which shows the coherent inelastic spectrum will consist of a few lines of wavelength determined by the velocity of the elastic waves of polarization state j, moving in the direction $\boldsymbol{k}'$.

For crystals containing more than one atom per unit cell, this treatment must be extended by consideration of the optical branches of the vibration spectrum and, of course, structure factor effects.

The cross sections for this one-phonon coherent inelastic scattering by a single crystal can be estimated fairly well from WEINSTOCK's calculation (Eqs. (35)

and (36) of [*14*]) which gives the cross section for the loss of a phonon, f, by a neutron as

$$\frac{d\sigma_{\mathrm{cci}}^{-f}}{d\Omega} = \frac{\pi^2 k' \hbar\, \sigma_{\mathrm{coh}} [(2\pi \boldsymbol{\tau} - \boldsymbol{q}_f) \cdot \boldsymbol{\alpha}_f]^2}{2k\, M_T\, \omega_f (1 - x_f)\, \Delta V}\, e^{-(2\pi\boldsymbol{\tau} - \boldsymbol{q}_f)^2 Y}\, \delta(\boldsymbol{k} - \boldsymbol{k}' + \boldsymbol{q} f + 2\pi \boldsymbol{\tau}). \quad (13.11)$$

$\boldsymbol{\alpha}_f$ here is the unit vector in the direction of polarization of the phonon $\boldsymbol{q}_f$, ΔV is the volume of the crystal and ω_f is the angular frequency of the phonon, f. The δ function is, of course, equivalent to Eq. (13.6). x_f is given by

$$x_f = e^{-\frac{\hbar \omega_f}{\mathrm{k}T}}. \quad (13.12)$$

The cross section for the gain of a phonon, f, by the neutron is given by

$$\frac{d\sigma_{\mathrm{cci}}^{f}}{d\Omega} = x_f \frac{d\sigma_{\mathrm{cci}}^{-f}}{d\Omega}. \quad (13.13)$$

14. Refraction. As was implied by the mention of the dynamical theory of x-ray scattering in Sect. 11, the propagation constant of a neutron beam changes when the material in which the beam is travelling changes. This change is usually well approximated by a real index of refraction for all materials except possibly one or two with the highest absorption cross sections. Since the index of refraction has an appreciable effect in many phenomena of neutron optics it seems worth giving at least an outline of the calculation of it (cf. Chapt 1 of [*3*]).

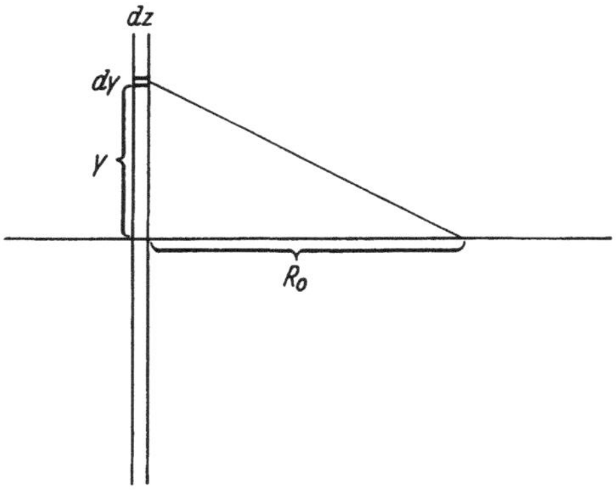

Fig. 5.

Consider the situation shown in Fig. 5. A neutron beam of propagation constant, k, is normally incident on a macroscopically homogeneous slab of material of thickness, dz, small compared to the wavelength. Now the amplitude of the scattered beam at a point $R_0 (\gg \lambda)$ from the slab can be seen, starting from Eq. (4.4) and Sect. 5, to be given by

$$A_{\mathrm{sc}} = \int_0^\infty \frac{N_A \bar{b}\, dz\, e^{ik(y^2+R_0^2)^{\frac{1}{2}}}}{(y^2 + R_0^2)^{\frac{1}{2}}}\, 2\pi\, y\, dy = \frac{2\pi\, N_A\, \bar{b}\, dz}{i\,k} \int_{ikR_0}^\infty e^q\, dq. \quad (14.1)$$

N_A is the number of atoms per cm.^{3}, $\bar{b}$ is the average scattering amplitude (= the weighted average of b_E taken over all the elements present. We are considering only s-scattering so b is independent of angle). The evaluation of the integral is made easy by introducing a physically reasonable attenuation factor of the form exp $(-Gq)$ where G is an attenuation coefficient and letting $G \ll k$. Using the approximation that the attenuation of the direct beam is negligible, the total amplitude is

$$A_{\mathrm{total}} = \left(1 + \frac{2\pi\, i\, N_A\, \bar{b}\, dz}{k}\right) e^{ikR_0}. \quad (14.2)$$

Approximating the factor in parentheses by an exponential it can be seen to be equivalent to a phase shift,

$$\varphi = \frac{2\pi\, N_A\, \bar{b}}{k^2}\, k\, dz. \quad (14.3)$$

Alternatively, this phase shift may be ascribed to the change in propagation constant coming from the index of refraction, n, of the slab. Thus calling the propagation constant in the slab, k_s we have

$$\varphi = (k_s - k)\, dz. \tag{14.4}$$

Now from Eqs. (14.3) and (14.4),

$$\frac{k_s}{k} - 1 = \frac{2\pi N_A \bar{b}}{k^2} = \frac{1}{n} - 1,$$

or

$$n = 1 - \frac{2\pi N_A \bar{b}}{k^2}. \tag{14.5}$$

Here, of course, we have used the fact that $(n-1) \ll 1$.

This derivation obviously involves some rather shaky assumptions. (Reflection effects at the boundaries have been ignored for example.) Much more careful derivations have been performed by GOLDBERGER and SEITZ [*8*] and LAX[1] and KLEINMAN[2] which, however, lead to essentially the same result as Eq. (14.5). There is a small correction for the absorption cross section of very strong absorbers (see [*8*]). For a material with an absorption cross section of 10^4 barns the correction is to lower $|1-n|$ by a few percent. Since the effect depends on the square of the absorption cross section it is clearly negligible for almost all isotopes.

III. Experimental techniques.

a) Sources of thermal neutrons[3].

15. Flux. The strength of most neutron sources is usually described in terms of *flux*. In neutron physics this is the quantity which, multiplied by a cross section, gives the reaction rate. Thus, in the absence of strong sources or sinks, it is the number of neutrons per sec. crossing a sphere whose cross sectional area is 1 cm.^{2}. An equivalent definition is that it is the sum of the speeds of all the neutrons in a cm.^{3} at the position of interest. It is *not* the number of neutrons crossing a square of 1 cm.^{2} area, except in a well collimated beam, even though it is usually expressed in neutrons per cm.^{2} per sec.

16. Natural sources. The neutron was discovered and most of the early measurements of its properties were made by means of the reaction of α-particles on the Be^9 nucleus. This reaction yields neutrons in a considerable range of energies up to about 5 Mev more than the α-particle energy. The α-particles used were usually from Ra—sometimes from Po if the γ-rays associated with Ra were very undesirable. These sources were relatively weak. For example, 1 curie of Ra mixed well with Be powder would give about 10^7 neutrons per sec. If the source were placed in a moderator, for definiteness say 1 m.^{3} of water, it would give thermal neutron fluxes of roughly 8×10^4 neutrons cm.$^{-2}$ sec.$^{-1}$ near the source. Natural sources have been superseded for most purposes by accelerators and reactors, but they still furnish the best standards for flux measurement. For use as standards, sources using the photodisintegration of Be^9 by the γ-rays

---

[1] M. LAX: Multiple Scattering of Waves. Rev. Mod. Phys. **23**, 287 (1951).

[2] D. A. KLEINMAN: Thesis, Brown University, Providence, Rhode Island. 1951, p. 45.

[3] More details on neutron sources are furnished in vol. XXXVIII of this Encyclopedia in the article by E. AMALDI.

from Ra have proved to be more satisfactory than those using the α-n reaction and are in fairly wide use[1, 2].

17. Accelerators. Many reactions produced by artificially accelerated heavy particles yield neutrons. In addition, γ-rays from electron accelerators can produce neutrons by photodisintegration. Both of these methods have been used to produce neutron sources much more intense than any natural sources ever made. These methods in general produce neutrons of energies in the Mev region. To get thermal neutrons from these it is of course necessary to surround the source with a moderator. The amount of moderator required depends on the material used and the neutron energy. For water or paraffin and neutrons of around 2 Mev, a sphere of perhaps 15 cm. radius is sufficient.

A heavy particle reaction which is useful for the production of neutrons is that of deuterons on Be^9. With a 100 μamp beam of 10 Mev deuterons this reaction in a thick target yields roughly 3×10^{12} neutrons per sec. Moderated, these would give a thermal flux of about the same intensity relative to the fast neutron production as the natural sources described above, i.e., a thermal flux of about 2×10^{10} neutrons cm.$^{-2}$ sec.$^{-1}$.

There is a technique for resolving neutron beams along an energy or velocity scale which is very well matched to the characteristics of accelerators. This is the time-of-flight technique first used by ALVAREZ[3]. In this method, the neutron source is pulsed and the neutrons allowed to travel for a distance of meters before striking the detector. The neutrons of any given velocity will arrive at a certain length of time following the pulse, of course. Thus, by recording the detector counts in channels open for periods of the order of microseconds at a series of times following the pulse, the neutrons from the source are sorted into velocity groups. Since many accelerators inherently produce their beams in pulses, and all can be modified to do so, this is a very useful technique. It has the advantage that often considerably higher beam currents can be obtained in pulses than continuously. The pulse length which is appropriate for the production of thermal neutrons would be about 2 μsec. for this time spread will be produced in any case by the moderating process.

As an example of the fluxes which may be obtained by pulse techniques, the recent work of GRIMM, RAINWATER, and HAVENS[4] may be cited. They used a proton beam and a tungsten target in the high energy sychrocyclotron of Columbia University at Nevis. This combination gave them pulses during which the neutron production rate in the target was in the range of 10^{14} per sec. for moderated neutrons. In this work the moderator was not designed to give many thermal neutrons but presumably one could have been used which would have given fluxes not far from 10^{12} cm.$^{-2}$ sec.$^{-1}$.

The pulse technique has been applied also to the electron accelerators used to produce neutrons notably by MERRISON and WIBLIN[5] at Harwell.

18. Reactors. Although the accelerator technique is rapidly improving and the fluxes given are surely not the ultimate, it is unlikely that accelerators will be used much as sources of thermal neutrons. It appears now that the nuclear

[1] A good discussion of natural sources is given by B. FELD in "Experimental Nuclear Physics", vol. II, pp. 361 et. seq. Edit. by E. SEGRÈ. New York: John Wiley & Sons 1953.

[2] The situation in calibration of standards as of 1954 is described by D. J. HUGHES: Nucleonics **12**, No. 12, 26 (1954).

[3] L. W. ALVAREZ: Phys. Rev. **54**, 609 (1938).

[4] G. GRIMM, L. J. RAINWATER and W. W. HAVENS jr.: Phys. Rev. **98**, 1161 (1955) (Abstract only).

[5] MERRISON and WIBLIN: Proc. Roy. Soc. Lond., Ser. A **215**, 278 (1952).

reactor is the best source of thermal neutrons in prospect. It has one rather overwhelming advantage in that the advent of a large scale nuclear power industry would make intense thermal neutron beams a cheap and widespread by-product. Even now reactors giving fluxes of more than 10^{13} neutrons cm.$^{-2}$ sec.$^{-1}$ are becoming common and data have been published on the Materials Testing Reactor near Idaho Falls, Idaho[1] which has a thermal neutron flux as high as 5×10^{14} at certain positions.

Now and in the forseeable future, most reactors will operate largely on thermal neutrons which means they will have their highest flux in the region which is most useful for diffraction studies, 0.5 to 5 Å wavelength. The distribution of neutrons in energy depends of course on the details of the reactor construction, but in general will be reasonably close to the Maxwellian distribution familiar in the kinetic theory of gases. The equivalent temperature of this Maxwellian will be close to that of the point of the reactor where the neutrons last underwent an appreciable number of collisions, but will probably be slightly higher because neutrons are fed into the thermal region from regions of higher energy. There is in fact always a tail on the high energy side of the Maxwellian distribution consisting of neutrons not yet moderated to thermal. The distribution of these neutrons in the flux follows a $1/v$ law. That is, the number of velocity between v and $v + \Delta v$ is proportional to $\Delta v/v$. The ratio of the number in this part of the neutron spectrum to the number in the thermal spectrum depends rather strongly on the type of reactor. In Fig. 6 is shown for illustration the spectrum of a heavy water moderated reactor using about 10 grams of U^{235} per liter. A reactor with a lower fuel concentration would give a higher ratio of thermal to $1/v$ neutrons and vice versa. (For example, the relative number of $1/v$ neutrons would be about twice as high in the usual graphite—natural uranium lattice.) The ratio will, however, be within about a factor of 3 of that shown in the figure for any thermal reactor yet built.

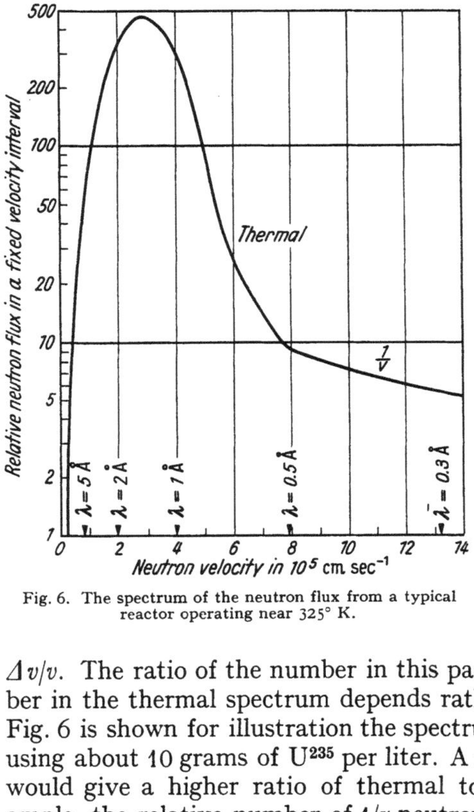

Fig. 6. The spectrum of the neutron flux from a typical reactor operating near 325° K.

Ordinarily, it is relatively easy to extract a neutron beam from a reactor. A hole of the desired shape is simply put through the shielding and reflector surrounding the active part of the reactor to the place from which the beam is to come. It is customary in order to allow flexibility in the size and shape of hole used to put this hole in a long removable plug, called a collimator which fits in a larger hole in the shielding. Collimators usually have steps or shoulders on their sides to prevent leakage of γ-rays and neutrons in clearance space between them and the holes in which they fit. As an example of the structure of a typical reactor and ways in which beams may be extracted from it, Fig. 7, a cross section of the Argonne National Laboratory's research reactor at Lemont, Illinois is shown here.

[1] J. R. Huffman: Nucleonics **12**, No. 4, 20 (1954).

The neutron beams which come out of a reactor have a spectrum which is that of the MAXWELLian distribution of particle flux, not that of particle density given in Eq. (2.2). This distribution is given, of course, by the velocity times the density distribution or

$$d\varphi = \frac{2\varphi v^3}{v_0^4} e^{-\left(\frac{v}{v_0}\right)^2} dv. \tag{18.1}$$

φ is the total flux in neutrons cm.$^{-2}$ sec.$^{-1}$ and v_0 is the velocity at the peak of the MAXWELLian for the density distribution

$$v_0 = \left(\frac{2\,\mathrm{k}T}{M}\right)^{\frac{1}{2}} = 1.284 \times 10^4 \times T^{\frac{1}{2}}. \tag{18.2}$$

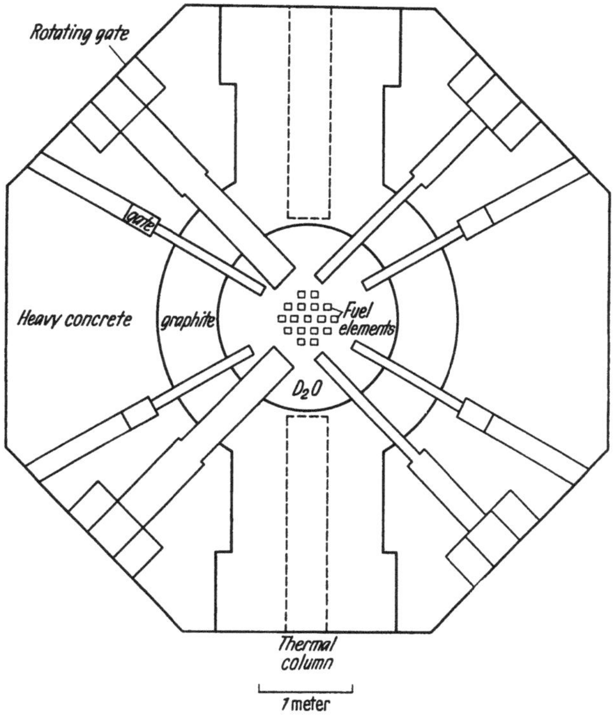

Fig. 7. Horizontal cross section $3\frac{1}{2}$ feet above the floor of the Argonne National Laboratory's reactor—CP—5. Eight beam holes and two thermal columns, all filled with removable plugs, are shown.

The temperature of the regions of a reactor from which a beam might be extracted is lower than 400° K on most present reactors but not on all, and it may be considerably higher in some in the future. In any event, there is nothing to prevent holding a small region in the reactor at some special temperature if it is desired to shift the spectrum up or down. If the region from which the beam comes contains ordinary hydrogen, it need only be 1 or 2 cm. thick in the direction of the beam to control the temperature. For heavier elements, which will have lower scattering cross sections, larger volumes of material would be needed. For graphite, for example, such a source should consist of a hole to the center of a sphere of 10 cm. or more radius.

In general, the highest thermal fluxes in reactors will be found in regions near the center and these will be the best places from which to take beams. For certain purposes, however, the rather high fluxes of fast neutrons and γ-rays which are also present in these regions are very undesirable. The ratio of thermal to fast flux is considerably higher further away from the center of the reactor, in the reflector, and higher still in the thermal column. Roughly speaking, the ratio of thermal to fast flux rises about as fast as the thermal flux falls in a graphite reflector out to the point where the ratio is a few hundred times its value in the center. The decrease in the thermal flux in the reflector and thermal column is a diffusion phenomenon in which an exponential decrease with a relaxation length equal to the diffusion length of the material (50 cm. in the case of graphite) is superimposed on the geometrical decrease.

The flux in a beam can be calculated from purely geometrical considerations. At a point in the beam, but outside the beam hole, it is given simply by

$$\varphi_{\text{beam}} = \frac{\varphi_{\text{source}} A_b}{4\pi r_p^2} \tag{18.3}$$

when A_b is the cross-sectional area of the beam hole (assumed to be constant) and r_p is the distance from the source end of the beam hole to the point in question. The variation with time of the intensity of the beams from a reactor does not ordinarily exceed 10% when the reactor is operating normally. If variations within this range—which may come from temperature changes, movement of control rods, etc.—are serious, it is necessary to provide a monitor to measure the beam intensity. This sometimes consists of a neutron counter put in a hole near the beam but ideally should be a fairly transparent counter in the beam itself.

For more information on the characteristics of thermal reactors and the diffusion of neutrons, the reader may consult the work of HUGHES [2] which emphasizes the experimental aspects of the subject and the work of GLASSTONE and EDLUND[1] which emphasizes the theoretical.

b) Monochromators and spectrometers.

19. Time-of-flight spectrometers. The crucial characteristic of neutrons for most studies involving neutron optics is their wave length, hence, it is necessary in general, to sort out the neutrons furnished by the sources in groups of a certain range of wave lengths. The time-of-flight method of doing this was described roughly in its application to accelerators as neutron sources in Sect. 17. This same technique can also be applied to neutron beams from reactors by pulsing the beam with a mechanical shutter or *chopper* as they are often called[2]. This was first done by FERMI, MARSHALL and MARSHALL[3] whose instrument was later improved by BRILL and LICHTENBERGER[4]. Since this instrument is typical of a number of others that have been built later a brief description of it will be given. The shutter used in this spectrometer is shown in cross section in Fig. 8. The aluminum plates used in this shutter are in effect open channels for neutrons, for the total cross section of polycrystalline aluminum is only about 2 barns. This shutter was rotated about an axis normal to the plane of the drawing which axis passed through the center of the cross section. The neutron beam in which the shutter was placed was normal to the axis of rotation of the shutter. In a

[1] S. GLASSTONE and M. C. EDLUND: The Elements of Nuclear Reactor Theory. New York: D. van Nostrand Co. 1952.

[2] It could in principle be done by pulsing the reactor but this is a difficult and dangerous scheme and will probably never be used for a spectrometer.

[3] E. FERMI, J. MARSHALL and L. MARSHALL: Phys. Rev. **72**, 193 (1947).

[4] T. BRILL and H. V. LICHTENBERGER: Phys. Rev. **72**, 585 (1947).

perfectly collimated beam the shutter would have been open for 0.032 radians, twice in each rotation. In the beam actually used, the angular spread of the beam (in the plane of Fig. 8) was added to the 0.032 radians in determining the time the shutter was open. The detector, a BF_3 counter, was placed in the beam a few feet from the shutter on the opposite side from the reactor which furnished the beam. Counts from the detector were registered by a group of six scalers which were sensitive for successive intervals following the time when the beam passed through the shutter. The timing of the sensitive periods of the scalers was controlled by pulses from a series of photocells which were struck by a beam of light reflected from a mirror attached to the rotating shutter. This system insured that the scalers received counts at a fixed time after the shutter was open, provided only that the shutter rotated at a constant speed. This in turn was insured by synchronizing the shutter rotations with the power frequency. In any given scaler the time of flight or velocity of the neutrons recorded could be changed by (1) changing the speed of the shutter by multiples of 30 revolutions per sec., (2) moving the bank of photocells around the axis of rotation of the shutter, (3) changing the separation of the shutter and detector.

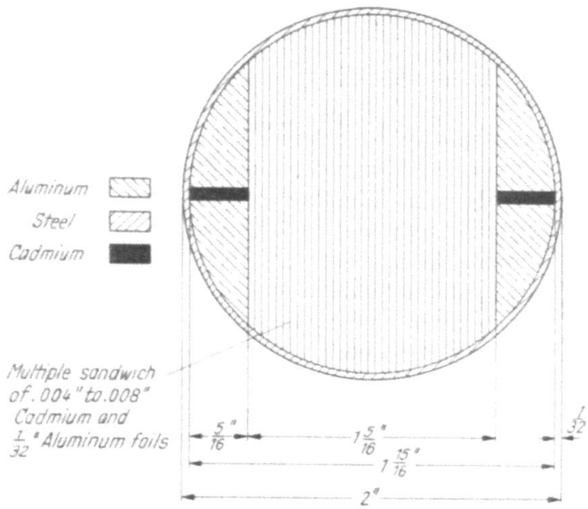

Fig. 8. Cross section of the rotating shutter built by FERMI, MARSHALL and MARSHALL. This section is normal to the axis of rotation which is the axis of the cylinder. [From E. FERMI, J. MARSHALL and L. MARSHALL: Phys. Rev. 72, 193 (1947).]

The resolution in velocity which can be achieved by this type of spectrometer, when the time of flight is equal to the time of one half a rotation of the shutter, is given approximately by

$$\frac{v}{\Delta v} = \frac{\pi}{2\Delta\vartheta_B}. \tag{19.1}$$

Δv here is the full width of the velocity distribution of the neutrons recorded in one channel. This width is taken as measured at the points where the distribution has fallen to one half its value at the maximum (which should occur at very nearly the average velocity). $\Delta\vartheta_B$ is the angular spread of the beam in the plane normal to the axis of rotation of the shutter, in radians. It is assumed in this formula that the angular opening of the shutter equals $\Delta\vartheta_B$ and that the time the detector channel is open is the same as the time the shutter is open. Under the same assumptions it is not hard to show that the number of counts in one channel is

$$n_c = K_v E_D A_S \left(\frac{\Delta\vartheta_B}{\pi}\right)^2 \left(\frac{\Delta\vartheta_B\,\Delta\vartheta_H}{4\pi}\right) 4\varphi\, \frac{v^4}{v_0^4}\, e^{-\left(\frac{v}{v_0}\right)^2} \sim \left(\frac{\Delta v}{v}\right)^3 v\, \frac{d\varphi}{dv}. \tag{19.2}$$

K_v is a transmission factor which is near unity for high neutron velocities but falls off slightly for lower velocities as the shutter turns appreciably in the time it takes low velocity neutrons to traverse it. $\Delta\vartheta_H$ is the angular spread of the beam in the plane normal to $\Delta\vartheta_B$. E_D is the efficiency of the detector for neutrons passing through the shutter and A_s is the maximum open area of the shutter.

In the BRILL and LICHTENBERGER spectrometer typical values of the operating parameters were the following:

ω_s = shutter speed = $180\times 2\pi$ radians per sec,

$\Delta\vartheta_B = 0.027$ radians,

shutter to detector distance = 1.50 meter,

$\Delta\vartheta_H = 0.053$ radians,

$\frac{v}{\Delta v} = 58.$

Under these conditions the n_c in the channel centered at 2200 m./sec. was about $2\times 10^{-8}\,\varphi_{\text{source}}$.

The time-of-flight spectrometer suffers from a sort of inverse of the higher order contamination of diffraction spectrometers. Neutrons whose time of flight from shutter to chopper (t_2) is equal to that of a given group (t_1) plus the time between one or more openings of the shutter arrive at the same time as the given group. They are of lower velocity (much lower if $t_1 \ll \pi/\omega_s$) and can sometimes be removed by an absorber with a cross section proportional to $1/v$ (e.g., boron). In any event, if the contaminating group is below the peak of the MAXWELLian distribution in velocity, they will often not be of importance.

In recent years this type of spectrometer has been improved greatly for application to neutron cross section measurement in the resonance region. This has involved the construction of elaborate high speed shutters (which are probably not useful for thermal neutrons) and detection systems using as many as 1000 channels simultaneously (which might be applicable to thermal neutron studies). These detection systems store the incoming pulses in ferrite-core magnetic memory systems and read them out at the end of a run of any desired length[1].

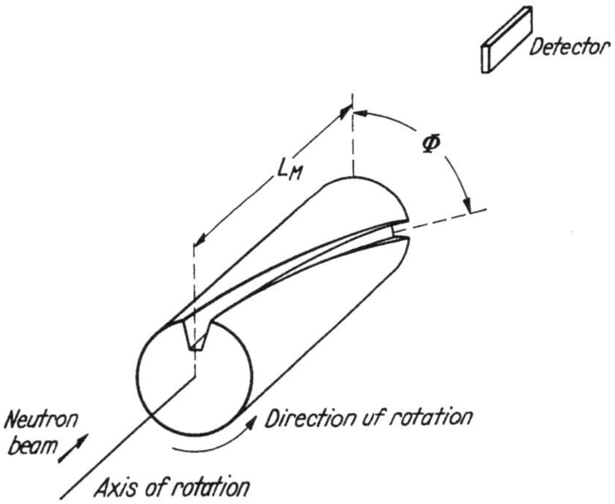

Fig. 9. Mechanical Monochromator.

20. Mechanical monochromators. A variation of the time-of-flight principle (sometimes called the helical chopper) which was actually used[2] before the spectrometers described in Sect. 19 is that using a series of rotating shutters in the beam, located and phased relative to each other so that only neutrons of one velocity can pass through all of the shutters. The shutters are ordinarily mounted on one axis which is parallel to the neutron beam. If the shutters are sufficiently close together they form in effect a cylinder with a helical slot running through it as shown in Fig. 9.

The velocity of the neutrons passed by the monochromator will be given by

$$v = \frac{L_M\,\omega_M}{\Phi} \tag{20.1}$$

where L_M is the length of the monochromator, ω_M its angular velocity and Φ the change in phase angle of the opening in the detector end of the monochromator

[1] R. W. SCHUMANN: Rev. Sci. Instrum. **27**, 686 (1956).
[2] DUNNING, PEGRAM, FINK, MITCHELL and SEGRÈ: Phys. Rev. **48**, 704 (1935).

relative to that of the source end. In a rough approximation the velocity resolution of such a monochromator is given by

$$\Delta v = \Delta \vartheta_M \frac{v^2}{\omega_M r_M}. \tag{20.2}$$

$\Delta \vartheta_M$ is the angular spread of the beam in the direction of motion of the monochromator rotor at the point where the beam strikes it, and r_M is the radius of the rotor at that point. Since $\omega_M r_M$ is the linear velocity of the rotor, it cannot be made much higher than 2×10^4 cm. sec.$^{-1}$. Thus, for thermal neutrons ($v \approx 2 \times 10^5$) the resolution in velocity ($v/\Delta v$) is about $\frac{1}{10}$ as good as the resolution in angle ($1/\Delta \vartheta_M$). This is a rather poor combination for diffraction work, for example, hence this type of monochromator is generally considered for neutrons slower than the thermal average. In this region it has several attractions. It is free from the higher orders that bother crystal monochromators, and it permits concentration of time on the least intense velocity of interest which the time-of-flight spectrometers discussed earlier cannot do.

One very simple but practical form of this monochromator has been built by Dash and Sommers[1] who approximate the helix by grooves cut parallel to the axis of rotation which itself is tilted at a slight angle ($\Phi r_M/L$) to the neutron beam.

21. Crystal monochromators. The monochromator which is by far the most widely used for neutron diffraction work is the single crystal, usually of metal. Such monochromators were first used on neutron beams from a reactor (in 1944) by Zinn[2] and by Borst, Ulrich, Osborne and Hasbrouck[3] who all used them for cross section measurements rather than diffraction studies. It is fairly clear from the discussion of Sect. 11 that with very reasonable thicknesses of crystal a large fraction of the neutrons striking the crystal which satisfy the Bragg relation will be reflected. In Sect. 11, however, it was assumed that the incident beam was perfectly monochromatic and perfectly collimated. The neutron beams furnished by reactors always have an appreciable spread in angle and the whole thermal spectrum of energies. If the collimation of the neutron beam permits a spread in the angle of incidence of $\Delta\vartheta$ there will be a spread of $\Delta\vartheta$ in the angle of reflection and correspondingly a spread of $\lambda \Delta\vartheta \cot\vartheta$ in wavelength of the reflected neutrons from this cause. In addition there will be a spread of η in the angles of reflection and $\lambda \eta \cot\vartheta$ in the wavelengths reflected strongly arising from the mosaic structure of the single crystal. In general, the combination of intensity and resolution is optimized by making all sources of lack of resolution roughly equal. Thus, it is usually desirable to have η equal $\Delta\vartheta$, choosing the value for the sum according to the requirements of resolution and intensity of the measurement wanted. Fortunately, crystals of almost any η likely to be needed are available, for the restrictions on materials are not very severe. The only restrictions are that the coherent scattering amplitudes, b, be about 0.5×10^{-12} or larger and that the sum of incoherent scattering and absorption cross sections be smaller than about 50 barns. This only excludes about 20 elements from consideration.

In obtaining a crystal with a suitable η, some observations of Weiss[4] are helpful. He found the η in lead single crystals could be increased by straining when

[1] J. G. Dash and H. S. Sommers: Rev. Sci. Instrum. **24**, 91 (1953).
[2] W. H. Zinn: Phys. Rev. **71**, 752 (1947).
[3] L. B. Borst, A. J. Ulrich, C. L. Osborne and B. Hasbrouck: Phys. Rev. **70**, 557 (1946).
[4] R. J. Weiss: Phys. Rev. **83**, 863 (1951).

cold and decreased by thermal annealing. By such means he produced lead crystals having η's varying from about 3 to 60 minutes.

The beams from crystal monochromators contain, in general, neutrons of several wavelength groups arising from reflections in several orders by the crystal. Usually one is interested in the neutrons coming from the lowest order and the others are a sort of contamination whose importance depends on a number of factors. If the lowest order reflection gives neutrons of velocity equal to, or greater than, that of the maximum in the velocity distribution of the flux, the intensity of the second order will be down by a factor of 10 or more and the higher orders still lower as can be seen from Fig. 6. Moreover, it is at least plausible from Eq. (8.9) that the reflectivity decreases as v^2 if the crystal is thin enough. Finally, many detectors have a sensitivity which varies as $1/v$, thus aiding the suppression of higher orders.

22. Filters and mirrors as monochromators. A rough wavelength selection of neutrons of rather long wavelength, >4 Å, can be achieved by a very efficient method that, moreover, is free from higher order complications. This scheme is based on the characteristics of the cross section of materials such as Be that have low absorption and incoherent plus inelastic scattering cross sections. In such materials in random polycrystalline form, the scattering is almost completely coherent and the cross section for this falls abruptly [cf. Eq. (12.2) and Fig. 15] as a function of wavelength at the wavelength equal to twice the largest interplanar spacing in the crystals of the material (the BRAGG cut-off). Thus, a thickness of 20 cm. or so of such a material will act as a filter transmitting neutrons of wavelength longer than the BRAGG cut-off with perhaps a 50% loss in intensity and neutrons of shorter wavelength with a reduction of 10^6 in intensity. The velocity spectrum of the transmitted beam, thus, rises with velocity as the MAXWELLian, or v^3, to a peak at which point it drops almost to zero. The full width of the peak at half maximum intensity is about 25% of the average velocity transmitted. For the best results it may be necessary to cool the filter with liquid N_2 to reduce inelastic scattering in the transmission region.

The same kind of spectrum may be obtained by using total reflection at a mirror surface to select neutrons below a critical wavelength. The formulas of the critical reflection process will be taken up at a more appropriate point in Sect. 31. However, for the present purposes it is enough to note that most materials, if optically smooth, reflect neutron beams incident on them at angles of a few minutes, if the neutron's wavelength is greater than a certain minimum of a few angstroms. This scheme will give a peak at velocities as high as v_0 but it is terribly constricted in its collimation requirements (minutes of angle in the direction of the normal to the mirror) compared with the filter.

c) Detectors[1].

23. BF_3 and $B(CH_3)_3$ counters. There are many nuclear reactions which could be used to detect thermal neutrons but the one which has been most widely used is that with B^{10}.

$$n + B^{10} \xrightarrow{94\%} Li^{7*} + \alpha + 2.315\,\text{Mev},$$

$$\xrightarrow{6\%} Li^{7} + \alpha + 2.792\,\text{Mev}.$$

(Li^{7*} emits a gamma-ray of about 470 kev energy in 10^{-13} sec.) The cross section for this reaction is 4050 ± 50 barns for 2200 m./sec. neutrons (750 ± 10 barns

[1] A separate article on neutron detectors by H. H. BARSCHALL will be found in Vol. XLV of this Encyclopedia.

for natural boron containing about 20% of the isotope B^{10}) and follows a $1/v$ law. The boron is usually used in the form of BF_3 gas in a proportional counter which detects the ions from the reaction products. These give large pulses compared to those from cosmic rays or local gamma-rays. Thus, their background from anything but neutrons is quite small. The construction of such counters, which is made difficult by the chemical instability of BF_3, is described by KORFF[1]. Details on the preparation and properties of BF_3 gas are given in an article by BISTLINE[2]. Since boron consisting of 96% B^{10} is obtainable from the Oak Ridge National Laboratory, almost all counters are now filled with boron enriched in B^{10}.

A typical counter is shown in cross section in Fig. 10. A counter such as that shown would probably be filled to a pressure near $\frac{1}{2}$ atmosphere. In this case a high voltage of about 2600 giving a gas gain of around 20 and an amplifier system with a rise time of 1 or 2µ sec. would be suitable. Such a counter would stop about $\frac{3}{4}$ of the 1 Å wavelength neutrons traversing it in the axial direction and should detect $\frac{3}{4}$ or more of those stopped depending on the pulse sizes accepted by the recording system.

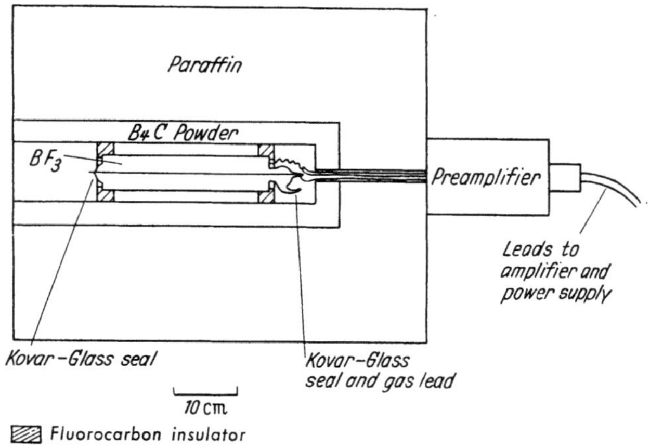

Fig. 10. Cross section of neutron counter and shield. As shown the counter operates with the shell at a high negative voltage.

The shielding shown in Fig. 10 is intended to reduce the counter's response to fast neutrons, for these cause the most serious difficulties with backgrounds near a reactor. It is the shielding requirements that make neutron detectors so large, clumsy and expensive, and since the size of the shield depends directly on the size of the counter, it is desirable to make the latter as small as possible. To this end efforts have been directed to building BF_3 counters operating at higher pressures, but it appears that beyond about $\frac{3}{4}$ atmosphere the plateaus and stability of counters deteriorate as the pressure rises. Fairly successful counters of about 2 cm. diameter have been operated at 1 atmosphere pressure. It is possible that a way out of this difficulty may be offered by use of a different gaseous compound of boron, $B(CH_3)_3$, which was used successfully by HAUSER[3]. This compound appears to be more suitable for proportional counting than BF_3 but is more difficult to make.

24. Scintillation counters. A great reduction in size of the counter can be obtained by using a scintillating material containing an element which has a large cross section for an energetic reaction with neutrons. The most promising material produced for this purpose is Li I crystals activated with europium. These crystals, which were developed by SCHENCK[4], give pulses which are many times the noise

[1] S. A. KORFF: Electron and Nuclear Counters, p. 70 et seq. New York: D. van Nostrand Co. 1955.
[2] J. A. BISTLINE: Rev. Sci. Instrum. **19**, 842 (1948).
[3] U. H. HAUSER: Z. Naturforsch. **7**a, 781 (1952).
[4] J. SCHENCK: Nature, Lond. **171**, 518 (1953). — J. SCHENCK and J. H. NEILER: Nucleonics **12**, No. 3, 28 (1954).

evel when a neutron interacts with Li^6,

$$n + Li^6 \rightarrow \alpha + H^3 + 4.780\,\text{Mev}.$$

In the usual application of this reaction, the light pulses coming from it in the scintillator are viewed by a photomultiplier such as the RCA-5819 and the output of the photomultiplier analyzed by some form of discriminator. The pulses are large enough so that the statistical spread in the photomultiplier output is only about 6% full width at half maximum and the use of a discriminator greatly reduces the background. The cross section of the reaction on Li^6 is (910 ± 40) barns and on natural Li is (67 ± 3) barns. These cross sections suggest that with enriched Li, crystals could be made which would give a satisfactory efficiency when only 1 mm. thick. However, such crystals are not yet available.

One drawback of these crystals is their sensitivity to γ-rays. For crystals of natural lithium this may be important enough to require extra shielding in some situations. Another is that the photomultiplier has to go inside the shield or one must use a light pipe with rather special properties.

Thin scintillators have been made of ZnS in fused B_2O_3 which have a low (ca. 1%) efficiency for detecting thermal neutrons but good discrimination against γ-rays[1]. Another scintillation detector for slow neutrons which is available is the boron loaded liquid scintillator developed by Muehlhause and Thomas[2]. This liquid gives considerably smaller pulses than the Li I crystal but has appreciably lower sensitivity to γ-rays.

25. Other detectors. A number of other methods have been used for detecting neutrons which are not as efficient as the foregoing but have special properties that may make them of interest for diffraction work for example. Among these are the use of thin foils of a material which has a high cross section for activation. After activation the foil is held against a photographic plate or some other device for detecting the radiations of the active atoms. By using γ-emitting materials, rather high efficiencies could be obtained but the practical applications have been with β-emitters since it is much simpler to obtain efficient detection of β-particles. The most favorable case would be to assume such a detector could be made of Dy^{164} which has an activation cross section of about 3000 barns for a 2.4 hour activity. From a sheet of this material about 40 milligrams per cm.^{2} thick, one β-ray would eventually emerge for roughly every 20 thermal neutrons incident on the surface. Thicker material would absorb a larger fraction of the β's and thinner a smaller fraction of the neutrons; so 40 milligrams is near optimum. However, Dy^{164} is so rare a material that one would surely prefer a rather thin layer in using it.

There is a somewhat simpler detection method which would probably give comparable results in number of developable grains in a photographic plate per neutron. This method uses a photographic plate several hundred microns thick loaded as heavily as possible with B^{10} which implies a concentration of about 54 mg/cm.^{3}. The neutrons are detected by the developable tracks left in the emulsion by the products of the reaction with B^{10}. The disadvantage of this scheme is that the photographic plate must be used in the neutron beam with the attendant background from scattered γ-rays and fast neutrons. This background, however, can be discriminated against by fading and special development methods, as the particles from the $n + B^{10}$ reaction are more densely ionizing than electrons coming from γ-rays or recoil protons from fast neutrons.

[1] S. B. Gunst, J. C. Connor and R. T. Bayard: Rev. Sci. Instrum. **26**, 894 (1955).
[2] G. E. Thomas and C. O. Muehlhause: Nucleonics **11**, No. 1, 44 (1953).

d) Neutron diffraction methods.

26. Powder diffraction apparatus. For a variety of reasons mainly connected with problems of intensity the first extensive work using neutron diffraction as a tool in structural analysis was done by powder diffraction or the DEBYE-SCHERER method. The first work in this field and many of the latter developments are due to SHULL and WOLLAN and their group at Oak Ridge National Laboratory. Their first apparatus [21] is shown in Fig. 11. In this apparatus the collimator gave a beam essentially 2.5 by 2.5 cm. in cross section at the monochromator crystal with an angular divergence of slightly less than $\pm 1°$ in both horizontal and vertical directions. The monochromator crystal was held at a fixed position and only one angle used—the wavelength could be changed, of course, by changing the crystal planes used — in order to simplify the construction of the heavy shield around the monochromator. Pulses from the BF_3 counter were amplified, scaled and fed into a recording mechanical counter which printed the scaled counts at suitable time intervals. At every angle setting the background from neutrons other than the desired ones from the monochromator was obtained by placing cadmium in the beam from the monochromator. The usual method of operation was to rotate the counter steadily at a rate of 15′ of arc in 4 minutes of time and the sample at one half that rate. The counts were recorded every 4 minutes of time and every other 4 minutes the Cd shutter was put in the beam. A typical record obtained with this apparatus when the source flux was about 10^{11} neutrons $cm.^{-2}\,sec.^{-1}$ is shown in Fig. 12.

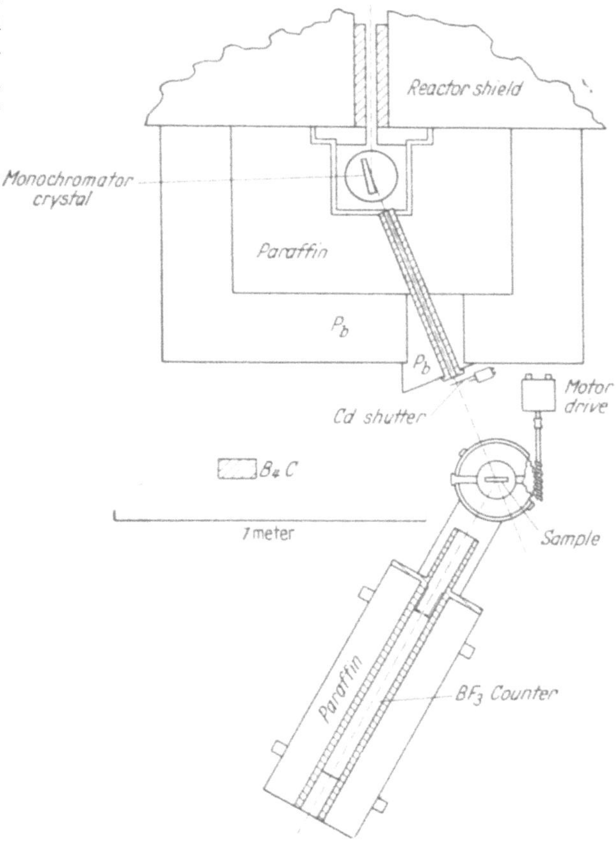

Fig. 11. First powder diffraction apparatus of WOLLAN and SHULL [21].

Many improvements have been made in the powder diffraction apparatus. An apparatus, which is typical of those now in use, is that of SIDHU at the Argonne National Laboratory which is shown in Fig. 13. The collimation here gives an angular divergence of $\pm \frac{3}{4}°$ in the horizontal direction and $\pm 3°$ in the vertical, taking advantage of the tolerance of the powder patterns to divergence in the vertical plane when measurements are made on a horizontal circle. Because it is sometimes desirable to reduce the fast neutron and γ-ray background at the expense of intensity or vice versa, the collimator was designed so that graphite blocks could be pushed into the source end and removed when desired. The monochromator crystal, which is Cu used on the (111) plane, has a mosaic spread approximately matched to the horizontal collimation. Both the monochromator crystal and its shield can be rotated easily, selecting different wavelengths in the thermal range for use. The detector is not rotated continuously but by steps of variable amount. At each position measurements are made with and without Cd in the beam from the monochromator. The monochromator beam is monitored by a fission counter with thin Al walls which is put directly in the beam so that any changes in reactor power or temperature can be compensated by correcting for the monitor count which is recorded at the same time as the detector count. When used with the same horizontal collimation as that used in the apparatus of Fig. 11, an intensity of roughly 100 times that shown in Fig. 12 can be obtained.

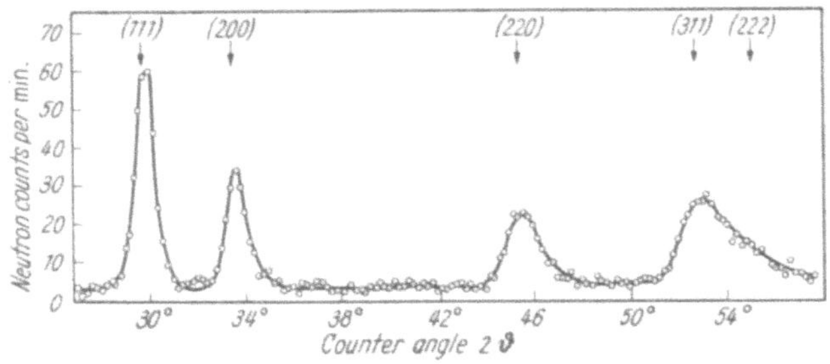

Fig. 12. Neutron diffraction pattern of powdered copper taken by first apparatus of Shull and Wollan. [From C. G. Shull and E. O. Wollan: Science, Lancaster, Pa. 108, 69 (1948).]

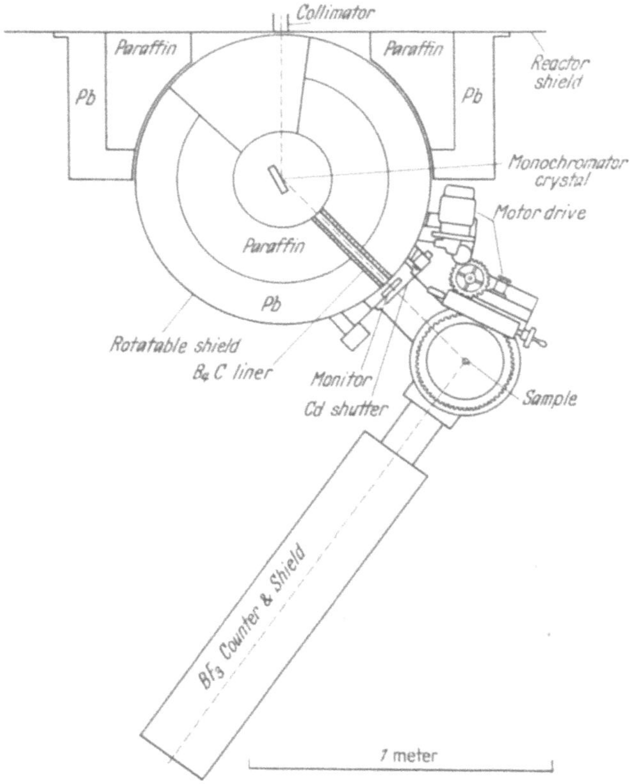

Fig. 13. Neutron diffraction apparatus used by Sidhu at Argonne National Laboratory.

There are several special methods by which the combination of intensity and resolution given by apparatus such as that shown in Fig. 13 can be improved. The simplest of these is the *Soller slit* system which consists of a series of parallel plates put in the beam before the monochromator crystal giving in effect several parallel beams of a collimation determined by the individual channels of the slit system. If the mosaic spread of the monochromator crystal is larger than this collimation, a second set of Soller slits must follow the monochromator. A third set in front of the detector will reduce background due to incoherent scattering in the sample, etc. Details of a Soller slit system for neutrons which gives a beam of only 2 minutes divergence are reported by SAILOR et al.[1].

Another method which achieves a kind of focussing of divergent beams reflected from one set of planes is shown in Fig. 14. It was devised by CHAMBERLAIN[2] in 1947 for use on amorphous materials. The idea of the method is that it allows a large spread in ϑ and in λ to increase intensity while preserving a narrow resolution in $d(hkl)$; the interplanar spacing. The angle φ_s and the ratio D_s/D_D are treated as variable parameters so that a reasonable focus is obtained at all values of ϑ and λ furnished by the monochromator if they are reflected by one set of planes in the sample. The principle disadvantages of the method are the requirement that a very large sample (30×30×1 cm.) be available and the difficulty of constructing a large monochromator crystal which in practice is made up of many small crystals carefully oriented.

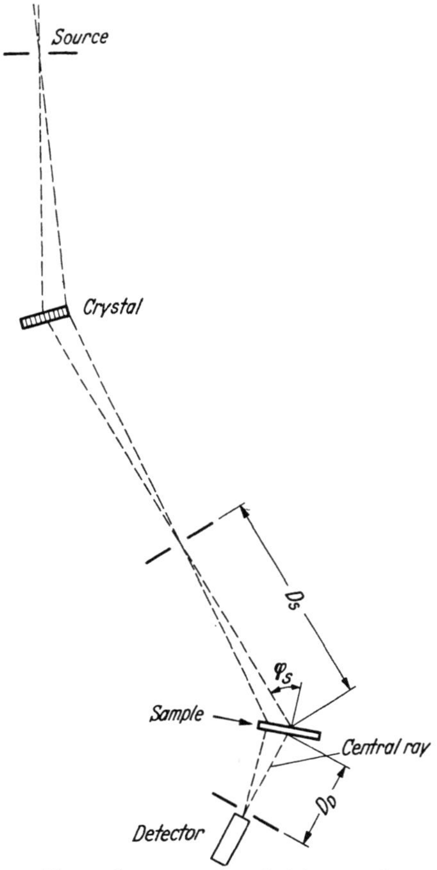

Fig. 14. CHAMBERLAIN's method for measuring neutron powder diffraction patterns.

A radically different approach to the powder diffraction problem is to use the transmission cross section measured in the 0.5 to 10 Å range by some device such as a time-of-flight spectrometer. The cross section as a function of wavelength drops sharply as the wavelength increases past a value of $2d(hkl)$ at each of the interplanar spacings. This can be seen from Eq. (12.2) and Fig. 15. In practice these only show up well when the resolution is very good and the incoherent scattering cross section plus the absorption cross section is fairly small.

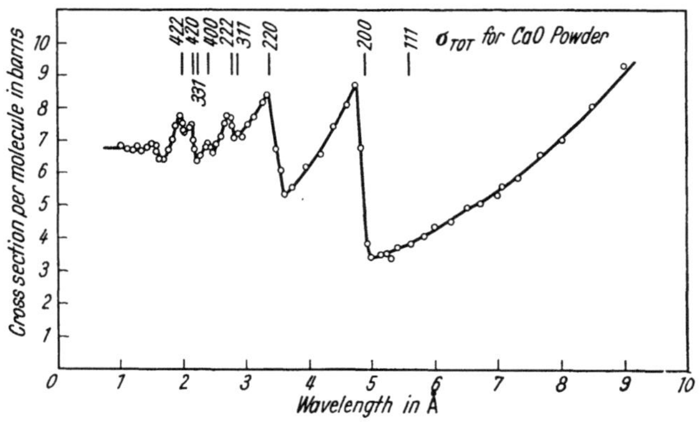

Fig. 15. The total cross section, for neutrons, of a sample of powdered CaO. The sharp drop off in cross section on the long wavelength side of a given reflection is quite noticeable as is the suppression of the odd index reflections. The last arises from the interference of the Ca and O scattering in these reflections. [From L. WINSBERG, D. MENEGHETTI and S. S. SIDHU: Phys. Rev. 75, 975 (1949)].

[1] V. L. SAILOR, H. L. FOOTE, H. H. LANDON and R. E. WOOD: Rev. Sci. Instrum. **27**, 26 (1956).

[2] O. CHAMBERLAIN: Phys. Rev. **77**, 305 (1950).

Another way to use the time-of-flight spectrometer which might be comparable in resolution with the usual diffraction methods would be to place the detector at some fixed angle (> 15°) to the main beam and count the scattered neutrons at various wavelengths. This would give roughly the same information as a conventional powder pattern and is roughly competitive with it in intensity for, what it loses in working only on short bursts of the main beam, it gains by examining a whole range of wavelengths simultaneously. It has the possible advantage that the use of a stationary detector would make it practical to build large detectors intercepting a large fraction of the diffracted cone.

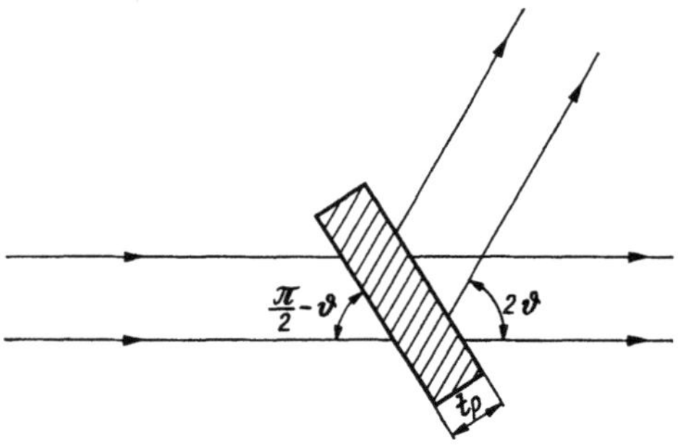

Fig. 16.

27. Powder diffraction methods: Effects of the form of the sample. In general, in neutron diffraction work intensity is a problem so that it is desirable to make the sample being studied as large as practical. This in turn means that corrections for losses in the sample will be important and the approximate formulas for powder diffraction given in Sect. 12 must be modified for attenuation of the beam in the sample. This modification depends on the shape and orientation of the sample. There are two common forms—the slab and the cylinder. Slabs are usually used in the arrangement of Fig. 16. The modification of Eq. (12.1) necessary in this case is simply to multiply it by a factor for the attenuation of the beam in this sample, which is $\exp(-\mu_T\, t_p \sec\vartheta)$, for the total path in the sample is independent of the point of diffraction owing to the symmetrical position of the sample. The total number of neutrons diffracted per second into the counter is then given by

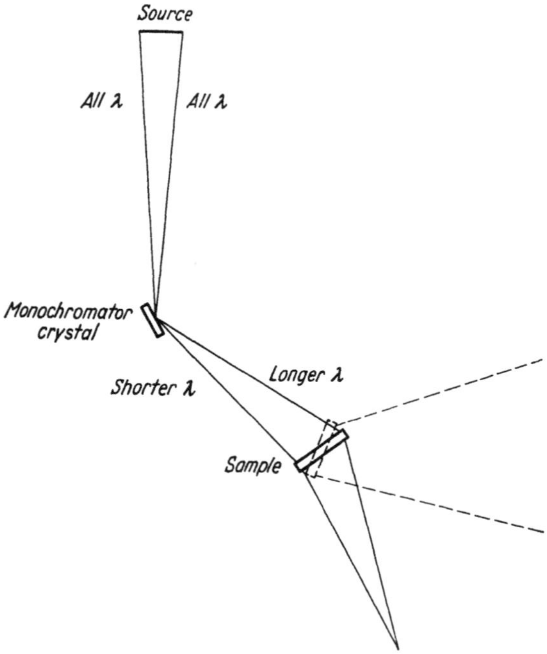

Fig. 17. A simplified and exaggerated illustration of the focussing effect obtained on the direct beam side a of large sample (sometimes called the parallel position) and the defocussing on the opposite side (dotted lines).

$$P_N = P_{0N}\,\frac{L\, Q_N\, t_p\, \varrho'}{4\pi\, r_D\, \varrho \sin 2\vartheta} \times e^{-\mu_T t_p \sec\vartheta}. \qquad (27.1)$$

Most of the symbols have the meanings given with Eq. (12.1). P_{0N} is the number of monochromatic neutrons incident on the sample per second, and t_p is defined in Fig. 16. μ_T is the attenuation coefficient of the sample which consists of the loss from incoherent scattering and absorption, μ_N, plus the loss from secondary extinction. The attenuation factor, $\exp(-\mu_T\, t_p \sec\vartheta)$ is easily found by a measurement of the transmitted beam and the incident beam. As in Eq. (12.1), the contributions of all planes of various possible (hkl) values must be added to get the total diffracted intensity at a given value of ϑ.

In using a sample of the form shown in Fig. 16, it is usually worthwhile to work on the same side of the sample as the monochromator. The resolution is somewhat better on that side owing to a kind of focussing effect shown exaggerated in Fig. 17. (The effect is of course that utilized more precisely in the CHAMBERLAIN apparatus shown in Fig. 15.) This simplified picture is obviously complicated when a monochromator of finite width and spread in orientation is considered together with diffraction angles far from the diffraction angle of the monochromator. It remains true, however, that the resolution on the side indicated is better.

The second form of sample which is common is the vertical cylinder of a diameter smaller than the width of the beam. The corrections for attenuations in this case must be done by tedious numerical methods if the beam is not uniform in intensity across its width. If it is uniform, the corrections are those worked our for the same problem in x-rays by BRADLEY[1], the expression for P_N for a cylindrical sample becomes,

$$P_N = I_{0N} \frac{L\, Q_N\, V \varrho'}{8\pi r_D\, \varrho \sin\vartheta} A(\vartheta, \mu_t r_s). \tag{27.2}$$

The terms have the meanings given in (12.1) and (27.1). $A(\vartheta, \mu_t r_s)$ is BRADLEY'S correction term which is a function of ϑ and $\mu_t r_s$; r_s being the radius of the cylindrical sample. The value of $A(\vartheta, \mu_t r_s)$ in the range of most interest in neutron diffraction is shown in Table 5. Values in a wider range are given by BRADLEY and by the International Tables for the Determination of Crystal Structures[2].

Table 5. *The correction for attenuation in cylindrical powder samples $A(\vartheta, \mu_n r_s)$*

$\mu_t r_s$	$A(\Theta, \mu_n r_s)$			$\mu_t r_s$	$A(\vartheta, \mu_n r_s)$		
	$\vartheta=0°$	$\vartheta=45°$	$\vartheta=90°$		$\vartheta=0°$	$\vartheta=45°$	$\vartheta=90°$
0.1	0.847	0.849	0.851	1.0	0.197	0.242	0.295
0.2	0.712	0.719	0.729	1.5	0.0938	0.1469	0.2050
0.3	0.600	0.614	0.635	2.0	0.0471	0.1005	0.1567
0.4	0.510	0.527	0.556	2.5	0.0255	0.0750	0.1256
0.5	0.435	0.458	0.490	3.0	0.0144	0.0582	0.1054
0.6	0.369	0.398	0.436	3.5	0.0087	0.0477	0.0906
0.7	0.314	0.348	0.393	4.0	0.0057	0.0402	0.0794
0.8	0.268	0.305	0.356				

Again, $\mu_t r_s$, or rather $\exp(-2\mu_t r_s)$, is best found by observing the transmission of a diameter of the sample using a narrow slit to restrict the monochromatic beam.

The DEBYE-WALLER correction factor, e^{-W_T}, which appears in these powder diffraction equations through Q_N can usually be calculated from Eq. (13.2) from the empirical values of the DEBYE temperature, Θ. Occassionally, however, a case may arise in which unusual accuracy is needed or in which this approximate formula is unusually bad as in the case of a material with atoms of drastically

[1] A. J. BRADLEY: Proc. Phys. Soc. Lond. **47**, 879 (1935).

[2] Internationale Tabellen zur Bestimmung von Kristallstrukturen, II. Berlin: Gebrüder Borntraeger 1935.

different weights. To handle this problem, SHULL, WOLLAN, MORTON and DAVIDSON [22] introduced into neutron diffraction the empirical method of determining this correction which assumes only that for each different atom in the unit cell the correction factor is of the form

$$e^{-W_j} = e^{-B_j \frac{\sin^2\vartheta}{\lambda^2}} \tag{27.3}$$

where B_j is a constant different for each kind of atom in the unit cell. With data on a sufficient number of reflection peaks, a set of simultaneous equations can be solved for the correction constants and some other desired parameters.

In powder patterns, such as those of Figs. 12 and 36, there is a very noticeable background in addition to the main diffraction peaks. This comes, in a large part, from the inelastic and incoherent scattering, discussed in Sect. 13, and multiple scattering. The calculation of the inelastic and incoherent contributions based on the full inelastic scattering theory complicated by effects of the sample shape is a fairly heroic job. It is possible, however, to analyze this background roughly as follows. Assuming that the sample is small, the incoherent contributions to the background are isotropic and may be calculated from Eq. (9.8), for each element and summed for the elements involved. The inelastic scattering concontribution to the background is roughly given by

$$\frac{d\sigma_{\text{inelastic}}}{d\omega} = \sum_{\text{atoms}} (1 - e^{-2W_T})\, b^2. \tag{27.4}$$

The contribution of multiple scattering to the general background has been given a very careful treatment by VINEYARD[1] whose detailed calculations are not easily summarized. However, for the small sample case a rough approximation is to say that the multiple scattering is isotropic and to calculate its contribution from Eq. (12.2) for the primary scattering and σ_{sc} for the secondary scattering making the further approximations appropriate to the geometry involved. Obviously, higher order scattering would be neglected in this case.

In addition to the sources of background mentioned, there may be instrumental effects such as air scattering and scattering by the sample holder which can be estimated in general by removing the sample and making a measurement. The contributions of the sample holder can be made of minimum importance by making it out of a thin vanadium sheet, since this material has an almost negligible coherent scattering cross section and will thus give no detectable diffraction peaks. The same end can be achieved, S. S. SIDHU has pointed out, by use of an alloy of a material of negative scattering amplitude with one of positive scattering amplitude. A convenient alloy, which is metallurgically superior to vanadium, is 34.4 atom percent of zirconium and 65.6 atom percent of titanium.

28. Single crystal diffraction methods. With the steady improvements in the intensity of monochromatic neutron beams available, interest in diffraction studies on single crystals has increased greatly. In addition to the attractions of this technique familiar in x-ray crystallography it has a special value in neutron diffraction studies of materials containing elements (H is the most important) in which the incoherent scattering is considerably larger than the coherent. The ratio of intensity in a diffraction peak to general incoherent background is much higher for a properly oriented single crystal than for a powder in which a small fraction of the grains contribute to any peak and a still smaller fraction reflect neutrons into any single counter but all contribute to the incoherent background.

[1] G. G. VINEYARD: Phys. Rev. **96**, 93 (1954). See also B. N. BROCKHOUSE, L. M. CORLISS and J. M. HASTINGS: Phys. Rev. **98**, 1721 (1955) for some useful calculations based on VINEYARD'S work.

It is clear from the discussion of Sect. 11 that extinction effects will be very important in determining the reflected intensities for large single crystals. Since, in general, it is desirable to know $(F_N)^2$ values for the various reflections and extinction effects are hard to calculate in real crystals, it is necessary to work with rather small crystals. The exact size will depend on η, intensities available, the effort that one is willing to make to determine extinction corrections, etc.; but for crystals with η around 5′, which are common, a crystal about 1 mm. thick turns out to be the practical size.

Since extinction effects are so important it is desirable to have a reliable way of determining them. This is hard to do by calculation, for the value of η is not often well known and imperfections may play an appreciable role. One obvious method of determining the importance of extinction is to make measurements on crystals of several sizes. Reflections whose intensity increases linearly with the volume of sample are of course not being affected by extinction. It is sometimes desirable to measure the strong reflections on a small crystal and the weak ones on a larger one, since the extinction effects depend directly on the strength of the reflections. Another experimental check on extinctions is afforded by comparison of the Q_N or $(F_{hkl})^2$ values deduced for some strong single crystal reflection with those measured in a polycrystalline material whose grains are known to be too small to show extinction effects. This is usually possible for the reflections from the planes with the largest d_{hkl} values. A third way of determining extinction effects, which has been used by Bacon and Pease [*25*] makes use of the fact that the intensity of a given reflection increases with wavelength. Bacon and Pease made measurements of the ratios of intensities of a set of reflections at several wavelengths and extrapolated the ratios to zero wavelength where extinction effects should disappear.

In some cases it has been found possible to reduce extinction effects by plunging a crystal into liquid N_2 several times which appears to increase η.

Various forms of apparatus have been used in single crystal diffraction studies. Levy and Peterson of the Oak Ridge National Laboratory who have pioneered in this field[1] have used an apparatus quite similar to the powder diffraction apparatus of Fig. 11 but somewhat scaled down since the single crystals are a good deal smaller than the powder specimens. The limitation in reducing the scale comes mainly from counter shielding. Measurements have usually been made on the zero layer line. The crystal is oriented by x-ray methods and the counter and crystal set to a position near some desired reflection using the x-ray reflection data. The counter and crystal are then swept through the reflection by the driving mechanism, the counter rotating twice as fast as the crystal. The crystal and counter are next reset to a position near another reflection, etc. Levy and Peterson have built a programming system by means of which a series of reflections can be preset and then scanned automatically, thus allowing 24 hour a day operation of the apparatus.

Since this apparatus works only on the zero layer line, the vertical dimension of the crystal used is not particularly restricted and may be 1 cm. or so. Reflections in zones which cannot be studied this way are measured by use of another crystal of different orientation.

A somewhat different approach has been used by Pepinsky, Frazer and McKeown[2] working at the Brookhaven National Laboratory. They place heavy shielding around the space in which the detector must move and only light shielding around the detector itself. This arrangement obviously makes the detector

[1] S. W. Peterson and H. A. Levy: J. Chem. Phys. **19**, 1416 (1951).

[2] R. Pepinsky, B. C. Frazer and M. C. McKeown: Rev. Sci. Instrum. **25**, 699 (1954).

positioning system much less clumsy and makes it quite practical to work on the higher layer lines and at angles near the monochromatic beam. Using a high pressure (60 cm.) BF_3 counter which was about 60% efficient for the neutrons of interest they found the backgrounds quite low.

Single crystal diffraction has been studied in a few cases[1] by means of LAUE patterns but relatively little has been done in structural analysis by this method. The unpopularity of this method may be in part a carry-over from the situation in x-rays. The method is very well suited to neutron diffraction studies for it requires a source giving a fairly wide range of wavelengths which is precisely what is furnished by all strong neutron sources. The merits of the method have been argued rather persuasively by LOWDE[2] who has pointed out several ways of using it, some of which employ pulsed sources.

LAUE patterns may be made very simply by placing a single crystal in a direct beam from a reactor and recording the pattern by one of the photographic plate methods discussed in Sect. 25. (Or a group of counters could be used to take advantage of the many reflections available.) In most neutron diffraction studies the reciprocal lattice and orientation of the crystal under study are known from x-ray or other methods; so the indexing of the neutron pattern should not be too difficult. Moreover, in neutron diffraction by non-magnetic materials there is no polarization factor of importance, and the atomic scattering factor is always unity which should simplify the interpretation of the pattern in terms of structure factors. Another simplification arises from the fact that the variation of the response of most neutron detectors with energy is well known in contrast to the case of x-rays on film. The neutron spectrum must, of course, be well known but this should be fairly easy to measure and constant once established, provided the temperature of the neutron source is constant. If the whole neutron spectrum from a reactor gives too complex a pattern, it would be possible to isolate a part of it with a spread of perhaps 30% in wavelength by a mechanical monochromator as described in Sect. 20.

29. Comparison of x-ray and neutron intensities. A rough summary of the comparison of intensities which may be obtained in diffraction work with these two kinds of radiation is to say that in cases where sample size is not particularly limited (as in powder patterns of common materials) the intensities which can be attained in neutron diffraction with strenuous efforts, such as the use of Soller slits at high flux (10^{14} neutrons cm.$^{-2}$ sec.$^{-1}$) reactors, are equal to those obtained at the same resolution without particular effort in an ordinary x-ray diffraction apparatus. In the case of a sample of limited size, the x-ray intensities are very much greater than can be obtained with neutron sources currently available or seriously planned. The advantage of the x-ray apparatus is, of course, the enormous flux of radiation at the focal spot of the electron beam in an x-ray tube.

To give some indication of the possibilities of neutron diffraction studies with single crystals, a calculation of the intensity of the reflected beam in a specific case may be of interest. The following assumptions will be made:

Source flux = 10^{14} neutrons cm.$^{-2}$ sec.$^{-1}$
Sample height = 1 mm.
Sample diameter = 0.3 mm.
Horizontal collimation (= fractional spread in wavelength) = 0.003 radians
Vertical collimation = 0.010 radians.
Efficiency of monochromator = 0.2.
Reflectivity of sample = 0.02.

[1] C. G. SHULL, E. O. WOLLAN and M. C. MARNEY: Phys. Rev. **73**, 527 (1948).
[2] R. D. LOWDE: Acta, crystallogr. **9**, 151 (1956).

From these assumptions a direct calculation of the intensity of the reflected beam gives 10 neutrons per sec. This would be well over background and would give a statistical accuracy of about 1% in 15 minutes of recording. With this sample and resolution, an x-ray diffraction apparatus would easily give hundreds of times this intensity. However, the neutron intensity should be high enough to be useful with automatic recording and scanning equipment. Most of the time, of course, must be spent on measuring reflections and relatively little on scanning the angles in between, which should be practical, in general, if the x-ray data for the sample crystal is available.

e) Miscellaneous techniques.

30. High and low temperature samples. In general, in neutron optics, there is no great problem in working with samples at high temperatures. The scale of the apparatus is large enough so that the heat required by the sample does not usually affect the angle measuring equipment, for example, and in any event there is not as great an interest in high precision angle measurements in the neutron case as in the x-ray case, for the resolution is not as great in the former. In working at low temperatures, however, there is a problem caused by the high scattering cross section of hydrogen. This makes it desirable to eliminate even a thin layer of frost at any place in the neutron beam and forces in part the rather complicated structure of the cryostats used for holding samples at liquid N_2 and lower temperatures. The cryostat shown in Fig. 18 is one designed by SHULL for use at temperatures down to about 1.5° K. At 4.2° K one filling of liquid helium should last well over 24 hours.

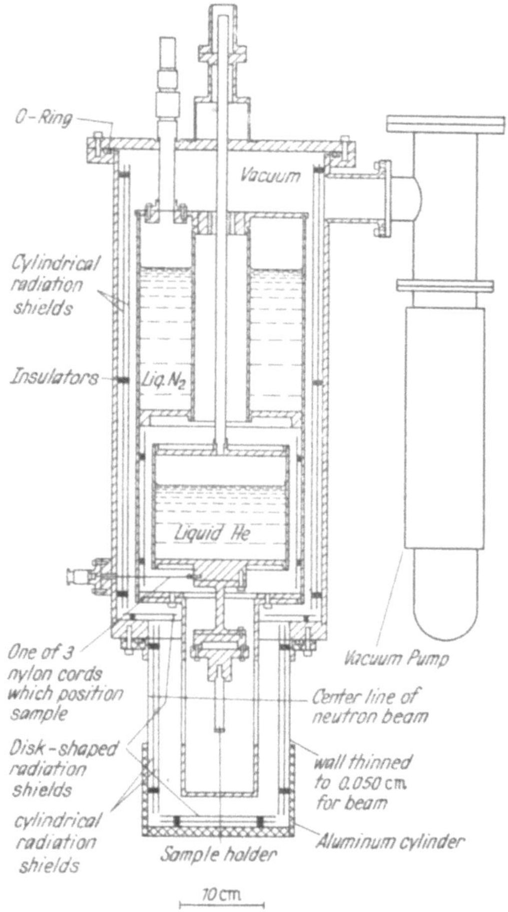

Fig. 18. Cryostat for neutron diffraction samples. The radiation shields are made of aluminum foil and most of the remainder of the structure of stainless steel. (After a design by C. G. SHULL.)

31. Mirrors. The index of refraction for neutrons was given in Eq. (14.5) as

$$n = 1 - \frac{2\pi N_A \bar{b}}{k^2}.$$

Since all but a few isotopes have a positive b, in general the index will be less than 1. This implies that a neutron beam in air can be critically reflected by most materials, if it strikes a reasonably flat surface at a grazing angle less than some critical angle. "Reasonably flat" turns out to mean flat within about 10^{-4} cm. or optically flat. The critical angle, by the same argument as in the optical case, can be shown to be

$$\vartheta_k = \frac{2}{k} (\pi N_A \bar{b})^{\frac{1}{2}}. \tag{31.1}$$

ϑ_k is the critical angle measured from the surface of the mirror. It can further be shown [8] that the depth of penetration (1/e of the incident intensity) of the beam in the mirror, d_p, is given by

$$d_p = \frac{i}{k(\vartheta_g^2 - \vartheta_k^2)^{\frac{1}{2}}}. \tag{31.2}$$

ϑ_g is the angle between the beam and the mirror surface. Critical angles for 2 Å neutrons are typically about 0.003 radians so that, at one half the critical angle, a layer of a few hundred angstroms thickness is effective in reflecting the beam.

In practice, it turns out to be quite practical to produce beams of about 1 mm. width with a collimation of about 0.0003 radians in the plane normal to the mirror surface and reflect them off the surface of many materials [20]. The collimation in the direction parallel to the mirror surface can be much wider. Beams 10 cm. high with an angular spread of 0.02 radians or so are usual. This technique was first used by FERMI and ZINN[1] who were able to reflect such a beam off polished graphite, glass and metals. In practical use of mirrors, the effects of the finite collimation and the small but finite reflectivity (spill-over) at angles beyond the critical angle blur the sharp cut-off at the critical angle. The fraction of the beam reflected at angles beyond the critical angle is given [8] as in optics by

$$R_f = \left[\frac{1 - \left(1 - \frac{\vartheta_k^2}{\vartheta_g^2}\right)^{\frac{1}{2}}}{1 + \left(1 - \frac{\vartheta_k^2}{\vartheta_g^2}\right)^{\frac{1}{2}}}\right]^2. \tag{31.3}$$

It has been found[2] that the surface of a liquid makes a good neutron mirror. To get high reflectivities it is only necessary to take ordinary precautions to avoid waves on the surface and to tilt the ends of the tray containing the liquid outward to depress any meniscus below the beam.

IV. Measurement of nuclear properties by use of neutron optics.

32. Basic scattering amplitude measurements. The thermal-neutron bound scattering amplitudes, b, for the various isotopes are important to nuclear physics for they form a set of constants dependent on purely nuclear properties which should be explained by a complete theory of the nucleus. In certain special cases, notably hydrogen, the scattering amplitudes give a direct lead to the nature of nuclear forces. In addition, a knowledge of these amplitudes is clearly vital to the use of thermal neutron diffraction in studies of extra-nuclear structures. These amplitudes cannot, in general, be measured by use of the assumption that the attenuation is simply given by σ_{coh}. Usually, absorption, interference effects, incoherent scattering, and inelastic scattering complicate the situation. Fortunately, however, in the case of a few elements, notably carbon, these complications can be reduced to unimportance by an appropriate choice of neutron energy. It can be seen from Eq. (12.2) that for sufficiently high energy—roughly >10 ev—the coherent scattering by a polycrystalline material is negligible. The

[1] E. FERMI and W. H. ZINN: Phys. Rev. **70**, 103 (1946). (Abstract only.)
[2] M. T. BURGY, G. R. RINGO and D. J. HUGHES: Phys. Rev. **84**, 1160 (1951).

cross section then is simply the sum of the cross sections of the atoms acting independently. The total cross section, σ_{tot}, is obtained by experiment from the familiar

$$I = I_0 \exp(-N_A \sigma_{tot} z). \tag{32.1}$$

z is the distance in cm in the material in question traversed by the beam in going from the point where the intensity is I_0 to the point where it is I. N_A is the number of atoms of average cross section, σ_{tot}, per cm^3. By conservation of particles,

$$\sigma_{tot} = \sigma_{sc} + \sigma_{absorption}. \tag{32.2}$$

From Eq. (9.11)

$$\sigma_{tot} = \sigma_{absorption} + \sigma_{inc} + \sigma_{coh}. \tag{32.3}$$

σ_{inc} in turn is given by Eq. (9.8).

Now in natural carbon all but 1.1% of the nuclei are C^{12}, a spin zero nucleus. The remainder are C^{13} and the coherent amplitude of this has been measured[1] by KOEHLER and WOLLAN[2] who used carbon enriched in C^{13}. The isotope C^{13} has a spin of $\frac{1}{2}$; so the coherent amplitude is given by

$$b_{13} = \tfrac{3}{4} b_{13}(+) + \tfrac{1}{4} b_{13}(-). \tag{32.4}$$

Here the symbols have the meanings given following Eq. (9.6).

KOEHLER and WOLLAN also measured the total scattering cross section σ_{sc} of C^{13} and from this using Eq. (9.11) obtained σ_{inc} which can be written as

$$\sigma_{inc} = \frac{3\pi}{4} [b_{13}(+) - b_{13}(-)]^2. \tag{32.5}$$

Their value for b_{13} was 0.60×10^{-12} cm. and for σ_{inc} was 1.6 barns. From these values and Eqs. (32.4) and (32.5) two sets of solutions for the scattering amplitudes of C^{13} can be obtained and from these in turn with the aid of Eq. (9.8) limits can be placed on the incoherent scattering cross section of carbon. This limit is less than 0.03 barns or less than 0.5% of the total.

The absorption cross section of carbon is less than 0.005 barns at 0.025 ev and lower at higher energies; so it makes no contribution to the calculations.

It is tacitly assumed in all this that the scattering amplitudes are not functions of neutron energy. This is supported by the fact that the cross section does not change appreciably from 10 to about 100000 ev so the overwhelming presumption is that the scattering amplitude does not change between 0 and 10 ev.

From these arguments it is clear that the scattering amplitude for natural carbon can be obtained from a transmission measurement in the 10 to 1000 ev region and a small correction for the C^{13} content. The result, based on a careful transmission measurement made by HAVENS and RAINWATER[3], is that for natural carbon

$$b = (0.663 \pm 0.003) \times 10^{-12} \text{ cm.}$$

This is probably the best available standard.

The sign of the carbon scattering amplitude is positive. This is shown by the fact that a graphite mirror [*20*] can be made to reflect neutrons at angles up

[1] Of course, to make this measurement the reference amplitude, that of carbon, must be known in advance and it is just this amplitude that the measurement presumes to correct. However, the correction is a very small one and can be made with accuracy to spare with only a rough knowledge of the C^{12} scattering amplitude.

[2] W. C. KOEHLER and E. O. WOLLAN: Phys. Rev. **85**, 491 (1952).

[3] W. W. HAVENS and L. J. RAINWATER: Phys. Rev. **75**, 1296 (1949).

to a critical angle given by Eq. (31.1). Thus, by the inverse of the argument given in Sect. 31 the amplitude must be positive.

33. The neutron proton-scattering amplitude. This amplitude is the one which is of the most interest in nuclear physics and is obviously quite important in crystal structure studies. Since the proton has a spin of $\frac{1}{2}$, there are two possible compound states involved and hence two amplitudes to determine, the singlet (spin of the compound state, $s_c = 0$), a_S, and the triplet ($s_c = 1$), a_T. SCHWINGER and TELLER[1] in 1937 suggested a method for doing this by measuring the scattering cross sections of ortho- and para-hydrogen, the two forms of the hydrogen molecule at room temperatures. In orthohydrogen the spins of the two protons are parallel and, in order to preserve the antisymmetry of the wave function of the whole molecule, the molecule is in an odd rotational state ($J = 1, 3, 5$, etc.). In parahydrogen the proton spins are opposite and the rotational states are even. Since the state with $J = 0$ is the lowest in energy, at low temperatures and in the presence of a catalyst, nearly all hydrogen becomes parahydrogen. At room temperature the equilibrium concentration is $\frac{3}{4}$ ortho and $\frac{1}{4}$ para. Thus, it is not difficult to obtain very different mixtures of the two forms and by transmission measurements, corrected for the hydrogen absorption cross section, on these mixtures the ortho- and parahydrogen scattering cross sections can be found.

It is fairly clear that these two scattering cross sections measured with long wavelength, > 5 Å, neutrons will show different dependence on a_S and a_T because of the coherence of the scattering of the two nuclei in one molecule. In fact, it is not hard to derive the appropriate relations ([7], Sect. II D) for the case of stationary molecules. The calculations for a real case are quite complicated for they must take into account the MAXWELLian distribution of the velocity of the molecules and the possibility of interchange of energy between the neutron and the internal energy of the molecule. The most accurate calculation is that of HAMERMESH and SCHWINGER[2]. Experimental measurements of these cross sections have been performed by at least five groups. The greatest difficulty in the experiment is in the measurements on nearly pure parahydrogen. It turns out that the orthohydrogen cross section is approximately 30 times that of the parahydrogen, so that the fraction of ortho- in the parahydrogen must be known with considerable accuracy. In the most recent experiment, SQUIRES and STEWART[3] have used very careful conversion rate measurements[4] to determine this concentration. Their results for the hydrogen scattering amplitudes are[5]

$$a_T = (0.537 \pm 0.004) \times 10^{-12} \text{ cm.}, \qquad a_S = (-2.373 \pm 0.007) \times 10^{-12} \text{ cm.},$$

and for the element,

$$b_H = 2\left(\tfrac{3}{4} a_T + \tfrac{1}{4} a_S\right) = (-0.380 \pm 0.05) \times 10^{-12} \text{ cm.} \qquad (33.1)$$

The factor 2 in Eq. (33.1) comes from the correction for center-of-mass motion.

[1] J. S. SCHWINGER and E. TELLER: Phys. Rev. **52**, 286 (1937).
[2] M. HAMERMESH and J. SCHWINGER: Phys. Rev. **71**, 678 (1947).
[3] G. L. SQUIRES and A. T. STEWART: Proc. Roy. Soc. Lond., Ser. A **230**, 19 (1955).
[4] G. L. SQUIRES and A. T. STEWART: J. Chem. Phys. **22**, 754 (1954).
[5] Because the ortho- and parahydrogen cross sections depend on the squares of the various amplitude combinations, there are two possible sets of amplitudes. This ambiguity is resolved by theory using the information that the neutron-proton system has a bound triplet state, the deuteron. Almost all amplitude measurements of nuclei with spin involve this same ambiguity. (Cf. Sect. 34.)

These experiments also give the free proton cross section

$$\sigma_{fp} = \pi (3 a_T^2 + a_S^2) = (20.41 \pm 0.14) \times 10^{-24} \text{ cm.}^2 \qquad (33.2)$$

which can be compared with a direct measurement made at neutron energies around 10 ev where coherent effects are negligible. This last measurement[1] gives

$$\sigma_{fp} = (20.36 \pm 0.10) \times 10^{-24}.$$

There is a second method of measuring the scattering amplitude of hydrogen which was used by SHULL, WOLLAN, MORTON and DAVIDSON [22] who studied diffraction by NaH. They used powdered NaH and by the techniques described in Sects. 26 and 27 obtained approximate values of the structure factors, F_N, at first without a careful correction for thermal motion effects. From these approximate F_N values for about 8 peaks it was easy to decide among the possible structures allowed by the x-ray analysis. Given the structures, they used the formulas for the peak intensity (as given in Sect. 27) to obtain several simultaneous equations for the hydrogen scattering amplitude and one parameter each for the thermal motion correction for Na and H, as described in Sect. 27. It should be pointed out that these equations all involve the intensity of the incident beam which was not actually measured. Instead, the more reliable relative intensities of the peaks were used and a solution found for b_H in terms of the scattering amplitude of Na which in turn had been found by similar methods in terms of the amplitudes measured by absolute methods outlined in Sect. 34.

The most recent measurement of b_H by this method[2] involved further refinement in the thermal motion correction which was studied as a function of temperature below room temperature. The final result given is

$$b_H = -(0.41 \pm 0.02) \times 10^{-12} \text{ cm.}$$

This is slightly out of agreement with the more precise results obtained from the ortho-para scattering experiments [Eq. (33.1)] and the liquid mirror experiment to be described next, which unfortunately raises some question as to the methods of making very precise corrections for thermal motions in hydrogenous materials.

The most recently developed method for measurement of b_H is that using reflection of thermal neutrons from the surface of a liquid to measure b_H in terms of b of carbon. The method was derived in part from a suggestion of M. HAMERMESH that measurements of b by means of the index of refraction would be free of all the difficult corrections for the motion of the scattering nucleus which appear in the two methods discussed previously. However, the direct measurement of the index, or rather $(1-n)$, is not very accurate because the critical angles are so extremely small at wavelengths available in reasonable intensity. In addition, hydrogen appeared to be especially difficult for this technique, because it has a negative scattering amplitude and hence would not show critical reflection of a neutron beam in air. D. J. HUGHES, in 1949, suggested that the measurement could be made accurately by using a material in which hydrogen was combined with an element of known positive b such as carbon. The composition would be so chosen that only a small excess positive scattering amplitude remained to be measured by mirror reflection techniques. The determination of b_H then would depend mainly on the composition and only slightly on the neutron measurement.

[1] E. MELKONIAN: Phys. Rev. **76**, 1744 (1949).
[2] C. G. SHULL and E. O. WOLLAN: Phys. Rev. **81**, 527 (1951).

This measurement was performed by BURGY, RINGO and HUGHES[1] using reflection of thermal neutron beams from liquid hydrocarbons. In actual practice, the intensity of reflection which depends on the fourth or higher power of the critical wavelength, was measured as a function of the angle of incidence for several hydrocarbons. Taking the intensity as a sensitive measure of the critical wavelength, the critical angle at a fixed intensity was found by interpolation of the measurements for the several hydrocarbons. By plotting the square of the angle (slightly adjusted for the density of the particular hydrocarbon involved) against the ratio of number of H atoms to C atoms in the hydrocarbons, a graph was obtained (Fig. 19) on which a linear extrapolation to zero angle gave the ratio of the hydrogen to carbon scattering amplitudes. The result was

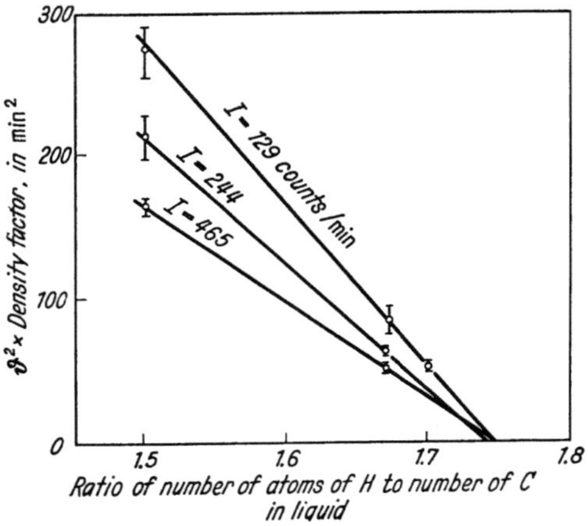

Fig. 19. Constant intensity lines for determination of balance point in liquid mirror experiment on hydrogen scattering amplitude.

$$\frac{b_C}{b_H} = -1.753 \pm 0.005.$$

This and the value of b_C given in Sect. 34 gave

$$b_H = -(0.378 \pm 0.002) \times 10^{-13} \text{ cm.}$$

By combining this with the free proton cross section [Eq. (33.2) *et seq.*] the triplet and singlet amplitudes for scattering by protons were found to be

$$a_T = (0.5377 \pm 0.0023) \times 10^{-12} \text{ cm.}$$

$$a_S = -(2.369 \pm 0.006) \times 10^{-12} \text{ cm.}$$

These results are quite consistent with the results of the ortho-parahydrogen experiments and they can be shown to lead to a neutron-proton interaction which in the singlet state is equal to the proton-proton interaction in the same state (the only one available for the low energy proton—proton interaction) when electromagnetic effects have been removed[2].

34. Measurement of scattering amplitudes in general. The neutron scattering amplitudes of most materials have been measured by the powder diffraction methods described in Sects. 28 and 29. The usual technique is to measure the powder pattern for a material containing an element of unknown amplitude and one or more of known amplitude. The measurements are made on materials of known crystal structure. Thus, from the experimentally determined F_N values it is fairly straightforward to find the unknown b. The correction for thermal motions causes some difficulty in calculating the F_N values but it is almost always much less important than it was in the case of hydrogen described in Sect. 33. This correction may sometimes be made empirically by extrapolating calculated values of the scattering amplitude, obtained under the assumption that $e^{-2W_\tau} = 1$, at various values of $\frac{\sin^2\vartheta}{\lambda^2}$ to the value at $\frac{\sin^2\vartheta}{\lambda^2} = 0$.

The b's determined in this way are the b_E given by Eq. (9.6). In the case of isotopes of elements with spin, this represents a weighted average of the amplitudes corresponding to the two possible spin states of the compound nucleus

[1] M. T. BURGY, G. R. RINGO and D. J. HUGHES: Phys. Rev. **84**, 1160 (1951).
[2] E. E. SALPETER: Phys. Rev. **82**, 60 (1951).

$b(+)$ and $b(-)$. These two amplitudes have been determined separately only in the case of hydrogen. From the relation

$$\sigma_{sc} = 4\pi \left[\frac{I+1}{2I+1}\, b(+)^2 + \frac{I}{2I+1}\, b(-)^2\right] \tag{34.1}$$

for these two amplitudes which, from Sect. 9, can be seen to hold for neutrons of more than about 1 ev, and the relation

$$b_E = \frac{I+1}{2I+1}\, b(+) + \frac{I}{2I+1}\, b(-) \tag{34.2}$$

which is Eq. (9.6) written for one isotope, two sets of solutions for $b(+)$ and $b(-)$ can be found because of the quadratic form of (34.1). A choice between these sets is only possible with the aid of additional experiments, such as the scattering of polarized neutrons by polarized nuclei. There are, however, several isotopes where the spin incoherence ($\sigma_{sc} - \sigma_{coh}$, for a single isotope) is known to be very small, hence the two amplitudes are equal and therefore known from b_{coh}.

The case of the deuteron is rather special. Its scattering amplitude has been measured by HURST and ALCOCK[1] (by a study of the angular variation of neutrons scattered by D_2 gas) and by WOLLAN, SHULL and KOEHLER[2] (by the diffraction of neutrons by powdered deuterides). The theory of the scattering by deuterons is naturally more complicated than that for protons, and it is not so easy to resolve the ambiguity in the scattering of the two spin states. The best estimate[3] is, however, that the deuteron amplitudes are $b(+) = (0.24 \pm 0.015) \times 10^{-12}$ cm., and $b(-) = (0.83 \pm 0.015) \times 10^{-12}$ cm.

Some scattering amplitudes have been obtained by means other than powder diffraction such as the ones described in Sects. 32 (C, O, He and A) and 35 (H) and by direct reflection from a liquid mirror (Hg) and small angle scattering (Si). (This last method will be discussed in Sect. 49.) The results of these and the powder diffraction measurements are collected in Appendix 1. Most of this table is taken from a very useful compilation by HUGHES and HARVEY[4]. The values of b in it are largely based on the work of SHULL and WOLLAN and the other members of the neutron diffraction group at Oak Ridge National Laboratory.

35. The electron-neutron interaction. As has been mentioned previously, there is a small but appreciable interaction between electrons and neutrons in addition to the strong "classical" one between their magnetic moments. The fact that the neutron, an uncharged particle, has a magnetic moment is an indication that it must have structure. While the present ideas of that structure are unsatisfactory, they suggest that there is a measurable electron-neutron interaction and that its value would furnish a good test of any theory of the structure. A very simplified version of the present idea of the structure is that the neutron is dissociated into a proton and a nearby negative pion for a certain fraction of the time. Choosing the frequency of this dissociation to give a reasonable value for the neutron magnetic moment, one can show[5] that the potential between the

---

[1] D. G. HURST and N. Z. ALCOCK: Canad. J. Phys. **29**, 36 (1951).
[2] E. O. WOLLAN, C. G. SHULL and W. C. KOEHLER: Phys. Rev. **83**, 700 (1951).
[3] See E. O. WOLLAN, C. G. SHULL and W. C. KOEHLER: Phys. Rev. **83**, 700 (1951) and references therein.
[4] D. J. HUGHES and J. A. HARVEY: Neutron Cross Sections. U.S. Government Printing Office, Washington, D.C. 1955.
[5] E. FERMI and L. MARSHALL: Phys. Rev. **72**, 1139 (1947).

electron and neutron, assuming it has a range equal to the classical electron radius, $\frac{e^2}{m c^2}$, and is of the square well form as is conventional, has a depth of very roughly 4000 ev.

This interaction has been measured by three different methods. The first is that used by FERMI and MARSHALL [1] who measured the anisotropy in the scattering of thermal neutrons by xenon gas. Part of the anisotropy came from the recoil of the scattering atom and was calculable. The remainder was ascribed to electron scattering which was anisotropic because of the atomic scattering factor and was coherent with and therefore interfered with the nuclear scattering. A more recent measurement of this type by HAMERMESH, RINGO and WATTENBERG [2] gave a value of (4100 ± 1000) ev for the depth of the potential.

The second method is that of HAVENS, RAINWATER and RABI [3] who measured the variation with neutron wavelength, of the scattering cross section of liquid bismuth in the range 0.3 to 1.3 Å. The changes observed were ascribed to (1) the $1/v$ variation of the small capture cross section of Bi; (2) the change in effective binding; (3) liquid diffraction effects which were estimated by PLACZEK, NIJBOER and VAN HOVE [4]; (4) the electron neutron interaction which again manifested itself through the atomic scattering factor, this time by the effect of the change in the integrated atomic scattering factor with wavelength. The value of the potential obtained in this way was (5300 ± 1000) ev. More recently MELKONIAN, RUSTAD and HAVENS [5] have obtained a value of (4165 ± 265) ev for the potential by this method. The error quoted includes only statistical uncertainties.

The third method is that of HUGHES, HARVEY, GOLDBERG and STAFNE [6] who measured the scattering amplitude of Bi atoms for 6.7 Å neutrons and for neutrons of ca. 0.1 Å wavelength using oxygen as a standard in both cases. The long wavelength measurement was made by reflection of neutrons from the interface between liquid O_2 and a polished Bi surface. This measured the small difference between the indices of refraction of Bi and liquid O_2, which in turn was a measure of the difference of their scattering amplitudes. In this measurement the electron scattering was coherent with the nuclear. The short wavelength measurement was made by comparison of the transmissions corrected for the center of gravity motion and the small nuclear incoherent scattering. In this measurement the electron and nuclear scattering were incoherent. Since Bi has over 10 times as many electrons as oxygen, the electron-neutron interaction shows up in the change in the Bi scattering amplitude relative to that oxygen. The value obtained for the potential was (3900 ± 400) ev.

The experimental values are thus in fair agreement with each other and with the rough theory mentioned previously. However, there is a relativistic effect, coming from the magnetic moment and nominally independent of the neutron structure, which would account for almost the whole experimental value [7]. More elaborate calculations [8] based on various approaches to meson

[1] E. FERMI and L. MARSHALL: Phys. Rev. **72**, 1139 (1947).
[2] M. HAMERMESH, G. R. RINGO, A. WATTENBERG: Phys. Rev. **85**, 483 (1952).
[3] W. W. HAVENS, L. J. RAINWATER and I. I. RABI: Phys. Rev. **82**, 345 (1951).
[4] G. PLACZEK, B. R. A. NIJBOER and L. VAN HOVE: Phys. Rev. **82**, 392 (1951).
[5] E. MELKONIAN, B. M. RUSTAD and W. W. HAVENS jr.: Bull. Amer. Phys. Soc. **1**, 60 (1956).
[6] D. J. HUGHES, J. A. HARVEY, M. D. GOLDBERG and M. J. STAFNE: Phys. Rev. **90**, 497 (1953).
[7] L. L. FOLDY: Phys. Rev. **83**, 688 (1951).
[8] S. BOROWITZ: Phys. Rev. **86**, 567 (1952). — L. L. FOLDY: Phys. Rev. **87**, 675, 693 (1952). — R. G. SACHS: Phys. Rev. **87**, 1100 (1952). — B. D. FRIED: Phys. Rev. **88**, 1142 (1952).

theory and including the relativistic effect have given interaction strengths fairly close to that observed. However, partly because of the uncertainty in the experimental results and partly because of difficulties in the theory it cannot yet be said that the interaction is well understood.

The neutron scattering amplitude of a bound electron assuming a square well potential of 4000 ev depth and the classical electron radius is 0.000149×10^{-12} cm. The potential and the amplitude are linearly proportional.

V. Determination of the structures of non-magnetic materials by neutron diffraction and refraction.

a) Studies of the positions of hydrogen atoms, without Fourier syntheses.

36. Sodium hydride and deuteride. It is well known in x-ray diffraction work that it is difficult to determine the positions of hydrogen atoms because their scattering is so weak compared to that of most other atoms. It is clear from Appendix 1 that there is no such difficulty with neutrons. The chief special difficulty in neutron diffraction studies of hydrogenous materials arises from the large incoherent scattering cross section of hydrogen. This makes powder-diffraction studies very difficult, but it is much less serious for single-crystal studies.

Nevertheless, the first studies of hydrogen positions were made by means of powder patterns. These were the studies of Shull, Wollan, Morton and Davidson [22] on NaH and NaD, which have been referred to in Sects. 27 and 33. This work was, of course, helped by the fact that the structures were known to be fairly simple from x-ray analyses, which had shown that the Na atoms were in a face-centered cubic structure. The size of the unit cell had implied that only the B-1 (NaCl) and B-3 (ZnS) type of face-centered structures were possible for NaH[1]. From the eight neutron diffraction peaks measured (two typical ones are shown in Fig. 20, taken from [22]) it was quite clear that the structure was of the NaCl type and that the scattering amplitudes of Na and H were opposite in sign. On the basis of this, the further analysis, including the temperature corrections, proceeded leading to a value for the hydrogen scattering amplitude (cf. Sect. 33).

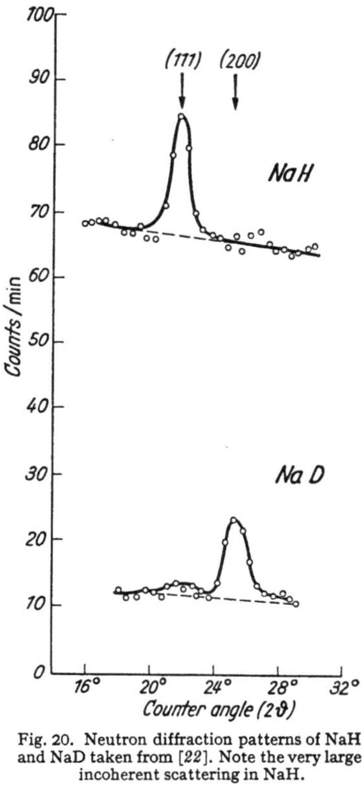

Fig. 20. Neutron diffraction patterns of NaH and NaD taken from [22]. Note the very large incoherent scattering in NaH.

As is clear from Fig. 20, the background due to incoherent scattering is very high, much higher than the diffraction peaks, and obviously limits the accuracy with which the peaks can be measured. One way of avoiding this background is also indicated in the figure. This is the use of deuterated compounds for such studies. Deuterium a has much lower incoherent scattering cross section — about 2 barns — and is chemically so similar that its positions in any compound

[1] Structures will be designated in this and the following sections either by the type crystal of the class or, in the case of the more complicated structures, by the space group and atomic positions using the notation of the 1952 International tables, [4].

are essentially the same as that of hydrogen in the equivalent compound[1]. In the study under discussion, it was found that NaH and NaD had essentially identical structures and rough values for the scattering amplitude of deuterium were obtained, the practical limitation being chemical impurities in the NaD.

37. Heavy ice. The second material studied with a view to determining the hydrogen positions was ice, which was studied by WOLLAN, DAVIDSON and SHULL[2]. In this case, however, the structural complexities were great enough that it was necessary to work almost entirely with the cleaner patterns given by the deuterated variety of ice. Again the neutron diffraction measurements were used to decide among several models proposed on the basis of the x-ray and other earlier data. From this data it was known that the oxygen atoms were located at the corners and centers of regular tetrahedra with a O—O distance of 2.76 Å. The model which gave the calculated intensities closest to the experimental was the one proposed by PAULING in 1935[3]. This model placed the hydrogen atoms at sites on the lines connecting nearest oxygen atoms. On each such line there were to be two hydrogen atoms, 0.96 Å from the oxygen atoms on the ends as shown in Fig. 21. (This distance is essentially the O—H distance in molecules of water vapor.) PAULING suggested that the hydrogen sites were occupied by hydrogen atoms only half of the time and in such a way that there would only be two hydrogens near any oxygen at any one time. Subject to this restriction, the hydrogens could change position by motion along an O—O line or by rotation of an H_2O group around the oxygen position. This structure was designed to and did account for the low temperature entropy of ice. It was therefore, perhaps, the most highly regarded of the proposed structures.

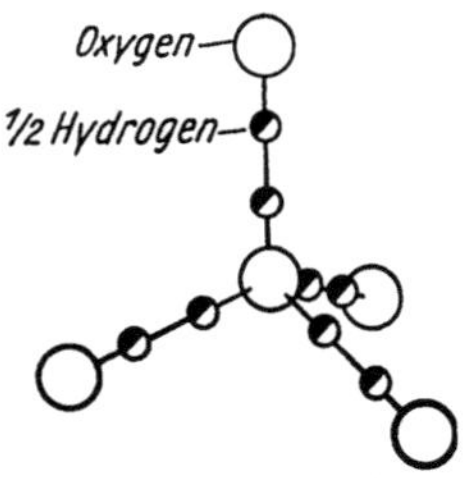

Fig. 21. The PAULING, half-hydrogen, model of ice.

Table 6.

The intensities given in this table were measured and calculated relative to those from a standard sample of diamond powder so although the units are meaningful only for a particular measurement the absolute values of the calculations and the measurements are comparable. In the calculations b for deuterium was taken as 0.64×10^{-12} cm and b for oxygen as 0.58×10^{-12} cm. Several peaks are grouped together when they were not resolved in the measurement.

$\frac{\sin\theta}{\lambda}$	hkl	Intensities: Rotating molecule model	Intensities: PAULING half-hydrogen model	Intensities: Observed
0.1271	100			
0.1358	002	647	835	830
0.1442	101			
0.1860	102	97	104	118
0.2206	110	131	140	130
0.2401	103	101	70	95
0.2542	200			
0.2590	112			
0.2639	201	70	111	98
0.2717	004			
0.2885	202			
0.3000	104	6	106	97

The agreement of the neutron diffraction intensities calculated from this structure by the methods of Sect. 27 and the ones observed is shown in Table 6 together with the calculated intensities from the next most successful model—one in which the hydrogens were assumed to be attached to the oxygens as in a water vapor molecule and the molecules free to rotate to any position at all around the oxygen. It can be seen that the agreement between the calculations from the PAULING model and the experiment is well within the limits of error (about $\pm 10\%$).

[1] See however S. S. SIDHU: J. Chem. Phys. **22**, 1062 (1954).
[2] E. O. WOLLAN, W. L. DAVIDSON and C. G. SHULL: Phys. Rev. **75**, 1348 (1949).
[3] L. PAULING: J. Amer. Chem. Soc. **57**, 2680 (1935).

The suggestion that the hydrogen sites are vacant half of the time was further checked in a very interesting way by its effect on the incoherent scattering. This effect can be calculated easily from Eq. (9.8) by treating the vacant sites as a virtual isotope of zero scattering amplitude and 50% abundance. Thus the normal incoherent scattering from deuterium[1] would be

$$\sigma_{\text{inc}}(\text{D}) = 4\pi\left[\overline{b^2} - \overline{b}^2\right],$$

adding the vacancies

$$\sigma_{\text{inc}}\left(\frac{1}{2}\,\text{D}\right) = 4\pi\left[\frac{1}{2}\,\overline{b^2} - \left(\frac{\overline{b}}{2}\right)^2\right],$$

but the effective cross section must be calculated per real atom, hence is $2\sigma_{\text{inc}}$ ($\frac{1}{2}$ D). The difference between a normal material and one with $\frac{1}{2}$ vacancies is then

$$2\sigma_{\text{inc}}(\tfrac{1}{2}\,\text{D}) - \sigma_{\text{inc}}(\text{D}) = 2\pi\,\overline{b}^2$$

i.e., $\frac{1}{2}$ the coherent cross section of deuterium. This increase in the incoherent scattering, about 2.7 barns, was looked for and found in the diffraction pattern.

A more recent study of ice by PETERSON and LEVY[2], using the single crystal techniques they developed, has given further confirmation of the PAULING model. However, they obtain a slightly higher value for the O—D distance, viz. 1.01 Å.

38. Ammonium halides. Extensive studies of the ammonium halides have shown that they undergo several phase changes below their melting points. Listing these phases in order of decreasing temperature they are as follows:

NH_4Cl phase I (NaCl structure) $\xleftrightarrow{184.3\,°\text{C}}$ phase II (CsCl) $\xleftrightarrow[\text{(2nd order)}]{30.5\,°\text{C}}$ phase III (CsCl)

ND_4Cl phase I (NaCl) $\xleftrightarrow{175\,°\text{C}}$ phase II (CsCl) $\xleftrightarrow[\text{(2nd order)}]{-23.8\,°\text{C}}$ phase III (CsCl)

NH_4Br phase I (NaCl) $\xleftrightarrow{137.8\,°\text{C}}$ phase II (CsCl) $\xleftrightarrow{-38.1\,°\text{C}}$ phase III (tetragonal)

ND_4Br phase I (NaCl) $\xleftrightarrow{\sim 125\,°\text{C}}$ phase II (CsCl) $\xleftrightarrow{-58.4\,°\text{C}}$ phase III (tetragonal) $\xleftrightarrow{-104\,°\text{C}}$ phase IV (CsCl)

NH_4I phase I (NaCl) $\xleftrightarrow{-17.6\,°\text{C}}$ phase II (CsCl) $\xleftrightarrow{-41.6\,°\text{C}}$ phase III (tetragonal).

While some of these phase changes have been identified with structural changes observed by x-ray diffraction, others have not. These last were thought to be due to changes in the hydrogens of the ammonium group but a direct confirmation was lacking. The first neutron diffraction studies of these compounds were made on ND_4Cl by GOLDSCHMIDT and HURST[3]. They demonstrated that the low temperature form of ND_4Cl is that shown in Fig. 22, for they obtained good agreement between the measured neutron powder pattern intensities and

[1] The possible contribution of oxygen to the incoherent scattering is small.
[2] S. W. PETERSON and H. A. LEVY: Phys. Rev. **92**, 1082 (1953).
[3] G. H. GOLDSCHMIDT and D. G. HURST: Phys. Rev. **83**, 88 (1951).

those calculated from this structure. The crystal thus belongs to the space group $P\,4\,3\,m$. The analysis of the structure was refined by a series of calculations using the N—H distance and the temperature correction parameter for each element [see Eq. (27.3)] as variable parameters. It was found that the best fit to the data was obtained by a value of (1.03 ± 0.02) Å for the N—H distance at liquid N_2 temperatures where the measurements were made.

In later studies on ND_4Cl powder it has been shown by LEVY and PETERSON[1] and confirmed by GOLDSCHMIDT and HURST[2] that the structure at room temperature is changed from the low temperature structure by the disordering of the orientation of the ammonim group so that the tetrahedral ammonium group was equally likely to occupy either of the two tetrahedral positions shown in the figure. This places the structure in the space group $Pm3m$. The possibility of rotary oscillations of the ammonium group about the nitrogen positions was included in the analysis by a method described by KING and LIPSCOMB[3] which employes an extra parameter representing the angular displacement. The temperature correction parameters B_j [see Eq. (27.3)] were evaluated in this study as in the earlier one. The best fits were obtained for a characteristic half angle of rotary oscillation, α_R, of $10° \pm 3°$, $B_N = B_{Cl} = 2.0$ Å² and $B_D = 2.25$ Å².

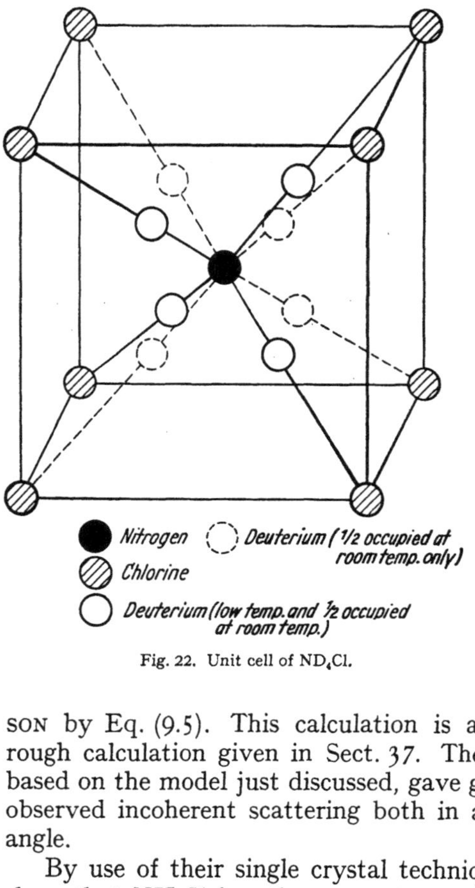

Fig. 22. Unit cell of ND_4Cl.

The disorder in the positions of the deuterium atoms should, as in the case of ice, produce incoherent scattering. This was calculated by LEVY and PETERSON by Eq. (9.5). This calculation is analogous to, but more exact than, the rough calculation given in Sect. 37. The results of this calculation, which was based on the model just discussed, gave good agreement with the experimentally observed incoherent scattering both in absolute amount and in variation with angle.

By use of their single crystal techniques LEVY and PETERSON were able to show that NH_4Cl has the same structure at room temperature as ND_4Cl. The N—H distance was found to be the same as the N—D, and the other parameters were also evaluated with the results

$$\alpha_R = 12° \pm 3°, \quad B_N = B_{Cl} = 2.0\,\text{Å}^2, \quad B_H = 2.5\,\text{Å}^2.$$

LEVY and PETERSON[4] have also studied deuterated ammonium bromide by powder diffraction techniques. They found by the usual comparison of the observed intensities with those calculated from various structures proposed on the basis of x-ray analyses and the results for the chlorides, that phase IV had

[1] H. A. LEVY and S. W. PETERSON: Phys. Rev. **86**, 766 (1952).
[2] G. H. GOLDSCHMIDT and D. G. HURST: Phys. Rev. **86**, 797 (1952).
[3] M. V. KING and W. N. LIPSCOMB: Acta crystallogr. **3**, 318 (1950).
[4] H. A. LEVY and S. W. PETERSON: J. Amer. Chem. Soc. **75**, 1536 (1953).

essentially the same structure as phase III of ND_4Cl and that phase II had that of phase II of ND_4Cl. Phase III had a new structure, shown in Fig. 23, which belongs to the space group $P4/nmm$. The parameters obtained for all these structures are shown in Table 7. The unit cell edge is derived from x-ray data

Table 7. *Parameters of ND_4Br in different phases.*

Phase	Temp. °C	Unit cell edge	N—D distance	α_R	B_D	B_N	B_{Br}
I	200	6.90 Å	1.03** Å	***	4 Å²	3 Å²	3 Å²
II	23	4.060	1.037 ± 0.02	12.5°	2.5	1.7	1.7
III	− 78	*	1.03**	10°	3.7	1.2	0.4
IV	− 195	4.010	1.026 ± 0.02	5°	1.0	0.8	0.9

the other parameters come from the neutron measurements. The accuracy for α_R and the B's is about ± 20%.

It was not possible to get definite positions for the deuterium atoms in phase I because the high temperature caused a great loss in intensity of the peaks at the larger angles. The data that were obtained were not consistent with free rotation of the ammonium group about the nitrogen but several orientations and limited rotation of the group were possible.

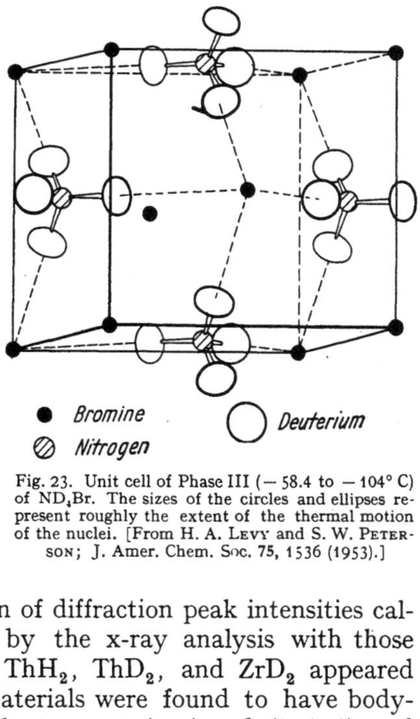

Fig. 23. Unit cell of Phase III (− 58.4 to − 104° C) of ND_4Br. The sizes of the circles and ellipses represent roughly the extent of the thermal motion of the nuclei. [From H. A. LEVY and S. W. PETERSON; J. Amer. Chem. Soc. 75, 1536 (1953).]

39. Heavy metal hydrides. The structure of UD_3 has been investigated by RUNDLE[1], and RUNDLE, SHULL, and WOLLAN[2] have investigated the structure of ThH_2, ThD_2, and ZrD_2 by neutron diffraction. The method in these studies was, as in the ones previously described, a comparison of diffraction peak intensities calculated from several structures permitted by the x-ray analysis with those observed in powder patterns. The work on ThH_2, ThD_2, and ZrD_2 appeared to be fairly straightforward. All of these materials were found to have body-centered tetragonal unit cells with the metal atoms at (000) and $(\frac{1}{2}, \frac{1}{2}, \frac{1}{2})$ and the hydrogens at $(0, \frac{1}{2}, \frac{1}{4})$ $(\frac{1}{2}, 0, \frac{1}{4})$ $(0, \frac{1}{2}, \frac{3}{4})$ $(\frac{1}{2}, 0, \frac{3}{4})$. The other parameters of these crystals are shown in Table 8. The most unexpected result of this work was the rather long Th—D (= Th—H) distance found. The Zr—D distance on the other hand was in agreement with that which would be estimated from the usual values of ionic radii.

Table 8. *Parameters of thorium and zirconium deuteride.*

Material	a_0	c_0	Metal — D distance
ThD_2	4.10 Å	5.03 Å	2.41 Å
ZrD_2	3.52	4.45	2.09

* $a_0 = 5.809$ Å, $b_0 = 4.130$ Å.

** Not checked by variation of the parameter.

*** Depends on the model used.

[1] R. E. RUNDLE: J. Amer. Chem. Soc. **73**, 4172 (1951).

[2] R. E. RUNDLE, C. G. SHULL and E. O. WOLLAN: Acta crystallogr. **5**, 22 (1952).

The study of UD_3 gave somewhat more surprising results. UD_3 was found to have a cubic lattice, a unit cell 6.63 Å on an edge and to be of the space group $Pm3n$. In the unit cell there were found 8 U atoms in the 2 (a)- and 6 (c)-positions and 24 D atoms in the 24 (k)-positions with $y = 0.156$ and $z = 0.313$. The U positions were already known of course and the deuterium positions had been expected to be at the (k)-positions of the same space group, but the parameters were expected to be $y = \frac{1}{4}$, $z = \frac{1}{8}$. This would have placed them in the center of the lines connecting all (a)-position U with (c)-position U giving what was called a bridge structure. The comparison of the calculated intensities for these two structures with those measured is shown in Table 9. As in the case of ThD_2 the metal—D distance which was 2.32 Å for all pairs, was found to be surprisingly long and not easy to understand.

Table 9. *Neutron diffraction data for UD_3. The units in the table are arbitrary but are the same for all columns.*

Peak	Intensity observed (error ≈ ±20)	Calculated for bridge structure	Calculated for new structure
100	0	0	0
011	0	166	1
111	0	0	0
002	visible?	42	34
021		67	2
211	0	28	10
022	120	87	71
(221) (300)	0	0	0
013	57	0	44
311	0	0	0
222	0	10	1
023	} 840	{ 28	720
123		101	327
400	} 200	{ 132	70
(401) (322)		0	100
(411) (033)		15	48

In neither of the studies mentioned was it considered necessary to make corrections for the thermal motion of the atoms.

b) Studies of hydrogen atom positions by FOURIER synthesis methods.

40. Introduction to FOURIER synthesis methods in neutron diffraction; series termination effects. The analyses described in part a) of this chapter have all been based on a choice among a limited number—usually 3 to 6—possibilities for a particular structure allowed, or considered likely, on the basis of x-ray and other evidence. While the structures thus deduced are probably quite correct, it is clearly desirable to make use of the more direct and powerful methods of FOURIER synthesis in more complicated structures or for refinement of the analysis of simple structures. In applying this method to finding the positions of hydrogen atoms one usually has the great advantage of knowing the positions of other atoms in the structure from x-ray analysis. This, of course, greatly simplifies the problem of determination of the phases of the various reflections. In centro-symmetrical structures for example, it is a reasonable assumption that the reflections that are calculated to be at least fairly strong for the known structure will have the same phase for the total structure as they have for the known structure.

In a FOURIER synthesis based on neutron diffraction data series termination effects are more important than in the x-ray case because of the absence of the atomic scattering factor. The effects show up, of course, as a series of diffraction circles, around the atomic centers, which arise from the fact that structure factors cannot be measured at values of $\vartheta > 90°$ or values of $\frac{2\sin\vartheta}{\lambda} > \frac{2}{\lambda}$, hence all the terms in the FOURIER series for the density of scattering are not available. In x-ray diffraction, the atomic scattering factors are so small for such terms that these terms are often negligible. In neutron diffraction, the thermal motion has the same smearing effect, but for heavy nuclei or at low temperatures this effect may be quite small and the series termination effects can be rather large.

The calculation of these series termination effects is treated in standard works on x-ray diffraction. LIPSON and COCHRAN[1] give a very clear treatment of this subject and their results for the two-dimensional case will be quoted here. They find for the density of scatterers of unit strength given by a two-dimensional FOURIER synthesis which ends with a maximum value of $\frac{2\sin\vartheta}{\lambda} = S_0$

$$\left.\begin{aligned}\varrho_2'(x,y) = \int \varrho_2(x+u, y+v) \times \\ \times T_2(R)\, du\, dv.\end{aligned}\right\} \quad (40.1)$$

$\boldsymbol{R} = \boldsymbol{u} + \boldsymbol{v}$ is the radius vector from (x, y) to $(x+u, y+v)$, ϱ_2 is the real density at the point $(x+u, y+v)$ and T_2 is the FOURIER transform of a two-dimensional step function. It is given by

$$T_2(R) = \pi S_0^2 \frac{2 J_1(2\pi S_0 R)}{2\pi S_0 R} \quad (40.2)$$

where J_1 is the BESSEL function of order 1. The real density function ϱ_2 must include the effects of thermal motion and may be reasonably approximated by a spherically symmetric GAUSSian distribution using an empirical constant B_i to characterize the width of the GAUSSian.

This theory should permit correction of the first FOURIER synthesis for the series termination diffraction rings of adjacent atoms. How it works in practice has been carefully investigated in the case of KH_2PO_4 by BACON and PEASE [25] Rather than Eq. (42.1), which must be adjusted to the experimental results by variation of B_j and several evaluations of the intractable integral in Eq. (40.1), they used the approximation

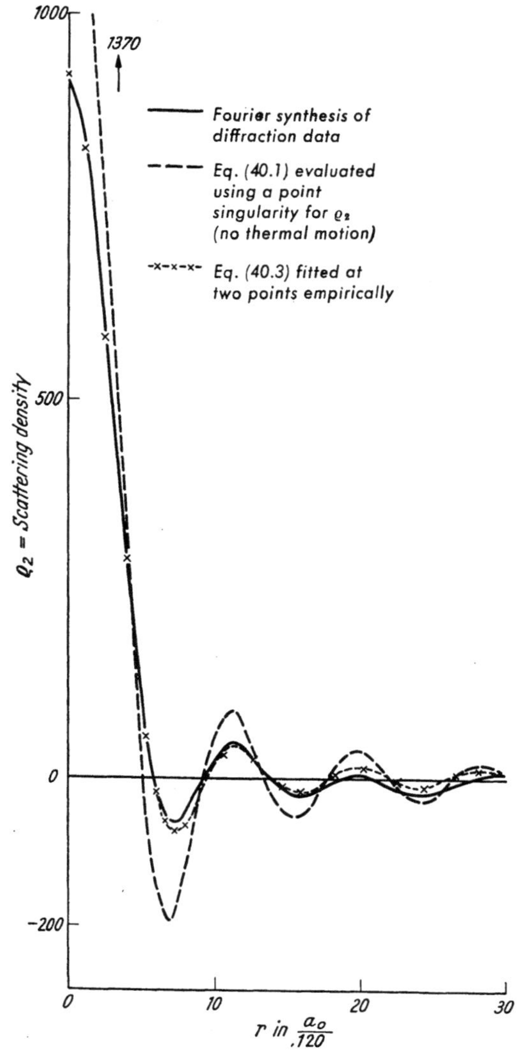

Fig. 24. The density function of the K + P peak in the (001) projection of KH_2PO_4. The diffraction data used in the synthesis were the observed F minus the F calculated for the O and H atoms alone. The density shown is that along a radial line from the center of the K + P peak in the direction of either the x or y axis. (From [25].)

$$\varrho_2'(x, y) = A_2 \left\{ \frac{J_1[2\pi S_0 (r + r_0)]}{(r + r_0)} + \frac{J_1[2\pi S_0 (r - r_0)]}{(r - r_0)} \right\}, \quad (40.3)$$

where $\boldsymbol{r} = \boldsymbol{x} + \boldsymbol{y}$ and A_2 and r_0 are empirically fitted constants. The results of this procedure are shown in Fig. 24 where it can be seen that the series termination

[1] H. LIPSON and W. COCHRAN: "The Determination of Crystal Structures" which is Vol. III of "The Crystalline State", Sir LAWRENCE BRAGG Ed., p. 291 et. seq. London: G. Bell & Sons 1953

correction gives a rough fit to the FOURIER synthesis while the inclusion of the thermal motion gives a fairly good fit and should permit the evaluation of the effect of these series termination errors at points near the strong peaks. For some atoms, notably hydrogen, the assumption that the thermal motion is spherically symmetrical may not be adequate. In principle this calculation just outlined could be done for ellipsoidal or even more complicated distributions but the computational difficulty obviously becomes great.

Another method of correcting for series termination effects which may be more convenient in some cases is the back shift method suggested by BOOTH[1]. In this method a set of F values out to the observational limit in $\frac{\sin\vartheta}{\lambda}$ are calculated from the nuclear positions given by the first FOURIER synthesis and reasonable values of the temperature factor coefficients. These values of F are then used in a second synthesis. The correction for series termination effects to be applied to the positions in the first FOURIER synthesis is the shift in positions of any given atom between the first and second synthesis with the direction reversed. Yet another method which may be useful is that of VAN REIJEN[2] in which the F values beyond the observational limit are calculated from the first FOURIER synthesis and used with the observed ones to calculate a better synthesis.

Series termination effects may be reduced by multiplying the observed structure factors by a function of $\frac{\sin\vartheta}{\lambda}$ which approaches zero at the limit of observation. The effect of this multiplier, called a modification function, is to spread out the peaks in the FOURIER synthesis while reducing the diffraction rings. The method has been discussed in detail by WASER and SHOMAKER[3].

One important point implied by this discussion of series termination effects is that, while in x-rays there is generally no gain in information in going to shorter wavelengths since the atomic scattering factor suppresses the peaks this might bring out, in neutron diffraction there may be a gain in the reduction of series termination effects and in greater resolution.

41. Potassium bifluoride. The first FOURIER synthesis with neutron diffraction data was that calculated for KHF_2 by PETERSON and LEVY[4]. X-ray diffraction measurements had indicated that crystals of this material were tetragonal, of the space group $I4/mcm$, with $a_0 = 5.67$ Å, $c_0 = 6.81$ Å and four molecules per unit cell. The K atoms were placed at the four (a)-positions and the F at the eight (h)-positions. It was thought that the hydrogens were at the four (d)-positions, as indeed turned out to be the case, but other arrangements were considered possible. Neutron diffraction measurements were made by PETERSON and LEVY using single crystal methods and studying the reflections about several zones. From their data on the (001) zone they constructed the FOURIER synthesis shown in Fig. 25. The hydrogen positions appear as areas of negative scattering density of course. No series termination corrections were made in this synthesis.

The suggested structure was checked by comparison of the measured F values obtained in other zones with the calculated ones and good agreement obtained when appropriate values of the temperature factor coefficients, B,

---

[1] A. D. BOOTH: Proc. Roy. Soc. Lond., Ser. A **188**, 77 (1946).
[2] L. L. VAN REIJEN: Physica, Haag **9**, 461 (1942).
[3] J. WASER and V. SHOMAKER: Rev. Mod. Phys. **25**, 671 (1953).
[4] S. W. PETERSON and H. A. LEVY: J. Chem. Phys. **20**, 704 (1952).

were used. For potassium and hydrogen the coefficients turned out to be $B_K = 1.25$ Å^2 and $B_H = 3.0$ Å^2. In the case of fluorine, however, an interesting complication developed. The data were fitted best by a temperature correction factor of the form

$$e^{-\left[B_F\left(\frac{\sin\vartheta}{\lambda}\right)^2 + B'_F\left(\frac{l}{c_0}\right)^2\right]}$$

with $B_F = 1.85$ Å^2 and $B'_F = 1.0$ Å^2 (l is the MILLER index), indicating a larger thermal motion in the c_0 direction.

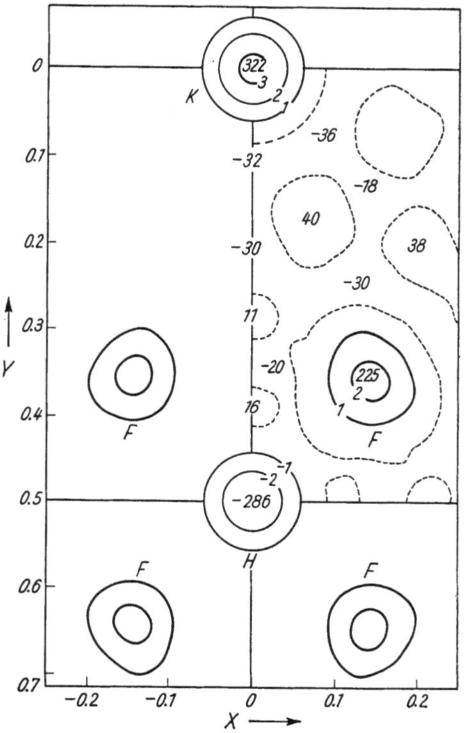

Fig. 25. The two-dimensional FOURIER synthesis of the (001) plane projection of KHF_2. The contours are for a density of scatterers as shown given in units of 10^{-12} cm. per Å^2. The dashed lines represent zero contours. [From S. W. PETERSON and H. A. LEVY: J. Chem. Phys. 20, 704 (1952).]

42. Potassium dihydrogen phosphate. KH_2PO_4 has been extensively studied by both x-ray and neutron diffraction techniques in an effort to explain its piezoelectric properties at room temperatures and its ferroelectric properties at temperatures below its CURIE point, 122° K. In this article, we shall be concerned only with the methods and accuracy of the neutron diffraction analysis. The connection of the structure and the electric properties of the crystal, which is not yet clear, will not be discussed. Before the neutron diffraction studies were made, studies with x-rays[1] had shown that the room temperature form of KH_2PO_4 is tetragonal and of the space group $I\,4\,2\,d$ (but it is more conveniently described in the $F4d2$ group for purposes of comparison with the low temperature form). The low temperature form is orthorhombic, of the space group $Fdd2$. The atomic positions and the parameters found by x-ray diffraction are given in Tables 10 and 11.

Table 10. *Atomic coordinates in* KH_2PO_4.

Room temperature form	Ferroelectric form
$(0, 0, 0;\ \frac{1}{2}, \frac{1}{2}, 0;\ \frac{1}{2}, 0, \frac{1}{2};\ 0, \frac{1}{2}, \frac{1}{2}) +$	$(0, 0, 0;\ \frac{1}{2}, \frac{1}{2}, 0;\ \frac{1}{2}, 0, \frac{1}{2};\ 0, \frac{1}{2}, \frac{1}{2}) +$
P 8: $0, 0, 0;\ \frac{1}{2}, \frac{1}{4}, \frac{3}{4}$	P 8: $0, 0, 0;\ \frac{1}{4}, \frac{1}{4}, \frac{3}{4}$
K 8: $0, 0, \frac{1}{2};\ \frac{1}{4}, \frac{1}{4}, \frac{1}{4}$	K 8: $0, 0, \frac{1}{2} + Z_k;\ \frac{1}{4}, \frac{1}{4}, \frac{1}{4} + Z_k$
O 32: $x, y, z;\ \frac{1}{4} - x, \frac{1}{4} + y, \frac{3}{4} + z;$	O 16: $x, y, z;\ \frac{1}{4} + x, \frac{1}{4} - y, \frac{3}{4} + z;\ \bar{x}, \bar{y}, z;$
$\bar{x}, \bar{y}, z;\ \frac{1}{4} + x, \frac{1}{4} - y, \frac{3}{4} + z;$	$\frac{1}{4} - x, \frac{1}{4} + y, \frac{1}{4} + z;$
$\bar{y}, x, \bar{z};\ \frac{1}{4} + y, \frac{1}{4} + x, \frac{3}{4} - z;$	O 16: $\bar{y}_2, x_2, \bar{z}_2;\ \frac{1}{4} + y_2, \frac{1}{4} + x_2, \frac{3}{4} - z_2$
$y, \bar{x}, \bar{z};\ \frac{1}{4} - y, \frac{1}{4} - x, \frac{3}{4} - z$	$y_2, \bar{x}_2, \bar{z}_2;\ \frac{1}{4} - y_2, \frac{1}{4} - x_2, \frac{3}{4} - z_2.$
H 16: $u, u - \frac{1}{4}, \frac{1}{8};\ u + \frac{1}{4}, \frac{1}{2} - u, \frac{7}{8};$	H 16: $u, v, w;\ \frac{1}{4} - u, \frac{1}{4} + v, \frac{3}{4} + w;$
$\frac{1}{2} - u, \frac{3}{4} - u, \frac{1}{8};\ \frac{1}{4} - u, u, \frac{7}{8}.$	$\bar{u}, \bar{v}, w;\ \frac{1}{4} + u, \frac{1}{4} - v, \frac{3}{4} + w.$

[1] Only the results of the most recent x-ray work — B. C. FRAZER and R. PEPINSKY: Acta crystallogr. 6, 273 (1953) — are quoted here. The disagreements of this work with other such studies are not large.

Table 11. *Parameters of KH_2PO_4.*

Parameter	Room temperature form		Ferroelectric Form	
	x-ray[1]	Neutron [*25*]	x-ray[1]	Neutron[2]
Space group	$F\bar{4}d2$	$F\bar{4}d2$	$Fdd2$	$Fdd2$
Temperature	126° K	ca. 300° K	116° K	113° K
a_0	10.48 Å	—	10.53 Å	—
b_0	10.48 Å	—	10.44 Å	—
c_0	6.90 Å	—	6.90 Å	—
x_1	0.118	0.1156 ± 0.002	0.116	0.116
x_2			0.116	0.116
y_1	0.033	0.0328 ± 0.0002	0.035	0.0345
y_2			0.035	0.0345
z_1	0.132	0.1262 ± 0.006	0.136	0.1310
z_2			0.124	0.1235
z_k	0	0	0.012	0.012
u	—	0.0514 ± 0.005	—	0.1880
v	—	0.1986 ± 0.005	—	0.0375
w	—	$\frac{1}{8}$	—	0.1355
$B_0(xy)$	0.439 Å²	1.13 ± 0.04 Å²		
$B_0(z)$	0.565 Å²	1.29 ± 0.05 Å²		
$B_P(xy)$	0.359 Å²	0.95 ± 0.08 Å²		
$B_P(z)$	0.485 Å²	1.02 ± 0.09 Å²		
$B_K(xy)$	0.426 Å²	1.39 ± 0.12 Å²		
$B_K(z)$	0.552 Å²	0.95 ± 0.12 Å²		

A very thorough investigation of the room temperature form by means of single crystal neutron diffraction methods has been made by BACON and PEASE [*25*]. Some of the methods they used have been referred to previously in Sect. 28 and 40. They calculated a FOURIER synthesis from their observed neutron F values using phases obtained from F values calculated considering the K, O, and P contributions only. This preliminary synthesis was used to locate the H positions and new calculations of the phases made and from these a new synthesis, etc. To obtain the final parameters, the FOURIER syntheses were corrected for series termination effects as described in Sect. 40 and the resulting values refined by a least squares minimization of $\Sigma(F_{\text{obs}} - F_{\text{calc}})^2$. The final values are given in Table 11.

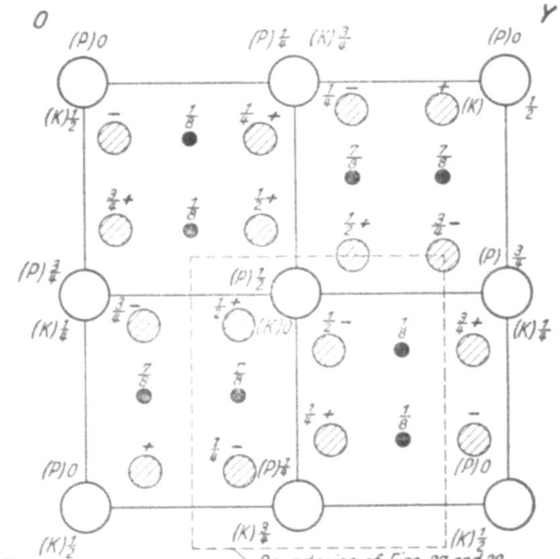

Fig. 26. Projection of the unit cell of KH_2PO_4 on the (001) plane in the $I\bar{4}2d$ representation. (In the $F\bar{4}2d$ representation the cell edges would correspond to the diagonals of the cell shown.) The numbers are the z coordinates of the atoms in fractions of a cell edge. In the case of oxygen the parameter z (=0.132) should be understood as following the plus or minus sign above every oxygen atom.

As an example of the quality of the neutron FOURIER synthesis, Fig. 27 which is taken from the article of BACON and PEASE, is shown here. To orient this projection, Fig. 26, which shows its position in the $I\bar{4}2d$ unit cell, is given.

[1] B. C. FRAZER and R. PEPINSKY: Acta crystallogr. **6**, 273 (1953).

[2] H. A. LEVY, S. W. PETERSON and S. H. SIMONSEN: Phys. Rev. **93**, 1120 (1954).

The positions of the hydrogen atoms were studied by a special synthesis using the observed F values minus the F values calculated from the contributions of the K, P, and O atoms. This should have the effect of removing any errors due to series termination effects coming from the heavy atoms. The results are shown in Fig. 28a. It is not clear from the room temperature work whether the hydrogen contours are elongated because of anisotropic thermal motion or because there are two nearby stable positions randomly occupied. A measurement by PETERSON, LEVY and SIMONSEN[1] at 140° K left the same ambiguity.

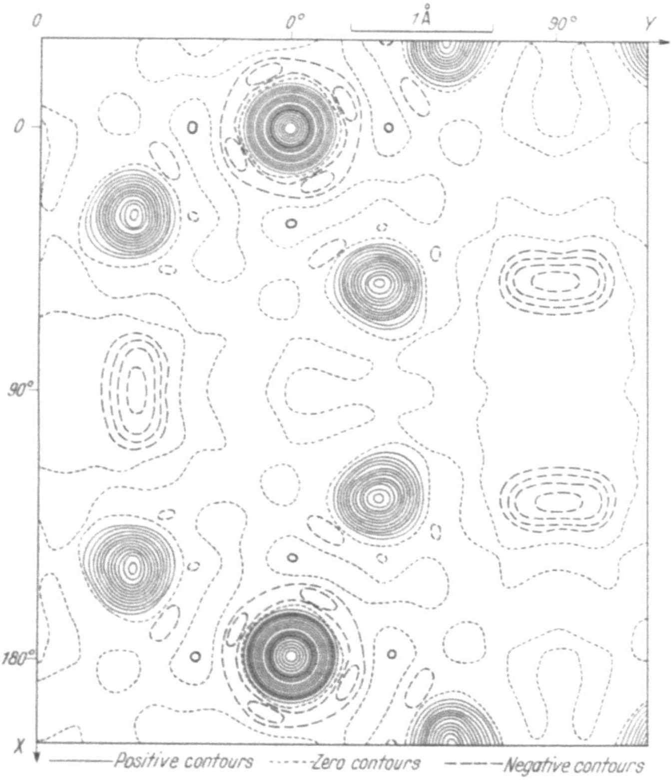

Fig. 27. FOURIER synthesis of a portion of the unit cell of KH_2PO_4 projected on the (100) plane. The portion shown is indicated in Fig. 26. The contour interval is 50 units on the same scale as Fig. 24. (From [25].)

In a later investigation, PEASE and BACON[2] studied the ferroelectric form of KH_2PO_4, polarizing the crystal with an electric field, and obtained the synthesis shown in Fig. 28b. Reversing the polarization caused each hydrogen to shift toward the opposite one of the pair of oxygens which it connects. PEASE and BACON found for the short O—H bond a length of 1.04 Å. In a similar study, LEVY PETERSON and SIMONSEN[3] found for this bond a length 1.07 Å and the values for the other parameters shown in Table 11. They suggest that some of the differences between the neutron and x-ray parameters of the ferroelectric form may be real and indicate a displacement of the nuclei from the centers of their electronic clouds which possibly plays a role in the ferroelectric behavior of the crystal.

[1] S. W. PETERSON, H. A. LEVY and S. H. SIMONSEN: J. Chem. Phys. **21**, 2084 (1953).
[2] R. S. PEASE and G. E. BACON: Nature, Lond. **173**, 443 (1954).
[3] H. A. LEVY, S. W. PETERSON and S. H. SIMONSEN: Phys. Rev. **93**, 1120 (1954).

It may be of interest to note that in this last study the mean discrepancy,

$$\frac{\Sigma\,||F_{\text{obs}}| - |F_{\text{calc}}||}{\Sigma\,|F_{\text{obs}}|},$$

was found to be 5.9% (with the final parameters). This is somewhat smaller than the usual values but indicates what may be obtained in favorable circumstances.

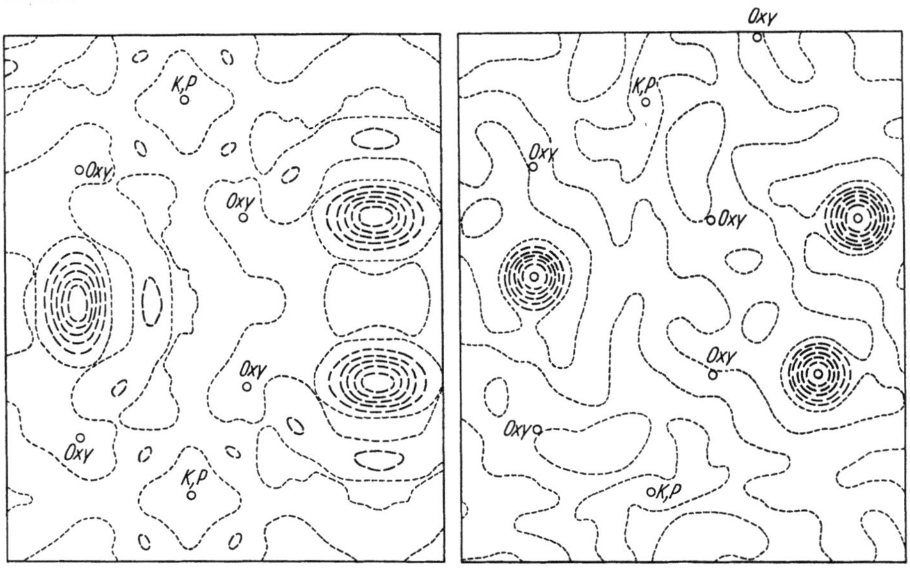

Fig. 28a and b. (a) Fourier synthesis of a portion of the unit cell of KH_2PO_4 projected on the (100) plane. This synthesis was based on the quantity $F_{obs} - F_{KPO}$. The portion of the unit cell shown is indicated in Fig. 26. Contour interval is 25 units. F_{obs} taken from room temperature observations. (From [25]). (b) The same as 28a except that F_{obs} was taken from observations made below 120° K with the crystal polarized by an electric field and the contour interval is 50 units. [From R. S. Pease and G. E. Bacon: Nature, Lond. 173, 443 (1954).]

43. Other hydrogenous crystals; the Harker-Kasper inequalities. The hydrogen positions in a number of other crystals of a complexity equal to or greater than KH_2PO_4 have been determined with the aid of Fourier synthesis methods using neutron diffraction data. Among these are oxalic acid dihydrate $(COOH)_2 \cdot 2H_2O$, and alpha-iodic acid, HIO_3, which were studied by Garrett[1]. This study represents probably the first application of the Harker-Kasper inequalities to neutron diffraction data. The actual inequalities used were in the form given by Grison[2]. Since all these relations are based on the assumption that the density of scattering amplitude in the crystal is everywhere positive, their application to neutron diffraction where the amplitudes may in general be both negative and positive requires special circumstances. In some cases, of course, the amplitudes of all the elements involved are positive. Alternatively, the relationships are clearly applicable if all the amplitudes are negative. In a mixed case such as the one under discussion, where the unknown part of the structure consists of elements of one sign of amplitudes only (hydrogen in this case) the inequalities can be used to limit the structure factors of that unknown part. Garrett used the inequalities to resolve the ambiguity in the hydrogen structure factors arising from the fact that the measurements do not show whether

[1] B. S. Garrett: Report ORNL 1745, Oak Ridge National Laboratory, Oak Ridge, Tennessee (August 15, 1954).

[2] E. Grison: Acta crystallogr. 4, 489 (1951).

the measured structure factors are of the same or opposite phases as the structure factors calculated from the known part of the structure. In the general case some inequalities based on the boundedness of the density of scattering amplitudes, which have been derived by PEPINSKY and MACGILLAVRY[1], may be useful.

Probably the most complex structure yet studied with a view to determining its hydrogen positions is alpha-resorcinal, $C_6H_4(OH)_2$. The results of a preliminary study of this material have been published by BACON and CURRY[2].

c) General structural studies of non-magnetic materials by neutron diffraction and refraction.

44. Light elements combined with heavy; ThC_2. The use of neutron diffraction in determining the position of hydrogen atoms is a special case of a general application to problems in which x-ray diffraction is difficult because one or more elements scatter very weakly compared to other elements present in the material under study. In neutron diffraction all the elements, except vanadium, have amplitudes nearly enough comparable so that all will play a role in diffraction.

HUNT and RUNDLE[3] have taken advantage of this characteristic of neutron diffraction to determine the positions of carbon in ThC_2. Using only the neutron diffraction data from a rather low resolution (ca. 2°) powder pattern they were able to find carbon positions, in the space group deduced from x-ray work on the thorium atoms, which were consistent with the neutron diffraction data. The results were sufficiently accurate to show that the nearest C—C distance was about 1.5 Å corresponding to single bond, rather than 1.2 Å corresponding to a triple bond (an acetylene ion) which had been expected.

45. Structures containing elements of neighboring atomic number; spinel structures. In x-ray diffraction, atoms differing by only a few percent in Z will often appear indistinguishable unless special methods, such as the use of wavelengths near an absorption edge of one atom, are used. Quite commonly, however, such pairs will have neutron scattering amplitudes which are quite distinct and neutron diffraction will be of considerable help in distinguishing their positions. Thus SHULL and SIEGEL[4] using neutron powder diffraction patterns were able to see the superlattice diffraction peaks in the ordered form of the alloys FeCo (and Ni_3Mn). These peaks were not easy to see with x-rays, for the iron and cobalt atoms were so nearly the same that the disordered and ordered structures appeared identical. Moreover, in the neutron diffraction study, a drop of about 20% was observed in the incoherent background scattering on going from the disordered to the ordered form, about the amount expected.

Another example of this application of neutron diffraction is the study by BACON[5] of spinel, $MgAl_2O_4$. This is the type crystal of a large class of cubic crystals of the space group $Fd3m$. They have 8 molecules per unit cell with the 32 oxygens in the (e)-positions where the parameter usually called u is near $\frac{3}{8}$. The cations are distributed in the 8 (a)-positions, usually referred to as the A-positions, and the 16 (d)-positions referred to as the B-positions. In compounds of this structure having the form XR_2O_4 the arrangement in which the eight X-atoms

[1] R. PEPINSKY and C. H. MACGILLAVRY: Acta crystallogr. **4**, 284 (1951).
[2] G. E. BACON and N. A. CURRY: Nature, Lond. **175**, 894 (1955).
[3] E. B. HUNT and R. E. RUNDLE: J. Amer. Chem. Soc. **73**, 4777 (1951).
[4] C. G. SHULL and S. SIEGEL: Phys. Rev. **75**, 1008 (1949).
[5] G. E. BACON: Acta crystallogr. **5**, 684 (1952).

occupy the A-positions and the sixteen R-atoms occupy the B-positions is called *normal* while the one in which eight R-atoms occupy the A-positions and eight R- and eight X-atoms are distributed randomly in the B-positions is called *inverse*. It was rather difficult to decide with the x-ray data which of these structures characterized $MgAl_2O_4$ for the electronic shells of Mg and Al are almost identical in their ionic form in these crystals. BACON's study of powdered spinel with neutron diffraction was clearly in favor of the normal arrangement although a small fraction of the cations may be in the inverse arrangement. The evidence for this is summarized in Fig. 29 taken from BACON's paper. This figure also shows how the value of $u = 0.387 \pm 0.001$ was reached.

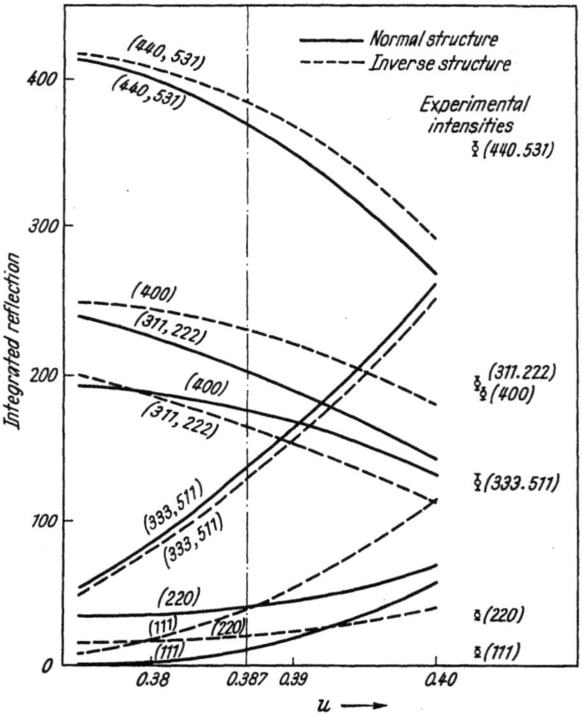

Fig. 29. Variation of the calculated integrated reflection from $MgAl_2O_4$ with the oxygen position parameter, u. [From G. E. BACON: Acta crystallogr. 5, 684 (1952).]

In a similar investigation on powders of the mixed ferrite $MgFeAlO_4$, which has the spinel structure, BACON and ROBERTS[1] were able to show that the A-positions were occupied by $Mg_{0.53}Fe_{0.47}$ and the B-positions by $Mg_{0.47}AlFe_{0.53}$. They took advantage of the relatively greater scattering amplitude of oxygen in neutron than in x-ray diffraction to improve the accuracy in the oxygen parameter for which they obtained the value $u = 0.385 \pm 0.002$.

It should be remarked that not all pairs of elements whose x-ray scattering amplitudes are nearly alike will have appreciably different neutron scattering amplitudes, e.g., Te and I. In such cases there is usually the possibility that the use of certain isotopes will allow a distinction to be made.

46. Structures with distorted electron distributions; graphite. In some cases where the electron distribution of the individual atoms is distorted or uncertain there is special interest in a measurement of the position of the nuclei themselves. This is an obvious field for the application of neutron diffraction, and the work on KH_2PO_4 discussed at the end of Sect. 42 may be an example of this, however the clearest illustration of this application is the work of BACON on graphite[2]. The x-ray diffraction results could be interpreted either as indicating the structure proposed by BERNAL[3] was correct and the atomic scattering factor[4] was wrong or the reverse. BACON showed that the neutron powder diffraction intensities agreed with those calculated from the BERNAL model within the experimental

[1] G. E. BACON and F. F. ROBERTS: Acta crystallogr. **6**, 57 (1953).
[2] G. E. BACON: Acta crystallogr. **5**, 492 (1952).
[3] J. D. BERNAL: Proc. Roy. Soc. Lond., Ser. A **106**, 749 (1924).
[4] R. W. JAMES and G. W. BRINDLEY: Z. Krystallogr. **78**, 470 (1931).

accuracy, about 5%. From the BERNAL model and the x-ray data an empirical structure factor could be determined which, except for a slight asymmetry in the empirical structure factor, agreed well with the improved structure factor for carbon in a valence state calculated by McWEENEY[1]. The accuracy of the neutron diffraction measurement was not sufficient however to afford a check on the suggestion of LUKESH[2] that the basal planes in graphite are slightly distorted from a perfect hexagonal form.

47. Special methods in neutron diffraction analysis. It has been pointed out by PEPINSKY in an article containing several interesting general suggestions on neutron diffraction[3] that there may be applications of the PATTERSON function in neutron diffraction. Thus in molecules containing elements of negative and of positive scattering amplitude, the PATTERSON function calculated from neutron diffraction data will have a negative value at points representing the vectors between the nuclei of negative and those of positive amplitude. This would obviously be of value in assigning peaks to particular pairs of atoms and hence in determining a structure. It should be true in general that the PATTERSON function from neutron data should be clearer than that from x-ray data, for the peaks in the first are not spread out by the somewhat uncertain electronic structure of each atom but represent essentially point scatterers. Of course, these point scatterers are spread by the thermal motion, but in general this is, or can be made, considerably less serious than the spread of the electron cloud and in any event effects the x-ray diffraction roughly as much as the neutron. In the case of hydrogen, however, the thermal motion may be quite serious. This may cause a smeared out background from the contributions to the PATTERSON function involving hydrogen on which the peaks due to the remaining structure would stand out. If desirable the hydrogen contribution could be suppressed by the difficult procedure of replacing 37% of the isotope H^1 by H^2 making the scattering amplitude for the element near zero.

There is no analog to the heavy element technique of x-ray diffraction analysis in neutron diffraction for the scattering amplitudes do not differ greatly among the elements. On the other hand, as was pointed out by PEPINSKY[3], the isomorphic replacement technique is expanded by the possibility of replacement of an element by an isotope or isotope mixture having an appreciably different amplitude. Isotope replacement has the advantage that it will almost certainly not change the structure appreciably.

48. Gases, liquids and amorphous solids. The special advantage of neutron diffraction in studies of materials showing only short range order lies in the absence of the atomic scattering factor which means that various structural features may show observable scattering effects at values of $\frac{\sin\vartheta}{\lambda}$ so large that x-ray or electron scattering would be suppressed (or made difficult to interpret) by the atomic scattering factor.

Largely for this reason ALCOCK and HURST[4] have used neutron scattering to study the gases, O_2, CO_2, N_2, CF_4 and CH_4. These experiments were rather difficult because the scattering by gases at ordinary pressures is so weak. It was necessary to use pressures of about 30 atmospheres and careful correction

[1] R. McWEENEY: Acta crystallogr. **4**, 513 (1951).
[2] J. S. LUKESH: Phys. Rev. **80**, 226 (1950).
[3] R. PEPINSKY: Science, Lancaster, Pa. **117**, 1 (1953).
[4] N. Z. ALCOCK and D. G. HURST: Phys. Rev. **75**, 1609 (1949). — N. Z. ALCOCK and D. G. HURST: Phys. Rev. **83**, 1100 (1951).

for the scattering by the container. By such means the angular distributions of neutrons of (1.06 ± 0.05) Å wavelength were obtained. The interpretation of these experiments requires, in principle, a complete quantum-mechanical treatment of the problem which is quite difficult, particularly for heavy molecules where many rotational states become involved. Such calculations, or a substantial part thereof, are available in the case of H_2 [1], D_2 [2], O_2 [3] and CH_4 [4]. However, in their studies on D_2 (see Sect. 34) HURST and ALCOCK[5] showed that a semi-classical approximation, in which the atoms are treated as point scatterers at the positions of the nuclei and a classical diffraction calculation performed, gave very reasonable results. A general calculation of the scattering by several types of gas molecules based on this semi-classical approximation and including an approximation for the effects of molecular vibration has been given by POPE[6]. ALCOCK and HURST have used this calculation to analyze the observed scattering patterns in terms of the internuclear distances and approximate values for the amplitudes of the molecular vibrations. In this analysis they found it necessary to take into account the effect of interference in the scattering between nearby molecules because the pressures used were so high. The results have been in very satisfactory agreement with those obtained spectroscopically.

The theory of KLEINER concerning the O_2 scattering has been used by PALEVSKY and EISBERG[7] to interpret their results on long-wavelength neutron transmission experiments. They find good agreement with the theory including the 10% or so magnetic contribution to the scattering cross section.

In liquids and amorphous solids neutron diffraction has in some cases the advantage of allowing the use of larger samples than does x-ray diffraction and thus reduces the relative importance of surface contaminants. This point has been stressed by VINEYARD[8] in his investigation of liquid mercury. It is of obvious importance in the work on liquid lead and bismuth of CHAMBERLAIN[9] and SHARRAH and SMITH[10]. Other amorphous materials which have been studied by neutron diffraction are sulfur (by CHAMBERLAIN[9]), vitreous silica (by MILLIGAN, LEVY and PETERSON[11]), various glasses (by WEBER[12]), liquid helium (by HENSHAW and HURST[13]), and liquid nitrogen, oxygen and argon (by HENSHAW, HURST and POPE[14]). In all these studies the angular distribution of approximately monochromatic neutrons incident on the samples has been measured. These, in general, have been used to calculate radial density distributions by the inversion method of ZERNIKE and PRINS[15]. The results in most cases are somewhat clearer than the distributions obtained from x-ray data.

---

[1] M. HAMERMESH and J. SCHWINGER: Phys. Rev. **71**, 678 (1947).

[2] M. HAMERMESH and J. SCHWINGER: Phys. Rev. **69**, 145 (1946).

[3] W. H. KLEINER: Phys. Rev. **97**, 411 (1955). This calculation showed that the magnetic neutron scattering by O_2 would not serve to distinguish among several reasonable electronic wave functions assumed.

[4] A. C. ZEMACH and R. J. GLAUBER: Phys. Rev. **101**, 129 (1956). — A. M. L. MESSIAH: Phys. Rev. **84**, 204 (1951).

[5] D. G. HURST and N. Z. ALCOCK: Canad. Phys. **29**, 36 (1951).

[6] N. K. POPE: Canad. J. Phys. **30**, 597 (1952).

[7] H. PALEVSKY and R. M. EISBERG: Phys. Rev. **98**, 492 (1955).

[8] G. H. VINEYARD: J. Chem. Phys. **22**, 1665 (1954).

[9] O. CHAMBERLAIN: Phys. Rev. **77**, 305 (1950).

[10] P. C. SHARRAH and G. P. SMITH: J. Chem. Phys. **21**, 228 (1953).

[11] W. O. MILLIGAN, H. A. LEVY and S. W. PETERSON: Phys. Rev. **83**, 226 (1951). (Abstract only.)

[12] A. H. WEBER: Nucleonics **7**, No. 6, 31 (1950).

[13] D. G. HENSHAW and D. G. HURST: Phys. Rev. **91**, 1222 (1953).

[14] D. G. HENSHAW, D. G. HURST and N. K. POPE: Phys. Rev. **92**, 1229 (1953).

[15] F. ZERNIKE and J. PRINS: Z. Physik **41**, 184 (1927).

Besides the angular distribution methods, transmission measurements have been used in investigations of liquids and other amorphous materials. E. MELKONIAN[1] has studied the neutron transmission cross section as a function of neutron wavelength in a number of hydrogenous gases and liquids. Mainly, these cross sections show incoherent effects and reflect largely the change in the effective binding of the hydrogen. They have been calculated in some detail in the case of H_2 and CH_2 by MESSIAH[2] who generalized the treatment of SACHS and TELLER[3] to include molecular vibrations and got good agreement with the measurements. DANZKER[4] has calculated the transmission cross sections of water vapor and from this given a qualitative explanation of the difference between water and the liquid hydrocarbons in terms of the association of water molecules in the liquid state.

SOMMERS, DASH and GOLDSTEIN[5] have used transmission measurements in liquid He to check on several possible models of this fluid. They find the most striking feature of the measurements is a rapid drop of the cross section, at wavelengths greater than about 3 Å, almost resembling the BRAGG cut-off of a solid. The lower the temperature, the more noticeable the effect is. They consider this effect as showing a marked ordering as compared with ordinary liquids.

Transmission measurements have been used in a somewhat novel way by A. H. WEBER to obtain radial density functions by direct inversion of transmission versus wavelength data for glasses and other materials. The method appears to be limited by the difficulty of calculating the corrections for thermal inelastic scattering.

Recently BROCKHOUSE[6] has measured the thermal inelastic scattering of neutrons from water by means of the technique described in Sect. 51. He has analyzed the results by the method devised by VAN HOVE *[28]* using the space-time correlation function. While the analysis is not as clear-cut as in the case of a crystal it should give a unique picture of the dynamics of water and is, of course, applicable to other liquids.

49. Small-angle scattering. As in the case of x-rays, in powdered materials a sharply collimated neutron beam will be slightly spread in angle by the cumulative effect of refraction and diffraction occurring at each particle. This phenomenon was first observed with neutrons not in a powder but in unmagnetized iron[7] where the individual domains, when disoriented, acted as particles of differing index of refraction to a neutron beam. It was later studied in ordinary materials by KRUEGER, MENEGHETTI, RINGO and WINSBERG[8] and by WEISS[9]. From their studies it is clear that the phenomena can be calculated from the classical scattering theory of a wave incident on a particle of a given index of refraction. This, however, is notoriously complicated, and it is only from the

[1] E. MELKONIAN: Phys. Rev. **76**, 1750 (1949).

[2] A. M. L. MESSIAH: Phys. Rev. **84**, 204 (1951). See also A. C. ZEMACH and R. J. GLAUBER: Phys. Rev. **101**, 129 (1956).

[3] R. G. SACHS and E. TELLER: Phys. Rev. **60**, 18 (1941).

[4] M. DANZKER: J. Chem. Phys. **21**, 2089 (1953).

[5] H. S. SOMMERS, J. G. DASH and L. GOLDSTEIN: Phys. Rev. **97**, 855 (1955). See also L. GOLDSTEIN and H. S. SOMMERS: Phys. Rev. **101**, 1235 (1956).

[6] B. N. BROCKHOUSE: Bull. Amer. Phys. Soc. **1**, 188 (1956). (Abstract only.)

[7] D. J. HUGHES, M. T. BURGY, R. B. HELLER and J. W. WALLACE: Phys. Rev. **75**, 565 (1949).

[8] H. H. A. KRUEGER, D. MENEGHETTI, G. R. RINGO and L. WINSBERG: Phys. Rev. **80**, 507 (1950).

[9] R. J. WEISS: Phys. Rev. **83**, 379 (1951).

comparatively recent work of van de Hulst[1] that useful solutions for a wide range of parameters have become available for the simple case of spherical particles. Multiple scattering raises still more problems, which have been discussed by Vineyard[2], and the case of nonspherical particles is a further complication.

Fortunately, for many applications quite simple approximations are satisfactory. The best approximation to use depends on the value of the quantity

$$\varrho_p = 2k\,\delta R_p \tag{49.1}$$

δ is the index of refraction for neutrons in the material of the particle minus that index in the medium in which the particle is immersed, k is the usual amplitude of the wave vector and R_p is the particle radius of the powder. (If particles of very different radii are involved the safest procedure is to calculate the spreading by the particles in groups of roughly equal size and then calculate the total spread by adding the effects of the groups in an appropriate way including multiple scattering effects.) If $\varrho_p \ll 1$ the *diffraction approximation* is appropriate and the differential cross section for scattering by a single particle is given by Weiss as

$$\frac{d\sigma}{d\Omega} = 4R_p^6\,k^4\,\delta^2\left(\frac{\sin X}{X^3} - \frac{\cos X}{X^2}\right)^2, \tag{49.2}$$

where $X = R_p\,k\sin\vartheta_s$ with ϑ_s being the scattering angle. If $\varrho_p \gg 1$ the *refraction approximation* is appropriate, and the beam is spread by multiple scattering into an approximately gaussian angular distribution of half-width given by Krueger, Meneghetti, Ringo and Winsberg as

$$\langle\vartheta_s^2\rangle = 4\,N_p\,\pi\,R_p^2\,\delta^2\left(\ln\frac{2}{|\delta|} + 1\right). \tag{49.3}$$

N_p is the number of particles per cm.^{2} of cross-sectional area. It should be remarked that because real powders may show pronounced clumping effects and seldom have equal sized spherical particles, Eqs. (49.2) and (49.3) should not be expected to give good (better than $\pm 30\%$) absolute values. The equations, however, should show the proper dependence on the parameters R_p, k and δ.

Small-angle scattering of neutrons is potentially applicable in the same fields as small-angle scattering of x-rays and, in cases when it is desirable to work with radiation of 5 Å or more wavelength, neutrons might have an advantage because of their greater penetrating power. To date, however, the most interesting use of the small-angle scattering of neutrons is in the determination of scattering amplitudes. The method, which is based on a suggestion by M. Goldhaber, measures scattering amplitudes through indices of refraction which in turn are found from the reduction in the small-angle scattering when the interstices of a powdered sample are filled by a liquid of known index of refraction. By using liquids having indices quite close to that of the material of the powder—thus relying on the small angle scattering only for determination of the small difference—Weiss[3] has obtained an accuracy of about $\pm 5\%$ with this method.

50. Grain size and crystal imperfections. The special properties of neutron diffraction have been used in several ways to study grain size and crystal imperfections principally in metals.

[1] H. C. van de Hulst "Optics of Spherical Particles" N. V. Drukkerij, J. F. Duwaer & Zonen, Amsterdam, 1946, also published as Recherches Astronomiques de l'Observatoire d'Utrecht XI, Part 1 (1946), same publisher.

[2] G. H. Vineyard: Phys. Rev. **85**, 633 (1952).

[3] R. J. Weiss: Phys. Rev. **83**, 379 (1951).

WEISS[1] has shown that neutron transmission cross sections of polycrystaline materials near the BRAGG cut-off $[\lambda = 2d(hkl)]$ depend on grain size. As is well known in back-reflection work with x-rays, the diffraction peaks are considerably spread out near the cut-off. This greatly increases the importance of secondary extinction. WEISS has calculated the transmission cross sections in this region on the basis of ZACHARIASEN'S (Chap. IV of [6]) theory of diffraction by mosaic crystals taking account of extinction. The results are as illustrated in Fig. 30. Cross sections in this region are quite dependent on the detector size, because the doubly reflected beam may be of the order of 1° wide and care must be taken with this point.

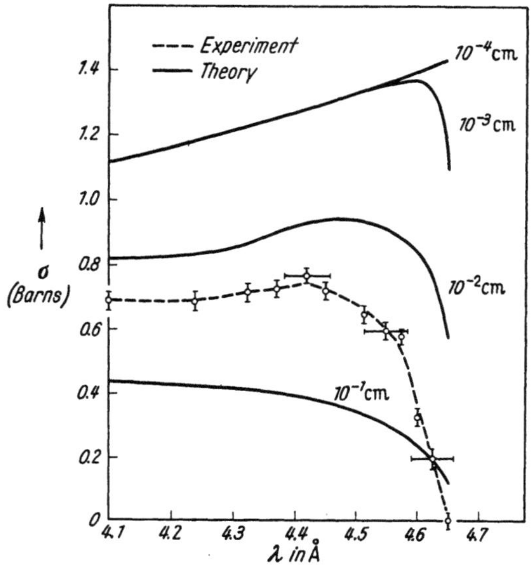

Fig. 30. Total cross section of the (111) peak of polycrystalline aluminum with capture and in elastic scattering subtracted. The theoretical curves are calculated for the grain sizes shown near them. [From R. J. WEISS: Phys. Rev. 86, 271 (1952).]

On the basis of this theory, WEISS, CLARK, CORLISS and HASTINGS[2] have attacked the problem of the origin of the line broadening in the x-ray diffraction patterns of metals after cold working. It is difficult to tell by x-ray methods whether this results from lattice distortion or is due to a particle size effect. WEISS *et al.*, measured the transmission of a brass sample before and after cold working with the results shown in Fig. 31. The change between the two curves, it is fairly clear from the work of WEISS[1], could not be due to particle size effects. It is, in fact, in the case of the (200) edge just the smearing out that would be expected from a spread in interplanar spacing coming from lattice distortion. That the smearing is smaller at the (111) edge is understandable from the different values of the YOUNG'S modulus in the two directions.

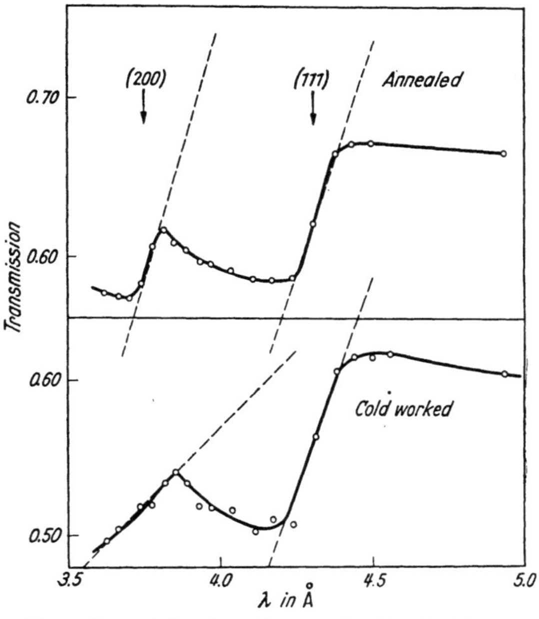

Fig. 31. Transmission of two brass samples. Note that these are not cross section curves and the difference in the ordinate scale of the two curves is just due to sample size. [From R. J. WEISS, J. R. CLARK, L. CORLISS and J. HASTINGS: J. Appl. Phys. 23, 1379 (1952).]

In the same study[2] WEISS *et al.*, have also examined the origin of the increase in integrated intensity

[1] R. J. WEISS: Phys. Rev. 86, 271 (1952).
[2] R. J. WEISS, J. R. CLARK, L. CORLISS and J. HASTINGS: J. Appl. Phys. 23, 1379 (1952).

of the x-ray diffraction peaks following cold-work. By using neutron diffraction, where extinction effects are much lower than they are for x-rays because of the much lower scattering amplitudes, they were able to show that in the absence of extinction effects there was no appreciable change in the integrated intensities of the peaks. They attempted to find the change in the number of interstitial atoms and vacancies after cold-working by measurement of the change in the scattering at wavelengths greater than the BRAGG cut-off. At these wavelengths, where there is little coherent scattering, the randomly placed vacancies and interstitial atoms should show the free atom cross section and cause a measurable increase in the scattering. (A vacancy will appear as a free atom scattering in opposite phase and since these vacancies are random, phase is not important.) The density of imperfections obtained this way was in rough agreement with that derived from measurements of the change of conductivity. More recently, ANTAL, WEISS and DIENES[1] have used this last technique to measure the increase in the number of lattice defects caused by irradiation of crystalline materials in a reactor. They report that the method gives a rather high accuracy.

51. Experiments on thermal inelastic scattering. This type of scattering was first studied by its effect on total cross sections in the wavelength region beyond the BRAGG cut-off where the ordinary diffraction peaks do not complicate the measurements. Data for a range of temperatures and wavelengths have been obtained for graphite[2], aluminum[3], nickel and magnesium [*16*], beryllium[4], lead[5] and bismuth[6]. (The measurements on iron are mentioned in Sect. 64). The results of these measurements show that the one-phonon theory gives relatively poor agreement in many cases, while the multiphonon theory, such as that of SQUIRES [*16*], gives about as good agreement as can be expected considering the approximation involved in the use of the DEBYE model.

The total cross section measurements do not give a very direct lead to the actual vibration spectra of crystals; so efforts have been made to study the spectra of the inelastically scattered neutrons directly as a means of finding these vibration spectra. The basis for this has been described in Sect. 13. EGELSTAFF[7], and BROCKHOUSE and HURST[8] made the first such measurements, using the transmission through $1/v$ absorbers and similar devices to obtain rough notions of the spectrum of the scattered neutrons.

Recently, BROCKHOUSE and STEWART[9] have used a considerably improved technique to measure the spectrum of the coherent inelastic scattering with a resolution in the scattered beam energy and direction sufficient to give a resolution of roughly $\pm 20\%$ in q and ω [see Eqs. (13.7) and (13.10)]. The method used was essentially that used by BROCKHOUSE in a study of inelastic scattering of paramagnetic materials[10] and is illustrated in Fig. 32. The monochromator provided neutrons of wavelength near 1.2 Å and the scattered neutrons from the sample, a single crystal, were studied at angles away from the BRAGG peaks

---

[1] J. J. ANTAL, R. J. WEISS and G. J. DIENES: Phys. Rcv. **99**, 1081 (1955).
[2] G. W. JOHNSON, H. PALEVSKY and D. J. HUGHES: Phys. Rev. **82**, 345 (1951). (Abstract only.)
[3] J. M. CASSELS: Proc. Roy. Soc. Lond., Ser. A **208**, 527 (1951).
[4] H. PALEVSKY and R. R. SMITH: Phys. Rev. **86**, 604 (1952). (Abstract only.)
[5] A. W. MCREYNOLDS: Phys. Rev. **91**, 1368 (1953).
[6] D. J. HUGHES and H. PALEVSKY: Phys. Rev. **92**, 1206 (1953).
[7] P. A. EGELSTAFF: Nature, Lond. **168**, 290 (1951).
[8] B. N. BROCKHOUSE and D. G. HURST: Phys. Rev. **88**, 542 (1952).
[9] B. N. BROCKHOUSE and A. T. STEWART: Phys. Rev. **100**, 756 (1955).
[10] B. N. BROCKHOUSE: Phys. Rev. **99**, 601 (1955).

so that the theory of Sect. 13 was applicable. The results on aluminum show an appreciable divergence from the DEBYE model in the direction of too high an ω for a given q at high q's.

Another promising technique for this kind of study has been used by CARTER, HUGHES and PALEVSKY[1] who employ a beam of neutrons from a reactor, filtered by Be or a similar filter, to irradiate their sample. They study the spectrum of inelastically scattered neutrons by a slow neutron chopper (Sect. 19) placed near the sample and out of the direct beam. In spite of the low flux in the long wavelength region of the neutron spectrum transmitted by the filter, this method may be useful because it should be able to utilize a much wider collimation than that of the scheme used by BROCKHOUSE. This happens because at very long wavelengths the resultant $\boldsymbol{q}$ is quite insensitive to the direction of $\boldsymbol{k}$.

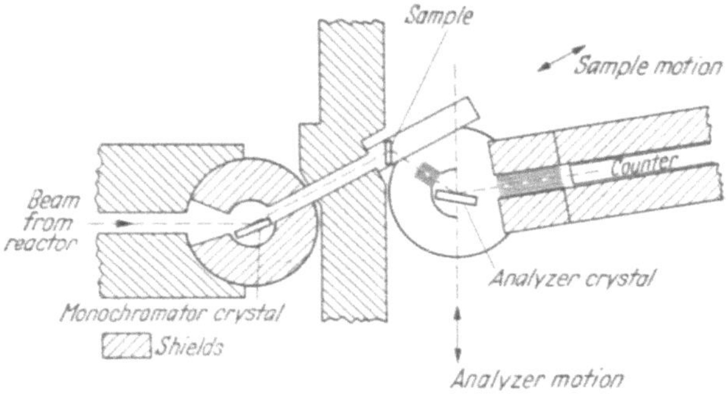

Fig. 32. Apparatus used by BROCKHOUSE to study inelastic scattering. The angle of scattering in the sample which is examined can be changed by moving the sample and the analyzer along the directions indicated. [From B. N. BROCKHOUSE; Phys. Rev. 99, 601 (1955).]

VI. Studies of magnetic materials by neutron diffraction and refraction.

a) Magnetic scattering and polarization.

52. Scattering by magnetic atoms. The fact that the neutron has a magnetic moment means that it interacts with the magnetic moments of the atoms of magnetic materials. This is quite different from x-rays and leads to what are probably the most important results yet obtained by neutron diffraction methods —the analysis of the magnetic structure of various magnetic materials, particularly the antiferromagnetic. That there should be such an interaction was first pointed out by BLOCH[2] in 1936. At that time, the interest lay in the usefulness of the interaction in measuring the magnetic properties of the neutron, and it was under this stimulus that the comprehensive paper of HALPERN and JOHNSON [*10*] was written. The theory of the scattering of neutrons by magnetic materials, which will be outlined here, is essentially due to these authors.

The most subtle point of this theory comes at the start where one must write down the interaction between the neutron and the magnetic field of the electron. The most plausible way of doing this is to write the neutron potential energy in this field as

$$V = -\boldsymbol{\mu}\cdot\boldsymbol{B}. \tag{52.1}$$

$\boldsymbol{\mu}$ is the magnetic moment of the neutron and $\boldsymbol{B}$ the magnetic field of the electron. It was pointed out by BLOCH[3], however, that Eq. (52.1) is not the only form

[1] Private communications from H. PALEVSKY.
[2] F. BLOCH: Phys. Rev. **50**, 259 (1936).
[3] F. BLOCH: Phys. Rev. **51**, 994 (1937).

which could be assumed. The fact that it is correct is really an experimental discovery which is not derivable from elementary particle theory. A thorough discussion of the point is given by EKSTEIN[1] who stimulated the experimental work[2] which establishes the correctness of Eq. (52.1) (see Sects. 54 and 62).

Given Eq. (52.1), it follows from HALPERN and JOHNSON's work [10] that the scattering cross section for an atom in a ferromagnet is

$$\frac{d\sigma}{d\Omega} = b_n^2 + 2 b_n D\, \boldsymbol{q} \cdot \boldsymbol{\lambda} + D^2 q^2. \tag{52.2}$$

In this equation, b_n is the coherent nuclear scattering amplitude, and $\boldsymbol{\lambda}$ is a unit vector in the direction of polarization of the neutron. The vector $\boldsymbol{q}$ is given by

$$\boldsymbol{q} = \boldsymbol{e}(\boldsymbol{e} \cdot \boldsymbol{\varkappa}_m) - \boldsymbol{\varkappa}_m, \tag{52.3}$$

where $\boldsymbol{e}$ is a unit vector parallel to $\boldsymbol{k} - \boldsymbol{k}'$ and $\boldsymbol{\varkappa}_m$ is a unit vector in the direction of magnetization ($\boldsymbol{B}$). D is the magnetic — scattering — amplitude coefficient given by

$$D = \left(\frac{e^2}{m c^2}\right) \gamma S f_m. \tag{52.4}$$

$\frac{e^2}{m c^2} = 2.818 \times 10^{-13}$ cm. is the classical electron radius, γ is the magnetic moment of the neutron in nuclear BOHR magnetons, S is the electronic spin quantum number, and f_m is the magnetic form factor. It is quite similar to the ordinary atomic scattering factor of x-ray diffraction but is taken over the magnetically active electrons only.

The quantity,

$$\left(\frac{e^2}{m c^2}\right) \gamma S f_m \boldsymbol{q} \cdot \boldsymbol{\lambda} = b_m, \tag{52.5}$$

may be regarded as the magnetic scattering amplitude in scattering processes where the spin of the magnetic atoms is unchanged. When spin changes are involved, one must go back to the calculations of the neutron wave function in which $\boldsymbol{\lambda}$ is replaced by a spin operator and spin function. It is probably worth stating explicitly that the sign of the magnetic scattering amplitude is positive (the same as that of the nuclear scattering amplitude of iron) when the neutron spin is antiparallel to the electronic total angular momentum and is negative when they are parallel. The choice of sign in Eq. (52.5) is academic for most experiments where only b_m^2 appears, but for experiments with polarized nuclei and beams of polarized neutrons[3] it is not.

To give a rough appreciation of the importance of magnetic scattering relative to nuclear for thermal neutrons, it may be mentioned that $\gamma S f_m (\boldsymbol{q} \cdot \boldsymbol{\lambda})$ is usually of the order of one. b_m is thus of the order of 3×10^{-13} cm. which is slightly smaller than the typical nuclear scattering amplitude, say, 5×10^{-13} cm.

The magnetic scattering amplitude will show a rather complicated dependence on the angle of scattering and wavelength in general. It will also show a dependence on the relative orientation of the neutron spin and the spin (or magnetization direction) of the scatterer. This dependence makes possible the production of polarized neutron beams by various means which will be described in the sections on experiments on magnetic scattering.

[1] H. EKSTEIN: Phys. Rev. **76**, 1328 (1949).
[2] D. J. HUGHES and M. T. BURGY: Phys. Rev. **81**, 498 (1951), and [24].
[3] J. E. SHERWOOD, T. E. STEPHENSON and S. BERNSTEIN: Phys. Rev. **96**, 1546 (1954).

The expression for the cross section is very appreciably simplified in the case of unpolarized beams of neutrons. Averaging over the two possible states of orientations of the neutron gives

$$\frac{d\sigma}{d\Omega} = b_{\mathrm{n}}^2 + D^2 q^2, \tag{52.6}$$

for the terms involving $\boldsymbol{q}\cdot\boldsymbol{\lambda}$ average to zero. If, in addition, the orientation of the magnetic fields is random,

$$q^2 = 1 - (\boldsymbol{e}\cdot\boldsymbol{\varkappa}_m)^2$$

is averaged over all relative orientations of $\boldsymbol{e}$ and $\boldsymbol{\varkappa}_m$, which gives $q^2 = \frac{2}{3}$ and

$$\frac{d\sigma}{d\Omega} = b_n^2 + \frac{2}{3} D^2. \tag{52.7}$$

HALPERN and JOHNSON have also discussed the case of paramagnetic materials (in which there is no correlation in the direction of magnetization of adjacent atoms). In such materials the magnetic scattering is entirely incoherent. HALPERN and JOHNSON give for the cross section

$$\left.\begin{aligned} \frac{d\sigma}{d\Omega} &= b_n^2 + \frac{2}{3}\times \\ &\times S(S+1)\left(\frac{e^2\gamma}{m c^2}\right)^2 f_m^2. \end{aligned}\right\} \tag{52.8}$$

The only variation with angle in paramagnetic scattering is that due to f_m.

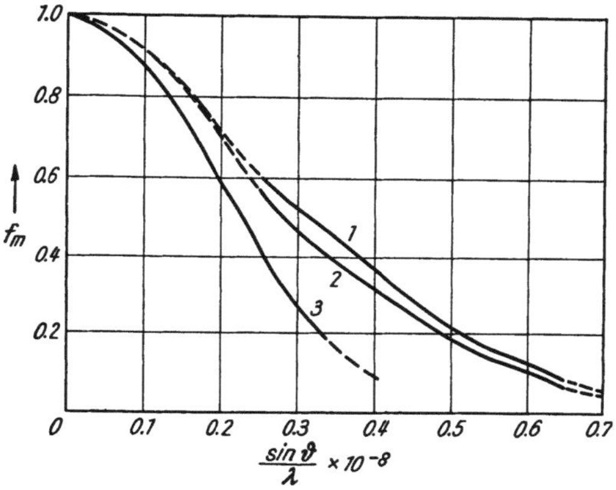

Fig. 33. The form factors for neutron scattering by magnetic atoms of the transition elements. 1. The form factor for an iron atom in metallic iron, the magnetic electrons wave function assumed to be zero at the atomic radius (calculated by STEINBERGER and WICK). 2. The form factor for an iron atom in metallic iron, the magnetic electrons wave function assumed tc have a derivative of zero at the atomic radius (calculated by STEINBERGER and WICK). 3. The form factor for Mn^{++} (as measured by SHULL, STRAUSER and WOLLAN).

The value of f_m in Eq. (52.4) et seq. is perhaps best considered as an unknown to be determined by experiment, but very useful approximations to it can be made by theory. The most successful of these is that of STEINBERGER and WICK[1] who have calculated the form factor for the unpaired 3d electrons in an iron atom. This calculation is based on that for the free iron atoms given by HAMERMESH[2], which they modify by inclusion of the effects of an approximate calculation of the exchange interaction. The results they obtain are shown in Fig. 33. Both curves agree with the experimental values [*24*] within the accuracy of the latter. In the same figure is shown the form factor for the Mn^{++} ion as determined experimentally by SHULL, STRAUSER and WOLLAN [*23*] from paramagnetic salts of Mn and the magnetic peaks of MnO. The magnetic atoms whose form factors have been determined so far appear to resemble iron, in the case of metals, and Mn^{++}, in the case of ionic compounds, within the experimental accuracy which is of the order of the discrepancy between the theoretical curves for iron. The scattering amplitudes for the magnetic atoms studied so far are summarized in Table 12, which is taken from the book by G. E. BACON [*1*].

In HALPERN and JOHNSON's derivation of Eqs. (52.2) and (52.8) it was assumed that the magnetic moment of the atom came from the electron spin and not from

---

[1] J. STEINBERGER and G. C. WICK: Phys. Rev. **76**, 994 (1949).
[2] M. HAMERMESH: Phys. Rev. **61**, 17 (1942).

the electron orbital angular momentum. This is a reasonable assumption for the elements of the 3d transition group (Cr—Ni) where the orbital moments appear to be quenched by crystalline effects. It is not exactly accurate, however,

Table 12.

Atoms or ions	Nuclear scattering amplitudes in 10^{-12} cm.	Effective spin quantum number	Magnetic scattering amplitude at $\vartheta=0°$ in 10^{-12} cm.	Form factor type
Cr^{++}	0.35	2	1.08	Mn^{++}
Mn^{++}	−0.37	$\frac{5}{2}$	1.35	Mn^{++}
Fe (metal)	0.96	1.11	0.60	Fe
Fe^{++}	0.96	2	1.08	Mn^{++}
Fe^{3+}	0.96	$\frac{5}{2}$	1.35	Mn^{++}
Co (metal)	0.28	0.87	0.47	Fe
Co^{++}	0.28	2.2	1.21	Mn^{++}
Ni (metal)	1.03	0.3	0.16	Fe
Ni^{++}	1.03	1.0	0.54	Mn^{++}

for all such cases[1] and is certainly wrong for the rare earths where the orbital momenta may play a large role in the magnetic moments. The theory for neutron scattering in this case has been given in some detail by TRAMMEL[2] whose calculations are in agreement with the experiments of KOEHLER and WOLLAN[3]. In bare outline the results of these studies are that the paramagnetic cross section may be written as

$$\frac{d\sigma}{d\Omega} = \frac{2}{3}\left(\frac{e^2\gamma}{2mc^2}\right)^2 g^2 J(J+1)\, f_p. \quad (52.9)$$

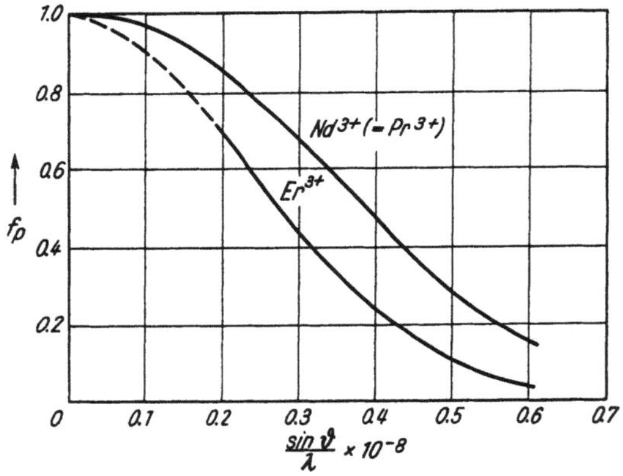

Fig. 34. The magnetic form factor for magnetic ions of the rare earth elements. [From W. C. KOEHLER and E. O. WOLLAN: Phys. Rev. 92, 1380 (1953).]

Table 13.

Ion	S	L	J	Effective μ in BOHR magnetons	$\frac{d\sigma}{d\Omega}$ at $\vartheta=0°$ in barns per steradian
Pr^{3+}	1	5	4	3.7	0.67
Nd^{3+}	$\frac{3}{2}$	6	$\frac{9}{2}$	3.6	0.63
Er^{3+}	$\frac{3}{2}$	6	$\frac{15}{2}$	9.2	4.1

Here J is the resultant total angular momentum quantum number and g the LANDÉ g-factor,

$$g = 1 + \frac{J(J+1) + S(S+1) - L(L+1)}{2J(J+1)}, \quad (52.10)$$

L is the orbital angular momentum quantum number of the atom. f_p in (52.9) is the magnetic form factor which is like f_m in having the value 1 at $\vartheta=0$ and decreasing monotonically with ϑ, however, it cannot be calculated as directly from the electron wave functions as f_m. In Fig. 34 are shown the values of f_p obtained experimentally[3]. The slower decrease of f_p with ϑ as compared with f_m for Mn^{++} is understandable in that the orbital moment is equivalent to a sheet of dipoles and hence has a greater contribution at small radii than the spin moment. In Table 13 are summarized the experimental values of the cross sections and the corresponding magnetic moments.

[1] There is some evidence for an orbital contribution in the case of Co^{++}. (See [23]).
[2] G. T. TRAMMEL: Phys. Rev. 92, 1387 (1953).
[3] W. C. KOEHLER and E. O. WOLLAN: Phys. Rev. 92, 1380 (1953).

53. Polarization by transmission. Since neutrons have a spin of $\frac{1}{2}$, their only possible polarizations are parallel or antiparallel to some established direction. It is fairly clear from Eqs. (52.2) and (52.3) that for a beam of neutrons incident on a magnetized material the scattering cross section is different for the two directions of polarization relative to the direction of magnetization of the sample $\boldsymbol{\varkappa}_m$. It is less obvious but can be shown[1] that the cross section for the two directions of polarization may be written as $\sigma_+ = \sigma_d + p$ for the spin parallel to $\boldsymbol{\varkappa}_m$ and $\sigma_- = \sigma_d - p$ for the antiparallel case. Here σ_d is the cross section for the sample in the demagnetized state and p the additional cross section in the magnetized case. The calculation of p which is rather complicated has been done by HALPERN, HAMERMESH and JOHNSON (Eq. (6.4) of [*12*]) who give the result for a material with a body-centered cubic crystal structure and for a beam incident in a direction normal to $\boldsymbol{\varkappa}_m$:

$$p = b_M \frac{e^2}{m c^2} \gamma S \left(\frac{\lambda}{2 a_0}\right)^2 \sum_{\text{all } d < \frac{\lambda}{2}} \frac{M_d}{l_p} \left(1 + \frac{l_p^2 \lambda^2}{4 a_0^2}\right) f_m\left(\frac{l_p}{2 a_0}\right). \tag{53.1}$$

The symbols here have the meanings used in Eq. (52.4) and in addition a_0 is the unit cell edge, M_d is the number of different h, k, l combinations giving a certain interplanar spacing d and $l_p = \sqrt{h^2 + k^2 + l^2}$. h, k and l are, of course, the MILLER indices. In the form given here, inelastic scattering effects have been neglected. For illustration, the values of p for polycrystalline iron are shown in Fig. 35.

A calculation of the intensity of an unpolarized beam transmitted by a magnetized sample—simply the sum of the intensities of two directions of polarization—will easily show that the transmission of the magnetized sample is greater than that of a demagnetized sample ($e^{-N_m \sigma_d}$) by a ratio of

$$\frac{I_M}{I_D} = \operatorname{Cos} N_m p,$$

$$\left.\begin{aligned} \frac{\Delta I}{I_D} &= \operatorname{Cos} N_m p - 1 \approx \frac{N_m^2 p^2}{2} \\ &\text{for} \quad N_m p \ll 1 \end{aligned}\right\} \tag{53.2}$$

where N_m is the number of atoms of magnetic material per cm.² in the path of the beam. $\Delta I / I_D$ is called the *single transmission effect*.

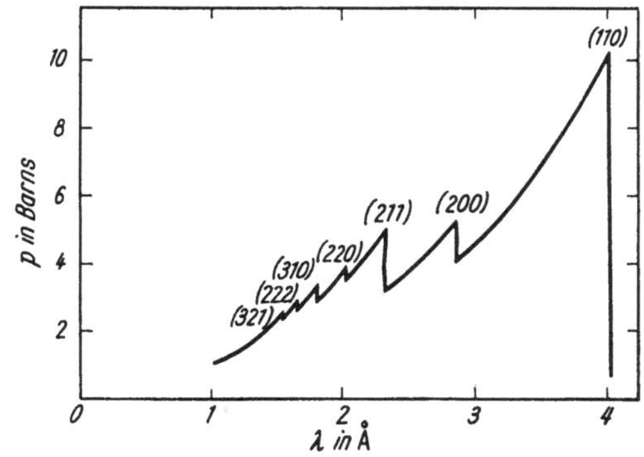

Fig. 35. The calculated polarization cross section of iron. The discontinuities in the curve correspond to twice the interplaner spacing of the planes indicated. [From J. STEINBERGER and G. C. WICK: Phys. Rev. 76, 994 (1949).]

In all the foregoing, it was assumed that the magnetized sample was saturated. Any disoriented domains have a strong depolarizing effect arising from precession about directions of magnetization making large angles with the axis of polarization. HALPERN and HOLSTEIN [*11*] have calculated the correction for this in the form of a factor multiplying (53.2) which becomes approximately (better approximations are given in [*11*])

$$\left.\begin{aligned} \frac{\Delta I}{I_D} &= \frac{1}{2} N_m^2 p^2 f_d(x), \\ x &= \frac{\eta_d}{\varepsilon t_s}, \quad f_d(x) = 2x^2\left(e^{-\frac{1}{x}} + \frac{1}{x} - 1\right). \end{aligned}\right\} \tag{53.3}$$

[1] [*11*]. [The result desired can be obtained rather directly from Eqs. (9.1a) and (9.1b), p. 978 of this reference. The notation and approach are, however, very different from those of this section.]

η_d is given by Halpern and Holstein for the general case, however, for the most important case of thermal neutrons and a nearly saturated magnetic material with domains larger than about 10^{-3} cm. in average linear dimension (δ_d), η_d can be approximated by $\delta_d/2$. ε is the departure from saturation of the sample,

$$\varepsilon = \frac{|\boldsymbol{M}_\infty| - |\boldsymbol{M}|}{|\boldsymbol{M}_\infty|}. \tag{53.4}$$

$\boldsymbol{M}$ is the actual magnetization, $(\boldsymbol{B}-\boldsymbol{H})/4\pi$, in the sample and $\boldsymbol{M}_\infty$ the saturation magnetization. The importance of the depolarization effect can be seen from the fact that a sample 1 cm. thick having $\delta_d = 2\times 10^{-3}$ cm. and a magnetization just 0.25% from saturation ($\varepsilon = 0.0025$) has a single transmission effect, $\Delta I/I_D$, one-half that of a saturated sample. Obviously, these transmission effects give a sensitive test of the approach to saturation of a ferromagnet.

The *double transmission effect* is found by passing a neutron beam through two independently magnetized samples and measuring the intensities with the two magnetized in the parallel, I_p, and in the antiparallel, I_a position. The double transmission effect is then defined as the difference of the intensities divided by the average, and in the approximation of Eq. (53.2) the double transmission effect is given by

$$2\,\frac{I_a - I_p}{I_a + I_p} = 2 N_m^2 p^2. \tag{53.5}$$

In this equation N_m refers to one sample only and the two samples are assumed to be equal in thickness. This experiment may also be analyzed in terms of the polarization P of the beam from the first sample. P is defined as

$$P = \frac{n_+ - n_-}{n_+ + n_-} \tag{53.6}$$

where n_+ is the number of neutrons parallel to a given direction and n_- is the number antiparallel.

Experimental studies[1] of these transmission effects have shown generally good agreement with the theory just outlined when Steinberger and Wick's (Fig. 33) values were used for f_m. Burgy *et al.*[1], found in their double transmission studies that considerable care was necessary to prevent the neutron polarization from adiabatically following the change in field directions between the blocks in the antiparallel case. They avoided this effect by reversing the field in a distance which was short compared to the distance traveled by a neutron in one revolution of the Larmor precession (about 80 cm./gauss for thermal neutrons). Another difficulty which had to be avoided was the depolarization of the beam. Partial depolarization can be caused by an abrupt passage of the neutrons into a region large enough for more than about $\frac{1}{4}$ of a revolution of the Larmor precession and with a field direction appreciably away from parallel (or antiparallel) to the direction of polarization. Several such regions may almost completely depolarize a beam.

The remarkable ease with which a polarized thermal neutron beam may be depolarized is illustrated by the fact that an unmagnetized sheet of iron 0.3 mm. thick will reduce the polarization well below 0.1%. In contrast to this, production of a polarized beam by transmission is quite difficult. Hughes, Wallace, and Holtzman[2] obtained a beam in which $P = 0.5$ by passage through 6 cm.

[1] D. J. Hughes, J. R. Wallace and R. H. Holtzman: Phys. Rev. **73**, 1277 (1948). — J. Fleeman, D. B. Nicodemus and H. H. Staub: Phys. Rev. **76**, 1774 (1949). — M. Burgy, D. J. Hughes, J. R. Wallace, R. B. Heller and W. E. Woolf: Phys. Rev. **80**, 953 (1950).

[2] D. J. Hughes, J. R. Wallace and R. H. Holtzman: Phys. Rev. **73**, 1277 (1948).

of iron in a field of 13000 oersteds. This thick sample caused a loss in intensity of about e^{-6}. The problem of the optimum thickness for polarization of thermal neutrons has recently been discussed by GOLD[1].

54. Magnetic refraction and reflection. The magnetic interaction of neutrons will obviously affect their index of refraction in magnetic materials. HALPERN, HAMERMESH and JOHNSON [*12*] calculated the index to be

$$n^2 = 1 - \frac{4\pi N_A \bar{b}}{k^2} \pm \frac{|\boldsymbol{\mu}|\,|\boldsymbol{B}|}{E}. \tag{54.1}$$

The symbols have the meanings given in Sects. 14 and 52, and E is the neutron energy in ergs. The positive sign corresponds to μ antiparallel to $\boldsymbol{B}$ and negative to μ parallel to $\boldsymbol{B}$. This calculation has been done with more generality and rigor by EKSTEIN[2] who obtained the same result except the $\boldsymbol{B}$ was replaced by $\boldsymbol{H} + 4\pi C \boldsymbol{M}$. Here C is a parameter dependent on the fundamental interaction of neutron and electron moments whose value was to be determined experimentally. This was first done by HUGHES and BURGY[3] who showed that the intensity of a thermal neutron beam reflected from a magnetized mirror agreed with that calculated using a value of $C = 1$ thus confirming Eq. (54.1). It should be noted that the $\boldsymbol{B}$ which is effective is an average one over the neutron path. There is no evidence of any domain effects in unmagnetized iron mirrors.

Since the two directions of polarization relative to $\boldsymbol{B}$ give different indices of refraction, it is clear from Eq. (54.1) that a thermal neutron beam reflected from a magnetized mirror will be at least partially polarized. It was pointed out by HAMERMESH[4] that in the case of cobalt

$$\frac{4\pi N_A \bar{b}}{k^2} < \frac{|\boldsymbol{\mu}|\,|\boldsymbol{B}|}{E}$$

independent of neutron energy for values of $|\boldsymbol{B}|$ greater than about 82% of saturation. Thus, the index of refraction is less than one for only one of the two neutron orientations relative to $\boldsymbol{B}$ and hence, only neutrons of that orientation will be reflected. This provides a method of producing an almost completely polarized ($P > 0.98$) beam without necessarily using monochromatic neutrons[5]. The greatest limitation is that the angular spread of the beam in the direction normal to the mirror surface is limited to a few minutes. As in the case of the double transmission experiments, great care must be taken to avoid the depolarizing effects of stray fields.

55. Domain effects. Depolarization of neutron beams in unsaturated ferromagnets is dependent on domain structure and offers a means of studying it. BURGY *et al.*[6], have used this technique to measure domain sizes by observing the depolarization caused by thin sheets of unmagnetized steel. The depolarization was observed by placing the sheets between the magnets in the double transmission experiment. Sheets of several thicknesses ranging from 10^{-3} to 10^{-2} cm. were used for each type of magnetic material and the domain sizes deduced with the aid of the theory given by HALPERN and HOLSTEIN [*11*]. In this study the domain sizes in two varieties of Armco iron were found to be of the order of 10^{-4} cm.

[1] L. GOLD: Phys. Rev. **97**, 79 (1955).
[2] H. EKSTEIN: Phys. Rev. **76**, 1328 (1949).
[3] D. J. HUGHES and M. T. BURGY: Phys. Rev. **81**, 498 (1951).
[4] M. HAMERMESH: Phys. Rev. **75**, 1766 (1949).
[5] D. J. HUGHES and M. T. BURGY: Phys. Rev. **81**, 498 (1951).
[6] M. BURGY, D. J. HUGHES, J. R. WALLACE, R. B. HELLER and W. E. WOOLF: Phys. Rev. **80**, 953 (1950).

Another possible method of studying domain structure is the small angle scattering of unmagnetized magnetic materials mentioned in Sect. 49. This occurs because the domains of various orientation encountered by a neutron passing through such a material appear to have indices of refraction differing by amounts up to $|\mu||\boldsymbol{B}|/E$ depending on the orientation. This phenomenon has been studied by HUGHES, BURGY, HELLER and WALLACE[1] who found that the usual small-angle scattering theory in the refraction approximation describes it well. It is necessary to use for $(n-1)$, or δ, in the theory, the average difference in index encountered by a neutron beam in crossing a boundary between two domains whose orientations are random relative to each other, roughly $\frac{|\mu||\boldsymbol{B}|}{2E}$. When a magnetic field is applied to the sample, at relatively low levels of magnetization the effect is greatly reduced, presumably by alignment of the domains along the crystal axes. SHULL and WILKINSON[2] have used this technique to study the domain size of iron as a function of temperature. They find the domain sizes decrease with temperature to a few unit cells near the CURIE temperature.

It has been pointed out by NEWTON and KITTEL[3] that the depolarizing effect of the transition between domains, on a very slow neutron beam, offers a means of measuring the domain wall thickness.

56. Polarization by diffraction. In the theory of the diffraction of thermal neutrons by magnetic materials the magnetic scattering amplitude as given by Eq. (52.5), for example, must be added to the nuclear one to give the amplitude involved in coherent scattering. If the material is magnetized, the atomic moments are all aligned and have the same magnetic scattering amplitude in the simplest cases. If, further, the direction of magnetization is normal to the plane of scattering—that containing the incident and diffracted beams—then

$$\boldsymbol{q} = -\boldsymbol{\varkappa}_m,$$

and the scattering amplitude is given by

$$b_{\text{total}} = b_n \pm D. \tag{56.1}$$

The choice of signs depends on the polarization state of the neutron relative to $\boldsymbol{\varkappa}_m$. The structure factor for the unit cell of a crystal containing magnetic atoms is found as usual, except that Eq. (56.1) is used for the scattering amplitudes of the magnetically active atoms. Now it happens that in the case of the (220) reflection from Fe_3O_4 (magnetite) the nuclear part and the magnetic part of the structure factor are nearly equal in magnitude. In this case, clearly one neutron orientation will give an appreciable scattering and the other very little. SHULL, WOLLAN and KOEHLER [24] have measured the polarization of this (220) reflection using the transmisson effect (described in Sect. 53) in an iron block placed in the diffracted beam for the analysis and report that the polarization is greater than 0.95. They obtained approximately 10^5 neutrons per sec. in this reflection using a reactor whose central flux was 10^{12} neutrons cm.$^{-1}$ sec.$^{-1}$ and a medium-size (less than 10 cm.^{3}) crystal.

Polarized beams could be obtained from other reflections of other materials, although in general the angle between the field and $\boldsymbol{e}$ might have to be adjusted to get the desired magnetic amplitude.

---

[1] D. J. HUGHES, M. T. BURGY, R. B. HELLER and J. R. WALLACE: Phys. Rev. **75**, 565, (1949).

[2] C. G. SHULL and M. K. WILKINSON: Phys. Rev. **94**, 1439 (1954). (Abstract only.)

[3] R. R. NEWTON and C. KITTEL: Phys. Rev. **74**, 1604 (1948).

b) Studies of the structure of magnetic materials.

57. General. Magnetic materials all contain atoms with unfilled shells and magnetic moments. If these magnetic atoms interact so weakly that neighbors are of random orientation, owing to thermal agitation, the material is *paramagnetic*. If neighbors tend to align themselves in a parallel array (positive exchange integral) they form a *ferromagnetic* material. If neighbors tend to become antiparallel (negative exchange integral) the material is called *antiferromagnetic*. In even moderately complex materials, combinations and various degrees of these characteristics may be present. For example, in some materials the magnetic moments in each cell are divided into two groups oppositely directed as in an antiferromagnetic material, but the sum of the moments directed one way is substantially greater than that directed the other way. These materials have ferromagnetic properties in many respects but are called *ferrimagnetic* to indicate the special nature of their magnetic structures. These last two concepts, antiferromagnetism and ferrimagnetism, were introduced by NÉEL[1]. Their applicability to real magnetic materials has been shown in the last few years in a large part by neutron diffraction studies.

The calculation of the intensity of the neutron scattering by ferromagnetic or antiferromagnetic materials is fairly straightforward for a given structure, thanks to the fact that the nuclear and magnetic scattering do not interfere for unpolarized beams [cf. the argument leading to Eq. (52.6)], and hence their contributions to the intensity can be calculated separately and added. The coherent magnetic scattering intensity is calculated essentially as is the nuclear one, using[2]

$$|F_{NM}|^2 = \left|\lambda \cdot \sum_j \frac{e^2\gamma}{m c^2} S_j \boldsymbol{q}_j f_{mj} e^{2\pi i (h x_j + k y_j + l z_j)}\right|^2.$$

It must be appreciated that the magnetic lattice is not necessarily the same as the chemical. The magnetic unit cell, for example, in several cases is eight times as large as the chemical.

In the analysis of the neutron diffraction patterns measured experimentally, there are several ways of separating the nuclear and magnetic contributions to the diffraction. One obvious way is to calculate the nuclear part from the structure as determined by x-ray diffraction. Another, somewhat simpler method is to measure the neutron diffraction at two temperatures, one low enough so that the material is in the desired magnetic state and a second high enough so that the material is paramagnetic in which case the magnetic scattering is all incoherent. It must be known that the chemical lattice does not change between the two temperatures (other than in thermal motion for which a correction could be made). A third method applicable to ferromagnetic materials is to magnetize them in a direction parallel or antiparallel to $\boldsymbol{e}$. This reduces q to zero and allows a measurement of the non-magnetic part of the scattering.

58. Antiferromagnetism: MnO. The usefulness of neutron diffraction in the study of crystal structure is probably nowhere better shown than in the study of the magnetic structure of MnO initiated by SHULL and SMART[3] and extended by SHULL, STRAUSER, and WOLLAN[4]. This study first gave the direct proof of

[1] L. NÉEL: Ann. Phys., Paris **17**, 64 (1932) (antiferromagnetism). — L. NÉEL: Ann. Phys., Paris **3**, 139 (1948) (ferrimagnetism).

[2] The details of the calculation of a moderately complicated case, $MgFe_2O_4$, are given in L. M. CORLISS, J. M. HASTINGS and F. G. BROCKMAN: Phys. Rev. **90**, 1013 (1953).

[3] C. G. SHULL and J. S. SMART: Phys. Rev. **76**, 1256 (1949).

[4] C. G. SHULL, W. A. STRAUSER and E. O. WOLLAN: Phys. Rev. **83**, 333 (1951).

the antiferromagnetic hypothesis, and since this concept is fundamental to the understanding of many magnetic structures, this very important work will be used as an introduction to the discussion of the application of neutron diffraction to studies of magnetic structures.

In the first study of MnO, SHULL and SMART observed the powder diffraction pattern of MnO at 80° K and 300° K with the results shown in Fig. 36. These temperatures were chosen to be well above and below a known phase change which was thought to come from the antiferromagnetic alignment. From the

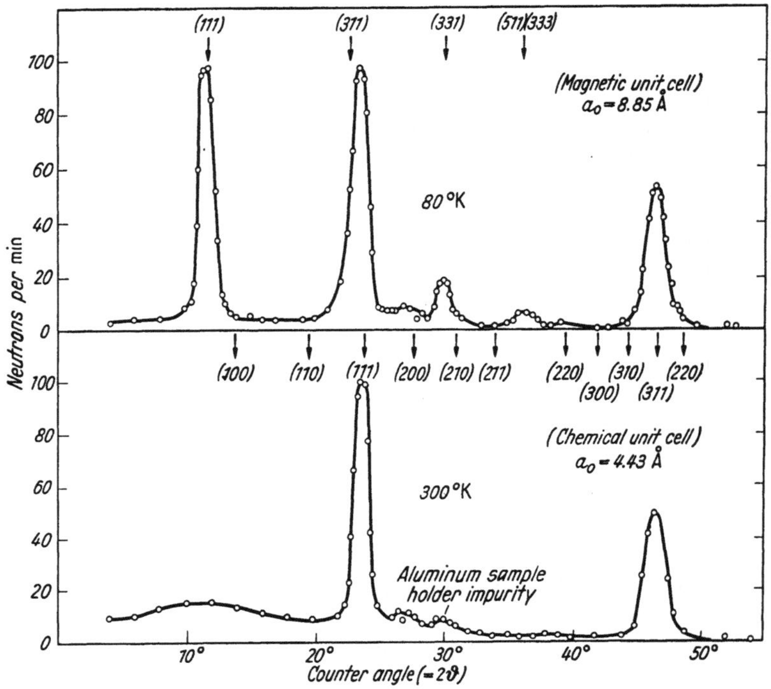

Fig. 36. Neutron diffraction patterns of powdered MnO. [From C. G. SHULL and J. S. SMART: Phys. Rev. 76, 1256 (1949).]

strong peak in the 80° pattern at ½ the angle of the (111) peak of the chemical lattice, it was inferred that the unit cell of the magnetic lattice was twice that of the chemical (a *superlattice*). By a comparison of the intensities, calculated from several reasonable magnetic structures having this unit cell, with the observed intensities, it was concluded that the structure shown in Fig. 37 was correct. The hump in the room temperature pattern at 11° counter angle was ascribed to short-range magnetic order persisting beyond the NÉEL temperature, 100° K.

In the (111) planes indicated by the dashed lines in the figure, all the Mn ions are ferromagnetically coupled in each plane, but antiferromagnetically coupled between planes. This gives forces which would account for the fact that in a careful x-ray measurement[1] MnO was found to be slightly orthorhombic at 80° K instead of exactly cubic as at room temperature.

It is notable that while of the 12 nearest Mn neighbors of one Mn ion, 6 are coupled ferromagnetically to it and 6 antiferromagnetically, all 8 next-nearest neighbors are coupled antiferromagnetically, even though there is an oxygen

[1] N. C. TOOMBS and H. P. ROOKSBY: Nature, Lond. 165, 442 (1950).

ion intervening in this last case. This is apparently an example of the "super-exchange" coupling through an intermediate non-magnetic ion[1].

The orientation of the magnetic moments of the ions relative to the crystal axes was found through its effect on q [Eq. (52.3)] which, in turn, affected the scattering amplitude [Eq. (52.6)]. Intensities of several magnetic peaks were calculated for several orientations besides the one shown, but the last gave the best agreement with the observations. Remembering that the Mn^{++} form factor was also measured in this investigation (Fig. 33), it might seem that an unreasonable amount of information had been extracted from the intensities of the few measurable magnetic peaks. The explanation lies in the fact that in every case all that was obtained was a decision among a limited number of possibilities determined by a knowledge of the magnetic properties and chemical structure of the material. The structure factor, for example, was determined at $(\sin\vartheta)/\lambda = 0.3$ Å^{-1} to an accuracy of about $\pm 15\%$ where the a priori possibilities ranged over roughly $\pm 40\%$.

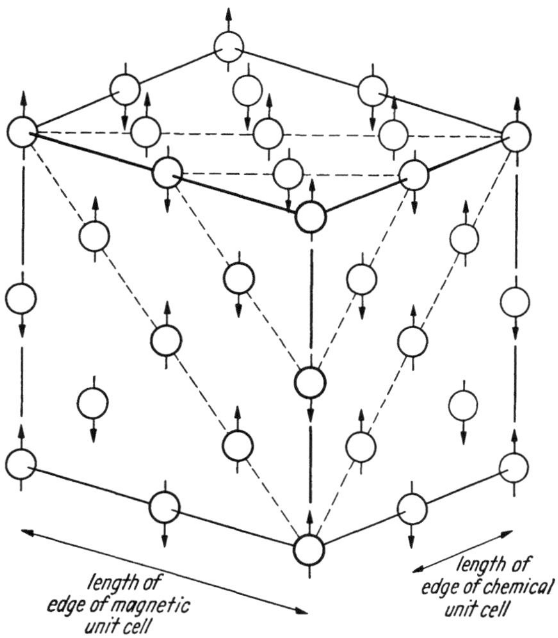

Fig. 37. The antiferromagnetic structure of MnO below its NÉEL temperature of 120° K. Only the Mn ions on the nearest faces of the magnetic unit cell are shown.

59. Iron, cobalt and nickel. The earliest work with neutron diffraction on elements of this group was that of SHULL, WOLLAN and KOEHLER [24] which was later extended by SHULL and WILKINSON[2]. These authors observed the powder diffraction pattern of metallic iron and from the known structure of iron were able to subtract the nuclear scattering and obtain the magnetic scattering which in amplitude and form factor agreed with the calculations given in Sect. 52. It was not possible to determine the orientation of the atomic moments relative to the crystal axes as the magnetic scattering intensities were not sensitive to this orientation owing to the cubic symmetry of the crystal and the magnetic structure. (In cubic MnO the determination was possible because antiferromagnetism reduced the symmetry of the magnetic structure.)

One of the chief interests in the study of iron arose from two theories of the magnetism of iron, one due to HUME-ROTHERY, IRVING and WILLIAMS[3], and the other to ZENER[4]. Both theories, in attempting to account for the magnetic moment of 2.22 BOHR magnetons per atom of iron, suggested that there were two types of iron atoms in each unit cell. This should have caused a (100) reflection if the arrangement were ordered, or if disordered, an incoherent magnetic

[1] P. W. ANDERSON: Phys. Rev. **79**, 705 (1950).
[2] C. G. SHULL and M. K. WILKINSON: Rev. Mod. Phys. **25**, 100 (1953).
[3] W. HUME-ROTHERY, H. M. IRVING and R. J. P. WILLIAMS: Proc. Roy. Soc. Lond., Ser. A **208**, 431 (1951).
[4] C. ZENER: Phys. Rev. **85**, 324 (1952).

scattering showing up mainly in the forward direction, and decreasing with the iron magnetic form factor. No evidence of either effect could be seen in the neutron diffraction patterns obtained in the experimental studies just cited. As a check on the incoherent scattering, the sample was magnetized parallel to $\boldsymbol{e}$ and the diffuse scattering studied. It did not decrease by more than 1% which allowed a limit of 0.6 BOHR magnetons to be given for this difference in the moments of the atoms in a unit cell. These experiments do not exclude the possibility that electronic transitions, causing an exchange of moments, go back and forth between pairs of atoms in a time short compared with the neutron passage time of about 10^{-13} sec.

The form and amplitude calculations given for metallic cobalt in Table 12 have been checked experimentally by SHULL, WOLLAN, and KOEHLER [*24*] but this has not been done for metallic nickel, in part because the very low ratio of magnetic to nuclear scattering would make it rather difficult.

60. Other metals and alloys. SHULL and WILKINSON[1] have observed the neutron powder diffraction patterns of a number of other transition elements.

Chromium they found to be weakly antiferromagnetic with a NÉEL temperature of 200° C. The average moment per atom was found to be 0.4 BOHR magnetons. As this seemed rather low, evidence of disordering of the moments was looked for in the diffuse scattering and not found. As in the case of iron, it was thought that the effective moment might be lowered by rapid transitions between two states (antiferromagnetic in this case) in which the pair of atoms interchanged moments. Since a small moment was observed, it was reasoned that in this case the transitions time might be comparable to the neutron passage time; so neutrons of two different velocities, 0.9 and 1.2 Å wavelength neutrons, were tried. Both, however, gave the same effective moment.

α-manganese SHULL and WILKINSON found to be antiferromagnetic below a NÉEL temperature of 100° K. They were unable, however, to decide on the magnetic structure, largely because of the considerable complexity of α-manganese whose chemical unit cell contains 58 atoms. In the same study *vanadium, niobium, molybdenum,* and *tungsten* were found not to show any ordered or disordered magnetic structure at 20° K or at room temperature. The slight reflections found in some cases at apparent superlattice positions were always explicable on the basis of the small second order, $\lambda/2$, contamination of the monochromatic neutron beam used in observing the patterns.

In *magnetic alloys* of ordered structure, it is possible by the use of neutron diffraction to determine the moments of the constituent atoms which is not ordinarily possible by purely magnetic measurements. SHULL and WILKINSON[2] have studied the permalloy Ni_3Fe from this point of view. They found superlattice lines in the neutron diffraction pattern of this material and measured the magnetic contribution to them by magnetizing the material in a direction such that the magnetic contribution was suppressed. From the superlattice line they obtained[3] $(\mu_{Ni} - \mu_{Fe})^2$ and from the regular lattice lines they obtained $(\frac{3}{4}\mu_{Ni} + \frac{1}{4}\mu_{Fe})$ (which also could be obtained from magnetic data). From these, two sets of moments

[1] C. G. SHULL and M. K. WILKINSON: Rev. Mod. Phys. **25**, 100 (1953).

[2] C. G. SHULL and M. K. WILKINSON: Phys. Rev. **97**, 304 (1955).

[3] This measurement was complicated by the fact that the purely nuclear scattering showed almost no superlattice lines because the amplitudes of Fe and Ni are so nearly equal. The same remark applies to x-ray measurements. Thus, no standard which had the same ordering was available with which to compare the value of the magnetic scattering. It was concluded that the ordering was rather high (0.9) in the basis of other properties and the behaviour of similar materials. With this assumption the comparison could be made with ordinary lattice lines.

could be obtained. Discarding the set which made μ_{Fe} negative, they found $\mu_{Fe} = 2.97 \pm 0.15$ and $\mu_{Ni} = 0.62 \pm 0.05$ BOHR magnetons. They have also studied other members of the Ni—Fe series, the FeCO series, the Co—Cr series and Ni_3Mn by similar techniques.

Several studies have been made of alloys in which only one constituent is expected to be magnetic. SNOW[1] found CrSb to be antiferromagnetic at room temperature and deduced the Cr magnetic moment to be (2.7 ± 0.2) BOHR magnetons. BACON and STREET[2] found no antiferromagnetic state in the rather similar material, MnAs which is ferromagnetic below 40° and paramagnetic above 130° C. These authors believe more extensive work with single crystal techniques will be needed to determine the magnetic structure of this material over a wide range of temperatures. Pyrrotite, FeS_x, has been shown to be antiferromagnetic in the room temperature range by SIDHU and MENEGHETTI[3]. BiMn was studied by ROBERTS[4] who found a moment directed along the c_0 axis of about 4 BOHR magnetons for the Mn^{++} ion in the room temperature phase.

MENEGHETTI and SIDHU[5] have made an extensive study of the system CuMn treating the composition as a variable. These alloys have face-centered cubic structures for atomic percentages of Mn less than about 80%, and even 85% Mn, while tetragonal, is nearly cubic. Neutron powder diffraction patterns showed the following as the atomic percentage of manganese was increased from 0 to 85%: At first there was an increasing paramagnetic scattering maximizing at 20%. This changed to an increasing short range (about 10 Å) magnetic ordering of uncertain structure, maximizing at about 50%. This, in turn, changed to an antiferromagnetic long range ordering with a NÉEL temperature of 380° K at 85%

61. Non-metals. Neutron diffraction studies [*23*] have shown MnO type of antiferromagnetism in several non-metals, MnS, MnSe, NiO, FeO, and CoO. In addition, BACON, STREET, and TREDGOLD[6] have found $CoMnO_2$ to have this property. All these materials show the same orientation of magnetic moments relative to the lattice that MnO does, except FeO in which the magnetic moments appear to be normal to the (111) plane.

A somewhat more complicated magnetic structure has been found for α-Fe_2O_3 (hematite) by SHULL, WOLLAN and STRAUSER [*23*]. The positions of the 4 Fe atoms in the rhombohedral unit cell are known from x-ray work to lie along the long body-diagonal (3-fold axis) of the cell. There are no superlattice lines found in the powder diffraction pattern but there are three antiferromagnetic arrangements possible within the unit cell: (a) first and second Fe atoms on the diagonal parallel, third and fourth antiparallel to these, (b) first and third parallel, etc., (c) first and fourth parallel, etc. Arrangement (b) could be discarded immediately from the existence of strong (111) and (100) magnetic reflections for which (b) gives zero crystal structure factor. In the two remaining models the three most reasonable possibilities for the orientation of the moments relative to the lattice are:

[1] A. I. SNOW: Phys. Rev. **85**, 365 (1952).
[2] G. E. BACON and R. STREET: Nature, Lond. **175**, 518 (1955).
[3] S. S. SIDHU and D. MENEGHETTI: Phys. Rev. **91**, 435 (1935). (Abstract only.)
[4] B. W. ROBERTS: Phys. Rev. **91**, 435 (1935). (Abstract only.)
[5] D. MENEGHETTI and S. S. SIDHU: Report ANL-5230, Argonne National Laboratory, (March 1, 1954).
[6] G. E. BACON, R. STREET and R. H. TREDGOLD: Proc. Roy. Soc. Lond., Ser. A **217**, 252 (1953).

I. Moments along cell edges.

II. Moments along long body-diagonal of unit cell.

III. Moments normal to long body-diagonal directed toward a nearest neighbor in the plane (111) in which they lie.

These give six possibilities and yield the F^2 values shown in Table 14. The room temperature data fit III(a) and the low temperature data fit II(a) suggesting that a known transition at $-20°$ C represents a re-alignment of moments and also fitting a theory[1] which explains the weak ferromagnetism of hematite at room temperature.

Table 14. *F^2 values for magnetic reflections of α-Fe_2O_3. Units are barns per molecule of Fe_2O_3.*

Reflection	Calculated for model						Observed	
	I(a)	II(a)	III(a)	I(c)	II(c)	III(c)	300° K	80° K
111	1.25	0	4.3	0.23	0	0.81	4.9	<0.05
100	1.40	1.59	0.96	2.32	2.64	1.59	0.91	1.37

Corliss, Hastings, and Goldman[2] have used the intensities of the (111) magnetic reflection of neutrons to examine the dependence of the transition between the two antiferrogmagnetic phases on various factors. They find, among other things, that the transition temperature is dependent on imperfections in the structure being $-24°$ C in their natural crystal and $-12°$ C in their synthetic one.

Another class of compounds having an antiferromagnetic lattice with the same size unit cell as the chemical lattice is the group MnF_2, FeF_2, CoF_2, and NiF_2 studied by Erickson[3]. In these fluorides, the magnetic ions are in a body-centered tetragonal lattice with the corner and center ions antiparallel. The magnetic moments lie along the c_0 axis except in the case of NiF_2 where the moment appears to be about 10° away from this axis. Erickson has discussed the applicability of Van Vleck's[4] theory of the two-sublattice model of antiferromagnetism to these fluorides and finds the temperature dependence of the intensity of the magnetic diffraction peaks is well represented by the square of the Brillouin function. The Brillouin function is given by

$$B_S(y) = \frac{2S+1}{2S}\,\mathrm{Cot}\left[\left(\frac{2S+1}{2S}\right)y\right] - \frac{1}{2S}\,\mathrm{Cot}\left(\frac{y}{2S}\right), \tag{61.1}$$

where $y = Hg\,S\beta/\mathrm{k}T$. H is the effective field at an ion, β is the Bohr magneton, 0.927×10^{-20} erg gauss^{-1}, and $g\,S\beta$ is the effective magnetic moment of an ion. This temperature dependence is, of course, in addition to that coming from the thermal motion correction, $\exp(-2W_\tau)$. Erickson has also studied the inelastic magnetic scattering (see Sect. 64) in these materials. This gives rise to a diffuse scattering, largely in the forward direction. According to Erickson, S. Tamor has shown that in the case where $T \ll T_n$ and the incident neutron energy $\gg \mathrm{k}T_n$ the magnitude of this scattering in the forward direction is $\frac{1}{S+1}$ times the paramagnetic cross section. The observations confirm this.

[1] L. Néel: Ann. Phys., Paris **4**, 249 (1949).
[2] L. M. Corliss, J. M. Hastings and J. E. Goldman: Phys. Rev. **93**, 893 (1954).
[3] R. A. Erickson: Phys. Rev. **90**, 779 (1953).
[4] J. H. van Vleck: J. Chem. Phys. **9**, 85 (1941).

The thorough work of WOLLAN and KOEHLER[1] on the series of perovskite type compounds, $[(1-x)$ La, x Ca$]$ MnO_3, is illustrative of the complexity of the magnetic structures which can be determined by neutron diffraction methods using powdered samples. In some phases as many as 64 magnetically active ions were present in the magnetic unit cell.

62. Ferrimagnetic materials. The most notable examples of ferrimagnetic materials are the ferrites, some of which were discussed in Sect. 45 as examples of the spinel type of crystal. Neutron diffraction was first used to study the ferrites by SHULL, WOLLAN and KOEHLER [*24*] who investigated Fe_3O_4 (magnetite) and, with the aid of powder diffraction patterns, showed that Fe_3O_4 was ferromagnetic with the A-(tetrahedral) sites occupied by Fe^{3+} ions and the B-(octahedral) sites occupied at random by equal numbers of Fe^{++} and Fe^{3+} ions. The ions in the A-sites were found to be coupled antiferromagnetically to those in the B-sites. As in the case of iron (Sect. 59), it was not possible to determine the direction of the moments relative to the crystal axis, for both the magnetic and chemical lattices show cubic symmetry. Measurements of magnetic reflections [principally the (111)] from magnetized polycrystalline samples of Fe_3O_4 verified Eq. (52.6) particularly with respect to the form of q given by Eq. (52.3) and are perhaps the most sensitive available proof that the basic magnetic interaction, Eq. (52.1), is correct. In Sect. 56, the work of SHULL, WOLLAN and KOEHLER [*24*] on single crystals of Fe_3O_4 is discussed briefly.

Several other ferrites have been examined with neutron diffraction techniques. $MgFeO_4$ has been studied by CORLISS, HASTINGS and BROCKMAN[2] and BACON and ROBERTS[3]. Both studies showed the partial inversion (see Sect. 45) expected from the magnetic properties. HASTINGS and CORLISS[4] have shown that at room temperature $NiFe_2O_4$ has a ferromagnetic structure while $ZnFe_2O_4$ has not. In a further study of $ZnFe_2O_4$ conducted at low temperature, CORLISS and HASTINGS[5] have found, below 8° K, an antiferromagnetic structure which, unlike the magnetic structure of most ferrites, is based on a superlattice. WILSON and KASPER[6] have shown $Ni_{\frac{1}{2}}Zn_{\frac{1}{2}}Fe_3O_4$ has a ferrimagnetic structure at room temperature.

c) Special topics in magnetic scattering.

63. Superconductors. WILKINSON, SHULL, ROBERTS and BERNSTEIN[7] have used neutron diffraction to look for possible structural changes in vanadium, lead and niobium when these elements are cooled to a superconducting state at 4.1° K. No evidence of any special structure was found either in the BRAGG peaks or the diffuse scattering intensity.

64. Magnetic inelastic scattering. Energy can be transferred between the magnetic structure of a crystal and neutrons entering the crystal, by virtue of the neutrons' magnetic interaction, and just as certain dynamical properties of ordinary crystals are manifested by inelastic scattering of neutrons, in magnetic crystals certain dynamical properties of the magnetic structure are revealed by magnetic inelastic scattering.

[1] E. O. WOLLAN and W. C. KOEHLER: Phys. Rev. **100**, 545 (1955).
[2] L. M. CORLISS, J. M. HASTINGS and F. G. BROCKMAN: Phys. Rev. **90**, 1013 (1953).
[3] G. E. BACON and F. F. ROBERTS: Acta crystallogr. **6**, 57 (1953).
[4] J. M. HASTINGS and L. M. CORLISS: Rev. Mod. Phys. **25**, 114 (1953).
[5] L. M. CORLISS and J. M. HASTINGS: Acta crystallogr. **7**, 674 (1954). (Abstract only.)
[6] V. C. WILSON and J. S. KASPER: Phys. Rev. **95**, 1408 (1954).
[7] M. K. WILKINSON, C. G. SHULL, L. D. ROBERTS and S. BERNSTEIN: Phys. Rev. **97**, 889 (1955).

In further analogy with ordinary inelastic scattering, magnetic inelastic scattering was first studied through its effect on total cross sections (of iron) at wavelengths greater than the BRAGG cut-off. This work, which was done by PALEVSKY and HUGHES[1], and SQUIRES[2], showed that the scattering cross section as a function of temperature increased in a roughly linear manner to the region of the CURIE point where it rose rapidly to a peak, then fell off. HUGHES and PALEVSKY showed that the scattering cross section was closely proportional to λ even above the CURIE temperature suggesting that the inelastic scattering continued to relatively high temperatures. MOORHOUSE[3] and MARSHALL[4] calculated the magnetic inelastic scattering on the basis of the BLOCH spin wave picture of the dynamics of the magnetic structure. (In this calculation the spin waves are crudely analogous to the phonons in the theory of ordinary inelastic scattering.) The theory was fairly successful in explaining the scattering at room temperature and below, but failed to account for the rapid rise at higher temperatures, a result not too surprising considering the known limitations of the spin wave theory. More recently VAN HOVE[5] has given at least a qualitative explanation of the scattering in terms of his space-time pair distribution function. The cross-section peak at the CURIE point appears to come from the large scale fluctuation that takes place near critical points as in critical opalescence in optics. The VAN HOVE theory also accounts qualitatively for the observations on small-angle scattering of neutrons by iron near the CURIE point made by SHULL and WILKINSON[6] (Sect. 55) and for the persistence of relatively large energy changes in the scattering at temperatures well beyond the CURIE point where one might think the moments were uncoupled.

Another approach to the study of magnetic inelastic scattering has been used by LOWDE[5] who examined the diffuse reflection near the (110) peak in the LAUE pattern of iron. The available intensity did not permit a measurement of the inelastic scattering spectrum, but it was possible to verify the predictions of a combination of the WALLER-FROMAN-SJOLANDER[7] theory for the thermal inelastic intensity and the MOORHOUSE and MARSHALL theory for the magnetic inelastic intensity at temperatures below 600° K. Similar observations have been made in Fe_3O_4, using the (111) reflection, by MCREYNOLDS and RISTE[8]. At temperatures near the CURIE point, they observe a marked peak in the diffuse scattering, analogous to the peak in the long wavelength total cross sections found for iron. This peak presumably has the same explanation as that of iron.

Paramagnetic inelastic scattering has been studied by BROCKHOUSE[9]. The theory for this has been developed by VAN VLECK[10] who gives for the r.m.s. energy change of neutrons scattered by paramagnetic materials,

$$\langle \delta E^2 \rangle^{\frac{1}{2}} = \mathsf{k}\left[\frac{6\Delta_w^2}{z\,(S^2+S)}\right]^{\frac{1}{2}}. \tag{64.1}$$

Here z is the number of interacting neighbors, S is the spin of the paramagnetic ions, and Δ_w is the WEISS constant which is determined by fitting the measured

[1] H. PALEVSKY and D. J. HUGHES: Phys. Rev. **92**, 202 (1953).
[2] G. L. SQUIRES: Proc. Phys. Soc. Lond. A **67**, 248 (1954).
[3] R. G. MOORHOUSE: Proc. Phys. Soc. Lond. A **64**, 1097 (1951).
[4] W. MARSHALL: Proc. Phys. Soc. Lond. A **67**, 85 (1954).
[5] L. VAN HOVE: Phys. Rev. **93**, 268 (1954), and [*13*].
[6] C. G. SHULL and M. K. WILKINSON: Phys. Rev. **94**, 1439 (1954). (Abstract only.)
[7] I. WALLER and P. O. FROMAN: Ark. Fysik **4**, 183 (1952). — P. O. FROMAN: Ark. Fysik **4**, 191 (1952). — A. SJOLANDER: Ark. Fysik **7**, 375 (1954).
[8] A. W. MCREYNOLDS and T. RISTE: Phys. Rev. **95**, 1161 (1955).
[9] B. N. BROCKHOUSE: Phys. Rev. **99**, 601 (1955).
[10] J. H. VAN VLECK: Phys. Rev. **55**, 924 (1939).

susceptibility, χ, to the CURIE-WEISS law

$$\chi = \frac{\text{const}}{T - \Delta_w} \,. \tag{64.2}$$

Using the apparatus shown in Fig. 32, BROCKHOUSE has measured the spectrum of inelastically scattered neutrons from several paramagnetic materials. In the case of Mn_2O_3 the energy spread was wider than his resolution and confirmed the VAN VLECK theory.

Acknowledgements.

It is a pleasure to acknowledge the help of many people who have made useful criticism of portions of this article. I am particularly indebted to Drs. M. T. BURGY, H. EKSTEIN, E. GUTH, M. HAMERMESH, S. RABOY, S. S. SIDHU, S. SIEGEL and G. L. SQUIRES.

Appendix.

Explanation of the table. Where the symbol for the element without any mass number is used, the data refer to the average natural mixture of isotopes. For those elements that are 95% or more of one isotope the spin given is that for the abundant isotope. b_E is the bound scattering amplitude for neutrons as given in Eq. (9.6). Measurements have never shown it to vary with energy in the thermal region; however, in the case of elements where σ_{sc} is not given, there is some possibility of variation owing to nearby resonances. σ_{inc} is the

Element		Spin in units of $\hbar$	Neutrons[1]				x-rays[2]	
Z	Symbol		b_E in 10^{-13} cm.	σ_{inc} in barns	σ_{sc} in barns	σ_a at 2200 m./sec. in barns	$\frac{e^2}{mc^2} f\left(\frac{1}{2} \times 10^8\right)$ in 10^{-13} cm.	μ_a at 1.54 Å in barns
1	H^1	$\frac{1}{2}$	-3.78 ± 0.02	79.7	81.5	0.33	0.197	
1	H^2	1	$+6.56 \pm 0.09$	2.2	7.6	5×10^{-4}		
2	He	0	3.0 ± 0.3	0	1.2	0	1.47	
3	Li		-1.79 ± 0.07	0.8	1.2	71	2.8	
3	Li^6	1	$+7.0 \pm 1.6$			945		
3	Li^7	$\frac{3}{2}$	-2.52 ± 0.08	0.6	1.4	< 1		
4	Be	$\frac{3}{2}$	$+7.73 \pm 0.04$	< 0.03	7.54	0.010	3.9	20
6	C	0	6.61 ± 0.03	< 0.05	5.51	0.003	4.8	110
6	C^{13}	$\frac{1}{2}$	6.0 ± 0.4	< 1.5	5.5	5×10^{-4}		
7	N	1	9.35 ± 0.22	< 1	11.4	1.88	5.1	197
8	O	0	5.78 ± 0.02	< 0.04	4.24	< 0.0002	6.2	338
9	F	$\frac{1}{2}$	5.5 ± 0.2	< 0.4	4.0	0.009	7.5	552
11	Na	$\frac{3}{2}$	3.51 ± 0.06	1.9	3.4	0.50	11.4	1180
12	Mg		5.36 ± 0.08	< 0.2	3.70	0.063	13.5	1630
13	Al	$\frac{5}{2}$	3.45 ± 0.11	< 0.1	1.51	0.23	15.5	2190
14	Si		4.0 ± 0.2	< 0.5	2.4	0.13	17.2	2800
15	P	$\frac{1}{2}$	4.97 ± 0.14	0.4	3.6	0.19	18.3	3750
16	S	0	3.09 ± 0.10	< 0.1	1.2	0.49	19.3	4850
17	Cl		9.8 ± 0.4			31.6	20	6090
18	A	0	2.5 ± 0.3	0	0.8	0.62	22	7500
19	K		3.45 ± 0.12	0.7	2.2	1.97	22	9260
20	Ca	0	4.99 ± 0.08	0.2	3.2	0.43	23	11400
20	Ca^{40}	0	4.99 ± 0.08	0	3.0	0.22		
20	Ca^{44}	0	1.78 ± 0.08	0	0.4	0.63		
21	Sc	$\frac{7}{2}$	11.8 ± 0.5			24	23	13800
22	Ti		-3.3 ± 0.3	3	4.4	5.6	24	16200
23	V		-0.50 ± 0.06	5.1	5.1	5.1	28	19200
24	Cr		$+3.52 \pm 0.04$	2.5	4.1	2.9	30	21500

[1] D. J. HUGHES and J. A. HARVEY: Neutron Cross Sections, U.S. Government Printing Office, Washington, D.C. 1955.

[2] Internationale Tabellen zur Bestimmung von Kristallstrukturen, II, Chap. XI. Berlin: Gebrüder Borntraeger 1935.

Element		Spin in units of $\hbar$	Neutrons[1]				x-rays[2]	
Z	Symbol		b_E in 10^{-13} cm.	σ_{inc} in barns	σ_{sc} in barns	σ_a at 2200 m./sec. in barns	$\frac{e^2}{mc^2} f\left(\frac{1}{2}\times 10^8\right)$ in 10^{-13} cm.	μ_a at 1.54 Å in barns
25	Mn	$\frac{5}{2}$	-3.68 ± 0.11	0.3	2.0	13.2	32	25800
26	Fe		$+9.51\pm0.03$	0.43	11.8	2.53	33	30000
26	Fe^{54}	0	4.18 ± 0.12	0	2.5	2.2		
26	Fe^{56}	0	10.1 ± 0.1	0	12.8	2.6		
26	Fe^{57}		2.26 ± 0.14	1.5	2.0	2.4		
27	Co	$\frac{7}{2}$	2.82 ± 0.09	5	6	37	34	34600
28	Ni		10.25 ± 0.09	4.8	18.04	4.6	36	4800
28	Ni^{58}	0	14.37 ± 0.10	0	25	4.2		
28	Ni^{60}	0	2.96 ± 0.12	0	1.0	2.5		
28	Ni^{62}	0	-8.69 ± 0.18	0	9	15		
29	Cu		$+7.4\pm0.2$	1	8.0	3.7	38	5500
30	Zn		5.8 ± 0.2	<0.2	4.1	1.06	40	6400
32	Ge		8.38 ± 0.25	<0.5	9.0	2.35	43	8350
33	As	$\frac{3}{2}$	6.31 ± 0.18	3	8	4.1	44	9500
34	Se		8.93 ± 0.27	<1	9	11.8	46	10800
35	Br		6.74 ± 0.23	0.4	6.1	6.6	47	12300
37	Rb		5.50 ± 0.22	1.7	5.5	0.7	50	15500
38	Sr		5.81 ± 0.21	6	10	1.16	52	17300
40	Zr		6.31 ± 0.20	1.3	6.3	0.18	56	21600
41	Nb	$\frac{9}{2}$	6.91 ± 0.12	0.6	6.6	1.1	57	23600
42	Mo		6.69 ± 0.12	0.6	6.1	2.5	59	26100
45	Rh	$\frac{1}{2}$	6.0 ± 0.3	1.1	5.6	150	64	33800
46	Pd		6.31 ± 0.20	<0.2	4.9	8	65	36600
47	Ag		6.06 ± 0.19	1.9	6.5	62	67	39800
47	Ag^{107}	$\frac{1}{2}$	8.33 ± 0.18	1	10	30		
47	Ag^{109}	$\frac{1}{2}$	4.3 ± 0.2	4	6	84		
50	Sn		6.05 ± 0.19	<0.4	4.9	0.6	72	52100
51	Sb		5.43 ± 0.22	0.5	4.2	5.5	74	57200
52	Te		5.64 ± 0.20	0.5	4.5	4.5	75	61100
53	I	$\frac{5}{2}$	5.21 ± 0.15	0.4	3.8	6.7	77	66000
55	Cs	$\frac{7}{2}$	4.89 ± 0.17	4	7	29	81	76400
56	Ba		5.28 ± 0.15	2.5	6	1.17	83	81700
57	La	$\frac{7}{2}$	8.33 ± 0.14	<0.7	9.3	8.9	84	87000
58	Ce		4.64 ± 0.17	0.1	2.8	0.7	86	94500
58	Ce^{140}	0	4.72 ± 0.10	0	2.8	0.63		
58	Ce^{142}	0	4.55 ± 0.18	0	2.6	1.8		
59	Pr	$\frac{5}{2}$	4.38 ± 0.18	1.6	4.0	11.2	88	98500
60	Nd		7.19 ± 0.21	10	16	46	90	104500
60	Nd^{142}	0	7.7 ± 0.3	0	7.5	18		
60	Nd^{144}	0	2.8 ± 0.3	0	1.0	4.5		
60	Nd^{146}	0	8.70 ± 0.17	0	9.5	9.2		
62	Sm^{152}	0	-4.9 ± 0.8	0	3		93	116000
62	Sm^{154}	0	$+8.0\pm1.0$	0	8			
68	Er		7.9 ± 0.2			166	103	36800
73	Ta	$\frac{7}{2}$	6.97 ± 0.21	<1	6	21.3	113	49100
74	W		4.66 ± 0.05	3	5.7	19.2	114	52100
78	Pt		9.45 ± 0.30	1	12	8.1	122	66400
79	Au	$\frac{3}{2}$	7.62 ± 0.05			98	124	69900
80	Hg		13.2 ± 0.7			380*	126	74200
81	Tl		8.5 ± 1.0	1	10	3.3	127	78300
82	Pb		9.54 ± 0.10	<0.1	11.4	0.17	129	82800
83	Bi	$\frac{9}{2}$	8.63 ± 0.02	<0.02	9.37	0.032	131	87700
90	Th	0	10.0 ± 0.2	0	12.6	7.0	144	126000
92	U	0	8.4 ± 0.2	0	9.0	7.68*	148	139000

[1] See footnote 1, p. 639.
[2] See footnote 2, p. 639.

incoherent scattering cross section as given in Eq. (9.8). Thus, it applies to *bound* atoms. It is also independent of energy. σ_{sc} is the scattering cross section for free atoms. It is as independent of neutron energy as b_E or σ_{inc}. σ_a is the absorption cross section for neutrons at 2200 m./sec. or 1.8 Å. σ_a in general depends on $1/v$ in the thermal region. The elements for which it differs appreciably from $1/v$ are marked by an asterisk (*). For these elements the cross section compilation[1] should be consulted (note that there is no correction to σ_a for relative motion effects in elements where σ_a follows a $1/v$ law). Aside from coherent effects the effective attenuation of a neutron beam is given by $\sigma_a + \sigma_{inc}$.

$\left[\frac{e^2}{m c^2}\right] f(0.5 \times 10^8)$ is the x-ray atomic scattering factor of the various elements for $(\sin\vartheta)/\lambda$ equal to 0.5×10^8. For $(\sin\vartheta)/\lambda = 0$, $\left[\frac{e^2}{m c^2}\right] f = 0.282 \times 10^{-12} \times Z$. μ_a is the x-ray atomic absorption coefficient. It is actually a cross section and should be compared to $\sigma_a + \sigma_{inc}$. The x-ray mass absorption coefficient is, of course, given by $0.6025 \times 10^{24} \times \mu_a / A_W$ (A_W being the atomic weight of the element in question). The precision measures quoted in the table are intended to represent estimated standard deviations in the absolute value of the quantities given. In general, errors in the relative values will be slightly smaller (by $\frac{1}{5}$ the error) for the less accurately known values and considerably smaller (by $\frac{1}{2}$ the error) for the more accurately known ones. The errors are not given when the detailed variation of the error from element to element was thought unimportant for neutron optics. The error in σ_{inc} is generally around 0.2 barns. The error in σ_a is roughly 5% except in the cases of H, B, and Au where it is nearer 1%. The error in the value of $f[(\sin\vartheta)/\lambda]$ depends on the particular compound being considered, of course, and the error in μ_a is around 2%. One barn is 10^{-24} cm.^{2}.

General references.

General works on neutron optics.

[1] BACON, G. E.: Neutron Diffraction, Oxford: Clarendon Press 1955. Covers much the same ground as the present article, very complete on experimental work up to August, 1954.

[2] HUGHES, D. J.: Pile Neutron Research. Cambridge, Massachusetts: Addison Wesley Publishing Co. 1953. Emphasizes experimental techniques in neutron beam work.

[3] HUGHES, D. J.: Neutron Optics, New York: Interscience Publishers 1954. A very clear introduction to the subject.

Basic x-ray diffraction theory.

[4] International Tables for X-ray Crystallography. Birmingham, England: Kynoch Press 1952. For the notation used in structure descriptions.

[5] JAMES, R. W.: The Optical Principles of the Diffraction of X-Rays, Vol. II of the Crystalline State, Sir Lawrence BRAGG Ed. London: G. Bell & Sons 1948.

[6] ZACHARIASEN, W. H.: Theory of X-Ray Diffraction in Crystals. New York: John Wiley & Sons 1945.

Nuclear physics.

[7] BLATT, J. M., and V. F. WEISSKOPF: Theoretical Nuclear Physics. New York: John Wiley & Sons 1952. The standard reference for the low energy (below the meson production threshold) nuclear physics which underlies neutron scattering theory.

Theory of neutron diffraction by crystals.

[8] GOLDBERGER, M. L., and F. SEITZ: Theory of the Refraction and Diffraction of Neutrons by Crystals, Phys. Rev. **71**, 294–310 (1947). This gives the quantum-mechanical derivation of the diffraction by simple crystals.

[9] BACON, G. E., and R. O. LOWDE: Secondary Extinction and Neutron Crystallography, Acta crystallogr. **1**, 303–314 (1948).

---

[1] D. J. HUGHES and J. A. HARVEY: Neutron Cross Sections, U.S. Government Printing Office, Washington, D. C. 1955.

Theory of magnetic scattering by crystals.

[10] Halpern, O., and M. H. Johnson: Magnetic Scattering of Neutrons. Phys. Rev. **55**, 898—923 (1939).

[11] Halpern, O., and T. Holstein: On the Passage of Neutrons through Ferromagnets, Phys. Rev. **59**, 960—981 (1941).

[12] Halpern, O., M. Hamermesh and M. H. Johnson: The Passage of Neutrons through Crystals and Polycrystals. Phys. Rev. **59**, 981—996 (1941). Treats primarily polycrystalline iron, gives index of refraction.

[13] Hove, L. van: Time Dependent Correlations between Spins and Neutron Scattering in Ferromagnetic Crystals, Phys. Rev. **95**, 1374—1384 (1954). A treatment of inelastic magnetic scattering that does not depend on details of the spin-wave theory.

Theory of inelastic scattering.

[14] Weinstock, R.: Inelastic Scattering of Slow Neutrons, Phys. Rev. **65**, 1—20 (1944). The one-phonon theory for simple crystals.

[15] Cassels, J. M.: The Scattering of Neutrons by Crystals, Progr. in Nucl. Phys. **1**, 185—215 (1950). Adds incoherent scattering to one-phonon theory and contains some useful numerical calculations.

[16] Squires, G. L.: Multi-Oscillator Processes in the Scattering of Neutrons by Crystals, Proc. Roy. Soc. Lond., Ser. A **212**, 192—206 (1952). A calculation of the multiphonon scattering and comparison with experiment.

[17] Placzek, G., and L. van Hove: Crystal Dynamics and Inelastic Scattering of Neutrons, Phys. Rev. **93**, 1207—1214 (1954). Points out the usefulness of coherent inelastic scattering for studying crystal dynamics and indicates how this may be done.

[18] Hove, L. van: Correlations in Space and Time and Born Approximation Scattering in Systems of Interacting Particles, Phys. Rev. **95**, 249—262 (1954). Develops a correlation function which should be useful in analyzing neutron scattering by amorphous materials.

[19] Placzek, G., and L. van Hove: Interference Effects in the Total Neutron Scattering Cross Section of Crystals. Nuovo Cim. **1**, 233—256 (1955). A general treatment of elastic and inelastic scattering which is complete within the limits of the Debye model. The difficulties coming from this model are discussed in detail.

Experimental work.

[20] Fermi, E., and L. Marshall: Interference Phenomena of Slow Neutrons, Phys. Rev. **71**, 666—677 (1947). Historically important for verifying conjectures about the signs of the neutron scattering amplitudes and even now a valuable introduction to the nature of slow neutron scattering by nuclei.

[21] Wollan, E. O., and C. G. Shull: The Diffraction of Neutrons by Crystalline Powders, Phys. Rev. **73**, 830—841 (1948). The first full report on a neutron powder-diffraction experiment.

[22] Shull, C. G., E. O. Wollan, G. A. Morton and W. L. Davidson: Neutron Diffraction Studies of NaH and NaD, Phys. Rev. **73**, 842—847 (1948). This contains the solution to the problem of the structure of NaH, the measurement of the important scattering implitudes of H and D and an interesting treatment of the thermal motion problem.

[23] Shull, C. G., W. A. Strauser and E. O. Wollan: Neutron Diffraction by Paramagnetic and Antiferromagnetic Substances. Phys Rev. **83**, 333—345 (1951). The full report on the first study of an antiferromagnetic material.

[24] Shull, C. G., E. O. Wollan and W. C. Koehler: Neutron Scattering and Polarization by Ferromagnetic Materials. Phys. Rev. **84**, 912—921 (1951). A critical experimental study of the fundamentals of magnetic scattering.

[25] Bacon, G. E., and R. S. Pease: A Neutron Diffraction Study of Potassium Dihydrogen Phosphate by Fourier Synthesis, Proc. Roy. Soc. Lond., Ser. A **220**, 397—421 (1953). A detailed description of an application of Fourier synthesis methods in neutron diffraction.

Sachverzeichnis.

(Deutsch-Englisch.)

Bei gleicher Schreibweise in beiden Sprachen sind die Stichwörter nur einmal aufgeführt.

Subject Index.

(English-German.)

Where English and German spelling of a word is identical the German version is omitted.

Table des matières

pour les contributions écrites en français:

A. Guinier et G. von Eller: Les méthodes expérimentales des déterminations de structures cristallines par rayons X.

G. Fournet: Etude de la structure des fluides et des substances amorphes au moyen de la diffusion des rayons X.

MIX
Papier aus verantwortungsvollen Quellen
Paper from responsible sources
FSC® C105338

If you have any concerns about our products,
you can contact us on
ProductSafety@springernature.com

In case Publisher is established outside the EU,
the EU authorized representative is:
Springer Nature Customer Service Center GmbH
Europaplatz 3, 69115 Heidelberg, Germany

Printed by Libri Plureos GmbH
in Hamburg, Germany